建筑业 10 项新技术（2017 版）应用指南

本书编委会　编写

中国建筑工业出版社

图书在版编目（CIP）数据

建筑业 10 项新技术（2017 版）应用指南/《建筑业
10 项新技术（2017 版）应用指南》编委会编写. —北
京：中国建筑工业出版社，2018.5
ISBN 978-7-112-22067-0

Ⅰ.①建… Ⅱ.①建… Ⅲ.①建筑工程-新技术应
用-指南 Ⅳ.①TU-39

中国版本图书馆 CIP 数据核字（2018）第 063992 号

　　本书是为了配合《建筑业 10 项新技术（2017 版）》的推广应用而编写的，主要
内容包括：地基基础和地下空间工程技术，钢筋与混凝土技术，模板脚手架技术，装
配式混凝土结构技术，钢结构技术，机电安装工程技术，绿色施工技术，防水技术与
围护结构节能，抗震、加固与监测技术，信息化技术。本书详细介绍了各项技术的国
内外发展概况、技术的基本原理、主要技术内容与特点、技术指标与技术措施（部分
含设计计算内容）、适用范围与应用前景、典型工程与应用实例、经济效益与社会效
益分析等内容。

　　本书可供建筑施工技术人员、建筑工程设计人员、科研人员及建筑工程管理人员
参考使用。

＊　　＊　　＊

　　责任编辑：杜　洁　王　磊
　　责任校对：李欣慰

建筑业 10 项新技术（2017 版）应用指南
本书编委会　编写
＊
中国建筑工业出版社出版、发行（北京海淀三里河路 9 号）
各地新华书店、建筑书店经销
霸州市顺浩图文科技发展有限公司制版
北京建筑工业印刷厂印刷
＊
开本：787×1092 毫米　1/16　印张：42½　字数：1058 千字
2018 年 11 月第一版　　2018 年 11 月第一次印刷
定价：**139.00** 元
ISBN 978-7-112-22067-0
　　（31877）

《建筑业 10 项新技术（2017 版）应用指南》
编 委 会

主　　编：王清勤　赵基达

副主编：张靖岩

委　　员：（按章节排序）

　　　　　高文生　赵基达　高　峰　王晓锋　李景芳　吴月华
　　　　　单彩杰　曲　慧　姚秋来　杨富春

顾　　问：（按姓氏笔划排列）

　　　　　马荣全　毛志兵　叶浩文　冯　跃　李久林　杨健康
　　　　　张　琨　张同波　张希黔　苗启松　胡德均　高　杰
　　　　　高承勇　龚　剑　谢鸿卫　戴立先

参加本书编写的人员如下：

各章编写人员（每章第一人为该章召集人）

第1章	高文生	王曙光	吴春林	张东刚	王也宜	衡朝阳
	肖大平	于东健	周　智	李耀良	王理想	陈　辉
	陈　驰	黄江川	王佳杰	吴　斌	邹　峰	卢秀丽
	杨宇波	程　岩				
第2章	赵基达	冯大斌	冷发光	刘子金	朱爱萍	王晓锋
	王永海					
第3章	高　峰	张良杰	杨少林	石亚明	杨棣柔	吴亚进
	牛　潮	姜传库	刘建国	黄玉林	杨　波	陈　伟
	冼汉光	王祥军	杨秋利	胡　健	陈铁磊	廖　娟
	张志明	李加存				
第4章	王晓锋	蒋勤俭	田春雨	赵　勇	高志强	钱冠龙
	樊　骅	李　浩	谷明旺	汪　力	姜　伟	赵广军
	张渤钰	周丽娟				

第5章	李景芳	戴立先	李久林	韦疆宇	曾志攀	郭满良
	陈志华	李海旺	韩建聪	朱邵辉	余永明	赵 娜
	余玉洁	李浓云	孙 朋	李锦丽	邱德隆	赵宇新
	李北超	陈利敏				
第6章	吴月华	徐义明	陈 静	任俊和	王升其	周卫新
	任长宁	王红静	冯 凯	严文荣	刘 杰	张 勤
	芮立平	陈晓文	宋志红	梁 刚	余 雷	任长宁
	余 雷	倪志海				
第7章	单彩杰	蒋立红	段 恺	石云兴	刘嘉茵	杨均英
	冯大阔	杨香福	杨升旗	张燕刚	司金龙	张静涛
	陈 波	王 涛	汤德芸	刘会超		
第8章	曲 慧	吴小翔	董 宏	李良伟	李光球	黄春生
	刘文利	赵 力	李建军	王晓锋	单彩杰	程 岩
第9章	姚秋来	常 乐	聂 祺	唐曹明	李瑞峰	张荣强
	韦永斌	赵 伟	杨光值	潘鸿宝	张靖岩	张 鑫
第10章	杨富春	王 静	谭丁文	王兴龙	刘 刚	曾立民
	张义平	黄 炜	苑玉平	颜 炜	王剑涛	张臣友
	高 峰	黄从治	肖新华	王 威	王海涛	张志刚
	常戌一	杜劲峰				

秘 书 组

组　长：程　岩
组　员：(按章节排序)

王曙光　王永海　石亚明　周丽娟　李锦丽　陈　静
杨升旗　李良伟　张荣强　谭丁文

主要参编单位（按章节排序）

指　导　住房和城乡建设部工程质量安全监管司
第1章　中国建筑科学研究院有限公司
　　　　建研地基基础工程有限责任公司
　　　　上海市基础工程集团有限公司

第2章　中国建筑科学研究院有限公司
　　　　建研科技股份有限公司
　　　　建研建材有限公司
　　　　国家建筑工程技术研究中心
第3章　中国模板脚手架协会
　　　　中国建筑股份有限公司技术中心
　　　　湖南金峰金属构件有限公司
　　　　广东奇正模架科技有限公司
　　　　北京星河模板脚手架工程有限公司
　　　　上海建工集团股份有限公司
　　　　深圳市同力德金属制品有限公司
　　　　湖南中铁五新钢模有限责任公司
　　　　涿州市三博桥梁模板制造有限公司
　　　　浙江凯雄科技有限公司
第4章　中国建筑科学研究院有限公司
　　　　北京预制建筑工程研究院有限公司
　　　　建研科技股份有限公司
　　　　同济大学
　　　　中国建筑标准设计研究院有限公司
　　　　中冶建筑研究总院有限公司
　　　　宝业集团股份有限公司
　　　　中建一局集团建设发展有限公司
　　　　深圳现代营造科技有限公司
　　　　建筑工业化产业技术创新战略联盟
第5章　中国建筑股份有限公司技术中心
　　　　中建钢构有限公司
　　　　北京城建集团有限责任公司
　　　　北京城建勘测设计研究院有限责任公司
　　　　中国建筑一局（集团）有限公司
　　　　福建省建筑设计研究院
　　　　深圳建筑设计研究总院
　　　　天津大学
　　　　太原理工大学

第6章　中国建筑股份有限公司
　　　　中建安装工程有限公司
　　　　上海市安装工程集团有限公司

第7章　中国建筑股份有限公司
　　　　北京中建建筑科学研究院有限公司
　　　　中国建筑第八工程局有限公司
　　　　中国建筑第七工程局有限公司
　　　　中国建筑第二工程局有限公司
　　　　中建一局集团第五建筑有限公司
　　　　中国建筑第八工程局有限公司华北分局
　　　　中建二局第一建筑工程有限公司
　　　　中国建筑第二工程局有限公司东北分公司
　　　　中国建筑第二工程局有限公司北京分公司

第8章　中国建筑业协会建筑防水分会
　　　　苏州市建筑科学研究院集团股份有限公司
　　　　中国建筑科学研究院有限公司
　　　　中国建筑股份有限公司

第9章　中国建筑科学研究院有限公司
　　　　国家建筑工程质量监督检验中心
　　　　中国建筑股份有限公司技术中心
　　　　北京发研工程技术有限公司
　　　　中国建筑技术集团有限公司
　　　　山东建筑大学
　　　　住房和城乡建设部防灾研究中心

第10章　中国建筑股份有限公司
　　　　中国建筑科学研究院有限公司
　　　　中国中铁股份有限公司
　　　　中国铁建股份有限公司
　　　　中国电力建设股份有限公司
　　　　中国建筑第三工程局有限公司
　　　　中国建筑第八工程局有限公司
　　　　中建钢构有限公司
　　　　中国建筑一局（集团）有限公司
　　　　中国建筑第二工程局有限公司

前　言

　　近年来，建筑业已逐渐成为我国国民经济的支柱产业，在推动经济建设高速发展中具有非常重要的地位和作用。《国家中长期科学和技术发展规划纲要（2006—2020年）》在"城镇化与城市发展领域实施情况中期评估报告"中指出，经过大量的工程实践，我国工程技术自主创新能力不断增强，建筑业技术不断向国际先进水平逼近，建筑节能与绿色建筑发展业绩突出，建筑业信息化领域整体水平稳步提高。但是建筑工程技术创新发展仍面临着创新动力不足、新技术应用不足、建筑业转型升级的技术支撑不足等亟待解决的问题。

　　新型城镇化建设对我国建筑工程技术创新发展提出了更高的要求，集约、智能、绿色、低碳的建筑工程技术创新显得更为重要。为推进建筑业技术进步，提高行业整体素质，住房和城乡建设部先后组织编制了《建筑业10项新技术》1994版、1998版、2005版和2010版。2016年3月，住房和城乡建设部工程质量安全监管司组织中国建筑科学研究院有限公司、中国建筑股份有限公司、中国模板脚手架协会、中建股份技术中心、中国建筑业协会建筑防水分会等数十家单位的百余位专家对10项新技术进行了修订。

　　修订后的《建筑业10项新技术（2017版）》包括10个大项107项技术，10个大项技术包括：地基基础和地下空间工程技术，钢筋与混凝土技术，模板脚手架技术，装配式混凝土结构技术，钢结构技术，机电安装工程技术，绿色施工技术，防水技术与围护结构节能，抗震、加固与监测技术，信息化技术。该版本以房屋建筑为主，适当考虑交通、市政等其他领域的需求，涉及的新技术覆盖范围大，每项技术具有先进性、适用性、成熟性与可推广性的特点，代表了现阶段我国建筑业技术发展的最新成就。

　　本书配合《建筑业10项新技术（2017版）》的推广应用而编写，详细介绍了各项技术的发展概况、技术内容、技术指标、适用范围、工程案例等内容。由于编写时间较为仓促，不足之处在所难免，希望业内人士和使用单位提出宝贵意见。各单位在使用过程中需要进一步了解的内容，请与各咨询单位或总协调单位中国建筑科学研究院有限公司（北京市朝阳区北三环东路30号新科研大楼A座16层科技处，100013）联系。

　　本书在编写过程中参考了相关的书籍、报刊等文献资料，未能在参考文献中全部列出，对于这些作者的贡献，在此表示由衷的感谢。

目　录

1 地基基础和地下空间工程技术

1.1 灌注桩后注浆技术

1.1.1 发展概述

早在 20 世纪 60 年代初，国外就开发出解决灌注桩桩底沉渣和桩身泥皮的后注浆技术。国外的桩底后注浆装置大体可分为以下几种：预埋于桩底的装有碎石的预载箱、注浆腔、U 形管阀。桩侧后注浆装置为设置于钢筋笼上的带套袖阀的钢管。国外灌注桩后注浆技术的特点是工艺复杂，附加费用高，桩侧注浆需在成桩后 2d 内通过高压射水冲破混凝土保护层来实施。1983 年，第八届欧洲土力学与基础会议论文集中有灌注桩后注浆技术论文若干篇[1,2]。

我国关于灌注桩后注浆的最早报道，是交通部一航局设计院 1974 年在天津塘沽采用氰凝固结桩端土的试验。20 世纪 80 年代初，北京市建研所等在灌注桩桩底设置隔离板，采用 PVC 管作为注浆管进行后注浆试验。上述两单位的技术当时是在干作业灌注桩中试验和应用的，因此注浆阀无需具备抵抗泥浆和静止水压力的功能，且桩长较短，相对简单。20 世纪 90 年代初，在徐州和郑州地区有关于后注浆技术应用于泥浆护壁灌注桩工程的报道，前者是将 2 根注浆管埋设在桩底虚土的碎石中，先由一管注入清水，由另一管排除泥浆，随后注入水泥浆，其承载力增幅较小，后者由西南交通大学岩土所与郑州铁路局郑州设计院进行的某桥梁桩基注浆试验[3,4]，是在桩底设置橡胶囊，由带钢球的单向阀钢管与注浆腔相连，成桩后向囊中注浆，其加固机理主要靠注浆囊的膨胀压密和扩底作用，同时应用套管法于成桩后 12h 内冲破混凝土保护层实施桩侧注浆的试验。总的说来，上述国内灌注桩后注浆装置与国外技术类似，安装较复杂，成本高，且与桩体施工有一定程度交叉。

中国建筑科学研究院地基基础研究所 20 世纪 90 年代中期研究开发的灌注桩后注浆技术，其预置注浆阀和注浆管构造简单、安装方便、成本较低、可靠性高；注浆时间限制小，不与成桩作业交叉，不破坏桩身混凝土；注浆模式、注浆量可根据土层性质、承载力增幅要求进行调控；注浆装置中的钢管可与桩身完整性检测管结合使用、注浆导管可等强度取代纵向钢筋，降低后注浆附加费用。1999 年中国建筑科学研究院制定了该技术的企业技术规程，目前该技术已获两项国家实用新型专利（专利号：ZL94222930.4；ZL95207690.X）和两项发明专利（专利号：ZL94116598.1；ZL00100760.2），并被原建设部定为国家级工法［工法名称：灌注桩后压浆（PPG）工法、批准文号：建建［2000］45 号、工法编号：YJGF04-98］[5,6]。

目前，灌注桩后注浆技术已在国内广泛应用，具体工艺方法上差异较大，施工及验收标准也不统一，该技术的应用有待进一步规范化管理。

1.1.2　技术内容

灌注桩后注浆（post grouting for cast-in-situ pile，简写 PPG）是指在灌注桩成桩后一定时间内，通过预设在桩身内的注浆导管及与之相连的桩端、桩侧注浆阀注入水泥浆，使桩端、桩侧土体（包括沉渣和泥皮）得到加固，从而提高单桩承载力，减小沉降。灌注桩后注浆是一种提高桩基承载力的辅助措施，而不是成桩方法。后注浆的效果取决于土层性质、注浆的工艺流程、参数和控制标准等因素。

灌注桩后注浆提高承载力的机理：一是通过桩底和桩侧后注浆加固桩底沉渣（虚土）和桩身泥皮；二是对桩底和桩侧一定范围的土体通过渗入（粗颗粒土）、劈裂（细粒土）和压密（非饱和松散土）注浆起到加固作用，从而增大桩侧阻力和桩端阻力，提高单桩承载力，减少桩基沉降。

桩侧、桩底后注浆装置构造简单、便于操作、适用性强、可靠性高、附加费用低、不影响桩基施工流程等。在优化注浆工艺参数的条件下，可使单桩竖向承载力提高 40% 以上，粗粒土增幅高于细粒土，桩侧、桩底复式注浆高于桩底注浆；桩基沉降减小 30% 左右。可利用预埋于桩身的后注浆钢导管进行桩身完整性超声检测，注浆用导管可取代等承载力桩身纵向钢筋。

1.1.3　技术指标

（1）后注浆装置的设置应符合下列规定：

① 后注浆导管应采用钢管，且应与钢筋笼加劲筋焊接或绑扎固定，桩身内注浆导管可取代等承载力桩身纵向钢筋。

② 桩底后注浆导管及注浆阀数量宜根据桩径大小设置，对于 $d \leqslant 1000$mm 的桩，宜沿钢筋笼圆周对称设置 2 根；对于 $d \leqslant 600$mm 的桩，可设置 1 根；对于 1000mm$< d \leqslant 2000$mm 的桩，宜对称设置 3～4 根。

③ 对于桩长超过 15m 且承载力增幅要求较高者，宜采用桩底桩侧复式注浆。桩侧后注浆管阀设置数量应综合地层情况、桩长、承载力增幅要求等因素确定，可在离桩底 5～15m 以上，每隔 6～12m 于粗粒土层下部设置一道（对于干作业成孔灌注桩宜设于粗粒土层中上部）。

④ 对于非通长配筋的桩，下部应有不少于 2 根与注浆管等长的主筋组成的钢筋笼通底。

⑤ 钢筋笼应沉放到底，不得悬吊，下笼受阻时不得撞笼、墩笼、扭笼。

（2）后注浆管阀应具备下列性能：

① 管阀应能承受 1MPa 以上静水压力；管阀外部保护层应能抵抗砂、石等硬质物的刮撞而不致使管阀受损。

② 管阀应具备逆止功能。

（3）浆液配比、终止注浆压力、流量、注浆量等参数设计应符合下列规定：

① 浆液的水灰比应根据土的饱和度、渗透性确定，对于饱和土宜为 0.5～0.7，对于非饱和土宜为 0.7～0.9（松散碎石土、砂砾宜为 0.5～0.6）；低水灰比浆液宜掺入减水剂；地下水处于流动状态时，应掺入速凝剂。

② 桩底注浆终止工作压力应根据土层性质、注浆点深度确定，对于风化岩、非饱和黏性土、粉土，宜为 5～10MPa；对于饱和土层宜为 1.5～6MPa，软土取低值，密实黏性

土取高值；桩侧注浆终止压力宜为桩底注浆终止压力的 1/2。

③ 注浆流量不宜超过 75L/min。

④ 单桩注浆量的设计主要应考虑桩的直径、长度、桩底桩侧土层性质、单桩承载力增幅、是否复式注浆等因素确定，可按下式估算：

$$G_c = a_p d + a_s nd$$

式中　a_p、a_s——分别为桩底、桩侧注浆量经验系数，$a_p = 1.5 \sim 1.8$，$a_s = 0.5 \sim 0.7$；对于卵、砾石、中粗砂取较高值；

n——桩侧注浆断面数；

d——桩直径（m）；

G_c——注浆量，以水泥重量计（t）。

独立单桩、桩距大于 6d 的群桩和群桩初始注浆的部分基桩的注浆量应按上述估算值乘以 1.2 的系数。

⑤ 后注浆作业开始前，宜进行试注浆，优化并最终确定注浆参数。

（4）后注浆作业起始时间、顺序和速率应按下列规定实施：

① 注浆作业宜于成桩 2d 后开始。注浆作业离成孔作业点的距离不宜小于 8～10m。

② 对于饱和土中的复式注浆顺序宜先桩侧后桩底，对于非饱和土宜先桩底后桩侧，多断面桩侧注浆应先上后下，桩侧桩底注浆间隔时间不宜少于 2h。

③ 桩底注浆应对同一根桩的各注浆导管依次实施等量注浆。

④ 对于桩群注浆宜先外围，后内部。

（5）当满足下列条件之一时可终止注浆：

① 注浆总量和注浆压力均达到设计要求；

② 注浆总量已达到设计值的 75%，且注浆压力超过设计值。

（6）出现下列情况之一时应改为间歇注浆：

① 注浆压力长时间低于正常值；

② 地面出现冒浆或周围桩孔串浆。

采用间歇注浆时，间歇时间宜为 30～60min，或调低浆液水灰比。

（7）后注浆施工过程中，应经常对后注浆的各项工艺参数进行检查，发现异常应采取相应处理措施。

（8）后注浆桩基工程质量检查和验收应符合下列要求：

① 后注浆施工完成后应提供下列资料：水泥材质检验报告、压力表检定证书、试注浆记录、设计工艺参数、后注浆作业记录、特殊情况处理记录。

② 承载力检验应在后注浆 20d 后进行，浆液中掺入早强剂时可提前进行。

③ 对于注浆量等主要参数达不到设计时，应根据工程具体情况采取相应措施。

（9）承载力估算

① 灌注桩经后注浆处理后的单桩极限承载力，应通过静载试验确定，在没有地方经验的情况下，可按下式预估单桩竖向极限承载力标准值。

$$Q_{uk} = U \sum \beta_{si} \times q_{sik} + \beta_p \times q_{pk} \times A_p$$

式中　q_{sik}、q_{pk}——极限侧阻力标准值和极限端阻力标准值，按《建筑桩基技术规范》JGJ 94 或有关地方标准取值；

U、A_p——桩身周长和桩底面积；

β_{si}、β_p——侧阻力、端阻力增强系数，可参考以下取值范围 β_{si}：1.2～2.0；β_p：1.2～3.0；细颗粒土取低值，粗颗粒土取高值。

② 在确定单桩承载力设计值时，应验算桩身承载力。

1.1.4　适用范围

灌注桩后注浆技术适用于除沉管灌注桩外的各类泥浆护壁和干作业的钻、挖、冲孔灌注桩。当桩端及桩侧有较厚的粗粒土时，后注浆提高单桩承载力的效果更为明显。

1.1.5　工程案例

北京首都国际机场扩建工程位于现机场东侧，主要包括新的3号航站楼（T3航站楼，建筑面积54万 m^2）、楼前交通中心（GTC，建筑面积30万 m^2）和一条可起降空中客车A380的新跑道。扩建工程为2008年奥运会配套的国家重点工程，总占地面积20000亩，预算总投资194亿元。

建筑场地50m深度范围内，除人工填土外，主要为第四纪沉积层的粉质黏土、黏质粉土、黏土、砂质粉土、粉细砂及中粗砂等，在垂直方向上形成多次沉积韵律。按土层的物理力学性质及工程特性可划分为15个大层及亚层，各层的主要土性指标见表1.1-1，土层剖面见图1.1-1。

地质剖面及主要土性指标　　　　　　　　　　　　　表 1.1-1

编号	土层名称	平均层厚（m）	含水量（%）	天然密度（g/cm³）	c（kPa）	ϕ（°）	压缩模量（MPa）	侧摩阻力标准值(kPa)	端阻力标准值(kPa)
1	填土	1.2	16.3	1.94	—	—	4.8	—	—
2	粉质黏土	2.1	25.0	1.96	25.0	10	6.0	35～40	—
3	粉质黏土	3.8	26.2	1.93	18.0	12	7.5	45～55	—
4	粉质黏土	3.1	25.5	1.98	26.0	9	6.3	50～60	—
5	细砂	4.6	25.6	1.95	0.0	30	30.0	55～65	—
6	黏质粉土	3.0	21.8	2.03	13.0	8	15.0	55～65	—
7	细砂	5.6	23.5	1.96	0.0	35	40.0	60～75	800～1000
8	粉质黏土	6.8	19.9	2.06	—	—	15.4	60～80	—
9	细中砂	5.0	21.1	2.08	—	—	50.0	65～75	800～1200
10	粉质黏土	7.2	22.2	2.02	—	—	18.2	70～80	—
11	细中砂	6.9	29.9	1.93	—	—	61.7	65～80	1400～1600
12	黏土	6.7	28.4	1.94	—	—	16.0	75～85	—
13	细砂	6.5	32.5	1.91	—	—	71.7	75～90	1400～1600
14	粉质黏土	22	21.5	2.07	—	—	18.9	—	—
15	细中砂	19.2	—	—	—	—	75.0	—	—

根据航站楼上部结构形式、荷载分布及场地工程地质与水文地质条件，航站楼采用泥浆护壁钻孔灌注桩基础，并采桩底、桩侧后压浆工艺改善成桩质量，提高桩基承载力，减少桩基沉降。

三号航站楼共有基桩18000余根，原设计的普通灌注桩，桩长在30～62m之间，桩径0.8～1.5m，混凝土总方量约47.63万 m^3；采用后压浆灌注桩优化方案，桩长可缩短为28m左右，总混凝土方量减少为25.6万 m^3，与原方案相比节省约46%。在考虑后压浆的增加费用后，桩基造价可节省约34%，达1.5亿元。

采用后压浆工艺后，桩长减短，可避免施工十分困难的45～60m的超长桩，在保证

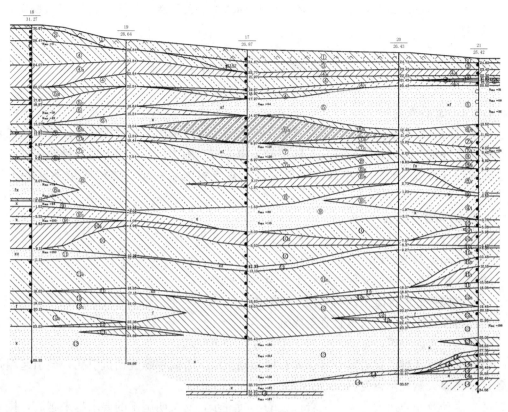

图 1.1-1 土层剖面图

桩基质量的同时，缩短了成桩时间。后压浆施工与灌注桩施工独立进行，无相互干扰，由于灌注桩工程量大幅减少，在投放相同设备的条件下，工期大为缩减。保守估计，经优化设计，首都机场三号航站楼桩基工程可缩短工期约 4 个月。可见，采用后压浆工艺的间接效益也是相当显著的。

参 考 文 献

［1］ Deere D. U., Lombardi G.. Grout Slurries—Thick or Thin. Dam Grouting，ASCE，May 1985：pp. 156-164.

［2］ The Eighth European Conference on Soil Mechanics and Foundation Engineering，1983 May 23-26 Helsinki，Finland.

（a）M. Bustamante. Grouting：A Method Improving the Bearing Capacity of Deep Foundation.

（b）M. Stocker. The Influence of Post-Grouting on the Load-Bearing Capacity of Bored Piles.

（c）G. S. Little John，Improvement in Base Resistance of Large Diameter Piles Foundation in Silty Sand.

（d）B. Cernak，Large Diameter Bored Piles with Injected Toe in Danube Gravel.

［3］ 傅旭东，赵善锐. 钻孔桩压力灌浆提高承载力的试验研究［M］// 刘金砺. 桩基工程技术. 北京：中国建材工业出版社，1996.

［4］ 乔景川，崔玉惠. 钻孔灌注桩提高承载力的压力灌浆施工工艺［M］// 刘金砺. 桩基工程技术. 北京：中国建材工业出版社，1996.

［5］ 刘金砺，祝经成，高文生等. 泥浆护壁灌注桩后压浆成套技术. 中国建筑科学研究院报告，1997.

[6]　高文生，高印立，刘金砺等．后压浆技术成套系列设备的研制．中国建筑科学研究院研究报告，2000．

1.2　长螺旋钻孔压灌桩技术

1.2.1　发展概述

目前，对有地下水的地基，国内外灌注桩的施工主要采用"振动沉管灌注桩"、"泥浆护壁钻孔灌注桩"及"长螺旋钻孔无砂混凝土灌注桩"施工工艺，但上述三种灌注桩施工方法间或存在着效率低、成本高、噪声大、泥浆或水泥浆污染、成桩质量不够稳定等问题。

1. 振动沉管灌注桩

振动沉管灌注桩目前应用相当普遍，其施工工艺为：

（1）启动振动锤振动沉管至预定标高；

（2）将预制好的钢筋笼通过桩管下放至设计标高；

（3）将搅拌好的混凝土用料斗倒入桩管内；

（4）边振动边投料、边拔管直至成桩完毕。

通过工程实践发现，振动沉管施工工艺存在如下问题：

（1）沉管桩基难以穿透厚砂层、卵石层和硬土层，若采用螺旋钻机引孔，会引起塌孔现象，破坏原天然地基强度。

（2）振动及噪声污染严重，随着社会的不断进步，对文明施工的要求越来越高，振动和噪声污染导致扰民使施工无法正常进行的工程案例越来越多，故许多地区限制在城区采用振动沉管打桩机施工。

（3）振动沉管打桩机成桩为非排土成桩工艺，在饱和黏性土中成桩，会造成地表隆起，拉断已打桩，导致成桩质量不稳定；在高灵敏度土中施工可导致桩间土强度的降低。

（4）施工时，混凝土料从搅拌机到桩机进料口的水平运输一般为翻斗车或人工运输，效率相对较低。对于长桩，拔管过程中尚需空中投料，操作不便。

2. 泥浆护壁钻孔灌注桩

泥浆护壁钻孔灌注桩施工工艺为：

（1）旋挖钻机（或正、反循环钻机）通过泥浆护壁钻孔至设计深度；

（2）在泥浆护壁的桩孔内下放钢筋笼；

（3）下放水下混凝土灌注导管至一定深度；

（4）灌注水下混凝土。

泥浆护壁钻孔灌注桩工艺存在如下问题：

（1）由于采用泥浆护壁，灌注桩身混凝土时排出的大量泥浆易造成现场泥浆污染，与现场的文明施工要求相悖；

（2）采用正、反循环、旋挖钻机成孔，相对螺旋钻机而言其成孔效率较低；

（3）由于采用泥浆护壁工艺，其桩周泥皮和桩底沉渣使得其单桩承载力降低；

（4）由于其工序多、投入量大，施工成本高。

3. 长螺旋钻孔无砂混凝土灌注桩

长螺旋钻孔无砂混凝土灌注桩施工工艺为：

（1）长螺旋钻机钻孔至设计标高；

（2）为防止塌孔，采用水泥浆护壁，通过桩管向钻头底端注水泥浆，边注浆边拔管；

（3）在水泥浆护壁的桩孔内下放钢筋笼（水泥补浆管绑扎在钢筋笼上随钢筋笼下放至设计标高），向桩孔内倒入碎石；

（4）通过绑扎在钢筋笼上的水泥补浆管补浆，将桩底和桩身的杂质排出桩身。

长螺旋钻孔无砂混凝土灌注桩存在如下问题：

（1）由于采用水泥浆护壁及水泥浆补浆，水泥浆排放量大，会造成水泥浆污染及施工场地桩间土挖运困难；

（2）由于采用补浆管补浆将桩底和桩身的杂质排出，施工中通常由于补浆不充分而造成桩头混凝土强度低，易于破坏；

（3）由于桩身骨料只有碎石，无砂充填，级配不好，且采用水泥浆护壁，水泥用量很大，施工成本高；

（4）螺旋钻提钻注水泥浆护壁过程中，桩孔易缩径，遇到砂层时易塌孔，成桩质量不稳定。

鉴于上述灌注桩施工存在的问题，研制一种经济、高效、环保的施工工艺及设备——长螺旋水下成桩工艺及设备很有必要。

1.2.2 技术内容

1. 施工工艺

本工艺施工步骤为：

（1）螺旋钻机就位；

（2）启动马达钻孔至预定标高；

（3）混凝土泵将搅拌好的混凝土通过钻杆内管压至钻头底端，边压混凝土边拔管直至成素混凝土桩；

（4）将振动锤、钢筋笼导入管与制作好的钢筋笼连接并吊起，移至已成素混凝土桩的桩孔内；

（5）启动振动锤通过导入管将钢筋笼送入桩身混凝土内至设计标高；

（6）边振动边将振动锤和钢筋笼导入管拔出，并使桩身混凝土振捣密实。

其施工流程如图 1.2-1 所示。与该施工工艺配套的主要施工设备包括长螺旋钻机、混凝土输送泵、钢筋笼导入管、夹具、振动锤。长螺旋钻机、混凝土输送泵采用目前市场上常规型号的机械设备，其动力性能和混凝土输送泵功率的选择应根据桩径及桩长确定。

2. 关键技术

（1）长螺旋钻孔泵送混凝土成桩技术；

（2）振动锤、夹具及钢筋笼导入管；

（3）导入管与钢筋笼的连接方式。

长螺旋水下成桩工艺与设备施工便捷、无泥浆或水泥浆污染、噪声小、效率高、成本低，是一种很好的灌注桩施工方法。该工法施工的单桩承载力高于普通的泥浆护壁钻孔灌注桩，成桩质量稳定。与泥浆护壁钻孔灌注桩相比，该工法的施工效率是其施工效率的 4～5 倍，施工费用是其施工费用的 72%，节约费用约 28%；与长螺旋钻孔无砂混凝土桩相比，该工法的施工效率是其施工效率的 1.2～1.5 倍，施工费用是其施工费用的 51%，

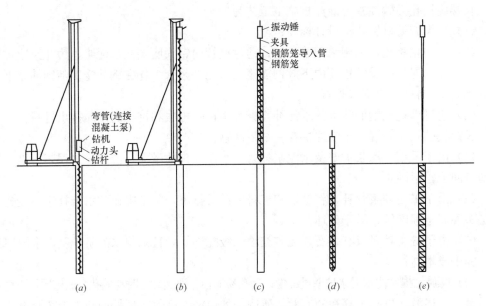

图 1.2-1 长螺旋钻孔压灌桩施工工艺流程

(*a*) 长螺旋钻机成孔至设计标高；(*b*) 边拔钻边泵入混凝土成素混凝土桩；(*c*) 钢筋笼就位；

(*d*) 钢筋笼送至设计标高；(*e*) 拔出钢筋笼导入管成桩

节约费用约 49%。

钢筋笼导入管与钢筋笼巧妙连接，将激振力传至钢筋笼底部，通过下拉力有效地将钢筋笼下至设计标高。钢筋笼导入管的振动，使桩身混凝土密实，桩身混凝土质量更有保证。

1.2.3 技术指标

（1）混凝土中可掺加粉煤灰或外加剂，每方混凝土的粉煤灰掺量宜为 70～90kg；

（2）混凝土中粗骨料可采用卵石或碎石，最大粒径不宜大于 20mm；

（3）混凝土坍落度宜为 180～220mm；

（4）提钻速度宜为 1.2～1.5m/min；

（5）长螺旋钻孔压灌桩的充盈系数宜为 1.0～1.2；

（6）桩顶混凝土超灌高度不宜小于 0.3～0.5m；

（7）钢筋笼插入速度宜控制在 1.2～1.5m/min。

设计施工可依据现行《建筑桩基技术规范》JGJ 94 进行。

1.2.4 适用范围

适用于长螺旋钻孔机可以钻进的黏性土、粉土、砂土、卵石、素填土等地基，特别是地下水位较高、易塌孔的地层。

1.2.5 工程案例

北京京东方 TFT-LCD 项目位于北京市亦庄经济技术开发区 55 号地，本工程拟建场地在地貌单元上位于永定河冲洪积扇下部，自然地面标高为 29.00～30.00m，基岩埋深在 80.00～120.00m 之间。地面以下至基岩顶板之间的沉积土层以黏性土、粉土与砂土、碎石土交互沉积层为主。

1. 设计及施工概况

北京京东方 TFT-LCD 项目由 1 栋 4 层 Module & TFT-LCD 厂房（FAB 区）及 1 栋 2 层 CUB 厂房（CUB 区）组成，采用桩基础设计方案。FAB 区共布桩 4681 根，其中 2418 根桩长 $l=25m$，2263 根桩长 $l=26m$，桩径 $d=600mm$；CUB 区共布桩 1514 根，其中 1415 根桩长 $l=20m$，99 根桩长 $l=25m$，桩径 $d=600mm$。桩身混凝土强度等级为 C30，坍落度为 $180\sim240mm$。

根据施工记录，对于 CUB 区的工程桩（桩长 20m，桩径 600mm）成孔至混凝土灌注完毕需时间 25min，起吊钢筋笼、导入管及振动锤并下至设计标高所需时间 10min。考虑移机、清土交叉作业及设备维修等因素，平均每天成桩约 30 根；对于 FAB 区的工程桩（桩长 25m 或 26m，桩径 600mm）成孔至混凝土灌注完毕需时间 30min，起吊钢筋笼、导入管及振动锤并下至设计标高所需时间 10min，考虑移机、清土交叉作业及设备维修等因素，平均每天成桩约 25 根。

2. 成桩质量检测

单桩竖向静载试验共检测 65 根：三根破坏试验桩（CUB 区 2 根，FAB 区 1 根）的竖向抗压极限承载力按设计要求加载至单桩竖向承载力标准值 1200kN 的 3 倍（即 3600kN），根据 P-s 曲线综合判断其竖向极限承载力均不小于 3600kN；CUB 区的 12 根工程桩和 FAB 区的 50 根工程桩单桩竖向极限承载力均不小于 2400kN，满足设计要求。

高应变动力检测共检测了 299 根：CUB 区 72 根，FAB 区 227 根，检测结果表明，两个区的工程桩单桩竖向抗压极限承载力不小于 2400kN，各桩桩身完整，满足设计要求。

低应变动力检测共抽测了 1922 根（约占被检总数的 30%）：CUB 区被检测的 444 根基桩中，1 类桩 440 根，占抽检总数的 99%；2 类桩 4 根，占抽检总数的 1%；未发现 3 类、4 类桩。FAB 区被检测的 1478 根基桩中，1 类桩 1464 根，占抽检总数的 99%；2 类桩 14 根，占抽检总数的 1%；未发现 3 类、4 类桩。

3. 施工效率及经济指标比较

以本工程 FAB 区设计的工程桩（桩径 600mm，桩长为 25～26m，桩端入第 9 层砂层）为例，将长螺旋钻孔压灌桩工艺与泥浆护壁钻孔灌注桩工艺和长螺旋无砂混凝土灌注桩工艺的施工效率及经济指标进行比较。

对于上述地层及配筋率，根据 FAB 项目实际施工情况，采用长螺旋钻孔压灌桩工艺每台设备平均每天施工工程桩 25 根，工程桩施工费用约 760 元/m³。

同样的地层及配筋率，采用泥浆护壁钻孔灌注桩施工工艺，每台设备每天可施工工程桩约 5 根，施工费用约 1050 元/m³；可见长螺旋钻孔压灌桩工艺的施工效率是其施工效率的 5 倍，施工费用是其施工费用的 72%，节约费用约 28%。

同样的地层及配筋率，采用长螺旋无砂混凝土灌注桩施工工艺，每台设备平均每天可施工工程桩约 20 根，施工费用约 1500 元/m³；可见长螺旋钻孔压灌桩工艺的施工效率是其施工效率的 1.25 倍，施工费用是其施工费用的 51%，节约费用约 49%。

1.3　水泥土复合桩技术

1.3.1　发展概述

我国沿江沿海地区广泛分布着含水量较高、强度低、压缩性较高，垂直渗透系数较低的淤泥质粉质黏土，且有大量的暗河浜（杂填土、淤泥、冲填土及含有机质腐殖质填土）共生。常用的地基处理及桩基础方法都有一定的局限性。采用钻孔灌注桩存在着泥浆污染、造价高、施工质量受到多种因素影响的缺点。采用水泥土搅拌桩存在承载力低，施工质量较难控制，且沉降量大，不能满足软土地区高层建筑、桥梁等中高级设计荷载对地基处理的要求，很多地方限制水泥土搅拌桩复合地基的使用。近年来，高强预应力管桩在我国工程建设中的应用非常普遍，但是沉桩过程中挤土效应明显，易对已经施工的桩，或周边已有建筑（构筑）物造成不利影响。

长期以来采用单一地基处理方法或桩基很难取得理想的经济技术效果。如果能综合水泥土搅拌桩和刚性桩的优点，就可以实现桩身强度和桩周、桩端土承载力的良好匹配。20世纪90年代初，就有人采用在水泥土桩中间插入钢管形成复合桩，达到提高承载力、改善桩身质量、减少对环境的污染，以及降低工程造价的目的。1999年，中国建筑科学研究院地基基础研究所申请了一种预制管水泥土复合桩专利，其特征在于：桩体是由预制混凝土桩管外包水泥土浆柱体、内灌现浇混凝土组成，预制混凝土桩外径350~800mm，内径200~600mm，其形状是圆形或矩形。施工打入时无噪声，施工中无泥浆排出，不污染环境，该桩有效承载直径通过复合扩大，从而节约建筑材料，降低工程造价；克服钻孔灌注桩质量不稳定的缺点及预制桩产生的挤土效应。可用于建筑物、桥梁基础、基坑支护及港口工程等。

目前，各种水泥土复合桩的专利还有很多，水泥土复合桩的形式也多种多样，适用的场地条件也各不相同，由于其单桩承载力高、施工污染小，可节约工程造价，其应用前景广阔。但是也应该清醒地认识到，各种水泥土复合桩的具体工艺方法上差异较大，施工及验收标准也不统一，该技术的应用有待进一步规范化管理。

1.3.2 技术内容

水泥土复合桩由水泥土桩和芯桩复合而成，施工过程是先施工水泥土桩，再将芯桩在水泥土初凝前压入水泥土桩中。水泥土桩可以是粉喷桩、水泥搅拌桩、旋喷桩、散粒体注浆复合桩等，芯桩可以是钢管桩、预制桩（高强预应力管桩或方桩）、灌注桩等刚性桩。水泥土复合桩综合了水泥土桩和刚性桩的优点，由刚性桩承担竖向荷载，然后把荷载传递给水泥土，再由水泥土通过较大的摩阻面传递给桩周土，从而达到提高单桩承载力。水泥土复合桩既可作为桩基使用，也可作为复合地基中的增强体使用。

水泥土复合桩的基本原理如下：

1. 改善荷载传递途径及深度

水泥土桩主要受力范围一般在桩顶下5~7倍桩径范围内，而复合桩中由于芯桩的刚度和强度较高，在上部荷载作用下，应力会集中在芯桩部位，再由芯桩传递到其侧壁和桩端的水泥土体，成倍地增大了荷载作用于水泥土体的面积，因而产生较大的侧摩阻力和桩端阻力。使复合桩全长范围内的侧阻力和桩端阻力充分发挥。

2. 挤密挤扩作用

芯桩的植入对水泥土体起到挤密作用，增加水泥土体密度，而水泥土体干密度的增加可大幅度提高水泥土体的刚度和强度，能弥补粉喷桩中心软芯和减轻湿喷工艺的搅拌不均现象。芯桩的植入还会挤扩周围水泥土体和桩周土体，使桩周土体的界面粗糙紧密，侧摩阻力大幅度提高。

软弱土体中水泥土桩先行施工会改变土体的软弱状态，水泥土体会在芯桩施工时起到护壁作用，对于芯桩为灌注桩时一般不会发生"缩颈"现象。

水泥土复合桩的施工效果见图1.3-1。

图 1.3-1　水泥土复合桩

1.3.3　技术指标

（1）根据地质条件选择水泥土桩的施工工艺，淤泥、淤泥质和黏性土宜选用水泥土搅拌桩，粉土和砂土宜选用高压旋喷桩，密实砾砂和卵石宜选用潜孔冲击高压旋喷桩。

（2）根据承载力要求，地质条件，施工因素，经济性和耐久性等综合选择刚性桩。

（3）芯桩可以短于、等于或大于水泥土桩。

（4）水泥土桩直径 500～1200mm（水泥土搅拌桩桩径宜为 500～800mm，旋喷桩桩径宜为 600～1200mm），刚性桩桩径宜为 220～800mm（管桩直径 300～600mm）。

（5）当芯桩的桩长大于水泥土桩时，芯桩应进入较硬的持力土层。

（6）水泥土桩在芯桩桩端以下部分的长度宜根据土层状况及工程设计要求确定（一般为水泥土桩 5 倍桩径）。

（7）水泥土桩的外芯厚度宜为 150～250mm。

（8）水泥土复合桩承载力可按《劲性复合桩技术规程》JGJ/T 327—2014 计算。

（9）水泥土复合桩用于泥炭土、有机质土、pH 值小于 4 的土、塑性指数大于 25 的黏性土，或地下水位渗流影响成桩质量，以及在腐蚀性环境中和无工程经验的地区时，应通过试验确定其适用性。

（10）水泥土复合桩既可以作为桩基础的基桩，也可以作为复合地基的增强体。

（11）还可以复合散体桩、水泥土桩和刚性桩的新式复合桩型。如先施工砂桩再进行水泥土搅拌桩的施工形成散体桩与半刚性桩的复合，在水泥土未硬凝时再打入预应力管桩，形成散体桩、半刚性桩和刚性桩的复合桩。

（12）特殊情况下，也可采用散体桩与刚性桩的复合桩。如消除液化和挤土作用，仅施工砂桩，在砂桩中施工 H 型钢桩，或预应力管桩。

1.3.4　适用范围

水泥土复合桩的适用范围比较广泛，可针对不同地质条件采用不同施工工艺。水泥土复合桩的施工适用性，主要取决于水泥土桩的施工工艺的适用性。

对于水泥土搅拌桩，适用于软弱黏土地基。在沿江、沿海地区，广泛分布着含水率较高、强度低、压缩性较高、垂直渗透系数较低、层厚变化较大的软黏土，地表下浅层存在有承载力较高的土层。采用传统的单一的地基处理方式或常规钻孔灌注桩，往往很难取得理想的经济技术效果。水泥土复合桩是适用于这种地层的有效方法之一。

对于高压旋喷桩，适用于粉土和砂土地层。高压旋喷桩在砂土地层得到的桩身强度比较高，采用刚性桩作为芯桩的水泥土复合桩，可以有效提高单桩承载力、节省工程造价。

1.3.5 工程案例

金座旺角广场位于苏州市吴中区红庄，东吴南路北侧、跃进河南侧，总建筑面积为 110000m²，包括一栋商业楼、两栋住宅楼、一栋商务办公楼和纯地下车库。其中 2 号、3 号楼为高层住宅楼，地上 30 层地下 2 层，框架剪力墙结构，采用水泥土复合桩基础。本工程 2014 年 10 月完工投入使用。

本工程勘察深度范围内的土层除填土外，由第四纪全新世湖相沉积及晚更新世陆相-海相沉积物，主要由黏性土及粉土夹粉砂组成，各层土的物理力学指标和剖面图见表 1.3-1 和图 1.3-2。

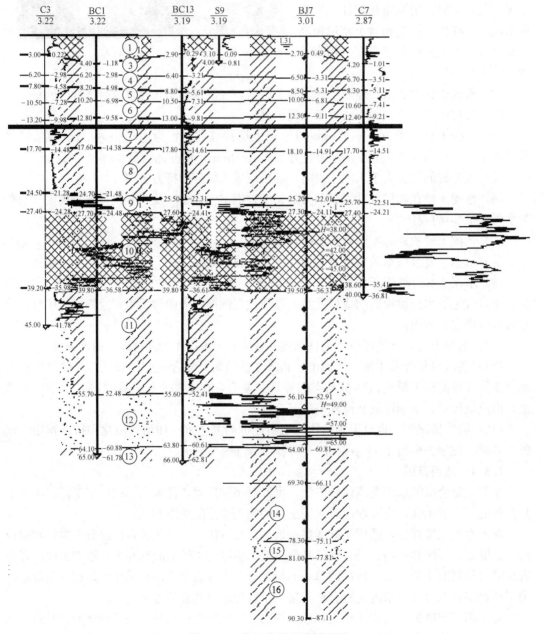

图 1.3-2 场地典型地质剖面图

土的物理力学指标统计表（平均值） 表 1.3-1

层号	地层名称	f_{ak}(kPa)	E_s(MPa)	标准贯入击数 N	液性指数 I_L	孔隙比 e_0
2	粉质黏土	80	5.8	—	0.83	0.923
3	黏土	190	12.3	—	0.35	0.743
4	粉质黏土	150	8.7	—	0.73	0.860
5	粉质黏土	170	10.5	—	0.63	0.821
6	粉质黏土	100	6.1	—	0.87	0.884
7	粉质黏土夹粉土	130	8.5	13.0	0.95	0.924
8	粉质黏土	110	6.9	—	0.94	0.931
9	粉砂	180	25.3	28.7	—	—
10	粉砂	220	44.8	38.2	—	—
11	粉质黏土夹粉土	130	13.3	—	0.88	0.905
12	中砂	240	52.9	64.8	—	—
13	粉质黏土	130	13.6	—	0.83	0.895
14	粉质黏土	170	(21.1)	—	0.66	0.823
15	粉砂	260	(64.5)	93.3	—	—
16	粉质黏土		(18.2)		0.86	0.880

本工程 2 号、3 号住宅楼采用水泥土复合桩基础。水泥土桩采用粉喷桩，桩径为 900mm，桩长 18m，水泥掺入量 15％，水泥土桩身强度不小于 1.2MPa。芯桩采用 PHC 管桩，直径 500mm（PHC500 A 125），桩长 18m，桩端进入⑩层粉砂，单桩承载力特征值 $Ra=2500$kN。

该工程如果采用钻孔灌注桩方案，桩径 700mm，单桩承载力特征值 2500kN，则桩长需 36m。二者对比可知，采用水泥土复合桩方案，节约工程造价 30％以上。

1.4 混凝土桩复合地基技术

1.4.1 发展概述

我国从 20 世纪 70 年代起就开始利用碎石桩加固地基，在砂土、粉土中消除地基液化取得了令人满意的效果。但是工程实践表明，对于砂土、粉土、黏性土地基，碎石桩复合地基提高地基承载力的幅度不大。碎石桩属于散体材料桩，本身没有粘结强度，主要靠周围土的约束传递竖向荷载，土越软，对桩的约束作用越差，桩传递竖向荷载的能力越弱。如果将碎石桩加以改造，使其具有刚性桩的特性，桩的侧阻、端阻能充分发挥，桩的作用就会大大增强，复合地基承载力将大幅提高。

20 世纪 80 年代末，中国建筑科学研究院地基所将碎石桩地基处理技术加以改造，研发了水泥粉煤灰碎石桩复合地基技术。水泥粉煤灰碎石桩（简称 CFG 桩）是在碎石桩桩体中掺加适量石屑、粉煤灰、水泥和砂，加水拌和，形成一种高粘结强度的桩体。通过在建筑物基础和桩顶之间设置一定厚度的褥垫层，保证桩、桩间土共同承担荷载，使桩、桩间土和褥垫层一起构成复合地基。水泥粉煤灰碎石桩复合地基技术可以发挥桩体材料的潜力，又可充分利用天然地基承载力，并能因地制宜，利用当地材料，具有良好的经济效益和社会效益。该技术 1994 年被列为建设部全国重点推广项目，被国家科委列为国家级全国重点推广项目。1997 年被列为国家级工法，并制定了中国建筑科学研究院企业标准，后来列入国家行业标准《建筑地基处理技术规范》JGJ 79。

水泥粉煤灰碎石桩施工最初选用振动沉管打桩机，是基于振动沉管打桩机在我国拥有量很大，但该工艺存在振动和噪声污染，且遇厚砂层和硬土层难以穿透。为解决振动沉管打桩工艺的上述问题，中国建筑科学研究院地基所研制开发了长螺旋钻机和配套的施工工艺，并于 1999 年 12 月通过验收。长螺旋成桩工艺施工便捷、噪声小、效率高、成本低、成桩质量稳定，且对土层的适应性强，成为水泥粉煤灰碎石桩的主要施工工艺。

通过十几年的工程实践，水泥粉煤灰碎石桩复合地基技术从最初应用于多层建筑发展到广泛应用到高层和超高层建筑地基基础。近年来除了水泥粉煤灰碎石桩复合地基外，混凝土灌注桩、预制桩等作为复合地基增强体的工程也越来越多，其工作性状与水泥粉煤灰碎石桩复合地基接近，可统称为混凝土桩复合地基。

1.4.2 技术内容

混凝土桩复合地基是以水泥粉煤灰碎石桩复合地基为代表的高粘结强度桩复合地基。水泥粉煤灰碎石桩与混凝土桩区别仅在于桩体材料的构成不同，而在其受力和变形特性方面没有什么区别。因此水泥粉煤灰碎石桩复合地基的性状和设计计算理论，对混凝土灌注桩、预制桩等刚性桩复合地基均适用。必须指出，褥垫层是刚性桩复合地基的重要组成部分，是保证桩、桩间土共同承担荷载的必要条件。

由于水泥粉煤灰碎石桩和桩间土在褥垫层的调节下能够共同工作，并且水泥粉煤灰碎石桩在满足桩身强度等级条件下能够充分发挥桩的侧阻力和端阻力，从而保证了地基处理后水泥粉煤灰碎石桩复合地基承载力能有较大幅度的提高，从目前应用情况来看，承载力特征值最高已达到 650kPa；采用水泥粉煤灰碎石桩复合地基处理的建筑物还具有地基模量高，提高幅度大，变形量小的特点，在北京地区 20~30 层的高层住宅楼，其绝对沉降量可控制在 50~80mm 以内。

水泥粉煤灰碎石桩和其他桩型组合或两种长度的水泥粉煤灰碎石桩组合可形成多桩型复合地基，如采用水泥粉煤灰碎石桩和碎石桩组合处理地基存在液化且承载力不足的问题，当建筑物地基存在深度不同的两个持力层时，可采用长度不同的两种水泥粉煤灰碎石桩形成长短桩复合地基。

采用水泥粉煤灰碎石桩复合地基对建筑物进行地基处理设计时，除满足复合地基承载力和变形条件外，还要考虑以下诸多因素进行综合分析，确定设计参数。

1. 地基处理目的

设计时必须明确地基处理是为了解决地基承载力问题、变形问题还是液化问题，解决问题的目的不同采用的工艺、设计方法、布桩形式均不同。

2. 建筑物结构布置及荷载传递

目前，水泥粉煤灰碎石桩应用于高层建筑的工程越来越多，地基处理设计时要考虑建筑物结构布置及荷载传递特性。如建筑物是单体还是群体，体型是简单还是复杂，结构布置是均匀还是存在偏心荷载，主体建筑物是否带有裙房或地下车库，建筑物是否存在转换层或地下大空间结构，建筑物通过墙、柱和核心筒传到基础的荷载扩散到基底的范围及均匀性等。总之，在设计时必须认真分析结构传递荷载的特点以及建筑物对变形的适应能力，做到合理布桩，地基处理方可达到预期目的，保证建筑物安全。

3. 场地土质变化

场地土质的变化对复合地基施工工艺的选择和设计参数的确定有着密切的关系，因此在设计时需认真阅读勘察报告，仔细分析场地土质特点。不仅要阅读综合统计指标，而且要阅读每个孔点的试验指标。通过对场地土的了解，对荷载情况、地基处理要求等综合分析，考虑采用何种布桩形式。工程中，水泥粉煤灰碎石桩采用的布桩形式有等桩长布桩、不等桩长布桩、长短桩间作布桩以及与其他桩型联合使用布桩等。需要特别说明的是，有时由于勘察选点距离较大或其他因素，造成勘察报告不能完全反映实际情况，如基底局部存在与勘察报告不符的软弱土层、基底持力土层承载力提供与实际不符等情况。因此，在水泥粉煤灰碎石桩施工前，设计人员应对基底土有一个全面的了解，必要时可及时调整设计。

4. 施工设备和施工工艺

复合地基设计时需考虑采用何种设备和工艺进行施工，选用的设备穿透土层能力和最大施工桩长能否满足要求，施工时对桩间土和已打桩是否会造成不良影响。

5. 场地周围环境

场地周围环境情况是设计时确定施工工艺的一个重要因素。当场地离居民区较近，或场地周围有精密设备仪器的车间和试验室以及对振动比较敏感的管线，施工不宜选择振动成桩工艺，而应选择无振动低噪声的施工工艺，如长螺旋钻管内泵压水泥粉煤灰碎石桩工法。若场地位于空旷地区，且地基土主要为松散的粉细砂或填土，选用振动沉管打桩机施工显然是适宜的。

1.4.3 技术指标

水泥粉煤灰碎石桩复合地基设计主要确定5个参数，分别为桩长、桩径、桩间距、桩体强度、褥垫层厚度及材料。设计程序如图1.4-1所示。

1. 桩长 l

水泥粉煤灰碎石桩应选择承载力相对较高的土层作为桩端持力层，这是水泥粉煤灰碎石桩复合地基设计的一个重要原则。因此，桩长是水泥粉煤灰碎石桩复合地基设计时首先要确定的参数，它取决于建筑物对承载力和变形的要求、土质条件和设备能力等因素。设计时根据勘察报告，分析各土层，确定桩端持力土层和桩长，并根据静载荷试验确定单桩竖向承载力特征值或按公式估算单桩竖向承载力特征值。

2. 桩径 d

水泥粉煤灰碎石桩桩径的确定主要取决于所采用的成桩设备，一般设计桩径为350～600mm。

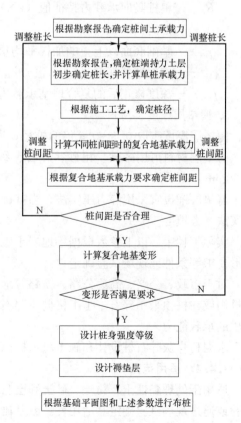

图1.4-1 水泥粉煤灰碎石桩复合地基设计流程图

3. 桩间距 s

桩距应根据基础形式、设计要求的复合地基承载力和复合地基变形、土性、施工工艺等确定，宜取 3～5 倍桩径。设计要求的承载力大时 s 取小值，但施工时需考虑相邻桩之间可能存在串孔对桩身混凝土质量的影响。

4. 桩体强度

原则上，桩体配比按桩体强度控制，桩体试块抗压强度平均值应满足式（1.4-1）的要求；当复合地基承载力进行基础埋深的深度修正时，桩体试块抗压强度平均值应满足式（1.4-2）的要求。

$$f_{cu} \geqslant 4 \frac{\lambda R_a}{A_p} \tag{1.4-1}$$

$$f_{cu} \geqslant 4 \frac{\lambda R_a}{A_p} \left[1 + \frac{\gamma_m (d - 0.5)}{f_{spa}}\right] \tag{1.4-2}$$

式中　f_{cu}——桩体混合料试块（边长 150mm 立方体）标准养护 28d 立方体抗压强度平均值；

　　　λ——单桩承载力发挥系数；

　　　R_a——单桩竖向承载力特征值（kN）；

　　　A_p——桩的截面积（m^2）；

　　　γ_m——基础底面以上土的加权平均重度（kN/m^3），地下水位以下取浮重度；

　　　d——基础埋置深度（m）；

　　　f_{spa}——深度修正后的复合地基承载力特征值（kPa）。

5. 褥垫层厚度及材料

褥垫层厚度宜取 0.4～0.6 倍的桩径，通常厚度为 150～300mm。

褥垫层材料可用中砂、粗砂、碎石、级配砂石等，不宜选用卵石，最大粒径不宜大于 30mm。

褥垫层铺设宜采用静力压实法，当基础底面下桩间土的含水量较低时，也可采用动力夯实法，夯填度≤0.9。

实际工程中，以上参数根据场地岩土工程条件、基础类型、结构类型、地基承载力和变形要求等条件或现场试验确定。

对于市政、公路、高速公路、铁路等地基处理工程，当基础刚度较弱时，宜在桩顶增加桩帽或在桩顶采用碎石＋土工格栅、碎石＋钢板网等方式调整桩土荷载分担比例，以提高桩的承载能力。

水泥粉煤灰碎石桩设计和施工可依据《建筑地基处理技术规范》JGJ 79 的规定进行。

1.4.4　适用范围

适用于处理黏性土、粉土、砂土和已自重固结的素填土等地基。对淤泥质土应按当地经验或通过现场试验确定其适用性。就基础形式而言，既可用于条形基础、独立基础，又可用于箱形基础、筏形基础。采取适当技术措施后亦可应用于刚度较弱的基础以及柔性基础。

目前水泥粉煤灰碎石桩复合地基也应用于路桥等柔性基础，但由于水泥粉煤灰碎石桩复合地基承载性能受基础刚度影响很大，柔性基础下承载性能及桩土荷载分担比例宜通过试验确定。

1.4.5 工程案例

清华科技园科技大厦位于北京市海淀区清华大学东门西侧，清华科技园内。该工程总建筑面积约 18.8 万 m²，为大底盘 4 塔结构（图 1.4-2），东侧两塔与西侧两塔完全对称，底盘尺寸为 128m×124m；地上主体为 4 栋 25 层塔楼，地面至檐口高度 99.9m；裙房 1～4 层不等，屋顶最高处标高 18.8m；地下 3 层，基础底板底标高为 −17.4m。该工程高层部分采用现浇混凝土框架-核心筒结构体系，筏板基础。天然地基土承载力不满足设计要求，采用水泥粉煤灰碎石桩复合地基，水泥粉煤灰碎石桩施工于 2003 年 3 月 18 日开始，2003 年 4 月 21 日结束。

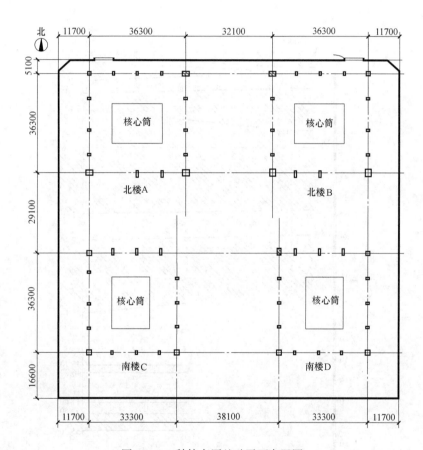

图 1.4-2 科技大厦基础平面布置图

本工程地标高为 51.0m，基底标高为 33.6m，基础坐落在场地第⑤层粉质黏土层上，各层土的物理力学指标和剖面图见表 1.4-1 和图 1.4-3。

土的物理力学指标统计表（平均值） 表 1.4-1

土层编号 \ 土的物理力学指标	含水量 ω（%）	天然重度 γ（kN/m³）	孔隙比 e	液性指数 I_L	压缩模量 Es(MPa) $p_s \sim p_s+100$	$p_s \sim p_s+200$	$p_s \sim p_s+300$	标准贯入试验锤击数 N	各层土承载力标准值（kPa）
③粉砂						(20)		20	210
④粉质黏土	22.0	20.4	0.62	0.50	7.1	8.3	9.5	4	150

续表

土的物理力学指标 土层编号	含水量 ω (%)	天然重度 γ (kN/m³)	孔隙比 e	液性指数 I_L	压缩模量 Es(MPa)			标准贯入 试验锤击 数 N	各层土承 载力标准 值(kPa)
					p_s~ p_s+100	p_s~ p_s+200	p_s~ p_s+300		
⑤粉质粉土	21.6	20.4	0.62	0.41	10.9	12.0	13.2	17	190
⑥卵石						(50)		35*	450
⑦粉质黏土	23.0	20.1	0.66	0.35	14.5	15.4	16.6		230
⑧卵石						(55)		117	500
⑧₁粉细砂						(35)		15	260
⑧₂粉质黏土	25.5	19.7	0.74	0.40	20.2	21.4	23.4		280
⑧₃砾砂						(35)		5	260
⑧₄黏质粉土	24.0	20.0	0.67	0.31	31.4	31.4	35.3		280

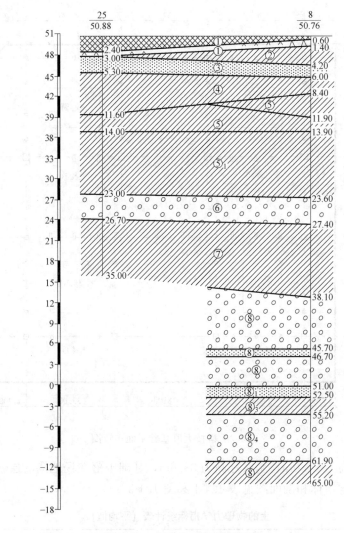

图 1.4-3 场地典型地质剖面图

结构设计提出的复合地基设计条件如下：

1. 地基承载力

复合地基承载力特征值需满足表 1.4-2 的荷载要求，同时应使复合地基抗力中心应与高层部分荷载作用中心基本重合。

复合地基设计条件　　　　　　　　　　　　　　　　表 1.4-2

楼座	基础底面处的平均压力标准值(kN/m^2)	
	核心筒及外扩部分	高层框架柱及外扩部分
北塔	620.0	420
南塔	630.0	470

2. 变形

（1）高层部分在附加应力作用下最终沉降量≤40mm；

（2）高层核心筒与外框柱在不考虑底板调节时沉降差不大于1‰；

（3）为控制倾斜，沉降差≤30mm。

本工程水泥粉煤灰碎石桩复合地基方案，施工工艺采用长螺旋钻管内泵压施工工艺。CFG 桩复合地基以第⑧层卵石为桩端持力层。各楼座的设计参数见表 1.4-3。

各楼座 CFG 桩复合地基设计参数　　　　　　　　　表 1.4-3

楼座	有效桩长（m）	桩径（mm）	桩间距（m）	桩数（根）	褥垫层厚度（cm）	桩身强度等级
北楼(A、B)	22.5	415	1.35～1.80	704×2	20	C25
南楼(C、D)	22.5	415	1.35～1.80	722×2	20	C25

本工程施工采用长螺旋钻管内泵压施工工艺，4 栋塔楼采用 4 台设备，平均每台设备每天施工 28 根桩。从现场施工情况来看，个别钻孔进入桩端持力层后遇到粒径较大的卵石，钻进难度加大，钻头磨损严重。

施工完毕后，由具有检测资质的单位对每栋塔楼进行如下检测试验：

1. 静载荷试验

（1）核心筒及外扩部分：2 台单桩复合地基静载荷试验；

（2）外框架机外扩部分：2 台单桩静载荷试验和 1 台桩间土静载荷试验。

2. 低应变检测

对桩身质量进行了低应变检测，抽检数量为每栋塔楼布桩数量的 10%。

静载荷试验检测结果见图 1.4-4、图 1.4-5，核心筒及外扩部分和外框柱及外

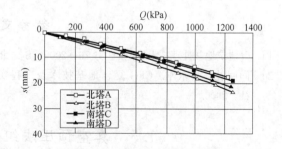

图 1.4-4　核心筒及外扩部分单桩
复合地基 $p\text{-}s$ 曲线

扩部分水泥粉煤灰碎石桩复合地基承载力均满足设计要求。各楼座低应变检测结果表明桩身完整。

在结构施工过程中，业主委托专业的测量单位对 4 栋塔楼进行了沉降观测，其中 A 塔楼、B 塔楼的沉降-时间曲线见图 1.4-6。在结构封顶时，建筑物沉降量均在 25mm 左右。建筑物装修完成后，建筑物沉降量在 40mm，沉降还未稳定，从沉降-时间曲线预估建筑物最终沉降量将在 50mm（包括回弹再压缩变形）；从图 1.4-6 可以看出，核心筒沉降量略大于外框柱，但其沉降值基本趋于一致。核心筒和外框柱之间的沉降差很小。能够

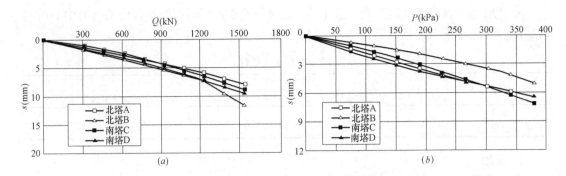

图 1.4-5　外框柱及外扩部分单桩 Q-s 曲线和桩间土 p-s 曲线

(a) 单桩 Q-s 曲线；(b) 桩间土 p-s 曲线

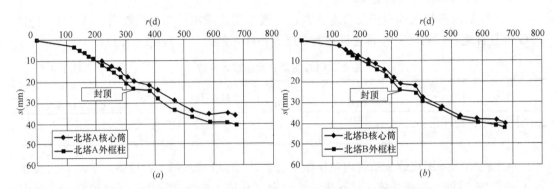

图 1.4-6　A 塔楼、B 塔楼沉降-时间曲线

(a) A 塔楼；(b) B 塔楼

满足设计要求。可见清华科技园科技大厦采用水泥粉煤灰碎石桩复合地基处理是成功的。

参 考 文 献

[1]　《建筑地基处理技术规范》JGJ 79—2002 [S]. 北京：中国建筑工业出版社，2002.

[2]　闫明礼，张东刚. CFG 复合地基技术及工程实践 [M]. 第二版. 北京：中国水利电力出版社，2006.

1.5　真空预压法组合加固软基技术

1.5.1　发展概述

真空预压加固软土地基的方法最早是由瑞典皇家地质学院于 1952 年提出的。最先获得成功的是 1958 年美国费城国际机场跑道扩建工程，该工程用真空井点降水与排水砂井相结合，解决了飞机跑道的扩建工程。20 世纪 70 年代中期，日本大阪港采用塑料排水板与真空降水相结合的方法，使吹填土尽快从泥浆状态转变为具有一定承载力的地基，取得了理想的效果。1982 年，日本大阪南港在第二阶段的加固工程中，采用袋装砂井或排水纸板作为垂直排水通道，采用抽真空与抽水相结合来降低水位的方法。20 世纪 90 年代以来，该方法在越来越多的项目中得到应用，如 1990 年法国 Ambes 的油罐工程与 Lamentin 的高速公路与机场护坦工程、韩国 1995 年的 Khimae 污水处理厂和 1996 年 Jangyoo 污水处理厂、2001 年德国 Hamburg 机场仓库工程。

我国 20 世纪 50 年代末开始对这一方法进行室内试验研究。1957 年 807 部队和哈尔滨军事工程学院在室内和室外做过真空预压试验；1959 年天津大学开展了室内真空预压试验研究来探讨真空预压的规律性和效果；同年南京水利科学研究所在天津做了电渗真空砂井联合作业法的试验研究；1960 年同济大学和南京水利科学研究所在上钢一厂做了小型现场试验。由于受到当时国内设备水平及材料水平的局限，当时没有大排气量的真空泵，也没有轻、薄、不透气、易粘接的材料作为真空膜，导致膜下与土层中真空度达不到预期的要求，因而不能付诸生产实践。

到了 20 世纪 80 年代，以交通部第一航务工程局为主，天津大学、南京水利科学院土工所参加的联合攻关小组，对该项加固技术又重新进行了探索和研究。经过几年的努力，一航局解决了关键的抽气设备，用射流泵代替了上述真空泵，很好地解决了水气分离问题，使抽真空的效率大大提高，膜下真空度稳定在 530mmHg，最大可达到 600mmHg，从而使该项加固技术的施工工艺有了突破性地进展，使之能满足加固大面积软土地基的要求，并使相当的预压荷载达到 80kPa。该法在天津新港经历了由探索试验（11m×24m）、中间试验（550m^2，1250m^2），最后到生产应用（3000m^2/块）的过程，逐步走向完善成熟。

与此同时，国内也有不少地方采用该法加固软土地基，并不断改进，使现行的施工工艺越来越完善。如福州市采用此法加固某软土地基，真空度达到 640mmHg，相当预压荷载达到 87kPa。1984 年由南京水科院与江苏盐业公司基础工程处在连云港海滩共同进行了现场试验，当时进行的是生产性试验，试验后的场地即用作生产地基，其面积为 4000m^2，是当时国内单块面积最大的。

随着真空预压法施工技术和工艺的成熟和人们对加固机理认识的加深，它的应用范围也越来越广，成为目前加固软土地基的一个行之有效的、常规实用的方法，广泛应用于港口、机场和工业与民用建筑等工程的地基加固中，在吹填土软基处理方面更是得到了大量应用，并编制了《真空预压加固软土地基技术规程》JTS 147—2。

1.5.2 技术内容

预压法分为堆载预压法、真空预压法和真空堆载联合预压法三类。

1. 堆载预压法

堆载预压是通过增加土体的总应力，并使超静水压力消散来增加其有效应力，使土体压缩和强度增长。堆载预压法是在地基表面荷载作用下使软土产生固结，其优点是可控性较好，地基土沉降比较均匀，处理深度主要受堆载荷载大小及排水板长度影响。缺点是工期相对较长，土体会产生部分侧向变形，需要堆载土源。

2. 真空预压法

真空预压法则是在总应力不变的条件下，使孔隙水压力减小，有效应力增加，土体强度增长。对于在持续荷载下体积会发生很大压缩和强度会增长的土，而又有足够时间进行预压时，这种方法特别适用。

由于抽真空产生负压，增加的是球向应力，土体向内收缩变形，其优点是地基不会因填土速率快而出现稳定性问题。缺点是技术要求复杂，受到抽真空效果的影响，土体沉降速率不稳定，且最大真空度仅能达到 80kPa，处理深度一般不大于 8m。

　　3. 真空堆载联合预压法

　　当设计地基预压荷载大于 80kPa，且进行真空预压处理地基不能满足设计要求时可采用真空堆载联合预压地基处理。

　　真空联合堆载预压法是在真空预压的基础上，在膜下真空度达到设计要求并稳定后，进行分级堆载（见图 1.5-1），并根据地基变形和孔隙水压力的变化控制堆载速率。堆载预压施工前，必须在密封膜上覆盖无纺土工布以及黏土（粉煤灰）等保护层进行保护，然后分层回填并碾压密实。与单纯的堆载预压相比，加载的速率相对较快。在堆载结束后，进入联合预压阶段，直到地基变形的速率满足设计要求，然后停止抽真空，结束真空联合堆载预压。

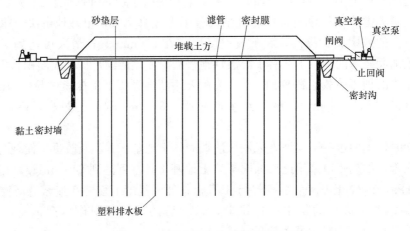

图 1.5-1　真空联合堆载预压示意图

1.5.3　技术指标

1. 排水系统

水平排水砂垫层应符合如下要求：

（1）厚度不应小于 500mm。

（2）砂垫层砂料宜用中粗砂，黏粒含量不宜大于 3%，砂料中可混有少量粒径小于 50mm 的砾石。砂垫层的干密度应大于 1.5g/cm³，其渗透系数宜大于 10^{-2} cm/s。

（3）在预压区边缘应设置排水沟，在预压区内宜设置与砂垫层相连的排水盲沟。

（4）砂井的砂料应选用中粗砂，其黏粒含量不应大于 3%。

　　竖向排水体砂井的砂料宜用中砂或粗砂，含泥量应小于 3%，砂井的实际灌砂量不得小于计算值的 95%；砂袋或塑料排水带埋入砂垫层中长度不应少于 500mm，平面井距偏差不应大于井径，垂直度偏差宜小于 1.5%；拔管后带上砂袋或塑料排水带的长度不应大于 500mm，回带根数不应大于总根数的 5%；塑料排水带接长时，应采用滤膜内芯板平搭接的连接方式，搭接长度应大于 200mm。

　　排水竖井可采用等边三角形或正方形排列的平面布置，等边三角形排列时，竖井的有效排水直径 d_e 与间距 l 的关系为：$d_e = 1.05l$；正方形排列时，竖井的有效排水直径 d_e 与间距 l 的关系为 $d_e = 1.13l$。

排水竖井的深度应符合如下规定:

(1) 根据建筑物对地基的稳定性、变形要求和工期确定。

(2) 对以地基抗滑稳定性控制的工程,竖井深度至少应超过最危险滑动面 2.0m。

(3) 对以变形控制的建筑,竖井深度应根据在限定的预压时间内需完成的变形量确定。竖井宜穿透受压土层。

2. 预压荷载

预压荷载大小、范围、加载速率应符合如下规定:

(1) 预压荷载大小应根据设计要求确定。对于沉降有严格限制的建筑,应采用超载预压法处理,超载量大小应根据预压时间内要求完成的变形量通过计算确定,并宜使预压荷载下受压土层各点的有效竖向应力大于建筑物荷载引起的相应点的附加应力。

(2) 预压荷载顶面的范围应等于或大于建筑物基础外缘所包围的范围。

(3) 加载速率应根据地基土的强度确定。当天然地基土的强度满足预压荷载下地基的稳定性要求时,可一次性加载,否则应分级逐渐加载,待前期预压荷载下地基土的强度增长满足下一级荷载下地基的稳定性要求时方可加载。

堆载预压法施工时应根据设计要求分级逐渐加载。在加载过程中应每天进行竖向变形量、水平位移及孔隙水压力等项目的监测,且应根据监测资料控制加载速率。

3. 真空预压

真空预压法施工应符合下列规定:

(1) 应根据场地大小、形状及施工能力分块分区进行,每个加固区应用整块密封薄膜覆盖。

(2) 真空预压的抽气设备宜采用射流真空泵,空抽时应达到 95kPa 以上的真空吸力,其数量应根据加固面积和土层性能等确定。

(3) 真空管路的连接点应密封,在真空管路中应设置止回阀和闸阀;滤水管应设在排水砂垫层中,其上覆盖厚度 100~200mm 的砂层。

(4) 密封膜热合粘结时宜用双热合缝的平搭接,搭接宽度应大于 15mm,应铺设两层以上,覆盖膜周边采用挖沟折铺、平铺用黏土压边、围埝沟内覆水以及膜上全面覆水等方法进行密封。

(5) 真空预压的膜下真空度应稳定地保持在 650mmHg 以上,且应均匀分布,竖井深度范围内土层的平均固结度应大于 90%。

(6) 当处理区有充足水源补给的透水层或有明显露头的透气层时,应采用封闭式截水墙形成防水帷幕等方法以隔断透水层或透气层。

(7) 施工现场应连续供电;当连续 5d 实测沉降速率小于等于 2mm/d,或满足设计要求时,可停止抽真空。

4. 加固效果监测检测

堆载预压,必须分级堆载,以确保预压效果并避免坍滑事故。一般以每天的沉降速率、边桩位移速率和孔隙水压力增量等指标控制堆载速率。堆载预压工程的卸载时间应从安全性考虑,其固结度应满足设计要求,现场检测的变形速率应有明显变缓趋势或达到设计要求才能卸载。

真空预压的真空度可一次抽气至最大,当实测沉降速率和固结度符合设计要求时,可停止抽气。

一般工程在预压结束后，应进行十字板剪切强度或标贯、静力触探试验，但重要建筑物地基应进行承载力检验。如设计有明确规定应按设计要求进行检验。检验深度不应低于设计处理深度。验收检验应在卸载3~5d后进行。

应对预压的地基土进行原位试验和室内土工试验。加固后地基排水竖井处理深度范围内和竖井底面以下受压土层所完成的竖向变形和平均固结度应满足设计要求。对于以抗滑稳定性控制的重要工程，应在预压区内预留孔位，在堆载不同阶段进行原位十字板剪切试验和取土进行室内土工试验，根据试验结果验算下一级荷载地基的抗滑稳定性，同时也检验地基处理效果。

1.5.4 适用范围

在我国广泛存在着海相、湖相及河相沉积的软弱黏土层，这种土的特点是含水量大、压缩性高、强度低、透水性差。该类地基在建筑物荷载作用下会产生相当大的变形或变形差。对于该类地基，尤其需大面积处理时，譬如在该类地基上建造码头、机场等，真空预压法以及真空堆载联合预压法是处理这类软弱黏土地基的较有效方法之一。

1.5.5 工程案例

川沙A-1地块场地形成工程位于浦东新区川沙黄楼镇，场地为平原水网地区，地貌类型为长江三角洲滨海平原，场区主要由明浜、道路、桥梁、农田区、绿化区种植组成，场地内的现状道路主要多为3~7m宽的乡村小道，工程范围内河网众多，场地内河道纵横交错，主要骨干河道呈三横一纵分布，除此之外还有大量的无名小河道。采用真空预压法进行地基处理，施工现场照片见图1.5-2，主要施工工艺和要点如下：

图1.5-2 真空预压施工现场

1. 原材料的选择

真空预压整个工艺流程需要多种材料,各材料及设备的性能直接影响真空预压的效果,确保各种材料的性能指标符合要求,是保证真空预压顺利进行的前提。

因黄沙透水性能好,水平滤水层采用砂垫层,铺设 500mm 厚中、粗砂,含泥量小于 5%,干密度大于 $1.5 \times 10^3 \mathrm{kg/m^3}$,渗透系数大于 $1 \times 10^{-1} \mathrm{mm/s}$,采用推土机碾压,清理平整砂垫层并拣除表层带棱角石子等杂物。

本工程排水板根据区块选用 SPB100-C 型原生料塑料排水板或 SPB100-C 型原生料整体式塑料排水板。水平排水管主管采用 $\phi75$ 波纹管,滤管采用 $\phi63$ 打孔波纹管,主管与滤管之间应用软胶管连接。无纺土工布规格采用单位面积质量为 $250 \mathrm{g/m^2}$,其各项性能指标应满足国家有关标准,土工布应用工业缝纫机缝合,缝合尼龙线强度$\geqslant$150N。真空膜厚度满足 $0.12 \sim 0.16 \mathrm{mm}$,且撕裂强度和抗拉强度需满足要求。

2. 真空预压设备

真空预压设备采用功率为 7.5kW 的射流真空泵,其抽真空度大于 96kPa,为了防止坏泵等突发情况,在各加固区域预留 2 台备用泵。

3. 密封膜的施工

密封膜采用热合粘结法拼成一个大于处理面积的整块塑料膜,搭接宽度不小于 20mm,真空膜的大小按加固区四周各伸出 4m 左右确定,周边真空膜完整埋入密封沟,回填黏土做好密封并压实。第一层塑料膜铺设好后,应检查搭接缝并及时补破漏孔洞,符合要求后再铺设第二层真空膜,第二层真空膜同第一层真空膜一样铺设并检查。

相邻区域在抽真空过程中,共用密封墙处的密封膜容易被拉裂,膜铺设时的松紧程度做一定预留,如产生拉裂情况,则立即对其进行密封膜修补措施。

相邻区域抽真空及卸载存在时间差,须考虑区域间的密封膜搭接和密封性的处理措施,建议在先施工区域密封膜铺设时,在封膜沟中同时压入相邻两区密封膜,对后施工区域一侧预留约 10m 宽度的密封膜,在后一区施工时由现场进行粘结,以减少后续铺膜施工对前期施工密封膜产生不利影响。

4. 抽真空设备

真空预压加固区按每 1000m² 左右的加固面积配备一套真空泵系统,布设位置以每台真空泵抽真空有效面积最大为原则。抽水设备的数量应该根据设计要求配置,若加固区透气性较大时有效控制面积为 $600 \sim 800 \mathrm{m^2}$,一般需配置两台备用泵。本工程各地块每台泵的有效控制面积最大约 1600m²,最小约 850m²,大部分地块在 1100m²。

通过改进泵的形式、设置泵的开启数量,构建更完善的加压系统。在开始试抽的时候,开泵的数量应该慢慢地增加,不可一下全部开启,以防止真空膜被拉坏。根据本工程实施的地块的情况来看,当稳压正常后保证 70% 以上的开泵率能有效地保证真空度在 80kPa 以上。

在真空预压过程当中,根据实际情况确定开启数量:

(1)试抽气时开启少数设备;

(2)初始阶段保证 90% 以上开启率;

(3)在确保真空度的情况下,根据监测数据适当调整开启数量,如根据设备编号及工作日调整设备开启的时间,但每区块真空泵开启数量不得低于 50%。

5. 围堰覆水

真空预压稳定后,结合压膜沟,填筑一圈包围加固场地的黏土覆水围堰,围堰截面为底宽约 1.5m,顶宽约 1.0m,高约 0.5m 的等腰梯形。将射流真空泵抽出的水打入围堰,逐渐形成 20～30cm 厚的水层,覆水层能起到堆载预压及防止真空膜氧化老化的作用,进一步增强加固效果,确保处理后地基的承载力在 80kPa 以上。为了防止覆水围堰发生渗透,在围堰内侧及顶部埋设一层宽约 2m 的密封膜。围堰施工及覆水效果见图 1.5-3。

图 1.5-3　围堰施工及围堰覆水

6. 施工监测

(1) 垂直位移监测高程控制网测量

采用独立水准系,在远离施工影响范围以外南、北两侧各布置一组稳固水准点,沉降变形监测基准网以上述永久水准基准点作为起算点,组成水准网进行联测。

(2) 监测点垂直位移测量

每次测量时,在需要进行沉降测量的区域附近选定一个高程控制工作点,与深埋水准基点按二等水准测量要求进行连测,并计算其高程。

(3) 土体分层沉降监测

在埋设的测管内慢慢放入沉降仪测头,每到一个磁环埋设点,沉降仪测头感应信号并启动声响器,根据声响读取钢尺距管顶的距离,管顶高程以二等水准联测求得,由管顶高与沉降仪钢尺上的读数求得磁环埋设点的高程。各点累计沉降量等于实时测量值与其初始值的变化量。本次测量值与前次测量值的差值为本次变化量。采用 CJY-80 钢尺沉降仪。

(4) 孔隙水压力监测

真空预压势必引起土体中孔隙水压力的变化,对孔隙水压力的变化进行监测,可以有依据地分析地基处理效果,以达到施工的有效目的。用振弦式孔隙水压力计实测其频率的变化,根据出厂时标定的频率-压力率定值,求得孔隙水压力值。

由各项监测数据表明,此工程中真空预压法加固软基的效果较明显。从加上真空荷载开始每个加固区都在一周内达到了设计荷载 80kPa,并在加固时间内,其余的加固区基本保持稳定的真空设计荷载。各区抽真空的时间长度都达到了 45d 以上。各加固区的固结度均达到了 85% 以上,地表沉降均值都达到了设计目标沉降值要求。

参 考 文 献

[1]　刘国彬，王卫东. 基坑工程手册 [M]. 第二版. 北京：中国建筑工业出版社，2009.
[2]　刘芝平. 真空预压法加固软土地基机理研究及其应用 [D]. 江苏：东南大学，2005.
[3]　《建筑地基处理技术规范》JGJ 79—2012 [S]. 北京：中国建筑工业出版社，2012.
[4]　《建筑地基基础工程施工质量验收规范》GB 50202—2002 [S]. 上海市建设和管理委员会，2002.

1.6　装配式支护结构施工技术

1.6.1　发展概述

1950 年意大利开发了地下连续墙的施工技术。我国也是较早应用地下连续墙施工技术的国家之一。近年来，预制地下连续墙技术成为国内外地下连续墙研究和发展的一个重要方向，其施工方法是按常规的施工方法成槽后，在泥浆中先插入预制墙段、预制桩等预制构件，然后以自凝泥浆置换成槽用的护壁泥浆，或直接以自凝泥浆护壁成槽插入预制构件，以自凝泥浆的凝固体填塞墙后空隙和防止构件间接缝渗水，形成地下连续墙。采用预制地下连续墙技术施工的地下墙墙面光洁、墙体质量好、强度高，并可避免在现场制作钢筋笼和浇混凝土及处理废浆。

在常规预制地下连续墙技术的基础上，国内又研究和发展了一种新型预制地下连续墙，即采用常规的泥浆护壁成槽，在成槽后，插入预制构件并在构件间采用现浇混凝土将其连成一个完整的墙体，该工艺是一种相对经济又兼具现浇地下墙和预制地下墙优点的研究发展方向[1]。

工具式组合内支撑是在混凝土内支撑技术的基础上发展起来的一种内支撑结构体系，该技术在多种围护形式并用时优势明显，具有较高的经济效益。目前常见的工具式组合内支撑形式有预应力鱼腹梁工具式组合内支撑技术、工具式组合钢管抛撑施工技术、地下连续墙工具式组合内支撑体系等。

装配式预应力鱼腹梁钢结构支撑，简称 IPS 工法（Innovative Prestressed Support System 的缩写），是应用预应力原理开发出的一种技术先进的新型支护结构。该技术是采用下弦为钢绞线的鱼腹梁形成大刚度的围檩梁，增大支撑间距，利用组合式对撑和角撑形成的完整支撑体系，形成较大开放空间来替代只有较小开放空间的传统支撑，实现了支护结构技术的跨越式发展。它不仅形成支撑之间的巨大空间，改善了施工条件，而且形成了一套高效控制基坑坑壁水平位移的基坑设计与施工技术。同时可大大减少土方开挖的工期，减少支护结构的安装、拆除工期。该支撑体系的构件都是标准化、工具式的，可多次重复使用[2]。

装配式预应力鱼腹梁钢结构支撑不仅能显著改善地下工程的施工作业条件，而且大大减少了围护结构的安装、拆除、土方开挖及主体结构施工的造价及工期。与传统内支撑支护系统相比，该支护系统的支护成本和施工成本降低 20% 以上（大大减少了立柱和支撑的数量），安装、拆除、挖土及地下室施工工期缩短 40% 以上，且形成开阔的空间，使挖土、运土及地下室施工便捷。及时支护并施加预应力使基坑周边地层的沉降和水平位移量减小。构件材料全部回收重复使用，符合国家节能减排的产业政策。

1.6.2 技术内容

1. 预制地下连续墙

与常规现浇地下连续墙相比，预制地下连续墙有其特有的优点[1]：

（1）工厂化制作可充分保证墙体的施工质量，墙体构件外观平整，可直接作为地下室的建筑内墙，不仅节约了成本，也增大了地下室面积。

（2）由于工厂化制作，预制地下连续墙与基础底板、剪力墙和结构梁板的连接处预埋件位置准确，不会出现钢筋连接器脱落现象。

（3）墙段预制时可通过采取相应的构造措施和节点形式达到结构防水的要求，并改善和提高了地下连续墙的整体受力性能。

（4）为便于运输和吊放，预制地下连续墙大多采用空心截面，减小自重节省材料，经济性好。

（5）可在正式施工前预制加工，制作与养护不占绝对工期；现场施工速度快；采用预制墙段和现浇接头，免掉了常规拔除锁口管或接头箱的过程，节约了成本和工期。

（6）由于大大减少了成槽后泥浆护壁的时间，因此增加了槽壁稳定性，有利于保护周边环境。

2. 装配式预应力鱼腹梁钢结构支撑[3]

装配式预应力鱼腹梁钢结构支撑系统（鱼腹梁支撑）是通过引进、吸收和创新获得的。预应力鱼腹梁结构与传统支撑梁结构的受力比较如图 1.6-1 所示，从图可以看出，在基坑外水土压力作用下，预应力鱼腹梁式围檩结构将向基坑变形，通过对钢绞线进行张拉，施加预应力，张紧的钢绞线将给鱼腹梁支撑杆件产生了一个较大的反作用力，从而使作用于鱼腹梁围檩上的弯矩大大减小，也就降低了鱼腹梁的弯曲变形量，等同于使预应力鱼腹梁产生了较大抗弯刚度。将预应力鱼腹梁通过专用结点与角撑或对撑梁组合在一起，组成了预应力支护系统。

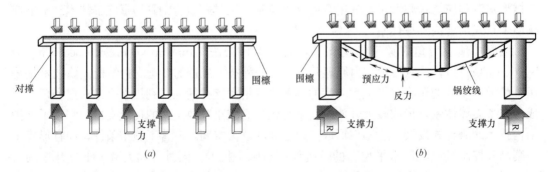

图 1.6-1 预应力鱼腹梁结构与传统支撑梁结构的受力图

（a）传统支撑梁结构；（b）预应力鱼腹梁结构

3. 工具式组合内支撑

工具式组合内支撑主要利用组合式构件截面灵活可变、加工方便、适应性广的特点，可在各种地质情况和复杂周边环境下使用。该技术具有施工速度快、支撑形式多样、计算理论成熟、可拆卸重复利用、节省投资等优点，具有较强的市场竞争力，其综合效益可观。

1.6.3 技术指标

1. 预制地下连续墙[4]

（1）预制墙段墙缝宜采用现浇钢筋混凝土接头，预制地下连续墙的厚度应比成槽厚度小 20mm，预制墙段与槽壁间的前后缝隙宜采用压密注浆填充。

（2）因受起重设备性能的限制，预制地下连续墙墙段划分宽度一般为 3.0～4.0m。成槽时，一般按照先转角幅，后直线幅的顺序施工，槽段之间应连续成槽。通常导墙宽度需比预制墙段的厚度大 4cm 左右，成槽深度需大于设计深度 10～20cm。

墙段的吊放应根据其重量、外形尺寸选择适宜的吊装设备，并在导墙上安装垂直导向架以确保墙段平面位置沉放准确。预制墙段厚度方向的垂直度则主要通过成槽时的垂直度、垂直导向架来控制。预制墙段的竖直向设计标高则是通过导墙上搁置点标高、专用搁置横梁高度、临时定位吊耳及墙段的长度来控制的。

（3）预制地下连续墙宜采用连续成槽法进行成槽施工，预制地下连续墙成槽施工时应先施工转角幅后直线幅，成槽深度应比墙段埋置深度大 100～200mm。

（4）预制墙段施工接头可分为现浇钢筋混凝土接头和升浆法树根桩接头。两种接头形式单幅墙段的两端均采用凹口形式。现浇钢筋混凝土接头施工中两幅墙段内外边缘尽量贴近，待两幅墙段均入槽固定就位后，在接缝的凹口当中下钢筋笼并浇筑混凝土用以连接两幅墙段，其深度同预制地下连续墙。现浇钢筋混凝土施工接头节点示意图见图 1.6-2。

升浆法树根桩接头与现浇钢筋混凝土接头施工方法相似，区别在于树根桩接头是在接缝的凹口当中下钢筋笼，以碎石回填后再注入水泥浆液用以连接两幅墙段。

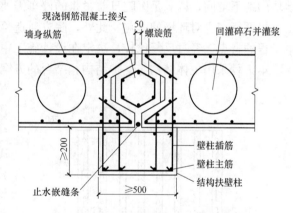

图 1.6-2 现浇钢筋混凝土接头示意图

2. 装配式预应力鱼腹梁钢结构支撑

（1）立柱材料主要有 H 型钢立柱、矩形钢管内充填混凝土构成的立柱和预制钢筋混凝土方柱立柱等。

（2）围檩随支撑架设顺序逐段吊装，围檩就位后应检查钢三角托架是否松动，连接部位和搭接部位必须使用摩擦型高强螺栓紧固连接。

（3）支撑梁的强度验算应满足其设计计算强度小于或等于其材料的强度设计值，可按简支梁进行材料的强度验算。

（4）装配式预应力鱼腹梁钢结构支撑拆除区域，应按设计要求完成换撑，换撑体混凝土强度、主体结构的楼板或底板混凝土强度达到设计强度后方可拆除。拆除顺序一般按安装的逆序进行，即先卸除预应力钢绞线上的预应力，然后解除对撑和角撑上的预应力。

3. 工具式组合内支撑

（1）工具式组合内支撑的连接主要采用焊接或高强螺栓连接，应保证连接质量，使其连接成为一整体受力体系。

（2）在众多工具式组合内支撑的工程应用中，施加预应力是其中的重要环节，施加预应力成功与否，直接影响到基坑支护的效果，因此，该环节应严格把关，详实记录。为减少温度对预加轴力的影响，选择在气温较低的时段施加预应力。

工具式组合内支撑的设计和施工应符合国家标准《钢结构设计规范》GB 50017 和行业标准《建筑基坑支护技术规程》JGJ 120 的要求。

1.6.4　适用范围

预制地下连续墙一般仅适用于 9m 以内的基坑，适用于地铁车站、周边环境较为复杂的基坑工程等；预应力鱼腹梁支撑适用于市政工程中地铁车站、地下管沟基坑工程以及各类建筑工程基坑，预应力鱼腹梁支撑适用于温差较小地区的基坑，当温差较大时应考虑温度应力的影响。工具式组合内支撑适用于周围建筑物密集，施工场地狭小，岩土工程条件复杂或软弱地基等类型的深大基坑。

1.6.5　工程案例

1. 预制地下连续墙[1]

瑞金医院地下车库工程地处上海市瑞金医院内，车库埋深为 5.8m，平面尺寸约为 40m×90m，总面积约 3500m²。院方要求在保护周围原有大树的前提下最大限度地利用该地块的地下空间，以满足医院日益紧张的停车需要；同时由于医院的特殊性，必须文明施工，尽可能减少对环境的影响。此外，院方对造价和施工工期也提出了较高的要求。针对本工程的特点，经过反复比较，决定在设计施工中采用预制地下连续墙技术。

本工程采用主体结构与支护结构相结合的方案，利用预制地下连续墙既作为地下车库施工阶段的基坑围护墙，在正常使用阶段又作为地下室结构外墙，即"两墙合一"。本工程地下结构采用逆作法施工，施工阶段利用地下结构梁、板等内部结构作为水平支撑构件，采用一柱一桩即钻孔灌注桩内插型钢格构柱作为竖向支承构件。

本工程车库外墙采用预制地下连续墙加现浇混凝土接头的工艺，预制地下连续墙厚度为 600mm，槽段墙板深度 12m，槽段宽度一般为 3.0～4.05m，共有 73 幅槽段。由于采用了与主体结构相结合的结构形式，地下室结构梁板作为水平支撑，水平刚度大，墙体的变形和内力均大为减小，因而墙体截面设计和配筋较为经济。本工程在每两幅墙体的接缝处均设置壁柱，既加强了墙体的整体性，又有利于墙体的抗渗。预制墙段典型立面图如图 1.6-3 所示。

地下连续墙顶设置顶圈梁且与顶板

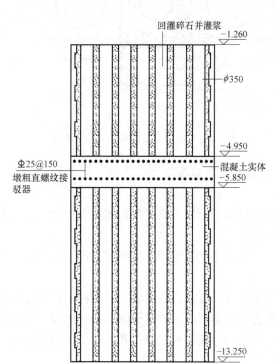

图 1.6-3　瑞金医院预制墙段典型立面图

整浇。地下连续墙在与底板连接位置设计成实心截面，并在墙段内预埋接驳器与底板钢筋相连，同时沿接缝设置一圈水平钢板止水带以防止接缝渗水。每幅预制地下连续墙墙底设置两个注浆管，总注浆量不小于 $2m^3$ 且应上泛至墙顶，该措施有效控制了墙身的沉降，工程结束后经检测地下连续墙墙身累计沉降量较小。预制墙段配筋典型平剖面图如图 1.6-4 所示。预制墙段基础底板预埋件详图如图 1.6-5 所示。

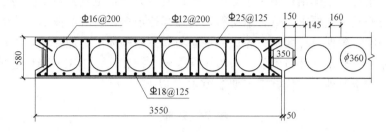

图 1.6-4 瑞金医院预制墙段配筋典型平剖面图

本工程的施工过程中，对以下内容进行了监测：医院内道路地下管线的沉降与水平位移、连续墙墙体的侧移、连续墙墙顶的沉降与水平位移及立柱桩的沉降。

监测结果表明，地下管线累计最大沉降量为 6.0mm，平均沉降量为 2.96mm，地下管线最大水平位移为 3.0mm，平均位移为 1.0mm。在预制连续墙墙体内设置了 2 个测点对墙体的侧移进行了监测，从测斜数据的变化情况来看，随着开挖深度的增加，墙体的侧移逐渐增大。在开挖到基坑底部位置的时候侧移值最大，达到了 10.84mm（位于地面下约 6.5m 深度处）。预制地下连续墙墙顶的沉降及水平位移变化情况与周边环境的变

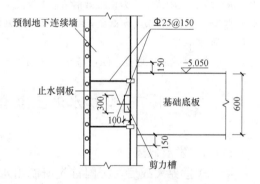

图 1.6-5 瑞金医院预制墙段基础底板预埋件详图

形规律基本一致。施工阶段立柱桩平均隆起量为 2.3mm，最大隆起量为 4.6mm，未对结构梁板产生不良影响，在正常使用阶段结构整体状况良好。

2. 装配式预应力鱼腹梁钢结构支撑[2]

某工程位于上海市嘉定区，本工程分为北区和南区。北区主要由 2 幢 28 层高层住宅、3 幢 26 层高层住宅、2 层地下车库及门卫、垃圾房等附属建筑物组成；南区主要由 2 幢 28 层高层住宅、1 幢 18 层高层住宅、2 层满堂地下车库及 K、P 型站等附属建筑物组成。高层住宅均为剪力墙结构，地下车库为框架结构。

北区基坑总面积约 13646m²，总延长米约为 463m，地下车库普遍区域开挖深度为 7.75m，高层区开挖深度为 8.30m，基坑周边集水井部位开挖深度为 8.95m。支护设计方案为灌注桩＋三轴搅拌桩止水帷幕＋一道装配式预应力鱼腹梁钢结构支撑。

南区基坑总面积约 7963m²，总延长米约 443m，地下车库普遍区域开挖深度为 7.10m，高层区开挖深度为 7.65m，基坑周边集水井部位开挖深度为 8.30m。支护设计方案为 SMW 工法桩＋一道装配式预应力鱼腹梁钢结构支撑。

优点及经济效益对比如下：

减少钢材：减少投入支护支撑的钢材量；节省造价：节省了围护结构及主体结构的工程造价；缩短工期：缩短了围护结构及主体结构的施工工期；节能减排：全部的构件重复利用率是环境友好型的工法；控制变形：预加荷载有效遏制了基坑周边的变形；安全可靠：围护结构的安全度高、整体性好，其破坏模式为延性破坏；施工方便：土方开挖，运土、建筑材料搬运及主体结构施工十分方便等；质量方面：工具式可装拆的标准部件，高精度的制作与安装工艺要求，低合金材料，高强螺栓连接，自有产业工人装配作业，大幅提高了施工精度，确保设计要求。先进的平面与立体结构体系更加保证质量安全，系深基坑内支撑产业升级技术。经济效益：与传统混凝土支撑相比，本工法降低造价20%以上，安装、拆除、挖土及地下结构施工工期缩短40%以上。

参 考 文 献

[1] 刘国彬，王卫东. 基坑工程手册［M］. 第二版. 北京：中国建筑工业出版社，2009.
[2] 陈彦凤. 装配式预应力鱼腹梁钢结构支撑技术的应用［J］. 山西建筑，2015，41（9）：80-81.
[3] 张衡. 装配式预应力鱼腹梁钢结构支撑对深基坑变形的控制技术与方法研究［D］. 合肥：安徽理工大学，2014.
[4] 《地下连续墙施工规程》DG/TJ 08—2073—2016［S］.

1.7   型钢水泥土复合搅拌桩支护结构技术

1.7.1   发展概述

第二次世界大战后，美国首先研制出水泥土搅拌桩施工方法，即 MIP（Mixing In-Place Pile）工法，该工法 1953 年引入日本。由于 MIP 工法是单轴搅拌施工，施工时相邻桩往往搭接不完全，在这些不完全搭接的地方发生漏水现象，漏水会冲走土砂，从而导致邻近建筑物发生不同程度的沉降。1968 年根据搅拌钻机原理开发出一种双轴搅拌钻机，同原型相比，水泥土成桩质量有所提高，但仍存在着不少严重的缺点。1971 年日本经过改进开发出多轴搅拌钻机，有效地解决了以前钻机的缺陷，使相邻桩完全搭接，克服了挡墙渗漏、流砂等问题。同时，搅拌钻机的刚度也得到很大提高，增强了搅拌轴的稳定性，保证成桩的垂直精度。由此型钢水泥土搅拌桩技术（SMW 工法）日趋成熟，其施工业绩备受注目。

近几年型钢水泥土搅拌桩施工工艺在传统的工法基础上有了很大的发展，渠式切割水泥土连续墙技术（TRD 工法）、双轮铣深层搅拌工法（CSM 工法）、五轴水泥土搅拌桩、六轴水泥土搅拌桩等施工工艺的出现使型钢水泥土复合搅拌桩支护结构的使用范围更加广泛，施工效率也大大提高。

渠式切割水泥土连续墙技术（TRD 工法）于 1994 年在日本问世，并在日本得到了迅速的推广。2005 年，我国上海广大和杭州大通基础施工工程公司率先从日本引进了 TRD 施工机械，并在华东地区开始施工，积累了宝贵的经验。目前，TRD 工法已经被列为我国国家级的新技术推广项目，在辽宁、江西、浙江、湖南、天津等地都有施工案例。

引进日本的 TRD 施工机械设备价格昂贵，不太适合我国的国情，不利于该技术的大面积推广及应用，TRD 施工设备的国产化势在必行。2009 年，辽宁抚挖重工机械有限公司和日本合资生产（国内组装）的 TRD 机械 CMD850 型设备正式投产，同年试车成功，完成锦州城市名人酒店基坑防渗工程，填补了我国 TRD 机械生产的空白。2011 年 4 月，上海振中机械制造有限公司与日本三和机材公司合作完成新型电动步履式 TRD-E 施工机械，同年完成淮安雨润广场地基工程的施工。2013 年，上海工程机械厂有限公司开发出 TRD-D 系列机，最大试车深度 61m，同年完成上海金融中心项目的施工。2013 年 9 月，中铁建重工有限公司开发出 SLJ60 系列机，同年在天津鲁能商住综合体防渗墙工地完成工程施工。

双轮铣深层搅拌工法（CSM 工法）是由德国研发出来的新的深层搅拌技术，该技术引入我国后，现在已在国内多个领域得到了广泛的应用。

1.7.2 技术内容

1. 型钢（预制混凝土构件）水泥土复合搅拌桩技术（SMW 工法）

该技术是通过特制的多轴深层搅拌机自上而下将施工场地原位土体切碎，同时从搅拌头处将水泥浆等固化剂注入土体并与土体搅拌均匀，通过连续的重叠搭接施工，形成水泥土地下连续墙；在水泥土初凝之前，将型钢或预制混凝土构件插入墙中，形成型钢或预制混凝土构件与水泥土的复合墙体。型钢（预制混凝土构件）水泥土复合搅拌桩支护结构同时具有抵抗侧向土水压力和阻止地下水渗漏的功能。

型钢（预制混凝土构件）水泥土复合搅拌桩技术具有以下优点：

（1）施工对周围地层影响小。SMW 工法是直接把水泥类悬浊液就地与切碎的土砂混合，不像地下连续墙、灌注桩需要开槽或钻孔，存在槽（孔）壁坍塌现象，故不会造成邻近地面下沉、房屋倾斜、道路裂损或地下设施破坏等危害。

（2）施工噪声小、无振动、工期短、造价低。SMW 工法形成的挡墙，采用就地加固原土而一次筑成墙体，成桩速度快，墙体构造简单，省去了挖槽、安装钢筋笼等工序，同地下连续墙施工相比，工期可缩短近一半。如果考虑芯材的适当回收，可较大地降低造价。

（3）泥浆污染小。水泥悬浊液与土混合不会产生废泥浆，不存在泥浆回收处理问题。

（4）止水效果好。钻杆具有推进与搅拌翼相间设置的特点，随着钻进和搅拌反复进行，可使水泥系强化剂与土得到充分搅拌。而且墙体全长无接缝，因而比传统的连续墙具有更可靠的止水性其渗透系数为 $10^{-7} \sim 10^{-8}$ cm/s。

（5）适用地层范围广，包括填土、淤泥质土、黏性土、粉土、砂性土、饱和黄土等。

（6）大壁厚，成墙厚度可在 $550 \sim 1300$mm 之间。

2. 渠式切割水泥土连续墙技术（TRD 工法）

该技术是将满足设计深度的附有切割链条以及刀头的切割箱插入地下，在进行纵向切割横向推进成槽的同时，向地基内部注入水泥浆已达到与原状地基的充分混合搅拌在地下形成等厚度连续墙的一种施工工艺。我国于 2015 年发布了行业标准《渠式切割水泥土连续墙技术规程》JGJ/T 303—2013。

TRD 工法的主要特点为：

（1）设备稳定性高。与传统工法比较，机械的高度和施工深度没有关联（设备高度约为 10m），稳定性高、通过性好。且在施工过程中切割箱一直插在地下，绝对不会发生倾倒。

（2）成墙质量好。与传统工法比较，搅拌更均匀，连续性施工，不存在咬合不良，确保墙体高连续性和高止水性。成墙连续、等厚度。并且可在任意间隔插入 H 型钢等芯材，可节省施工材料，提高施工效率。

（3）施工精度高。与传统工法比较，施工精度不受深度影响。通过施工管理系统，实时监测切削箱体各深度 X、Y 方向数据，实时操纵调节，确保成墙精度。

（4）岩土层适应性强。与传统工法比较，适应地层范围更广。可在砂、粉砂、黏土、砾石等一般土层及 N 值超过 50 的硬质地层（卵石、淤泥、砂岩、页岩、石灰岩、花岗岩等）施工。

（5）成墙品质均一。连续性刀锯向垂直方向一次性的挖掘，混合搅拌及横向推进，在复杂地层也可以保证均一质量的地下连续墙。

3. 双轮铣深层搅拌工法（CSM 工法）

该工法与传统深层搅拌工法的相异之处在于使用两组铣轮以水平轴向旋转搅拌方式，形成矩形槽段的改良土体，而非以单轴或多轴搅拌钻具垂直旋转形成圆形的改良柱体。

双轮铣深层搅拌工法的性能特点有：

（1）具有高削掘性能，地层适应性强。双轮铣深层搅拌铣头具有高达 100kN/m 的扭矩，导杆采用卷扬加压系统，铣头的刀具采用合金材料，因此铣头可以削掘密实的粉土、粉砂等硬质地层，可以在砂卵砾石层中切削掘进。

（2）高搅拌性能。双轮铣深层搅拌铣头由多排刀具组成，土体通过铣轮高速旋转被削掘，同时削掘过程中注入高压空气，使其具有非常优良的搅拌混合性能。

（3）高削掘精度。双轮铣深层搅拌铣头内部安装垂直度监测装置，可以实时采集数据并输出至操作室的监视器上，操作人员通过对其分析可以进行实时修正。

（4）可完成较大深度的施工。目前，导杆式双轮铣深层搅拌设备可以削掘搅拌深度达 45m，悬吊式双轮铣深层搅拌设备削掘搅拌深度可达 65m。

（5）设备高稳定性。双轮铣深层搅拌设备重量较大的铣头驱动装置和铣头均设置在钻具底端，因此设备整体中心较低，稳定性高。

（6）低噪声和振动。因为双轮铣深层搅拌设备铣头驱动切削掘进过程中全部进入削掘沟内，因此使噪声和振动大幅度降低。

（7）可任意设定插入劲性材料的间距。双轮铣深层搅拌工法形成的水泥土地下连续墙为等厚连续墙，作为挡土墙应根据应力需要插入型钢，其间距可根据需要任意设置。

（8）可靠施工过程数据和高效的施工管理系统。掘削深度、掘削速度、铣轮旋转速度、水泥浆液的注入量和压力、垂直度等数据通过铣头内部的传感器实时采集，显示在操作室的监视面板上，且采集的数据可以存储在电脑内。通过对其分析可对施工过程和参数进行控制和管理，确保施工质量，提高管理效率。

（9）双轮铣深层搅拌工法（CSM 工法）机械均采用履带式主机，占地面积小，移动灵活。

1.7.3 技术指标

1. 施工工艺

（1）SMW 工法

SMW 工法施工工艺流程如图 1.7-1 所示：

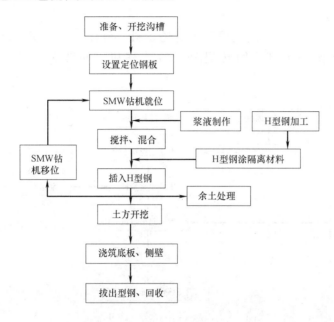

图 1.7-1 SMW 工法施工工艺流程

第一步：开挖导沟开挖导向沟槽，可作为泥水沟，并确定表层土是否存在障碍物。

第二步：置放定位钢板定位钢板。主要用于施工导向与 H 型钢定位。

第三步：设定施工标志。根据设计的 H 型钢间距设定施工标志。

第四步：施工 SMW 墙。先搅拌下沉，上提喷浆，然后重复搅拌下沉，上提喷浆。在搅拌桩施工注入水泥浆过程中，有一部分泥浆会返回地面，要尽快清除并沿挡墙方向做一沟槽，方便插入 H 型钢。

第五步：插入 H 型钢。一般在水泥土凝固之前 H 型钢靠自重沉入水泥土中，能较好地保持 H 型钢的垂直度与平行度。

第六步：固定 H 型钢。H 型钢沉入设计标高后，用水泥砂浆等将 H 型钢固定。

第七步：施工完成 SMW 墙。撤除定位钢板，并按设计顶圈梁的尺寸开槽置模（多为泥模）。

第八步：运弃废土。

第九步：施工顶圈梁。H 型钢顶宜浇筑一道圈梁，以提高水泥土墙的整体刚度。

（2）TRD 工法

TRD 工法施工工艺简要流程如下：测量放线→开挖沟槽→桩机就位→插入刀具→TRD 工法成墙→拔出切割箱。

根据施工机械是否反向施工以及何时喷浆的不同，TRD 工法可分为一步施工法、两步施工法、三步施工法 3 种。一步施工法即开挖、建造（混合、搅拌）通过单向一步施工完成。两步施工法即开挖、建造（混合、搅拌）通过往返二步施工完成。三步施工法即开挖、横向回位、建造（混合、搅拌）通过往→返→往 3 步完成。一步施工法在切割、搅拌土体的过程中同时注入切割液和固化液。三步施工法中第一步横向前行时注入切割液切割，一定距离后切割终止；主机反向回切（第二步），即向相反方向移动；移动过程中链。

（3）CSM 工法

CSM 工法施工工艺：工艺流程包括清场备料、放样接高、安装调试、开沟铺板、移机定位、铣削掘进搅拌、回转提升、城墙移机、安装芯材等。工艺流程见图 1.7-2：

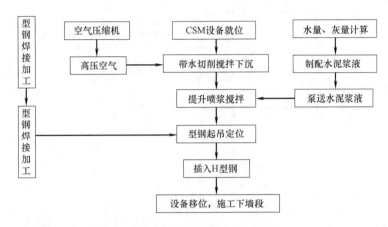

图 1.7-2 CSM 工法施工工艺流程

第一步，双轮铣深搅拌工法墙定位放样；

第二步，预挖导沟；

第三步，CSM 设备就为，铣头与槽段位置对正；

第四步，铣轮下沉注水切铣原位土体至设计深度；

第五步，铣轮提升注水泥浆同步搅拌成墙；

第六步，钻杆清洗，废泥浆收集，集中外运；

第七步，吊放加工完成的 H 型钢；

第八步，移动至下一槽段位置，重复上述七个步骤。

2. 施工参数

（1）SMW 工法

① 水泥土搅拌桩施工时桩基就位应对中，平面允许偏差应为±20mm，立柱导向架的垂直度不应大于 1/250。

② 搅拌下沉速度宜控制在 0.5～1m/min，提升速度宜控制在 1～2m/min，并保持匀速下沉或提升。

（2）TRD 工法

① 锯链式主机就位应对中，应严格按照定位控制线进行施工，平面偏差不应超过±20mm，导杆的垂直度不应大于 1/300。

② 等厚度水泥土搅拌墙切割箱自行沉入、先行切割、回撤切割与切割箱临时停放等过程中稳定液膨润土掺量、水胶比、相对密度等参数宜按照表 1.7-1 执行。

锯链式成墙稳定液配比表 表 1.7-1

施工步序	膨润土掺量	稳定液水胶比	相对密度
切割箱自行沉入	≥50kg/m³	5～10	1.06～1.11
先行切割	≥30kg/m³	10～20	1.03～1.06
回撤切割	≥30kg/m³	10～20	1.03～1.06
切割箱临时停放	≥50kg/m³	5～10	1.06～1.11

③ 等厚度水泥土搅拌墙施工中，稳定液混合泥浆流动度应控制在 135～240mm 之间，水泥浆液混合泥浆流动度应控制在 150～280mm 之间。混合泥浆流动度在黏性土中施工时应取大值，在砂性土中应适当调小。

（3）CSM 工法

① 铣轮应匀速钻进，速度不宜大于 50cm/min，上提速度不宜大于 40cm/min。

② 对于深度不大于 30m，且无深厚砂层等复杂地层存在的墙体施工，可采用单浆液方式；对于墙体深度大于 30m，或进入密实砂层时，应采用双浆液方式。

③ 采用泵吸置换泥浆时，水泥浆液混合泥浆相对密度不应大于 1.5。

3. 施工要点

（1）SMW 工法

① 搅拌桩制作同常规搅拌桩比较，要特别注意桩的间距和垂直度。施工中垂直度应小于 1%，以保证型钢插入起拔顺利。水泥浆中的掺加剂除掺入一定量的缓凝剂（多用木质素磺酸钙）外，宜掺入一定量膨润土，利用膨润土的保水性增加水泥土的变形能力，防止墙体变形后而过早开裂影响其抗渗性。

② H 型钢的对接采用内菱形接桩法。为保证 H 型钢表面平整光滑，其表面平整度控制在 1% 以内，并应在菱形四角留 φ10 的小孔。H 型钢拔出，减摩剂至关重要。因此，H 型钢表面应进行除锈，并在干燥条件下涂抹减摩剂，搬运使用应防止碰撞和强力擦挤，且搅拌桩顶制作围檩前，事先用牛皮纸将 H 型钢包裹好进行隔离，以利拔桩。

（2）TRD 工法

① TRD 工法中，在进行切割箱自行打入挖掘的工序时，在确保垂直精度的同时，将挖掘液的注入量控制到最小，使混合泥浆处于高浓度、高黏度状态，以便应对急剧的地层变化。部分易坍塌砂层，切割箱先行退避，施工时应注入或掺入膨润土。

② 成墙搅拌。由于经过先行挖掘和回撤挖掘，被加固土体已经被松动。成墙搅拌时，要确保横向较快速度推进，泵的压力和浆液流量要匹配供应，以防止由于推进速度缓慢而导致切割箱体水泥浆附着层不断增厚，造成切削箱推进阻力不断增加，最后导致"抱死"的事故发生。

（3）CSM 工法

① 确定 CSM 工法施工成墙的顺序：向下铣削可采用顺序施工，也可采取跳打施工。顺序施工的设备移动量小，对较深且成墙时间较长的搅拌墙，可选顺序施工。深度≤15m 的搅拌墙，可采用跳打施工，但要控制好与两侧搅拌墙的插入时间，即控制在水泥土初凝之前完成搅拌墙的搭接施工。

② 插入搅拌墙内的型钢的质量控制：为确保型钢插入搅拌墙内垂直且居中，在平行

沟槽方向放置型钢定位架，引水准点定位型钢上用于控制型钢顶部标高。定位架应按有关尺寸放置固定好，不得在型钢插入搅拌墙时出现位移。插入型钢施工应在成墙后 4h 内完成，否则型钢插入困难，影响成墙质量。

1.7.4 适用范围

该技术主要用于深基坑支护，可在黏性土、粉土、砂砾土等岩土层中使用。

型钢水泥土搅拌桩技术（SMW 工法）能适应各种地层，包括填土、淤泥质土、黏性土、粉土、砂性土、饱和黄土等。

渠式切割水泥土连续墙技术（TRD 工法）与传统工法比较，适应地层范围更广。可在砂、粉砂、黏土、砾石等一般土层及 N 值超过 50 的硬质地层（卵石、淤泥、砂岩、页岩、石灰岩、花岗岩等）施工。

双轮铣深层搅拌工法（CSM 工法）具有高削掘性能、地层适应性强的特点。双轮铣深层搅拌铣头具有高达 100kN/m 的扭矩，导杆采用卷扬加压系统，铣头的刀具采用合金材料，因此铣头可以削掘密实的粉土、粉砂等硬质地层，可以在砂卵砾石层中切削掘进。

1.7.5 工程案例

南昌绿地广场位于南昌红谷滩中心区，A1 区地块由 2 栋塔楼及商业裙房组成，其中 2 栋塔楼均为地上 60 层，高 250m；商业裙房地上 4 层，高 22m。工程整体设置 3 层地下室，采用桩筏基础，基坑面积约 14000m²，周长约 440m。裙楼区基坑开挖深度约 15.45m，塔楼区域基坑开挖深度约 17.45m。

场地地貌类型属赣抚冲积平原，地处赣江 I 级阶地与高漫滩交接地段。根据岩土工程勘察报告，场地浅层约 10m 深度范围内主要为填土和黏性土，在 10～22m 深度范围内分布有深厚的砂层，该层由浅到深依次为松散～稍密的细砂、中密的粗砂、中密的砾砂层，砾砂层下部卵砾石含量相对较高，卵石粒径一般为 2～5cm。砂层以下为强、中、微风化砂砾岩层，强风化岩层岩体较破碎，中、微风化砂砾岩层岩体较完整，中风化岩层饱和单轴抗压强度标准值 f_{rk} 达到 8.8MPa，强度较高。场地内的层③细砂、层④粗砂、层⑤砾砂层为承压含水层，与赣江连通，水量丰富、渗透性强，渗透系数约为 80m/d，水头埋深 8.60～11.40m。岩层下覆中风化砂砾岩层为相对隔水层。由于基坑开挖面已经进入承压含水层，不能满足承压水突涌稳定性要求，需采取处理措施。

为了确保隔水帷幕的隔水效果，经过比选分析，在工程中引进了 TRD 工法构建的等厚度水泥土搅拌墙作为隔水帷幕，并内插型钢，利用等厚度型钢水泥土搅拌墙作为围护墙，可同时满足受力和隔水两方面的要求。一方面充分利用了 TRD 工法施工设备在密实砂层、软岩地层中隔水性能可靠、工效快的特点，另一方面内插型钢可拔出回收，经济性较好。基坑支护结构剖面见图 1.7-3。

等厚度型钢水泥土搅拌墙设计：从隔水角度考虑，本工程承压含水层水量大，渗透性强，为了满足工程的隔水要求，并与型钢的截面匹配，采用了 800mm 厚的等厚水泥土搅拌墙。为了与型钢的深度相匹配，同时满足嵌岩隔水要求，等厚水泥土搅拌墙墙底穿过强风化岩层嵌入到层⑥₂ 中风化砂砾岩约 500mm。等厚度水泥土搅拌墙采用垂向搅拌，整个墙体范围内水泥掺量均一。因此在确定搅拌墙水泥掺量时应综合考虑成墙范围内所有土层的特性来确定墙体水泥掺量。工程在设计时等厚水泥土搅拌墙水泥掺量暂定为 25%，水

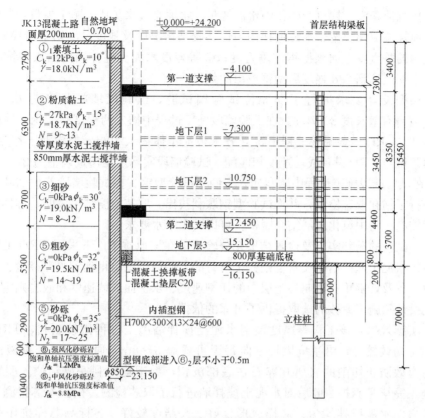

图 1.7-3 基坑支护结构剖面图

灰比暂定 1.5，28d 龄期无侧限抗压强度标准值不小于 0.8MPa。挖掘液采用钠基膨润土拌制，每立方米被搅土体掺入约 100kg 的膨润土。在正式施工前通过试成墙试验进一步确定水泥掺量等施工参数。

从受力角度考虑，型钢水泥土搅拌墙作为板式支护结构应进行围护墙的内力和变形计算，和基坑的整体稳定性、抗倾覆稳定性、坑底抗隆起稳定性计算。根据内力计算结果确定型钢水泥土搅拌墙内插型钢的规格和间距，根据各项稳定性计算结果确定型钢的插入深度。在进行内力、变形和各项稳定性计算时，只计算型钢的截面刚度和嵌固深度，不考虑水泥土搅拌墙的作用。根据型钢水泥土搅拌墙的内力和变形，以及基坑稳定性计算分析，工程等厚度型钢水泥土搅拌墙内插 H700× 300×13×24 型钢，采用 Q235B 级钢，型钢中心距为 600mm，围护墙刚度比较均匀。型钢底部需嵌入到层⑥₂中风化砂砾岩约 0.5m 方可满足稳定性要求。基坑围护节点见图 1.7-4。

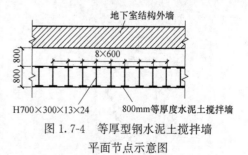

图 1.7-4 等厚型钢水泥土搅拌墙
平面节点示意图

试成墙试验：由于 TRD 工法等厚度型钢水泥土搅拌墙在南昌地区乃至全国范围尚属首次应用，在正式施工之前进行了现场试成墙试验，以确定以下施工参数：①等厚度水泥土搅拌墙采用三工序（即先行挖掘、回撤挖掘、成墙搅拌），挖掘成墙的推进速度、成墙时间；②挖掘液膨润土掺量、固化液水泥掺量、水泥浆液水灰比等施工参数；③检验等厚度水泥土搅拌墙成墙质量、水泥搅拌均匀性、胶结情况以及强度；④切割箱导向垂直度、搅拌墙成墙的垂直度、插入型钢的垂直度；⑤等厚度水泥土搅拌墙内插入型钢的难易程度，以及水泥土达到28d强度后型钢拔出的效果。

现场根据设计要求进行了非原位试验墙试验，试验段墙幅长度为6.5m，墙厚800mm，墙身有效长度22.75m。在试验墙段施工过程中插入两根试验型钢，检验型钢插拔的可行性。TRD设备掘进过程中每立方米被搅土体掺入100kg的膨润土作为挖掘液。为确保喷浆量与TRD设备成墙速度相匹配，试验墙段实际水泥掺量调整为27%，水灰比为1.5。在试验墙段施工过程中顺利插入了两个试验型钢。在试验墙段养护28d后，对试验墙段进行了钻孔取芯检测，并将试验型钢顺利拔出。取芯检测结果表明，芯样均匀性较好、强度较高、与中风化岩层结合紧密，可以满足隔水要求。

试验墙试验的顺利实施及检测结果充分验证了在该地质条件下采用TRD工法构建的等厚度型钢水泥土搅拌墙在技术上是完全可行的，并通过试验得到了水泥掺量、水灰比等施工参数，以及切割箱在竖向各土层中的切割速度、水平向成墙速度和嵌岩判定标准，为后续深化设计和施工参数的选取提供了可靠的依据。

工程实施效果：该工程等厚度型钢水泥土搅拌墙施工过程比较顺利，TRD工法施工设备施工功效较好，沿基坑周长方向每天可成墙5～8m。通过调整挖掘液的流动度等措施可有效防止切削的岩屑和卵石在底部沉积，型钢均顺利安放到位。型钢水泥土搅拌墙施工完毕且养护28d后对水泥土搅拌墙进行了取芯检测。根据取芯检测结果，墙体在深度方向水泥搅拌均匀、芯样成形良好、胶结度较好、各标高芯样抗压强度大于1MPa，可以满足隔水和受力要求。基坑开挖阶段从开挖暴露面观察，型钢水泥土搅拌墙侧壁干燥，无渗漏水现象，且墙面平整、水泥土强度较高。基坑内疏干降水效果明显，坑外承压水位观测井无明显水位下降现象。说明等厚度水泥土搅拌墙墙身隔水效果良好，其与中风化岩层交界面结合较好，未出现渗漏现象。

从基坑变形情况来看，从基坑开挖至基础底板施工结束，等厚度型钢水泥土搅拌墙墙身测斜最大水平位移约为5mm（图1.7-5），坑外土体测斜最大水平位移约为6mm（图1.7-6）。西侧丰和大道路面沉降监测点最大累积沉降量为18.1mm（部分沉降是由于施工车辆频繁通行引起的），基坑周边市政管线最大沉降量约为3.7mm。基坑本身及周边环境

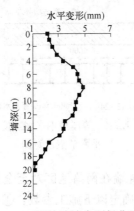

图1.7-5　围护墙墙身测斜曲线

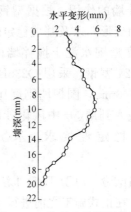

图1.7-6　坑外土体测斜曲线

各项监测数据均在合理、可控范围之内。

测点最大累积沉降量为 18.1mm（部分沉降是由于施工车辆频繁通行引起的），基坑周边市政管线最大沉降量约为 3.7mm。基坑本身及周边环境各项监测数据均在合理、可控范围之内。工程实施过程和基坑监测结果表明，等厚度型钢水泥土搅拌墙受力和隔水是可靠的，有效地控制了基坑变形，坑内未出现渗漏现象，实施过程中有效确保了基坑和周边环境安全。

工程实施过程和基坑监测结果表明，等厚度型钢水泥土搅拌墙受力和隔水是可靠的，有效地控制了基坑变形，坑内未出现渗漏现象，实施过程中有效确保了基坑和周边环境安全。

参 考 文 献

[1] 杨文华，李江. 确保 CSM 工法施工质量的措施 [J]. 探矿工程（岩土钻掘工程），2014.
[2] 周志彬，王克剑. "TRD" 工法技术发展历程及展望 [J]. 技术平台，2014.
[3] 王卫东，邸国恩，王向军. TRD 工法构建的等厚度型钢水泥土搅拌墙支护工程实践 [J]. 建筑结构，2012.

1.8 地下连续墙施工技术

1.8.1 发展概述

1950 年意大利开发了地下连续墙的施工技术，并最早应用于 Santa Malia 大坝的防渗墙（深达 40m）中。20 世纪 50 年代后期传入法国、日本等国，60 年代推广至英国、美国、苏联等国。20 世纪 60 年代日本开发了多种连续墙施工机具，地下连续墙的施工技术在全世界范围内得到了较广泛的应用。

我国也是较早应用地下连续墙施工技术的国家之一，首先应用是水电部门于 1958 年在青岛月子口水库建造深 20m 的桩排式防渗墙以及在北京密云水库建造深 44m 的槽孔式防渗墙。1971 年在台湾的台北市吉林路兆丰国际商业银行大楼中采用了地下连续墙，墙厚 550mm，深 15m，是我国也是东南亚地区首先应用在高层建筑中的地下连续墙工程。1977 年在上海研制成功了导板抓斗和多头钻成槽机之后，首次用这种机械施工了某船厂升船机港地岸壁，为我国加速开发这一技术起到了积极推动作用。

最初地下连续墙厚度一般不超过 0.6m，深度不超过 20m。到了 20 世纪 60~80 年代，随着成槽施工技术设备的不断提高，墙厚达到 1.0~1.2m，深度达 100m 的地下连续墙逐渐出现。在我国自从引进地下连续墙技术至今地下连续墙作为基坑围护结构的设计施工技术已经非常成熟。进入 20 世纪 90 年代中期，国内外越来越多的工程中将支护结构和主体结构相结合设计，即在施工阶段采用地下连续墙作为支护结构，而在正常使用阶段地下连续墙又作为结构外墙使用，在正常使用阶段承受永久水平和竖向荷载，称为"两墙合一"。2000 年以后，随着我国又一轮建筑高潮的兴起，深大基坑和市区周边环境保护要求较高的基坑工程不断涌现，对工程的经济性和社会资源的节约要求越来越高，一系列外部条件的发展，促进了地下连续墙工艺又得到了进一步推动，同时也出现了一批设计难度较高的工程。例如上海 500kV 地下变电站工程直径 130m 的圆形基坑，基坑开挖深度为34m，采用了1.2m厚的地下连续墙作为围护结构，同时在正常使用阶段又作为地下室外墙。

1.8.2 技术内容

地下连续墙，就是在地面上先构筑导墙，采用专门的成槽设备，沿着支护或深开挖工程的周边，在特制泥浆护壁条件下，每次开挖一定长度的沟槽至指定深度，清槽后，向槽内吊放钢筋笼，然后用导管法浇注水下混凝土，混凝土自下而上充满槽内并把泥浆从槽内置换出来，筑成一个单元槽段，并依此逐段进行，这些相互邻接的槽段在地下筑成的一道连续的钢筋混凝土墙体。地下连续墙主要作承重、挡土或截水防渗结构之用。地下连续墙的施工流程见图1.8-1。

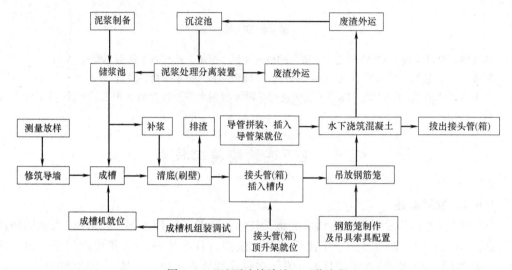

图1.8-1 地下连续墙施工工艺流程

在工程应用中地下连续墙已被公认为是深基坑工程中最佳的挡土结构之一，它具有如下显著的优点：

（1）施工具有低噪声、低震动等优点，工程施工对环境的影响小；

（2）连续墙刚度大、整体性好，基坑开挖过程中安全性高，支护结构变形较小；

（3）墙身具有良好的抗渗能力，坑内降水时对坑外的影响较小；

（4）可作为地下室结构的外墙，可配合逆作法施工，以缩短工程的工期、降低工程造价。

但地下连续墙也存在弃土和废泥浆处理、粉砂地层易引起槽壁坍塌及渗漏等问题，因而需采取相关的措施来保证连续墙施工的质量。

1.8.3 技术指标

1. 导墙

导墙在施工中具有多种功能，为了保证导墙具有足够的强度和稳定性，导墙断面要根据使用要求和地质条件等通过计算确定。在确定导墙形式时，应考虑下列因素：表层土的特性；荷载情况；地下连续墙施工时对邻近建筑物可能产生的影响；地下水位的变化情况；施工作业面在地面以下时对先期施工的临时支护结构的影响等。

暗浜、杂填土等不良地质的处理，除土体加固外，还可以采用深导墙的施工方法。深导墙宜采用"〔"形，接头处采用锁口管或接头箱时，由于顶拔力大，接头处宜采用带肋"〕〔"形导墙（图1.8-2～图1.8-4）或带圈梁的倒"L"形导墙。

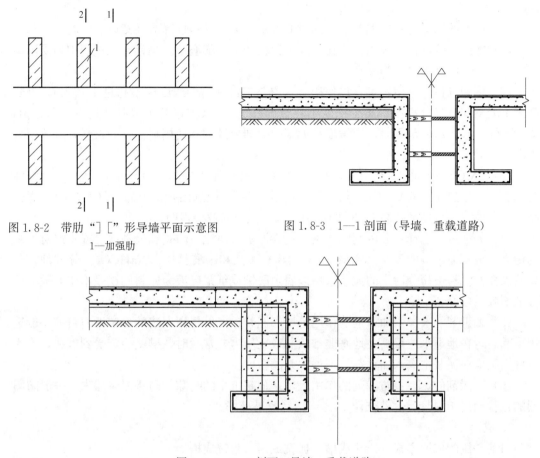

图 1.8-2　带肋"〕〔"形导墙平面示意图
1—加强肋

图 1.8-3　1—1剖面（导墙、重载道路）

图 1.8-4　2—2剖面（导墙、重载道路）

2. 泥浆

泥浆的主要作用是护壁，此外泥浆还有携渣、冷却机具和切土润滑的功能。合理使用泥浆可保持槽壁的稳定性和提高成槽效率。通过沟槽循环或水下混凝土置换出来的泥浆，由于膨润土和CMC等主要成分的消耗及土渣和电解质离子的混入，其质量比原泥浆质量显著恶化。恶化程度因成槽方法、地质条件和混凝土灌注方法等施工条件而异。循环使用的泥浆控制指标应按照相关规定执行。

挖槽过程中残留在槽内的土渣以及吊放钢筋笼时从槽壁上刮落的泥皮等都要堆积在槽底。挖槽结束后，悬浮在泥浆中的土颗粒也将逐渐沉淀到槽底。浇筑地下连续墙之前，必须清除以沉渣为主的槽底沉淀物，这项工作称为清基。

清基的基本方法有置换法和沉淀法两种。置换法是在挖槽结束之后，立即对槽底进行认真清扫，在土渣还没有沉淀之前就用新泥浆把槽内泥浆置换出槽外。沉淀法在土渣沉淀到槽底之后进行清基，一般是在插入钢筋笼之前或之后清基，但后者受钢筋笼妨碍，不可能完全清理干净。

接头处的土渣一方面是由于混凝土流动推挤到单元槽段接头处，另一方面是先施工的槽段接头面上附有的泥皮和土渣，因此为保证单元槽段接头部位的抗渗性能，在清槽过程中还要对先施工的墙体接头面上的土渣和泥皮用刷子刷除或用水枪喷射高压水冲洗。

泥浆材料的选择是决定泥浆质量的重要因素，泥浆材料选择应注意以下问题：

（1）膨润土的选择：选用可使泥浆成本比较经济的膨润土。预计施工过程中易受阳离子污染时，选用钙膨润土为宜。

（2）水的选择：饮用水可直接使用。水质要求：钙离子浓度应不超过 100ppm，以防膨润土凝结和沉降分离；钠离子浓度不超过 500ppm，以防膨润土湿胀性过多下降；pH 值为中性。超出这个范围时，应考虑在泥浆中掺加分散剂和使用耐盐性的材料，或改用盐水泥浆。

（3）CMC 的选择：泥浆中掺入 CMC 之后，提高泥皮的形成性十分明显。当溶解性有问题时，应选易溶的 CMC。当有海水混入泥浆时，应选耐盐的 CMC。CMC 的黏度分高、中、低三档，黏度越高 CMC 的价格也高，但防漏效果很明显。

（4）分散剂的选择：分散剂的作用是提高泥水分离性，防止和处理盐分或水泥对泥浆的污染。被水泥污染的泥浆选用碳酸钠（Na_2CO_3）和碳酸氢钠（$NaHCO_3$）分散剂，分离效果较好。易被盐分污染的泥浆选用以腐殖酸钠或纸浆废液为原料的铁硼木质素磺酸钠分散剂效果较好。

（5）加重剂的选择：加重剂的作用是增加泥浆密度，提高泥浆的稳定性。目前一般选用重晶石。在地下水位很高、地基非常软弱或土压力非常大时，槽壁稳定受到威胁，作为一种措施应在泥浆中掺入加重剂，增加泥浆的密度。

（6）防漏剂的选择：防漏剂的作用是堵塞地基土中的孔隙，防止泥浆漏失。一般防漏剂的粒径相当于漏浆层土砂粒径 10%～15%效果最好。

3. 成槽

目前常用的成槽方式有抓斗成槽、抓铣成槽、套铣成槽等。

单元槽段的最小长度不得小于一个挖掘段（挖掘机械的挖土工作装置的一次挖土长度）。单元槽段愈长愈好，这样可以减少槽段的接头数量，增加地下连续墙的整体性。常规的单元槽段长度一般为 4～6m，根据现场实际情况，长度可适当增加，单元槽段的长度可以做到 9m。但同时又要考虑挖槽时槽壁的稳定性等，所以在确定其长度时要综合考虑下述因素：

（1）地质条件：当土层不稳定时，为防止槽壁倒塌，应缩短单元槽段长度，以缩短挖土时间和减少槽壁暴露时间，可较快挖槽结束浇筑混凝土。

（2）地面荷载：如附近有高大建（构）筑物或有较大地面荷载，亦应缩短单元槽段长度。

（3）起重机的起重能力：一个单元槽段的钢筋笼多为整体吊装（过长的在竖向可分段），起重机的起重能力限制了钢筋笼的尺寸，亦即限制单元槽段长度。

（4）混凝土的供应能力：一个单元槽段内的混凝土宜较快地浇筑结束，为此单位时间内混凝土的供应能力亦影响单元槽段的长度。

（5）地下连续墙及内部结构的平面布置：划分单元槽段应考虑其接头位置，接头宜避免设在转角处及地下连续墙与内部结构的连接处，以保证地下连续墙的整体性。此外还与接头形式有关。

槽段宽度模数采用 0.6m、0.8m、1.0m、1.2m、1.5m 和 1.8m。

随着城市土地资源日趋紧张，高层和超高层建筑的日益崛起，基坑深度也突破初期的十几米朝更深的几十米发展，随之带来的是地下连续墙向着超深、超厚发展。目前建筑领域地下连续墙深度已经超越了 110m，随着技术的进步和城市发展的需求地下连续墙将会向更深的深度发展。例如软土地区的超深地下连续墙施工，利用成槽机、铣槽机在黏土和砂土环境下各自的优点，以抓铣结合的方法进行成槽，并合理选用泥浆配比，控制槽壁变形，优势明显。

4. 接头

地下连续墙是由若干个单元槽段分别施工后再通过接头连成整体，各槽段之间的接头有多种形式，主要有圆弧形接头、橡胶带接头、十字钢板接头、工字型钢接头、套铣接头等。施工接头应满足受力和防渗的要求，并要求施工简便、质量可靠。

圆弧形接头是地下连续墙中最常用的接头形式，接头管在地下连续墙混凝土浇筑时作为侧模，可防止混凝土的绕流，同时在槽段端头形成半圆形或波形面，增加了槽段接缝位置地下水的渗流路径。圆弧形接头构造简单，施工适应性强，止水效果可满足一般工程的需要（图 1.8-5）。

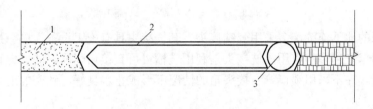

图 1.8-5　圆弧形接头示意图
1—已完成地墙；2—钢筋笼；3—锁口管

橡胶带接头是一种相对较新的地下连续墙接头工艺。通过横向连续转折曲线和纵向橡胶防水带延长了可能出现的地下水渗流路线，接头的止水效果较以前的各种接头工艺有大幅改观。橡胶带接头箱是在相邻幅槽段开挖完成后才剥除，不再需要刷壁，极大地保证了接头的防水效果和完整性（图 1.8-6）。

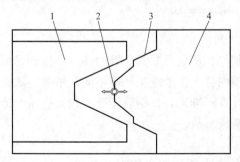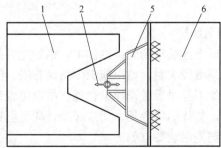

图 1.8-6　橡胶带接头示意图
1—已完成的槽段；2—橡胶止水带；3—地下连续墙接缝；4—开挖完成的槽段；
5—接头箱；6—未挖完成的槽段

十字钢板接头是以开孔钢板作为相邻槽段间的连接构件，开孔钢板与两侧槽段混凝土形成嵌固咬合作用，可承受地下连续墙垂直接缝上的剪力，并使相邻地下连续墙槽段形成整体共同承担上部结构的竖向荷载，协调槽段的不均匀沉降；同时穿孔钢板接头亦具备较好的止水性能。

工字型钢接头是采用钢板拼接的工字型钢作为施工接头，型钢翼缘钢板与先行槽段水平钢筋焊接，后续槽段可设置接头钢筋深入到接头的拼接钢板区。该接头不存在无筋区，形成的地下连续墙整体性好。工字型钢接头施工可采取安放接头箱和回填袋装碎石相结合的方式进行，工字型钢上端宜高出地下连续墙泛浆高度。下端应插入槽底，并应采取防止混凝土绕流的措施（图 1.8-7）。

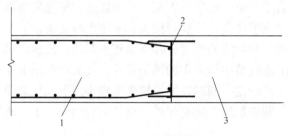

图 1.8-7　工字型钢接头

1—先施工幅；2—工字型钢；3—后施工幅

目前超深的地下连续墙多采用套铣接头，套铣接头具有施工设备简单、接头水密性良好等优势得到越来越多的应用。铣接头是利用铣槽机可直接切削硬岩的能力直接切削已成槽段的混凝土，在不采用锁口管、接头箱的情况下形成止水良好、致密的地下连续墙接头（图 1.8-8）。

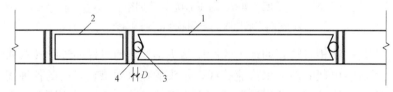

图 1.8-8　套铣接头

1——期钢筋笼；2—二期钢筋笼；3—限位块；4—铣削面

D—铣削面距离—期槽钢筋笼的距离

5. 钢筋笼

在地下连续墙的施工过程中，钢筋笼的制作、吊装是非常关键的环节。特别是钢筋笼宽度和高度较大时，城市施工中场地有限，国内各个工地施工环境不同，吊装方法也存在差异，如果起吊设备选择不合理、吊点位置计算不准确，使钢筋笼产生较大挠曲变形，焊缝开裂，整体结构散架，无法起吊，甚至会造成事故。

钢筋笼吊装要点如下：

（1）吊车行走时，所吊钢筋笼不得大于其自身额定起重能力的 70%；两台起重机同时起吊，每台起重机分配质量的负荷不应超过允许负荷的 80%。

（2）钢筋笼吊点布置应根据吊装工艺和计算确定，并应对钢筋笼整体起吊的刚度进行验算，按计算结果配置相应的吊具、吊点加固钢筋和吊筋等。吊筋长度应根据实测导墙标高及钢筋笼设计标高确定。

（3）钢筋笼起吊前应保证行程范围内钢筋笼周边 800mm 内无障碍物，并应进行试吊。钢筋笼吊放时应对准槽段中心线缓慢沉入，不得强行入槽。

6. 水下混凝土

现浇地下连续墙混凝土通常采用导管法连续浇筑。

（1）导管宜采用直径为 200～300mm 的多节钢管，导管接缝密闭，导管前端应设置隔水栓，可防止泥浆进入导管，保证混凝土浇筑质量。

（2）导管间距过大或导管处混凝土表面高差太大易造成槽段端部和两根导管之间的混凝土面低下，泥浆易卷入墙体混凝土中。使用的隔水栓应有良好的隔水性能，并应保证顺利排出；隔水栓宜采用球胆或与桩身混凝土强度等级相同的细石混凝土制作。

（3）在 4h 内浇筑混凝土主要是避免槽壁坍塌或降低钢筋握裹力。

（4）水下灌注的混凝土实际强度会比混凝土标准试块强度等级低，为使墙身实际强度达到设计要求，墙身强度等级较低时，一般采用提高一级混凝土强度等级进行配制。但当墙身强度等级较高时，按提高一级配制混凝土尚嫌不足，所以在无试验依据的情况下，水下混凝土配制的标准试块强度等级应比设计墙身强度等级提高。

（5）采用导管法浇筑混凝土时，如果导管埋入深度太浅，可能使混凝土浇筑面上面的被泥浆污染的混凝土卷入墙体内，当埋入过深时，又会使混凝土在导管内流动不畅，在某些情况下还会产生钢筋笼上浮。根据以往施工经验，规定导管的埋入深度为 2～4m。

（6）为了保证混凝土有较好的流动性，需控制好浇筑速度，在浇筑混凝土时，顶面往往存在一层浮浆，硬化后需要凿除，为此混凝土需要超浇 300～500mm，以便将设计标高以上的浮浆层用风镐打去。

1.8.4 适用范围

一般情况下地下连续墙适用于如下条件的基坑工程：

（1）深度较大的基坑工程，一般开挖深度大于 10m 才有较好的经济性；

（2）邻近存在保护要求较高的建（构）筑物，对基坑本身的变形和防水要求较高的工程；

（3）基坑内空间有限，地下室外墙与红线距离极近，采用其他围护形式无法满足留设施工操作空间要求的工程；

（4）围护结构亦作为主体结构的一部分，且对防水、抗渗有较严格要求的工程；

（5）采用逆作法施工，地上和地下同步施工时，一般采用地下连续墙作为围护墙。

1.8.5 工程案例

1. 深圳地铁国贸车站和老街车站

深圳地铁一期工程 3A、3B 标段即国贸车站和老街车站，分别位于深圳市的南国和东门老街的商业繁华区，是深圳市的重点工程项目之一，均是地下三层车站现浇钢筋混凝土框架结构。

两车站工程所处区域的地质由三个不同厚度变化的地层构成，如图 1.8-9 所示分别为：上层的软土层，全风化到强风化的岩石层，中风化到微风化的硬岩层。经现场调查勘测，地下水位约在地表下 2.5m 呈静态分布，岩石的最大单轴抗压强度为 138MPa。

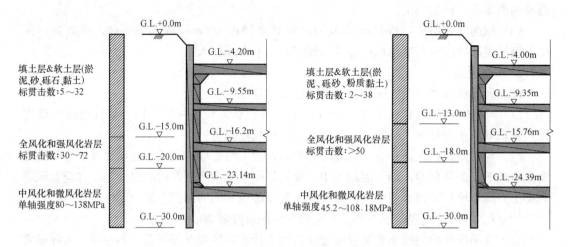

图 1.8-9 地质情况图（左：老街站 右：国贸站）

两个车站工程的围护结构均采用了 800mm 地下连续墙（地下连续墙施工参数见表 1.8-1），成槽深度至坚硬的微风化岩层中，槽段接头形式为工字钢刚性接头，地墙既作为施工阶段的临时支挡结构，又是车站主体结构一部分与内衬墙形成复合式结构。

地下连续墙施工参数表   表 1.8-1

项 目	老街站	国贸站
延长米	471m	546m
厚度	800mm	800mm
深度	平均 28.6m(27.0～31.0m)	平均 28m(26.0～30.0m)
槽段数	115 幅	96 幅
接头类型	工字钢(700×350×10mm)刚性搭接	工字钢(700×350×10mm)刚性搭接
垂直度要求	3/1000	3/1000
墙体钢筋混凝土	10759m³	11343m³
入岩深度	9m(入中、微风化岩 4～6m)	5～14m(入微风化岩 6m)
岩石单轴抗压强度	80～138MPa	45.2～108.1MPa

本工程地下连续墙施工的主要难点及特点如下：

（1）地墙施工的地质条件复杂，在地墙深度范围内存在三种不同类型的地质构造，而不同的地质类型对于地墙施工的要求是完全不同的。尤其是鉴于地墙设计需嵌入坚硬的岩层，地下连续墙遇强风化插入 5m、遇中风化插入 4m、遇微风化插入 3m，岩层的总挖掘量约为 3500m³，其中岩石单轴抗压强度超过 100MPa 的挖掘方量超过近 1000m³。

（2）本工程地处深圳市的南国和东门老街的商业繁华区，基坑周边紧邻楼群，施工场地狭窄，周围管线密布，如何避免地墙入岩对周边环境造成影响以及在如此紧凑的环境下保证地下连续墙的顺利施工也是本工程的一大难点。

（3）按照设计要求，采用工字钢接头（350×700mm），对垂直度要求较高，同时为避免相邻槽段成槽时挖掘设备破坏接头工字钢和设备本身受损，需设置较大的预挖区，因此槽段的划分方式有别于常规。

针对以上难点和特点，本工程地下连续墙施工采取了以下措施及控制手段：

（1）成槽设备的选择

地铁国贸站和老街站的地墙施工，对于上部软土的抓取均采用液压抓斗成槽机予以挖掘，对下部大量硬岩的处理则分别采用国内的冲（钻）破岩和国外的铣槽机削掘入岩的设备和工法。

由于老街站地处深圳东门商业繁华区，车站周边管线密布楼房林立与围护结构地墙距离较近（1.5m），不但场地狭窄而且施工环境较恶劣。鉴于该站设计入岩深度大、岩质坚硬、墙体垂直度和周边建筑物安全度要求较高等原因，故在地墙入岩施工上考虑采用了德国宝峨公司进口的BC-25铣削式成槽机。该机是国外专为满足地墙入岩施工这一特殊要求而设计制造的一款专用设备，具有破岩效率高，槽壁垂直度和平整精度较好，适用土（岩）层范围广；铣轮切削岩层时安静，无震动，槽内泥浆不受破坏的优点。施工中根据实际情况也对铣槽机作了些局部改进，如为提高破岩工作效率和减少耗损，铣轮削掘齿由最初配置的炭化钨刀齿更换为合金镶钨钢头的锥形削掘齿。将离心泵由5″换成了6″以增大功率及对铲凿吸石口直径的调整等，这些改进确实对加快施工进程起到了极大的推动作用。

国贸站地处深圳南国商业繁华区，车站周边施工环境相对老街站较好，建筑物也离围护结构地墙较远，且场地较宽阔适于设备的大量投入，故在地墙入岩施工上考虑采用重锤冲击破岩（圆锤冲孔＋方锤扫孔）进行地墙入岩施工，并投入了多种冲岩设备，几乎囊括了国内的所有型号。

（2）老街站BC-25铣削式成槽机入岩施工

铣轮削掘齿根据岩石的单轴抗压强度资料来选择配置，入强风化岩选择炭化钨刀齿，入中、微风化岩要选择合金镶钨钢头的锥形齿，以确保较高的削岩效率。

在岩层中的铣削速度主要取决于岩石的强度，也可在一定范围内通过对铣轮的转速、油压、铣齿的形式、铣轮的压重值及离心泵的排放量进行适度调整来控制铣岩速度，但需注意避免机械超负荷运转。

BC-25铣槽机的槽壁垂直度理论上可达1/500，铣槽时通过在铣轮内安装的传感器和主机上设置的电子微偏器，可以测量出削掘时水平与垂直两个方向的偏离量，并及时在驾驶室里的电脑显示屏上，同时用度和厘米来连续的显示该偏离量。假如偏离了它的垂直轴，电脑会自动示警显示提醒操作员使用油压操控的导板来进行纠偏调整，确保达到设计精度。

BC-25铣槽机铣槽时供应的泥浆品质，在拌制和性能指标要求方面与常规地墙施工所用泥浆基本一致，并无其他特殊要求。但在供应量方面需满足铣轮离心泵的工作要求，否则不但会影响削岩效率还会引起设备故障造成停机。因此在泥浆储备上需满足3倍于最大槽段的消耗量。

接头清洗及清基的方法：在吊放钢筋笼前用接头刷对浸没在泥浆中的相邻接头工字钢

清刷干净，以确保接头处钢筋混凝土质量。槽底清基只需将铣削轮盘直接下放至槽底，利用其自身配置的泵吸反循环系统来完成岩渣的清除和泥浆置换，时间控制在1h左右。

钢筋笼吊放和墙体钢筋混凝土浇筑这两道工序与常规的地下连续墙施工无甚区别。但要注意的是由于BC-25铣槽机进行成槽入岩施工时需设置预挖区，而采用工字钢接头使预挖区又需设置较大（以避免相邻槽段铣槽时破坏接头工字钢和铣轮受损），故在钢筋混凝土浇筑前一定要对预挖区进行回填（用碎石），防止浇筑时钢筋混凝土外溢至工字钢背侧，影响相邻槽段的成槽和吊放钢筋笼施工。

（3）对于工字钢接头的施工措施

由于地墙接头设计采用工字钢，其宽度仅为710mm，而地下连续墙厚度为800mm，工字钢将无法限制混凝土溢流到相邻槽段的预挖区，为避免影响相邻槽段的成槽和钢筋笼吊放工作，施工中对钢筋笼和预挖区用角铁和薄铁皮配合锁口管及回填碎石进行了处理，本工程施工实践证明采取该措施是必要的并取得了一定的效果，但施工操作的时间较长，偶然因素较多，质量比较难控制。对工字钢的处理也可采用对钢筋笼采用帆布全包处理的方法，但投入会较大。

老街站地下连续墙采用BC-25铣削式成槽机施工，从开挖后裸露墙体的外观质量情况来看，地墙墙面较平整无明显鼓包突出，经测量墙体垂直度均在2.5‰～3‰范围内满足设计要求；开挖后裸露墙体和接头处钢筋混凝土质量较好，表观密实、孔洞、蜂窝和露筋现象均在规范允许范围内，而且墙体经抽芯试压和超声波检测，墙体钢筋混凝土密实连续无断层，无夹泥夹砂现象，强度和抗渗功能均满足设计规范要求。

国贸站地下连续墙采用重锤冲击入岩施工，由于入岩处理时间过长、冲岩过程泥浆质量下降和施工中设备对槽壁的过大振动，易造成槽壁上部土体的塌方，墙面的平整度较难保证。冲岩施工对垂直度的控制较难把握，再加上扫孔时圆孔边角岩梗难于彻底冲除干净，槽壁的垂直精度较难满足要求，造成钢筋笼下放困难且无法放置到位，影响到各结构层预埋件位置准确度和易产生墙体倾斜。冲岩施工的槽段，泥浆比重和黏度均过大，沉淀也相当快，槽底清基很难彻底干净，水下钢筋混凝土浇筑容易夹带泥渣，钢筋混凝土质量也较难保证。

2. 上海世博500kV地下变电站

上海世博500kV地下变电站位于上海市静安区，地下结构外边界为直径130m的圆，基坑面积13273m²，周长408m。开挖深度为34.0m，基底位于⑦$_1$砂质粉土层。围护体采用1200mm厚度的地下连续墙，插入深度23.5m，连续墙深度57.5m，槽段之间采用工字型钢接头。本工程采用逆作法实施，开挖阶段利用四层地下室结构梁板和三道临时环形作为水平内支撑。

本工程地墙施工的主要难点及特点如下：

（1）地下连续墙设计为1200mm厚，埋深57.5m，为超深、大厚度地下连续墙。地下连续墙需穿越⑦$_1$层砂质黏土和粉砂层、⑦$_2$层粉砂层，尤其是⑦$_2$层粉砂层（厚约8.3m），标贯击数达50.1击，比贯入阻力达23.23MPa，地下连续墙施工成槽难度相当大。

（2）成槽垂直度要求小于1/600，在超深的地墙施工中的高垂直度控制难度比较大。

（3）地下连续墙成槽时槽壁稳定性控制难度高。

（4）地下连续墙需穿越⑦$_1$层砂质黏土和粉砂层、⑦$_2$层粉砂层，层底夹大量粉砂，而设计沉渣控制要求较高（沉渣厚度≤10cm）。因此，槽底沉渣控制难度较大。

（5）成槽厚度大，接头形式采用 H 型钢接头，进行混凝土浇筑时，如何采取有效措施来防止钢筋混凝土绕流，避免给后续槽段的施工带来不利影响也是施工中面临的一个难题。

针对以上难点和特点，地下连续墙施工采取如下措施及控制手段：

（1）成槽设备的选择

结合本工程难点中超深大厚度地下连续墙成槽的各项要求，综合考虑土层特点及垂直度控制，决定了抓、铣结合的成槽工艺。本工程引进铣槽机（MBC30 液压铣），结合 CCH500－3D 真砂抓斗成槽机配套进行地下连续墙成槽施工。

（2）成槽垂直度的控制

工程中采用的成槽机和铣槽机均具有自动纠偏装置，可以实时监测偏斜情况，并且可以自动调整。施工时按照设计槽孔偏差控制斗体和液压铣铣头下放位置，将斗体和液压铣铣头中心线对正槽孔中心线，缓慢下放斗体和液压铣铣头施工成槽。

抓斗每抓 2～3 斗即旋转斗体 180°，每抓 2m 检测中心钢丝绳偏移距离，做到随时监控槽孔偏斜，以此保证槽孔垂直。每一抓到底后（到砂层），用 KODEN 超声波测井仪检测成槽情况，如果抓斗在抓取上部黏土层过程中出现孔斜偏大的情况，可用液压铣吊放自上而下慢铣修正孔形，但槽孔偏斜关键在抓斗抓取过程中控制。

（3）槽壁稳定性的控制

工程中根据实际试成槽的施工情况，调节泥浆比重，控制在 1.18 左右，但不得大于 1.2，并对每一批新制的泥浆进行泥浆的主要性能的测试。并控制成槽机掘进速度和铣槽进尺速度，特别是在软硬层交接处，以防止出现偏移、被卡等现象。施工过程中大型机械不得在槽段边缘频繁走动，泥浆应随着出土及时补入，保证泥浆液面在规定高度上，以防槽壁失稳。

另外，在地下连续墙外侧浅部采用水泥搅拌桩加固，起到了地下墙施工时的隔水和土体加固作用；对于暗浜区，采用水泥搅拌桩将地下墙两侧土体进行加固，以保证在该范围内的槽壁稳定性。

（4）槽底沉渣的控制

施工中采用液压铣及泥浆净化系统联合进行清孔换浆，将液压铣铣削架逐渐下沉至槽底并保持铣轮旋转，铣削架底部的泥浆泵将槽底的泥浆输送至泥浆净化系统，由除砂器去除大颗粒钻渣后，进入旋流器分离泥浆中的细砂颗粒，然后进入预沉池、循环池，进入槽内用于换浆的泥浆均从鲜浆池供应，直至整个槽段充满新浆。

（5）混凝土浇筑时的防绕流控制

施工中将 H 型钢底端接长 300～500mm，以阻挡钢筋混凝土从槽底流向相邻槽幅。采取在 H 型钢边缘包 0.5mm 厚铁皮，一期槽段空腔部分采用石子回填等措施防止混凝土侧向绕流。

本工程中采用了抓铣结合的成槽工艺，经过工程实践验证，这种成槽工艺在上软下硬的土层中成槽是合理而有效的。地下连续墙的垂直度均小于 1/600，沉渣厚度平均为 40mm，各阶段的泥浆性能均达到了设计要求。

参 考 文 献

[1] 刘国彬，王卫东. 基坑工程手册 [M]. 第二版. 北京：中国建筑工业出版社，2009.
[2] 国家标准《建筑地基基础工程施工规范》编制组.《建筑地基基础工程施工规范》GB 51004—2015
　　应用指南 [M]. 北京：中国建筑工业出版社，2015.
[3] 《地下连续墙施工规程》DG/TJ 08—2073—2016 [S].

1.9　逆作法施工技术

1.9.1　发展概述

1933 年日本首次提出了逆作法的概念，并于 1935 年应用于东京都千代田区第一生命保险相互会社本社大厦的建设，该工程成为第一个采用逆作法施工的工程。1950 年意大利开发了地下连续墙技术，随后其应用范围逐渐扩大，1954 年欧洲其他各国、1956 年南非、1957 年加拿大、1959 年日本、1962 年美国也相继采用了地下连续墙技术。地下连续墙技术的应用及工程施工机械化程度的提高有力地推动了逆作法在更大范围内的应用，并在日本、美国、英国等国家取得了较大的发展。逆作法除了在高层建筑地下室的建造中采用以外，还较多地应用于地铁车站的建设。自 20 世纪 50 年代末意大利米兰地铁首次采用逆作法以来，欧洲、美国、日本等许多国家的地铁车站都用该方法建造。

在我国，1955 年哈尔滨地下人防工程中首次应用了逆作法的施工工艺，随后在 20 世纪 70～80 年代对逆作法进行了研究和探索。1989 年建设的上海特种基础工程研究所办公楼，地下 2 层，是上海也是全国第一个采用封闭式逆作法施工的工程。虽然该工程建筑规模不大，但对逆作法的施工方法做了可贵的探讨，使得逆作法的设计和施工方法的推广应用有了良好的开端。20 世纪 90 年代初上海地铁一号线的常熟路站、陕西南路站和黄陂南路站三个地铁车站成功实践了逆作法，进一步推动了其在上海地区更多基坑工程中应用。与此同时，国内其他地区如北京、杭州、天津、深圳等地也均开始应用逆作法施工地下结构。21 世纪以来，随着大城市的基坑向"大、深、紧、近"的方向发展和环境保护要求的提高，逆作法的施工技术在国内迅速发展，成为软土地区和环境保护要求严格条件下基坑支护的重要方法。

逆作法应用于 2 层及以上的地下室，其深度也从几米发展到几十米，并且应用范围也从高层建筑地下室拓展到地铁车站、市政、人防工程等领域。该支护方法在工程中的应用取得了较好的经济效益和社会效益，得到了工程界越来越多的重视，并成为一项很有发展前途和推广价值的深基坑支护技术。基坑工程逆作法已被列入国家标准《建筑地基基础设计规范》GB 50007—2011 及行业标准《建筑基坑支护技术规程》JGJ 120—2012。行业标准《地下建筑工程逆作法技术规程》JGJ 165—2010 对逆作法的设计、施工做了更为详细的规定。一些地方规范也对逆作法提出了相关规定，如上海地区的《逆作法施工技术规程》DG/T J08—2113—2012 及浙江省即将发行的《建筑基坑工程逆作法技术规程》等。

1.9.2　技术内容

逆作法的主要技术包括围护体的设计（包括临时围护体的设计）；利用水平梁板体系作为施工阶段的水平支撑系统的设计；竖向支承系统的设计即如何将在施工阶段设置的钢

立柱和立柱桩与主体结构的柱子和工程桩有机地进行结合；相关节点的构造设计，包括楼板梁与中间支承柱的节点设计，围护体与楼板、梁节点设计，底板与围护体间的节点设计等；土方开挖及工况设计。

1. 围护体设计施工技术要点

对于采用两墙合一地下连续墙的设计与计算需考虑地下连续墙在施工期、竣工期和使用期不同的荷载作用状况和结构状态，应同时满足各种情况下承载能力极限状态和正常使用极限状态的设计要求。应验算 3 种应力状态：在施工阶段由作用在地下连续墙上的侧向主动土压力、水压力产生的应力；主体结构竣工后，作用在墙体上的侧向主动土压力、水压力以及作用在主体结构上的竖向、水平荷载产生的应力；主体结构建成若干年后，侧向土压力、水压力已从施工阶段恢复到稳定状态，土压力由主动土压力变为静止土压力，水位恢复到静止水位，此时只计算荷载增量引起的内力。

两墙合一地下连续墙相比临时围护地下连续墙的施工，在垂直度控制、平整度控制、墙底注浆及接头防渗等几个方面有更高的要求。

(1) 垂直度控制

一般作为两墙合一的地下连续墙垂直度需要达到 1/300，而超深地下连续墙对成槽垂直度要求达到 1/600，因此施工中需采取相应的措施来保证超深地下连续墙的垂直度。成槽所采用的成槽机和铣槽机均需具有自动纠偏装置，以便在成槽过程中根据监测偏斜情况，进行自动调整。成槽必须在现场质检员的监督下，由机组负责人指挥，严格按照设计槽孔偏差控制斗体和液压铣铣头下放位置，将斗体和液压铣铣头中心线对正槽孔中心线，缓慢下放斗体和液压铣铣头进行施工。上下抓斗时要缓慢进行，避免形成涡流冲刷槽壁，引起塌方，同时在槽孔混凝土未灌注之前严禁重型机械在槽孔附近行走。成槽过程须随时注意槽壁垂直度情况，每一抓到底后，用超声波测井仪监测成槽情况，发现倾斜指针超出规定范围，应立即启动纠偏系统调整垂直度，确保垂直精度达到规定的要求。

(2) 平整度控制

影响两墙合一地下连续墙墙面平整度的首要因素是护壁泥浆，因此可根据实际试成槽的施工情况，调节泥浆比重，一般控制在 1.18 左右，并对每一批新制的泥浆进行主要性能测试。另外可根据现场场地情况，采用以下辅助措施：

暗浜加固：对于暗浜区域可采用水泥搅拌桩将地下连续墙两侧的土体进行加固，保证在该地层范围内的槽壁稳定性。

控制成槽、铣槽速度：成槽机掘进速度应控制在 15m/h 左右，液压抓斗不宜快速掘进，以防槽壁失稳。同样，也应控制铣槽机进尺速度，特别是在软硬交接处，以防止出现偏移、被卡等现象。

其他措施：施工过程中大型机械不得在槽段边缘频繁走动、泥浆应随着出土及时补入，保证泥浆液面在规定高度上，以防槽壁失稳。

(3) 地下连续墙墙底注浆

地下连续墙成槽时采用泥浆护壁，且其断面为矩形，长度较长，槽底清淤难度较大，当作为竖向承重墙体时，可能会产生较大的沉降，导致结构开裂，因此为了减少地下连续墙在受荷过程中产生过大的沉降必须采取墙底注浆措施。墙底注浆加固采用在地下连续墙钢筋笼上预埋注浆钢管，在地下连续墙施工完成后直接压注施工。

注浆时间：在4～5幅地下连续墙连成一体后，当地下连续墙混凝土强度大于70％的设计强度时即可对地下连续墙进行墙底注浆，并应先对中间幅进行注浆。

注浆压力：注浆压力必须大于注浆深度处的土层压力，正常情况下一般控制在0.4～0.6MPa，终止压力可控制在2MPa左右。

注浆流量：15～20L/min。

注浆量：水泥单管用量为2000kg。

注浆材料采用P.O.42.5普通硅酸盐水泥，水灰比0.5～0.6。

拌制注浆浆液时，必须严格按配合比控制材料掺入量，应严格控制浆液搅拌时间，浆液搅拌应均匀。

压浆管与钢筋笼同时下入，压浆器焊接在压浆管上，同时必须超出钢筋笼底端0.5m。

根据经验，应在地下连续墙的混凝土达到初凝的时间内（控制在6～8h）进行清水劈裂，以确保预埋管的畅通。

墙底注浆终止标准：实行注浆量与注浆压力双控的原则，以注浆量控制为主，注浆压力控制为辅。当注浆量达到设计要求时，可终止注浆；当注浆压力≥2MPa并稳定3min，且注浆量达到设计注浆量的80％时，亦可终止压浆。

为防止地下连续墙墙体产生隆起变形，注浆时应对地下连续墙及其周边环境进行沉降观察。

（4）接头防渗技术

地下连续墙单元槽段依靠接头连接，这种接头通常要同时满足受力和防渗要求，但通常地下连续墙接头的位置是防渗的薄弱环节。对两墙合一地下连续墙接头防渗通常可采用如下措施：

地下连续墙是泥浆护壁成槽，接头混凝土面上必然附着有一定厚度的泥皮，如不清除，浇筑混凝土时在槽段接头面上就会形成一层夹泥带，基坑开挖后，在水压作用下可能从这些地方渗漏水及冒砂。为了减少这种隐患，保证连续墙的质量，施工中必须采取有效的措施清刷混凝土壁面。

两墙合一地下连续墙采用的接头形式在满足结构受力性能的前提下，应优选防水性能更好的刚性接头。

在接头处设置扶壁柱，来加大地下连续墙外水流的渗流途径，折点多、抗渗性能好。

在接头处采用旋喷桩加固。地下连续墙施工结束后，在基坑开挖前对槽段接头缝进行三重管旋喷桩加固。旋喷桩孔位的确定通常以接缝桩中心为对称轴，距连续墙边缘不宜超过1m，钻孔深度宜达基坑开挖面以下1m。

2. 水平构件设计施工技术要点

（1）水平构件设计应注意以下问题：

① 结构水平构件除应满足地下结构使用期设计要求外，尚应进行各种施工工况条件下的内力、变形等计算。分析中可采用简化计算方法或平面有限元方法。

② 地下主体结构的梁板兼作施工平台或栈桥时，其构件的强度和刚度应按水平向和竖向两种不同工况受荷的联合作用进行设计。

③ 地下结构同层楼板面标高有高差时，应设置临时支撑或可靠的水平向转换结构。转换结构应有足够的刚度和稳定性，并满足抗剪和抗扭承载能力的要求。当结构楼板存在

大面积缺失或在车道位置时，均需在结构楼板缺失处架设临时水平支撑。

④ 地下结构的顶层结构应采取措施处理好结构标高和现场地面标高的衔接，确保支撑受力的可靠性。

⑤ 地下各层结构梁板留设通长结构分缝的位置应通过计算设置水平传力构件。

⑥ 地下结构楼板上的预留孔（包括设备预留孔，立柱预留孔，施工预留孔等）应验算开口处的应力和变形。必要时宜设置孔口边梁或临时支撑等传力构件。立柱预留孔尚应考虑替换结构及主体结构的施工要求。

⑦ 施工阶段预留孔在逆作施工结束如根据结构要求需进行封闭的，其孔洞周边应预先留设钢筋或抗剪埋件等结构连接措施，以及膨胀止水条、刚性止水板或预埋注浆管等止水措施，以确保二次浇筑结构的连接整体性及防水可靠性。

（2）水平构件的施工应注意以下问题：

① 利用土模浇筑梁板

对于首层结构梁板及地下各层梁板，开挖至其设计标高后，将土面整平夯实，浇筑一层厚约 50mm 的素混凝土（如果土质好则抹一层砂浆亦可），然后刷一层隔离层，即成楼板的模板。对于梁模板，如土质好可用土胎模，按梁断面挖出沟槽即可；如土质较差，可用模板搭设梁模板。见图 1.9-1。

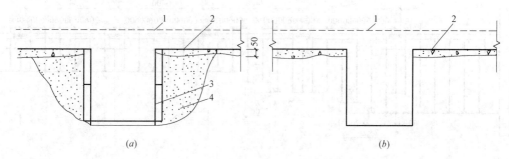

图 1.9-1　水平构件模板示意图

（a）用钢模板组成梁模；（b）梁模用土胎模

1—楼面板；2—素混凝土层与隔离层；3—钢模板；4—填土

至于柱头模板，施工时先把柱头处的土挖出至梁底以下 500mm 处，设置柱子的施工缝模板，为使下部柱子易于浇筑，该模板宜呈斜面安装，柱子钢筋通穿模板向下伸出接头长度，在施工缝模板上面立柱头模板与梁板连接。如土质好柱头可用土胎模，否则就用模板搭设。柱头下部的柱子在挖出后再搭设模板进行浇筑。见图 1.9-2。

② 利用支模方式浇筑梁板

用此法施工时，先挖去地下结构一层高的土层，然后按常规方法搭设梁板模板，浇筑梁板混凝土，再向下延伸竖向结构（柱或墙板）。为此，需解决两个问题，一个是设法减少梁板支承的沉降和结构的变形；另一个是解决竖向构件的上、下连接和混凝土浇筑。

为了减少楼板支承的沉降和结构变形，施工时需对土层采取措施进行临时加固。加固的方法有两种：一种方法是浇筑一层素混凝土，以提高土层的承载能力和减少沉降，待墙、梁浇筑完毕，开挖下层土方时随土一同挖除，这就要额外耗费一些混凝土；另一种方法是铺设砂垫层，上铺枕木以扩大支承面积，这样上层柱子或墙板的钢筋可插入砂垫层，

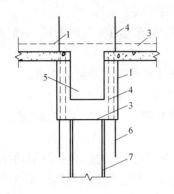

图 1.9-2　柱头部位连接示意图
1—楼面板；2—素混凝土层与隔离层；
3—柱头模板；4—预留浇注孔；
5—施工缝；6—柱筋；
7—H 型钢；8—梁

以便与下层后浇筑结构的钢筋连接。

　　有时还可用吊模板的措施来解决模板的支承问题。在这种方法中，梁、平台板采用木模，排架采用 φ48 钢管。柱、剪力墙、楼梯模板亦可采用木模。由于采用盆式开挖，因此使得模板排架可以周转循环使用。在盆式开挖区域，各层水平楼板施工时，排架立杆在挖土盆顶和盆底均采用一根通长钢管。挖土边坡为台阶式，即排架立杆搭设在台阶上，台阶宽度大于 1000mm，上下级台阶高差 300mm 左右。台阶上的立杆为两根钢管搭接，搭接长度不小于 1000mm。排架沿每 1500mm 高度设置一道水平牵杠，离地 200mm 设置扫地杆（挖土盆顶部位只考虑水平牵杠，高度根据盆顶与结构底标高的净空距离而定）。排架每隔四排立杆设置一道纵向剪刀撑，由底至顶连续设置。见图 1.9-3。

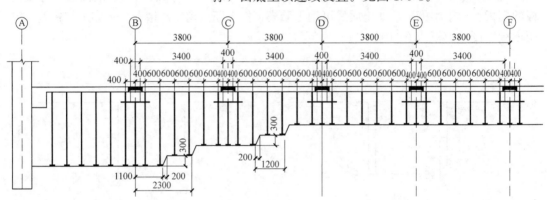

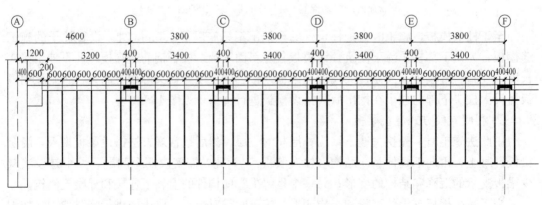

图 1.9-3　排架模板支撑示意图

3. 竖向构件的设计施工要点

在逆作法施工期间，在地下室底板未浇筑之前竖向构件承受地下和地上各层的结构自重和施工荷载；在地下室底板浇筑后，与底板连成整体，竖向构件作为地下室结构的一部分将上部结构及承受的荷载传递给地基。因此竖向构件的设计应注意以下问题：

（1）支承地下结构的竖向立柱的设计和布置，应按照主体地下结构的布置，以及地下结构施工时地上结构的建设要求和受荷大小等综合考虑。当立柱和立柱桩结合地下结构柱（或墙）和工程桩布置时，立柱和立柱桩的定位与承载能力应与主体地下结构的柱和工程桩的定位与承载能力相一致。

（2）一般宜采用一根结构柱位置布置一根立柱和立柱桩形式（"一柱一桩"），考虑到一般单根钢立柱及软土地区的立柱桩的承载能力，要求在基坑工程实施过程中最大可能施工的结构层数不超过6～8层。当"一柱一桩"设计在局部位置无法满足基坑施工阶段的承载能力与沉降要求时，也可采用一根结构柱位置布置多根临时立柱和立柱桩形式（"一柱多桩"），考虑到工程的经济性要求，"一柱多桩"设计中的立柱桩仍应尽量利用主体工程桩，但立柱多需在基坑工程结束后割除。

（3）钢立柱应根据施工精度要求，按双向偏心受力劲性构件计算。立柱桩的竖向承载能力计算方法与工程桩相同。基坑开挖施工阶段由于底板尚未形成，立柱桩之间的刚度联系较差，实际尚未形成一定的沉降协调关系，可按单桩沉降计算方法近似估算最大可能沉降值，通过控制最大沉降的方法以避免桩间出现较大的不均匀沉降。

（4）由于水平支撑系统荷载是由上至下逐步施加于立柱之上，立柱承受的荷载逐渐加大，但跨度逐渐缩小，因此应按实际工况分布对立柱的承载能力及稳定性进行验算，以满足其在最不利工况下的承载能力要求。

（5）逆作施工阶段立柱和立柱桩承受的竖向荷载包括结构梁板自重、板面活荷载以及结构梁板施工平台上的施工超载等，计算中应根据荷载规范要求考虑动、静荷载的分项系数及车辆荷载的动力系数。应根据结构施工图进行结构荷载计算，施工超载的计算要求施工单位提供详细的施工机械参数表、施工机械运行布置方案图以及包含材料堆放、钢筋加工和设备堆放等内容的场地布置图。

支护结构的竖向支承系统与主体结构的桩、柱相结合，竖向支承系统一般采用钢立柱插入底板以下的立柱桩的形式。钢立柱通常为角钢格构柱、钢管混凝土柱或 H 型钢柱，立柱桩可以采用钻孔灌注桩或钢管桩等形式。对于逆作法的工程，在施工时中间支承柱承受上部结构自重和施工荷载等竖向荷载，而在施工结束后，中间支承柱一般外包混凝土后作为正式地下室结构柱的一部分，永久承受上部荷载。因此中间支承柱的定位和垂直度必须严格满足要求。一般规定，中间支承柱轴线偏差控制在 ±10mm 内，标高控制在 ±10mm内，垂直度控制在 1/300～1/600 以内。此外，一柱一桩在逆作施工时承受的竖向荷载较大，需通过桩端后注浆来提高一柱一桩的承载力并减少沉降。竖向构件施工应注意以下问题：

（1）一柱一桩调垂施工

工程桩施工时，应特别注意提高精度。立柱桩根据不同的种类，需要采用专门的定位措施或定位器械，钻孔灌注桩必要时应适当扩大桩孔。钢立柱的施工必须采用专门的定位调垂设备对其进行定位和调垂。目前，钢立柱的调垂方法基本分为气囊法（图 1.9-4）、机械调垂架法（图 1.9-5）和导向套筒法三类。

（2）桩端后注浆施工

　　成桩过程中，在桩侧预设筑浆管，待钻孔桩桩身混凝土浇筑完后，采用高压注浆泵，通过注浆管路向桩及桩侧注入水泥浆液，使桩底桩侧土强度能得到一定程度的提高。桩端后注浆施工将设计浆液一次性完全注入孔底，即可终止注浆。遇设计浆液不能完全注入，在注浆量达 80％以上，且泵压值达到 2MPa 时亦可视为注浆合格，可以终止注浆。

　　后注浆施工中如果预置的注浆管全部不通，从而导致设计的浆液不能注入的情况，或管路虽通但注入的浆液达不到设计注浆量的 80％且同时注浆压力达不到终止压力，则视注浆为失败。在注浆失败时可采取如下补救措施：在注浆失败的桩侧采用地质钻机对称地钻取两直径为 90mm 左右的小孔，深度越过桩端 500mm 为宜，然后在所成孔中重新下放

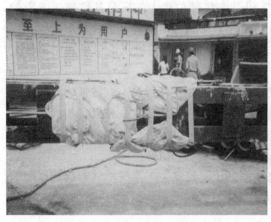

图 1.9-4　气囊施工实例图

图 1.9-5　一柱一桩纠正架图

两套注浆管并在距桩底端 2m 处用托盘封堵，并用水泥浆液封孔，待封孔 5d 后即进行重新注浆，补入设计浆量即完成施工。

　　（3）逆作竖向结构施工

　　"一柱一桩"格构柱混凝土逆作施工时，分两次支模，第一次支模高度为柱高减去预

图 1.9-6　逆作立柱模板支撑实景图

图 1.9-7　逆作剪力墙施工完成后实景图

留柱帽的高度，主要为方便格构柱振捣混凝土，第二次支模到顶，顶部形成柱帽的形式（图1.9-6）。当剪力墙也采用逆作法施工时，施工方法与格构柱相似，顶部也形成开口形的类似柱帽的形式（图1.9-7）。

4. 节点构造及施工

（1）楼板梁与中间支承柱的节点

梁柱节点的处理是逆作法工艺中的难点，往往由于逆作阶段在框架柱部位设置立柱而带来诸如框架梁钢筋穿越、弯矩和剪力传递等问题。传统顺作设计时采用抗剪钢筋的形式，受力较大的区域采用钢牛腿。在逆作工程中一般采用抗剪槽钢、抗剪栓钉及钢牛腿的形式（图1.9-8）。

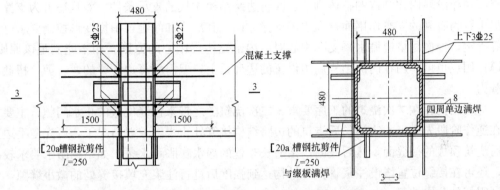

图1.9-8　楼板梁与中间支承柱的节点示意图

采取对角钢格构柱相交节点位置的结构梁进行加腋的处理措施，通过加腋的方式扩大梁柱节点位置梁的宽度，使得梁的主筋得以从侧面绕行贯通，梁中部的主筋从角钢格构柱中部贯通穿过（图1.9-9）。节点位置绕行的钢筋需要施工现场根据实际情况进行定型加工。

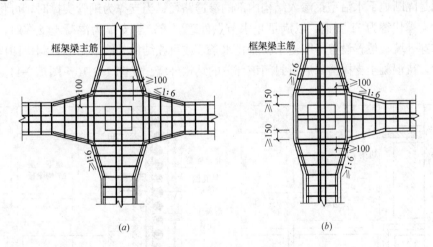

图1.9-9　梁柱节点位置加腋图
（a）十字形交点位置典型做法；（b）T形交点位置典型做法

（2）围护体与楼板、梁节点

若围护结构为两墙合一的地下连续墙时，若地下连续墙与结构板在接头处共同承受较大的弯矩，且两种构件抗弯刚度相近，同时板厚足以允许配置确保刚性连接的钢筋时，地下连续墙与结构板的连接宜采用刚性接头。一般情况下结构底板和地下连续墙的连接均采用刚性连接。常用连接方式主要有预埋钢筋接驳器连接（锥螺纹接头、直螺纹接头）和预埋钢筋连接等形式。若结构板相对于地下连续墙厚度来说较小（如地下室楼板），接头处板所承受的弯矩较小，可以认为该节点不承受弯矩，仅起竖向支座作用，此时可采用铰接接头。常用连接方式主要有预埋钢筋连接和预埋剪力连接件等形式。

当围护体采用临时围护结构时，围护墙和结构外墙两墙分开，此时逆作的施工工艺要求结构外墙只能顺作施工，这就要求逆作施工地下各层结构的边跨位置须内退结构外墙一定的距离，逆作施工结束后，结构外墙和相邻的结构梁板一道浇筑。水平传力体系的一般要求如下：在内部结构方面，内部结构周边一般应设置通长闭合的边环梁，边环梁的设置可提高逆作阶段内部结构的整体刚度、改善边跨结构楼板的支承条件，而且还可为支撑体系提供较为有利的支撑作用面；在水平支撑方面，其形式和间距可根据变形控制要求进行计算确定，但应尽量遵循水平支撑中心对应内部结构梁中心的原则。如不能满足该原则，支撑作用点也可作用在内部结构周边设置的边环梁上，但需验算边环梁的弯、剪、扭截面承载力。

边跨结构存在二次浇筑的工序要求，二次浇筑随之带来接缝位置的止水问题，主要体现在逆作阶段先施工的边梁与后浇筑的边跨结构接缝处止水。一般情况下，可先凿毛边梁与后浇筑顶板的接缝面，然后嵌固一条通长布置的遇水膨胀止水条。如结构防水要求较高时，还可在接缝位置增设注浆管，待结构达到强度后进行注浆充填接缝处的微小缝隙，可达到很好的防水效果。

周边设置的支撑系统待临时围护体与结构外墙之间密实回填后方可进行割除，由此将存在支撑穿结构外墙的止水问题。不同的支撑材料其穿结构外墙的止水处理方式也不尽相同，当支撑为 H 型钢支撑时，可在 H 型钢穿外墙板位置焊接一圈一定高度的止水钢板，止水钢板的作用是隔断地下水沿型钢渗入结构内部的渗透路径；当支撑为钢管支撑时，可将穿外墙板段钢管支撑代替为 H 型钢，以满足止水节点处理要求；当支撑为混凝土支撑时，可在混凝土支撑穿外墙板位置设置一圈遇水膨胀止水条，或可在结构外墙上留洞，洞口四周设置刚性止水片，待混凝土支撑凿除后再封闭该部分的结构外墙。见图 1.9-10～图 1.9-14。

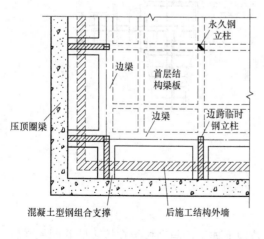

图 1.9-10　临时围护体与顶层结构连接平面

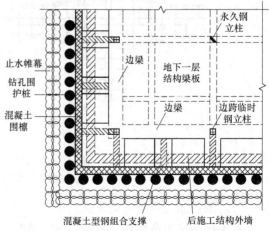

图 1.9-11　临时围护体与地下一层结构连接

（3）结构梁板高差处及后浇带节点

在地下室各层楼板处，由于设备或排水系统的考虑，往往也会出现大的错层，对基坑开挖阶段的水平力传递极为不利。为保证用作支撑结构的梁板本身安全，须对存在高差的结构梁板进行处理，使水平力得以正常传递，可采取在梁板顶底面加腋措施。见图1.9-15～图1.9-17。

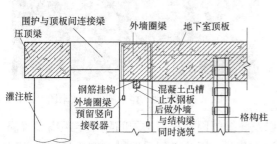

图 1.9-12　围护体与顶层结构连接剖面　　　图 1.9-13　围护体与地下一层结构连接剖面

图 1.9-14　型钢混凝土组合传力带

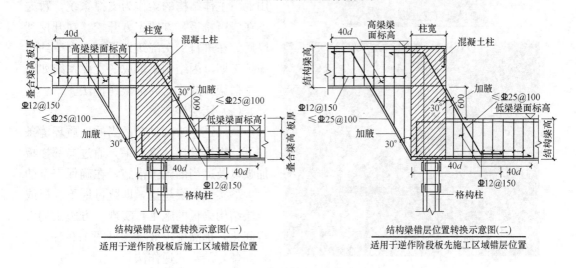

结构梁错层位置转换示意图(一)　　　　结构梁错层位置转换示意图(二)

适用于逆作阶段板后施工区域错层位置　　适用于逆作阶段板先施工区域错层位置

图 1.9-15　梁板加腋详图

图 1.9-16 梁结构加腋模板图　　　　　图 1.9-17 梁结构加腋施工效果图

考虑到大面积、超长混凝土的温度应力以及收缩等因素，通常须间隔一定距离设置温度后浇带，后浇带两侧的结构无法承受水平施工荷载，因此必须采取措施解决后浇带位置的水平传力问题。水平力传递可通过在板内设置工字钢或者槽钢，在框架梁内设置 H 型钢，框架梁与结构板钢筋必须按梁跨通长布置。见图 1.9-18。

5. 土方开挖及工况设计

逆作法多用于基坑整体上周边环境复杂：像周边紧邻多幢高层建筑物和市政管线、道路甚至于地铁隧道等；或是地处闹市中心，当地交通限制等。因此对基坑土方开挖出土有着众多的限制。针对土方开挖方式及工况设计的优化，发展出多种新技术如：框架逆作法、跃层逆作法、踏步式逆作法等。

（1）框架逆作法

相比普通逆作法而言，框架逆作法利用地下主体结构的梁作为支撑系统，暂先不在浇筑楼板，方便土方开挖，在开挖到底后，在进行二次浇筑楼板，大大节约了施工工期。因结构梁形成的支撑系统如同一个框架，故称之为框架逆作法。

（2）跃层逆作法

跃层逆作法就是在适当的地质环境条件下，根据设计计算结果，通过局部楼板加强以及适当的施工措施，在确保安全的前提下实现跃层超挖，即跳过地下一层或两层结构梁板的施工，实现土方施工的大空间化，提高施工效率。见图 1.9-19。

（3）踏步式逆作法

图 1.9-18 后浇带处理效果图

该法是将周边若干跨楼板采用逆作法

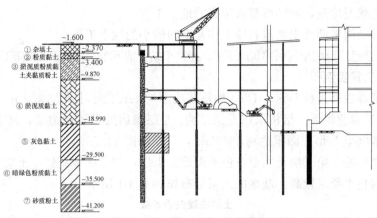

图 1.9-19　跃层土方开挖模拟图

踏步式从上至下施工，余下的中心区域待地下室底板施工完成后逐层向上顺作，并与周边逆作结构衔接完成整个地下室结构。见图 1.9-20。

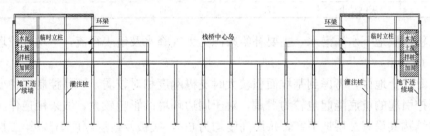

图 1.9-20　踏步式逆作模拟图

1.9.3　技术指标

（1）竖向支承结构宜采用一柱一桩的形式，立柱长细比不应大于 25。立柱采用格构柱时，其边长不宜小于 420mm，采用钢管混凝土柱时，钢管直径不宜小于 500mm。立柱及立柱桩的平面位置允许偏差为 10mm，立柱的垂直度允许偏差为 1/300，立柱桩的垂直度允许偏差为 1/200。

（2）主体结构底板施工前，立柱桩之间及立柱桩与地下连续墙之间的差异沉降不宜大于 20mm，且不宜大于柱距的 1/400。立柱桩采用钻孔灌注桩时，可采用后注浆措施，以减小立柱桩的沉降。

（3）水平支撑与主体结构水平构件相结合时，同层楼板面存在高差的部位，应验算该部位构件的受弯、受剪和受扭承载能力，在结构楼板的洞口及车道开口部位，当洞口两侧的梁板不能满足传力要求时，应采用设置临时支撑等措施。

逆作法相关技术指标详见国家标准《建筑地基基础设计规范》GB 50007、行业标准《建筑基坑支护技术规程》JGJ 120 及《地下建筑工程逆作法技术规程》JGJ 165。

1.9.4　适用范围

逆作法适用于如下基坑：

（1）大面积的地下工程；

（2）大深度的地下工程，一般地下室层数大于或等于 2 层的项目更为合理；

（3）基坑形状复杂的地下工程；

（4）周边状况苛刻，对环境要求很高的地下工程；

（5）上部结构工期要求紧迫和地下作业空间较小的地下工程。

目前逆作法已广泛用于高层建筑地下室、地铁车站、地下车库、市政、人防工程等领域。

1.9.5　工程实例[2]

上海浦东森兰外高桥 D5-3、D5-4 地块基坑围护工程位于上海浦东，由 1 栋 6 层酒店及 5 栋 2～3 层商业组成，结构采用框架结构，6 层酒店处设置剪力墙，地下设置 2 层地下室。整个基坑呈 L 形，面积达到 38680m²，开挖深度 11.7m。

本工程大部处于第③层及④层灰色淤泥质黏土层，部分区域夹砂，土层对土体扰动较为敏感，且对止水要求较高。基地内土层分布如表 1.9-1 所示。

土层物理性质参数　　　　　　　　　　　　　　　表 1.9-1

土层层号	土层名称	重度 γ(kN/m³)	黏聚力 c(kPa)	内摩擦角 φ(°)
②	粉质黏土	18.6	21	18
②₃	淤泥质黏土	18.0	13	19.7
④	淤泥质黏土	16.9	13	13.3
⑤₁	灰色黏土	17.5	17	15.2

本工程浅层地下水属潜水，主要补给来源为大气降水及地表径流，平均水位埋深一般为 0.50～0.70m。

在上海软土地区，考虑到基坑面积较大时支撑刚度相对较弱，不易控制围护变形，且大面积开挖引起的坑底隆起也较为严重，对于周边环境的影响较大，故采用逆作工艺。

主体结构共设置 2 层地下室，每层高度均为 6m，底板及垫层厚度 1m，第二层开挖深度普遍达到 7m，集水井等落深区域达到 8.2～8.5m。逆作结构采用排桩体系，护桩桩径 1m，在局部深坑处，除考虑加大桩径外，在深坑范围考虑设置斜抛支撑作为应急措施，在围护变形超过报警值时进行架设。深坑处的围护结构剖面图见图 1.9-21。

本工程采用排桩体系作为围护体系，由于排桩为临时围护体系，需要考虑其与外墙间保持一定的净距，并保证第二道圈梁与外墙间的净距，方便回填及人员施工，故排桩与外墙间保持 1.6m 净距。排桩体系与首层结构梁板体系连接采用刚性连接，即排桩压顶梁与结构梁板间采用混凝土短梁连接，防止首层结构受拉而产生脱离（图 1.9-12）。在外墙处预留外墙圈梁，并设置下挂止水钢板及外墙插筋。

第二层结构板与排桩的连接需要考虑外墙的防水，故主要采用 H400 型钢进行水平力传递，但由于第二层开挖深度达到 7m，受力较大，此外主体结构的梁非正交梁系，故型钢的间距也较为不规则，较密的间距后期外墙施工时较为复杂。故本工程中采用型钢与换撑板共同作用的方式（图 1.9-13），即在结构楼板 1/3 处设置内环梁，内环梁与排桩第二道围檩间设置换撑板，板带顶标高位于结构板底，方便后期板筋施工，板带间距约 4.5m；型钢位于板带下方，采用锚板锚入内圈梁与围护腰梁间，在承受弯矩较大的区域型钢直接锚入内圈梁与围护腰梁内，间距约 4～6m。在底板浇筑完成后，拆除换撑板带，H 型钢处在施工外墙时焊接止水环片，进行外墙顺作。

本工程主体结构轴网不规则，尤其基坑南侧 1 号楼位置呈曲线形，与正交梁系的受力有较大区别，故仅利用结构框架梁作为支撑，在局部存在受力集中、应力不足的情况，故在基坑周边设置一圈环板，增加整个水平支撑体系强度（图 1.9-22）。由于利用建筑消防

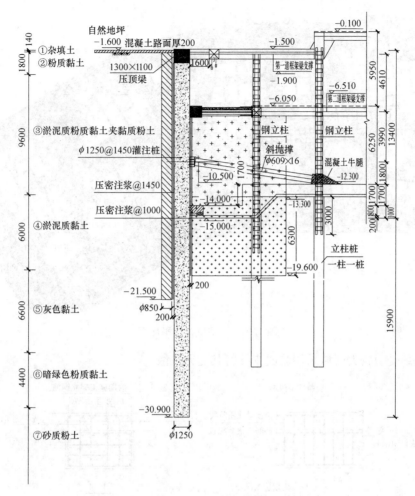

图 1.9-21　深坑区域围护剖面图

通道作为基坑施工时的栈桥体系，故整个工程的框架梁区域集中位于号房区域，也兼作为取土及通风照明口，在基坑南侧呈流线型的 1 号楼区域，有较多剪力墙，故采用大开口避开剪力墙区域，保证竖向结构的连续性。

在本工程的设计中，存在较多设计难点，如叠合梁设计、结构错层处理、结构构件不连续、后期与相邻地块的连接问题，采用了以下方法进行处理：

(1) 叠合梁设计

框架主梁作为支撑体系区域，结构板及次梁在结构逆作完成后进行浇筑，板与梁结构形成叠合关系（图 1.9-23），下部叠合梁按照板下方有效高度进行围护阶段及结构正常使用阶段配筋，叠合梁内箍筋利用附加箍筋与正常使用阶段箍筋形成封闭箍筋（数量及间距取两阶段大者），待围护阶段完成后在叠合板施工时，预先叠合梁表面应凿毛，并有不小于 6mm 的粗糙面，一同进行浇筑。

本工程的两层结构的梁截面为 0.7m×0.8m，板厚为 0.25m，若采用叠合梁系统，则基坑施工期间叠合梁有效截面为 0.7m×0.55m，间距 9m 的情况下叠合梁强度很难满足，对于变形控制也极为不利，故在设计中将首层梁截面加宽至 1m，地下二层梁截面加宽至

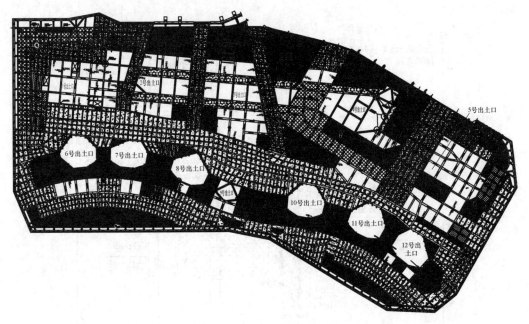

图 1.9-22 基坑首层平面图

1.2m，局部受力较大区域采用临时支撑将其受力扩散。

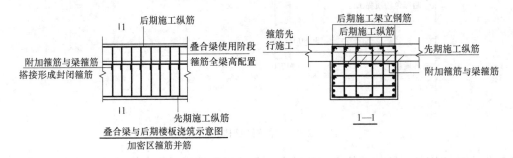

图 1.9-23 叠合梁详图

（2）结构错层处理

本工程的特别之处在于首层结构号房楼板与普遍区楼板错层达到 1.4m，地下二层局部错层达到 0.6m，且南侧 1 号楼洞口边梁也存在错层位置。按照常规错层位置采用加腋处理，但根据建筑要求，加腋高度不得大于 0.6m，角度不得大于 60°，地下二层仅能在梁内侧加腋，为解决这些问题，在工程中除采用梁加腋外，在结构板位置也进行加腋处理，在弯矩较大位置设置附加型钢，分担部分水平力。

（3）顶板与自然地坪高差位置处理

部分区域顶板结构与自然地坪高差达到 1.4m，该处压顶梁与顶板结构的连接采用抬高牛腿的设计，在压顶梁上设置一牛腿（图 1.9-24），高度与顶板相同，并进行内侧加腋，牛腿范围内压顶梁加宽，加强受扭，牛腿与土体接触位置进行地基加固，增强土体抗力，减小下部变形。

（4）构大范围开口位置处理

北侧中心位置为中庭区域，结构采用大开口处理，且开口两侧标高相差 1.4m，此处采用临时支撑梁进行传力，错层位置采用加腋处理，加腋角度适当放大，后期进行凿除。

（5）与相邻地块结构的处理

本工程与相邻工程地下室部分连通，故在相邻边施工时除需要预留插筋外，尚需考虑相邻结构的传力，传力主要考虑结构缺失部位的传力及相邻边错层位置的传力。本工程结构缺失位置，在相邻结构施工期间，仍需要采用临时支撑进行加固，防止传力不连续。在相邻边，存在结构错

图 1.9-24　首层结构与压顶梁连接图

层的情况，在此处采用抬高牛腿的方式兼作为加腋（图 1.9-25），并预留相邻工程结构梁板钢筋，后期进行连接。

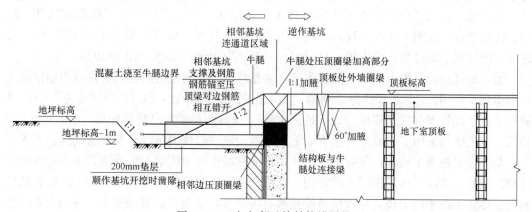

图 1.9-25　与相邻地块结构错层处理

本工程基坑从 2014 年 9 月开始土方开挖，至 2015 年 7 月完成地下室施工，仅 10 个月就完成了整个地下室结构，为业主争取了宝贵的时间。根据监测资料，基坑开挖至 B1 层时桩体测斜变形普遍在 15mm 以下，开挖至基底后，桩体测斜均值为 35mm，均位于可控范围内，基坑东侧管线位移变化处于允许范围内，施工过程中对周边环境影响较小。

参 考 文 献

［1］　刘国彬，王卫东.基坑工程手册［M］.第二版.北京：中国建筑工业出版社，2009.
［2］　李伟强.在超大深基坑中进行异形框架结构逆作的研究与应用［J］.建筑施工，2016，（04）：49-50.

1.10　超浅埋暗挖施工技术

1.10.1　发展概述

超浅埋暗挖施工技术，是近年来随着明挖基坑难以实施，浅埋暗挖技术不断向地面施

做而发展起来的一种新型暗挖施工技术。所谓"超浅埋通道"，即，通道顶部覆盖土厚度 H 与其暗挖断面跨度 A（矩形底边宽度）之比 $H/A \leqslant 0.4$ 为超浅埋通道。该定义采用了《地下工程浅埋暗挖技术通论》（王梦恕院士著）一书中判定方法之一的覆跨比判别法。

20 世纪 70 年代，国外开始新奥法应用于浅埋地层的研究，到 80 年代初已基本形成了一套完整技术，但因国外劳动力昂贵并未广泛应用于城市地铁、市政工程等。德国是早期在地下工程中应新奥法技术，在地铁隧道区间和大断面地铁站中广泛应用，如：慕尼黑、法兰克福、纽伦堡地铁站等。1976 年日本开始将新奥法技术移植到城市地铁建设中，如：粟山、大贯、旭丘等城市隧道及横滨市地铁工程等。

我国在 20 世纪 80 年代初开始将新奥法原理应用于地下工程施工，并提出了浅埋暗挖工法。20 世纪 80 年代中期，首次应用"新奥法"原理，在大秦线军都山铁路隧道双线进口黄土试验段研究成功。随后在北京地铁复兴门折返线工程设计与施工中应用这种新技术并获得成功。1987 年 8 月 25 日国家科委召开科研成果鉴定会，正式取名为"浅埋暗挖法"。20 世纪 90 年代北京地铁复八线一改北京地铁过去明挖基坑法，全面推广浅埋暗挖法修建了约 13.5 km 的地铁区间段及西单、天安门西、王府井和东单 4 座地下暗挖车站。北京地铁复八线的成功建设，创造出一整套浅埋暗挖修建城市地铁工程的新技术、新工艺、新方法，开创了我国地下工程暗挖施工的新纪元，在这之后，开工建设的广州、深圳、沈阳等地铁及南水北调工程都广泛采用浅埋暗挖技术。简明扼要的十八字方针："管超前、严注浆、短进尺、强支护、早封闭、勤量测"，使该工法得到广泛应用。

北京地铁建设过程中，暗挖隧道顶部起拱条件得不到满足的时候，平顶直墙暗挖施工技术得到了应用。北京长安街地下通道，由于控制高度等限制，在 12 条通道施工中 7 条通道采用了此技术并安全建成。北京地铁 4、5 号线分别在宣武门站和雍和宫站下穿地铁 2 号线，施工中均采用了大断面平顶直墙施工技术，通过监测满足设计及既有线运营要求。

超浅埋暗挖施工技术，是我国近十年来在面临城市交通拥堵无法断路，地下管线众多且难以改移，铁路、机场跑道不可停用，雾霾严重不宜明挖等严峻现实条件下，随着精确制导管棚施工技术的出现，与浅埋暗挖技术有机结合，采用超前管棚预作，分割大跨度为数个小跨度依序错位开挖，型钢强力支撑，及时喷护封闭成环等技术，逐步形成大断面矩形地下通道的一种新型地下工程暗挖施工技术。应用于城市地下通道下穿繁忙道路、铁路、机场跑道、水渠或地下停车场修建等领域。

1.10.2　技术内容

在下穿城市道路地下通道施工时，通道的覆盖土厚度与通道跨度之比通常很小，且地下管线众多。为了保障城市道路、地下管线及周边建（构）筑物正常运用，需采用严格控制土体变形的超浅埋暗挖施工技术。该技术可以在不阻断交通、不损伤路面、不改移管线和不影响居民等城市复杂环境下使用。因此，具有安全、可靠、快速、环保、节资等优点。主要利用钢管刚度强度大，水平钻定位精准，型钢拱架连接加工方便、撑架及时和适用性广等特点。一般采用长大管棚超前支护加固通道周围土体，将整个通道断面分为若干个小断面进行顺序错位短距开挖、及时强力支护并封闭成环，形成平顶直墙交替支护结构条件，进行地下通道或空间主体施工的支护技术方法。施工过程中应加强对施工影响范围内的城市道路、管线及建（构）筑物的变形监测，及时反馈信息，及时调整支护参数。

1.10.3　技术指标

通道顶部覆盖土厚度 H 与其暗挖断面跨度 A（矩形底边宽度）之比 $H/A \leqslant 0.4$。

（1）地面沉降：$\leqslant 30$mm。

（2）管棚

棚顶标高：低于地下管线静距离 $\geqslant 250$mm；

管径：$90 \sim 1000$mm；

壁厚：8mm、10mm、12mm、14mm、16mm、20mm；

长度：$24 \sim 150$m；

定位：$\leqslant 25$mm；

倾斜：$\leqslant 1/1000$。

（3）分洞开挖

单洞开挖跨度：$\leqslant 6.0$m；

上下台阶间距：$3.0 \sim 5.0$m；

洞间错距：$\geqslant 10.0$m。

（4）型钢拱架

水平间距：$500 \sim 750$mm；

横撑间距：$1000 \sim 1500$mm；

参照标准：《钢结构设计规范》GB 50017。

（5）其他

喷射混凝土厚度：$250 \sim 350$mm；

浆液水灰比 $0.8 \sim 1$；当采用双液注浆时，水泥浆液与水玻璃的比例为 1：1；

注浆加固渗透系数：$\leqslant 1.0 \times 10^{-6}$cm/s。

1.10.4　适用范围

一般填土、黏土、粉土、砂土、卵石等第四纪地层中修建地下通道或地下空间。

1.10.5　工程案例

青岛胶州市民广场人防工程位于胶州市南中轴线世纪大道，地下一层人防工程横穿澳门路（城市主干道），由于管线改移难和交通繁忙不可断路等原因，采用了超浅埋暗挖法进行施工。超浅埋暗挖断面为矩形穿越澳门路区段长约40m。两个地下通道主体结构宽度均为15.0m，高度澳门路为5.8～6.1m，结构顶板距现地面仅2.5～3.5m。从2015年1月开始施工至年底竣工。土方开挖见图1.10-1，主体结构竣工效果见图1.10-2。

1. 管棚施工

胶州市民广场人防工程澳门路超浅埋暗挖，管棚采用长40.0m，直径 ϕ325，壁厚为8mm，共71根无缝钢管，中心间距425mm，管间锁扣采用4根正反两组∠63×40×5连接，在开挖断面为 $15.80 \times (6.63 \sim 6.93)$m² 的上、左、右三边，采用了水平定向钻机进行管棚预加固处理，管内采用C25混凝土充填密实。

2. 洞内土体注浆加固

隧道开挖前对洞内土体进行了预加固，首先在全断面注浆预加固12.0m，开挖至9.0m后，洞内土体再次进行接力超前注浆预加固，每次沿隧道纵深向须注浆12.0m，预留3.0m时再次注浆直至洞通。即，各个开挖掌子面每开挖9.0m后，须注浆一次12.0m，

3 个洞内掌子面分别进尺到位再接力注浆处理。

3. 土体开挖

在开挖断面，分割成左、中、右 3 个隧洞开挖，开挖跨度分别为 5.70m、4.44m、5.70m，

图 1.10-1　胶州澳门路通道开挖支护　　　　图 1.10-2　胶州澳门路通道主体结构竣工

每个单洞又再分为上下台阶开挖，台阶宽度保持 3.0～5.0m。先开挖左洞，当左洞开挖至 10.0m 时，然后开始右洞开挖，左右洞同时开挖期间确保其两个掌子面间隔不小于 10.0m，当右洞开挖至 10.0m 时，最后开挖中洞，三洞同时开挖应确保左、右、中洞掌子面间隔均不小于 10.0m，如此开挖直至洞通。

4. 钢架网喷支护

洞内支护采用型钢拱架与网喷混凝土护面，除洞顶采用工字钢 I25a 外，一般采用 I22a 工字钢刚性连接成架，水平间距为 600mm，单洞内有"日"、"口"形拱架间隔设置，每开挖一步 600mm，及时设置型钢拱架，墙面设双层钢筋网片，并喷射 C20 混凝土厚度 300～350mm（洞间中隔壁厚度为 300mm），每个掌子面底部角点各打入一根长 3.0m 的锁脚锚杆。挖一步、撑一步、喷一步，直至洞通。

5. 中隔壁拆除

洞通后，主体结构施工沿纵向按 7500mm（按纵向柱距）分为一仓，一柱一仓，依次浇筑主体结构。需要说明的是每仓底板浇筑时需破底部中隔壁墙体预留底部型钢架柱，顶板浇筑时也需破顶部中隔壁墙体预留顶部型钢架柱。顶板浇筑完成达到一定强度并完成二次注浆后方可拆除中隔壁墙体。

参 考 文 献

[1] 王梦恕. 地下工程浅埋暗挖技术通论 [M]. 合肥：安徽教育出版时，2004.

[2] 贺长俊，蒋中庸，刘昌用等. 浅埋暗挖法隧道施工技术的发展 [J]. 市政技术，2009，27（3）.

[3] 董新平，周顺华，胡新朋. 软弱地层管棚法施工中管棚作用空间分析 [J]. 岩土工程学报，2006，28（7）.

[4] 孔恒. 城市地铁隧道浅埋暗挖法地层预加固机理及其应用研究 [D]. 北京：北京交通大学，2003.

[5] 都海江. 超浅埋暗挖过街地下通道的设计与施工 [J]. 石家庄铁道学院学报，1995，8（2）.

1.11　复杂盾构法施工技术

1.11.1　发展概述

盾构法是在地表以下土层或松软岩层中暗挖隧道的一种施工方法，自 1818 年法国工程师发明盾构法以来，经过一百多年的应用与发展，从气压盾构到泥水加压盾构以及更新颖的土压平衡盾构，已使盾构法能适用于任何水文地质条件下的施工，无论是松软的、坚硬的，有地下水的，无地下水的暗挖隧道工程都可用盾构法[1]。

世界上第一条盾构法施工的隧道修建于 1823 年，全长 458m。1869 年，英国将盾构法应用于泰晤士河水底隧道，随后又在修建伦敦城南线隧道时，应用压缩空气防止河水渗漏的盾构施工工艺，大大促进了盾构的发展。1887 年，盾构施工和气压组合工法相结合运用于伦敦铁路隧道项目中。20 世纪初期，盾构法施工在欧美等地区得到了很好的推广，并且利用盾构法施工技术修建了很多隧道。到了 20 世纪 60 年代，盾构法施工技术已在日本的隧道建设中被广泛地应用，1974 年日本首先研制出土压式平衡盾构掘进机，这标志着盾构法施工技术又进入了新的阶段[2]。

盾构法施工技术是从 20 世纪 50 年代才引入我国，并在阜新煤矿运用直径为 2.6m 盾构机修建输水管道工程。随着国家的快速发展，利用盾构法施工的公路建设、铁路建设、地铁建设等重大项目正在如火如荼地进行着。在我国地铁的建设中，上海是第一个采用盾构法施工技术建设地铁工程的城市[3,4]。1963 年，上海建立了我国最早的盾构施工技术研发基地，研究盾构设计、施工、制造。1970 年，直径为 10.2m 的挤压式盾构机被首次运用于黄浦江水下隧道工程。20 世纪 80 年代后期，地铁隧道在上海修建成功，同时对于土压平衡式、泥水加压式盾构技术研究也在不断进行中。从目前来看，我国的盾构施工技术已经取得较为显著的进步，带来了良好的经济和社会效益[5]。

1.11.2　技术内容

盾构法是一种全机械化的隧道施工方法，通过盾构外壳和管片支承四周围岩、防止发生坍塌，同时在开挖面前方用切削装置进行土体开挖，通过出土机械外运出洞，靠千斤顶在后部加压顶进，并拼装预制混凝土管片，形成隧道结构的一种机械化施工方法。

盾构法施工的优点在于[6]：具有良好的隐蔽性，噪声、振动引起的公害小，施工费用基本不受埋置深度的影响，机械化及自动化程度高，劳动强度低，目前国外有些工程已能基本做到自动化施工；隧道穿越河底、海底及地面建筑群下部时，可完全不影响航道通行和基本不影响地面建筑的正常使用；适宜在不同颗粒条件下的土层中施工；多车道的越江跨海隧道可做到分期或分域实施，分期运营，减少一次性投资，或减少交通过于集中等矛盾。

盾构法施工的缺点在于：当工程对象长度规模较小时，工程造价相对较高；盾构一次掘进的长度有限，国内的施工实绩为 8km 左右；隧道覆土小于 D（D 为盾构外径），且盾构在欠固结砂性土为主的地层（河道）内时，开挖面土体稳定控制有困难；在正常固结的地层中，隧道覆土小于 D 时，盾构掘进对地面产生的沉降变化较为敏感；不能完全防止盾构施工区域内的地表变形；当采用气压施工时，有隧道冒顶和施工人员因减压不当而患减压病（沉箱病）的危险，并且工作面周围 100m 范围有发生缺氧和枯井的情况；当隧道

的曲率半径 R 小于 20D（有中间铰）或 30D（D 为隧道外径）时，盾构转向比较困难，为避免该矛盾，通常需采取必要的措施。

由于盾构施工技术对环境影响很小而被广泛地采用，得到了迅速的发展。目前工程中经常遇到的复杂盾构法施工技术主要是复杂地层、复杂地面环境条件下的盾构法施工技术，或大断面圆形（洞径大于 10m）、矩形或双圆等异形断面形式的盾构法施工技术。

选择盾构形式时，除考虑施工区段的围岩条件、地面情况、断面尺寸、隧道长度、隧道线路、工期等各种条件外，还应考虑开挖和衬砌等施工问题，必须选择安全且经济的盾构形式。盾构施工在遇到复杂地层、复杂环境或者盾构截面异形或者盾构截面大时，可以通过分析地层和环境等情况合理配置刀盘、采用合适的掘进模式和掘进技术参数、盾构姿态控制及纠偏技术、采用合适的注浆方式等各种技术要求来解决以上的复杂问题。盾构法施工是一个系统性很强的工程，其设计和施工技术方案的确定，要从各个方面综合权衡与比选，最终确定合理可行的实施方案。

盾构在硬岩地层、软硬不均地层中的掘进，既是一个施工控制的重点，同时也是一个施工上的技术难点。加上所掘进硬岩强度高、软弱岩层遇水极易崩解且地层层间水丰富的特点，使得掘进施工难度倍增。在施工前，应当提前做好机械设备、技术支持等施工准备工作，认真分析地质条件为长距离掘进高强度硬岩段间杂软弱岩层段打好坚实的基础；施工过程中准备的判断渣样，经过渣样试验、分析，结合详勘、补勘资料确定所掘进的地层，以采取相应的措施。

1. 配置合适的刀盘

根据区间地质状况，针对区间硬岩地层，刀盘配备以破岩能力为主的重型滚刀。

2. 掘进模式

硬岩段→敞开式掘进模式；上软下硬→土压平衡掘进模式；软弱岩层段→土压平衡掘进模式。

3. 选定掘进参数

软弱岩层段向硬岩段过渡掘进、硬岩段向软弱岩层过渡段掘进采用"土压平衡模式"掘进。采用小推力低转速，适当降低掘进速度，使刀盘对底部较硬地层进行充分破碎。严格控制出土量。严格进行同步注浆，保证注浆压力及注浆量，充分填充盾尾和管片之间的建筑间隙，以减少周围土体变形。

硬岩段掘进采用敞开掘进模式，遵循"高转速、小推力"原则选取参数，以提高掘进速度。

4. 渣土改良及出渣管理

（1）渣土改良

泥饼（次生岩块）是盾构刀盘切削下来的细小颗粒、碎屑在密封仓内和刀盘区重新聚集而成半固结或固结的块状体。根据土层情况向刀盘和土仓内加入泡沫、膨润土等渣土改良剂，使搅拌后的切削土体具有止水性和流动性，既可顺利排出渣仓，又能降低扭矩，减小刀具的磨损。

（2）出碴管理

掘进过程必须对出渣量有详细的记录及统计，理论出渣量可以根据推进进尺×断面面积×松散系数或者推进速度×断面面积×松散系数确定。

盾构机主要是用来开挖土、砂、围岩的隧道机械，由切口环、支撑环及盾尾三部分组成。就断面形状可分为单圆形、复圆形及非圆形盾构。矩形盾构是横断面为矩形的盾构机，相比圆形盾构，其作业面小，主要用于距地面较近的工程作业。矩形盾构机的研制难度超过圆形盾构机。目前，我国使用的矩形盾构机主要有 2 个、4 个或 6 个刀盘联合工作。

目前盾构法隧道均设计为圆形断面，但圆形盾构隧道存在断面空间利用率低的弱点。类矩形盾构法隧道在断面空间利用率上存在较大优势，同时在相同覆土情况下较圆形隧道更具有适用性。但类矩形盾构因其断面形状特殊，施工中可能面临诸如排土困难、开挖面失稳、轴线偏差、管片拼装困难等难题；另外，类矩形盾构施工环境保护也有相当的难度，由此衍生出了大量信息的使用和管理问题。

1. 切削排土改良

类矩形断面底部呈平底状，渣土的流动性差，局部易产生淤积；刀盘结构、切削方式，以及渣土流动形式特殊；土压力分布形式不明，且不稳定。因此，必须对切削排土改良进行针对性研究，配合盾构刀盘切削方式开发新型的改良添加剂和改良技术。

2. 盾构轴线控制

类矩形盾构断面的特殊性，易形成受力不均的现象，造成盾构姿态控制困难。此外，类矩形盾构易产生轴线控制难的问题，轴线易超出设计标准，使得有效使用断面相对缩小，影响后期运营；类矩形隧道高宽比小，拟合设计线型掘进困难，转身转角后很难予以纠偏。解决上述问题，主要从盾构机针对性设计和施工参数控制两方面着手。

在盾构机针对性设计中，除全断面切削、土体改良功能等外，可考虑设计局部小型螺旋机，必要时用于排土，以解决局部渣土挤压或流动不畅的现象，使开挖面更利于纠偏控制；在推进系统和铰接系统中，可考虑千斤顶的不均匀布置，如角部多设置可独立控制的千斤顶，以便更好地实现纠偏力矩。

在施工参数控制中，可采用聚合物土体改良剂，既避免了泡沫气压对土仓的影响，又可改善和提高渣土流塑性；或可利用壳体注浆工艺，注入"惰性"浆液，即可用于盾构纠偏，又不产生背土现象。同时，在姿态控制技术中，注重纠偏系统和推进系统的控制，利用盾构机针对性设计，配合测量数据，进行实时调整。

1.11.3 技术指标

盾构外径，是指盾壳的外径，通常盾构直径要大于隧道直径，因为管片是安装在盾尾内部，盾尾和管片之间有间隙，外加上管片自身的厚度，而成型的隧道是管片构成的，所以隧道直径小于盾构直径。

盾构法隧道的断面取决于各种使用条件。例如市政共用隧道（共同沟），除需考虑各种管道的铺设外，还需考虑检修道及增铺管道用的备用空间。隧道直接作地下输水道时，必须考虑水的流量、抗腐蚀的内衬、断面的充裕量等。电力通讯隧道需考虑铺设电缆的数量、检修道、排水沟以及电缆发热而需降温的冷却管道、通风道等。当隧道直径较小时，还要考虑到盾构施工的最小工作面，普通盾构法隧道的直径不宜小于 3m。另外，公路隧道还应考虑盾构施工的误差（通常取 60~120mm）以及通行高度、车道侧向净宽等要求。

地铁隧道的断面由建筑界限及各种设施所需的空间决定。地铁的圆隧道净空尺寸由曲线段控制，即盾构法地铁圆形隧道的最小曲率半径应控制在 $R=300m$，车速 $V=50km/h$

时的曲线部建筑限界，隧道掘进的蛇形误差（轴线偏差）100mm。上海地铁的隧道外径为 6200mm（广州为 6100mm），内径 5500mm。

盾构机机型（土压式和泥水式）不同，刀盘的结构形式（面板式和辐条式）不同。刀盘扭矩的影响因素和计算方法也不尽相同。

1. 土压平衡式盾构机[7]

土压平衡式盾构机在掘进过程中，作用于刀盘上的载荷主要有：刀盘正面的土压力、刀盘侧面的土压力以及泥土仓内的渣土压力，如图 1.11-1 所示。由于刀盘的旋转运动，刀盘在切削土体的同时还与地层摩擦，从而产生各个阻力和阻力扭矩。

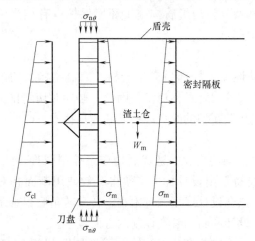

图 1.11-1　作用在盾构刀盘上的土压力

通过对盾构掘进时刀盘受力状况的全面分析，可以得到作用在刀盘上的扭矩由以下几个方面组成：刀盘上刀具的切削阻力扭矩、刀盘正面与土体的摩阻力扭矩、刀盘背面与渣土的摩阻力扭矩、刀盘转动时刀盘开口内土体的剪切摩阻力扭矩、刀盘侧面（外周）与土体之间的摩阻力扭矩、刀盘构造柱和搅拌臂搅拌渣土产生的摩阻力扭矩以及刀盘转动时机械自身内摩擦阻力扭矩。

2. 泥水平衡式盾构机[8]

刀盘扭矩的精确计算是泥水平衡盾构设计的关键问题，是确定刀盘驱动功率的主要依据。目前国内针对土压平衡盾构刀盘扭矩计算方法进行了大量的研究工作，取得一些进展。

泥水平衡盾构刀盘扭矩主要由刀具切削阻力扭矩、刀盘正面摩擦扭矩、刀盘侧面摩擦扭矩、刀盘开口处剪切扭矩、刀盘背面摩擦扭矩以及泥水舱搅拌扭矩组成。通常情况下，刀盘正面摩阻扭矩所占总扭矩比重最大，达到 60％以上，其次是刀盘背面摩擦扭矩和刀盘侧面摩阻扭矩，这三项占刀盘总扭矩的 90％以上，泥水压力每增加 10％，刀盘扭矩约增加 8％，刀盘扭矩随刀盘直径的增大而增大。

1.11.4　适用范围

（1）适用于各种复杂的工程地质和水文地质条件，从淤泥质土层到中风化和微风化岩层。

（2）盾构法施工隧道应有足够的埋深，覆土深度不宜小于 6m。隧道覆土太浅，盾构法施工难度较大；在水下修建隧道时，覆土太浅盾构施工安全风险较大。

（3）地面上必须有修建用于盾构进出洞和出土进料的工作井位置。

（4）隧道之间或隧道与其他建（构）筑物之间所夹土（岩）体加固处理的最小厚度为水平方向 1.0m，竖直方向 1.5m。

（5）从经济角度讲，盾构连续施工长度不宜小于 300m。

1.11.5　工程案例[9]

上海地铁 9 号线一期工程西出入段盾构隧道（九亭站～七宝站）位于上海市闵行区沪

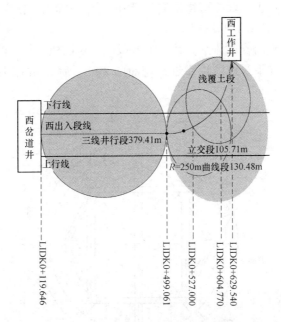

图 1.11-2　西出入段隧道上穿越下行线平面示意

松公路沿线，全长 510.448m；盾构出西岔道井后长距离（379.41m）夹在两条隧道中间平行施工，到达立交段，与下行线呈 18°斜交（见图1.11-2）。

本工程盾构施工穿越土层主要为⑤₁灰色淤泥质黏土层，很湿、软塑、高含水量、大空隙比、高敏感度、受扰动沉降大、稳定时间长的中～高压缩性土；其上为③₁层灰色粉质黏土层，也是很湿、软塑的高压缩性土，可能产生流砂、涌砂现象；④层土缺失。出入段线隧道采用装配式钢筋混凝土管片通缝拼装，内、外直径分别为 5.5m 和 6.2m。采用 6340mm 带面板式刀盘的铰接式土压平衡式（EPB）盾构，长 8.6m，盾构壳厚 7cm。

施工难点包括：①保护标准高，要求隧道结构纵向沉降与隆起在±5mm 内，纵向水平位移在±5mm 内，隧道收敛值＜20mm；②上穿越施工时两隧道上下净距最小为 2.58m，为超近距离跨越施工；③上穿越施工交叉处覆土深 3.88m，接近 0.6D（D 为隧道外径），须进行压载或覆土加固处理；④西出入段线立交段全部位于 R＝250m 小半径曲线上，轴线控制难度大，而且西出入段线隧道纵向最大坡度达 32.5%，盾构推进和隧道内水平运输困难。

1. 上穿越隧道关键施工技术

对隧道周围土体进行注浆加固。

（1）已建隧道：西出入段线隧道施工前，注浆管插入下行线隧道内的预埋注浆孔，压注水泥-水玻璃双液浆，对隧道衬砌背面 3m 范围内土体进行加固。待隧道两侧土体达到一定强度后，施工后行隧道。

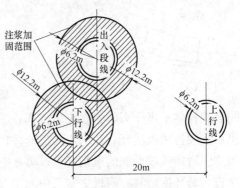

图 1.11-3　立交段注浆加固范围示意

（2）出入段隧道：出入段隧道每掘进 50 环进行注浆加固。在立交段增设注浆孔管片，每环有 16 个注浆孔（见图 1.11-3）。

在已建隧道内设横向支撑体系。针对出入段施工对已建下行线隧道的影响，下行线隧道易产生横向变形，在下行线隧道靠近开挖面前 20m、后 20m 范围管片设置横向支撑体系（见图 1.11-4）。

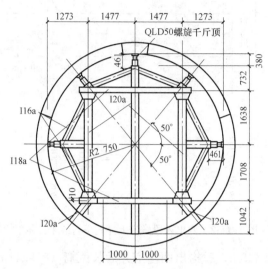

图 1.11-4　横向支撑体系示意

在出入段盾构推进前，在下行线隧道内采用袋装钢渣压重。

2. 小半径曲线推进施工技术

盾构小半径曲线推进时，采用的关键施工技术如下：①采用 4 环 1.0m 宽楔形环＋1 环 1.2m 宽直线环，能较好的拟合 $R=250$m 小半径圆曲线，小半径管片采用特殊配筋，以承受偏心荷载。②控制盾构超挖范围 100mm。③盾构铰接千斤顶行程 170mm，水平铰接角度＋1.5°，小半径曲线处水平铰接角度 0.97°。经不断调整，左右千斤顶行程差为 60～70mm 时最易控制盾构方向。④在出入段小曲线隧道掘进过程中，设置预偏量 30mm 左右（见图 1.11-5）。

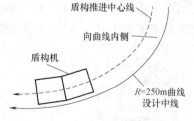

图 1.11-5　小曲线段盾构预偏示意

3. 浅覆土段施工技术

为防止盾构在立交段和进洞浅覆土段推进过程中抬头，在浅覆土段地表设混凝土抗浮板并用袋装钢渣压重。采用深层搅拌桩加固地基。

4. 减小施工扰动措施

盾构施工过程中，采用如下措施减小施工扰动：①合理控制推进压力，建立土压平衡；②掘进速度控制在 2cm/min 以内；③每环推进结束后，须拧紧当前环管片的连接螺栓并在下环推进时进行复紧；④在曲线段推进过程中，须加强对曲线段外侧的压浆量，以填补施工空隙，加固外侧土体，使盾构顺利沿设计轴线推进，每环推进时，应根据施工中的变形监测情况，随时调整注浆量及参数，并注意保证浆液质量。

参 考 文 献

[1] 张成. 地铁工程土压平衡式盾构施工技术研究 [D]. 成都：西南交通大学，2002.

[2] 刘哲. 盾构机施工参数优化分析 [D]. 石家庄：石家庄铁道大学，2015.

[3] 胡国良，龚国芳，杨华勇，等. 盾构模拟试验平台液压推进系统设计 [J]. 机床与液压，2005 (2)：92-94.

[4] Sugimoto M，Sramoon A. Theoretical Model of Shield Behavior During Excavation. I：Theory [J]. Journal of Geotechnical &Geoenvironmental Engineering，2002，128 (2)：138-155.

[5] 李瑞军. 盾构管片模具设计及性能分析 [D]. 石家庄：石家庄铁道大学，2014.

[6] 夏明耀，曾进伦. 地下工程设计施工手册 [M]. 第二版. 北京：中国建筑工业出版社，2014.

[7] 管会生，高波. 盾构刀盘扭矩估算的理论模型 [J]. 西南交通大学学报，2008，43 (2)：213-217.

[8] 杨志勇，程学武，江玉生. 泥水平衡盾构刀盘扭矩计算及其影响因素分析 [J]. 铁道工程学报，2016，33 (5)：59-63.

[9] 陈越峰，张庆贺，郑坚，等. 上海地铁 9 号线盾构上穿越已建隧道施工技术 [J]. 施工技术，2009，38 (1)：40-41.

1.12 非开挖埋管施工技术

1.12.1 发展概述

现代非开挖埋管技术源于西方发达国家，称为 "Trenchless Technology" 或 "No-Dig"，译为 "无沟渠技术" 或 "非开挖技术"，现在普遍译为 "非开挖技术"。

非开挖技术主要发源于以下三个国家——美国、日本和英国。1896 年，美国首次使用顶管法在铁路下顶进一段混凝土管。从那以后，顶管施工法被视为在铁路、公路下铺设管线的标准施工法，其应用遍及美国各地。20 世纪 60 年代后，随着液压技术的发展和大型千斤顶的应用，顶管施工法获得迅速推广应用。20 世纪 60～70 年代，在日本，由于交通拥挤、道路狭窄，使用开挖方法来施工污水管道极为困难，成本也极为昂贵，因而促进了新型施工方法的开发与研制。在日本政府的支持下，公用部门、制造商、承包商和大学协力在顶管法的基础上开创了一个新型的小工艺——微型隧道法。英国在 20 世纪 60～70 年代需要开始进行修复和更换老旧管道的工作，软衬法和内衬法也是这一时期在英国发明和开发的。在 20 世纪 70～80 年代又进一步开发了用于污水管、自来水管、煤气管修补和更换用的许多修复方法。1986 年国际非开挖技术协会在伦敦的成立和自 1985 年开始举办的国际非开挖会议极大地促进了非开挖施工技术的传播。顶管法、微型隧道法、定向钻进法和管道修复技术目前在世界各地被广泛用于铺设或修复污水管道、自来水管、煤气管以及动力电缆和通讯电缆[1]。

我国的非开挖埋管技术发展共经历了三个阶段：第一阶段为发展前期，即 20 世纪 70 年代末至 80 年代中期。这一时期的发展主要以水平顶管技术为主，我国非开挖技术的发展基本处于停滞状态。第二阶段为专业设备引进期，时间介于 80 年代中期至 90 年代中期。1978 年首次引进水平螺旋钻，1985 年引进了首台 HDD 钻机及气动矛、夯管锤。自 1990 年以后，我国在引进国外先进技术的基础上，开始自主研发钻机及气动矛、夯管锤，并在市政工程中大力推广应用。第三阶段为自主研发创业期，即 90 年代中期以后。在这一时期，随着该项技术进入国家"九五"推广计划，以原地矿部、建设部、原冶金部等一些相关单位为主的技术力量通过有计划地组织国际学术交流、组建行业协会、出版学术刊物工作，在一些小型装备的自主研发方面取得了一些突破和可喜的成绩。近年来，随着导航定位精度的不断提高，施工设备能力的逐渐增强，以及管材业的高速发展，非开挖埋管技术的应用也越来越广泛，埋管能力已由初期的单孔单管线、短距离小口径管道、单一钢管铺设发展到单孔多管线、长距离大口径管线、各种材质管道的铺设。目前非开挖埋管施工技术运用比较广泛的主要有顶管法、定向钻进穿越技术以及大断面矩形通道掘进技术。

1.12.2　技术内容

1. 顶管法[2]

顶管法是在松软土层或富水松软地层中敷设管道的一种施工方法，特别适用于在具有黏性土、粉土和砂土的土层中施工，也适用于在具有卵石、碎石和风化残积土的土层中施工。目前，顶管法广泛应用于城区水污染治理的截污管施工以及动力电缆、宽频网、光纤网等电缆的管道施工以及城市市政地下工程中穿越公路、铁路、建筑物下的综合通道及地铁人行通道施工中。随着不断的发展，顶管技术的日趋成熟，已经涌现了一大批超大口径、超长距离的顶管工程。钢筋混凝土顶管管径最大达到4000mm，单次顶进最长距离也达到2180m。面对大量超大口径、超长距离顶管工程的出现，也产生了相应的顶管施工新技术。

（1）为维持超长距离顶进时的土压平衡，研究出采用恒定顶进速率及多级顶进条件下螺旋机智能出土调速施工技术。结合该新技术与分析确定的土压合理波动范围，使顶管机智能的适应土压变化，避免大的振动。

（2）针对超大口径、超长距离顶管顶进过程中容易出现顶力过大的问题开发研制了全自动压浆系统，智能分配注浆量，有效进行局部减阻。

（3）超长距离、多曲线顶管自动测量及偏离预报工艺是迄今为止最适合超长距离、曲线顶管的测量系统，该测量系统利用多台测量机器人联机跟踪测量技术结合历史数据，对工具管导引的方向及幅度作出预报，极大地提高了顶进效率和顶管的质量。

（4）预应力钢筒混凝土管顶管（简称JPCCP）拼接技术，利用副轨、副顶、主顶全方位三维立体式进行管节调整拼接，能有效解决该种新型复合管材高精度的拼接难题。

2. 定向钻进穿越技术[3]

定向钻进穿越技术是根据入土点和出土点设计出穿越曲线，然后按照穿越曲线利用穿越钻机先钻出导向孔、再进行扩孔处理，回拖管线之后利用泥浆的护壁及润滑作用将已预制试压合格的管段进行回拖，完成管线的敷设施工。

定向钻进穿越法适合在砂土、粉土、黏性土、卵石中施工，在不开挖地表面条件下，可广泛应用于供水、煤气、电力、电讯、天然气、石油等管线铺设施工。其新技术包括：

（1）测量钻头位置的随钻测量系统，随钻测量系统的关键技术是在保证钻杆强度的前提下钻杆本体的密封以及钻杆内永久电缆联接处的密封；

（2）具有孔底马达的全新旋转导向钻进系统，该系统有效解决了定子和轴承的寿命问题以及可以按照设定导向进行旋转钻进。

3. 大断面矩形地下通道掘进施工技术[4]

大断面矩形地下通道掘进施工技术是利用矩形隧道掘进机在前方掘进，而后将分节预制好的混凝土结构在土层中顶进、拼装形成地下通道结构的非开挖法施工技术。

矩形隧道掘进机在顶进过程中，通过调节后顶主油缸的推进速度或调节螺旋输送机的转速，以控制搅拌舱的压力，使之与掘进机所处地层的土压力保持平衡，保证掘进机的顺利顶进，并实现上覆土体的低扰动；在刀盘不断转动下，开挖面切削下来的泥土进入搅拌舱，被搅拌成软塑状态的扰动土；对不能软化的天然土，则通过加入水、黏土或其他物质使其塑化，搅拌成具有一定塑性和流动性的混合土，由螺旋输送机排出搅拌舱，再由专用输送设备排出；隧道掘进机掘进至规定行程，缩回主推油缸，将分节预制好的混凝土管节吊入并拼装，然后继续顶进，直至形成整个地下通道结构。

大断面矩形地下通道掘进施工技术施工机械化程度高，掘进速度快，矩形断面利用率高，非开挖施工地下通道结构对地面运营设施影响小。大断面矩形地下通道掘进施工技术能适应标准贯入度在 10 以下的各类黏性土、砂性土、粉质土及流砂地层；具有较好的防水性能，最大覆土层深度为 15m；通过隧道掘进机的截面模数组合，可满足多种截面大小的地下通道施工需求。

1.12.3 技术指标

1. 顶管法

（1）根据工程实际分析螺旋机在不同压力及土质条件下的出土能力变化趋势，设计适应工程的螺旋机智能调速功能，应对不同土层对出土机制的影响。

（2）利用带球阀和有自动开闭功能的压浆装置，结合智能操控平台，使每个注浆孔都被纳入自动控制范围。

（3）预应力钢筒混凝土管顶管施工，采用特制的中继间系统，中继间承插口按照预应力钢筒混凝土管承插口精度要求制作，保证了良好密封性能。

（4）预应力钢筒混凝土管管节接口拼接施工，利用三维立体式拼接系统时，在承插口距离临近时，应控制顶进速度，宜慢不宜快。

2. 定向钻进穿越技术

（1）采用无线传输仪器进行随钻测量，免除有线传输带来的距离限制，在井眼位置安装信号接收仪器，及时反馈轨道监测数据以及掌握钻向动态。

（2）据土层情况设定旋转钻头方向参数以及孔底马达的动力参数，结合远程操控平台智能化进行钻进穿越施工。

3. 大断面矩形地下通道掘进施工技术

地下通道最大宽度 6.9m；地下通道最大高度 4.3m，掘进机施工最大推进速度为 6cm/mim。若受工作井和转场运输条件限制，顶管掘进机可自由拆装，分段最大长度≤2.55 m，经拆装后仍能保持整机原有的工作性能和使用要求。

1.12.4 适用范围

1. 顶管法

（1）特别适用于在具有黏性土、粉性土和砂土的土层中施工，也适用于在具有卵石、碎石和风化残积土的土层中施工。

（2）适用于城区水污染治理的截污管施工，适用于液化气与天然气输送管、油管的施工以及动力电缆、宽频网、光纤网等电缆工程的管道施工。

（3）适用于城市市政地下工程中穿越公路、铁路、建筑物下的综合通道及地铁人行通道施工。

2. 定向钻进穿越

（1）定向钻进穿越法适合的地层条件为砂土、粉土、黏性土、卵石等地况。

（2）在不开挖地表面条件下，可广泛应用于供水、煤气、电力、电讯、天然气、石油等管线铺设施工。

3. 大断面矩形地下通道掘进施工技术

能适应 N 值在 10 以下的各类黏性土、砂性土、粉质土及流砂地层；具有较好的防水性能，最大覆土层深度为 15m；通过隧道掘进机的截面模数组合，可满足多种截面大小的地下通道施工需求。

1.12.5　工程案例

1. 顶管法

黄浦江上游闵奉原水支线 C2 标工程为闵奉分水点至奉贤现有黄浦江取水泵站附近新建调节池的原水管道中的一部分。该标段起始井位 JN6 至奉贤受水点围墙 $DN3000$ 和 $DN3600$ 原水管道，沿规划埝泾公路南侧绿化带敷设至南沙港东侧，再至北敷设至红卫港北侧，向东至奉贤三水厂西侧围墙，再向北至奉贤三水厂西侧新建调节池。标段共有工作井 5 座，接收井 2 座，顶管区间长度 4486.75m，JN6-JN13 区间采用 $DN3000$ 钢管节，JN13-JN15 区间采用 $DN3600$JPCCP 管节，输水规模 85 万 m^3/d。原水管道设计工作压力为 0.6MPa，试验水压为 1.1MPa。

工程施工难点主要有：大口径、长距离钢管顶管沿线穿越构筑物、管线及河流施工难度大，需采用智能泥水平衡掘进机结合合理的施工参数进行顶进施工，以及利用自动注浆装置进行压浆控制。JPCCP 顶管试验段，是国内首次运用预应力钢筒混凝土管进行顶管施工，不可预见因素多，风险大，给施工带来了极大地挑战。

技术特点与技术参数如下：

（1）ϕ3030 大直径泥水平衡顶管掘进机

该顶管机采用 6 台减速机，液压马达驱动，具有较大的扭矩和无级变速功能，可适应不同地层的掘进需要。适合黏土、砂质、泥砂、粉质黏土、中粗砂、圆砾卵石等地质条件，并能满足 4.5～25m 埋深环境和地下水情况下使用。

该顶管机为能满足从砂层到软土层的泥水平衡顶管机，在泥水仓内上下左右配置了 4 个压力传感器，通过自动控制系统中的 PLC 能将仓中的泥水压力传送到操作台上的触摸显示屏显示，并且能自动地与设定压力进行比较，调节螺旋机的转速，泥水压力过高过低都会在操作台上报警直至停机，因此能很好地控制泥水平衡，减少地面沉降。

刀盘结构为辐条型，刀盘结构比较简单，结构坚固，强度高，刚度大，由于刀盘开口率大（37%），故耐磨程度高。

设有可控制的膨润土及添加剂注入设备和管路，刀盘上有 4 个注入口能对开挖面的土体进行充分的改善，并且在胸板处设置 4 个膨润土及添加剂的注入口，螺旋机上设置 2 个膨润土及添加剂的注入口，可以达到改善渣土性质，改良渣土流动性的目的。

纠偏油缸布置在 45° 方向上，四组油缸具备良好的纠偏性能，保证能适应不均匀地层中的管道轴线控制。纠偏油缸每组 2 个油缸的油路串联在一起，每次纠偏时任意二组（2×2 只）组合控制上、下、左、右纠偏。操作时控制三位四通电磁阀，可以二组同伸，另二组同缩，或二组同伸皆可达到纠偏效果。

螺旋机采用轴带式，后部、尾部中心排土，具有二道闸门，配备紧急自动关闭装置，能有效防止土舱前端砂土与泥水管涌，螺旋机叶片及前筒体堆有耐磨材料，抗磨性能优越。

（2）长距离顶管注浆减阻技术

在长距离顶管中，当管节局部受力超过混凝土管所能承受的极限时，混凝土管发生碎裂的几率大大增加。如果是这样，工程就有报废的可能。当然出现这种情况的原因可能是多种多样的，但是起润滑减摩的泥浆套无法形成或无法完全形成则可能是主要的原因之一。此外若顶管不进行有效的减阻，势必造成后续管节不断带土，造成更大的扰动，引起更大的后续沉降。因此，长距离顶管过程中必须十分小心地选择注浆材料和完善注浆工艺，注浆减摩的好坏是长距离顶管成功与否的一个极其重要的关键性的环节。泥浆是本工程中至关重要的核心内容。

泥浆材料的选择及配比：润滑泥浆材料一般是由膨润土、纯碱、CMC 按一定的比例配置而成。纯碱一般作为分散剂，CMC 作为增粘剂。膨润土浆液应用于本工程相对密度 $1.05\sim1.08\text{g/cm}^3$，黏度 $30\sim40\text{s}$，泥皮厚 $3\sim5\text{mm}$ 为佳。在顶管施工前，进行泥浆配比试验，选用钠基膨润土，确定了工程实际配比为：水：钠基膨润土：纯碱：CMC＝1000：100：6：3。工程施工中采用剪切泵直接拌制泥浆。当拌制的泥浆应用于工程之中时，需注意：新配制泥浆需要经过 24 小时静置待其充分水化后，才可供顶管注浆使用；新配制的泥浆会含有颗粒状物，应在压浆泵管道端部绑扎布料以及在泥浆箱上部覆盖细密地钢丝网，用来过滤泥浆中的颗粒物，防止颗粒物进入泥浆输送管，致使泥浆输送管堵塞；泥浆静置后，会出现沉淀现象，导致浆液浓度不均，因此在压浆前，需对浆液进行循环，保证泥浆浓度的均匀；顶管在顶进过程中穿越不同土层时，根据实际情况和黏度要求，合理地选择配合比。

自动化控制注浆工艺：在长距离顶管工程中，除需选择合适的泥浆材料和配比以外，压浆也是决定顶管成败的关键性因素之一。本工程中，为了保证管壁外泥浆套的效果，采用自动压浆控制系统来全面管理压浆工序，来有效的控制注浆量及注浆压力，减小因注浆对土体的扰动。自动压浆系统采用 PLC 全程控制，每道压浆环配有电动阀进行压浆操作，完全可以省去管内压浆工这部分劳动力；同时通过总管路上的流量计，可精确控制压浆位置、压浆时间和压浆量，且只需施工人员进行常规巡视即可，大大地降低了人力成本，而且还提高了施工效率和质量，降低了成本。系统可实现顶管所有压浆环的实时控制，提高工效，提高泥浆减阻效果。可通过计算机实施收集和控制压浆位置、压浆压力、压浆量等关键参数（图 1.12-1、图 1.12-2）。

（3）JPCCP 中继环系统

JPCCP 特制中继环安装 30 只 500kN 油缸，最大顶力为 28000kN，中继环设计允许转角为 0.20°，正常情况许用油压范围为（0，25）MPa。中继环前后接口形式采用同 JPCCP 管节一样的雌雄接口，并设置两道密封橡胶圈，尺寸大小与 JPCCP 管节保持一致且利用相同拼接方法进行拼接。每道中继环安装一只行程距离传感器及油压压力传感器并安装限位开关。传感器模拟信号进入 PLC 控制环节。

中继环形式：中继环分前特管及后特管，前特管混凝土管管长度为 1m，钢套长度为

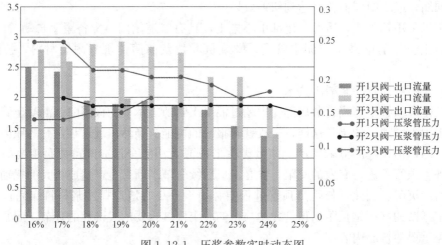

图 1.12-1 压浆参数实时动态图

图 1.12-2 相关配套设备施工图片

1.71m，总长度 2.5m；后特管雄头长度为 1.74m，总长 2.5m；在启用前使用 4 根 8.8 级 M30 高强度螺栓呈 90°布置，并连接起来。本工程中继间千斤顶采用整体滑动式固定骨架，支架经精加工，整体精度高，避免千斤顶安装不平行及吊装时出现整体偏移现象。同时若管道发生扭转，中继骨架能自动调整，避免千斤随管节扭转，造成更大扭转。

中继环配置：

掘进机正面阻力 $N = \frac{\pi}{4} D_1^2 \cdot P_t$；

根据地质资料，顶管穿越土层按④层灰色淤泥质为例，内摩擦角取 11.1°，r 取 16.8kN/m³，经计算：迎面阻力 $N = 5730$kN；

每米管壁摩阻力：$F = \pi D \cdot f$

经计算：每米管壁阻力为 72.88kN；顶管第一道中继环布置：$L = (P - N) \cdot t / F$；

经计算：$L = 101$m，考虑到顶管防后退及安装台车的需要，第一环置于工具管后 10m，第二环置于第一环后 20m；

顶管第三环以后中继环布置：$L = P \cdot t/F$，t 取 0.7；

求得 $L = 210m$，取每 140m 布置一环。

(4) JPCCP 全方位管节拼接施工技术（图 1.13-3～图 1.13-5）

由于 JPCCP 管节自身具有的特殊性：管节承插口间隙仅为 2mm，且制作精度偏差容许范围也在 2mm 内，如此高精度的接口对施工带来了极大的难度，强行承插易出现止水橡胶条被剪切失效或钢套环变形的情况，导致管节接口失效而需重接拼接。故针对 JPCCP 开发全方位管节拼接施工技术，利用副轨、主顶以及副顶结合实时测量方式，进行管节拼接，大大提高拼接成功率。

拼接过程中利用主顶将管节推进至距离前一个管节 200mm，量测第一次调整承插口竖向间距。主顶顶至 160mm，第二次调整间距。接着改用副顶以 5mm/min 速度顶进，期间不断进行量测，当配对横向间距过大时立即停止施工并利用副轨微调，直至承插口横向间距到 3～4cm 时完成拼接。油压在整个拼接过程中宜控制在 4MPa 左右。

图 1.12-3 JPCCP 管节拼   图 1.12-4 JPCCP 管节拼   图 1.12-5 JPCCP 管节拼接
接主顶、副顶   接副轨   量测配对

2. 定向钻进穿越技术

齐齐哈尔市天然气输气管道嫩江定向钻穿越工程[5]，天然气管道规格为 $D323.9 \times 7.8m$，穿越实际长度为 1202m。本工程难点在于穿越地质为圆砾、粗砂、中砂、细砂，导向孔方向不易控制，采用联合控向技术成功解决了这一难题。钻孔只用了 49h，而且导向孔曲线最大偏差在 2m 以内，出土点横向偏差只有 0.5m。

定向钻穿越工程的控向系统分为有线控向和无线控向两个系统，长期以来基本使用有线控向系统控制导向孔施工。由于在穿越距离较长的情况下，有线控向受各种磁干扰较大，穿越的准确度较差，因此在有线控向操作的同时配合无线控向。两套控向系统既可以单独控向，又可以联合控向。当联合控向时，可以避开各自控向的不利因素而使穿越更加准确，因而联合控向系统更适用于地下障碍物复杂，导向孔曲线精度要求高的水平定向钻穿越工程。

(1) 联合控向装置

定向钻联合控向装置是在有线控向系统前端安装一无线控向装置，在工作时，有线控制信号通过线缆传输到控向计算机，而无线控制信号直接传送到穿越轨迹上方的信号接收器。两种控制信号既可以单独使用，也可以相互比较使用。联合控向系统中有线控向系统和无线控向系统既可以独立工作，也可以相互协调工作。在穿越深度大于 15m 时，有线控向系统起到主导作用；当深度小于 15m 时，可以启动无线控向系统同时工作，而且无线控向系统不需要线缆送电，避免了导向孔钻进后期线缆磨损而导致穿越失败的风险。两个系统同时工作也降低了地下障碍物对探测信号的影响，提高了穿越数据和穿越曲线的准确性。有线控向系统具有成熟的装置，而无线控向系统需要特殊设计一个无线室，无线室既要保证信号的发射不受阻碍，也要保证泥浆的流通和整体结构强度不受影响。

（2）测量放线

放线的精确度直接影响到导向孔曲线的形成，定向钻穿越施工的测量放线需要放出穿越中线上各点的精确位置，因此需要一台电子经纬仪，电子经纬仪可以测距、测标高、直线定点。在穿越中心线的制高点，将钻机精确就位，就位偏差要小于等于 0.1°，这样可消除人为因素带来的穿越误差。在中心线上每隔 20m 设一个定位桩，做好编号。以入土点为基准点，测量出各点相对于入土点的标高差。根据各点的标高差计算出穿越设计曲线位于各个定位桩下方的垂直深度，并做好记录。利用地面雷达沿穿越中心线探测地下障碍物，发现障碍物要标明位置、深度和相对入土点距离，将以上测量出来的数据输入控向系统软件，并形成地形数据。

在穿越轴线上每隔 200m 测量一组数据，每组测量 4~6 次，利用电子经纬仪精确就位探测器，使探测器轴线与穿越中线重合。每测量一次数据后，将探测器的位置重新校准，再进行测量，得出方位角的值为 A_{z1}、A_{z2}、A_{z3}……A_{zn}，剔除偏差较大的数值，则得出方位角均值。

（3）联合控向导向孔钻进施工

确定方位角：方位角 A_z 是度量钻头左右偏差的基础数据，探测的方位角越接近穿越真实方位角，就越有利于钻进过程中识别钻头的真实偏差，使控向曲线更接近设计曲线，所以在开钻前必须准确测量当地方位角。

数据同步：有线探测器和无线探测器显示探测数据的形式不同，需要同步的数据包括井斜角、工具面向角和深度。井斜角同步：利用角度尺测量钻铤初始入土角 a，调整有线探测初始角为 $90-a$，则无线探测器初始井斜角为向下 $(a/180)×100\%$，工具面向角同步：利用水平尺将钻头造斜面向下调至水平，则有线探测器初始工具面为 0°，无线探测器初始工具面为向上 12 点钟位置。深度同步：由于无线探测器安装在有线探测器前端，中心距为 3m，因此在导向孔造斜段，无线探测深度与有线探测器累加深度的值相差 $3\sin a$。

设计导向孔曲线：钻导向孔的关键在于钻进曲线的控制，此项技术采用联合控向系统控制钻进曲线。以有线控向为基础，无线控向辅助施工。首先向有线控向软件内输入有关的初始控向数，如方位角、入土角、出土角、曲率半径、地形数据等。按图纸要求设计导向孔曲线。

钻进：钻孔初期要控制钻进速度在 3m/min 以内，有利于成孔，并增加泥浆排量，将孔内钻屑尽量全部排出，便于泥浆将较深地层的大颗粒钻屑排出。每钻进两根钻杆洗孔一次，增加泥浆排量将钻杆缓慢拉出。时刻观察方位角的变化，并采用联合控向系统的无线探测功能实时跟踪钻头走向。如果发现偏离中心线规定范围，则立刻与有线控制端进行核对，有问题及时纠偏。控制单根钻杆井斜角变化小于 0.8°，偶尔出现大于 0.8°，小于 1°且不连续的情况也可以接受。但连续 4 根钻杆累加角度变化不得大于 2.2°，而用无线探测时角度变化不大于 12%。对于穿越河流时无线探测不能到达的地方，如果联合控向系统的有线控向部分受到外界干扰较小，这时可以停止无线探测，一旦钻头通过河流区域，要及时启动无线探测器，精确定位钻头位置，确定相对中心线偏差。如在要求范围内，可边钻进边纠偏。

一般入土井斜段位于相对软的地质中，较难控制。经常出现角度变化快，超深等现象，发现有角度变化快的趋势时，要及时进行纠正，控制好推进尺和转进尺长度。采取多推少转和不连续转的方法，发现变化趋势，及时采取相应对策。

穿越水平段时，尽量不旋转钻进，可以工具面角度40°＋5°缓慢推进几米。然后调整到320°＋5°缓慢推进当量长度。调整角度时，如果无线探测可以到达，须用无线控制部分时刻观察工具面角度是否发生变化，防止由于穿越距离过长。钻杆应力释放后工具面角度发生过大的变化。出土井斜段相对好控制，为了避免出现地质软钻头不抬头情况，可采取工具面角度在0°左右，多推少转的方法抬高角度，这时要采用联合控向系统时刻观察和对比角度的变化，使钻头按设计曲线出土。

纠偏：纠偏施工方法有两种。当偏差较小时，可采取边钻进边纠偏的方式纠正偏差；但偏差较大不能接受或偏差趋势明显时，可拔出部分钻杆，直到钻头偏差符合要求为止，再重新钻孔纠正偏差。

3. 大断面矩形地下通道掘进施工技术

上海船厂（浦东）区域银城路地下人行通道工程位于上海陆家嘴地区，在浦东南路、即墨路与银城中路交叉区域，是沟通瑞明地块（即浦江双辉大厦）和瑞博地块地下二层的地下人行通道，包含1号通道和2号通道，覆土深约4.8～5.6m，均采用矩形顶管法施工，从瑞博地块的始发井始发，在瑞明地块内已建成的浦江双辉大厦地下室内进洞。矩形通道全长44.2m和44.1m，内截面尺寸为6m×3.3m，钢筋混凝土结构，壁厚0.45m（图1.12-6）。

矩形顶管主要在②3层黏质粉土夹淤泥质粉质黏土和③层淤泥质粉质黏土中施工，②3层以粉土为主，土质松散，在水头差的作用下易产生流砂或管涌现象。

该地下通道在银城路地下穿越，车流量较大。银城路下埋设有电力排管、煤气管、上水管、雨污水管、信息排管等。

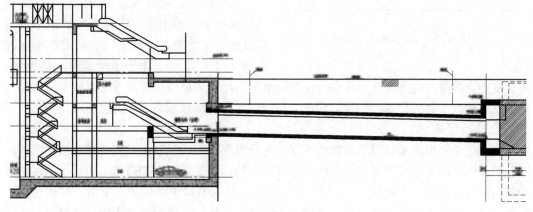

图1.12-6　通道剖面图

由于矩形顶管机要在已建成的浦江双辉大厦地下室内进洞，而浦江双辉大厦地下室为地下四层结构，地下通道为连接地下二层的人行通道，若在使用中的浦江双辉大厦地下室内增建一个工作井作为接收井，对浦江双辉大厦地下室的既有结构会有很大破坏，对地下室的使用会产生很大影响，设计施工难度也大，成本也很高，而且使用中的浦江双辉大厦不允许在贴近它的地面上临时增建一个工作井作为接收井，所以采用无接收井的矩形顶管机到达"金蝉脱壳"进洞技术实施进洞。

（1）无接收井的进洞条件创造技术

① 进洞处地下室改造加固

既有建筑物结构改造加固的原则是：一是为保证既有建筑物的正常使用，对既有建筑物的改造应尽量不破坏原有建筑物结构的受力体系；二是由于进洞施工风险性较大，为防止进洞时发生水土流失对既有建筑物产生影响，在改造的基础上对受力体系进行局部加强。

矩形顶管机进洞时必须凿除浦江双辉大厦地下室的地下连续墙，为了保证使用中的浦江双辉大厦地下室结构使用安全和矩形顶管进洞安全，在凿除地下连续墙处施工钢筋混凝土替代框架结构，替代框架结构包括两根立柱、上横梁和下横梁，由浦江双辉大厦地下室地下一层施工至地下四层（图 1.12-7）。

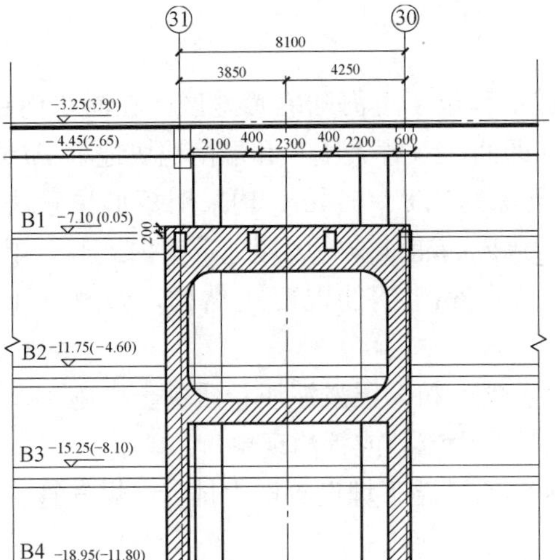

② 钢洞圈安装

在施工钢筋混凝土替代框架结构时，在其内部设置矩形顶管机进洞用的钢洞圈。由于地下室内不具备钢洞圈整体安装的条件，为保证钢洞圈安装偏差在允许范围内，且尽可能减小在地下室内动火作业，钢洞圈采用工厂分段加工、现场机械连接的形式。在地下室内采用升降机、卷扬机、葫芦等进行钢洞圈吊装施工，采用花篮螺丝精确定位，采用钢支撑加固。

③ 搭设进洞接收缓冲平台

为缓解顶管机进洞破除洞门后土体坍塌对楼板产生的冲击力，在地下室的地下四层搭设钢支撑排架，在地下三层搭设堆土缓冲平台（图 1.12-8），平台表面铺设一块钢板。

图 1.12-7　替代框架示意图

为保证钢支撑排架的强度及稳定性，在开洞范围内增设多道斜撑。在堆土缓冲平台底部与地下三层楼板接触的位置，铺设两层土工布，以起到保护楼板装饰层的作用。

④ 成品保护

由于在使用中的浦江双辉大厦地下室内进行进洞施工，为减小对既有建筑物使用的影响和保证施工的安全有序进行，对既有建筑物内的成品采取了保护措施，如对施工区域采用围挡隔断，内侧一圈砌筑 50cm 挡水墙；对石材地面采取重点保护，采用三层地毯加木板的方式；对施工区域以及运输区域的柱子采取包角保护，包角形式为内包塑料布。

（2）大断面矩形顶管机进洞控制技术

① 调整施工参数

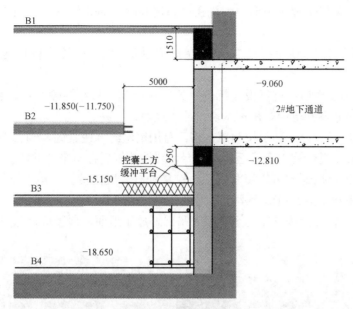

图 1.12-8　进洞接收缓冲平台示意图

　　矩形顶管机进入加固区后，边推进边注水以润滑切削面，时刻观察顶力的变化，避免顶力过大造成设备损坏，如出现异常应放慢速度或停止推进；减慢顶进速度，加大出土量，逐渐减小正面土压力，最终将土仓压力设置为零，以保证洞口处结构稳定和顶管机设备完好；停止机头的压浆，并把压浆位置逐渐后移；调整好机头姿态，使其与顶进轴线相平行，尽可能将顶管机和后部管节间出现的接缝间隙减为最小。

　　在进洞洞门打开后，矩形顶管机土仓内的土会倒向地下三层楼板，为减少矩形顶管机进洞破除洞门后土体坍塌对地下室楼板产生的冲击力，应尽可能将土仓内的土体出空。

　　② 矩形顶管机进洞、封堵洞门

　　在进洞前先打设探孔，探明进洞加固效果，若加固效果不好，则可利用地面预留的注浆孔从地面注浆或采取临时降水措施。当确认进洞加固效果良好和钢筋混凝土替代框架达到强度后，切割清除洞门范围内楼板，顶进矩形顶管机直至大刀盘刀尖距离地下连续墙10cm处，停止顶进，凿除洞门混凝土。由于既有建筑物内无接收井，其地下结构楼板无法承受矩形顶管机重量，所以，矩形顶管机不能推进至既有建筑物内，只能推进至接收侧钢洞圈内。

　　待洞门凿除完毕后快速顶进矩形顶管机，推至机壳边与钢洞圈内边同一平面处停止顶进，立即用钢板将矩形顶管机壳体与钢洞圈焊接成整体，并用水泥浆封堵壳体和洞圈的间隙，减少水土流失。然后进行堆土清理，设备拆除。

　　(3) 矩形顶管机原位"金蝉脱壳"拆解技术

　　在无接收井条件下，矩形顶管机进洞后不能推进至既有建筑物内，只能推进至接收侧增设的钢洞圈内进行原位拆解。既有建筑物与矩形顶管机内缺乏顶管机部件拆解和吊装移位的条件，矩形顶管机内的操作空间也有限，给顶管机拆解带来了很大难度。所以，根据此工艺要求和施工工况，采用矩形顶管机原位"金蝉脱壳"拆解技术，按照"先装后拆，后装先拆，从后部到前部"的拆解顺序，依次拆解矩形顶管机内除壳体外的所有设备，壳

体留在原土体内,最终实现了矩形顶管机在进洞钢洞圈内的原位拆解(图1.12-9)。具体施工步骤如下:

① 根据矩形顶管机刀盘拆解需要,在既有建筑物的上层楼板底施工刀盘临时吊点;

② 待进洞封堵稳定后,进行设备拆解,先拆除后部2只螺旋输送机,整体拆除后由平板车沿通道运至始发井坑内,吊离基坑,放于地面;

③ 在刀盘临时吊点处悬挂手拉葫芦,将刀盘用钢丝绳绑住紧固,卸去刀盘前部帽口,用千斤顶抵住胸板,慢慢将刀盘推至接收平台,缓缓放倒后提至半空并放稳;

④ 依次拆除刀盘后部的齿轮箱及马达、铰接油缸、脱离油缸、电气动力柜和纠偏液压站等部件,由平板车沿通道依次运至始发井坑内,吊离基坑,放于地面;

⑤ 割除胸板,将刀盘按顺序运至始发井吊出,放于地面,顶管机拆除完毕。

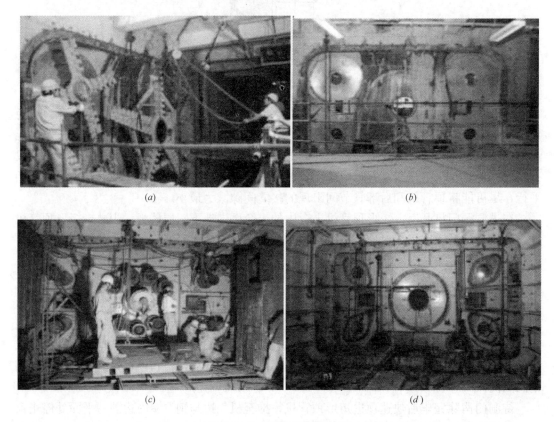

(a) (b)

(c) (d)

图1.12-9 矩形顶管机拆解

(a) 正面拆解;(b) 正面拆解完;(c) 后面拆解;(d) 后面拆解完

(4) 现浇留壳体段通道结构

在矩形顶管机内部设备原位拆解运出后,利用留在土体中的顶管机壳体作为外膜,在顶管机壳体内绑扎钢筋、制模、现浇钢筋混凝土,与已经顶进的管节现浇成整体,先浇筑底板再侧墙最后浇筑顶部(图1.12-10、图1.12-11)。由于结构的特殊性,通道顶部混凝土浇筑较为困难,采取分段浇筑的施工方式,用气动输送泵输送自密实混凝土,附着式振动器振捣,以确保施工质量。

图 1.12-10 现浇段施工

图 1.12-11 建成后的地下通道

参 考 文 献

[1] 侯树刚. 非开挖技术的发展研究 [J]. 科技进步与对策，2003（s1）：232-233.

[2] 丁站武. 顶管施工技术 [J]. 中国城市经济，2011（8）：161-162.

[3] 艾志久，鲜勇，夏换等. 水平定向钻穿越扩孔器动态变化及其对扩孔形状的影响 [J]. 科技导报，
2014，32（16）：54-57.

[4] 孙继辉. 金建昌大断面矩形地下通道掘进施工设备与技术的研究 [J]. 施工机械化新技术交流会，
2007：225-229.

[5] 柴义. 陈晓霞. 汪澜. 水平定向钻穿越中联合控向钻进导向孔施工技术 [J]. 石油工程建设，
1001-2206（2010）05-0035-04.

1.13 综合管廊施工技术

1.13.1 发展概述

城市地下管线综合管廊俗称综合管廊。它是指设置于地面下可容纳包括电力、电信、
供水、煤气、交通信号、闭路电视等两种以上的公共设施管线，并拥有完备的排水、照
明、通讯、监控等设施功能的地下箱涵隧道。它是为避免马路重复开挖，减少城市视觉污
染，保护城市市容环境，提高城市能源供给，确保城市安全运转而产生的新兴市政基础
设施。

在城市中建设地下管线综合管廊的概念，起源于 19 世纪的欧洲。1833 年法国巴黎市
着手规划市区下水道系统网络，并在管道中收容自来水（包括饮用水及清洗用的两类自来
水）、电信电缆、压缩空气管及交通信号电缆等五种管线，这是历史上最早规划建设的综
合管廊（图 1.13-1）。19 世纪 60 年代末，巴黎市规划了完整的综合管廊系统，收容自来
水、电力、电信、冷热水管及集尘配管等，并且为适应现代城市管线的种类多和敷设要求
高等特点，而把综合管廊的断面修改成了矩形形式（图 1.13-2）。

自从 1833 的巴黎诞生了世界上第一条地下管线综合管廊系统后，至今已经有将近百
逾年的发展历程了。经过百多年的探索、研究、改良和实践，它的技术水平已完全成熟，
并在国外的许多城市得到了极大的发展，它已经成为国外发达城市市政建设管理的现代化

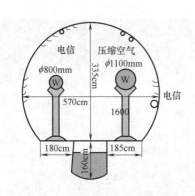

图 1.13-1 巴黎第一条地下管线
综合管廊

象征，也已经成为城市公共管理的一部分[1]。

我国第一条综合管沟于 1958 年建造于北京天安门广场下，该综合管沟宽 4m、高 3m、埋深 7～8m、长 1km，综合管沟收容了电力、电信、暖气等管线。至 1977 年在修建毛主席纪念馆时，又建造了相同断面的综合管廊，长约 500m。

1994 年在上海浦东新区张杨路人行道下建造了宽 5.9m、高 2.6m、双孔各长 5.6km、共 11.2km 的支管综合管廊，收容煤气通信、上水、电力等管线（图 1.13-3）。2006 年底，上海的嘉定安亭新镇地区也建成了全长 7.5km 的地下管线综合管廊（图 1.13-4）。另外在松江新区也有一条长 1km，集所有管线与一体的地下管线综合管廊。

2010 年世博会在上海召开，为了推动世博园区的新型市政基础设施的建设，避免道

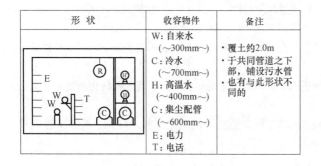

形　状	收容物件	备注
	W：自来水（～300mm～）	·覆土约2.0m
	C：冷水（～700mm～）	·于共同管道之下部，铺设污水管
	H：高温水（～400mm～）	·也有与此形状不同的
	C：集尘配管（～600mm～）	
	E：电力	
	T：电话	

图 1.13-2 巴黎矩形断面综合管廊

图 1.13-3 上海张杨路综合管廊

图 1.13-4 嘉定安亭新镇综合管廊

路开挖带来的污染，提高管线运行使用的绝对安全和创造和谐美丽的园区环境，政府管理部门在园区内规划建设管线综合管廊，它是目前国内，系统最完整，技术最先进，法规最完备，职能定位最明确的一条综合管廊。它是以城市道路下部空间综合利用为核心，围绕城市市政公用管线布局，对世博园区综合管沟进行了合理布局和优化配置，构筑服务整个世博园区的骨架化综合管沟系统[2]。世博园区综合管沟工程的建设完全符合"将城市规划、建筑、社会与经济发展、城市景观、技术、基础设施、道路交通等方面有效地统一起

来"的原则和目标，真正体现了"城市，让生活更美好"的世博会理念。世博园区的这条综合管廊除了把传统的水、电、煤气、通讯等管线敷设入内外，还第一次把冷热水管、蒸汽管和垃圾管的新型城市管线也纳入了设计规划（图 1.13-5）。

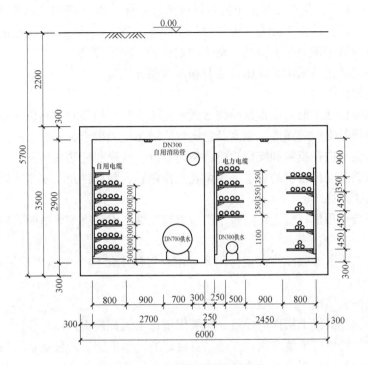

图 1.13-5　上海世博园综合管廊

1.13.2　技术内容

综合管廊的施工方法主要分为明挖施工和暗挖施工。

1. 明挖法

明挖现浇施工法为最常用的施工方法。采用这种施工方法可以大面积作业，将整个工程分割为多个施工标段，以便于加快施工进度。同时这种施工方法技术要求较低，工程造价相对较低，施工质量能够得以保证。

明挖预制拼装法是一种较为先进的施工法，在发达国家较为常用。采用这种施工方法要求有较大规模的预制厂和大吨位的运输及起吊设备，同时施工技术要求较高，工程造价相对较高。

基坑开挖方案主要可分为：

（1）放坡开挖：在场地地势平坦，周围没有其他需进行保护的建筑物，可以采用大开挖施工。优点：施工方便，不需要围护结构作业，施工周期短，便于机械化大规模作业，费用较低。缺点：土方量开挖较大，对回填要求较高；

（2）重力式挡墙：水泥土围护方案是采用搅拌机将水泥和土强行搅拌，形成连续搭接的水泥土柱状加固挡墙，并具有隔水帷幕的功能。优点：对开挖深度不超过 5m 的基坑，采用该方案工程经验比较丰富，施工简便。缺点：需要专门的施工设备。基坑开挖深度较浅，施工周期较长；

（3）板桩墙围护结构：常用的板桩形式有等截面 U 型、H 型钢板桩，并辅以深层井点降水。优点：施工方便，施工周期短，费用较小，技术成熟，基坑开挖深度较深。缺点：墙体自身强度较低，需要增加水平撑或锚碇；

（4）SMW 工法：是指在水泥土搅拌桩内插入芯材，如 H 型钢、钢板桩或钢筋混凝土构件等组成的复合型构件。优点：墙体自身结构刚度较大，基础开挖引起的墙后土体位移较小，结构自身抗渗能力强。缺点：施工周期较长，费用较高。

明挖管廊的施工可采用现浇施工法与预制拼装施工法。

（1）现浇结构[3]

综合管廊模板施工前，应根据结构形式、施工工艺、设备和材料供应条件进行模板及支架设计。模板及支撑的强度、刚度及稳定性应满足受力要求。

混凝土的浇筑应在模板和支架检验合格后进行。入模时应防止离析。连续浇筑时，每层浇筑高度应满足振捣密实的要求。预留孔、预埋管、预埋件及止水带等周边混凝土浇筑时，应辅助人工插捣。

混凝土底板和顶板，应连续浇筑不得留置施工缝。设计有变形缝时，应按变形缝分仓浇筑。

混凝土施工质量验收应符合现行国家标准《混凝土结构工程施工质量验收规范》GB 50204 的有关规定。

（2）预制拼装结构

预制拼装钢筋混凝土构件的模板，应采用精加工的钢模板。

构件堆放的场地应平整夯实，并应具有良好的排水措施。构件运输及吊装时，混凝土强度应符合设计要求。当设计无要求时，不应低于设计强度的 75%。

预制构件安装前应对其外观、裂缝等情况应按设计要求及现行国家标准《混凝土结构工程施工质量验收规范》GB 50204 的有关规定进行结构性能检验。当构件上有裂缝且宽度超过 0.2mm 时，应进行鉴定。

预制构件和现浇构件之间、预制构件之间的连接应按设计要求进行施工。预制拼装综合管廊结构采用预应力筋连接接头或螺栓连接接头时，其拼缝接头的受弯承载力应满足设计要求。

螺栓的材质、规格、拧紧力矩应符合设计要求及《钢结构设计规范》GB 50017 和《钢结构工程施工质量验收规范》GB 50205 的有关规定。

2. 暗挖法

暗挖施工法适用于城市交通繁忙，景观要求高，无法实施开挖作业的地区，也适用于松散地层、含水松散地层及坚硬土层和岩层。一般有盾构法、顶管法等。

盾构法、顶管法，都是采用专用机械构筑隧道的暗挖施工方法。在隧道的某段的一端建造竖井或基坑，以供机械安装就位。机械从竖井或基坑的墙壁开孔处出发，沿设计轴线，向另一竖井或基坑的设计孔洞推进、构筑隧道，并有效地控制地面隆降。盾构法、顶管法施工具有自动化程度高、对环境影响小、施工安全、质量可靠、施工进度快等显著特点，广泛应用于城市及特殊条件下的隧道工程建设中。

盾构法、顶管法的技术指标应符合相关规范的有关规定（《盾构法隧道施工与验收规范》GB 50446；《给水排水管道工程施工及验收规范》GB 50268；《给水排水工程顶管技术规程》CECS 246)。

1.13.3　技术指标

1. 明挖法

(1) 基础工程

综合管廊工程基坑（槽）开挖前，应根据围护结构的类型、工程水文地质条件、施工工艺和地面荷载等因素制定施工方案。

基坑回填应在综合管廊结构及防水工程验收合格后进行。回填材料应符合设计要求及国家现行标准的有关规定。管廊两侧回填应对称、分层、均匀。管廊顶板上部 1000mm 范围内回填材料应采用人工分层夯实，大型碾压机不得直接在管廊顶板上部施工。综合管廊回填土压实度应符合设计要求。

综合管廊基础施工及质量验收应符合《建筑地基基础工程施工质量验收规范》GB 50202 的有关规定。

(2) 现浇结构

综合管廊模板施工前，应根据结构形式、施工工艺、设备和材料供应条件进行模板及支架设计。模板及支撑的强度、刚度及稳定性应满足受力要求。

混凝土的浇筑应在模板和支架检验合格后进行。入模时应防止离析；连续浇筑时，每层浇筑高度应满足振捣密实的要求；预留孔、预埋管、预埋件及止水带等周边混凝土浇筑时，应辅助人工插捣。

混凝土底板和顶板应连续浇筑不得留置施工缝，设计有变形缝时，应按变形缝分仓浇筑。

混凝土施工质量验收应符合现行国家标准《混凝土结构工程施工质量验收规范》GB 50204 的有关规定。

(3) 预制拼装结构

预制拼装钢筋混凝土构件的模板，应采用精加工的钢模板。

构件堆放的场地应平整夯实，并应具有良好的排水措施。构件运输及吊装时，混凝土强度应符合设计要求。当设计无要求时，不应低于设计强度的 75%。

预制构件安装前应对其外观、裂缝等情况应按设计要求及现行国家标准《混凝土结构工程施工质量验收规范》GB 50204 的有关规定进行结构性能检验。当构件上有裂缝且宽度超过 0.2mm 时，应进行鉴定。

预制构件和现浇构件之间、预制构件之间的连接应按设计要求进行施工。预制拼装综合管廊结构采用预应力筋连接接头或螺栓连接接头时，其拼缝接头的受弯承载力应满足设计要求。

螺栓的材质、规格、拧紧力矩应符合设计要求及《钢结构设计规范》GB 50017 和《钢结构工程施工质量验收规范》GB 50205 的有关规定。

2. 暗挖法

(1) 盾构法

盾构法的技术指标应符合《盾构法隧道施工与验收规范》GB 50446 的有关规定。

(2) 顶管法

计算施工顶力时，应综合考虑管节材质、顶进工作井后背墙结构的允许最大荷载、顶进设备能力、施工技术措施等因素。施工最大顶力应大于顶进阻力，但不得超过管材或工作井后背墙的允许顶力。

一次顶进距离大于 100m 时，应采取中继间技术。

顶管法的技术指标应符合《给水排水管道工程施工及验收规范》GB 50268 的有关规定。

1.13.4　适用范围

综合管廊主要用于城市统一规划、设计、施工及维护的市政公用设施工程，建于城市地下，用于敷设市政公用管线。

1.13.5　工程实例[4]

珠海横琴新区地下综合管廊工程覆盖全岛"三片、十区"，按照主体功能区的分布、变电站的布置、收纳管线的种类和数量、管径大小，考虑敷设空间、维修空间、安全运行及扩容空间分为单仓室（图 1.13-6）、两仓室（图 1.13-7）和三仓室（图 1.13-8）3 种断面形式。管廊内纳入管线有电力、通讯、给水、中水、供冷及垃圾真空系统等 6 种，包含了消防报警系统、计算机监控系统、供配电系统、照明系统、通风系统、排水系统、标识系统共 7 大系统，构建了功能最完善的城市地下综合管廊系统。

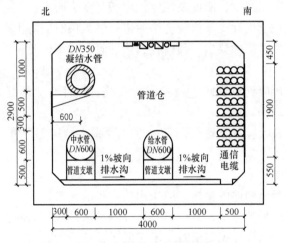

图 1.13-6　单仓室断面图

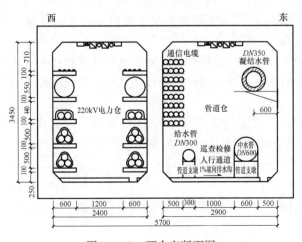

图 1.13-7　两仓室断面图

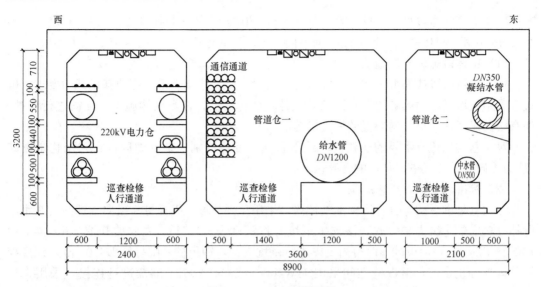

图 1.13-8　三仓室断面图

横琴新区地下综合管廊建设场地多处为滩涂、鱼塘区域，场地内软土主要为淤泥和呈透镜体分布的淤泥混砂（地层代号分别为③₁和③₂），主要物理力学指标如图 1.13-9 所示。软土除在局部基岩埋藏较浅和基岩出露区没有分布外，其余大部分线路均有分布。软土层平均厚度 25m，局部达到 41.2m，具有天然含水量高、压缩性高、渗透性差、大孔隙比、高灵敏度、强度低等特性，具流变、触变特征。

时代成因	地层代号	岩土名称	密度或状态	饱和重度 r_{mm} (kN/m³)	直剪试验(固快) C_A (kPa)	直剪试验(固快) φx (度)	直剪试验(快剪) C_K (kPa)	直剪试验(快剪) φx (度)	沉井井壁摩阻力 f (kPa)
Q^{ml}	①₁	素填土(击残权上,风化层岩屑组成)	松散~稍密	18.7	18	16	19	14	8
	①₂	素填土(由中~微风化块石组成)	松散~稍密	19.6	/	/	/	/	/
	①₃	素填土(由粘性土组成)	松散	16.8	15	10	4	4	8
	①₄	冲填土(由粉细砂组成)	松散	17.7	8	21	5	20	8
Q_4^m	③₁	淤泥	流型	16.3	9	7	6	4	7
	③₂	淤泥混砂	流型	16.8	10	8	7	5	11
Q_4^{mc}	④₁	黏土	可塑	18.8	30	12	28	12	/
	④₂	黏土	软塑	18.0	17	10	15	8	/
	④₃	中粗砂	稍密~中密	19.8	/	/	3	30	/

图 1.13-9　土层主要物理力学指标

1. 基坑支护施工

横琴新区地下综合管廊最小开挖深度为－5m，存在与排洪渠、下穿地道等地下结构交叉段及下穿河道段最大开挖深度达到-13m。根据不同结构断面形式，基坑开挖宽度为3～20m 不等。总体基坑支护方式根据不同工况、不同地质条件，分为以下三大类型。

（1）山体段爆破开挖施工

在开山爆破段或靠近山体的剥蚀残丘地质段，原有地基满足管廊地基承载力要求，可直接采用放坡或静力爆破的方式开挖至设计坑底标高后，进行结构施工，无需进行支护，如有必要仅考虑边坡挂网喷锚的加固措施。

对于基坑周边有重要的建筑物、地下管线等环境特别复杂的地区，宜采用化学爆破（静力爆破）的方式进行基坑的爆破。

（2）标准段钢板桩支护施工

经软基处理后的综合管廊标准基坑段，采用顶部放坡＋钢板桩＋横向支撑＋坑底水泥搅拌桩封底的基坑支护方式。该支护基坑开挖深度为-7.5m，先放坡开挖 2m，再采用15m 长 IV 型拉森钢板桩加两道内支撑进行基坑支护，钢板桩外围打设 $D500mm$ 水泥搅拌桩单排咬合止水桩，钢板桩之间采用 $HW400\times400\times13\times21$ 围檩进行连接，采用直径 $DN351\times12$ 的钢管进行内支撑。第一道横撑距钢板桩顶 50～100cm，第二道横撑距第一道横撑中心纵向间距 3m，支撑横向间距 4m。基坑底部采用水泥搅拌桩进行加固处理。

（3）加深段灌注桩支护施工

在地质条件较差、地层中含较多抛石层或者特殊工况的管廊加宽、加深段，采用钻孔灌注桩＋横向支撑＋坑底水泥搅拌桩封底的基坑支护方式。

横琴新区环岛西路中段综合管廊为下穿段，场地地面标高为 2.50m，基坑开挖深度为-12.35m。基坑支护设计采用 $\phi1200$ 围护钻孔桩@1400＋$\phi600$ 旋喷桩@400 止水＋3 道钢围檩内支撑支护方式。围护桩间采用双排 $\phi600$ 旋喷桩@400 止水，旋喷桩长度为超过坑底 6m，为 18.35m 长。基坑开挖设置 3 道内支撑，第一道支撑设置为地面标高以下0.5m，第二道支撑设置为地面标高以下 5.2m，第三道支撑设置为地面标高以下9.0m。支撑采用 $\phi600$ 钢管支撑，壁厚16mm。支撑由活动、固定端头和中间节组成，各节由螺栓连接。每榀支撑安装完，采用2台千斤顶对挡土结构施加预应力，围檩采用双拼45C工字钢。坑底采用 $\phi500@350$ 搅拌桩进行格栅式加固，搅拌桩加固深度为基坑底下 8m。基坑开挖到底后，在坑底间距2.8m抽槽设置 0.55m×0.5m暗撑，内设 45C 工字钢，并浇筑 C30 速凝混凝土。

2. 综合管廊主体结构施工技术

横琴新区地下城综合管廊设计使用年限为 50 年，主体结构施工采用明挖现浇施工法。采用这种施工方法可以大面积作业，将整个工程分割为多个施工标段，以便于加快施工进度，同时这种施工方法技术要求较低，工程造价相对经济，施工质量能够得以保证。

（1）混凝土裂缝控制技术

横琴新区地下综合管廊结构采取分期浇筑的施工方法，先浇筑混凝土垫层，达到强度要求后，再浇筑底板，待底板混凝土强度达到 70％以上后再浇筑墙身和顶板，结构强度达 100％设计强度后才能拆卸模板和对称进行墙后回填土。

综合管廊混凝土施工时为了有效地消除钢筋混凝土因温度、收缩、不均匀沉降而产生的应力、实现综合管廊的抗裂防渗设计，按间距为 30m 设置了变形缝，在地质情况变化处、基础形式变化处、平面位置变化处均设置有变形缝。变形缝内设置宽 350mm 厚≥

8mm 的氯丁橡胶止水带，填料用闭孔型聚乙烯泡沫塑料板，封口胶采用 PSU-I 聚硫氨酯密封膏（抗微生物型），以确保变形缝的水密性。

本工程全部采用商品混凝土。商品混凝土采用搅拌车运输。泵车泵送入模的方法浇筑。在高温季节浇筑混凝土时，混凝土入模温度控制在 30℃ 以下，为避免模板和新浇筑的混凝土直接受阳光照射，一般选择在夜间浇筑混凝土。

本项目综合管廊施工时，混凝土养护采用了覆盖塑料薄膜进行养护的方式，其敞露的全部表面应覆盖严密，并应保持塑料布内有凝结水。

（2）门式脚手架支撑技术

综合管廊结构内部净宽为 3～5.5m，净高为 3.2m，顶板厚 400mm。模板采用木胶合板，厚度不小于 15mm，木方和钢脚手管作背楞，侧墙浇筑时采用 ϕ12 对拉螺杆对拉紧固，结构的整体稳定采用顶拉措施。浇筑顶板时支撑系统采用组合门式脚手架，具有搭设方便，省人工，搭设时间短等优点。

（3）综合管廊防水施工技术

横琴新区地下综合管廊采用结构自防水及外铺贴 2mm 高分子自粘性防水卷材相结合的防水方式。为防止管廊回填时破坏防水卷材，外侧粘贴 35mm 厚 XPS 聚乙烯板进行保护，以确保综合管廊的防水工程质量。变形缝、施工缝、通风口，投料口、出入口、预留口等部位是渗漏设防的重点部位，均设置了防地面水倒灌措施。由于有各种规格的电缆需要从综合管廊内进出，根据以往地下工程建设的教训，该部位的电缆进出孔也是渗漏最严重的部位，采用了预埋防水钢套管的形式进行处理，防水套管加焊止水翼环。

（4）综合管廊内大口径管道安装技术

城市地下综合管廊中有较多的大口径管道，由于大口径管道比较沉重，一般采用混凝土支墩作为管道的支架。混凝土管道支墩按照设计尺寸及数量模块化制作。混凝土支墩安装可采取两种工艺施工：管道施工前在管道支墩点位的地面上采用人工凿毛或风动机凿毛（人工凿毛时混凝土强度不低于 2.5N/mm²，风动机凿毛时混凝土强度不低于 10N/mm²），利用水泥砂浆将短刀的混凝土支墩或地面牢固粘合在一起；预先在管道支墩点位的地面上进行凿毛，采用调节螺栓成三角形焊接牢固（或采用膨胀螺栓在地面安装固定点），利用螺栓调节及固定管道托架，管道安装可与混凝土支墩浇筑同时进行，实现了管道支墩浇筑与管道安装互不影响，同时施工。

综合管廊每隔 200m 设置一个卸料口，管道安装时需通过卸料口吊运进入综合管廊。在卸料口利用起重设备向管廊内输送管道时，为了避免管道与卸料口处的混凝土发生碰撞，同时保护管道的防腐层不受损伤，提高施工效率，采用管廊卸料口运输管道装置进行运输。

管道运输安装采用多组多用途管道运输安装装置。管道对口连接时，可利用装置上的滚轮左右推移调整。管道口对齐、对中校正完毕，将顶开装置的顶升端插入传输装置下端的套管内，采用顶升装置将传输装置进行顶升，可轻松快捷地完成管道对口工作。管道对口安装结束后，推移装置将管道运至支架上、利用顶升装置将管道顶起至支架上，然后将顶升装置慢慢降下并推移离开管道。

3. 综合管廊电器设备安装调试技术

（1）综合管廊 20kV 预装地埋景观式箱变安装

横琴新区地下综合管廊供电采用 20W 预装地埋景观式箱变分段供电。预装地埋景观式箱交由地埋式变压器、媒体广告灯箱式户外低压开关柜和预制式地坑基础组成，安装后，变压器置于地表以下，露出地面的只有媒体广告式灯箱开关柜。

预装地埋景观式箱变在基础开挖后整体埋设。预制式地坑为全密封防水设计，地坑下部箱体为金属结构，地坑内的积水高度超过 100mm 时，由水位感应器触发排水系统启动，经排水管排出。安装时应注意测试预装地埋景观式箱变通风系统、排水系统的可靠性，同时应注意其操作平台应高于绿化带至少 150mm。

（2）综合管廊监控技术

横琴新区地下综合管廊全段共 33.4km，为了方便运行维护，将其分为了 3 个区域，各区域的数据就近接入对应的控制中心进行分散存储，各控制中心分别管理 10~12km 的区域。

控制中心对管理区域内的 PLC 自控设备（含水泵、风机、照明、有害气体探测）、视频监控设备、消防报警设备、紧急电话、门禁等进行管理和控制，数据汇集到对应的控制中心机房进行数据存储和管理，并预留相关通讯及软件数据对接接口，便于各控制中心之间或与上一级管理平台之间进行数据对接。

（3）综合管廊消防施工

横琴新区地下综合管廊沿长度方向约 200m 为一个防火分区，防火分区之间用 200mm 厚钢筋混凝土防火墙分隔，其耐火极限大于 3.0h。综合管廊采用密闭减氧灭火方式，当管廊内任一仓防火分区发生火灾时，经控制中心确认发生火灾的仓内无人员后，消防控制中心即关闭该段防火分区及相邻两个防火分区的排风机及电动防火阀，使着火区缺氧，加速灭火，减少其他损失，等确认火灾熄灭后，再手动控制打开相应分区的相应风机和电动防火阀，排出剩余烟气。由于综合管廊采用了减氧灭火方式、因此穿越防火分区的桥架、线缆以及与外部连通的出线口等均需采用防火堵料进行封堵，以保证减氧灭火的效果。

横琴新区地下综合管廊的成功建设，提升了珠海市横琴新区的整体城市水平、改善了城市环境、提高了城市居民的生活品质，为全国城市地下综合管廊的设计、施工、运营和管理提供了宝贵的可借鉴的经验，被建设部作为典型在全国进行了推广。

参 考 文 献

[1]　唐海华等. 国内外市政共同沟建设的现状和优势 [J]. 建筑施工，2001，7（2）.
[2]　世博园区综合管沟可行性研究报告 [R]. 2003，1：20.
[3]　《城市综合管廊工程技术规范》GB 50838—2015 [S]. 北京：中国计划出版社，2015.
[4]　许海岩、苏亚鹏、李修岩等. 城市地下综合管廊施工技术研究与应用 [J]. 安装，2015，10（总第 276 期）.

2 钢筋与混凝土技术

2.1 高耐久性混凝土技术

2.1.1 发展概述

美国联邦公路管理部门的一项研究表明,美国国防部每年因腐蚀造成的损失费用大致为 200 亿美元,该研究同时推断美国每年因腐蚀造成的全部腐蚀费用为 2760 亿美元,占 GDP 的 3.1%。而在英国需要重建或更换钢筋的建筑物占到了 36%,他们在 1985~1993 年调查因腐蚀破坏钢筋混凝土结构的年维修费用已达到了 5.5 亿英镑。加拿大的调查研究表明,1996 年城市基建工程升级的缺额为 440 亿加元,全国为 1000 亿加元,到 2006 年分别为 600 亿加元和 1250 亿加元。他们主张 2% 的基建费用于维修,否则 60 年后这种缺额将高达 1 万亿加元。根据 2003 美国基建工程调查报告,美国 32% 的主要道路、28% 的桥梁已劣化,需要修复。根据美国联邦高速路管理局的报告,每年仅修复钢筋混凝土桥梁的直接支出就在 80 亿美元左右。而 2005 美国基建工程调查报告称桥梁修复的年支出已经增至 90 亿美元,其中还提到,每年用于维修的费用高达 540 亿美元。在美国的 590750 座桥梁中,有 27.1% 出现缺陷甚至失效。在今后的 20 年中,每年将花费 94 亿美元用于维修。日本目前每年仅用于房屋结构维修的费用即达 400 亿日元,大约 21.4% 的钢筋混凝土结构损坏是因为钢筋锈蚀引起的,其中引以为自豪的新干线使用不到 10 年就出现大面积开裂、剥蚀现象。美国学者用 "5 倍定律" 形象地说明了耐久性问题的重要性。若在设计时,对新建项目在钢筋防护方面每节省 1 美元,就意味着发现钢筋锈蚀时采取措施多追加 5 美元,顺筋开裂时多追加 25 美元,严重破坏时多追加 125 美元。[1]

在我国,混凝土结构耐久性的问题同样十分严重。据 1986 年国家统计局和建设部对全国城乡 28 个省、市、自治区的 323 个城市和 5000 个镇进行普查结果,当时我国已有城镇房屋建筑面积 46.76 亿 m^2,已有工业厂房约 5 亿 m^2,这些建筑物中约 23 亿 m^2 需要进行评估与加固,其中半数以上急需维修加固之后才能正常使用。我国 20 世纪 90 年代前修建的海港工程,一般使用 10~20 年就会出现严重的钢筋锈蚀,结构的使用寿命基本达不到设计要求。在 1986 年前针对我国沿海港口工程混凝土结构破坏调查表明,80% 以上的港口工程都发生了严重或较严重的钢筋锈蚀破坏。据调查,我国 1998 年铁路隧道结构受腐蚀裂损的共有 734 座,1990~1997 年隧道修补费用达到了 3.56 亿元左右;2001 年,全路有 3000 多孔钢筋混凝土梁发生了钢筋锈蚀,有 2300 多孔预应力混凝土梁发生碱—骨料反应,加固和修补投资约 4 亿元。[1]

混凝土耐久性问题涉及的因素十分复杂,工程界对混凝土耐久性问题的研究始于 20 世纪 20~30 年代。1925 年,美国开始在硫酸盐含量极高的土壤内进行长期试验,其目的是为了获取年以至更长时间的混凝土腐蚀数据[2];1934~1964 年,卡皮斯和戈拉夫对混凝土在海水中的耐久性进行了实验研究，并提供了许多有关混凝土结构在自然条件下使用情况的可靠数据以及有关水泥种类、混凝土配合比对混凝土抗蚀性影响的见解；1945 年，Powers 等人从混凝土亚微观入手，分析了孔隙水对孔壁的作用，提出了静水压假说和渗透压假说，开始了冻融破坏的研究[3]；1951 年，苏联学者 AA. 贝科夫和 B. M. 莫斯克文等较早地开始了混凝土中钢筋锈蚀问题的研究，其目的是为了解决混凝土保护层最小的薄壁结构的防腐蚀问题和使用高强度钢筋制作钢筋混凝土构件的问题，其成果反应在莫斯克文的专著《混凝土的腐蚀》和《混凝土和钢筋混凝土的腐蚀及其防护方法》[4]。

我国从 20 世纪 60 年代开始了混凝土的耐久性研究，当时主要的研究内容是混凝土的碳化和钢筋的锈蚀。20 世纪 80 年代初，我国对混凝土结构的耐久性开始了广泛而深入的研究，取得了不少成果[5]。进入 21 世纪，混凝土结构的使用已经进入高峰期，同时，混凝土结构的耐久性研究也进入了一个高潮，并且开始朝系统化、国际化方向发展[6]。基于对于混凝土耐久性的大量研究，高耐久混凝土技术逐步得到发展与应用。

2.1.2 技术内容

高耐久性混凝土是通过对原材料的质量控制、优选及施工工艺的优化控制，合理掺加优质矿物掺合料或复合掺合料，采用高效（高性能）减水剂制成的具有良好工作性、满足结构所要求的各项力学性能、耐久性优异的混凝土。

1. 原材料和配合比的要求

（1）水胶比（W/B）≤0.38。

（2）水泥必须采用符合现行国家标准规定的水泥，如硅酸盐水泥或普通硅酸盐水泥等，不得选用立窑水泥；水泥比表面积宜小于 $350m^2/kg$，不应大于 $380m^2/kg$。

（3）粗骨料的压碎值≤10%，宜采用分级供料的连续级配，吸水率<1.0%，且无潜在碱骨料反应危害。

（4）采用优质矿物掺合料或复合掺合料及高效（高性能）减水剂是配制高耐久性混凝土的特点之一。优质矿物掺合料主要包括硅灰、粉煤灰、磨细矿渣粉及天然沸石粉等，所用的矿物掺合料应符合国家现行有关标准，且宜达到优品级，对于沿海港口、滨海盐田、盐渍土地区，可添加防腐阻锈剂、防腐流变剂等。矿物掺合料等量取代水泥的最大量宜为：硅粉≤10%，粉煤灰≤30%，矿渣粉≤50%，天然沸石粉≤10%，复合掺合料≤50%。

（5）混凝土配制强度可按以下公式计算：

$$f_{cu,0} \geqslant f_{cu,k} + 1.645\sigma$$

式中　$f_{cu,0}$——混凝土配制强度（MPa）；

$\quad\quad f_{cu,k}$——混凝土立方体抗压强度标准值（MPa）；

$\quad\quad \sigma$——强度标准差，无统计数据时，预拌混凝土可按《普通混凝土配合比设计规程》JGJ 55 的规定取值。

2. 耐久性设计要求

对处于严酷环境的混凝土结构的耐久性，应根据工程所处环境条件，按《混凝土结构耐久性设计规范》GB/T 50476 进行耐久性设计，考虑的环境劣化因素及采取措施有：

（1）抗冻害耐久性要求：①根据不同冻害地区确定最大水胶比；②不同冻害地区的抗冻耐久性指数 DF 或抗冻等级；③受除冰盐冻融循环作用时，应满足单位面积剥蚀量的要求；④处于有冻害环境的，应掺入引气剂，引气量应达到3%～5%。

（2）抗盐害耐久性要求：①根据不同盐害环境确定最大水胶比；②抗氯离子的渗透性、扩散性，宜以56d龄期电通量或84d氯离子迁移系数来确定。一般情况下，56d电通量宜≤800C，84d氯离子迁移系数宜≤$2.5 \times 10^{-12} \mathrm{m^2/s}$；③混凝土表面裂缝宽度符合规范要求。

（3）抗硫酸盐腐蚀耐久性要求：①用于硫酸盐侵蚀较为严重的环境，水泥熟料中的C_3A不宜超过5%，宜掺加优质的掺合料并降低单位用水量；②根据不同硫酸盐腐蚀环境，确定最大水胶比、混凝土抗硫酸盐侵蚀等级；③混凝土抗硫酸盐等级宜不低于KS120。

（4）对于腐蚀环境中的水下灌注桩，为解决其耐久性和施工问题，宜掺入具有防腐和流变性能的矿物外加剂，如防腐流变剂等。

（5）抑制碱—骨料反应有害膨胀的要求：①混凝土中碱含量＜$3.0 \mathrm{kg/m^3}$；②在含碱环境或高湿度条件下，应采用非碱活性骨料；③对于重要工程，应采取抑制碱骨料反应的技术措施。

2.1.3 技术指标

1. 工作性

根据工程特点和施工条件，确定合适的坍落度或扩展度指标；和易性良好；坍落度经时损失满足施工要求，具有良好的充填模板和通过钢筋间隙的性能。

2. 力学及变形性能

混凝土强度等级宜≥C40；体积稳定性好，弹性模量与同强度等级的普通混凝土基本相同。

3. 耐久性

可根据具体工程情况，按照《混凝土结构耐久性设计规范》GB/T 50476、《混凝土耐久性检验评定标准》JGJ/T 193及上述技术内容中的耐久性技术指标进行控制；对于极端严酷环境和重大工程，宜针对性地开展耐久性专题研究。

耐久性试验方法宜采用《普通混凝土长期性能和耐久性能试验方法标准》GB/T 50082和《预防混凝土碱骨料反应技术规范》GB/T 50733规定的方法。

2.1.4 适用范围

高耐久性混凝土适用于对耐久性要求高的各类混凝土结构工程，如内陆港口与海港、地铁与隧道、滨海地区盐渍土环境工程等，包括桥梁及设计使用年限100年的混凝土结构，以及其他严酷环境中的工程。

2.1.5 工程实例[7][8]

1. 杭州湾跨海大桥工程概况

杭州湾跨海大桥全长36km，设计使用年限100年，主体结构除南、北航道桥为钢箱梁外，其余均为混凝土结构，全桥混凝土用量近250万$\mathrm{m^3}$。工程所处的杭州湾是世界三大强潮海湾之一，风浪大，潮差高，海流急。海水虽受长江、钱塘江等冲淡影响，但实测氯离子含量仍在5.54～15.91g/L之间，为pH值大于8的弱碱性Cl-Na型咸水。受潮汐和地形影响，海潮流速较大，平均最大流速在3m/s以上。海水含砂量较大，实测含砂量为0.041～9.605$\mathrm{kg/m^3}$。杭州湾地区在役混凝土结构腐蚀状况的调查结果显示（表2.1-1），混凝土中性化、碱骨料反应、硫酸盐侵蚀、海洋生物及海流冲刷等并不是混凝土结构劣化的主要原因，本地区冬季月平均气温较高，基本不存在冻融破坏。影响本工程混凝土结构耐久性的主导因素是 Cl⁻ 的侵蚀。例如，离本工程不远的浙东某港 10 万吨级码头，建成时是全优工程，仅 11 年后混凝土结构就因 Cl⁻ 侵蚀而导致钢筋锈蚀，混凝土保护层剥落。

杭州湾大桥的腐蚀环境、腐蚀特点及各环境的主要桥梁部件   表 2.1-1

海洋环境	环境条件	腐蚀特点	主要桥梁部件
大气区	海风中含有细小的海盐颗粒,影响腐蚀的因素主要是距离海面的高度、风速、风向、降露周期、降水量、温度、阳光照射、尘埃、污染等	腐蚀较轻,背阴面比向阳面腐蚀严重;雨水能冲走盐分,减轻点蚀;离海岸距离增大,腐蚀迅速减轻	梁、陆地区桥墩,航道桥中上塔柱
浪贱区	潮湿且供氧充分,五毒生物污损	是腐蚀最为严重的区域,防腐蚀涂层最易损坏	海中桥墩、下塔柱
潮差区	干湿交替,通常有充分的氧气	腐蚀较为严重	海中承台
水下区	浅海区:氧气充足,污染物、沉积物、海生物较多,海水流速快;深海区:随深度增加氧气减少	浅海区:腐蚀严重 深海区:腐蚀较轻	桩基
泥下区	存在硫酸盐还原菌等	腐蚀较为严重	桩基、陆地区承台

2. 混凝土结构耐久性措施

本工程根据结构所处的位置和腐蚀环境，区分不同侵蚀作用等级，制定了不同层次的混凝土结构耐久性措施：

（1）基本措施：通过限制氯离子扩散系数和设置合理的钢筋保护层，作为保证大桥钢筋混凝土结构 100 年设计使用年限的基本措施。采用的海工高耐久混凝土，主要以氯离子扩散系数为控制参数，在原材料遴选方面，主要考虑使混凝土具备高抗氯离子扩散能力、高抗裂性能、高工作性能。采用低水胶比的双掺高性能混凝土并设置适当的钢筋保护层厚度作为保证混凝土结构设计使用年限的基本措施。

（2）附加措施：根据不同的情况和环境采用混凝土结构表面防腐涂装、预应力筋保护、渗透性控制模板、局部使用环氧钢筋和阻锈剂等附加措施。在斜拉桥主墩承台、塔座和浪溅区的下塔柱进行了外加电流阴极保护技术的试应用。

（3）监测措施：设置预埋式耐久性监测系统，用于长期动态获取耐久性参数，制定本工程相应的耐久性预案。

（4）验证措施：建立耐久性暴露试验站，对上述措施进行验证和参数校核，主要为后续工程提供经验。

3. 海工高耐久混凝土

海工高耐久混凝土是指采用常规原材料、常规工艺、掺加矿物掺合料及化学外加剂，经配合比优化而制作的，在海洋环境中具有高耐久性、高稳定性和良好工作性的高性能结构混凝土，它以氯离子扩散系数为核心控制指标，采用大比例掺入矿物掺合料和低水胶比降低氯离子扩散系数。本工程混凝土结构均采用海工高耐久混凝土。

《海港工程混凝土结构防腐蚀技术规范》JTJ 275—2000 和《混凝土结构耐久性设计与施工指南》CCES：01—2004 中都对混凝土的原材料、配合比、施工等作了规定，杭州湾跨海大桥工程在参考国内外规范的基础上，进行了海工耐久混凝土专题研究，制定了

《杭州湾跨海大桥混凝土施工技术规程》，对海工耐久混凝土的原材料、配合比设计及工作性能、施工控制等提出了具有特色的控制要求。

针对工程不同结构部件、不同设计要求、不同腐蚀环境，制定了不同的配合比设计原则和质量要求。海工耐久混凝土配制原则包括：选用低水化热和较低含碱量的水泥；选用高效减水剂（泵送剂），取用偏低的拌合水量；限制混凝土中胶凝材料的最低和最高用量，并尽可能降低胶凝材料中的硅酸盐水泥用量；必须掺用粉煤灰、磨细矿渣等矿物掺合料；潮差区和浪溅区侵蚀环境的混凝土构件应加入适量掺入型钢筋阻锈剂；通过适当引气来提高混凝土的耐久性；对混凝土拌合物中各种原材料引入的氯离子总质量进行控制。进行严格控制的还有混凝土浇筑入模时的坍落度等。

杭州湾跨海大桥在国内首次按混凝土氯离子扩散系数快速非稳态电迁移（RCM）实验方法，规定了混凝土抗氯离子渗透性要求（表2.1-2）。混凝土氯离子扩散系数 D_{RCM} 根据混凝土结构使用年限预测模型以及所处的腐蚀环境、钢筋保护层厚度等综合因素确定。

混凝土抗氯离子扩散系数指标（84d 龄期）　　表 2.1-2

结构部位		混凝土氯离子扩散系数 $D_{RCM}(10^{-12}\mathrm{m^2/s})$
钻孔灌注桩	陆上部分	≤3.5
	海上部分（含滩涂）	≤3.0
承台	陆上部分	≤3.5
	海上部分	≤2.5
墩身	陆上部分（现浇）	≤2.5
	海上部分（现浇含滩涂）	≤2.5（采用环氧钢筋） ≤1.5（未采用环氧钢筋）
	海上部分（预制）	≤1.5
箱梁	现浇	≤1.5
	预制	≤1.5
	桥塔	≤1.5

表 2.1-3、表 2.1-4 是本工程海工高耐久混凝土实例。表 2.1-3 表明，实际的混凝土配合比设计严格按照本桥制定的海工高耐久混凝土配制原则进行，掺合料的用量均达到胶凝材料用量的 50% 以上；从表 2.1-4 的性能测试结果可以看出，混凝土的基本性能和耐久性性能均达到了预期的目的，其中决定混凝土耐久性的关键指标氯离子在混凝土中的扩散系数 D_{RCM} 也很理想。另外，从试验的测试结果和实际应用来看，海工高耐久混凝土的早期抗裂性能优于普通混凝土。

海工高耐久混凝土典型配合比　　表 2.1-3

部位	水胶比	每方混凝土各材料用量(kg/m³)							
		水泥	矿粉	粉煤灰	砂	石子	水	减水剂	阻锈剂
陆上基桩	0.36	165	124	165	754	960	149	4.13	
海上基桩	0.31	264	—	264	753	997	150	5.76	
陆上承台,墩身	0.36	170	85	170	742	1024	153	4.25	—
海上承台	0.33	162	81	162	779	1032	134	4.86	8.1
海上现浇墩身	0.345	126	168	126	735	1068	145	5.04	8.4
海上预制墩身	0.31	180	90	180	779	1032	139	5.4	9.0
箱梁	0.32	212	212	47	724	1041	150	1.0	

海工高耐久混凝土实测性能 表 2.1-4

部位	28 天抗压强度（MPa）	84 天 D_{RCM} （$10^{-12}\mathrm{m}^2/\mathrm{s}$）	坍落度（cm）	扩展度（cm）	抗裂性能
陆上桩基	39.3	1.37	21	43	良好
海上桩基	53.8	1.57	22	55	良好
陆上承台、墩身	39.3	1.21	21	42	良好
海上承台	57.4	0.73	18	—	良好
海上现浇墩身	56.0	0.68	18	55	良好
海上预制墩身	57.6	0.37	18	—	良好
箱梁	68.8	0.34	18	40	良好

4. 合理的钢筋保护层

理论上，结构的保护层越厚，氯离子扩散到钢筋表面的路径越长，钢筋表面氯离子积累到临界浓度时间也越久。但是，保护层过厚会限制构件力学性能的发挥，并且不利于对裂缝宽度进行控制。因此，需要根据结构部位和受力特点，设置合理的钢筋保护层厚度（表 2.1-5）。

杭州湾跨海大桥工程结合国外跨海工程实例，参考国内外有关规范，根据杭州湾的腐蚀环境、桥梁各部位的受力特点和设计使用年限，制定了不同部位混凝土的保护层厚度。施工中通过严格控制钢筋下料尺寸和绑扎质量、定制和合理分布保护层定位夹、加强保护层厚度无损检查等手段，保证钢筋保护层厚度达到设计要求。现场实测的钢筋保护层厚度合格率均在 90% 以上。

混凝土结构钢筋最小保护层厚度 表 2.1-5

结构部位	腐蚀环境	保护层厚度（mm）
钻孔桩	水下区及海底土中区	75
承台	海上水位变动区	90
	陆上大气区	75
桥墩	浪贱区及大气区	60
箱梁	大气区	40

混凝土结构各部位氯离子扩散系数和钢筋保护层厚度组合，经过理论模型推算可以满足 100 年使用年限的要求。通过严格的施工控制和质量检验，实体结构质量良好，基本符合理论计算的假定。

参 考 文 献

[1] 金伟良，赵羽习. 混凝土结构耐久性研究的回顾与展望 [J]. 浙江大学学报，2002 (4).

[2] 倪继森，何进源. 混凝土和钢筋混凝土的腐蚀及其防护方法 [M]. 北京：化工工业出版社，1990.

[3] Larry W. Masters, Erik Brandt, Systematic Methodology for Service Life Prediction of Building Materials and Components, Material and Structures, 1989 (22).

[4] 卢木. 混凝土耐久性研究现状和研究方向 [J]. 工业建筑，1997，27 (5)：1-6.

[5] 吴中伟. 混凝土的耐久性问题 [J]. 混凝土及建筑材料，1982 (2).

[6] C. Alonso, C. andrade, Chloride threshold values to deppassivate reinforcing bars embedded in a standardized OPC mortar, Cement and Concrete Research, 2000 (30)：1047-1055.

[7] 颜东洲. 杭州湾跨海大桥腐蚀控制措施评析 [J]. 全面腐蚀控制，2008，22 (1)：4-16.

[8] 张宝胜，干伟忠，陈涛. 杭州湾跨海大桥混凝土结构耐久性解决方案 [J]. 土木工程学报，2006，39 (6)：72-77.

2.2 高强高性能混凝土技术

2.2.1 发展概述

数千年前，古罗马人就开始探索使用动物血液等胶凝材料和骨料进行拌合以建造坚固的结构，后来发现使用石灰、火山灰可以制造出坚硬的结构材料，最初的混凝土就是这样被发现的。19 世纪 20 年代，英国人阿斯普丁站在前人的肩膀上，总结发明了最早的水泥——波特兰水泥，使胶凝材料这一混凝土的重要组成部分有了本质上的强化，混凝土的拌制和性能突飞猛进。但是在之后的相当长的一段时间内，混凝土的发展处于缓慢甚至停滞状态，其抗压强度停留在 20～30MPa 范围内难以提高。直到 20 世纪 40 年代以后，强度等级在 C40 左右的混凝土才开始被广泛应用在建筑工程中。现代建筑物出现了越来越多的高层结构、大跨结构、地下结构等结构形式，这些结构形式很大程度上对混凝土构件的尺寸起到了一定的限制作用，既要满足强度要求，又要满足构件尺寸要求，就势必要提高混凝土的力学性能。高强混凝土的出现，解决了施工中的部分难题，国内外学者对高强混凝土的性能、配制技术、工程应用以及存在的问题进行了广泛研究与应用。[1]

20 世纪 60 年代已经有用辉绿岩碎石配制出 170MPa 高强混凝土的先例。日本 1970 年建成的 Kaminoshima 公路桥采用 69MPa 高强混凝土；1974 年建成的 Fukaimitsu 公路桥和 1976 年建成 Akgawa 铁路桥均采用 78.6MPa 高强混凝土。1975 年，芝加哥的 Water Tower 广场大厦，总共 79 层，262m 高。此大厦从地下室直到 25 层的柱子的混凝土设计强度相当于 C75。1988～1989 年间，美国华盛顿州西雅图的 Two union squire 大厦和 Pacifier First Center 大厦，采用了最大直径为 3m 的钢管混凝土柱，前者的混凝土设计强度相当于立方强度 110MPa，后者的混凝土平均强度实际相当于立方强度 140MPa。[1]美国的第一个高强混凝土桥梁工程为位于得克萨斯休斯顿的 Louetta Road Overpass 工程，使用的 U 形混凝土梁的设计强度为 69～90MPa。德国建于 1978 年的 Deutzer 桥位于 Cologne，横跨莱茵河，使用普通容重混凝土和轻骨料混凝土的实际强度分别达到 69MPa 和 73MPa。从 1989 年开始，挪威的主要混凝土桥梁和高速公路均采用水胶比低于 0.40、掺加硅灰的混凝土来提高抗侵蚀性能。加拿大建于 1992 年的 Portneuf 桥位于 Quebec，使用跨度 24.8m 的预制后张应力混凝土梁，其水灰比为 0.29、含气量 5.0%～7.5%、平均强度达到 75MPa。[2]

目前，具有高强度、高流动性、高耐久性的高性能的混凝土的生产与应用，符合时代的发展要求。在 20 世纪 80 年代末至 90 年代初，高性能混凝土开始被研发并投入使用。1990 年美国 NIST 与 ACI 召开会议，首先提出了"高性能混凝土"这个名词，并将它定义为：易于浇筑捣实且不离析，具有高超的且能长期保持的力学性能，早期具有高强度、高韧性和良好的体积稳定性，能够在恶劣环境下保持良好的使用寿命。即高性能混凝土是要求高强度、高流动性和优异耐久性的匀质混凝土材料。日本学者冈村甫和小泽一雅强调新拌混凝土高流态、免振自密实的性质，并且应具有低温升、低干缩率和高强度的特性。在此之前，日本大多数学者和工业界首先强调的仍是高性能混凝土的高强度特性。对于高强混凝土与高性能混凝土的关系，吴中伟院士认为：高性能混凝土是一种新型高技术混凝土，以耐久性为主要设计指标，采用现代混凝土技术制作，使其性能在普通混凝土的基础上得到大幅度提高。针对不同用途要求，对各项性能，包括耐久性、工作性、适用性、强度、体积稳定性以及经济合理性予以重点保证。高强混凝土是高性能混凝土的一种，而高性能混凝土不仅仅指高强混凝土，它可以有不同的强度等级。2015 年，《高性能混凝土评价标准》JGJ/T 385—2015 发布，并将高性能混凝土定义为：以建设工程设计、施工和使用对混凝土性能特定要求为总体目标，选用优质常规原材料，合理掺加外加剂和矿物掺合料，采用较低水胶比并优化配合比，通过预拌和绿色生产方式以及严格的施工措施，制成具有优异的拌合物性能、力学性能、耐久性能和长期性能的混凝土。高性能混凝土不仅是对传统混凝土技术的重大突破，而且在节能、节料、工程经济、环境保护等方面都具有重要的意义，是一种环保型、集约型的新型绿色建筑材料。高强高性能混凝土，即为既满足高性能混凝土要求，又满足强度等级≥C60 的混凝土[3]。

近年来，我国高强高性能混凝土技术的发展与应用，有不少引人注目的实例：建成于 2008 年的上海环球金融中心高 101 层，高度为 492m，采用 C60 高强高性能混凝土。2009 年底建成的广州国际金融中心（简称广州西塔）高 103 层，高度为 437.5m，采用 C60～C100 高强高性能混凝土，将 C100 高强混凝土一次性成功泵送到 411m 高度，创造当时同类混凝土泵送新高度。2011 年建成的合肥天时广场二期工程主框架柱采用 C80 高强泵送高性能混凝土，该工程为框剪结构，地下一层、地上 32 层，结构高度 80 余米，混凝土 28d 强度均达到 90MPa 以上，应用效果良好。2015 年，深圳平安金融中心混凝土核心筒剪力墙混凝土泵送高度 555.5m，强度均为 C60，巨柱强度为 C70；武汉中心高 438m，混凝土强度等级 C60；天津 117 大厦结构高度 597m，实现 C60 高强混凝土泵送高度 621m，创吉尼斯世界纪录。

在高强高性能混凝土中，值得一提的是活性粉末混凝土 RPC（Reactive Powder Concrete）。RPC 是法国 Bouygues 公司的专利产品名称，发明于 1993 年，因宣传介绍较多而广为人知。1994 年法国学者 De Larrard 等将这类新材料称作 UHPC（Ultra-High Performance Concrete），由于 UHPC 名称没有商业色彩，且能更好表达这种水泥基材料或混凝土的优越性能，逐步被广泛接受和采用。实际上，UHPC 的起源可以追溯到 20 世纪 70 年代末的丹麦，并于 80～90 年代在欧洲进行了比较系统深入的研究，开始在小型工程和制品上应用。1999 年清华大学覃维祖教授等发表文章《一种超高性能混凝土——活性粉末混凝土》最早介绍了 UHPC，至今在中国仍然较多地使用"活性粉末混凝土（简称 RPC）"名称。进入 21 世纪，在欧美、日韩等许多国家均将 UHPC/RPC 作为新型、未来的或战略性工程材料进行研究与发展，法国和日本率先制定了设计指南。目前，UHPC/RPC 的配制、生产、施工和预制技术已经趋于成熟，结构性能与设计规范正处于发展完善过程，工程结构与制品的应用不断取得新进展。[4]

我国于 2015 年发布了国家产品标准《活性粉末混凝土》GB/T 31387—2015。

2.2.2 技术内容

高强高性能混凝土（简称 HS-HPC）是具有较高的强度（一般强度等级不低于 C60）且具有高工作性、高体积稳定性和高耐久性的混凝土（"四高"混凝土），属于高性能混凝土（HPC）的一个类别。其特点是不仅具有更高的强度且具有良好的耐久性，多用于超高层建筑底层柱、墙和大跨度梁，可以减小构件截面尺寸增大使用面积和空间，并达到更高的耐久性。

超高性能混凝土（UHPC）是一种超高强（抗压强度可达 150MPa 以上）、高韧性（抗折强度可达 16MPa 以上）、耐久性优异的新型超高强高性能混凝土，是一种组成材料颗粒的级配达到最佳的水泥基复合材料。用其制作的结构构件不仅截面尺寸小，而且单位强度消耗的水泥、砂、石等资源少，具有良好的环境效应。

HS-HPC 的水胶比一般不大于 0.34，胶凝材料用量一般为 $480\sim600\text{kg/m}^3$，硅灰掺量不宜大于 10%，其他优质矿物掺合料掺量宜为 25%～40%，砂率宜为 35%～42%，宜采用聚羧酸系高性能减水剂。

UHPC 的水胶比一般不大于 0.22，胶凝材料用量一般为 $700\sim1000\text{kg/m}^3$。超高性能混凝土宜掺加高强微细钢纤维，钢纤维的抗拉强度不宜小于 2000MPa，体积掺量不宜小于 1.0%，宜采用聚羧酸系高性能减水剂。

2.2.3 技术指标

1. 工作性

新拌 HS-HPC 最主要的特点是黏度大，为降低混凝土的黏性，宜掺入能够降低混凝土黏性且对混凝土强度无负面影响的外加剂，如降黏型外加剂、降黏增强剂等。UHPC 的水胶比更低，黏性更大，宜掺入能降低混凝土黏性的功能型外加剂，如降黏增强剂等。

混凝土拌合物的技术指标主要是坍落度、扩展度和倒坍落度筒混凝土流下时间（简称倒筒时间）等。对于 HS-HPC，混凝土坍落度不宜小于 220mm，扩展度不宜小于 500mm，倒置坍落度筒排空时间宜为 5～20s，混凝土经时损失不宜大于 30mm/h。

2. HS-HPC 的配制强度可按公式 $f_{cu,0}\geqslant1.15f_{cu,k}$ 计算；

UHPC 的配制强度可按公式 $f_{cu,0}\geqslant1.1f_{cu,k}$ 计算。

3. HS-HPC 及 UHPC 因其内部结构密实，孔结构更加合理，通常具有更好的耐久性，为满足抗硫酸盐腐蚀性，宜掺加优质的掺合料，或选择低 C_3A 含量（<8%）的水泥。

4. 自收缩及其控制

（1）自收缩与对策

当 HS-HPC 浇筑成型并处于绝湿条件下，由于水泥继续水化，消耗毛细管中的水分，使毛细管失水，产生毛细管张力（负压），引起混凝土收缩，称之自收缩。通常水胶比越低，胶凝材料用量越大，自收缩会越严重。

对于 HS-HPC 一般应控制粗细骨料的总量不宜过低，胶凝材料的总量不宜过高；通过掺加钢纤维可以补偿其韧性损失，但在氯盐环境中，钢纤维不太适用；采用外掺 5% 饱水超细沸石粉的方法，或者内掺吸水树脂类养护剂、外覆盖养护膜以及其他充分的养护措施等，可以有效地控制 HS-HPC 的自收缩。

UHPC 一般通过掺加钢纤维等控制收缩，提高韧性；胶凝材料的总量不宜过高。

（2）收缩的测定方法

参照《普通混凝土长期性能和耐久性能试验方法标准》GB/T 50082 进行。

2.2.4 适用范围

HS-HPC 适用于高层与超高层建筑的竖向构件、预应力结构、桥梁结构等混凝土强度要求较高的结构工程。

UHPC 由于高强高韧性的特点，可用于装饰预制构件、人防工程、军事防爆工程、桥梁工程等。

2.2.5 工程实例[5]

1. 广州珠江新城西塔工程概况

广州珠江新城西塔工程是广州珠江新城六大标志性建筑之一，位于珠江新城西南部核心金融商务区，在广州市的新中轴线上。西塔楼高 437.5m，该项目占地面积 3.1 万 m^2，总建筑面积约 45 万 m^2。由地下 4 层、地上 103 层的主塔楼和 28 层辅楼组成。

广州西塔工程采用筒中筒结构，由钢管混凝土巨型斜交网格外筒、钢筋混凝土剪力墙内筒，以及连接内外筒的钢-混凝土组合楼盖组成。其中，混凝土核心筒结构变化复杂，67 层以下为内外两个六边形（三个长边三个短边间隔布置）组成的混凝土筒结构；从 68 层开始内墙逐步收缩，至 73 层内筒全部收掉，长边改为倾斜弧形墙，通过混凝土拉梁与短边直墙连接。

复杂的结构给施工方带来的一大难题就是混凝土如果采用泵送方式进行输送，只能一泵到顶，因为接力泵的设置将给设计、施工以及泵送设备维护带来更多的难题；如果采用塔吊＋吊斗方式进行输送，其浇筑速度无法满足工期要求。因此，施工方组织专家研究论证，最终决定采用一泵到顶的泵送方式。

为解决上述难题，施工方组建了混凝土攻关小组，在确保 C60～C90 混凝土顺利泵送的基础上，研发了 C100 超高强高性能混凝土（简称 C100UHPC）和 C100 超高强自密实混凝土（简称 C100UHP－SCC），并于 2008 年 12 月成功进行了 411m 超高泵送试验。

2. C60～C90 高强高性能混凝土

主塔楼 C60 及以上的高强高性能混凝土约 7 万 m^3，具体泵送高度见表 2.2-1，其中 C80 混凝土最高需泵送至 410m，C90 混凝土最高需泵送至 167m。如此大批量的 C60～C90 混凝土应用到实际工程中，而且还要进行 400 多米超高泵送施工，当时国内外还没有相关的技术规范、工程案例可以借鉴。因此高强高性能混凝土的配制及超高泵送是本工程混凝土工程顺利实施的最大难点。

（1）原材料

配制 C60～C90 高强高性能混凝土，原材料的选择尤为重要。水泥选用 52.5R 水泥，其 28d 抗压强度达到了 60MPa；矿渣粉选用 S95 级；混凝土中掺加硅灰；减水剂浓度为 22%，减水率大于 30%；细骨料选用细度模数为 2.6～3.2 的中粗河砂，其中配制 C60～C70 混凝土宜选用细度模数为 2.6～2.8 的中砂，配制 C80～C90 混凝土宜选用细度模数为 2.8～3.2 的中粗砂，可以在一定程度上降低混凝土拌和物的黏性；粗骨料选用 5～10 和 10～20 两级粗骨料搭配成连续级配使用，其搭配比例为 3：7。

（2）配合比设计

C60～C90 混凝土的配合比设计主要考虑其拌和物要求具有大流动性、坍落度损失小等优异的工作性能，配合比参数见表 2.2-2。

（3）工作性测试结果

经过现场试验统计，C60～C90 混凝土拌和物的坍落度为 240～260mm、扩展度大于 600mm、倒坍落度筒时间为 5～20s，工作性 3h 内基本不损失，满足了超高泵送要求。

3. C100 高强高性能自密实混凝土

广州西塔工程混凝土浇筑高度概况　　表 2.2-1

结构部位	强度等级	浇筑部位	结构标高范围(m)
核心筒及楼盖部分	C35	非节点层楼盖、同层楼梯	−15.25～425.20
	C30	停机坪面层结构	437.20～437.45
	C50	节点层楼盖、同层楼梯	−0.05～431.95
		81层至顶层剪力墙	350.95～431.95
	C60	41～81层剪力墙	180.05～350.95
	C70	16～40层剪力墙	67.55～180.55
	C80	−4～15层剪力墙	−19.00～67.55
		核心筒转换钢架	−11.85～17.95
	C30P6	69层游泳池结构	304.45～305.80
钢管混凝土	C60	节点区 JQ	427.50～431.95
		构件区 8～17	167.75～437.45
	C70	构件区 1～7	−17.35～256.35
	C80	节点区 JH～JP	182.75～410.65
	C90	节点区 JA～JG	−6.75～167.75

C60～C90 高性能混凝土配合比参数　　表 2.2-2

混凝土强度等级	水胶比(kg/m³)	胶凝材料(kg/m³)	矿渣粉(kg/m³)	硅粉(kg/m³)
C60	0.32	500	110	0
C70	0.28	560	130	15
C80	0.26	585	140	20
C90	0.23	150	145	40

（1）原材料

与 C60～C90 混凝土对比，C100 高强自密实混凝土选用原材料的差别是：矿渣粉选用 S105 级；选用 5～10mm 和 10～16mm 的两级粗骨料搭配使用；使用了特种矿物超细粉和特种外加剂，起到增稠、增强和物理保坍的作用；选用了西卡 3350 系列外加剂。

（2）配合比设计

C100 高强自密实混凝土的配合比参数见表 2.2-3。

C100 高强高性混凝土、高强自密实混凝土配合比参数　　表 2.2-3

混凝土强度等级	水胶比	单方用水量(kg/m³)	胶凝材料(kg/m³)	矿渣粉(kg/m³)	硅粉(kg/m³)	砂率(%)
C100 高强高性能混凝土	0.20	150	750	190	60	47
C100 高强自密实混凝土	0.22	154	700	190	60	47

（3）工作性测试结果

经过现场试验统计，混凝土拌和物的坍落度为 250～270mm、扩展度大于 600mm、倒坍落度筒时间小于 5s，工作性在 4h 内基本不损失，满足了超高泵送要求；另外，混凝土拌合物 U 形仪试验时，填充高度达到了 34cm。

C60～C90 高强高性能混凝土在广州珠江新城西塔项目大量应用。C100 高强高性能混凝土第 1 次泵送高度达到 333m，第 2 次泵送高度达到 411m；C100 高强自密实混凝土第 1 次泵送高度达到 411m。混凝土的出厂强度、现场检验强度及 411m 浇筑点的混凝土强度都达到或超过了 C100 强度等级的要求。

参 考 文 献

[1] 陈肇元. 高强混凝土与高性能混凝土 [J]. 建筑技术 1997.

[2] 程棋锋, 李美丹, 董岩等. 活桥梁防撞墩 C80 铁钢砂混凝土配合比试验研究 [J]. 商品混凝土, 2009, (9): 49-50.

[3] 高性能混凝土评价标准 JGJ/T 385—2015. [S]. 北京: 中国建筑工业出版社, 2015.

[4] 赵筠, 廉慧珍, 金建昌. 钢-混凝土复合的新模式——超高性能混凝土 (UHPC/UHPFRC) [J]. 混凝土世界, 2013 (12): 60-71.

[5] 叶浩文, 顾国荣, 徐立斌等. 广州珠江新城西塔工程高强、超高强高性能混凝土的配制及超高泵送技术 [C] //建设工程混凝土应用新技术. 全国建设工程混凝土应用新技术交流会, 2009.

2.3 自密实混凝土技术

2.3.1 发展概述[1]

自密实混凝土最早是在 20 世纪后期由前联邦德国研制出来的, 后传至英国、美国、加拿大和日本等国。日本土木工程界在 20 世纪 80 年代初, 对此关注较多。在常规混凝土施工时需要大量的施工工人, 特别是在布筋密集的情况下, 为使混凝土密实成型, 使混凝土有较好的耐久性, 则需要更多的施工工人对混凝土进行振捣。因为振捣不充分会大幅度降低混凝土的使用性能。以东京大学冈村甫教授为首的研究团队在当时日本具有高超混凝土施工技术的工人特别缺乏的情况下, 对自密实混凝土进行了比较深入的研究。并针对自密实混凝土的使用材料、配合比设计、现场施工与质量管理等相关内容进行了研究。日本研发人员在 1997 年在对自密实混凝土进行了深入研究之后, 提出了"高流动性混凝土原材料、配合比、搅拌、施工相关方面指南", 这一研究使得自密实混凝土发展达到一个新的高度。

欧美在这之后, 成立了包括混凝土专家、建筑工人、混凝土外加剂厂家联合开发项目, 旨在用优质纤维自密实施工工艺影响土木工程和通用的自密实混凝土饰面混凝土的发展, 其目的是为了赶上日本的自密实混凝土技术。2002 年 3 月, 欧盟混凝土和化学专业委员会 (EFNARC) 发表了关于自密实混凝土设计、应用指南, 是自密实混凝土的第一个设计、应用规范。同年美国 ASTM C09 委员会也已开始制定自密实混凝土的标准。

中国的自密实混凝土研究始于 20 世纪 90 年代初。从 1995 年初开始在北京、深圳、上海和其他城市的实体结构中得到应用, 主要用于地下开挖工程中钢筋密集、复杂等难以浇筑、难以捣实的结构部位。

我国中南大学、清华大学、山东建筑工程学院、苏州混凝土水泥制品研究院、福州大学、华中科技大学等科研单位均对自密实混凝土进行了研究, 但各有侧重: 中南大学主要进行了掺合料、工作性、耐久性等方面的研究; 清华大学则进行了抗压强度为 80MPa 的自密实混凝土工程试验; 苏州混凝土水泥制品研究院进行了配制方法方面的研究; 福州大学进行了配合比设计方面的研究等等; 在大量研究的基础上, 我国也陆续发布了有关自密实混凝土设计、应用的规范和标准, 2004 年中国土木工程学会发布了《自密实混凝土设计与施工指南》, 2006 年中国工程建设标准化协会发布了《自密实混凝土应用技术规程》, 2012 年发布了国家行业标准《自密实混凝土应用技术规程》。

自密实混凝土从被研制出来便开始应用于大量工程中。日本明石海峡大桥 2 个锚碇分别用了 24 万 m³ 和 15 万 m³ 25MPa 自密实混凝土；我国台湾地区的国际广场大厦（TC Tower），60 层以下的所有 240 根中空柱，采用自密实混凝土由下向上浇筑，保证了混凝土柱的密实度；美国西雅图 62 层的双联广场钢管混凝土柱，采用了从底层逐层泵送无振捣的 115MPa 自密混凝土，保证了浇筑质量和整体性。由于原材料和施工条件的差别，我国不能照搬日本的配合比，1995 年清华大学陈恩义用目前市场上的原材料进行试验，在北京清河 602 住宅小区工地成功地浇筑了 C25 流态混凝土，用于墙体施工，浇筑高度从 2m 增加到 4m。1996 年 9 月，北京城建集团总公司构件厂搅拌站进行了自密实混凝土技术的鉴定，其中 C30 混凝土用于实际工程，浇筑量达 3000m³。北京二建公司 1996 年和 1997 年分别在三个工程试用自密实混凝土浇筑柱梁、楼板和基础。之后，全国多个科研机构、企业乃至高校投入研发和应用，从 1995 年开始，浇筑量已超过 4 万 m³。主要用于地下暗挖、密筋、形状复杂等无法浇筑或浇筑困难的部位，同时也解决了施工扰民等问题，缩短了建设工期，延长了构筑物的使用寿命。其中具有代表性的工程实例有：北京首都机场新航站楼、西单北大街东侧商业区改造工程，大亚湾核电站的核废料容器建设工程，厦门集美历史风貌建筑的保护工程，长江三峡等多个水电站的导流洞、左岸左厂坝的引水工程，润扬长江大桥的建设工程，福建万松关的隧道工程，均取得了较好的技术、经济和社会效益。

近十多年来，自密实混凝土的应用范围进一步扩大，几乎涉及核能、铁路、水利、市政、民用等全部工程类别，应用除了地下暗挖、密筋、形状复杂等无法浇筑或浇筑困难的部位外，还包括各种加固工程，盾构管片、离心成型等预制构件，掺加钢纤维和有机纤维的自密实混凝土、轻骨料自密实混凝土、堆石自密实混凝土、机场道面自密实混凝土及石灰石粉自密实混凝土等，以及"三明治"即 SCC-NMC-SCC 的夹层施工体系等；性能也不断提高并多样化，比如无收缩或低收缩、低水化热（大体积）及早强等。

2.3.2　技术内容

自密实混凝土（Self-Compacting Concrete，简称 SCC）具有高流动性、均匀性和稳定性，浇筑时无需或仅需轻微外力振捣，能够在自重作用下流动并能充满模板空间的混凝土，属于高性能混凝土的一种。自密实混凝土技术主要包括：自密实混凝土的流动性、填充性、保塑性控制技术；自密实混凝土配合比设计；自密实混凝土早期收缩控制技术。

1. 自密实混凝土流动性、填充性、保塑性控制技术

自密实混凝土拌合物应具有良好的工作性，包括流动性、填充性和保水性等。通过骨料的级配控制、优选掺合料以及高效（高性能）减水剂来实现混凝土的高流动性、高填充性。其测试方法主要有坍落扩展度和扩展时间试验方法、J 环扩展度试验方法、离析率筛析试验方法、粗骨料振动离析率跳桌试验方法等。

2. 配合比设计

自密实混凝土配合比设计与普通混凝土有所不同，有全计算法、固定砂石法等。配合比设计时，应注意以下几点要求：

（1）单方混凝土用水量宜为 160~180kg；

（2）水胶比根据粉体的种类和掺量有所不同，不宜大于 0.45；

（3）根据单位体积用水量和水胶比计算得到单位体积粉体量，单位体积粉体量宜为

0.16～0.23；

（4）自密实混凝土单位体积浆体量宜为 0.32～0.40。

3. 自密实混凝土自收缩

由于自密实混凝土水胶比较低、胶凝材料用量较高，导致混凝土自收缩较大，应采取优化配合比，加强养护等措施，预防或减少自收缩引起的裂缝。

2.3.3 技术指标

1. 原材料的技术要求

（1）胶凝材料

水泥选用较稳定的硅酸盐水泥或普通硅酸盐水泥；掺合料是自密实混凝土不可缺少的组分之一。一般常用的掺合料有粉煤灰、磨细矿渣、硅灰、粒化高炉矿渣粉、石灰石粉等，也可掺入复合掺合料，复合掺合料宜满足《混凝土用复合掺合料》JG/T 486 中易流型或普通型 I 级的要求。胶凝材料总量宜控制在 400～550kg/m³。

（2）细骨料

细骨料质量控制应符合《普通混凝土用砂、石质量及检验方法标准》JGJ 52 以及《混凝土质量控制标准》GB 50164 的要求。

（3）粗骨料

粗骨料宜采用连续级配或 2 个及以上单粒级配搭配使用，粗骨料的最大粒径一般以小于 20mm 为宜，尽可能选用圆形且不含或少含针、片状颗粒的骨料；对于配筋密集的竖向构件、复杂形状的结构以及有特殊要求的工程，粗骨料的最大公称粒径不宜大于 16mm。

（4）外加剂

自密实混凝土具备的高流动性、抗离析性、间隙通过性和填充性这四个方面都需要以外加剂为主的手段来实现。减水剂宜优先采用高性能减水剂。对减水剂的主要要求为：与水泥的相容性好，减水率大，并具有缓凝、保塑的特性。

2. 自密实性能主要技术指标

对于泵送浇筑施工的工程，应根据构件形状与尺寸、构件的配筋等情况确定混凝土坍落扩展度。对于从顶部浇筑的无配筋或配筋较少的混凝土结构物（如平板）以及无需水平长距离流动的竖向结构物（如承台和一些深基础），混凝土坍落扩展度应满足 550～655mm；对于一般的普通钢筋混凝土结构以及混凝土结构坍落扩展度应满足 660～755mm；对于结构截面较小的竖向构件、形状复杂的结构等，混凝土坍落扩展度应满足 760～850mm；对于配筋密集的结构或有较高混凝土外观性能要求的结构，扩展时间 T_{500}（s）应不大于 2s。其他技术指标应满足《自密实混凝土应用技术规程》JGJ/T 283 的要求。

2.3.4 适用范围

自密实混凝土适用于浇筑量大，浇筑深度和高度大的工程结构；配筋密集、结构复杂、薄壁、钢管混凝土等施工空间受限制的工程结构；工程进度紧、环境噪声受限制或普通混凝土不能实现的工程结构。

2.3.5 工程实例[2]

1. 哈密景峡风电工程

哈密景峡风电工程项目采用塔筒为预制预应力钢筋混凝土结构，由西班牙公司设计，塔筒底部最大直径约为 7.8m，顶部塔筒直径为 3.2m，单环塔筒高度 4.0m 左右，塔筒整体设计高度 118m。风机塔筒为同轴空心圆锥体，壁厚 220mm 左右。目前在欧洲、美洲等全球范围内超过 800 兆瓦采用混凝土塔筒的机组，此次属国内首次引进，在风电领域填补了国内空白，是国内风电标志性项目，属于政府倡导的国内风电的新技术，对国内水泥行业乃至风场当地的经济发展有很大的推动作用。根据设计要求，风电塔筒混凝土为高强自密实混凝土，骨料最大粒径不大于 10mm，28d 混凝土强度不低于 90MPa；工作性要求为：坍落扩展度不小于 700mm、L 型箱通过率不小于 85%，出机混凝土拌合物含气量为 3%～5%。虽然高强自密实混凝土配制技术相对成熟，但利用新疆哈密当地的原材料配制出强度满足设计要求的 C80 自密实混凝土仍具有挑战性，而且由于混凝土塔筒最大壁厚 220mm，采用低速顶升连续浇筑施工，要求混凝土具有较低的黏度，难度极大。

由于新疆哈密周边地区骨料性能较差、施工单位之前也未配制过强度高达 C80 的自密实混凝土，而且对配制的高强自密实混凝土工作性要求较多。因此，在高强自密实混凝土配制初期，所配制的混凝土 28d 强度在 80MPa 左右，自密实混凝土的拌合物性能坍落度扩展度在不离析的前提下很难达到 700mm 的设计要求，同时 L 型箱通过率几乎不超过 75%，在拌合物性能不满足设计要求的前提下进行施工，浇筑的混凝土塔筒在顶升施工过程中，泵送压力较大，而且浇筑的筒身混凝土密实性较差，表面缺陷较多，无法满足工程要求。

中国建筑科学研究院作为技术咨询单位，指导了该工程混凝土的配合比设计，针对工程施工特点和原混凝土配比存在的问题，在使用原哈密周边地材的基础上，通过复合掺合料应用技术，显著改善了 C80 自密实混凝土的各项性能指标，并满足设计要求。

原材料：①水泥：哈密天山 P.O 52.5 水泥 3 天强度 31MPa，28 天强度 55.8MPa；②I 级粉煤：烧失量 3.2%，45μm 筛筛余 5%，需水比 93%；③矿粉：S95 矿粉：7 天活性指数 78%，28 天活性指数 95%，流动度比 97%；④硅灰：SiO_2 含量为 90% 以上；⑤复合掺合料：中国建筑科学研究院建研建材有限公司生产的降黏增强剂 CABR-J1，产品的主要性能指标见表 2.3-1；⑥减水剂：聚羧酸高性能减水剂 KL-2 含固量 31%，减水率 33%，具有减水率高、保坍性好的特点；⑦细骨料：哈密当地河砂，含泥量不大于 2.0%，细度模数 2.9；⑧粗骨料：哈密当地 5～10mm 连续级配碎石。

降黏增强剂内掺胶凝材料 10% 时的混凝土的性能见表 2.3-1：

混凝土拌合物性能及抗压强度　　　　　　　　　　　　表 2.3-1

坍落扩展度 (mm)	T500(s)	L 型箱通过率(%)	倒置坍落度筒排空时间(s)	含气量(%)	抗压强度(MPa)	
					3d	28d
710	9	88	12	3.1	70.5	110.8
745	5	90	9	3.3	66.2	104.9
760	3	93	6	3.6	63.1	101.3
730	3	95	5	3.5	53.5	93.7

最终工程施工采用的是中国建筑科学研究院推荐的混凝土配合比，现场的顶升施工效果表明，混凝土生产配合比可泵性好，易施工，浇筑的塔筒外观质量良好，混凝土强度满足设计和施工要求。

2. 苏通大桥承台封底工程概况

苏通大桥 4 号、5 号墩的主承台平面成哑铃形，单个塔柱下的承台平面尺寸为

51.35m×48.10m，厚度为 5.00～13.32m，两承台间的系梁平面尺寸为 11.05m×28.10m，厚6.00m。水下封底混凝土设计底标高为（−12.50m）～（−10.00m），顶标高为−7.00m，承台顶标高为+6.32m。通过在吊箱底上浇筑水下混凝土，使其与131根桩形成整体，协同受力，抵抗抽水后吊箱的巨大浮力。封底混凝土厚度达 3.0～5.5m，要求封底一次成功，抽水后吊箱不漏水，实现从水下施工到水上施工的关键工序转换，为承台的钢筋绑扎和混凝土浇筑提供水上施工条件。封底混凝土设计强度等级为 C30，总量达 1.56 万 m³。因吊箱尺寸大，且内部结构复杂、构件多，因而封底难度大，对混凝土性能提出了很高的要求。

苏通大桥 4 号、5 号主承台施工中在钢吊箱内进行了分区，分为 3 个独立的施工区域，从而减小施工面。4 号承台采用大面积多点同时浇注的施工方法；5 号承台则采用推进法，即一排导管同时施工，逐渐依次向前推进。两者都是利用混凝土的自密实自流平的性能，达到封底的目的。

为确保封底混凝土质量，经反复优化封底混凝土配合比，决定采用高流动度、自流平、缓凝型的自密实混凝土。

3. 原材料

水泥：P.O 42.5，细度2.1%，3d 抗压强度26.6MPa，28d 抗压强度51.0MPa，初凝时间 1h55min，终凝时间 2h25min；

粉煤灰：Ⅱ级灰，细度9.9%，烧失量2.3%，需水量比98%；

细骨料：江西赣江中砂，细度模数 2.7，表观密度 2640kg/m³，堆积密度 1520kg/m³；

粗骨料：5～25mm 石灰岩碎石，表观密度 2720kg/m³，堆积密度 1520kg/m³；

外加剂：混凝土高效增强剂、增稠剂；

水：长江水。

4. 配合比

表 2.3-2 为 C30 承台封底混凝土配合比。

C30 承台封底混凝土配合比　　　　　　　　　　　　　　　　表 2.3-2

编号	W/B	水泥(kg/m³)	粉煤灰(kg/m³)	砂(kg/m³)	石子(kg/m³)	水(kg/m³)	外加剂(kg/m³)
C1	0.401	349	130	761	859	192	4.311+0.017(HP4000R+增稠剂)
C2	0.409	307	131	731	1004	179	7.008(JM-9)

注：C1、C2 分别表示两个标段。

5. 性能

表 2.3-3 为 C30 承台封底混凝土物理力学性能。

C30 承台封底混凝土物理力学性能　　　　　　　　　　　　　表 2.3-3

编号	初凝(min)	终凝(min)	SL(mm)	SL(1h)(mm)	堆积密度(kg/m³)	7d 抗压强度(MPa)	28d 抗压强度(MPa)	60d 抗压强度(MPa)
C1	1930	2160	250	200	2334	34	51.0	66.1
C2	—	—	580 *	—	2370	35.1	49.5	—

SL 为坍落度，* 为扩展度。

承台封底采用导管法施工时，现场调配了两条混凝土搅拌船，以 160m³/h 的速度不间断地向 25 根导管供应混凝土。同时，在浇筑过程中，严密监控，布设了百余个测点，及时掌握混凝土水下流动状况和厚度。

为检查封底混凝土的质量，在施工结束后，对 C1 标封底混凝土进行钻芯取样，芯样的抗压强度见表 2.3-4。六个圆柱体芯样（直径与高度比为 1∶1）28d 平均抗压强度为 45.0MPa，是试验室标准养护条件下测得结果的 88％。

封底混凝土芯样的抗压强度　　　　　　　　　表 2.3-4

编号及部位	1 号（导管间）	2 号（导管处）	3 号（护筒边）	4 号（导管处）	5 号（导管间）	6 号（护筒边）
15d 抗压强度	35.5	41.1	—	—	41.0	—
28d 抗压强度	40.6	48.7	39.4	49.2	48.5	43.4

检查发现，混凝土的表观基本均匀，无明显骨料和浆体分离的现象，混凝土浇筑到位，表面高度差在 50mm 以内，与桩的结合良好，无渗水情况。此外，芯样混凝土中骨料分布基本均匀，无明显大气孔和不密实等缺陷。可见，苏通大桥主墩承台封底混凝土的配制及施工是成功的。

参 考 文 献

[1] 张颖. 自密实混凝土：绿色高性能混凝土的重要实现形式 [J]. 混凝土世界，2016（5）.

[2] 陈波，张亚梅，华卫兵等. 自密实混凝土在苏通大桥承台封底中的应用 [J]. 混凝土与水泥制品，2005（4）：17-19.

2.4　再生骨料混凝土技术

2.4.1　发展概述

掺用再生骨料配制而成的混凝土称为再生骨料混凝土，简称再生混凝土。科学合理利用建筑废弃物制备再生骨料混凝土，一直是世界各国致力研究的方向，在日本等国已经基本形成完备的产业链。据国际标准化组织相关报道显示，全世界每年生产混凝土约 330 亿 t，是工程建设领域最大宗的材料之一。预计在未来的 3～5 年内，混凝土每年的产销量将保持 2.5％的增速。中国作为全世界工程建设量居首的国家，混凝土的生产应用量也位居全世界前列，2015 年商品混凝土用量超过 35 亿 t。作为混凝土中比重最大的原材料，砂石骨料的消耗量也是庞大可观的。随着我国环境、资源日益面临紧张的局势，如何寻求可用的非常规骨料作为工程建设用骨料的有效补充以迫在眉睫。再生骨料成为可行选择之一，我国自 20 世纪 90 年代起开展研究、实践再生骨料混凝土相关生产应用技术，积累了宝贵的经验，部分关键技术已经成功转化为标准规范，开始指导实际工程应用。

2.4.2　技术内容

掺用再生骨料配制而成的混凝土称为再生骨料混凝土，简称再生混凝土。

1. 再生骨料质量控制技术

（1）再生骨料质量应符合国家标准《混凝土用再生粗骨料》GB/T 25177 或《混凝土和砂浆用再生细骨料》GB/T 25176 的规定，制备混凝土用再生骨料应同时符合行业标准《再生骨料应用技术规程》JGJ/T 240 相关规定。

（2）由于建筑废弃物来源的复杂性，各地技术及产业发达程度差异和受加工处理的客观条件限制，部分再生骨料某些指标可能不能满足现行国家标准的要求，须经过试配验证后，可用于配制垫层等非结构混凝土或强度等级较低的结构混凝土。

2. 再生骨料普通混凝土配制技术

设计配制再生骨料普通混凝土时，可参照行业标准《再生骨料应用技术规程》JGJ/T 240 相关规定进行。

2.4.3　设计计算

（1）再生骨料混凝土的拌合物性能、力学性能、长期性能和耐久性能、强度检验评定及耐久性检验评定等，应符合现行国家标准《混凝土质量控制标准》GB 50164 的规定。

（2）再生骨料普通混凝土进行设计取值时，可参照以下要求进行：

① 再生骨料混凝土的轴心抗压强度标准值、轴心抗压强度设计值、轴心抗拉强度标准值、轴心抗拉强度设计值、剪切变形模量和泊松比均可按现行国家标准《混凝土结构设计规范》GB 50010 的规定取值。

② 仅掺用Ⅰ类再生粗骨料配制的混凝土，其受压和受拉弹性模量可按现行国家标准《混凝土结构设计规范》GB 50010 的规定取值；其他类别再生骨料配制的再生骨料混凝土，其弹性模量宜通过试验确定，在缺乏试验条件或技术资料时，可按表 2.4-1 的规定取值。

再生骨料普通混凝土弹性模量　　　　　　　　表 2.4-1

强度等级	C15	C20	C25	C30	C35	C40
弹性模量（×10⁴ N/mm²）	1.83	2.08	2.27	2.42	2.53	2.63

③ 再生骨料混凝土的温度线膨胀系数、比热容和导热系数宜通过试验确定。当缺乏试验条件或技术资料时，可按现行国家标准《混凝土结构设计规范》GB 50010 和《民用建筑热工设计规范》GB 50176 的规定取值。

2.4.4　适用范围

我国目前实际生产应用的再生骨料大部分为Ⅱ类及以下再生骨料，宜用于配制 C40 及以下强度等级的非预应力普通混凝土。鼓励再生骨料混凝土大规模用于垫层等非结构混凝土。

2.4.5　工程实例

1. 北京建筑工程学院实验 6 号楼工程概况

北京建筑工程学院实验 6 号楼工程试验阶段和施工过程中使用的都是全再生骨料混凝土，只是在原材料材性试验时才筛分成再生粗、细骨料进行相应的检测。骨料生产原料主要为废混凝土基础；再生混凝土由新奥混凝土搅拌公司生产。

2. 青岛市海逸景园 6♯ 工程概况

青岛市海逸景园工程为小港湾安置区，位于小港湾片区东部。该工程是青岛市重点工程，一类建筑，2009 年 1 月开工，2010 年 3 月竣工。在该工程 24 层的结构混凝土采用了再生混凝土，再生混凝土强度等级 C40，应用数量约 320m³。

参 考 文 献

[1]　《混凝土用再生粗骨料》GB/T 25177—2010 [S]. 北京：中国标准出版社，2011.
[2]　《混凝土和砂浆用再生细骨料》GB/T 25176—2010 [S]. 北京：中国标准出版社，2011.

［3］ 《再生骨料应用技术规程》JGJ/T 240—2011 ［S］. 北京：中国建筑工业出版社，2011.

2.5　混凝土裂缝控制技术

2.5.1　发展概述

混凝土裂缝大体上可以分为荷载作用下的结构裂缝与非荷载作用下非结构裂缝。目前，荷载作用下混凝土结构的工作状态及其裂缝计算与控制问题的研究已经较为深入，国内外许多专门的科研机构都从事过钢筋混凝土在荷载作用下的裂缝控制的研究工作，并取得了较为成熟的科研成果，编制的标准规范也在设计中发挥了巨大的作用。然而，非荷载作用引起的混凝土非结构裂缝几乎占混凝土裂缝的80%以上，其原因涉及结构设计、混凝土收缩、大体积混凝土内外温差、超长结构季节温度变化、施工技术、养护条件等各方面因素[1]。非结构裂缝贯穿混凝土从施工到服役的各个阶段，对建筑物使用性能与混凝土耐久性都极为不利。

混凝土早期裂缝的众多原因当中，比较突出的几个如下：

（1）水泥水化热的释放引起混凝土内部剧烈的温度升高，在随后的降温过程体积收缩受约束，而出现开裂，主要发生在大体积混凝土施工过程中；

（2）混凝土的塑性收缩、干缩、自生收缩、碳化收缩等引起的收缩变形受约束导致开裂，这对于超长结构影响更大；

（3）原材料质量不合格。

国外对混凝土裂缝控制技术研究起步于20世纪30年代，最初是为了解决北美一座坝体施工过程中大体积混凝土开裂问题。开始掺加火山灰、表面浇水、喷雾等方法[2]。

欧共体国家进行的联合科研项目 Improved Production of Advanced Concrete Structures（1997—2001）[3-5]研究了高性能混凝土从水泥水化、体积变形、早期力学性能到现场实测方法等方面的研究，并提出一套用于设计和施工阶段控制早期混凝土裂缝的专家系统。

Mats Emborg[6]认为混凝土结构早龄期的温度分布、相连结构的温度、早期混凝土瞬时的力学性质和约束条件都是引起混凝土开裂的重要参数。

Ei-ichi 等[7]就水泥、化学外加剂、矿物掺合料和水灰比对混凝土自收缩的影响进行了试验研究，结果表明随着水灰比的下降，自收缩逐渐增大，并且一些掺合料可以有效地减少混凝土的自收缩。O. kayali 等[8]对掺加粉煤灰的纤维增强轻质混凝土的干燥收缩进行了试验研究，指出聚丙烯纤维混凝土的干燥收缩并未明显减少，而钢纤维混凝土的干燥收缩明显减少。J. Branch 等[9]对高强混凝土的塑性收缩开裂的影响因素进行了定量的试验研究，结果表明混凝土塑性收缩开裂取决于多种复杂因素，其中硅灰以及风速是尤为重要的两个因素。要保证掺有硅灰的高强混凝土不产生早期塑性收缩开裂，应当注意防止混凝土表面干燥。Pietro Lura 等人[10]研究了养护温度和水泥类型对高性能混凝土的自由收缩的影响。结果表明，养护温度越高，在混凝土中并不会引起更大的自生收缩变形，但通常会使收缩和应力发展的速度加快；在一定温度下，矿渣水泥的早期收缩较普通硅酸盐水泥的早期收缩大。

我国对混凝土收缩的研究工作起步于20世纪50～60年代的钢筋混凝土结构设计计算

中，主要是参考国外的有关数据，不足以解决工程实际中的很多问题。20 世纪 80 年代末，中国建筑科学研究院混凝土研究所负责"混凝土收缩与徐变的试验研究"专题[11]，得到了大量的试验数据，提出了标准条件下混凝土收缩与徐变的基本表达式以及非标准条件下的多系数表达式。梅明荣等[12]通过计算干缩应力值探讨混凝土干缩应力的变化规律。韩重庆等[13]采用有限元分析为基础的一套方法对大面积混凝土梁板结构的温度应力进行分析，提出了温度应力与混凝土收缩、徐变存在直接关系。

朱伯芳等人运用温度场理论，通过有限元法进行温度应力计算，以控制温度裂缝，其技术措施包括分缝分块、水管冷却混凝土、混凝土预冷和混凝土的保温、养护[14]；20 世纪 80 年代叶琳昌等人对大体积混凝土的性能和温度进行了分析，配合工程实例讨论了温度应力的计算，从原材料预冷却、混凝土养护时温度控制、混凝土测温技术和设计施工防止裂缝技术上提出了大体积混凝土的裂缝控制措施[15]。

文梓芸等[16]通过试验研究了化学外加剂和矿物掺合料对水泥砂浆干缩与开裂的影响。姚燕等[17]对高强混凝土早期开裂的影响因素进行研究，认为磨细矿渣会增大高强混凝土的收缩开裂趋势，并且细度越大，开裂趋势越明显；粉煤灰可以明显降低高强混凝土的收缩开裂趋势；硅灰会明显增大混凝土的收缩开裂趋势。高小建等[18]采取非接触法测量混凝土早期收缩，并研究了混凝土水灰比与其早期的收缩特性之间的关系，得出在其他条件相同时，随着水灰比的减小，混凝土早期自收缩与水化温升明显增大。刘旭晨等[19]研究了胶凝体系对混凝土早期收缩开裂的影响，指出随着水胶比的降低，水泥细度增大和温度升高，胶凝体系抗裂性能下降，掺有粉煤灰和矿渣粉的胶凝体系抗裂性能明显高于掺有硅灰的胶凝体系抗裂性能。侯雁南[20]提出从减小混凝土的收缩、降低水化热、增强混凝土抗拉强度等方面进行混凝土材料的选择。

混凝土结构（特别是超长混凝土结构）在施工缝封闭后，随着季节温度的变化，其混凝土楼盖结构将会发生温度热胀冷缩变形。如下部结构的水平约束较强，当降温时，一旦楼盖结构由降温收缩产生的混凝土拉应力大于混凝土抗拉强度时，楼盖结构的梁板将产生受拉裂缝；如下部结构的水平约束不太强，楼盖结构由升温、降温引起的水平位移将对下部结构带来裂缝。温度变形引起的裂缝将严重影响使用功能，并降低结构的安全性与耐久性，因此，对超长混凝土结构的裂缝应引起足够的重视。为防止、减小或控制超长结构的裂缝，应在结构设计阶段、施工过程采取多重技术措施，并重视使用阶段主体结构的温度控制。

2.5.2 技术内容

混凝土裂缝控制与结构设计、材料选择和施工工艺等多个环节相关。结构设计主要涉及结构形式、配筋、构造措施及超长混凝土结构的裂缝控制技术等；材料方面主要涉及混凝土原材料控制和优选、配合比设计优化；施工方面主要涉及施工缝与后浇带、混凝土浇筑、水化热温升控制、综合养护技术等。

1. 结构设计对超长结构混凝土的裂缝控制要求

超长混凝土结构如不在结构设计与工程施工阶段采取有效措施，将会引起不可控制的非结构性裂缝，严重影响结构外观、使用功能和结构的耐久性。超长结构产生非结构性裂缝的主要原因是混凝土收缩、环境温度变化在结构上引起的温差变形与下部竖向结构的水平约束刚度的影响。

　　为控制超长结构的裂缝，应在结构设计阶段采取有效的技术措施。主要应考虑以下几点：

　　（1）对超长结构宜进行温度应力验算，温度应力验算时应考虑下部结构水平刚度对变形的约束作用、结构合拢后的最大温升与温降及混凝土收缩带来的不利影响，并应考虑混凝土结构徐变对减少结构裂缝的有利因素与混凝土开裂对结构截面刚度的折减影响。

　　（2）为有效减少超长结构的裂缝，对大柱网公共建筑可考虑在楼盖结构与楼板中采用预应力技术，楼盖结构的框架梁应采用有粘接预应力技术，也可在楼板内配置构造无粘接预应力钢筋，建立预压力，以减小由于温度降温引起的拉应力，对裂缝进行有效控制。除了施加预应力以外，还可适当加强构造配筋、采用纤维混凝土等用于减小超长结构裂缝的技术措施。

　　（3）设计时应对混凝土结构施工提出要求，如对大面积底板混凝土浇筑时采用分仓法施工、对超长结构采用设置后浇带与加强带，以减少混凝土收缩对超长结构裂缝的影响。当大体积混凝土置于岩石地基上时，宜在混凝土垫层上设置滑动层，以达到减少岩石地基对大体积混凝土的约束作用。

　　2. 原材料要求

　　（1）水泥宜采用符合现行国家标准规定的普通硅酸盐水泥或硅酸盐水泥；大体积混凝土宜采用低热矿渣硅酸盐水泥或中、低热硅酸盐水泥，也可使用硅酸盐水泥同时复合大掺量的矿物掺合料。水泥比表面积宜小于 $350m^2/kg$，水泥碱含量应小于 0.6%；用于生产混凝土的水泥温度不宜高于 60℃，不应使用温度高于 60℃的水泥拌制混凝土。

　　（2）应采用二级或多级级配粗骨料，粗骨料的堆积密度宜大于 $1500kg/m^3$，紧密堆积密度的空隙率宜小于 40%。骨料不宜直接露天堆放、暴晒，宜分级堆放，堆场上方宜设罩棚。高温季节，骨料使用温度不宜高于 28℃。

　　（3）根据需要，可掺加短钢纤维或合成纤维的混凝土裂缝控制技术措施。合成纤维主要是抑制混凝土早期塑性裂缝的发展，钢纤维的掺入能显著提高混凝土的抗拉强度、抗弯强度、抗疲劳特性及耐久性；纤维的长度、长径比、表面性状、截面性能和力学性能等应符合国家有关标准的规定，并根据工程特点和制备混凝土的性能选择不同的纤维。

　　（4）宜采用高性能减水剂，并根据不同季节和不同施工工艺分别选用标准型、缓凝型或防冻型产品。高性能减水剂引入混凝土中的碱含量（以 $Na_2O+0.658K_2O$ 计）应小于 $0.3kg/m^3$；引入混凝土中的氯离子含量应小于 $0.02kg/m^3$；引入混凝土中的硫酸盐含量（以 Na_2SO_4 计）应小于 $0.2kg/m^3$。

　　（5）采用的粉煤灰矿物掺合料，应符合现行国家标准《用于水泥和混凝土中的粉煤灰》GB 1596 的规定。粉煤灰的级别不宜低于 Ⅱ 级，且粉煤灰的需水量比不宜大于 100%，烧失量宜小于 5%。

　　（6）采用的矿渣粉矿物掺合料，应符合《用于水泥和混凝土中的粒化高炉矿渣粉》GB/T 18046 的规定。矿渣粉的比表面积宜小于 $450m^2/kg$，流动度比应大于 95%，28d 活性指数不宜小于 95%。

　　3. 配合比要求

　　（1）混凝土配合比应根据原材料品质、混凝土强度等级、混凝土耐久性以及施工工艺对工作性的要求，通过计算、试配、调整等步骤选定。

（2）配合比设计中应控制胶凝材料用量，C60 以下混凝土最大胶凝材料用量不宜大于 550kg/m³，C60、C65 混凝土胶凝材料用量不宜大于 560kg/m³，C70、C75、C80 混凝土胶凝材料用量不宜大于 580kg/m³，自密实混凝土胶凝材料用量不宜大于 600kg/m³；混凝土最大水胶比不宜大于 0.45。

（3）对于大体积混凝土，应采用大掺量矿物掺合料技术，矿渣粉和粉煤灰宜复合使用。

（4）纤维混凝土的配合比设计应满足《纤维混凝土应用技术规程》JGJ/T 221 的要求。

（5）配制的混凝土除满足抗压强度、抗渗等级等常规设计指标外，还应考虑满足抗裂性指标要求。

4. 大体积混凝土设计龄期

大体积混凝土宜采用长龄期强度作为配合比设计、强度评定和验收的依据。基础大体积混凝土强度龄期可取为 60d（56d）或 90d；柱、墙大体积混凝土强度等级不低于 C80 时，强度龄期可取为 60d（56d）。

5. 施工要求

（1）大体积混凝土施工前，宜对施工阶段混凝土浇筑体的温度、温度应力和收缩应力进行计算，确定施工阶段混凝土浇筑体的温升峰值、里表温差及降温速率的控制指标，制定相应的温控技术措施。

一般情况下，温控指标宜符合下列要求：夏（热）期施工时，混凝土入模前模板和钢筋的温度以及附近的局部气温不宜高于 40℃，混凝土入模温度不宜高于 30℃，混凝土浇筑体最大温升值不宜大于 50℃；在覆盖养护期间，混凝土浇筑体的表面以内（40～100mm）位置处温度与浇筑体表面的温度差值不应大于 25℃；结束覆盖养护后，混凝土浇筑体表面以内（40～100mm）位置处温度与环境温度差值不应大于 25℃；浇筑体养护期间内部相邻二点的温度差值不应大于 25℃；混凝土浇筑体的降温速率不宜大于 2.0℃/d。

基础大体积混凝土测温点设置和柱、墙、梁大体积混凝土测温点设置及测温要求应符合《混凝土结构工程施工规范》GB 50666 的要求。

（2）超长混凝土结构施工前，应按设计要求采取减少混凝土收缩的技术措施，当设计无规定时，宜采用下列方法：

分仓法施工：对大面积、大厚度的底板可采用留设施工缝分仓浇筑，分仓区段长度不宜大于 40m，地下室侧墙分段长度不宜大于 16m；分仓浇筑间隔时间不应少于 7d，跳仓接缝处按施工缝的要求设置和处理。

后浇带施工：对超长结构一般应每隔 40～60m 设一宽度为 700～1000mm 的后浇带，缝内钢筋可采用直通或搭接连接；后浇带的封闭时间不宜少于 45d；后浇带封闭施工时应清除缝内杂物，采用强度提高一个等级的无收缩或微膨胀混凝土进行浇筑。

（3）在高温季节浇筑混凝土时，混凝土入模温度应低于 30℃，应避免模板和新浇筑的混凝土直接受阳光照射；混凝土入模前模板和钢筋的温度以及附近的局部气温均不应超过 40℃；混凝土成型后应及时覆盖，并应尽可能避开炎热的白天浇筑混凝土。

（4）在相对湿度较小、风速较大的环境下浇筑混凝土时，应采取适当挡风措施，防止混凝土表面失水过快，此时应避免浇筑有较大暴露面积的构件；雨期施工时，必须有防雨措施。

（5）混凝土的拆模时间除考虑拆模时的混凝土强度外，还应考虑拆模时的混凝土温度不能过高，以免混凝土表面接触空气时降温过快而开裂，更不能在此时浇凉水养护；混凝土内部开始降温以前以及混凝土内部温度最高时不得拆模。

一般情况下，结构或构件混凝土的里表温差大于 25℃、混凝土表面与大气温差大于 20℃时不宜拆模；大风或气温急剧变化时不宜拆模；在炎热和大风干燥季节，应采取逐段拆模、边拆边盖的拆模工艺。

（6）混凝土综合养护技术措施。对于高强混凝土，由于水胶比较低，可采用混凝土内掺养护剂的技术措施；对于竖向等结构，为避免间断浇水导致混凝土表面干湿交替对混凝土的不利影响，可采取外包节水养护膜的技术措施，保证混凝土表面的持续湿润。

（7）纤维混凝土的施工应满足《纤维混凝土应用技术规程》JGJ/T 221 的规定。

2.5.3　技术指标

混凝土的工作性、强度、耐久性等应满足设计要求，关于混凝土抗裂性能的检测评价方法主要方法如下：

（1）圆环抗裂试验，见《混凝土结构耐久性设计与施工指南》CCES01 附录 A1；

（2）平板诱导试验，见《普通混凝土长期性能和耐久性能试验方法标准》GB/T 50082；

（3）混凝土收缩试验，见《普通混凝土长期性能和耐久性能试验方法标准》GB/T 50082。

2.5.4　适用范围

适用于各种混凝土结构工程，特别是超长混凝土结构，如工业与民用建筑、隧道、码头、桥梁及高层、超高层混凝土结构等。

2.5.5　工程实例[21]

1. 北京地铁 5 号线工程概况

地铁 5 号线是北京轨道交通路网中偏东的一条贯穿南北的线路。线路全长 27.6km，其中地下线 16.9km，约占全线长度的 61%，地面和高架线 10.7km，约占全线长度的 39%。全线共设 22 座车站，其中地下站 16 座（暗挖站 4 座，明挖站 7 座，明暗结合 5 座），高架站 5 座，地面站 1 座。盾构法区间约 5.93km，浅埋暗挖法区间约 7.99km。主体结构工程的设计使用年限为 100 年，主体结构耐久性要求较高，车站防水等级为一级，区间及附属结构的防水等级为二级。混凝土强度等级 C30～C60，四季施工。

2. 混凝土裂缝概况及技术路线的选择

影响混凝土裂缝的原因是多方面的，也是很复杂的。如荷载作用下的受力计算、配筋率和配筋形式，混凝土的配合比设计、水泥的用量和单方混凝土中胶凝材料的总用量、水胶比、外加剂的种类和掺量，混凝土的振捣、养护情况，浇筑期间混凝土的支撑情况、混凝土的拆模时间等。混凝土的裂缝涉及了设计、施工和材料三大方面。

混凝土裂缝现象主要发生在混凝土硬化的早期，非结构性的混凝土早期裂缝控制应该作为混凝土裂缝控制的重点。本工程混凝土裂缝控制的技术路线主要围绕混凝土的早期水化硬化规律、配套的施工措施来展开。

3. 混凝土原材料选择与管理

(1) 水泥

水泥的各项技术指标除了达到国家标准的要求外，还对水泥的一些关键技术指标进行控制，详见表 2.5-1。

水泥主要技术指标要求 表 2.5-1

项目	指标
碱含量(%)	<0.6
比表面积(m²/kg)	<350
水泥温度(℃)	到站不宜超过 60，使用时不得大于 60
混合材	不得掺加窑灰

为避免碱骨料反应对混凝土的破坏，除采用低碱水泥外，并对混凝土中的碱含量做了不超过 3kg/m³ 的限制。水泥的比表面积越大，水泥越细，早期水化速度越快，混凝土的早期强度越高，混凝土的水化热越大、越集中，造成混凝土的收缩应力较大，对控制混凝土的早期裂缝非常不利。

采用水泥比表面积控制方法后，对水泥的生产过程、水泥的稳定性等都起到了良好的作用，避免了过细的水泥进入工地。由于水泥的用量很大和抢工期，一些水泥在水泥厂家未进行充分的倒库均化散热就流入了市场，到搅拌站时有些水泥的温度高达 80～90℃，而搅拌站的料仓大小有限，也不可能长期等待降温后使用。使用时水泥温度过高，不但影响了混凝土的入模温度，而且将直接影响混凝土的水化硬化速度，使混凝土早强、水化热集中。因此，对于水泥的使用温度，做出了严格的限制，并由驻站监理进行控制，温度不达标的水泥拒绝进站。

从环保角度出发，水泥厂收尘的窑灰重新掺加到水泥中是废尘的重新利用，有着积极的意义，而且掺加 3% 以上的窑灰的水泥，可以显著提高水泥的 3 天强度，但是窑灰碱含量高，且掺加窑灰的水泥有可能与外加剂的适应性差，混凝土的坍落度损失大，不利于混凝土的远距离输送，北京的交通拥堵程度是全国知名的，如何确保混凝土坍落度损失小，运到工地现场能正常泵送，应从多方面解决，除了进行混凝土配合比设计，选择性能好的混凝土外加剂外，水泥的性能必须同时考虑。

(2) 砂、石

由于北京市砂、石供应量不足，很多搅拌站从河北省采购砂、石。在砂、石方面，未做特殊要求，但是砂、石的质量必须满足现行行业标准《普通混凝土用碎石或卵石质量标准及检验方法》JGJ 53 和《普通混凝土用砂质量标准及检验方法》JGJ 52 中各项技术指标要求。

(3) 外加剂

混凝土泵送剂和防冻剂是混凝土必不可少的第五组分，种类很多，各个搅拌站都有丰富的应用经验，在制订《北京轨道交通工程现浇钢筋混凝土早期裂缝控制技术要求》时，除对混凝土收缩率比这一性能指标进行了特殊规定外，不做其他特殊规定，也不进行特殊的指定，由各个搅拌站根据自己的情况选择。但是，混凝土外加剂必须符合现行国家标准

《混凝土外加剂》GB 8076 和现行行业标准《混凝土防冻剂》JC 475 中一等品的技术要求。由于市场上的大部分外加剂增大了混凝土的收缩，故规定采用的外加剂（泵送剂或缓凝高效减水剂、防冻剂）的 28 天收缩率比应小于 120%。

为防止混凝土释放异味，规定外加剂释放氨含量应满足现行国家标准《混凝土外加剂中释放氨的限量》GB 18588 的相关规定。

（4）掺合料

为了降低混凝土中的水泥用量，降低混凝土的水化热，在混凝土中掺加矿物掺合料是目前各个搅拌站普遍采用的技术措施，常用的矿物掺合料有粉煤灰和磨细矿渣等。为便于质量管理，对矿物掺合料做出了一些规定：即采用符合国家标准《用于水泥和混凝土中的粉煤灰》GB 1596 的 I 级粉煤灰。在市场供应有困难的情况下，非预应力混凝土可采用 II 级以上的粉煤灰，但必须提前向业主申报并经业主批准。严禁采用高钙粉煤灰和 II 级以下的粉煤灰。

（5）辅助材料

如何控制混凝土的变形变化，即配制低收缩的高性能混凝土，是北京地铁工程裂缝控制的关键之一。仅仅依靠混凝土的配合比设计和施工过程管理，还难以达到预期的效果。为有效控制裂缝，一般需采取添加辅助材料的方法，目前国内掺加的辅助材料种类比较多，且各有优缺点，如掺加矿物掺合料，降低混凝土的水化放热量和放热；掺加膨胀剂，配制补偿收缩混凝土；或掺加低弹性模量的有机合成纤维，减少混凝土早期的塑性收缩等等。

鉴于地铁 5 号线工程大部分的混凝土结构处于地下，而且有较高的抗渗防水要求和 100 年的耐久性要求，因此，在辅助材料方面，选择了对提高混凝土的密实度和耐久性较为有利，且对混凝土的塑性收缩和干缩都有补偿作用的抗裂防水剂。鉴于膨胀剂、防水剂市场混乱，为确保质量，对抗裂防水剂做出了严格的规定，即按照现行行业标准《砂浆、混凝土防水剂》JC 474 和现行国家标准《混凝土外加剂》GB 8076 检验合格后才能用于工程。对于限制膨胀率指标提出了比膨胀剂标准更高的要求：水中养护 7d 限制膨胀率应大于 3.0×10^{-4}，28d 的限制膨胀率应小于 10×10^{-4}；增加 3d、10 天、14d 的测试龄期，水中养护期间，限制膨胀率的规律应满足 28d>14d>10d>7d>3d；干空 21d 的膨胀率应不小于 -1.6×10^{-4}。要求供应商在北京有仓库并储存足够的数量。

4. 混凝土的配合比设计原则

传统的混凝土配合比设计是强度设计优先原则，地铁 5 号线采用了在满足强度的情况下，"以抗为主，综合耐久性指标优先"的混凝土配合比设计原则。尽量降低水泥的用量和胶凝材料的总用量，降低混凝土的干缩和温度收缩，采用了不同强度等级限制总用量的办法（表 2.5-2）。此外，在规范的范围内和满足混凝土设计要求的情况下，尽量适度提高粉煤灰的掺量，降低混凝土的水化热。

由于工程实际中各部位的开裂情况不同，采取了调整抗裂防水剂的掺量办法，对于墙体和楼板、箱梁等易开裂的部位，适当提高了抗裂防水剂的掺量。地铁 5 号线工程现浇钢筋混凝土的强度等级有 C30、C40、C45 和 C50、C60 等，由于混凝土强度等级越高，胶凝材料总量越多，混凝土的收缩性越大。因此，对于强度等级大于 C40 的混凝土，也采取了调整抗裂防水剂掺量的办法调整混凝土的收缩性。

混凝土中胶凝材料总量范围 表 2.5-2

混凝土强度等级	每立方米混凝土胶凝材料总量 不宜大于以下值(kg)
C30	400
C40	440
C50	480
C60	520

混凝土凝结时间对于混凝土的早期强度发展规律有着明显的影响,也显著影响混凝土的放热规律。在地铁 5 号线的施工过程控制中,对于混凝土的凝结时间做出了明确的规定:配制的混凝土应有足够的缓凝时间。常温下混凝土初凝时间应在 10h 以上;高温季节(气温 28℃以上)施工时,应在 15h 以上;冬季施工时,不得早于 8h,并根据外界气温情况进行调整。混凝土终凝时间不得超过 24h。

在保证混凝土和易性和混凝土强度的前提下,应优选具有缓凝功能且减水率高的外加剂,尽量降低混凝土的水胶比,C30 混凝土的水胶比不应大于 0.46;C 40 混凝土的水胶比不应大于 0.43;C50 混凝土的水胶比不应大于 0.38。

5. 混凝土施工管理措施

(1)将商品混凝土列为甲控物资进行管理

地铁 5 号线工程的永久结构均要求采用商品混凝土,为保证商品混凝土的质量,建设单位将商品混凝土列为甲控物资。只有经过考察、评审入选合格供方的混凝土搅拌站才有资格供应 5 号线工程的混凝土。

(2)设立驻站监理,对混凝土的生产过程进行监督

为确保技术措施能够落实到位,保证混凝土的生产质量,设立驻站监理对商品混凝土从主要原材料的进场质量检验与贮存使用、外加剂和抗裂防水剂的进场检验与贮存使用、混凝土的搅拌加工生产过程、混凝土出场质量、混凝土的运输等环节进行监理。驻站监理重点对搅拌站的各项原材料进行抽检和旁站,对施工部位和混凝土配合比进行了审查和验证,对进站水泥温度进行跟踪检查,对进站的抗裂防水剂进行控制和数量复核,对混凝土的出机坍落度进行控制,并根据运距和混凝土坍落度损失情况进行混凝土出机坍落度的调整。驻站监理制对规范混凝土的生产和提高搅拌站的质量管理意识起到了良好的作用。在搅拌站设专门的驻站监理,在国内地铁施工中尚属首次。

(3)加强现场监理,规范施工过程

在混凝土现场施工过程中,要求土建监理工程师对商品混凝土的进场检验、浇筑设备、模板支撑体系、入模温度、浇筑振捣、成型养护、成品保护等工艺过程进行监督检查,以规范施工单位的操作。

(4)实行混凝土搅拌站履约评价制度

为了保证地铁 5 号线混凝土供应的及时性和产品质量,在混凝土的管理上,取消终身制,引入竞争机制。对于参建的搅拌站进行定期履约评比考核,凡是在考评期内有违约情况发生的,根据违约的严重程度,给予限制供应、暂停供应直至取消其供应资格,由备选搅拌站代替等处罚手段。

(5)加强参建各方的协调和沟通

　　建设单位定期组织召开各施工单位、商品混凝土搅拌站、驻站监理单位、重要原材料供应商参加的混凝土调度会，目的是加强参施各方的沟通与协调，及时动态地调整配合比、坍落度和温度等影响混凝土施工和质量的技术指标，及时掌握混凝土生产状况，质量状态，了解施工配合情况，协调各方关系；促使全线混凝土的质量、供应保持在一个相对稳定的状态。

　　6. 施工技术措施

　　（1）地铁 5 号线工程普遍超长，为控制超长混凝土的开裂问题，普遍采用了预留施工缝分段浇筑的技术措施。

　　（2）严格控制入模混凝土坍落度，确保混凝土的均匀性。入模混凝土的坍落度不宜超过 160mm。顶梁等配筋密集的部位以及隧道的拱部，混凝土的入模坍落度可适当放宽，但不宜超过 200mm。高架桥标段：桥台、墩柱混凝土不宜大于 140mm；C40 以上的墩柱混凝土，最大坍落度不宜超过 160mm；箱梁 C50 混凝土黏度较大，宜 180±20mm，不宜超过 200mm。桥面铺装层混凝土坍落度不宜大于 160 mm。为确保混凝土坍落度控制的顺利实施，5 号线项目经理部对各个施工单位的混凝土泵进行了普查，对于一些质量差的设备要求施工单位进行了更换。驻站监理督促搅拌站控制混凝土出站时间和运输时间，选择混凝土运输路线，制订合理的混凝土运输计划，并对混凝土生产过程进行记录。

　　（3）严格控制混凝土入模温度。混凝土的入模温度控制在一般工程中并未引起足够的重视，地铁工程普遍存在大体积混凝土，因此混凝土入模温度不同对混凝土的水化热有着显著的影响。为了控制混凝土的入模温度，对混凝土搅拌站提出了以下要求：砂石料必须有罩棚，高温季节采取降温措施，确保骨料温度不超过 28℃，高温季节通过加冰等措施控制水温不宜大于 20℃，水泥不超过 60℃，并尽量夜间施工。通过以上措施，确保混凝土的入模温度不超过 30℃。

　　（4）混凝土的振捣是混凝土质量的关键。振捣不好不但影响混凝土的强度，而且造成混凝土的空隙率增大，密实性差，防水性差，收缩大。通过现场管理和多次现场混凝土外观检查，加强了施工单位对混凝土振捣工作的重视程度。

　　（5）养护不好是混凝土产生裂缝的主要原因之一，如何确保养护措施合理、及时是一个需要工程界重视的问题。"抢工期"是目前工程界无法回避的问题，但在"抢工期"时，如何避免混凝土早期受力、如何确保混凝土支撑牢固、如何避免混凝土拆模过早的问题都是能够避免的问题。针对目前的施工现状，地铁工程对混凝土的养护措施、拆模时间等，都根据不同标段的条件（明挖、暗挖、区间、高架桥等）做出了具体的规定。

　　（6）混凝土的配筋率和配筋分布形式对混凝土的裂缝有着较大的影响，针对易裂部位，提出了相应的配筋技术要求，如水平筋在竖筋外侧有利于混凝土的竖向裂缝控制等。

　　（7）对于大体积混凝土，除控制混凝土的配合比、凝结时间和入模温度外，现场采取了控制内外温差不超过 25℃ 的技术措施和养护覆盖措施。

　　（8）冬施期间，针对不同标段的情况，对混凝土的入模温度、养护措施、防冻剂的使用、现场防风措施等，都根据冬施技术要求和混凝土抗裂需要做出了明确的规定。

　　（9）对于预应力混凝土箱梁，为确保预应力筋与构件混凝土有效粘接、灌浆密实，防止因浆液泌水等而延波纹管冻胀开裂和预应力筋腐蚀破坏等，对采用的灌浆材料的性能都有明确的技术指标。

7. 应用效果

地铁 5 号线工程从 2003 年 3 月 12 日开始，全面实施了混凝土质量新的管理办法和裂缝控制的技术路线，2005 年开工的地铁 4 号线、10 号线全面采取了 5 号线的管理办法和技术路线。2003 年 6 月和 12 月对 5 号线的混凝土质量进行了两次全面的现场质量大检查；2004 年也进行了几次检查；2005 年 12 月，对地铁 5 号线、4 号线、10 号线进行了全面的检查，部分标段的混凝土已经经受了近 3 年的考验。通过现场实际工程的检查，大家普遍认为，与其他重点工程相比，地铁工程混凝土的质量在以下几方面均上了一个新的台阶。

（1）采用抗裂防水剂的混凝土不泌水，表面光洁，外观质量好。

（2）混凝土早期裂缝处于受控状态，所有标段未出现有害裂缝，少量几个标段发现在侧墙有几道细微的可见裂缝，大多数的标段无肉眼可见裂缝。

（3）环境最不利的、露天的 10.7km 长的高架桥大体积混凝土墩柱和箱梁未发现肉眼可见的裂缝，混凝土的裂缝得到了全面的控制。长度 110m 的高架桥的大体积 C50 预应力混凝土箱梁采用了一次性连续浇筑混凝土的方法，未设后浇带、施工缝等措施。

参 考 文 献

[1]   王铁梦. 建筑物的裂缝控制 [M]. 上海：上海科学技术出版社，1987.
[2]   覃维祖. 混凝土的收缩、开裂及其评价与防治 [J]. 混凝土，2001 (7)：3-7.
[3]   3D Structural Analysis of Crack Risk in Hardening Concrete [M]. IPACS report BE96-3843/2001：53-2.
[4]   Mechanical properties of young concret [M]. IPACS report BE96-3843/2001：49-4.
[5]   3D Restraint Analyses of Typical Structures with Early Age Cracking Problems [M]. IPACS report BE96-3843/2001：32-X.
[6]   Mats Emborg, Stig Berander. Assessment of risk of theramal cracking in hardending concrete [J]. Journal of Structural engineering，1994，120 (10)：2893-2912.
[7]   Ei-ichi Tazawa, Shingo Miyazawa. Influence of cement and admixture on autogenous shrinkage of cement paste [J]. Cement and Concrete Research，1995，25：281-287.
[8]   O. Kayali, M. N. Haque, B. Zhu. Drying shrinkage of fiber-reinforced lightweight aggregate concrete containing fly ash [J]. Cement and Concrete Research，1999，29：1835-1840.
[9]   J. Branch, D. J. Hannant, M. Mulheron. Factors affecting the plastic shrinkage cracking of high-strength concrete [J]. Magazine of Concrete Research，2001，54：347-354.
[10]   Pietro Lura, Klaas van Breugel, Ippei Maruyama. Effect of curing temperature and type of cement on early-ageshrinkage of high-performance concrete [J]. Cement and Concrete Research，2001，31：1846-1872.
[11]   中国建筑科学研究院. 混凝土收缩与徐变的试验研究 [R]，1987.
[12]   梅明荣，葛世平，陈军，等. 混凝土结构收缩应力问题研究 [J]. 河海大学学报，2002，30 (1)：73-78.
[13]   韩重庆，孟少平. 大面积混凝土梁板结构温度应力问题的探讨 [J]. 建筑技术，2000，31 (12)：820-822.
[14]   高越美. 混凝土裂缝解析与防治 [J]，青岛大学学报，2002.
[15]   赵志给，赵帆. 高层建筑基础工程施工 [M]. 北京：中国建筑工业出版社，1993.

[16] 文梓芸，杨医博. 化学外加剂和矿物掺合料对水泥砂浆干缩与开裂影响的研究［M］// 钢筋混凝土裂缝控制指南. 北京：化学工业出版社，2004.

[17] 姚燕，马丽媛等. 高强混凝土早期收缩开裂影响因素的研究［M］// 钢筋混凝土裂缝控制指南. 北京：化学工业出版社，2004.

[18] 高小建，巴恒静等. 混凝土水灰比与其早期收缩特性关系的研究［M］// 钢筋混凝土裂缝控制指南. 北京：化学工业出版社，2004.

[19] 刘旭晨，黄卫等. 胶凝材料体系对早期收缩开裂的影响［M］// 钢筋混凝土裂缝控制指南. 北京：化学工业出版社，2004.

[20] 侯雁南. 大体积混凝土裂缝控制及处理措施研究［D］. 济南：山东大学，2007.

[21] 张利俊，刘超，张成满，等. 北京地铁工程混凝土早期裂缝控制［J］. 商品混凝土，2006（6）.

2.6 超高泵送混凝土技术

2.6.1 发展概述

泵送混凝土，是指混凝土拌合物坍落度不低于 100mm 并可在施工现场通过压力泵及输送管道进行管道输送与浇筑的混凝土。泵送混凝土技术 1927 年创于德国，现成为建筑施工的重要技术手段，广泛应用于各类土木、建筑工程中。德国是欧洲混凝土泵发展最快的国家，对混凝土泵的发展和改进做出了很大贡献，是混凝土泵和泵送技术主要出口国之一。1927 年德国 Fritz. Hell 设计制造了第一次获得成功应用的混凝土泵；20 世纪 50 年代中期，德国 Torkret 公司发展了以水为工作介质的混凝土泵，进入新的发展阶段；1959 年德国 Schwing 公司生产出第一台全液压的混凝土泵，液压驱动，功率大、振动小、排量大、运输距离远并可实现无级调节；20 世纪 60 年代中期研制了混凝土泵装载车，混凝土泵由固定式发展为移置式，更加灵活机动，为了浇筑和布料方便，又加装了可以回转伸缩的布料杆。德国生产的最大功率的混凝土泵，最大排量为 159m³/h，最大水平运距 1600m，最大垂直运距 400m，是当时世界上最大的混凝土泵之一。[1]

国内在 20 世纪 50 年代从国外引进泵送混凝土技术，但缺少混凝土泵，设备不配套以及技术、管理上的原因，在施工中无大规模推广。20 世纪 60 年代，上海重型机器厂生产了仿苏联 C-284 型排量 40m³/h 的固定式混凝土泵；20 世纪 70 年代，自行研制活塞式泵，同时，大量进口日本和前联邦德国的混凝土泵，原第一机械研究所和沈阳振捣器厂合作研究，于 1975 年试制成功排量为 8m³/h 的 HB-8 型固定式活塞泵。从 1980 年开始，在对泵送混凝土施工技术试验研究的基础上，我国从德国、日本、美国等国家大量引进大批混凝土泵、搅拌设备、搅拌运输车以及大型搅拌站，才大量采用泵送混凝土施工方法。那一时期，国内混凝土泵车生产企业有十余家，主要集中在中联重科、三一重工、辽宁海诺、安徽星马、上海普斯特等企业，泵车型号有多种，泵送高度从 20m 到 50 多米，生产的混凝土泵车大多集中在 47m 以下。[1]

超高泵送混凝土技术一般是指泵送高度超过 200m 的现代混凝土泵送技术，超长距离泵送混凝土技术是指长距离的混凝土泵送技术[1]。近年来，华能北京热电厂工程实现了陶粒混凝土 410m 水平泵送。南盘江特大桥最大泵送水平换算长度达 602m。青岛海湾大桥最长水平泵送距离 1000m。上海世博电缆隧道工程最长水平泵送距离长达 1400m。国内外应用超高层泵送混凝土技术的典型工程见表 2.6-1。

国内外应用超高层泵送混凝土技术的典型工程 表 2.6-1

建筑名称	混凝土强度等级	泵送高度(m)	建筑高度(m)
天津高银金融 117 大厦	C60	612	597
上海中心大厦	C60	606	632
上海环球金融中心	C40	492	492
哈利法塔	C80	452	828
深圳京基大厦 100	C120	441	442
广州珠江新城西塔	C100	411	437.5
武汉中心	C60	410.7	438
香港国际金融中心大厦	C90	392	420
上海金茂大厦	C40	382.5	421
西尔斯大厦	C25	295	442

2.6.2 技术内容

超高泵送混凝土技术,一般是指泵送高度超过 200m 的现代混凝土泵送技术。近年来,超高泵送混凝土技术已成为现代建筑施工中的关键技术之一。超高泵送混凝土技术是一项综合技术,包含混凝土制备技术、泵送参数计算、泵送设备选定与调试、泵管布设和泵送过程控制等内容。

1. 原材料的选择

宜选择 C_2S 含量高的水泥,对于提高混凝土的流动性和减少坍落度损失有显著的效果;粗骨料宜选用连续级配,应控制针片状含量,而且要考虑最大粒径与泵送管径之比,对于高强混凝土,应控制最大粒径范围;细骨料宜选用中砂,因为细砂会使混凝土变得黏稠,而粗砂容易使混凝土离析;采用性能优良的矿物掺合料,如矿粉、Ⅰ级粉煤灰、Ⅰ级复合掺合料或易流型复合掺合料、硅灰等,高强泵送混凝土宜优先选用能降低混凝土黏性的矿物外加剂和化学外加剂,矿物外加剂可选用降黏增强剂等,化学外加剂可选用降黏型减水剂,可使混凝土获得良好的工作性;减水剂应优先选用减水率高、保塑时间长的聚羧酸系减水剂,必要时掺加引气剂,减水剂应与水泥和掺合料有良好的相容性。

2. 混凝土的制备

通过原材料优选、配合比优化设计和工艺措施,使制备的混凝土具有较好的和易性,流动性高,虽黏度较小,但无离析泌水现象,因而有较小的流动阻力,易于泵送。

3. 泵送设备的选择和泵管的布设

泵送设备的选定应参照《混凝土泵送施工技术规程》JGJ/T 10 中规定的技术要求,首先要进行泵送参数的验算,包括混凝土输送泵的型号和泵送能力,水平管压力损失、垂直管压力损失、特殊管的压力损失和泵送效率等。对泵送设备与泵管的要求为:

(1) 宜选用大功率、超高压的 S 阀结构混凝土泵,其混凝土出口压力满足超高层混凝土泵送阻力要求;

(2) 应选配耐高压、高耐磨的混凝土输送管道;

(3) 应选配耐高压管卡及其密封件;

(4) 应采用高耐磨的 S 管阀与眼镜板等配件;

（5）混凝土泵基础必须浇筑坚固并固定牢固，以承受巨大的反作用力，混凝土出口布管应有利于减轻泵头承载；

（6）输送泵管的地面水平管折算长度不宜小于垂直管长度的 1/5，且不宜小于 15m；

（7）输送泵管应采用承托支架固定，承托支架必须与结构牢固连接，下部高压区应设置专门支架或混凝土结构以承受管道重量及泵送时的冲击力；

（8）在泵机出口附近设置耐高压的液压或电动截止阀。

4. 泵送施工的过程控制

应对到场的混凝土进行坍落度、扩展度和含气量的检测，根据需要对混凝土入泵温度和环境温度进行监测，如出现不正常情况，及时采取应对措施；泵送过程中，要实时检查泵车的压力变化、泵管有无渗水、漏浆情况以及各连接件的状况等，发现问题及时处理。泵送施工控制要求为：

（1）合理组织，连续施工，避免中断；

（2）严格控制混凝土流动性及其经时变化值；

（3）根据泵送高度适当延长初凝时间；

（4）严格控制高压条件下的混凝土泌水率；

（5）采取保温或冷却措施控制管道温度，防止混凝土摩擦、日照等因素引起管道过热；

（6）弯道等易磨损部位应设置加强安全措施；

（7）泵管清洗时应妥善回收管内混凝土，避免污染或材料浪费。泵送和清洗过程中产生的废弃混凝土，应按预先确定的处理方法和场所，及时进行妥善处理，并不得将其用于浇筑结构构件。

2.6.3 技术指标

（1）混凝土拌合物的工作性良好，无离析泌水，坍落度宜大于 180mm，混凝土坍落度损失不应影响混凝土的正常施工，经时损失不宜大于 30mm/h，混凝土倒置坍落筒排空时间宜小于 10s。泵送高度超过 300m 的，扩展度宜大于 550mm；泵送高度超过 400m 的，扩展度宜大于 600mm；泵送高度超过 500m 的，扩展度宜大于 650mm；泵送高度超过 600m 的，扩展度宜大于 700mm。

（2）硬化混凝土物理力学性能符合设计要求。

（3）混凝土的输送排量、输送压力和泵管的布设要依据准确的计算，并制定详细的实施方案，进行模拟高程泵送试验。

（4）其他技术指标应符合《混凝土泵送施工技术规程》JGJ/T 10 和《混凝土结构工程施工规范》GB 50666 的规定。

2.6.4 适用范围

超高泵送混凝土技术适用于泵送高度大于 200m 的各种超高层建筑混凝土泵送作业，长距离混凝土泵送作业参照超高泵送混凝土技术。

2.6.5 工程实例[2]

1. 武汉中心工程概况

武汉中心工程总建筑面积 359270m²，地下 4 层，塔楼地上 88 层，建筑总高度 438m 工程主体结构为核心筒＋巨柱＋伸臂桁架结构体系，巨柱与 64 层以下核心筒剪力墙均为钢-混凝土组合结构，64 层以上核心筒剪力墙为普通剪力墙结构。武汉中心塔楼混凝土总量超过 8 万 m³，一泵到顶最大高度为 410.7m，具体分布情况如表 2.6-2 所示。

武汉中心塔楼混凝土强度等级分布情况

表 2.6-2

结构部位	强度等级	浇筑部位	结构标高(m)	混凝土特性
钢管混凝土	C50	64 层至顶层	285.050～410.700	自密实
	C60	22～63 层	96.500～285.050	自密实
	C70	底板至 21 层	−16.100～410.700	自密实
核心筒剪力墙、连梁部分	C60	底板至顶层连梁	−0.05～410.700	自密实
水平梁、板部分	C40	1 层至顶层梁、板	−0.050～410.700	普通混凝土

2. 混凝土超高泵送施工重难点分析

(1) 高强高性能混凝土可泵性指标选择及控制难点

本工程混凝土泵送高度超过 400m，且含 C60 自密实混凝土，在混凝土众多性能参数中选择哪些指标才能科学合理评价混凝土的可泵性是超高泵送的首要难点；另外，高强高性能混凝土的高黏度与超高泵送良好流动性能的需求、超高泵送高保塑性的需求之间相互矛盾，如何协调处理好这些矛盾是超高泵送混凝土指标控制的又一难点。

(2) 超高泵送设备选型及泵管的优化布置

混凝土超高泵送较高的沿程压力损失需要泵送设备提供足够的泵送压力，较大的混凝土竖向自重压力给泵送设备换向系统及其换向频率提出更高要求，同时如何确保管道系统在超高压状态下的密封性能也是超高泵送设备选型的关注重点；另外，结合工程绿色施工指标，如何通过设备选型和泵管优化布置达到降低能耗的目标是本工程超高层泵送的一个难点。

(3) 凸点顶模条件下的泵管布置及布料技术

武汉中心工程核心筒第一次应用全新凸点顶模施工，凸点顶模与传统低位顶模高度结构形式等均不相同，需解决的问题主要有泵管与凸点顶模的连接以及凸点顶模上如何高效进行混凝土布料。

3. 高强高性能泵送混凝土的配制技术

试验及工程经验表明，混凝土的可泵性主要表现在流动性和内聚性上，流动性是能够泵送的主要性能，内聚性是抵抗分层离析的能力，即使混凝土在振动状态下和压力条件下不容易发生水与骨料的分离。混凝土的流动性采用坍落度法进行评价；内聚性在实际检测过程中，增加匀质性和 20MPa 压力泌水两个指标进行评价。

(1) 合理划分泵送区间

根据武汉中心工程高度及类似工程混凝土超高泵送经验划分泵送区间，200m 以下为低区，200～300m 为中高区，300m 以上为高区。本工程超高泵送主要控制的是 300m 以上的混凝土配合比，包含 C40，C50 及 C60 自密实混凝土。

(2) 确定 300m 以上混凝土泵送性能指标

根据大量试验研究及工程实践经验，确定武汉中心 300m 以上各强度等级混凝土泵送指标，如表 2.6-3 所示。

(3) 300m 以上 C40 混凝土配合比确定

超高泵送时，C40 梁板混凝土浆体稠度不足，管内混凝土易分层离析。因此，C40 混凝土主要控制浆体稠度，在双掺粉煤灰和矿粉基础上，调整粗骨料粒径为 5～16mm，同时结合泵送高度增加粉料用量，提高浆体包裹性，同时根据高度掺加增稠剂调整浆体黏度，采用压力泌水试验验证。其配合比见表 2.6-4。

300m 以上混凝土主要泵送性能指标   表 2.6-3

混凝土类别	扩展度(mm)	倒筒流空时间(s)	20MPa 压力 30s 泌水(g)	匀质性检测指数
剪力墙 C60	650~720	4~8	≤1	1.0±0.1
钢管柱 C50			≤3	1.0±0.1
梁板 C40	650±50	3~8	≤6	1.0±0.1

C40 梁板混凝土 300m 以上配合比（kg/m³）   表 2.6-4

P.O42.5 水泥	Ⅰ级粉煤灰	S95 矿粉	加密硅灰	岳阳中粗河砂	阳新5~16mm 碎石	自来水	外加剂
260	120	60	10	810	1010	144	9.0

以上经试验研究确定的 C40 配合比，初始及 2h 性能分别为：坍落度/坍落扩展度为 260/680mm，260/650mm，满足可泵性指标要求。

（4）300m 以上 C50 自密实泵送混凝土配合比确定

采用粉煤灰、矿粉、硅灰三掺技术，保证混凝土强度和耐久性，进一步掺入新型掺和料微珠，降低混凝土黏度，同时增加增稠剂增加浆体的稠度，达到降黏增稠目的，既利于超高泵送又不至于在泵送压力下混凝土分层或浆骨分离。其配合比见表 2.6-5。

C50 自密实泵送混凝土 300m 以上配合比（kg/m³）   表 2.6-5

P.O42.5 水泥	Ⅰ级粉煤灰	S95 矿粉	加密硅灰	岳阳中粗河砂	阳新5~16mm 碎石	自来水	外加剂
260	135	100	15	735	1015	155	9.2

以上经试验研究确定的 C50 配合比，初始及 2h 性能分别为：坍落度/坍落扩展度为 275/700mm，260/660mm，满足可泵性指标要求。

（5）300m 以上 C60 自密实泵送混凝土配合比确定

300m 以上混凝土需要降低黏度提高匀质性，主要通过外加剂配方进行调整，采用中建外加剂，降低混凝土黏度提高匀质性。其配合比见表 2.6-6。

C60 自密实泵送混凝土 300m 以上配合比（kg/m³）   表 2.6-6

P.O42.5 水泥	Ⅰ级粉煤灰	S95 矿粉	加密硅灰	岳阳中粗河砂	阳新5~16mm 碎石	自来水	外加剂
290	210	70	30	735	960	135	12.6

以上经试验研究确定的 C60 配合比，初始及 2h 性能分别为：坍落度/坍落扩展度为 270/710mm，270/680mm，满足可泵性指标要求。

（6）混凝土超高泵送性能测试方法优化

基于混凝土流变模型（宾汉姆），得到混凝土流变参数：屈服应力黏度。通过混凝土旋转黏度测试仪定量描述混凝土流动性及黏聚性。设计了一种混凝土高压泵

图 2.6-1　混凝土高压泵送模拟装置

送模拟设备（图 2.6-1），测试混凝土经高压泵送前后的性能比较。通过千米级盘管模拟试验测试混凝土泵送性能指标。

武汉中心混凝土泵送高度超过 400m，混凝土指标确定阶段，增加了匀质性和压力泌水试验，并采用科学的装置对混凝土可泵性进行合理评价，同时采用掺加粉煤灰、矿粉、硅灰的"三掺"技术以及外加剂关键技术，有效确保了混凝土可泵性。

参 考 文 献

[1] 余成行，师卫科. 泵送混凝土技术与超高泵送混凝土技术 [J]. 商品混凝土，2011（10）.
[2] 邓伟华，武超，周杰刚等. 武汉中心混凝土超高泵送关键施工技术 [J]. 施工技术，2015，44（23）：23-26.

2.7 高强钢筋应用技术

2.7.1 国内外高强钢筋的研发与应用概况

1. 国外高强钢筋的研发与应用概况

目前，国外混凝土结构所采用的钢筋等级基本上以 300MPa、400MPa、500MPa 级三个等级为主，工程中采用 400MPa 级及以上高强钢筋较为普遍，其用量一般达 70%～80%，其中以 400MPa 级的应用为主。

对于国土面积比较小且非地震区的发达国家（如英国、德国）直接采用了一个品种的 500MPa 级钢筋。其主要原因是对钢筋不需要有抗震性能的要求，同时这些国家的总体建设量也不大。钢筋牌号种类少也方便了钢筋的生产加工、市场供应、工程设计与施工应用等环节。

澳大利亚采用 250MPa、500MPa 级二个强度等级，新西兰则采用 300MPa、500MPa 级钢筋。

欧洲的钢筋应用强度等级较高，欧盟规范 EN1992 钢筋强度规定为 400～600MPa 级，其主要原因是欧洲绝大部分地区属非地震区（只有南欧的意大利、西班牙等有抗震要求），对钢筋延性要求不高，而追求高强度，欧洲绝大部分地区采用余热处理的高强钢筋。为适应南欧地震区建筑抗震的要求，欧盟规范对钢筋也特别提出了延性指标，分为 A、B、C 三个等级，其中 C 级延性有极限应变大于等于 7.5% 的要求（这个极限应变性能与我国普通热轧带肋钢筋的均匀伸长率一致，但小于我国带 E 有抗震性能要求的钢筋）。欧盟规范中的 S450 高强钢筋（延性等级 C），就主要用于南欧地震区抗震构件的配筋。

日本钢筋混凝土结构用钢筋规范（JIS G3112）与我国目前钢筋标准比较一致，钢筋分为热轧光圆钢筋与热轧带肋钢筋，对于光圆钢筋有 SR235（屈服强度 235MPa 以上）、SR295（屈服强度 295MPa 以上）；对于热轧带肋钢筋有 SD295（屈服强度 295MPa）、SD345（屈服强度 345MPa）、SD390（屈服强度 390MPa）、SD490（屈服强度 490MPa）。日本是一个地震多发国家，早期的高层建筑大多采用钢结构或型钢混凝土结构，从 20 世纪 80 年代末开始，为推广混凝土结构在高层建筑中的应用，从 1988～1993 年启动了"新钢筋混凝土（NewRC）"项目的应用研发工作。该项研发工作中用于柱纵向配筋的钢筋的强度等级为 USD685（屈服强度为 685MPa，但至今未列入 JIS G3112 标准），但所有研究工作没有涉及混凝土受弯构件在使用极限状态的裂缝、刚度等性能研究。研究成果应用于相关试点工程，这些试点工程中应用 SD390 钢筋占 10.7％、SD490 高强钢筋的占 60.7％、USD685 高强钢筋的比例为 28.6％。USD685 高强钢筋主要应用于高层建筑的柱，加强了箍筋的约束作用，并都采用强度为 60MPa 的高强混凝土。

美国钢筋混凝土房屋建筑规范（ACI318）对混凝土结构用钢筋主要依据 ASTM（American Society for Testing and Materials，美国材料与试验协会）标准。ASTM A706 为混凝土配筋用低合金带肋钢筋，其强度等级为 60 级（屈服强度 60000psi，420MPa），钢筋的均匀伸长率按不同直径分别为 10％～14％；ASTM A615 为钢筋混凝土配筋用碳钢带肋钢筋与光圆钢筋标准，钢筋的强度等级分别为 40 级（屈服强度 40000psi，280MPa）、60 级（屈服强度 60000psi，420MPa）、75 级（屈服强度 75000psi，520MPa），40 级钢筋作为结构的辅助配筋。对光圆钢筋，美国钢筋混凝土房屋建筑规范规定仅用于螺旋箍筋，大量箍筋与构造配筋要求采用带肋钢筋，这主要是考虑到带肋钢筋有较好的锚固性能，以控制裂缝与改善结构性能。美国西海岸加利福尼亚州为强地震区，为保证混凝土结构的抗震性能，美国混凝土结构规范（ACI 318）对地震区混凝土结构的钢筋提出了强度等级与性能要求。用于有抗震性能要求的框架与剪力墙设计时，钢筋的强度等级应采用 ASTM A706 标准中的低合金钢（该标准仅为一种 60 级（屈服强度 60000psi，420MPa）低合金钢）或采用 ASTM A615 中碳钢的 40 级与 60 级钢筋，同时必须满足实测屈服强度不高于标准屈服强度 18000psi（124MPa）、实测抗拉强度与实测屈服强度之比（强屈比）不小于 1.25。这主要是从结构的延性考虑，60 级钢筋（屈服强度 420MPa）比 75 级钢筋（屈服强度 520MPa）有更好的延性，保证在梁端可以形成塑性铰，并能更好地消耗与吸收地震能量，实现结构抗震性能要求。

俄罗斯规范 CΠ 52-101-2003 中钢筋最高强度等级为 600MPa，但保留了 300MPa 级钢筋。

国外发达国家在高强钢筋方面的研发与应用，除非地震区的欧洲从 400MPa 级起步外，其余国家均保留了 300MPa 级这一等级，并形成 300MPa、400MPa、500MPa 级完整的系列，主力配筋为 400MPa 及 500MPa 级高强钢筋，辅助配筋为 300 级钢筋。在抗震地区，有对钢筋的强度与延性要求，并按延性分级确定用途。有抗震性能要求构件的配筋，其强度等级均低于 500MPa。只有非地震区欧盟与俄罗斯才采用 600MPa 级钢筋。

2. 我国高强钢筋应用研发与推广情况

我国 1996 年完成了《混凝土结构设计规范》GB 50010 的局部修订，列入了微合金化与余热处理的 400MPa 级高强钢筋（屈服强度 400MPa，当时称为新Ⅲ级钢），以替代原Ⅲ级钢（25MnSi，屈服强度标准值 370MPa）。建设部于 1997 颁布了《1996～2010 年中国建筑技术政策》，明确要求推广应用 400MPa 级新Ⅲ级钢筋，随后在相关的工程项目中积极进行试应用，这是我国高强钢筋在建筑结构工程中应用的起步。但当时由于该钢筋产量低、市场供应不足，同时高强钢筋的配套技术不完善，故 400MPa 级（新Ⅲ级钢筋）高强钢筋推广应用速度不快。

20 世纪 90 年代后期，我国钢筋机械连接技术迅速发展，从早期的套筒冷挤压、锥螺纹连接技术迅速发展到等强的直螺纹连接技术，包括镦粗直螺纹、剥肋滚轧直螺纹、滚轧直螺纹。1997 年颁布了《钢筋机械连接技术规程》JGJ 107，这些直螺纹机械连接技术的进步，使钢筋连接端的螺纹加工设备更加成熟，性能更为可靠，成本也大幅度下降，除了绝大部分用于 HRB335 钢筋连接以外，也开始应用于 400MPa 级高强钢筋的连接。与此同时，钢筋的焊接技术也得到了发展，颁布了《钢筋焊接及验收规程》JGJ 18，用于解决400MPa级高强钢筋焊接连接问题。

随着冶金行业 HRB400 钢筋生产技术日趋成熟，国家标准《钢筋混凝土用热轧带肋钢筋》GB 1499—1998 正式颁布，明确采用 HRB335、HRB400、HRB500 三个热轧带肋钢筋牌号，替代了以前的Ⅱ级钢、Ⅲ级钢称谓，并新增了 HRB500 高强钢筋这一新品种，使我国的热轧钢筋品种更加完善。

随着我国建设规模进一步扩大，业内也对于推广应用高强钢筋的迫切性、重要性取得了一致认识，即在保证与提高结构安全性能的同时，通过应用高强钢筋可以减少单位面积钢筋用量，达到节约用材的目的。2002 年颁布的《混凝土结构设计规范》GB 50010—2002，倡导将 400MPa 级高强钢筋作为混凝土结构的主力钢筋，并提供设计程序及配套技术，这对随后 HRB400 钢筋的推广应用起到了较好的技术保障与促进作用。

02 版混凝土设计规范颁布实施后，HRB400 钢筋的推广应用还是经历了一个较长的过程。主要原因是全国发展的不平衡，经济发达的地区，如北京、上海、河北、山东、江苏、浙江等沿海地区，高强钢筋的推广应用较好。而一些经济尚不发达地区，由于受HRB400 钢筋的产品供应约束，无法采购到规格齐全的 HRB400 钢筋，而造成设计返工重新改回到 HRB335 的现象，影响了 HRB400 钢筋的推广应用。此外，受到钢筋连接技术与设计习惯等影响，混凝土结构的主要配筋还仍采用 HRB335 钢筋。到 2007 年底全国高强钢筋的应用比例仍不超过 20%。

从 2005 年开始，建设部首次提出了"四节一环保"（节能、节地、节水、节材，保护环境和减少污染）要求，并将积极推广高强钢筋作为"四节一环保"与落实国家节能减排政策的一项主要内容。为积极贯彻节能减排政策，进一步推动高强钢筋应用，在住房和城乡建设部标准定额司的直接领导下，由中国建筑科学研究院负责于 2006 启动《混凝土结构设计规范》GB 50010 的修订，并将高强钢筋的应用（特别是新增 500MPa 钢筋）列为修订的主要内容。结合规范的修订工作，相关单位全面开展了 500MPa 级高强钢筋应用技术的试验研究工作，包括：着重研究采用 500MPa 级高强钢筋时必须解决的受弯构件在正常使用极限状态下的裂缝计算宽度问题；进行配置 500MPa 级高强钢筋的受弯与压弯构件在承载能力极限状态下的承载能力试验研究，并进行了相应的构件抗震性能研究；主要研究高强钢筋的机械连接技术、锚固（机械锚固）技术；研究了 500MPa 级高强钢筋施工技术。并与相关钢铁企业、设计与施工单位联合，在部分省市开展了 500MPa 级钢筋的试设计与工程试点应用，为将 500MPa 级钢筋纳入新规范奠定了基础。

在《混凝土结构设计规范》GB 50010—2010 规范中进一步明确了"以 400MPa 级钢筋作为主力钢筋，并积极推广 500MPa 级钢筋，用 HPB300 钢筋取代 HPB235 钢筋，逐步限制、淘汰 335MPa 级钢筋"的原则。另外，对不同牌号的钢筋按性能的不同，如 HRB（微合金化）、HRBF（细晶粒化）、RRB（余热处理）在应用方面提出了要求，使各类钢筋各得其用。为加强结构的抗震性能，完善了抗震钢筋（标注带 E）的性能要求。相关建筑结构设计软件已按照新规范要求完成版本的升级，从结构设计角度，应用高强钢筋已无任何技术困难。

2009 年在住房和城乡建设部科技司的组织与部标准定额司的支持下，中国建筑科学研究院承担了国家"十一五"科技计划支撑项目"高强钢筋与高强高性能混凝土应用关键技术研究"，通过这一项目的系统研究工作，为我国的高强钢筋应用起更好的促进作用。

通过以上对高强钢筋的研发与推广工作，至 2011 年底，经测算全国建工行业应用 400MPa 级以上高强钢筋已占到建筑用钢筋总量的 35%，高强钢筋推广应用工作已取得了初步的成效。

为加快推广应用高强钢筋工作，住建部、工信部两部联合于 2012 年初出台《关于加快应用高强钢筋的指导意见》（建标 [2012] 1 号），在该指导意见中明确提出到 2015 年底高强钢筋应用量达到 65% 的目标。为此，成立两部委高强钢筋推广应用协调组，建立推广应用协调机制，开展重点培训和技术咨询服务，加强标准规范监督检查，落实有关激励政策等措施，推广工作取得显著成效。经初步测算，2013 年底高强钢筋在建筑工程中平均使用量约占钢筋总用量的 65%，提前两年实现高强钢筋推广应用目标。

混凝土结构用钢筋技术的进步，也对钢筋产品标准的修订提出了新的要求，建筑工程应用中迫切需要在 HPB300 光圆钢筋的基础上，新增 HBR300 带肋钢筋，以改善锚固性能并配合高强钢筋的应用，形成 300MPa、400MPa、500MPa 级带肋的高、中、低兼顾的钢筋系列，而新增 HBR300 带肋钢筋还需钢铁行业的大力支持，将其列入钢筋产品标准。

2.7.2 技术要点

高强钢筋是指强度级别为 400MPa 及以上的钢筋，目前在建筑工程的规范标准中为 400MPa、500MPa 级的热轧带肋钢筋。为提高钢筋强度，可采用以下三种方法：

（1）微合金化：通过加钒（V）、铌（Nb）等合金元素，可以显著提高钢筋的屈服强度和极限强度、同时延性和施工适应性能较好。其牌号为 HRB，如标注为 HRB400、HRB500 的高强钢筋，就分别代表为微合金化的屈服强度标准值为 400MPa、500MPa 级的热轧带肋钢筋。

（2）细晶粒化：轧钢时采用特殊的控轧和控冷工艺，使钢筋金相组织的晶粒细化、强度提高。该工艺既能提高强度又保持了较好的延性，达到了混凝土结构中使用高强钢筋的要求。细晶粒钢筋的其牌号为 HRBF，如标注为 HRBF400 的高强钢筋，就代表为细晶粒化的屈服强度标准值为 400MPa 级的热轧带肋钢筋。

（3）余热处理：以轧钢时进行淬水处理并利用芯部的余热对钢筋的表层实现回火，提高钢筋强度并避免脆性，余热处理钢筋的牌号为 RRB。

采用以上三种方法得到的高强钢筋，从材料力学性能、施工适应性、可焊性来说，以微合金化钢筋（HRB）为最可靠，但由于要增加微合金，其价格也稍高；细晶粒钢筋（HRBF）无需加合金元素，但需要较大的设备投入与较高的工艺要求，其价格适中，钢筋的强度指标与延性性能都能满足要求，可焊性一般；而余热处理钢筋，只需在轧钢最后过程中以淬水方式进行热处理，其成本最低，强度能达到高强钢筋的要求，但延性较差，可焊性差，施工适应性也较差。

高强钢筋在强度指标上有很大的优势，400MPa 级高强钢筋（标准屈服强度 400N/mm²）其强度设计值为 HRB335 钢筋（标准屈服强度 335N/mm²）的 1.2 倍，500MPa 级高强钢筋（标准屈服强度 500N/mm²）其强度设计值为 HRB335 钢筋的 1.45 倍。当混凝土结构构件中采用 400MPa、500MPa 级高强钢筋替代目前广泛应用的 HRB335 钢筋时，可以显著减少结构构件受力钢筋的配筋量，有很好的节材效果，即在确保与提高结构安全性能的同时，可有效减少单位建筑面积的钢筋用量。

显然，400MPa、500MPa 级高强钢筋由于要添加微合金或以细晶粒工艺控制，比之传统的 HRB335 钢筋生产成本有所增加。按目前测算，HRB400 高强钢筋价格比 HRB335 钢筋价格每吨高出 100～200 元，HRB500 高强钢筋价格比 HRB335 钢筋价格每吨大约高出约 250 元。钢筋的经济性以强度价格比衡量，即每元经费所能购到的单位钢筋的强度。如以 HRB335 钢筋价格为基数（按通常价格 4300 元/吨计），则 400MPa 级钢筋与 HRB335 相比其强度价格比为 1.17；500MPa 级钢筋与 HRB335 相比其强度价格比为 1.38。即用相同的成本，按强度价格比，用 HRB400 和 HRB500 高强钢筋比 HRB335 钢筋可以得到 1.17 和 1.38 倍效益。

经对各类结构应用高强钢筋的比对与测算，通过推广应用高强钢筋，在考虑构造等因素后，平均可减少钢筋用量约 12%～18%，具有很好的节材作用。按房屋建筑中钢筋工程节约的钢筋用量考虑，土建工程每平方米可节约 25～38 元。因此，推广与应用高强钢筋的经济效益也十分巨大。

通过高强钢筋的推广应用，在提高结构安全性能的同时也将产生显著的社会与经济效益。若以 2011 年高强钢筋应用 35% 为基数，以 2015 年实现高强钢筋应用比例 65% 为目标，测算今后 4 年内共可节约钢筋总量约 2000 多万 t，可累计减少铁矿石消耗 3600 万 t、标准煤 1300 万 t，减少二氧化碳排放 4000 万 t，将对完成节能减排指标起到重要贡献。同时，以通常的钢筋价格计算，相当于可以节约 900 亿元投资，经济与社会效益显著。

为推广应用高强钢筋，《混凝土结构设计规范》GB 50010—2010 中特别规定，对于梁、柱纵向受力普通钢筋应采用 HRB400、HRB500 高强钢筋。这着重体现了推广应用高强钢筋原则，即以 HRB400 钢筋替代 HRB335 钢筋作为混凝土结构的主力配筋。当构件按承载力计算要求配置钢筋时，在保证构件安全性能的同时，将有效减少钢筋用量；当按构造要求进行配筋时，由于钢筋强度提高，比之以前的 HRB335 配筋，则大大增加了构件与结构的安全储备。

但我们也必须看到，当采用 500MPa 级高强钢筋时，伴随钢筋强度的提高，其延性也相应降低，对构件与结构的延性将造成一定影响。同时由于采用高强钢筋，其在正常使用极限状态下的钢筋应力相应较高，受弯构件的裂缝宽度将增大，在裂缝宽度验算时应予以重视。

对于混凝土结构工程施工，高强钢筋的应用可减小节点的配筋密度，有利于钢筋绑扎与混凝土浇筑，确保混凝土施工质量，对于提高混凝土结构工程的施工水平有很好的促进作用。采用高强钢筋另一个优势是由于钢筋用量减少，可以有效减少钢筋的加工、吊运与安装绑扎量，提高了钢筋工程施工效率。

高强钢筋的推广应用也为发展钢筋的专业化加工配送提供了一个很好机会。推进钢筋的专业化加工配送将从根本上改变目前我国施工工地钢筋混凝土结构的施工方式与管理模式，是建筑工业化的一个重要方面，是向绿色施工发展的关键一步，并必将带动我国混凝土结构施工技术的进步。

2.7.3 高强钢筋推广应用中应注意的问题

1. 高强钢筋设计应用原则

新版混凝土规范中修订中全面贯彻了"优先使用 400MPa 级钢筋，积极推广 500MPa 级钢筋，用 HPB300 钢筋取代 HPB235 钢筋，并以 300（335）MPa 级钢筋作为辅助配筋"的原则。结构设计中应按规范要求科学合理地应用高强钢筋。应优先使用 400MPa 级高强钢筋，将其作为混凝土结构的主力配筋，并主要应用于梁与柱的纵向受力钢筋、高层剪力墙或大开间楼板的配筋。充分发挥 400MPa 级钢筋高强度、延性好的特性，在保证与提高结构安全性能的同时比 335MPa 级钢筋明显减少配筋量。

对于 500MPa 级高强钢筋应积极推广，并主要应用于高层建筑柱、大柱网或重荷载梁的纵向钢筋，以取得更好的减少钢筋用量效果。

用 HPB300 钢筋取代 HPB235 钢筋，并以 300（335）MPa 级钢筋作为辅助配筋。就是要在构件的构造配筋、一般梁柱的箍筋、普通跨度楼板的配筋、墙的分布钢筋等采用 300（335）MPa 级钢筋。其中 HPB300 光圆钢筋比较适宜用于小构件梁柱的箍筋及楼板与墙的焊接网片。目前我国钢筋产品标准中还未列入 300MPa 级带肋钢筋（HRB300），故在相关构造配筋与小跨度的楼板配筋中可暂时采用小直径的 HRB335 带肋钢筋。辅助配筋用 300（335）MPa 级钢筋取代 HPB235 钢筋后，当按受力配置时可以减少钢筋用量，当按构造配置时则相应提高了结构安全度。

科学合理应用高强钢筋，就是要求将高强钢筋用于受力大、便于高强钢筋发挥高强度的构件与部位，当构件按构造要求配筋时，就不要盲目采用高强钢筋，如剪力墙结构配筋、普通跨度楼板配筋就没必要采用 500MPa 级高强钢筋。

对于生产工艺简单、价格便宜的余热处理工艺的高强钢筋（RRB400，因其延性、可焊性、机械连接的加工性能都较差。《混凝土结构设计规范》GB 50010 建议用于对于钢筋延性较低的结构构件与部位，如大体积混凝土的基础底板、楼板及次要的结构构件中，做到物尽其用。

2. 高强钢筋的连接与锚固要求

钢筋的连接有搭接、焊接与机械连接三种方式，在推广应用高强钢筋时，必须高度重视钢筋的连接技术。

采用搭接连接方式时，随着钢筋强度的提高，势必大大加长搭接长度，一方面浪费钢筋，另一方面也造成钢筋密集影响施工。

而采用焊接连接时，则对高强钢筋的类型有具体要求，焊接适合微合金的钢筋（HRB），而对细晶粒钢筋（HRBF）与余热处理钢筋（RRB）会导致钢筋金相组织变化的不利影响，同时焊接受工艺、气候、施工人员技术水平等因素制约，施工时应加以重视。

机械连接具有质量可靠、性能稳定、施工方便等优势，故对于高强钢筋、特别是粗直径高强钢筋应采用机械连接。400MPa 级钢筋的连接技术目前已很成熟，以滚轧直螺纹机械连接为主。而对 500MPa 级钢筋的连接技术，国内已有多家研发机构与专业厂家在机械连接方面达到要求，但要大面积推广应用还需有个过程。

最后是对高强钢筋的锚固技术，随着钢筋强度的提高，其锚固长度也相应加长并需弯折锚固，这将加大梁柱节点的施工难度。应大力发展机械锚固技术（采用锚固板），以确保高强钢筋的锚固性能，简化梁柱节点钢筋的绑扎，并节约锚固段的钢筋。

3. 高强钢筋的质量检验与施工管理

高强钢筋的质量检验是要求对钢筋进场时，严格按国家现行有关标准，进行钢筋的抽样检验，包括屈服强度、抗拉强度、伸长率、弯曲性能及单位长度重量偏差。此外，还需重点检验高强钢筋品种是否与其牌号相符，严格控制余热处理钢筋（RRB）、细晶粒钢筋（HRBF）冒用或混入到微合金化钢筋（HRB）。

　　要加强施工管理工作，当高强钢筋普遍应用后，工地上各等级、各牌号钢筋品种多，而带肋钢筋的外形又没有差异，有时钢筋的标识并不清晰，如管理不善将造成混料错批，造成严重的质量与安全隐患。因此，必须从项目管理角度，严格做好钢筋的进场检验，加强钢筋加工中的分类存放、分批加工，实行钢筋的吊牌标识；做好施工人员的上岗技术培训；加强钢筋分项工程的验收。

　　4. 高强钢筋的加工要求与专业化加工配送

　　高强钢筋的推广应用也给钢筋的加工技术与工艺提出了更高的要求，首先是高强钢筋随着强度的提高，机械加工设备要求功率大，对钢筋加工设备的性能与能力提出了新的要求；其次是对 500MPa 级高强钢筋，在进行冷弯加工时工艺参数控制更严、要求更高；最后是对 500MPa 级高强钢筋采用机械连接方式时，其加工设备、工艺条件目前大多数施工工地还不具备条件。

　　此外，随着我国建筑工程技术的发展需要，也必须进行钢筋的专业化加工配送工作。政府建设主管部门已要求相关研发单位、大型施工企业探讨与试点钢筋的专业化加工与配送工作，逐步改变目前钢筋工程的钢筋加工大量依赖于施工现场的落后局面。

　　钢筋专业化加工配送类似于商品混凝土，建筑工程的总包单位可根据设计要求，向钢筋专业加工配送中心提出各成品钢筋的加工要求，钢筋加工中心对纵向钢筋按图纸要求下料加工，有钢筋机械连接要求的加工好钢筋端部螺纹并用塑料帽保护，有锚固要求的进行机械弯折加工或做好机械锚固板，箍筋按要求进行弯折加工（约束箍筋采用自动焊接成封闭箍）。按工程进度要求，钢筋加工配送中心将成品钢筋运送到施工现场，由总包单位进行钢筋的安装与绑扎。

　　当然，采用钢筋专业化加工配送模式，目前还有多方面问题有待解决，如如何解决成品钢筋的材料进场验收与钢筋工程的分项验收，如何保证成品钢筋的按时配送，如何实现成品钢筋在现场的一次安装到位，如何防止钢筋集中加工中的可能瘦身钢筋问题，如何降低成品钢筋的加工配送成本等问题，还有一个最关键的是总包企业一定要有一个分工社会化、专业化的良好心态，将钢筋的加工交于专业化加工配送中心去做。

　　为推进钢筋的专业化加工配送，政府建设主管部门应以本次推广应用高强钢筋为契机，在有关省市的重点企业（大型建筑施工企业、大型钢铁生产企业、专业化钢筋加工企业）试点进行钢筋的专业化加工配送工作，以市场为手段，给予一定的政策扶持与支持，做好试点工作。

参 考 文 献

［1］　《混凝土结构设计规范》GB 50010—2010［S］. 北京：中国建筑工业出版社，2010.
［2］　《热轧带肋高强钢筋在混凝土结构中应用技术导则》. RISN-TG007—2009 北京：中国建筑工业出版社，2010.
［3］　赵基达，徐有邻.《混凝土结构设计规范》修订概况（一）. 建筑结构，2011，02.
［4］　赵基达，徐有邻，白生翔等. 我国《混凝土结构设计规范》的技术进步与展望. 建筑科学，2013，11.
［5］　Building Code Requirements for Structural Concrete（ACI 318-08）and Commentary. American Concrete Institute，2008.
［6］　［日］青山博之. 现代高层钢筋混凝土结构设计. 张川译. 重庆：重庆大学出版社，2006.
［7］　贡金鑫，魏巍巍，胡家顺. 中美欧混凝土结构设计. 北京：中国建筑工业出版社，2007.
［8］　建设部. 1996—2010 中国建筑技术政策. 北京：中国城市出版社，1998.
［9］　建设部. 中国建设行业科技发展五十年. 北京：中国建筑工业出版社，2000.
［10］　徐有邻. 混凝土结构设计原理及修订规范的应用. 北京：清华大学出版社，2012.

2.8 高强钢筋直螺纹连接技术

2.8.1 国内外发展概况

钢筋直螺纹连接技术是继套筒冷挤压连接技术和锥螺纹连接技术的成功开发应用后，继承套筒径向冷挤压连接技术连接强度高和锥螺纹连接施工快捷方便之优点而发展的一种钢筋机械连接技术。1995 年镦粗直螺纹连接技术开始立项研发，1997 年 11 月项目通过验收进入工程应用；接下来相继成功开发直接滚轧直螺纹连接技术，1999 年钢筋剥肋滚轧直螺纹连接技术诞生，极大地推动了我国钢筋机械连接技术发展和应用。为了发展绿色建筑，促进节能减排、低碳环保，2012 年我国大力推广应用高强钢筋，推动高强钢筋应用技术研究开发，由于直螺纹连接技术的诸多优点，把高强钢筋直螺纹连接技术作为高强钢筋续接的主要工艺推广应用，而且衍生了分体套筒连接技术、可焊套筒连接技术，使直螺纹连接技术应用更加广泛。国外高强钢筋直螺纹连接技术主要以镦粗直螺纹连接技术为主，与我国直螺纹连接技术相比连接方式相对单一，但镦粗设备的控制性能相对完善。

在标准化方面，1996 年 12 月建设部发布行业标准《钢筋机械连接通用技术规程》JGJ 107—96、《带肋钢筋套筒挤压连接技术规程》JGJ 108—96 和《钢筋锥螺纹接头技术规程》JGJ 109—96，自 1997 年 4 月 1 日起实施。经过大量工程的推广应用，钢筋机械连接技术和产品得到持续改进和提高，新技术和新产品也在不断涌现。为了使规程及时反映行业技术进步，尽可能与国际相关标准接轨，调整应用实践过程反映出来的规程中部分不合理性能指标，从 1998 年开始持续对《钢筋机械连接通用技术规程》JGJ 107 进行修订，2003 年修订完成《钢筋机械连接通用技术规程》JGJ 107—2003，2010 年修订完成《钢筋机械连接技术规程》JGJ 107—2010。2013 年制定完成《钢筋机械连接用套筒》JG 163—2013，自 2013 年 10 月 1 日起实施。原《滚轧直螺纹钢筋连接接头》JG 163—2004 和《镦粗直螺纹钢筋接头》JG 171—2005 同时废止。本标准规定了钢筋机械连接用套筒的术语和定义、分类、型式与标记、要求、试验方法、检验规则、标志、包装、运输及贮存。本标准适用于混凝土结构中钢筋机械连接用直螺纹套筒、锥螺纹套筒和挤压套筒。本标准所述套筒适用于连接符合 GB 1499.2 及 GB 13014 规定的直径为 12～50mm 各类钢筋，用于连接光圆钢筋、不锈钢钢筋及国外钢筋时可参考应用。2016 年修订完成《钢筋机械连接技术规程》JGJ 107—2016，自 2016 年 8 月 1 日起实施。其中，第 3.0.5 条为强制性条文，必须严格执行。新规程修订的主要技术内容有：①补充了余热处理钢筋、热轧光圆钢筋和不锈钢钢筋采用机械连接的相关规定；②增加了套筒原材料应符合现行标准《钢筋机械连接用套筒》JG/T 163 的有关规定；③调整了 I 级接头强度判定条件，由"断于钢筋"和"断于接头"分别调整为"钢筋拉断"和"连接件破坏"；④增加了接头型式检验中有关疲劳性能的检验要求；⑤取消了现场工艺检验进行复检的有关规定；⑥增加了对现场丝头加工质量有异议时可随机抽取接头试件进行极限抗拉强度和单向拉伸残余变形检验；⑦增加了部分不适合在工程结构中随机抽取接头试件的场合，采取见证取样的有关规定；⑧增加了接头验收批数量小于 200 个时的抽样验收规则；⑨增加了对已获得有效认证的接头产品，验收批数量可扩大的有关规定；⑩增加了工程现场对接头疲劳性能进行验证性检验的有关规定；⑪修改了接头残余变形测量标距；⑫修改了接头型式检验报告式样及部分内容。钢筋机械连接技术标准的发布实施和不断完善提高，对钢筋机械连接技术的推广应用和进一步提高工程质量、节约钢材、方便施工发挥了积极作用。

2.8.2 技术要点

按照钢筋直螺纹加工方式不同，高强钢筋直螺纹连接技术主要分为：剥肋滚轧直螺纹、直接滚轧直螺纹和镦粗直螺纹，其中剥肋滚轧直螺纹、直接滚轧直螺纹属于无切削的滚轧工艺直螺纹加工，镦粗直螺纹属于切削工艺螺纹加工。加工直螺纹牙型角分为60°和75°两种。钢筋直螺纹加工设备按照直螺纹成型工艺主要分为剥肋滚轧直螺纹成型机、直接滚轧直螺纹成型机、钢筋端头镦粗机和钢筋直螺纹加工机，并已研发了钢筋直螺纹自动化加工生产线。按照连接套筒型式不同，连接套筒主要分为标准型套筒、加长丝扣型套筒、变径型套筒、正反丝扣型套筒。按照连接接头型式不同，连接接头主要分为标准型直螺纹接头、变径型直螺纹接头、正反丝扣型直螺纹接头、加长丝扣型直螺纹接头、可焊直螺纹套筒接头和分体直螺纹套筒接头。

高强钢筋直螺纹连接主要技术要点如下：

1. 钢筋直螺纹加工设备的质量控制

钢筋直螺纹加工设备的质量优劣直接影响着钢筋螺纹加工的精度高低，设备的控制要点是保证直螺纹加工精度不低于6f级，加工的直螺纹避免出现较大锥度现象，造成套筒与钢筋螺纹不能有效结合，降低连接强度和变形指标性能。钢筋直螺纹加工设备应符合产品行业标准《钢筋直螺纹成型机》JG/T 146 的有关规定。

2. 连接套筒材质和加工尺寸精度的质量控制

连接套筒是钢筋直螺纹连接技术的重要受力部件，不仅要达到所连接钢筋的极限抗拉强度和极限屈服强度要求，而且要求具有一定的安全储备系数。直螺纹连接套筒设计、加工和检验验收应符合行业标准《钢筋机械连接用套筒》JG/T 163 的有关规定。

常用直螺纹套筒型式主要分为标准型、异径型、正反丝型和扩口型4种，如图2.8-1所示：

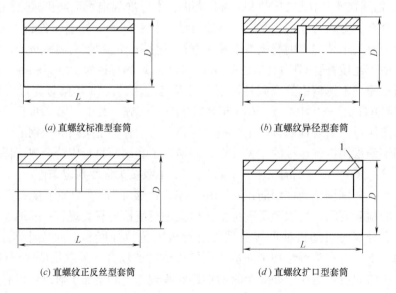

(a) 直螺纹标准型套筒   (b) 直螺纹异径型套筒

(c) 直螺纹正反丝型套筒   (d) 直螺纹扩口型套筒

图 2.8-1　常用直螺纹套筒型式

螺纹套筒的原材料要求应符合以下规定：

（1）套筒原材料宜采用牌号为 45 号的圆钢、结构用无缝钢管，其外观及力学性能应符合 GB/T 699、GB/T 8162 和 GB/T 17395 的规定。

（2）套筒原材料当采用 45 号钢的冷拔或冷轧精密无缝钢管时，应进行退火处理，并应符合 GB/T 3639 的相关规定，其抗拉强度不应大于 800MPa，断后伸长率 $\delta5$ 不宜小于 14%。45 号钢的冷拔或冷轧精密无缝钢管的原材料应采用牌号为 45 号的管坯钢，并符合 YB/T 5222 的规定。

（3）采用各类冷加工工艺成型的套筒，宜进行退火处理，且套筒设计时不应利用经冷加工提高的强度减少套筒横截面面积。

（4）套筒原材料可选用经接头型式检验证明符合 JGJ 107 中接头性能规定的其他钢材。

（5）需要与型钢等钢材焊接的套筒，其原材料应符合可焊性的要求。

螺纹套筒的外观要求应符合以下规定：

（1）套筒外表面可为加工表面或无缝钢管、圆钢的自然表面。

（2）应无肉眼可见裂纹或其他缺陷。

（3）套筒表面允许有锈斑或浮锈，不应有锈皮。

（4）套筒外圆及内孔应有倒角。

（5）套筒表面应有符合《钢筋机械连接用套筒》JG/T 163 中 4.3 和 8.1 规定的标记和标志。

直螺纹套筒的尺寸及偏差要求应符合以下规定：

（1）直螺纹套筒尺寸应根据被连接钢筋的牌号、直径及套筒原材料的力学性能，按《钢筋机械连接用套筒》JG/T 163 中 5.4 的规定由设计确定。

（2）圆柱形直螺纹套筒的尺寸偏差应符合《钢筋机械连接用套筒》JG/T 163 的规定，见表 2.8-1，螺纹精度应符合相应的设计规定。

圆柱形直螺纹套筒的尺寸允许偏差　单位：mm　　表 2.8-1

外径（D）允许偏差		螺纹公差	长度（L）允许偏差
加工表面	非加工表面	应符合 GB/T 197 中 6H 的规定	±1.0
±0.50	$20<D\leqslant30$，±0.5；$30<D\leqslant50$，±0.6；$D>50$，±0.80		

（3）当圆柱形套筒原材料采用 45 号钢时，实测套筒尺寸不应小于《钢筋机械连接用套筒》JG/T 163 中附录 A 所规定的最小值。

（4）非圆柱形套筒的尺寸偏差应符合相应的设计规定。

螺纹套筒的力学性能应符合以下规定：

（1）套筒实测受拉承载力不应小于被连接钢筋受拉承载力标准值的 1.1 倍。

（2）套筒的强度和变形应根据 JGJ 107 中钢筋接头的性能等级，将套筒与钢筋装配成接头后进行型式检验，其性能应符合《钢筋机械连接用套筒》JG/T 163 要求，钢筋接头的强度要求见表 2.8-2，钢筋接头的变形性能要求见表 2.8-3。

（3）套筒用于有疲劳性能要求的钢筋接头时，其抗疲劳性能应符合 JGJ 107 的规定。

钢筋接头的抗拉强度

表 2.8-2

接头等级	Ⅰ级		Ⅱ级	Ⅲ级
抗拉强度	$f^\circ_{mst} \geq f_{stk}$ 断于钢筋 或 $f^\circ_{mst} \geq 1.10 f_{stk}$ 断于接头		$f^\circ_{mst} \geq f_{stk}$	$f^\circ_{mst} \geq 1.25 f_{yk}$

注:f°_{mst}——接头试件实测抗拉强度;

f_{stk}——钢筋抗拉强度标准值;

f_{yk}——钢筋屈服强度标准值。

钢筋接头的变形性能

表 2.8-3

接头等级		Ⅰ级	Ⅱ级	Ⅲ级
单向拉伸	残余变形/mm	$u_0 \leq 0.10(d \leq 32)$ $u_0 \leq 0.14(d > 32)$	$u_0 \leq 0.14(d \leq 32)$ $u_0 \leq 0.16(d > 32)$	$u_0 \leq 0.14(d \leq 32)$ $u_0 \leq 0.16(d > 32)$
	最大力总伸长率/%	$A_{sgt} \geq 6.0$	$A_{sgt} \geq 6.0$	$A_{sgt} \geq 3.0$
高应力反复拉压	残余变形/mm	$u_{20} \leq 0.3$	$u_{20} \leq 0.3$	$u_{20} \leq 0.3$
大变形反复拉压	残余变形/mm	$u_4 \leq 0.3$ 且 $u_8 \leq 0.6$	$u_4 \leq 0.3$ 且 $u_8 \leq 0.6$	$u_4 \leq 0.6$

注1:u_0——接头试件加载至 $0.6f_{yk}$ 并卸载后在规定标距内的残余变形;

u_{20}——接头经高应力反复拉压 20 次后的残余变形;

u_4——接头经大变形反复拉压 4 次后的残余变形;

u_8——接头经大变形反复拉压 8 次后的残余变形;

A_{sgt}——接头试件的最大力总伸长率。

注2:当频遇荷载组合下,构件中钢筋应力明显高于 $0.6f_{yk}$ 时,设计部门可对单向拉伸残余变形 u_0 的加载峰值提出调整要求。

套筒生产质量控制应符合以下规定:

(1) 套筒生产企业应发布包括本企业产品规格、型式、尺寸及偏差、质量控制方法、检验项目与制度、不合格品处理规则等内容的企业标准,并应经质量技术监督部门备案。

(2) 套筒生产企业宜取得有效的 GB/T 19001/ISO 9001 质量管理体系认证证书和建设工程产品认证证书。

(3) 套筒在制品检验项目应至少包括外径、内径、长度及螺纹尺寸。

套筒生产的可追溯性要求应符合以下规定:

(1) 套筒应按《钢筋机械连接用套筒》JG/T 163 中 8.1 的规定在其外表面刻印标志;

(2) 套筒批号应与原材料检验报告、发货或出库凭单、产品检验记录、产品合格证、产品质量证明书等记录相对应;

(3) 套筒批号有关记录的保存不应少于 3 年。

套筒外观、尺寸及螺纹的检验项目,量具、检具,检验方法应符合表 2.8-4 的规定:

套筒力学性能的试验方法应符合以下规定:

(1) 套筒抗拉强度的出厂检验可采用带外螺纹高强度工具杆与套筒旋合后进行检验,工具杆的实际承载力不应小于被检验钢筋受拉承载力标准值的 1.20 倍。套筒的实测受拉承载力达到被连接钢筋受拉承载力标准值的 1.1 倍时,可结束试验。

(2) 套筒的型式检验应采用套筒与钢筋连接后的钢筋接头试件进行,试验方法应符合《钢筋机械连接用套筒》JG/T 163 中附录 B 的规定。

3. 钢筋螺纹丝头加工精度的质量控制

套筒外观、尺寸及螺纹检验方法　　　　　　　　　　　　表 2.8-4

套筒类型	检验项目	量具、检具名称	检验方法
直螺纹套筒	外观	—	目测
	外形尺寸	游标卡尺或专用量具	不少于 2 个方向进行测量
	螺纹中径	通端螺纹塞规	应与套筒工作内螺纹旋合通过
		止端螺纹塞规	允许与套筒工作内螺纹两端的螺纹部分旋合,旋合量应不超过三个螺距
	螺纹小径	光面卡规或游标卡尺	不少于 2 个方向进行测量
锥螺纹套筒	外观	—	目测
	外形尺寸	游标卡尺或专用量具	不少于 2 个方向进行测量
	螺纹尺寸	专用锥螺纹塞规	旋入套筒螺纹长度,套筒端面应在检具检查刻度线范围内
挤压套筒	外观	—	目测
	外形尺寸	游标卡尺或专用量用	不少于 2 个方向进行测量
	硬度	硬度计	应符合 GB/T 230.1 的规定

　　钢筋螺纹丝头加工精度是保证连接套筒内螺纹与钢筋螺纹丝头外螺纹形成螺纹副的重要控制参数。钢筋螺纹加工工艺流程是首先将钢筋端部用砂轮锯、专用圆弧切断机或锯切机平切,使钢筋端头平面与钢筋中心线基本垂直;其次用钢筋直螺纹成型机直接加工钢筋端头直螺纹,或者使用镦粗机对钢筋端部镦粗后用直螺纹加工机加工镦粗直螺纹;直螺纹加工完成后用环通规和环止规检验丝头直径是否符合要求;最后用钢筋螺纹保护帽对检验合格的直螺纹丝头进行保护。

　　直螺纹钢筋丝头加工应符合下列规定:

　　(1) 钢筋端部应采用带锯、砂轮锯或带圆弧形刀片的专用钢筋切断机切平。

　　(2) 镦粗头不应有与钢筋轴线相垂直的横向裂纹;

　　(3) 钢筋丝头长度应满足产品设计要求,极限偏差应为 0～2.0p。

　　(4) 钢筋丝头宜满足 6f 级精度要求,应采用专用直螺纹量规检验,通规应能顺利旋入并达到要求的拧入长度,止规旋入不得超过 3p。各规格的自检数量不应少于 10%,检验合格率不应小于 95%。

　　4. 钢筋直螺纹连接施工的质量控制

　　高强钢筋直螺纹连接施工工艺流程是用经检验合格的连接套筒先将带有加工合格直螺纹丝头的两根待连接钢筋使用管钳或安装扳手施加一定拧紧力矩旋拧在一起,然后用专用扭矩扳手校核拧紧力矩,使其达到《钢筋机械连接技术规程》JGJ 107 规定的各规格接头最小拧紧力矩值的要求,并且使钢筋丝头在套筒中央位置相互顶紧,标准型、正反丝型、异径型接头安装后的单侧外露螺纹不宜超过 2P,对无法对顶的其他直螺纹接头,应附加锁紧螺母、顶紧凸台等措施紧固。

　　钢筋丝头现场加工与接头安装应按接头技术提供单位的加工、安装技术要求进行,操作工人应经专业培训合格后上岗,人员应稳定。钢筋丝头加工与接头安装应经工艺检验合格后方可进行。接头安装后应用扭力扳手校核拧紧扭矩值应符合《钢筋机械连接技术规程》JGJ107 规定,见表 2.8-5。

　　5. 直螺纹连接接头的质量验收

　　钢筋直螺纹接头接头性能、应用、试验方法、型式检验和施工检验验收,应符合行业标准《钢筋机械连接技术规程》JGJ 107 的有关规定。

直螺纹接头安装时最小拧紧扭矩值   表 2.8-5

钢筋直径 (mm)	≤16	18～20	22～25	28～32	36～40	50
拧紧扭矩 （N·m）	100	200	260	320	360	460

工程应用接头时，应对接头技术提供单位提交的接头相关技术资料进行审查与验收，应包括下列内容：

（1）工程所用接头的有效型式检验报告；

（2）连接件产品设计、接头加工安装要求的相关技术文件；

（3）连接件产品合格证和连接件原材料质量证明书。

接头工艺检验应针对不同钢筋生产厂的钢筋进行，施工过程中更换钢筋生产厂或接头技术提供单位时，应补充进行工艺检验。工艺检验应符合下列规定：

（1）各种类型和型式接头都应进行工艺检验，检验项目包括单向拉伸极限抗拉强度和残余变形；

（2）每种规格钢筋接头试件不应少于 3 根；

（3）接头试件测量残余变形后可继续进行极限抗拉强度试验，并宜按《钢筋机械连接技术规程》JGJ 107 中表 A.1.3 中单向拉伸加载制度进行试验；

（4）每根试件极限抗拉强度和 3 根接头试件残余变形的平均值均应符合《钢筋机械连接技术规程》JGJ 107 中表 3.0.5 和表 3.0.7 的规定；

（5）工艺检验不合格时，应进行工艺参数调整，合格后方可按最终确认的工艺参数进行接头批量加工。

钢筋丝头加工应按本规程第 6.2 节要求进行自检，监理或质检部门对现场丝头加工质量有异议时，可随机抽取 3 根接头试件进行极限抗拉强度和单向拉伸残余变形检验，如有 1 根试件极限抗拉强度或 3 根试件残余变形值的平均值不合格时，应整改后重新检验，检验合格后方可继续加工。

接头安装前的检验与验收应满足《钢筋机械连接技术规程》JGJ 107 规定，见表 2.8-6。

接头安装前检验项目与验收要求   表 2.8-6

接头类型	检验项目	验收要求
螺纹接头	套筒标志	符合现行行业标准《钢筋机械连接用套筒》JG/T 163 的有关规定
	进场套筒适用的钢筋强度等级； 进场套筒与型式检验的套筒尺寸和材料的一致性	与工程用钢筋强度等级一致； 符合有效型式检验报告记载的套筒参数

接头现场抽检项目应包括极限抗拉强度试验、加工和安装质量检验。抽检应按验收批进行，同钢筋生产厂、同强度等级、同规格、同类型和同型式接头应以 500 个为一个验收批进行检验与验收，不足 500 个也应作为一个验收批。

接头安装检验应符合下列规定：

（1）螺纹接头安装后应按验收批，抽取其中 10% 的接头进行拧紧扭矩校核，拧紧扭矩值不合格数超过被校核接头数的 5％时，应重新拧紧全部接头，直到合格为止。

(2) 对接头的每一验收批，应在工程结构中随机截取 3 个接头试件做极限抗拉强度试验，按设计要求的接头等级进行评定。当 3 个接头试件的极限抗拉强度均符合《钢筋机械连接技术规程》JGJ 107 中表 3.0.5 中相应等级的强度要求时，该验收批应评为合格。当仅有 1 个试件的极限抗拉强度不符合要求，应再取 6 个试件进行复检。复检中仍有 1 个试件的极限抗拉强度不符合要求，该验收批应评为不合格。

(3) 对封闭环形钢筋接头、钢筋笼接头、地下连续墙预埋套筒接头、不锈钢钢筋接头、装配式结构构件间的钢筋接头和有疲劳性能要求的接头，可见证取样，在已加工并检验合格的钢筋丝头成品中随机割取钢筋试件，按《钢筋机械连接技术规程》JGJ 107 中第 6.3 节要求与随机抽取的进场套筒组装成 3 个接头试件作极限抗拉强度试验，按设计要求的接头等级进行评定。验收批合格评定应符合《钢筋机械连接技术规程》JGJ 107 中第 7.0.7 条的规定。

(4) 同一接头类型、同型式、同等级、同规格的现场检验连续 10 个验收批抽样试件抗拉强度试验一次合格率为 100％时，验收批接头数量可扩大为 1000 个；当验收批接头数量少于 200 个时，可按《钢筋机械连接技术规程》JGJ 107 中第 7.0.7 或 7.0.8 条相同的抽样要求随机抽取 2 个试件做极限抗拉强度试验，当 2 个试件的极限抗拉强度均满足《钢筋机械连接技术规程》JGJ 107 中第 3.0.5 条的强度要求时，该验收批应评为合格。当有 1 个试件的极限抗拉强度不满足要求，应再取 4 个试件进行复检，复检中仍有 1 个试件极限抗拉强度不满足要求，该验收批应评为不合格。

(5) 对有效认证的接头产品，验收批数量可扩大至 1000 个；当现场抽检连续 10 个验收批抽样试件极限抗拉强度检验一次合格率为 100％时，验收批接头数量可扩大为 1500 个。当扩大后的各验收批中出现抽样试件极限抗拉强度检验不合格的评定结果时，应将随后的各验收批数量恢复为 500 个，且不得再次扩大验收批数量。

(6) 设计对接头疲劳性能要求进行现场检验的工程，可按设计提供的钢筋应力幅和最大应力，或根据《钢筋机械连接技术规程》JGJ 107 中表 5.0.5 中相近的一组应力进行疲劳性能验证性检验，并应选取工程中大、中、小三种直径钢筋各组装 3 根接头试件进行疲劳试验。全部试件均通过 200 万次重复加载未破坏，应评定该批接头试件疲劳性能合格。每组中仅一根试件不合格，应再取相同类型和规格的 3 根接头试件进行复检，当 3 根复检试件均通过 200 万次重复加载未破坏，应评定该批接头试件疲劳性能合格，复检中仍有 1 根试件不合格时，该验收批应评定为不合格。

(7) 现场截取抽样试件后，原接头位置的钢筋可采用同等规格的钢筋进行绑扎搭接连接、焊接或机械连接方法补接。

(8) 对抽检不合格的接头验收批，应由工程有关各方研究后提出处理方案。

2.8.3　接头设计与应用

(1) 接头设计应满足强度及变形性能的要求。

(2) 钢筋连接用套筒应符合行业现行标准《钢筋机械连接用套筒》JG/T 163 的有关规定；套筒原材料采用 45 号钢冷拔或冷轧精密无缝钢管时，钢管应进行退火处理，并应满足现行行业标准《钢筋机械连接用套筒》JG/T 163 对钢管强度限值和断后伸长率的要求。不锈钢钢筋连接套筒原材料宜采用与钢筋母材同材质的棒材或无缝钢管，其外观及力学性能应符合现行国家标准《不锈钢棒》GB/T 1220、《结构用不锈钢无缝钢管》GB/T 14975 的规定。

（3）接头性能应包括单向拉伸、高应力反复拉压、大变形反复拉压和疲劳性能；应根据接头的性能等级和应用场合选择相应的检验项目。

（4）接头应根据极限抗拉强度、残余变形、最大力下总伸长率以及高应力和大变形条件下反复拉压性能，分为Ⅰ级、Ⅱ级、Ⅲ级三个等级，其性能应分别符合《钢筋机械连接技术规程》JGJ 107 中 3.0.5 条、3.0.6 条和 3.0.7 条的规定。

（5）Ⅰ级、Ⅱ级、Ⅲ级接头的极限抗拉强度必须符合《钢筋机械连接技术规程》JGJ 107 中的规定，见表 2.8-7。

接头极限抗拉强度 表 2.8-7

接头等级	Ⅰ级		Ⅱ级	Ⅲ级
极限抗拉强度	$f^o_{mst} \geq f_{stk}$ 或 $f^o_{mst} \geq 1.10 f_{stk}$	钢筋拉断 连接件破坏	$f^o_{mst} \geq f_{stk}$	$f^o_{mst} \geq 1.25 f_{yk}$

注：1. 钢筋拉断指断于钢筋母材、套筒外钢筋丝头和钢筋镦粗过渡段；
　　2. 连接件破坏指断于套筒、套筒纵向开裂或钢筋从套筒中拔出以及其他连接组件破坏。

（6）Ⅰ级、Ⅱ级、Ⅲ级接头应能经受规定的高应力和大变形反复拉压循环，且在经历拉压循环后，其极限抗拉强度仍应符合《钢筋机械连接技术规程》JGJ 107 中第 3.0.5 条的规定。

（7）Ⅰ级、Ⅱ级、Ⅲ级接头变形性能应符合《钢筋机械连接技术规程》JGJ 107 中的规定，见表 2.8-8。

接头变形性能 表 2.8-8

接头等级		Ⅰ级	Ⅱ级	Ⅲ级
单向拉伸	残余变形(mm)	$u_0 \leq 0.10(d \leq 32)$ $u_0 \leq 0.14(d > 32)$	$u_0 \leq 0.14(d \leq 32)$ $u_0 \leq 0.16(d > 32)$	$u_0 \leq 0.14(d \leq 32)$ $u_0 \leq 0.16(d > 32)$
	最大力下总伸长率(%)	$A_{sgt} \geq 6.0$	$A_{sgt} \geq 6.0$	$A_{sgt} \geq 3.0$
高应力反复拉压	残余变形(mm)	$u_{20} \leq 0.3$	$u_{20} \leq 0.3$	$u_{20} \leq 0.3$
大变形反复拉压	残余变形(mm)	$u_4 \leq 0.3$ 且 $u_8 \leq 0.6$	$u_4 \leq 0.3$ 且 $u_8 \leq 0.6$	$u_4 \leq 0.6$

（8）对直接承受重复荷载的结构构件，设计应根据钢筋应力幅提出接头的抗疲劳性能要求。当设计无专门要求时，剥肋滚轧直螺纹钢筋接头、镦粗直螺纹钢筋接头的疲劳应力幅限值不应小于现行国家标准《混凝土结构设计规范》GB 50010 中普通钢筋疲劳应力幅限值的 80%。

（9）接头等级的选用应符合下列规定：

① 混凝土结构中要求充分发挥钢筋强度或对延性要求高的部位应选用Ⅱ级或Ⅰ级接头；当在同一连接区段内钢筋接头面积百分率为 100% 时，应选用Ⅰ级接头。

② 混凝土结构中钢筋应力较高但对延性要求不高的部位可选用Ⅲ级接头。

（10）连接件的混凝土保护层厚度宜符合现行国家标准《混凝土结构设计规范》GB50010 中的规定，且不应小于 0.75 倍钢筋最小保护层厚度和 15mm 的较大值。必要时可对连接件采取防锈措施。

（11）结构构件中纵向受力钢筋的接头宜相互错开。钢筋机械连接的连接区段长度应按 $35d$ 计算，当直径不同的钢筋连接时，按直径较小的钢筋计算。位于同一连接区段内的钢筋机械连接接头的面积百分率应符合下列规定：

① 接头宜设置在结构构件受拉钢筋应力较小部位，高应力部位设置接头时，同一连接区段内Ⅲ级接头的接头面积百分率不应大于 25%，Ⅱ级接头的接头面积百分率不应大于 50%。Ⅰ级接头的接头面积百分率除本条第 2 款和第 4 款所列情况外可不受限制。

② 接头宜避开有抗震设防要求的框架的梁端、柱端箍筋加密区；当无法避开时，应采用Ⅱ级接头或Ⅰ级接头，且接头面积百分率不应大于 50%。

③ 受拉钢筋应力较小部位或纵向受压钢筋，接头面积百分率可不受限制。

④ 对直接承受重复荷载的结构构件，接头面积百分率不应大于 50%。

（12）对直接承受重复荷载的结构，接头应选用包含有疲劳性能的型式检验报告的认证产品。

（13）下列情况下应进行型式检验：

① 确定接头性能等级时；

② 套筒材料、规格、接头加工工艺改动时；

③ 型式检验报告超过 4 年时。

（14）接头型式检验试件应符合下列规定：

① 对每种类型、级别、规格、材料、工艺的钢筋机械连接接头，型式检验试件不应少于 12 个；其中钢筋母材拉伸强度试件不应少于 3 个，单向拉伸试件不应少于 3 个，高应力反复拉压试件不应少于 3 个，大变形反复拉压试件不应少于 3 个；

② 全部试件的钢筋均应在同一根钢筋上截取；

③ 接头试件应按《钢筋机械连接技术规程》JGJ 107 中第 6.3 节的要求进行安装；

④ 型式检验试件不得采用经过预拉的试件。

（15）接头的型式检验应按《钢筋机械连接技术规程》JGJ 107 中附录 A 的规定进行，当试验结果符合下列规定时应评为合格：

① 强度检验：每个接头试件的强度实测值均应符合《钢筋机械连接技术规程》JGJ 107 中表 3.0.5 中相应接头等级的强度要求；

② 变形检验：3 个试件残余变形和最大力下总伸长率实测值的平均值应符合《钢筋机械连接技术规程》JGJ 107 中表 3.0.7 的规定。

（16）型式检验应详细记录连接件和接头参数，宜按《钢筋机械连接技术规程》JGJ 107 中附录 B 的格式出具检验报告和评定结论。

（17）接头用于直接承受重复荷载的构件时，接头的型式检验应按《钢筋机械连接技术规程》JGJ 107 中表 5.0.5 的要求和附录 A 的规定进行疲劳性能检验，见表 2.8-9。

HRB400 钢筋接头疲劳性能检验的应力幅和最大应力　　　表 2.8-9

应力组别	最小与最大 应力比值 ρ	应力幅值 （MPa）	最大应力 （MPa）
第一组	0.70～0.75	60	230
第二组	0.45～0.50	100	190
第三组	0.25～0.30	120	165

（18）接头的疲劳性能型式检验试件应符合以下要求：

① 应取直径不小于 32mm 钢筋做 6 根接头试件，分为 2 组，每组 3 根；

② 任选表 5.0.5 中的 2 组应力进行试验；

③ 经 200 万次加载后，全部试件均未破坏，该批疲劳试件型式检验应评为合格。

2.8.4　工程实例

高强钢筋直螺纹连接可广泛适用于直径 12～50mmHRB400、HRB500 钢筋各种方位的同异径连接，如粗直径、不同直径钢筋水平、竖向、环向连接，弯折钢筋、超长水平钢筋的连接，两根或多根固定钢筋之间的对接，钢结构型钢柱与混凝土梁主筋的连接等。

钢筋直螺纹连接已应用于超高层建筑、市政工程、核电工程、轨道交通、机场等各种工程中，如武汉绿地中心、上海中心、北京中国尊、北京首都机场、红沿河核电站、阳江核电站、台山核电站、北京地铁等。

2.9　钢筋焊接网应用技术

2.9.1　国内外发展概况

钢筋焊接网是将具有相同或不同直径的纵向和横向钢筋分别以一定间距垂直排列，全部交叉点均用电阻点焊焊在一起的钢筋网，分为定型、定制和开口钢筋焊接网三种。钢筋焊接网生产主要采用钢筋焊接网生产线进行，其优点是钢筋网成型速度快、网片质量稳定、横纵向钢筋间距均匀、交叉点处连接牢固，可显著提高钢筋工程质量和施工速度，增强混凝土抗裂能力，具有很好综合经济效益。

钢筋焊接网是由美国马萨诸塞州发明者，约翰·佩里（John Perry）先生于 1901 年提交的机械专利设计，通过设备将钢筋焊接成网片形式催生出的产品。创造的初始是作为围栏网使用，并于 1908 年在美国公路 Long Island Parkway 首次使用于建筑项目。欧洲是应用钢筋焊接网最早的地区，在第二次世界大战结束期间，欧洲开始引进并大力推广使用钢筋焊接网于重建和新建项目，这其中至少 50% 的混凝土工程项目使用了钢筋焊接网，以解决人工费高涨，并有效地降低成本和缩短施工工期，目前欧洲的焊接网行业已形成一个高度发达的独立行业。新加坡是亚洲应用焊接网最早且最好的国家之一，最初于 1957 年设立钢筋焊接网厂，历经超过半个世纪的建设和发展，焊网的生产和需求均处于相对稳定的状态。马来西亚从 20 世纪 60 年代开始应用钢筋焊接网，现在技术上也已成熟。新加坡和马来西亚两个国家由于政府的推动，焊网已经作为建筑结构设计首选。日本早在 1960 年就制定了焊接网产品标准，目前在现浇混凝土板类构件中焊接网应用较多。

我国青岛钢厂于 1987 年首先从国外引进了焊接网生产线，之后各地又陆续引进一批生产线，同时一些外资钢筋焊接网公司也纷纷在我国设厂。国内相关科研院所、设备生产厂家在国外设备制造技术的基础上，研制出符合我国国情的焊接网生产设备，为我国钢筋焊接网的推广应用创造条件。焊接网在国内应用初期多用于房屋建筑和路桥工程，房屋建筑主要应用于多层、高层住宅、办公楼、学习、商场、医院、厂房、仓库等，主要用作楼板、剪力墙、地坪和基础等配筋；在桥梁工程中主要用作市政和公路桥梁的桥面铺装、旧桥改造、桥墩防裂等方面。目前焊接网的应用领域已扩展到路面工程、高速铁路、水工、港口、灌注桩用钢筋笼、叠合板混凝土预制构件、焊接网脚手架、地铁衬砌、煤矿巷道等。

2.9.2 技术要点

1. 钢筋规格及强度取值

钢筋焊接网宜采用 CRB550、CRB600H、HRB400、HRBF400、HRB500 或 HRBF500 钢筋；作为构造钢筋也可采用 CPB550 钢筋。用于铁路无砟轨道底座及桥面保护层的焊接网宜采用 CRB550、HRB400 钢筋。钢筋焊接网的钢筋强度标准值应具有不小于 95% 的保证率。焊接网的钢筋强度标准值 f_{yk} 及设计值应按表 2.9-1 采用。

焊接网钢筋强度标准值及设计值（N/mm²）　　　　表 2.9-1

钢筋牌号	符号	钢筋公称直径(mm)	f_{yk}	f_y	f_y'
CRB550	ϕ^R	5～12	500	400	380
CRB600H	ϕ^{RH}	5～12	520	415	380
HRBF400	Φ		400	360	360
HRBF400	Φ^F		400	360	360
HRB500	Φ	6～18	500	435	410
HRBF500	Φ^F		500	435	410
CPB550	ϕ^{CP}	5～12	500	360	360

2. 钢筋网片

钢筋焊接网技术指标应符合《钢筋混凝土用钢第 3 部分：钢筋焊接网》GB/T 1499.3 和《钢筋焊接网混凝土结构技术规程》JGJ 114 的规定。冷轧带肋钢筋的直径宜采用 5～12mm，强度标准值分别为 500N/mm²、520N/mm²；热轧钢筋的直径宜为 6～18mm，屈服强度标准值分别为 400N/mm²、500N/mm²。焊接网制作方向的钢筋间距宜为 100mm、150mm、200mm，也可采用 125mm 或 175mm；与制作方向垂直的钢筋间距宜为 100～400mm，且宜为 10mm 的整倍数，焊接网的最大长度不宜超过 12m，最大宽度不宜超过 3.3m。焊点抗剪力不应小于试件受拉钢筋规定屈服力值的 0.3 倍。

对于连续配筋混凝土路面用钢筋网片可以采用 ϕ12mmCPB550 级冷轧带肋钢筋、ϕ12mmHRB400 级热轧带肋钢筋、ϕ14mmHRB400 级热轧带肋钢筋、ϕ16mmHRB400 级热轧带肋钢筋。钢筋网片的具体尺寸可以根据设计调整，便于现场施工。

3. 钢筋网的搭接方式

钢筋焊接网的搭接接头宜设置在结构受力较小处，焊接网之间可采用叠搭法、平搭法或扣搭法进行搭接，如图 2.9-1 所示。

2.9.3 技术优势

采用钢筋焊接网代替传统的现场人工绑扎或人工焊接钢筋，可为优质快速施工提供技术保障，具有广阔的应用前景。其优势体现在以下几个方面：

（1）由于钢筋网片是在工厂严格质量控制下，由全自动、智能化生产线制造而成。网格尺寸、钢筋规格和品质都得到严格控制。避免了人工绑扎网遗漏、绑架扎不坚固、绑扎错误和偷工减料的情形发生。其网片刚度大、弹性好、间距均匀准确、焊接点强度高。因而大大提高了配筋的质量。

（2）钢筋焊接网的纵筋与横筋形成网状结构，与混凝土粘结锚固性好，焊网各焊点具有一定的抗剪能力承受的载荷能均匀扩散分布，具有良好的分散裂缝和限制裂缝发展作用。

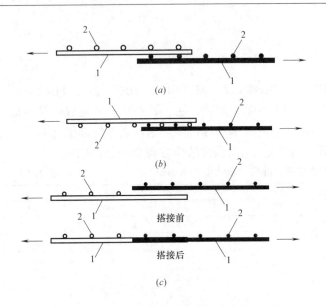

图 2.9-1　钢筋网搭接方法

(a) 叠搭法；(b) 扣搭法；(c) 平搭法

1—纵向钢筋；2—横向钢筋

(3) 焊接钢筋网片的工厂化生产可以有效提高施工速度，降低了现场钢筋安装工时，省去了现场钢筋加工场地。

(4) 焊接钢筋网片整片网间隔尺寸整齐均一，其应力传递均匀，荷载可均匀传布于整个混凝土结构之上。

(5) 钢筋焊接网连续配筋混凝土路面采用上下分层施工，减少了钢筋预制支架，确保了网片安装的刚度和位置准确性，同时上下层连续作业施工速度快、混凝土振捣均匀密实，避免设置支架后采用人工插入网格振捣引起的不均匀、欠振和漏振现象。

(6) 采用焊接钢筋网技术可以有效节约人工与工时，无钢筋废头，节约钢材，减少工程建设对资源的消耗，具有显著的经济社会效益。

2.9.4　工程实例

1. 房屋建筑——北京百荣世贸商城

(1) 北京百荣世贸商城工程概况

北京百荣世贸商城位于北京永定门外大街 101 号，是亚洲最大的服装和小商品批发商城，总建筑面积 70 万 m²，分两期建设，总用网量约 9800 多吨，此工程是中国境内目前使用焊网量最大，要求供货时间最短，要求技术支持最高的工程。

该工程一期和二期均为框架结构，由于是商品批发，楼面结构形式比较简单，房间较为规矩。底层钢筋设计时采用分布筋法布置，面网采用满铺面网布置。

(2) 钢筋焊接网设计

一期工程设计时采用的是一级钢筋和二级钢筋，由于不同等级的钢筋设计强度不同，当采用冷轧带肋钢筋焊接网时需要进行强度代换。代换时参照以下原则：①等强度代换：当构件受强度控制时，钢筋可按强度相等原则进行代换；即不同钢号的钢筋按强度相等的原则代换。即代换后的钢筋强度应大于或等于代换前的钢筋强度；②等面积代换：当构件按最小配筋率配筋时，钢筋可按面积相等的原则进行代换。即同钢号的钢筋按钢筋面积相等的原则代换；③当构件受裂缝宽度或挠度控制时，代换后进行裂缝宽度或挠度验算；④代换后的钢筋应满足构造要求和设计中提出的特殊要求。钢筋代换时，必须要充分了解设计意图和代换材料性能，并严格遵守现行混凝土结构设计规范的各项规定，凡重要结构中的钢筋代换，要征得设计单位的同意。

二期配套工程采用的是直接设计冷轧带肋钢筋，这样只要把钢筋布置转化为焊接网片即可。

　　对于单向板布置时，采用短跨受力钢筋伸入支座，长跨非受力方向各网片间采用叠搭法或平搭法，搭接长度满足非受力方向搭接构造要求；对于双向板底网采用分布筋法布置，将板的长跨和短跨钢筋分别与架立钢筋焊成长跨和短跨焊接网。见图 2.9-2。

　　对于面网分为跨梁和满铺面网两种形式，跨梁布置的面网直接将主筋和分布筋焊接，在梁位置抽出梁宽位置的分布筋，直接放置在对应位置；双向面网采用分布筋法布置，将纵向和横向受力钢筋与架立筋焊接，分两个方向二层布置。见图 2.9-3。

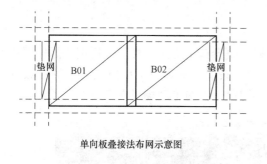

单向板叠接法布网示意图

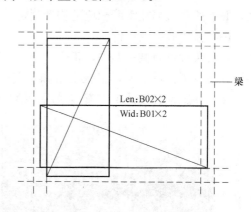

双向板分布筋法布网示意图

图 2.9-2　底网布置方法示意图

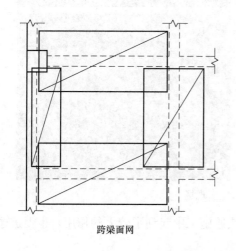

跨梁面网

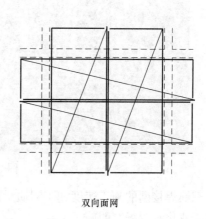

双向面网

图 2.9-3　面网布置方法示意图

　　本工程面网分两层网片进行安装，每一层网片由整片网组成。当安装完一层网片经检查放置位置无误后，才进行下一层网片的安装，且上一层面网沿钢筋间距两个方向须错位居中对准下一层面网钢筋间距叠加，同时也要控制好两层面网叠加后钢筋间距，以达到满足设计受力要求，最后用扎丝扎牢固定两层网片位置。

　　每层网片经叠加后沿网片长度方向两端伸出长度内有可能出现少一条或两条受力主筋，若发现这种类似情况需采用直条绑扎在该层网片中补足。面网应在接近短向钢筋两端，沿长方向钢筋方向每隔 600～900mm 设一钢筋支架。

当采用单层面网时，网片安装的关键在于保证面网在梁轴线（负弯矩区）的正确位置及插入梁（或墙）中的锚固长度。面网易出现多层搭接造成搭接高度较大的现象而采用平搭法设计，在安装时，应注意钢网安装顺序和锚固长度及搭接长度，以免发生不必要的返工和重新安装的现象。

当楼板开洞时，可将通过洞口的钢筋切断，按等强度设计原则增设附加绑扎钢筋加强，并参照普通绑扎钢筋相应的构造规定。

（3）使用效果及评价

在百荣世贸商城一期中，正值"非典"时期，缺少施工工人，楼面采用钢筋焊接网产品后，减少了大量工人，工程质量和工期还得到了保证，受到施工单位也业主的一致好评。在二期工程的设计中，直接采用了钢筋焊接网设计。施工现场见图 2.9-4。

图 2.9-4　施工现场

钢筋焊接网的施工速度和工程质量，在快速施工中起到了较大的作用，也促进建筑工程的工业化和现场文明施工。

2. 高速公路——阳（泉）～左（权）高速公路隧道路面工程

（1）工程概况

阳左高速公路 7 条隧道共计 12.5km（蒙山特长隧道 5.6km 采用连续配筋混凝土路面，其他为复合式路面），路面宽 7.75m，分特重交通车道和重交通车道，隧道内路面结构：有仰拱时，特长隧道进出口端 300m 采用 4cm 细粒式密级配 AC-13 型改性阻燃沥青混凝土＋6cm 中粒式密级配 AC-20 型改性阻燃沥青砼＋24cm 连续配筋水泥混凝土＋15cm 贫混凝土，其余段落采用 28cm（26cm 重交通车道）连续配筋水泥混凝土＋15cm 贫混凝土。长、中、短隧道采用复合式路面，路面结构同上述进出口 300m 段。无仰拱时，在相应段落结构下增设 10cm 贫混凝土的整平层。

特长隧道连续配筋混凝土路面纵筋 ϕ16mm，特重交通车道间距 114mm（重交通车道 121mm）；横筋 ϕ12mm，间距 500mm。复合式路面纵筋 ϕ16mm，间距 200mm；横筋 ϕ12mm，间距 500mm。连续配筋焊网网片尺寸：1200cm×190cm，1200cm×210cm。钢种：HRB335。连续配筋纵向钢筋搭接长度为 $25d$，横向钢筋搭接长度为 2 倍纵筋间距。

（2）施工特点

按钢筋网片布置位置分两层进行铺筑，施工工艺可细分为：支模板、浇筑 2/3 面层厚度混凝土→人工整平并用插入式振捣器初振→梁式振捣器复振→铺设已经拼接好的钢筋网片→浇筑 1/3 厚度混凝土面层→三辊轴摊铺机振捣、整平→铺塑料薄膜或喷洒养生剂养生、纵向刻槽。

（3）钢筋焊接网设计图

复合式路面连续配筋混凝土下面层、连续配筋混凝土面层的钢筋焊接网设计图如图 2.9-5 所示。

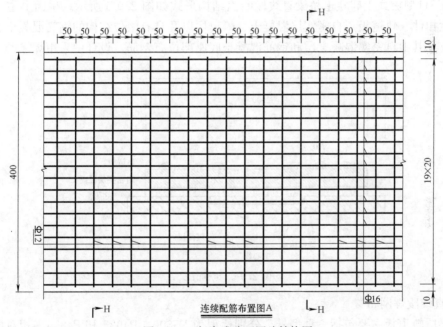

图 2.9-5　复合式路面网片结构图

3. 高速铁路——京沈高铁

（1）工程介绍

京沈客运专线又名京沈高铁，即北京至沈阳铁路客运专线是《中长期铁路网规划》"四纵四横"客运专线主骨架京哈高速铁路的重要组成部分，是铁路"十二五"规划的重大项目。线路自北京铁路枢纽星火站引出，途经河北省承德市，辽宁省朝阳市、阜新市后接入沈阳铁路枢纽沈阳站，线路全长 709km，新建线路全长 697.626km，设计时速 350km，设车站 20 座，总工期 5 年，总投资 1245 亿元。2014 年 7 月 1 日，京沈高铁辽冀段正式开工，2015 年 12 月 30 日，京沈高铁北京段正式开工。

京沈高铁轨道板的底座和自密实层设计采用 CRB550 钢筋焊接网，全线预计使用超过

6 万 t 钢筋焊接网。

（2）焊网应用

京沈高铁采用 CRTSⅢ型板式无砟轨道是国内拥有自主知识产权的高速铁路技术，CRTSⅢ型板式无砟轨道使用了钢筋焊接网技术，是焊接网发展历史上的一件具有里程碑意义的事件。CRTSⅢ型板式无砟轨道最早是铁道部在成都至都江堰城际客运专线，开展具有完全知识产权的板式无砟轨道成套技术工程实验与设计创新工作，2010 年 12 月正式定型为 CRTSⅢ型轨道板。其试验成果在湖北城际、盘锦至营口和沈阳到丹东客运专线铁路应用和实践，钢筋焊接网技术在这些工程中得到很好应用，同时在建和即将建设的郑徐、京沈等工程都是这种轨道形式，也是未来我国主导发展的高铁轨道技术。

钢筋焊接网在 CRTSⅢ型高铁轨道板的应用主要在轨道板的底座和自密实层中。桥梁段轨道板底座和路基段轨道板底座的焊网布置形式不同，但在自密实层中的布置是相同的。

① 结构形式

CRTSⅢ型板式无砟轨道桥梁直线段断面结构形式如图 2.9-6 所示。桥面上主要由钢轨、弹性扣件、轨道板、自密实层混凝土、隔离层以及具有限位结构的钢筋混凝土底座等部分组成。其中自密实混凝土层和钢筋混凝土底座部位有钢筋，设计中采用焊接网。

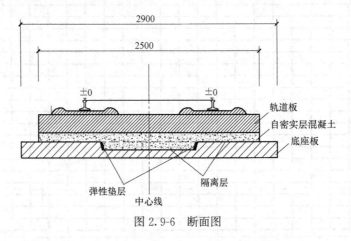

图 2.9-6　断面图

② 直线段焊网布置

桥梁段轨道板主要包括三种型号，分别标识为 P5600、P4925 和 P4856，相对应的轨道板底座布置时，每 2～3 个轨道板对应的底座为一个布置单元，每两个单元间设置 20mm 的伸缩缝。底座宽度为 3100mm，直线段厚度 280mm，曲线段根据具体超高数确定。

由于轨道板需要经自密实混凝土与轨道板底座连接，故轨道板底座的双层焊接网布置中，上层的钢筋焊接网根据需要预留孔洞，下层焊接网则不需要，具体如图 2.9-7，图 2.9-8 所示，现场施工图片见图 2.9-9，图 2.9-10。

桥梁地段的轨道板底座的下层钢筋焊接网和上层钢筋焊接网都采用直径 11mm 的 CRB550 级钢筋焊接，焊接是采用电阻点焊。焊接网性能符合《钢筋混凝土用钢　第 3 部分：钢筋焊接网》GB/T 1499.3—2010 的要求，附加的钢筋直条及连接二层钢筋网片的 U 型筋性能符合《冷轧带肋钢筋》GB 13788—2008 的要求。

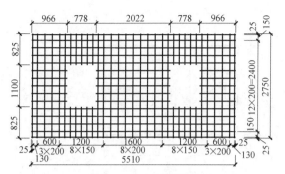

图 2.9-7　上层焊网图

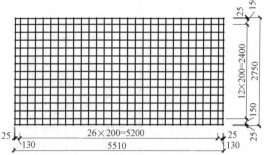

图 2.9-8　下层焊网

图 2.9-9　轨道板底座钢筋图

图 2.9-10　轨道板底座浇筑

③ 路基地段焊网布置

路基地段轨道板底座的钢筋采用直径 12mm 的 CRB550 焊接网，路基宽度 3000mm，轨道板底座的宽度 2750mm。钢筋焊接网搭接采用平搭法，搭接长度取 450mm。布置如图 2.9-11 所示。

（3）使用效果及评价

京沈高铁正在施工过程中，全线预计使用钢筋焊接网 6 万 t。使用钢筋焊接网可省去现场钢筋制作、绑扎等时间，每公里可减少绑扎 24 万个绑扎点，可以节省大量现场人工费用，同时施工速度也大大加快了，为保证高铁建设工期提供了有力保障。

从施工角度来分析，绑扎钢筋必须在现场加工，绑扎。由于钢筋加工需要占用一定的施工场地，且钢筋加工产生环境污染（噪声、废料、场地混乱）造成一定的经济损失。应用钢筋焊接网后，由于钢筋焊接网是在工厂按图纸尺寸加工、严格按施工进度运至现场并直接吊运到施工作业面的，现场无须钢筋绑扎所需的加工、堆放场地，既节约了场地，又提高了现场管理水平，有利于文明施工，对环保建设和文明生产起到了积极的推动作用。

对于建筑面积大、投资量大的工程，加快资金回收很重要，应用钢筋焊接网后，能够节省大量工期，达到早日投运，早日获得收益，使其尽快发挥社会效益和经济效益的最终目的。

施工中混凝土一般均采用混凝土输送泵浇筑混凝土，传统的绑扎钢筋施工不能避免梁在浇筑混凝土时钢筋被踩踏变形和绑扎点松扣等的缺陷，钢筋焊接网具有较好的整体刚

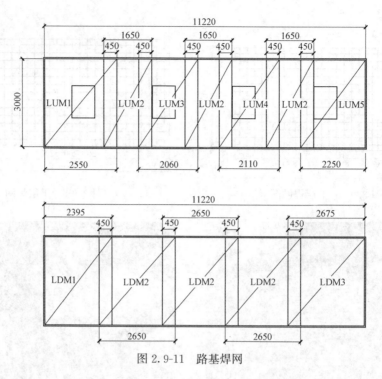

图 2.9-11　路基焊网

度，能有效避免泵送混凝土在浇筑过程中造成钢筋的弯曲变形，保证了钢筋的到位率，提高了结构的抗裂性能。

2.10　预应力技术

2.10.1　技术概况

预应力混凝土技术起源于欧洲，发展于第二次世界大战以后，它的节材效果适应了战后大规模经济建设的需求。我国预应力混凝土技术起源于 20 世纪 50 年代中期，同样是为了解决国家经济建设中的资源材料短缺问题。20 世纪 50 年代中至 70 年代末，我国开发推广了一整套采用中、低强预应力钢材的预制预应力构件技术和预应力工艺技术。20 世纪 80 年代初至 90 年代末，针对高强预应力钢材的规模化生产和应用，我国成功解决了高强度、低松弛预应力钢绞线的张拉锚固关键技术，特别是大吨位钢绞线束群锚体系成套技术和无粘结单根钢绞线成套技术，大大地促进了我国有粘结预应力技术和无粘结预应力技术的发展。高效预应力技术是综合采用高强度低松弛钢材和高强高性能混凝土的结构技术。高效预应力技术给工程结构带来高性能、节材和高耐久等综合指标，能充分发挥高强度预应力钢材和高强高性能混凝土的优点，是可持续发展的绿色结构技术，是我们现在乃至未来始终应该推广和使用的先进适用技术。

高效预应力技术分为先张法预应力和后张法预应力，先张法预应力技术是指通过台座或模板的支撑张拉预应力筋，然后绑扎钢筋浇筑混凝土，待混凝土达到强度后放张预应力筋，从而给构件混凝土施加预应力的方法，该技术目前用于预制构件厂；后张法预应力技术是在构件或结构成型且混凝土达到强度后，在结构上直接张拉预应力筋从而对混凝土施加预应力的方法,后张法可以通过有粘结、无粘结、缓粘结或体外束等工艺技术实现。高效预应力技术采用强度为 1860MPa 级以上的预应力筋,通过张拉建立初始应力,预应力筋设计强度可发挥到 1000~1320MPa,该技术可显著节约材料、提高结构性能、控制结构裂缝并延长结构寿命。目前先张法预应力技术主要由专业工厂实施,后张缓粘结和体外束预应力技术应用较少,本指南主要介绍后张无粘结预应力技术和后张有粘结预应力技术。

2.10.2　技术要点

1. 后张无粘结预应力技术

无粘结预应力筋由单根钢绞线涂抹建筑油脂外包塑料套管组成,钢绞线与外包塑料套管可以相对滑动,它可像普通钢筋一样配置于混凝土结构内,待混凝土硬化达到一定强度后,通过张拉预应力筋并采用专用锚具将张拉力永久锚固在结构中。其技术要点主要包括材料及设计技术、预应力筋安装及单根钢绞线张拉锚固技术、锚头保护技术等,详细内容请见《无粘结预应力混凝土结构技术规程》JGJ 92—2016。

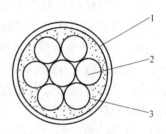

图 2.10-1　无粘结筋组成
1—塑料套管;2—钢绞线;
3—防腐润滑油脂

(1) 无粘结预应力材料与设备

① 无粘结预应力筋

无粘结预应力混凝土采用的无粘结预应力筋,简称无粘结筋,系由高强度低松弛钢绞线通过专用设备涂包防腐润滑脂和塑料套管而构成的一种新型预应力筋。其外形见图 2.10-1,性能符合中华人民共和国建筑工业行业标准《无粘结预应力钢绞线》JG/T 161,无粘结筋主要规格与性能见表 2.10-1。

无粘结预应力筋的主要规格与性能　　　　　表 2.10-1

项目	钢绞线规格和性能	
	ϕ12.7	ϕ15.2
产品标记	UPS-12.7-1860	UPS-15.2-1860
抗拉强度(N/mm^2)	1860	1860
伸长率(%)	3.5	3.5
弹性模量(N/mm^2)	1.95×10^5	1.95×10^5
截面积(mm^2)	98.7	140
重量(kg/m)	0.85	1.22
防腐润滑脂重量(g/m)大于	43	50
高密度聚乙烯护套厚度(mm)不小于	1.0	1.0
无粘结预应力筋与壁之间的摩擦系数 μ	0.04~0.10	0.04~0.10
考虑无粘结预应力筋壁每米长度局部偏差对摩擦的影响系数 κ	0.003~0.004	0.003~0.004

注:根据不同用途经供需双方协议,可供应其他强度和直径的无粘结预应力筋。

② 锚具系统

无粘结预应力筋锚具系统应按设计图纸的要求选用,其锚固性能的质量检验和合格验收应符合现行国家标准《预应力筋用锚具、夹具和连接器》GB/T 14370、《混凝土结构工程施工质量验收规范》GB 50204 及国家现行标准《预应力筋用锚具、夹具和连接器应用技术规程》JGJ 85 的规定。锚具的选用，应考虑无粘结预应力筋的品种及工程应用的环境类别。对常用的单根钢绞线无粘结预应力筋，其张拉端宜采用夹片锚具，即圆套筒式或垫板连体式夹片锚具；埋入式固定端宜采用挤压锚具或经预紧的垫板连体式夹片锚具。

③ 常用制作与安装设备

无粘结预应力钢绞线一般为工厂生产，施工安装制作可在工厂或现场进行，采用305mm 砂轮切割机按要求的下料长度切断，如采用埋入式固定端，则可用 JY-45 等型号挤压机及其配套油泵制作挤压锚或组装整体锚。

预应力筋张拉一般采用小型千斤顶及配套油泵，常用千斤顶如 YCQ-20 型前卡千斤顶，自重约 20kg；油泵采用 ZB0.6-63 或 STDB 型小油泵。

（2）无粘结预应力设计和施工的概念与构造

无粘结预应力技术在建筑工程中一般用于板和次梁类楼盖结构，在板中的使用跨度为6～12m，可用于单向板、双向板、点支撑板和悬臂板；在次梁中的使用跨度一般为 8～18m。无粘结预应力钢绞线若不含孔道摩擦损失，则其余预应力损失一般为 10%～15% 控制应力，孔道摩擦损失可根据束长及转角计算确定，板式楼盖一般在 8%～15% 控制应力，因此总损失预估为 15%～25%。无粘结筋极限状态下应力处于有效预应力值和预应力筋设计强度值之间，一般可取有效应力值再加 200～300MPa。无粘结筋布置可采用双向均布；一个方向均布、另一个方向集中；或双向集中布置。

预应力混凝土结构设计应满足安全、适用、耐久、经济和美观的原则，设计工作可分为三个阶段，即概念设计、结构分析、截面设计和结构构造。

在设计中宜根据结构类型、预应力构件类别和工程经验，采取如下措施减少柱和墙等约束构件对梁、板预加应力效果的不利影响：

① 将抗侧力构件布置在结构位移中心不动点附近；采用相对细长的柔性柱子；

② 板的长度超过 60m 时，可采用后浇带或临时施工缝对结构分段施加预应力；

③ 将梁和支承柱之间的节点设计成在张拉过程中可产生无约束滑动的滑动支座；

④ 当未能按上述措施考虑柱和墙对梁、板的侧向约束影响时，在柱、墙中可配置附加钢筋承担约束作用产生的附加弯矩，同时应考虑约束作用对梁、板中有效预应力的影响。

在无粘结预应力混凝土现浇板、梁中，为防止由温度、收缩应力产生的裂缝，应按照现行国家标准《混凝土结构设计规范》GB 50010 有关要求适当配置温度、收缩及构造钢筋。

（3）无粘结预应力施工工艺与技术

① 工艺原理

无粘结预应力混凝土施工时，不需要预留孔道、穿筋、灌浆等工序，而是把预先组装好的无粘结筋在浇筑混凝土之前，同非预应力筋一道按设计要求铺放在模板内，然后浇筑混凝土。待混凝土达到强度后，利用无粘结筋与周围混凝土不粘结，在结构内可作纵向滑动的特性，进行张拉锚固，借助两端锚具，达到对结构产生预应力的效果。

② 工艺流程

安装梁或楼板模板→放线→下部非预应力钢筋铺放、绑扎→铺放暗管、预埋件→安装无粘结筋张拉端模板（包括打眼、钉焊预埋承压板、螺旋筋、穴模及各部位马凳筋等）→

铺放无粘结筋→修补破损的护套→上部非预应力钢筋铺放、绑扎→自检无粘结筋的矢高、位置及端部状况→隐蔽工程检查验收→浇灌混凝土→混凝土养护→松动穴模、拆除侧模→张拉准备→混凝土强度试验→张拉无粘结筋→切除超长的无粘结筋→安放封端罩、端部封闭。

③ 操作要点

详见相关规程。

2. 后张有粘结预应力技术

有粘结预应力技术采用在结构或构件中预留孔道,待混凝土硬化达到一定强度后,穿入预应力筋,通过张拉预应力筋并采用专用锚具将张拉力锚固在结构中,然后在孔道中灌入水泥浆。其技术内容主要包括材料及设计技术、成孔技术、穿束技术、大吨位张拉锚固技术、锚头保护及灌浆技术等。

(1) 有粘结预应力采用材料与设备

① 钢材

预应力钢材主要有钢丝、钢绞线和精轧螺纹钢筋,常用预应力钢绞线规格见表2.10-2。

预应力钢绞线（Φ^j）的力学性能　　　　　　　　　　　表 2.10-2

钢绞线公称直径(mm)	强度级别(MPa)	整根钢绞线的最大负荷(kN)	屈服负荷(kN)	伸长率(%)	1000h 松弛率,不大于(%)			
					Ⅰ级松弛		Ⅱ级松弛	
					初始负荷			
		不大于			70%公称最大负荷	80%公称最大负荷	70%公称最大负荷	80%公称最大负荷
12.70	1860	184	156	3.5	8.0	12	2.5	4.5
15.20	1720	240.8	203					
	1860	260.4	220					

② 波纹管

波纹管按照截面形状分为圆形和扁形;按照径向刚度分为标准型和增强型;按照钢带表面状况分为镀锌波纹管和不镀锌波纹管。一般工程选用标准型、圆形、镀锌的波纹管。扁形波纹管仅用于板类构件。增强型波纹管可代替钢管用于竖向预应力筋孔道或核电站安全壳等工程。镀锌波纹管还可用于有腐蚀性介质的环境或使用期较长的情况。

③ 锚具系统

多孔夹片锚固体系,主要用于张拉端;挤压锚具,用于固定端锚固多根有粘结钢绞线;镦头锚具,用于锚固多根 φ5 与 φ7 钢丝束;压花锚具,用于钢绞线固定端锚固;精轧螺纹钢筋锚具用于锚固精轧螺纹钢筋。

④ 制作设备及机具

制作设备有 JY-45 型挤压机、LD-10 型钢丝镦头器。机具有下料时放线盘架及砂轮切割锯;张拉后切割外露余筋用的角向磨光机,需配小型切割砂轮片使用。灌浆设备包括:砂浆搅拌机、灌浆泵、贮浆桶、过滤器、橡胶管和喷浆嘴等。

⑤ 张拉设备及机具

配套张拉设备有油泵及千斤顶;群锚千斤顶主要用于张拉大吨位钢绞线束,配上撑脚与拉杆后也可用作为拉杆式穿心千斤顶;YCQ20 型前卡式千斤顶,用于扁管张拉单根钢绞线及在群锚体系的单根张拉工艺中应用。

（2）有粘结预应力设计施工概念与构造

预应力混凝土结构设计应满足安全、适用、耐久、经济和美观的原则，设计工作可分为三个阶段，即概念设计、结构分析、截面设计和结构构造。

有粘结预应力技术在建筑工程中一般用于板、次梁和主梁等各类楼盖结构。有粘结预应力钢绞线束，若不含孔道摩擦损失，则其余预应力损失一般为10％～15％控制应力，孔道摩擦损失可根据束长及转角计算确定，对板式楼盖扁孔道一般在10％～20％控制应力，因此总损失预估为20％～30％；对框架梁圆孔道一般在15％～25％控制应力，因此总损失预估为25％～35％。有粘结筋极限状态下应力为预应力筋设计强度值。板中扁管有粘结筋布置可采用4～5根/束，双向均布；框架梁中预应力束宜采用较大集束布置，常用集束规格为5、7、9、12根/束。在设计中宜根据结构类型、预应力构件类别和工程经验，采取措施减少柱和墙等约束构件对梁、板预加应力效果的不利影响。

（3）有粘结预应力施工工艺、技术与质量控制

① 工艺原理

有粘结后张预应力混凝土是在结构、构件或块体制作时，在放置预应力筋的部位预先留出孔道，待混凝土达到设计强度后，在孔道内穿入预应力筋，并施加预应力，最后进行孔道灌浆。张拉力由锚具传给混凝土构件而使之产生预压力，用以改善全部荷载作用下构件的受力状态，推迟拉应力的出现，同时限制裂缝的形成。

② 工艺流程

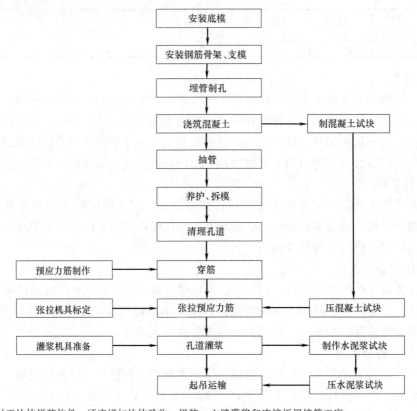

注：对于块体拼装构件，还应增加块体验收、拼装、立缝灌浆和连接板焊接等工序。

③ 操作要点

详见相关规程。

2.10.3　工程实例

1. 工程概况

首都国际机场 T2 停车楼，平面呈长方形，南北向长 263.9m，东西向宽 134.9m，基础埋深 −15.0m，四个角部设四个螺旋式汽车坡道，地下四层地上一层，柱网尺寸为 9m×18m，局部 18m×18m，每层建筑面积 3.4 万 m²，总建筑面积 17 万 m²，可停放汽车 5530 辆。主体结构为大面积双向大柱网有粘结预应力框架和无粘结预应力单向板楼盖体系，地下室底板和外墙为无粘结预应力平板。全部地下室及外墙为全封闭整体结构，未设结构缝，仅在首层设两条结构缝，整个结构好像一条巨型航空母舰被基础底板下的 1400 多根无粘结预应力抗浮桩牢牢地锚定在地下。

2. 主体结构施工特点

(1) 采用多项新工艺、新技术

为保证停车楼结构工程质量，加快施工进度，在结构设计及施工中采用了多项新技术：

① 水平辐井降水技术；

② 深基坑支护技术；

③ 高性能混凝土施工技术；

④ 有粘结、无粘结预应力成套技术；

⑤ 大直径钢筋锥螺纹连接技术；

⑥ 工业化模板及支撑体系；

⑦ 地下室内旋喷抗浮桩施工技术；

(2) 合理组织流水、立体交叉施工

由于预应力分段与施工流水段不一致，按照原定计划，从垫层砼施工到结构封顶大约需历时九个月，实际施工时，通过预应力施工深化设计，加上严密的施工组织计划及各方面的密切配合，主体结构施工时间由 280d 缩减为 203d，施工组织措施如下：

① 合理划分施工流水段

外墙分五段流水施工；内墙柱分六段流水施工；梁模板、钢筋、有粘结预应力筋分六段流水施工；板模板、钢筋、无粘结筋、砼分七段流水施工。竖向分层，阶梯流水。

② 合理排定工期

根据网络图排定一个完整段内各工序完成所需时间及一层全部工序完成所需时间，合理连接相关工序，排定衔接时间，环环相扣，形成水平、竖向阶梯作业面。

③ 合理计算周转材料及劳动力配置

根据每一层每一段施工工期，计算模板及支撑投入量，计算劳动力数量及钢筋等材料用量，特别是合理安排劳动力作业计划时间，确保工效。

3. 施工图预应力构造设计

原结构施工图预应力配筋为无粘结预应力技术方案，经综合比较变更为有粘结预应力技术施工。为此施工图设计内容修改补充如下：

(1) 预留孔道交叉结点排布设计

考虑到波纹管直径与柱钢筋及梁钢筋的位置关系，决定选用较小直径波纹管，对 7 Φ^j15 孔道为Φ60 内径波纹管。

（2）预应力筋张拉端位置及搭接方法

框架大梁预力筋为 2×7Φ^j15，对大吨位预应力束超长连接的做法，在桥梁中可采用连接器分段施工、分段张拉，但对本工程由于双向均为超长连续结构，分段施工、分段张拉无法满足施工进度，且施工作业面无法展开。施工设计采用了交叉搭接，大吨位变角张拉方案。此方案预应力施工不影响钢筋工程施工。此外，还调整了张拉端的分布位置，使其分布均匀对称，施工操作方便。

（3）张拉端及固定端做法

预应力束张拉端分为两种类型：①梁面张拉端；②梁端张拉端。梁面张拉端为预留 600mm×220mm×220mm 薄钢板张拉盒，采用 QM 体系铸铁承压垫板及螺旋筋，采用变角张拉技术张拉。梁端张拉端为预留 120mm×220mm×220mm 薄钢板盒，配用 QM 体系承压板，正常张拉工艺张拉。梁端固定端采用 QM 体系挤压式固定端。

4．预应力施工工艺

（1）预应力施工工艺流程

停车楼楼面按设计后浇带要求分为 36 块，即短向 4 块，长向 9 块，短向 4 块形成一仓，从北到南并行排布九仓。施工流水按仓组织，由于后浇带位置、梁预应力筋张拉端位置、板预应力筋张拉端位置不重合，因此在确定流水方案时，梁模板、钢筋施工分六段，板模板、钢筋施工分七段，梁板模板分段按张拉端位置确定，混凝土浇筑时把九仓合并为七仓，预应力筋施工与模板及钢筋施工同步，具体施工工艺流程如下：

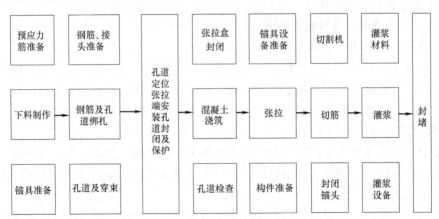

（2）材料选用及验收

预应力筋选用低松弛 1860 级钢绞线，性能符合 GB 5224 要求；固定端锚具采用 QMP 型挤压锚，张拉端选用 QM15-7。钢绞线进场按不大于 60t 组批验收。锚具按不大于 1000 套组批验收。张拉端和固定端组装件在国家建筑工程质量监督检验中心进行静载锚固试验，全部达到国际最高标准 FIP-1993 和国内规范要求。

金属螺旋管委托国家建筑工程质量监督检验中心进行了验收试验，验收结果全部合格。为保证孔道灌浆质量，选定水泥浆配比，灌浆施工前委托国家建筑工程监督检验中心混凝土制品检测二部进行了水泥浆试配及可灌性指标检测，试验配比及性能满足要求。

（3）安装要点

① 波纹管

a. 波纹管堆放、吊运、铺设应小心操作，不可损坏管道；

b. $\phi60$ 的波纹管连接采用 $\phi65$ 接头管，接头管长 300mm，每边旋入 150mm，对接后用胶带密封，波纹管与喇叭管连接时，插入长度 40~80mm，并用胶带密封；

c. 波纹管与固定端垫板连接采用棉丝封堵，再用胶带密封；

d. 波纹管定位采用水平螺纹筋焊接或绑扎在梁螺纹箍筋上，管道上下用两根钢筋夹紧固定；

e. 波纹管在梁内顺直。

② 排气管

排气管设在最高点与跨中最低点，并伸出板面。其作用是排气、泌水，必要时也可用来灌浆。

③ 预应力筋

a. 按照施工顺序作业，依次定位波纹管，张拉端的大螺旋筋、喇叭管、张拉盒及锚固端的大螺旋筋、钢环、大垫板，然后再穿束；

b. 穿束时，在穿束端安上锥形引帽（俗称子弹头），以减小阻力，为防止子弹头脱落，穿束要一直向前，避免往回拖拽。

（4）混凝土浇筑

混凝土浇筑先组织交底，要求保证孔道不变位，不变形，另派专人看护浇筑过程，保护张拉盒、管道、排气孔等，及时检查孔道情况。浇筑完成后 24 小时内上人用倒链拉动孔道内的预应力筋。

（5）大吨位变角张拉

预应力束张拉力 1367kN，角度转变 30°，全部预应力束都需变角张拉，这是常规工程无法实现的，为解决这一难题，并确保施工质量和工程进度，为此采用了中国建筑科学研究院研制开发的大吨位变角张拉专利技术。其原理是在预应力束张拉端通过特制的转向垫块使预应力束改变方向露出梁面张拉，而不需在梁上留大洞削弱梁截面。

（6）灌浆

预应力束张拉后，采用试验水灰比 0.4 水泥浆灌浆。灌浆时，用搅拌机搅拌水泥浆，均匀搅拌后，浆液在自重作用下经过金属过滤网流进一个自制的贮液罐中，灌浆机再从贮液罐中吸浆，灌浆。这样水泥浆的产生是连续的，而灌浆可以逐条梁地间歇进行，保证了水泥浆的数量和质量。灌浆压力一般在 0.8~1.2MPa。

5. 结语

由于总包的合理组织及分包的积极配合，主体结构施工速度极为迅速。标准层面积 3.4 万 m^2，有粘结预应力筋用量 180t，每层工期 25d。工程施工进度比计划工期提前两个月，工程质量获得北京市优"长城杯"。

超大面积有粘结预应力结构施工是一项新课题，关于施工组织、预应力施工工艺等本工程都有所突破、有所创新，施工进度超前、质量创优，这些都值得类似工程借鉴。

2.11　建筑用成型钢筋制品加工与配送技术

2.11.1　国内外发展概况

20世纪70年代，欧洲及一些发达国家和地区由于钢筋加工机械技术的发展，机械式独立单一工序作业的钢筋加工设备得以广泛应用。钢筋原材料主要以线材为主，主要是拉伸调直、定尺切断与弯曲。20世纪80年代随着计算机技术发展，程序控制软件被应用到钢筋加工设备，使钢筋加工机械有了更多的功能，可进行简单的组合加工作业，解决过去所面临的大规格钢筋切断、弯曲、机械弯箍功能单一问题，逐步走向一机多能，实现节约材料、优化钢筋加工组合、节省工作时间。后期钢筋焊笼机的出现被广泛应用于基础、桥梁桩等领域，很快传遍欧洲及其他先进的国家。在20世纪80年代中期之前，欧洲也是以工地现场加工为主，所用的是一些简易的钢筋加工机械，与目前国内所用切断、弯曲、调直单一功能设备类似；部分少数的加工厂所用设备与工地用设备没有明显区别。到了20世纪80年代后期才开始发展半自动化及自动化的钢筋加工机械，并逐步形成商品钢筋加工配送的经营模式。20世纪90年代，钢筋商品化加工在欧洲以及其他发达国家迅速的发展。目前，在欧美等一些发达国家，差不多每隔50～100km就有一座现代化的钢筋加工厂，钢筋配送是很普遍的事情，不存在市场开发和引导消费的困难，其钢筋规格比较统一、品种少，便于自动化设备的高效率生产，加上钢材深加工企业使用的设备先进，管理到位，因此生产效率很高。韩国、日本、新加坡等国家和地区钢筋加工配送应用很普遍，成型钢筋加工配送已成为国外钢筋工程的钢筋加工主流。

我国钢筋加工配送技术发展刚刚起步，与发达国家和地区相比，差距比较大。但是先进国家和地区的钢筋加工配送发展是经过了20多年的摸索与发展，才有了今天的高自动化、高集中化的钢筋加工配送模式，是根据市场的需求逐步向前发展起来的，并不是一蹴而就。近年来随着我国钢筋加工机械技术的快速发展和人口红利的逐渐消失，钢筋加工配送这一新型产业逐渐崛起，已被许多大型建筑施工企业认可。为推广应用高强钢筋，地方住房和城乡建设、工业和信息化主管部门相继出台了《关于加快应用高强钢筋的指导意见》等系列文件，成立高强钢筋推广应用技术指导组和技术协调组，组织编制高强钢筋和加工配送培训教材，召开高强钢筋应用技术培训会，开展高强钢筋加工配送和标准化专题研究，组织制定高强钢筋加工配送示范城市、示范工程实施方案，使我国建筑钢筋加工配送产业得到大力发展。

国内建筑钢筋加工配送快速发展主要表现在：钢筋专业化加工装备技术得到长足进步、钢筋加工配送标准逐步完善、加工配送产业规模逐步扩大、钢筋加工配送信息化管理技术快速提升、大型地标重点工程应用越来越多、与新型建筑工业化融合度不断增加。但与数量庞大的现场加工队伍相比，钢筋加工配送还有很长的一段路要走。国外钢筋加工的发展之路，就是我国今后的发展之路，随着钢筋加工设备的日趋完善，人力成本增长，传统的钢筋加工管理模式必将逐步向钢筋专业化加工配送方向转变。

国内建筑钢筋加工配送发展仍存在诸多问题：现阶段大多数的建筑施工企业和专业分包商仍采用了传统的简单设备钢筋加工模式，对加工配送市场认知度不高；钢筋集中加工规格多、品种杂、配送需求计划性强，成型钢筋加工与建筑设计、施工监理协调性差，市场不规范，缺乏相应的政府激励政策支持；钢筋加工配送使传统模式相关各方发生利益再分配，在施工单位应用存在较大阻力；工厂化加工与施工现场供应安装操作过程繁杂，需要协调多方面关系，信息化管理软件发展滞后；先进加工设备利用率偏低，上下游企业信息流通不畅；钢筋加工配送行业专业人才匮乏；市场监管机制尚未建立，市场恶性竞争，企业效益不佳。

钢筋专业化加工与配送具有很强的技术优势。钢筋集中专业化加工，同时为多个工程供应，易形成规模化生产，提高材料利用率；钢筋规模化加工有利于自动化加工设备应用，加工质量好，生产效率高；节省劳动用工和临时用地，易实现计算机信息化管理，提高管理效率；有利于用高新技术改造钢筋工程劳动密集型传统产业，走建筑工业化道路，推动钢筋工程施工技术的进步；有利于工地安全文明施工，使工地现场管理程序简化，降低项目管理费用，增加工程总承包模式的经济效益；改善工人劳动环境，降低劳动强度。

2.11.2 技术要点

建筑用成型钢筋制品加工与配送（简称成型钢筋加工配送）是指由具有信息化生产管理系统的专业化钢筋加工机构进行钢筋大规模工厂化与专业化生产、商品化配送具有现代建筑工业化特点的一种钢筋加工方式。主要采用成套自动化钢筋加工设备，经过合理的工艺流程，在固定的加工场所集中将钢筋加工成为工程所需成型钢筋制品，按照客户要求将其进行包装或组配，运送到指定地点的钢筋加工组织方式。信息化管理系统、专业化钢筋加工组织机构和成套自动化钢筋加工设备三要素的有机结合是成型钢筋加工配送区别于传统场内或场外钢筋加工模式的重要标志。成型钢筋加工配送技术主要内容包括：

（1）信息化生产管理技术：从钢筋原材料采购、钢筋成品设计规格与参数生成、加工任务分解、钢筋下料优化套裁、钢筋与成品加工、产品质量检验、产品捆扎包装，到成型钢筋配送、成型钢筋进场检验验收、合同结算等全过程的计算机信息化管理。

（2）钢筋专业化加工技术：采用成套自动化钢筋加工设备，经过合理的工艺流程，在固定的加工场所集中将钢筋加工成为工程所需的各种成型钢筋制品，主要分为线材钢筋加工、棒材钢筋加工和组合成型钢筋制品加工。线材钢筋加工是指钢筋强化加工、钢筋矫直切断、箍筋加工成型等；棒材钢筋加工是指直条钢筋定尺切断、钢筋弯曲成型、钢筋直螺纹加工成型等；组合成型钢筋制品加工是指钢筋焊接网、钢筋笼、钢筋桁架、梁柱钢筋成型加工等。

（3）自动化钢筋加工设备技术：自动化钢筋加工设备是建筑用成型钢筋制品加工的硬件支撑，是指具备强化钢筋、自动调直、定尺切断、弯曲、焊接、螺纹加工等单一或组合功能的钢筋加工机械，包括钢筋强化机械、自动调直切断机械、数控弯箍机械、自动切断机械、自动弯曲机械、自动弯曲切断机械、自动焊网机械、柔性自动焊网机械、自动弯网机械、自动焊笼机械、三角桁架自动焊接机械、梁柱钢筋骨架自动焊接机械、封闭箍筋自动焊接机械、箍筋笼自动成型机械、钢筋螺纹自动加工机械等。

（4）成型钢筋配送技术：按照客户要求与客户的施工计划将已加工的成型钢筋以梁、柱、板构件序号进行包装或组配，运送到指定地点。

建筑用成型钢筋制品加工与配送应执行《混凝土结构成型钢筋应用技术规程》JGJ 366 和《混凝土结构用成型钢筋制品》GB/T 29733 的有关规定。钢筋进厂时，加工配送企业应按国家现行相关标准的规定抽取试件作屈服强度、抗拉强度、伸长率、弯曲性能和重量偏差检验，检验结果应符合国家现行相关标准的规定。成型钢筋加工设备宜选用具备自动加工工艺流程的设备，自动加工设备总产能不应低于加工配送企业总产能的80%。盘卷钢筋调直应采用无延伸功能的钢筋调直切断机进行，钢筋调直过程中对于平行辊式调直切断机调直前后钢筋的质量损耗不应大于0.5%，对于转毂式和复合式调直切断机调直前后钢筋的质量损耗不应大于1.2%。调直后的钢筋直线度每米不应大于4mm，总直线度不应大于钢筋总长度的0.4%，且不应有局部弯折。钢筋单位长度允许重量偏差、钢筋的工艺性能参数、单件成型钢筋加工的尺寸形状允许偏差、组合成型钢筋加工的尺寸形状允许偏差应分别符合《混凝土结构成型钢筋应用技术规程》JGJ 366表4.1.4、表4.1.5、表5.2.13、表5.3.10的规定。成型钢筋进场时，应抽取试件作屈服强度、抗拉强度、伸长率和重量偏差检验，检验结果应符合国家现行相关标准的规定；对由热轧钢筋制成的成型钢筋，当有施工单位或监理单位的代表驻厂监督生产过程，并提供原材钢筋力学性能第三方检验报告时，可仅进行重量偏差检验。

2.11.3　成型钢筋加工配送设计

(1) 成型钢筋的设计和构造要求应符合国家现行标准《混凝土结构设计规范》GB 50010和《混凝土结构用成型钢筋制品》GB/T 29733的有关规定。

(2) 加工配送企业应制定加工配送全过程的技术和质量管理制度，并应及时对技术和质量有关资料进行收集、整理、存档、备案。

(3) 成型钢筋加工工艺流程设计宜满足自动化作业要求。

(4) 加工配送企业应对扬尘、噪声、光污染、油污染等采取控制措施。

(5) 成型钢筋加工配送企业宜采用信息化生产管理系统。

(6) 施工单位应向加工配送企业提供明确的加工配送计划，给加工配送企业应有合理的加工周期。

(7) 加工配送企业宜根据项目实际情况编制加工配送方案，方案内容应至少包括组织架构、人员结构、加工配送工作流程、加工配送进度计划、质量控制措施和运输保障措施。

(8) 加工配送企业应建立完整的质量管理控制体系，应建立与企业加工配送实施能力相适应的组织机构、质量控制管理制度，应实施信息化生产管理。

(9) 加工配送岗位人员应具备各自岗位所需的基础知识和基本技能。

(10) 成型钢筋加工设备应符合现行行业标准《建筑施工机械与设备　钢筋弯曲机》JB/T 12076、《建筑施工机械与设备　钢筋切断机》JB/T 12077、《建筑施工机械与设备　钢筋调直切断机》JB/T 12078、《建筑施工机械与设备　钢筋弯箍机》JB/T 12079、《钢筋直螺纹成型机》JG/T 146和《钢筋网成型机》JG/T 5115的有关规定。

(11) 成型钢筋加工设备宜选用具备自动加工工艺流程的设备，自动加工设备总产能不应低于加工配送企业总产能的80%。

2.11.4　工程实例

成型钢筋加工配送成套技术已推广应用于多项大型工程，已在阳江核电站、防城港核电站、红沿河核电站、台山核电站等核电工程，天津117大厦、北京中国尊、武汉绿地中心、天津周大福金融中心等地标建筑，北京新机场、港珠澳大桥等重点工程应用。

该项技术可广泛适用于各种现浇混凝土结构的钢筋加工、预制装配建筑混凝土构件钢筋加工，特别适用于大型工程的钢筋量大集中加工，是绿色施工、建筑工业化和施工装配化的重要组成部分。该项技术是伴随着钢筋机械、钢筋加工工艺的技术进步而不断发展的，其主要技术特点是：加工效率高、质量好；降低加工和管理综合成本；加快施工进度，提高钢筋工程施工质量；节材节地、绿色环保；有利于高新技术推广应用和安全文明工地创建。

2.12 钢筋机械锚固技术

2.12.1 国内外发展概况

钢筋锚固是各类混凝土结构工程都要遇到的基本技术。传统的钢筋锚固方式是利用钢筋与混凝土的粘结锚固，或利用弯折钢筋和带弯钩钢筋减少粘结锚固长度后进行锚固。这种传统锚固方式为锚固所增加的钢筋用量较大，而且容易造成锚固集中区钢筋拥挤，影响混凝土浇筑质量。为达到减少钢筋锚固长度、节约钢材、方便施工、满足设计和施工人员要求减少锚固长度和优化锚固条件的目的，中国建筑科学研究院结构所提出了一种新的钢筋机械锚固装置——钢筋锚固板，一种将螺帽与垫板合二为一的锚固板通过直螺纹连接方式与钢筋端部相连形成钢筋机械锚固装置（图2.12-1）。并于2004～2009年开展了钢筋机械锚固技术与性能的研究，先后完成了115个在混凝土块体中埋置钢筋锚固板的钢筋拉拔试验、21个拔出和推出试验和10个足尺的纵筋使用钢筋锚固板锚固的框架梁柱节点试验，取得了珍贵的试验数据和资料。

在课题验收会上，与会专家一致认为课题研究成果对提高和完善我国钢筋机械锚固技术，节约钢材，方便施工，提高钢筋和混凝土工程质量有重要价值，达到了国际先进水平。锚固板用于框架节点的研究成果填补了国内空白。部分试验见图2.12-2～图2.12-5。

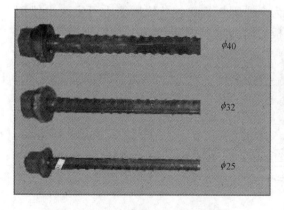

图 2.12-1 直螺纹连接钢筋锚固板

图 2.12-2 拉拔试件

为促进上述钢筋锚固板科研成果尽快在工程中推广应用，并为工程技术人员提供设计施工依据，2010年由中国建筑科学研究院会同各有关单位对行业标准《锚固板钢筋应用技术规程》进行制订，于2011年编制完成并获批准实施。

美国、加拿大等国对钢筋机械锚固的研究开展较早，并制定了相关标准，如 AASH-

TO 桥梁设计规范、ASTM A 970-04、ACI 352R-02、CAN3-A23.3-94 等。国外采用的钢筋锚固板大都为钢制的等厚度刚性锚固板，与钢筋连接方式为焊接或锥螺纹连接。

图 2.12-3   拔出/推出试件

图 2.12-4   中间层边节点试验

图 2.12-5   顶层端节点试验

2.12.2   技术要点

1. 技术简介

该技术是将螺帽与垫板合二为一的锚固板通过直螺纹连接方式与钢筋端部相连形成钢筋机械锚固装置。锚固板分为"部分锚固板"和"全锚固板"二种，部分锚固板与钢筋组装后称为部分锚固板钢筋，其锚固作用机理为：钢筋的锚固力由埋入段钢筋与混凝土之间的粘结力和锚固板的局部承压力共同承担（图 2.12-6）。全锚固板与钢筋组装后称为全锚固板钢筋，其锚固能力可完全由锚固板的局部承压力提供，因此特别适用于梁、板抗剪钢筋等场合使用。

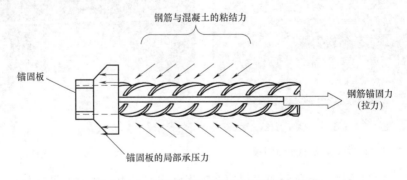

图 2.12-6   带锚固板钢筋的受力机理示意图

2. 施工工艺流程及操作要点

（1）施工工艺流程：施工准备→工艺检验→钢筋切割→钢筋端部滚轧螺纹→螺纹检验→安装锚固板→锚固板钢筋拧紧扭矩检查。

（2）操作要点

① 施工准备

检验合格的钢筋锚固板，应按规格存放整齐备用。锚固板进入现场后应妥善保管，不得造成锈蚀及损坏；做好操作人员的技术、安全培训及考核工作，对考核合格人员颁发上岗证书。

② 工艺检验

丝头正式加工前应进行组装件的单向拉伸试验。并应符合下列要求：每种规格的钢筋锚固板的单向拉伸试件不应少于 3 根；3 根试件的抗拉强度值均不应小于钢筋抗拉强度标准值。

③ 钢筋切割

钢筋下料宜用 GQ50 型机械式专用钢筋切断机；钢筋端部不得有弯曲，出现弯曲时应调直；钢筋端面须平整并与钢筋轴线垂直，不得有马蹄形或扭曲。

④ 钢筋端部滚轧螺纹

钢筋螺纹加工宜用 QGL40（50）型钢筋滚丝机。在台钳夹紧钢筋前应用与钢筋规格相匹配的挡铁控制钢筋位置，不得用目测进行；钢筋丝头尺寸应严格控制，并应满足有关要求；用滚丝机对钢筋进行丝头加工时应使用水性润滑液，不得使用油性润滑液。

⑤ 螺纹检验

螺纹检验包括螺纹直径和螺纹长度检验。螺纹直径和长度检验方法和要求应符合表2.1-1 的规定。

钢筋螺纹检验方法及要求　　　　　　　　　　　　　表 **2.12-1**

序号	检验项目	量具名称	检验要求
1	丝头长度	专用检验螺母	丝头长度应满足设计要求，标准丝头长度公差为+1p
2	螺纹直径	专用检验螺母	能顺利旋入螺纹并达到旋合长度
		环止规	环止规旋入量不应超过 3p

⑥ 安装锚固板

锚固板安装时，锚固板规格应与钢筋规格保持一致；检验合格的钢筋丝头，应立即安装锚固板并码放在适当区域，以免钢筋丝头受到损伤和沾污。

⑦ 锚固板钢筋拧紧扭矩检查

锚固板安装后应用扭力扳手进行抽检，校核拧紧力矩。拧紧力矩值不应小于表2.12-2中的规定。

锚固板安装时的最小拧紧扭矩值　　　　　　　　　　表 **2.12-2**

钢筋直径 （mm）	≤16	18～20	22～25	28～32	36～40
拧紧扭矩（N·m）	100	200	260	320	360

3. 技术特点

该技术相比传统的钢筋锚固技术，具有以下显著特点：

（1）可减少钢筋锚固长度，节约 40% 以上的锚固用钢材，降低成本。

（2）锚固板与钢筋端部通过螺纹连接，安装快捷，质量及性能易于保证。

（3）锚固板具有锚固刚度大、锚固性能好、方便施工等优点，有利于商品化供应。

（4）采用锚固板钢筋的混凝土框架顶层端节点与中间层端节点钢筋锚固的构造形式，可大大简化钢筋工程的现场施工，避免了钢筋密集拥堵，绑扎困难的问题，并可改善节点受力性能和提高混凝土浇筑质量。

2.12.3　设计计算

1. 采用部分锚固板时，应符合下列规定：

（1）钢筋的混凝土保护层厚度应符合现行国家标准《混凝土结构设计规范》GB 50010 规定，锚固长度范围内钢筋的混凝土保护层厚度不宜小于 1.5d；锚固长度范围内应配置不少于 3 根箍筋，其直径不应小于纵向钢筋直径的 0.25 倍，间距不应大于 5d，且不应大于 100mm，第 1 根箍筋与锚固板承压面的距离应小于 1d。锚固长度范围内钢筋的混凝土保护层厚度大于 5d 时，可不设横向箍筋。

（2）钢筋净间距不宜小于 1.5d。

（3）锚固长度 l_{ah} 不宜小于 0.4l_{ab}（或 0.4l_{abE}）。且对于 500MPa、400MPa、335MPa 级钢筋，锚固区混凝土强度等级分别不宜低于 C35、C30、C25。

框架节点及其他部位采用部分锚固板的设计规定详见《钢筋锚固板应用技术规程》JGJ 256。

2. 采用全锚固板时，应符合下列规定：

（1）钢筋的混凝土保护层厚度不宜小于 3d；

（2）钢筋净间距不宜小于 5d；

（3）钢筋锚固板用作梁的受剪钢筋、附加横向钢筋或板的抗冲切钢筋时，应在钢筋两端设置锚固板，并应分别伸至梁或板主筋的上侧和下侧定位；墙体拉结筋的锚固板宜置于墙体内层钢筋外侧；

（4）500MPa、400MPa、300MPa 级钢筋采用全锚固板时，混凝土强度等级分别不宜低于 C35、C30 和 C25。

梁、板等构件采用全锚固板的设计规定详见《钢筋锚固板应用技术规程》JGJ 256。

2.12.4　工程实例

钢筋机械锚固技术已在核电工程、水利水电、房屋建筑等工程领域得到较为广泛地应用，典型的核电工程如：福建福清、福建宁德、浙江三门、山东海阳、秦山二期扩建、方家山等核电站；典型的水利水电工程如：溪洛渡水电站；典型的房屋建筑如：北京中建技术中心、北京未来科技城、北京丽泽金融商务区、中国国际广播电台对外传播中心技术大楼、上海碧桂园、河北白沟国际箱包交易中心、西安大剧院、乌鲁木齐市智能交通指挥中心、云南南亚之门、海南大厦、太原博物馆、深圳万科第五园、怀来建设局综合服务中心等。以下举例介绍。

1. 怀来建设局综合服务中心工程概况

工程位于怀来县沙城府前街北侧，主要功能为办公用。结构形式为框剪结构，地下一层，地上十五层，檐高 48.55m，东西长 71.55m，跨度 22.8m，建筑面积 12800m²，抗震设防烈度为 8 度。该工程为张家口地区创优重点项目，于 2007 年 3 月动工兴建，于 2009 年 2 月投入使用，实景图如图 2.12-7。结构施工中，框架梁柱节点区采用了中国建筑科学研究院建筑结构研究所有关锚固板在框架梁柱节点中应用的试验研究成果。采用 CABR 钢筋锚固板产品所涉及的钢筋为Φ18mm、Φ20mm、Φ22mm、Φ25mm 的 HRB400 级钢筋。

2. 框架节点构造方案

（1）框架中间层端节点

中间层端节点梁纵向钢筋的锚固采用图 2.12-8 的构造方案。梁的纵向钢筋伸入节点的埋入长度 l_{am} 应不小于 0.4 倍钢筋计算锚固长度 l_a（非抗震区）或 l_{aE}（抗震区），且梁纵向钢筋锚固板端面至柱主筋箍筋外侧的距离应不大于 50mm。怀来建设局综合楼框架中间层端节点构造如图 2.12-9 所示。

图 2.12-7 怀来建设局综合楼实景图

（2）框架中间层中间节点

框架中间层中间节点梁下部纵向钢筋锚固采用图 2.12-10 的构造方案。梁下部纵向钢筋伸入节点的埋入长度 l_{am} 应不小于 0.4 倍钢筋计算锚固长度 l_a（或 l_{aE}）。

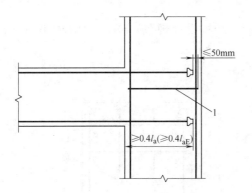

图 2.12-8 框架中间层端节点构造示意图

图 2.12-9 怀来建设局综合楼框架中间层端节点构造

（3）框架顶层中间节点

框架顶层中间节点柱纵向钢筋锚固采用如图 2.12-11 所示的构造方案。柱纵向钢筋伸

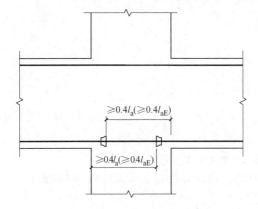

图 2.12-10 框架中间层中间节点构造示意图

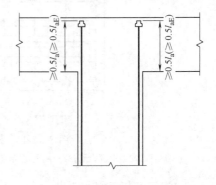

图 2.12-11 框架顶层中间节点构造示意图

入节点的埋入长度 l_{am} 应不小于 0.5 倍钢筋计算锚固长度 l_a（或 l_{aE}），且应伸至柱顶。怀来建设局综合楼框架顶层中间节点构造如图 2.12-12 所示。

图 2.12-12　怀来建设局综合楼框架顶层中间节点构造

（4）框架顶层端节点

框架顶层端节点梁柱纵向钢筋采用锚固板锚固方案如图 2.12-13。怀来建设局综合楼框架顶层端节点构造如图 2.12-14 和图 2.12-15。梁上部和下部钢筋均采用钢筋锚固板，图 2.12-13 中梁宽范围内的柱外侧纵向钢筋弯折后端部加锚固板。框架顶层端节点应用锚固板还应满足以下规定：

① 节点的顶部应插入倒 U 形箍筋，全部倒 U 形箍筋应采用带肋钢筋，其屈服承载力不应小于 1/2 倍梁上部钢筋的屈服承载力，且离梁筋锚固板最近的倒 U 形箍筋应采用并列双层 U 形箍筋。

② 离柱筋锚固板最近的水平箍筋应采用并列的双层箍筋。

③ 柱外侧纵向钢筋弯弧半径应符合《混凝土结构设计规范》GB 50010 中第 10.4.5 条的规定。

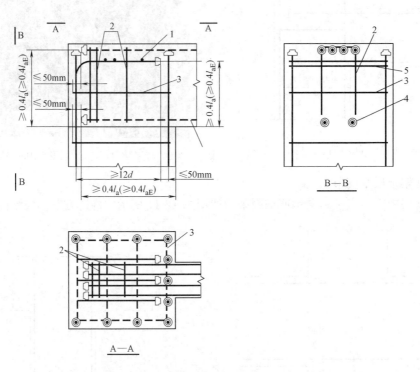

图 2.12-13　框架顶层端节点构造方案示意图

1—垂直方向梁上部纵筋；2—倒 U 形箍筋；3—水平箍筋；4—梁下部钢筋；5—柱筋锚固板下双层箍筋

3. 施工工艺流程及要点

（1）施工准备

图 2.12-14　框架顶层端节点构造之一

图 2.12-15　框架顶层端节点构造之二

检验合格的钢筋锚固板，应按规格存放整齐备用。锚固板进入现场后应妥善保管，不得造成锈蚀及损坏；做好操作人员的技术、安全培训及考核工作，对考核合格人员颁发上岗证书。

（2）工艺检验

丝头正式加工前应进行锚固板组装件的单向拉伸试验。并应符合下列要求：每种规格的钢筋锚固板的单向拉伸试件不应少于 3 根；3 根试件的抗拉强度值均不应小于钢筋抗拉强度标准值。

（3）钢筋切割

钢筋下料宜用 GQ50 型机械式专用钢筋切断机；钢筋端部不得有弯曲，出现弯曲时应调直；钢筋端面须平整并与钢筋轴线垂直，不得有马蹄形或扭曲。

（4）钢筋端部滚轧螺纹

钢筋螺纹加工应用 QGL40（50）型钢筋滚丝机。在台钳夹紧钢筋前应用与钢筋规格相匹配的挡铁控制钢筋位置，不得用目测进行；钢筋丝头尺寸应严格控制，并满足有关要求；用滚丝机对钢筋丝头进行加工时应使用水性润滑液，不得使用油性润滑液。

（5）螺纹检验

螺纹检验包括螺纹直径和螺纹长度检验。螺纹直径和长度检验方法和要求应表2.12-3的规定。

钢筋螺纹检验方法及要求　　　　　　　　　　　　　　　　　　表 2.12-3

序号	检验项目	量具名称	检 验 要 求
1	丝头长度	专用检验螺母	丝头长度应满足设计要求,标准丝头长度公差为+1p
2	螺纹直径	专用检验螺母	能顺利旋入螺纹并达到旋合长度
		环止规	环止规旋入量不应超过 3p

（6）安装钢筋锚固板

锚固板安装时，锚固板规格应与钢筋规格保持一致；检验合格的钢筋丝头，应立即安装锚固板并码放在适当区域，以免钢筋丝头受到损伤和沾污。

4. 结论

（1）用带 CABR 锚固板钢筋取代传统的带 90°标准弯折钢筋进行锚固是完全可行的、

可靠的。

（2）采用该技术后，避免了传统做法中梁柱节点区域钢筋密集拥堵的现象，使钢筋绑扎困难问题得到了很好的解决。传统做法中，梁中带 90°标准弯折钢筋需先就位绑扎后才可绑扎柱节点区箍筋。而采用 CABR 锚固板后，可先行绑扎柱节点区箍筋而后再绑扎带锚固板钢筋，这样可极大提高绑扎钢筋的工效。

（3）使用 CABR 钢筋锚固板用于梁柱节点，使混凝土浇筑方便、易振捣，可明显提高混凝土质量。

（4）采用 CABR 钢筋锚固板，不仅可节约锚固用钢筋，而且还可方便施工、提高工效、缩短工期、改善混凝土浇筑质量，可获得良好的技术经济效益，该技术有着较大的推广应用价值。

3 模板脚手架技术

3.1 销键型脚手架及支撑架

3.1.1 发展概述

在我国的大型建筑施工中，90%以上的脚手架及模板支撑架使用的是扣件式钢管脚手架，主要由 $\phi48\times3.0$ 脚手架钢管和与之配套的扣件组合而成。因钢管扣件脚手架直接用于模板支撑、特别是高大模板支撑存在缺陷，如立杆端部的自由度过大，扣件与立杆根据工人的习惯来连接，随意性大，从而给施工带来了巨大的安全隐患，致使扣件式钢管脚手架用作高大模板支撑体系时安全事故时有发生。而且使用该类脚手架的支模体系需要耗费大量钢材和木材资源，已经成为影响我国建筑技术健康、可持续发展的屏障。

销键型钢管脚手架支撑架是我国目前推广应用最多、效果最好的新型脚手架及支撑架。其中包括：盘销式钢管脚手架、键槽式钢管支架、插接式钢管脚手架等。销键型钢管脚手架安全可靠、稳定性好、承载力高；全部杆件系列化、标准化，搭拆快、易管理；适应性强，除搭设常规脚手架及支撑架外，由于有斜拉杆的连接，销键型脚手架还可搭设悬挑结构、跨空结构架体，可整体移动、整体吊装和拆卸。

销键型钢管脚手架及支撑架安全可靠，施工快捷，美观大方，能够有效地保证建筑工程的施工安全，质量稳定可靠，周转率高，并且由于没有零散小部件，从源头上大大降低了材料的丢失率，从而达到节约成本的目的。

销键型钢管脚手架支撑架的推广应用，为从源头上对脚手架产品全面升级，推动整个脚手架行业在节能减排、绿色环保方面起到了示范带头作用，从而引导整个行业的进步，体现了产品的先进性。

从整个中国的建筑市场来看，由于我国仍然处于基础设施比较落后的时期，有大量的铁路、公路、房建需要进行建设，因此从产品更新换代的角度上来说，销键型钢管脚手架支撑架体系代替传统脚手架是一个全社会进步的趋势，市场前景非常广阔。

3.1.2 技术内容

1. 结构形式

(1) 销键型钢管脚手架及支撑架包括：盘销式钢管脚手架、键槽式钢管支架、插接式钢管脚手架等。

(2) 销键型钢管脚手架支撑架的立杆上每隔一定距离都焊有连接盘、键槽连接座或其他连接件，横杆、斜拉杆两端焊有连接接头，通过敲击楔形插销或键槽接头，将横杆、斜拉杆的接头与立杆上的连接盘、键槽连接座或连接件锁紧，见图 3.1-1。

2. 销键型钢管脚手架类型

销键型钢管脚手架分为 $\phi60$ 系列重型支撑架和 $\phi48$ 系列轻型脚手架两大类。

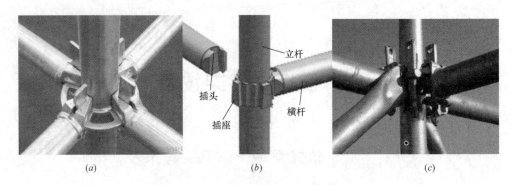

图 3.1-1　销键型钢管脚手架及支撑架

(a) 盘销式脚手架节点；(b) 键槽式支架节点；(c) 插接式脚手架节点

（1）ϕ60 系列重型支撑架的立杆为 ϕ60×3.2 焊管制成（材质为 Q345）；立杆规格有：0.5m、1m、1.5m、2m、2.5m、3m，每隔 0.5m 焊有一个连接盘或键槽连接座；横杆及斜拉杆均采用 ϕ48×2.5 焊管制成，两端焊有插头并配有楔形插销，搭设时每隔 1.5m 搭设一步横杆。

（2）ϕ48 系列轻型脚手架的立杆为 ϕ48×3.2 焊管制成（材质为 Q345）；立杆规格有：0.5m、1m、1.5m、2m、2.5m、3m，每隔 0.5m（或 0.6m）焊有一个连接盘或键槽连接座；横杆采用 ϕ48×2.5、斜杆采用 ϕ42×2.5、ϕ33×2.3 焊管制成，两端焊有插头并配有楔形插销（键槽式钢管支架采用楔形槽插头），脚手架搭设时每隔 1.5~2.0m 搭设一步横杆，支撑架搭设时每隔 0.9~1.5m 搭设一步横杆（以计算为准）。

3. 销键型钢管脚手架支撑架设计

（1）基本组件为：立杆、横杆、斜杆、可调底座、可调托座等。

（2）功能组件为：三角架、连墙件、双槽钢托梁、冲孔踏板、拼接楼梯、水平杆上立杆。

（3）连接配件为：锁销、销子、螺栓。

（4）连接方式：立杆与横杆之间采用预先焊接于立杆上每隔 0.5m（或 0.6m）焊有一个连接盘或键槽连接座；横杆两端焊有插头并配有楔形插销（键槽式钢管支架采用楔形槽插头）以插接的方式相扣，再用插销穿插孔间的连接形式（键槽式钢管支架直接插入）；立杆与斜杆之间采用斜杆端部的锁销或插头与立杆上的连接盘或键槽连接座相连接；盘销式钢管支架的连接节点见图 3.1-2，整体盘销式钢管支架见图 3.1-3，整体键槽式钢管支架图见图 3.1-4。

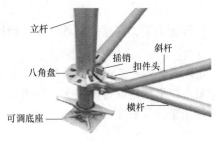

图 3.1-2　盘销式脚手架节点

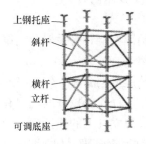

图 3.1-3　整体盘销式钢管支架图

（5）力学性能：架体杆件主要承重构件采用低碳合金结构钢，结构承载力得到极大的提高。节点的承载力由连接盘或键槽连接座的材料、焊缝的强度决定，并且由于锁销的倾角远小于锁销的摩擦角，受力状态下，锁销始终处于自锁状态。

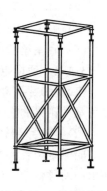

图 3.1-4　整体键槽式钢管支架图

（6）表面处理：该类产品均采用热镀锌处理，构件不会发生锈蚀，使用寿命延长，也保证了结构承载力不会因结构构件锈蚀而降低。

4. 销键型钢管脚手架施工

（1）根据工程结构施工图、施工要求、施工目的、服务对象及施工现场条件，编制脚手架或模板支撑架专项施工方案及施工图。

（2）对设计方案进行详细的结构计算，确保脚手架或模板支撑架的稳定性。

（3）制定确保质量和安全施工等有关措施。

（4）制定脚手架或模板支撑架施工工艺流程和工艺要点。

（5）根据专项施工方案对所需材料进行统计。

5. 主要特点

（1）安全可靠，立杆上的连接盘或键槽连接座与焊接在横杆或斜拉杆上的插头锁紧，接头传力可靠；立杆与立杆的连接为同轴心承插；各杆件轴心交于一点。架体受力以轴心受压为主，由于有斜拉杆的连接，使得架体的每个单元形成格构柱，因而承载力高，不易发生失稳。

（2）搭拆快、易管理，横杆、斜拉杆与立杆连接，用一把铁锤敲击楔形销即可完成搭设与拆除，速度快，功效高。全部杆件系列化、标准化，便于仓储、运输和堆放。

（3）适应性强，除搭设一些常规架体外，由于有斜拉杆的连接，销键型脚手架还可搭设悬挑结构、跨空结构、整体移动、整体吊装、拆卸的架体。

（4）节省材料、绿色环保，由于采用低合金结构钢为主要材料，在表面热浸镀锌处理后，与钢管扣件脚手架及其他支撑体系相比，在同等荷载情况下，材料可以节省 1/3 左右，产品寿命可达 15 年，做到节省材料、绿色环保，节省相应的运输费、搭拆人工费、管理费、材料损耗等费用。

3.1.3　技术指标

（1）基本组件规格参数见表 3.1-1；

基本组件规格参数表

表 3.1-1

序号	名称	规格	长度(mm)	材质	表面处理
1	立杆	$\phi60\times3.2$ $\phi48\times3.2$	500、1000、1500、2000、2500、3000	Q345	热镀锌
2	横杆	$\phi48\times2.5$	300、600、900、1200、1500、1800、2100、2400	Q235	
3	斜杆	$\phi48\times2.5$ $\phi42\times2.5$ $\phi33\times2.3$	约 1000～2800	Q235 Q195	
4	可调底座	$\phi48\times6.5$ $\phi38\times5$	500、600	Q235	
5	可调托座	$\phi48\times6.5$ $\phi38\times5$	500、600	Q235	

（2）φ48 立杆套管插接长度不小于 150mm，φ60 立杆套管插接长度不小于 110mm；

（3）脚手架安装后的垂直偏差应控制在 1/500 以内；

（4）底座丝杆和顶部托座的外露尺寸不得大于规定要求。

3.1.4　适用范围

（1）φ60 系列重型支撑架可广泛应用于公路、铁路的跨河桥、跨线桥、高架桥中的现浇盖梁及箱梁的施工，用作水平模板的承重支撑架。

（2）φ48 系列轻型脚手架适用于直接搭设各类房屋建筑的外墙脚手架，梁板模板支撑架，船舶维修、大坝、核电站施工用的脚手架，各类钢结构施工现场拼装的承重架，各类演出用的舞台架、灯光架、临时看台、临时过街天桥等。

3.1.5　工程案例

1. 南京禄口机场高支模工程概况

本工程属于南京禄口国际机场二期建设工程航站区工程 2 号航站楼，在航站楼主楼、指廊中均有层高超过 9m 的高支模区域，属于超过一定规模的危险性较大的分部分项工程。其中航站楼主楼板厚 150mm，主要梁截面包括 800mm×1400mm，800mm×1300mm，700mm×1300mm，600mm×1200mm，600mm×1000mm，400mm×800mm，500mm×800mm 等，层高分别 9m 及 9.13m，跨度最大为 17.34m。指廊高支模部分楼板厚 150mm，主要梁截面包括 900mm×1200mm，700mm×1200mm，500mm×800mm，500mm×700mm，400mm×700mm，600mm×1200mm，500mm×1000mm，300mm×800mm，250mm×500mm 等，层高为 9.21m，跨度最大为 18m。

2 号航站楼为三层框架结构，一层±0.00m 部位楼板为基础承台以上的整体现浇梁板结构，二层+4.12m 楼板在指廊区域除两个天井外，整体设计布置，而在航站楼主楼区域部分设置；三层+8.90m 楼板基本满区域设置。所以三层+8.90m 楼板在没有二层楼板的部位全部层高在 8m 以上，这就是本工程的高支模施工区域。

综上所述，航站楼三层楼板在东西指廊有两部分、主楼三层楼板也有两大部分支模高度均在 9m 以上，是典型的高支模施工区域，见图 3.1-5。

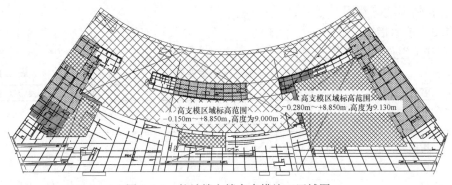

高支模区域标高范围
-0.150m～+8.850m，高度为9.000m

高支模区域标高范围
-0.280m～+8.850m，高度为9.130m

图 3.1-5　航站楼主楼高支模施工区域图

2. 工程特点及难点

（1）600mm 梁宽以下的梁支撑采用梁板共支的支撑方式。

（2）600mm 梁宽以上的梁支撑采用梁板独立支撑的方式。

（3）整体建筑结构呈圆弧形，施工中架体断开处较多，脚手架搭设较复杂。断开处宜采用钢管扣件相连，形成整体。

3. 搭设方案及解决措施

（1）模板体系材料选用

模板材料：选用 15mm 厚的胶合板；

次龙骨材料：选用 45mm×95mm 木方。

（2）主龙骨材料：

① 宽度≤600mm 梁底，选用 ϕ48mm 壁厚 3mm 普通钢管，垂直于梁横截面放置；

② 宽度＞600mm 梁底，第一层主龙骨选用 10♯槽钢，间距 1000mm，垂直于梁横截面放置；第二层主龙骨选用 10♯工字钢，沿梁长方向放置；

③ 板底选用 ϕ48mm 壁厚 3mm 普通钢管，梁侧选用 M14 对拉螺杆。

（3）支撑体系材料选用

支撑体系材料选用盘销式钢管支架。

（4）盘销式钢管支架体系施工设置

楼板模板支撑形式：

楼板下满堂搭设，最大立杆间距为 1.2m×1.2m，立杆步距 1.5m，顶层步距为 1.0m 或 1.5m，模板为 15mm 厚胶合板，次龙骨为 45mm×95mm@300mm 木方，主龙骨为双拼 ϕ48mm 壁厚 3mm 普通钢管。

梁板支撑形式如下：

① 梁截面大于 300mm×600mm，且梁宽度≤600mm 时，采用梁板共支支模形式。沿梁长方向立杆间距为 1.2m，梁断面宽度方向立杆最大间距为 1.2m，标准步距为 1.5m，梁底满布斜杆，在跨中需加设钢管支撑，高度方向至少与 3 根横杆扣接，且当单杆立杆设计受力大于等于 40kN 时，底层步距应增设一道横杆。

② 梁宽度＞600mm 时，采用梁、板结构支撑各自独立支模形式。梁断面宽度方向立杆间距为 0.9m 和 1.2m 两种，其余方法同梁板共支支模形式。

③ 楼梯处支撑形式，立杆间距参照施工中具体的楼梯板尺寸，标准步距为 1.5m，立杆间满拉斜杆。

④ 高支模区域后浇带处支撑形式，在浇筑混凝土前就依照先后浇带后周边梁板的顺序搭设支撑，确保后浇带部分的支撑形式独立搭设。在周围梁板的支撑拆除后，后浇带下的支撑形式仍能够独立工作，确保在设计及规范要求的时间拆除后浇带下支撑。

3.2　集成附着式升降脚手架技术

3.2.1　发展概述

在高层和超高层建筑的主体施工中，附着式升降脚手架有明显的优越性，它用料少，只装拆一次，爬升快捷方便，具有推广价值。附着式升降脚手架可整体升降，也可分组升降，可利用电动葫芦为动力进行升降，也可利用液压千斤顶为动力进行升降。

附着式升降脚手架把高空作业大部分工作转变为地面作业，最大化避免了不安全因素。附着式升降脚手架一次组装搭设成型后，在施工期间采用电动提升，大大减轻了工人的劳动强度；由于一次成型避免了高空搭设工作，提高了搭设工人的安全度。施工工人的操作是在架体里进行，架体中的严密防护可以有效地防止施工工人发生安全事故。目前，附着式升降脚手架已成为高层建筑施工安全防护设备的首选，它以其较高的安全性和节能环保性被广大用户所选用。

3.2.2 技术内容

1. 基本原理

附着升降脚手架是将专门设计的升降机构固定（附着）在建筑物上，将脚手架同步升降机构连接在一起，通过固定于升降机构上的动力设备将脚手架提升或下降，从而实现脚手架的爬升或下降。首先将脚手架和升降机构分别固定（附着）在建筑结构上，当建筑物混凝土的承载力达到一定要求时开始爬升，爬升前先将脚手架悬挂在升降机构上，通过固定在升降机构上的升降动力设备将脚手架提升，提升到位后，再将脚手架固定在建筑物上，进行上一层结构施工；当该层新浇筑混凝土达到爬架要求的强度时，解除升降机构同下层建筑物的固定约束，将其安装在该层爬升所需的位置；再将脚手架悬挂其上准备下次爬升，这样通过脚手架和升降机构的相互支撑和交替附着即可实现爬架的爬升；爬架的下降作业同爬升基本相同，只是每次下降前先将升降机构固定在下一层位置。

2. 特点

附着升降脚手架的出现为高层建筑外脚手架施工提供了更多的选择，同其他类型的脚手架相比，附着升降脚手架具有节省材料，节省人工，独立性强，保证工期，防护到位安全可靠，管理规范，专业操作等特点。

3. 主要技术内容

（1）附着式升降脚手架的分类

通常按架体材料结构分为以下两种：

① 钢管式附着式升降脚手架，采用 $\phi48\times3.5$ 钢管加工、搭设，见图 3.2-1。

② 全钢集成式附着式升降脚手架，用型钢在工厂按模数加工成型，现场拼装组合而成，见图 3.2-2。

（2）附着式升降脚手架组成和设计

① 主要组成部分

由架体结构、附着支承结构、升降机构、安全装置、控制系统等组成。

② 架体结构的要求

附着式升降脚手架的组成结构，一般由竖向主框架、水平支承桁架和架体构架等三部分组成。

竖向主框架是附着式升降脚手架结构主要组成部分，垂直于建筑物外立面，并于附墙支承结构连接。主要承受和传递竖向和水平荷载的竖向框架。

水平支承桁架是附着式升降脚手架结构主要组成部分，主要承受架体竖向荷载，并将竖向荷载传至竖向主框架的水平支承结构。

架体构架是位于相邻两竖向框架之间和水平支撑桁架之上的架体，是附着式升降脚手架结构主要组成部分，也是操作人员作业场所。主要包括立杆、踏板、防护网、爬梯等。

（3）附着支承结构的要求

附着支承结构直接附着在工程结构上，并与竖向主框架相连接，承受并传递脚手架荷载的支承结构。包括附墙支座、悬臂梁、斜拉杆等。其构造应符合下列规定：

图 3.2-1　钢管式附着式升降脚手架

图 3.2-2　全钢集成式附着升降脚手架

① 竖向主框架所覆盖的每个楼层处应设置一道附墙支座，最上和最下两附墙支座的间距不小于 2.8m 或架体高度的 1/4。

② 在使用工况时，应将竖向主框架固定于附墙支座，保证三个附着支座均衡承载。

③ 在升降工况时，附墙支座上应设有防倾、防坠、导向的结构装置，保证约束导轨的附墙支座数量不少于两个。

④ 附墙支座应采用锚固螺栓与建筑物连接，受拉螺栓的螺母不得少于两个或应采用弹簧垫圈加单螺母，螺杆露出螺母端部的长度不应少于 3 扣，并不得小于 10mm，垫板尺寸应由设计确定，且不得小于 100mm×100mm×10mm。

⑤ 附墙支座支承在建筑物上连接处混凝土的强度应按设计确定，且不得小于 10MPa。

（4）常用附着支承结构的组成

目前常用的附墙支承结构由附墙支座、支顶器、防倾滚轮等组成，具有支承、防坠、防倾覆、导向功能于一体。当架体需要下降时，为保证架体下降安全，在附墙支座上再安装防坠器，双重防坠更安全。

（5）升降机构

控制架体升降运行的机构，通常采用手动、电动和液压三种升降方式，其中，手动只用于单跨架体升降。两跨及以上的架体同时整体升降时，应采用电动或液压设备，禁止采用手动升降设备。手动、电动、液压升降设备不得混用。目前，主要采用电动葫芦作为附着式升降脚手架的动力设备。

（6）导轨

导轨是架体工作轨道，内与附墙支座滑动连接，外与架体竖向主框架连接，引导脚手架上升和下降。附着式升降脚手架所使用的导轨主要有以下三种：工字钢导轨、槽钢导轨、钢管导轨。

（7）智能控制系统

操作控制电动葫芦或液压设备动作工况的设备，包括荷载控制系统和同步控制装置。荷载控制系统能够反映、控制升降机构在工作中所承受荷载的装置系统。同步控制装置能够在架体升降中控制各升降点的升降速度，使各升降点的荷载或高度差在设计范围内，即控制各点相对垂直位移的装置。

附着式升降脚手架智能控制系统综合运用单片机和传感器测控技术，通过单片微型计算机对被提升脚手架的载荷进行综合分析并作出相应处理，实现了对脚手架升降全过程的实时监测和自动控制，并通过计算机对各机位载荷和状态进行采集和显示各机位的当前状态，使整个爬架升降自如、快速、准确、安全，从而有效地保证了施工的优质进行。

附着式升降脚手架智能控制系统使用计算机做上位机，以总控和多台以单片微型计算机为核心的智能分控以及载荷传感器组成的测量系统。通过一条通讯总线将上位机和下位机联系在一起，对系统中各分控的载荷进行实时检测、实时报警、实时排障和实时控制，有效地保证了脚手架施工的快速、安全和准确。

控制系统的控制线路采用并行的方式连接，各分控全部有单独控制动作，当分控的单片微型计算机检测到当前机位异常时，会自动发出相应的动作，并将信号传递给总控。

（8）防倾覆装置

防倾覆装置应符合下列规定：

① 应包括导轨和两个以上与导轨连接的可滑动的导向件；

② 在防倾导向件的范围内应设置防倾覆导轨，且应与竖向主框架可靠连接；

③ 在升降和使用两种工况下，最上和最下两个导向件之间的最小间距不得小于 2.8m 或架体高度的 1/4；

④ 应具有防止竖向主框架倾斜的功能；

⑤ 应采用螺栓与附墙支座连接，其装置与导轨之间的间隙应小于 5mm。

⑥ 防倾覆装置的结构形式：

防倾装置可以防止附着式升降脚手架内外倾翻，使用时在每个附墙支座设置一组防倾装置，从上至下共三组。导向架上的导轮与导轨形成导轮导轨直线运动，在升降过程中，约束和保持着架体沿导轮滑移，从而起限位和防倾翻作用。

常用的防倾覆装置的结构形式有 3 种：工字钢导轨式防倾覆装置；槽钢焊接导轨式防倾覆装置；钢管导轨式防倾覆装置。

（9）防坠落装置

防坠落装置必须符合下列规定：

① 应设置在主框架处并附着在建筑结构上，每一个升降点不得少于一个防坠落装置，防坠落装置在使用和升降工况下都必须起作用；

② 必须采用机械式的全自动装置，严禁使用每次升降都需要重组的手动装置；

③ 技术性能应满足承载能力要求外，还应符合表 3.2-1 的规定。

防坠落装置技术性能 表 3.2-1

脚手架类别	制动距离(mm)
整体式升降脚手架	≤80
单跨式升降脚手架	≤150

④ 应具有防尘、防污染的措施，并应灵敏可靠和转动自如；

⑤ 与升降设备必须分别独立固定在建筑结构上；

⑥ 钢吊杆式防坠落装置，钢吊杆规格应由计算确定，但不应小于 $\phi25mm$。

常用防坠器有：摆针式防坠器、楔钳制动式防坠器、凸轮式防坠器、支顶式防坠器、转轮式防坠器。

4. 附着式升降脚手架的安全使用

(1) 交付使用前，总承包单位、施工单位、监理单位必须严格按照《附着式升降脚手架首次安装完毕及使用前检查验收表》的各项目进行检验验收，验收合格，方可使用。

(2) 在施工过程中，施工单位应严格控制施工荷载。结构施工阶段应控制在 $3kN/m^2$ 以内，最多只能二步脚手架内同时受载。外墙装修阶段应控制在 $2\,kN/m^2$ 以内，可以 3 步同时受载，施工荷载不能集中堆放，应分散堆放，并设专人巡视监控。

(3) 当停用超过要 3 个月时，应提前采取加固措施。

(4) 当停用超过 1 个月或遇到 6 级以上大风后复工时，应进行检查，确认合格后方可使用。

(5) 遇到大风时应采取有效的安全措施。

3.2.3 技术指标

1. 施工活动荷载标准值 Q_K

结构施工按二层同时作业计算，使用状况时按每层 $3kN/m^2$ 计算，升降及坠落状况时按每层 $0.5kN/m^2$ 计算。

装修施工按三层同时作业计算，使用状况时按每层 $2kN/m^2$ 计算，升降及坠落状况时按每层 $0.5kN/m^2$ 计算。

2. 主要架体构造尺寸

(1) 架体高度不应大于 5 倍楼层高；

(2) 架体宽度不应大于 1.2m；

(3) 直线布置的架体支承跨度不应大于 7m；折线或曲线布置的架体支承跨度不应大于 5.4m；

(4) 整体式附着升降脚手架架体的悬挑长度不得大于 1/2 水平支承跨度和 2m；单片式附着升降脚手架架体的悬挑长度不应大于 1/4 水平支承跨度；

(5) 升降和使用工况下，架体悬臂高度均不应大于 6m 和 2/5 架体高度；

(6) 架体全高与支承跨度的乘积不应大于 $110m^2$。

3.2.4 适用范围

集成附着式升降脚手架适用于高层或超高层建筑的结构施工和装修作业；对于 16 层以上，结构平面外檐变化较小的高层或超高层建筑施工推广应用附着升降脚手架；附着升降脚手架也适用桥梁高墩、特种结构高耸构筑物施工的外脚手架。

3.2.5 工程案例

1. 中山国际灯饰商城工程概况

此工程为超高层公共建筑，由高层灯饰展销裙楼及超高层综合塔楼组成。地下二层、地上裙楼 10 层、塔楼 38 层，塔楼建筑平面面积约 2000m²，建筑高度为 198.30m。周长约 180m，平面形式呈四边形（在转角处为圆弧形），层高主要以 4.05m 为主。

本工程裙房主体结构施工至标高 61.95m 后，塔楼开始独立上升，根据本工程竖向和平面结构布置情况，共布置附着式升降脚手架机位 62 台套，从第 16 层开始施工，到第 38 层结束，建筑结构周长 180m，提升高度 100.4m。

2. 施工工艺技术

（1）组成

由架体结构、附着支承结构、安全装置、升降机构、控制系统等组成。

（2）平面布置

本项目附着升降脚手架的架体及吊点沿建筑结构外围布置，机位平面布置见图 3.2-3。

（3）立面布置

本项目附着升降脚手架的立面布置见图 3.2-4。

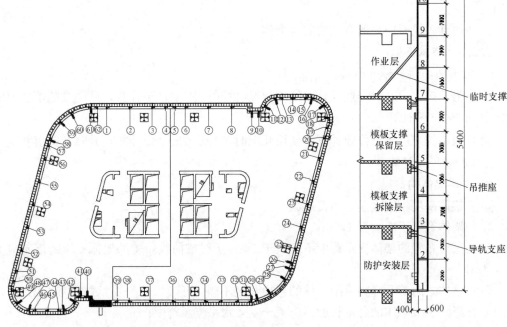

图 3.2-3　机位平面布置示意图　　　　图 3.2-4　机位立面布置图

附着升降脚手架适用于外立面基本没有变化的高层和超高层建筑的结构施工和装修作业，一般对于 16 层以上的建筑物经济效果比较显著，因附着升降脚手架的材料用量仅与建筑物的周长有关而与建筑物的层数无关，因此建筑物层数越多、高度越高，经济效益就越显著。由于土地资源的匮乏，城市特别是特大城市的高层超高层建筑还会越来越多，附着升降脚手架的应用前景会更加广阔。

3.3 电动桥式脚手架技术

3.3.1 发展概述

电动桥式脚手架（也称附着式电动施工平台或导架爬升式工作平台，英文缩写 WC-WP）是一种搭设于三角形立柱支架之上且可沿立柱升降的脚手架平台，立柱附着在建筑物上，平台沿立柱通过齿轮齿条传动方式实现升降，平台运行平稳；操作控制箱安装在工作平台上，施工人员可根据工作需要把工作平台升降到理想的高度，便于作业人员进行施工，提高了作业效率，减轻了劳动强度，节约了大量脚手架材料；专门设计的多项智能及安全控制器，确保使用安全可靠；本产品使升降机和工作平台合二为一，在为施工人员提供操作平台的同时也解决了材料的运输问题。它可替代脚手架及电动吊篮，用于建筑工程装修作业，尤其适合既有建筑物的改造及贴砖、干挂石材、幕墙等施工作业，如图 3.3-1 所示。

图 3.3-1　电动桥式脚手架用于建筑工程装修作业

当前我国建筑业发展很快，但从整体上看，依然存在着劳动生产率较低，整体技术装备落后等问题。国内建筑工程施工中基本采用普通脚手架或电动吊篮作为施工的主要设备。其中存在着使用材料多，搭设时间长、操作平台的高度不易调整，不便于施工操作，以及施工材料不便于传输，安全隐患较多等问题；脚手架施工中施工作业人员与工程管理人员上下只能靠徒步或攀登为主，吊篮使用时也存在着操作架体不稳定、长度较短等问题，且不能为工程质量监督管理人员提供安全的上下检查的工作通道；外界环境（风）对施工过程与工程质量产生影响，这些机具既浪费资源又降低效率。本产品是目前国际上比较先进的施工设备，在欧美等发达国家已普遍使用，近几年在国内一些建筑工程中也开始得到应用，取得了良好的经济效果。尤其在减轻劳动强度、提高劳动生产率、确保作业安全、缩短工期等方面效果显著，它的推广使用将极大地提高我国施工装备水平，对保障施工安全、提高工程质量起到促进作用。

3.3.2 技术内容

1. 特点

（1）电动桥式脚手架是靠电机驱动采用齿轮齿条传动方式使脚手架工作平台升降的大型施工装备，升降平稳，安全可靠；

（2）脚手架平台可停于立柱上任何位置，施工人员可以根据需要以最舒适的姿势进行工作，这种人性化的设计提高了施工人员的工作效率，降低了劳动强度；

（3）防坠落、防倾覆、限高行程自动控制、自动调平控制等多种安全保险设计保障了安装和使用安全；

（4）平台电控箱提供两相工作电源，方便施工作业人员施工，设备操作简单，自动化程度高，工人只需按钮即可实现升降作业；

（5）可以运输材料与工具，而不需要其他的施工设备，减轻了工程施工中垂直运输的压力；

（6）同传统落地式脚手架或悬挑脚手架相比，使用材料少，安装、拆卸快速，可降低脚手架工程施工成本，同电动吊篮比更安全更稳定更高效。

2. 主要技术内容

电动桥式脚手架设计技术是以架体结构、动力运行、电路控制为基础，通过结构受力分析，运行参数设定，控制安全有效前提下对电动桥式脚手架进行总体设计。电动桥式脚手架由架体系统、驱动系统、控制系统三部分组成。

（1）架体系统由承重底座、附着立柱、作业平台三部分组成，见图 3.3-2、图 3.3-3。

① 每个承重底座由型钢制成的底盘构成，底盘通过五个支点把立柱的重量传给地面。支承点是由四个可调节高度的稳定支腿和一个中心承重支腿组成，他们消除由平台上升下降引起的振动。底座上还有 4 个可转动的轮子，使驱动系统可以自由移动。4 个稳定支腿的伸出臂起到增加平台稳定性的作用。

② 附着立柱是焊接成型的三角立柱，以 1.5m 为标准节，通过高强螺栓连接成整体，平台可通过齿轮齿条传动沿立柱上下运动。

③ 作业平台是通过计算和实验而设计的特殊三角平台梁，以 1.5m、1m 为标准节，通过连接销连接成整体，上面安装有脚手板与护栏。

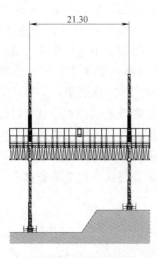
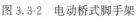

图 3.3-2 电动桥式脚手架

图 3.3-3 电动桥式脚手架立体图

（2）驱动系统由钢结构框架、减速电机、防坠器、齿轮驱动组、导轮组、智能控制器等组成。

（3）控制系统由低压控制箱通过控制电缆与驱动系统连接。

机器运行需接通起动按钮，上升、下降运动由双向操纵开关控制，操作简单容易掌握。控制箱内有延时继电器延时电机启动，以确保双向操纵杆未被无意中接通。平台运行时发出警告声音，当平台到达最低位置时，平台会自动停止下降，如果平台上升至顶端限位立柱时，平台会自动停止。当平台沿两个立柱同时升降时，附着式电动施工平台配有智能水平同步控制系统，控制平台水平升降。

3. 电动桥式脚手架生产工艺及主要装备

（1）防止主要结构件焊接变形技术，由于立柱、平台是主要承力构件，焊缝多且其高度、长度要求非常严格，焊接极易变形。

（2）整个驱动器和控制部分是核心部件，电机的可靠稳定运行是关键。

（3）电动桥式脚手架施工技术

① 采用电动桥式脚手架应根据工程结构图进行配置设计，编制施工方案，绘制工程施工图，合理确定电动桥式脚手架的平面布置和立柱附墙方法，编制施工组织设计并计算出所需的立柱、平台等部件的规格与数量。

② 根据现场基础情况确定合理的基础加固措施。

③ 制定确保质量和安全施工等有关措施。

④ 在整个机械使用期间严格按维修使用手册要求执行，如果出售、租赁机器，必须将维修使用手册转交给新的用户。

⑤ 电动桥式脚手架维修人员需经专门培训。

3.3.3 技术指标

（1）平台最大长度：双柱型为 30.1m，单柱型为 9.8m；

（2）已完成的工程最大高度为 260m，当超过 120m 时需采取卸荷措施；

（3）额定荷载：双柱型最大为 36kN，单柱型最大为 15kN；

（4）平台工作面宽度为 1.35m，可伸长加宽 0.9m；

（5）立柱附墙间距为 6m；

（6）升降速度为 6m/min；

（7）电动机额定功率双柱为 4×2.2kW，单柱为 2×2.2kW；

（8）电源 380V，50Hz；

（9）电动机运行电流双柱为 4×5.4A，单柱为 2×5.4A；

（10）电动机启动时的电流双柱为 2×24.3A，单柱为 24.3A；

（11）不带锚固，使用时允许的最大风速 6 级；

（12）带锚固，使用中允许的最大风速 7 级；

（13）不使用时最大允许风速 12 级；

（14）安装和拆卸时最大允许风速 6 级；

（15）噪声等级 60dB。

3.3.4 适用范围

电动桥式脚手架主要用于各种建筑结构外立面装修作业，已建工程的外饰面翻新，为工人提供稳定舒适的施工作业面；二次结构施工中围护结构砌体砌筑、饰面石材和预制构件安装，施工安全防护；玻璃幕墙施工、清洁、维护等；电动桥式脚手架也适用桥梁高墩、特种结构高耸构筑物施工的外脚手架。

3.3.5 工程案例

电动桥式脚手架在已使用的工程案例中进行了价值分析，它能替代传统脚手架，省工、省时、省料、省费用。自身拆卸灵活，方便，轻巧，能减轻操作工人的劳动强度，能加快施工进度。平台搭设拆除时的劳动强度小，搭设人员虽然技术要求较高，但所需人员较少，容易控制。而传统脚手架搭设拆除操作劳动强度大，危险因素多，安装拆除人员多，工程成本也高；而电动吊篮不稳定，危险因素多，施工作业人员少，受外界环境影响较大，通过以下工程案例说明。

1. 电动桥式脚手架在住宅产业化项目中的应用

江苏镇江新区港南路公租房项目是 3D 模块建筑体系在中国的首次应用。该项目建筑面积为 13.45 万 m^2，共有 10 幢，每幢 18 层，每层被划分为 18 个尺寸适宜运输的多面体空间模块，每个模块在工厂生产线上组装并完成装修，再运至工地现场像搭积木一样建成房屋。整个建筑项目工业化程度达到 85%。

该 3D 模块建筑体系的施工工艺是除核心筒部分采用现浇外，其余部分均采用在工厂生产线上制作完成的多面体模块进行现场组装。在现场施工过程中，首先是核心筒部分现浇结构施工，核心筒结构施工几层后开始外围结构模块的拼装。由于其产业化程度高，模块外立面已经完成了装饰装修，所以在进行模块拼装过程中的作业平台及防护成为本施工的难点。

图 3.3-4　桥式脚手架在产业化
住宅项目中应用效果图

首先，此项目由于施工工艺特殊无法采用悬挑式脚手架，而且这种"搭积木"的建造方式也无法采用吊篮。可以采用搭设传统扣件式钢管脚手架，但是搭设工作量大、施工成本高、工期长，而且在已经完成装饰的外立面设置拉结点容易造成外立面损坏。经过多方案比选，选用了桥式脚手架施工，见图 3.3-4。

2. 附着式桥式脚手架在工业厂房外立面装饰项目中的应用

工业厂房外立面装饰装修过程中传统施工方法是搭设落地式双排脚手架进行施工。此类结构虽然建筑高度不高，但是一般周长较长，采用传统施工方法材料用量大、用工多，由于没有垂直运输机械配合施工成本也相对较高。

如果此类项目中使用附着式电动桥式脚手架施工具有以下特点：分组施工，由于桥式脚手架底座自带可升降滑轮，现场周转方便快捷；桥式脚手架自身承载力较高，可以代替垂直运输设备兼运物料；桥式脚手架集成化程度高，拆装方便快捷可以极大地提高工效，节约施工成本。

浙江中烟工业有限责任公司宁波卷烟厂"十二五"易地技术改造项目结构总高

18.5m，但是结构周长达 1200m，如果采用传统脚手架施工，施工周期长，成本高，采用桥式脚手架施工极大地提高了工效、降低了成本，取得了很好的效果。

3.4 液压爬升模板技术

3.4.1 发展概述

我国从 20 世纪 70 年代开始使用爬模，最早是手动葫芦爬模；20 世纪 80 年代，中建一局四公司在北京新万寿宾馆采用 3.5t 液压千斤顶进行模板互爬，1996 年前后，中建三局在上海采用电动丝杆爬模，1997 年珠海 69 层巨人大厦采用钢模板进行整体液压爬模；1998 年北京国贸中心二期 38 层办公楼采用 6t 液压千斤顶，φ48×3.5 钢管支撑和钢模板进行整体液压爬模；先后经过手动葫芦爬模、3.5t 液压千斤顶模板互爬、6t 液压千斤顶爬模、10t 升降千斤顶爬模等多种爬模发展历程。2000 年后，国内的爬模主要以液压油缸作为爬升动力，液压油缸爬模从单侧外爬发展到外爬内吊、内爬内吊、内爬外吊等多种作法。

我国液压爬升模板（简称爬模）在高层、超高层建筑、桥墩桥塔、高大构筑物等工程中得以大量应用，施工技术进步非常明显。目前，爬模在工程质量、安全生产、施工进度、降低成本，提高工效和经济效益等方面均有良好效果。

3.4.2 技术内容

1. 特点

（1）可整体爬升，也可单榀爬升，爬升稳定性好。

（2）操作方便，安全性高，可节省大量工时和材料，经济效益明显。

（3）除了因建筑结构（如墙面突然缩进或形状突变）需对模架改造之外，一般情况爬模架体一次组装后，一直到顶不落地，节省了施工场地，减少了模板的碰损。

（4）液压爬升过程平稳、同步、安全，操作平台采用全封闭式，爬模架体与混凝土墙体之间相对封闭，能够满足防止高空坠物等方面的安全要求。

（5）结构施工误差小，纠偏简单，可逐层消除。

（6）爬升速度快（平均 3～5d 一层）。

（7）模板自爬，原地清理，大大降低塔吊的吊次。

2. 主要技术内容

（1）爬模工作原理

爬模装置的爬升运动通过液压油缸对导轨和爬模架体交替顶升来实现。导轨和爬模架体是爬模装置的两个独立系统，二者之间可进行相对运动。当爬模浇筑混凝土时，导轨和爬模架体都挂在连接座上。退模后立即在退模留下的预埋件孔上安装连接座组（承载螺栓、锥形承载接头、挂钩连接座），调整上、下爬升器内棘爪方向来顶升导轨，待导轨顶升到位，就位于该挂钩连接座上后，操作人员立即转到最下平台拆除导轨提升后露出的位于下平台处的连接座组件等。在解除爬模架体上所有拉结之后就可以开始顶升爬模架体，此时导轨保持不动，调整上下棘爪方向后，爬模架体就相对于导轨运动，通过导轨和爬模架体这种交替提升对方，爬模装置即可沿着墙体逐层爬升。

（2）液压爬模装置组成

爬模装置由模板系统、架体与操作平台系统、液压爬升系统和电气控制系统四部分组成。

① 爬模装置架体采用标准化和模块化设计，平台踏板、爬梯及防护网采用全金属化、轻量化和模块化设计。

② 模板系统：包括组拼式钢模板或钢框（铝框、木梁）胶合板模板、阴角模、阳角模、钢背楞、对拉螺栓、铸钢螺母、铸钢垫片等。

③ 架体与操作平台系统：包括上架体、中架体、下架体、吊架、架体防倾调节支腿、上操作平台、下操作平台、吊平台、纵向连系梁、栏杆、安全网等。

④ 液压爬升系统：包括导轨、挂钩连接座、锥形承载接头、承载螺栓、油缸、液压控制台、防坠爬升器、各种油管、阀门及油管接头等。

a. 液压采用独立单元控制，液压站和油缸之间采用高压胶管连接；

b. 油缸上装有液压锁，在断电、油管爆裂的情况下，油缸任意位置随时停止且不下滑或上升；

c. 油缸侧边装有位移传感器，实时反馈油缸的运行位置，保证多只油缸的同步行走，位移传感器的精度为 0.01%；

d. 安装比例流量阀控制油缸的流量，控制油缸的伸缩速度；

e. 油缸无杆腔进油口安装压力传感器控制工作油压，具有超载保护功能；

f. 安装三位四通换向电磁阀控制油缸的伸缩。

⑤ 智能化控制系统

a. 电气控制：整个系统采用 PLC 闭环控制，在总控制柜的面板上装有一块触摸屏。在触摸屏上可以实时显示每只油缸的运行情况，并有报警提示；可以单独点动上升和下降，整体连续上升和下降，实现智能控制同步爬升。

b. 位移同步控制：相邻两机位在油缸侧面分别安装有拉杆式传感器，实时监测每个油缸的位移，并将位移信号输入到可编程控制器进行运算和比较分析，当升差 Δh＞系统设定偏差值时，PLC 自动发出纠偏指令给流量控制模块，减少比例流量阀的开口度，减少位移大的油缸的流量，降低其爬升速度，缩小两缸的升差，使升差自动保持在设定范围内，不用人工调整。

c. 工作压力控制：通过触摸电脑设定系统工作压力，当工作压力大于设定工作压力时，系统报警并停止运行，降低工作压力，恢复正常工作。

（3）施工方法

① 竖向结构爬模率先施工，水平结构滞后 4～5 层施工，见图 3.4-1（a）；

② 竖向结构外墙爬模施工，内墙与水平结构支模同步施工，见图 3.4-1（b）。

（4）安装流程

① 安装预埋件、安装挂钩连接座；

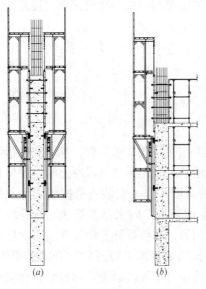

（a） （b）

图 3.4-1 爬升模板施工方法

② 下架体和吊架在地面连接好后安装到挂钩连接座上，并安装纵向连系梁和踏板；

③ 安装中架体，并安装纵向连系梁和踏板；

④ 安装导轨；

⑤ 安装上架体，并安装纵向连系梁和踏板；

⑥ 安装模板、预埋件、液压系统和控制系统。

（5）液压爬升模板施工、爬升流程

① 预埋件安装、合模；

② 浇筑混凝土；

③ 绑扎上层钢筋，退模，安装附墙支座；

④ 提升导轨：将上下换向盒内的换向装置同时调整为向上，换向装置上端顶住导轨，将导轨向上顶升，导轨就位后将其固定；

⑤ 爬升架体、预埋件安装、合模：导轨固定后，将上下换向盒内的换向装置调整为向下，换向装置下端顶住导轨，提升架体使模板升到上一层。爬升或提升导轨液压控制台有专人操作，每榀架子设专人看管是否同步，发现不同步，可调液压阀门控制。

（6）拆除

爬模装置拆除前，必须编制拆除技术方案，明确拆除先后顺序，制定拆除安全措施，进行安全技术交底。

① 爬模整体施工完毕后，爬模下方各施工组应全部停工，做好爬模拆除准备工作；

② 拆除原则：先装后拆，整体分段，地面解体；

③ 四面架体高度方向分三部分拆除，上架体为第一部分，中架体为第二部分，下架体和吊架为第三部分，宽度方向按塔吊的起重量来确定爬模拆分；

④ 用塔吊先将模板拆除并吊下；

⑤ 拆除上架体及其踏板和防护网，用塔吊吊下；

⑥ 用塔吊抽出导轨；

⑦ 拆除中架体及其踏板和防护网，用塔吊吊下；

⑧ 拆除液压装置及配电装置，并吊出；

⑨ 操作人员位于吊平台上将下层附墙装置及爬锥拆除并吊下；

⑩ 用塔吊吊起下架体和吊平台，起至适当高度，卸下最高一层附墙装置及爬锥，并修补好爬锥洞；

⑪ 最后拆除与爬梯或电梯相连的架体，操作人员卸好吊钩、拆除附墙装置及爬锥，操作人员从电梯或爬梯下来后，再吊下最后一榀架子；

⑫ 所有大型物件在地面解体。

（7）关键技术

① 应对承载螺栓、支承杆、导轨主要受力部件按施工、爬升、停工三种工况分别进行强度、刚度及稳定性计算。

② 爬模装置爬升时，承载体受力处的混凝土强度必须大于10MPa，并应满足爬模设计要求。

③ 爬模装置应由专业生产厂家设计、制作，应进行产品制作质量检验。出厂前应进行至少两个机位的爬模装置安装试验、爬升性能试验和承载试验，并提供试验报告。

④ 爬模装置现场安装后，应进行安装质量检验。对液压系统应进行加压调试，检查密封性。

⑤ 爬升施工必须建立专门的指挥管理组织，制定管理制度，液压控制台操作人员应进行专业培训，合格后方可上岗操作，严禁其他人员操作。

⑥ 非标准层层高大于标准层层高时，爬升模板可多爬升一次或在模板上口支模接高；非标准层层高小于标准层层高时，混凝土按实际高度要求浇筑。非标准层必须同标准层一样在模板上口以下规定位置预埋锥形承载接头或承载螺栓套管。

⑦ 爬升施工应在合模完成和混凝土浇筑后两次进行垂直偏差测量，并做好记录。如有偏差，应在上层模板紧固前进行校正。

3.4.3 技术指标

1. 架体系统

架体支承跨度：油缸机位间距不宜超过 5m，当机位间距内采用梁模板时，间距不宜超过 6m。

架体高度：16m；

操作平台：6 层，上部两层为钢筋、混凝土操作层，中间两层为模板操作层，下部两层为爬模操作层。

架体宽度：主平台 2.0m。

2. 电控液压升降系统

额定工作压力：16MPa；

双油缸同步误差：≤20mm；

电控手柄操作：可实现单缸、双缸、多缸动作；

液压油缸额定荷载 50kN、100kN、150kN；工作行程 150～600mm。

油缸布置数量需根据爬模装置自重及施工荷载进行计算确定，根据《液压爬升模板工程技术规程》JGJ 195 规定，油缸的工作荷载应小于额定荷载二分之一。

3. 液压自爬升模系统各操作平台的设计施工荷载

上平台最大允许承载：≤4kN/m² （爬升时 1.0kN/m²）

模板操作工作平台（主平台、下平台、吊平台）最大允许承载：≤1.0kN/m²

4. 爬升时，承载体受力处的混凝土强度应大于10MPa，并应满足设计要求。

3.4.4 适用范围

适用于高层、超高层建筑剪力墙结构、框架结构核心筒、桥墩、桥塔、高耸构筑物等现浇钢筋混凝土结构工程的液压爬升模板施工。

3.4.5 工程案例

广州东风中路 S8 地块项目

1. 工程概况

位于广州市东风中路与仓边路相交路口的西南侧，为超高层甲级办公楼，包括地下 4 层和地上 31 层（局部 32 层），总建筑面积约 57587m²，总高度 170m，分左右两个核心筒，见图 3.4-2、图 3.4-3。

2. 总体施工部署

（1）核心筒采用外爬内支同步施工，外墙模板采用 120 重型铝合金模板组拼成大模板。内墙以及水平结构采用 65 铝合金模板早拆体系施工，配备一层模板和三层支撑，截面变化采用调节板局部调整。

图 3.4-2　东风中路 S8 地块项目外观效果图

图 3.4-3　核心筒外形图

（2）分左核心筒和右核心筒两个流水段施工。

（3）本工程首层开始采用铝合金模板施工，并在相应位置预埋爬模埋件。

（4）在首层剪力墙模板拆除后，安装爬模系统，从地上二层开始进入正常爬模状态，4.5 m 的标准层采用一次爬升（模板高度 4.65m），由于在 2～7 层出现 6m 和 5m 非标准层层高，采用两次爬升，标准层剪力墙的施工周期约为 5 天。

（5）核心筒内墙、水平结构采用铝合金模板早拆体系同时施工。

（6）楼梯采用木模板和铝合金模板结合施工，楼梯施工滞后水平结构一层。

（7）本工程共布置 34 个爬模机位，其中左核心筒 16 个，右核心筒 18 个，机位布置见图 3.4-4。

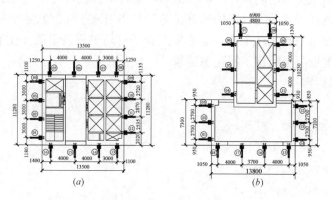

图 3.4-4　机位布置图

（a）左核心筒；（b）右核心筒

（8）模板选用

根据工程结构特点和现场实际情况，对各部分模板体系设计选型如表 3.4 所示：

各部分模板体系选型　　　　　　　表 3.4

序号	分部分项工程	选择模板品种	备注
1	外墙模板	120 重型铝合金模板	爬模吊装

序号	分部分项工程	选择模板品种	备注
2	内墙模板、楼面、梁模板	65 铝合金模板	手工操作
3	楼梯模板	65 铝合金模板与传统木模板结合	手工操作
4	水平模板支撑系统	盘销式钢支撑	手工操作

3. 技术经济效益

（1）按标准层高度配制整层模板，由液压提升系统整体提升到位后，一次性浇筑整层混凝土，速度快，投入人力、物力少，工人劳动强度低。

（2）采用爬模施工，标准层可达 5 天/层，既减少了场地占用，又减少了塔吊投入，而且工程完成后，模板、爬模装置及液压设备可周转使用，经济效益明显。

（3）采用爬模的施工现场环保、安全、文明，在工程质量、安全生产、施工进度等方面提供了有力保证。

3.5　整体爬升钢平台技术

3.5.1　发展概述

高层、超高层混凝土结构模板工程施工，在 20 世纪 80 年代以前国内外一般采用大模板、滑模等工艺，这些模架整体性差、承载力低、封闭性差是其突出问题。90 年代以来，随着我国超高层建筑的快速发展，高度不断攀升、结构形式日趋复杂，为了大幅提高施工工效，解决封闭安全施工问题，在国内逐步发展形成了整体爬升钢平台技术系统。该模架系统突破了传统模架施工工艺，采用了整体全封闭的方式，安全防护能力大幅提升；通过钢平台的设计，大幅提高了承载力，施工工效得到显著提升。爬升动力设备采用了液压控制驱动的双作用液压缸或电动机控制驱动的蜗轮蜗杆提升机，可以选择上置动力设备的提升工艺，也可以选择下置动力设备的顶升工艺，双作用液压缸根据需要采用短、中、长行程油缸。该模架技术系统实现了超高空模板工程、钢筋工程及混凝土工程高效安全作业，适应了复杂多变的混凝土结构工程建造需求。

3.5.2　技术内容

1. 特点

（1）适用广泛的混凝土结构；

（2）适应复杂结构体型变化；

（3）配备大承载力的钢平台；

（4）爬升动力系统载荷强大；

（5）结构施工速度高效快捷；

（6）钢平台系统带模板同步爬升；

（7）作业层侧面及底部封闭防护；

（8）工作面临边栏杆或栅栏防护；

（9）操作运用信息化的智能控制。

2. 主要技术内容

整体爬升钢平台系统主要由钢平台系统、脚手架系统、支撑系统、爬升系统、模板系统构成。

(1) 钢平台系统

钢平台系统位于顶部，由钢框架、钢桁架、盖板、围挡板等部件通过组合连接形成整体结构，具有大承载力的特点，满足施工材料和施工机具的放置以及脚手架和支撑系统等部件同步作业荷载传递的需要，钢平台系统是地面运往高空物料的中转堆放场所。钢平台系统设置有人员上下的安全楼梯通道以及临边安全作业防护设施等。可根据工程需要在钢平台系统上设置布料机、塔机、人货电梯等设施，实现整体爬升钢平台与施工机械一体化协同施工。

(2) 脚手架系统

脚手架系统为混凝土结构施工提供高空立体作业空间，通常连接在钢平台系统下方，侧向及底部采用全封闭状态防止高空坠物，满足高空安全施工需要。脚手架系统通常设置在无支撑系统的空间，在支撑系统空间区域通常脚手架系统与支撑系统采用统一体化兼容设计方法。脚手架系统设置有人员上下的安全楼梯通道以及临边安全作业防护设施等。

(3) 支撑系统

支撑系统为整体爬升钢平台提供支承作用，并将承受的荷载传递至混凝土结构；支撑系统可与脚手架系统一体化设计，协同实现脚手架功能；支撑系统与混凝土结构可通过接触支承、螺栓连接、焊接连接等方式传递荷载。支撑系统设置有人员上下的安全楼梯通道以及临边安全作业防护设施等。

(4) 爬升系统

爬升系统由动力设备和爬升部件组合而成，动力设备可采用液压控制驱动的双作用液压缸或电动机控制驱动的蜗轮蜗杆提升机等；柱式爬升部件可由钢格构柱或钢格构柱与爬升靴等构件组成，墙式爬升部件可由钢梁或钢板等构件组成；爬升系统可通过接触支承、螺栓连接、焊接连接等方式传递荷载。

(5) 模板系统

模板系统用于现浇混凝土结构成型，随整体钢平台系统提升，模板可采用大钢模、钢框木模、铝合金框木模等。

整体爬升钢平台根据现浇混凝土结构体型特征以及混凝土结构劲性柱、伸臂桁架、剪力钢板的布置等进行设计，可采用单层或双层施工作业模式，选择合适的爬升系统和支撑系统，分别验算爬升作业工况和搁置作业工况荷载；整体爬升钢平台可采用标准模块化设计方法，通过信息技术实现智能化控制施工。

3.5.3 技术指标

(1) 双作用液压缸可采用短行程、中行程、长行程方式，液压油缸工作行程范围通常为 $350\sim6000$mm，额定荷载通常为 $400\sim4000$kN，速度 $80\sim100$mm/min。

(2) 蜗轮蜗杆提升机螺杆行程范围通常为 $3500\sim4500$mm，螺杆直径通常为 40mm，额定荷载通常为 $100\sim200$kN，速度通常为 $30\sim80$mm/min。

(3) 双作用液压缸通过液控与电控协同工作，各油缸同步运行误差通常控制不大于 5mm。

(4) 蜗轮蜗杆提升机通过电控工作，各提升机同步运行误差通常控制不大于 15mm。

(5) 钢平台系统施工活荷载通常取值为 $3.0\sim6.0$kN/m²，脚手架和支撑系统走道活

荷载通常取值为 $1.0\sim3.0kN/m^2$。

（6）爬升时按对应 8 级风速荷载取值计算，搁置作业时按对应 12 级风速荷载取值计算，搁置作业超过 12 级风速时采取构造措施与混凝土结构连接。

（7）整体爬升钢平台支撑于混凝土结构时，混凝土实体强度等级应满足设计要求，且不应小于 10MPa。

（8）整体爬升钢平台防雷接地电阻不大于 4Ω。

3.5.4 适用范围

主要应用于高层和超高层建筑钢筋混凝土结构核心筒工程，也可应用于类似结构工程。

3.5.5 工程案例

整体爬升钢平台技术已在上海东方明珠电视塔、金茂大厦、上海世茂国际广场、上海环球金融中心、广州塔、南京紫峰大厦、广州珠江新城西塔、深圳京基金融中心、苏州东方之门、上海中心大厦、天津 117 大厦、武汉中心大厦、广州东塔、上海白玉兰广场、武汉绿地中心、北京中国尊、上海静安大中里、南京金鹰国际广场等工程成功应用，施工速度可达 2~5d/层。

上海东方明珠电视塔工程采用了上置蜗轮蜗杆提升机的内筒外架交替支撑爬升方法，金茂大厦工程采用了上置蜗轮蜗杆提升机的钢柱支撑爬升方法，广州珠江新城西塔工程采用了下置长行程液压缸支撑爬升方法，上海中心大厦工程采用了下置中行程液压缸的钢梁筒架交替支撑爬升方法，上海白玉兰广场工程采用了上置短行程液压缸的钢柱筒架交替支撑爬升方法，武汉绿地中心工程采用了下置中行程液压缸的附墙钢板支撑爬升方法。

3.6 组合铝合金模板施工技术

3.6.1 发展概述

铝合金模板自 20 世纪 60 年代产生于美国，在国外已有 50 多年的发展历史，并在国外多个发达国家大量应用，甚至在韩国、巴西等一些发展中国家的建筑工程中应用也较多。2010 年开始，铝合金模板逐渐开始在国内建筑施工中应用，首先从施工企业开始，逐步被房地产企业所青睐。

在我国很多建筑工地上，往往采用简陋、低廉的模板和支撑系统，为施工安全和工程质量留下隐患。大部分工地是木方胶合板模板，模板周转使用次数少，再利用率低，支撑系统是钢管扣件支撑架或碗扣式支撑架，施工空间狭窄，耗用工时多，用钢量大，现场不文明，施工安全很难保证。为了解决现有技术上的不足，研发出来了组合铝合金模板，并在广泛推广使用。

3.6.2 技术内容

1. 特点

组合铝合金模板是主要采用整体热熔、挤压成型工艺生产的牌号为 6061-T6、6082-T6 等的铝型材，经过切割、定位、焊接、校正制造成的一种新型的建筑用模板，同时针对模板表面进行防腐、氧化、电泳涂装、氟炭喷涂、粉末喷涂等过程处理，使铝合金模板具有较强的防腐性能、方便脱模并保证混凝土表面质量的效果。组合铝合金模板具有重量轻、刚度高，规格型号齐全、精度高，拼装、分拆，简单易学，循环使用次数多、均摊成本低，应用范围广、承载能力强，施工效果质量好、混凝土表面免抹灰，施工效率高、建筑周期短，回收率高，残值大，施工更安全，不产生建筑垃圾，对资源浪费小，利于环境保护，符合国家节能环保要求等特点。

2. 主要技术内容

(1) 组合铝合金模板设计

① 组合铝合金模板由平面模板、平模调节模板、阴角模板、阴角转角模板、阳角模板、阳角调节模板、铝梁、支撑头和专用模板、插销、销片、独立支撑、斜撑、背楞、直角背楞、对拉螺栓、对拉片、嵌补板材类模板连接件等组成，见图 3.6-1。

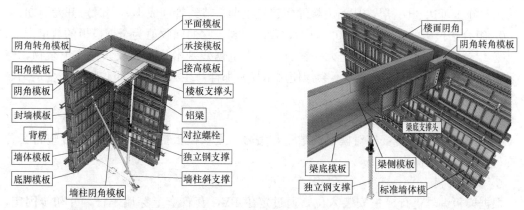

图 3.6-1 组合铝合金模板三维示意图

② 组合铝合金模板标准板的构造：面板采用 4mm 厚铝板，边肋采用 8mm 厚铝合金边框等，横肋采用具有一定截面形状的铝型材。组拼时模板背楞设在外侧，背楞材料通常选用材质为 Q235 的方管或材质为 6061-T6 铝型材。

③ 组合铝合金模板标准板的尺寸可根据板材设计，例如平板 400mm×1100mm、400mm×1200mm，400mm×2400mm、600mm×1200mm、600mm×2400mm 等。

④ 模板设计的原则

a. 要保证构件的形状尺寸及相互位置的正确；

b. 要使模板具有足够的强度、刚度和稳定性，能够承受新浇混凝土的重量和侧压力以及各种施工荷载；

c. 力求结构简单，装拆方便，不妨碍钢筋绑扎，保证混凝土浇筑时不漏浆；

d. 支撑系统应配置水平支撑和剪刀撑，以保证稳定性。

(2) 组合铝合金模板体系的特点

① 建筑用铝模板每平方米只有 23kg，为现有金属建筑模板中最轻，施工过程中无需借助吊装等机械设备。

② 施工图纸一次设计成型结构、施工严密，误差小、精度高，非常适合标准层高层、超高层建筑以及多栋同户型建筑。

③ 克服了传统模板的装拆困难，不依赖具有长期经验的模板技术工人，普通员工经简单培训，很容易学会拼装、分拆，即可上岗独立操作。

④ 组合铝模板系统全部配件均可重复使用，在正常使用、规范施工情况下，铝模板

循环使用次数可达 100 次以上，平均摊派的使用成本则相应较低。

⑤ 精确设计的铝合金模板系统，适用于所有建筑构件，如承重墙、柱、梁、楼板、楼梯、阳台等，都可以使用混凝土浇筑来完成，这样的建筑有质量保证并且有准确的尺寸公差，铝模板允许均布荷载和可承受混凝土侧压可达到钢模板的标准。

⑥ 使用组合铝模板浇筑的混凝土，可以达到饰面及清水的技术要求，可减少抹灰甚至无需进行抹灰，封顶后即可装修甚至可以上面边建下面边装修，因此不但节省了抹灰费用，更加快了施工进度、缩短了整体建筑工期。

⑦ 组合铝合金模板为快拆模系统，根据不同气候条件，一般 36h 即可拆模，所以只需配置一层铝模板加三层单支撑即可满足使用，可最大限度地提高工程拼装、拆除施工速度，正常施工可达 6d 一层，从而大幅缩短建筑工期，节约管理成本，同时短开发周期。

⑧ 组合铝模板的回收率达 60% 以上，残值很高，它的回收值为全钢模板的数倍。

⑨ 组合铝模板的安装工地上无一铁钉，亦无电锯残剩木片木屑及其他施工杂物，施工现场环境安全、干净、整洁，不会像使用木模板那样产生大量的建筑垃圾，完全达到绿色建筑施工标准。

（3）组合铝合金模板施工

① 模板安装前准备：核对模板的数量与编号，复核模板控制线；检查模板塑料套管设置，确保脱模剂涂刷均匀。

② 模板安装

根据模板编号进行模板安装入位，通过定位 PVC 套管套上穿墙螺杆，并初步固定，调整模板的垂直度及拼缝，模板间的连接采用销钉、销片、紧固销钉、锁紧穿墙杆螺母。模板安装时应遵循先内侧墙板、后外侧墙板，先梁模板、后顶面模板的原则，见图 3.6-2。

图 3.6-2　铝合金模板施工现场

③ 模板拆除与保养：先松开穿墙杆螺母，将穿墙杆从墙体中退出来，拆除墙体加固背楞，拆除销钉、销片，使模板与墙体分离；模板拆除后，应立即清理，对变形与损坏的部位进行修整，移至下一层存放处备用。

④ 水平模板及支撑体系按平面图排列模板、铝梁和独立支撑。

3.6.3　技术指标

（1）新浇筑混凝土对模板最大侧压力：$60kN/m^2$；

（2）组合铝合金模板肋高：65mm、63.5mm 等；

（3）组合铝合金模板宽度：600mm、500mm、400mm、300mm、200mm、100mm 等；

（4）组合铝合金模板高度：2400mm、2600mm、2800mm 等，主要根据结构工程的层高和楼板厚度选用；

（5）其余详见《组合铝合金模板工程技术规程》JGJ 386—2016。

3.6.4 适用范围

铝合金模板适用于墙、柱、梁、板等混凝土结构支模施工、竖向结构外墙爬模与内墙及梁板支模同步施工，目前在国内住宅标准层得到广泛推广和应用。

3.6.5 应用案例

1. 佛山市万科广场项目二期工程概况

佛山市万科广场项目是集银行、商务、餐饮、会议、展示、培训、科研、办公、出版于一体的综合性超高层办公楼建筑，地处佛山市蝉城区南村（季华五路北侧）。该工程建筑面积约 120000m²，地下 3 层、地上 42 层，结构形式为框架核心筒结构。

2. 工程特点与难点

外围梁、板在平面布局上呈半圆形，整个工程存在较多的圆弧梁及圆弧板。且在避难层时层高 4.8m 为高支模。

3. 模板设计

弧形区域模板设计见图 3.6-3。

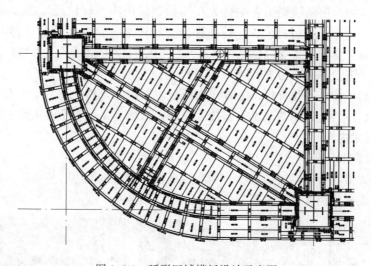

图 3.6-3　弧形区域模板设计示意图

4. 施工工艺

铝合金模板体系根据工程建筑施工图及结构施工图，经定型化设计及工业化加工定制完成所需的标准尺寸模板构件及与实际工程配套使用的非标准构件。加固采用钢型材做背楞，支撑采用可调节套筒式钢支撑，模板之间利用销钉固定。

模板体系设计完成后，首先按设计图纸在工厂完成预拼装，满足工程要求后，对所有的模板构件分区、分单元分类做相应标记。然后打包转运到施工现场分类进行堆放。现场模板材料就位后，按模板编号安装。安装就位后，利用可调斜撑调整模板的垂直度、竖向可调支撑调整模板的水平标高。利用穿墙对拉螺杆及背楞保证模板体系的刚度及整体稳定性。在混凝土强度达到拆模规定后的强度，保留竖向支撑，按先后顺序对墙模板、梁侧模板及楼面模板进行拆除，迅速进入下一层的循环施工。

3.7　组合式带肋塑料模板技术

3.7.1　发展概述

塑料模板就是以塑料为基材，生产加工而成用于建筑施工领域混凝土成型的一种新型建筑模板产品。20 世纪 60 年代日本率先使用 ABS 树脂制备了塑料模板并付诸工程应用，而我国在 1980 年始见关于塑料模板的报道，至 2007 年中国塑料模板行业进入高速发展期。目前塑料模板产业已经度过了无序混乱发展初级阶段，正焕发蓬勃生机，经过行业标准的制定与实施、市场的考验与认知，塑料模板行业已经进入了快速健康发展通道。

塑料模板有 3 种类型：①夹心塑料模板；②空腹塑料模板；③带肋塑料模板。组合式带肋塑料模板是一种用高强度塑料经高温高压制造而成的一种肋式结构，可拼装组合的塑料模板，在静曲强度、弹性模量等指标方面较好。它配有多种不同规格尺寸的构件，可以满足建筑梁、柱、板、剪力墙等混凝土结构模板的需要。

1. 绿色施工的要求

绿色施工是我国建筑工程施工大力推进的一项重要改革措施，是我国长远发展的国策，近年来，我国政府陆续提出多项有关在工程建设中实行绿色施工的要求，2013 年住房和城乡建设部颁布了《塑料模板》行业标准、2014 年又制定了《建筑塑料复合模板工程技术规程》等，为建筑工程绿色施工和推广应用塑料模板制订了一系列的标准和措施。

2. 建筑工程施工技术进步的要求

混凝土工程一般采用胶合板、木方作为模板，采用钢管扣件脚手架作为支模架，费工费时，技术落后。因此，随着建筑工程技术进步，迫切需要新型模板支撑系统。

3.7.2　技术内容

1. 模板体系的组成

（1）组合式带肋塑料模板的边肋分为实腹型边肋和空腹型边肋两种，模板之间连接分别采用回形销或塑料销连接，见图 3.7-1。

实腹型边肋　　　　　　　　　　　　空腹型边肋

图 3.7-1　组合式带肋塑料模板

（2）组合式带肋塑料模板分为平面模板、阴角模板、阳角模板，其中平面模板适用于支设墙、柱、梁、板、门窗洞口、楼梯顶模；阴角模板适用于墙体阴角、墙板阴角、墙梁阴角；阳角模板适用于外墙阳角、柱阳角、门窗洞口阳角。

(3) 组合式带肋塑料模板是一种可拼装组合的模板，具有多种规格，模板带肋，设有锁孔可组装，可任意拼接。

(4) 组合式带肋塑料模板的墙柱模采用钢背楞，水平模板采用独立支撑和钢梁组成的支撑系统，能实现模板早拆，施工方便、安全可靠。

(5) 锁销是模板的连接构件，全套模板仅用一种锁销，可将全部构件连接成整体。操作只需旋转90°，则可锁紧。

(6) 独立支撑是组合式带肋塑料模板的重要支撑杆件，它按照我国《独立支撑应用技术规程》要求制作。杆件由上下两段组成，下部杆件为 $\phi60$，上部杆件为 $\phi48$，杆件上设有插孔、螺旋调节装置、卡口及底脚板，见图3.7-2。

(7) 模板的早拆装置即早拆头。它支撑在独立支撑顶部，直接支撑塑料模板，并与四周塑料模板连为一体，当混凝土强度达到10MPa时，其早拆头即可降落，随即拆除模板，但支撑杆件仍然支撑在原位不动，确保混凝土的稳定性，见图3.7-3。

图3.7-2　独立支撑

图3.7-3　早拆头

(8) 其他附件

① 斜撑：斜撑是对柱、剪力墙作加固使用的构件，分上支撑及下支撑；

② 柱箍及墙箍是对柱、墙垂直方向加固使用的构件；

③ 穿墙套管及螺栓是剪力墙、柱加固用的构件，与墙箍、柱箍联合使用。穿墙螺栓有两种，一种是密封型穿墙螺栓，用于地下室以作防水使用，一种是开放型的，用于地面以上；

④ 挑架：作悬挑构件支护使用。

2. 模板设计技术

(1) 根据工程结构设计图，分别对墙、柱、梁、板进行配模设计，计算所需的塑料模板和配件的规格与数量；

(2) 编制模板工程专项施工方案，制定模板安装、拆除方案及施工工艺流程；

(3) 确定独立支撑的位置，设置支撑及早拆装置，对模板和支撑系统的刚度、强度和稳定性进行验算，确定保留养护支撑的位置及数量；

(4) 制定确保组合式带肋塑料模板工程质量、施工安全和模板管理等有关措施。

3. 模板的安装

(1) 首先根据结构施工图进行电脑排模，施工人员根据排版图纸，准备模板；

（2）进行模架安装；

（3）模板预拼作业：即将若干块模板组装成大模板，其中楼面模板拼为平面大模板，在现场平坦楼面上预拼，然后直接推送入楼面位置；而柱子模板则组装成柱状模板筒，由吊机从上往下套入垂直钢筋笼外面。另一种方式，不用吊车，模板装成槽形状，用人工推送至柱子位置上，然后再拼入第四块封面模板，用锁销将柱模板锁死。剪力墙做法与柱配模相仿，先将小模板拼成大模板，然后用人工将其竖立，就位固定。柱及剪力墙均需用柱箍（或墙箍）用穿墙螺栓锁死加固；柱箍（或墙箍）由下至上约 500～800mm 设一道。按柱高度调整，模板本身有较大强度，足可满足民用工程混凝土浇筑的规范要求。不需用方木等材料做背檩加固。为确保柱子及剪力墙稳定，需要用斜向（即斜撑）支撑加固。

4. 模板施工

组合式带肋塑料模板宜采取墙柱梁板一起支模、一起浇筑混凝土，要求混凝土施工时分层浇筑、分层振捣。

5. 楼板的拆除

在梁板混凝土达到拆模设计强度后，保留部分独立支撑和钢梁，按规定要求有序进行模板拆除：

（1）先拆除剪力墙、侧墙、柱子模板及梁侧模板；

（2）支撑楼板模板中的早拆头降落，然后进行模板拆除；

（3）然后拆除楼板模板；

（4）拆模时，仅将连接件（即锁销）旋转 90°，即可将连接件松开，模板即可拆落。垂直的模板，一般采用自上而下拆除，水平模板，自早拆头旁开始拆除；

（5）拆除后，首先进行模板清理，将板面上的浮灰清除，然后按编号归类码好存放或传送到上层施工安装。

6. 模板的运输

先将模板制作自包装箱（即用产品本身制作的包装箱），将模板按规格进行装箱，分垛码好。然后用插车装车，一般用平板车运输。到现场后选择平整区域码放模板，整齐美观，图 3.7-4。

图 3.7-4　模板的运输

7. 模板的存放

（1）每次周转下来的模板，应分规格堆放整齐，并堆放在平整的地面上，板面不得与地面接触，其下方应有垫木，垫木间距 500～600mm，避免模板变形损伤。

（2）长期储存时，要保证板面通风良好，防止暴晒、雨淋和侵蚀介质侵害。

（3）每次周转下来的零配件应及时清点，按全新包装规范进行拼装入箱以备下次周转使用。

（4）对于破损不能再周转的模板，应用水冲洗干净后，集中堆放，待一定数量后，与模板生产商联系决定处理方案。

8. 组合式带肋塑料模板特点

（1）组合式带肋塑料模板表面光洁、不粘混凝土，脱模效果良好，是混凝土模板的理想材料，易于清理，不用涂刷或很少涂刷脱模剂，不污染环境，符合环保要求。

（2）组合灵活，适应性强：由于有多种不同规格模板组成，对按建筑模数设计的建筑物梁、柱、板、剪力墙能全面覆盖。

（3）锁销或回形销连接，操作方便。

（4）模板强度高，支护简单。墙体只需背楞及穿墙螺栓，水平模板不需主次肋，可直接支撑在模板底部。

（5）模板可实施早拆：当混凝土强度达到规范要求时，即可提前拆除模板，大大提高施工速度及模板周转速度。（一幢楼施工，只需 1.2 套模板，而木模板则要三套模板。）

（6）支撑系统采用独立支撑，支撑体系简洁，施工操作空间大。

（7）模板重复使用次数多，模板周转使用 60～80 次。

（8）施工现场文明、环保、无建筑垃圾、无抹灰的灰砂落地，无噪声干扰。

3.7.3 技术指标

（1）组合式带肋塑料模板宽度：100～600mm，长度：100mm、300mm、600mm、900mm、1200mm、1500mm，厚度 50mm；

（2）组拼式阴角模宽度：100mm、150mm、200mm，长度 200mm、250mm、300mm、600mm、1200mm、1500mm；

（3）矩形钢管采用 2 根 30mm×60mm×2.5mm 或 2 根 40mm×60mm×2.5mm；

（4）塑料模板一般可以周转使用 50 次以上，组合式带肋塑料模板可达 80 次以上；

（5）组合式带肋塑料模板物理力学性能指标见表 3.7-1。

组合式带肋塑料模板物理力学性能指标 表 3.7-1

项目	单位	指标
吸水率	%	≤0.5
表面硬度（邵氏硬度）	H_D	≥58
简支梁无缺口冲击强度	kJ/m²	≥25
弯曲强度	MPa	≥70
弯曲弹性模量	MPa	≥4500
维卡软化点	℃	≥90
加热后尺寸变化率	%	±0.1
燃烧性能等级	级	≥E
模板跨中最大挠度	mm	1.5

3.7.4 适用范围

组合式带肋塑料模板被广泛应用在多层及高层建筑的墙、柱、梁、板结构、桥墩、桥塔、现浇箱形梁、管廊、电缆沟及各类构筑物等现浇钢筋混凝土结构工程上。

3.7.5 应用案例

1. 工程概况

北京海格通信产业园工程位于北京丰台区花乡桥亿城天筑南门。由河北省建筑集团总承包兴建。总建筑面积 99900m²，其中地下室 3 层 35688 m²，地面以上 11 层 64212 m²；展开模板施工面积 220000m²。

该工程全部组合式带肋塑料模板建造，投入模板 40000 m²，投入施工人数 100～150 人（按工程进度及工作面调整）。施工承包采用模板工程总承包方式，即由厂方完成包括塑料模板、脚手架、装模、拆模等工序。脚手架采用目前施工常用的盘销式脚手架，楼板支撑方式以 1m×1m 布置脚手架。上铺 2×ϕ48 圆形钢檩条，然后敷设楼面塑料模板。

2. 模板选择

组合式带肋塑料模板是一种用高强塑料制成的建筑模板，肋式结构，可组装的模板。它由平面模板、外角模板、内角模板以及锁销等构件组成，它配有各种长度、宽度尺寸，它可以满足建筑梁、板、柱、剪力墙等结构需要，板与板之间用锁销连接，拆装十分方便。

3. 技术经济效果

组合式带肋塑料模板是一种高性能塑料产品，经久耐用，重复使用次数可达 60～80 次。更重要的是，因塑料模板表面平整、光滑、脱模容易，混凝土表面达到平整、亮丽的效果，可不用抹灰，直接做清水混凝土，大大节约因建筑抹灰所要花费的人工及材料的费用。

在人工费用不断攀高的情况下，使用组合式带肋塑料模板，由于装拆方便，可不用高级木工，可大大减少对高级木工的依赖，而大幅节约人工费用。组合式带肋塑料模板，可回收、更新（以旧换新），重复使用，同时，现场没有建筑垃圾，免除现场清理建筑垃圾的费用，总之，综合经济效益是十分明显的。

3.8 清水混凝土模板技术

3.8.1 发展概述

清水混凝土具有朴实无华、自然沉稳的外观韵味，是一些现代建筑材料无法效仿和媲美的。其不需要装饰、舍去了涂料、饰面等化工产品是名副其实的绿色混凝土。同时清水混凝土结构一次成型，不需剔凿修补和抹灰，减少了大量的建筑垃圾，有利于环境保护。清水混凝土是与混凝土结构的发展不断发展的，20 世纪 90 年代以前，主要用于道路桥梁、厂房等建筑。随着绿色建筑的客观需求以及人们环保意识的提高，我国清水混凝土建筑的需求已不再局限于道路桥梁、厂房和机场等，在工业与民用建筑中也得到了一定的应用。北京联想研发基地清水模板工程，被建设部科技司列为"中国首座大面积清水混凝土建筑工程"，标志着我国清水混凝土已发展到了一个新的阶段，是我国清水混凝土发展史上的一座重要里程碑。

清水混凝土模板技术是按照清水混凝土技术要求进行设计加工，满足清水混凝土质量要求和外观装饰效果要求的模板技术。根据其发展及外观、质量要求，有钢模板技术、钢木模板技术及聚氨酯内衬模板技术。

3.8.2 技术内容

1. 特点

清水混凝土工程是直接利用混凝土成型后的自然质感作为饰面效果的混凝土工程，根据《清水混凝土应用技术规程》JGJ 169—2009 规定，清水混凝土工程分为普通清水混凝土、饰面清水混凝土和装饰清水混凝土。根据不同的清水混凝土饰面及质量要求，清水混凝土模板选择也不一样，普通清水混凝土可以选择钢模板、饰面清水混凝土可以选择木胶合板面板的模板和装饰清水混凝土可以选择聚氨酯作内衬图案的模板。

在清水混凝土模板设计前，应先根据建筑师的要求对清水混凝土工程进行全面深化设计，设计出清水混凝土外观效果图，在效果图中应明确明缝、蝉缝、螺栓孔眼、装饰图案等位置。然后根据效果图的效果设计模板，模板设计应根据设置合理、均匀对称、长宽比例协调的原则，确定模板分块、面板分割尺寸。

明缝：是凹入混凝土表面的分格线或装饰线，是清水混凝土表面重要的装饰效果之一，一般利用施工缝形成，也可以依据装饰效果要求设置在模板周边、面板中间等部位。

蝉缝：是有规则的模板拼缝在混凝土表面上留下的痕迹。设计整齐匀称的蝉缝是清水混凝土表面的装饰效果之一。

螺栓孔眼：是按照清水混凝土工程设计要求，利用模板工程中的对拉螺栓，在混凝土表面形成有规则排列的孔眼，是清水混凝土表面重要的装饰效果之一。

假眼：是为了统一螺栓孔眼的装饰效果，在模板工程中，对没有对拉螺栓的位置设置堵头，并形成的孔眼。其外观尺寸要求与其他螺栓孔眼一致。

装饰图案：用带图案的聚氨酯内衬模作为模具，在混凝土表面形成特殊的装饰图案效果。

2. 主要技术内容

(1) 普通清水混凝土模板

普通清水混凝土由于对饰面和质量要求较低，可以选择钢模板，钢模板要具有足够的强度、刚度和稳定性，且模板必须经过设计和验算；为保证模板拼缝严密、尺寸准确要求面板板边必须铣边，见图 3.8-1～图 3.8-4。

图 3.8-1 桥梁钢模板拼装及使用实例

图 3.8-2 桥梁钢模板拆模后混凝土效果

图 3.8-3　房建钢模板拼装实例

（2）饰面清水混凝土模板

① 模板体系组成：面板、竖肋、背楞、边框、斜撑、挑架。

面板采用优质木胶合板，竖肋采用"几"字形型材，背楞采用双槽钢，边框采用空腹冷弯薄壁型钢。面板采用自攻螺丝从背面与竖肋固定，竖肋与背楞通过 U 形卡扣（或勾头螺栓）连接，相邻模板间连接采用夹具。面板上的穿墙孔眼采用护孔套保护，见图3.8-5。

图 3.8-4　房建钢模板拆模后混凝土效果　　　图 3.8-5　饰面清水混凝土模板实例

② 模板体系的特点与优点

a. 模板间的连接采用夹具，连接紧固、方便快捷，极大地提高了工效。同时彻底地防止了接缝处的错台和漏浆现象。

b. 模板背楞与竖肋之间采用 U 形卡扣（勾头螺栓）连接，连接紧固、拆装方便，易于周转与维修。

c. 面板与竖肋的背面连接，能有效保证清水混凝土墙面的饰面效果，而不留下任何其他痕迹。

d. 对面板裁切边的防水处理和穿墙孔眼的护孔套保护，能有效提高模板的周转使用率，合理降低成本。

e. 穿墙套管和套管堵头的配合使用，满足模板受力要求的同时，也满足了螺栓孔眼装饰效果的要求。

③ 模板体系加工要求

a. 模板面板要求板材强度高、韧性好，加工性能好且具有足够的刚度。

b. 模板表面覆膜要求强度高，耐磨性好，耐久性高，物理化学性能均匀稳定，表面平整光滑、无污染、无破损、清洁干净。

c. 模板竖肋要求顺直、规格一致，具有足够的刚度，并紧贴面板，同时满足自攻螺钉从背面固定的要求。

d. 螺栓孔眼的布置必须满足饰面装饰要求，最小直径需满足墙体受力要求。

e. 面板布置必须满足设计师对明缝、蝉缝及对拉螺栓孔位的分布要求，更好体现设计师的意图。

f. 模板加工制作时，下料尺寸应准确，料口应平整。

g. 模板组拼焊接应在专用胎具和操作平台上进行，采用合理的焊接、组装顺序和方法。

h. 阴角模面板采用斜口连接或平口连接。斜口连接时，角模面板的两端切口倒角应略小于45°，切口处涂防水胶粘结；平口连接时，连接端应刨平并涂刷防水胶粘结。

i. 木胶合板拼缝宽度应不大于1.5mm，为防止面板拼缝位置漏浆，模板接缝处背面切85°坡口，并注满密封胶。

j. 模板应采用自攻螺钉从背面固定，螺钉进入面板需要保证一定的深度，螺钉间距控制在150～300mm以内，以便面板与竖肋有效连接。

k. 螺栓孔布置必须按设计的效果图进行，对无法设置对拉螺栓，而又必须有对拉螺栓孔效果的部位，需要设置假眼，假眼采用同直径的堵头和同直径的螺杆固定。

④ 清水混凝土模板施工

a. 模板安装前准备：核对清水混凝土模板的数量与编号，复核模板控制线；检查装饰条、内衬模的稳固性，确保脱模剂涂刷均匀。

b. 模板吊运：吊装模板时必须有专人指挥，模板起吊应平稳，吊装过程中，必须慢起轻放，严禁碰撞；入模和出模过程中，必须采用牵引措施，以保护面板。

c. 模板安装

根据模板编号进行模板安装，并保证明缝和蝉缝的垂直度及交圈。调整模板的垂直度及拼缝，模板之间的连接采用夹具两面墙之间锁紧对拉螺栓。模板安装时应遵循先内侧、后外侧，先横墙、后纵墙，先角模后墙模的原则。

d. 模板拆除与保养：拆除过程中要加强对清水混凝土特别是对螺栓孔的保护；模板拆除后，应立即清理，对变形与损坏的部位进行修整，并均匀涂刷脱模剂，吊至存放处备用。

e. 节点处理

阴角与阳角部位的处理：阴角部位应配置阴角模，以保证阴角部位模板的稳定性；阳角部位采用两侧模板直接搭接、夹具固定的方式。

外墙施工缝：利用明缝条来防止模板下边沿错台、漏浆。

堵头模板处理：采用夹具或槽钢背楞配合边框钩头螺栓加固。

（3）装饰清水混凝土模板

模板体系由模板基层和带装饰图案聚氨酯内衬模组成，模板基层可以使用普通清水混凝土模板和饰面混凝土模板。

聚氨酯内衬模技术是利用混凝土的可塑性，在混凝土浇筑成型时，通过特制衬模的拓印，使其形成具有一定质感、线形或花饰等饰面效果的清水混凝土或清水混凝土预制挂板。该技术广泛应用于桥梁饰面造型及清水混凝土预制挂板上，见图3.8-6、图3.8-7。

图 3.8-6　各种装饰图案的聚氨酯内衬模

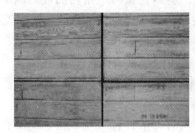

图 3.8-7　混凝土浇筑后效果

3.8.3　技术指标

（1）饰面清水混凝土模板表面平整度：2mm；

（2）普通清水混凝土模板表面平整度：3mm；

（3）饰面清水混凝土模板相邻面板拼缝高低差：≤0.5mm；

（4）相邻面板拼缝间隙：≤0.8mm；

（5）饰面清水混凝土模板安装截面尺寸：±3mm；

（6）饰面清水混凝土模板安装垂直度（层高不大于5m）：3mm。

3.8.4　适用范围

体育场馆、候机楼、车站、码头、剧场、展览馆、写字楼、住宅楼、科研楼、学校等，桥梁、筒仓、高耸构筑物等。

3.8.5　工程案例

1. 西安浐灞生态行政中心工程概况

本工程位于西安市浐灞河三角洲内东湖路，由中建三局建设工程股份有限公司西北公司总承包。结构形式为框架-剪力墙结构，总建筑面积57482m²、建筑高度28.6m、建筑层数地上七层、地下一层。

2. 工程特点与难点

本工程外墙外露部分混凝土为清水混凝土，结构外形较为复杂，墙体有圆弧形斜墙、外倾斜墙、内倾斜墙和直墙四种；柱子有圆形柱、方柱和"Y"形柱三种，"Y"形柱结构尺寸较大，且为清水混凝土；梁主要为通直梁，其中通道部位的梁为清水混凝土。

本工程外倾斜墙倾斜角为45°，施工时此部位的墙体模板分为斜墙底侧模板和斜墙顶侧模板两部分，施工难度大，同时还存在钢木结合模板，如何保证钢木结构部位墙体模板不错台，并利于模板的配置和提高模板周转使用率，是本工程的难点之一。"Y"形柱结构尺寸较大，且为清水混凝土，清水模板的加工，施工加固，模板的周转使用是本工程的难点之二。梁的截面尺寸比较大，模板加固比较困难，模板材料在场内的周转移动次数多，在模板工程设计与施工时，如何做好清水模板的设计与相应的加固措施，合理降低工程成本，是本工程的难点之三。外挑檐板挑出高度 1200mm，内嵌四根连板柱，板的厚度为 140mm，如何保证清水模板及混凝土的施工，是本工程的难点之四。如何保证外墙清水模板与下端已施工墙体在接缝位置处不错台、达到清水混凝土明缝的效果要求，是本工程的难点之五。

3. 模板设计

局部墙体模板设计见图 3.8-8。

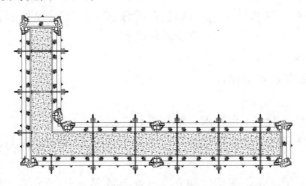

图 3.8-8 西安浐灞生态行政中心局部饰面混凝土模板断面图

4. 技术效果

清水混凝土模板中最常用的是饰面清水混凝土模板，通过测算其综合成本只比钢模板贵 15%～20%。由于清水混凝土不用再作装饰，在经济上节省了混凝土剔凿修补、装饰材料使用、装饰人工、装饰操作装备等，同时减少了装饰中可能产生的安全事故及剔凿修补中的噪音污染，因此其在经济安全以及社会效益上效果明显，是一种低碳环保的施工技术。

3.9 预制节段箱梁模板技术

3.9.1 发展概述

在我国，节段预制拼装预应力混凝土桥梁的研究应用始于 20 世纪 60 年代，但由于受到当时施工设备的制约，节段预制拼装施工方法发展缓慢。直到 1992 年才大规模利用节段拼装造桥机修建铁路预应力混凝土简支箱梁，先后在灵武铁路、南昆铁路、内昆铁路、兰武二线、西安北环线、郑西客运专线、南昌铁路枢纽、包西铁路快速通道等多条铁路上采用节段拼装法完成几十座预应力混凝土箱梁，其中包括简支梁与连续梁、普通铁路与客运专线、单线箱梁与双线箱梁，其跨度从 32～64m 不等。

伴随城市发展的进程，路桥建设需求增加，桥梁的形式不断更新、结构越来越复杂、线型越来越多样。为此，建设者在不断的寻找技术新、速度快、施工方便和经济的施工方法。其中，箱梁分为不同的节段在工厂内预制生产，现场进行整跨拼装或逐块拼装的施工方法被广泛采用。此施工方法优点主要有：施工时对城市的交通影响小，施工周期短，桥梁成型效果好，可满足不同的桥梁线型，适用性强，见图 3.9-1。

图 3.9-1 节段拼装施工现场

节段箱梁预制的方式有短线匹配法和长线匹配法两种，其中短线匹配法生产节段箱梁场地占用小，线型控制难度大，制梁线型适应性广，适用于线路复杂、曲率变化较多、施工场地受限的工程。长线匹配法生产节段箱梁场地占用大，线型控制简单，制梁线型单一，制梁成本较低，速度较快，适用于线路相对简单、预制场地宽裕的工程施工。

对应工程施工方式，目前预制节段箱梁模板分为短线匹配预制节段箱梁模板和长线匹配预制节段箱梁模板两种。

3.9.2 技术内容

1. 短线匹配预制节段箱梁模板

（1）特点

① 模板满足清水混凝土工程要求，不再进行二次装饰。

② 满足运输条件和施工要求的情况下，单块模板面积要大，尽量减少模板拼缝，刚度要好。

③ 模板的拼装要工具化，连接件和支撑杆件要紧固、安全可靠，装拆要方便灵活。

④ 模板的选材经久耐用，考虑模板周转使用次数多，降低模板在每孔梁的分摊成本。

⑤ 模板系统能适应预制节段截面尺寸及长度尺寸的变化，具有较好的通用性及调整性。

⑥ 模板与已预制完成的匹配梁段之间能紧密贴合，防止漏浆，保证预制梁段外观质量。

⑦ 梁段内腔尺寸变化时，可通过不同的内模模板组合来满足施工要求。

⑧ 底模自带移模小车，可实现在制梁台座的纵向移动。

⑨ 底模移模小车自带液压系统，通过控制液压系统可实现底模模板与匹配梁段在制梁台位的升降、横移和旋转，以快速准确调整实现曲线梁体预制。

（2）主要技术内容

预制节段箱梁模板具有精度高、结构简单、整体缩放自如、脱模容易、操作简单等特点，内模可以整体滑移至制梁台位，待预制混凝土达到脱模强度后整体脱模，将内模拖拉出已预制成型的节段箱梁内腔，操作人员安装及调试方便，劳动强度低，生产效率高。

① 短线匹配预制节段箱梁模板设计技术

短线匹配预制节段箱梁模板设计主要从以下几方面考虑：

a. 根据梁体节段长度、种类、数量对梁场模板配置进行分析，合理配置墩顶节段、标准节段、带齿块及转向块模板的数量。

b. 对节段箱梁模板进行总体结构设计、模板整体受力分析。

c. 模拟底模、外模、内模运动轨迹，并对模板的相应机构进行设计。

d. 内模整体结构、内模支撑系统、滑移支架系统、液压系统以及内模分块设计，确保箱梁预制后可整体拖出。

e. 外模整体结构、外模支撑系统、液压系统、振动器的布置等设计。

f. 底模移模小车的整体结构的设计。

g. 模板以及支架在设计时均需考虑到运输方案。

② 短线匹配预制节段箱梁模板组成

短线匹配预制节段箱梁模板由端模系统、外模系统、内模系统、底模系统组成，见图 3.9-2。

图 3.9-2 短线匹配预制节段箱梁模板

a. 端模系统

端模系统包括固定端模和匹配梁段的匹配面（墩顶块和每跨起始梁段需有活动端模）。固定端模系统，作为整个节段箱梁模板系统的测量基准，其精度要求最高，并且自身需保证有足够的强度。固定端模系统由支撑架、模板、工作梯、工作平台和护栏等组成。端模模板上设有剪力键，由于预制梁段所处位置不同，剪力键数量和位置也可能存在差异。因此需要更换的剪力键设计为可快速拆装式。端模基础模板按照最大内腔截面设计，通过不同厚度的活动块组合来满足梁段腹板与底板厚度的变化。

b. 外模系统

外模系统主要包括侧模模板、支撑底架、支架、承重支撑螺杆、支撑组件、对拉杆、液压系统等组成。支撑底架固定于制梁台座上方，支架与侧模模板之间采用螺栓连接为整体，支架与支撑底架之间安装有承重支撑螺杆、支撑组件。侧模模板在制梁台位的横向与竖向的微调通过调节承重支撑螺杆、支撑组件来满足。承重支撑螺杆上还安装有收缩油缸，通过控制液压系统的收缩油缸使外模绕支撑组件旋转达到收模、立模。外模与底模模板之间不设置连接螺栓但设置有橡胶条防止漏浆，两者之间采用对穿拉杆连接。

c. 内模系统

内模系统主要由内模模板、滑移支架、支撑系统、液压系统等组成。为了适应各梁段内腔尺寸的变化及方便装拆操作，内模模板设计成可调组合模板，组合模板分为标准块和异型块，根据各梁段内腔尺寸进行组合。内模模板通过支撑系统支撑于滑移支架上，内模模板与滑移支架之间安装有液压系统，通过控制液压系统来实现内模的收、立模。滑移支架主要起承重及移模作用，脱模时通过纵移轨道将内模整体移出。

d. 底模系统

底模系统，主要包括移模小车与底模模板，底模模板与底模小车一般采用二配一的配置方式。底模模板又包括标准模板、底模活动块。移模小车包括小车与液压系统。底模模板和匹配梁在制梁台位位置的升降、横移、旋转均通过底模小车上的液压系统控制实现。

③ 短线匹配预制节段箱梁模板的安装

节段箱梁模板安装前，需核对制梁台座预埋件以及轨道的位置是否正确。安装顺序为固定端模系统安装→底模系统安装→外模系统安装→内模系统安装。

④ 短线匹配预制节段箱梁模板的拆除

箱梁混凝土经养护达到一定强度后，开始拆除模板。模板拆除顺序为：内模拆除→外侧模拆除→匹配梁段移开→新浇梁段移到匹配梁位置。

2. 长线匹配预制节段箱梁模板

长线匹配预制节段箱梁模板与短线匹配预制节段箱梁模板技术特点、技术内容等存在部分共通之处，相同特点不再赘述。下面主要介绍其有异于短线匹配预制节段箱梁模板之处。

(1) 特点

① 外模系统自带纵移小车，通过外部牵引即可实现在制梁台座的纵向移动。

② 内模系统的滑移支架为门式支撑纵向悬臂结构，与外模系统的纵移小车共用轨道。

③ 无需固定端模，每跨首节梁段预制时需要两个活动端模，后续预制只需一个活动端模。

④ 底模为整跨整体配置，底模在整跨开始预制前整体调节到位，预制过程中无需进行高度、角度等调节。

(2) 主要技术内容

① 长线匹配预制节段箱梁模板设计技术

长线匹配预制节段箱梁模板设计主要从以下几方面考虑：

a. 根据梁体节段长度、曲线等进行外侧模结构设计，满足外侧模在整跨箱梁预制期间曲线调节、梁宽变化等需要。

b. 对内模整体结构倾覆稳定性、行走可靠性进行分析，满足内模整体纵移要求，对相应机构进行设计。

c. 底模模板数量优化，在满足施工需要的基础上尽可能减少模板数量，箱梁底部中部底模整体滑移设计。

图 3.9-3　长线匹配预制节段箱梁模板

② 长线匹配预制节段箱梁模板组成

长线匹配预制节段箱梁模板由底模、外模系统、内模系统、端模等基本组成，通常一个制梁台座设置两个制梁工作面，见图 3.9-3。

a. 底模

底模需承受梁体重量以及施工过程中的载荷，因此底模需具有足够刚度及强度。考虑运输条件，确定底模的最大尺寸，底模作为预制箱梁线型的控制基准，底模拼装时需严格保证线型并与制梁台位焊接为整体。

b. 外模系统

外模系统主要包括侧模模板、纵移小车、支架、承重支撑螺杆、支撑组件、对拉杆、液压系统等组成。纵移小车安装于制梁台座的轨道上方，支架与侧模模板之间采用螺栓连接为整体，支架与支撑底架之间安装有承重支撑螺杆、支撑组件。侧模模板在制梁台位的横向与竖向的微调通过调节承重支撑螺杆、支撑组件来满足。承重支撑螺杆上还安装有收缩油缸，通过控制液压系统的收缩油缸使外模绕支撑组件旋转达到收模、立模。外模与底模模板之间不设置连接螺栓但设置有橡胶条防止漏浆，两者之间采用对穿拉杆连接。

c. 内模系统

内模系统主要由内模模板、滑移支架、支撑系统、液压系统等组成。滑移支架设计为门式支撑纵向悬臂结构，后方安装有配重，滑移支架主要起承重及移模作用，脱模时沿纵移轨道将内模整体移出。内模其他结构与短线匹配预制方法类似。

d. 端模

端模均为活动式结构，首块节段预制时两端均为活动端模，首块预制完成后已完成梁段作为后预制两端匹配梁段，匹配预制直至整跨箱梁预制完成。

③ 长线匹配预制节段箱梁模板的安装

长线匹配预制节段箱梁模板安装前，需核对制梁台座条基以及轨道的位置是否正确。安装顺序为底模安装→外模系统安装→端模安装→内模系统安装。

④ 长线匹配预制节段箱梁模板的拆除

箱梁混凝土经养护达到一定强度后，开始拆除模板。模板拆除顺序为：内模拆除→端模拆除→外模拆除→外模纵移到下一待浇梁段位置。

（3）预制节段箱梁模板加工工艺流程

模板采用工厂化加工，分段、分块或整体加工可由厂家根据自己的条件决定其加工工艺流程。

（4）节段箱梁模板使用注意事项

① 节段箱梁模板使用前，检查模板之间的连接螺栓是否紧固。

② 检查各限位开关是否可靠，滑轮及液压系统压力、液面是否正常，滑轮、走行轮轴承座润滑是否良好，确认正常，方可作业。

③ 浇筑前应对模板各部分尺寸进行检查测量，保证相关尺寸和平整度达到要求后方能进行混凝土浇筑。

④ 牵引走行小车模板移动时，随时观察移动方向有无障碍，防止台车跳道和拖挂其他机具设备。

④ 模板操作必须遵循制造厂家提供的作业流程，定期按要求更换液压油、密封件。

3.9.3 技术指标

（1）实际轮廓与设计轮廓面任意点法向误差≤2mm；

（2）模板面弧度一致，错台、间隙误差≤0.5mm；

（3）单块模板制造长度及宽度误差±1mm；

（4）平面度误差≤2mm/2m；

（5）模板安装完后腹板厚误差为（0，+5）mm；

（6）模板安装完后底板厚误差为（0，+5）mm；

（7）模板安装完后顶板厚误差为（0，+5）mm；

（8）模板倾斜度≤3‰；

（9）模板周转次数：200次以上。

3.9.4 适用范围

预制节段箱梁主要应用于公路、轻轨、铁路等桥梁中。

3.9.5 工程案例

乐清湾跨海大桥起于温岭市城南，止于乐清市南塘，梁型为双向六车道单箱单室箱梁，有 22 联 5×60m，2 联 3×60m＋47m 共有 2328 榀梁，其中标准梁有 2186 榀、墩顶段 142 榀，有部分箱梁位于水平曲线半径 2200m、4000m 的曲线上，该项目采用短线匹配法预制节段拼装工艺施工。根据业主总工期安排，每天需预制节段梁不少于 4 榀，模板共配置有 11 套，其中 10 套标准梁模板，1 套墩顶段模板。钢筋制作与绑扎可以提前施工，不占用箱梁预制周期时间，各工序可以交叉、平行作业，正常情况下 1 榀梁段施工周期为 2～2.5d 左右，可满足业主工期要求。同时该模板设计充分考虑周转次数，施工单位注意保养，该梁场的模板可继续使用于预制乐清湾跨海大桥 2 号桥上。

预制节段箱梁模板技术的开发和应用，开创了我国模板行业的新局面，引领了我国模板工程技术的进步。同时促进了我国铁路、公路、轻轨等建设事业的发展，为桥梁建设降低施工成本，降低劳动强度，提高施工效率，为铁路、公路、轻轨等建设带来显著的经济效益和社会效益。

3.10 管廊模板技术

3.10.1 发展概述

管廊的施工方法主要分为明挖施工和暗挖施工。明挖施工可采用明挖现浇施工法与明挖预制拼装施工法。当前，明挖现浇施工管廊工程量很大，工程质量要求高，对管廊模板的需求量大，但由于综合管廊处于地下，环境比较复杂，受天气，地理，水位等影响较大。起重等设备使用难度大，用电等设备安全防护要求高，并且综合管廊内部要求质量达到清水墙。传统的模板难以适应地下综合管廊的发展，目前，组合式带肋塑料模板和组合铝合金模板在管廊工程中得到广泛应用。本文着重介绍组合式带肋塑料模板。

3.10.2 技术内容

1. 特点

组合式带肋塑料模板性能优异，绿色环保、节能低碳、可循环再生、防水、防腐、阻燃、并且有较好的力学和电绝缘性能，特别是不粘接混凝土，是一种优质的建筑模板材料。

地下综合管廊采用组合式带肋塑料模板有如下技术优势：

（1）施工工期短、性价比高：由于定型模板周转使用率高，成本较传统模板低。

（2）通用性强、适用地下综合管廊复杂的环境：防水、防腐、抗蚀并且耐候，有较好的力学和电绝缘性能，十分适应地下环境。

（3）模板定制、轻量设计、操作方便：同规格板重量轻于木模板，不使用木方条，铁钉铁线，不依赖于垂直或水平运输设备。

（4）施工文明环保、成品观感质量好：施工现场整洁、无噪声，不产生垃圾，成品可制作清水混凝土。

2. 主要技术内容

（1）管廊模板设计依据

管廊混凝土浇筑施工工艺可采取下列工艺之一：

① 管廊混凝土分底板、墙板及顶板两次浇筑施工，见图 3.10-1。

② 管廊混凝土分底板、墙板、顶板三次浇筑施工，见图 3.10-2。

图 3.10-1 混凝土分两次浇筑的模板　　　　图 3.10-2 混凝土分三次浇筑的模板

管廊模板设计基本要求：

① 管廊模板设计应按混凝土浇筑工艺和模板施工工艺进行；

② 管廊模板的构件设计，应做到标准化、通用化；

③ 管廊模板设计应满足强度、刚度要求，并应满足支撑系统稳定；

④ 管廊外墙模板采用支模工艺施工应优先采用不设对拉螺栓作法，也可采用止水对拉螺栓做法，内墙模板不限。

（2）模板体系

组合式带肋塑料模板体系共分为四个部分：模板系统、支架系统、加固件系统和紧固件系统。模板间采用锁销连接，模板支架主要采用独立钢支撑，模板加固件采用钢背楞，模板紧固件采用专用塑料模板配件。

① 组合式带肋塑料模板

由面板、边肋、横肋和加密纵肋组成，以 PC（聚碳酸酯）等为主要基材，采用注塑或挤塑成型工艺制作的一种新型塑料模板。使用时模板之间通过锁销组合连接。

② 背楞：加强模板整体刚度，承受模板传递的荷载并与对拉螺栓相连的承力构件。

③ 主梁：承受水平模板的承力构件，搁置在独立支撑的支撑头上。

④ 对拉螺栓：连接墙体两侧模板承受新浇混凝土侧压力的专用螺栓。

⑤ 独立支撑

由内插管、外套管、调节螺母、插销、支撑头等组成的可伸缩调节的单根垂直支撑，用于承受建筑物水平结构自重、模板系统自重和施工荷载。

⑥ 斜撑：用于调整墙体模板垂直度、保持模板稳定的支撑构件。

⑦ 柱箍：由矩形钢管和对拉螺栓组成，设在柱子四周，用于加固柱模板。

⑧ 锁销：模板之间进行拼装组合的连接件。

（3）模板体系分类

① 组合式带肋塑料模板包括平面模板、阴角模板、阳角模板等，见表 3.10-1。

组合式带肋塑料模板分类、代号与用途　　　　表 3.10-1

分类	代号	用途
平面模板	P	墙、柱、梁、板、门窗洞口、楼梯顶模
阴角模板	Y	墙体阴角、墙板阴角、墙梁阴角
阳角模板	J	外墙阳角、柱阳角、门窗洞口阳角

② 专用模板包括非标准模板和异形模板，采用特制边肋、肋板和面板的另行加工定制。

③ 模板的配件包括：水平背楞、竖向背楞、直弯背楞、对拉螺栓、柱箍、独立支撑、主梁、斜撑、锁销等。

（4）模板体系规格

① 组合式带肋塑料模板的规格应符合表 3.10-2 的规定。

组合式带肋塑料模板规格（单位：mm）   表 3.10-2

模板分类	模板厚度	面板	宽度	长度
平面模板	50	4	100、150、200、250、300、600	100、300、600、900、1200、1500
阴角模板	50	4	100、150、200	200、250、300、600、1200、1500
阳角模板	50	4	50×50、50×70、50×80、50×90、	200、250、300、750、1200、1500

注：对规格、尺寸有特殊要求的模板，由供需双方确定。

② 水平背楞的规格应符合表 3.10-3 的规定。

水平背楞规格（单位：mm）   表 3.10-3

名称	材料规格	长度
背楞	矩形钢管 2 根 30×60×2.5 2 根 40×60×2.5	600、900、1200、1500、1800、2100、2400、2700、3000、3300、3600

注：对规格、尺寸有特殊要求，由供需双方确定。

③ 主梁的规格应符合表 3.10-4 的规定。

主梁规格（单位：mm）   表 3.10-4

名称	材料规格	长度
主梁	矩形钢管 40×60×3.0	900、1200、1500、1800、2100、2400、2700、3000、3300、3600、3900、4200、4500、4800

注：对规格、尺寸有特殊要求，由供需双方确定。

④ 独立支撑的规格应符合表 3.10-5 的规定。

独立支撑规格（单位：mm）   表 3.10-5

名称	材料规格	长度
独立支撑	φ48、φ60	可调范围 1900～3500

注：对规格、尺寸有特殊要求，由供需双方确定。

（5）主要施工工序

为加快进度，节省工期，减少塔吊工作量，结合工程的实际情况，梁、楼板模板采用整体安装，梁、楼板模板安装完毕后再浇筑混凝土。模板采用早拆施工工艺，模板及支撑材料采用人工运输，塔吊协助方式，很大程度上节约塔吊工作量。主要施工工序为：模板定位放线→结构找平→墙柱模板拼装→模板定位、校正→梁板模板系统安装→混凝土浇筑→模板拆除。

（6）组合式带肋塑料模板安装

① 准备工作

a. 模板构件的接收与堆放

模板卸下后必须按规格和尺寸堆放，设置产品标识牌，安全的、整齐地堆放在垫板上。回形销、螺杆、柠檬头和特殊工具妥当的堆放储存，需要时登记分发。

b. 水平测量

模板安装前，应在安装位置上进行混凝土水平测量和水平修正，所有水平测量都以临时水准基点为基准。沿墙线高出基准点的地方，应打磨到适当的水平高度；沿墙线低于基准点的地方，需用胶合板或木枋填塞模板至所需水平高度，角部及墙中的低位必须要充分填塞。

c. 放样

根据厂家提供的模板系统布置图进行模板系统放样，放样线应连续穿过开口、阳角等至少150mm。根据楼面轴线测量孔引测建筑物的主轴线的控制线，并以该控制线为起点，引出每道墙轴线，根据轴线与施工图用墨线弹出模板的内线、边线以及外侧控制线，施工前三线必须到位，以便于模板的安装和校正。

② 模板安装一般规定

按配板设计循序拼装，以保证模板系统的整体稳定。支柱和斜撑下的支承面应平整垫实，要有足够的受压面积。预埋件与预留孔洞必须位置准确，安设牢固。防止变形，侧模斜撑的底部应加设垫板。在墙、柱子上继续安装模板时，模板应有可靠的支承点，其平直度应进行校正。楼板模板支模时，应先完成一个格构的水平支撑及斜撑安装，再逐渐向外扩展，以保持支撑系统的稳定性。预拼装墙模板吊装就位后，下端应垫平，紧靠定位基准；两侧模板均应利用斜撑调整和固定其垂直度。支柱所设的水平撑与剪刀撑，应按构造与整体稳定性布置；多层支设的支柱，上下应设置在同一竖向中心线上，下层楼板应具有承受上层荷载的承载能力或加设支架支撑。

③ 模板安装偏差要求

模板拼装严格按照模板系统设计布置图采用回形销拼装成整体，模板在现场拼装时，要控制好相邻板面之间拼缝，拼缝完成后先用钢丝把模板和竖向钢管绑扎固定，以保证模板整体性，拼装偏差要求详见表3.10-6。

组合式塑料模板拼装偏差要求一览表　　表3.10-6

序号	项　目	允许偏差（mm）
1	两块模板之间拼缝	≤1
2	相邻模板之间高低差	≤1
3	模板平整度	≤2
4	模板平面尺寸偏差	±3

④ 墙体模板安装应符合下列规定：

a. 拼装模板时，宜采用1500mm规格模板进行竖向拼装，调整满足墙体宽度要求的模板为同规格长度，并宜拼在边部，上端高度不足部分可以采用适合尺寸的模板补齐。

b. 对拉螺栓与模板应相互垂直，并应带有塑料套管；对拉螺栓的松紧应一致、适度，不得使保证墙体厚度要求的定位块将模板顶压变形，拼在边部的、调整满足墙体宽度要求的模板也应设置对拉螺栓；有防水和清水要求时应采用两端设锥形接头、中间设止水片的三节式对拉螺栓。

c. 对拉螺栓的竖向间距不宜大于600mm，横向间距不宜大于500mm；当墙体高度大于 3.5m 时，对拉螺栓的竖向间距不宜大于 500mm，横向间距不宜大于 400mm；对拉螺栓的间距应满足设计要求。

d. 模板安装同时应进行校正，并可通过对拉螺栓对墙体厚度和垂直进行调整。

⑤ 水平模板安装

a. 安装完墙顶边模，即可在角部开始安装板模。

b. 模板快拆带应根据模板布置图拼装。

c. 板底主梁用于支撑模板，用支撑杆提升主梁到适当位置。通过 U 形支撑头卡入模板肋之间。

d. 顶板安装完成以后，应检查全部模板面的标高，如果需要调整则可采用可调支撑立杆调整水平度，见图 3.10-3。

图 3.10-3 墙体、板模板安装示意图

（7）模板拆除

① 塑料模板拆除应先拆除非承重模板，后拆除承重模板。

② 支架应在混凝土强度达到设计要求后拆除；当设计无具体要求时，拆模时的同条件养护混凝土立方体试件抗压强度应符合国家规范规定。

③ 拆除塑料模板时宜采用专用拆模工具或撬动拼接模板，不得损坏混凝土及其外观质量，并不应破坏模板面层和棱角。

④ 拆除的塑料模板不得抛掷，拆除后的塑料模板应将其表面清理干净，并应整齐堆放在指定位置。

⑤ 模板实行早拆的，应增设不少于一组的同条件养护试块，用于检验第一次拆除模架时的混凝土强度。

⑥ 现浇钢筋混凝土楼板第一次拆模强度由同条件养护试块试压强度确定，拆模时试块强度不应低于 10MPa。

⑦ 常温施工现浇钢筋混凝土楼板第一次拆模时间不宜早于混凝土初凝后 3d。

⑧ 模板的第一次拆除，应确保施工荷载不大于保留的支撑系统设计承载力。

⑨ 模板及支撑系统的拆除应严格按早拆方案执行。

3.10.3 技术指标

（1）组合式带肋塑料模板物理力学性能指标应符合《塑料模板》JG/T 418—2013 的规定。

（2）独立支撑物理力学性能指标应符合表 3.10-7 的规定。

独立支撑物理力学性能指标   表 3.10-7

项 目	单位	指 标
稳定性承载力	kN	≥20

3.10.4　适用范围

采用现浇混凝土施工的各类管廊工程。

3.10.5　应用案例

1. 西宁单舱管廊工程概况

西宁市城市地下综合管廊工程涉及 2 个片区，大学城片区 3 条路（泉湾路、学院路、高教路）、小桥及小桥东片区 4 条路（毛胜寺路、门源路、十四号路、朝阳西路）综合管廊敷设道路为该区域主要道路，管廊主要包含主体工程和附属工程两个部分。本次管廊建设工程仅包含管廊主体及附属设施工程，管廊内各管线设计及安装不在工程范围内。管廊内容纳管线种类为电力、通信、给水、再生水、热力、燃气、污水、雨水等 8 类管线，其中通信管线包含电信、移动、联通、广电等 4 类管线。各道路下建设综合管廊根据管线现状及专项规划中管线种类布置管廊舱室，管廊舱室为 1～3 舱。综合管廊共实施 12 条道路，总长度约 34.9km，总投资约 35 亿元，集水电舱、天然气舱、污水舱等于一体的综合性地下管廊，设计埋深约 4.2m，宽度 13m。本工程为全现浇钢筋混凝土剪力墙结构，建筑物主要钢筋混凝土构件尺寸：底板厚度：450mm、550mm；墙厚为：300mm、400mm；板厚：400mm、450mm、500mm。本方案主要对 400mm 厚墙、500mm 厚板模板进行设计，见图 3.10-4。

图 3.10-4　西宁市城市地下
综合管廊工程样板

2. 技术经济效果

（1）塑料模板在传统建筑业的兴起，减少国家的木材资源消耗的压力，塑料可以二次回收利用，符合国家循环经济可持续发展的战略方针，将建筑业最大的中间消耗合理的循环起来，减少铁钉等一次性消耗品，减少资源浪费，减少工地由于锯刨产生的扬尘和建筑垃圾，减少城市污染。在社会意义、产品优势、技术优势、价格优势等各方面是利国利民、造福后代的。

（2）该项技术的应用也从根本上改变了环保产业社会效益高、经济效益低的弊端，既有极大社会效益又有巨大的经济效益。

（3）工期短且有保障，观感效果好。塑料模板配件标准，易更换，结构件轻量设计、施工速度快，受环境约束少，安装简单快捷，基本不依赖塔吊等垂直运输设备和施工机械，安装安全可靠，雨季施工没有安全隐患，轻便手工安装，施工过程几乎不使用电，见图 3.10-5。

（4）安全、成熟、可靠、节能、环保。结构安全成熟可靠，塑料模板阻燃和不导电的性能，无安全隐患、国家现行塑料模板行业标准和独立支撑协会标准已相继发布。

图 3.10-5　西宁市城市地下
综合管廊工程观感图

（5）性价比高，不受结构和构造及规模影响，模板工程成本基本与木模持平。

3.11　3D打印装饰造型模板技术

3.11.1　发展概述

在建筑装饰工程的设计和施工中，为使建筑的表面美观，一般要在其表面进行装修饰面，如涂刷装饰涂料、铺贴装饰板材等，这些饰面不仅耗费大量工时和材料，使工程成本大大增加，而且随着使用周期的延长，往往出现褪色、剥落、掉皮等现象，严重影响了建筑物的外观美。随着现代材料科学与工程技术的发展，水泥混凝土材料的性能和功能得到很大发展和提高，彻底改变了该传统材料的笨重、耐久性较差等缺陷与不足。除了当前风靡世界的清水混凝土以外，各种色泽、造型、表面纹理和大型尺寸的水泥与混凝土内外墙板在混凝土框架结构、钢结构、既有建筑改造等建筑工程中受到全世界建筑师的青睐，我国一些奥运工程建设、大型公共建筑开始采用，装饰混凝土与水泥制品产业正在我国蓬勃兴起。

3D装饰造型模板作为混凝土实现装饰造型的重要手段之一，主要用于给混凝土表面做装饰造型和装饰肌理，给装饰设计提供更为广阔的创意空间。3D装饰造型模板可根据客户设计生产特殊造型模板，能以素混凝土肌理表现装饰感，也可通过独特的着色渗透技术展现丰富亮丽的色彩感，且无污染。3D装饰造型模板的独特艺术装饰效果，不仅给建筑的美化和装饰带来了革命性的冲击，而且迎合了当今时尚、现代的设计风格，受到了广大建筑师的赞誉。

3.11.2　技术内容

1. 特点

（1）应用3D装饰造型模板成型混凝土，可实现结构装饰一体化，为工业化建筑省去二次装饰。

（2）产品安全耐久，避免了瓷砖脱落等造成的公共安全隐患。

（3）节约成本，因为装饰造型模板可以重复使用，可以大量节约生产成本。

（4）装饰效果逼真，不管仿石、仿木等任意的造型均可达到与原物一致的效果，从而减少了资源的浪费。

2. 主要技术内容

3D装饰造型模板采用聚氨酯橡胶、硅胶等材料打印、雕刻或浇注而成，有较好的抗拉强度、抗撕裂强度和粘结强度，且耐碱、耐油，可重复使用50～100次。通过有3D装饰造型的模板给混凝土表面作出不同的纹理和机理，可形成多种多样的装饰图案和线条，利用不同的肌理显示颜色的深浅不同，实现材料的真实质感，具有很好的仿真效果。如针对的是高端混凝土市场的一些定制的影像刻板技术造型模板，通过侧面照射过来的阳光，在图片刻板模板完成的混凝土表面形成的条纹宽度不一样，可以呈现不同的阴影，使做出来的混凝土仿佛是非常生动的照片，见图3.11-1。

（1）施工前的技术准备

① 由于装饰模板弹性好，在包装及运输过程中可伸缩，这将可能导致模板的尺寸存在不可避免的偏差。因此，为了保护模板边缘不受损，厂家通常将模板的尺寸做大一些。用户可依据所需最终的尺寸现场进行修裁，在距离模板边框处多预留几毫米使其在固定时

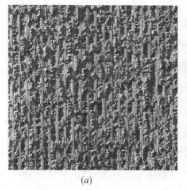 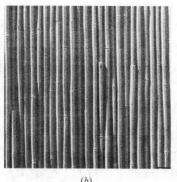 

图 3.11 3D 装饰造型模板

(*a*) 仿石材纹理；(*b*) 仿竹材纹理；(*c*) 影像纹理

能和模板边框紧密结合。

② 装饰模板在黏合之前必须做最后的裁边，以避免模板由于温度变化而导致伸缩引起尺寸的变化。

③ 所有弹性模板材料在长期使用一段时间后通常会变长，因此，为保持原始尺寸，装饰模板需要反复裁边，这仅适用于非黏合使用的装饰模板。

④ 尽管装饰模板在生产过程中严格地控制材料等生产因素，但是与挡板几毫米的厚度偏差是不可避免的。不论是制作最大化尺寸的模板，还是订制小模板，都存在此公差。因此，必须均匀磨削模板边缘校平拼缝处的厚度，或者配套使用模板黏合胶或弹性填充料均衡及填充模板之间的缝隙部位，模板之间必须保持水平。

⑤ 1 类模板的宽度一般是固定的，而长度、高度均可变化。如果欲将 2 块或更多的模板拼接起来以覆盖生产模具，这样就会有裁切模板的必要。将模板放在平坦、干净的台面上，选用合适的裁刀或者圆电锯进行裁切。使用循环电锯必须注意在裁切过程中保持电锯叶片转动正常无阻。锯开的材料（无用的部分）必须抽离开电锯叶片以保持叶片稳定转动，从而避免电锯抖动，否则可能因电锯温度过高导致模板烧毁。长时间裁切模板，建议间隔地将电锯与模板抽离，让电锯自转一会儿以便散热。

将卷起的 2 类模板摊开在平坦、干净水平的台面上使用模板裁刀进行切割。直线切割可按照直线边缘的金属或者木板尺来切，不宜使用圆电锯。切割厚一点的 2 类模板时，请勿尝试一刀切，请先轻轻地在模板上画上切割线，再按照线来切，如此反复几次才能切好。请不要用力过大，否则将切歪。

（2）装饰造型模板安装

① 模具边框的处理

对表面造型肌理较浅（约 1～2mm）的模板，可以将订好尺寸的模具边框直接放在模板表面。表面造型肌理深度在 5mm 内的模板，采用有一定厚度的可压缩的弹性胶条，将模具边框压紧胶条即可达到密封效果。对表面造型肌理更深的模板，建议制作造型挡板，均匀对称的造型（条纹或波纹系列）的模板，可以截取一段相同造型的模板倒过来与原模板咬合作边挡板。

② 装饰造型模板固定

　　a. 模具框固定

装饰模板裁剪后，将装饰模板松散地放置于模具框内。1 类模板的尺寸此时应该多预留 1～2mm，以便挤压进模具框内，使模板周边与模具框紧密相接。

2 类模板裁剪时同样需要多预留 1～2mm 的边，使装饰模板边缘与模具柜紧密相接。装饰模板不宜预留过多的边缘，模板边缘将翘起形成气垫，即使在混凝土的压力下也不能平坦，这将会使混凝土的表面产生压痕。

　　b. 粘合固定

每次混凝土浇筑后，模板一旦松动了就必须重新装配。为避免反复组装，保证最佳的浇筑质量，可以将模板粘在倾斜台或者振动台上。这种方法更适用于生产批量相同尺寸的构件。在这种恒常的处理下，松动的模板也将更易于拉伸变长。

　　c. 钉子固定

对使用量少或浇注后马上要改变模框尺寸的 1 类模，可以将其钉在模具上固定。钉子间距约 20～25cm，采用"榫头"或者"椭圆头"的钉子以便在脱模的时候可以从模板上将钉子拔掉。根据不同造型肌理的模板，钉子总是钉过造型的高点，这样可确保反向对称的混凝土表面的钉孔不会太明显而被发现。

2 类模板不可以用钉子固定于模具。这是因为模板太重，将模板垂直方向放置时，钉在该模板的钉子有可能会因为模板的重力而撕坏模板。

　　(3) 脱模剂的使用

模具脱模剂涂刷或者喷洒至少两遍。可横向、纵向进行喷涂，模板上多余的脱模剂必须用刷子或者干净的棉布清除，也可以用高压气枪吹掉。当碰到条纹图案的模板时，条纹垂直部分应从模板两侧呈 45°斜角进行喷涂，这样才能保证模具脱模剂完全覆盖模板的各个角落。

　　(4) 混凝土振捣

振动器必须在使用前调试好振动的频率及强度，借用外部振动器在模板表面适当规律振动可以使模板颤振并赶走模板底下的空气，这样可避免产生"气垫"或"气泡"，避免最终导致混凝土表面的气孔。

　　(5) 脱模

模板宽松地放置在模具内一般都可以与混凝土构件脱开，并且再次放置回模具中以供再次使用。但在脱模过程中必须注意当倾斜操作台接近垂直时，确保模板不会从构件上落下而损坏。为了避免发生该类事故，可将模板粘在模具或者操作台上。

3.11.3　技术指标

主要技术指标参数见表 3.11-1。

主要技术指标参数　　　　　　　　　　　　　　　　表 3.11-1

主要指标	1 类模板	2 类模板
模板适用温度	+65℃内	+65℃内
肌理深度	>25mm	1～25mm
最大尺寸	约 1m×5m	约 4m×10m
弹性体类型	轻型 $\gamma=0.9$	普通型 $\gamma=1.4$
反复使用次数	50 次	100 次
包装方式	平放	卷拢

3.11.4　适用范围

通过 3D 打印装饰造型模板技术，可以设计出各种各样独特的装饰造型，为建筑设计师立体造型的选择提供更大的空间，混凝土材料集结构装饰性能为一体，预制建筑构件、现浇构件均可，可广泛应用于住宅、围墙、隧道、地铁站、大型商场等工业与民用建筑，使装饰和结构同寿命，实现建筑装饰与环境的协调。

3.11.5　工程案例

1. 工程案例

2010 世博上海案例馆、上海崇明桥现浇施工、上海南站现浇隔声屏、上海青浦桥现浇施工、上海虹桥机场 10 号线入口、上海地铁金沙江路站、杭州九堡大桥、上海常德路景观围墙及花坛、上海野生动物园地铁站、世博会中国馆地铁站、上海武宁路桥等。

通过采用 3D 装饰造型模板技术，可以设计出各种各样独特的装饰造型，为建筑设计师立体造型的选择提供更大的空间，混凝土材料集结构装饰性能为一体，预制建筑构件、现浇构件均可，可广泛应用于住宅、围墙、隧道、地铁站、大型商场等工业与民用建筑，使装饰和结构同寿命，实现建筑装饰与环境的协调。

2. 技术经济效果

3D 装饰造型模板是一个有保证而且非常经济的技术，它使设计师、建筑师、业主做出的各种混凝土装饰效果达到无限的可能性。3D 装饰造型模板有较好的抗拉强度、抗撕裂强度和粘结强度。有较好的耐磨性能和延伸率，且耐碱、耐油。易于与混凝土脱模而不损坏表面，可以准确复制不同造型，肌理，凹槽等，能重复使用 50～100 次。

参 考 文 献

[1]　张良杰. 我国爬模技术发展历程与技术进步 [J]. 施工技术，2014.

[2]　糜加平. 国内外模板脚手架研究与应用 [M]. 北京：中国建材工业出版社，2014.

[3]　王立新. 铁路桥梁节段拼装造桥机回顾、发展与展望 [J]. 铁道建筑技术，2009.

[4]　牛潮，黎文方，林春霞. 铝合金模板系统在超高层核心筒中的应用 [J]. 施工技术，2014.

[5]　吴仍辉，张永志，尤东锋. 望京 SOHO 中心 T3 塔楼液压自爬模施工技术 [J]. 施工技术，2014.

[6]　牛潮，黎文方等. 铝合金早拆模板在某工程中的应用 [J]. 施工技术，2016.

[7]　《清水混凝土应用技术规程》JGJ 169—2009 [S]. 北京：中国建筑工业出版社，2009.

[8]　《液压爬升模板工程技术规程》JGJ 195—2010. 北京：中国建筑工业出版社，2010.

[9]　《建筑施工承插型盘扣式钢管支架安全技术规程》JGJ 231—2010. 北京：中国建筑工业出版社，2010.

[10]　《建筑施工模板安全技术规范》JGJ 162—2008. 北京：中国建筑工业出版社，2008.

4 装配式混凝土结构技术

4.1 装配式混凝土剪力墙结构技术

4.1.1 发展概述

剪力墙结构中部分或者全部剪力墙采用预制构件，即为装配式混凝土剪力墙结构。剪力墙结构体系在我国的建筑市场中一直占据重要地位，以其在居住建筑结构墙和分隔墙兼用以及无梁、柱外露等特点得到市场的广泛认可。近些年来装配整体式混凝土结构的发展给装配式剪力墙体系带来了新的契机，装配式剪力墙结构发展非常迅速，应用量不断攀升，不断涌现出不同形式、不同结构特点的装配式剪力墙结构。在北京、上海、沈阳、合肥、深圳等诸多大城市中均有较大规模的应用。支撑国内装配整体式剪力墙结构迅速发展的技术基础主要为预制剪力墙构件之间连接技术的大量研究成果，以及对从欧美、日本等国家引进的先进技术的消化和吸收。通过各个企业的实践和总结，形成了多种应用于我国的装配整体式剪力墙结构形式。

按照主要受力构件的预制及连接方式，国内的装配式剪力墙结构体系可以分为：①高层装配整体式剪力墙结构体系；②多层剪力墙结构体系。装配整体式剪力墙结构体系应用较多，适用的房屋高度最大；多层剪力墙结构目前应用较少，但基于其高效、简便的特点，在新型城镇化的推进过程中前景广阔。

装配整体式剪力墙结构中，部分或者全部剪力墙采用预制构件，预制剪力墙之间的竖向接缝一般位于边缘构件处并采用后浇混凝土，预制墙水平钢筋在后浇接缝内连接或锚固；预制剪力墙水平接缝位于楼面标高处，水平接缝处钢筋可采用套筒灌浆连接、浆锚搭接连接或在底部预留后浇区内连接钢筋的形式。每层楼面处设置水平后浇带及连续联系钢筋，屋面设置封闭后浇圈梁；采用叠合楼盖及预制楼梯，预制或者叠合阳台板。该结构体系主要用于高层建筑，整体受力性能与现浇剪力墙结构相当，按"等同现浇"的理念设计。

目前，国内主要的装配整体式剪力墙结构体系中，主要技术特征在于预制剪力墙构件水平接缝处竖向钢筋的连接技术以及水平接缝构造形式。按照预制墙体水平接缝钢筋连接形式，可划分以下几种：

（1）竖向钢筋采用套筒灌浆连接、拼缝采用灌浆料填实。

（2）竖向钢筋采用螺旋箍筋约束浆锚搭接连接、拼缝采用灌浆料填实。

（3）竖向钢筋采用金属波纹管浆锚搭接连接、拼缝采用灌浆料填实。

（4）竖向钢筋采用套筒灌浆连接结合预留后浇区搭接连接。

（5）其他方式，包括竖向钢筋在水平后浇带内采用环套钢筋搭接连接；竖向钢筋采用挤压套筒、锥套锁紧等机械连接方式并预留混凝土后浇段；竖向钢筋采用型钢辅助连接或

图 4.1-1 装配整体式剪力墙结构

者预埋件螺栓连接等。

4.1.2 技术内容

（1）装配整体式剪力墙结构的设计应符合现行行业标准《装配式混凝土结构技术规程》JGJ 1 中的规定。由于高层装配整体式剪力墙结构中接缝数量多且构造复杂、接缝的构造措施及施工质量对结构整体的抗震性能影响较大，使装配整体式剪力墙结构抗震性能很难完全等同于现浇结构，且世界各地对高层装配式剪力墙结构的研究和实践经验很少。因此《装配式混凝土结构技术规程》JGJ 1 中将装配整体式剪力墙结构的最大适用高度比现浇结构适当降低，一般降低 10m，当预制剪力墙数量较多时，降低 20m。装配整体式剪力墙结构的高宽比限值，与现浇结构基本一致。

（2）作为混凝土结构的一种类型，装配式混凝土剪力墙结构在设计和施工中还应该符合现行国家标准《混凝土结构设计规范》GB 50010、《混凝土结构施工规范》GB 50666、《混凝土结构工程施工质量验收规范》GB 50204 中各项基本规定；如果房屋层数为 10 层及 10 层以上或者高度大于 28m，还应该参照《高层建筑混凝土结构技术规程》JGJ 3 中关于剪力墙结构的一般性规定。

（3）针对装配式混凝土剪力墙结构的特点，结构设计中还应该注意以下基本概念：

① 应采取有效措施加强结构的整体性。本技术措施中所述的装配式整体式剪力墙结构，是在选用可靠的预制构件受力钢筋连接技术的基础上，采用预制构件与后浇混凝土相结合的方法，通过连接节点合理的构造措施，将预制构件连接成一个整体，保证其具有与现浇混凝土结构等同的延性、承载力和耐久性能，达到与现浇混凝土结构性能基本等同的效果。其整体性主要体现在预制构件之间、预制构件与后浇混凝土之间的连接节点上，包括接缝混凝土粗糙面及键槽的处理、钢筋连接锚固技术、设置的各类附加钢筋、构造钢筋等。

② 装配式混凝土结构的材料宜采用高强混凝土、高强钢筋。预制构件在工厂生产，便于高强混凝土技术的采用，且可以提早脱模提高生产效率；采用高强混凝土可以减小构件尺寸，便于运输吊装。采用高强钢筋，可以减少钢筋数量，简化连接节点，便于施工，降低成本。

③ 装配式结构的节点和接缝应受力明确、构造可靠，一般采用经过充分的力学性能试验研究、施工工艺试验和实际工程检验的节点做法。节点和接缝的承载力、延性和耐久

性等一般通过对构造、施工工艺等的严格要求来满足，必要时单独对节点和接缝的承载力进行验算。如果采用相关标准、图集中均未涉及的新式节点连接构造，应该进行必要的研究及论证。

④ 装配式整体式剪力墙结构中，预制构件合理的接缝位置以及尺寸和形状的设计是十分重要的，它对建筑功能、建筑平立面、结构受力状况、预制构件承载能力、制作安装、工程造价等都会产生一定的影响。设计时，应满足建筑模数协调、建筑物理性能、结构和预制构件的承载能力、便于施工和进行质量控制等多项要求，同时应尽量减少预制构件的种类，保证模板能够多次重复使用，以降低造价。

（4）装配整体式剪力墙结构技术与现浇剪力墙结构的设计、生产、施工等环节相比，有许多不同点，同时也衍生出了不同的设计、构造措施，主要包括：

① 钢筋连接技术。钢筋套筒灌浆连接和钢筋浆锚搭接连接，两种连接技术在设计、生产与应用上既有区别又有共同点，前者适用于重要性较高或抗震等级较高的结构及部位；后者适用于二、三级的非底部加强部位和四级抗震的结构中，但要求进行全套工艺的型式检验，由于其较好的经济性，熟练掌握本技术的企业在工程中应用本技术是较适宜的选择；两种技术在生产、施工阶段均要注重精确定位、开口处封堵、保障灌浆质量等。

② 竖向接缝、后浇段设置。确定剪力墙竖向接缝或竖向后浇段位置的主要原则是便于标准化生产、吊装、运输和就位，尽量配合构件生产的便利性，多采取规格尺寸进行组合，同时兼顾施工阶段吊装设备的能力与布置，尽量避免接缝对结构整体性能产生不良影响。竖向接缝、后浇段的设置要点还涉及了边缘构件构造设计等要点。

③ 水平接缝构造措施。核心要点为竖向钢筋布置及连接，在应用钢筋套筒灌浆连接技术时，为降低造价和施工难度，竖向分布钢筋可采用间隔连接方式甚至等效连接方式。前者是指设置部分较粗直径钢筋，满足配筋率、承载力以及最大间距等要求，通过套筒灌浆连接技术连接，另外设置较细直径的分布钢筋，但不连接，不计入配筋率、承载力计算；后者指所有竖向分布钢筋均不连接，另外设置单排或双排连接钢筋，并满足一定的设计要求。

④ 边缘构件的构造设计。可通过竖向接缝、后浇段的设置形成全预制或部分预制、部分后浇边缘构件。后浇边缘构件构造措施的核心要点为水平钢筋的锚固、连接的形式、措施及可靠性。主要包括无附加钢筋（搭接连接、预留弯钩连接、预留 U 型钢筋）、有附加钢筋（附加弯钩钢筋、附加封闭钢筋），以及不同附加钢筋组合应用等形式的构造措施等。

⑤ 连梁构造措施。预制连梁宜与后浇圈梁或水平后浇带形成叠合连梁，其拼接位置与拼接构造措施是连梁设计的重点。此外，窗下墙与连梁的构造也是需要注意的设计要点。

⑥ 叠合板设计与施工。叠合板的设计要点包括接缝构造、支座构造和单向板与双向板的选择。

⑦ 其他要点。底部预留后浇区剪力墙的预制支腿的设计与防护、底部预留后浇区的设计与混凝土浇筑质量等；套筒灌浆连接剪力墙底部水平分布钢筋加密；约束浆锚搭接连接剪力墙约束箍筋设计、波纹管浆锚搭接连接剪力墙边缘构件的增强措施等。

4.1.3 技术指标

1. 结构分析

装配整体式剪力墙结构可采用与现浇混凝土结构相同的方法进行结构分析。对结构整体变形和内力，一般采用弹性方法进行计算，框架梁及连梁等构件可考虑塑性变形引起的内力重分布。抗震设计时，对同一层内既有现浇墙肢也有预制墙肢的装配整体式剪力墙结构，预制墙肢水平拼缝开裂及刚度降低较现浇墙肢早，考虑塑性内力重分布，将现浇墙肢水平地震作用下单工况的弯矩、剪力标准值宜乘以不小于 1.1 的增大系数。

按弹性方法计算的风荷载或多遇地震标准值作用下的楼层层间最大水平位移与层高之比 $\Delta u/h$ 不宜大于 1/1000；在结构内力与位移计算时，对现浇楼盖和叠合楼盖，均可假定楼盖在自身平面内为无限刚性。

2. 平立面布置

装配整体式剪力墙结构住宅的平面布置原则至少应该符合一般的混凝土结构对平面规则性的要求；并且由于对标准化、模数化的要求，以及对结构整体性及抗震性能的要求，其规则性应该严于现浇混凝土结构。

装配整体式剪力墙结构住宅的竖向布置应连续、均匀，应避免抗侧力结构的侧向刚度和承载力沿竖向突变而形成薄弱层，并应符合现行国家标准《建筑抗震设计规范》GB 50011 的有关规定；如果出现薄弱层，建议该部位采用现浇结构。剪力墙沿竖向的构件截面尺寸和材料强度宜自下而上逐渐减小。墙肢截面宜简单、规则；预制墙的门窗洞口宜上下对齐、成列布置。

3. 短肢剪力墙结构

抗震设计时，高层装配整体式剪力墙结构不应全部采用短肢剪力墙；抗震设防烈度为 8 度时，不宜采用具有较多短肢剪力墙的剪力墙结构。当采用具有较多短肢剪力墙的剪力墙结构时，应符合下列规定：

（1）在规定的水平地震作用下，短肢剪力墙承担的底部倾覆力矩不宜大于结构底部总地震倾覆力矩的 50%；

（2）房屋适用高度应比《装配式混凝土结构技术规程》JGJ 1 表 6.1.1 规定的装配整体式剪力墙结构的最大适用高度适当降低，抗震设防烈度为 7 度和 8 度时宜分别降低 20m。

4. 现浇部位要求

高层装配整体式剪力墙结构中，下列部位建议采用现浇：

（1）底部加强区。底部加强部位对结构整体的抗震性能很重要，尤其在高烈度区，因此建议底部加强区采用现浇结构。并且，结构底部或首层往往由于建筑功能的需要，不太规则，不适合采用预制结构；且底部加强区构件截面大且配筋较多，也不利于预制构件的连接。

（2）顶层建议采用现浇楼盖结构，是为了保证结构的整体性。作为上部结构嵌固部位的地下室顶板宜采用现浇结构，保证嵌固性能。

（3）部分框支剪力墙结构的框支层受力较大且在地震作用下容易破坏，为加强整体性，框支层及相邻上层采用现浇混凝土。

（4）抗震设防烈度为 8 度时，高层装配整体式剪力墙结构中的电梯井筒往往承受很大的地震剪力及倾覆力矩，宜采用现浇结构，有利于保证结构的抗震性能。

5. 构件设计

预制构件及其连接节点应进行承载能力极限状态及正常使用极限状态设计，并应符合现行国家标准《混凝土结构设计规范》GB 50010、《建筑抗震设计规范》GB 50011 和《混凝土结构工程施工规范》GB 50666 等有关规定。

预制构件的设计应符合下列规定：

（1）对持久设计状况，应对预制构件进行承载力、变形、裂缝控制验算；

（2）对地震设计状况，应对预制构件进行承载力验算；

（3）对制作、运输和堆放、安装等短暂设计状况下的预制构件验算，应符合现行国家标准《混凝土结构工程施工规范》GB 50666 的有关规定。在短暂设计状况下，构件截面验算的控制指标包括承载力、裂缝宽度、截面边缘最大混凝土拉应力等。

4.1.4 适用范围

适用于抗震设防烈度为 6～8 度区，装配整体式剪力墙结构可用于高层居住建筑，多层装配式剪力墙结构可用于 6 层及 24m 以下的低、多层居住建筑。

4.1.5 工程案例

1. 北京万科新里程住宅项目

本项目包含 8 幢高层住宅楼（21-1～8 号楼）、一座整体地下车库（21-C），三幢配套建筑（21-PT1～3 号楼），总建筑面积 104566m²。其中有 6 幢住宅楼是装配式住宅，是装配整体式结构，分别是 21-1 号、2 号、4 号、5 号、7 号、8 号住宅楼。本项目的装配式住宅楼大量采用预制构件，预制的构件包括：楼梯、梯梁、平台板、叠合板、阳台、外墙、内墙、女儿墙，装配化率达到了 65%。

图 4.1-2 新里程工程案例

2. 北京金域缇香高层住宅

金域缇香项目位于北京市房山区长阳镇高佃二村，包含 14 幢高层住宅楼（1～14 号楼）、一座整体地下车库，五幢配套建筑（甲 1♯-甲 5♯ 楼），总建筑面积 182886.8m²。在这其中，有 3 幢住宅楼是装配式住宅，是装配整体式结构，分别是 7 号、8 号、9 号住宅楼，工业化楼建筑面积为 29354m²，其中 7 号楼采取隔震技术，是国内首个采用隔震技术的住宅。本项目的装配式住宅楼按照"建筑设计标准化、部品生产工厂化、现场施工装配化、物流配送专业化"的原则进行设计和建造，设计应用了保温复合外墙、预制内墙、预制楼梯、叠合楼板、阳台板、空调板等预制构配件和功能性部品，并做到装修一次到位。本工程 7 号楼的装配化率达到了 65%。

图 4.1-3　金域缇香工程案例

参 考 文 献

[1]　《混凝土结构设计规范》GB 50010—2010 [S]. 北京：中国建筑工业出版社，2010.
[2]　《装配式混凝土建筑技术标准》GB/T 51231—2016 [S]. 北京：中国建筑工业出版社，2017.
[3]　《装配式混凝土结构技术规程》JGJ 1—2014 [S]. 北京：中国建筑工业出版社，2014.
[4]　文林峰，武振等. 装配式混凝土结构技术体系和工程案例汇编 [M]. 北京：中国建筑工业出版社，2017.
[5]　田春雨，黄小坤，李然等. 装配式混凝土结构的研究与应用 [J]. 工程质量，2015，33（4）：25-30.

4.2　装配式混凝土框架结构技术

4.2.1　发展概述

　　装配式混凝土框架结构包括装配整体式混凝土框架结构及其他装配式混凝土框架结构。装配式整体式框架结构是指全部或部分框架梁、柱采用预制构件通过可靠的连接方式装配而成，连接节点处采用现场后浇混凝土、水泥基灌浆料等将构件连成整体的混凝土结构。其他装配式框架主要指各类干式连接的框架结构，主要与剪力墙、抗震支撑等配合使用。装配整体式框架主要包括框架节点后浇和框架节点预制两大类：前者的预制构件在梁柱节点处通过后浇混凝土连接，预制构件为一字形；而后者的连接节点位于框架柱、框架梁中部，预制构件有十字形、T形、一字形等并包含节点，由于预制框架节点制作、运输、现场安装难度较大，现阶段工程较少采用。对于节点后浇的框架又有两种，一种是框架柱逐层预制逐层连接，现阶段较为常用；另一种是多层预制，在节点处纵筋连续且箍筋预放，形成了所谓的"莲藕柱"，在多层框架中有一定的应用。

　　目前，装配式混凝土框架结构以及装配整体式框架-现浇剪力墙结构主要用于公共建筑中，其主要的技术特点为：采用钢筋套筒灌浆连接的预制柱、采用叠合框架梁、框架节点采用后浇混凝土等。这样的框架结构技术主要源自中国台湾润泰集团的技术体系，该体系与日本常用的框架结构体系类似。国内科研单位和高校针对该体系开展了系列研究，包括钢筋套筒灌浆连接预制柱的抗震性能试验、叠合框架梁的梁端抗震试验、新旧混凝土结合面和灌浆接缝的抗剪性能试验以及装配整体式框架梁柱节点的抗震性能试验等，形成了与现行国家标准《混凝土结构设计规范》GB

图 4.2-1 装配整体式框架结构
(*a*) 框架结构；(*b*) 梁柱节点；(*c*) 钢筋套筒
灌浆连接接头；(*d*) 钢筋套筒灌浆连接预制柱

50010 相协调的结构体系设计方法。

4.2.2 技术内容

（1）装配整体式框架结构的设计应符合现行行业标准《装配式混凝土结构技术规程》JGJ 1 中的规定。根据国内外多年的研究成果，在地震区的装配整体式框架结构，当采取可靠的节点连接方式和合理的构造措施后，其结构性能可以等同现浇混凝土框架结构。因此，对装配整体式框架结构，当节点即接缝采用适当的构造并满足规程 JGJ 1—2014 中有关条文的要求时，可认为其性能与现浇结构基本一致，其最大适用高度与现浇结构相同。如果装配式框架结构中节点及接缝构造措施的性能达不到现浇结构的要求，其最大适用高度要适当降低。

（2）作为混凝土结构的一种类型，装配式混凝土框架结构在设计和施工中还应该符合现行国家标准《混凝土结构设计规范》GB 50010、《混凝土结构施工规范》GB 50666、《混凝土结构工程施工质量验收规范》GB 50204 中各项基本规定；如果房屋层数为 10 层及 10 层以上或者高度大于 28m，还应该参照《高层建筑混凝土结构技术规程》JGJ 3 中关于框架结构的一般性规定。

（3）针对装配式混凝土框架结构的特点，结构设计中还应该注意以下基本概念：

① 应采取有效措施加强结构的整体性。本技术措施中所述的装配式整体式框架结构，是在选用可靠的预制构件受力钢筋连接技术的基础上，采用预制构件与后浇混凝土相结合的方法，通过连接节点合理的构造措施，将预制构件连接成一个整体，保证其具有与现浇

混凝土结构等同的延性、承载力和耐久性能，达到与现浇混凝土结构性能基本等同的效果。其整体性主要体现在预制构件之间、预制构件与后浇混凝土之间的连接节点上，包括接缝混凝土粗糙面及键槽的处理、钢筋连接锚固技术、设置的各类附加钢筋、构造钢筋等。

② 装配式混凝土结构的材料宜采用高强混凝土、高强钢筋。预制构件在工厂生产，便于高强混凝土技术的采用，且可以提早脱模提高生产效率；采用高强混凝土可以减小构件尺寸，便于运输吊装。采用高强钢筋，特别是在预制柱中可采用大直径高强钢筋，可以减少钢筋数量，简化连接节点，便于施工，降低成本。

③ 装配式结构的节点和接缝应受力明确、构造可靠，一般采用经过充分的力学性能试验研究、施工工艺试验和实际工程检验的节点做法。节点和接缝的承载力、延性和耐久性等一般通过对构造、施工工艺等的严格要求来满足，必要时单独对节点和接缝的承载力进行验算。如果采用相关标准、图集中均未涉及的新式节点连接构造，应该进行必要的研究及论证。

④ 装配式整体式框架结构中，应注意构件安装和钢筋安装的协调。比如，当采取高低错位以实现梁底纵筋避让时，应先安装纵筋在下的预制梁；梁腹纵筋尽量不要伸入节点，当必须伸入节点锚固时，可通过采取设置钢筋机械接头等方式，否则节点的箍筋将难以安装；应考虑节点区箍筋安装和构件安装的先后顺序等。

（4）装配整体式框架结构技术与现浇框架结构的设计、生产、施工等环节相比，有许多不同点，同时也衍生出了不同的设计、构造措施，主要包括：

① 钢筋连接技术。钢筋套筒灌浆连接和钢筋浆锚搭接连接，两种连接技术在设计、生产与应用上既有区别又有共同点，当房屋高度不大于 12m 或层数不超过 3 层时，可采用套筒灌浆、浆锚搭接等连接方式，当房屋高度大于 12m 或层数超过 3 层时，宜采用套筒灌浆连接。由于梁的纵向钢筋搭接时，需要设置箍筋加密，因此，对于梁面纵向钢筋则不适宜采用搭接方式进行连接，而应选择机械连接等其他形式。

② 采取措施避免梁底纵筋碰撞。当采用后浇梁柱节点的连接方式时，各框架梁的纵向钢筋需要在节点区分别锚固，设计时应考虑各框架梁梁底纵筋的碰撞。一般可以采取两种方式避免钢筋碰撞，一种是采取高低错位，另一种是采用水平错位，而错位可以是整根钢筋偏移，也可以是局部钢筋弯折偏移，对此，可以通过加设小直径的架立筋以满足箍筋形状的要求。另外，应经设计验算，尽量使得梁底纵筋单排伸入节点进行锚固。

③ 框架柱的纵筋宜四角布置。为了提高装配式框架梁柱节点的安装效率和施工质量，当梁的纵筋和柱的纵筋在节点区位置有冲突时，则可以采用较大纵筋间距，并将钢筋集中在角部布置。当纵筋间距较大导致箍筋肢距不满足现行规范要求时，可在受力纵筋之间设置架立纵筋，架立纵筋可不伸入节点。

④ 框架梁的箍筋形式和箍筋肢距。当采用叠合梁时，在施工条件允许的情况下，箍筋尽可能采用整体封闭箍筋，也可采用组合封闭箍筋，即开口箍筋加箍筋锚的形式。组合封闭箍筋可方便梁面纵筋的安装，但在受反复荷载作用下，框架梁端的抗震性能和极限承载力略低于整体封闭箍筋的梁端，因此，对一、二级抗震的框架梁梁端的箍筋加密区建议采用整体封闭箍。当叠合梁的纵筋间距及箍筋肢距较小导致安装困难时，可以适当增大箍筋直径并增加纵筋间距和箍筋肢距。

⑤ 应通过合理的结构布置，避免预制柱的水平接缝出现拉力。

4.2.3 技术指标

1. 结构分析

装配整体式框架结构可采用与现浇混凝土框架结构相同的方法进行结构分析，其承载力极限状态及正常使用极限状态的作用效应可采用弹性分析方法。按弹性方法计算的风荷载或多遇地震标准值作用下的楼层层间最大水平位移与层高之比 $\Delta u/h$ 不宜大于 1/550；在结构内力与位移计算时，对现浇楼盖和叠合楼盖，均可假定楼盖在自身平面内为无限刚性。

2. 构件设计

预制构件及其连接节点应进行承载能力极限状态及正常使用极限状态设计，并应符合现行国家标准《混凝土结构设计规范》GB 50010、《建筑抗震设计规范》GB 50011 和《混凝土结构工程施工规范》GB 50666 等有关规定。

预制构件的设计应符合下列规定：

(1) 对持久设计状况，应对预制构件进行承载力、变形、裂缝控制验算；

(2) 对地震设计状况，应对预制构件进行承载力验算；

(3) 对制作、运输和堆放、安装等短暂设计状况下的预制构件验算，应符合现行国家标准《混凝土结构工程施工规范》GB 50666 的有关规定。在短暂设计状况下，构件截面验算的控制指标包括承载力、裂缝宽度、截面边缘最大混凝土拉应力等。

3. 结合面设计

后浇混凝土、灌浆料或坐浆材料与预制构件结合面的粘结抗剪强度往往低于预制构件本身混凝土的抗剪强度。因此，预制构件的接缝一般都要进行抗剪承载力的验算。对于装配式框架梁柱节点，接缝要实现强连接，保证不在接缝处发生破坏，即要求接缝的承载力设计值大于被连接构件的承载力设计值乘以强连接系数。预制框架梁端面、预制框架柱的底部应设置键槽，预制框架柱的顶部应设置粗糙面，键槽的尺寸和粗糙面质量应符合现行行业标准《装配式混凝土结构技术规程》JGJ 1 的规定。

4. 构造设计

装配整体式框架结构构件和节点的构造首先可按与现浇混凝土框架结构相同的方法进行设计，但应该注意装配式结构的特点。其中，框架梁采用叠合梁时，后浇混凝土叠合层厚度不宜小于 150mm，当采用组合封闭箍筋时，应该注意后浇叠合层尚应满足梁面纵筋放置的空间要求；预制柱的纵向受力钢筋直径不宜小于 20mm，矩形柱截面宽度或圆柱直径不宜小于 400mm 且不宜小于同方向梁宽的 1.5 倍，钢筋套筒灌浆连接预制柱的箍筋加密区长度不应小于纵向受力钢筋连接区域长度与 500mm 之和且套筒上端第一道箍筋距离套筒顶部不应大于 50mm；柱底接缝宜设置在楼面标高处，柱底接缝厚度宜为 20mm 并采用灌浆料填实，后浇节点区混凝土上表面应设置粗糙面，柱纵向受力钢筋应贯穿后浇节点区；采用预制柱及叠合梁的装配式框架节点，梁纵向受力钢筋应伸入后浇节点区内锚固或连接，梁下部纵向受力钢筋也可伸至节点区外的后浇段内连接，连接接头与节点区的距离不应小于 1.5 倍的梁截面有效高度，钢筋的锚固和连接应符合现行国家标准《混凝土结构设计规范》GB 50010 的规定；顶层端节点可采用柱向外伸的形式。

4.2.4 适用范围

装配整体式混凝土框架结构可用于 6～8 度抗震设防地区的公共建筑、居住建筑以及工业建筑。除 8 度（0.3g）外，装配整体式混凝土结构房屋的最大适用高度与现浇混凝土结构相同。其他装配式混凝土框架结构，主要适用于各类低多层居住、公共与工业建筑。

4.2.5 工程案例

1. 上海颛桥万达广场

上海颛桥万达广场位于上海市闵行区都市路与颛兴路交叉口，项目定位为集购物中心、休闲娱乐为一体的大型商业购物中心。项目用地面积 4.62 万 m²，建筑面积 15 万 m²，地上建筑面积约 10.3 万 m²，地上 4 层（局部 5 层影院），平面尺寸约为 183m×167m，标准柱网尺寸 8.4m×8.4m，主屋面高度为 20.55m，局部影厅屋面高度为 23.45m。本项目主要预制构件有预制双 T 板、预制框梁、预制次梁、预制叠合板、预制楼梯，其中预制框梁 1700 余块，预制次梁 500 余块，预制叠合板底板 500 余块，预制剪刀梯梯段 400 余块，双 T 板 1500 余块。2 层～小屋面层预制构件共 4800 余块，部分单块构件起重重量超过 10t。

图 4.2-2　上海颛桥万达广场项目

2. 上海临港重装备产业区 H36-02 地块项目

临港重装备产业区 H36-02 地块项目位于上海浦东新区临港重装备产业区和物流园区。总建筑面积 21.4 万 m²，包括 7 栋高层建筑和 16 栋多层建筑，主要功能是研发及配套服务设施。除东 4 楼采用装配式钢框架结构外，其余单体地上部分均采用装配整体式钢筋混凝土结构，单体预制率≥40%，预制构件类型为框架柱、主次梁、楼板、楼梯以及挑板和女儿墙等。为解决框架节点钢筋密集、施工困难的突出问题，优化了框架梁柱和节点的配筋及连接方式，包括：框架柱四角集中配置受力纵筋、框架梁底筋节点区钢筋避让、采用钢筋锚固板的框架顶层端节点，有效提高装配式框架的施工效率。本项目标准柱网为 8.4m×8.4m，因此大量采用预制预应力混凝土双 T 板，取消次梁，提高施工效率并降低造价，局部柱距较密，则采用钢筋桁架叠合板。在装配式建筑的设计、生产、施工、运维等各个阶段，均应用 RFID（无线射频识别芯片）技术实现预制构件的信息自动化采集，同时结合 BIM 技术进行精细化设计、提高预制构件制作精度、加强施工管理水平并节省工程造价、为项目运营维护提供准确的工程信息，实现装配式建筑的全生命周期信息化管理。

图 4.2-3　上海临港重装备产业区 H36-02 地块

4.3　混凝土叠合楼板技术

4.3.1　发展概述

预制混凝土叠合楼板技术是指，将楼板沿厚度方向分成两部分，一是预制底板，二是上部后浇混凝土叠合层，预制底板作为楼板的一部分配置底部钢筋，施工阶段作为后浇混凝土叠合层的模板承受荷载，最终与后浇混凝土叠合层形成整体的叠合混凝土构件。

预制底板按照受力钢筋种类可以分为预制混凝土底板和预制预应力混凝土底板：预制混凝土底板采用非预应力钢筋，为增强刚度目前多采用桁架钢筋混凝土底板；预制预应力混凝土底板可为预应力混凝土平板、预应力混凝土带肋板、预应力混凝土空心板。

20 世纪 60 年代德国的 FILIGRAN 发明了格构钢筋叠合楼板（桁架钢筋混凝土叠合板）。德国钢筋混凝土委员会于 20 世纪 70 年代就开始了关于预应力连续叠合楼板的研究，并取得了可靠的研究成果，提出了关于预应力叠合楼板的设计建议。

我国从 20 世纪 80 年代开始了叠合楼板应用并出版了国家建筑标准设计图集 87SG439《预应力混凝土叠合板（一）～（三）》，该标准图集之后进行了两次修订，即 95G439、06SG439；1997 年发布了国家产品标准《叠合楼板用预应力混凝土底板》GB/T 16727—1997，该产品标准于 2007 年进行了修订。

叠合板按预制混凝土底板类型可分为以下几种：

1. 平板式预制底板叠合板

平板式预制底板表面无凸起的肋以及钢筋，横截面为矩形，一般采用粗糙面保证其与后浇混凝土层形成整体的楼板。预制底板可配置普通钢筋 [图 4.3-1（a）] 或预应力钢筋 [图 4.3-1（b）]，厚度一般在 50～80mm。在施工阶段，平板式预制底板自身承载，由于本身截面高度一般较小，跨度较大情况下容易在施工阶段产生破损，因此一般用在跨度较小的情况。

2. 桁架钢筋混凝土叠合板

在平板式预制底板中设置钢筋桁架，形成桁架钢筋混凝土预制底板，见图 4.3-2。钢筋桁架在预制底板中主要起到三方面的作用，一可以作为预制底板和后浇混凝土叠合层结合面的抗剪钢筋，增强结合面抗剪性能；二是在设置合理的情况下可以有效增加预制底板的整体刚度，施工阶段验算预制底板的承载力及变形时，可考虑桁架钢筋的作用，减少预

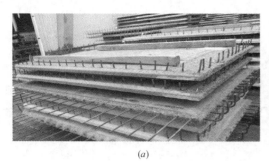 

(a)　　　　　　　　　　　　　　(b)

图 4.3-1　平板式预制底板

(a) 钢筋混凝土预制底板；(b) 预应力混凝土底板

制底板吊点、临时支撑数量；三可以代替预埋件
直接供预制构件吊装使用。

3. 倒 T 形预制带肋底板叠合板

倒 T 形预制带肋底板通过设置板肋增加了预
制底板的整体刚度，板肋的数量可根据需要设置
一条或一条以上，板肋的截面形式可为矩形、T
性等，见图 4.3-3 (<i>a</i>)。板肋底部可预留孔洞，用
于穿设横向钢筋或管线，见图 4.3-3 (<i>b</i>)。

4. 空心叠合板

当板跨度加大、板厚较大时，可以采用预应
力混凝土空心板作为叠合楼板的底板，见图 4.3-4

图 4.3-2　桁架钢筋混凝土预制底板

(<i>a</i>)，也可以在后浇混凝土叠合层内设置轻质填充材料，见图 4.3-4 (<i>b</i>)，以达到减轻楼板
自重、节约材料的目的。

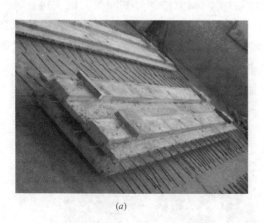 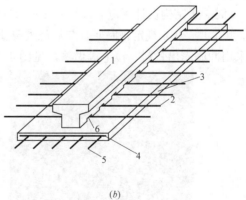

(a)　　　　　　　　　　　　　　(b)

图 4.3-3　倒 T 形预制带肋底板

(a) 倒 T 形预制带肋底板；(b) 倒 T 形预制带肋底板管线穿设

4.3.2　技术内容

1. 叠合受弯构件的受力机理

叠合受弯构件的特点是两阶段成形，两阶段受力，其受力机理与施工工艺有很大关联性。

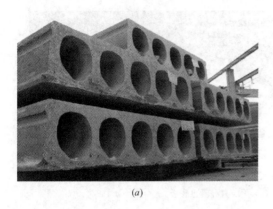 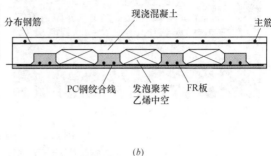

(a) (b)

图 4.3-4　空心叠合板
(a) 预应力混凝土空心板；(b) 设置轻质填充材料叠合板

当施工阶段设有可靠支撑时，预制构件在叠合层后浇混凝土的重量和施工荷载下，不至于发生影响内力的变形，叠合受弯构件受力机理与整体受弯构件基本相同。

当施工阶段无支撑时，预制构件承受叠合层后浇混凝土重量和施工荷载作用，在未形成叠合构件之前受力钢筋已经产生了拉应力且预制构件受压区产生了压应力；这使得受拉钢筋中的应力比假定用叠合构件全截面承担同样荷载时大，即发生了"受拉钢筋应力超前"现象；同时当预制构件受压区处于叠合构件受拉区时，叠合构件受力时还会抵消预制构件原有压应力，形成混凝土应变滞后效应。因此施工阶段无支撑时，叠合构件应考虑两阶段受力的性能。

2. 结合面

叠合楼板由预制底板和后浇混凝土叠合层两部分共同组成，其结合面是薄弱环节，因此如何保证结合面的受力性能是保证预制底板和后浇混凝土两部分共同受力的关键。

《混凝土结构设计规范》GB 50010—2010（2015 年版）、《装配式混凝土结构技术规程》JGJ 1—2014 规定预制底板与后浇混凝土叠合层之间的结合面应设置粗糙面。粗糙面可采用冲刷露出骨料、拉毛等做法，见图 4.3-5。

 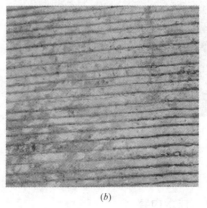

(a) (b)

图 4.3-5　粗糙面
(a) 露骨料粗糙面；(b) 拉毛粗糙面

结合面仅设置粗糙面时，其受剪强度应符合公式（4.3-1）的要求。

$$\frac{V}{bh_0}\leqslant 0.4 \qquad\qquad (4.3\text{-}1)$$

在叠合板跨度较大、有相邻悬挑板的上部钢筋锚入等情况下，结合面在外力、温度等作用下，结合面剪应力较大，不能满足公式（4.3-1）的要求，此时可通过设置抗剪构造钢筋保证结合面的抗剪性能。当采用桁架钢筋混凝土叠合板时，可不再单独设置抗剪构造钢筋；当没有桁架钢筋时，配置的抗剪钢筋可采用马镫形状，钢筋直径、间距及锚固长度应满足结合面抗剪的需求。

3. 预制底板选型

跨度不大于 3m 的叠合板，可采用平板式预制普通钢筋底板；跨度不大于 6m 的叠合板，可采用桁架钢筋混凝土预制底板，也可采用平板式预应力混凝土底板；跨度大于 6m 的叠合板，宜采用预应力混凝土预制底板，如预制带肋底板、空心板、双 T 板等。

板厚大于 180mm 的叠合板，宜采用减轻自重的措施，采用预应力混凝土空心板底板，或在后浇混凝土叠合层内设置轻质填充材料形成叠合式混凝土空心楼盖。

4. 结构转换层、平面复杂或开洞较大的楼层、作为上部结构嵌固部位的地下室楼层不宜采用叠合楼板。

5. 预制底板采用预制预应力底板时，应采取控制反拱的可靠措施。

4.3.3　技术指标

叠合楼盖由预制底板和上部后浇混凝土叠合层组成，两阶段成形，两阶段受力，其预制底板应对制作、运输、堆放、吊装等短暂设计状况进行预制构件验算，叠合楼盖应对持久设计状况进行承载力、变形、裂缝控制验算，尚应通过合理的构造措施保证楼盖的整体性。

预制混凝土叠合楼板的设计及构造要求应符合现行国家标准《混凝土结构设计规范》GB 50010、行业标准《装配式混凝土结构技术规程》JGJ 1 的相关要求；预制底板制作、施工及短暂设计状况设计应符合现行国家标准《混凝土结构施工施工规范》GB 50066 的相关要求；施工验收应符合现行国家标准《混凝土结构工程施工质量验收规范》GB 50204 的相关要求。

1. 一般规定

（1）预制混凝土底板的混凝土强度等级不宜低于 C30；预应力混凝土预制底板的混凝土强度等级不宜低于 C40，且不应低于 C30；后浇混凝土叠合层的混凝土强度等级不应低于 C25。

（2）预制底板厚度不宜小于 60mm，后浇混凝土叠合层厚度不应小于 60mm。

（3）预制底板和后浇混凝土叠合层之间的结合面应设置粗糙面，其面积不宜小于结合面的 80%，凹凸深度不应小于 4mm。

（4）预制底板跨度大于 4m，或用于悬挑板，或相邻悬挑板上部纵向钢筋在在悬挑层内锚固时，应设置桁架钢筋或设置其他形式的抗剪构造钢筋。

2. 预制底板设计

（1）预制底板作为叠合板的一部分，其配筋应满足持久设计状况下承载能力极限状态、正常使用极限状态的设计要求。除此之外，尚应对生产、施工过程短暂设计状况进行设计，主要考虑的工况包括脱模、堆放、运输、吊装、混凝土叠合层浇筑等；应按《混凝土结构工程施工规范》GB 50666—2011 第 9.2 节选取相应的等效荷载标准值，并根据各工况下预制底板的吊点、临时支撑等设置情况简化受力模型，验算预制底板正截面边缘混凝土法向压应力、正截面边缘混凝土法向拉应力或开裂截面处受拉钢筋应力。

（2）桁架钢筋混凝土预制底板短暂设计状况设计时，可视为由钢筋桁架和混凝土平板共同受力的组合构件，应验算以下几项内容：

① 正截面边缘混凝土法向压应力；

② 正截面边缘混凝土法向拉应力；

③ 钢筋桁架上弦筋拉应力；

④ 钢筋桁架上弦筋受压失稳应力；

⑤ 钢筋桁架腹杆钢筋失稳应力；

⑥ 当钢筋桁架代替吊装用埋件时，吊点腹杆钢筋拉应力。

（3）桁架钢筋混凝土预制底板中桁架钢筋应由专用焊接机械加工，腹杆钢筋与上、下弦钢筋的焊接采用电阻点焊；桁架钢筋应沿短暂设计状况的主要受力方向布置；桁架钢筋距板边距离不应大于 300mm，间距不宜大于 600mm；桁架钢筋弦杆钢筋直径不宜小于 8mm，腹杆钢筋直径不宜小于 4mm，且弦杆混凝土保护层厚度不应小于 15mm，见图 4.3-6。

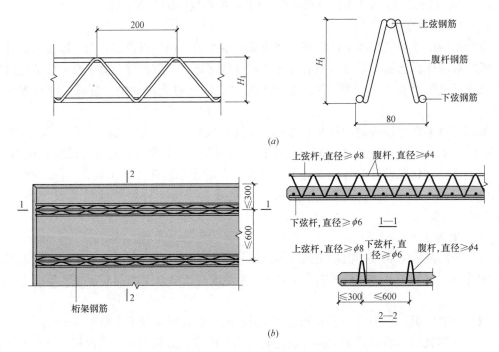

图 4.3-6 桁架钢筋混凝土预制底板

（a）桁架钢筋示意；（b）桁架钢筋布置及构造要求

3. 叠合楼盖设计

（1）施工阶段是否设置可靠支撑决定了叠合板的设计计算方法。

设置可靠支撑的叠合板，预制底板在后浇混凝土重量及施工荷载下，不至于发生影响内力的变形，按整体受弯构件设计计算，主要包括以下设计内容：

① 叠合板的正截面受弯承载力；

② 预制底板和叠合板的斜截面受剪承载力；

③ 叠合面受剪强度；

④ 预应力混凝土叠合板正截面抗裂验算，钢筋混凝土叠合板裂缝宽度验算；

⑤ 叠合板正常使用极限状态下的挠度验算。

其斜截面受剪承载力和叠合面受剪承载力按《混凝土结构设计规范（2015 年版）》GB 50010—2010 附录 H 设计。

无支撑的叠合板，二次成形浇筑混凝土的重量及施工荷载影响了构件的内力和变形，应按二阶段受力的叠合构件进行设计计算。

第一阶段：后浇的混凝土叠合层为达到强度设计值之前的阶段。荷载由预制底板承担，预制底板按简支受弯构件计算；荷载包括预制底板自重、叠合层自重及本阶段的施工活荷载。

第二阶段：叠合层混凝土达到设计规定的强度值之后的阶段。叠合构件按整体结构计算；荷载考虑叠合板自重、面层、吊顶等自重以及可变荷载或施工活荷载。

其设计方法应符合《混凝土结构设计规范（2015 年版）》GB 50010—2010 附录 H 的要求，主要包括以下设计内容：

① 预制底板和叠合板的正截面受弯承载力

② 预制底板和叠合板的斜截面受剪承载力

③ 叠合面受剪强度

④ 预应力混凝土叠合板正截面抗裂验算，钢筋混凝土叠合板裂缝宽度验算

⑤ 叠合板正常使用极限状态下的挠度验算

（2）叠合楼板受力计算

叠合楼板根据预制底板接缝构造、支座构造以及楼板长宽比不同可分为单向受力和双向受力两种情况。

按单向受力板设计时，预制底板之间采用分离式接缝，见图 4.3-7（*a*），这种接缝做法主要传递剪力，弯矩传递能力差；按双向受力板设计时，预制底板之间采用整体式接缝，见图 4.3-7（*b*），这种接缝做法应实现钢筋的连续受力，可传递弯矩、剪力和轴力，当板跨较小时，也可采用无接缝的做法，见图 4.3-7（*c*）。

两对边支承的叠合楼板预制底板应按单向受力叠合板设计。四边支承的叠合板楼板，当长边与短边长度之比不小于 3.0 时，应按短边受力的单向受力叠合板设计。四边支承的叠合板楼板，当长边与短边长度之比小于 3.0 时，宜采用整体接缝或无接缝双向板布置方案，按双向板计算；这种情况按单向受力叠合板设计时，预制底板按单向受力布置，后浇混凝土叠合层整体浇筑呈双向受力趋势，叠合楼板的整体受力性能介于单向板和双向板之间，其开裂特征类似于单向板，承载力高于单向板，挠度小于单向板但大于双向板，可按单向板进行计算，并适当考虑双向受力的影响。

4. 预制底板接缝连接构造设计

（1）板侧分离式接缝

板侧分离式接缝仅考虑传递剪力，不考虑传递弯矩的作用，用于单向受力的叠合板。主要协调板缝两侧预制底板的变形，保证接缝处不发生剪切破坏，且控制接缝处裂缝的

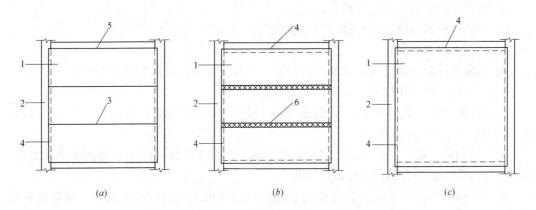

图 4.3-7 预制底板布置示意图

(a) 单向叠合板；(b) 整体接缝双向板；(c) 无接缝双向板

1—预制叠合板；2—梁或墙；3—板侧分离式接缝；4—板端；5—板侧；6—板侧整体式接缝

开展。

对于平板式预制底板、桁架钢筋混凝土预制底板等厚度比较小的情况，接缝处紧邻预制板顶面宜设置垂直于板缝的附加钢筋 [图 4.3-8 (a)]，附加钢筋截面面积不宜小于预制底板中该方向钢筋面积，钢筋直径不宜小于 6mm、间距不宜大于 250mm，自板缝伸入后浇混凝土叠合层内长度不应小于 15d。沿板缝方向宜设置附加通长构造钢筋，钢筋直径不宜小于 4mm、间距不宜大于 300mm。

对于预应力混凝土空心板等板厚较大的情况，可通过板侧设置键槽的方式传递剪力 [图 4.3-8 (b)]，板缝中现场灌注细石混凝土。

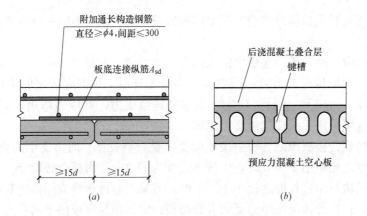

图 4.3-8 板侧分离式接缝

(a) 设置附加钢筋；(b) 设置键槽

(2) 板侧整体式接缝

板侧整体式接缝可实现钢筋与混凝土的连续受力，用于双向受力的叠合板，接缝宜设置在受力较小处。

板侧整体式接缝可采用后浇带的形式，后浇带宽度不宜小于 200mm，后浇带两侧板底纵向受力钢筋可直接搭接（图 4.3-9a），搭接长度应符合《混凝土结构设计规范（2010

年版)》GB 50010—2010 的要求；当后浇带两侧板底纵向受力钢筋末端设置 135°弯钩［图 4.3-9（*b*），弯后直段长度不小于 5*d*］或 90°弯钩［图 4.3-9（*c*），弯后直段长度不小于 12*d*］时，搭接长度不应小于 l_{ab}。当后浇带两侧板底纵向受力钢筋在后浇带内弯折锚固时 ［图 4.3-9（*d*）］，叠合板厚度不应小于 10*d*（*d* 为弯折钢筋直径的较大值），且不应小于 120mm；接缝处预制底板侧伸出的钢筋在后浇混凝土叠合层中锚固，且锚固长度不小于 l_a；两侧钢筋在接缝处重叠的长度不应小于 10*d*，钢筋弯折角度不应大于 30°；弯折处沿接缝方向应配置不少于 2 根通长构造钢筋，且直径不应小于该方向预制底板内的钢筋直径。

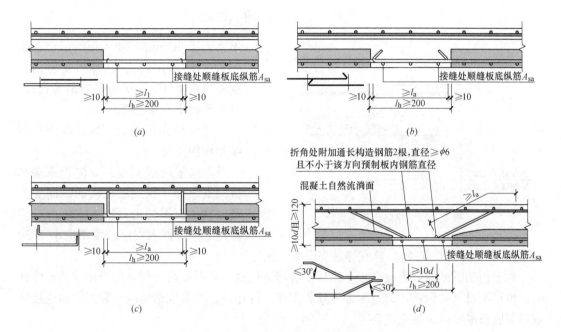

图 4.3-9　后浇带形式整体式接缝

（*a*）板底纵向受力钢筋直接搭接；（*b*）板底纵向受力钢筋末端带 135°弯钩连接；
（*c*）板底纵向受力钢筋末端带 90°弯钩连接；（*d*）板底纵向受力钢筋弯折锚固

当采取有效措施保证底板钢筋和附加钢筋的有效传力时，可采用密拼式整体接缝实现力的连续传递。如采用桁架钢筋对底板钢筋和附加钢筋间搭接区域进行约束（图 4.3-10），此时设计尚应关注桁架钢筋设置的位置和数量应保证接缝部位钢筋间搭接传力的需求、附加钢筋与底板钢筋搭接的长度、接缝位置叠合板有效截面高度的变化等。

5. 叠合板支座构造设计

叠合板支座处上部纵向钢筋构造根据支座支承情况设置，与现浇混凝土板上部钢筋一致，以下不再赘述；以下内容适用于支座附近叠合板为受压的情况，当该处叠合板考虑出现受拉情况时应另行处理。

（1）单向板板侧支座

单向板预制底板板侧可不出筋，宜在紧邻预制底板顶面的后浇混凝土叠合层中设置附加钢筋（图 4.3-11），附加钢筋截面面积不宜小于预制底板内的同向分布钢筋面积，间距

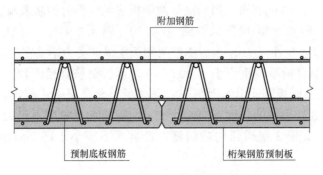

图 4.3-10 密拼式整体式接缝

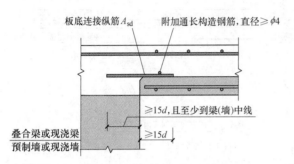

图 4.3-11 单向板板侧支座

不宜大于 600mm，伸入板的后浇混凝土长度不应小于 15d，伸入支座内长度不应小于 15d（d 为附加钢筋直径）且宜伸过支座中心线。

（2）单向板板端支座、双向板板端和板侧支座

单向板板端支座、双向板板端和板侧支座处，预制底板内的纵向受力钢筋宜从板端伸出并锚入支座的后浇混凝土中，伸入支座长度不应小于 5d（d 为纵向受力钢筋直径），且宜伸过支座中心线。

对于桁架钢筋混凝土叠合板，当后浇混凝土达到一定厚度可以保证叠合楼盖的整体性时，也可不设外伸钢筋，通过附加钢筋与支座进行连接；可采取措施减小靠近支座连接区域预制底板厚度以满足上述要求。

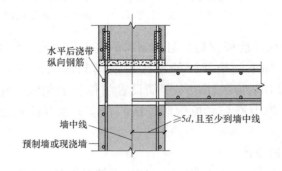

图 4.3-12 单向板板端支座、双向板板端和板侧支座

（3）预制空心板板端支座

当预制底板采用预制空心板时，宜利用板缝、板端局部开槽设置拉锚钢筋网片（图4.3-13），钢筋网片之间距离不应大于 500mm。

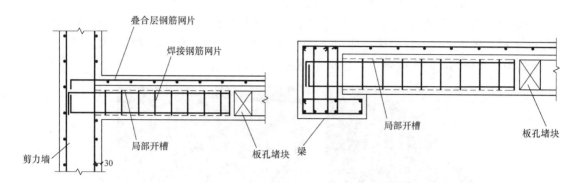

图 4.3-13 预制空心板板端支座示意

4.3.4 适用范围

预制混凝土叠合楼板技术适用于混凝土结构、钢结构以及混合结构中的楼盖。

4.3.5 工程案例

1. 紫云家园

本工程位于北京市房山区长阳镇起步区，由北京中粮万科房地产有限公司开发，地下 2 层，地上 9 层，建筑檐口高度 26.100m，地下部分采用现浇混凝土结构，地上部分采用装配整体式剪力墙结构，楼板采用了桁架混凝土叠合板。

图 4.3-14 紫云家园工程案例

2. 山东港新园公租房建设项目-东地块居住团组

该项目位于山东省济南市历城区港沟镇，抗震设防烈度 6 度，共计与 93443.68m²，地上 18 层，地下 2 层，住宅楼高度 52.65m，为装配式整体式剪力墙结构，楼盖部分采用了预制预应力带肋混凝土叠合板，总厚度 120mm。

图 4.3-15　山东港新园公租房工程案例

3. 安徽海龙建筑工业有限公司办公楼

安徽海龙建筑工业有限公司办公楼位于安徽省合肥市经开区新港工业园青龙潭路，采用装配式框架结构，其中跨度为 6.9m 的楼盖采用了预应力混凝土空心板叠合板，预应力混凝土空心板 160mm 厚，后浇混凝土叠合层 80mm 厚。

图 4.3-16　安徽海龙建筑工业有限公司办公楼工程案例

4.4　预制混凝土外墙挂板技术

4.4.1　发展概述

预制混凝土外墙挂板是装配在主体结构上，起围护、装饰作用的非承重预制混凝土外墙板，称为外墙挂板。我国预制混凝土外墙挂板是源于 20 世纪 80 年代初中日友好医院的外墙，是由日本设计并提供施工技术支持，其后在奥林匹克饭店、中日青年交流中心、京城大厦等工程中得以广泛应用，预制混凝土幕墙的设计制作及施工技术逐渐被接受。在此基础上，20世纪90年代又结合实际情况，对外墙保温及构造加以改进，形成了我国特色的预制混凝土建筑外墙体系。

我国的预制装配建筑体系，在长期发展过程中，从理论研究、工程设计到构件生产和施工安装，取得了许多经验和成果，曾为我国的建筑业发挥过积极有效的作用，但也出现过一些认识和经验不足问题。20世纪70年代起预制构件业不顾我国的实际情况和经济条件，盲目的推广一些毫无特点和功能定位的预制混凝土产品，造成产品质量差，工程施工质量低劣的状况，如楼板结构性能差、外墙板板面开裂漏水等质量问题，严重地影响了预制混凝土行业的技术进步和健康发展。尤其是近年来由于市场经济和管理体制的制约，现场施工技术发展和短期利益驱动，设计人员热衷于建筑方案和设计简化，施工单位出于技术和经济方面自身利益综合考虑，大量采用全现浇施工方法，使优势特点鲜明的预制混凝土建筑体系走向没落，而西方发达国家的建筑发展经验告诉我们，预制装配建筑具有良好的技术经济效果。

预制混凝土外墙挂板技术在我国的应用时间多达数十年之久，工程用量也很大，其技术比较成熟，但效果并不太理想。主要是由于我国长期以来热衷于构件标准化定型化的设计和盲目推广思想，造成大量PC厂家无序竞争生产技术质量水平低下的标准产品，施工单位的安装水平也满足不了PC工程需要。PC厂家都只能停留在PC生产层面，不能享有设计制作施工一体模式，加之PC厂家人员技术管理水平普遍较低，这是我国PC业长期落后的关键所在。

近年来国家大力发展装配式建筑，为预制混凝土外墙挂板的发展提供了良好的市场机遇，但是在此阶段无论从建设单位、设计单位和施工单位的认识程度都不是很清楚，预制混凝土外墙挂板体系的优势和技术特点，能够生产合格的预制混凝土外墙挂板构件的预制工厂屈指可数，所以预制混凝土外墙挂板的发展还需要走过一段积累和完善的过程。

4.4.2 技术内容

外墙挂板按构件构造可分为钢筋混凝土外墙挂板、预应力混凝土外墙挂板两种形式；按与主体结构连接节点构造可分为点支承连接、线支承连接两种形式；按保温形式可分为无保温、外保温、夹心保温等三种形式；按建筑外墙功能定位可分为围护墙板和装饰墙板。其主要技术内容与特点如下：

（1）预制混凝土外墙挂板可根据工程需要，将外墙装饰、墙体保温和墙体围护功能综合一体设计，形成外装饰、保温、门窗结合一体化预制墙板系统。

（2）预制混凝土外墙挂板可按建筑所需保温隔热性能进行设计，可采用轻集料混凝土或在构件内夹入各种保温材料（夹心墙）提高保温性能，也可以在构件内侧另加保温材料作墙体内保温来提高保温隔热性能，混凝土板具有一定的蓄热能力，可以满足外墙热惰性指标要求。

（3）采用预制混凝土技术能获得多种不同表现形式，尤其是立面分割尺度较大，连接构造可靠且富于变化，是其他材料不可比拟的，混凝土朴实厚重的特点可为建筑外墙确立独特的风格，混凝土可塑性强，外饰面可根据设计要求做成各种形状和图案的装饰，包括各种饰面材料的反打成型，而且造价低廉。

（4）预制混凝土外墙挂板结构性能可靠，节点采用大柔度变形连接方式，作为主体结构外挂混凝土幕墙体系设计，能满足在持久工况和地震工况下的结构设计安全性能。

（5）工业化生产，机械化安装；产品质量好，表面平整，规格尺寸偏差小，安装时可对结构偏差进行调整，施工便捷快速，节约时间。

（6）预制混凝土外墙挂板板缝采用弹性材料密封，接缝防水性能可靠，板面抗渗透气性能良好。PC 为不燃性材料，接缝处设有防火材料构造，耐火能力好。

（7）在各种气候条件下，预制混凝土外墙挂板的耐气候性能好，可抵御长期风吹日晒雨淋。同时具有较好隔声性能，能发挥良好围护作用。

（8）预制外墙挂板成为建筑物整体的一部分，电气、空调、卫生设备等系统都可综合敷设在预制构件内。

4.4.3 技术指标

支承预制混凝土外墙挂板的结构构件应具有足够的承载力和刚度，外墙挂板仅限跨越一个层高和一个开间，厚度不宜小于 100mm，混凝土强度等级不低于 C30。

（1）结构性能：应满足《混凝土结构设计规范》GB 50010 和《混凝土结构工程施工质量验收规范》GB 50204 要求。

预制混凝土外挂墙板加工制作单位必须具备相应类似工程经验、健全的检测手段及完善的质量管理体系；制作外挂墙板所用的原材料及配件应满足有关标准规定和设计要求；采用新技术、新材料、新工艺、新产品的外挂墙板工程应进行样品试制和试生产，验收合格后方可批量生产；在浇筑混凝土前，应进行钢筋及预埋件隐蔽工程验收；钢筋的品种、级别、规格和数量、混凝土保护层、外挂墙板上的预埋件、插筋和预留孔洞的规格、位置和数量必须满足设计要求。外墙挂板脱模强度应达到其设计要求强度等级的 80% 以上，出厂安装时应达到设计强度等级的 100%；在外挂墙板混凝土强度、结构性能、装饰面层、外观质量及尺寸偏差等项目均验收合格时，外挂墙板应在明显部位标明加工单位、型号、加工日期和质量检验合格标志后方可出厂。

（2）装饰性能：应满足《建筑装饰装修工程质量验收规范》GB 50210 要求。

面砖饰面外墙面应采用反打一次成型工艺制作，面砖的背面宜设置燕尾槽，其粘结性能应满足《建筑工程饰面砖粘结强度试验标准》JGJ 110 要求；石材饰面外墙面应采用反打一次成型工艺制作，石材的厚度应不小于 25mm，石材背面应采用不锈钢卡件与混凝土实现机械锚固，石材的质量及连接件固定数量应满足设计要求；涂料饰面外墙面所用外墙涂料应采用装饰性强、耐久性好的涂料，宜优先选用聚氨酯、硅树脂、氟树脂等耐候性好的材料；清水混凝土外墙挂板表面应做耐久性处理；装饰混凝土饰面外挂墙板设计时应要求厂家制作样品，确认其表面颜色、质感、图案及表面防护要求等。

（3）热工性能：保温隔热性能应满足设计及《民用建筑节能设计标准》JGJ 26 要求。

复合保温外挂墙板是由内外混凝土层和内置的保温层通过连接件组合而成，具有围护、保温、隔热、隔声、装饰等功能；预制混凝土外挂墙板也可以采用内保温墙身构造，由于梁柱及楼板周围与挂板内侧一般要求留有 30～50mm 调整间隙，内保温可以和防火做法结合实现连续铺设，可以杜绝热桥影响。

（4）抗震性能：应满足《装配式混凝土结构技术规程》JGJ 1 要求；地震时适应结构层间变位性能好，抗震性能满足抗震设防烈度为 8 度的地区应用要求。

外挂墙板与主体结构的连接宜采用柔性连接构造，确保地震工况下外挂板能够追随主体结构的最大层间位移的变位要求；外墙挂板及其连接节点的承载力计算时，荷载组合效应设计值应按《装配式混凝土结构技术规程》JGJ 1 的规定确定；为了满足外挂墙板在地震时适应主体结构的层间变位要求，预制外挂墙板的连接构造节点一般要求在连接螺栓垫板与连接件间设置滑移垫片，滑移垫片宜采用 1 mm 厚的聚四氟乙烯板或不锈钢板制作，也可以通过设置弹性氯丁橡胶垫块来满足节点的地震或温度变形要求。

（5）防火性能：构件燃烧性能及耐火极限应满足《建筑防火设计规范》GB 50016 的要求。

防火材料可选用玻璃棉、矿棉或岩棉等，其技术性能应符合《绝热用玻璃棉及其制品》GB/T 13350 和《绝热用岩棉、矿渣棉及其制品》GB/T 11835 要求。

（6）耐久性能：作为建筑围护结构产品定位应与主体结构的耐久性要求一致，即不应低于 50 年设计使用年限。

饰面装饰（涂料除外）及预埋件、连接件等配套材料耐久性设计使用年限不低于 50 年；其他如防水材料、涂料等应采用 10 年质保期以上的材料；定期进行外墙挂板维护、更换。

（7）预制混凝土外墙挂板的外形尺寸允许偏差和施工安装尺寸允许偏差除符合设计和有关标准规范的规定外，还应符合表 4.4-1 和表 4.4-2 的要求。

预制混凝土外墙挂板的尺寸偏差验收要求　　　　　　　　　　　　　　　　表 4.4-1

项次	检验项目		允许偏差（mm）	测量方法
1	板高		±2	钢尺检查 3 点
2	板宽		±2	钢尺检查 3 点
3	板厚		±2	钢尺检查 6 点
4	肋宽		±3	钢尺检查 3 点
5	板正面对角线差		3	钢尺检查
6	板正面翘曲		$L/1500$ 且≤2	拉线，钢尺
7	板侧面侧向弯曲		$L/1500$ 且≤2	拉线，钢尺
8	角板相邻面夹角		±0.2°	角度测定样板
9	表面平整	清水混凝土	1	2m 靠尺，塞尺
		彩色混凝土	2	2m 靠尺，塞尺
		面砖饰面	2	2m 靠尺，塞尺
		石材饰面	2	2m 靠尺，塞尺
10	预埋件	中心位置偏移	3	钢尺检查
11		与混凝土面平面高差	2	钢尺检查
12	预埋螺栓（孔）	中心位置偏移	2	钢尺检查
13		外露长度	±5	钢尺检查
14	预留孔洞	中心位置偏移	3	钢尺检查
15		尺寸	0、+5	钢尺检查

预制混凝外墙挂板施工安装尺寸允许偏差及检验方法　　　　　　　　　　　表 4.4-2

序号	项目		尺寸允许偏差（mm）	检验方法
1	接缝宽度		±5	尺量检查
2	相邻接缝高差		3	尺量检查
3	墙面平整度		2	2m 靠尺检查
4	墙面垂直度	层高	5	经纬仪或吊线
		全高	$H/2000$ 且≤15	钢尺检查
5	标高（窗台）	层高	±5	水准仪或拉线
		全高	±20	钢尺检查
6	板中心与轴线距离		5	尺量检查
7	预留孔洞中心		10	尺量检查

外挂墙板在进场安装前应进行检查验收，不合格的构件不得安装使用。安装用连接件及配套材料应进行现场报验，复试合格后方可使用；预制混凝土外挂墙板工程在节点连接构造检查验收合格、板缝防水检查验收合格的基础上，可进行挂板安装外观质量和尺寸偏差验收；预制混凝土外挂墙板工程质量检验应按检验批进行外观质量检验和尺寸偏差抽样检验，对于异型或者特殊要求的预制混凝土外挂墙板工程检验批的划分应根据结构特征、施工特点等具体条件由建设单位、监理单位及施工单位协商确定；预制混凝土外挂墙板不应有影响装饰或使用功能的尺寸偏差，对存在外观质量缺陷的部位必须采用专用材料进行修补后重新验收。

4.4.4 适用范围

预制混凝土外墙挂板可适用于工业与民用建筑外墙围护体系的设计，可适用于混凝土框架、框架剪力墙和钢结构框架结构体系的建筑中。

4.4.5 工程案例

下面以软通动力研发楼外围护系统使用清水预制混凝土外墙板为例，来介绍预制混凝土外墙挂板的技术应用情况。

1. 软通动力研发楼工程简介

该项目位于北京市海淀区中关村软件园，建筑高度为20.7m，地上5层地下2层，首层层高4.2m，二~五层层高3.9m。建筑平面为矩形布置，轴网间距8.4m，主体结构为钢筋混凝土框架剪力墙；外墙采用清水预制混凝土外墙挂板围护系统。

图4.4-1 软通动力研发楼预制混凝土外墙挂板立面图

2. 外墙建筑方案比对

此建筑外饰面采用预制混凝土外墙挂板系统，原设计方案外墙采用石材幕墙系统，与清水混凝土外挂板相比有以下几点不同，见表4.4-3。

拟采用清水外墙挂板与原设计石材幕墙对比 表4.4-3

序号	对比项目	清水预制混凝土外墙挂板系统	石材幕墙系统
1	立面效果	大板整体预制，拼缝较少非常适合此项目立面分格方案	分块会很碎，不能体现立柱的挺拔感和整体单元的重复性
2	造价方面	埋件数量少，安装简便，经济性好	龙骨预埋件系统用量较多，含安装等的综合单价势必要高
3	防火性能	230mm厚清水混凝土挂板耐火性能突出	钢龙骨和预埋件防火性能较弱
4	构造细节	通过模板制作工艺将滴水、坡水、斜面、防水启口等细部整体预制	细节做法较复杂

序号	对比项目	清水预制混凝土外墙挂板系统	石材幕墙系统
5	安装方面	节点简单便于操作,吊装一次便可完成安装,预埋件较少现场焊接作业较少并且每块板面积较大安装效率高	因分块很碎、埋件龙骨较多,安装步骤复杂,工作量大效率低

3. 外墙挂板分块方案对比

立面分格方案的优化有利于项目技术经济性和建筑构造方案的提高,所以外墙外挂板立面分格方案的研究很有必要。依据此项目立面造型特点,我们对立面分格方案进行了对比研究,见图 4.4-2。

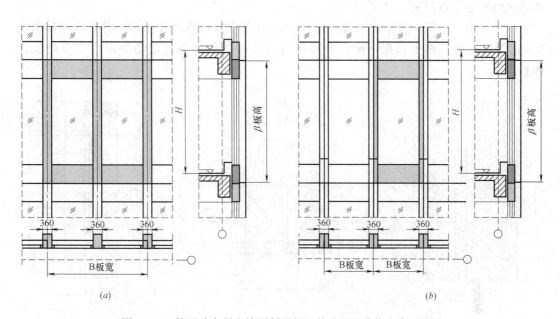

(a)　　　　　　　　　　　　　　　　　　(b)

图 4.4-2　软通动力研发楼预制混凝土外墙挂板分块方案对比图

总结对比上述图 4.4-2 中 (a)、(b) 两个方案在里面效果与改动、预埋件数量、生产和安装效率等方面(见表 4.4-4),可以得出:从立面效果、原方案设计改动量、结构埋件预留数量、生产效率和安装效率五个方面看,方案(b)最符合设计要求,此设计方案也得到了业主和设计方的一致认同。

两种分块方案对比情况　　　　　　　　　　　　　　　表 4.4-4

方案	立面效果	立面改动	预埋件数量	生产效率	安装效率
(a)	有明缝	多	多	较低	较低
(b)	无明缝	少	少	高	高

4. 外墙挂板建筑构造设计

经过和设计单位多次讨论,建筑构造设计主要为建筑墙身构造和防水、防火、保温构造几个方面开展工作,由于混凝土板最薄厚度 230mm 时外挂板自身的防水、防火性能优越,关键是做好接缝防水构造、节点防火和层间防火构造,如图 4.4-3 所示。

(1) 所有接缝防水构造采用材料防水和构造防水相结合的方式,外挂板水平缝防水构造是在外挂板上下口预留启口,外挂板安装完成后外侧填塞背衬材料并用建筑密封胶封闭，见图 4.4-3（a）。

（2）挂板竖缝为"L"型接缝，具有构造防水特点，外层用填塞背衬材料并嵌固建筑密封胶封闭，见图 4.4-3（b）。

（3）窗口周边做防水启口，窗框与挂板接缝用密封胶封闭，上口做滴水槽下口做坡水设计，见图 4.4-3（c）。

（4）外挂板水平接缝处于结构梁中间，所以水平接缝防火重点是做好层间防火，在外挂板与主体结构之间预留的 50mm 的施工安装缝内填塞岩棉并用弹性砂浆封闭接缝外口，这样兼顾保温和防火构造，见图 4.4-3（b）。

（5）主体结构梁上下口均有挂板安装节点，作为防火的重点我们采用半湿法喷涂岩棉的方式将安装节点封闭。

（6）此项目外围护采用内保温构造做法，符合项目自身设计要求，所有内保温采用50mm 厚自熄型挤塑聚苯板，配合外挂板与主体结构的间隙保温填缝形成完整的保温体系。

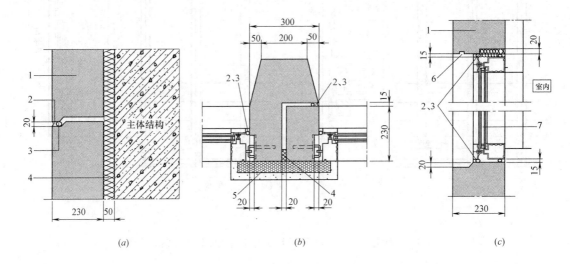

图 4.4-3 预制混凝土外墙挂板建筑设计

（a）水平缝构造；（b）竖向缝构造；（c）窗口构造

1—外挂板；2—建筑密封胶；3—背衬材料；4—后填岩棉保温；5—自熄型挤塑聚苯保温；6—滴水槽；7—窗户

5. 外墙挂板连接构造设计

混凝土外挂板的自重较大，在考虑地震设计工况的情况下外挂板竖向荷载通过结构挑出钢牛腿将自重传递给主体结构，每块外挂板设两个牛腿支撑点。水平荷载主要考虑外挂板自身重心偏移造成的水平力、水平地震效应和风荷载效应值的组合。每块外挂板设置了四个用于水平限位的拉压节点，当节点承受外力时能够自由滑动，来满足温度以及地震作用产生的变形要求。经过设计优化和论证，外挂板节点连接构造设计如图 4.4-4 所示。

6. 预制混凝土外墙挂板工程效果

软通动力研发楼围护系统通过采用清水预制混凝土外墙挂板技术，相比原石材幕墙方案，在工程质量、装饰效果、工程进度、工程成本方面均有明显优势，体现了预制混凝土外墙挂板技术优良的质量、经济和社会效益。图 4.4-5 是工程质量效果。

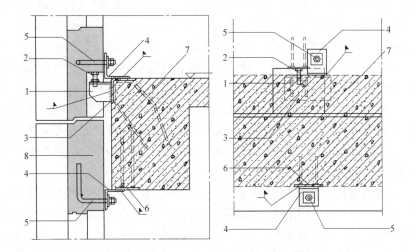

图 4.4-4　预制混凝土外墙挂板连接构造设计

1—钢牛腿；2—挂板支点；3—结构埋件 a；4—连接角钢；
5—预埋螺栓；6—结构埋件 b；7—主体结构；8—外挂板

图 4.4-5　软通动力研发楼预制混凝土外墙挂板工程质量效果

4.5　夹心保温墙板技术

4.5.1　发展概述

　　建筑物所处的环境存在季节的变换，在外部气候变化时，建筑内部会由于热量的传导、对流、辐射产生相应的温度变化，使建筑内外形成温度差，建筑表面会与大气进行热交换，当室内温度过高或过低的时候，为了维持室内环境的舒适度，就要主动对建筑输入能源进行升温或者降温，会消耗大量的能源，高层建筑的外墙面积占建筑物外表面积的70%以上，是建筑室内外环境热量交换的主要媒介，提高建筑外墙的热阻可以阻挡或减缓热交换，外墙保温和隔热的性能对于建筑节能具有非常重要的意义。国内外的外墙保温隔热做法主要包括外墙内保温、外墙外保温、外墙夹心保温三种形式，其中外墙内保温形式会存在大量的冷热桥损失，外墙外保温形式存在随着时间推移保温性能逐渐下降、甚至脱落的缺陷，当采用有机保温材料时，还会有火灾危险，外墙夹心保温形式可以有效克服外墙内保温和外墙外保温的不足。

三明治夹心保温墙板（简称"夹心保温墙板"）是指把保温材料夹在两层 A 级不燃的外墙材料之间形成的复合墙板，可达到增强外墙保温节能性能、避免外墙火灾危险、提高墙板保温寿命从而减少外墙维护费用的目的，如果将外保护层与装饰效果相结合，可以进一步降低工程造价。夹心保温墙板一般由内叶墙、保温板和拉接件、外叶墙组成，形成类似于三明治的构造形式，内叶墙和外叶墙一般为钢筋混凝土材料，保温板一般为 B1 或 B2 级有机保温材料，拉接件一般为 FRP 高强复合材料或不锈钢材质，可广泛应用于采用预制混凝土外墙和现浇混凝土外墙的建筑，既可以提高墙板的寿命，也不存在冷热桥，在欧美发达国家已经有超过 60 年的发展历史，技术理论和实践应用已经发展得十分成熟，夹心保温墙板的普及应用，发挥了很好的经济效益和社会效益。

2007 年，北京万科首次从美国引进了 FRP 保温拉接件，由榆树庄构件厂在天津东丽湖、中粮假日风景等项目采用了夹心保温墙板技术，取得了良好的效果，并且在国内装配式建筑领域得到快速发展，目前在北京、天津、沈阳、济南、上海、合肥、武汉、长沙、成都、西安、南京、杭州等城市的装配式建筑中，已经有超过 300 万 m² 的装配式建筑使用了 FRP 保温拉接件制作的夹心保温外墙板。

根据夹心保温外墙的受力特点，三明治夹心保温墙板可分为：①非组合夹心保温外墙、②组合夹心保温外墙、③部分组合夹心保温外墙。其中非组合夹心保温外墙的内外叶混凝土受力相互独立，易于计算和设计，可适用于各种高层建筑的剪力墙和围护墙；组合夹心保温外墙的内外叶混凝土需要共同受力，因此外叶墙容易开裂渗水，如果不采用先张法预应力控制裂缝，一般只适用于单层建筑的承重外墙或作为围护墙；部分组合夹心保温外墙的受力介于组合和非组合之间，受力非常复杂，计算和设计难度较大，其计算方法及应用范围有待进一步研究。不同受力性能的三明治夹心保温墙板，其计算理论和受力分析模型差异很大，并且对保温拉接件的性能要求也各不相同，现行国家行业标准《装配式混凝土结构技术规程》JGJ 1—2014 中，结合我国城市建筑主要以高层建筑为主的特点，重点推荐采用非组合夹心三明治保温外墙技术。

非组合夹心墙板一般由内叶墙承受所有的荷载作用，外叶墙起到保温材料的保护层作用，两层混凝土之间可以产生微小的相互滑移，保温拉接件对外叶墙的平面内变形约束较小，可以释放外叶墙在温差作用下产生的温度应力，从而避免外叶墙在温度作用下开裂，使得外叶墙、保温板与内叶墙和结构同寿命。

FRP 拉接件一般由高强度纤维材料和树脂性材料复合而成，其中 GFRP（玻璃纤维复合材料）材料拉结件一般采用耐碱玻璃纤维制成，具有导热系数低、材料强度高的材质特性，并且与混凝土具有良好的共同工作性能，在具体工程应用中，三明治夹心保温墙板中的保温拉接件布置应综合考虑墙板生产、施工和正常使用工况下的受力安全和变形影响，因此，保温拉接件的抗拉、抗剪、抗弯性能非常重要，可以适用于 30～200mm 厚度的非组合夹心保温外墙。

目前国内常用的保温拉接件由纤维复合材料受力杆件和定位的塑料套组合而成，杆件穿过保温层锚入混凝土中，杆件端部带有增强锚固的特殊构造（图 4.5-1），保温拉接件在混凝土中的锚固抗剪、锚固抗拔承载能力与混凝土强度、锚固长度、杆件端部构造有很大的关系。

夹心保温墙板一般应用于外墙，由内叶墙、保温板、外叶墙、保温拉接件组成，多数

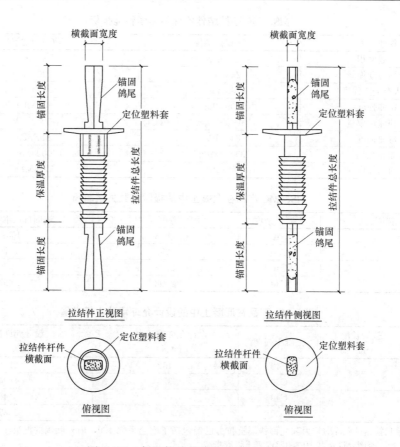

图 4.5-1 保温拉接件外形和尺寸示意图

为预制混凝土构件，采用卧式生产方式，FRP 拉结件应该垂直穿过保温板，两端分别对称地锚固在内叶墙和外叶墙混凝土之中（图 4.5-2）。

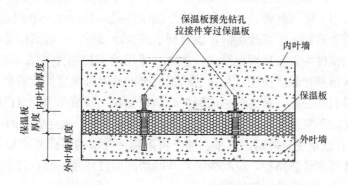

图 4.5-2 夹心保温外墙构造示意图

典型的 FRP 拉结件产品两端的锚固长度相同，必须具备一定的与混凝土共同工作能力，以现代营造的产品为例，MS、MC 型保温拉结件产品的物理及力学性能指标见表 4.5-1，与混凝土共同工作能力指标见表 4.5-2、表 4.5-3。

MS、MC 型拉结件物理及力学性能指标　　　　　　　　表 4.5-1

物理性能	MS 型拉接件	MC 型拉接件
横截面积	50.5mm²	50.5mm²
平均转动惯量	243mm⁴	243mm⁴
嵌入混凝土深度	38mm	51mm
拉伸强度	800MPa	800MPa
拉伸弹性模量	40000MPa	40000MPa
弯曲强度	844MPa	844MPa
弯曲弹性模量	30000MPa	30000MPa
剪切强度	57.6MPa	57.6MPa

MS、MC 产品在混凝土中的极限承载力试验值　　　　　　　表 4.5-2

型号	锚固长度(mm)	混凝土强度	锚固抗剪承载力(N)	锚固抗拉承载力(N)
MS	38	C40	1848	10824
		C30	1292	7576
MC	51	C40	2708	12584
		C30	2008	10268

MS、MC 产品在混凝土中的设计允许承载力标准值　　　　　　表 4.5-3

型号	锚固长度(mm)	混凝土强度	设计允许剪切力 V_t(N)	设计允许锚固抗拉力 P_t(N)
MS	38	C40	462	2706
		C30	323	1894
MC	51	C40	677	3146
		C30	502	2567

注 1：单只拉结件允许剪切力和允许锚固抗拉力已经包括了安全系数 4.0，内外叶墙的混凝土强度均不宜低于 C30，否则允许承载力应按照混凝土强度折减。

注 2：当同时承受拉力和剪力时，应进行复合受力验算，单只拉接件的剪切荷载 V_s 不允许超过 V_t，拉力荷载 P_s 不允许超过 P_t，同时要求 $(V_s/V_t)+(P_s/P_t)\leqslant1$

也有一些工程采用金属拉结件制作夹心保温外墙，而普通金属一般都具有较好的热传导性，在保温层中的露点位置容易形成冷凝水，由于普通钢筋的耐腐蚀性能不足，因此金属拉接件一般采用不锈钢制成，这有利于防止拉结件受耐腐蚀破坏和提高夹心墙板寿命，同时不锈钢的传热系数小于普通碳钢，也有利于减少冷热桥。用金属拉接件制作非组合夹心保温墙板的拉结件主要包括两种形式，例如：采用哈芬拉结件（图 4.5-3）一般为片状不锈钢板和不锈钢别针混搭使用，片状不锈钢板竖向放置可承受外叶墙自重，不锈钢别针可限制外叶墙平面外变形，是欧洲主流的夹心墙板形式，目前在国内也已经开始大面积应用。在芬兰等北欧严寒地区，保温厚度往往在 300mm 以上，佩克公司的不锈钢桁架式拉结件（图 4.5-4）既承受外叶墙的自重，同时可限制外叶墙的平面外变形，细长的斜腹杆不但延长了冷热桥的传热路径，也减少了对外叶墙的温度伸缩限制，目前我国极度严寒的装配式建筑还较少，应用的案例还不多。

不同的金属拉接件的设计及应用方法差异很大，构件生产施工的复杂程度和技术要求也不相同，例如采用哈芬拉结件时，片状抗剪拉接件的布置点需要考虑外叶墙门窗洞口对型心和重心的影响；采用佩克不锈钢拉接件在保温板很薄时，斜腹杆筋的间距大小会影响到墙板受力的组合性，这些都是在设计时应该考虑的因素，因此具有一定的复杂性，由于国内还缺乏相关的规范和标准，相关的技术研究也较少，公开的技术资料不多，在设计前应该详细了解不同产品的物理力学性能和指标，必要时可以咨询产品供应商，保证在设计和生产时正确应用。

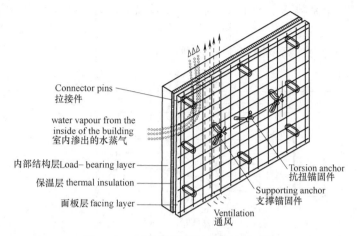

图 4.5-3　哈芬不锈钢保温拉接件系统

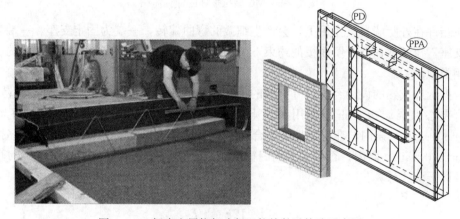

图 4.5-4　佩克金属桁架式保温拉接件及构造示意图

4.5.2　技术内容

1. 非组合夹心墙板的设计原则

（1）非组合夹心墙板的外叶墙应按照无裂缝混凝土的原则进行设计

夹心墙板的外叶墙如果出现裂缝，在水汽和冻融破坏的影响下，会导致外叶墙使用寿命下降，因此非组合夹心保温墙板的外叶墙的性能应该按照无裂缝混凝土设计。需要满足式（4.5-1）的要求：

$$f_t < f_k \tag{4.5-1}$$

式中　f_t——外叶墙的混凝土拉应力，主要由混凝土的自重和温度变形决定，其中温度应力应按照外叶墙混凝土的开裂模量计算；

　　　f_k——外叶墙混凝土的抗拉强度，由混凝土强度等级决定。

（2）FRP 拉结件夹心保温墙板的设计应该与建筑结构同寿命，墙板中的保温拉接件应具有足够的承载力和变形性能。非组合夹心墙板应遵循"外叶墙混凝土在温差变化作用下能够释放温度应力，与内叶墙之间能够形成微小的自由滑移"的设计原则。

对于非组合夹心保温外墙的拉接件在与混凝土共同工作时，承载力安全系数应满足以下要求：对于抗震设防烈度为 7 度、8 度地区，考虑地震组合时安全系数不小于 3.0，不考虑地震组合时安全系数不小于 4.0；对于 9 度及以上地区，必须考虑地震组合，承载力安全系数不小于 3.0。

保温拉接件的受力计算模型如图 4.5-5 所示：

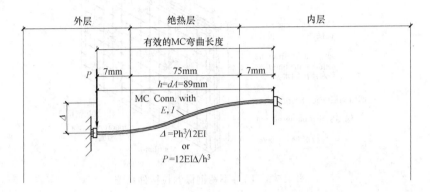

图 4.5-5   MC 型拉接件的计算简图

拉结件在外叶墙自重作用下，会产生细微的弯曲偏转，一端为固定支座、一端为弯曲滑动支座，拉结件在外叶墙面板的约束下，形成了反弯点，受力特征与无梁楼盖的小刚度柱子相类似。

根据国外成熟的设计经验，外叶墙的在自重作用下的滑移不宜过大，美国规范要求，非组合夹心保温墙板在正常使用状态下时，外叶墙在自重作用下的垂直位移控制在 2.54mm（0.1in）以内，在考虑地震组合计算时，外叶墙在自重作用下的垂直位移控制在 3.86mm（0.15in）以内，否则会影响门窗的正常开启。外叶墙自重作用下产生的垂直位移按照以下公式计算：

$$\Delta_g = \frac{Q_g \cdot d_A^3}{12E_{Ab} \cdot I_A} \tag{4.5-2}$$

式中 Δ_g——由于重力荷载造成的位移（mm）；

Q_g——施加于拉结件上的重力荷载，按照单个拉结件承担的外叶墙混凝土和饰面层的平均面积计算重量（N）。

$$d_A = d_d + \frac{2h_v}{3}\left[1 - \frac{1}{1 + h_v/d_d}\right] \tag{4.5-3}$$

式中 d_A——拉结件弯曲计算长度，公式表示与保温板厚度和拉接件锚固深度关系的方程（mm）；

d_d——保温板厚度（mm）；

h_v——拉结件在混凝土中的锚固深度（mm）；

E_{Ab}——经过试验检测得到的拉结件弯曲弹性模量（N/mm²）；

I_a——连接器的转动惯量（mm⁴）。

拉结件的垂直位移可通过减少连接器间距而减小，拉结件的最小间距为 200mm。

夹心保温墙板的保温厚度 h_v 和热工性能应满足节能计算要求，内、外叶墙之间不得有穿过保温层的混凝土联通桥，以免影响内外叶墙在温差作用下的自由滑移，同时避免冷热桥降低墙板的热阻，当有钢筋或混凝土穿透保温层形成内外叶墙联通桥时，应该计算冷热桥对墙板热阻的影响。美国 Oak Ridge 国家实验室建筑技术中心对五块不同拉接件和冷热桥的夹心三明治保温墙板进行了热工性能试验，根据该中心 2010 年 10 月 26 日发布的《预制混凝土夹芯墙板的热性能》试验研究报告结果，由于冷热桥的影响，导致夹心保温墙板的热阻下降 30%～53%。

（3）拉结件同时承受较大的拉力和剪力时，应该进行复合受力计算

当拉结件同时承受拉力和剪力时，复合受力计算应该符合以下式（4.5-4）的要求

$$(P_s/P_t)+(V_s/V_t)\leqslant 1 \tag{4.5-4}$$

式中　P_s——承受的工作拉力；

　　　P_t——在 4 倍安全系数时，拉结件的允许抗拉设计值；

　　　V_s——承受的工作剪力；

　　　V_t——工作剪切力荷载。

在美国，复合受力能力可以按照以下公式采用：

$$\left(\frac{P_s}{P_t}\right)^{5/3}+\left(\frac{V_s}{V_t}\right)^{5/3}\leqslant 1 \tag{4.5-5}$$

2. 进行非组合夹心三明治墙板设计时，应提供的 FRP 拉结件的材料性能指标

（1）对 FRP 拉结件产品的受力杆件原材进行力学性能检测。应按照 GB/T 1447—2005 标准检测拉结件的抗拉强度和拉伸弹性模量指标，抗拉强度不应小于 750MPa、拉伸弹性模量不应小于 40GPa，按照 GB/T 1449—2005 标准检测拉结件的弯曲强度和弯曲弹性模量指标，且弯曲弹性模量不应小于 30GPa，按照 GB/T 1450.1—2005 标准检测拉结件的层间剪切强度指标。

（2）对 FRP 拉结件与混凝土共同工作的能力进行检测。应对拉结件在混凝土中的锚固抗拔力、锚固抗剪力进行检测，检测结果除以安全系数 4.0，作为最大允许锚固抗拔承载力设计值和最大允许锚固抗剪承载力设计值，用于夹心墙板设计的取值。

（3）对 FRP 拉结件在潮湿环境和强碱环境的耐久性进行检测。要求在 100% 湿度和 100±4°F 温度条件（按照 ASTM D 2247 标准，第 7 章要求），以及在 pH=12 的碱性溶液和 73±3°F 温度条件下（按照 ASTM C 581 标准 7.2 要求），分别进行 1000h 和 3000h 的耐久性试验，要求 1000h 的抗拉强度剩余值不小于 90%、3000h 剩余强度不小于 85%。

3. FRP 非组合夹心墙板的设计和生产方法

结合国外数十年的工程实践经验，只要拉接件的布置是相对均匀的，风荷载和外叶墙自重偏心弯矩作用下引起的拉压应力非常微小，在拉结件采用 4.0 安全系数的情况下，正常使用工况下拉结件的受力由承受的外叶墙自重剪力决定，在生产施工阶段时的受力状态由拉结件在混凝土中的抗拔强度决定，只需要控制脱模时每只拉结件承受的抗拔力小于设计允许抗拉力，即可认为拉结件在构件生产和使用工况下的抗拔承载力满足安全要求；除了受力安全外，还应该保证墙板的正常使用功能，应该满足外叶墙在自重作用下的垂直位移不大于 0.1 英寸（2.54mm），并提供了 EXECL 表格的设计程序，简化了拉结件的计算方法。

（1）设计要点

拉接件计算和设计都必须由专业的设计人员进行审核。

用 MS 和 MC 拉接件进行夹心墙设计时，主要用于抵抗在未裂的正常重量混凝土中的静态和短暂的拉力和剪切荷载，由于工作荷载或温度变形，当混凝土 $f_t > f_r$ 时将发生开裂。

墙板的混凝土设计强度等级不低于 C30，外层混凝土最大石子粒径应小于 20mm。

拉接件可以局部暴露在室内室外或潮湿环境。但不能与腐蚀性溶剂材料及阻燃防腐处理过的木材接触。

设计应保证 MS 和 MC 拉接件在混凝土中的有效嵌入深度分别满足 38mm 和 51mm，拉接件与墙板边缘临界应距离大于 100mm、与门窗洞口的距离大于 150mm，拉接件间距应大于 200mm。

使用 MS 外叶墙混凝土的厚度最小值为 50mm，使用 MC 外叶墙混凝土的厚度最小值为 60mm。外表面纹理、凹槽和外露深度都应该在最小值上另加厚度。例如：假设构件表面有 10mm 的凸凹花纹，则使用 MS 的最小厚度应该不小于 60mm，使用 MC 的最小厚度不小于 70mm。

（2）设计步骤

非组合式夹心墙板设计分为三个步骤：

首先需要对保温拉结件进行选型确定。例如保温厚度为 80mm，外保护层厚度为 50mm，混凝土强度等级为 C30，应该选择 MS80 型号的保温拉接件。

其次应根据挠度位移标准进行拉结件的间距设计和受力验算（使用含有公式的 EX-ECL 表格可以快速得到每只拉接件承受的平均荷载和垂直挠度位移），从查表可以得到：

假设按照 500×500 的间距布置，单只 MS80 拉接件承受 0.25m² 外叶墙荷载时，自重为 323N，挠度为 2.54mm，因此设计时应该控制拉接件间距不能超过此标准，根据墙板的面积大小 S，决定该墙板使用的拉接件数量不少于 S/0.25，就可以保证拉结件安全系数大于 4.0，垂直挠度位移小于 2.54mm，由于拉结件的临边、门窗洞口影响，实际用量往往比理论数量高出约 10% 左右。

最后应根据间距计算结果，进行拉结件的布置设计，一般应根据墙板的构造设计绘制保温板和拉结件排版布置图，并检查实际布置的拉接件数量是否少于计算结果的用量，确保设计的安全度。

（3）设计案例

沈阳凤凰新城公租房项目，建筑面积约 20 万 m²，均为采用装配式剪力墙结构的高层建筑，外剪力墙采用夹心三明治保温外墙，分别采用"200 厚 C40 混凝土内叶墙＋90mm 厚 XPS 保温层＋60 厚 C30 混凝土外叶墙"和"200 厚 C40 混凝土内叶墙＋70mm 厚 XPS 保温层＋80 厚 C30 混凝土外叶墙"的构造，设计采用 Thermomass 拉结件，由深圳市现代营造科技有限公司提供夹心墙板的设计技术支持，由辽宁亚泰进行预制构件的生产制作，项目使用了约 23 万只 MS90 和 MC70 型号的保温拉接件，项目于 2012 年 7 月开始生产构件，2013 年主体结构安装完成，比传统现浇结构提前半年交付使用。

两种不同的外墙构造经过计算得出，每只 MS90 型号的保温拉接承受 0.16m² 60mm 厚度的外叶墙，每只 MC70 型号的保温拉接承受 0.18m² 80mm 厚度的外叶墙，满足承载力和变形要求。

夹心剪力墙的 Thermomass 保温拉接件布置图纸如图 4.5-6、图 4.5-7 所示：

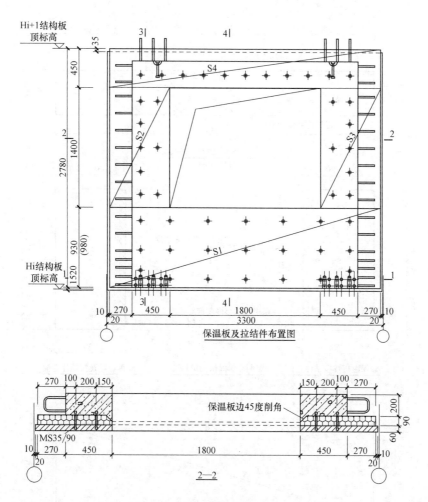

图 4.5-6　夹心墙板保温拉接件布置图及排版设计示意

在本工程案例中，由于保温板厚度较大，在门窗洞口部位的保温板不能暴露在空气中，以防止保温老化和渗水冻融破坏，需要对保温板进行局部削角处理，门窗框才能遮盖住保温板，同时需要将拉结件与钢筋和埋件布置图进行碰撞检查。

（4）生产步骤及质量控制要点

步骤一：保温板预先钻孔。保温板需要按照设计的尺寸和位置预先钻孔，并将拉接件穿过保温板插入到预先钻好的孔内。

步骤二：浇筑第一层混凝土。夹心墙板一般采用卧式生产的方法，第一层浇筑的混凝土坍落度不宜小于 180mm 且不应小于 130mm，初凝时间不得早于 45min。MS、MC 系列拉接件的锚固性能取决于鸽尾型末端在混凝土中被包裹，如果外叶墙混凝土坍落度太小，混凝土会在拉接件插入时形成孔洞，低坍落度的混凝土很难在鸽尾末端回流，即使混凝土在浇注后震平，仍然难以保证让所有的拉接件达到锚固标准。

步骤三：安装保温板和拉接件。在第一层混凝土浇筑后 20min 内，需要在混凝土处于可塑状态时将保温板和拉接件铺装到混凝土上，穿过绝热板上的预钻孔插入混凝土内，插入时应将拉接件旋转 90°，使拉接件尾部与混凝土充分接触，直到塑料套圈紧密顶到保

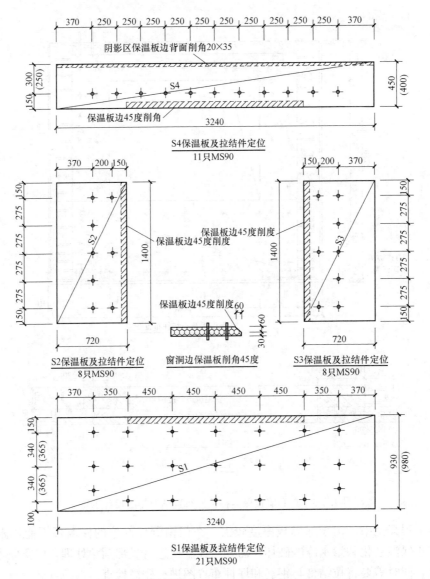

图 4.5-7 保温板尺寸和拉接件布置示意图

温板表面，到达指定的嵌入深度。

步骤四：挤密加固。操作人员用脚踩压拉接件周围，对拉接件周围的混凝土进行挤密加固，并及时对拉接件在混凝土中的锚固情况进行专项质量抽查。

步骤五：质量检查和补缝

首先由质检员进行专项检查。在每块墙板对角和中间选取 10％数量的进行抽查（图 4.5-8），拔出拉接件来检查嵌入的末端，湿水泥浆应当覆盖在所有被检查的拉接件末端的整个表面。如果检查没有问题，将拉接件插回原孔中并再次施加局部压力挤密；如果检查不合格，在绝热板上施加更多压力或者在每个拉接件周围施加更多机械震动，然后再检查该拉接件周边更大范围的所有相邻的拉接件，直到水泥浆覆盖所有的拉接件嵌入末端，如此循环。

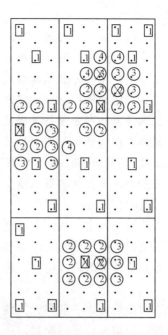

图 4.5-8　保温拉接件抽查顺序示意图

左图 首次抽查顺序：例如对一块 3600mm×1800mm 墙板的检查图案，第一步对编
号为"1"的连接件进行抽检，拔出观察尾部倒角部位是否已经与混凝土接触。

右图 连续抽查顺序：如图中所示，带"×"的连接件末端未被混凝土完全包裹时，
应检查该连接件周围相邻的连接件，重复以上程序。

其次应该填补保温板缝隙和空间。在浇注第二层混凝土之前，检查大于 3mm 的保温板缝隙，缝隙和空间按要求注入发泡聚氨酯，或采用宽胶带粘贴盖缝，防止浇筑第二层混凝土时水泥浆渗入缝隙，导致保温板上浮引起拉接件锚固深度不足并形成冷热桥。

步骤六：浇筑第二层混凝土，根据生产计划进行第二层混凝土浇筑，同一天生产时采用连续浇筑法，如果两层混凝土不在同一条浇筑，采用非连续浇筑法，两种方法的技术要求存在差别。

连续浇筑法：如果您计划在同一个工作日（8h）内浇注内叶墙和外叶墙两层混凝土，必须控制第一层混凝土的初凝时间不小于 45min，第二层混凝土的钢筋准备工作和浇注过程都是十分重要的，如果第一层混凝土初凝后，需要避免扰动拉接件和绝热板。这段时间，如果安装于第一层混凝土的拉接件移动了，对拉接件的锚固能力可能会有负面影响。

非连续浇注：为了能够安装内叶墙的钢筋、钢筋保护层马凳和其他埋件设施，难免会触碰到保温拉接件，第一层混凝土必须已经达到或超过设计强度的 25%。影响混凝土强度的主要因素包括时间和周围环境，可以使用对比同条件试块的强度是否达到设计强度的25% 来判断。

步骤七：墙板完成脱模。拆模后需要除去墙板边缘多余的混凝土渣来最大程度减小冷热桥，将墙板运输到指定的位置。建议采用墙板和模具一起翻身后起吊构件的方法，如果构件采用平吊出模，应使用外力先顶推构件使之与模具脱离，避免构件与模具之间产生过大的吸附力而导致外叶墙破坏。

注意事项：

工厂生产：混凝土准备的时间和浇筑十分重要。如果两层混凝土在同一天浇筑，一定在下层初凝之前安装上层的钢筋，起吊装置和其他插件并浇筑上层混凝土。浇筑上层混凝土至设计厚度，抹平，养护并且根据情况对混凝土采取保护措施。

露天生产：如果您的墙板制造是露天生产没有保护设施，那么必须保证生产过程具有防雨措施。模板内多余的水分会导致挤塑板漂浮、降低混凝土的强度，并有可能造成连接器从混凝土中拔出或削弱连接器锚固性能。

保护手和眼睛。Thermomass 连接器表面会有玻璃纤维，在处理连接器时推荐使用手套，并且避免用手套或手直接接触眼睛。

4. FRP 保温拉接件的应用技巧

在具体工程应用中，由于我国地域辽阔，各地区的日照和气温差别很大，主要分为严寒和寒冷地区、夏热冬冷地区、夏热冬暖地区，在保温隔热和节能方面的需求有一定的差别，对于非组合夹心墙板的设计也有一定的区别，保温拉接件的布置间距都应该经过计算后确定。

对于严寒和寒冷地区，一般冬天需要采暖，主要是冬季减少室内热量损失，需要增强外墙的保温性能，以阻断传导热交换，一般采用较厚的保温层，拉结件在外叶墙自重作用下引起的垂直位移较大，当拉结件布置过稀时，垂直位移限制起决定作用，特别是在严寒地区或者低能耗要求的建筑中，保温层厚度可能大于 100mm，此时为了满足垂直位移要求，拉结件的布置会很密，导致拉结件的数量太多，如果单纯采用横截面较小的 MS/MC 型拉结件，每平方米外墙需要布置 10~20 只保温拉接件，造价成本很高，可以采用片状抗剪型（CC 型或哈芬不锈钢拉接件的抗剪板）保温拉接件和普通（MS 型或 MC 型）拉结件混搭使用的方法，以 CC 型拉结件承受外叶墙的自重，MS/MC 型拉结件限制外叶墙的平面外转动，MS/MC 拉结件按照构造间距布置，从而降低工程成本，这一做法适合于严寒地区和保温要求非常高的寒冷地区。

对于夏热冬冷地区，一般的保温厚度为 50~100mm 厚度，此时保温拉接件的布置间距需要同时满足承载力和位移限制要求，根据计算，一般每平方米外墙布置 3~8 只拉接件，经济性较好。

对于夏热冬暖地区，主要是解决夏天隔热的问题，保温板的厚度一般为 25~50mm，因此保温拉接件的垂直位移很小，一般由拉结件的抗剪承载能力决定，根据计算结果，每平方米外墙的拉结件布置数量为 3~5 只，需要注意的是，在正常使用情况下，当计算满足拉结件承受外叶墙自重和垂直位移的情况下，考虑到构件生产脱模工况的吸附力，拉结件的布置间距不宜过稀，每平方米不得少于 3 只。

我国的装配式建筑多数为高层建筑，很多外墙的结构剪力墙、夹心三明治墙板的构造比国外工程要复杂一些，为了方便施工生产，结合近十年国内实践的情况，有以下经验供设计参考。

拉结件一般按照整齐的行列进行等间距布置，在有门窗的墙板上，往往需要根据洞口尺寸对保温板进行分块，在每块保温板上宜尽量均匀布置拉结件，并应满足以下布置要求：

（1）在门窗洞口边缘，拉结件距边不宜小于 150mm 且不大于 400mm。

（2）拉接件间距不宜大于 600mm×600mm，并不宜小于 200mm×200mm。

（3）非预应力墙板的外叶墙厚度不应小于 50mm，预应力墙板的外叶墙厚度不宜小于 75mm。

（4）不宜在局部过度加密拉接件间距，以防不同板块之间的外叶墙垂直位移差过大，影响外墙美观和经济性。

（5）在特殊情况下应按以下原则调整拉结件，如现浇部位的 PCF 板部位在构件生产时影响边模无法装拆，当 PCF 长度小于 400mm 时，可将 PCF 板上的拉结件取消，此时应将相邻的第一排拉接件间距加密一倍，此时悬臂的 PCF 板保护层水平配筋应适当加密，当 PCF 长度大于 400mm 时，如果取消 PCF 部位的拉接件，应该对外叶墙在施工阶段进行开裂验算。

（6）当拉结件与钢筋、埋件等碰撞时，允许移位 50mm 避开，建议在设计阶段进行碰撞检查。

4.5.3 适用范围

夹心保温外墙是被动式节能产品，一次投入可以长期受益，适用于高层及多层装配式剪力墙结构外墙、高层及多层装配式框架结构非承重外墙挂板、高层及多层钢结构非承重外墙挂板、超低能耗和零能耗住宅、现浇夹心保温外墙等外墙形式，可用于住宅、酒店、办公楼、厂房、医院、学校、冷库等建筑。

对于生产环境要求较高的工业建筑，往往配备大量的空调，造成空调能耗很高，如制药厂、电子厂、食品厂、饮料厂、冷链物流仓库、云计算中心、变电室等，一般要求恒温恒湿，采用夹心保温外墙提高墙体热阻，具有良好的节能效果，可以大大节约能源消耗。

保温拉接件的设计和构件质量是夹心保温外墙成功的关键，预制生产的方式有利于保证拉结件位置的准确和构件的质量，因此在装配式建筑中，多数采用预制夹心保温墙板，目前已经在全国大面积推广应用，累计项目案例已经超过数千万平方米的建筑面积。

4.5.4 工程案例

北京万科中粮假日风景、天津万科东丽湖项目、沈阳地铁开发公司凤凰新城、沈阳地铁开发公司惠生小区及惠民小区、北京郭公庄保障房项目、北京旧宫保障房、济南西区济水上苑 17 号楼、济南港兴园保障房、中建科技武汉新洲区阳逻深港新城、长沙三一保障房项目、乐山华构办公楼、天津远大北京实创基地公租房、合肥锦绣花园、合肥磨店家园、合肥滨湖润园、合肥高新区南岗第二公租房、洪江工业园、怀化宝山中学、湖南吉首第一中学、吉首易地扶贫项目、上海保利铃兰公馆、上海保利西郊锦庐项目、上海保利熙悦项目、上海保利周浦西项目、西城济水上苑等，累计完成的建筑面积超过 1000 万 m^2。

1. 上海保利熙悦

该项目占地面积 65600m^2，建筑面积 19 万 m^2，由上海保利置业开发，多家构件厂联合生产，该项目装配率高达 50%，预制率达 30%，预制构件包括：预制套筒剪力墙、预制宽架柱、夹心三明治外墙、叠合板、楼梯等。

2. 合肥滨湖润园

该项目位于滨湖新区迎淮路与天津路交口，34 栋高层住宅楼（18～33 层）均采用装配整体式混凝土剪力墙结构体系，建筑面积约 47 万 m^2，由安徽三建和中国建筑总承包，预制率达 50%以上，预制构件包括：预制套筒剪力墙、夹心三明治外墙、叠合板、楼梯等。

图 4.5-9 上海保利熙悦

图 4.5-10 合肥滨湖润园

参 考 文 献

[1] 《装配式混凝土结构技术规程》JGJ 1-2014，中国建筑工业出版社，2015
[2] 15G365-1《预制混凝土剪力墙外墙板》，中国建筑标准设计研究院，2015
[3] 锚固于混凝土中的纤维加固复合连接器验收标准（AC320），ICC-ES 评定委员会，2006
[4] 谷明旺，关于国内外三明治墙板设计的思考，预制建筑网，深圳市现代营造科技有限公司
[5] 谷明旺，Thermomass MC/MS 系列连接器与非复合混凝土夹心墙板常见问题与解答，预制建筑网，深圳市现代营造科技有限公司

4.6 叠合剪力墙结构技术

4.6.1 发展概述

叠合剪力墙结构是指采用两层带格构钢筋（桁架钢筋）的预制墙板，现场安装就位后，在两层板中间浇筑混凝土，辅以必要的现浇混凝土剪力墙、边缘构件、楼板，共同形成的叠合剪力墙结构。在工厂生产预制构件时，设置桁架钢筋，既可作为吊点，又增加平面外刚度，防止起吊时开裂。在使用阶段，桁架钢筋作为连接墙板的两层预制片与二次浇注夹心混凝土之间的拉接筋，可提高结构整体性能和抗剪性能。同时，这种连接方式区别于其他装配式结构体系，板与板之间无拼缝，无需做拼缝处理，防水性好。

叠合楼板，预制部分多为薄板，现场安装预制混凝土楼板，以其为模板，辅以配套支撑。设置与竖向构件的连接钢筋、必要的受力钢筋及构造钢筋，再浇筑混凝土叠合层，与预制构件共同受力。叠合墙板，预制部分由两层预制板与格构钢筋制作而成，现场安装就位后，在两层板中间浇筑混凝土，采取规定的构造措施，提高整体性，共同承受竖向荷载与水平力作用。

叠合体系最初由德国的 FILIGRAN 公司发明，该公司 20 世纪 60 年代前主要从事钢结构桁架梁的研发和生产，在 60 年代该公司在钢结构经验积累的基础上发明了格构钢筋，对格构钢筋的应用进行积极研发，发明了格构钢筋叠合楼板。在叠合楼板大量应用过程中，又进一步研发了叠合墙板。

在我国，叠合剪力墙结构技术由德国西伟德公司在 2007 年引入，并编制了国内最早的技术规程——安徽省《叠合板式混凝土剪力墙结构技术规程》DB34 810—2008，之后在浙江、江苏、上海等地得到大量应用。叠合剪力墙结构技术有着突出的优点，主要包括了尺寸精度高、质量稳定性高、施工快捷、节能环保、防水性好、结构体系整体性好、造价更低等，并很好地结合了预制与现浇技术的技术优势。

利用信息技术，叠合楼板和叠合墙板的生产图纸转化为数据格式文件，直接传输到工厂主控系统读取相关数据。并通过全自动进口流水线，辅以机械支模手进行构件生产，所需人工少，生产效率高，构件精度达毫米级。同时，构件形状可自由变化，在一定程度上解决了"模数化限制"的问题，突破了个性化设计与工业化生产的矛盾。

目前，叠合剪力墙结构技术适用于非抗震地区及抗震设防烈度为 6～8 度的多层、高层建筑，包含工业与民用建筑。除了地上，本技术结构体系具有良好的整体性和防水性能，还适用于地下工程，包含地下室、地下车库、地下综合管廊等。

4.6.2 技术内容

1. 设计内容

叠合剪力墙结构采用与现浇剪力墙相同的方法进行结构分析与设计，其主要力学技术指标与现浇混凝土结构相同，但当同一层内既有预制又有现浇抗侧力构件时，地震设计状况下宜对现浇水平抗侧力构件在地震作用下的弯矩和剪力乘以不小于 1.1 的增大系数。高层叠合剪力墙结构其建筑高度、规则性、结构类型应满足现行国家标准《装配式混凝土建筑技术标准》GB/T 51231 等规范标准要求。

结构与构件的设计应满足现行国家标准《建筑结构荷载规范》GB 50009、《建筑抗震设计规范》GB 50011、《混凝土结构设计规范》GB 50010 和《装配式混凝土建筑技术标准》GB/T 51231 等的要求。

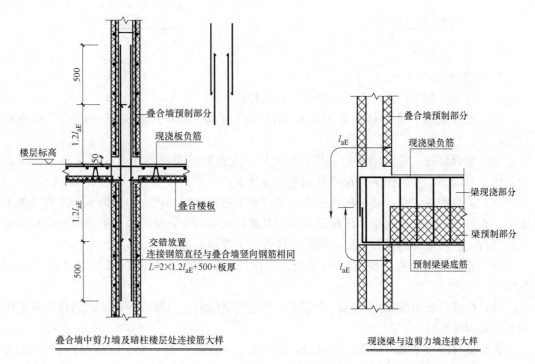

图 4.6-1 通用节点大样（一）

叠合剪力墙墙板水平和竖向拼缝间应布置连接钢筋，连接钢筋直径和放置位置应于叠合墙板内分布筋相同，不允许放置单排连接钢筋。水平拼缝处竖向连接钢筋放置于叠合墙板芯板层，上下交错 500mm 放置，且锚固长度不得小于 $1.2L_{aE}$；竖向拼缝处水平连接钢筋放置于叠合墙板芯板层，锚固长度不得小于 $1.2L_{aE}$。

叠合墙板拼接节点处宜采用现浇，现浇节点区域应满足《装配式混凝土结构技术规程》JGJ 1—2014 和《高层建筑混凝土结构技术规程》JGJ 3—2010 相关规定。现浇节点和预制叠合墙板直接连接钢筋直径不应小于叠合墙板内分布筋，如图 4.6-2 所示。

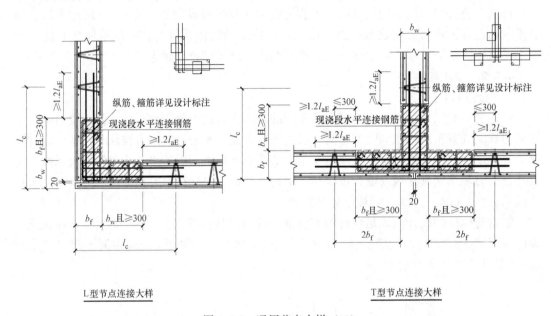

L型节点连接大样   T型节点连接大样

图 4.6-2　通用节点大样（二）

2. 生产堆放内容

生产堆放过程中需对以下几点进行重点把控：

（1）叠合墙板、叠合楼板宜采用自动流水线方式生产，以提高构件的生产效率和质量；

（2）叠合墙板、叠合楼板应采用磁性边模，先由数控自动绘图仪在模板桌上划线定位，由全自动多功能机械手自动抓取固定的方式生产；

（3）叠合墙板、叠合楼板振动密实应通过非平衡驱动单元产生相应的振动使得混凝土密实，在振动过程中，两个液压校正单元对其进行精确定位，使用液压夹紧机构将其固定在钢模台座上，上部钢模台和底部钢模台作为一个整体振动；

（4）叠合墙板、叠合楼板中桁架钢筋与钢筋骨架中各垂直面钢筋网交叉点应全部扎牢；

（5）叠合楼板吊装时需要用四点起吊，避免过度倾斜，弹簧防开钩必须悬挂于固定在桁架钢筋斜撑的环上；

（6）叠合墙板靠放时，要区分型号，沿受力方向对称靠放，倾斜度保持在 5°～10° 之间，对门窗洞口和边角部位应妥善保护。

3. 施工内容

叠合剪力墙结构施工前应编制专项施工方案，施工方案应结合结构深化设计，对构件运输、堆放及安装全过程各工况进行验算，应对管理人员及作业人员进行专项培训。施工前应由建设单位组织设计、施工、监理等单位对设计文件进行交底和会审。

施工过程中需对以下几点进行重点把控：

（1）现场浇筑的混凝土用细石自密实混凝土，最大骨料直径不宜超过 20mm，墙板中现浇混凝土分三次浇筑；

（2）叠合墙板预留插筋长度、位置需标准，保证连接钢筋充分发挥其受力性能，保障墙板可靠连接；

（3）墙板底部 5cm 拼缝处混凝土需振捣密实，保证底部拼缝处的承载能力达到要求；

（4）格构钢筋与插筋互相错开，严禁随意切割格构钢筋或插筋；

（5）叠合式预制墙板吊运时混凝土强度必须符合设计要求；

（6）叠合墙板吊装前，需严格检查吊钩是否松动，吊绳与竖直夹角≤30°为宜，吊绳长度一般 4m 为宜；墙板固定前，严禁拆除吊钩；

（7）在吊装过程中严禁将头部或身体其他部位直接伸入到墙板下；

（8）斜撑与地板底部夹角不能大于 50°。

4.6.3 技术指标

叠合剪力墙结构的截面设计及构造、连接设计及构造，可按现行行业标准《装配式混凝土结构技术规程》JGJ 1 有关规定设计。

4.6.4 适用范围

适用于抗震设防烈度为 6～8 度的多层、高层建筑，包含工业与民用建筑。除了地上，本技术结构体系具有良好的整体性和防水性能，还适用于地下工程，包含地下室、地下车库、地下综合管廊等。

4.6.5 工程案例

上海浦东新区惠南新市镇 17-11-05，17-11-08 地块项目 23 号楼是工业化建筑示范项目，建筑面积 9755m²，地上 13 层，地下 1 层，标准层层高 2.9m，总建筑高度 37.7m。采用四梯八户共四个单元的户型设置，每单元设 1 台电梯和 1 部疏散楼梯，地下一层为自行车库及设备用房。于 2014 年 5 月完成主要方案设计、施工图设计和管理部门评审工作，并随即开展预制构件生产和施工准备工作，于 2014 年 9 月开始结构吊装工作，2015 年 1 月完成主体结构施工安装工作，2015 年 6 月竣工并完成样板房装修。23 号采用了叠合剪力墙结构技术体系，梁、阳台和楼梯等亦采用预制，装配率达 100%，预制率为 48.2%。

图 4.6-3 23 号楼建成立面

1. 单体预制率

采用叠合剪力墙结构体系，主要预制构件包含叠合墙板、叠合楼板、叠合梁、预制阳台、预制空调板、预制楼梯。对 23 号楼单体内各类型的预制构件的进行统计，汇总如表 4.6-1 所示，单体预制率为 48.2%。

单体预制率计算表　　　　　　　表 4.6-1

编号	构件名称	权重	类型	比例	小计
1	承重墙	0.6	双面叠合	75%	31.5%
2	梁	0.08	叠合	40%	2.2%
3	楼板	0.24	叠合桁架	100%	9.6%
4	楼梯	0.02	全预制	100%	1.9%
5	凸窗/窗	0.02	双面叠合	100%	1.4%
6	空调板	0.01	全预制	92%	0.8%
7	阳台	0.02	叠合桁架	92%	0.7%
8	女儿墙	0.01	全截面预制	0%	0.0%
总计				48.2%	

2. 节点设计

本工程叠合楼板采用密拼方式连接，预制板厚度为 50mm，现浇混凝土厚度根据楼板总厚度分为 90m 和 130mm，拼缝出附加板底通长钢筋，见图 4.6-4。

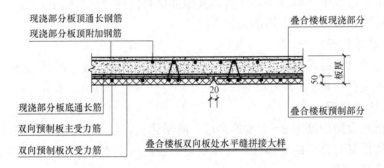

图 4.6-4　叠合楼板双向板水平缝拼接

本工程叠合墙板与现浇主体之间采用连接可靠、构造简单、施工便捷、防水性优异的标准化节点，如 L 型、T 型和一字型节点，见图 4.6-5，配套模板同样标准化设计，达到降低施工难度、节约成本、提高效率的目的。

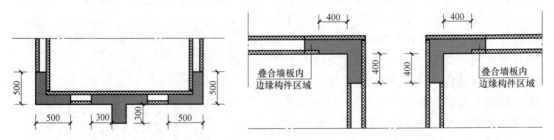

图 4.6-5　标准化节点

3. 施工安装

（1）叠合墙板施工安装

测量放线→检查调整墙体竖向预留钢筋→测量放置水平标高控制专用垫块→墙板吊装就位→安装固定墙板支撑→水电管线连接→墙板拼缝连接→绑扎柱钢筋和附加钢筋→暗柱

支模→叠合墙板底部及拼缝处理→检查验收。

图 4.6-6　叠合墙板吊运

图 4.6-7　固定临时支撑

（2）叠合梁、叠合楼板施工安装

叠合楼板支撑体系安装→叠合主梁吊装→叠合主梁支撑体系安装→叠合次梁吊装→叠合次梁支撑体系安装→叠合楼板吊装→叠合楼板、叠合梁吊装铺设完毕后的检查→附加钢筋及楼板下层横向钢筋安装→水电管线敷设、连接→楼板上层钢筋安装→墙板上下层连接钢筋安装→预制洞口支模→预制楼板底部拼缝处理→检查验收。

图 4.6-8　叠合梁安装

图 4.6-9　叠合楼板就位

4. 效果评价

（1）成本分析

为综合对比叠合板式混凝土剪力墙结构体系与传统建筑结构的造价分析，特意选择了与 23 号楼相近的现浇建筑 14 号，对比分析发现该项目的成本增量约为 300 元/m²。其主要原因如表 4.6-2 所示。

（2）用工分析

与传统建筑相比，23 号楼用工数量减少了 40%，主要是钢筋工、木工、架子工等的投入。其中，钢筋工主要是现场绑扎钢筋量大大减少，相关钢筋作业由预制构件厂完成；木工是由于现场支模量大大减少；架子工是由于叠合楼板所需临时支撑明显少于传统现浇楼板数量；泥工只需要将二次浇注的混凝土填充进去振捣密实就能完成所有工作，墙体和楼板的预制件表面平整光滑，室内墙面和天花板面也无需抹灰找平。

23 号楼与传统建筑（14 号楼）成本增量分析表   表 4.6-2

分项		相比传统建筑成本变化	原因
设计成本		增加	设计环节增加了深化设计阶段
机械费		增加	相比其他预制混凝土结构体系，叠合体系构件具有重量轻、体积大等优点，可大大降低塔吊机械费等，但相比传统现浇体系不可避免的增加了塔吊使用次数，因此机械费是增加的
材料费	预制构件	增加	以前以商混和钢筋单卖到工厂，现在的预制构件单价相比前者要贵，预制构件已成为增量的主要原因
	模板	降低	叠合体系已经是模板，不必另支模。模板相关费用大大减少
	抹灰砂浆	降低	预制构件表面光滑，精度达毫米级，相关抹灰砂浆用量大大减少
人工费		降低	主要是大部分工作由工厂工人和机械设备完成

（3）用时分析

在剔除其他因素影响（如现场参观接待等），该项目可实现 6～7d 完成一个标准层，基本与传统建筑标准层持平。但传统建筑需要投入更多的工人，标准层施工工人平均工时也节约了近 40%。由于墙板的所有受力钢筋与楼板部分受力钢筋在工厂埋入预制部分，现场只需要在节点处做少量的钢筋连接绑扎；最后，泥工只需要将二次浇筑的混凝土填充进去振捣密实就能完成所有工作，墙体和楼板的预制件表面平整光滑，室内墙面和天花板面也无需抹灰找平。

4.7 预制预应力混凝土构件技术

4.7.1 发展概述

1866 年美国工程师杰克逊（P. H. Jackson）及 1888 年德国的道克林（C. E. W. Dochring）首次将预应力用于混凝土结构，但最初的这些应用以失败告终，低值的预应力很快在混凝土收缩和徐变后丧失[1]。

现代预应力混凝土的成功发展归功于法国工程师弗莱西奈特（E. Freyssinet），他在 1928 年提出预应力混凝土必须采用高强钢材和高强混凝土的论断。这一论断是预应力混凝土在理论上的关键性突破，从此，人们对预应力混凝土的研究逐渐深入。1938 年德国的霍友（E. Hoyer）成功研究出先张法生产工艺，先张法工艺仅靠钢筋和混凝土之间的粘结力传力，这为预应力混凝土构件厂工厂化生产提供了便捷得方法。1939 年弗莱西奈特成功研制的弗式锥形锚具及双作用张拉千斤顶，1940 年比利时的麦尼尔（G. Magnel）成功研制的麦氏模块锚，为后张提供了切实可行的生产工艺。这些成就为预应力技术的进一步推广做出了巨大的贡献。

第二次世界大战后，预应力混凝土结构在世界范围内得到了蓬勃发展和广泛应用，其应用范围从最早的桥梁与工业建筑发展到了后来的民用建筑、公共建筑、地下建筑、海港码头、水利水电工程等几乎所有的土木工程领域。1950 年成立的国际预应力混凝土协会（FIP）更是促进了世界各国预应力技术的发展。近 30 年来，预应力混凝土技术在土建结构的各个领域都扮演着重要的角色[2]。

我国的预应力混凝土结构是在 20 世纪 50 年代发展起来的。最初试用于预应力钢弦混凝土轨枕，之后预应力混凝土在全国范围内开始推广。预应力混凝土技术在桥梁工程中发展最快，尤其在 20 世纪 70 年代后期，我国修建的各类大桥几乎全是预应力混凝土结构。再后来，预应力混凝土技术在桥梁以外的土建结构中也得到了迅速发展，在房屋建筑中，常见的预制预应力构件有 12～18m 屋面梁、18～36m 屋架、6～9m 屋面板、6～20m 吊车梁、12～33mT 形梁、V 形板和各种壳板等，一个发生在我国土建结构领域内的变革已经到来[3]。见图 4.7-1。

近年来，随着建筑工业化的不断兴起，装配式建筑工程量的增加，我国的预应力混凝土构件技术得到了进一步的发展。目前，在我国预应力混凝土构件已成为土建工程中一种重要的结构材料和特殊的工艺手段，应用范围日益扩大，由以往的单层及多层房屋、公路、铁路桥梁、轨枕、电杆、压力水管、储罐、水塔等，现在已扩大到高层建筑、地下建筑、高耸结构、水工建筑、海洋结构、机场跑道、核电站压力容器等方面。我国在预应力工程技术领域具有雄厚实力，已经达到或者接近世界先进水平。

先张法预制预应力混凝土构件具有工厂化规模生产的各种优点，如质量控制水平高，构件耐久性好，模板周转率高，损耗小；与现场浇筑的后张法预应力混凝土相比，省去了预留管道灌浆工序或无粘结束的注油挤塑工序，省去了管道费用，涂包费用和锚具费用。在道路、运输、吊装条件较好，运距不太大（20km 以内）的情况下，预制构件具有良好的技术经济指标。先进工业化国家中，预制先张预应力混凝土的比例很高，美国占70％～80％，法国、德国约占 60％。现代的预制工业，是一项极具发展潜力的工业。现代化预制构件厂的主要生产过程均由计算机控制，高素质的技术工人和高效率施工机械与管理模式保证了产品的高质量，现代预制工业已摆脱了构件品种、规格单一，建筑与结构功能脱节的旧模式。很多工业发达国家的预制构件已能将建筑装饰的复杂、多样性以及保温、隔热、水电管线等多方面的功能，与预制混凝土构件结合起来，满足用户各种要求，又不失工业化规模生产的高效率。我国目前在这方面的差距较大，国内房屋建筑中最大量的预制构件仍是 6m 跨度以下的空心楼板，工业建筑中的屋架、吊车梁、屋面板等。随着大柱网、大开间多层建筑和高层建筑迅猛发展，大跨度预应力空心板、双 T 板、大跨度预应力墙板等必将逐步兴起，预制梁板现浇柱，或预制梁、板、柱与现浇节点相结合的各种装配整体式建筑结构体系将随着建筑工业化的兴起而迅速发展，这种结构体系可以把预制与现浇二者的优点结合起来，避免纯装配式建筑对产品尺寸的高精度要求，结构整体性差和节点耗钢量大等缺点，又避免了现浇结构现场湿作业工程量大，受制于现场施工及气候条件，耗用大量模板、支撑等缺点。在材料消耗上，预制也是显著优点，以 8 ～12m 跨度的预应力空心板为例，与无粘结预应力现浇平板相比，一般可节约混凝土 30％～40％，节约钢材 50％～60％，免去涂包和锚具费用，减轻楼面结构自重 10％～15％，节省模板、支撑等，经济效益十分显著。随着人们对预制结构和预制构件认识的深入，预制预应力构件将占有一定的市场份额。

4.7.2　技术内容

预制预应力混凝土构件是指通过工厂生产、并采用先张预应力技术的各类水平、竖向构件。其主要包括：预制预应力混凝土空心板，预制预应力混凝土双 T 板，预制预应力梁，预制预应力墙板等。各类预制预应力水平构件可形成装配式或装配整体式楼盖，空心板、双 T 板可不设后浇混凝土层，也可根据使用要求与结构受力要求设置后浇混凝土层。

图 4.7-1 预制预应力构件国内工程应用

预制预应力梁可为叠合梁，也可为非叠合梁。预制预应力墙板可应用与各类公共、工业建筑中。

　　预制预应力混凝土构件的优势在于采用高强预应力钢丝、钢绞线，可以节约钢筋、混凝土用量，并降低楼盖结构高度，施工阶段普遍不设支撑而节约支模费用，综合经济效益显著。预制预应力混凝土构件组成的楼盖承载能力大，整体性好，抗裂度高等优点，完全符合"四节一环保"的绿色施工标准，以及"建筑工业化"的发展要求。预制预应力技术可增加墙板的长度，有利于实现多层一墙板。

4.7.3 技术指标

　　（1）预应力混凝土空心板的标志宽度为 1.2m，也有 0.6m、0.9m 等其他宽度；标准板高 100mm、120mm、150mm、180mm、200mm、250mm、300mm、380mm 等；不同截面高度能够满足的板轴跨度为 3～18m。

　　（2）预应力混凝土双 T 板包括双 T 坡板和双 T 平板，坡板的标志宽度 2.4m、3.0m 等，坡板的标志跨度 9m、12m、15m、18m、21m、24m 等；平板的标志跨度 2.0m、2.4m、3.0m 等，平板的标志跨度 9m、12m、15m、18m、21m、24m 等。

　　（3）预应力混凝土梁跨度根据工程实际确定，在工业建筑中多为 6m 跨度，预应力混凝土梁的截面尺寸根据工程实际确定，其截面形式根据工程可以设计成矩形、倒 T 形、L 形。

　　（4）预应力混凝土墙板多为固定宽度（1.5m、2.0m、3.0m 等），长度根据柱距或层高确定。

　　（5）预制预应力混凝土板的生产、安装、施工应满足国家现行标准《混凝土结构设计规范》GB 50010，《混凝土结构工程施工质量验收规范》GB 50204，《装配式混凝土结构技术规程》JGJ 1 的有关规定。工程应用可执行 03SG435-1～2《预应力混凝土圆孔板》，05SG408《SP 预应力空心板》，06SG432-1、09SG432-2、08SG432-3《预应力混凝土双 T 板》，13G440《大跨度预应力空心板（跨度 4.2m～18.0m）》等国家建筑标准设计图集，直接选用预制构件，也可根据工程情况单独设计。

（6）预应力混凝土梁的生产、安装、施工应该满足国家现行标准《混凝土结构设计规范》GB 50010，《混凝土结构工程施工质量验收规范》GB 50204，《装配式混凝土结构技术规程》JGJ 1 的有关规定。在工程设计中，预应力混凝土梁按照正常使用极限状态和承载能力极限状态的进行设计验算，预应力混凝土梁的设计荷载根据工程实际情况按照集中荷载和均布荷载的方式进行相关承载能力验算。对于倒 T 形和 L 形截面的预应力混凝土梁需要对挑耳进行相关的设计计算，确保局部受压和抗剪承载能力均满足工程需要。

4.7.4 适用范围

广泛适用于各类工业与民用建筑中。预应力混凝土空心板可用于混凝土结构、钢结构建筑中的楼盖与外墙挂板。预应力混凝土双 T 板多用于公共建筑、工业建筑的楼盖、屋盖，其中双 T 坡板仅用于屋盖。9m 以内跨度楼盖，可采用预应力空心板（SP 板）＋后浇叠合层的叠合楼盖；9m 以内的超重载及 9m 以上的楼盖，采用预应力混凝土双 T 板＋后浇叠合层的叠合楼盖。预制预应力梁截面可为矩形、花兰梁或 L 形、倒 T 形，便于与预应力混凝土双 T 板、空心板连接。

4.7.5 工程案例

1. 青岛鼎信通讯科技产业园厂房

青岛鼎信通信科技产业园项目，位于青岛城阳区新材料工业团地华贯路与锦荣路交汇处西北侧，总建筑面积约 35.7 万 m^2，其中地上约 34.9 万 m^2，地下约 0.8 万 m^2。共有 3 个厂房、2 个中试车间、2 个倒班宿舍和 1 个食堂。其中 1 号、3 号厂房为 6 层，2 号厂房 2 层，4 号中试车间为地上 12 层地下 1 层，5 号中试车库为地上 15 层地下 1 层，6 号食堂为地上 4 层，7 号、8 号倒班宿舍为地上 20 层，地下 1 层。1 号、2 号、3 号、4 号、6 号均为混凝土框架结构，5 号为混凝土框筒结构，7 号、8 号为混凝土框架剪力墙结构。其中 2 号厂房采用预制预应力混凝土双 T 板叠合楼盖系统，占地面积 17690m^2，建筑面积 54054m^2。

全楼采用预制预应力混凝土双 T 坡板，跨度均为 15m，板宽为 2.4m，荷载等级有两种不同的荷载等级，均为重载，配筋采用高强钢筋钢绞线，双 T 板设有后浇层，通过后浇层作用形成整体楼盖系统，双 T 板与框架梁通过倒 T 型梁和双 T 板的企口进行相关连接。

2. 乐山市第一职业高中实训楼

乐山市第一职业高中实训楼位于四川省乐山市中区里仁街 257 号乐山市第一职业高级中学校园北侧，总建筑面积为约 6099m^2。工程由三栋实训楼组成，A 栋 3 层，首层为汽车维修实训车间，2、3 层为实训教室；B 栋 3 层，首层为机械实训车间，2、3 层为实训教室；A，B 栋之间连廊为 3 层；C 栋为单层的机械实训车间。地上结构采用装配整体式混凝土框架结构体系。楼板、屋面板、墙板均采用预应力空心板，装配率 100%。

乐山市第一职业高中实训楼所有楼板及屋面板均采用预制预应力空心板叠合板，实现了大跨度无次梁的楼盖体统，房屋最大开间 9m，最大跨度 12m。所有墙板均采用预应力混凝土空心板，采用内保温系统，预应力空心墙板通过预留埋件与框架柱进行连接。

图 4.7-2　乐山市第一职业高中实训楼

参 考 文 献

[1]　李国平. 预应力混凝土结构设计原理 [M]. 人民交通出版社，2009.

[2]　熊学玉. 预应力结构原理与设计 [M]. 中国建筑工业出版社，2004.

[3]　刘岩. 预应力混凝土结构发展综述 [J]. 混凝土与水泥制品，2008（3）：52-55.

4.8　钢筋套筒灌浆连接技术

4.8.1　发展概述

　　钢筋套筒灌浆连接技术是带肋钢筋插入内腔为凹凸表面的灌浆套筒，向套筒与钢筋的间隙灌注专用高强水泥基灌浆料，灌浆料凝固并达到设计强度后将钢筋锚固在套筒内的一种钢筋连接方法。钢筋接头由带肋钢筋、灌浆套筒和灌浆料组成，其中灌浆套筒分为半灌浆套筒和全灌浆套筒。全灌浆套筒两端都是通过填充灌浆料与钢筋锚固连接；半灌浆套筒的一端用灌浆料与钢筋锚固连接，另一端为采用机械连接方式实现套筒与钢筋的连接，如：钢筋直螺纹连接。

　　该方法最早于 1968 年由 Alfred A. Yee 在美国发明，他采用具有膨胀性能的水泥砂浆将两根钢筋锚固在中间外径大、两端外径小、外形类似橄榄的双锥形铸造灌浆套筒内，并应用于美国檀香山一座酒店的混凝土预制构件的连接。1985 年 Alfred A. Yee 又发明了直筒形的铸造灌浆套筒，以克服双锥形灌浆套筒外径尺寸过大的不足。1993 年，Harry B. Lancelot 以双锥形灌浆套筒为基础，发明了一端采用螺纹连接，另一端采用灌浆连接的铸造单锥形灌浆套筒。20 世纪 80 年代，日本 NMB 套筒连接体系将套筒灌浆连接进行了较大发展，接头长度短、外径小，该技术在日本、美国、新西兰、东南亚、中东等国家和地区的建设工程中得到广泛应用。目前该技术在国际市场上，全灌浆连接以日本的 NMB 为代表，半灌浆连接以美国的 LENTON INTERLOK 为代表，灌浆套筒均采用高强球墨铸铁材料铸造而成，连接钢筋直径 16～57mm，连接钢筋屈服强度为 500 MPa，NMB 和 LENTON 技术在灌浆施工中分别使用其专门配套的 SS 型和 LY-10 型灌浆料。

我国最早应用的套筒灌浆连接技术是台湾地区的润泰集团在 21 世纪初消化日本技术研发的 RENTIEX 全灌浆套筒连接技术，该技术在台湾地区取得了大量成功应用案例。大陆最早应用该技术是北京思达建茂科技发展有限公司与北京万科企业有限公司于 2009 年共同开发的采用型钢材料切削加工、具有双锥面沟槽的直螺纹半灌浆套筒接头，该接头的外径和长度达到现有技术中的最小尺寸，与接头配套研发的 CGMJM-VI 型专用高强灌浆料于 2010 年成功应用于装配整体式剪力墙结构——北京万科假日风景 D1 号、D8 号楼，开启了中国自主研发的钢筋套筒灌浆连接技术在国内住宅产业领域应用之路。经过数年推广应用和经验积累，《装配式混凝土结构技术规程》JGJ 1、《钢筋套筒灌浆连接应用技术规程》JGJ 355 和《装配式混凝土建筑技术标准》GB/T 51231 相继完成编制并实施，其中 JGJ 35 标准是世界上第一部关于钢筋套筒灌浆连接技术的设计、施工和验收标准，该标准对套筒灌浆连接接头性能的要求也是国内钢筋外机械连接标准中对接头强度性能指标要求最高、对连接施工要求最完整、最详细的标准。目前，钢筋套筒灌浆连接技术已成为国内预制混凝土剪力墙、预制框架结构主要采用的施工技术，已完成直径 12～40mm 的 400MPa、500MPa 级带肋钢筋的装配式混凝土结构工程应用数百个，连接钢筋接头上千万个。我国自主研发的钢筋套筒灌浆连接技术和产品还推广到海外市场，在新加坡、中东国家地区等地预制混凝土结构工程项目中得到应用。国内相关企业近几年来开发的新型的铸造全灌浆套筒、半灌浆套筒以及机械加工的整体式钢制全灌浆套筒和分体式钢制全灌浆套筒在国内建筑市场的应用也逐年扩大。

目前，本技术可用于装配整体式混凝土结构中直径 12～40mm 的 400MPa 级和 500MPa 钢筋的连接，包括：预制剪力墙竖向钢筋、预制框架柱和预制梁的纵向受力钢筋等的连接，也可用于既有结构改造现浇结构竖向及水平钢筋的连接。

4.8.2 技术内容

钢筋套筒灌浆连接技术包括接头结构、连接材料及施工工艺三个部分。

1. 接头结构

套筒灌浆接头的结构由灌浆套筒结构确定，套筒结构应符合《钢筋连接用灌浆套筒》JG/T 398 的相关规定。由于钢筋套筒灌浆连接是通过硬化的高强度水泥基灌浆料将钢筋锚固在套筒的灌浆连接腔内，当钢筋受拉产生变形的同时带来钢筋横截面的减小，这使灌浆连接段灌浆料对钢筋的锚固作用力产生变化，因此接头的传力机理比传统机械连接更复杂。接头所连接钢筋的外形横肋、灌浆套筒内腔结构、灌浆料的抗压强度等均与灌浆连接效果密切相关。为保证灌浆连接施工的方便性、可操作和连接性能可靠，灌浆套筒以下 3 个参数和 4 种结构构造应被满足：

（1）灌浆套筒灌浆段最小内径尺寸 D_3：钢筋直径为 12～25mm 时，D_3 不小于 10mm；钢筋直径为 28～40mm 时，D_3 不小于 15mm。D_3 没有对上限进行限制，但是 D_3 大，套筒外径 D 必然大，混凝土构件内钢筋布筋间距将减小，使构件承载能力降低；此外，D_3 越大，连接钢筋两端的偏心的极限值越大，钢筋偏心传递荷载时会出现更大的弯矩，给构件受力带来不利影响；D_3 过大，还可能导致套筒筒壁对套筒内灌浆料的拘束力降低，因此 D_3 与钢筋直径的差值应在合理范围。

(2) 钢筋锚固长度 L_0：不宜小于钢筋公称直径的 8 倍。该参数是以国家行业标准《钢筋连接用套筒灌浆料》JG/T 408 规定的灌浆料 28d 抗压强度为 85MPa 为基础，考虑到连接施工中的不利影响而确定的较安全的设计参数。产品设计中如果采用较短的锚固长度，可通过更高强度灌浆材料或其他技术手段，在保证接头施工质量安全的情况下降低。以现阶段国内装配式结构施工队伍和装备水平现状，钢筋锚固长度 L_0 取 8 倍钢筋直径以上对保证工程结构安全来说是必要的。

(3) 现场端预留钢筋安装调整长度 L_2：JG/T 398 规定 L_2 不小于 20mm。竖向预制构件连接时，为了保证构件在现场安装后，插入灌浆接头内的钢筋长度达到规定的 L_0 值，构件上伸出的连接钢筋通常需按理论长度计算后加上连接段各部分偏差的修正值，L_2 为安装时插入灌浆套筒内长度是正偏差的钢筋提供的直径为 D_3 的装配空腔长度，如 L_2 值过小，可能出现长度正偏差较大的钢筋顶在套筒底部，构件无法落到规定标高位置的问题。

(4) 灌浆腔的剪力槽：JG/T 398 规定，钢筋直径为 12～20mm 时，剪力槽不少于 3 个；钢筋直径为 22～32mm 时，剪力槽不少于 4 个；钢筋直径为 36～40mm 时，剪力槽不少于 4 个。我国的灌浆套筒结构主要为直筒型，灌浆连接腔表面的剪力槽是提高灌浆料锚固性能的重要结构，剪力槽数量少，锚固能力低。灌浆料的膨胀率较低时（现场施工加水率过高，灌浆料硬化还可能出现收缩），剪力槽对锚固作用的贡献更是非常重要。

(5) 全灌浆套筒的预制端钢筋限位结构：对于全灌浆套筒，为了保证预制构件生产时，接头预制端插入的钢筋长度符合设计要求，宜在套筒中部附近设置限位挡块或者销钉，确保预制端插入的钢筋不会进入到现场安装端而影响构件的现场安装，也不会因为插入深度不够而影响该段钢筋锚固长度。套筒如无该限位结构，则预制工厂安装钢筋时应有定位装置等保证定位精度的控制手段。

(6) 直螺纹半灌浆套筒的钢筋丝头限位结构：《钢筋机械连接技术规程》JGJ 107 要求直螺纹接头连接时钢筋螺纹应当在套筒内部顶紧，以消除螺纹间隙，使接头变形性能满足规定的残余变形要求。因此直螺纹灌浆套筒在螺纹孔的内侧底部应设有限位凸台，在预制构件生产时，接头预制端拧入加工好的连接丝头钢筋，在规定的拧紧扭矩下钢筋端头应顶紧在孔底的限位凸台上。

(7) 分体式全灌浆套筒螺纹连接结构：分体式全灌浆套筒在套筒中部采用螺纹连接，主要应用在预制梁纵向钢筋在空间较小、无法使用整体式全灌浆套筒连接的部位，两段灌浆套筒筒体在使用前需要拆开，分别安装在被连接的两根钢筋上，在构件就位且钢筋对正后再把两段套筒用螺纹连接在一起，为减小螺纹连接的两段套筒组合后接头的残余变形，该螺纹连接段应设计有顶紧结构及相应施工工艺，以使螺纹连接后该套筒螺纹副的间隙降低，并能够满足 JGJ 355 标准对接头残余变形的规定。

2. 连接材料

套筒灌浆接头的连接材料包括灌浆套筒和套筒灌浆料。灌浆套筒的设计、生产和制造应符合 JG/T 398 的相关规定；灌浆料应符合 JG/T 408 的各项要求。

(1) 灌浆套筒

灌浆套筒的材料和外观质量是保证接头性能的基础，为套筒安全、可靠，以下要求应被满足。

① 材料机械性能

铸造灌浆套筒宜选用球墨铸铁材料，其抗拉强度应不小于 550 MPa，断后伸长率不小于 5 %，球化率不小于 85 %。机械性能的检测方法依据《球墨铸铁件》GB/T 1348 和 JG/T 398，球化率检测执行《球墨铸铁金相检验》GB/T 9441。

铸造灌浆套筒材料机械性能检验由于铸造套筒壁厚尺寸小，拉伸试件难以从套筒上制取，因此应采用每批铁液后期浇铸的单铸试块加工试件。球化率检验采用本体试样，从灌浆套筒的中间位置取样，灌浆套筒尺寸较小时，也可采用单铸试块的方式取样。从灌浆套筒的中间位置取垂直套筒轴线横截环状试样，试样制备应符合《金属显微组织检验方法》GB/T 13298 的规定。铸造套筒的生产是按炉号分批浇注制造而成，各炉批号存在性能差异，灌浆套筒表面应印有可追溯材料性能的生产批号。

机械加工套筒宜选用优质碳素结构钢、低合金高强度结构钢、合金结构钢或其他经过接头型式检验确定符合要求的钢材，当采用 45 号优质碳素结构钢材料时，其抗拉强度不小于 600 MPa，屈服强度不小于 355 MPa，断后伸长率不小于 16 %。机械性能检验用拉伸试件按照《钢及钢产品 力学性能试验取样位置及试样制备》GB/T 2975 的要求从套筒的原材料-圆钢或钢管上制取。圆钢、钢管材料属于通用冶金产品，各炉批号也存在性能差异，灌浆套筒表面同样应印有可追溯材料性能的生产批号。

灌浆套筒加工采用无缝钢管为原材料时，材料还应符合《结构用无缝钢管》GB/T 8162 或《冷拔或冷轧精密无缝钢管》GB/T 3639 的要求。套筒采用 45 号钢材料以冷加工工艺成型时，宜进行退火处理。在满足断后伸长率等指标要求的情况下，可采用抗拉强度超过 600MPa（如 900MPa、1000MPa）的材料。

② 套筒外观质量

灌浆套筒的外形尺寸应符合产品设计要求。

套筒设计时，在全灌浆套筒的中部、半灌浆套筒的排浆孔位置、钢制组合式套筒筒体螺纹孔尾部，以及套筒体上任何垂直于套筒轴线且可接近最大应力的横截面处，计入形状尺寸最大负公差后的屈服承载力设计值应大于连接钢筋标准屈服承载力，抗拉承载力设计值应大于连接钢筋标准抗拉强度的 1.15 倍，方可保证灌浆套筒强度满足 JGJ 355 的要求。

在承载力满足设计要求的基础上，机械削切加工灌浆套筒的最小壁厚不应小于 3mm；机械滚压灌浆套筒的最小壁厚不应小于 2.75mm；铸造灌浆套筒的最小壁厚不应小于 4mm；锻造灌浆套筒最小壁厚不应小于 3mm。

半灌浆套筒的钢筋螺纹连接端有效螺纹长度应不低于《钢筋机械连接用套筒》JG/T163-2013 标准中表 A.1 套筒长度的 1/2。

铸造灌浆套筒内外表面不应有影响使用性能的夹渣、冷隔、砂眼、缩孔、裂纹等缺陷；机械加工灌浆套筒表面不应有裂纹或影响接头性能的其他缺陷。

灌浆套筒表面应刻印清晰、持久性标识；标识至少应包括厂家代号、型号及可追溯材料性能的生产批号等信息。

（2）套筒灌浆料

① 技术性能指标

钢筋连接用套筒灌浆料（简称灌浆料）是以水泥为基本材料，配以细骨料，以及混凝土外加剂和其他材料组成的干混料，加水搅拌后具有良好的流动性、早强、高强、微膨胀等性能。按照 JG/T 408 要求，灌浆料的主要技术指标为：在室温条件下，初始流动度不小于 300mm，30min 流动度不小于 260mm；40mm×40mm×160mm 试块的 1d 抗压强度不小于 35 MPa，3d 抗压强度不小于 60 MPa，28d 抗压强度不小于 85 MPa；竖向膨胀率 3h 不低于 0.02%，竖向膨胀率 24h 与 3h 差值在 0.02%～0.5%之间；氯离子含量不超过 0.03%；泌水率为 0%。

灌浆料在满足流动度等指标要求的情况下，可采用抗压强度超过 85MPa（如 100MPa、110MPa、130MPa）的材料，用于连接大直径钢筋、高强钢筋，以及缩短锚固长度的灌浆套筒。

② 材料均匀性、稳定性和适应性

灌浆料是决定接头最终性能的关键材料，除以上技术指标外，灌浆料还应保证各种组分分布均匀，因为每个灌浆套筒内使用的灌浆料最少时不到 0.1 公斤，灌浆料不仅要技术配方设计科学，保证材料性能稳定，同时在生产中要确保干粉各组分加工拌和均匀，任一包装中抽取的少量灌浆料都能达到规定的技术指标；灌浆料的流动度应具有较宽的温度适应范围，因为流动度是灌浆施工顺利进行的保证，过早丧失应有的流动性将使接头灌浆作业失败，所以即使在较高温度环境下，其流动性和可操作时间也应当保证上述指标要求；灌浆料应具有较好的早强性能，灌浆料强度达到规定指标，才能对构件进行扰动和进行下一步安装工序，即使在低温较低的环境下，灌浆料也能凝固并在较短的时间内达到灌浆施工所需的强度；灌浆料浆体的稳定性，在灌浆料产品加水拌合后直至初凝前，灌浆料的浆体应保持组分基本均匀，不产生明显分层或离析，以较均匀的固化状态保证接头性能稳定可靠。

通常抗压强度等级越高的灌浆料，其流动性相对会有所下降，虽常温下检测性能指标能够满足 JG/T 408 的要求，但在实际施工中，特别是高温环境时，其流动度和可操作时间应在环境条件下再次进行确认。

3. 施工工艺

钢筋套筒灌浆连接技术的施工工艺分两个阶段，第一阶段在预制构件生产工厂，第二阶段在建筑施工构件安装现场。在这两个阶段分别有不同的技术要点：

（1）预制工厂阶段：

混凝土预制构件在生产时灌浆套筒将精确预埋在构件内指定位置，并建立好套筒内部与构件外联通的通道，以便现场构件安装和灌浆连接。使用的灌浆套筒须有按 JGJ 355、JGJ/T 398 标准完成的有效的接头和套筒型式检验报告。生产过程中应把控以下关键环节：

① 接头工艺检验。灌浆套筒埋入预制构件时，在构件生产前，应进行各种规格灌浆接头的工艺检验。每规格每组 3 根，接头试件应模拟施工条件制作，同一生产厂家的灌浆套筒与同一生产厂家的钢筋，应同时制作不少于 1 组的 40mm×40mm×160mm 试件，待灌浆料达到设计强度或 28d 后，进行拉伸试验，接头试件的抗拉强度、残余变形量符合 JGJ 355 的要求后，方可将灌浆套筒与相应钢筋生产厂家的钢筋一起应用。

② 灌浆套筒进厂复检。灌浆批量进厂后，应按批次检验和验收灌浆套筒的外观质量和抗拉强度，从每批灌浆套筒中抽样。检验数量：同批号、同一类型、同一规格的灌浆套筒，不超过 1000 个为一批，每批随机抽取 10 个灌浆套筒，进行外观质量、标识和尺寸偏差检验，随机抽取 3 个灌浆套筒，采用产品型式检验报告中确认的与之匹配的灌浆料制作对中连接接头试件。灌浆套筒外观及接头抗拉强度检验结果合格后，该批灌浆套筒才可用

于预制构件的生产。

③ 半灌浆套筒机械连接质量验收。灌浆套筒与钢筋加工和连接的操作人员需经过专业技术培训取得上岗资格后方可上岗开展生产作业。螺纹连接的要点：a. 螺纹公称直径、螺距、牙型角应与灌浆套筒的螺纹相匹配。我国钢筋直螺纹连接产品因生产厂家技术不同而会有不同的螺纹参数，钢筋螺纹加工机使用的滚丝轮不能混用、错用；b. 钢筋丝头加工质量，包括螺纹长度、螺纹精度、牙型饱满度等应满足设计要求。螺纹加工长度宜为螺纹设计长度或套筒螺纹孔深度，允许偏差 0～1 个螺距；连接钢筋端面应平齐；丝头螺纹加工精度需用专用螺纹环规进行检验判定；螺纹饱满度以产品技术提供单位的技术要求并结合接头拉伸性能检测为验收依据；c. 套筒与钢筋丝头连接质量，按照 JGJ 107 规定拧紧力矩拧紧钢筋后，钢筋螺纹外露扣长度应为 0～2 个螺距。如螺纹外露过多，可能导致钢筋受拉力时破坏在接头外露钢筋螺纹段，接头试件不能达到接头设计抗拉强度值，如螺纹外露为 0，则可能螺纹加工长度过短并未能顶紧在套筒孔底部限位凸台上，导致接头抗拉强度或残余变形不能满足标准要求的缺陷。

④ 灌浆套筒的安装固定。半灌浆套筒与钢筋连接后，使用套筒固定件将套筒另一端固定在构件模板上，套筒固定件应保证与灌浆套筒连接牢固且套筒轴线与构件边模板垂直，同时灌浆套筒靠模板的端口应可靠密封，防止浇筑混凝土时水泥浆进入套筒灌浆腔，参见图 4.8-1。全灌浆套筒与预埋的连接钢筋未连接，只为装配关系，其安装固定要求：a. 用套筒固定件将灌浆套筒另一端固定在构件边模板上，保证套筒固定件与套筒连接牢固，套筒轴线与模板垂直，套筒端口的密封可靠；b. 预埋的连接钢筋插入套筒内的连接段应平直，弯曲的钢筋可能将套筒带偏，造成套筒轴线与模板不垂直，影响后续现场钢筋顺利安装；c. 插入灌浆套筒内的连接钢筋长度需满足设计要求，宜在灌浆套筒中部设置限位销钉等附件；d. 灌浆套筒预制端安装的密封件与灌浆套筒内孔和连接钢筋应配合紧密、牢固，不得因构件混凝土浇筑的冲击力造成钢筋移位或套筒漏浆，见图 4.8-2。

⑤ 灌浆套筒进出浆管与套筒的连接。用于套筒灌浆和排气出浆的进出浆管应与套筒

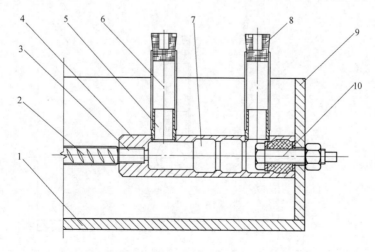

图 4.8-1　半灌浆套筒在模板内安装固定示意图

1—构件底部模板；2—预埋连接钢筋；3—钢筋丝头；4—灌浆套筒；5—进出浆接头；
6—进出浆管；7—套筒灌浆腔；8—密封堵头；9—构件端面模板；10—套筒固定件

进出浆孔或接头连接。反打预制构件的进出浆管另一端可直接引到构件外表面，且孔口用密封件封堵好，正打预制构件的套筒进出浆管另一端可与专用磁力座安装轴连接并密封，保证图 4.8-3 之 A 和图 4.8-4 之 A 处的可靠密封。进出浆管的安装要求：a. 进出浆管与套筒进出浆接头或进出浆孔之间不得有间隙，并且连接可靠，浇筑混凝土时冲击力不可造成进出浆管从进出浆接头上脱开，或进出浆接头从套筒进出浆孔脱离，防止图 4.8-3、图 4.8-4 之 B、C 处密缝失效漏浆；b. 浇筑混凝土前对进浆出浆管外观和可能漏浆的部位逐一检查，如进出浆管为软质材料，刚性不足，需注意是否在弯曲处，如图 4.8-4 之 D 有无破孔或压瘪的缺陷，连接处 B、C 处有无松脱或缝隙，避免水泥浆进入套筒灌浆腔或进出浆孔道内，也不允许进出浆孔管道变窄、细而至灌浆通道不畅通缺陷发生。

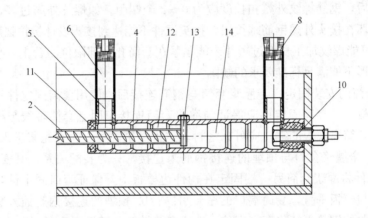

图 4.8-2 全灌浆套筒在模板内安装固定示意图

2—预埋连接钢筋；4—灌浆套筒；5—进出浆接头；6—灌浆、出浆管；8—密封堵头；
10—套筒固定件；11—套筒预制端密封圈；12—套筒预埋端灌浆腔；
13—钢筋限位销钉；14—套筒现场连接端灌浆腔

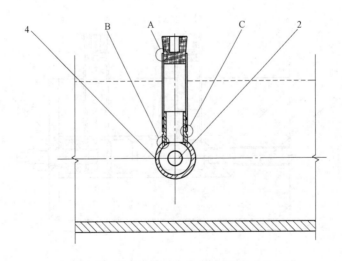

图 4.8-3 反打预制构件灌浆套筒密封要点

2—预埋连接钢筋；4—灌浆套筒

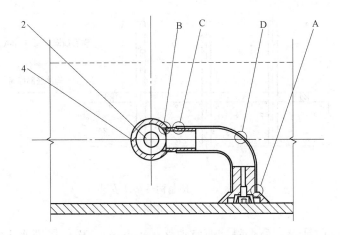

图 4.8-4　正打预制构件灌浆套筒密封要点
2—预埋连接钢筋；4—灌浆套筒

（2）现场灌浆阶段：

混凝土预制构件吊装到指定安装位置，做好灌浆腔的密封，然后用专用电动设备加水拌和灌浆料，将灌浆料拌合物灌入各个灌浆套筒，灌浆料拌合物饱满度达到设计要求后，封堵保证灌浆料不泄漏，待灌浆料硬化并达到规定强度后，灌浆连接完成。

套筒灌浆使用的灌浆料须具有依照 JG/T 408 标准完成的有效型式检验报告，以及与构件内使用的灌浆套筒配套完成的接头型式检验报告。安装与灌浆连接中应把控以下关键环节：

① 接头工艺检验。灌浆施工前，制作各种规格灌浆接头试件进行工艺检验。每规格每组 3 根，试件模拟接头在构件中的状态进行灌浆，待灌浆料达到设计强度或 28d 后，进行拉伸试验，接头的抗拉强度、残余变形量应符合 JGJ 355 的要求。

② 灌浆料进场复检。灌浆料进场后应对每一批材料进行抽样复验，检验项目：30min 流动度、泌水率、3d 抗压强度、28d 抗压强度、竖向膨胀率 3h 值、竖向膨胀率 24h 与 3h 差值，全部符合要求后方可提供到现场使用。

③ 竖向构件安装面和连接钢筋的检查。在建筑施工现场构件安装前，在构件安装部位的结构上表面应做凿毛处理，然后放置刚性垫片，垫片上表面应与待安装构件的底部标高平齐；再用检查钢筋位置的模板（模板上的钢筋检查孔的孔径宜取钢筋理论最大外径＋2mm），确定钢筋水平坐标位置应与被安装构件的灌浆套筒所要求的位置相符，并且连接钢筋垂直于水平面。对不符合要求的钢筋进行调整，然后再测量连接钢筋在垫片标高以上的长度，判断其符合即待连接的灌浆套筒要求的锚固长度要求后，即可将构件安装到该结构位置，所有连接钢筋均应插入构件上对应的灌浆套筒内（严禁因钢筋插入不畅而切除或切短连接钢筋）。参见图 4.8-5。

④ 竖向构件水平缝密封。a. 联通灌浆腔的密封。构件就位后，选用无收缩高强度干硬性水泥基封缝座浆料对采用联通腔灌浆的构件水平缝进行密封，并根据联通腔内接头最大距离决定灌浆腔的是否分仓及分仓位置。按 JGJ 355 标准规定同一灌浆联通腔相距最远的接头不得超过 1.5m。分仓时，可在分仓位置填塞用高强度无收缩座浆料（分仓座浆料

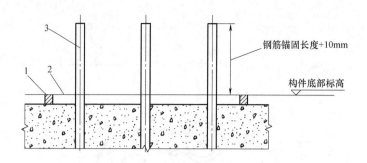

图 4.8-5 预制构件垫块安装

1—垫块；2—钢筋位置检测模板；3—连接钢筋

也可以在构件安装前铺设，分仓隔墙厚宜取 20～50mm）。构件周圈水平缝用封缝座浆料密封，密封座浆料墙厚宜取 15～20mm，且不得遮挡内部灌浆套筒下端口与钢筋的间隙，密封时可采用衬模（管或棒）、压板或其他工具绕构件周圈填压密实，并使封缝座浆料分别嵌入上下结构混凝土表面，且无缝隙。在气温高或干燥环境下，可在水平缝封缝座浆料密封墙底部的同时预设排水孔，座浆料硬化过程中应喷水养护防止失水收缩。b. 单个套筒独立灌浆腔的密封。在构件安装就位前，先在构件安装位置结构上表面铺设干硬性高强座浆料（座浆料的最终抗压强度应不低于构件混凝土强度），铺设的座浆料厚度略高于构件就位后的理论标高，且呈中部高四边低的形态。然后，在座浆料上伸出的连接钢筋上套装由环形密封钢片、弹簧组成的套筒端口密封件或者使用橡塑棉密封垫（橡塑棉密封件应在水平缝抗剪截面满足设计要求条件下使用），然后吊装构件，所有连接钢筋均应插入构件上对应的灌浆套筒内（严禁因钢筋插入不畅而切除或切短连接钢筋），构件底面接近座浆料前，套筒端口密封件贴紧构件灌浆套筒端口，将构件落实就位，调整好水平和纵向位置后，用工具收平预制构件底部挤压出水平缝的座浆料，待座浆料硬化。参见图 4.8-6。

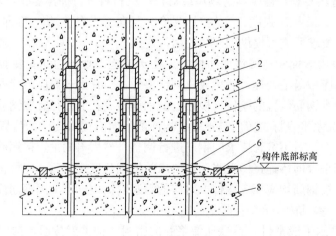

图 4.8-6 预制构件座浆安装

1—构件预埋连接钢筋；2—灌浆套筒；3—预制构件；4—连接钢筋；
5—密封垫圈与套筒；6—构件垫块；7—座浆料；8—下部结构

⑤ 灌浆连接施工。首先备好所需灌浆料、施工、检验器具装备，包括：电动搅拌机、灌浆泵、流动度试模与玻璃板、量杯、电子秤、温度计、孔口密封胶塞等，灌浆施工人员需经过专业技术培训且取得上岗资格。

a. 竖向构件灌浆施工。封缝座浆料或构件底部座浆料达到灌浆施工所需强度后，方可进行灌浆作业。项目首次灌浆作业前，应制定专项施工方案，并对首件构件或样品进行实体灌浆作业和检测，确认施工工艺能保证构件水平缝、接头的灌浆密实度要求后，方可正式施工。使用灌浆料前，灌浆料和拌合用水应置于室温环境下，拌合水当符合产品使用要求。确认灌浆料在有效期内后，打开包装，检查灌浆料的外观，灌浆料粉体无受潮结块现象方可使用。用电子秤称量出搅拌所需的灌浆料，并按照产品说明书规定的比例量出所需的拌合水，将水首先注入拌合容器内，再按产品使用说明加入灌浆料干粉，使用产品所规定的电动搅拌机进行搅拌（严禁采用手工搅拌），数分钟时间浆料拌合均匀后，静置1~2min进行排气。每日首次灌浆前，应用流动度试模检测灌浆料的初始流动度和30min流动度，确认满足要求后，将灌浆料拌合物（也称为浆料）注入灌浆泵内，准备实施灌浆。低温环境作业时，可以使用温热水与灌浆料干粉拌合制浆，水温需参考产品使用说明书。环境温度低于5℃时不宜进行灌浆施工；环境温度低于0℃时，施工应使用专用低温灌浆料，必要时应对灌浆部位实施加热保温措施，保证灌浆作业区域在灌浆料凝固且强度达到10MPa前温度持续在0℃以上。环境为35℃以上高温时，应避免灌浆料和拌合水置于在室外高温中，尽可能保持其在室温状态，必要时可在灌浆前对构件灌浆部位进行水冷、浸润处理，待无积水后，进行灌浆作业；座浆封闭灌浆套筒底部，实施单个套筒独立灌浆方案，也是高温环境保证灌浆施工质量的有效方法。不同温度下灌浆料抗压强度的增长速度不同，参见图4.8-7。不同厂商灌浆料产品特性也有不同，使用中应注意工艺的调整。

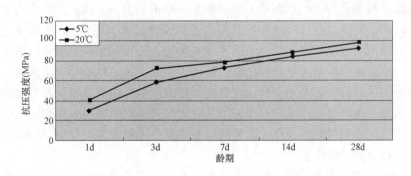

图4.8-7 灌浆料抗压强度与温度关示意图

套筒灌浆时应注意的事项：联通腔灌浆时，应选择合理的灌浆口和适当的灌浆速度。灌浆口应取接头下方注浆孔或在水平缝处特别设置的注浆孔，特别注意灌浆口宜设在靠近水平缝联通腔容易产生憋气的盲区或死角部位，以利用灌浆料初始流动度高的特点将水平死角处气体挤出；灌浆泵的灌浆速度应与灌浆料流动性、构件灌浆孔道、水平缝间隙等相匹配，以减少浆料积塞和局部狭小缝隙和角落憋气的可能。如灌浆接头注满后又发现浆面下降的情况，除联通腔密封不严，出现漏浆的原因外，多为灌浆时部分缝隙、角落未注满灌浆料所致。当注浆孔灌浆困难时，可更换相邻最近的灌浆管孔灌浆，但严禁同一灌腔的两处及两处以上注浆孔灌浆。灌浆过程中，应及时用专用胶塞或封堵材料封堵灌浆料呈柱状流出的进出浆孔，所有出浆孔全部流出灌浆料并封堵后，灌浆泵应停止工作，以免浆料压力过高导致周圈密封材料渗漏甚至密封座浆料墙体溃断而至漏浆；对于不能出浆的灌浆接头排浆孔不得用灌浆泵从接头上方直接补浆。灌浆泵的注浆嘴撤离时注浆孔时应立即封堵。设有专门排气孔的构件应在灌浆完成后打开高与灌浆接头的排气孔封堵胶塞，以便灌浆料回流补偿底部缝隙和憋气处的浆料不足，降低接头内灌浆料浆料下降的可能。在灌浆接头上部出浆孔安装弯管补充装置的，灌浆时置于上部的弯管出浆孔可不封堵胶塞。对接头预制端灌浆腔必须完全充满、密实要求的全灌浆套筒，宜采用出浆孔设置弯管补浆装置的灌浆方法，以应对可能发生的灌浆料浆面下降。

单个套筒独立灌浆时，应取接头下方的注浆孔灌浆，灌浆料从上方出浆孔呈柱状时停止灌浆并封堵出浆孔，灌浆泵注浆嘴撤离时注浆孔时应立即封堵。

所有接头灌浆完成后 12～24h 后，应打开接头各个注浆和排浆孔封堵胶塞，检查孔内浆料饱满度，半灌浆套筒浆面达到锚固长度的可以不做处理；浆面不能满足要求的应进行从接头排浆孔做补浆作业，且补浆时应使用细管注浆，插入的排浆管应与排浆孔壁留有缝隙，以便补浆过程中接头内部的气体能够排出，使用的灌浆料应为原套筒灌浆用的产品。

灌浆后，留置同条件灌浆料抗压试件，特别是低温环境施工时，需要在现场留置抗压强度试块，在其强度达到 35MPa 前应保持预制构件不应受任何扰动。

b. 水平预制构件纵向受力钢筋的套筒灌浆。在预制构件现浇带处的钢筋连接宜采用全灌浆套筒连接。先将两端装好密封圈的灌浆套筒安装到一端构件的连接钢筋上，钢筋穿过整个套筒内腔直到套筒的另一端位后，套筒靠密封件与套筒和钢筋的摩擦和紧固力固定在钢筋上。构件吊装到指定位置，预制梁体支撑或固定牢固后，构件的连接钢筋应与另一端连接构件的钢筋基本对正，轴线偏差宜在 5mm 以内，钢筋端头距离不超过灌浆套筒允许的最大间距，将灌浆套筒从本钢筋上移动到另一根钢筋上（分体式全灌浆套筒为从两端钢筋向中间移动，并通过连接螺纹连接并拧紧达到设计拧紧力矩值），两根被连接钢筋上事先至少在一端钢筋上标画好钢筋最短插入深度标记，由该标记确定灌浆套筒移动到符合要求的位置，然后将套筒的注浆孔和出浆孔转动到套筒上方，然后拌合灌浆料，使用方便施工位置操作的单套筒灌浆专用工具或设备进行压力灌浆，将灌浆料从灌浆套筒一端进出浆孔注入，从另一端进出浆口流出，保证进浆、出浆接头内灌浆料浆面均应高于套筒外表面最高点，静置到灌浆料凝固硬化。灌浆料同条件试件的抗压强度达到 35 MPa 后，方可进行对接头有扰动的后续施工。

⑥ 灌浆料 28d 抗压强度验收。灌浆施工中，在施工现场制作灌浆料抗压强度试件，该抗压强度验收试件每楼层取样不得少于 3 次，每工作班组在取样不得少于 1 次，每次抽取 1 组 40mm×40mm×160mm 的试件，试件在现场制作，标准养护 28d 后进行抗压强度试验。

⑦ 灌浆饱满度验收。JGJ 355 要求灌浆料密实饱满，所有出浆口均应出浆。通常，灌浆饱满度应在灌浆施工完成后进行检验，主要采用观察方法检查灌浆和出浆管孔的灌浆料饱满度。但是，目前的研究发现，从灌浆出浆管孔检查灌浆料的饱满情况并不能确保套筒内部灌浆料饱满度符合要求，为此多种新型无损检测技术已经出现，如：预埋钢丝拉拔法、预埋传感器法、X 射线法等，其应用效果尚待工程实践确认。一些声波、电测方法也在试验研究中。

4.8.3 设计要点

1. 构件中套筒接头的位置设计

接头布置应符合 GB/T 51231、JGJ 1 和 JGJ 355 的相关要求。采用符合 JGJ 355 要求的灌浆接头允许全部构件纵向受力钢筋在同一截面连接，但全截面受拉构件在同一截面不宜全部采用钢筋灌浆套筒连接。

预制柱纵向受力钢筋在底部采用套筒灌浆连接时，柱箍筋加密区长度不应小于纵向受力钢筋连接区域与 500mm 之和；套筒上端第一道箍筋距离套筒顶部不应大于 50mm。预制剪力墙底部采用套筒灌浆连接时，自套筒底部至套筒顶部并向上延伸 300mm 范围内，墙的水平分布筋应加密；套筒上端第一道箍筋距离套筒顶部不应大于 50mm。竖向构件的配筋设计还应结合灌浆套筒注浆孔、出浆孔位置。

采用套筒灌浆连接的混凝土构件，接头连接钢筋的强度等级不应高于灌浆套筒规定的连接钢筋强度等级；接头连接钢筋的直径规格不应大于灌浆套筒规定的连接钢筋直径规格，且灌浆连接的钢筋直径规格不宜小于灌浆套筒规定的连接钢筋直径规格一级以上；构件钢筋插入灌浆套筒的锚固长度应符合灌浆套筒参数要求。

构件中灌浆套筒的净距不应小于 25mm。构件在套筒长度范围内，预制混凝土柱箍筋的混凝土保护层厚度不应小于 20mm，预制混凝土墙最外层钢筋的混凝土保护层厚度不应小于 15mm。

2. 灌浆套筒进出浆孔道的设计布置

套筒进出浆孔道优先使用 PVC 等硬质管材，必须弯曲的管路可使用有增强骨架的塑料管，如 PVC 增强塑料管、波纹穿线管。设有管接头的灌浆套筒，进出浆管的内径应与接头外径相匹配；设计为安装孔座的灌浆套筒，应使用硬质 PVC 管，且外径与管座孔径相匹配。

构件内布置的进出浆管路要尽可能短，孔径尽可能大，弯曲段尽可能少，弯曲半径尽可能大，管路不能折叠，以便特殊情况下可实施细管插入补浆作业。通过管路的合理设计，尽可能降低灌浆作业压力，缩短灌浆作业时间。

未经灌浆验证时，接头管路不得进行串联或并联。

3. 构件底部的排气孔设置

预制剪力墙构件底部灌浆套筒距离联通腔端部或角部较远的，宜在该联通腔角部设置排气管；预制柱构件底部设剪力键槽时各个独立的键槽的顶部应分别设置排气管。

排气管的下口应与相邻的构件底面或键槽的上端面平齐，排气管的上口应比该构件上的灌浆套筒的最高排浆孔的位置高 30～50cm。

4. 柱节点内水平钢筋灌浆连接

在预制柱现浇节点区域采用全灌浆套筒连接梁的底部钢筋时，节点与钢筋同向的尺寸应不小于 1.5 倍的灌浆套筒长度。采用特制分体式螺纹连接全灌浆套筒，应考虑套筒螺纹拧紧时套筒上方需要相应的扳手空间。双向钢筋垂直交叉分层连接时，应避免底部套筒的注浆孔和出浆孔被上层套筒遮挡。

4.8.4 工程案例

1. 北京住总万科金域华府

北京住总万科金域华府项目位于北京昌平区回龙观镇，其中 2 号楼为全装配剪力墙结构,总高度 79.85m,2015 年是国内 8 度抗震区最高的全装配式住宅,总建筑面积 11838m²,地下 2 层,地上 27 层,其中 7~27 层采用预制剪力墙、预制叠合板。该项目 2014 年 5 月开始制作预制构件,2015 年 3 月开始安装施工,2015 年结构封顶。结构中设计采用 CT14、CT16、CT18 共 3 种灌浆套筒,施工使用了电动灌浆泵 1 台,灌浆料 10t,连接钢筋接头 12300 个,抽样检验灌浆连接接头 24 组,检验结果全部合格。灌浆施工中,采用了聚乙烯棒对预制外墙半外侧封堵,每块墙板底部合理分仓,分区域灌浆。设立有专职注浆管理人,灌浆工人经专业培训后上岗。灌浆作业中通过控制灌浆压力及持续时间、全程视频监控灌浆施工过程等措施,确保了接头灌浆饱满。

2. 沈阳十二运安保中心

沈阳十二运安保中心项目位于沈阳市浑南区,由日本鹿岛建设(沈阳)技术咨询有限公司提供设计技术服务。工程主体结构 16 层,建筑总面积 31000m²,设计为装配式混凝土框架结构,预制结构部分建筑面积约 11000m²,主体楼 3~12 层结构柱的竖向钢筋连接、梁的水平钢筋连接节点采用钢筋套筒灌浆连接。自 2012 年 5 月开始进行装配式结构安装施工,7 月底安装工程结束,共使用了 CT20H、CT22H、CT25H 梁用钢筋灌浆连接套筒 6000 余个、CGMJM-VI 型钢筋接头灌浆料 15t、钢筋浆锚灌浆料 11t、座浆料 2t,JM-GJB-5 型电动灌浆泵 2 台,完成了 240 根预制柱(柱内预制有 CT20、CT25 灌浆直螺纹连接套筒 4800 个)的竖向钢筋接头的灌浆连接,320 根预制梁的水平钢筋接头的灌浆连接。在产品使用过程中,各种产品及接头均按规定进行了检验,全部达到设计的性能指标。

3. 合肥蜀山产业园四期公租房

合肥蜀山产业园四期公租房项目位于合肥市蜀山区雪霁北路北侧,由北京市建筑设计院有限公司设计。建筑总面积 338064.39m²,12 栋楼 24 层,13 栋 18 层,设计为装配式剪力墙结构,预制率达到 63%,楼梯、内墙板、外墙板、楼板、阳台全部采用预制构件,预制结构部分建筑面积约 23 万 m²,自 2014 年 6 月开始进行预制构件生产,同年 8 月开始结构安装施工,2015 年 3 月结构封顶,共使用了 GT12、GT14、GT16 钢筋灌浆连接套筒 42 万余个、CGMJM-VI 型灌浆料 500 余吨,预制构件生产厂——安徽海龙建筑工业有限公司按照每 1000 个套筒抽样进行了灌浆接头的检验,接头全部合格;现场施工总承包-深圳中海建筑有限公司对每批进场灌浆料进程复检,全部达到合格。现场灌浆施工人员均经过专业培训,施工中进行了分仓灌浆,使用了与灌浆料配套的电动灌浆泵 20 余台,接头灌浆质量外观检测全部满足规定要求。

参 考 文 献

[1] 《装配式混凝土建筑技术标准》GB/T 51231—2016,中国建筑工业出版社,2017.
[2] 《装配式混凝土结构技术规程》JGJ 1—2014,中国建筑工业出版社,2014.
[3] 《钢筋套筒灌浆连接应用技术规程》JGJ 355—2015,中国建筑工业出版社,2015.
[4] 《钢筋机械连接技术规程》JGJ 107—2016,中国建筑工业出版社,2015.
[5] 《钢筋机械连接套筒》JG/T 163—2013,中国标准出版社,2013.
[6] 《钢筋连接用灌浆套筒》JG/T 398—2012,中国标准出版社,2013.
[7] 《钢筋连接用套筒灌浆料》JG/T 408—2013,中国建筑工业出版社,2013.

4.9 装配式混凝土结构建筑信息模型应用技术

4.9.1 发展概述

建筑信息模型是指建筑物在设计过程中，创建和使用的"可计算数码信息"的数字化三维几何模型。建筑信息模型用数据化的建筑元件表示实际建筑物中的构件。建筑信息模型（BIM）辅助设计技术是指通过搭建预制构件的信息模型，并对模型进行实际的映射和剖切，生成可用于指导构件生产加工详图的过手段。

利用建筑信息模型（BIM）技术，实现装配式混凝土结构的设计、生产、运输、装配、运维的信息交互和共享，实现装配式建筑全过程一体化协同工作。应用 BIM 技术，装配式建筑、结构、机电、装饰装修全专业协同设计，实现建筑、结构、机电、装修一体化；设计 BIM 模型直接对接生产、施工，实现设计、生产、施工一体化。

BIM 技术最先由美国提出，逐渐扩展到欧美、日本、新加坡等发达国家。美国的应用已十分规范，并在 2006 年发布了国家标准。与其他国家相比，英国政府要求强制使用 BIM 技术，所以英国的相关企业和技术发展相较其他地方速度更快。北欧国家包括挪威、丹麦、瑞典和芬兰，是一些建筑业信息技术的软件厂商所在地，其政府虽未强制推行 BIM 技术，但在当地气候要求及建筑信息技术软件的推动下，BIM 技术的应用已经成为企业的自发行为。

目前国内建筑业现状是城市化带来房地产开发和城市基础设施建设需求持续增大，但在 BIM 技术成为建筑业大趋势的今天，国内大部分企业仍是沿用 2D 工程制图工作模式。随着绿色建筑可持续性发展理念的提出，建筑领域相关企业也面临更严峻的竞争和挑战。另外，国内市场还存在 BIM 元素本土化缺失和 BIM 推行环境欠缺的问题。

4.9.2 技术内容

建筑信息模型技术指标主要有支撑全过程 BIM 平台技术、设计阶段模型精度、各类型部品部件参数化程度、构件标准化程度、设计直接对接工厂生产系统 CAM 技术，以及基于 BIM 与物联网技术的装配式施工现场信息管理平台技术。装配式混凝土结构设计应符合国家现行标准《装配式混凝土建筑技术标准》GB/T 51231、《装配式混凝土结构技术规程》JGJ 1 和《混凝土结构设计规范》GB 50010 等的有关要求，也可选用《预制混凝土剪力墙外墙板》15G365-1、《预制钢筋混凝土阳台板、空调板及女儿墙》15G368-1 等国家建筑标准设计图集。

除上述各项规定外，针对建筑信息模型技术的特点，在装配式建筑全过程 BIM 技术应用还应注意以下关键技术内容：

（1）搭建模型时，应采用统一标准格式的各类型构件文件，且各类型构件文件应按照固定、规范的插入方式，放置在模型的合理位置。

（2）预制构件出图排版阶段，应结合构件类型和尺寸，按照相关图集要求进项图纸排版、尺寸标注、辅助线段和文字说明，采用统一标准格式，并满足现行国家标准《建筑制图标准》GB/T 50104 和《建筑结构制图标准》GB/T 50105。

（3）预制构件生产，应接力设计 BIM 模型，采用"BIM＋MES＋CAM"技术，实现工厂自动化钢筋生产、构件加工；应用二维码技术、RFID 芯片等可靠识别与管理技术，结构工厂生产管理系统，实现可追溯的全过程质量管控。

（4）应用"BIM＋物联网＋GPS"技术，进行装配式预制构件运输过程追溯管理、施工现场可视化指导堆放、吊装等，实现装配式建筑可视化施工现场信息管理平台。

4.9.3 技术指标

1. BIM 在深化设计中的应用

装配式混凝土结构建筑信息模型应用技术在现有装配式混凝土结构设工作中计应用较广，实用性更强。现针对 PC 构件深化设计中建筑信息模型的应用技术展开简述。

装配式混凝土结构建筑信息模型应用技术适用于装配式剪力墙结构 PC 构件、装配式框架结构 PC 构件和其他异形 PC 构件的深化设计及出图工作。通过对构件模型的实际映射和剖切，直观体现构件的平、立、剖面图，并依据相关统计功能自动统计构件内各类型材料的用量。影响生成构件详图精度的主要指标有模型精度、嵌套族的参数化程度和构件标准化的程度。

（1）模型精度划分

模型精度要求包括钢筋统计信息、预埋件信息等；钢筋统计信息，应根据业主要求或者生产情况，设置需要统计的参数和样式。比如钢筋总重量、单根重量以及各弯折段长度表现形式等信息；预埋件信息，包括功能性埋件和施工措施性埋件的种类、规格、数量和分布等信息。

（2）参数化智能钢筋（以水平分布筋为例）

① 通过族样板新建钢筋族；

② 在对应平面上绘制钢筋的各参照平面，添加约束条件和各类型参数（图 4.9-1）；

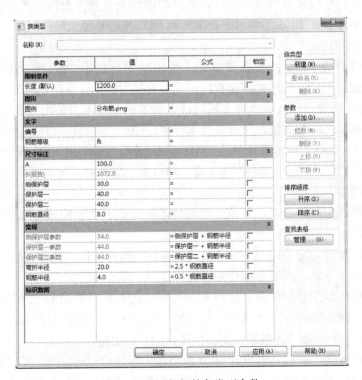

图 4.9-1　添加钢筋各类型参数

③ 通过拉伸或放样命令，绘制钢筋族，并使其与之前约束条件、参数相关联；

④ 通过添加参数，设置钢筋线性、颜色等信息，统一设置钢筋族的类别，使其内在的参数在构件嵌套族内可传递、统计。

（3）出图样板设置

① 新建项目样板，并设置固定构件插入平点；

② 新建图纸，根据具体工程载入图框，并调整、设置格式和比例等参数；

③ 载入样板构件，添加相应剖面，在图框内调整各视口的显示内容，添加尺寸标注和文字说明（图 4.9-2）；

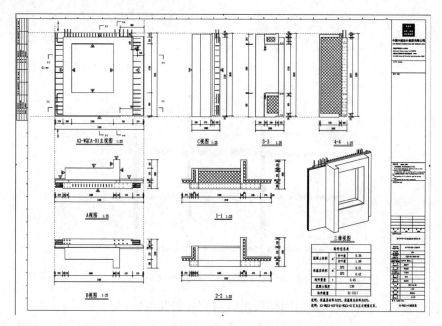

图 4.9-2　出图样板设置示意

④ 新建统计表格样板，用于统计埋件、钢筋等信息，并调整其格式、位置；

⑤ 将项目文件另存为样板文件。

（4）构件标准化

各类型预制构件拆分时，应在充分考虑结构受力和施工工况的情况下兼顾构件的标准化，减少异形板的种类、数量，便于深化设计、生产加工和安装工作的开展。

（5）模型搭建

① 根据构件类型选择合适的样板族，通过参数化调整绘制构件轮廓（图 4.9-3）；

② 在构件族内放置各类型钢筋族、埋件族，包括功能性埋件和施工措施性埋件（图 4.9-4）。

（6）碰撞检测及调整

根据构件模型内各类型钢筋、埋件的三维空间信息，判别是否存在"碰撞"关系，设计人员根据具体生产条件、工况等，综合调整，实现模型精细化。

碰撞检查包括钢筋与钢筋之间、钢筋与埋件之间以及埋件与埋件之间（图 4.9-5）。

（7）调整出图

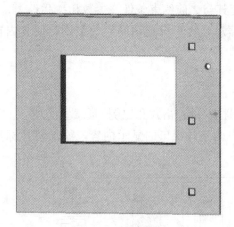

图 4.9-3 模型搭建

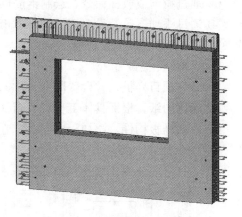

图 4.9-4 放置钢筋族及埋件族

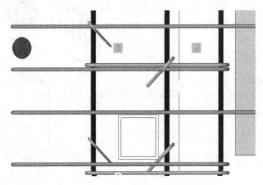

图 4.9-5 钢筋、埋件碰撞检查

① 将调整完的构件载入到出图样板里，对应放置其位置；

② 对各视口内的尺寸标注进行检查、调整，添加、修改对应的文字说明和图框信息；

③ 工程量统计，对构件族内使用的各类型钢筋、埋件、混凝土、保温材料等进行汇总列表统计，添加构件模型渲染照片（或三维模型）；

④ 图纸排版、打印出图（PDF、CAD）（图 4.9-6）。

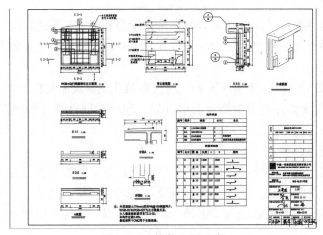

图 4.9-6 构件出图示意

2. BIM 在生产中的应用

预制构件生产，应接力设计 BIM 模型，采用"BIM＋MES＋CAM"技术（图 4.9-7），实现工厂自动化钢筋生产、构件加工。基于 BIM 模型的预制装配式建筑部品计算机辅助加工（CAM）技术及构件生产管理系统，实现 BIM 信息直接导入工厂中央控制系统，完成设计信息转码，形成设备可识别的信息完成数据建立，与加工设备对接，PLC 识别设计信息，设计信息与加工信息共享，实现设计—加工一体化。无需设计信息的重复录入。

同时应用二维码技术、RFID 芯片等可靠识别与管理技术，结合工厂生产管理系统，实现可追溯的全过程质量管控。

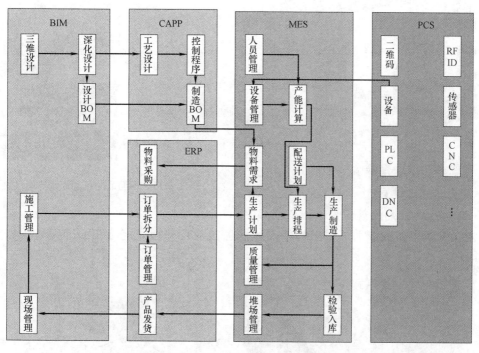

图 4.9-7 "BIM＋MES＋CAM" 技术

生产线各加工设备通过基于 BIM 技术形成的可识别的构件设计信息，智能化的完成划线定位、模具摆放、成品钢筋摆放、混凝土浇筑振捣、预养护、抹平、养护、拆模、翻转起吊等一系列工序（图4.9-8，图 4.9-9）。

通过预制装配式建筑构件钢筋骨架的图形特征、BIM 设计信息和钢筋设备的数据交换，加工设备识别钢筋设计信息，通过对钢筋类型、数量、加工成品信息的归并，自动加工钢筋成品（箍筋、棒材、网片筋、桁架筋等），无需二次人工操作和输入（图 4.9-10，图 4.9-11）。

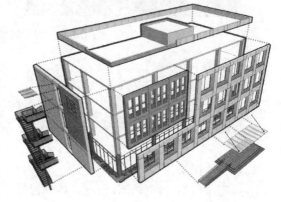

图 4.9-8 装配式建筑不同种类构件

图 4.9-9   构件加工厂功能分区布置图

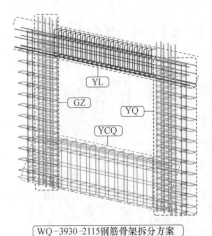

图 4.9-10   钢筋设计信息识别

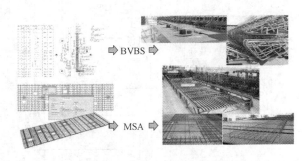

图 4.9-11   钢筋成品自动加工

（1）自动划线与模具安放

划线机和摆模机械手可根据构件设计信息实现自动划线定位和部分模具摆放（图 4.9-12）。

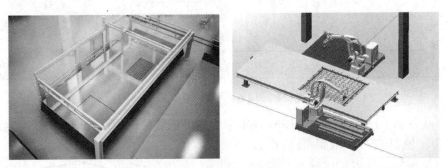

图 4.9-12   自动划线与模具安放

（2）智能布料

通过对 BIM 构件的混凝土加工信息的导入，依据特定设备指令系统能够将混凝土加工信息自动生成控制程序代码，自动确定构件混凝土的体积、厚度以及门窗洞口的尺寸和位置，智能控制布料机中的阀门开关和运行速度，精确浇筑混凝土的厚度及位置（图 4.9-13）。

（3）自动振捣

振捣工位可结合构件设计信息（构件尺寸、混凝土厚度等），通过程序自劢实现振捣时间、频率的确定，实现自动化振捣（图 4.9-14）。

图 4.9-13　智能布料

图 4.9-14　自动振捣

（4）构件养护

可实现环境温度、湿度的设定和控制，以及对各个构件养护时间的计时，设定自动化存取相应构件，实现自动化养护和提取（采用优化的存、取配合算法，避免空行程，实时优化码垛机运动路线；智能调度系统，控制构件养护时间，减少能源浪费），见图4.9-15。

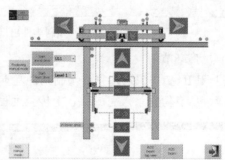

图 4.9-15　构件养护

（5）翻转吊运

翻转起吊工位通过激光测距或传感器配置，实现构件的传运、起吊信息实时传递，安全适时自动翻转（图 4.9-16）。

3. BIM 在施工中的应用

在预制构件的运输、吊装、安装等环节中应基于 BIM 设计模型，通过融合无线射频

图 4.9-16   构件翻转

（RFID）、物联网（IOT）、GPS 等信息技术，实现构件产品在装配过程中，充分共享装配式建筑产品的设计信息、生产信息和运输等信息，实时动态调整、实现以装配为核心的设计－生产－装配无缝接驳的信息化管理（图 4.9-17）。

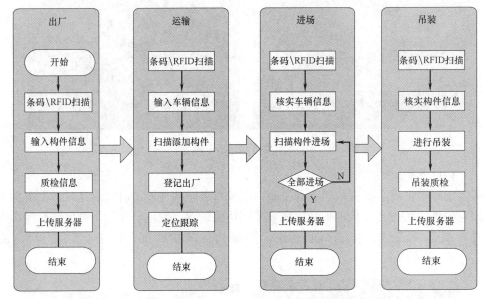

图 4.9-17   预制构件出厂运输吊装全流程示意图

（1）出厂环节

通过 RFID 扫描识别，完成预制构件基本信息的录入，包括构件类型、安装位置、质检结果等。所有信息录入完成后，上传至远程服务器（图 4.9-18）。

图 4.9-18   构件基本信息录入

（2）运输环节

通过车辆芯片的识别添加运输汽车的信息，包括车牌号、司机等信息。确认车辆信息后，对准备出厂的预制构件进行扫描添加，自动完成预制构件与车辆的关联及出厂登记（图 4.9-19）。GPS 定位模块实时对运输车辆位置进行跟踪，运输途中可随时对车辆位置、车辆信息及所载预制构件信息进行查询。

图 4.9-19　构件运输环节信息添加

（3）进场环节

通过扫描识别车辆信息，由进场管理员进行核实，验证通过即可对车载的预制构件进行扫描，自动完成进场登记。进场扫描结束，系统自动对车载构件进行清点，确认全部进场登记，见图 4.9-20。

图 4.9-20　构件进场确认

（4）吊装环节

通过扫描获取构件信息，包括预制构件安装位置及要求等属性。吊装完成后由吊装管理员进行质量检查，并将结果上传至服务器，见图 4.9-21。

图 4.9-21　构件吊装信息确认

4.9.4 适用范围

装配式剪力墙结构：预制混凝土剪力墙外墙板，预制混凝土剪力墙叠合板板，预制钢筋混凝土阳台板、空调板及女儿墙等构件的深化设计、生产、运输与吊装。

装配式框架结构：预制框架柱、预制框架梁、预制叠合板、预制外挂板等构件的深化设计、生产、运输与吊装。

异形构件的深化设计、生产、运输与吊装。异形构件分为结构形式异形构件和非结构形式异形构件，结构形式异形构件包括有坡屋面、阳台等；非结构形式异形构件有排水檐沟、建筑造型等。

4.9.5 工程实例

1. 工程实例一

（1）项目概况及特点介绍

五和万科长阳天地项目位于北京市长阳镇篱笆园路以南，长兴东街以西，规划路以北所围地块内。由 6 栋 21 层住宅、5 栋 11 层住宅、1 栋 10 层住宅及多层公建和地下车库组成。总建筑面积 101372.5m²，2014 年 7 月开工。

本工程 12 栋住宅楼采用装配式剪力墙结构体系，其中，1 号、2 号、3 号、4 号、8 号、12 号楼地下部分全部构件均为现浇钢筋混凝土；地上 1 层至地上 5 层，楼板为叠合板，墙为现浇钢筋混凝土；地上 6 层至顶层，墙、板构件均为预制构件。5 号、6 号、7 号、9 号、10 号、11 号楼地下部分为现浇钢筋混凝土；地上部分，墙、板均为预制构件。13 号地下车库、14 号低基变电室、15 号低基变电室采用现浇框架结构。

预制构件包括外墙、内墙、女儿墙、PCF 板、楼梯、叠合板、防火隔板、阳台等，合计 15000 余块。

（2）预制构件三维深化设计（以预制单窗外墙构件为例）

第一，选择同类型的构件族，通过参数调整，绘制构件族（图 4.9-22）。

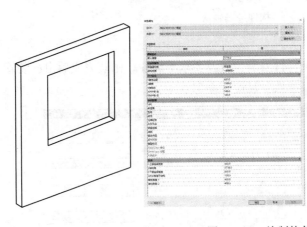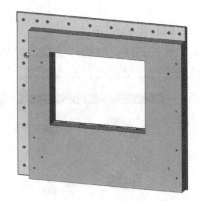

图 4.9-22 绘制构件族

第二，放置钢筋族及各类型埋件（图 4.9-23）。

第三，模型检查。

核对各类型钢筋和埋件的位置，并结合实际情况进行调整。

第四，载入出图样板项目中，按固定位置定位放置（图 4.9-24）。

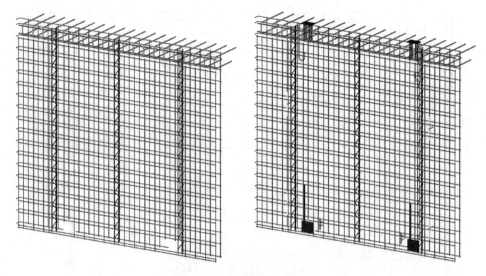

图 4.9-23　放置钢筋及埋件

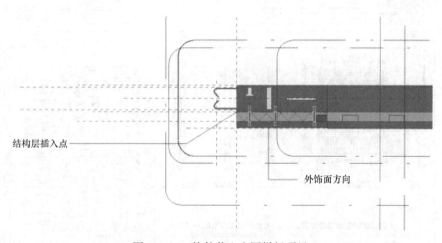

图 4.9-24　构件载入出图样板项目

第五，调整尺寸标注、文字说明、工程量统计表格，添加渲染照片（图 4.9-25）。

第六，深化设计质量及评价。

本项目已顺利通过结构验收，并获得了北京市结构"长城杯"银杯奖项。在预制构件生产加工和吊装施工过程中，各参建单位依据深化设计详图和三维模型指导工作，均取得了不错成果，显著提高了工作效率。工程在施期间，曾承办"宜居中国装配式建筑现场观摩会"，获得了社会各界的一致好评。

2. 工程实例二

（1）项目概况及特点介绍

北京市顺义新城第 26 街区第 2606-003-02 地块 C2 商业金融项目（简称北京天竺万科中心项目）为写字楼，位于北京市顺义区，总建筑面积为 63227m²，其中地下 18511m²，地上 44716m²，共分为 A、B、C、D 4 栋单体。该项目地下 2 层，地上最高 9 层，结构高度为 35.5m。A、C 楼部分东、西外立面采用预制混凝土外挂板作为围护体系。

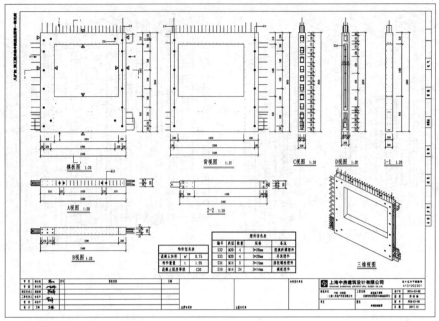

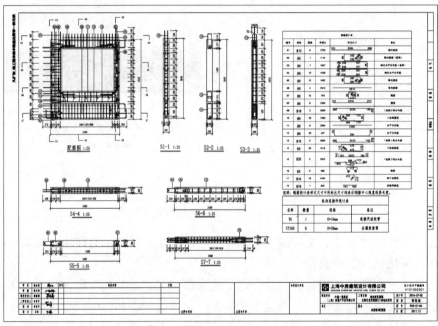

图 4.9-25   完成构件深化设计图纸示意

　　本项目外挂板总数为 1088 块，总展开面积约 5300m²。外挂板与主体结构之间采用"干式"连接，每块外挂板均有上、下各 2 个连接节点，上部 2 个节点约束外挂板水平向位移，下部 2 个节点承担外挂板竖向自重荷载。外挂板可分为以下几种类型：女儿墙部位外挂板、夹芯保温外挂板、无保温外挂板、镂空构造外挂板（图 4.9-26）。

　　（2）数字化施工信息管理系统操作流程

　　① 系统配置环节

图 4.9-26 外挂板模型图

通过 RFID 扫描进行识别，进行系统设置管理，对 RFID 读写器进行配置连接（图 4.9-27）。

图 4.9-27 RFID 读写器系统配置页面

进入系统配置界面，可对 GPS 采集周期、定位模式、屏幕亮度、是否使用 RFID 设备及 RFID 读卡器进行配置。选中使用 RFID 设备，表示使用 RFID 进行构件识别，使用前点击 RFID 读卡器配置进行读写设备的连接（图 4.9-28）。

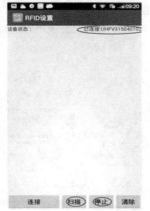

图 4.9-28 RFID 读写器配置连接

当 RFID 设备通过蓝牙完成与手机的连接，点击连接键，进行蓝牙 RFID 读写器的连接，系统会自动扫描周边的蓝牙设备，完成 RFID 标签的扫描识别。

② 生产质检环节

通过扫描获取 RFID 标签信息，由生产管理员完成构件编号、构件类型、质检结果及备注信息的录入。点击更新或保存按钮（系统自动检查数据库中是否已存在此构件，根据这个状态自动完成更新或保存功能），将构件信息上传至服务器，见图 4.9-29。

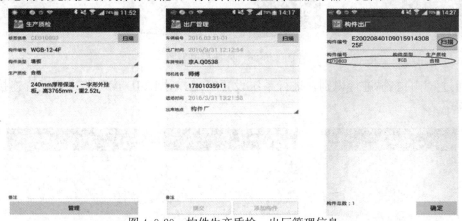

图 4.9-29　构件生产质检、出厂管理信息

③ 出厂管理环节

管理员首先点击出厂管理，并输入验证密码，进行车辆扫描，添加车辆信息。通过扫描获得车辆编号后，填写车辆信息。车辆编码应唯一，如果服务器已存在此车辆信息，则不允许继续添加，且只有提交车辆信息后才能添加构件。

其次在提交车辆信息成功后，管理员点击添加构件按钮，进行构件的扫描添加，完成构件出厂管理工作。

④ 车辆定位跟踪环节

管理员首先点击界面定位按钮，通过扫描按钮，对要定位跟踪的车辆进行信息匹配，获得车辆信息，更新车辆信息需要出厂管理员权限才能操作；其次，运输过程中，系统记录车辆位置信息，自动绘制行车轨迹并将位置上传至服务器，跟踪完成点击结束按钮（图 4.9-30）。

图 4.9-30　车辆定位追踪

⑤ 车辆位置查询环节

管理员首先点击查询按钮，出现所有在途车辆编码列表，选择相应车辆编码进行位置查询；其次，选择要查询车辆，确认后，将在地图上显示此车辆目前位置，点击车辆可查看此车辆编号，点击编号可进一步查看此车辆信息和预制构件信息。

⑥ 进场管理环节

管理员首先通过特定账号取得进场管理权限，点击扫描，获得运输车辆信息，确认车辆信息无误，点击确认入场扫描，进行构件扫描；其次点击扫描键，系统自动弹出该构件的质量信息，由进场管理员完成进场质检录入并确认进场；最后扫描所有外挂板进场后，本次入场构件信息将显示在界面上，进行数量统计（图4.9-31）。

 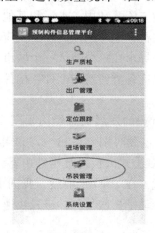 

图4.9-31 构件进场、吊装管理

⑦ 吊装管理环节

管理员首先通过吊装管理权限，点击扫描，获取构件信息，系统显示该构件的详细信息；其次由管理员进行信息确认，并录入最后吊装质检结果，并确认后上传至服务器（图4.9-31）。

4.10 预制构件工厂化生产加工技术

4.10.1 发展概述

混凝土预制构件行业发展是与预制装配式混凝土结构建筑发展密切相关，与钢筋混凝土几乎同步发展的。在国外，19世纪末至20世纪初，预制混凝土构件就曾少量地用于构筑给排水管道、制造砌块和建筑板材。第二次世界大战后，欧洲一些国家为解决房屋短缺和技术工人不足的困难，发展了装配式钢筋混凝土结构。苏联为推广预制装配式建筑，建立了一批专业化的预制混凝土构件厂。随着建筑工业化的发展，东欧以及西方一些工业发达国家，相继出现了按照不同建筑体系生产全套混凝土构件的工厂，同时预制混凝土构件的生产技术也有了新的发展。20世纪末期，国外预制混凝土结构已经广泛用于工业与民用建筑、桥梁道路、水工建筑、大型容器等，在工程结构领域发挥着不可替代的作用。发达国家预制混凝土结构在土木工程中的应用比重为：美国35%、俄罗斯50%、欧洲为

35%～40%，其中，预制预应力混凝土结构在美国和加拿大等国预应力混凝土用量中占80%以上。目前，美国和欧洲的住宅产业化程度平均超过 50%，日本的住宅产业化程度高达 70%以上。在住宅产业化的推动下，美国、德国、法国、澳大利亚、日本等国的预制混凝土技术越来越成熟，时至今日，西方发达国家和邻国日本的预制装配式建筑经过50 多年的稳定发展，均已形成了完备成熟的技术体系，完成了符合各国建筑风格的通用部件目录，完善了模数标准体系，收到了良好的技术经济效益。

作为预制装配式混凝土结构建筑生产源头的预制构件生产加工厂，国外早已经将预制工厂规划布局和建设，以及预制构件生产加工技术当作建筑产业化发展的重要内容，总体研究水平较高，取得了丰富经验和发展成果。国外预制工厂布局和建设在 20 世纪 80 年代就会充分考虑城市发展规划、地方资源利用、本厂和其他专业厂的分工协作等问题，对工厂性质定位、生产规模、投资效益、建厂期限、产品供应范围以及最终经济、质量、环保效益进行详细分析和深入认证，寻求在一个地区一个城市的合理范围内，并形成产品种类齐全的生产系统，统筹生产和供应各类建筑构配件，构件产品生产加工技术成熟完备，一直引领预制混凝土技术的发展。

在我国，混凝土预制构件行业的发展大致经历了三个时期，计划经济时期（1949～1985 年）、计划经济向市场经济过渡时期（1986～1999 年）和市场经济时期（2000 年以后）。前两个时期的突出特点是装配式大板建筑构件由盛到衰的转变，直至被彻底淘汰后长期被现浇混凝土结构体系取代。在 2000 年前后，我国市场经济时期的新型住宅产业化构件，在国家建筑工业化政策推动下再次复苏并进入快速发展的轨道，预制构件工厂化生产加工技术进入全新发展时期。

我国自从在 20 世纪 50 年代建成了第一个规模较大的永久性专业化工厂之后，全国各地也普遍建立了这类工厂。其中，综合性建筑构件厂是根据建筑工地的需要生产多品种的产品，专业性建筑构件厂是选择一种或数种产品组织大批量生产，作为商品供应市场，这些预制构件加工厂有力的支撑了我国基础设施应用领域的预制混凝土技术的发展。直到现在，我国预制混凝土构件在城市轨道交通、高架桥、城际客运专线大型基础设施和公共建筑的应用技术发展也十分迅速。如高架节段梁、磁悬浮轨道梁、高铁轨道板、轨道交通地铁管片和 U 形梁等等，这些产品的生产加工技术已具有了相当的国际水平，有的甚至达到了国际领先的水平。在住宅产业化领域，虽然近年来技术水平有较大的提升，但是在如何结合我国国情，并参考国外技术和经验，设计出适宜采用标准化、模数化预制构件的住宅产品和相应的工厂化预制构件高效生产技术，从而降低生产施工综合成本，是住宅产业化的未来重要发展方向。随着我国预制技术的发展，预制混凝土构件产品正呈现高精度、结构、功能、装饰功能一体化，构件大型化、混凝土高性能化等技术特点；从设计和生产技术来看，则呈现标准化、模数化、模块化和自动化高效生产的发展趋势。目前有些预制工厂，还可以生产加工整间房屋的盒子结构，其室内装修和卫生设备的安装均在工厂内完成，然后作为产品供应装配式建筑。

我国未来预制构件工厂化生产加工技术将围绕预制构件工厂生产加工整体规划、自动化预制构件生产流水线建造、关键生产加工技术和信息化管理等方面进行创新性研究，以充分实现设施先进、自动化程度高、绿色环保以及产品技术先进、质量可靠的目标，为我国发展建筑产业现代化提供关键产业链环节的保障性支撑。

4.10.2 技术内容

1. 预制工厂规划设计技术

预制工厂是预制构件生产加工的基础平台，其规划设计直接影响到预制工厂构件产品生产的顺畅性和整体运营的效果。预制工厂规划设计涵盖预制工厂的选址位置、厂区面积、功能分区、道路及物流组织、水电配套、建筑与消防等规划设计技术，需要根据工厂所在地域的地理位置、资源条件、当地建筑业发展规划、预制构件种类和市场需求等因素，来合理规划设计预制工厂的功能定位、产品纲领、产能设计、生产工艺布局、投资建设等关键事项。

2. 预制构件生产工艺设计

国家标准 GB/T 4863 对工艺的定义：使各种原材料、半成品成为产品的方法和过程。不同的国家对工艺有不同的命名，中国对工业制作技艺的总称传统上叫"工艺"，包括工艺技术和工艺装备。制定工艺的原则是技术上的先进和经济上的合理。由于不同的工厂的设备生产能力、精度以及工人熟练程度等因素都大不相同，所以对于同一种产品而言，不同的工厂制定的工艺可能是不同的；甚至同一个工厂在不同的时期做的工艺也可能不同。

生产工艺就是生产者利用生产工具对各种原材料、半成品进行增值加工或处理，最终使之成为制成品的方法与过程，通俗地说就是产品的生产过程。生产工艺是企业制造产品的总体流程的方法，包括工艺过程、工艺参数、工艺配方和操作方法等；操作方法是指劳动者利用生产设备在具体生产环节对原材料、零部件或半成品进行加工的方法。

预制构件生产工艺设计的主要内容包括产品方案，原料、燃料、动力的用量与来源，工艺流程，主要设备的选型与配置，对建筑物、构筑物的要求，外部各项协作条件，生产组织与劳动定员，主要技术经济指标等。它是预制构件生产组织的基础和主要技术依据之一。其中，生产工艺设计主体是生产线设计，常用预制构件生产线包括自动化流水线、机组流水线、长线台座生产线以及固定台模生产线等。

3. 高精度模具技术

预制构件模具在结构型式上分拆为底模、侧模、端模、芯模和吊模，根据混凝土浇筑方式可分为平式、立式、反打和组合式模具，先进的模具设计和加工制作技术是先进的工厂化生产加工的技术和物质保证。

目前预制混凝土构件在各类轨道交通、城市高架和整体装配式建筑等领域的不断拓展，其在现场装配和功能组件的定位的精度要求都非常高，因此对产品的生产加工精度就提出了相当高的要求，突显高精度是现代预制混凝土技术的主要特点之一。为确保预制构件产品的高精度，高精度预制混凝土构件模具是必备的关键技术条件。高精度预制混凝土构件模具除了具备足够的强度、刚度和稳定性外，为保证产品的外形和尺寸精度，一般要求钢模的制造公差不得大于产品尺寸偏差的 $1/2$，因此有些高精度预制构件模具要求制造公差控制在 1 mm 以内。除此之外，预制构件模具的结构设计合理，组装和拆卸方便，周转次数高，预留预埋件精准定位、通用性好等特性，都对模具方案设计和加工技术提出了挑战。

4. 钢筋加工和成型技术

采用高精度和高机械化程度钢筋加工成型设备，生产不同种类的钢筋半成品。对于建筑构件使用较多的网片钢筋和桁架钢筋采用自动化钢筋成型设备，直接生产满足工程需求的成品钢筋，提高钢筋加工过程中的机械化程度，提升钢筋加工和成型精度和效率，降低建筑施工的劳动强度。

5. 混凝土机械化成型技术

在经过设计加工、组装、清理并涂刷过隔离剂的模具内安装钢筋和预埋件后，即可进行预制构件的混凝土浇筑成型。混凝土浇筑成型分为机械化振捣和自密实免振捣成型、离心成型和压力成型等方式，目前我国建筑类构件还是以机械化振捣成型方式为主，将来也会是主要成型方式；国外有的工厂采用自密实免振捣方式成型预制构件，旨在减少车间噪声。

预制构件混凝土机械振捣成型是与混凝土浇筑过程结合在一起的，混凝土注入模具后一般要求及时通过人工插入式振捣其、附着式振捣器、振动台、表面振捣器等振捣工具和方式来密实成型，一方面使混凝土顺利填充模具的各个角落，另方面排除里面空气使混凝土达到密实增强的效果。振捣成型要求掌握恰当的振捣时间和振捣幅度，不得漏振与过振。

6. 预制构件节能养护技术

为了使已成型的混凝土构件尽快获得脱模强度，以加速模板周转，提高劳动生产率、增加产量，需要采取加速混凝土硬化的养护措施。预制构件混凝土加速养护是主要的能耗环节，采取节能养护技术是节约能源、提高能源利用率和降低生产成本的途径之一。常用的构件养护方法及其它加速混凝土硬化的措施有以下几种：

（1）蒸汽养护

分常压、高压、无压三类，以常压蒸汽养护应用最广。在常压蒸汽养护中，不同构造的养护设施有：养护坑（池）、立式养护窑、水平隧道窑、折线形隧道窑。

（2）热模养护

将底模和侧模做成加热空腔，通入蒸汽或热空气，对构件进行养护；热模养护可用于固定或移动的钢模，也可用于长线台座，成组立模也属于热模养护型。

（3）太阳能养护

当构件成型后，用聚氯乙烯薄膜或聚酯玻璃钢等材料制成的养护罩将产品罩上，靠太阳的辐射能对构件进行养护。养护周期比自然养护约可缩短 $1/3 \sim 2/3$，并可节省能源和养护用水，该方法已在日照期较长的地区推广使用。

（4）新的养护方法

近年来，世界各国在研制和推广一些新的加速混凝土硬化的方法，较常见的有热拌混凝土和掺加早强剂。此外，还有利用热空气、热油、热水等进行养护的方法。

7. 预制构件生产质量控制技术

预制构件生产质量控制贯穿在生产的全过程，主要包括以下 6 个环节：①砂、石、水、水泥、钢材、外加剂等原材料质量检验；②模具的检验；③钢筋加工过程及其半成品、成品和预埋件的检验；④混凝土搅拌及构件成型工艺过程检验；⑤养护后的构件成品检验，并对合格品加检验标识；⑥成品出厂前质量检验。对于预应力混凝土预制构件，还包括预应力施工过程中质量控制的生产技术和质量检验。预制构件生产质量控制技术应形成生产操作规程、质量检验标准等技术文件，用于指导预制构件生产全过程的质量控制。

8. 预制构件预应力技术

　　预制预应力构件能大幅提高构件承载力和有效降低构件自重，非常适合大跨度的大型预制构件型式；还能减少预制装配式建筑连接节点，提高装配效率和质量。常用的预制预应力技术有先张预应力和后张有粘结预应力施工技术，前者主要用于工业与民用建筑预制构件，后者在市政和道路领域应用广泛。

　　预应力施工是预制预应力构件生产中的关键环节之一，需要从预应力原材料和制作、预应力位置、预应力张拉施工、构件起拱、预应力保护等过程，通过加强预应力施工操作和质量检验来严格控制预应力构件生产质量。

　　9. 预制构件生产信息化管理技术

　　狭义而言，信息技术是指利用计算机、网络、广播电视等各种硬件设备及软件工具与科学方法，对文图声像各种信息进行获取、加工、存储、传输与使用的技术之和。该定义强调的是信息技术的现代化与高科技含量。

　　建筑工业化正是将传统建筑业的湿作业建造模式转向学习制造业工厂生产模式。预制工厂构件生产信息化将信息技术、自动化技术、现代管理技术与生产加工技术相结合，使设计、生产、物流、施工以及运营这个流程变得高效可控可追溯。预制工厂信息化生产管理，可以改善预制工厂的经营、管理、产品开发和生产等各个环节，提高生产效率、产品质量和企业的创新能力，降低消耗，带动产品设计方法和设计工具的创新、企业管理模式的创新、生产技术的创新以及企业间协作关系的创新；从而实现产品设计制造和企业管理的信息化、生产过程控制的智能化、工艺装备的数控化以及咨询服务的网络化，全面提升建筑企业的竞争力。

　　预制工厂生产信息管理是管理 PC 构件生产全流程的信息，是预制建筑项目信息化管理流程中的一个部分，是预制构件模型的信息以及流程过程中的管理信息交织的过程，是有效的进行质量、进度、成本以及安全管理的支撑，主要体现在以下几方面：预制构件的加工制作图纸内容理解与交底；预制构件生产资料准备、原材料统计和采购、预埋设施的选型；预制构件生产管理流程；人力资源的计划；预制构件质量保证措施；生产过程监督，保证安全准确；计划与结果的偏差分析与纠偏；科学的组织场地堆放和物流；与施工现场保持畅通的信息交换。

4.10.3　技术指标

　　1. 质量指标

　　通过先进的工艺设计、高精度模具技术、机械化钢筋加工和成型技术、混凝土机械化成型技术、构架生产质量控制技术应用，加上工厂化科学管理、自动化智能生产将带来预制构件质量的提升，品质得到保证。

　　2. 效率指标

　　自动化生产线的生产能力满足设计产能要求，智能化生产和信息化管理都将在保证质量的基础上，显著提升生产和管理效率。

　　3. 成本指标

　　人工成本降低、模具重复利用率高、能源节约、高效管理以及批量规模生产等，将体现预制构件工厂化生产的综合成本优势。

　　4. 能耗指标

　　合理的工艺设计降低内耗，采用先进工艺和设备生产预制构件，加之构件养护过程中的有效节能，均可明显降低能耗。

5. 环境指标

通过绿色环保型预制工厂建设和运营，不但减少建筑装配现场和城市建材物流带来的环境污染情况，在预制工厂内部的粉尘、噪音、废水和固体废弃物排放也显著降低，环境指标的效益是预制构件工厂化生产和集中供应的主要优势之一，有力推动我国建筑产业可持续发展。

6. 安全指标

预制工厂中相对稳定的工作环境安全系数更高，自动化、智能化生产以及由此带来的用人指标减少，也提高了预制工厂生产过程中的安全性。

4.10.4 适用范围

广泛适用于建筑工程和市政公路工程中各类钢筋混凝土和预应力混凝土预制构件的生产加工和过程质量控制，以及预制工厂项目规划和建设、预制构件生产工艺设计和预制构件生产信息化管理等。

4.10.5 工程案例

下面以某 PC 预制工厂一期规划设计项目为例，来介绍预制工厂规划设计技术应用情况。

1. 项目概况

某 PC 预制工厂项目为国内一个大型综合预制构件加工生产基地，基地年设计生产预制构件 20 万 m^3。项目于 2014 年开工，2016 年 10 月项目一期建设完毕投入运营，目前项目年产能为 8 万 m^3 住宅构件。

2. 产品规划

本预制工厂主要产品为工业化住宅构件（外墙板、叠合板、内墙板、隔墙板、楼梯、阳台等）、市政工程用盾构管片和 SP 板，同时具备生产其他市政构件和工业构件条件。本预制工厂主要产品及产能规划一览表见表 4.10-1。

主要产品及产能规划一览表

表 4.10-1

序 号	名称	产能	备注
1	板类构件生产线	3 万 m^3/年	叠合板、内墙板
2	外墙板生产线	4 万 m^3/年	平板类外墙板
3	配套构件生产线	1 万 m^3/年	楼梯、阳台、异型构件
4	盾构管片生产线	5 万 m^3/年	盾构管片
5	SP 板生产线	36 万 m^3（5 万 m^3/年）	SP 楼板、SP 墙板
6	室外构件生产场地	2 万 m^3/年	大型市政或工业构件
7	配套钢筋车间	3 万吨/年	配套钢筋加工

3. 功能分区

整个预制厂区根据功能的要求规划形成五个大的分区：市政构件生产区、住宅构件生产区、附属设施、综合办公及展示区和生活区，功能分区见图 4.10-1。

（1）市政构件生产区：位于整个园区的西北部，由管片生产车间、钢筋加工车间、SP 板生产车间、2 座搅拌站及存放场一、存放场二、存放场三组成。

（2）住宅构件生产区：位于整个厂区中部，由板类构件生产车间、钢筋加工车间、配套构件生产车间、外墙板生产车间、混凝土搅拌站和存放场四组成。

（3）附属设施：位于厂区西南部，由变电站、锅炉房、地磅、库房组成。

（4）综合办公及展示区：位于厂区东北部，由实验中心、办公楼、产业化展示区及产品展示区组成。

（5）生活区：位于整个园区的东南部，作为倒班工人休息室使用。

4. 道路及物流组织

工厂内的交通布置主要考虑了原料运输、成品运输和客流三个方面，通过合理分配实现客货分流设计理念。道路及物流组织见图 4.10-2。

（1）道路系统

整个园区内道路分两级控制，即主要道路和次要道路。主要道路为满足区内与城市道路之间的交通联系，方便区内外的交通联系通畅。次要道路主要为满足区内各功能区之间的交通联系，为人们创造安全的生产环境。

（2）厂区出入口设置

生产区规划既要满足厂区对外联系的要求，同时尽可能减少对城市交通带来的干扰，沿周公大道设置两个出入口，将客流通道与物流通道分开设置，为进出车辆创造安全便捷的环境。厂区南侧临接城市道路（天健一路），开设 1 个出口作为物流出入口出入通道。西部临接城市道路（周鼎三路）设置物流出入口作为备用出入口。

（3）车辆停放

为了满足厂区的停车要求，同时为人们创造良好的生产环境，整个厂区设置了两类停车区，一类是为办公、参观提供服务的停车区（东北停车场），在办公楼外侧和生活区设置，另外一类是为生产提供服务的生产停车区（南停车场），在物流出入口附近设置。

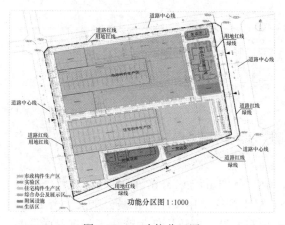

图 4.10-1 功能分区图

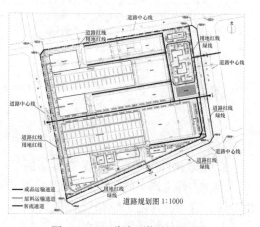

图 4.10-2 道路及物流组织图

5. 绿化景观系统

绿化系统采取点、线、面相结合的绿化布置方法，通过路边绿篱、树木与厂区内部的主要绿地相结合，形成多层次、独具一格的绿化系统。厂区内部的绿化布局在秩序中求变化，营造出良好的工作氛围。

6. 总体工艺设计

总体工艺要求：①总体上因地制宜，充分利用地形条件，做到物流顺畅，工艺先进；

②技术上选用国内本土化制造专业设备，生产线适用性强，设备可靠度高；③经济上建设成本可控，后期运行维护成本较低，生产线可塑性强。

预制工厂整体工艺组成包括预制构件生产有关的主要生产设施、辅助生产设施及动力系统等。①主要生产设施：住宅构件生产车间（板类、配套）、市政构件生产车间（盾构管片、SP板）、室外构件生产场地（工业厂房梁柱，大型市政桥梁构件等）。②辅助生产设施：钢筋生产车间、混凝土搅拌供应站、储存场、机修车间、库房、磅房等。③动力系统：锅炉房、压缩空气站、变配电所等。

7. 住宅构件生产车间工艺布置实例

住宅构件生产车间内设计产能8万m³，由四个24m×207.5m车间组成，分设板类构件生产线、外墙板生产线、配套构件生产线和钢筋加工车间。板类构件生产线、外墙板生产线采用流水线生产工艺，养护窑养护。配套构件生产线采用固定台座法生产工艺，苫盖养护。住宅构件生产车间工艺布置详见图4.10-3。

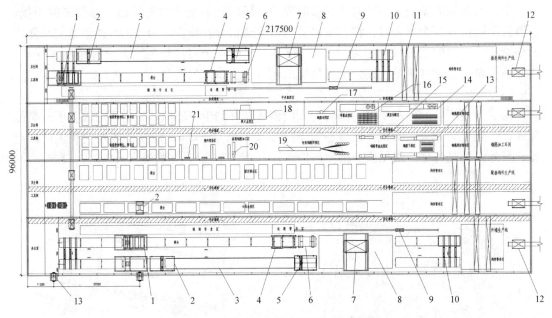

图 4.10-3   住宅构件生产车间工艺布置图

8. 市政构件生产车间工艺布置实例

市政构件生产车间年设计产能10万m³，由三个24m×207.5m车间组成，分设SP板生产线、盾构管片生产线和钢筋加工车间。SP板生产线采用预应力长线台座法生产工艺，自然养护。盾构管片采用流水线生产工艺，养护窑养护。市政构件生产线工艺布置详见图4.10-4。

9. 绿色与生态措施

预制工厂厂区建设优先采用节能材料及产品（如：复合保温外墙、节能门窗、电器等）；设置雨水收集和净化系统节约用水，解决绿化灌溉及洒水压尘用水。厂区内垃圾做分类处理技术，实现厂区垃圾资源化利用；同时在搅拌站设置砂石分离设备处理废弃混凝土，减少建筑垃圾排放；充分利用建筑屋顶面积，应用太阳能光伏技术为厂区提供部分能源。

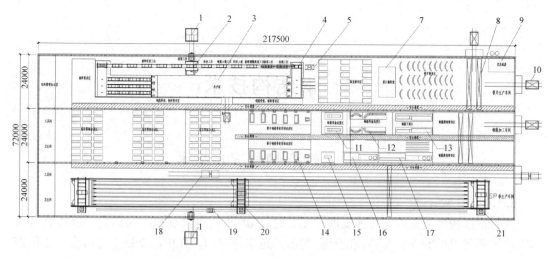

图 4.10-4　市政构件生产车间工艺布置图

参 考 文 献

［1］　朱敏涛，高精度预制混凝土生产新技术的研究与应用. 第 33 卷，第 9 期，2011 年，建筑施工.

［2］　樊骅，信息化技术在 PC 建筑生产过程中的应用. 2014 年 05 月 22 日，预制建筑网，宝业集团.

5 钢结构技术

5.1 高性能钢材应用技术

5.1.1 发展概述

随着钢结构建筑工程的飞速发展，尤其是 2008 年奥运会场馆、大运会、世博会等大型重点工程建设的需要，对高性能钢材的需求越来越迫切，在中国钢铁工业协会、中国钢结构协会、高等院校、冶金公司、设计研究院各施工单位科技人员努力下，陆续生产和应用了 Q390、Q420、Q460、Q500、Q550、Q620、Q690 牌号高性能钢材。由于高性能钢材的生产和使用，使我国各地的标志性建筑不断涌现、结构高度和跨度不断刷新、新颖奇特造型令人惊叹，跻身为世界建筑强国。

选用高强度钢材（屈服强度 $R_{eL} \geqslant 390MPa$），可减少钢材用量及加工量，节约资源，降低成本。为了提高抗震性，要求钢材具有高的塑性变形能力，选用低屈服点钢材（屈服强度 $R_{eL} = 100 \sim 225MPa$）。

钢材是可持续发展的环保型建筑材料。为创建节约型、环保型社会，建造节能环保建筑，实现可持续发展，不断研发高性能钢材、应用高性能钢材是冶金和建筑科技领域追求的目标。现行《钢结构设计规范》中将钢材应用等级提高到 Q460MPa 级。

5.1.2 技术内容

对承受较大荷载的钢结构工程，选用高强度钢材（屈服强度 $R_{eL} \geqslant 390MPa$），可减少钢材用量及加工量，节约资源，降低成本。

国家标准《低合金高强度结构钢》GB/T 1591 中规定八个牌号，其中 Q390、Q420、Q460、Q500、Q550、Q620、Q690 属高强钢范围；《桥梁用结构钢》GB/T 714 有九个牌号，其中 Q420q、Q460q、Q500q、Q550q、Q620q、Q690q 属高强钢范围；《建筑结构用钢板》GB/T 19879 有 Q390GJ、Q420GJ、Q460GJ 属于高强钢范围；《耐候结构钢》GB/T 4171，有 Q415NH、Q460NH、Q500NH、Q550NH 属于高强钢范围；《建筑用低屈服强度钢板》GB/T 28905，有 LY100、LY160、LY225 属于低屈服强度钢范围。

5.1.3 技术指标

钢厂供货品种及规格：轧制钢板的厚度为 6～400mm，宽度为 1500～4800mm，长度为 6000～25000mm。有多种交货方式，包括：普通轧制态 AR、控制轧制态 CR、正火轧制态 NR、控轧控冷态 TMCP、正火态 N、正火加回火态 N+T、调质态 QT 等。

建筑结构用高强钢一般具有低碳、微合金、纯净化、细晶粒四个特点。使用高强度钢材时必须注意新钢种焊接性试验、焊接工艺评定、确定匹配的焊接材料和焊接工艺，编制焊接工艺规程。

建筑用低屈服强度钢中残余元素铜、铬、镍的含量应各不大于 0.30%。成品钢板的化学成分允许偏差应符合 GB/T 222 的规定。

5.1.4 适用范围

适用于高层建筑、大型公共建筑、大型桥梁等结构用钢、其他承受较大荷载的钢结构工程，以及屈曲约束支撑产品。

5.1.5 工程案例

国家体育场、国家游泳中心、昆明新机场、北京机场 T3 航站楼、深圳湾体育中心等大跨度钢结构工程；中央电视台新址、新保利大厦、广州新电视塔、法门寺合十舍利塔、深圳平安金融中心等超高层建筑工程；重庆朝天门大桥、港珠澳大桥等桥梁钢结构工程。

国家体育场钢结构工程结构用钢总量约 42000t，为全焊接钢结构，其中的 Q460E-Z35 钢在国内首次应用于建筑钢结构工程。Q460E-Z35 级钢的选用厚度分别为 100mm、110mm，总用量约 700t。应用在 C1、C10、C12、C13、C22 和 C24 桁架柱内柱，C10、C12、C22 和 C24 桁架柱柱脚等受力最大部位，Q460E-Z35 钢构件截面形式有箱形和菱种两种。图 5.1-1 中画圈部位为 Q460E-Z35 厚板桁架柱应用部位。

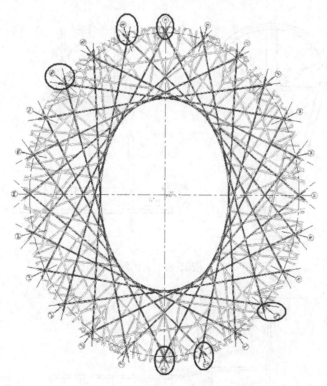

图 5.1-1 Q460E-Z35 厚板应用部位

图 5.1-2 中画圈部位为桁架柱内柱上部应用 Q460E-Z35 厚板的部位，厚度为 110mm。为 Q460E-Z35 钢与 Q345GJD 钢、Q460E-Z35 钢与 Q460E-Z35 钢焊接。

图 5.1-3 中画圈部位为桁架柱内柱下部应用 Q460E-Z35 厚板的部位，厚度为 110mm。为 Q460E-Z35 钢与 GS-20Mn5V 铸钢焊接。

图 5.1-4 中画圈的部位为桁架柱柱脚应用 Q460E-Z35 厚板的部位，厚度为 100mm。为 Q460E-Z35 钢与 Q345GJD 钢焊接。

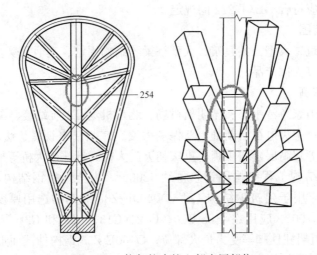

图 5.1-2   桁架柱内柱上部应用部位

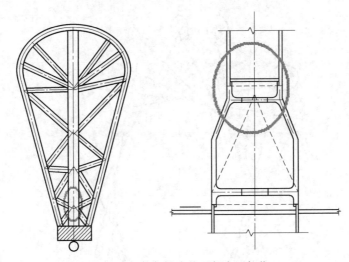

图 5.1-3   桁架柱内柱下部应用部位

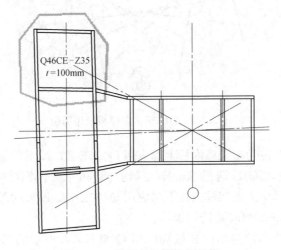

图 5.1-4   桁架柱柱脚应用部位

工程中进行了 Q460E-Z35 钢材的热加工性能、焊接性试验以及焊接技术的应用研究，完成了 Q460E＋Q460E、Q460E＋Q345GJD、Q460E＋GS20Mn5V 的焊接工艺评定 23 项，形成了 Q460E-Z35 高强钢厚板焊接国家级工法，成功指导了国家体育场 Q460E-Z35 厚板的钢结构焊接施工。

5.2 钢结构深化设计与物联网应用技术

5.2.1 发展概述

20 世纪 50 年代初期，中国学习苏联建设经验，在建筑钢结构工程设计中，将施工设计明确划分为钢结构设计图及钢结构详图两个阶段。前者由设计单位编制，后者以前者为依据，由钢结构加工厂深化编制完成，并直接作为加工与安装的依据。长期的建设经验表明，两个阶段出图做法分工合理，有利于保证工程质量并方便施工，因而 1983 年颁布的《钢结构施工验收规范》GBJ 205—83 明确对钢结构施工设计的两个阶段出图做法予以肯定，并分别定义为设计图及施工详图[1]。

随着改革开放的深入，我们也越来越多的接触到了诸多国外的图纸资料。很多工程都需要中方人员直接适应并运用外方图纸，我方从业人员也走过了从茫然抵触到了解习惯再到开始逐渐深入理解国外先进的图纸表现形式等过程。任何一个技术规范从接触到推介再到推广吸收都是需要从业人员本着发展的眼光来面对的。固守单一陈旧的技术规范，对舶来品一味采取抵触抗拒的姿态，则将不利于整个行业的技术革新与发展。唯有采取理性与发展的眼光，适时吸收与发展国内外同行先进的图纸表达形式与方法，才会对行业技术的整体提升，与世界领先技术的接轨起到推动作用。

20 世纪 90 年代初期我国各个行业的制图方式依然停留在绘图板上手工制图加描图的阶段，而 CAD 技术的发展和成功推广表明，借助计算机辅助设计软件来完成钢结构的计算分析、优化设计和绘图工作，一方面可以给工程设计提供精确的计算和绘图工具，提高设计效率，使设计更加安全经济，另一方面也必将对钢结构的进一步发展起到很大的促进作用。软件技术的发展为人们解放生产力，大幅提升工作效率，减轻工作者劳动强度的愿望变为可能，在短短 10 来年的时间里，我国各行业的设计领域已经从单纯的 CAD 图形绘制运用发展到具备一定智能、优化、分析的综合自动化功能体系，从依靠 CAD 内核开发简单的工具程序，到独立拥有完整自主知识产权的行业软件。都印证着我国行业软件的蓬勃发展之路。我国软件产业的迅猛发展同样也为钢结构深化设计工作提供了强大技术支持。掌握业内最先进的软件操作技能成为深化设计工作者最为重要的工作技能之一。深化设计存在设计对象种类繁多，变化性强，规律性小的特点，因此目前几乎没有一种软件可以涵盖深化工作的所有对象。于是尽可能多的掌握多种软件操作技能无疑也成为评价深化工作者业务素质的重要指标。不断学习借鉴新的深化软件技术也应当成为各级深化主管人员着重引导的方向之一。

作为二维平面设计的先锋，CAD 无疑为我们的深化设计工作做出了重大贡献。但时过境迁，现代工业设计领域已经悄悄地从二维平面设计模式转向了三维立体设计模式。在钢结构深化设计领域已经有众多软件如 STRUCAD、PROSTEEL、BOCAD、Tekla Structures 等走入了我们的日常工作中，并扮演着越来越重要的角色。而其中最具代表性的当属芬兰 Tekla 公司开发的钢结构详图设计软件 Tekla Structures 了，该软件是通过首先创建三维模型后自动生成钢结构详图和各种报表[2]。

BIM 技术在钢结构领域的应用与发展，为工程各方的信息共享与协同作业搭建了广阔的平台，使得钢结构深化设计的发展进入了新的时代。一是体现在结构设计与深化设计一体化，由深化设计人员介入协助结构设计人员进行空间内的放样，配合结构设计人员一起完成一些复杂空间结构或节点的结构设计，通过互相协作的方式，使深化设计与结构设计之间的接口更通畅，有利于双方设计工作的推进和完善。二是体现在深化设计与制造安装一体化，在施工全过程信息化管理模式下，将深化设计与 BIM 技术有机地结合起来，可以为施工下游提供标准化、多元化、关联化的施工数据，并依托深化设计模型进一步搭建钢结构 BIM 模型，为施工数据的使用提供智能化的管理手段。

同时，近年来，国内钢结构企业逐步认识到工序管理在钢结构施工管理流程中的"桥梁"作用，通过信息化手段进行施工工序信息化管理。在工序信息化管理模式下，借助各种先进的电子设备对施工过程进行状态跟踪，最后通过信息系统进行数据处理，实现产品的信息交换、智能识别、定位、追踪和监控管理。项目管理各方都可以通过系统获知产品当前所处的工序或生产阶段，能及时了解项目的进度情况。

其中，物联网技术是应用较为成熟的解决方案。物联网技术是通过射频识别（RFID）、红外感应器等信息传感设备，按约定的协议，将物品与互联网相连接，进行信息交换和通讯，以实现智能化识别、定位、追踪、监控和管理的一种网络技术。在钢结构施工过程中应用物联网技术，改善了施工数据的采集、传递、存储、分析、使用等各个环节，将人员、材料、机器、产品等与施工管理、决策建立更为密切的关系，并可进一步将信息与 BIM 模型进行关联，提高施工效率、产品质量和企业创新能力，提升产品制造和企业管理的信息化管理水平。

如今是信息化的时代，无论是上游钢铁企业，还是下游钢结构企业，都将迎来一场互联网盛宴。以科技创新引领行业发展，钢结构的施工管理与互联网、信息集成、智能制造、产品创新等紧密结合，利用 BIM、物联网、数控等技术，可以为钢结构企业提供更有效的管理手段。

5.2.2 技术内容

1. 钢结构深化设计建模要求

钢结构深化设计应按下列技术文件进行模型创建和更新：

（1）甲方提供的最终版设计施工图及相关设计变更文件；

（2）钢结构材料采购、加工制作及预拼装、现场安装和运输等工艺技术要求；

（3）其他相关专业配合技术要求；

（4）国家、地方现行相关规范、标准、图集等。

钢结构 BIM 模型的编码规则需根据每个工程的特点，制定专用编号规则，制定的原则为区分构件、状态、区域等基本信息，以便于施工管理。每个工程的编号规则制定后应组织评审，且需安装施工单位认可。深化设计建模时，根据编号规则将钢构件编码输入到构件属性信息中。

深化设计阶段主要使用专业的深化设计软件，在建模时，对软件应用和模型数据有以下几点要求：

（1）统一软件平台

同一工程的钢结构深化设计应采用统一的软件及版本号，设计过程中不得更改。同一工程宜在同一设计模型中完成，若模型过大需要进行模型分割，分割数量不宜过多，同时需注意模型分割面处的信息处理。模型分割面一般位于某轴线或某标高处，轴线、标高两侧的构件信息分别在两分割模型中建立，模型分割完成后，须仔细核查分割面处构件的定位信息，避免出现无法对接的情况。

（2）人员协同管理

钢结构深化设计多人协同作业时，应明确职责分工，注意避免模型碰撞冲突。同时，需设置好稳定的软件联机网络环境，保证每个深化人员的深化设计软件运行顺畅。

（3）软件基础数据配置

软件应用前需配置好基础数据，如：设定软件自动保存时间；使用统一的软件系统字体；设定统一的字体转换文件；设定统一的报表、图纸模板等。

（4）模型构件唯一性

钢结构深化设计模型，要求一个零构件号只能对应一种零构件，当零构件的尺寸、重量、材质、切割类型等发生变化时，需赋予其新的编号，避免零构件模型信息冲突报错。

（5）零件的截面类型匹配

在深化设计专业软件中有一个钢材截面库，对深化设计模型中每一种截面的材料都会指定唯一的截面类型与之对应，保证材料在软件内名称唯一性。在深化设计建模时，需对模型截面库进行更新、补充和完善。

对于钢结构工程而言，零件数量繁多，相应的截面信息匹配工作量也会非常繁重，为减少模型截面数据输入的工作量，需要制定统一的截面代码规则，保证建模时选用的截面类型规范统一。

（6）模型材质匹配

深化设计模型中每一个零件都有其对应的材质，为保证模型数据的准确，应根据相关国家钢材标准指定统一的材质命名规则，可参考标准有：《碳素结构钢》GB/T 700—2006、《低合金高强度结构钢》GB/T 1591—2008、《高层建筑结构用钢板》YB 4104—2000、《建筑结构用钢板》GB/T 19879—2005、《厚度方向性能钢板》GB/T 5313—2010等。深化设计人员在建模过程中需保证使用的钢材牌号与国家标准中的钢材牌号相同。对于特殊的钢材，应根据相应的设计说明或其他材料标准建立相应的材质库，标识相应的钢材牌号。

2. 钢结构深化设计软件方案

国内常用的钢结构深化设计软件有 Tekla Structures、AutoCAD 等。

（1）Tekla Structures

Tekla Structures 是一款三维钢结构模拟、深化设计软件，具有三维实体建模、结构分析、三维钢结构节点细部设计、项目管理、施工详图绘制、材料表单生成等功能，在钢结构深化设计领域应用十分广泛。

使用 Tekla 软件进行钢结构深化设计建模，模型完成后可以导出模型信息，包括：图纸、清单、其他格式的模型信息等，可用于结构分析、模型参考、渲染出图、施工图纸管理、清单处理等，主要的数据转换如图 5.2-1 所示。

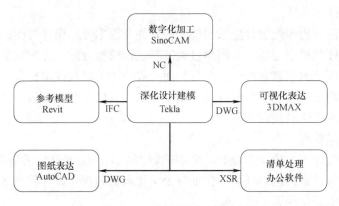

图 5.2-1 Tekla 深化设计建模数据转换

（2）AutoCAD

AutoCAD 具有完善的图形绘制功能，可用于二维详图绘制和基本三维设计。对于弯扭结构和管桁架结构的钢结构工程宜采用 AutoCAD 软件进行深化设计，主要体现在：能够精确建立实体三维模型；准确表示贯口的主次相贯顺序；运用一些开发程序，能生成构件制作、拼装、安装过程的各坐标体系下的三维坐标和详细的零构件清单；曲线线型显示精确，满足贯口标注精度等。

使用 AutoCAD 软件进行钢结构深化设计建模，模型完成后可以导出模型信息，包括：图纸、清单、其他格式模型信息等，可用于结构分析、模型参考、渲染出图、施工图纸管理、清单处理等，主要的数据转换如图 5.2-2 所示。

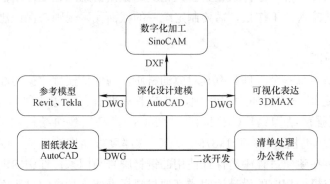

图 5.2-2 AutoCAD 深化设计建模数据转换

3. 施工过程管理

钢结构施工全过程主要包括：深化设计、材料管理、构件制造、项目安装四大阶段，各阶段按照管理需要划分为若干个子阶段。每个（子）阶段又可以划分为若干工序，如杆件建模、节点建模、图纸送审、材料采购、材料入库、材料出库、下料、组立、装配、焊接、外观处理、打砂、油漆、运输、现场验收、现场测量、现场吊装、现场焊接等。

相对而言，国内钢结构企业在施工过程信息化管理方面尚处于探索期。一些钢结构企业通过 ERP 软件来控制零构件、材料、库存、财务入账等流程，实现流程的核心是通过基于 ERP 编码规则的报表获得。虽然在数字建造的钢结构实体模型中包含有足够多的报表，然而目前所有 ERP 编码规则的实现以及报表的获得均由工程师手工编制、进度缓慢、出错率高，制造信息与结构实体模型尚处于割裂状态，信息利用率较低。

在车间管理方面，将模型拆分为零构件，并对其进行唯一编码，赋予唯一的"身份证"。以"身份证"为跟踪对象，通过应用物联网信息采集技术，在车间各生产工序对零构件的生产状态进行实时采集，实现对下料、组立、装配、焊接、外观处理等工序的全过程状态跟踪，并由质检员进行100%质量检查、合格后进行标签扫描，扫描完成才表示检验合格、工序完成。

在现场安装阶段，合格的钢构件运输到项目现场后，按照工期计划进行施工，将现场验收、吊装、焊接等纳入全生命期工序管理范畴，实现项目现场施工的信息化管理[3]。

5.2.3 技术指标

(1) 按照深化设计标准、要求等统一产品编码，采用专业软件开展深化设计工作。

(2) 按照企业自身管理规章等要求统一施工要素编码。

(3) 采用三维计算机辅助设计（CAD）、计算机辅助工艺规划（CAPP）、计算机辅助制造（CAM）、工艺路线仿真等工具和手段，提高数字化施工水平。

(4) 充分利用工业以太网，建立企业资源计划管理系统（ERP）、制造执行系统（MES）、供应链管理系统（SCM）、客户管理系统（CRM）、仓储管理系统（WMS）等信息化管理系统或相应功能模块，进行产品全生命期管理。

(5) 钢结构制造过程中可搭建自动化、柔性化、智能化的生产线，通过工业通信网络实现系统、设备、零部件以及人员之间的信息互联互通和有效集成。

(6) 基于物联网技术的应用，进一步建立信息与BIM模型有效整合的施工管理模式和协同工作机制，明确施工阶段各参与方的协同工作流程和成果提交内容，明确人员职责，制定管理制度。

5.2.4 适用范围

钢结构深化设计、钢结构工程制作、运输与安装。

5.2.5 工程案例[4]

1. 武汉中心项目工程概况

武汉中心项目位于武汉王家墩中央商务区，总建筑面积359270.94m²，其中地上建筑面积272652.53m²；建筑高度438m。

项目用钢量约4.3万余吨，主材为钢板，主要板厚规格在10~100mm间分布，类型多达数十种。从材料计划编制、库存管理到排版套料、余料管理等过程，通过材料统筹管理、精细化应用实现项目降本增效的空间巨大。

2. 工程特点

项目大型埋件、多肢相贯节点等复杂异形构件较多，生产工序多、过程控制难度大。其中某桁架节点最大板厚100mm，最重约43.2t，最大外轮廓尺寸为4.5m×4.3m。单个节点焊缝总长约21940mm，熔敷金属达到1.223t；单个节点的施工过程被划分为70余道工序，过程追溯难度大。

3. 应用过程

武汉中心项目钢结构施工过程中应用了该技术，在项目钢结构施工过程中，深化设计阶段按照施工单位的企业标准（《钢结构深化设计三维建模标准》、《钢结构深化设计图纸绘制标准》等）进行标准化建模，统一了零构件的命名，提供了可追溯的产品编码。

在材料管理阶段，通过粘贴带有自身属性的电子标签，赋予原材料电子"身份证"。借助无线读写器采集材料的"收、发、存、领、用、退"等业务信息，通过无线网络传送至信息系统中进行分类、存储、分析，每一张钢板的物流过程可被全过程监控，见图5.2-3：

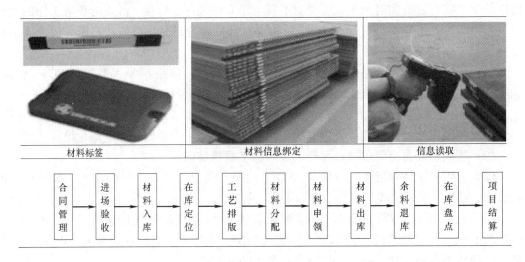

材料标签　　　　　　　　　　材料信息绑定　　　　　　　　　信息读取

合同管理 → 进场验收 → 材料入库 → 在库定位 → 工艺排版 → 材料分配 → 材料申领 → 材料出库 → 余料退库 → 在库盘点 → 项目结算

图 5.2-3　"收、发、存、领、用、退"业务流程

在生产施工阶段，施工企业按照自身企业管理内容，对人员、设备、工序等进行了统一编码，见图5.2-4：

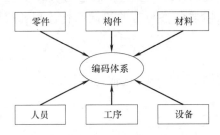

图 5.2-4　统一编码

按照施工单位统一的工艺要求，进行设备联网管控，提高材料利用率和生产效率，见图5.2-5：

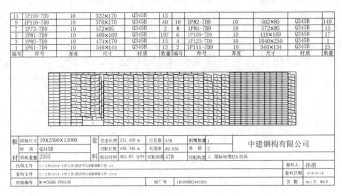

图 5.2-5　联网管控

通过条码标签每一个零件、构件的施工阶段、过程、施工人员等均可被全过程监控，见图5.2-6：

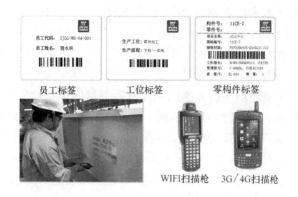

图 5.2-6　全过程监控

通过物联网技术采集的施工信息，经施工企业的企业资源计划管理系统（ERP）、制造执行系统（MES）、供应链管理系统（SCM）、客户管理系统（CRM）、仓储管理系统（WMS）等信息系统的集成，用于项目管理过程中，提高了项目管控水平。

参 考 文 献

[1] 王文英. 浅述钢结构深化设计 [J]. 山西建筑，2011，26：60-61.
[2] 宋建军，祝旭斌. 谈钢结构深化设计技术的发展 [J]. 工业建筑，2014，S1：992-995＋991.
[3] 王朝阳，刘星，张臣友. 以 BIM 打通钢结构建造信息壁垒 [J]. 施工企业管理，2015，05：76-78.
[4] 王朝阳，刘星，张臣友. BIM 技术在武汉中心项目钢结构施工管理中的应用 [J]. 施工技术，2015，06：40-45.

5.3　钢结构智能测量技术

5.3.1　发展概述

钢结构对在施工过程中产生的几何偏差要求严格，钢结构测量的精度与效率直接关系到钢结构施工质量和安全性能。随着特大型、异形、超高层等钢结构在国内外的蓬勃兴起，钢结构测量工作内容日益复杂化，测量精度要求越来越高，技术难度越来越大。采用传统的测量手段已经很难满足施工中对于高精度和高效率的需求。

随着社会的发展和科技的进步，工程测量行业在仪器设备、测量手段、数据传输与处理等方面，涌现出一批更高效、更精准的信息化、智能化测量技术。如测量仪器由传统的光学经纬仪、水准仪、钢卷尺等，发展到带自动马达的全站仪、卫星定位系统、三维激光扫描仪、数字摄影测量、无人机测量等，同时数据传输手段也从传统的手簿记录、数据线传输，发展到基于物联网的无线传输技术，测量数据处理也由单一数据源处理发展到多源信息的融合处理。

作为工程测量技术的重要组成部分，钢结构测量技术也应该向高效智能化方向发展，从而提高钢结构建筑的施工精度、效率，提升钢结构工程的建设整体质量。

5.3.2　技术内容

钢结构智能测量技术是指在钢结构施工的不同阶段，采用更高效精准的智能测量技术，提高钢结构安装的精度、质量和施工效率，解决传统钢结构测量方法难以解决的测量速度、精度、变形等技术难题，实现对钢结构施工进度、质量、安全的有效控制。

1. 高精度三维测量控制网布设技术

高精度三维测量控制网由平面控制网和高程控制网同点布设形成，在每一个测量控制点上融合三维坐标即形成三维测量控制网。高精度三维测量控制网布设技术是指采用GPS空间定位技术或北斗空间定位技术，利用同时智能型全站仪（具有双轴自动补偿、伺服马达、自动目标识别（ATR）功能和机载多测回测角程序）和高精度电子水准仪以及条码因瓦水准尺，按照现行《工程测量规范》，建立多层级、高精度的三维测量控制网。

2. 钢结构地面拼装智能测量技术

在高精度三维测量控制网的基础上，使用智能型全站仪及配套测量设备，利用具有无线传输功能的自动测量系统，结合工业三坐标测量软件，实现空间复杂钢构件的实时、同步、快速地面拼装定位。

3. 钢结构精准空中智能化快速定位技术

从快速空间测量定位的角度，采用带无线传输功能的测量机器人自动测量系统对空中钢结构安装进行实时跟踪定位，利用工业三坐标测量软件计算出相应控制点的空间坐标，并同对应的设计坐标相比较，即时分析偏差情况，及时纠偏、校正，实现钢结构快速精准安装。具体测量模式如下：

（1）对空中散拼安装，利用三维控制网成果，使用智能型全站仪结合小棱镜、球形棱镜或反射片，快速测量吊装单元特征点三维坐标，通过实时比较与设计位置的偏差，指导钢构件快速、准确就位。

（2）对滑移安装，使用全站仪自动测量系统测量三维坐标法控制主要特征点的平面坐标按设计就位。

（3）对整体提升安装，使用电子水准仪高程放样法实时测量主要特征点高程位置。

（4）对巨型钢构件，使用GPS动态定位（RTK）技术，通过在钢构件不同位置安装多台流动站接收机，通过实时监视流动站的姿态实现对巨型钢构件的协助就位安装。

4. 基于三维激光扫描的高精度钢结构质量检测及变形监测技术

在钢结构建筑施工过程中，安装姿态检测以及变形监测是其中的重要环节。快速正确评估钢结构的安装位形以及全面系统的掌握钢结构的变形趋势是施工的重要工作，对降低施工成本，保障施工快速安全地完成具有重要的意义。由于钢结构建筑往往没有固定特征，构件的数量非常多，施工过程中的位形检测与变形监测非常复杂，必须采用一种快速密集的检测方法保证施工过程的顺利进行。

传统的钢结构建筑物安装检测和变形监测手段主要通过全站仪观测部分钢结构特征部位，结合机载对边测量程序，通过检验给定两特征点的空间斜距、平距及高差等方式与设计模型数据对比，从而检验钢件的安装位形与变形信息。这种方法工作周期长、检测密度不足难以实现直观全面的检测，无法满足钢结构建筑施工过程中的安装检测与健康监测的需求。

采用三维激光扫描技术，可以深入到钢结构复杂现场环境进行扫描操作，并可以直接实现各种大型的、复杂的、不规则、非标准的实体三维数据完整的采集，进而重构出实体的线、面、体、空间等各种三维数据。利用数据后处理软件进行构件面、线特征拟合后提取特征点，并按公共点转换三维配准算法，获得各特征点给定坐标系下的三维坐标，比较与设计三维坐标的偏差值来进行安装位形检验。同时，激光扫描数据可对构件的特征线、特征面进行分析比较，更可全面反映构件空间状态和拼装质量。

5. 基于数字近景摄影测量的高精度钢结构性能检测及变形监测技术

利用数字近景摄影测量技术，通过即时获取某一瞬间被摄物的数字影像，经过解算，获得所有被摄点的瞬时位置，具有信息量大、速度快、即时性强等特点，因此广泛应用于建筑物的变形监测，大型工业设备变形检测，钢结构的空间位置检测等领域。针对大尺寸钢结构工业三坐标测量，数字近景工业摄影测量的关键技术如下：

(1) 高质量"准二值影像"的获取；

(2) 标志中心高精度定位算法；

(3) 数字像机的标定与自标定；

(4) 基于编码标志和自动匹配技术的自动化测量技术；

(5) 测量网形的优化与设计。

通过数字近景摄影测量技术对钢结构桥梁、大型钢结构进行精确测量，建立钢结构的真实三维模型，并同设计模型进行比较、验证，以确保钢结构安装的空间位置准确。

6. 基于物联网和无线传输的变形监测技术

钢结构安装过程中对天气、温度等条件敏感，钢材热胀冷缩，尺寸变化较大，温度过高或过低都会对安装精度产生影响。将钢结构施工现场的温度计、湿度计、应力应变计等众多传感器通过无线传输的方式集成到计算机中，克服传统传感器需要传输线不适合施工现场条件的弊端。对不同部位的温度、湿度、应力应变等信息及时汇总、分析、计算，将有力确保钢结构施工的精准性和安全性。

通过建立自动化监测系统，使用智能全站仪，结合自动监测软件及配套持续供电装置及无线数据传输技术，利用已建立的高精度三维控制网，通过全站仪自动后方交会测量在钢结构构件上预先焊接连接杆安插棱镜或直接粘贴反射片作为变形特征点，并同设计数据进行对比，实现钢结构无人值守的自动化、连续监测技术自动、实时处理和自动报警。

最终将集成后的传感器测量数据和测量机器人系统数据、三维激光扫描数据等众多信息在施工监控系统中及时汇总、分析、演算，全方位反映钢结构的施工状态和空间位置等信息，实现钢结构的实际状态符合设计要求，确保钢结构施工的精准性和安全性。

5.3.3 技术指标

1. 高精度三维控制网技术指标

建立的高精度三维控制网相邻点平面相对点位中误差不超过 3mm，高程上相对高差中误差不超过 2mm；单点平面点位中误差不超过 5mm，高程中误差不超过 2mm。

2. 钢结构拼装空间定位技术指标

拼装完成的单体构件即吊装单元，主控轴线长度偏差不超过 3mm，各特征点监测值与设计值（*X*、*Y*、*Z*坐标值）偏差不超过 10mm。具有球结点的钢构件，检测球心坐标值（*X*、*Y*、*Z*坐标值）偏差不超过 3mm。构件就位后各端口坐标（*X*、*Y*、*Z*坐标值）偏差不超过 10mm，且接口（共面、共线）错台不超过 2mm。

3. 钢结构变形监测技术指标

所测量的三维坐标（*X*、*Y*、*Z*坐标值）观测精度应达到允许变形值的 1/20～1/10。

5.3.4 适用范围

本技术适用于大型复杂或特殊复杂、超高层、大跨度等钢结构施工过程中的构件验收、施工测量及变形观测等。

5.3.5 工程案例

1. 典型案例

大型体育建筑：国家体育场（鸟巢）、国家体育馆、水立方等。

大型交通建筑：首都机场 T3 航站楼、天津西站、北京南站、港珠澳大桥等。

大型文化建筑：国家大剧院、上海世博会世博轴、内蒙古科技馆新馆等。

2. 国家体育场（鸟巢）工程

国家体育场（鸟巢）工程总占地面积 21hm²，场内观众坐席约为 91000 个。由雅克·赫尔佐格、德梅隆、艾未未以及李兴刚等设计，由北京城建集团负责施工。体育场为特级体育建筑，主体结构设计使用年限 100 年，耐火等级为一级，抗震设防烈度 8 度，地下工程防水等级 1 级。

国家体育场看台的放射状混凝土框架结构与环绕它们并形成主屋盖的空间钢结构完全分离。空间钢结构由 24 榀门式桁架围绕着体育场内部碗状看台区旋转而成，其中 22 榀贯通或基本贯通。结构组件相互支撑、形成网格状构架，组成体育场整体的"鸟巢"造型。传统的施工测量方法在本工程中已经不再适用。国家体育场（鸟巢）工程效果图见图 5.3-1。

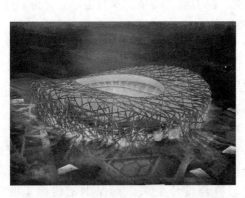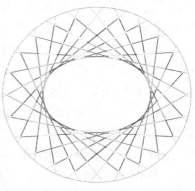

图 5.3-1 国家体育场（鸟巢）工程效果图

"鸟巢"工程的建成不仅标志着建设者施工技术的创新和先进，而且从众多侧面和角度充分展示出精密施工测量技术，为保障其施工按设计要求，准确地实施发挥了重要作用。

工程前期，进行了场区数字化地形图测绘、拆迁测量、场区平整、场内道路放样测量等，为工程的设计和开工做了大量前期工作。

由于国家体育场结构在空间变化的不规则性、多样性、复杂性以及超大规模，增加了施工测量难度和困难，超出传统工程测量范畴，而且又无工程先例，更无工程经验。不论是地面拼装还是安装定位，测量工作都十分烦琐和困难，这些对工程测量的实施都提出了挑战。同时，由于施工场地相对狭小（图 5.3-2），场地中的大型施工设备、运输车辆和重型起重机械的运行频繁，以及作业公司多，配合、协调、工作交圈难度大都给测量工作带来了

图 5.3-2 施工前场地现状图

很多意想不到的困难。钢结构测量的技术难点主要表现在以下几个方面：

（1）需要快速建立高精度三维工程控制网

由于施工场地建筑材料多，对测量控制点通视影响大，为满足施工要求，要根据工程进展情况随时快速建立高精度三维工程控制网，保证工程各阶段施工放样的需要。

（2）钢结构安装施工测量精度高、难度大

① 钢构件（胎架）组装测量

钢结构构件异型、扭曲面多，胎架、构件的三维测量定位难度大，采用工业测量技术进行钢构件（胎架）组装，精度要求高。

② 钢结构安装测量

钢结构构件体形大，安装、吊装中测量定位精度要求高，构件调整困难（图 5.3-3、图 5.3-4）。

构件曲线曲面多，空间接口多。地面拼装的测量定位难度大。用常规的方法几乎无法实现，需采用工业测量技术进行钢构件（胎架）组装。

图 5.3-3 钢构件现场吊装图

图 5.3-4 现场钢构件安装图

构件接口多，朝向各异，安装定位难度大。构件多，安装步骤多，测量定位工作量大，精度要求高。

（3）钢结构支撑塔架卸载变形监测难度大、责任重

钢结构 78 根支撑塔架卸载工程总卸载量大，卸载工作有一定的难度。为了能够确保卸载工作的安全，及时了解卸载过程中每一个步骤钢构件的变形情况，需要对钢结构卸载前、后进行定时跟踪变形监测（图 5.3-5），并快速提供监测信息，为决定下一步卸载工作提供依据，监测责任和压力大。

图 5.3-5　卸载监测现场图

测量人员采用现代科学技术和仪器设备，走科技创新之路，成立了攻关小组，优化测量方案，以严谨求实的科学态度和精益求精的工作作风，保证了"鸟巢"钢结构工程从基础开挖、混凝土结构施工、钢结构安装定位、卸载等工作顺利进行，创造出了多项技术成果，达到了国际先进、国内领先水平。主要表现在以下几个方面：

（1）应用卫星定位系统、智能化的全站仪及数字水准仪快速建立了覆盖整体工程的高精度三维工程控制网，见图 5.3-6。为了满足施工各个环节的需要，又加密了精密导线网和精密水准网。采用先进实用的测量数据处理技术，大大提高工程控制测量的成果质量与作业效率。

采用了具有测绘专用的测量强制对中标志（图 5.3-7），有效减少了测量误差。

（2）开发和应用基于智能化全站仪、激光和通讯等技术的集成式精密空间放样测设技术，实现了对复杂工程设施快速、准确的空间放样测设。

使用性能稳定 GPS 接收机、LEICA TCA2003 智能化全站仪，配备专业测量软件进行自动化观测、计算、记录和数据传输，提高了观测效率和准确性。

（3）应用激光扫描等技术（图 5.3-8、图 5.3-9）对整体工程设施的空间形态进行实时或准实时的精确检测和完整记录，形成了对整体工程实施动态与静态变形监测的自动化技术和方法。

（4）建立、健全了各种工程测量项目的质量安全管理体系，以及各项工程测量项目的监督制度，确保了工程测量成果的可靠性与完整性。

钢结构智能测量技术贯穿于钢结构施工的全过程，能够确保钢结构施工测量的高精度和高效率，保障施工安全和质量，节省人力，推进施工生产过程的技术进步。

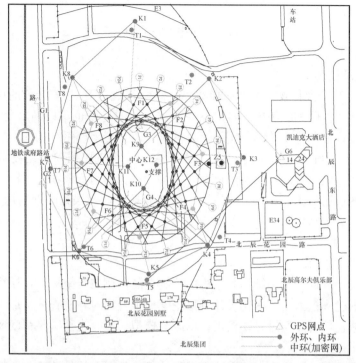

图 5.3-6 施工控制网示意图

图 5.3-7 强制对中测量标志

图 5.3-8 三维激光扫描肩部钢结构

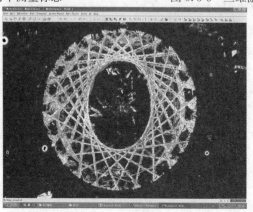

图 5.3-9 鸟巢钢架整体点云模型

5.4 钢结构虚拟预拼装技术

5.4.1 发展概述

我国钢结构工程越来越多，越来越大，越来越复杂。钢结构安装前的预拼装，越来越重要。但预拼装的难度和经济成本难以承受，预拼装的进度也难以满足要求。多年以来，设计院反复强调，但制作安装单位实际无法落实，以至于阻碍钢结构的发展。近年来，正值计算机蓬勃发展的时代，尤其是 BIM 应用以来，计算机模拟预拼装技术应运而生，满足了设计人员的需要，解决了厂家的负担，很快发展。目前，该项技术已趋成熟，经受了多项重大工程的应用检验。具备了广泛推广普及的条件，列入我国钢结构 10 项新技术应用指南，必将促进钢结构的进一步发展。

5.4.2 技术内容

1. 虚拟预拼装技术

采用三维设计软件，将钢结构分段构件控制点的实测三维坐标，在计算机中模拟拼装形成分段构件的轮廓模型，与深化设计的理论模型拟合比对，检查分析加工拼装精度，得到所需修改的调整信息。经过必要校正、修改与模拟拼装，直至满足精度要求。

2. 虚拟预拼装技术主要内容

（1）根据设计图文资料和加工安装方案等技术文件，在构件分段与胎架设置等安装措施可保证自重受力变形不致影响安装精度的前提下，建立设计、制造、安装全部信息的拼装工艺三维几何模型，完全整合形成一致的输入文件，通过模型导出分段构件和相关零件的加工制作详图。

（2）构件制作验收后，利用全站仪实测外轮廓控制点三维坐标。

① 设置相对于坐标原点的全站仪测站点坐标，仪器自动转换和显示位置点（棱镜点）在坐标系中的坐标。

② 设置仪器高和棱镜高，获得目标点的坐标值。

③ 设置已知点的方向角，照准棱镜测量，记录确认坐标数据。

（3）计算机模拟拼装，形成实体构件的轮廓模型。

① 将全站仪与计算机连接，导出测得的控制点坐标数据，导入到 EXCEL 表格，换成（x，y，z）格式。收集构件的各控制点三维坐标数据、整理汇总。

② 选择复制全部数据，输入三维图形软件。以整体模型为基准，根据分段构件的特点，建立各自的坐标系，绘出分段构件的实测三维模型。

③ 根据制作安装工艺图的需要，模拟设置胎架及其标高和各控制点坐标。

④ 将分段构件的自身坐标转换为总体坐标后，模拟吊上胎架定位，检测各控制点的坐标值。

（4）将理论模型导入三维图形软件，合理地插入实测整体预拼装坐标系。

（5）采用拟合方法，将构件实测模拟拼装模型与拼装工艺图的理论模型比对，得到分段构件和端口的加工误差以及构件间的连接误差。

（6）统计分析相关数据记录，对于不符规范允许公差和现场安装精度的分段构件或零件，修改校正后重新测量、拼装、比对，直至符合精度要求。

3. 虚拟预拼装的实体测量技术

（1）无法一次性完成所有控制点测量时，可根据需要，设置多次转换测站点。转换测站点应保证所有测站点坐标在同一坐标系内。

（2）现场测量地面难以保证绝对水平，每次转换测站点后，仪器高度可能会不一致，故设置仪器高度时应以周边某固定点高程作为参照。

（3）同一构件上的控制点坐标值的测量应保证在同一人同一时段完成，保证测量准确和精度。

（4）所有控制点均取构件外轮廓控制点，如遇到端部有坡口的构件，控制点取坡口的下端，且测量时用的反光片中心位置应对准构件控制点。

5.4.3 技术指标

预拼装模拟模型与理论模型比对取得的几何误差应满足《钢结构工程施工规范》GB 50755—2012 和《钢结构工程施工质量验收规范》GB 50205—2001 以及实际工程使用的特别需求。

预拼装模拟模型与理论模型比对取得的几何误差应满足《钢结构工程施工规范》GB 50755 和《钢结构工程施工质量验收规范》GB 50205 以及实际工程使用的特别需求。

无特别需求情况下，结构构件预拼装主要允许偏差：

预拼装单元总长	±5.0mm
各楼层柱距	±4.0mm
相邻楼层梁与梁之间距离	±3.0mm
拱度（设计要求起拱）	±1/5000
各层间框架两对角线之差	$H/2000$，且不应大于 5.0mm
任意两对角线之差	$\sum H/2000$，且不应大于 8.0mm
接口错边	2.0mm
节点处杆件轴线错位	4.0mm

5.4.4 适用范围

计算机虚拟预拼装技术适用于各类建筑钢结构工程，特别适用于大型工程及复杂钢结构工程。尤其在加工构件超大或超重、加工安装精度要求高、没有预拼装条件或时间等情况下，预拼装又极其重要的工程。

5.4.5 工程案例

1. 典型案例

目前，该项技术已趋成熟，经受了多项重大工程的应用检验。比较典型的工程，如：北京中国尊、天津宝龙国际中心、天津宝龙城市广场、深圳平安金融中心等，应用非常成功，效益显著。

2. 深圳平安金融中心

（1）概况

平安金融中心主楼整体结构共计 7 道加强层桁架，其中第 6 道、第 7 道桁架，分别设置在 L97～L99 层、L114～L115 层之间。其中，巨柱间的带状桁架杆件均为双 H 型构件，主要板厚为 25mm、40mm、70mm；角部加强桁架为单 H 型构件，主要板厚为 50mm、60mm、80mm；伸臂桁架为箱型＋H 型构件，主要板厚为 45mm、100mm，其中带状桁架一榀重量达 185t，长 26m，宽 2.8m，高 5.6m。见图 5.4-1 和图 5.4-2。

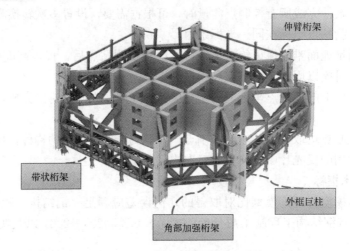

图 5.4-1 L114～L115 层加强层桁架分布示意图

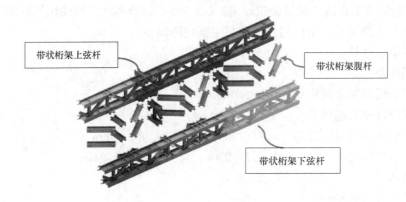

图 5.4-2 L114～L115 层加强层单榀带状桁架分段示意图

根据前期报送的预拼装方案及结合工厂加工任务的安排，拟对 97～99 层、114～115 层的带状桁架（除分别选择其中一面带状桁架实体预拼装外）、角部加强层桁架采用计算机模拟预拼装，在保证构件质量的同时，节约实体预拼装的时间，有效保证现场工期。

（2）方法原理

采用钢结构三维设计软件 Tekla Structures 构建三维理论模型，对加工完成的实体构件进行各控制点三维坐标值测量，用测量数据在计算机中构造实测模型，通过实测在计算机中形成的轮廓模型与理论模型进行拟合比对，并进行模拟拼装，检查拼装干涉和分析拼装精度，得到构件加工所需要修改的调整信息，见图 5.4-3 和图 5.4-4。

（3）模型建立

运用 Tekla Structures 设计软件，依托相对应的图纸建立桁架的结构三维模型，其中包括设计、制造、安装的全部信息要求，所有图纸与报告完全整合在模型中产生一致的输入文件，通过模型导出供车间生产制作的构件详图及相关零件图，以利于车间更快、更准确的安排生产。见图 5.4-5。

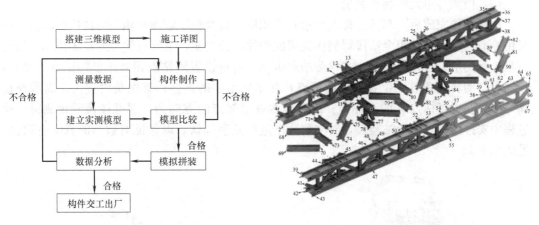

图 5.4-3 模拟预拼装流程图 图 5.4-4 模拟预拼装各控制点采集示意图

图 5.4-5 带状桁架三维模型示意图

（4）桁架各单元控制点划分

根据设计提供的模型及配套的深化设计图纸，以 97～99 层南区带状桁架为例，将整榀桁架划分为 32 个单元，见表 5.4-1。

带状桁架各单元划分列表 表 5.4-1

序号	构件号	截面尺寸	长度	数量	单净重（kg）	总净重（kg）	备注
1	35DHJ3LP-1	H500×500×25×25	3415	1	2451.1	2451.1	
2	35DHJ3LP-2	H500×500×25×25	3415	1	2450.9	2450.9	
3	35DHJ3SF-1	BH250×300×20×20	1571	1	220.3	220.3	
21	35DHJ3XX-1	BH1000×500×70×70	10374	1	28129.4	28129.4	
22	35DHJ3XX-2	BH1000×500×70×70	9480	1	26689.6	26689.6	
23	35DHJ3XX-3	BH1000×500×70×70	8270	1	21035.1	21035.1	
27	35DHJ3ZF-4	H500×500×25×25	2620	1	739.6	739.6	
28	35DHJ3ZF-5	H500×500×25×25	2620	1	739.6	739.6	
29	35DHJ3ZF-6	H500×500×25×25	2620	1	739.6	739.6	
	合计			32		186055.6	

（5）桁架各单元控制点测量

构件制作完成后，车间自检人员通知专职质检员及驻厂监理对相关构件进行验收，同时由专业测量人员利用全站仪对制作完成的构件进行实测，主要对构件外轮廓控制点进行三维坐标测量。首先应设置全站仪测站点坐标，通过设置测站点相对于坐标原点的坐标，仪器可自动转换和显示位置点（棱镜点）在坐标系中的坐标；其次是设置仪器高和棱镜高，用以获得目标点 Z 的坐标值；最后设置好已知点的方向角，照准棱镜开设测量，此过程中安排监理进行旁站监督，对实测数据进行签字确认，以保证对数据的真实有效性。见图 5.4-6。

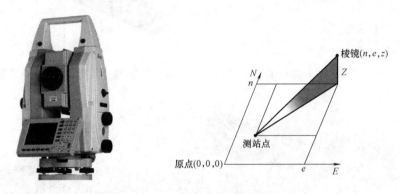

图 5.4-6　全站仪图例及坐标系设定示意图

在全站仪无法一次性完成对构件所有控制点进行测量且需要多次转换测站点。在转换测站点时，应保证所有测站点坐标系在同一坐标系内；同时由于不能保证现场测量地面的绝对水平，每次转换测站点后仪器高度可能会不一致，因此在转换测站点后设置仪器高度时应以周边一固定点高程作为参照；对于同一构件上的控制点坐标值的测量保证在同一时段完成，以保证测量坐标的准确和精度。见图 5.4-6 和图 5.4-7。

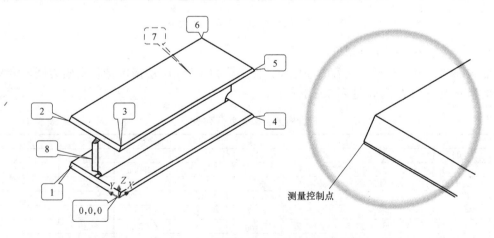

图 5.4-7　构件控制点测量位置示意图

所有桁架各单元控制点均取构件外轮廓控制点，如遇到端部有坡口的构件，控制点取坡口的下端，且测量时用的反光片中心位置应对准构件控制点。

（6）数据转换

图 5.4-8 构件实测图例

　　将全站仪与计算机连接，导出测量所得坐标控制点数据，将坐标点导入到 EXCEL 表格，将数据在 EXCEL 表格同一单元格里把坐标换成（x，y，z）格式：在 EXCEL 文件里，第一列输入 x 坐标，第二列输入 y 坐标，第三列输入 z 坐标，在第四列中输入＝A1&"," &B1 &"," &C1；往下拉就可以得到 x，y，z 坐标样式，然后选择复制全部数据在 CAD 界面中输入 SPLINE 或 LINE 命令，在命令行中粘贴复制的坐标数据即可得到构件的实测三维模型（此处以 35DHJ3XX-3 举例说明）。见图 5.4-9 和图 5.4-10。

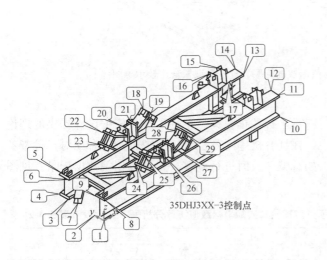

35DHJ3XX-3控制点

控制点编号	x值	y值	z值	三维坐标值
1	0	0	0	0, 0, 0
2	0	500	0	0, 500, 0
3	0	2500	0	0, 2500, 0
4	0	2000	0	0, 2000, 0
5	0	2500	930	0, 2500, 930
6	0	2000	930	0, 2000, 930
7	-297	1185	605	-297, 1185, 605
8	0	0	930	0, 0, 930
9	0	500	930	0, 500, 930
10	9831	0	0	9831, 0, 0
11	9831	0	1000	9831, 0, 1000
12	9831	500	1000	9831, 500, 1000
13	9831	2000	1000	9831, 2000, 1000
14	9831	2500	1000	9831, 2500, 1000
15	8881	2309	1594	8881, 2309, 1594
16	8381	2309	1594	8381, 2309, 1594
17	8381	309	1594	8381, 309, 1594
18	4662	2322	1728	4662, 2322, 1728
19	4987	2285	1350	4987, 2285, 1350
20	3358	2309	1594	3358, 2309, 1594
21	3858	2309	1594	3858, 2309, 1594
22	2551	2322	1726	2551, 2322, 1726
23	2227	2284	1346	2227, 2284, 1346
24	2227	284	1346	2227, 284, 1346
25	2551	322	1726	2551, 322, 1726
26	3358	309	1594	3358, 309, 1594
27	3858	309	1594	3858, 309, 1594
28	4662	322	1728	4662, 322, 1728
29	4987	285	1350	4987, 285, 1350

图 5.4-9　带状桁架下弦杆控制点及测量数据示意图

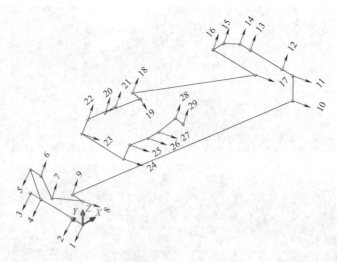

图 5.4-10　三维坐标导入 CAD 中形成轮廓线示意图

（7）构件拟合

将单根构件的理论模型导入到 CAD 界面中，采用 "AL" 命令拟合方法将构件实测模型和理论模型进行比较，得到分段构件的制作误差，若误差在规范允许范围内，则可进行下一步模拟拼装，如偏差较大，则先需将构件修改校正后再重新测量。在构件拟合过程中应不断调整起始边重合，选择其中拟合偏差值最小的为准。见图 5.4-11。

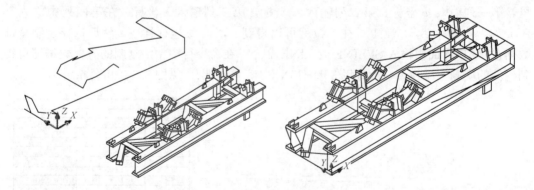

图 5.4-11　实测坐标值形成的轮廓与理论模型拟合比较示意图

（8）桁架模拟预拼装

对桁架上、下弦杆各控制点进行三维坐标数据收集、整理汇总并依据设计提供的理论模型将其合理地放在实测的坐标系中，在计算机中对各控制点逐个进行拟合比对，检查各连接关系是否满足设计及相关要求，如有偏差及时进行调整，并形成相关数据记录。见图 5.4-12、图 5.4-13 和表 5.4-2。

桁架计算机模拟预拼装理论与实际坐标数值统计分析表　　　　表 5.4-2

序号	理论坐标值			实测坐标值			公差			备注
	X	Y	Z	X	Y	Z	X	Y	Z	
A1	998	11560	1510	997	11558	1508	-1	-2	-2	
A2	997	11550	-489	995	11549	-490	-2	-1	-1	

续表

序号	理论坐标值			实测坐标值			公差			备注
	X	Y	Z	X	Y	Z	X	Y	Z	
A3	995	11551	−790	994	11550	−792	−1	−1	−2	
...	...	...	...	...	...	...	...	...	...	
B16	16702	18816	−729	16700	18814	−732	−2	−2	−3	
B17	16706	18812	−1230	16708	18812	−1228	2	0	2	
B18	26485	19928	783	26484	19927	781	−1	−1	−2	

注：表中实测坐标值非实测数值，仅以举例说明。

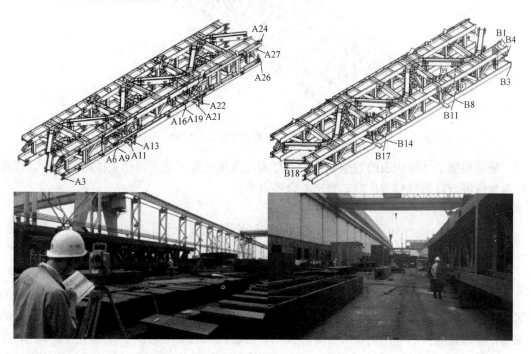

图 5.4-12 整榀桁架测量控制点示意图

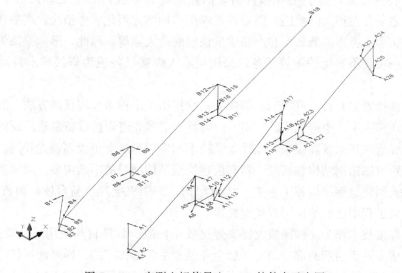

图 5.4-13 实测坐标值导入 CAD 软件中示意图

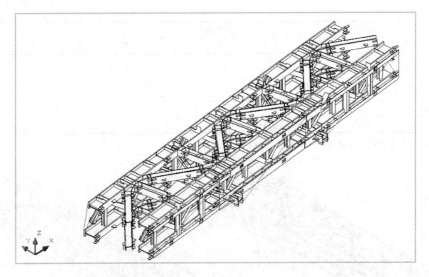

图 5.4-14   理论模型与实测坐标值拟合比对示意图

最终根据统计分析表的数据偏差大小是否超出规范要求来调整相关杆件的尺寸，调整后再重新进行计算机拟合比对，直至符合要求为止。

5.5   钢结构高效焊接技术

5.5.1   发展概述

目前世界工业发达国家焊接自动化程度已高达 80%。日本是机器人推广应用最好的国家，基本已在工厂内实现了钢结构焊接制造的自动化，但在情况更复杂，条件更恶劣的现场，焊接机器人的应用仍十分少见。我国焊接机器人的应用起步于 20 世纪 70 年代，现在多应用在汽车制造和机械设备制造等领域，在建筑钢结构领域应用尤其在钢结构焊接制作的自动化装备方面，按手工焊和自动焊消耗的焊材估算，名义上焊接自动化程度为 30%，相比之下存在很大的差距。随着建筑焊接结构朝大型化、重型化、高参数精密化方向发展，焊接手工操作的低效率和产品质量稳定的最大障碍，因此，迅速提高焊接自动化程度已成为一项刻不容缓的重要任务。采用机器人焊接已经成为焊接技术自动化的重要标志。

为提高焊接效率，自 20 世纪 50 年代就陆续提出了多种多丝埋弧焊方法，发展到今天有些方法已在实际生产中得到广泛应用[1]。得益于诸多先进焊接设备制造厂商的力量，国外双丝埋弧焊近些年来发展很快，在设备、技术和应用程度上仍大幅领先我国。国内近年来，随着大跨度场馆钢结构和高层、超高层建筑钢结构项目的不断增多。双（多）丝埋弧焊被逐步引入到建筑钢结构施工企业。21 世纪初，在中央电视台新台址、国贸三期 A 阶段工程等重大工程中已开始应用双丝埋弧焊。

免清根焊接技术作为一种能极大提高焊接效率，减少焊接材料使用的高效焊接技术，目前是国内诸多处于前端的部分加工制造企业强烈主张的推广的。国外此项技术受到焊接规范和标准的制约，对此并无深入的探索和应用。我国诸多钢结构加工制造企业对此技术上已进行了尝试和应用，并有可能在未来的焊接规范中有所突破。

免开坡口熔透焊技术在 20 世纪 50 年代苏联的巴顿焊接电焊研究所就开始研究，1957 年，鞍山金属结构厂也开始了此项试验研究，并实现了 20mm 以下板厚紧贴对接的全熔透焊[2]。多年来工艺成熟，但在国内建筑钢结构领域的应用尚不普及。

窄间隙焊接技术是 1963 年在《铁时代》杂志上首先由美国巴特尔研究所提出，目前广泛应用于各种大型重要结构，如造船、锅炉、核电、桥梁等厚大件的生产。国际上发达国家如欧美、日本、俄罗斯等应用比较多，特别是日本远远走在前列，NG-GMAW 应用非常广泛。日本 1966 年开始窄间隙焊接的研究，之后其技术一直领先于其他各国，研究成果占世界 60% 以上。我国鞍山金属结构厂在 1957 年试验免开坡口熔透焊技术时既已成功试验了 20～32mm 的窄间隙埋弧焊接。我国目前应用最多的是粗丝大电流窄间隙埋弧焊，近几年在电站和核电领域陆续引进了窄间隙热丝 TIG 焊。而 NG-GMAW 在国内的应用则是 2008 年之后才开始[3]。

5.5.2　技术内容

1. 焊接机器人技术

建筑钢结构制作加工的主要工作在于弧焊焊接，但是目前国内建筑钢结构由于缺乏标准化，前道工序下料、组对精度不高，工件具有品种多、批量小、工艺复杂等特点，实现机器人自动化焊接存在着较大瓶颈，相较于汽车、工程机械等行业的机器人自动化进程落后很多。因此要完成钢结构行业的工件机器人自动焊接，必须掌握以下技术要点：

（1）离线编程软件、智能编程软件

通过软件驱动机器人自动焊接装备，减少示教工作量或者免示教，适合钢结构制造过程中产品种类多、批量小的特点。

（2）接触传感、电弧跟踪、数据库等厚板焊接技术

作为中厚板焊接应用的代表性领域之一，在建筑钢结构、桥梁等行业的结构件焊接中，因为存在工件尺寸、板厚较大，焊接坡口加工、工件组对精度较差的问题，为了取得良好的焊接效果，需要机器人具有相当于人类的视觉、触觉等传感跟踪功能-即要有强劲的跟踪纠偏功能。

2. 双（多）丝埋弧焊技术

（1）采用交、直流电源并用或相位关系可控的多台交流电源，以避免电弧间相互干扰及产生磁偏吹。

（2）每个电弧都有独立的控制系统一级独立可控的送丝机。

（3）每个电弧都能独立地调节熔滴过渡和弧长。

（4）双、多焊丝共用一个导电嘴或双、多丝使用独立导电嘴。共用一个个导电嘴时焊速提高有限，各自使用独立导电嘴时，前丝保证熔深并对后丝预热，后丝填充并加大熔宽，可使焊速明显提高。独立导电嘴可串联、并列、斜列，并且相互间角度及间隙可调。

（5）配备信息传感系统如接触式跟踪传感器、电弧传感器、光电感应式传感器、旋转电弧式传感器、视觉传感器、激光传感器等，随着焊接坡口角度、间隙、焊缝高度及尺寸的变化而实时控制焊接工艺参数。由于早期应用的接触式跟踪传感器感受工件接头及坡口形式限制，光电管感应式与视觉传感器受电弧干扰影响，目前已成功应用的是电弧传感器、激光传感器。电弧传感器依靠电弧延坡口横向移动至两侧时，因电弧长度变化导致电

流不同,可测知电弧原始位置对坡口中心线地偏离。激光传感器通过激光扫描获得截面信息,从而实现焊缝的自动跟踪。

3. 免清根焊接技术

(1)焊接电流

主要是根据焊丝直径及焊接坡口的形式选定。焊接电流过大,有利于提高焊接熔敷效率,增加焊缝金属的熔深,但对焊后脱渣性能有一定的影响,特别是对母材影响较大,所以不宜选用过大的焊接电流;焊接电流过小,熔深小,焊剂不能有效地融合到母材侧壁,不能保证焊缝的质量。所以选择合适的焊接电流至关重要。以本工程 ϕ5.0mm 焊丝为例,其焊接电流控制在 650A 左右。

(2)电弧电压

是影响焊缝金属的熔深和熔宽的主要参数。电弧电压过低时,易产生侧壁未熔合的焊接缺陷;电弧电压过高时,易产生侧壁咬边的焊接缺陷,焊后的脱渣性能变差。为了获得良好的焊缝质量,以 ϕ5.0mm 焊丝为例,其电弧电压控制在 35~38V。

(3)焊接速度

应与焊接电流和电弧电压相匹配。当焊接电流一定时,过快的焊接速度会产生焊缝的未焊透及焊缝表面粗糙,焊渣不宜脱落;过慢的焊接速度会造成焊缝的余高和熔宽过大,同样会使焊渣不易脱落。焊接电流在 650A 左右时,第一道埋弧焊的焊接速度控制在25m/h 左右,第二道焊接速度控制在 20~25m/h。

(4)焊接要点

焊丝正对焊道(焊丝与焊缝间的夹角控制在 45°)施焊,速度要均匀,焊缝与母材之间应平滑过渡,余高要均匀,高度不得超过 3mm;严格控制组对间隙和定位焊的焊缝大小,尽可能地减少间隙,在保证组对定位的同时,尽量减小定位焊的焊高,以保证定位焊处的熔透;第一侧焊接电流大小原则为用稍大电流,不击穿 T 形焊缝腹板;第二侧的焊接电流要大,保证熔透深度,因为第一侧已经有焊肉,相当于增加了板材厚度,大电流不会造成板材被烧穿,大电流也可以保证深处熔渣的浮出,减少焊接缺陷;第一侧的焊接电压采取正常标准,保证焊缝成形;另一侧的焊接电压要稍微偏大,保证焊缝的宽度,配合大电流,以避免造成焊缝中间的集中,造成焊接应力集中,保证焊缝的圆滑过渡 。

4. 免开坡口熔透焊技术[4]

埋弧焊不开坡口焊接可以提高生产效率,而且在焊接过程中焊剂的使用量可以减少很多,这样就可以节约生产成本。不开坡口焊接对于一个企业来说不仅减少一道加工工序,缩短产品的加工时间,而且在焊剂使用上也可以减少,也可以减少焊接成本。

(1)电流对焊缝熔深的影响(图 5.5-1)

熔深随焊接电流的增加而增大,当焊接电流小于 720A 时,熔深的增加速率较为明显,但是当电流大于 720A 时,熔深趋于稳定,其深度并不随焊接电流的增加而增加;焊缝的熔宽随焊接电流的增加呈递增趋势,当焊接电流小于 740A 时,熔宽的递增速率较慢,当焊接电流大于 740A 时,熔宽的递增速率明显增加。

埋弧焊的线能量大致可分为三个部分:增加熔深的热量、增加熔宽的热量和散失的热量。当焊接电流小于 740A 时,用于增加熔深的热量大于用于增加熔宽的热量,焊接电弧的穿透能力较强,随着电流的增加,故表现为随着焊接电流的增加,熔深的增加量较熔宽

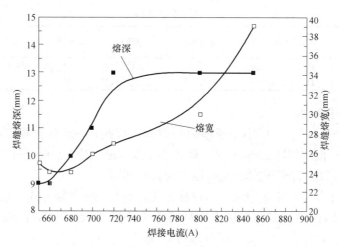

图 5.5-1　焊接电流与焊缝熔深、熔宽关系图

的增加量更为明显；当焊接电流大于 740A 时，由于受焊接电流密度的限制，埋弧焊电弧的穿透能力达到最大值，电流的增加并不能增大熔深，而是将增加的热量用于增大熔宽，故表现为随着焊接电流的增加，其熔深几乎没有变化，而熔宽在不断地增加。

由此可见，埋弧焊的焊接电流并非越大越好，当电流达到一定程度时，焊缝的熔深达到最大值，超过该值后，焊接电流的增加并不能增大熔深，只会增加熔宽。

（2）电流对余高的影响（图 5.5-2）

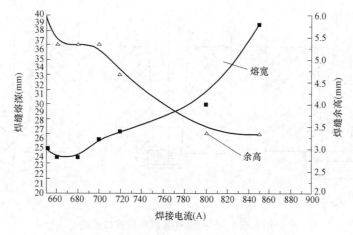

图 5.5-2　焊接电流与焊缝熔深、熔宽关系图

（3）焊缝金属的熔合质量

正面焊接电流 700A，反面焊接电流 650A 的焊接工艺并不能完全熔透焊件；当正面焊接电炉 800A（或 850A），反面焊接电流 680A（或 660A）时，正面焊缝和反面焊缝存在部分熔合区，这说明焊件被完全焊透。

（4）最优参数

在电流小于 750A 时，焊缝的余高是明显很大的，所以在余高和母材的连接点经常会出现应力集中现象，这对于焊接来说是不好的。在保证焊透的情况下，电流也不易太大，这样会影响焊缝的内部组织，所以在合理的焊接参数选择如表 5.5-1 所示。

焊接参数选择   表 5.5-1

层数	焊接方法	焊丝型号及规格	焊剂型号	电流极性	电压(V)	电流(A)	焊接速度(cm/min)
1	SAW	H10Mn2,ϕ4mm	HJ431	直流正极性	34~36	690~710	34
2	SAW	H10Mn2,ϕ4mm	HJ431	直流正极性	34~36	740~760	34

5. 窄间隙焊接技术

板厚大于 30mm 以上，以小于板厚的间隙进行焊接；一般而言板厚小于 200mm 时，间隙小于 20mm；板厚超过 200mm 时，间隙小于 30mm。对于常规厚板（30mm 左右）坡口尺寸 8~10mm 以下为窄间隙，5mm 以下为超窄间隙。

窄间隙焊接不是一种常规意义上的焊接方法，而是一种焊接方式，是利用了现有的弧焊方法的一种特别技术。多种焊接方法都可用窄间隙焊接（NGW：Narrow Gap Welding）。

NG-TIG：全位置、热丝，用于不锈钢、钛合金和镍基合金，电站和核工业。

NG-SAW：考虑脱渣，已成熟，但不适于全位置焊。

NG-GMAW（MAG、CO2）：适于全位置焊，但要解决飞溅和侧壁熔合问题（特别是横焊时），工艺规范区间较窄。[3]

（1）坡口尺寸

通常采用单面坡口加固定钢衬垫、陶瓷衬垫或封底焊道以得到焊缝根部焊透，常用坡口形式见图 5.5-3。

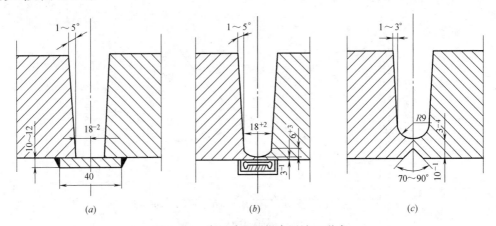

图 5.5-3 窄间隙埋弧焊常用坡口形式

（a）固定衬垫单面坡口；（b）陶瓷衬垫单面坡口；（c）背面封底的单面坡口

（2）焊丝直径

根据焊件厚度及坡口宽度选择焊丝直径范围（表 5.5-2），坡口宽度大则焊丝直径粗，不同焊丝直径允许的电流范围见图 5.5-4。

每层单道焊时，根据坡口宽度选择焊丝直径表   表 5.5-2

焊丝直径 d(mm)	坡口宽度 B(mm)	B/d 比	焊丝直径 d(mm)	坡口宽度 B(mm)	B/d 比
1.6	10	6.3	4.0	18	4.5
2.4	13	5.4	5.0	22	4.4
3.2	15	5.0			

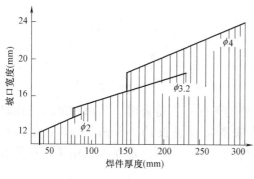

图 5.5-4　焊接电流范围

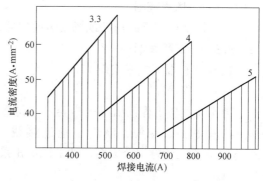

图 5.5-5　焊接热输入与焊缝低温冲击韧性关系

（3）焊接电流

根据坡口宽度选择图 5.5-4 所示的焊接电流范围，同时应根据图 5.5-5 所示的焊接热输入与焊缝低温冲击韧性关系优选焊接电流值，由图可见热输入超过 $50\text{kJ} \cdot \text{cm}^{-1}$ 时，焊缝低温韧性逐渐下降。

（4）焊道排列方式

根据坡口宽度选择如图 5.5-6 所示的焊道排列方式，有每层单道、双道或三道，以得到致密的焊缝。

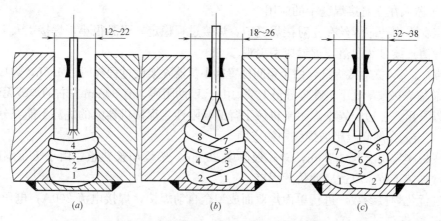

图 5.5-6　窄间隙埋弧焊坡口宽度与焊道排列方式

（*a*）每层单道焊；（*b*）每层双道焊；（*c*）每层三道焊

（5）焊丝伸出部的位置

根据每层焊道排列数设置焊枪在坡口中位置及焊丝伸出长度部分。设置适当的焊丝伸出端部至坡口侧壁距离以达到侧壁熔合良好。对于单丝焊，焊丝到侧壁距离应等于焊丝直径（宜为 3.5～4.0mm），允许偏差为±1mm。当热输入较大时允许偏差为±1.5mm。[5]

5.5.3　技术指标

焊接工艺参数须按《钢结构焊接规范》GB 50661 要求，满足焊接工艺评定试验要求；承载静荷载结构焊缝和需疲劳验算结构的焊缝，须按《钢结构焊接规范》GB 50661 分别进行焊缝外观质量检验和内部质量无损检测；焊缝超声波检测等级不低于 B 级，母材厚度超过 100mm 应进行双面双侧检验。

5.5.4 适用范围

所有钢结构工厂制作、现场安装的焊接。

5.5.5 工程案例

1. 焊接机器人技术实例

（1）工程概况

港珠澳大桥工程包括三项内容：一是海中桥隧工程；二是香港、珠海和澳门三地口岸；三是香港、珠海、澳门三地连接线。港珠澳大桥总长约 36km，主体工程长约 29.6km，采用桥隧组合方案，约 22.9km 采用桥梁方案。全桥上部结构钢箱梁用钢量近40 万 t。

（2）自动焊接机器人焊接技术在钢箱梁拼装中的应用

为提高焊接质量，优化港珠澳大桥的整体质量，钢桥制作引入全自动焊接机器人焊接直长立对接焊缝和爬坡焊焊缝。

① 焊接机器人简介

通过示教器输入、采集焊缝参数，并输入电脑，作为计算焊接工艺参数的原始数据。

机器人手臂有 4 个自由度，将导轨视为基轴，其上下左右前后分别为 X，Y，Z 轴，机械手臂拥有 X 平面的旋转自由度。这使得机器人可有更全面的模仿人焊接的动作方式，使其工作范围扩大。

② 机器人在立对接焊缝中的应用

优点：采用药芯焊丝在立对接焊缝中，焊接过程稳定，飞溅很小，焊接工人工作强度减小，焊渣连续自然脱落，焊缝成型美观。

缺点：1.5M 立对接焊缝，由于空间位置狭小机器人架设过程耗时近 1.5h，焊接过程耗时 1h，总体焊接效率低下。在焊缝最上端，由于 U 肋阻碍，有 30mm 左右的焊缝无法焊接。

可以看出，在短焊缝中，由于机械手臂的局限性，焊接机器人的优势不能充分发挥。

③ 机器人在斜底板爬坡焊缝中的应用

斜底板爬坡焊全长 4.28m，斜底板厚度 20mm，架设加长轨道，由于 U 肋阻挡，对机械手臂加装工装，以适应此位置焊接。

通过优化焊接参数，进行单面焊双面成型全自动焊接，焊接电流 200A，电压 30V 左右，填充 3 层。

机器人爬坡焊，焊接人员只需不定时观察焊接情况，监控熔池是否偏移，电弧是否稳定，通过微调，获得最佳焊接状态。每道焊缝焊接完，机器人将自动返回焊接起始位置，自动焊接下一道，层间不需要打磨，焊接过程十分稳定几乎不需要人为手动操作。

整个焊接过程，安装机器人用时 40min，焊接 1h50min，共用时 2h30min。一名焊工手工完成这道焊缝需用时 4h30min。机器人效率远高于手工焊接。

（3）港珠澳大桥钢箱梁自动化焊接应用总结

对上述两种位置的焊缝，机器人焊接与手工 CO_2 气体保护焊相比

① 质量：机器人焊接焊缝鱼鳞纹细密均匀，没有焊接接头，余高 1mm 左右，成型美观对比如图 3 焊缝探伤合格率接近 100%。手工焊外观成型相对较差，探伤合格率低于机器人焊接。

② 焊缝外观成型对比

③ 效率：受到焊缝空间位置的限制对于空间位置狭小或长度较短的焊缝，考虑设备的安装时间，焊接机器人效率相对低一些。但对于空间位置好的直长立对接、立角焊、爬坡焊等焊缝机器人的效率要远高于手工焊接，而且大大降低劳动强度。

2. 双丝埋弧焊和免清根焊接技术

(1) 工程概况

中国尊大厦本工程地上结构形式为：巨形框架（巨柱、转换桁架、巨型斜撑组成）＋混凝土核心筒（型钢柱、钢板剪力墙）结构体系，总用钢量约 12 万 t。工程中 2.3 万 t 焊接 H 型钢梁 T 型节点采用了免清根焊接技术。

(2) 焊接坡口形式

采用 U 型坡口，焊接热输入低，焊接变形对称，且无需碳弧气刨清根，焊缝填充量等同于常规坡口形式，同时采用机械的方式加工坡口，坡口精度高，无需打磨。见图 5.5-7。

根据行业现状，T 型节点焊接可以采用的工艺设计坡口有 2 种：采用单面 V 型、背面加垫板焊接；采用 K 型坡口背面清根焊接；通过实验数据对比分析，U 型坡口焊材用量小，焊接变形量小，坡口加工效率高，平整度高，加工周期短，成本低。本工艺采用最优称 U 型坡口。

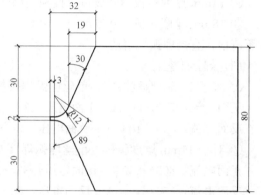

图 5.5-7　焊接坡口形式

(3) 焊接方法

焊接机器人打底，双丝埋弧焊进行填充盖面，选用卧式双丝埋弧焊同时对 H 型钢两边同时焊接。采用卧式双丝埋弧焊，外观成型好，焊接效率是普通埋弧焊的 4 倍。见图 5.5-8。

图 5.5-8　焊接机器人

共焊接 T 型节点焊缝 10421m，合格 10400m，一次探伤合格率 99.8%，焊缝外观成型良好。T 型节点不清根工艺跟传统 K 型坡口清根工艺相比，人工节省（12.5－10.1)/

12.5＝19.2％，一次焊接合格率达到98.5％。

3. 免开坡口熔透焊技术

（1）工程概况

马尾船政（连江）船舶及海洋工程装备园区特种船舶项目，位于福州市连江县粗芦岛，工程采用钢结构排架及钢筋混凝土框架结构厂房，单层最大跨度42m，建筑高度31.3m。车间总长度为580m，宽228m。用钢量约966t。

福建马尾船厂14m标高吊车梁上翼缘和腹板主焊缝要求全熔透，腹板厚度为：10mm、12mm、14mm、16mm、18mm。

（2）焊缝要求

① 10mm厚度腹板不开坡口直接和翼缘熔透

② 14mm厚度腹板不开坡口直接和翼缘熔透

③ 18mm厚度腹板，开单剖口，留6～8mm钝边，2mm间隙，正面气保焊打底，反面不清根，直接埋弧焊熔透。

（3）焊接工艺：

① 对于10mm厚度腹板，单丝埋弧焊接参数要求如下：

正面电流：750～800A　正面电压：32～36V　车速50～60km/h

反面电流：850～1000A　反面电压：34～36V　车速40～50km/h

② 对于14mm厚度腹板，单丝埋弧焊接参数要求如下：

正面电流：800～850A　正面电压：32～36V　车速45～55km/h

反面电流：850～1000A　反面电压：34～36V　车速40～50km/h

③ 对于14mm厚度腹板，单丝埋弧焊接参数要求如下：

正面气保焊打底，GMAW，电流220～280A　电压28～32V　速度30～40km/h

SAW焊接

正面电流：650～700A　正面电压：30～34V　车速55～65km/h

反面电流：850～1000A　反面电压：34～36V　车速40～50km/h

（4）焊接区域70mm范围内打磨干净，要求无毛刺、锈蚀。定位焊缝焊角大小5mm，埋弧焊接焊接前，对定位焊缝打磨。

参 考 文 献

[1] 韩彬，邹增大等. 双（多）丝埋弧焊方法及应用 [J]. 焊管，2003，7.

[2] 曾乐，刘炳先. 板厚12～32公厘不开坡口留大间隙的自动埋弧焊研究 [J]. 焊接，1958，04.

[3] 林三宝. 高效焊接方法 [M]. 北京：机械工业出版社，2015.

[4] 杨双波. 20mm的钢板不开坡口埋弧焊工艺研究 [J]. 价值工程，2016，07.

[5] 陈裕川. 窄间隙埋弧焊技术的新发展 [J]. 现代焊接，2012，04.

5.6　钢结构滑移、顶（提）升施工技术

5.6.1　发展概述

目前滑移技术在建筑施工领域已非常成熟，而随着国内大跨度结构（如站房、机场、

大型场馆等）的日益增多，该项新技术的应用也越来越多，根据工程的结构形式滑移技术可以分为直线滑、曲线滑、水平滑、坡度滑等形式，其中直线平面滑移应用比较多。滑移技术的应用解决了施工现场临时用地的矛盾，以及大型机械设备无法大面积安装的施工难题。该技术具有投入低、速度快、精度高、适用广泛、延伸长度大、自动化程度高等特点。

随着我国建筑行业的快速进步和新型建材的不断发展，建筑结构也越来越向着超高层、大跨度、大空间方向发展，诸多体育场馆、飞机库、摩天大厦、会展中心等在各个城市大量兴建。大跨空间钢结构也正处于一个迅猛发展时期，各种大型、复杂、超重的钢结构和钢结构件在工程中得到广泛的运用，随之而来的便是大型钢结构相应施工技术的发展和创新，大跨空间钢结构的整体顶（提）升施工技术是近年来在我国施工行业逐步发展起来的一种新型的钢结构安装技术。早在1997年住建部颁布的《1996～2010年建筑技术政策纲要》中就已经明确提出，将大型构件的整体提升施工技术作为重点推广的建筑安装新技术之一。新颁布的《2010～2015年建筑业、勘察设计咨询业技术发展纲要》再一次将大型设备计算机同步控制吊装技术作为一项重点施工技术列入其中。这一技术顺应了我国对于开发应用大跨空间钢结构安装新技术的需求，对加快我国的现代化进程具有十分重要的现实意义。

国外对钢结构安装技术的研究起步较早，在20世纪六七十年代就开始研究应用大跨空间钢结构的整体提升施工技术，先后成功应用这一技术的重大工程有：70年代的芬兰赫尔辛基Roihuvuori水塔混凝土碗的整体提升，提升重量达到9000t，提升高度30m；80年代的新加坡樟宜机场钢屋盖整体提升，提升重量3600t，提升高度27m；90年代的西班牙巴塞罗那科赛罗拉塔天线桅杆的整体提升，提升重量2600t，提升高度80m；21世纪西班牙科尔特加达高架桥中央连接部分整体提升，提升重量240t，跨度86m。

5.6.2 技术内容

1. 施工方法选择

滑移、顶（提）升施工技术都可以完成大跨度钢构件的安装，选择施工方法时需根据结构特点和现场的施工条件，基本原则如下：

滑移技术适用于大跨度网架结构、平面立体桁架（包括曲面桁架）及平面形式为矩形的钢结构屋盖的安装施工、特殊地理位置的钢结构桥梁。特别是由于现场条件的限制，吊车无法直接安装的结构。

整体顶升顶（提）升技术适用于体育场馆、剧院、飞机库、钢天桥（廊）等具有地面拼装条件，又有较好的周边支承条件的大跨度屋盖与钢结构；电视塔、超高层钢桅杆、天线，电站锅炉等超高构件；大型龙门起重机主梁、锅炉等大型设备的整体顶（提）升等。

2. 滑移施工技术要点

（1）明确滑移方式

滑移可采用单条滑移法、逐条积累滑移法与滑架法，在经济合理的前提下，选择最佳的滑移方式，合理划分滑移单元，确定滑移方向，根据滑移单元结构和下方结构的具体情况，布置滑移轨道。

（2）轨道布置

空间网格结构在滑移时应至少设置两条滑轨，滑轨间必须平行。根据结构支撑情况，滑轨可以倾斜设置，结构可上坡或下坡牵引。当滑轨倾斜时，必须采取安全措施，使结构在滑移过程中不致因自重向下滑动。对曲面空间网格结构的条状单元可用辅助支架调整结构的高低；对非矩形平面空间网格结构，在滑轨两遍可对称或非对称将结构悬挑。

滑轨可固定于梁顶面或专用支架上，也可置于地面，轨面标高宜高于或等于空间网格结构支座设计标高。滑轨及专用支架应能抵抗滑移时的水平及竖向力，专用支架的搭设应符合规定。滑轨接头处应垫实，两端应做园倒角，滑轨两侧应无障碍，滑轨表面应光滑平整，并应涂润滑油。大跨度空间网格结构的滑轨应采用钢轨时，安装应符合现行国家标准《桥式和门式起重机制造和轨道安装公差》GB/T 10183 的规定。

对大跨度空间网格结构，宜在跨中增设中间滑轨。中间滑轨宜用滚动摩擦方式滑移，两边滑轨宜用滑动摩擦方式滑移。当滑移单元由于增设中间滑轨引起杆件内力变号时，应采取措施防止杆件失稳。

当设置水平导向轮时，宜设在滑轨内测，导向轮与滑轮的间隙应在 10～20mm 之间。

（3）滑移牵引装置

滑移的牵引方式有"推"、"拉"和"牵引"3 种类型。拉的方式主要是将千斤顶或卷扬机安放在结构前进方向一侧，与支承结构分别设置。采用推和牵引的方式对机械装置通常都设置在各个支承部位或支承单元上。

牵引装置一般可以采用卷扬机、液压千斤顶。

（4）滑移的同步控制

当采用多台卷扬机同时牵拉滑移单元时，因牵拉支座处摩阴力及牵拉力不同影响滑移同步，施工就应采取相应的措施来保证滑移同步。

① 采用改装卷扬机，设计专用的控制柜，多台卷扬机既可以同时启动，又可以单独工作纠偏。

② 在滑移轨道上设置刻度标尺，每柱间为 1 个控制单元，多条轨道上同时向卷扬机控制总台报数，如不同步值超出限值，即可作相应的停滑处理。

③ 合理设计滑轮组机构，在减小单绳牵拉力的同时，尽量减小各台卷扬机达拉力的差距。

在液压牵引的滑移系统中，每个牵拉点均布置 1 台激光测距仪，在滑移过程中激光测距仪可以随时测量构件当前的位移，并实时传送给主控计算机，每个随动牵拉点与主牵拉点的相对位置情况可以用激光测距仪测量的距离差值反映出来。主控计算机根据随动达拉点当前的位置差来决定相应比例阀的控制量大小，从而实现每一随动牵拉点与主牵拉点的位置同步。

（5）卸载

卸载是把荷载由支撑系统转换到结构支承系统的过程。卸载过程采用多种技术手段和措施，确保结构体系安全平衡转换是关键。卸载过程需要遵循以下原则：①确保结构自身安全和变形协调。②确保顶（提）升支撑体系安全。③以理论计算为依据、以变形控制为核心、以测量监测为手段、以安全平稳为目标。

卸载可采用同步等比例或等距分级卸载方法。

3. 顶（提）升施工技术要点

（1）方式选择原则

顶（提）升方式选择的原则，一是力求降低承载结构的高度，保证其稳定性，二是确保被顶（提）升钢结构或设备在顶（提）升中的稳定性和就位安全性。确定顶（提）升点的数量与位置的基本原则是：首先保证被顶（提）升钢结构或设备在顶（提）升过程中的稳定性；在确保安全和质量的前提下，尽量减少顶（提）升点数量；顶（提）升设备本身承载能力符合设计要求。顶（提）升设备选择的原则是：能满足顶（提）升中的受力要求，结构紧凑、坚固耐用、维修方便、满足功能需要（如行程、顶（提）升速度、安全保护等）。

（2）顶（提）升点数量及位置

顶（提）升点数量及布置位置的确定，以尽量不改变结构的设计受力体系为原则，综合考虑被顶（提）升结构的受力及变形、充分利用原建筑物作为顶（提）升支撑结构、经济效益等方面的因素。

（3）顶（提）升支撑架的设计

采用液压同步顶（提）升设备吊装大跨度连体钢结构或大面积钢网架，需要设置合理的顶（提）升支撑平台，在其上设置液压顶（提）升千斤顶。液压顶（提）升千斤顶通过顶（提）升专用钢绞线与钢连廊顶（提）升单元上的对应下吊点相连接。顶（提）升支撑架的结构形式及构件类型、尺寸需根据顶（提）升点处支撑反力、支撑主体结构（原结构）形式最终确定。

空间网格结构整体提升时，可在结构柱上安装提升设备进行提升，也可在进行柱子滑模施工的同时提升，此时空间网格结构可作为操作平台，提升设备的使用负荷能力，应将额定负荷能力乘以折减系数，穿心式液压千斤顶可取 0.5～0.6；电动螺杆升板机可取 0.7～0.8；其他设备通过试验确定。

采用整体顶升法时，宜利用空间网格结构的支承柱作为顶升时的支承结构，也可在原支承柱处或其附近设置临时顶升支架。1、2、顶升用的支承柱或临时支架上的缀板间距，应为千斤顶使用行程的整倍数。其标高偏差不得大于5mm，否则应用薄钢板垫平。顶升千斤顶可采用螺旋千斤顶或液压千斤顶，其使用负荷能力应将额定负荷能力乘以折减系数，丝杠千斤顶取 0.4～0.8，液压千斤顶取 0.4～0.6。各千斤顶的行程和升起速度必须一致，千斤顶及其液压系统必须经过现场检验合格后方可使用。

（4）顶（提）升点的设计

为保证大跨空间钢结构安全平稳的顶（提）升到预定高度，被顶（提）升结构与钢绞线之间均需要设置合理的顶（提）升点工装，确保两者的安全可靠连接，设计好的工装还需经过软件的静力计算校核，确保工装强度、刚度及稳定性方面满足要求。

（5）同步控制措施

满足被顶（提）升结构各顶（提）升点的理论顶（提）升反力的要求，尽量使每台液压设备受载均匀；尽量保证每台液压泵源系统驱动的液压设备数量相等，提高液压泵源系统的利用率；在总体控制时，要认真评估液压同步顶（提）升系统的安全性和可靠性，降低工程风险。

空间网格结构整体提升时应保证同步。相邻两提升点和最高与最低两个点的提升允许高差值应通过验算或试验确定。在通常情况下，相邻两个提升点允许高差值，当用升板机时，应为相邻点距离的1/400，且不应大于15mm；当采用穿心式液压千斤顶时，应为相邻点距离的 1/250，且不应大于 25mm。最高点与最低点允许高差值，当应采用升板机时应为 35mm，当采用穿心式液压千斤顶时应为 50mm。

(6) 被顶（提）升结构的加固处理

① 临时加固杆件的设置

为保证在顶（提）升过程中被顶（提）升结构各顶（提）升下吊点处形成合力的受力体系，需在各顶（提）升下吊点处设置临时加固杆件，临时加固杆件的选取应遵循不妨碍顶（提）升施工，受力合理，截面尺寸在满足安全性的前提下最大限度满足经济性的要求，减少临时材料用量，降低工程成本。

② 被顶（提）升结构杆件替换

被顶（提）升结构地面拼装、正式顶（提）升、卸载就位阶段的受力状态与设计受力状态不同，在这些阶段结构部分杆件会出现应力超限、内力增幅较大、内力变号且增幅较大等不利情况，为避免整体顶（提）升过程中被顶（提）升结构出现杆件破坏、结构变形过大、结构失稳等危险情况的发生，需要对被顶（提）升结构进行部分杆件的换杆。

5.6.3 技术指标

滑移牵引力计算，当钢与钢面滑动摩擦时，摩擦系数取 0.12～0.15；当滚动摩擦时，滚动轴处摩擦系数取 0.1；当不锈钢与四氟聚乙烯板之间的滑靴摩擦时，摩擦系数取 0.08。

整体顶（提）升方案要作施工状态下结构整体受力性能验算，依据计算所得各顶（提）点的作用力配备千斤顶；提升用钢绞线安全系数：上拔式提升时，应大于 3.5；爬升式提升时，应大于 5.5。正式提升前的试提升需悬停静置 12h 以上并测量结构变形情况；相邻两提升点位移高差不超过 2cm。

5.6.4 适用范围

滑移施工技术适用于大跨度网架结构、平面立体桁架（包括曲面桁架）及平面形式为矩形的钢结构屋盖的安装施工、特殊地理位置的钢结构桥梁。特别是由于现场条件的限制，吊车无法直接安装的结构。

整体顶（提）升施工技术适用于体育场馆、剧院、飞机库、钢连桥（廊）等具有地面拼装条件，又有较好的周边支承条件的大跨度屋盖钢结构；电视塔、超高层钢桅杆、天线、电站锅炉等超高构件；大型龙门起重机主梁、锅炉等大型设备等。

5.6.5 工程案例

1. 某体育中心钢屋盖滑移

(1) 工程概况

某体育场工程建筑面积为 24570m²，独立基础，主体结构形式为钢筋混凝土框架结构，屋面采用钢结构，建筑高度为 29.5m。钢结构施工的内容为该体育场屋面。屋面钢结构由 20 榀倒三角形主桁架组成，主桁架之间连接次桁架为倒三角形桁架和平面桁架。顶标高 29.5m（钢桁架上弦杆件中心线），支座底标高 2.895m。桁架通过支座与混凝土连接。

(2) 主要设备的选型

① 液压顶推系统配置

本工程中滑移设置 8 台 YS-PJ-50 型液压顶推器，在每条轨道上平均布置。单台 YS-

PJ-50 型液压顶推器的额定顶推驱动力为 50t，满足本工程 284t 顶推力需求。本工程中，拟配置 4 台 YS-PP-15 型液压泵源系统。

② 滑移轨道及顶推点设置

钢结构滑移设置 2 条轨道，分别在 3 轴和 12 轴上。液压顶推器分别布置在 3、12 轴与 E、J、Q、V 轴的支座节点上。如图 5.6-1 所示：

（3）滑移工艺流程及步骤

① 施工流程

搭设拼装平台→铺设轨道→拼装第一滑移单元（V、U 轴桁架）→试滑移→正式滑移→第一滑移单元（V、U 轴桁架）滑移一个轴距→继续拼好第二滑移单元（T 轴桁架）及中间次桁架→第一、二滑移单元同时滑移一个轴距→反复进行滑移→全部滑移完毕→更换支座、落支座→桁架验收。

② 滑移施工

a. 搭设拼装平台。在场馆南侧的 A～B 轴区域搭设一个 15m 宽的脚手架上人操作平台，用于桁架拼装过程中的上人操作，操作平台见脚手架专项方案。

b. 铺设滑移轨道。在 3、12/A-V 轴的混凝土柱和连系梁上铺设滑移轨道。

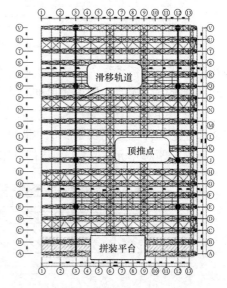

图 5.6-1 滑移轨道及顶推点布置

c. 拼装第一滑移单元。桁架对接拼装位置设置临时支撑，用 150t 履带吊吊装到在 A-B 轴区域搭设的脚手架上人操作平台上进行对接拼装（图 5.6-2）。

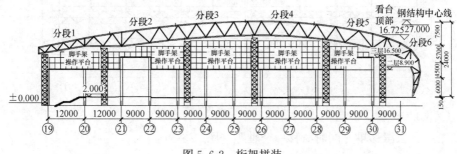

图 5.6-2 桁架拼装

在滑移拼装平台上拼装 V、U 轴主桁架及次桁架、联系杆及临时滑移支座，并在 V 轴桁架支座节点处安装顶推器（图 5.6-3）。

d. 试滑移

（a）待液压顶推系统设备检测无误后开始试滑移。

（b）开始试滑移时，液压顶推器伸缸压力逐渐上调，依次为所需压力的 20%，40%，在一切都正常的情况下，可继续加载到 60%，80%，90%，95%，100%。

（c）钢结构滑移单元刚开始有移动时暂停顶推作业，保持液压顶推设备系统压力。对

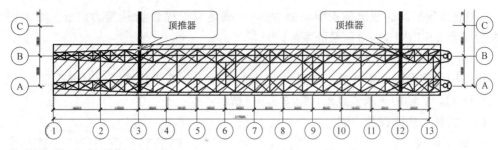

图 5.6-3　第一滑移单元拼装完成

液压顶推器及设备系统、结构系统进行全面检查，在确认整体结构的稳定性及安全性绝无问题的情况下，才能开始正式顶推滑移。

e. 正式滑移。在一切准备工作做完之后，且经过系统的、全面的检查无误后，现场滑移作业总指挥检查并发令后，才能进行正式进行滑移作业。

f. 第一滑移单元（V、U 轴桁架）滑移一个轴距（图 5.6-4）。

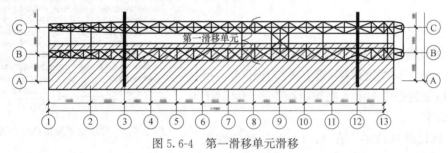

图 5.6-4　第一滑移单元滑移

g. 继续拼好第二滑移单元（T 轴桁架）及中间次桁架（图 5.6-5）。

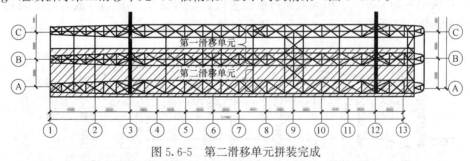

图 5.6-5　第二滑移单元拼装完成

h. 第一、二滑移单元同时滑移一个轴距（图 5.6-6）。

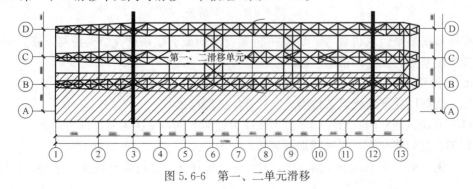

图 5.6-6　第一、二单元滑移

i. 反复进行滑移，直至全部滑移就位（图5.6-7）。

j. 更换支座、落支座。

结构累积滑移到位后替换临时支座，安装成品支座，利用千斤顶进行落位。先利用千斤顶代替支座支承上部结构累积滑移桁架，接着拆除滑移轨道及临时支座并放置下部成品支座，千斤顶卸载完成成品支座安装（采用50t千斤顶）。

k. 原位拼装 A 轴桁架。完成所有桁架的安装。对桁架进行验收。

2. 某展厅屋盖钢网架提升

（1）工程简介

本工程钢结构主要分为 1 号展厅屋盖钢网架结构，网架的结构形式为焊接球节点正放四角锥结构，基本网格尺寸为 6m×6.7m，用钢量约700t。网架采用周边下弦支承的方式，共计 26 个

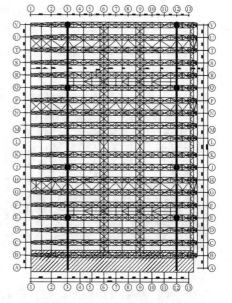

图 5.6-7　桁架全部滑移到位

抗震球型铰支座，网架最高点标高为 29.6m，最低点标高为 17.84m。

（2）网架提升点布置

网架焊接完毕并经验收合格后，在指定的位置设置提升支撑架，并在提升架顶部设置穿心式千斤顶吊点，本工程设置 2 个提升区域，每区域分别设置五组穿心式千斤顶吊点，分别进行网架的提升。提升支撑架及吊点布置图、剖面图如图 5.6-8 所示：

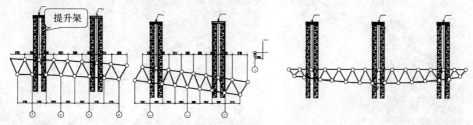

图 5.6-8　提升支撑架剖面图

（3）网架提升工艺流程及步骤

① 施工流程图

针对该工程采用在地面组对焊接，分片提升的施工方法，即施工一区（1～10 轴/F～T 轴）和施工二区（10～19 轴/F～T 轴）分别提升到设计标高后空中合拢。

网架施工流程：

提升系统安装、调试→一区网架试提→提升到设计标高→支座球与杆件安装→网架卸载并拆除提升架→提升架位置处杆件补装→二区网架试提→提升到设计标高→支座球与杆件安装→网架卸载并拆除提升架→提升架位置处杆件补装→一二区之间网架补装。

② 提升设备检查、安装与调试。

③ 网架提升

第一步：网架试提。将网架整体提升 200mm（一个行程）后停止提升。对网架进行测量，检查各点标高并做记录。试提要停留 12h 观察。见图 5.6-9。

第二步：网架拼提升阶段，在该阶段要对网架、提升支撑架、提升系统进行密切监控。见图 5.6-10。

图 5.6-9　网架提升 200mm　　　　　图 5.6-10　网架提升过程

第三步：网架继续提升，在该阶段，首先将网架提升过 T 轴辅房屋面，拼装该处杆件及球节点，检验合格后继续提升到设计标高位置，进行封边网架的拼装。见图 5.6-11。

第四步：网架卸载阶段，封边完成后，复核网架轴线、标高达到要求，焊接支座，检测合格后卸载落位。

第五步：拆除支撑架，补充支撑架位置杆件。本工程 10～19 轴提升过程与 1～10 轴提升过程相同，将两块网架连接成一个整体，补上所缺杆件。见图 5.6-12。

图 5.6-11　焊接球、支座节点　　　　图 5.6-12　网架提升完成效果图

3. 某学院网架工程顶升

（1）工程概况

本工程为某学院体育馆，体育馆及体育场为连体工程，其中体育场部分主体结构施工已经完成，体育馆部分混凝土柱已经完成，本次施工的主要为体育馆网架部分。

体育馆为框架结构，屋面为钢网架，网架为半圆形，网架厚度约为 4m 的网架结构，节点采用焊接球联接方式，支撑形式为上弦周边柱点支撑，投影面积约 8831m²；网架四周支座为抗震可动球形钢支座，共计 52 个。

（2）网架施工方法

本工程利用现场塔吊进行网架的地面拼装，然后采用顶升方案将网架就位。本工程共设置 24 个顶升点,每个顶升点设置一台 50t 液压油缸负责顶升,另外备有 2 台备用,总的顶升能力为 1200t,根据计算,每个顶升点最大反力为 36t,单个顶升设备也满足要求。见图 5.6-13。

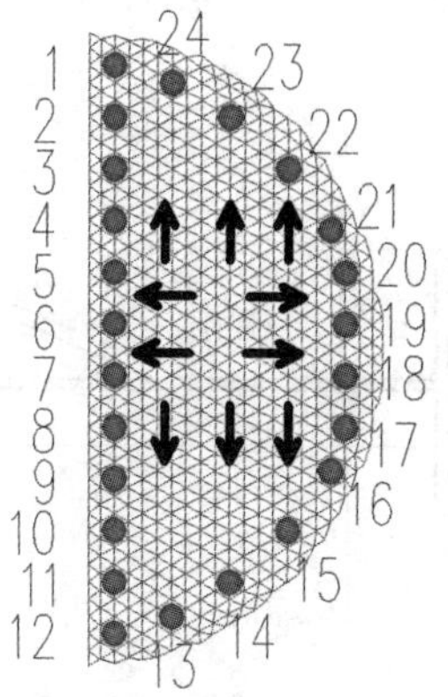

(3)网架施工总流程

在地面组对、焊接网架→调整轴线、安装顶升架、顶升网架→尺寸校核、外延组焊→补杆 2-5 轴杆件→顶升(异步顶升)→尺寸校核、外延组焊→补杆、调整轴线、测量校核、卸载

(4)网架安装施工

① 网架拼装

拼装过程采用散拼进行,先在地面拼装下弦钢件及焊接球,然后拼接腹杆及上弦球及杆件。

② 顶升

a. 顶升初期,网架初次顶升高 200mm,静载 30min,检查网架中各个杆件及焊口情况,如发现杆件弯曲或焊口开裂及时停止进行处理,确保网架杆件受力均匀,焊缝满足要求。同时进行测量观察,对于网架下挠,位移,标高偏差及时记录,发现偏差过大及时调整。待行动统一后每次可升高 100mm,初期每 200mm 检查一次网架高度,后期每 500mm 检查一次网架高度,确保网架同步上升。

b. 网架顶升到一定高度(每次顶升高度不同,根据四周廊、台高度)满足外侧网格拼装时,停止顶升工作。同时顶升设备超过 6m 时,及时增加斜撑杆,以保证其稳定(至少四组顶升架安装斜支撑)。见图 5.6-14。

图 5.6-13 网架顶升布置

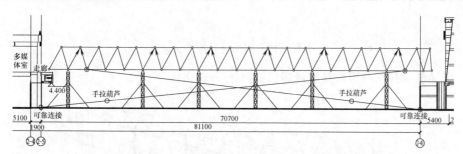

图 5.6-14 顶升超过 6m 高度,停止顶升,加斜撑

c. 网架顶升到最低支座处时,停止顶升工作,向支座延伸网架,进行补杆连接支座,支座球与竖向筋板不焊,从而在网架坡度调整时可以让支座球旋转,待网架坡度调整完毕后再行焊接。所有支座球全部就位,对支座球进行支撑,防止斜顶过程中网架支座位移。具体做法如图 5.6-15 所示:

d. 2~5 轴部位就位后,开始异步顶升,最高点每顶升一次(750mm),各个顶升点就需要按照各自位移量进行移动,移动不能同时进行,需要一个一个移动。首先,先将一个顶升液压油缸卸载,并降到结点下弦球 2cm 处,然后把与钢板连接的支撑架脚与钢板分开,撤掉 6m 位置刚性支撑,用两台千斤顶向位移方向顶脚手架,使其产生移动,移动量与顶升点位移量相等,然后固定顶升架柱脚,重新固定 6m 位置刚性支撑,用 13m 位置缆风绳拉紧并校正支撑架,一切完好后,进行回顶,顶到原来位置,全部完成后,进行下一

个顶升点的移动。移动如图 5.6-16 所示：

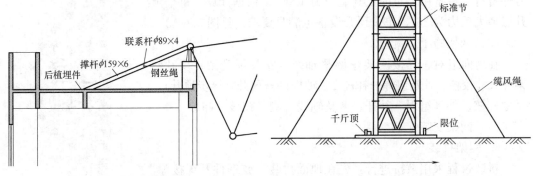

图 5.6-15   支座就位固定

图 5.6-16   顶升点移动

同时在另一侧，在网架球部位与结构柱进行拉结，每隔一个支点设置一个，共设置 6 道。支座部分由于顶升过程中又位移产生，因此拉结钢丝绳设置合适松紧度，并根据顶升量及时调整，钢丝绳上挂设倒链，每个倒链均为 5t 倒链，每次顶升完，均放出适量长度，使钢丝绳始终处于松懈状态。具体如图 5.6-17 所示：

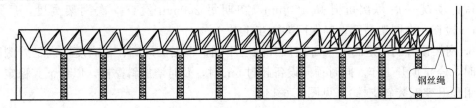

图 5.6-17   网架顶升拉结示意图

采用异步顶升降网架顶升至最高位处（图 5.6-18）。

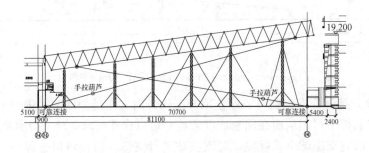

图 5.6-18   以最低支座处为中心逐渐顶升倾斜，直至最高支座处

e. 网架卸载

待网架全部安装完成后，进行网架的卸载。

网架全部安装到位后，网架的卸载，网架卸载采用 24 个顶升点同时卸载的方法进行卸载，分三步进行。

首先，卸载同步进行，保持卸载的不同步值在 5mm 以内，并及时进行监控，第一次卸载量为顶升完成位置下 1cm。全部支点均下降 1cm 后，查看网架下挠及杆件变化，支座球等变化，均正常后看顶升点顶升力是否达到原受力值的 80％，如果达到，静止 15min，如果未达到，继续下降 1cm，照此方法，一直到顶升力为原顶升力 80％为止，静止 15min，然后卸载到 50％，静止 15min，无异常后全部卸载。卸载过程中对于网架杆件变形、焊缝、轴线位置、下挠进行监控，确保卸载顺利完成。

参 考 文 献

［1］　朱超伟，耿士奇，黄兴华．广州白云国际机场二号航站楼东指廊屋盖钢网架施工关键技术．施工技术，增刊 2016 vol.45：22-22.

［2］　鲍广鉴，曾强，陈柏全．大跨度空间钢结构滑移施工技术．施工技术，2005 年 10 月，第 34 卷第 10 期：2-4.

［3］　王涛．大跨空间钢结构整体提升施工关键技术研究［D］．北京：北京建筑大学，2013.

［4］　《空间网格结构技术规程》JGJ 7—2010［S］．北京：中国建筑工业出版社，2010.

［5］　《重型结构（设备）整体提升技术规程》DG/TJ 08—2056—2009［S］．上海：上海市城乡建设和交通委员会，2009.

5.7　钢结构防腐防火技术

5.7.1　发展概述

1. 钢结构防腐涂料发展历史

全世界每年因腐蚀造成了大量的资源和能源浪费，防腐涂料作为最有效、最经济、应用最普遍的防腐方法，越来越受到国内外广泛地关注和重视。要使钢铁材料在所处的各种环境中能保持长时间的稳定和工作寿命，必须对钢结构材料表面进行各种防腐处理。欧美国家钢结构的防腐技术发展始于 20 世纪初，起初主要为油漆防腐和重腐涂料防腐。随后热浸锌防腐、火焰喷涂防腐、电弧喷涂防腐相继出现。英国是应用热喷涂防腐技术最早的国家之一。在 1939 年首次采用热喷涂锌涂层方法保护新建的威尔士 Menai 海峡大桥的钢链和部分钢结构。喷涂的锌涂层厚度为 0.125mm，油漆封孔。15 年后检查锌涂层基本完好，钢铁基体被很好地保护，无需任何维修。热喷涂技术初期大多为喷涂锌，现在电弧喷涂铝日渐成为防腐发展的趋势。对环境污染严重的含重金属涂装底漆和大量有机挥发物的重防腐涂料不再使用。

中华人民共和国成立 50 年来，钢结构产品防腐技术的变化主要集中在对油漆的种类进行调整。如 20 世纪 50～60 年代钢桥梁防腐采用红丹防锈漆加云铁醇酸面漆的铅系环境污染涂料，并一直主导着我国钢桥的防腐。随着大型钢桥的建设，防腐问题开始突出，铅系涂装体系防腐耐久性差和维护费用高昂的缺点日渐显现，80 年代开发了重防腐涂料，经过对底、中、面漆配套使用，使钢桥的防腐寿命较大提高，90 年代国外重防腐同类涂料开始涌入国内市场。

目前，钢结构的防腐方法已有很多种类，常用的钢结构防腐方法是涂层法。这种方法的应用范围广，有很强的适应性，且成本较低，易于操作。最常用的涂层方法有两种，一种是通过电镀、热镀等手段在钢结构表面镀上一层保护层起到防腐防锈的效果，另一种是在钢结构制品表面涂上机油、凡士林等抗腐蚀的非金属材料，来达到防腐保护的目的[1]。

2. 钢结构防火涂料开创与发展背景

80 年代初起，随着国家经济建设的快速发展，我国的钢结构建筑雨后春笋般地发展起来。当时，一些新的建筑物，如天津香料厂树脂合成车间、西安变压器电炉厂主厂房等钢结构，苦于缺乏防火保护措施不能如期投入使用；另一些建筑物，如北京西苑饭店、长城饭店和首都体育馆综合训练馆等钢结构，不得不花大量外汇进口防火涂料使用；正在设计兴建的一些建筑物，如中央电视塔、北京油漆厂、天津军粮城电厂、河南姚孟电厂等钢结构，急盼到时能有国产防火涂料加以保护。鉴于各地钢结构建筑火灾的深刻教训，有关部门迫切要求对旧有钢结构建筑采取防火补救措施，排除火险；对新建筑钢结构实施有效的防火保护，提高耐火性能。我国当时还没有这方面的技术和材料，建筑设计师和建设单位饱尝着无米之炊的苦恼。

为贯彻落实建筑设计防火规范，适应国家建设的需要，促进钢结构建筑的发展，减少火灾损失，保卫四化建设，公安部于 1983 年下达了"钢结构防火隔热技术研究"的部属重点课题任务，四川消防科研所率先承担了开创性研究工作，并跟踪世界同类技术的发展，结合国家工程建设不断提出的新要求，适时地研究出了系列化产品，带动了全国钢结构防火涂料和防火保护技术发展[2]。

近年来，水性无机富锌漆凭借优良的防腐性能，外加耐光耐热好、使用寿命长等特点，常用于对环境和条件要求苛刻的钢结构领域。

5.7.2　技术内容

1. 钢结构防腐涂料涂装

（1）涂装要求

防腐涂料中环境污染物的含量应符合《民用建筑工程室内环境污染控制规范》GB 50325 的规定和要求。涂装之前钢材表面除锈等级应符合设计要求，设计无要求时应符合《涂覆涂料前钢材表面处理 表面清洁度的目视评定 第 1 部分：未涂覆过得钢材表面和全面清除原有涂层后的钢材表面的锈蚀登记和处理等级》GB/T 8923.1 的规定评定等级。涂装施工环境的温度、湿度、基材温度要求，应根据产品使用说明确定，无明确要求的，宜按照环境温度 5～38℃，空气湿度小于 85%，基材表面温度高于露点 3℃ 以上的要求控制，雨、雪、雾、大风等恶劣天气严禁户外涂装。涂装遍数、涂层厚度应符合设计要求，当设计对涂层厚度无要求时，涂层干漆膜总厚度：室外应为 150μm，室内应为 125μm，允许偏差为－25μm。每遍涂层干膜厚度的允许偏差为-5μm。

当钢结构处在有腐蚀介质或露天环境且设计有要求时，应进行涂层附着力测试，可按照现行国家标准《漆膜附着力测定法》GB 1720 或《色漆和清漆漆膜的划格试验》GB/T 9286 执行。在检测范围内，涂层完整程度达到 70% 以上即为合格。

（2）涂装方法

涂装施工可采用刷涂、滩涂、空气喷涂和高压元气喷涂等方法。宜根据涂装场所的条件、被涂物体的大小、涂料品种及设计要求，选择合适的涂装方法。

① 刷涂

对干燥较慢的涂料，应按涂敷、抹平和修饰三道工序操作；对干燥较快的涂料，应从被涂物的一边按一定顺序，快速、连续地刷平和修饰，不宜反复涂刷。漆膜的涂刷厚度应适中，防止流挂、起皱和漏涂。

② 滚涂

先将涂料大致地涂布于被涂物表面，接着将涂料均匀地分布开，最后让辊子按一定方向滚动，滚平表面并修饰。在滚涂时，初始用力要轻，以防涂料流落。随后逐渐用力，使涂层均匀。

③ 空气喷涂

空气喷涂法是以压缩空气的气流使涂料雾化成雾状，喷涂于被涂物表面的一种涂装方法。施工时应按下列要点操作。

a. 喷枪压力 0.3～0.5MPa。

b. 喷嘴与物面的距离大型喷枪为 200～300mm 小型喷枪为 150～250mm。

c. 喷枪应依次保持与钢材表面平行地运行，移动速度 300～600mm/s，操作要稳定。

d. 每行涂层的边缘的搭接宽度应一致，前后搭接宽度一般为喷涂幅度的 1/4～1/3。

e. 多层喷涂时，各层应纵横交叉施工。

f. 喷枪使用后，应立即用溶剂清洗干净。

④ 高压无气喷涂

高压无气喷涂是利用高压泵输送涂料，当涂料从喷嘴喷出时，体积骤然膨胀而使涂料雾化，高速地喷涂在物面上。施工时应按下列要点操作。

a. 喷嘴与物面的距离大型喷枪为 300～380mm。

b. 喷射角度 30°～80°。

c. 喷枪的移动速度为 0.1～1.0m/min。

d. 每行涂层的边缘的搭接宽度为涂层幅度的 1/6～1/4。

e. 喷涂完毕后，立即用溶剂清洗设备，同时排出喷枪内的剩余涂料，吸入溶剂作彻底的清洗，拆下高压软管，用压缩空气吹净管内溶剂。

（3）二次涂装

二次涂装是指物件在工厂加工涂装完毕后，在现场安装后进行的涂装或者涂漆间隔时间超过一个月再涂漆时的涂装。

① 钢材表面要求

二次涂装的钢材表面，在涂漆前应满足下列要求。

a. 现场涂装前，应彻底清除涂装件表面的油、泥、灰尘等污物，一般可用水冲、布擦或溶剂清洗等方法。

b. 表面清洗后，应用钢丝绒等工具对原有漆膜打毛处理，同时对组装符号加以保护。

c. 经海上运输的构件，晕倒港岸后，应用水清晰，蒋艳芬彻底清洗干净。

② 修补涂层

现场安装后，应对下列部位进行修补。

a. 接合部的外露部位和紧固件等。

b. 安装时焊接和烧损及因其他原因损伤的部位。

c. 构件上标有组装符号的部位[2]。

2. 钢结构防火涂料涂装

（1）涂装要求

钢结构防火材料的性能、涂层厚度及质量要求应符合《钢结构防火涂料通用技术条件》GB 14907 和《钢结构防火涂料应用技术规程》CECS 24 的规定和设计要求，防火材料中环境污染物的含量应符合《民用建筑工程室内环境污染控制规范》GB 50325 的规定和要求。

钢结构防火涂料生产厂家必须有防火监督部门核发的生产许可证。防火涂料应通过国家检测机构检测合格。产品必须具有国家检测机构的耐火极限检测报告和理化性能检测报告，并应附有涂料品种、名称、技术性能、制造批量、贮存期限和使用说明书。在施工前应复验防火涂料的黏结强度和抗压强度。防火涂料施工过程中和涂层干燥固化前，环境温度宜保持在 5～38℃，相对湿度宜大于 90％，空气流通，当风速大于 5m/s，或雨天和构件表面有结露时，不宜作业。

（2）涂装方法

防火涂料一般分为超薄型、薄涂型和厚涂型三种。

薄涂型防火涂料的底涂层（或主涂层）宜采用重力式喷枪喷涂，其压力约为 0.4MPa。局部修补和小面积施工，可用手工抹涂。面涂层装饰涂料可刷涂、喷涂或滚涂。

双组分装薄涂型的涂料，现场调配应按说明书规定单组分装的薄涂型涂料应充分搅拌。喷涂后，不应发生流淌和下坠。

① 薄涂型防火涂料底涂层施工

a. 钢材表面除锈和防锈处理应符合要求。钢材表面清理干净。

b. 底涂层一般喷涂 2～3 次，每层厚度不超过 2.5mm，前一遍干燥后再喷涂后一遍。

c. 喷涂时涂层应完全闭合，各涂层间应粘结牢固。

d. 操作者应采用测厚仪随时检测涂层厚度，最终厚度应符合有关耐火极限设计要求。

e. 当设计要求涂层表面光滑平整时，应对最后一遍涂层作抹平处理。

② 薄涂型防火涂料面涂层施工

a. 当底涂层厚度已符合设计要求，并基本干燥后，方可施工面涂层。

b. 面涂层一般涂饰 1～2 次，颜色应符合设计要求，并应全部覆盖底层，颜色均匀、轮廓清晰、搭接平整。

c. 涂层表面有浮浆或裂纹宽度不应大于 0.5mm。

③ 厚涂型防火涂料涂装

a. 厚涂型防火涂料宜采用压送式喷涂机喷涂，空气压力为 0.4～0.6MPa，喷枪口直径宜为 6～10mm。

b. 厚涂型涂料配料时应严格按配合比加料或加稀释剂，并使稠度适宜，当班使用的涂料应当班配制。

c. 厚涂型涂料施工时应分遍喷涂，每遍喷涂厚度宜为 5～10mm，必须在前一遍基本干燥或固化后，再喷涂下一遍涂层保护方式、喷涂遍数与涂层厚度应根据施工方案确定。

d. 操作者应用测厚仪随时检测涂层厚度，80％及以上面积的涂层总厚度应符合有关耐火极限的设计要求，且最薄处厚度不应低于设计要求的 85％。

e. 厚涂型涂料喷涂后的涂层，应剔除乳突，表面应均匀平整。

f. 厚涂型防火涂层出现下列情况之一时，应铲除重新喷涂。

（a）涂层干燥固化不好，粘结不牢或粉化、空鼓、脱落时；

（b）圆钢结构的接头、转角处的涂层有明显凹陷时；

（c）涂层表面有浮浆或裂缝宽度大于 1.0mm 时。

5.7.3 技术指标

1. 防腐涂料涂装技术指标

防腐涂料中环境污染物的含量应符合《民用建筑工程室内环境污染控制规范》GB 50325 的规定和要求。涂装之前钢材表面除锈等级应符合设计要求，设计无要求时应符合《涂覆涂料前钢材表面处理 表面清洁度的目视评定 第 1 部分：未涂覆过的钢材表面和全面清除原有涂层后的钢材表面的锈蚀等级和处理等级》GB/T 8923.1 的规定评定等级。涂装施工环境的温度、湿度、基材温度要求，应根据产品使用说明确定，无明确要求的，宜按照环境温度 5～38℃，空气湿度小于 85%，基材表面温度高于露点 3℃以上的要求控制，雨、雪、雾、大风等恶劣天气严禁户外涂装。涂装遍数、涂层厚度应符合设计要求，当设计对涂层厚度无要求时，涂层干漆膜总厚度：室外应为 150μm，室内应为 125μm，允许偏差为 -25μm。每遍涂层干膜厚度的允许偏差为 -5μm。

当钢结构处在有腐蚀介质或露天环境且设计有要求时，应进行涂层附着力测试，可按照现行国家标准《漆膜附着力测定法》GB 1720 或《色漆和清漆漆膜的划格试验》GB/T 9286 执行。在检测范围内，涂层完整程度达到 70% 以上即为合格。

2. 防火涂料涂装技术指标

钢结构防火材料的性能、涂层厚度及质量要求应符合《钢结构防火涂料通用技术条件》GB 14907 和《钢结构防火涂料应用技术规程》CECS 24 的规定和设计要求，防火材料中环境污染物的含量应符合《民用建筑工程室内环境污染控制规范》GB 50325 的规定和要求。

钢结构防火涂料生产厂家必须有防火监督部门核发的生产许可证。防火涂料应通过国家检测机构检测合格。产品必须具有国家检测机构的耐火极限检测报告和理化性能检测报告，并应附有涂料品种、名称、技术性能、制造批量、贮存期限和使用说明书。在施工前应复验防火涂料的黏结强度和抗压强度。防火涂料施工过程中和涂层干燥固化前，环境温度宜保持在 5～38℃，相对湿度不宜大于 90%，空气应流通。当风速大于 5m/s，或雨天和构件表面有结露时，不宜作业。

5.7.4 适用范围

钢结构防腐涂装技术适用于各类建筑钢结构。

薄涂型防火涂料涂装技术适用于工业、民用建筑楼盖与屋盖钢结构；厚涂型防火涂料涂装技术适用于有装饰面层的民用建筑钢结构柱、梁。

5.7.5 工程案例

1. 武汉天河机场 T3 航站楼项目概况

武汉天河机场 T3 航站楼位于武汉市黄陂区天河镇，现有 T2 航站楼东北侧，正对主进场路。本工程钢结构内容主要包括航站楼、指廊、T2～T3 连廊的屋盖及其支承柱，登机桥固定端，连接登机桥的吊桥、观光电梯外框架、钢楼梯及梁内钢骨等。

2. 防腐施工技术要求

（1）东一、西一、西二指廊（表 5.7-1）

东一、西一、西二指廊防腐施工技术要求　　　　　　　表 5.7-1

涂层	涂料	干膜厚度(μm)	施工方式
底 层	无机富锌底漆	2 遍（总厚度 70）	无气喷涂
中间层	环氧云铁中间漆	2 遍（总厚度 110）	无气喷涂
面 层	丙烯酸聚氨酯面漆	3 遍（总厚度 100）	喷涂

（2）航站楼主楼、东二指廊及连廊（表 5.7-2）

航站楼主楼、东二指廊及连廊防腐施工技术要求　　　　　表 5.7-2

涂层	涂料	干膜厚度(μm)	施工方式
底 层	环氧富锌底漆	2×40	无气喷涂
中间层	环氧云铁中间漆	2×50（2×80）	无气喷涂
面 层	室内聚氨酯面漆	2×30	喷涂

注：（1）室外钢构件，其面漆及防火涂料应均采用室外型涂料，面漆选用室外氟碳面漆。
　　（2）有防火涂层时，中间漆采用 $2\times50\mu$m；无防火涂层时，中间漆采用 $2\times80\mu$m。

3. 防火施工技术要求

（1）东一、西一、西二指廊（表 5.7-3）

东一、西一、西二指廊防火施工技术要求　　　　　　　　表 5.7-3

项次	部位	耐火极限	涂料类型
1	钢柱	3.0h	厚涂型
2	桁架（含支撑、系杆和上弦层钢梁）	2.0h	厚涂型
3	檩条	1.0h	薄涂型

注：防火涂料的厚度须达到构件耐火极限防火涂料与钢结构防锈漆必需相容。

（2）航站楼主楼、东二指廊及连廊（表 5.7-4）

航站楼主楼、东二指廊及连廊防火施工技术要求　　　　　表 5.7-4

项次	部位	耐火极限	涂料类型
1	钢柱	3.0h	超薄型或厚涂型
2	观光电梯、登机桥、吊桥	3.0h	超薄型
3	其他楼地面 8.0m 以内钢构件	1.5h	超薄型
4	屋盖预应力钢件	—	

注：（1）本工程钢屋盖除预应力钢件外，屋盖网架杆件不需要防火涂装。
　　（2）防火涂料产品应经国家检测机构检测合格，并由专业队伍施工，喷涂的技术要求按《钢结构防火涂料应用技术规程》CECS 24 进行。
　　（3）防火涂料底层材料不得锈蚀钢材，与防锈面漆和面漆兼容。
　　（4）防火涂料厚度应经过试验确定。

4. 防腐涂装施工工艺

（1）面漆涂装及螺栓节点补涂工艺（表 5.7-5）

面漆涂装及螺栓节点补涂工艺　　　　　　　　　　　　　表 5.7-5

工序	序号	涂装工艺
基面清理	1	建筑钢结构工程的油漆涂装应在钢结构安装验收合格后进行
	2	涂刷前，采用风动、电动工具将需涂装部位的铁锈、焊缝药皮、焊接飞溅物、油污、尘土等清理干净
螺栓连接节点修补漆涂装	1	调合专用修补漆，控制油漆的黏度、稠度、稀度，兑制时应采用手电钻充分搅拌，使油漆色泽、黏度均匀一致。当天调配的油漆应在当天用完
	2	刷第一层底漆时涂刷方向应该一致，接楂整齐

续表

工序	序号	涂装工艺
螺栓连接节点修补漆涂装	3	刷漆时应采用勤沾、短刷的原则,防止刷子带漆太多而流坠
	4	第一遍刷完后,保持一定的时间间隙,以防漆液流坠发皱,质量下降。第二遍涂刷方向与第一遍涂刷方向垂直,保证漆膜厚度均匀一致
	5	漆装时构件表面不应有结露;漆装后 4h 内应保护,免受雨淋
面漆涂装	1	上道漆涂装后起码需 4～8h 后才能达到表干,表干前不应涂装面漆
	2	对烧去或碰去漆的构件,应事先补漆。油漆补刷时,注意外观整齐,接头线高低一致,螺栓节点补刷时,注意螺栓头油漆均匀,特别是螺栓头下部要涂到
	3	面漆的调制应选择颜色完全一致的面漆,兑制的稀料应合适,面漆使用前应充分搅拌,保持色泽均匀。其工作黏度、稠度应保证涂装时不流坠,不显漆纹
	4	面漆在使用过程中应不断搅拌,涂刷的方法和方向与上述工艺相同
	5	涂装工艺采用喷涂施工时,喷枪胶管能自由拉伸到作业区域,空气压缩机气压应在 0.4～0.7N/mm²
	6	喷涂时喷枪与作业面距离应在 100mm 左右,喷枪与钢结构基面角度应该保持垂直,或喷嘴略为上倾
	7	喷涂时喷嘴应该平行移动,移动时应平稳,速度一致,保持涂层均匀。喷涂时涂层厚度较薄,应多喷几遍,多层喷涂时应待上层漆膜已经干燥时进行
	8	涂装完成后,构件的标志、标记和编号应清晰完整

(2)焊缝及运输破损部位补涂工艺

由于运输、现场拼装、吊装过程中破损和接头焊缝烧伤处的修补和措施,是保证建筑物总体防护期限的重要保证。现场最后一道面漆喷涂之前,我们拟对涂层损伤处进行彻底修补:

1)破损处的重新除锈:

采用专门从国外进口的封闭式小型磨料真空喷涂设备,利用压缩空气引射,将真空室内空气抽去,使用与真空室相连的吸砂管与喷枪罩内产生负压差,从而将喷枪内喷出的磨料和除下的铁锈,旧涂层等一起吸入真空器内。它最大的优点是不污染环境。

除锈等级按照标准 GB 3230—85 中"船体二次除锈评定等级"的 Wb1、Fb1 和 Rb1 的要求。这样的表面处理,可以彻底防止钢结构薄弱环节的锈蚀,彻底改变大面未锈蚀而焊接处出现早期失效的现象。

2)从底漆到第一道面漆的逐层修补:

对需修补部位,喷砂处理后,再采用压缩空气喷涂方法逐层补喷涂底漆和中间漆,严格按照各涂层的实干时间保证涂层充分干燥,并保证每道漆的膜厚达到设计要求。

5. 防火涂装施工工艺

防火涂装施工工艺见表 5.7-6、图 5.7-1 和图 5.7-2。

防火涂装施工工艺　　　　　　　　　　　　　　　　　　表 5.7-6

施工项目	施 工 工 艺
基本要求	配料时应严格按配合比加料或加稀释剂,并使稠度适宜。边配边用,当日配制当日用完
	双组分或多组分装的涂料,应按说明书规定在现场调配并充分搅拌
	施工过程中操作者要携带测厚针检测涂层厚度,并确保喷涂达到设计规定的厚度
厚涂型防火涂料	采用压送式喷涂机喷涂,空气压力为 0.4～0.6MPa,喷枪口直径选 6～10mm
	喷枪垂直于构件,距离 6～10cm。喷嘴与基面基本保持垂直,喷枪移动方向与基材表面平行,不能是弧形移动
	操作时先移动喷枪后开喷枪送气阀;停止时先关闭喷枪送气阀后再停止移动喷枪

续表

施工项目	施 工 工 艺
厚涂型防火涂料	喷涂构件阳角时,先由端部自上而下或自左而右垂直基面喷涂,然后再水平喷涂;喷涂阴角时,先分别从角的两边,由上而下垂直先喷一下,然后再水平方向喷涂
	垂直喷涂时,喷嘴离角的顶部要远一些;喷涂梁底时,喷枪的倾角度不宜过大
	喷涂施工分遍成活,每遍喷涂厚度5~10mm
薄涂型防火涂料	采用重力式喷枪进行喷涂,压力约为0.4MPa。喷涂的方法和工艺与上述相同
	局部修补和小面积施工,用手工抹涂
	底层一般喷2~3遍,每遍涂层厚度不超过2.5mm
	面层一般涂饰1~2次,并应全部覆盖底层

图 5.7-1　涂料喷涂示意图

图 5.7-2　防火涂料施工成品保护示意

参 考 文 献

[1]　李佳宁,吴二强. 对目前的钢结构建筑防腐保护工程浅析 [J]. 中国建筑金属结构,2013,12:64.

[2]　赵宗治. 我国钢结构防火涂料发展回眸与展望 [J]. 消防技术与产品信息,1999,12:8-12+3.

[3]　土木在线组委. 图解钢结构工程现场施工 [M]. 北京:机械工业出版社,2013,12.

5.8　钢与混凝土组合结构应用技术

5.8.1　发展概述

钢与混凝土组合结构在 20 世纪 20 年代进行了一些基础性的研究。第二次世界大战后,当时的欧洲在道路桥梁和房屋的恢复重建中,大量采用了钢与混凝土组合结构,加快了重建的速度。20 世纪 60 年代后许多国家制定了相应的设计与施工技术规范。1971 年成立了由欧洲国际混凝土委员会(CES)、欧洲钢结构协会(ECCS)、国际预应力联合会(FIP)和国际桥梁及结构工程协会(IABSE)组成的组构委员会,并于 1981 年正式颁布了《组合结构》规范。欧洲标准委员会(CEN)于 1994 年颁布的欧洲规范 4(Ec4),对组合结构的研究和应用作了全面的指导。

我国在近几十年来,特别是近 30 年来在大量学者的研究成果与应用的基础上,各部门陆续制定和颁发了一些专项规程(行业标准),并在近些年推出了国标的设计施工规范。1990 年国家建材工业局颁发了《钢管混凝土设计与施工规程》JCJ 101—89。中国工程建设标准化协会 1991 年制定了《钢管混凝土结构设计与施工规程》CECS 28：90、《矩形钢管混凝土结构技术规程》CECS 159：2004。原能源部电力规划设计管理局于 1992 年颁布了《火力发电厂主厂房钢-混凝土组合结构设计暂行规定》DLFJ 99—91，内容包括钢管混凝土结构、外包钢混凝土结构和组合梁结构。1997 年原冶金工业部颁发了《钢骨混凝土结构设计规程》YB 9028—97，并于 2006 年修订为《钢骨混凝土结构设计规程》YB 9082—2006。颁布了《型钢混凝土组合结构技术规程》JGJ 138—2001，在 2016 年又修订成《组合结构设计规范》JGJ 138—2016；近几年国内钢板剪力墙应用的需要，颁布了《钢板剪力墙技术规程》JGJ/T 380—2015。现行国家标准《钢结构设计规范》GB 50017—2003 中，在原规范的基础上增补了钢与混凝土连续组合梁负弯矩部位的计算方法，混凝土翼板用压型钢板作底模的组合梁计算和构造特点，部分剪切连接的组合梁的设计规定以及组合梁挠度计算。综合了行业标准基础上颁布了《钢管混凝土工程施工质量验收规范》GB 50628—2010；《钢与混凝土组合结构施工规范》GB 50901—2013；《钢管混凝土结构技术规范》GB 50936—2014。这些规范、规程的颁布，推动了组合结构在我国的推广应用。钢与混凝土组合结构体系发展成以下类型：

（1）组合框架结构体系，由三部分组成：钢管或型钢混凝土柱、钢-混凝土组合梁、钢混凝土组合板。

（2）混合结构体系：如采用钢管混凝土或钢板组合剪力墙形成框筒或实腹筒，由钢-混凝土组合梁与钢柱或组合柱形成外框架，两者之间通过组合楼盖或伸臂桁架的作用保持工作。

（3）组合钢板剪力墙结构体系：包括了钢板墙混凝土剪力墙中间内置钢板以增加抗剪能力的钢板剪力墙及两侧外包钢板和中间内填混凝土组合为整体的钢板剪力墙。当然还可以派生出组合钢板剪力墙-组合框架结构；组合钢板剪力墙-钢框架结构。

（4）巨形结构体系：由巨形组合构件组成的简单而巨大的桁架或框架等作为主体结构，与其他结构构件组成的次结构共同工作的一种超高层建筑结构体系。

5.8.2 技术内容

钢与混凝土组合结构是指钢（钢板和型钢）与混凝土（素混凝土和钢筋混凝土）组成一个结构或构件而共同工作的结构。钢与混凝土组合结构是继木结构、砌体结构、钢筋混凝土结构和钢结构之后发展兴起的第五大类结构。国内外常用的钢-混凝土组合结构主要包括压型钢板与混凝土组合板、钢与混凝土板组合在一起的组合梁、型钢混凝土结构、钢管混凝土结构、外包钢混凝土结构和组合钢板剪力墙结构六大类。

组合结构充分发挥了钢材与混凝土各自的特点和优势，取长补短，组合结构在强度、刚度和延性等方面都比一般的钢筋混凝土结构要好，同时还方便施工，因此组合结构具有广阔的发规前景。组合结构是由两种材料共同工作，两种不同性能的材料组合成一体，发挥各自的长处，其关键在于"组合"、主要是依靠两种不同材料之间的可靠连接，必须能有效地传递混凝土与钢材之间的剪力，使混凝土与钢材组合成整体，共同工作。剪切连接件的形式可以分为两大类：即带头栓钉、斜钢筋、环形钢筋以及带直角弯钩的短钢筋等柔性连接件和焊接短型钢块式连接的刚性连接件。

1. 压型钢板混凝土组合板及其特点

压型钢板在施工阶段用作楼面混凝土板的永久性模板，在混凝土未凝固之前的施工阶段。它仅承受自重、湿混凝土重及施工活荷载。组合板中的压型钢板,在使用阶段当做组合板结构中的下部受力钢筋之用,从而减少混凝土板中的钢筋。组合板具有下列的特点:

(1) 不需要模板,因此也不需模板拆卸安装工作,也可避免由易燃的模板而引起的建筑工地失火的危险。

(2) 压型钢板的作用相当于抗拉主钢筋,用以抵抗板底面的正弯矩,只在认为需要之处才加设抵抗混凝土收缩及温度影响的钢筋。

(3) 压型钢板本身为混凝土楼层提供了平整的顶棚表面。

(4) 压型钢板可叠在一起,并可置于集装箱内,易于运输、存储、堆放与装卸。

(5) 压型钢板的波纹间有预加工的槽,供电力、通信等工程之用。

(6) 在安装后,压型钢板可用做工人、工具、材料、设备的安全工作台。

(7) 使用组合板,施工时间减少。可以继续进行另一楼层混凝土的浇筑,而不需要等待前一层浇筑的楼板达到要求的混凝土强度等级。

2. 钢筋桁架楼承板组合板及其特点

(1) 钢筋桁架楼承板是将楼板中钢筋在工厂加工成三角形钢筋桁架,并将钢筋桁架与底模连接成一体的组合楼承板。钢筋形成桁架,承受施工期间荷载,底模托住湿混凝土,因此这种技术免去支模、拆模的工作及费用。

(2) 钢筋桁架楼承板根据是否设临时支撑分为两种情况:①设临时支撑时,与普通现浇混凝土楼板基本相同。②不设临时支撑时,在混凝土结硬前,楼板强度和刚度即钢筋桁架的强度和刚度,钢筋桁架楼承板自重、混凝土重量及施工荷载全由钢筋桁架承受。混凝土结硬是在钢筋桁架楼承板变形下进行的,所以楼承板自重不会使板底混凝土产生拉力,在除楼承板自重以外的永久荷载及楼面活荷载作用下,板底混凝土才产生拉力。这样,楼板开裂延迟,楼板的刚度比普通现浇混凝土楼板大。

(3) 在使用阶段,钢筋桁架上下弦钢筋和混凝土一起共同工作,此楼板与钢筋混凝土叠合式楼板具有相同的受力性能,虽然受拉钢筋应力超前,但其承载力与普通钢筋混凝土楼板相同。

钢筋桁架楼承板组合板同时具有压型钢板混凝土组合板的特点。

3. 钢与混凝土组合梁及其特点

组合梁由于能充分发挥钢与混凝土两种材料的力学性能,在国内外获得广泛的发展与应用。组合梁结构除了能充分发挥钢材和混凝土两种材料受力特点外,与非组合梁结构比较,具有下列特点:

(1) 节约钢材:钢筋混凝土板与钢梁共同工作的组合梁,节约钢材 17%~25%。

(2) 降低梁高:组合梁较非组合梁不仅节约钢材、降低造价,而同时降低了梁的高度,这在建筑或工艺限制梁高的情况下,采用组合梁结构特别有利。

(3) 增加梁的刚度:在一般的民用建筑中。钢梁截面往往由刚度控制,而组合梁由于钢梁与混凝土板共同工作,大大地增强了梁的刚度。

(4) 抗震性能好,抗疲劳强度高。

(5) 增加梁的承载力,局部受压稳定性能良好。

4. 钢管混凝土柱及其特点

钢管混凝土是指在钢管中填充混凝土而形成的构件。钢管混凝土研究最多的是圆钢管，在特殊情况下也采用方、矩钢管或异形钢管，除了在一些特殊结构当中有采用钢筋混凝土的情况之外，混凝土一般为素混凝土。钢管混凝土在我国的应用范围很广，发展很快。从应用范围和发展速度两个方面都能位于世界前列。主要应用领域一个是公路和城市桥梁，另一个是工业与高层和超高层建筑。钢管混凝土具有下列基本特点：

（1）承载力大大提高：钢管混凝土受压构件的强度承载力可以达到钢管和混凝土单独承载力之和的 1.7～2.0 倍。

（2）具有良好的塑性和抗震性能，在钢管混凝土构件轴压试验中。塑性性能非常好。钢管混凝土构件在压弯剪循环荷载作用下，表明出的抗震性能大大优于钢筋混凝土。

（3）施工简单，可大大缩短工期：和钢柱相比，零件少，焊缝短，且柱脚构造简单，可直接插入混凝土基础预留的杯口中，免去了复杂的柱脚构造；和钢筋混凝土柱相比，免除了支模、绑扎钢筋和拆模等工作；由于自重的减轻，还简化了运输和吊装等工作。

（4）经济效果显著：和钢柱相比，可节约钢材 50%，和钢筋混凝土柱相比，可节约混凝土约 70%，减少自重约 70%，节省模板 100%，而用钢量约略相等。

5. 型钢混凝土结构及其特点

由混凝土包裹型钢做成的结构被称为型钢混凝土结构。它的特征是在型钢结构的外面有一层混凝土的外壳。型钢混凝土中的型钢除采用轧制型钢外，还广泛使用焊接型钢。此外还配合使用钢筋和箍筋。型钢混凝土梁和柱是最基本的构件。型钢可以分为实腹式和空腹式两大类。实腹式型钢可由型钢或钢板焊成，常用的截面形式有 I、H、工、T、槽形等和矩形及圆形钢管。空腹式构件的型钢一般由缀板或缀条连接角钢或槽钢而组成。

由型钢混凝土柱和梁可以组成型钢混凝土框架。框架梁可以采用钢梁、组合梁或钢筋混凝土梁。在高层建筑中，型钢混凝土框架中可以设置钢筋混凝土剪力墙，在剪力墙中也可以设置型钢支撑或者型钢桁架，或在剪力墙中设置薄钢板，这样就组成了各种形式的型钢混凝土剪力墙。型钢混凝土剪力墙的抗剪能力和延性比钢筋混凝土剪力墙好，可以在超高层建筑中发挥作用。

型钢混凝土与钢筋混凝土框架相比较具有以下特点：

（1）型钢混凝土的型钢可不受含钢率的限制，其承载能力可以高于同样外形的钢筋混凝土构件的承载能力一倍以上，可以减小构件的截面，对于高层建筑，可以增加使用面积和楼层净高。

（2）型钢混凝土结构的施工工期比钢筋混凝土结构的工期大为缩短。型钢混凝土中的型钢在混凝土浇筑前已形成钢结构，具有相当大的承载能力，能够承受构件自重和施工时的活荷载，并可将模板悬挂在型钢上，而不必为模板设置支撑，因而减少了支模板的劳动力和材料。型钢混凝土多层和高层建筑不必等待混凝土达到一定强度就可继续施工上一层。施工中不需搭设临时支撑，可留出设备安装的工作面，让土建和安装设备的工序实行平行流水作业。

（3）型钢混凝土结构的延性比钢筋混凝土结构明显提高，尤其是实腹式的构件。因此在大地震中此种结构呈现出优良的抗震性能。

（4）型钢混凝土框架较钢框架在耐久性、耐火性能等方面均胜一筹。

6. 外包钢混凝土结构及其特点

外包钢混凝土结构（以下简称外包钢结构）是外部配型钢的混凝土结构。由外包型钢的杆件拼装而成。杆件中受力主筋由角钢代替并设置在杆件四角，角钢的外表面与混凝土表面取平，或稍突出混凝土表面 0.5～1.5mm。横向箍筋与角钢焊接成骨架，为了满足箍筋的保护层厚度的要求，可将箍筋两端墩成球状再与角钢内侧焊接。外包钢混凝土结构主要有以下特点：

（1）构造简单：外包钢结构取消了钢筋混凝土结构中的纵向柔性钢筋以及预埋件，构造简单，有利于混凝土的捣实，也有利于采用高强度等级混凝土，减小杆件截面，便于构件规格化，简化设计和施工。

（2）连接方便：外包钢结构的特点就在于能够利用它的可焊性，杆件的连接可采用钢板焊接的干式接头，管道等的支吊架也可以直接与外包角钢连接。和装配式钢筋混凝土结构相比，可以避免钢筋剖口焊和接头的二次浇筑混凝土等工作。

（3）使用灵活：外包角钢和箍筋焊成骨架后，本身就有一定强度和刚度，在施工过程中可用来直接支承模板，承受一定的施工荷载。这样施工方便、速度快，又节约了材料。

（4）抗剪强度提高：双面配置角钢的杆件，极限抗剪强度与钢筋混凝土结构相比提高 22％左右。

（5）延性提高：剪切破坏的外包钢杆件，具有很好的变形能力，剪切延性系数和条件相同的钢筋混凝土结构相比要提高 1 倍以上。

7. 组合钢板剪力墙与型钢混凝土剪力墙结构及其特点

组合钢板剪力墙结构，包括了混凝土剪力墙中间内置钢板以增加抗剪能力的钢板剪力墙及两侧外包钢板和中间内填混凝土组合为整体的钢板剪力墙。

型钢混凝土剪力墙是在传统的剪力墙的边缘构件内配置型钢的剪力墙结构。

组合钢板剪力墙、型钢混凝土剪力墙的优点，具有更好的抗震承载力和抗剪能力，提高了剪力墙的抗拉能力，可以较好地解决剪力墙墙肢在风与地震作用组合下出现受拉的问题。

内置钢板的组合钢板剪力墙，经常用在高层超高层建筑的剪力墙或钢筋混凝土核心筒的墙体中，可以显著提高墙的承载力，减少剪力墙的厚度。特别是弯矩很大的底部墙肢易出现拉应力而且剪力也特别大，内置钢板组合剪力墙的钢板可以承担全部拉应力，而且钢板的抗剪承载力是混凝土的 30～40 倍，其抗剪承载力得以巨幅提高。钢板墙弥补了混凝土剪力墙或核心筒延性不足的弱点。试验表明，钢板墙自身延性非常好，延性系数均在 8～13 之间，很难发生钢板墙卸载的情况，相应外框架分担的水平力也不会大幅变化，有利于实现结构多道抗震防线的理念。

两侧外包钢板和中间内填混凝土组合为整体的钢板剪力墙其性能更加优异，混凝土受钢板约束，钢板通过缀板、栓钉保持稳定，其承载力与抗震性能如同钢管混凝土，而且免模板施工。实验研究其具有良好的延性与耗能能力，滞回曲线饱满稳定，极限位移角超过规范的规定值可以很好满足超高层建筑结构对剪力墙的"高轴压、高延性、薄墙体"的设计要求。

发展为钢管束柱剪力墙，可以实现钢板剪力墙工业化生产，利用带钢加工成 U 形顺序焊接成墙体，一字型、T 形、L 形都方便在工厂自动化焊接加工。而且束柱墙体可以进行模数化设计，实现构件标准化，便于进行工业化生产、实现钢结构建筑工业化。

5.8.3　技术指标

1. 组合板的构造要求

压型钢板的表面应有保护层，应采用镀锌钢板。除了仅供施工用的压型钢板外，压型钢板的厚度不应小于 0.75mm。常用的钢板厚度为 0.75～2.5mm。组合楼板截面的全高不应小于 90mm，而压型钢板顶面至组合板顶面的高度不应小于 50mm。简支组合板的跨高比不大于 25，连续组合板的跨高比不大于 35，组合板在钢梁上的支承长度不应小于 75mm，而其中压型钢板的支承长度不应小于 50mm。支承于钢筋混凝土梁或砌体上时，则组合板的支承长度不应小于 100mm，而其中压型钢板的支承长度不应小于 75mm。

2. 钢筋桁架组合楼板的构造要求

（1）钢筋桁架楼板底模采用镀锌卷板时，基板厚度为 0.5mm，屈服强度应不低于 260N/mm²，镀锌层两面总计不小于 80g/m²，质量应符合相应标准的规定。底模采用冷轧钢板时，基板厚度为 0.4mm，屈服强度应不低于 260N/mm²，质量应符合相应标准的规定。底模厚度较薄，而且考虑经济性，钢板下部不做防火处理，所以底模仅作为施工阶段模板，使用阶段不承受荷载。但在正常使用情况下，钢板的存在增加了楼板的刚度，改善了楼板下部混凝土的受力性能。

（2）钢筋桁架式楼承板中的上下弦受力钢筋应满足在施工阶段作为模板时的强度和刚度要求。上下弦钢筋和腹杆筋均可采用 HRB400 钢筋，强度设计值 $f_y=360N/mm^2$。

3. 组合梁的构造要求

组合梁中现浇混凝土板的混凝土强度等级不低于 C25，组合梁中混凝土板的厚度，一般采用 100～160mm，采用压型钢板与混凝土组合板，则压型钢板肋顶至混凝土板顶间的距离不小于 50mm，组合板的整个高度不小于 90mm，混凝土板中应设置板托。钢梁顶面不得涂刷油漆，在浇筑或安装混凝土板之前应消除铁锈、焊渣及其他脏污杂物。

4. 钢管混凝土的构造要求

钢管与钢管的连接应尽可能采用直接连接的方式。只有在直接连接实在困难的情况下才采用节点板连接，与节点连接的空钢管，必须在管端焊接钢板封住，以免湿气侵入腐蚀钢管内壁。主钢管在任何情况下都不允许开洞。钢管上的焊缝应尽可能在浇筑混凝土前完成。在浇筑混凝土后，只允许施加少量的构造焊缝。以免在焊接高温下产生温度应力，影响钢管与混凝土的受力性能。钢管混凝土柱与梁的连接与一般钢结构梁柱或钢柱与钢筋混凝土梁连接不同。通过加强环与钢梁或预制钢筋混凝土梁连接是比较可靠的连接方法；钢管混凝土柱与现浇钢筋混凝土梁连接时，可将梁端宽度加大，使纵向主筋绕过钢管直通，然后浇筑混凝土，将钢管包围在节点混凝土中，而在梁加宽处加设附加钢箍，梁宽加大部分的斜面坡度应≤1/6。钢管混凝土柱柱脚与基础的连接可分为两大类：一类是与钢柱连接类似，在柱脚底焊接底板与柱脚加劲肋，底板与基础顶面预埋的钢板直接焊接，然后浇筑混凝土，也可将底板与基础预埋螺栓用螺帽连接；另一类柱脚与钢筋混凝土基础的连接构造类似，做成刚性连接，连接时将钢管混凝土柱插入混凝土杯形基础的杯口中。

5. 型钢混凝土柱的构造要求

型钢混凝土柱的混凝土强度等级不宜低于 C30，混凝土粗骨料的最大直径不宜大于 25mm，型钢柱中型钢的保护厚度不宜小于 150mm，柱纵向钢筋净间距不宜小于 50mm，且不小于柱纵向钢筋直径的 1.5 倍，柱纵向钢筋与型钢的最小净距不应小于 30mm，且不应小于粗骨料最大粒径的 1.5 倍。

型钢混凝土柱的纵向钢筋最小配筋率不宜小于 0.8%，且必须在四角各配置一根直径不小于 16mm 的纵向钢筋。

柱中纵向受力钢筋的间距不宜大于 300mm；当间距大于 300mm 时，宜设置直径不小于 14mm 的纵向构造钢筋。

型钢混凝土柱的型钢含钢率不宜小于 4%，且不宜大于 15%。

6. 组合钢板剪力墙与型钢混凝土剪力墙结构的构造要求

型钢混凝土剪力墙的构造要求应该在约束边缘构件中满足型钢混凝土柱的构造要求。

组合钢板剪力墙结构之一的构造要求，内置钢板的组合钢板剪力墙，应在边缘构件中配置型钢，墙体应满足混凝土剪力墙的构造要求，内置钢板厚度不宜过小，钢板应双面焊接栓钉加强钢板与混凝土间的粘结力，并与边缘构件中配置型钢连接。

组合钢板剪力墙结构之二的构造要求，双钢板内填混凝土的组合钢板剪力墙，钢板组合剪力墙的墙体厚度与墙体钢板厚度的比值应该在 1/25～1/100 间，墙体钢板的厚度不宜小于 10mm，当钢板组合剪力墙的墙体连接构造采用栓钉或对拉螺栓时，栓钉或对拉螺栓的间距与外包钢板厚度的比值$\leqslant 40\sqrt{235/f_y}$；当钢板组合剪力墙的墙体连接构造采用 T 形加劲肋时，加劲肋的间距与外包钢板厚度的比值应$\leqslant 60\sqrt{235/f_y}$；钢板组合剪力墙的墙体两端和洞口两侧应设置暗柱、端柱或翼墙，暗柱、端柱宜采用矩形钢管混凝土构件。

7. 型钢混凝土计算方法

型钢混凝土结构构件应由混凝土、型钢、纵向钢筋和箍筋组成。型钢混凝土结构构件的计算有 3 种：

(1) 按平截面假定采用钢筋混凝土构件计算方法即认为型钢与钢筋混凝土能够成为一个整体且变形一致，共同承担外部作用，将型钢离散化为钢筋，并用钢筋混凝土的公式计算其强度。

(2) 基于试验与数值计算的经验公式，一种是以钢结构计算方法为基础，根据型钢混凝土结构的试验结果，经过数值计算，引入协调参数加以调整的经验公式。另一种是在对型钢混凝土构件试验研究的基础上，通过大量的数值计算直接拟合试验结果的近似经验公式。

(3) 累加计算方法。对空腹式型钢混凝土构件按钢筋混凝土的方法计算，而对实腹式型钢混凝土构件在型钢不发生局部屈曲的假定下，分别计算型钢和钢筋混凝土的承载力或刚度，然后叠加，即为构件的承载力或刚度。这种方法是一种简单的叠加法，没有考虑型钢和钢筋混凝土之间的粘结力及型钢骨架与混凝土间的约束与支撑作用，其承载力和刚度计算结果均偏于保守，且当型钢不对称时精度不高。按该法，在计算柱截面的承载力时，弯矩和轴力在型钢和钢筋混凝土之间的分配，可根据具体情况采用不同的分配方式。

8. 钢管混凝土柱及组合钢板剪力墙的计算方法

钢管混凝土及组合钢板剪力墙结构进行弹性内力及位移分析时，截面刚度按照钢和钢筋混凝土的分别计算刚度，然后叠加；对钢管混凝土柱的承载力的计算采用基于实验的极限平衡法，考虑含钢率指标套箍系数的影响；组合钢板剪力墙结构的承载力的计算采用是全截面塑性方法，组合钢板剪力墙受弯承载力可采用全截面塑性设计方法计算，且考虑剪力对钢板轴向强度的降低作用；对受剪承载力偏于保守只取钢腹板的抗剪承载力。

5.8.4　适用范围

组合结构在我国发展和应用的历史虽然不及欧美等发达国家的长，但它在我国的发展势头已显示出强劲的生命力和广阔的应用前景。在可以预见的未来，组合结构在大跨桥梁和高层建筑领域有望发展成为与钢结构和混凝土结构同样重要的主要结构形式。21世纪的组合结构，将在新型组合构件、组合结构体系方面有着广阔的发展前景。

1. 新型组合构件

新型组合构件的研发应包括新材料的应用和结构形式的创新。无论从提高性能上考虑还是从降低造价的目的出发，在设计复合材料结构时应将其与钢材，混凝土等其他材料通过不同方式进行组合，发挥各自的优势，以设计出综合性能更高、价格更低廉的结构。这些组合构件将在抗腐蚀性能、抗震性能和减轻自重等方面具有很大优势。

对已有的传统材料进行合理组合，也可以开发出更高效能的组合构件，解决传统结构形式难以解决的问题。如通过栓钉抗剪连接件将钢板与后浇混凝土组合成整体而形成的钢板-混凝土组合板，是解决异形混凝土板发生开裂的有效手段和方式。钢板组合剪力墙、钢管束柱组合剪力墙，可以满足高层超高层建筑结构对剪力墙的"高轴压、高延性、薄墙体"的设计要求。小规格钢板组合剪力墙或钢管束柱剪力墙特别适合高层住宅钢结构，房间可以不露梁露柱。钢管混凝土叠合柱具有承载力高，抗震性能好同时也有较好的耐火性能和防腐蚀性能。小管径薄壁（<16mm）钢管混凝土柱具钢管混凝土柱的特点，同时还具有断面尺寸小、重量轻等特点。再如，空心钢管混凝土，既可以利用内、外层钢管对混凝土产生约束作用和代替钢筋及模板，又可以利用内层钢管作为拉索的锚固端及结构的竖向运输通道，在大型桥塔和巨形组合框架柱中都具有重要应用价值。

2. 超高层与大跨组合结构体系

在高层及超高层结构领域，组合筒体、组合框架结构体系、巨形组合结构体系和钢-混凝土组合转换层和组合加强层结构都是发展的方向。这几种结构体系的承重及抗侧力体系均由组合构件组成，具有钢结构和钢筋混凝土结构体系所不具有的一系列优点。

组合结构的发展也为桥梁等大跨结构提供了更多的选择。例如，大型桥梁的上部结构可以采用钢、FRP、混凝土等材料形成的组合桥面，钢管混凝土与混凝土板形成的组合梁或波形钢腹板组合梁，斜拉桥和悬索桥还可采用钢混凝土组合桥塔，下部结构则可以采用钢混凝土组合桥墩和基础等。

5.8.5　工程案例

1. 上海环球金融中心

（1）巨形结构系统

巨形结构系统包括位于角部的巨形柱和连接两个巨形柱的巨形斜撑。巨形柱为钢骨混凝土柱，位于建筑物角部，承担带状桁架的端部荷载；巨形斜撑包括焊接箱形截面钢结构，并填充混凝土以增加刚度和阻尼。巨形结构系统支撑建筑物的很大部分的重力，塔楼周围的小型柱将重力荷载传至带状桁架然后传至巨形柱，重力荷载的传递也发生在这些小型柱和巨形斜撑的交点上。逃生层和机械层建筑物周围有一层高的带状桁架，带状桁架是焊接的钢结构箱形截面和热轧宽翼缘型钢。

（2）混凝土核心筒系统

钢筋混凝土核心筒在79层以下，79层以上为有混凝土端墙的钢支撑核心筒系统。核心筒部分承担重力荷载和一定比例的由地震和风引起的剪力和倾覆力矩，上部核心筒通过加强楼板与巨形结构的框架紧密相连，在核心筒截面变化的楼层需要采用加强楼板。

（3）伸臂桁架系统

伸臂桁架包括 3 个三层楼高的桁架，横跨巨形柱与核心筒之间。伸臂桁架系统通过连接核心筒和巨形柱，减少核心筒承受的倾覆力矩，大大减少整个建筑物水平变形，此外还可以减少地震和风引起的荷载对核心筒的桩的作用。

（4）塔楼楼面系统

典型办公室、宾馆的楼面是 LYSAHT3W 型钢板和普通混凝土，厚度为 156mm（压型钢板 76mm、混凝土 80mm）。54 层以上机械层和所有机械层以上的出租层楼面均为厚度 200mm 的楼面系统（压型钢板 76mm，混凝土 124mm，LYSAHT3W），54 层以下的机械层，楼面系统为 190mm 混凝土板加 10mm 钢板，作为加强楼板。复合板承受施工荷载，不喷防火涂料，金属板只作模板用，以后如果楼面板某区域需要增加功能，钢板可喷防火涂料。次梁和大梁包括焊接截面钢和热轧型钢，与楼板一起施工。

（5）现场连接形式

本工程现场连接主要采用焊接连接和高强螺栓连接，局部还采用了栓焊组合接头。

现场焊接连接主要分布在：周边巨形结构（包括巨形柱、巨形斜撑、带状桁架、伸臂桁架）、转换桁架、顶部结构等位置。

高强螺栓连接主要分布在：梁与柱连接部位、梁与预埋件连接部位。

（6）主要部位采用高强度钢材

本工程钢结构总重量 64000t，巨形结构和主要桁架的材料选用牌号为 ASTM A572M（$f_y = 345MPa$）、SA440（$f_y = 440MPa$）的钢材，最大板厚 100mm；钢梁及节点板的材料选用 ASTM A572M（$f_y = 345MPa$）的钢材；在部分复杂节点部位，如伸臂桁架角柱和顶部桁架多向分支接头等位置采用铸钢件，材质为 JIS G5102（$f_y = 345MPa$）。

2. 大连中心（裕景）项目

大连中心（裕景）项目塔楼主体结构为钢骨及钢筋混凝土混合结构。位于周边的巨形结构和中部核心筒是塔楼受力体系的核心部分。周边的巨形结构由巨形柱、带状桁架和巨形斜撑共同组成。周边巨形柱从基础底板开始设置，从第 15 层起，巨形柱之间每隔 15 层设有一道带状桁架，带状桁架之间设置巨形斜撑。

（1）塔楼结构简介

塔楼巨形型钢混凝土角柱分两种截面组合形式，一是箱形柱与 H 形柱组合，一是箱形柱、圆管柱和 H 形柱组合，箱形柱最大截面为 $1750 \times 700 \times 100 \times 100$。其中两根巨形柱分别在 1 层和 30 层开始倾斜形成曲面，曲面的龙形支撑采用圆管柱最大截面 $\phi 900 \times 40$。转换桁架高度 6.1m，每隔 15 层设置，桁架构件截面最大为箱形 $900 \times 700 \times 100 \times 100$。巨形支撑采用箱形截面，最大截面为箱形 $3200 \times 700 \times 100 \times 35$，多数支撑截面尺寸为箱形 1200×700。

（2）裙楼结构简介

裙楼为五层框架结构，钢结构分为钢柱、钢梁、雨篷和天窗部分。钢柱在 4 层以下时为型钢混凝土柱，4 层以上为钢管混凝土柱。钢柱分为箱形和圆管两种。箱形柱最大截面为 $700 \times 700 \times 40 \times 40$，圆管为 700×30。钢梁均为 H 形钢，主要为 $750 \times 300 \times 14 \times 24$ 和

500×200×11×19 两种。

还有一些采用钢与混凝土组合结构的典型工程如：北京中国尊大厦、天津高银 117 大厦、深圳平安国际金融中心、福建省厦门国际中心、重庆嘉陵帆影、郑州绿地中央广场、福州市东部新城商务办公中心区、杭州钱江世纪城人才专项用房。

5.9 索结构应用技术

5.9.1 发展概述

建筑索结构在我国应用已有数十年历史，近十几年来，它得到了迅速的发展和大量的推广应用。尤其是近数年来，出现了大量全张拉建筑索结构。全张拉结构是指结构体系中主要受力单元均为只受拉的拉索。这类结构的设计计算和施工实现均有较大难度。这些结构的成功建成充分说明了我国在这一领域达到了国际先进水平。

目前，在工程中常用的建筑索结构主要有弦支结构、斜拉结构、索穹顶结构、索桁架结构、索膜结构和索网结构 6 种结构形式。

弦支结构——天津大学钢结构研究所从 1998 年开始，在研究弦支梁（即张弦梁）、弦支桁架（即张弦桁架）和弦支穹顶的结构性能基础上，研究和归纳了这两种结构的本质。目前，弦支结构体系已在大型的体育场馆、会展文化中心、重大交通枢纽、大型厂房等国家重要基础建设工程中得到广泛应用。

在弦支结构体系中，弦支梁或桁架（张弦梁和张弦桁架）是出现最早的一种弦支结构。1839 年德国建筑师 Georg Ludwig Friedrich Laves 发明了一种预应力梁"Lavesbeam"，他把梁分成上层和下层两部分，两者之间仅用立柱连接，通过这种方式梁的强度可以显著提高，并用于 Herrenhausen 花园的温室中。Paxton 利用这种预应力梁概念，在建于 1851 年的伦敦万国博览会的水晶宫结构的桁架之间采用了弦支梁结构檩条。建于 1876 年费城博览会展馆的国际展厅屋盖同样采用了弦支梁结构。

国内刘锡良教授 1998 年最先开展了可分解空间型弦支结构的结构性能研究，而真正意义上的第一个双向张弦结构工程建于 2005 年，即深圳市福田交通综合枢纽换乘中心工程钢结构。

1993 年日本川口卫提出弦支穹顶结构，并应用到日本跨度为 35.4m 的光丘穹顶。

斜拉结构——是由主结构、塔柱和拉索构成的一种索结构形式。斜拉结构多用于桥梁结构，即斜拉桥。

索穹顶结构——是由连续拉索和间断的压杆构成的一种自平衡、自应力结构体系，是目前最接近 Fuller 张拉整体结构思想的结构体系。索穹顶结构自重较轻，跨越能力较大。

索桁架结构——是由飞柱和索组成的索结构，分为平面索桁架结构和空间索桁架结构。平面索桁架结构属于双层索系结构，包含鱼腹式索桁架和自平衡索桁架。

索膜结构和索网结构——膜结构主要包括充气膜结构、气承结构、张拉膜结构三类，其中张拉膜结构又包括悬吊式膜结构和骨架式膜结构，两者都是以钢索和钢结构件为主承重结构传递膜面外界荷载的，因此张拉膜结构又称为索膜结构。

索结构体系作为一种主要的预应力钢结构体系，其体系越来越丰富，发展速度越来越多快，科学体系越来越完整，工程应用也越来越多，从整体上来看，我国在弦支结构、斜拉结构、索网结构、索膜结构等方面的建造技术水平代表了世界水平。但是在索穹顶结构方面，我国目前建造的最大跨度索穹顶落后于国外，因此今后还需在现有的实践和理论基础上，继续对索结构，尤其是索穹顶结构的施工控制理论与设计优化理论进一步开展研究，使索结构体系能够得到健康发展[1]。

5.9.2　技术内容

1. 索结构的设计

进行索结构设计时，需首先确定索结构体系，包括结构的形状、布索方式、传力路径和支承位置等；其次采用非线性分析法进行找形分析，确定设计初始态，并通过施加预应力校核结构的强度与刚度；然后进行索具节点、锚固节点设计；最后对支承位置及下部结构设计[2]。

2. 预应力索拱施工

拱是具有侧推力的结构，拱脚处往往会产生较大的水平推力。为降低甚至消除此拱脚推力，目前工程界有效的方法是使用钢索将两拱脚相连。结构形式为钢索与钢拱架组合，即预应力索拱结构。

钢索是预应力索拱结构的关键组成部分，按结构计算和耐久性要求其材料选取、长度确定有以下几个特点：

（1）由预应力钢索最大承载拉力及安全系数确定钢索类型为 $\phi 5 \times 31$，材料标准强度为 1670MPa。考虑防火及防腐性能选择镀锌钢丝和外包双层 PE 保护层。

（2）预应力钢索一端为锚固端，一端为张拉端。锚固端为叉耳式，张拉端为带螺扣的钢拉杆。张拉时借助螺扣设计张拉设备，张拉完成后使用双螺帽进行永久锚固。

（3）在设计叉耳尺寸时要进行抗剪和局部承压验算，特别注意与型钢拱架耳板尺寸匹配，防止出现叉耳安装不上或者安装之后叉耳无法转动的情况。

钢索张拉包括两方面内容，一方面为张拉装置设计和加工，另一方面为钢索张拉应力监测。对于预应力钢结构，需要针对具体工程设计专用的张拉设备。常用的钢索张拉设备由以下部件组成：

（1）转换件。在张拉时，通过转换件将千斤顶拉力传递到钢拉杆，从而实现对钢索施加预应力。

（2）反力架。反力架为由钢板焊接成的一种类似板凳的稳定结构，可以把张拉钢索的反力传递到钢拱梁上，实现张拉体系的自平衡。

（3）应力传感器。

（4）千斤顶。通过张拉钢绞线对钢索施加预应力。

在施工时，需做好预应力施工监测工作。为避免预应力索拱结构在张拉时变形过大，因此在预应力钢索张拉过程中需对结构变形和钢索应力进行现场实时监测。可以选取一榀索拱结构在钢结构加工厂完成张拉试验，实时监测结构变形及应力，如果没有出现结构变形和应力超限的情况，则满足施工要求。因此，在进行其余各榀索拱结构施工时，重点进行钢索拉力监测，不再进行变形监测。

3. 预应力单索结构施工：

标准单元预应力单索结构体系由交叉的水平索和垂直索组成，水平索、垂直索用不锈钢钢索，水平拉索端部为平行弦钢桁架，顶部联系采用钢桁架，钢桁架材料用 Q345。该体系结构形式简单明了、布置灵活，同时具有其他玻璃幕墙支承体系所难以达到的通透性；和玻璃肋板式的玻璃幕墙相比，具有质感强的特点；与现有的柔性支承结构相比，在构造上可以省去玻璃幕墙的爪件，直接由杆件上缚一玻璃扣件，玻璃与玻璃之间直接用玻璃扣件相连，扣件与杆件之间通过一定的联系件相连，免去了杆件。

单索施工的工艺流程主要为：基础测量放线→预埋件安装定位→确定基准点、控制单元→设置观测点→搭设安装平台—钢结构安装→结构上驳接系统安装与调整→拉索第1次20%应力张拉、结构和拉索节点第1次调整→索网内驳接系统安装与调整→拉索第2次80%应力张拉、结构和拉索节点第2次精确调整→拉索第3次100%应力张拉→驳接系统精调→定位→交验→拆除安装平台[3]。

（1）施工放线

① 根据已安装好的钢析架进行水平距离和垂直距离的中心线的测量，并做上临时标记。

② 统计测量数据，按拉索下料时的编号，整理成测量数据表，与拉索下料时的尺寸进行对比，找出结果是否有偏差。

③ 超出允许偏差的部位，必须进行现场复测，确认无误，避免在安装时延误时间。

④ 所有放线的尺寸通过调整和复查无误后，在钢析架拉索安装处弹出拉索的纵横向安装中心线。

（2）单索初装

① 需要安装的拉索提前一天做好计划，将拉索的型号、规格、数量和编号分别登记，注意运输和拆包装过程中不要碰击拉索或将拉索表面刮伤。

② 竖向拉索安装时，先将拉索调节端穿入上端铰支座孔中穿上轴销或拧上螺栓，然后将拉索固定端穿入下端铰支座孔中穿上轴销，此时不要让拉索受张力。按以上的操作程序，依次将各个单元的竖向拉索初装完成；然后进行横向索的安装。

③ 横向拉索安装时，依据现场拉索调节端支座的位置，安排从左到右或从右到左的顺序安装，安装过程与竖向索初装一样，先调节端，后固定端，依次安装各单元的拉索。

④ 拉索初装完成后，做一次成品保护工作，用塑料布将拉索整体包裹起来。同时对索网进行专业编号。

（3）单索张拉

① 第一级20%应力张拉

根据放线预留的分格基准中心线，将拉索先调至中心线上，然后用扭矩扳手施加一定的力进行一级张拉（约为20%荷载），检查拉索有没有位移，是否还在中心线上，如果有，必须调整到位。同时，为了消除重量等荷载造成的影响，进一步确认基准中心线的位置，检查钢析架结构受力后变形情况，并做好记录，以利于下一步张拉数值的取定。一般情况下，由于钢结构此时只受到很小的应力，变形可忽略。

② 第二级80%应力张拉

第2级张拉过程中，张拉机具组合必须保持同步，施加拉力要平缓，并要定时停下检查拉索和钢桁架受张力后的变形情况。张拉机具组合的位置要根据现场安装，应选择保证径向分力矢量最大的部位，以减小轴侧分力对张拉力矢量和的影响。理论计算认为，由于拉索长度远远大于轴向位移，径向分力矢量与轴向分力矢量之比近似于无穷大，故轴向分力对张拉的影响非常小。实际施工过程中控制起来是相当困难的。现场张拉过程中，很小的偏移就会给检测计数造成误差，掌握不好还容易损伤索头丝扣。操作中要保持平缓施加张力。张拉到 80％应力时，检测拉索、桁架、拉索及构件受力状况下的变形及位移，与试验数据对比，对产生的变形及位移在允许偏差范围内进行调整。

③ 第三级 100％应力张拉

根据第 2 级张拉采集的数据编制技术方案，进行第 3 级 100％应力张拉，方法及要求同第 1 级，张拉过程中要重点观察在第 2 级张拉时钢桁架产生的不规则变形。抛开理论分析不计，实际施工中，一般在受力均衡后，这些不规则变形会自动回复，只留下很小偏差。考虑到拉索应力松弛特性，在张拉到 100％应力之后，根据经验还必须再多张拉 3％～5％。锁紧索头螺母，逐步平缓释放张拉机具的张力，卸下张拉机具组合。再次检测拉索 100％受力状态时，桁架、拉索及构件的变形及位移状况，对产生的变形及位移在允许偏差范围内调整，全面检测、校验每根拉索的受力是否与设计相符[4]。

5.9.3　技术指标

1. 拉索的技术指标

拉索采用高强度材料制作，作为主要受力构件，其索体的静载破断荷载一般不小于索体标准破断荷载的 95％，破断延伸率不小于 2％，拉索的设计强度一般为 0.4～0.5 倍标准强度。当有疲劳要求时，拉索应按规定进行疲劳试验。此外不同用途的拉索还应分别满足《建筑工程用索》和《桥梁缆索用热镀锌钢丝》GB/T 17101、《预应力混凝土用钢绞线》GB/T 5224、《重要用途钢丝绳》GB 8918 等相关标准。拉索采用的锚固装置应满足《预应力筋用锚具、夹具和连接器》GB/T 14370 及相关钢材料标准。

2. 设计技术指标

索结构的选型应根据使用要求和预应力分布特点，采用找形方法确定。不同的索结构具有不同的造型设计技术指标。一般情况下柔性索网结构的拉索垂度和跨度比值为 1/10～1/20，受拉内环和受压外环的直径比值约为 1/5～1/20，杂交索系结构的矢高和跨度比值约为 1/8～1/12。

3. 施工技术指标

索结构的张拉过程应满足《索结构技术规程》JGJ 257 要求。拉索的锚固端允许偏差为锚固长度的 1/3000 和 20mm 的较小值。张拉过程应通过有限元法进行施工过程全过程模拟，并根据模拟结果确定拉索的预应力损失量。各阶段张拉时应检查索力与结构的变形值。

5.9.4　适用范围

可用于大跨度建筑工程的屋面结构、楼面结构等，可以单独用索形成结构，也可以与网架结构、桁架结构、钢结构或混凝土结构组合形成杂交结构，以实现大跨度，并提高结构、构件的性能，降低造价。该技术还可广泛用于各类大跨度桥梁结构和特种工程结构。

5.9.5　工程案例

1. 苏州工业园区体育场工程概况与特点

苏州工业园区体育中心位于苏州工业园区内，项目占地 47.25hm²，总建筑面积约 35万 m²。体育场建筑面积 81000m²，为地上五层混凝土结构加钢结构屋面，钢结构除在混凝土结构三层设置铰接柱脚及于上层看台侧向设置连杆外，自成平衡体系。混凝土看台高度 31.8m，钢结构屋面高度 52.0m。

体育场的屋面结构体系是中间开孔的单层索网体系，设计思路来自于预张拉钢条的自行车车轮，主要包括结构柱、外压环、径向索以及内环索。屋盖外边缘压环几何尺寸为 260m×230m，马鞍形的高差为 25m，整个屋盖的展开面积达到 31600m²。外圈的倾斜 V 型柱在空间上形成了一个圆锥形空间壳体结构，从而形成刚性良好的屋盖支承结构，直接支撑顶部的外侧受压环。

体育场主体结构体系包括结构柱、受压环梁、径向索与内环索，全封闭索网屋面支撑于外侧的受压环梁与内侧受拉环之间，索网结构屋面采用上覆膜结构，上覆膜结构是基于轮辐的原理发展而来的，结构的外侧为整个体育场的幕墙[5]。

体育场结构模型图如图 5.9-1 所示。

2. 拉索结构施工

拉索现场施工内容主要有三部分：低空无应力组装、整体提升牵引和分批张拉锚固。

（1）索体保护及看台结构保护要点及注意事项

成品拉索在生产制作过程中采取诸多防护手段，在出厂前对索体进行了包装防护，通过选择合理的运输手段完好运输至施工现场后，

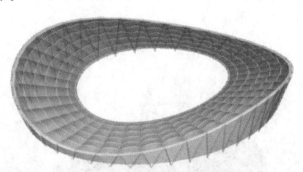

图 5.9-1　体育场结构模型简图

仍必须在整个钢结构屋盖安装全过程中注意索的防护。需要避免与钢、混凝土等坚硬物接触或碰撞极易损伤，避免任何焊渣和熔铁水落在索体上，同时需要避免缆索钢丝锈蚀做好仿佛和成品保护工作。而拉索质量的完好与否，直接关系到拉索的使用寿命，因此，施工中对拉索的保护至关重要。

（2）索网的低空组装

① 拉索安装前的先序工作。

a. 拉索目测检查：索体表面和索头防腐层是否有破损。

b. 检查拉索实际制作长度是否满足要求。

c. 与拉索连接的节点检查：节点是否安装到位，且与周边构件连接可靠。

d. 与拉索连接的构件应稳定可靠，必要时应设置支撑或缆风绳等。

e. 对于在拉索安装后难以完成的工作，应在拉索安装前完成。

f. 为方便工人施工操作，事先搭设好安全可靠的操作平台、挂篮等。

g. 人员正式上岗前进行技术培训与交底，并进行安全和质量教育。

h. 在正式使用前对施工设备进行检验、校核并调试，确保使用过程中万无一失。

② 索网低空组装总体原则。

a. 所有构件尽量在近地面进行无应力组装。

b. 自内向外、自上而下对称安装相同位置的构件。

c. 耳板后焊应消除拉索制作长度误差和外联钢结构安装误差。

d. 索夹安装应严格按照索体表面的索夹标记位置进行安装，并用扭力扳手按照计算

拧紧力矩进行螺栓的拧紧。

　　e. 地面组装时应严格控制拉索长度和索夹位置。

　　③ 索网组装施工顺序

　　索网组装施工顺序：拉索展开→铺设环索→铺设径向索→安装环索连接夹具→安装索头→安装牵引设备和工装索→准备牵引提升。

　　（3）拉索展开

　　拉索采用卷盘运输至现场，为避免拉索展开时索体扭转，环索采用卧式卷索盘，具体如下图。用吊机将索盘运至环索投影位置，在放索过程中，因索盘绕产生的弹性和牵引产生的偏心力，索开盘时产生加速，导致弹开散盘，易危及工人安全，因此开盘时注意防止崩盘。拉索展开后，应按照索体表面的顺直标线将拉索理顺，防止索体扭转。见图 5.9-2～图 5.9-4。

图 5.9-2　环索卷索盘工程现场图一

图 5.9-3　环索卷索盘工程现场图二

图 5.9-4　拉索地面展开工程现场图

　　（4）设环索和径向索

　　由于环索每根总长较长，运输和现场铺设展开较为困难，因此要求每根环索均分为四段，即八根环索一共分为 32 段进行运输和现场铺设。

参 考 文 献

[1] 张其林. 建筑索结构的应用现状和研究进展 [J]. 施工技术, 2014, 43 (14): 19-43.

[2] 郭彦林, 田广宇, 王昆等. 宝安体育场车辐式屋盖结构整体模型施工张拉试验 [J]. 建筑结构学报, 2011, 03: 1-10.

[3] 马爱民, 王琦, 胡正平等. 预应力单索结构施工探讨 [J]. 施工技术, 2004, 11: 43-45.

[4] 杨庆山, 姜忆南. 张拉索-膜结构分析与设计 [M]. 北京: 科学出版社, 2004: 70-91.

[5] 徐晓明, 张士昌, 李亚明等. 苏州工业园区体育中心体育场结构设计 [A] //中国建筑设计研究院 (集团)、东南大学、《建筑结构》杂志社. 第四届建筑结构抗震技术国际会议论文集 [C]. 中国建筑设计研究院 (集团)、东南大学、《建筑结构》杂志社, 2014: 4.

5.10 钢结构住宅应用技术

5.10.1 发展概述

钢结构住宅在国外推广较早且发展迅速, 例如美国、瑞典、加拿大、日本等发达国家, 特别是第二次世界大战之后, 为解决住宅短缺问题, 欧美等国家走向了住宅产业化道路, 加速了钢结构住宅在西方国家的发展以及工业化进程。我国钢结构住宅建筑起步晚, 近年来, 钢结构住宅才逐渐在我国发展起来, 但由于国内整个社会对钢结构住宅建筑体系了解较少以及固有观念, 使得钢结构住宅在我国的发展速度较国外相对缓慢, 我国现有住宅中, 钢结构住宅所占比例不足 1%, 而发达国家基本建筑用钢量远高于我国。

国家用钢政策从 20 世纪 50~60 年代的限制用钢, 到 70~80 年代的节约用钢, 到 21 世纪已调整为鼓励用钢, 且近年来我国逐步将钢铁行业列为我国供给侧结构调整的战略重点之一, 2016 年初, 国家多次出文强调我国钢铁行业产能过剩的问题, 并出台多项政策和路线以推动钢产业的转型升级, 化解钢铁行业过剩产能。如 2 月份提出的《化解钢铁行业过剩产能的指导意见》中明确提出了未来五年化解产能过剩的"路线图", 同时指出要推广钢结构在建设领域的应用, 提高公共建筑和政府投资建设领域钢结构使用比例。2016 年 2 月国务院办公厅《关于进一步加强城市规划建设管理工作的若干意见》: "大力推广装配式建筑, 减少建筑垃圾和扬尘污染, 缩短建造工期, 提升工程质量。""加大政策支持力度, 力争用 10 年左右时间, 使装配式建筑占新建建筑的比例达到 30%。积极稳妥推广钢结构建筑。" 2016 年 3 月 5 日第十二届全国人民代表大会第四次会议中李克强总理表示 "积极推广绿色建筑和建材, 大力发展钢结构和装配式建筑, 提高建筑工程标准和质量"。之后各省市相继推出系列加快推进住宅产业化的相关指导意见, 装配式建筑尤其是具有高度工业化的钢结构住宅政策红利不断释放, 提高了各方参与的积极性, 特别是建筑设计、构件生产、安装施工、装备制造和房地产开发企业积极响应, 形成了"行业引导, 政府推动, 企业热情高涨, 产业化蓬勃发展"的良好态势。在 2016 年行业标准《钢结构住宅技术标准》和《装配式住宅建筑设计规程》相继启动和编制, 推动钢结构住宅技术的专业化和规范化进程。

钢结构是目前最有发展潜力的节能型住宅, 突破了我国传统建造模式。替代了传统的红砖及混凝土, 完全使用工业化生产的建筑材料, 是 21 世纪人类居住环境的理想建筑。

其主要特点如下：

（1）钢结构的重量轻、强度高，抗震性能好。钢结构材料的强度高，塑性和韧性好，结构延性好。用钢结构建造的住宅重量约为钢筋混凝土住宅的 1/3～1/2。自重的减轻使得地震作用效果降低，一般自重减轻一半，相当于降低抗震设防烈度一度，地震作用可降低 30%～40%。

（2）工业化程度高，易于实现住宅产业化。钢结构住宅的设计借助专业设计软件，大大缩短设计周期，并实现设计的标准化。所有构件工厂化加工制造，精度高，易保证质量。容易实现机械化装配，施工速度快，施工周期短，与传统住宅相比工期缩短 40%以上。

（3）空间利用率高，能合理布置功能区间。由于钢材轻质高强的特点，便于形成大柱距、大开间的开放式住宅，而传统结构（如砖混结构、混凝土结构）由于材料性质限制了空间自由布置，如果跨度、开间过大，就会造成板厚、梁高、柱大，出现"肥梁胖柱"现象，不但影响美观，而且自重增大，增加造价。在空间使用率上，钢结构住宅使用的钢梁、钢柱的截面积比传统结构减小，所占净空面积也随之减小，使得房间使用面积增大，与传统结构相比可增加有效面积 10%左右。

（4）绿色环保，节能省地。目前我国住宅体系多为砖混结构，大量使用硅酸盐水泥，在建筑物解体后产生大量的建筑垃圾，对环境造成极大破坏；砌体结构使用的实心黏土砖，浪费大量的土地资源。而钢结构住宅所用材料主要是环保型可回收材料，在建筑物拆除时，钢材可以 100%回收利用。

（5）钢结构住宅保温隔热隔声效果突出，造型美观结构丰富。大多采用新型轻质墙体围护材料，不易霉变，不易虫蛀，在保温隔热隔声性能方面比传统住宅有明显优势。钢结构材料轻质高强，结构设计时可以创造出艺术性较强的建筑外形，以满足住户对不同建筑风格的要求。

随着建筑美观性以及住宅对于室内家居布局的要求越来越高，能够包裹在墙体内的异形柱以及连接施工方便的矩形钢管柱被越来越多的学者研究并应用于工程实际中，逐步涌现出异形钢管柱、扁钢柱、方钢管组合异形柱以及钢管束组合剪力墙等结构。与传统结构相比，钢管混凝土组合异形柱的优势表现在以下几个方面：

（1）相比钢筋混凝土结构，减小了柱截面尺寸，相同柱截面时，提高了柱的抗震性能与抗裂性能。钢管可对混凝土提供套箍作用，限制混凝土的开裂，因此具有良好的抗震性能和抗裂性能。

（2）相比纯钢结构，极大降低了钢材用量。钢管内填充的混凝土可对钢管提供支撑作用，延缓钢管的屈曲，而纯钢结构为了避免局部屈曲需要保证较厚的钢管壁厚，因此同样设计条件下，与纯钢结构柱相比，可降低钢材用量 30%～50%。

（3）截面形状布置灵活，可采用不等边的异形柱。异形柱的构造尺寸可根据实际需要进行调整，使用灵活。

（4）施工工艺传统，在现有设备条件下易于掌握。钢管混凝土组合异形柱结构的构成不需要钢结构加工单位另外购置新型设备，所需材料市场供应充足，加工工艺简单并易于掌握。

5.10.2　技术内容

钢结构住宅应满足安全、适用、耐久、经济且与环境协调等住宅综合性能要求。钢结构住宅应采用将结构系统、外围护系统、设备与管线系统、内装系统集成的方法进行设计、施工与装修一体化综合设计。

钢结构住宅的设计建造，应按建筑工业化方式要求，采用标准化设计、工厂化生产、装配化施工、信息化管理和智能化应用，并应实现全装修。

住宅应综合协调建筑、结构、建筑设备和内装等专业，户型平面布置应与结构系统相协调，并应有防止声桥和热桥的措施。预制墙板应满足结构安全和耐久性要求。外墙体抗裂性应有多道防护措施。

钢结构住宅体系是一个有机的系统，主要包括主体结构体系、围护体系、设备体系三部分。其中钢结构住宅的重点在于装配化的结构体系以及适用工业化的建筑围护体系。

1. 结构体系与结构布置

钢结构住宅的结构体系可选用冷弯薄壁型钢结构、钢框架结构、钢框架支撑（墙板）结构、钢框架—钢混组合结构、框筒结构或模块钢结构等体系。钢框架—支撑结构可采用中心支撑或偏心支撑，支撑构件可选用常规的钢杆件或预制剪力墙板支撑构件；钢框架—墙板结构的墙板宜优先选用延性墙板或带有屈曲约束的墙板，也可采用预制的钢筋混凝土墙板；框筒结构的筒体可采用钢筋混凝土筒体，也可采用密柱深梁的钢框架筒体；钢结构模块建筑可采用墙承重式模块建筑也可采用柱承重式模块建筑。

钢结构住宅结构体系的选择，对于低密度住宅或村镇住宅建筑宜采用冷弯薄壁型钢结构体系为主；对多层或小高层建筑，宜优先选用钢框架结构，当地震作用较大钢框架结构难以满足设计要求时，也可采用钢框架—支撑中心结构；高层建筑宜优先选用钢框架—支撑结构体系或框筒结构体系，当高烈度区的地震作用较大难以满足设计要求时，也可选用钢框架—屈曲约束支撑结构或钢框架—延性墙板结构体系；当装配化要求或现场施工速率要求较高时可选用钢结构模块结构体系。

钢结构住宅主要受力构件是由钢构件、钢骨或钢管混凝土组合结构构件组成，构件截面形式一般选用：热轧 H 形截面、焊接 H 形截面、焊接箱形截面、冷弯薄壁方钢管内灌混凝土、冷弯 C 形截面、方钢管及矩形钢管内灌混凝土等。

钢结构住宅结构布置应与建筑套型以及建筑平面和立面相协调。不宜采用特别不规则结构体系，不应采用严重不规则结构体系。钢结构部（构）件布置和节点的构造不应影响住宅的使用功能。整体建筑设计应以集成化住宅建筑为目标，应按模数协调的原则实现构配件标准化、设备产品定型化。

2. 外围护体系

钢结构住宅外墙宜采用适应工厂化生产、装配化施工的外墙围护系统部品，并应按建筑结构非承重墙体部品进行设计。外墙立面设计应与部品构成相协调、减少非功能性外墙装饰部品，并应便于制作安装及维护。

外墙围护系统应选用合理的构成及安装方式，可选用装配式轻型条板外墙围护系统、装配式骨架复合板外墙围护系统、装配式预制大板外墙围护系统、干法砌筑的块体外墙围护系统等。围护体系设计除应买组安全性能要求外还应根据所在地区满足住宅使用的水密性、气密性、隔声性能、热工性能等功能性要求。

外墙围护系统墙板宜选用蒸压加气混凝土墙板、GRC 墙板、轻骨料混凝土墙板、泡沫混凝土墙板、挤出成型水泥墙板和预制钢筋混凝土墙板等工厂生产的墙板。轻型钢结构住宅以及模块钢结构建筑围护材料可采用水泥基的复合型多功能轻质材料、水泥加气发泡类材料、轻质混凝土空心材料、轻钢龙骨复合墙体材料等。外墙板构造可采用内嵌式、外挂式、嵌挂结合式等与主体结构连接类型，并宜分层悬挂或承托。外墙围护系统的保温构造形式，可采用外墙外保温系统构造、外墙夹心保温系统构造、外墙内保温系统构造和外墙单一材料自保温系统构造。

钢结构住宅楼盖结构可采用预制装配式楼板或现浇式楼板（包括叠合板），楼板类别可采用钢筋桁架楼承板、预制轻混凝土板、预应力混凝土叠合板、快拆模板式楼板等。

5.10.3 技术指标

钢结构住宅结构设计应符合工厂生产、现场装配的工业化生产要求，构件及节点设计宜标准化、通用化、系列化，在结构设计中应合理确定建筑结构体的装配率。

钢材性能应符合现行国家标准《钢结构设计规范》GB 50017 和《建筑抗震设计规范》GB 50009 的规定，可优先选用高性能钢材。

钢结构住宅应遵循现行国家标准《装配式钢结构建筑技术标准》GB/T 51232 进行设计，按现行国家标准《建筑工程抗震设防分类标准》GB 50223 的规定确定其抗震设防类别，并应按现行国家标准《建筑抗震设计规范》GB 50011 进行抗震设计。结构高度大于80m 的建筑宜验算风荷载的舒适性。

钢结构住宅的防火等级应按现行国家标准《建筑设计防火规范》GB 50016 确定，防火材料宜优先选用防火板，板厚应根据耐火时限和防火板产品标准确定，承重的钢构件耐火时限应满足相关要求。

5.10.4 适用范围

冷弯薄壁型钢以及轻型钢框架为结构的轻型钢结构可适用于低、多层（6 层，24m 以下）住宅的建设。多高层装配式钢结构住宅体系最大适用高度应符合《装配式钢结构建筑技术标准》GB/T 51232 的规定，主要参照值如表 5.10 所示：

多高层装配式钢结构适用的最大高度（m）　　　　　　　　　　表 5.10

结构体系	6 度	7 度		8 度		9 度
	(0.05g)	(0.10g)	(0.15g)	(0.20g)	(0.30g)	(0.40g)
钢框架结构	110	110	90	90	70	50
钢框架-偏心支撑结构	220	220	200	180	150	120
钢框架-偏心支撑结构 钢框架-屈曲约束支撑结构 钢框架-延性墙板结构	240	240	220	200	180	160
筒体(框筒、筒中筒、桁架筒、束筒)结构 巨型结构	300	300	280	260	240	·180
交错桁架结构	90	60	60	40	40	—

对于钢结构模块建筑，1～3 层模块建筑宜采用全模块结构体系，模块单元可采用集装箱模块，连接节点可选用集装箱角件连接；3～6 层可采用全模块结构体系，单元连接可采用梁梁连接技术；6～9 层的模块建筑单元间可采用预应力模块连接技术，9 层以上需要采用模块单元与剪力墙或核心筒相结合的结构体系。

5.10.5 工程案例

1. 钢管混凝土组合异形柱高层钢结构项目

沧州市福康家园住宅项目，是全国第一个采用钢管混凝土组合异形柱技术的高层钢结构住宅小区，建筑高度最高达 76.4m。项目位于河北省沧州市，东侧紧邻城市主干道永安大道。规划设计总建筑面积为 136289.57m²，其中地上建筑面积为 117953.04m²，地下建筑面积为 25129.81m²。其中 1、2、4 号楼采用矩形钢管混凝土组合异形柱框架－剪力墙体系，3、5、6、7、8 号楼采用矩形钢管混凝土组合异形柱框架－支撑体系，地下结构采用钢筋混凝土结构。

该工程所采用的钢管混凝土组合异形柱结构体系解决了住宅内部柱子见角问题，满足住宅建筑使用需求并增大了室内居住面积。组合柱梁柱刚接节点选用外肋环板节点，单柱梁柱刚接节点选用隔板贯通节点，解决钢管混凝土组合异形柱节点域力的传递。见图 5.10-1 和图 5.10-2。

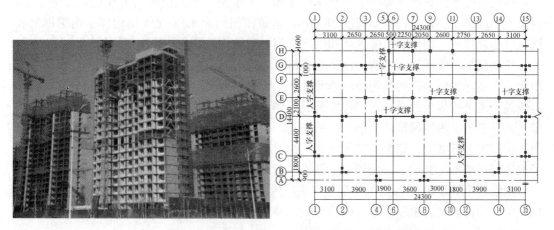

图 5.10-1 钢管混凝土组合异形柱高层住宅体系及布置

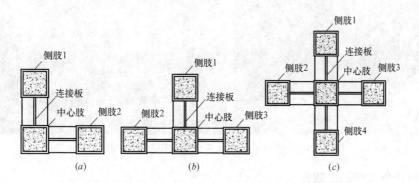

图 5.10-2 主体结构构件-钢管混凝土组合异形柱

(*a*) L 形；(*b*) ⊥形；(*c*) ＋形

组合异形柱有多重形式，中心单肢均采用 150×150 方钢管，壁厚由 14mm 至 6mm 均匀变化。底部 1～4 层局部组合柱侧肢采用 250×150 的矩形钢管，5～18 层采用 150×150 方钢管，壁厚由 14mm 至 6mm 均匀变化。组合异形柱单肢间连接板板厚与柱壁同厚。

单柱采用 200×300 或 200×200 的矩形钢管，壁厚由 14mm 至 6.5mm 均匀变化。组合异形柱及单柱钢管均采用 Q345B 钢材，内灌 C40 混凝土。

支撑选用矩形钢管，在满足承载力与构造要求的同时截面最小，既不突出墙面，又不影响墙体的施工。支撑主要包括 □150×8、□120×8、□120×6、□100×6 等四种规格。方钢管支撑采用 Q345B 钢材，局部长细比不满足要求时选用 Q235B 钢材。钢梁的主要截面尺寸包括 H200×100×4.5×5、HN250×125×6×9、HN300×150×6.5×9、H350×150×8×10、H400×150×8×12 五种，材质均为 Q345B。

项目楼板采用钢筋桁架楼承板；墙体采用以水泥、硅砂、石灰和石膏为原料、以铝粉（膏）为发气剂，经细磨、浇筑、切割、蒸压养护而成的蒸压加气混凝土板；钢结构外部防火主要采用蒸压轻质加气混凝土防火板包覆，在单柱、梁、支撑及细部节点处喷涂防火涂料处理。

2. 模块钢结构住宅项目

该项目位于天津市静海区子牙环保产业园，为多层单元式白领宿舍住宅。无地下室，地上 5 层局部 6 层，结构主体高度 15.6m，建筑面积约为 4100m²。结构体系为钢框架和钢模块混合体系，楼梯间、电梯间和门厅为钢框架结构，其余均为钢模块结构。

该项目采用集建筑、结构、设备和装修一体化的钢结构模块集成技术，每个模块单元即为一个实际房间，且钢结构模块单元都在工厂预制且多工序交叉配合进行精装修，单元运输到工地进行吊装并通过连接件组合成整体，连接简单可靠。随装随运，现场与工厂同步，大量节省了占地面积，工期 1 个月左右，只需工人 30 人左右，达到了建筑空间模块化、生产工艺标准化、建筑施工装配化。在保证工程质量的同时，节约了工期、大幅减少了现场管理成本与劳动力，做到了质量优、速度快、绿色环保。

钢结构模块建筑 90％ 的工作都是在工厂内完成，施工过程主要包括：模块单元制作、模块单元内部装饰、出厂检验、模块运输、模块现场吊装。将工业化生产流程用于施工，通过对原材料的整体质量把控，高效利用和运输。见图 5.10-3。

图 5.10-3　静海子牙尚林苑项目模块制作及现场拼装

（1）模块单元的加工制作

模块单元在工厂进行流水线加工制作，将梁、柱、波纹板、角件等部品构件按照图纸焊接成模块单元，且自动化流水线生产、人员固定，变高空立体作业为平面作业，不仅建造质量得到保证，也同时减少了原料浪费。

（2）模块单元内部装饰及出厂验收

模块单元按照室内深化图进行室内管线布置、设置保温层、安装门窗吊顶及厨卫家具等精装修一体化设计，且钢结构模块单元出厂时，按照国家相关质量验收标准进行检查。

（3）模块单元运输及现场吊装

用与模块单元匹配的运输车进行运输，现场吊车进行组装，做到随运随安，省去二次吊装。注意以下事项：

① 运输时对模块角部做好防护，模块单元叠放不宜超过三层。

② 吊装时不宜直接吊角件，以免对模块单元造成不必要破坏，通过平衡架进行吊装。

③ 吊装时注意吊装顺序，交错吊装，给工人留出作业面，方便施工。

④ 吊装及安装就位一个模块单元，及时检查，以免产生累积误差。

参 考 文 献

[1]《装配式钢结构建筑技术标准》GB/T 51232—2016［S］. 北京：中国建筑工业出版社，2016.

[2]《轻型钢结构住宅技术规程》JGJ 209—2010［S］. 北京：中国建筑工业出版社，2010.

[3]《集装箱模块化组合房屋技术规程》CECS 334—2013［S］. 北京：中国计划出版社，2013.

6 机电安装工程技术

6.1 基于 BIM 的管线综合技术

6.1.1 发展概述

现行施工中,管线综合技术主要是依靠计算机辅助制图手段,在施工前对机电安装工程的主要管线进行合理布局、综合排布,使之在满足使用功能的前提下,解决机电安装工程中各专业管线安装标高重叠、位置冲突等问题,协调各安装专业与土建、结构、装修之间的衔接问题,施工中通常采用 CAD 等绘图软件进行深化设计和综合排布。

由于 BIM 软件的推广应用,施工中逐渐将 BIM 技术应用到管线综合排布中,将传统的二维图纸转变为三维模型,能够更直观地了解管线布置,减少管线碰撞等问题,更好地保证管线综合排布的质量。

6.1.2 技术内容

管线综合是工程项目中的难点,尤其是综合排布上,过去的传统 2D 设计,因为不可见的原因,造成二次返工、浪费现象很普遍。现在的三维制图软件主要是利用真实管线的真实走向进行定位,从而进行准确建模,进一步实现智能化、可视化的设计流程。建筑信息模型的建立,利用整体设计理念,从建筑物的大局观出发,有效合理地处理给排水、暖通和电气各系统的综合排布,与建筑物模型相关联,为工程师提高更好的视觉效果,从而进行更加深入化、人性化的决策。通过建筑信息模型,工程师可以对建筑设备及管道系统进行深化设计,对建筑性能进行深入分析,充分发挥 BIM 的竞争优势,促进可持续性设计。

1. 深化设计

机电工程施工中,水、暖、电、智能化、通信等各种管线错综复杂,各管路走向密集交错,如在施工中发现各专业管路发生碰撞,则会出现大面积拆除返工,甚至会导致整个方案的重新修改,不但会浪费材料还会大大地延误工期,造成二次施工,增加项目成本。基于 BIM 技术可将建筑、结构、机电等专业模型整合,再根据各专业要求及净高要求将综合模型导入相关软件进行碰撞检查,根据碰撞报告结果对管线进行调整、避让,对设备和管线进行综合布置,从而在实际工程开始前发现问题并解决碰撞问题。

2. 多专业协调

各专业分包之间的组织协调是建筑工程施工顺利实施的关键,是加快施工进度的保障,其重要性毋庸置疑。目前,暖通、给水排水、消防、强弱电等各专业由于受施工现场、专业协调、技术差异等因素的影响,缺乏协调配合,不可避免地存在很多局部的、隐性的、难以预见的问题,容易造成各专业在建筑某些平面、立面位置上产生交叉、重叠,无法按施工图作业。通过 BIM 技术的可视化、参数化、智能化特性,进行多专业碰撞检查、净高控制检查和精确预留预埋,或者利用基于 BIM 技术的 4D 施工管理,对施工过程进行预模拟，根据问题进行各专业的事先协调等措施，可以减少因技术错误和沟通错误带来的协调问题，大大减少返工，节约施工成本。

3. 现场布置优化

随着建筑业的发展，对项目的组织协调要求越来越高，项目周边环境的复杂往往会带来场地狭小、基坑深度大、周边建筑物距离近、绿色施工和安全文明施工要求高等问题，并且加上有时施工现场作业面大，各个分区施工存在高低差，现场复杂多变，容易造成现场平面布置不断变化，且变化的频率越来越高，给项目现场合理布置带来困难。BIM 技术的出现给平面布置工作提供了一个很好的方式，通过应用工程现场设备设施族资源，在创建好工程场地模型与建筑模型后，将工程周边及现场的实际环境以数据信息的方式挂接到模型中，建立三维的现场场地平面布置，并通过参照工程进度计划，可以形象直观地模拟各个阶段的现场情况，灵活地进行现场平面布置，实现现场平面布置合理、高效。

4. 进度优化

比选建筑工程项目进度管理在项目管理中占有重要地位，而进度优化是进度控制的关键。基于 BIM 技术可实现进度计划与工程构件的动态链接，可通过甘特图、网络图及三维动画等多种形式直观表达进度计划和施工过程，为工程项目的施工方、监理方与业主等不同参与方直观了解工程项目情况提供便捷的工具。形象直观、动态模拟施工阶段过程和重要环节施工工艺，将多种施工及工艺方案的可实施性进行比较，为最终方案优选决策提供支持。基于 BIM 技术对施工进度可实现精确计划、跟踪和控制，动态地分配各种施工资源和场地，实时跟踪工程项目的实际进度，并通过计划进度与实际进度进行比较，及时分析偏差对工期的影响程度以及产生的原因，采取有效措施，实现对项目进度的控制，保证项目能按时竣工。

5. BIM 综合管线的实施流程

设计交底及图纸会审→了解合同技术要求征询业主意见→确定深化设计内容及深度→制定出图细则和出图标准→制定详细的深化设计图纸送审及出图计划→机电初步深化设计图提交→机电初步深化设计图总包审核、协调、修改→图纸送监理、业主审核→机电综合管线平剖面图、机电预留预埋图、设备基础图、吊顶综合平面图绘制→图纸送监理、业主审核→深化设计交底→现场施工→竣工图制作。

6.1.3　主要技术指标

《CSD 机电综合管线深化设计标准》2013 年版、《建筑信息模型应用统一标准》GB/T 51212—2016。

6.1.4　适用范围

工业与民用建筑工程、交通轨道工程、电站等所有在建及扩建项目。

6.1.5　工程实例

1. 深圳海上世界广场工程概况

深圳海上世界广场位于蛇口海上世界商业区，分为船前广场、船尾广场和船后广场。船前广场东南侧为海上世界明华轮，西南侧为船尾广场。海上世界广场是集旅游、休闲、购物于一体的大型商业项目，总建筑面积达 9 万 m^2。

2. 综合管线深化布置

模型建立起来后，通过 RevitMEP 的平面图、轴测图及剖面图对关键位置进行管道的综合布置及深化设计工作。如图 6.1-1 所示，为深化设计前的管廊机电布置，可以看出各专业管道互相冲突，交叉返弯问题比较严重，若现场按原设计的管线走向进行安装会造成大面积的返工，并且会大大阻延施工进度。

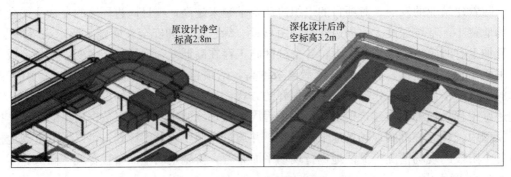

图 6.1-1 深化设计前管道布置图

经过管线综合深化设计后如图 6.1-2 所示，各专业管道走向位置错落有致，能有效地对重点位置进行施工交底，大大减少管线碰撞情况。

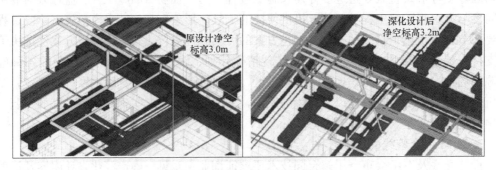

图 6.1-2 深化设计后管道布置图

深化设计后船前广场综合管线布置图如图 6.1-3 所示。

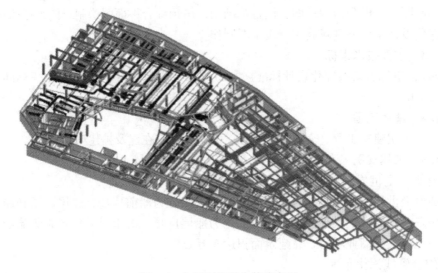

图 6.1-3 地下室综合管线布置

完成各层综合管线建筑机电模型后，对每层建筑、结构、机电管线叠加，完成整栋建筑的 BIM 模型。如图 6.1-4～图 6.1-7 所示。

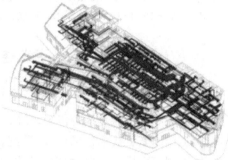

图 6.1-4   综合管线布置（1）

图 6.1-5   综合管线布置（2）

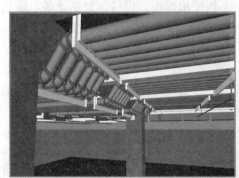

图 6.1-6   BIM 软件深化设计图与现场实际安装情况对比（1）

图 6.1-7   BIM 软件深化设计图与现场实际安装情况对比（2）

参 考 文 献

[1] 王君峰，廖小烽. Revit Architecture 2010 建筑设计火星学堂［M］. 北京：人民邮电出版社，2010.
[2] Autodesk Asia Pte Ltd. AutodeskR MEP2011 应用宝典［M］. 上海：同济大学出版社，2010.

6.2 导线连接器应用技术

6.2.1 国内外发展概况

建筑电气导线连接器是代替传统缠绕、搪锡、绝缘胶带包裹工艺，对导线进行接续、T接与端接工作的施工技术，早在20世纪初就已注册专利。20世纪30年代末，美国与加拿大开始大规模商用，目前全球建筑电气行业每年使用各类导线连接器的数量已超过30亿支。国际电工委员会TC23分委员会专门对导线连接器产品制定了IEC 60998系列标准（已等同转化为国家标准GB 13140系列）；TC64分委员会制定的IEC 60364系列标准（已等同转化为国家标准GB 16895系列）中，将导线连接器规定为标准的导线连接工艺。

我国自2008年起，依据GB 13140系列标准对导线连接器进行产品CQC和CVC认证。最新修订和颁布的国家标准《建筑电气工程施工质量验收规范》GB 50303—2015明确规定了使用该技术；《建筑电气细导线连接器技术规程》CECS 421—2015详细规定该技术的产品选型、安装使用与验收检验方法。

采用"导线连接器"不仅能实现高可靠的电气连接，而且由于不借助特殊工具、可完全徒手操作，免去了扭绞、搪锡、绝缘包扎等工序，使安装过程快捷、高效，平均每个电气连接耗时仅10s，为传统焊锡工艺的1/30，不再使用焊锡、焊料、加热设备，降低了常规做法难以避免的焊接烟气造成的工作场所环境污染，节省人工和安装费用。

6.2.2 技术要点

1. 适用范围

导线连接器适用于额定电压交流1kV及以下、直流1.5kV及以下建筑电气细导线（$6mm^2$及以下的铜导线）的接续、T接与端接。

2. 产品类型

导线连接器根据其对导体施加接触力的方式，可分为：螺纹型连接器、无螺纹型连接器（包括：通用型和推线式两种结构）和扭接式连接器，其工艺特点见表6.2-1，能确保导线连接所必须的：电气连续、机械强度、保护措施，以及检测维护，这4项基本要求。

符合 GB 13140 系列标准的导线连接器产品特点说明   表 6.2-1

连接器类型 / 比较项目	无螺纹型		扭接式	螺纹型
	通用型	推线式		
连接原理图例				

续表

比较项目 ＼ 连接器类型	无螺纹型		扭接式	螺纹型
	通用型	推线式		
制造标准代号	GB 13140.3		GB 13140.5	GB 13140.2
标准要求的周期性温度实验	192 个循环		384 个循环	—
连接硬导线（实心或绞合）	适用		适用	适用
连接未经处理的软导线	适用	不适用	适用	适用
连接焊锡处理的软导线	适用	适用	适用	不适用
连接器是否参与导电	参与		不参与	参与/不参与
IP 防护等级	IP20		IP20 或 IP55	IP20
安装工具	徒手或使用辅助工具		徒手或使用辅助工具	普通螺丝刀
是否重复使用	是		是	是

3. 产品选型

根据以下参数确定导线连接器规格：

（1）导线连接器的额定绝缘电压不得低于电源系统的标称电压。

（2）导线连接器的额定连接容量应与导线标称截面积相匹配。

导线连接器的额定连接容量用 mm^2 或 AWG（美国线规）表示，两者对应关系参见表 6.2-2。

导线截面积 mm^2 与 AWG（美国线规）的对应关系　　表 6.2-2

标称横截面积（mm^2）	AWG 线规号码	等值的公制面积（mm^2）
0.5	20	0.52
0.75	18	0.82
1	—	—
1.5	16	1.30
2.5	14	2.10
4.0	12	3.30
6.0	10	5.30

由于 $1.5mm^2$ 及以上导线截面积大于 AWG 线规的等效截面积，或称 AWG 线规导线载流量小于对应公制导线载流量，因此选择无螺纹型连接器时应予以注意。

（3）导线连接器应与被连接导线的线芯类型相匹配。各类导线连接器与线芯类型的适用范围详见表 6.2-1。

（4）导线连接器应与被连接导线的数量相匹配。

例如：用导线连接器进行 T 接时，对于螺纹型连接器和扭接式连接器，可理解为至少连接 3 根标称截面积的导线；对于无螺纹型连接器，可理解为至少使用 3 孔连接器，每个孔都能且只能接入 1 根额定连接容量范围内的导线。

（5）导线连接器应与接点的 IP 防护等级相匹配。各类导线连接器的 IP 防护等级详见表 6.2-1。

6.2.3 施工方法

1. 剥线要求

（1）剥除导线护层时，应避免损伤导体和需保留的绝缘层。护层剥离处不得附有残余绝缘层。

（2）剥线长度应符合导线连接器技术文件要求。

（3）剥离多股软导线绝缘层时，若破坏了线芯绞合状态，则应轻捻，使之恢复。

2. 无螺纹型连接器的安装与拆卸

（1）安装推线式（插接式）连接器时，将符合剥线要求的导体推进连接器孔（图6.2-1中向右箭头方向推进），并至最大深度即完成安装。如果导体不够平直，则需进行整形，以免影响连接效果。

（2）拆卸推线式（插接式）连接器时，双手分别握持被拆分导线和连接器，往复转动连接器，同时向外拔（图6.2-1中往返转动，并向左箭头方向拔出），即可拆下连接器。

（3）安装通用型连接器时，先将导线夹紧件打开（图6.2-2所示步骤①），将符合剥线要求的导体放入连接器孔并至最大深度（图6.2-2所示步骤②），再将导线夹紧件复位（图6.2-2所示步骤③），即完成安装。

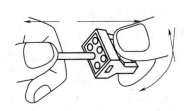

图 6.2-1　推线式连接器的安装与拆卸

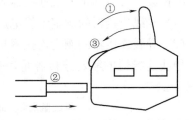

图 6.2-2　通用型连接器的安装与拆卸

（4）拆卸通用型连接器时，将导线夹紧件打开（图6.2-2所示步骤①），即可将连接器从导线上取下（图6.2-3所示步骤②）。

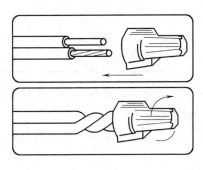

图 6.2-3　扭接式连接器的安装与拆卸

（5）正确使用条件下的无螺纹型连接器，拆卸导线后肉眼观察如无明显损坏，则仍可重复使用。

3. 扭接式连接器的安装与拆卸

（1）将符合剥线要求的导体并齐，无需预绞拧，直接放入连接器并右旋拧紧，被连接导线外露部分应出现至少 1 圈扭绞状态即完成安装（图6.2-3）。必要时，可使用施加力矩的辅助工具。

（2）将连接器向拧紧的反方向旋转，即可拆卸连接器。

（3）正确使用条件下的扭接式连接器，拆卸后肉眼观察如无明显损坏，则仍可重复使用。

4. 螺纹型连接器的安装与拆卸

（1）将符合剥线要求的导体并齐放入连接器，用螺丝刀（旋具）拧紧夹紧螺钉。按连接器技术要求进行绝缘防护。螺纹型连接器（含螺纹型接线端子块或端子排）夹紧件的拧紧力矩符合表 6.2-3 的要求。

螺纹型连接器或端子块（排）夹紧件的拧紧力矩　　表 6.2-3

螺钉的标称直径(mm)		拧紧力矩(N·m)
公制标称值	直径(D)的范围	
1.6	$D \leqslant 1.6$	0.05
2.0	$1.6 < D \leqslant 2.0$	0.1
2.5	$2.0 < D \leqslant 2.8$	0.2

（2）用螺丝刀（旋具）拧松夹紧螺钉，即可拆分导线与连接器。

（3）正确使用条件下的螺纹型连接器，拆卸后肉眼观察如无明显损坏，则仍可重复使用。

6.2.4　工程验收

1. 施工检查

工序过程中的安装质量自检，以及工序结束后的安装质量抽检，导线连接器的检查应包括但不限于以下项目：

（1）外壳应完好无损。

（2）被连接导线的导体部分不应外露。

（3）无螺纹型连接器所连接的导线应插接到位。

（4）扭接式连接器所连接导线外露部分应至少出现 1 圈扭绞状态。

（5）螺纹型连接器（含螺纹型接线端子块或端子排）的夹紧螺钉应拧紧。

2. 拉力测试

当对连接质量有疑义时，可对连接点进行拉力测试。使用测力计沿导线轴向平稳施加拉力 1min，不得使用爆发力，导线不应从连接器中脱出或在连接处断裂。导线连接器与被连接导线所能承受的最小拉力应符合表 6.2-4 的规定。

连接器与被连接导线所能承受的最小拉力与截面积的关系　　表 6.2-4

导线截面积(mm²)		0.5	0.75	1.0	1.5	2.5	4	6
拉力(N)	无螺纹型/螺纹型连接器	20	30	35	40	50	60	80
	扭接式连接器	35	45	55	65	110	150	180

3. 电气测试

当对连接质量有疑义时，可对连接点进行电气测试。电气测试可代替拉力测试。连接点电气测试可选择但不限于以下项目之一：

（1）连接点的直流电阻值

连接点的直流电阻值不应大于表 6.2-5～表 6.2-8 中 20℃时导体最大电阻的规定。

单芯和多芯电缆用第 1 种实心导体　　表 6.2-5

标称截面积(mm²)	20℃时导体最大电阻(mΩ/m) 圆形退火铜导体		标称截面积(mm²)	20℃时导体最大电阻(mΩ/m) 圆形退火铜导体	
	不镀金属	镀金属		不镀金属	镀金属
0.5	36.0	36.7	2.5	7.41	7.56
0.75	24.5	24.8	4	4.61	4.70
1.0	18.1	18.2	6	3.08	3.11
1.5	12.1	12.2			

单芯和多芯电缆用第 2 种绞合导体 表 6.2-6

标称截面积 (mm²)	导体的最小单线数量		20℃时导体最大电阻(mΩ/m)	
	圆形	紧压圆形	圆形退火铜导体	
			不镀金属单线	镀金属单线
0.5	7	—	36.0	36.7
0.75	7	—	24.5	24.8
1.0	7	—	18.1	18.2
1.5	7	6	12.1	12.2
2.5	7	6	7.41	7.56
4	7	6	4.61	4.70
6	7	6	3.08	3.11

单芯和多芯电缆用第 6 种软铜导体 表 6.2-7

标称截面积 (mm²)	导体内最大单线直径 (mm)	20℃时导体最大电阻(mΩ/m)	
		圆形退火铜导体	
		不镀金属	镀金属
0.5	0.21	39.0	40.1
0.75	0.21	26.0	26.7
1.0	0.21	19.5	20.0
1.5	0.26	13.3	13.7
2.5	0.26	7.98	8.21
4	0.31	4.95	5.09
6	0.31	3.30	3.39

单芯和多芯电缆用第 5 种软铜导体 表 6.2-8

标称截面积 (mm²)	导体内最大单线直径 (mm)	20℃时导体最大电阻(mΩ/ m)	
		圆形退火铜导体	
		不镀金属	镀金属
0.5	0.16	39.0	40.1
0.75	0.16	26.0	26.7
1.0	0.16	19.5	20.0
1.5	0.16	13.3	13.7
2.5	0.16	7.98	8.21
4	0.16	4.95	5.09
6	0.21	3.30	3.39

当需要温度修正时，应按公式（6.2-1）计算。

$$R_{20} = R_t \times k_t \times \frac{1}{L} \tag{6.2-1}$$

式中 k_t——表 6.2-9 提供的温度校正系数；

R_{20}——20℃时导体电阻（mΩ/m）；

R_t——导体测量电阻值（mΩ）；

L——电缆长度（m）。

（2）故障回路阻抗

故障回路阻抗实测结果应符合公式（6.2-2）。

$$Z_{s(m)} \leqslant \frac{2}{3} \times \frac{U_0}{I_a} \tag{6.2-2}$$

式中 $Z_{s(m)}$——实测回路阻抗（Ω）；

U_0——相导体对接地的中性导体的电压（V）；

I_a——保护电器在规定时间内可靠动作，切断故障回路的最小电流（A）。

导体电阻值的温度校正系数 k_t，校正 t℃至 20℃时的测量电阻值　　　　表 6.2-9

测量时导体温度 t （℃）	校正系数 k_t 对于所有导体	测量时导体温度 t （℃）	校正系数 k_t 对于所有导体
0	1.087	21	0.996
1	1.082	22	0.992
2	1.078	23	0.988
3	1.073	24	0.984
4	1.068	25	0.980
5	1.064	26	0.977
6	1.059	27	0.973
7	1.055	28	0.969
8	1.050	29	0.965
9	1.046	30	0.962
10	1.042	31	0.958
11	1.037	32	0.954
12	1.033	33	0.951
13	1.029	34	0.947
14	1.025	35	0.943
15	1.020	36	0.940
16	1.016	37	0.936
17	1.012	38	0.933
18	1.008	39	0.929
19	1.004	40	0.926
20	1.000		

（3）回路电压降

回路电压降按公式（6.2-3）计算，照明回路电压降不应大于 3%，插座回路电压降不应大于 5%

$$\Delta u\% = \frac{U_2 - U_1}{U_0} \times 100\% \qquad (6.2\text{-}3)$$

式中 $\Delta u\%$——以百分数表示的回路电压降；

U_1——实测回路末端负载电压（V）；

U_2——实测带载回路末级保护电器出口电压（V）；

U_0——实测回路空载电压（V）。

6.2.5 工程实例

导线连接器工艺已在北京金茂府、苏州移动分公司工业园区新综合大楼、昆山农村商业银行大厦、浪潮科技园 S01 科研楼、中银国际金融大厦等工程中应用，符合 GB 50303—2015 第 17.2.3 条和第 20.1.3 条（强条）的规定。应用场合主要为插座、照明等末端配电回路，导线截面积为 1.5～2.5mm²，选用的导线连接器型号与技术指标见表 6.2-10。

实际工程中常用连接器型号与技术指标 表 6.2-10

型号	外观	额定连接容量	电气特性
推线式 PC2253C		3 根 1～2.5mm²	
推线式 PC2254C		4 根 1～2.5mm²	额定电流:24A 额定耐压:450V 工作环境温度:105℃
推线式 PC353		3 根 0.5～2.5mm²	
推线式 PC354		4 根 0.5～2.5mm²	
扭接式 P3		最大 2 根 2.5mm²	
扭接式 P4		最大 3 根 2.5mm²	额定耐压:600V 工作环境温度:105℃
扭接式 P6		最大 4 根 2.5mm² 或 3 根 4mm²	

参 考 文 献

[1] 《家用和类似用途低压电路用的连接器件　第 1 部分：通用要求》GB 13140.1—2008 [J]. 北京：中国标准出版社，2010.

[2] 《家用和类似用途低压电路用的连接器件　第 2 部分：作为独立单元的带螺纹型夹紧件的连接器件的特殊要求》GB 13140.2—2008 [S]. 北京：中国标准出版社，2010.

[3] 《家用和类似用途低压电路用的连接器件 第 3 部分：作为独立单元的带无螺纹型夹紧件的连接器件的特殊要求》GB 13140.3—2008 [S]. 北京：中国标准出版社，2010.

[4] 《家用和类似用途低压电路用的连接器件 第4部分：作为独立单元的带刺穿绝缘型夹紧件的连接器件的特殊要求》GB 13140.4—2008 [S]. 北京：中国标准出版社，2010.

[5] 《家用和类似用途低压电路用的连接器件 第5部分：扭接式连接器件的特殊要求》GB 13140.5—2008 [S]. 北京：中国标准出版社，2010.

[6] 《建筑物电气装置 第5-52部分：电气设备的选自和安装 布线系统》GB/T 16895.6—2014/IEC 60364-5-52：2009 [S]. 北京：中国标准出版社，2015.

[7] 《低压电气装置 第6部分：检验》GB/T 16895.23—2012/IEC60364-6：2006 [S]. 北京：中国标准出版社，2012.

[8] 《电缆的导体》GB/T 3956—2008/IEC 60228：2004 [S]. 北京：中国标准出版社，2009.

[9] 《建筑电气细导线连接器应用技术规程》CECS421：2015 [S]. 北京：中国计划出版社，2016.

6.3 可弯曲金属导管安装技术

6.3.1 发展概况

随着建筑、建材科技的持续发展，建筑电气导管的施工技术也在不断更新，在历经"水煤气钢管"、"PVC 管"及"KBG、JDG 管"连接技术后，一种新型电线电缆保护导管——可弯曲金属导管广泛应用于各种复杂环境条件下的电气施工。在日本，由于人工匮乏、人工成本高，而该类产品具有可弯曲、绝缘、阻燃、防水、屏蔽、耐腐蚀等特性，且重量轻、强度好，并配有各种附件，操作极为方便，可大大提高工效，因此得到了广泛应用。

1992 年营口某公司从日本引进技术设备，并在国内生产制造、销售"普利卡管"，其材质结构为：内壁电工绝缘纸、外壁镀锌带、中层冷扎带、呈 M 型叠加结构，用于建筑电气及设备连接。

2007 年河北保定某公司在"普利卡管"的产品基础上经过研发改进，投入机械设备开始批量生产、销售新型的可弯曲金属导管。新型的可弯曲金属导管产品材质结构为：原材料选用双面热镀锌钢带、内壁高温静电技术喷附绝缘防腐热固性粉末、产品呈 S 型结构，大大提升了导管的机械性能、防腐性能，解决了原产品在建筑电气中使用出现的弊端问题，并获得了一定的益效成果。新型"可弯曲金属导管（俗称可挠管）"被广大建筑电气设计、施工专家认可，并编入国家级和行业级的设计、施工、验收规范中，开始大量应用于建筑电气工程的强电、弱电、消防系统，明、暗敷场所，逐步成为一种较理想的电线电缆保护导管。产品符合国家标准《1kV 及以下配线工程施工与验收规范》GB 50575 和《建筑电气工程施工质量验收规范》GB 50303 的相关规定。可弯曲金属导管，属于可弯曲类管材，是建筑电气应用中的节能、节材、环保、创新产品。曾用名"可挠金属电线保护套管（俗称普利卡管）"、"可挠金属电气导管（俗称可挠管）"。

可弯曲金属导管的生产原材料为双面热镀锌钢带和热固性粉末涂料，且内壁绝缘防腐涂层采用静电喷涂技术紧密附着热镀锌钢带。摒弃传统管材类灌漆、除锈等辅助工序，较传统建筑电气保护管材类在防腐性能方面得到提升。

生产工艺采用双扣螺旋的结构，具备用手即可弯曲并定型的特点，管内壁光滑平整无毛刺，避免传统管材类内壁毛刺划伤导线的现象发生，摒弃用机械或工具将导管进行弯曲的工艺。传统建筑电气保护管材类截面均为平面，可弯曲金属导管截面为异形截面，该结构可有效分散了来自于单点/面对管壁的力量冲击。单米耗钢量为传统建筑电气保护管材类的 1/3，机械性能达重型国家标准，特别在国家提倡的资源节约、低碳、环保经济的大环境下，具备重要的节能推广值。

可弯曲金属导管施工工艺，完全摒弃传统建筑电气保护管材类的繁琐施工流程，施工前期无需对管材进行灌漆、除锈的辅助工序，施工中无需借助器械设备进行弯管、裁剪、焊接、搬运器械设备等，只需用手和普通施工钳类、刀具即可完成施工，减轻劳动强度，消除危险作业的发生，提高工作效率，可节省工时 40％～70％。消除了传统建筑电气保护管材类产品的生产施工弊端，结合新型绿色建筑的设计施工理念，创新传统钢材生产技术，是我国建筑材料行业新一代专业的电线电缆保护导管。

6.3.2 技术要点

1. 特点

基本型可弯曲金属导管（KZ、行标型号为 KJG）采用热镀锌钢带以双扣螺旋结构绕制而成，内壁喷附热固性粉末涂料。导管内壁具有绝缘性，导管具有良好的弯曲性和使用便捷性。应用范围广泛，使用过程便捷。在建筑电气的强电、弱电、消防系统中应用，提高施工效率，降低材料损耗，加强施工质量。产品单米耗钢量少，施工辅助环节少，且具有良好的节能效应。

防水型可弯曲金属导管（KV、行标型号为 KJG-V），结构为在 KZ 产品的基础上外包敷防水护套，是一种防水防（防护等级为 IP67）、高保护（机械性能达国家重型，分类代码 4.）、使用便捷（专业配套附件）的防水防潮型电气保护导管。在建筑电气中可使用 KZ 产品的场所外，亦可在水蒸气密度较高的场所、有酸碱等腐蚀性的场所、直埋地下素土内使用。

阻燃型可弯曲金属导管（KVZ、行标型号为 KJG-WV，名称为：无卤防水型），结构为在 KZ 产品的基础上外包敷氧指数 31.6％的聚乙烯护套。具有良好的阻燃性。在建筑电气中可使用 KZ、KV 产品的场所外，亦可在防火要求较高的电气施工场所、火灾自动报警系统中使用。

产品的机械性能分为轻型、中型和重型，具体指标见表 6.3-1、表 6.3-2。轻型仅适用于与末端电气设备连接（不大于 1.2m），中型应用于明敷场所（包括吊顶内敷设），重型应用于暗敷场所。管体屏蔽电阻为 0.03Ω（国家标准不大于 0.05Ω）。材料利用率达 98％以上。

2. 技术指标

（1）抗压性能

取三根长度为 200mm 的导管，首先用游标卡尺测定试样的原始外径尺寸 D_1，然后将试样径向放在电子万能试验机工作台面上，再将边长为 50mm 钢制的正方体块置于试样上面的中部，对压块施加荷载，以 30mm/min 的速度加至下表中规定的压力值，保持 1min，再用游标卡尺测定试样扁平部分尺寸 D_2，按（6.3-1）公式计算扁平率，规格为 25 及以下的导管扁平率应小于 15％，规格为 32 及以上的导管扁平率应小于 25％。

$$扁平率 = \frac{D_1 - D_2}{D_1} \times 100\% \tag{6.3-1}$$

压力　　　　　　　　　　　　　　　　　　　　表 6.3-1

序号	导管机械性能类型	压力(N)	序号	导管机械性能类型	压力(N)
1	轻型	320	3	重型	1250
2	中型	750			

（2）抗拉性能

取三根长度为 300mm 的导管与配套附件装配好，将组件固定在电子万能试验机，以 30mm/min 的速度沿试样轴向施加荷载至下表中规定的拉力值，保持 $15\min{}^{+5}_{0}s$，导管配件或端接导管配件与导管仍应连接良好，导管不得出现在无任何附加放大情况下或校正视力可见的裂痕。可弯曲金属导管应达到重型标准，详见表 6.3-2。

拉力　　　　　　　　　　　　　　　　　　　　表 6.3-2

序号	导管机械性能类型	拉力(N)	序号	导管机械性能类型	拉力(N)
1	轻型	250	3	重型	1000
2	中型	500			

（3）电气性能

① 板类节点连接屏蔽接地试验：

导管和端接导管配件如图 6.3-1 进行组装固定。

向组装体的两端输入 25A、频率为 50~60Hz 的交流电流（电源的空载电压不超过 12V）1min＋50s 后，测量组装体两端的电压降，所的电压降与电流的比值即为电阻。电阻不得超过 0.05Ω。可弯曲金属导管应满足规范。

② 导管与导管连接 屏蔽接地试验：

用导管配件将 10 节导管连接起来（图 6.3-2），转配成导管和导管配件组件。配件之间距离 100~150mm。

然后向组件通过以交流电 25A，

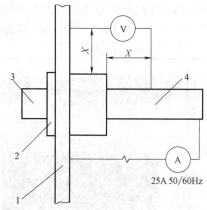

图中：

$X=12\mathrm{mm}\pm2\mathrm{mm}$

图 6.3-1　板类节点连接屏蔽接地试验连接示意图

1—3mm 金属板；

2—自选锁紧螺母；

3—通过攻孔或配件螺纹的对开螺母固定到板上的端接导管配件；

4—导管。

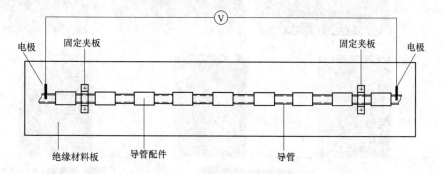

图 6.3-2　导管类节点连接屏蔽接地试验连接示意图

（60±2）s，电流频率为50～60Hz，电源的空载电压不超过12V，接着测出电压降，并从电流和电压降算出电阻。电阻不得超过0.1Ω。可弯曲金属导管应满足规范。

（4）弯曲性能

导管固定在弯曲试验装置上。用手缓慢将导管向左弯曲至（90±5）°后返回垂直位置。再将导管向右弯曲至（90±5）°后返回垂直位置。操作应重复进行，重复次数大于3次，试验后导管应无法回到垂直位置。导管保持在弯曲位置5min。试验后，导管不得出现在无附加放大情况下正常或校正视力可见的裂痕，且导管能让相应量规在其自身重量并无任何初速度的情况下通过。可弯曲金属导管应满足规范。

6.3.3 应用案例

可弯曲金属导管施工技术已在沈阳桃仙机场T3航站、贵阳机场改扩建、青岛胶东机场、北京行政副中心、北京CBD韩国三星集团、于家堡金融区起步区、贵阳国贸、中国医科大学附属医院浑南国际医院、曹妃甸职教城（一期）、天津文化中心、沈阳韩国乐天世界、杭州高德置地广场等项目中应用。应用场合主要为建筑电气的强电、弱电、消防系统中，常用的可弯曲金属导管型号与应用图片见表6.3-3。

实际工程中常用的可弯曲金属导管型号与应用图片　　　　　　　表6.3-3

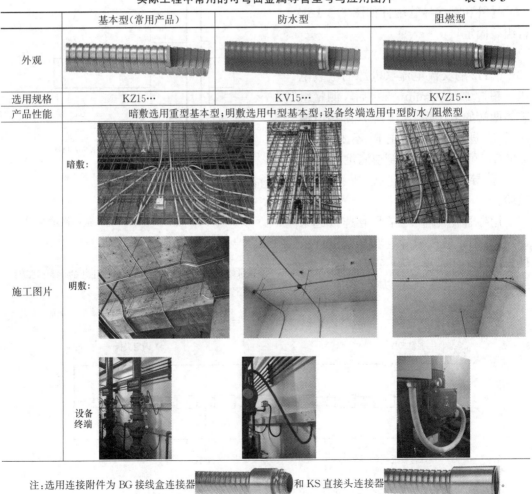

	基本型（常用产品）	防水型	阻燃型
外观			
选用规格	KZ15…	KV15…	KVZ15…
产品性能	暗敷选用重型基本型；明敷选用中型基本型；设备终端选用中型防水/阻燃型		
施工图片	暗敷： 明敷： 设备终端		

注：选用连接附件为BG接线盒连接器　　　和KS直接头连接器　　　。

1. 产品选型

根据导线型号及根数选择可弯曲金属导管规格，可参照原国标钢管的相关要求进行选择，表示方法，相关对照表格如表 6.3-4 所示：

原规格与现规格对照表（单位：mm）   表 6.3-4

原规格	15	17	24	30	38	50	63	76	83	101	130
现规格	15	20	25	32	40	50	65	65	80	100	125

注：可弯曲金属导管规格原采用英制口径的表示方法，现已改用国内通用的公称口径。

2. 施工方法

（1）断连要求

① 裁断用钢锯沿管壁凹槽锯断即可，不宜用力直接掰断管材从而造成管口径变小。

② 管口修理需用航空剪垂直管端截面，剪开 2～3 扣，再用平口钳沿管螺纹褪下管口毛刺部分，确保管口处光滑无毛刺。如在室外或潮湿场所使用，切割完的管口应刷防锈漆，做防腐处理。

③ 管口修理好后即可连接，管材间连接可选用专用直接头进行连接。

④ 防水/阻燃型可弯曲金属导管裁断连接时尤其注意其外保护套不宜修剪过长，与管口或连接头距离不宜超过 10mm。

（2）布线要求

① 明配的可弯曲金属导管固定点间距应均匀，不应大于 1m，管卡于设备、器具、弯头中点、管端等边缘的距离应小于 0.3m。可弯曲金属导管管路敷设应走向合理，管线最短，检查维护方便。

② 暗配的可弯曲金属导管，应敷设在两层钢筋之间，且宜依附底筋敷设，并与钢筋绑扎牢固。管子绑扎点间距不宜大于 0.4m，绑扎点距盒（箱）不宜大于 0.1m。

（3）进盒要求

可弯曲金属导管布线进入接线盒（箱）等板类节点时，应采用专用的接线盒连接器，连接器进入盒（箱）不超过 5mm，且内锁片应与盒（箱）固定牢固。

（4）接地要求

① 基本型可弯曲金属导管布线系统应做良好接地。

② 基本型可弯曲金属导管由于生产厂家选用原材料及生产技术不同，其产品导电连续性亦不同。因此在做连接件间跨接保护线时，凡是依照国家标准 GB/T 20041.1—2015 和 GB 20041.22—2009 相关屏蔽接地实验测得的电阻小于 0.05Ω 的可弯曲金属导管，可不用做连接件间的跨接保护线，亦可满足其电气连续性要求。

（5）施工检查

工序过程中的安装质量自检，以及工序结束后的安装质量抽检，可弯曲金属导管敷设应包括但不限于以下项目：

① 导管本身及连接处应完好无损。

② 绑扎点间距不宜超过 0.4m。

③ 管材敷设线路不宜弯曲过多。

参考文献

[1] 《电缆管理用导管系统　第 1 部分：通用要求》GB/T 20041.1—2015 [S]．北京：中国标准出版

社，2015.

[2]《电缆管理用导管系统　第22部分：可弯曲导管系统的通用要求》GB 20041.22—2009［S］.北京：中国标准出版社，2010.

[3]《可挠金属电线保护套管》JG/T 3053—1998［S］.北京：中国标准出版社，1999.（修编中）

[4]《低压配电设计规范》GB 50054—2011［S］.北京：中国计划出版社，2011.

[5]《火灾自动报警系统设计规范》GB 50116—2013［S］.北京：中国计划出版社，2013.

[6] 山东省标准设计办公室.13系列建筑标准设计图集.北京：中国建材工业出版社，2013.

[7]《建筑电气工程施工质量验收规范》GB 50303—2015［S］.北京：中国计划出版社，2016.

[8]《1kV及以下配线工程施工与验收规范》GB 50575—2010［S］.北京：中国计划出版社，2010.

[9] 周忠明，王红静，代进等.防水防尘可挠性金属导管施工工法［M］.//《工程建设国家级工法汇编》第三册（2009—2010年度）.北京：中国建筑工业出版社，2010.

6.4　工业化成品支吊架技术

6.4.1　发展概况

装配式成品支吊架也称组合式支吊架。装配式成品支吊架的作用是将管道自重及所受的荷载传递到建筑承载结构上，并控制管道的位移，抑制管道振动，确保管道安全运行。支吊架一般分为与管道连接的管夹构件，与建筑结构连接的生根构件，将这两种结构件连接起来的承载构件和减振构件、绝热构件以及辅助钢构件，构成了装配式成品支吊架系统。

1. 国际

欧美发达国家自20世纪80年代就已经开始实行管线支吊架的标准化设计、生产和安装。目前部分欧美企业对于管线支吊架采用标准配件、成套产品安装，支吊架形式通过各种组合可方便地进行安装。这些标准支吊架为定型产品，由厂商给出参数范围，直接选用安装即可，保险系数大[1]。

2. 国内

我国自21世纪初出现装配式管线支吊架，目前推广、应用还处于初步阶段。在上海、北京、广州、深圳等一线城市，装配式管线支吊架所占的市场份额为10%左右，在天津、西安、武汉、青岛、沈阳等二、三线城市的建筑安装工程中已开始应用装配式管线支吊架。但国内大部分建筑安装工程仍采用传统支吊架，即参考相关图集，结合经验设计进行现场制作及安装，对于支吊架的设计标准及安装标准都没有形成规范，传统支吊架所占市场份额高达95%左右。

装配式成品支吊架的出现，是建筑安装行业发展到一定阶段的必然产物。可以预见，装配式成品支吊架替代传统焊接支吊架是安装行业发展的必然趋势，因为装配式成品支吊架真正做到了"工厂预制、现场装配"。

应用新型装配式建筑管线成品支吊架是突破建筑安装技术领域的新课题，对现场施工"安全环保"、"节能减排"、"经济高效"都具有十分重要的现实意义。从上海、苏州、北京等大城市的部分建筑安装工程的使用情况来看，使用新型装配式建筑管线支吊架对设计单位达到了标准化，为施工企业节约了大量的材料成本和人力成本，提高了安装质量和施工观感效果，同时大大提高了施工安全性，有效避免了建筑火灾事故的发生。可见，新型装配式建筑管线支吊架的应用前景广阔[2]。

6.4.2　技术内容

1. 管线综合

复合式支吊架规格型号、形式的确定都建立在管线综合的基础上，管线综合是否合理显得尤为重要。而管线综合是以设计图纸为基础，以不改变设计意图为目的，根据施工现场对设计图纸进行进一步的优化。熟悉各专业管线特性，结合不同专业管线的规范要求，以求在紧凑有限的空间内对管线进行合理的布置。

2. 确定复合式支吊架间距

以设计图纸为背景，根据现场及管线综合方案，适当调整设计所布支架位置，以保证支架位置要避开风管三通、桥架三通、水管三通、风阀及水阀部位，然后用计算机绘制出每个走廊复合式支吊架位置及标注支架间距。

3. 确定复合式支吊架形式

根据前两步所确定的管线综合方案及支架间距，用计算机绘制出每个支架的剖面图并编号。由于各专业支架间距规范要求不同，结合本工程所用管线材质及连接方式的特点。一般情况下，水管接头及三通两端设置支架，而桥架与风管支架间距为2m，就需对每根水管进行合理排布，如水管两端有支架，则中间支架水管横担就可取消，以减少不必要的浪费。

4. 编制复合式支吊架清单

根据所确定支架形式编制出每个支架所含配件清单，然后统计出所有支架所需配件总量。

5. 综合支吊架订货

因综合吊架配件造价比较高，每副支架中所含21双拼槽钢（6m/根）和41双拼槽钢（6m/根）均需到场后现场切割，损耗较大。故订货时尽量不要按照清单中合计的数量订货，最好根据每副支架所需长度计算每根槽钢如何划分。如1号支架中需21双拼槽钢的长度为：3.5m，1.5m，1.5m，2号支架中需21双拼槽钢的长度为：2.5m，3m，故划分槽钢时就需把1号支架中的3.5m和2号支架中的2.5m组合为一根，1号支架中的2个1.5m和2号支架中的3m组合为一根，切割完后均按支架编号。而实际施工时班组一般按支架编号顺序切割槽钢，如1号支架中一根槽钢划分为3.5m和1.5m，剩余1.5m，2号支架划分为2.5m和3m后剩余0.5m，剩余的1.5m和0.5m在其余编号的支架中很难再利用，无形中就造成不必要的浪费，故合理的分配每根槽钢以最大限度降低槽钢的损耗。其余配件按厂家提供数据配套统计订货，以求节约从点滴做起[3]。

6.4.3　技术指标

国家建筑标准设计图集《室内管道支架和吊架》03S402、《风管支吊架》03K132、《电缆桥架安装》04D701-3、《室内管道支架及吊架》03S402、《装配式室内管道支吊架的选用与安装》16CK208（参考图集）。

其他应符合《管道支吊架》GB/T 17116、《建筑机电抗震设计规范》GB 50981的相关要求。

6.4.4　适用范围

适用于工业与民用建筑工程中多种管线在狭小空间场所布置的支吊架安装。特别适用于建筑工程的走道、地下室及走廊等管线集中的部位、综合管廊建设的管道、电气桥架管线、风管等支吊架的安装。

6.4.5 工程实例

1. 国家会展中心（上海）工程概况

国家会展中心（上海）（又称：中国博览会会展综合体），总建筑面积达 147 万 m^2，建成后将是世界上最大的会展综合体。其中，A1、B1、D1 展厅均为超高、超大空间，净高达到近 40m，屋面为钢桁架，展厅钢桁架内机电安装工程应用了轻型装配式支吊架技术，有效地实现了管线的科学、系统排布，克服了空间有限等问题[4]。

2. 复杂交叉情况下轻型装配式支吊架的设计

(1) 支吊架点位确定及选型

考虑不同管道对支吊架间距的要求，利用建筑信息模型（BIM）出图辅助施工及确定支吊架点位，并对大口径成排管线的支吊架严格按设计详图的要求进行选型。

(2) 大空间管线安装中轻型装配式支吊架的选择及验算

确定支架形式后，对支架杆件进行选取、计算及校核，根据露天风管风荷载，确定固定支架。

参 考 文 献

[1] 刘纪才. "建筑产业现代化"背景下装配式管线支吊架应用所面临的问题及解决之道 [J]. 安装，2015，06：14-17.

[2] 张润喜. 复合式支吊架在民用机电安装工程中的应用 [J]. 山西建筑，2014，01：123-124.

[3] 刘纪才. 建筑产业化方向下的管线支吊架 [J]. 安装，2013，02：20-22.

[4] 李江华，孙纪军. 轻型装配式支吊架在大型展馆中的应用研究 [J]. 安装，2015，05：54-58.

[5] 王和慧，刘纪才，杜伟国等. 工厂预制、现场装配——机电安装的发展趋势暨装配式支吊架的主要问题综述 [J]. 安装，2013，08：59-62.

6.5 机电管线及设备工厂化预制技术

6.5.1 发展概况

建筑工业化是我国建筑业的发展方向，建筑施工设计理念的不断更新，建筑施工企业工厂化加工制作、起重运输能力不断提升，机电管线及设备工厂化预制已成为国内施工企业普遍关注的新课题。在此背景下，机电管线及设备工厂化预制便应运而生。

建筑机电产品工厂化预制技术其实早在 20 世纪 60 年代国外就开始兴起，它是将建筑给水排水、采暖、通风与空调工程等领域的建筑机电产品按照集成化、模块化的思想，从设计、生产到安装和调试进行模块的深度结合集成，以达到对建筑机电产品进行规模化的预加工、工厂化流水线制作生产，从而实现建筑机电安装标准化、产品集成化及模块化。利用这种技术，不仅能提高生产效率和产品质量水平，降低建筑机电工程建造成本，还能减少现场施工工程量、缩短工期、减少污染、实现建筑机电安装全过程绿色施工。

近十几年以来，我国众多企业也在进行各种尝试，并取得了很好的效果。例如各种大型水箱、凉水塔工厂化预制；管道、风管工厂化预制；厨房、卫生间工厂化预制；水泵房、冷冻机房、锅炉房、换热站等设备工厂化预制撬装。

6.5.2 技术内容

（1）管道工厂化预制技术：采用软件硬件一体化技术，详图设计采用"管道预制设计系统"软件，实现管道单线图和管段图的快速绘制；预制管道采用"管道预制安装管理系统"软件，实现预制全过程、全方位的信息管理。采用机械坡口、自动焊接，并使用厂内物流输送系统使整个作业过程形成流水线作业，提高了工作效率。施工现场也可采用移动工作站预制技术，运用自动切割、坡口、滚槽、焊接等机械和辅助工装，快速组装形成预制工作站，在施工现场建立作业流水线，进行管道加工和焊接预制。

（2）厨房、卫生间工厂化预制技术：对厨房、卫生间排水系统进行同层模块化设计，形成一套排水节水装置，实现建筑排水系统工厂化加工、批量性生产以及快速安装。同时有效解决厨房、卫生间排水管道漏水、出现异味等问题。

（3）机房机电工厂化预制技术：对机房机电设施采用标准的模块化设计，使泵组、冷水机组等设备及附属管道形成自成支撑体系的、便于运输安装的单元模块。现场整体安装，改变了机房机电设施传统的施工方法。

（4）大型机电设备工厂化预制技术：将大型机电设备拆分成若干单元模块分别进行工厂加工制作，在工厂进行预拼装，经检验合格后分段运至现场进行组装。

（5）工厂化预制主要工艺流程：研究图纸→建立 BIM 模型→可预制段及模块确定→工厂放样、下料、预制、防腐→工厂预拼装→现场分段组对→防腐→安装就位。

6.5.3 技术指标

（1）将建筑机电产品现场制作安装工作前移，实现工厂加工与现场平行作业，减少施工现场时间和空间的占用。产品质量应符合相关专业规范标准要求。

（2）模块规格尺寸及重量应满足相关车辆、船只运输规定。

（3）大件运输应遵守《超限运输车辆行驶公路管理规定》。

6.5.4 适用范围

适用于大、中型民用建筑工程、工业工程、石油化工工程的设备、管道、电气安装。

6.5.5 工程实例

1. 南京中电熊猫平板显示科技有限公司新一代超高分辨率液晶面板项目工程概况

南京中电熊猫平板显示科技有限公司新一代超高分辨率液晶面板项目（G108）全厂普通机电安装工程 3E 动力站包括低温冷冻水、中温冷冻水、压缩空气、温/热水、蒸汽/凝结水、给水排水等系统，其中各类管道长度约 22600m。

2. 建筑信息模型（BIM）建立

3E 动力站建筑信息模型（BIM）如图 6.5-1 所示。

3. 工厂化可预制段确定

可预制段的合理确定是实现建筑机电产品工厂化预制的首要条件，可预制段确定的原则是能实现工厂预制、便于运输、利于安装。见图 6.5-2。

4. 预制模块图编制

在编制工厂化预制模块时，应充分考虑现场安装成本与模块运输成本合理、有机的统一，同时设置好接口调节段。见图 6.5-3。

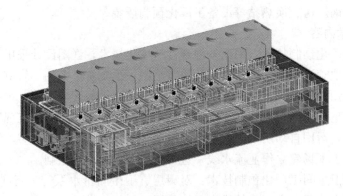

图 6.5-1 3E 动力站 BIM

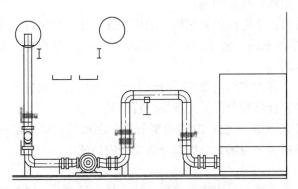

图 6.5-2 3E 动力站局部可预制段

5. 工厂化加工控制

（1）材料验收

材料进厂时对其材质、规格型号、数量、标识、外观质量进行验收，其结果应符合设计文件及相关产品标准的规定。产品质量证明文件齐全、有效。

（2）下料管理

根据预制模块图，对各类型材进行排版，采用各类自动切割机进行下料，减少下料损耗。同时下料尺寸充分考虑焊缝收缩余量。

（3）组装、焊接管理

采用各类自动加工设备对预制模块进行组装、焊接。过程中加强对模块各部件组装尺寸进行复核，对需要无损检测的焊缝按设计要求比例进行检测。

（4）防腐管理

预制模块经预拼装、检查验收合格后，采用抛丸机对预制模块进行除锈，除锈等级满足设计要求后进行油漆喷涂。涂层应美观、无流挂、空鼓现象，涂层厚度满足设计文件要求。

（5）包装管理

根据预制模块的尺寸，选择合适的包装方案。对于整体尺寸较小的撬装、较小

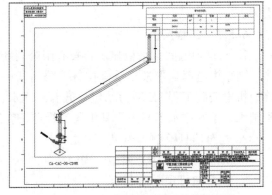

图 6.5-3 3E 动力站局部预制模块示意

的构件以及螺栓、垫片等采用箱式包装，其余采用框式包装。

6. 成品保护及运输管理

（1）对验收合格产品做好成品保护且堆放有序，保持成品堆放场整洁、干净。

（2）根据现场安装计划将所需成品直接运至安装现场进行安装，尽量减少成品的二次倒运。

（3）在成品吊装、转运时，配备专用工装，减少成品碰撞损坏现象。

参 考 文 献

[1] 丁烈云. BIM 应用·施工. 上海同济大学出版社，2015.

[2] 《管道工厂化预制技术规范》HG/T 21641—2013 [S].

[3] 《模块化同层排水节水系统应用技术规程》CECS 320：2012 [S].

6.6 薄壁金属管道新型连接安装施工技术

6.6.1 发展概况

给水管道中，取代镀锌钢管和塑料管道的薄壁不锈钢管道和薄壁铜管的应用已越来越广泛，连接方式也越来越多。

国外厚壁钢管主要有螺纹连接、法兰连接、焊接连接三种方式，应用以工业管道为主，其管件相对比较简单。在研制薄壁钢管时，借鉴厚壁钢管三种连接方式，开发了品种各异的管件，也就奠定了更加多样的连接方式。国际上公认的薄壁钢管连接技术，主要指压缩式、压紧式、推进式、焊接式、粘接式管件及其连接方式。

我国薄壁钢管管件的开发，在借鉴国外标准同时，结合自身专利，其产品可谓缤纷多彩，除焊接和粘接以外，机械密封式连接的种类最多。因机械密封式连接无套丝作业、无焊接施工、无粘接作业，污染少，连接快速简便，发展前景好。

6.6.2 技术内容

1. 铜管机械密封式连接

（1）卡套式连接：是一种较为简便的施工方式，操作简单，掌握方便，是施工中常见的连接方式，连接时只要管子切口的端面能与管子轴线保持垂直，并将切口处毛刺清理干净，管件装配时卡环的位置正确，并将螺母旋紧，就能实现铜管的严密连接，主要适用于管径 50mm 以下的半硬铜管的连接。

（2）插接式连接：是一种最简便的施工方法，只要将切口的端面能与管子轴线保持垂直并去除毛刺的管子，用力插入管件到底即可，此种连接方法是靠专用管件中的不锈钢夹固圈将钢壁禁锢在管件内，利用管件内与铜管外壁紧密配合的"O"型橡胶圈来实施密封的。主要适用于管径 25mm 以下的铜管的连接。

（3）压接式连接：是一种较为先进的施工方式，操作也较简单，但需配备专用的且规格齐全的压接机械。连接时管子的切口端面与管子轴线保持垂直，并去除管子的毛刺，然后将管子插入管件到底，再用压接机械将铜管与管件压接成一体。此种连接方法是利用管件凸缘内的橡胶圈来实施密封的。主要适用于管径 50mm 以下的铜管的连接。

2. 薄壁不锈钢管机械密封式连接

（1）卡压式连接：配管插入管件承口（承口"U"形槽内带有橡胶密封圈）后，用专用卡压工具压紧管口形成六角型而起密封和紧固作用的连接方式。见图 6.6-1～图 6.6-4。

图 6.6-1　断管

图 6.6-2　放置胶圈

图 6.6-3　插管

图 6.6-4　卡压

（2）卡凸式螺母型连接：以专用扩管工具在薄壁不锈钢管端的适当位置，由内壁向外（径向）辊压使管子形成一道凸缘环，然后将带锥台形三元乙丙密封圈的管插进带有承插口的管件中，拧紧锁紧螺母时，靠凸缘环推进压缩三元乙丙密封圈而起密封作用。见图6.6-5～图 6.6-9。

图 6.6-5　断管

图 6.6-6　压槽

图 6.6-7　放置胶圈图

图 6.6-8　安装卡箍

（3）环压式连接：环压连接是一种永久性机械连接，首先将套好密封圈的管材插入管件内，然后使用专用工具对管件与管材的连接部位施加足够大的径向压力使管件、管材发生形变，并使管件密封部位形成一个封闭的密封腔，然后再进一步压缩密封腔的容积，是密封材料充分填充整个密封腔，从而实现密封。同时将管件嵌入管材是管材与管件牢固连接。

图 6.6-9　拧紧螺母

6.6.3　技术指标

应按设计要求的标准执行；无设计要求时，按《建筑给水排水及采暖工程施工质量验收规范》GB 50242、《建筑铜管管道工程连接技术规程》CECS 228、《薄壁不锈钢管道技术规范》GB/T 29038 执行。

6.6.4　适用范围

适用于给水、热水、饮用水、排水采暖等管道的安装。

6.6.5　工程实例

1. 天津现代城工程概况

该工程位于天津市中心赤峰道和陕西路西南面，分为办公塔楼和酒店及公寓塔楼两部分。其中办公主楼为 67 层，酒店和公寓楼为 47 层，裙楼为 9 层；地下五层主要为车库和相应设备用房及后勤用房。

办公区域室内生活冷热水管采用不锈钢管及配件，环压式连接。不锈钢管与阀门、水表、水嘴等的连接应采用螺纹转换接头或法兰连接，严禁在不锈钢管上套丝；

酒店和公寓区域 10 层以下（含 10 层）室内生活冷热水管全部采用不锈钢管材（以 10 层设备层为界，泵出水管为铜管，进水管为不锈钢管，各水箱之间连通管道等为不锈钢管），管径≥80mm 的采用卡凸式螺母型连接，管径＜80mm 的采用卡压连接；10 层以上管径≥80mm 的管道采用不锈钢管材，管径＜80mm 的管道采用铜管；不锈钢管≥80mm 的管道采用卡凸式螺母型连接；铜管采用焊接连接。

2. 薄壁钢管施工

在薄壁钢管施工过程中大胆探索与创新采用工厂化预制、模块化组装等新技术与传统施工工艺相结合，取得了较好的效果，使得薄壁钢管施工工艺得以优化，极大地提高了施工效率，同时为管道工厂化预制、模块化组装等新技术在机电工程中的应用及推广积累丰富经验。

3. 薄壁钢管效果及评价

75％的薄壁钢管实现工场化预制及模块化组装，极大地提高了施工效率，降低了材料、人工及机械的损耗，减少了预制返修率，提高施工效率，确保了施工质量，保证了工程进度。

参 考 文 献

[1] 同济大学建筑设计研究院 .《建筑给水金属管道安装—薄壁不锈钢管》04S 407-2. 北京：中国建筑标准设计研究院，2004.

[2] 张志仁译，李成校 . 日本自来水管道及室内配管使用不锈钢现状与未来. NiD1 NB99-003.

6.7　内保温金属风管施工技术

6.7.1　国内外发展概况

内保温金属风管是一种在普通镀锌钢板风管内侧贴敷有一层玻璃纤维内衬的风管形式，风管口径为粘贴保温棉后的内径，并且可通过数控流水线实现全自动生产，其与钢板外保温风管一样能防止金属风管表面结露，减少送风过程中的热损失。由于采用内保温技术，风管在现场安装时省去保温施工工序，可节省保温施工空间，同时避免了各专业交叉施工时保温棉受损造成的返工，可提高风管安装效率，实现现场绿色文明施工。

该类型风管采用的保温层是由离心玻璃纤维浸润热硬化树脂粘合制作而成，并且接触气流一侧表面具有一层聚丙烯材料的涂层，具有一定的抗菌性、防潮性、抗玻璃纤维脱落特性以及良好的消声降噪等特性。

内保温金属风管适用于大多数低、中压通风空调系统，管内风速不得超过20.3m/s，介质温度不高于121℃。由于存在玻璃纤维脱落风险，因此，内保温金属风管不适用于净化空调系统，如手术室、ICU、食品药品工厂以及电子厂房等。

这种形式的风管在北美地区已得到广泛应用，而国内对内保温风管的研究及应用较少。目前国内应用此类风管的工程有上海迪士尼梦幻世界项目、青岛部分地铁3号线1标段、中海油大厦（上海）等。

国内之前没能推广应用该类型风管主要原因是担忧玻璃纤维脱落对环境内人员的健康产生影响。但是，根据国内外研究发现，对于内保温风管，在特定风速下风管某些截面偶尔会发生玻璃纤维脱落现象，根据美国标准《玻璃纤维管道内衬标准（绝热吸声材料）》ASTM C1071—12，并不是完全不允许有玻璃纤维脱落情况发生，安全性依据有两点：① 2001年10月24日，国际癌症研究机构发布了对空气中所存在的人造纤维包括玻璃纤维、岩棉和矿渣棉是否对人类有致癌风险评估，相关研究表明此三类物质对人类不会致癌。② 美国政府工业委员会（ACGIH）和职业安全健康管委会（OSHA）及工业健康安全合作项目（HSPP）经过相关研究，共同确认人员暴露在1根/cm³以下的玻璃纤维环境下是安全的。

我国为实现建筑工业化目标，近几年对装配式建筑进行了大量研究及推广，但研究内容大多集中在建筑结构的工厂化生产及装配化施工，对于建筑内的机电系统如何实现工业化建造的研究甚少，而内保温风管其工厂化生产、现场装配化施工的特点完全符合装配式建筑的施工要求，为装配式建筑中风管安装完全实现装配化施工提供了一种可行方案。

6.7.2　技术要点

1. 内保温金属风管的制作工艺流程

内保温金属风管的制作工艺流程见图6.7-1，从图中可以看出，相较于普通薄钢板法兰风管的制作流程多了喷胶、贴棉和打钉三个步骤，其他步骤两者完全相同，这三个工艺步骤被整合到了整套流水线中，生产效率几乎与薄钢板法兰风管相当。

图 6.7-1 内保温金属风管制作工艺流程图（一）

(a) 卷筒上架；(b) 整平轧筋；(c) 裁剪下料、冲角冲槽；(d) 轧制咬口、法兰；(e) 铁皮表面上胶；

(f) 铺设内衬棉；(g) 打保温钉；(h) 折弯；(i) 合缝成型；(j) 法兰镶角

2. 粘结剂

用于粘贴玻璃纤维内衬的粘结剂为一种水性进口粘结剂，其基底为水，化学成分为合成乳胶，颜色有黑色或白色，其具有不易燃、防潮、低气味、非氧化性等优点。在喷涂粘结剂时，要求喷涂均匀，保证风管内表面90％以上面积的满布率。

3. 保温钉

保温钉在完成喷胶和贴棉后，通过流水线直接焊接在风管内壁上（图 6.7-2）。在选取保温钉时应根据内衬保温棉厚度选用相应长度的保温钉，保温钉不得挤压保温材料超过 3mm。

其中，保温钉的排布与气流方向无关，但是需满足图 6.7-3 及表 6.7-1 的要求。

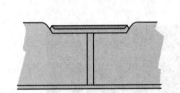

图 6.7-2　保温钉焊接固定

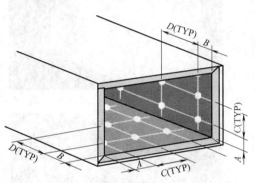

图 6.7-3　保温钉排布间距示意图

保温钉排布间距表   表 6.7-1

尺寸	风速,英尺/分钟(m/s)	
	0～2500(0～12.7)	2501～6000 (12.7～30.5)
A(风管截面长边角落算起)	4″(100mm)	4″(100mm)
B(风管截面短边角落算起)	3″(75mm)	3″(75mm)
C(风管截面长边、短边中心算起)	12″(300mm)	6″(150mm)
D(风管长度方向中心算起)	18″(450mm)	16″(400mm)

4. 风管端口处理

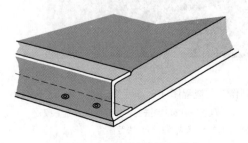

图 6.7-4　迎风端挡风条形式

为防止风管两端玻璃纤维内衬被吹散，在风管两端安装有"［"形挡风条(图 6.7-4)，挡风条材质可为镀锌钢或 PVC，"［"的尺寸为 25mm×内衬厚度×25mm。将保温棉卡入凹槽内，用抽芯铆钉将"［"形挡风条与风管镀锌钢板铆接牢固，抽芯铆钉间距与保温钉间距一致。

5. 三通、弯头等管件的制作

　　三通、弯头等管件的制作经过计算机编程后采用数控等离子切割机进行切割下料，与之相配的玻璃纤维内衬采用数控水切割机进行精确切割（图 6.7-5），可节省材料，减少切割产生的玻璃纤维粉尘。然后，手工涂胶粘贴内衬保温棉，再采用独立的打钉机进行保温钉的焊接（图 6.7-6）。

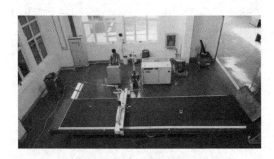

图 6.7-5　数控水切割机

图 6.7-6　三通、弯头等管件打钉

6. 内保温风管加固

　　内保温风管应用于中、高压系统时，采用角钢外加固框进行加固，见图 6.7-7，自攻螺丝间距≤220mm，距离风管边缘≤30mm。

　　当风管长边尺寸 $700<b\leqslant1400$mm 时，加固框布置如图 6.7-8 所示；当长边尺寸 $1400<b\leqslant2150$mm 时，加固框布置如图 6.7-9 所示。

　　角钢防腐要求：对于暗装风管，刷防锈漆两遍；对于明装风管，刷防锈漆两遍后刷两遍面漆。

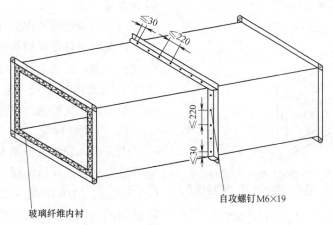

自攻螺钉M6×19

玻璃纤维内衬

图 6.7-7　角钢外加固框构造

7. 风管运输及堆放

　　内保温金属风管制作加工完毕后在风管两端采用塑料薄膜或其他防尘防潮材料进行包覆，防止灰尘进入或因受潮而导致风管报废。内保温金属风管在搬运、运输以及堆放过程中，应将风管逐节堆放，严禁小风管外套大风管的做法，防止玻璃纤维内衬受到破坏。

8. 支吊架安装

　　内保温金属风管支吊架间距参照 GB 50243—2016 中 6.3.1 节对风管支吊架间距的相

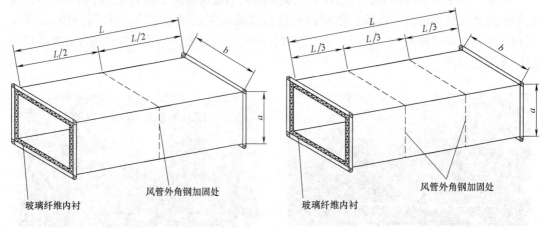

图 6.7-8　风管长边 700＜*b*≤1400mm　　　　图 6.7-9　风管长边 1400＜*b*≤2150mm
加固框布置图　　　　　　　　　　　　　加固框布置图

关规定执行，支吊架形式参照国标图集 08K132《金属、非金属风管支吊架》进行选用。由于风管采取了内保温，风管与支吊架之间无需衬垫绝热材料。

9. 法兰连接

玻璃纤维内保温风管连接时，实质是玻璃纤维内衬的连接，为防止漏风，选择宽度为法兰高度加上玻璃纤维内衬厚度（即挡风条宽度）的密封垫料（图 6.7-10）。

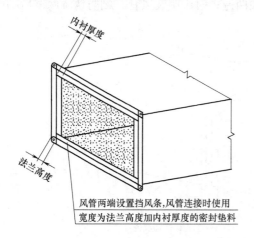

图 6.7-10　法兰连接示意图

10. 内保温金属风管与外保温风管、风阀等连接

内保温风管与外保温风管、风阀等连接时，外保温风管及风阀等的口径与内保温风管内径一致，其法兰高度等于内保温风管法兰高度加上内衬厚度，需加工如图 6.7-11 中所示的法兰高度的外保温风管及风阀。

11. 严密性检验

内保温风管与其他类型风管一样，安装完毕后需进行漏风量测试，漏风量必须满足 GB 50243—2016 中的 4.2.1 条的规定。漏风量测试方法参照 GB 50243—2016 中附录 C 执行。

6.7.3　工程实例

1. 上海迪士尼乐园梦幻世界项目

上海迪士尼乐园项目位于浦东新区川沙，S2 高速公路和航城路交界位置。上海迪士尼乐园项目分多个园区，梦幻世界位于迪士尼乐园项目的中心区。该项目部分空调系统送回风管采用了内保温金属风管，共 12670m²。

2. 中海油大厦（上海）项目

中海油大厦（上海）项目位于上海市虹桥临空经济园内。项目总建筑面积约 157606m²。

主要功能为办公、商业，同时承担着应急指挥、数据通信和资料管理等功能。项目共有内保温风管 15000m²。

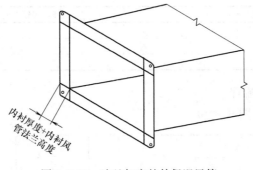

图 6.7-11　法兰加宽的外保温风管

参 考 文 献

[1]　冯学，倪美琴. 超级风管在现代空调中的应用前景［J］. 制冷与空调，2001，1（3）：39-41.

[2]　孙克光. 玻璃纤维安全性的新认识［J］. 玻璃纤维，2005，3：28-34.

[3]　《Standard Specification for Fibrous Glass Duct Lining Insulation (Thermal and Sound Absorbing Material)》ASTM C1071-12.

[4]　《Fibrous Glass Duct Liner Standard》，NAIMA（北美绝热材料制造商协会）.

6.8　金属风管预制安装施工技术

6.8.1　发展概述

金属矩形风管薄钢板法兰连接技术与传统角钢法兰连接技术相比，因具有制作工艺先进、安装生产效率高、操作人员工种少（省去焊接、油漆等工种）、操作劳动强度低、产品质量稳定等特点，已在国外有多年的发展和应用并形成了相应的规范和标准。

金属矩形风管薄钢板法兰连接技术在我国建筑工程上应用已有十余年历史，随着国家标准《通风与空调工程施工质量验收规范》GB 50243—2016 的出台，进一步完善了该类型风管的制作与加固以及试验方法等措施，为推动该项技术的应用打下了坚实的基础。

金属圆形风管螺旋风管又称螺旋咬缝薄壁管，是由条带形薄板螺旋卷绕而成的风管，与传统金属风管（矩形或圆形）相比，具有无焊接、密封性能好、强度刚度好、通风阻力小、噪声低、造价低、安装方便、外观美观等特性，可代替传统的手工咬口缝风管。

6.8.2　技术内容

1. 金属矩形风管薄钢板法兰风管制作工艺

（1）矩形风管钢板厚度

① 中低压风管钢板厚度（表 6.8-1）

中低压风管钢板厚度　　　　　　　　　　　　表 6.8-1

钢板厚度（mm）	镀锌铁皮钢板宽度（矩形风管）（mm）	钢板厚度（mm）	镀锌铁皮钢板宽度（矩形风管）（mm）
0.5	＜320	1.0	1000～2000
0.6	321～630	1.2	＞2001
0.75	631～1000		

② 高压风管钢板厚度（表 6.8-2）

高压风管钢板厚度
表 6.8-2

钢板厚度(mm)	镀锌铁皮钢板宽度(矩形风管)(mm)
0.75	～630
1.0	631～1250
1.2	1251～

（2）风管加工工艺流程

① 生产线流程图（图 6.8-1）

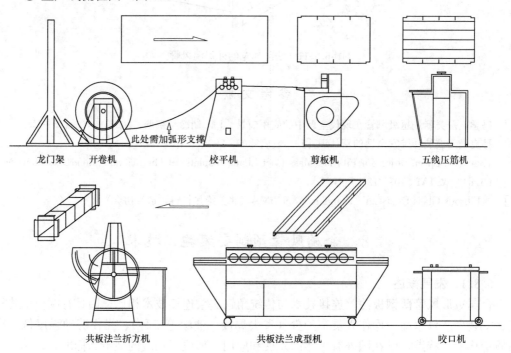

此处需加弧形支撑

龙门架　　开卷机　　　　　　校平机　　　剪板机　　　五线压筋机

共板法兰折方机　　　　　共板法兰成型机　　　　咬口机

图 6.8-1 风管加工生产线流程图

② 卷板校正

在较大规模的风管制作项目中，使用卷材不但可以节省材料，而且可以提高工效。卷板必须经过校平，否则会影响风管外观质量。

校平机使用时要注意卷板的进料方向（图 6.8-2），同时一定要调整开卷机，使之水平，否则不能取得满意的校平效果。

③ 剪板下料

风管咬口方式采用联合角式咬口。

风管下料宜采用四片式下料或两片式下料方式，对于管口径小于 500mm 的风管可采用单片式下料。

风管下料时除了预留出相应的咬口量外，还必须预留出组合法兰成型量（根据法兰成型机调整），并按图 6.8-3 中的尺寸倒角。

采用单片或双片式下料时，应将板材在折方线的组合法兰成型留量范围内切断（图 6.8-3），再进行后续工作。

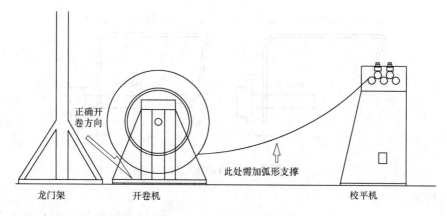

图 6.8-2　卷板进料方向图

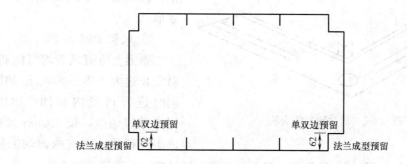

图 6.8-3　法兰成型预留图

④ 压筋加固

矩形风管，通常都需要进行压筋加固，压筋线应尽量与法兰线方向平行。

加强筋外凸方向为风管外侧。

⑤ 咬口成型

根据不同的咬口形式要求通过咬口机咬口。

拼板成型的风管料也要预留共板法兰成型量。

⑥ 组合法兰成型

将下好并咬口的风管料通过共板法兰机进行法兰成型。

长度小于 200mm 的风管成型时要使用滑车固定，否则很容易在成型时滑开形成废品。

⑦ 连接卡成型

连接卡采用 1.2mm 厚的镀锌钢板成型而成。

下料尺寸应为 57mm，长度大于 300mm。使用共板法兰机成型。

洁净风管和需经漏风量测试的风管建议不使用此连接卡，应使用密封性能更好的成品法兰夹（图 6.8-4）。

⑧ 扣管及安装法兰转角

将成型的风管料组装成矩形管道。

法兰转角由模具一次冲压成型，钢板厚度不得小于 1.0mm，安装时的打压顺序应如

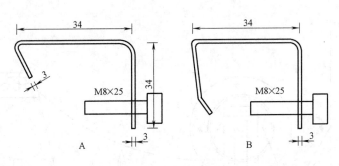

图 6.8-4 成品法兰夹

图 6.8-5 所示。

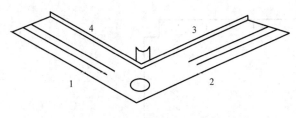

图 6.8-5 法兰转角的安装

风管安装转角前应先将风管调正，否则加工出的风管很容易扭曲变形。

⑨ 风管加固

原则上所有风管均需楞筋加固，对于长边大于等于 800mm 的风管需同时进行通丝内加固。加固采用 M10 镀锌通丝，按 400mm×400mm 成矩阵布置。铁皮两面均需用螺母加垫片锁丝，通丝不能超出外螺母，且断口须经防锈处理。加固要求见表 6.8-3。

风管加固要求   表 6.8-3

长边尺寸(mm)	纵向间距(mm)	加固数量(横向间距)(mm)
600～900	400	1(300～450)
901～1200	400	2(300～400)
1201～1600	400	3(300～400)
1601～2000	400	4(320～400)
2001～2400	400	5(330～400)
2401～2800	400	6(340～400)
2801～3000	400	7(350～375)
>3001	角钢法兰制作、加固	

2. 金属圆形风管螺旋风管制作工艺

螺旋风管采用流水线生产，用宽度为 125mm 的镀锌钢带，以螺旋的方式实现卷圆、咬口、合缝压实一次顺序完成。每间隔 9.5cm 有一宽为 10mm 的咬口加强筋，间隔 5.5cm 有一宽为 10mm 的凸筋加强。螺旋风管为机制连续生产，可全天 24 小时运转，一天产量在 2000m² 以上。直管均为 3～5m/支，安装时可凭长度需要，随意切割。

具体制作工艺流程图见图 6.8-6。

弯头、三通等各类管件采用等离子切割机下料，直接输入管件相关参数即可精确快速切割管件展开板料。用缀缝焊机闭合板料和拼接各类金属板材，接口平整，不破坏板材表面。用圆形弯头成形机自动进行弯头咬口合缝，速度快，合缝密实平滑。

圆形变径管采用正心圆形变径管，可用放射线法做出。弯头曲率半径 $R=1\sim1.5D$，

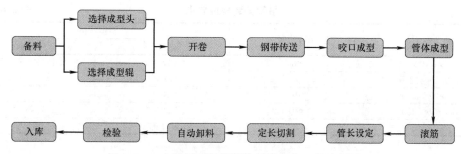

图 6.8-6 金属圆形风管螺旋风管制作工艺流程图

弯头节数根据管径大小及加工尺寸确定。采用平行线法展开，根据已知弯头直径、弯曲角度及确定的曲率半径和节数，先划出主视图，然后进行展开。

螺旋风管的螺旋咬缝，可以作为加强筋，增加风管的刚性和强度。直径大于 1000mm 的螺旋风管可在每两个咬缝之间增加一道楞筋，作为加固方法。

连接件分别用板厚 1.0mm/1.2mm/1.5mm 钢带制作，内接中间压一道凸筋，两端靠近边缘 30mm 处再压凹筋，凹筋内加阻燃 L 型密封条。连接件板厚的提高、加强筋的压制增强了连接件的强度，保证了风管与风管连接的强度、整体性。

3. 金属矩形风管薄钢板法兰风管安装方法

（1）支吊架制作安装

风管支、吊架制作前，首先要对型钢进行矫正，矫正的方法有冷矫和热矫两种；小型钢材一般采用冷矫正，较大的型钢须加热到 900℃ 左右后进行矫正。矫正的顺序为先矫正扭曲后矫正弯曲。

风管支、吊架的型式、材质、加工尺寸、安装间距、制作精度、焊接等应符合设计要求，不得随意更改，开孔必须采用台钻或手电钻，不得用氧乙炔焰开孔。

支、吊架的焊接应外观整洁，要保证焊透、焊牢，不得有漏焊、欠焊、裂纹、咬肉等缺陷。

吊杆圆钢应根据风管安装标高适当截取。套丝不宜过长，丝扣末端不宜超出托架最低点，不应妨碍装饰吊顶的施工。

风管支、吊架制作应符合下列规定：

① 支、吊架的形式和规格宜按标准或有关标准图集与规范选用，直径大于 2m 或边长大于 2.5m 的超宽、超重特殊风管的支、吊架应按设计规定。

② 支、吊架的下料宜采用机械加工，采用气焊切割口应进行打磨处理。不应采用电气焊开孔或扩孔。

③ 吊杆应平直，螺纹应完整、光洁。吊杆加长可采用以下方法拼接：

④ 采用搭接双侧连续焊，搭接长度不应小于吊杆直径的 6 倍；

⑤ 采用螺纹连接时，拧入螺母的螺杆长度应大于吊杆直径，并有防松动措施。

⑥ 矩形金属水平风管在最大允许安装距离下，吊架的最小规格应符合表 6.8-4 的规定：

其他规格应按吊架载荷分布图（图 6.8-7）进行挠度计算，挠度一般不应大于不应大于 9mm。

吊架安装规格要求 表 6.8-4

风管边长 b	吊杆直径	横担规格	
		角钢	槽钢
$b \leqslant 400$	$\phi 8$	L25×3	[40×20×1.5
$400 < b \leqslant 1250$	$\phi 8$	L30×3	[40×40×2.0
$1250 < b \leqslant 2000$	$\phi 10$	L40×4	[40×40×2.5
$2000 < b \leqslant 2500$	$\phi 10$	L50×5	[60×40×2.0
$b > 2500$	按设计确定		

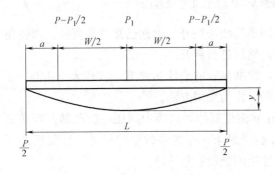 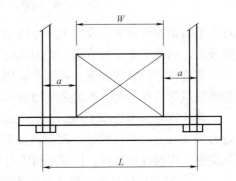

图 6.8-7 吊架载荷分布图

（2）密封垫材料

洁净空调系统风管采用 PE 垫片，厚度为 6mm，宽度视风管法兰宽度而定。

排烟系统风管采用玻璃纤维垫片，厚度为 3mm，宽度视风管法兰宽度而定。

（3）法兰夹安装

法兰夹的安装间距一般为 150～200mm，安装时应尽量使螺栓朝向和间距一致，并注意使法兰夹平整，减少法兰的变形。

（4）风管安装

风管安装无特殊要求，可采用与角钢法兰风管相似的安装方法，风管可在地面组装后规模吊装。由于这种形式的风管容易变形，需在安装前后对风管进行调整。

根据安装经验，400mm 以上管径的风管可以先吊装后加法兰夹而不会有明显变形，但若锁紧法兰角螺栓则风管中间法兰不能贴合，这种安装顺序对洁净风管的施工是不利的，需加法兰夹。350mm 以下管径的风管则需在吊装前安装法兰夹，否则，水平管弯曲形变比较明显。

（5）阀门安装

如需在共板法兰风管中安装角钢法兰的阀门，可直接在共板法兰上配孔，用螺栓连接；如果阀门也为共板法兰形式，则可直接用法兰夹相连（图 6.8-8）。由于共板法兰强度不如角钢法兰，因此较重的阀门需单独悬吊，如防排烟阀等；一般的手动对开多叶调节阀可选择另加一副吊架。

4. 金属圆形风管螺旋风管安装方法

金属圆形风管及其部件的安装方法基本与金属矩形风管类似，只是在施工过程中需要注意以下几点：

（1）管段划分。根据施工图和现场安装情况，将风管系统划分为若干管段，确定每段风管连接管件和长度，尽量减少空中接口数量。

（2）风管连接。金属圆形螺旋风管通常采用承插式芯管连接及法兰连接。承插式芯管用与螺旋风管同材质的金属钢带卷圆，在芯管中心轧制楞筋，两侧轧制密封槽，内嵌阻燃 L 型密封条。将连接芯管插入金属螺旋风管一端，插入至楞筋位置，从内向外用铆钉固定。采用法兰连接时，圆法兰内接于螺旋风管，法兰外边小于螺旋风管内径 1～2mm。

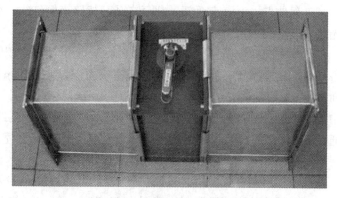

图 6.8-8　共板法兰通风管道与阀部件连接图

（3）风管吊装。金属螺旋风管支架间距约 3～4m，每吊装一节螺旋风管设一个支架，风管吊装后用扁钢抱箍托住风管，根据生根点的结构形式设置一个或者两个吊点，将风管调整就位。

（4）风管连接。芯管连接时，将金属螺旋风管的连接芯管端插入另一节未连接芯管端，均匀推进，直至插入至楞筋位置，连接缝用密封胶密封处理。法兰连接时，将两节风管调整角度，直至法兰的螺栓孔对准，连接螺栓，螺栓需安装在同侧。

6.8.3　技术指标

薄钢板法兰风管的法兰与风管同为一体，风管件的连接采用弹簧夹式、承插式或顶丝卡紧固方式。薄钢板法兰风管的制作，根据施工实际情况可采用单机设备分工序完成风管制作，也可采用在计算机控制下，将下料、风管管体及法兰成形一次完成的直风管制作流水线。直风管制作流水线使用镀锌板卷材，可根据风管制作需要，连续进行管材下料直至半成品加工完成，全部工序大约只需 30s。变径、三通、弯头等异性风管配件可采用数控等离子切割设备下料，有效节省传统展开下料繁琐操作所耗时间。设备的配套使用实现了直风管加工和风管配件下料的自动化。具有生产效率高、降低消耗、成形美观、实现风管加工的全自动化、产品质量好等优点。

金属圆形风管螺旋风管相比普通圆形风管，密封性能好，强度与刚性好，通风阻力小，通风噪声小，连接点少、安装方便，造价低，从安装质量、效率、效果上均有显著提高。

6.8.4　适用范围

金属矩形风管薄钢板法兰连接技术适用于通风空调系统中工作压力小于等于 1500Pa 的非防排烟系统、风管边长尺寸不大于 2000mm 的薄钢板法兰矩形风管的制作与安装。对于风管边长尺寸大于 2000mm 的风管，应根据《通风管道技术规程》JGJ/T 141 采用角钢或其他形式的法兰风管，采用薄钢板法兰风管时，应由设计院与施工单位研究制定措施满足风管的强度和变形量要求。

6.8.5　工程实例

1. 工程一：中国博览会会展综合体项目

工程地点：上海市西部，北至崧泽高架路南侧红线，南至盈港东路北侧红线，西至诸光路东侧红线，东至涞港路西侧红线。

工程概况：该项目用地面积 85.6hm²，地下建筑面积为 20 万 m²，主要为停车库和设备用房，局部布置有商业用房；地上建筑面积为 127 万 m²，A、B、C、D、F 区展厅区域面积为 83.4 万 m²，办公楼面积为 18.4 万 m²，会议中心面积为 6.2 万 m²，E 区配套商业中心为 15 万 m²，其余配套设施为 1 万 m²，建筑总高度约为 43m。各展厅、商业等场所通过 8m 标高的高架步道连接。二标段包括室内展厅和室外展场。C1 区为双层展厅，底层展厅柱网 27m×36m，净高 12m，上层展厅柱网 36m×54m，平均净高 16m 左右。

该工程空调系统采用共板法兰连接风管，总量约 23 万 m²，制作费用为 16.58 元/平米，而角钢法兰连接风管制作费用为 21.71 元/m²，平均节率约为 23.64%。

该工程展厅区域空调系统采用螺旋风管，安装在展厅上空、桁架内外，总量约 4 万平方。

2. 工程二：北京市朝阳区 CBD 核心区 Z15 地块项目

工程地点：位于北京市朝阳区 CBD 核心区 Z15 地块，东至金和东路，西接金和路，北侧隔公共用地与光华路接邻，南侧隔文化中心用地与核心区中央绿地相邻至景辉街。

工程概况：总建筑面积 43.7 万 m²，其中地下 7 层，8.7 万 m²；地上 108 层，35 万 m²。建筑高度 528m，是集办公、会议、商业观光以及多功能中心于一体的综合性建筑。

该工程空调系统采用共板法兰连接风管，总量约 14 万 m²。金属矩形风管薄钢板法兰风管制作流水线由于使用卷筒钢板，其材料的损耗可比板材制作的风管下降 5%~8%。薄钢板法兰风管与角钢法兰风管相比可降低风管系统重量约 30%，对于 10m² 风管制作及安装，在相同工期情况下，可节约劳动力 60% 左右，节约各种型钢 35kg，节约各种连接用螺栓 100 余套，节约防锈漆 0.5kg，另外，由于采用自动生产线，制作精度和质量更容易控制。同时，由于减少型钢及防腐工程量，也就减少了油漆对环境的影响，具有较好的经济和社会效益。

参 考 文 献

[1] 《通风与空调工程施工质量验收规范》GB 50243—2016 [S]. 北京：中国计划出版社，2017.
[2] 《薄钢板法兰风管制作与安装》07K133. 北京：中国建筑标准设计研究院，2007.
[3] 《通风管道技术规程》JGJ/T 141—2017 [S]. 北京：中国建筑工业出版社，2017.
[4] 《通风与空调工程施工规范》GB 50738—2011 [S]. 北京：中国建筑工业出版社，2012.

6.9 超高层垂直高压电缆敷设技术

6.9.1 发展概况

在超高层建筑的高压电缆竖井内，由于电缆的重量大，垂直敷设距离长，因而无法使用人力来拉设电缆，此外，超高层建筑中还受困于以下几点[1,2]，使得高压电缆的敷设尤为困难。

（1）由于超高层建筑高，因垂直高压电缆重量大而导致电缆结构特殊，与普通电缆的敷设工艺不同。

（2）现场条件限制大容绳量、大吨位电动卷扬机的使用，能够使用的卷扬机容绳量有限，单根主吊绳的长度达不到起吊高度。

（3）电气井口小，穿越楼层甚为困难，应防止在吊运电缆过程中卡井、划伤或拉坏电缆导体。

（4）在吊装过程中电缆在电气竖井内会有较大的摆动，井口容易刮伤电缆，应有防护措施。

（5）不同楼层的岗位人员无法目测相互间的操作要求，协调难度大，保证通讯畅通甚为重要。

高压电缆是整幢楼内的电力输送媒介，如果敷设不当很容易对建筑内的各种用电设备产生影响。以下结合具体建设实例，介绍目前国内所使用的超高层高压电缆吊装敷设新技术，经过实践，能证实这两项吊装技术能缩小工期，提高敷设质量和安全性，希望能对今后同类工程提供借鉴。

6.9.2 技术要点

超高层建筑中垂直电缆敷设主要采用吊装圆盘技术[1]。

1. 井口测量

在电气竖井具备吊装条件后，对每个井口的尺寸进行测量。以图表的形式作好测量记录。对宽面尺寸在 270～280mm 的井口或中心偏差大于 30mm 以上的井口应进行标识，在穿引梭头穿井口时为重点观察对象。

2. 穿引梭头设计制作

如果吊装圆盘和钢丝绳的尺寸超过电缆竖井矿宽度，导致吊装圆盘不能以任意姿势过井，如不扶住吊装圆盘，电缆拧劲或摆动就会使吊装圆盘转动碰到钢梁造成卡井事故。因井内空间狭小，电缆重量大人力难以扶住。当吊装圆盘要过井口时如采用点动的方式提升，将会造成电动卷扬机凸轮控制器触点因点动过多引起过热起弧、烧坏，这种操作方式一旦发生卡井叫停不及时，将会造成电缆损伤甚至报废。为此设计穿引梭头（图 6.9-1）用以扶住吊装圆盘让其顺利穿过井口。

图 6.9-1　穿引梭头设计（左图为未穿梭头的吊装圆盘）

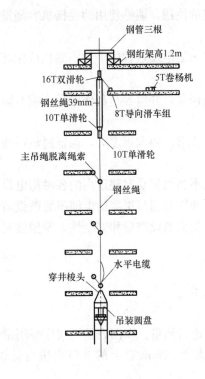

钢管三根

钢绗架高1.2m

16T双滑轮

5T卷杨机

钢丝绳39mm

8T导向滑车组

10T单滑轮

主吊绳脱离绳索

10T单滑轮

钢丝绳

水平电缆

穿井棱头

吊装圆盘

图 6.9-2   分段吊装示意图

3. 吊装工艺选择

利用多台电动卷扬机吊运电缆，由下而上垂直吊装敷设。电缆盘架设在一层电气井附近，卷扬机布置在同一井道最高设备层上或以上楼层，按序吊运各副变电所的高压电缆。每根电缆分三段敷设，先进行设备层水平段和竖井垂直段电缆敷设，后进行一层竖井口至主变电所水平段电缆敷设。因上水平段不绞绕钢丝绳，不能受力，在吊装工艺选择上应侧重于上水平段的捆绑、吊运。根据场地条件和吊装高度、电缆重量、选择跑绳方式。见图 6.9-2。

4. 起重设备选择与布置

吊装工艺确定后，进行起重设备的选择：按照电缆的重量、现场条件，尤其是超高层建筑还要考虑搬入途径等，选择设备性能、规格型号及台数以满足施工要求。吊装设备布置在电气竖井的最高设备层或以上楼层，除吊装最高设备层的高压电缆外，还能吊装同一井道内其他设备层的垂吊式特殊高压电缆，卷扬机应编号：1，2 号为主吊机，3 号为辅助吊机。

5. 绳索连接

卷扬机布置完成后，穿绕滑车组跑绳并将吊绳放置在电气井内，主吊绳可通过辅吊卷扬机从设备操作层放下，或由辅吊卷扬机从一层向上提升，到位后上端与主吊卷扬机滑车组连接，构成主吊绳索系。

6. 通信设备布置

在电气竖井内吊装电缆，不同楼层的岗位人员无法目视相互的操作要求，只能依靠通信设备进行联络。通信是否畅通是吊装工作能否顺利、安全进行的关键，保证通话质量至关重要。因此为避免干扰，通信设备要以有线电话为主，无线电话为辅。

7. 电气竖井内照明

电气竖井内光线弱，因此要设置临时照明，以确保吊装过程中电气竖井光充足。

8. 电缆盘架设

地面应平整、硬化，否则应进行地面处理；区域内应无其他作业，无障碍物。电缆盘至电气井口的距离不得小于40m，必须设有缓冲区和电缆脱盘区。根据电缆重量和电缆盘外形尺寸设计电缆盘支架（图 6.9-3）。

9. 吊装过程控制

为了在吊装过程中不损伤电缆导体，选用有垂直受力锁紧特性的活套型金属网套为电缆头吊索，同时为了确保安全可靠，设一根直径 12.5mm 的柔性钢丝绳为保险附绳。用两根麻绳将吊装圆盘临时吊在二层井口，用人力将电缆从盘中拖出穿入吊装圆盘并伸出1.2m，此时将 75-100 型金属网套套入电缆头并与卷扬机吊绳连接后向上提升 1.5m 左右叫停，这时金属网套已受力，可进行保险绳的捆绑，要求捆绑不少于3节。见图6.9-4。

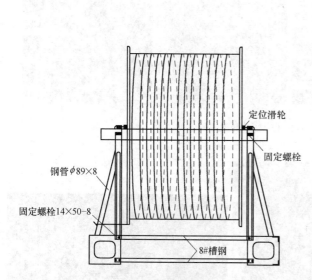

图 6.9-3　超高层高压垂直电缆
敷设专用电缆盘支架

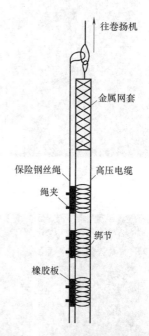

图 6.9-4　电缆网套及电缆
头捆绑示意图

10. 吊装圆盘连接

当上水平段电缆全部吊起，垂直段电缆钢丝绳连接螺栓接近吊装圆盘时叫停，将主吊绳与吊装圆盘吊索（千斤绳）连接，同时将垂直段电缆钢丝绳连接螺栓与吊装圆盘连接。见图6.9-5。

连接时应调整连接螺栓，使垂直段电缆内3根钢丝绳受力均匀。

11. 组装穿引梭头

当吊装圆盘连接后，主吊卷扬机向上提升离二层井口2m时叫停，组装穿引梭头。组装时，吊装圆盘两个吊环必须保持在穿引梭头侧而的正中，以保证垂吊时高压电缆在千斤绳的夹角空间内，不与其发生摩擦，在穿井时吊耳侧始终沿着井口而上升。见图6.9-6。

12. 防摆动定位装置安装

图 6.9-5　连接后的吊装圆盘

在吊装过程中，由人力将电缆从盘中拖出经水平滚轮、缓冲区拖至一层井口供卷扬机提升。电缆在卷扬机垂直拉力和人力水平拉力的作用下产生摆动，电缆从地面向上方井口传递的弧度越大，电缆在电气竖井内的摆动就越大。摆动较大时电缆将被井口刮伤，因此必须采取措施控制电缆摆动。见图6.9-7和图6.9-8。

图 6.9-6　穿引梭头的组装

图 6.9-7　电缆吊装过程　　　　　　　　　　　　图 6.9-8　防摆动装置的安装

6.9.3　应用案例

本案例为上海环球金融中心超高层电缆垂直敷设,采用吊装圆盘技术[1]。

上海环球金融中心地下 3 层,地上 101 层,建筑高度 492m。其供电系统为:主变电所设在地下 2 层,从地下 2 层至主楼 6 层、18 层、30 层、42 层、54 层、66 层、89 层、90 层共设副变电所 16 个,主楼内筒设 1、3、5、7 四个高压电气竖井。30 层以上的供电干线采用 10kV 垂吊式特殊高压电缆,该电缆从主变电所引出,经 4 个电气竖井引至各副变电所。在敷设中分为上水平敷设段、垂直敷设段和下水平敷设段;其中 1 号井敷设 90 层和 66 层 2 根,3 号和 7 号井敷设 54 层以下 6 根,5 号井敷设 89 层和 66 层 2 根,共 10 根高压电缆。单根长度 491～708m。规格为 WD-DZ-YJE3 X 400,直径 97mm,单根重 8.1～14t,吊装高度 131～394.08m。电缆结构为在电缆垂直敷设段绞绕 3 根钢丝绳,上端配有吊装圆盘,下端配绕绳终端抱箍,水平段不绞绕钢丝绳。

参 考 文 献

[1]　丁锐,杨廷文. 超高建筑高压电缆吊装、敷设技术(上)[J]. 安装:2008,9:35～37.
[2]　丁锐,杨廷文. 超高建筑高压电缆吊装、敷设技术(下)[J]. 安装:2008,10:33～36.

6.10 机电消声减振综合施工技术

6.10.1 发展概述

为实现不断进取的建筑安全性及功能性需求，建筑对广布其中且呈动态运行的机电系统设备设施的消声减振技术要求越来越高。我国建筑设备消声减振方面的研究始于1985年，从初期的非刚性隔振理论研究发展到摄动理论研究应用，总结了复杂隔振系统最优化设计等多项关键技术；运用振动功率流理论并通过描述系统状态变量对控制系统做出分析和设计的方法，深化柔性隔振理论研究，创新柔性隔振系统设计，推动隔振理论和系统研究迈入新领域。

6.10.2 技术内容

建筑机电消声减振综合施工技术是在保障建筑工程机电系统设计功能、安全功能的基础上，落实节能环保需求，实现绿色建造的有效渠道。主要技术内容包括：

（1）完善机电系统消声减振设计，提升机电系统设计方案总体质量。

进行机电系统设计时，在结构及建筑功能分区的基础上，充分考虑满足建筑功能的合理机电系统分区，为需要进行严格消声减振控制的功能区设计独立的机电系统，根据系统消声、减振需要，确定设备（设施）技术参数及控制流体流速，同时避免其他机电设施穿越。

（2）优化设备设施消声减振性能，控制噪声振动主要激励源。

机电系统设备设施选型时，优先选用低噪、低振的机电设备设施，如箱式设备、变频设备、缓闭式设备、静音设备，以及高效率、低转速设备，并根据需要做好设备本体的消声、减振措施。

（3）减控噪声振动传播渠道，隔绝外部激励源影响。

机电系统深化设计及安装施工过程中，充分考虑系统消声、减振功能需要，通过隔声、吸声、消声、隔振、阻尼等处理方法，如在机电系统中设置消声减振设施，改变或阻断噪声与振动的传播路径；设备采用浮筑基础、减振浮台及减振器等隔声隔振构造；管道与结构、管道与设备、管道与支吊架及支吊架与结构（包括钢结构）之间采取消声减振的隔离隔断措施，如套管、避振器、隔离衬垫、柔性软接、避振喉等。

（4）创新消声减振工艺实践，引入主动介入式消声抗振工艺。

针对机电系统中特定设备减振降噪要求与环境条件，创新设计、实践主动介入式消声抗振工艺，扰动或改变机电系统固有噪声及振动激励源、激励频率、传播方向等，达到消声减振目的。

6.10.3 技术指标

按设计要求的标准执行；无设计要求时，参照执行《声环境质量标准》GB 3096、《城市区域环境振动标准》GB 10070、《民用建筑隔声设计规范》GB 50118、《隔振设计规范》GB 50463、《建筑工程容许振动标准》GB 50868、《环境噪声与振动控制工程技术导则》HJ 2034、《剧场、电影院和多用途厅堂建筑声学设计规范》GB/T 50356 等。

6.10.4　适用范围

适用于各类公共建筑工程机电系统消声减振研究与应用，特别是对噪声及振动要求严格的建筑工程如广播电视中心、音乐厅、影剧院、会议中心以及高端酒店等机电系统安装工程，同时适用于有特定噪声及振动要求的功能区间，如广播系统的语录（语控）室、会议系统的会议室等。

6.10.5　工程案例

1. 吉林省广电中心一期工程概况

吉林省广电中心一期工程位于吉林省长春市，总建筑面积 $85800m^2$，由一栋二十一层主体塔楼和两座四到六层不等以多功能演播厅为主的裙房组成，其中包括最大面积为 $1500m^2$ 的演播厅，以及新闻中心、语录室、语控室等技术用房共 45 个。

2. 噪声与振动分析、计算方法（略）

3. 机电专业消声施工技术（以通用专业为例）

（1）管道保温层消声施工

输送冷热水的管道和风管外壁都要进行保温并满足消声要求，管道综合布置方案确定后进行噪声分析，通过验算确定采用多层复合保温材料。

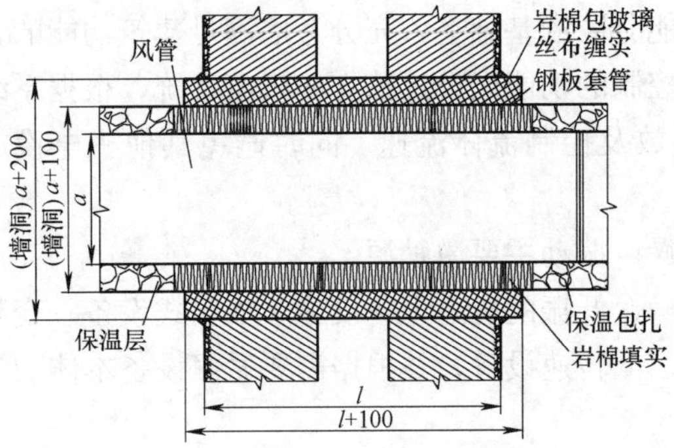

（2）管道穿过双层/单层隔声墙施工

管道穿过隔声墙（包括楼板）时，极易造成建筑隔声构造"短路"，破坏隔声墙和楼板的隔声效力，使管道穿越处成为隔声的薄弱环节，因此必须十分注意管道穿过该类结构部位的隔声处理。

风管穿过双层隔声墙两种形式如图 6.10-1、图 6.10-2 所示，风管穿过单层隔声墙细部做法如图 6.10-3～图 6.10-5。

图 6.10-1　风管穿过双层墙隔声墙构造

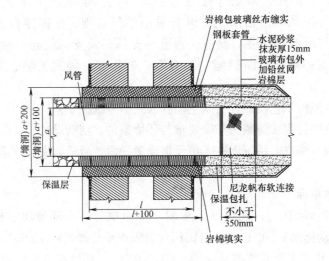

图 6.10-2　风管穿过双层墙并有隔振软管

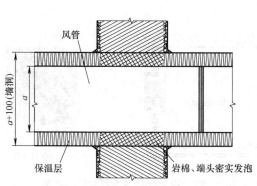

图 6.10-3 风管穿过单层隔声墙构造

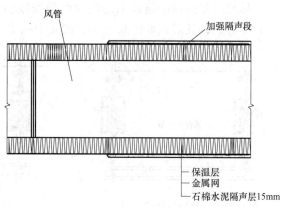

图 6.10-4 风管局部加强隔声作法

（3）箱体及线管安装在隔声墙内施工

隔声墙体安装电气箱体、线盒等时均要在土建专业砌筑时预留，同时箱体不能使墙面贯通并在抹灰过程中严格控制微小缝隙，砖墙抹灰灰浆饱满、密实保证无空洞。

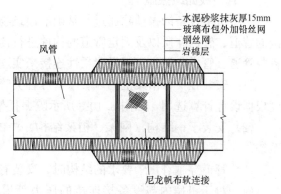

图 6.10-5 风管采用隔振软管的作法

敷设及穿过隔声墙或楼板的各种线管需配合土建施工过程中完成，并在线管周围用混凝土、砂浆等堵严缝隙。线管在穿线后用柔性材料将管口堵严，防止声音通过线管窜入他室。线管在穿过双层隔声墙时，在其外墙与内墙之间的空隙处将管断开，以软管连接。

4. 机电设备减振施工

（1）落地设备减振施工

根据设备本体参数，结合设备运行特性和振动控制要求，通过验算确定设备隔振体系，以浮筑式基础配以单/双质量隔振系统，以达到隔振控制要求。单/双质量隔振系统隔振原理见图 6.10-6、图 6.10-7。

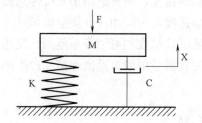

图 6.10-6 单质量隔振系统原理图
K—弹簧；C—阻尼器；M—设备；S—惰性体

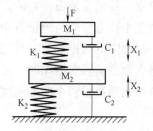

图 6.10-7 双质量隔振系统隔振原理图

（2）吊装设备减振施工

吊装设备的减振通常采用设置低频橡胶隔振器、低频弹簧隔振器以及隔振托架（横担）等方式，其形式如图6.10-8、图6.10-9所示。

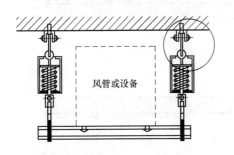
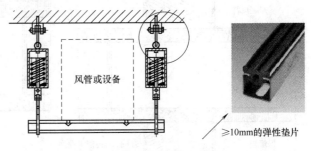

图6.10-8 单独设置弹簧减振器   图6.10-9 联合设置弹簧减振器与隔振托架

5. 管道线路减振施工

大型机电设备的振动除通过其基础沿建筑物底板、墙等构造传递外，还通过与之相连接的管道、管内介质以及固定管道的构件进行传递和辐射。管道线路的减振往往通过在设备与管道、管道与管道之间设置柔性连接来实现。其主要技术要求包括：

（1）安装在支、吊架上的风管水管等各类管道，在管道与支架之间安装橡胶垫块，厚度根据设计计算选用，如图6.10-9所示隔振托架。

（2）安装于钢结构（网架、桁架结构）中的机电管线、管道根据需要设置二级悬吊系统。

（3）管道穿越有声学要求的结构时，安装有隔声的隔振软管。

（4）对于机房内与设备接连接的压力管道及其他可把振动传递给建筑物的压力管道，必须按设计要求安装柔性连接、弹簧支架等以达到减振目的，同时避免设备接口受力。

6. 隔振施工检测

了解测量对象的信号特性以及环境限制，根据需要选择适用振幅、灵敏度、轴数以及重量参数的加速度计并经检测合格。测量时应处于正常工况状态，并避免足以影响振动测量值的其他环境因素，如明显的温度梯度变化、强电磁场、额外噪声环境等。加速度计在振动体上的安装方法对接收性能有较大影响，根据不同测量对象通常采用的安装方法包括螺栓固定、磁式、粘接式以及手持（探针）式等，连接越松，可测量频率越低。螺栓安装是目前最稳定可靠的安装方法，但需要在目标材料钻孔，通常适用于永久传感器安装。加速度计灵敏度主轴方向应与测量方向一致，在加速度计中添加任何质量块如粘接式或磁式安装基座，都会降低谐振频率，可能会影响加速度计精度和可用频率范围。使用加速度计安装于风管表面测量风管振动时，考虑到加速度计质量可能对量值和精度产生的影响，需根据现场情况选用质量较小的加速度计。

参 考 文 献

[1] 《区域环境噪声标准》GB 3096—2008 [S]. 北京：中国环境科学出版社，2008.

[2] 《民用建筑隔声设计规范》GB 50018 [S]. 北京：中国建筑工业出版社，2011.

[3] 《剧场、电影院和多用途厅堂建筑声学设计规范》GB/T 50356—2005 [S]. 北京：中国计划出版

社，2005.

[4] 马大猷. 噪声与振动控制工程手册 [M]. 北京：机械工业出版社，2002.

[5] 罗银森，王振林. 建筑物附属系统减振降噪的应用研究 [J]. 振动与冲击，2001，20（2）：11-13.

[6] 吕玉恒，王庭佛. 噪声与振动控制设备及材料选用手册 [M]. 北京：机械工业出版社，1999.

6.11 建筑机电系统全过程调试技术

6.11.1 发展概况

近年来，国外已经将建筑系统调试（Commissioning，以下简称 Cx）扩展为建筑系统全过程调试技术，并且将 Cx 细分为新建建筑的全过程 Cx 和 TB-Cx（Total Building Commissioning，整体建筑调试，把建筑作为一个整体进行调试，包括土建围护结构和机电系统）、既有建筑的 Retro-Cx（Retro-Commissioning：对没有进行过 Cx 的既有建筑进行 Cx 的过程）和 Re-Cx（Re-Commissioning，周期性调试：对已经做过调试的工程进行周期性定期调试），以及 CC（Continuous Commissioning，对机电系统在使用和运行阶段进行持续调试，以保持机电系统达到业主目前的和不断发展的需求）。

国内现状：中国香港地区对建筑机电系统全过程调试比较重视。2002 年成立了香港建筑 Cx 中心（HK-BCxC），其主要目的是为了建立一套更完善的建筑 Cx 方法，更好地促进建筑 Cx 的实际应用。目前香港建筑 Cx 中心正在继续研究实施系统 Cx 的方法和应用。但是中国大陆地区每年新建包括酒店、办公楼、医院、商场等大量公共建筑，只有少量的建筑机电系统实施了全过程调试，大部分仅由施工单位在项目竣工时进行简单的调试。

依据国外的数据，实施全过程调试使建筑节能增加 20%～50%，降低维护费用15%～35%，减少工程 2%～10%的返工率。

6.11.2 技术内容

新建建筑机电系统全过程调试技术覆盖建筑机电方案设计阶段、设计阶段、施工阶段和运行维护阶段。其执行者 CA（Commissioning Authority）可以由独立的第三方、业主、设计方、总承包商或机电分包商等承担。目前国外最常见的是业主聘请独立第三方顾问，即调试顾问作为调试管理方。目前国内主要在设计、施工、运行维护阶段实施全过程调试，各阶段任务如下。

1. 设计阶段

该阶段调试工作主要目标是尽量确保设计文件满足和体现业主项目要求。设计文件应清楚介绍满足业主项目要求的设计意图及规范、设备系统及部件的描述。该阶段调试主要工作为：

（1）确认调试团队各成员的职责和工作范围。

（2）建立具体项目调试过程工作的范围和预算。

（3）指定负责完成特定设备及部件调试过程监督和抽检工作的专业人员。

（4）召开调试团队会议并记录内容。

（5）收集调试团队成员关于业主项目要求的修改意见。

（6）制定调试过程工作时间表。

（7）确保设计文件的记录和更新。

（8）复查设计文件是否符合业主项目要求。

（9）在问题日志中追踪记录问题或背离业主项目要求的情况及处理办法。

（10）建立施工清单：

施工清单是承包商用来详细记录各设备或部件的运输、安装情况，以确保各设备及系统正确安装、运行的文件。表 6.11-1～表 6.11-6 为施工清单示例。

设备清单　　　　　　　　　　　　　　　　　　表 6.11-1

序号	设备信息（品牌、型号、尺寸）	详细说明	到货情况	安装情况
1				
...				

安装前检查表（空调机组）　　　　　　　　　　　表 6.11-2

序号	项目	承包商	备注	调试顾问
1	外观检查			
	空调机组外观是否损坏	是/否		
	空调机组内部是否清洁，所有杂物是否被清理	是/否		
	空调机组检修门是否可以自由开启	是/否		
	...	是/否		
2	各相关组件检查			
	风阀连接是否完好，没有明显损坏	是/否		
	热/冷盘管是否完好无损	是/否		
	...	是/否		

安装过程检查表（空调系统）　　　　　　　　　表 6.11-3

序号	项目	承包商	备注	调试顾问
1	风管			
	风阀安装是否平直	是/否		
	消音器安装良好	是/否		
	...	是/否		
2	冷、热盘管			
	平衡阀安装良好	是/否		
	排气阀安装良好	是/否		
	温度计安装良好	是/否		
	过滤器安装良好	是/否		
	...	是/否		
3	风机			
	送风机	是/否		
	回风机	是/否		
	...	是/否		
4	控制柜			
	变频器设置是否正确	是/否		
	变频器是否可以正常启动	是/否		
	旁路启动是否良好	是/否		
	手自动切换是否正常	是/否		
	...	是/否		
5	试运转			
	送风机旋转方向正确	是/否		
	没有不正常的噪音和振动	是/否		
	...	是/否		

安装过程问题汇总   表 6.11-4

序号	项目	发现日期	问题描述	问题产生原因分析	解决方案	责任人	解决日期
1							
...							

设备施工清单   表 6.11-5

序号	日期	设备编号	项目			完成比例	备注
			项目 A	项目 B	...		
1							
...							

系统问题汇总   表 6.11-6

序号	发现日期	问题描述	解决方案	责任人	是/否解决	解决日期
1					是/否	
...					是/否	

（11）建立施工、交付及运行阶段测试要求。

（12）建立培训计划要求。

（13）更新调试计划。

（14）更新业主项目要求。

（15）记录各种要求并汇总进承包文件。

（16）记录并复查设计阶段调试过程进度报告。

2. 施工阶段

该阶段调试工作主要目标是确保机电系统及部件的安装满足业主项目要求，调试顾问采用抽查方式确保施工阶段业主项目要求中所涉及的每一项任务和测试工作的质量。该阶段调试团队包括业主代表、调试顾问、设计人员、机电总包项目经理、专业承包商和设备供应商。调试顾问负责组织召开调试团队会议以促进各方配合及保证进度一致。该阶段调试主要工作为：

（1）协调业主代表参与调试工作并制定相应时间表

调试顾问协调业主代表参与调试团队会议、复查调试过程报告、讨论业主项目要求的变更以及对运行维护人员的培训。业主代表还应参与复查提交的资料和现场测试工作。

（2）更新业主项目要求

业主于设计/施工过程中考虑变更时，调试团队应复查业主提议的变更部分以确认是否满足现有业主项目要求，并分析变更对其他部分的影响。如果业主在复查调试团队意见后仍选择变更，业主项目要求必须做必要更新以匹配变更部分。

（3）根据现场情况，更新调试计划

施工阶段更新调试计划包含以下内容：施工期间建立的测试步骤和数据表格；完善整合施工时间表中调试过程工作；施工阶段调试团队的角色和职责，包括新工作组成员的职责；施工阶段变更的联络方式。

（4）组织施工前调试过程会议

调试顾问负责主持召开一次施工前的调试工作会议。会议期间，调试顾问应对业主项目要求、设计文件、承包文件要求进行复查，除此之外，还应复查调试过程工作相关的承包商所承担的相应职责。

（5）制定调试过程工作时间表

制定调试过程时间表的目的是集中协调各施工过程，以保证调试团队所有成员制定调试计划以满足业主项目要求。时间表至少应包括：调试团队会议时间及周期；各施工阶段起始及完成时间；关键系统/设备/部件的安装完工和测试时间；培训时间；实体竣工时间；保修起始时间；使用者入住时间；保修期结束前两个月进行保修复查；经验总结会议时间。

（6）确定测试方案

包括机电设备测试、风/水平衡调试（TAB）、系统运行测试等等，并明确测试范围、测试方法、试运行介质、目标参数值允许偏差、调试工作绩效评定标准；

（7）建立测试记录

测试记录方式包括读取测试数据、观察、度量、照片等，记录至少应包括：测试次数；测试日期及时间；标明是否首次测试或者是整改后的再测试；测试确认系统、设备、部件的位置及施工文件背离情况清单；测试要求的外部环境，如周围环境、相关系统状态、设定参数、各部件状态等；各步骤系统、设备、部件的预期运行状况和实际运行状况；标明实际运行状况是否满足预期效果；发现的问题；执行测试人员及见证人的签名。

（8）定期召开调试过程会议

定期召开调试团队会议并形成会议纪要。

（9）定期实施现场检查

施工阶段，现场检查是确保系统、设备及部件满足业主项目要求的基本方法。现场检查方案采取统计抽样方法以确认施工清单和记录文档。现场检查完毕后应编制现场检查报告并递交给调试团队成员和其他相关方。

（10）监督施工方的现场调试/测试工作

监督测试可以是现场测试见证、测试结果验证或者是测试报告验证。调试顾问应通过对设备、部件或者测试结果进行随机抽查来验证测试或测试报告中数据的可靠性。测试完成后，测试人员和见证人员应在记录上签名，以证明数据和结果的真实性。

（11）核查运维人员的培训情况

针对每个培训（技能、操作或其他培训），应在合理时期内（比如三周后）随机抽取5%～10%的受训人员进行测试或对培训材料进行非正式评估，目的在于确保受训人员掌握业主项目要求中规定的设备运行维护的相关知识。

（12）编制调试过程进度报告

施工阶段的调试过程进度报告是调试工作和结果的记录文档，应在施工阶段完成。报告包括：①任何不符合业主项目要求的系统、设备或部件；②测试完成时进行系统运行状况评估；③施工清单的完成和确认情况概要；④问题日志结果，包括问题介绍、采取的解决措施。介绍应评估问题的严重性和改正措施对环境、健康、安全、舒适性、能源消耗及运行维护费用造成的影响；⑤测试步骤和数据。数据应包括最终认可测试和未完全达到标准要求的早期测试；⑥延期测试。一些测试可能延期到条件具备，比如带负荷测试或者等到夏冬空调季进行测试。对于延期测试，报告中应明确测试条件和预期完成时间表。

施工阶段的调试过程进度报告应提交给调试团队的其他成员检查，然后提交给业主复查。施工阶段的调试过程进度报告应包含代表业主的其他调试成员的意见。

（13）更新机电系统管理手册

更新系统手册以包含施工阶段形成的调试文件，增加的文件包括：测试步骤和测试数据报告；培训计划；培训记录；图纸记录；提交复查报告；最新业主项目要求；最新设计文件；最新调试计划；最新问题日志；调试过程进度报告。

3. 交付和运行阶段

当项目基本竣工以后进入交付和运行阶段的调试工作，直到保修合同结束时间为止。该阶段调试工作目标是确保机电系统及部件的持续运行、维护和调节要求及相关文件的更新均能满足最新业主项目要求。该阶段调试团队包括业主代表、调试顾问、设计人员、机电总包项目经理、专业承包商，该阶段调试主要工作为：

（1）进行机电系统及部件的季度测试

某些由于要在特定的天气条件、满足一定符合要求或在使用者入住后方可进行的测试，必须要经过业主的确认后方可实施。这种延期测试应在交付使用后一个适当的时间段、恰当的条件下尽早实施。

（2）进行机电系统运行维护人员培训

目前，由于建筑信息化、自动化、集成化程度越来越高，而国内物业人员素质普遍偏低。为了避免非专业人士对建筑的不合理运行维护，而导致预期的调试效果无法实现，调试顾问应对运维人员进行系统培训。培训要求应通过技术研讨会、访问或调查的方式取得。

（3）完成机电系统管理手册并持续更新

机电系统管理手册是以系统为重点的复合文档，包括使用和运行阶段的运行指南、维护指南以及业主使用中的附加信息。建立手册包括收集与系统、设备、部件和调试过程有关的所有信息，并将所有信息进行整合，最终形成一份可供参考的实用性文件。手册应包括最终版业主项目要求文件、设计文件、调试计划、调试报告、厂商/承包商安装手册、厂商运维手册、系统图表、已确认的记录图纸和测试报告等。这些记录应针对建筑的主要部分（屋顶、墙体、消防系统、暖通空调系统、供暖系统等）进行分类并整理，应同运维人员协商建立标准化格式及分类，以简化建立手册的环节和便于检索查找。

6.11.3 技术指标

目前国内关于建筑机电系统全过程调试没有专门的规范和指南，只能依照现行的设计、施工、验收和检测规范开展工作。主要规范有：《民用建筑供暖通风与空气调节设计规范》GB 50736、《公共建筑节能设计标准》GB 50189、《民用建筑电气设计规范》JGJ 16、《通风与空调工程施工质量验收规范》GB 50243、《建筑节能工程施工质量验收规范》GB 50411、《建筑电气工程施工质量验收规范》GB 50303、《建筑给水排水及采暖工程施工质量验收规范》GB 50242、《智能建筑工程质量验收规范》GB 50339、《通风与空调工程施工规范》GB 50738、《公共建筑节能检测标准》JGJ/T 177、《采暖通风与空气调节工程检测技术规程》JGJ/T 260、《变风量空调系统工程技术规程》JGJ 343。

6.11.4 适用范围

适用新建建筑的机电系统全过程调试。

6.11.5 工程案例

1. 巴哈马大型度假村工程概况

巴哈马大型海岛度假村项目是大型综合旅游开发项目，位于巴哈马首都拿骚。该工程的机电系统包括暖通空调系统、电气系统、楼宇自控系统、消防系统、给排水系统，燃气锅炉供热系统等，设备较多，仅中央空调就将近 90 个系统，风机盘管将近 3000 台。

2. 施工阶段的调试过程

调试团队将施工阶段的机电系统调试分为 7 个阶段实施：设备/部件工厂验收测试 FAT（Factory Acceptance Test 英文缩写）→设备/部件安装性能预验收 PFPT（Pre Functional Performance Test）→设备启动 STR（Manufacturer's Start-up）→楼宇自控系统调试 BMS（BMS Start-up）→系统测试调整与平衡 TAB（HVAC Testing、Adjusting and Balancing）→系统/设备性能测试 FPT（Functional Performance Test）→系统验收测试 IFPT（Integrated Functional Performance Test）。FAT 在设备出厂时进行抽查，在施工现场进行的是 PFPT，STR，BMS，TAB，FPT，IFPT 工作。调试团队结合现场设备、系统，为上述每个过程均编制了检查表（针对不同系统、设备、部件），检查表里面详细列明了检查内容，只有检查表里面的所有内容全部合格后，才能够认为该过程质量控制合格。

参 考 文 献

[1] 曹勇，徐伟. 建筑设备系统全过程调试技术指南 [M]. 北京：中国建筑工业出版社，2013.

7 绿色施工技术

7.1 封闭降水及水收集综合利用技术

7.1.1 发展概述

淡水是有限的资源，仅占地球上水资源总量的 1%。到 2025 年，发展中国家近 1/3 的人口将居住在严重缺水地区。近年来，我国地下水超采严重，再生水利用程度低，水资源越来越匮乏，水资源供需矛盾更加凸显。目前我国 600 多个城市中 400 多个缺水，其中 100 多个严重缺水；北京、天津等大城市尤为严峻。到 2030 年我国人均水资源占有量将从现在的 $2200m^3$ 降至 $1700\sim1890m^3$，需水量接近水资源可利用量极限，缺水问题将更加突出。

发达国家较早认识到施工过程水回收再利用的重要性，美国、加拿大等国家制定了回收水再利用法规，如美国的《净水法案》（CWA）、《水资源保护法案》等。我国《水法》提出了提高水的重复利用率，鼓励使用再生水，提高污水、废水再生利用率的原则规定。国内施工过程回收水主要用于施工现场降尘、车辆冲洗、厕所冲洗、混凝土养护等方面，不仅降低了工程成本，而且节约了水资源。

7.1.2 技术内容

1. 基坑施工封闭降水技术

基坑封闭降水是指在坑底和基坑侧壁采用截水措施，在基坑周边形成止水帷幕，阻截基坑侧壁及基坑底面的地下水流入基坑，在基坑降水过程中对基坑以外地下水位不产生影响的降水方法；基坑施工时应按需降水或隔离水源。

在我国沿海地区宜采用地下连续墙或护坡桩＋搅拌桩止水帷幕的地下水封闭措施；内陆地区宜采用护坡桩＋旋喷桩止水帷幕的地下水封闭措施；河流阶地地区宜采用双排或三排搅拌桩对基坑进行封闭，同时兼做支护的地下水封闭措施。

2. 施工现场水收集综合利用技术

施工过程中应高度重视施工现场非传统水源的水收集与综合利用，该项技术包括基坑施工降水收集利用技术、雨水收集利用技术、现场生产和生活废水回收利用技术。

（1）基坑施工降水收集利用技术，一般包含两种技术：一是利用自渗效果将上层滞水引渗至下层潜水层中，可使部分水资源重新回灌至地下的收集利用技术；二是将降水所抽水体集中存放施工时再利用。

（2）雨水收集利用技术是指在施工现场中将雨水收集后，经过雨水渗蓄、沉淀等处理，集中存放再利用；可直接用于冲刷厕所、施工现场洗车及现场洒水控制扬尘。

（3）现场生产和生活废水利用技术是指将施工生产和生活废水经过过滤、沉淀或净化等处理达标后再利用。

经过处理或水质达到要求的水体可用于绿化、结构养护用水以及混凝土试块养护用水等。

3. 设计计算

(1) 封闭深度：宜采用悬挂式竖向截水和水平封底相结合，在没有水平封底措施的情况下要求侧壁帷幕（连续墙、搅拌桩、旋喷桩等）插入基坑下卧不透水土层一定深度。深度情况应满足下式计算：

$$L = 0.2h_w - 0.5b \qquad (7.1-1)$$

式中　L——帷幕插入不透水层的深度；

h_w——作用水头；

b——帷幕厚度。

(2) 截水帷幕厚度：满足抗渗要求，渗透系数宜小于 1.0×10^{-6} cm/s。

(3) 基坑内井深度：可采用疏干井和降水井，若采用降水井，井深度不宜超过截水帷幕深度；若采用疏干井，井深应插入下层强透水层。

(4) 结构安全性：截水帷幕必须在有安全的基坑支护措施下配合使用（如注浆法），或者帷幕本身经计算能同时满足基坑支护的要求（如地下连续墙）。

(5) 基坑施工降水收集利用技术

① 基坑涌水量

$$Q_0 = \frac{1.366K_1(2H-S)S}{\lg R_0/r_0} \qquad (7.1-2)$$

式中　Q_0——基坑涌水量（m³/d），按照最不利条件下的计算最大流量；

K_1——含水层渗透系数（m/d）；

H——含水层厚度（m）；

S——降深（m）；

R_0——影响半径（m），$R_0 = 2S\sqrt{HK_1}$；

r_0——基坑换算半径（m）。

② 降水井出水能力

$$q_0 = \frac{l_1 d}{\alpha'} \times 24 \qquad (7.1-3)$$

式中　q_0——单井渗水量（m³/d）；

l_1——进水管高度（m）；

d——进水管直径（m）；

α'——与含水层渗透系数有关经验系数（经验系数取值范围 30～130）。

③ 现场生活用水量

$$q_1 = P_1 \cdot N_1 \cdot K_2 \qquad (7.1-4)$$

式中　q_1——现场生活用水量（m³/d）；

P_1——生活区居民人数；

N_1——生活区昼夜生活用水定额 [m³/(人·d)]；

K_2——生活区用水不均衡系数；取 2.5。

④ 现场洒水控制扬尘用水量

$$q_2 = K_3 \cdot S \cdot t \qquad (7.1\text{-}5)$$

式中　q_2——现场洒水控制扬尘用水量（m^3/d）；

　　K_3——用水定量；取 $0.15m^3/km^2$；

　　S——施工现场洒水控制扬尘面积（km^2）；

　　t——每天洒水次数。

⑤ 施工砌筑抹灰用水量

$$q_3 = K_4 \sum \frac{Q_i N_i}{T_1 t} K_5 \qquad (7.1\text{-}6)$$

式中　q_3——施工砌筑抹灰用水量（m^3/d）；

　　K_4——未预计的施工用水系数；取 1.15；

　　K_5——用水不均衡系数；取 1.5；

　　Q_i——每天施工工程量；

　　N_i——每 m^3 砖砌体耗水量（$0.2\sim0.22m^3$）；

　　　　　每 m^2 抹灰耗水量（$0.01\sim0.015m^3$）。

⑥ 回收利用率为

$$R = K_6 \frac{Q_1 + q_1 + q_2 + q_3}{Q_0} \times 100\% \qquad (7.1\text{-}7)$$

式中　Q_1——回灌至地下的水量（根据地质情况及试验确定）；

　　K_6——损失系数；取 $0.85\sim0.95$。

7.1.3　技术指标

（1）利用自渗效果将上层滞水引渗至下层潜水层中，有回灌量、集中存放量和使用量记录。

（2）施工现场用水至少应有 20% 来源于雨水和生产废水回收利用等。

（3）污水排放应符合《污水综合排放标准》GB 8978。

（4）基坑降水回收利用率为

$$R = K_6 \frac{Q_1 + q_1 + q_2 + q_3}{Q_0} \times 100\%$$

式中　Q_0——基坑涌水量（m^3/d），按照最不利条件下的计算最大流量；

　　Q_1——回灌至地下的水量（根据地质情况及试验确定）；

　　q_1——现场生活用水量（m^3/d）；

　　q_2——现场控制扬尘用水量（m^3/d）；

　　q_3——施工砌筑抹灰等用水量（m^3/d）；

　　K_6——损失系数；取 $0.85\sim0.95$。

7.1.4　适用范围

基坑封闭降水适用于有地下水存在的所有非岩石地层的基坑工程。雨水及废水利用技术适用于各类工程施工。

7.1.5　工程案例

北京地铁 8 号线、天津周大福金融中心、天津津湾广场 9 号楼、上海浦东金融广场、深圳平安中心、天津渤海银行、东营市东银大厦等工程。

东银大厦主体结构地下 1 层为地下车库及人防工程，地上为 21 层现浇混凝土框架剪力墙结构，总建筑面积为 35915m²。该工程基础南北长 92.0m，东西宽 84.0m，基坑周长 352m，基坑开挖面积 7728m²。根据周边地形及基础埋深，基坑开挖深度 6.8～7.9m。本工程位于东营市东城中心位置，场地内地形平坦，属黄河冲积平原地貌单元，场区附近无不良地质作用，场地稳定，地下水属第四系孔隙潜水，以大气降水补给及地下水侧向补给为主，静止水位埋设深度为自然地坪下 1.30～1.40m，相应标高为 3.09～3.2m。地下水位的年变幅约 1.00m。该工程基坑开挖上部为杂填土，下部分别为较厚的粉土和粉质黏土层，这种情况如果采用传统的降水设计在降水疏干的过程中极容易造成基坑外水源补给，从而造成周边建筑物和管线的不均匀沉降，而造成安全隐患。另基坑下分布弱承压水，深基坑部分不满足抗突涌要求。针对本工程复杂的地质环境特点以及基坑开挖面下各土层的特点，优化施工降水方案，采用基坑侧壁止水帷幕＋基坑底封底的截水措施，阻截基坑侧壁及基坑底面的地下水流入基坑，同时采用降水措施抽取或引渗基坑开挖范围内地下水的基坑降水方法，合理设计降水井的深度及布置范围，做到真正的"按需减压"降水，在抽取疏干井的过程中尽量不触动承压水，从而有效地控制抽水量，抑制基坑周边建筑物的沉降同时起到抗突涌的作用。本工程采用深基坑封闭疏干降水技术进行施工，较好地保证了基础施工安全和周边环境安全，保证了基础施工质量和施工工期，取得了较好效果，达到了预期管理目标，同时为以后的深基坑降水施工积累了一定的技术参数和实践经验。

参 考 文 献

[1] 杨振岐. 基坑施工封闭降水技术在东银大厦工程中的应用 [J]. 建设监理，2015，10.
[2] 刘易，魏雪琦，林贵鹏. 施工过程水回收与利用施工技术的应用 [J]. 施工技术，2015，12.
[3] 《建筑工程绿色施工规范》GB/T 50905—2014 [S]. 北京：中国建筑工业出版社，2014.
[4] 《建筑工程绿色施工评价标准》GB/T 50640—2010 [S]. 北京：中国计划出版社，2011.
[5] 肖绪文，单彩杰.《建筑业 10 项新技术》创新研究综合分析 [J]. 施工技术，2011，03.

7.2 建筑垃圾减量化与资源化利用技术

7.2.1 发展概述

发达国家开展建筑垃圾利用工作起步较早，美国、欧洲和日本等发达国家从 20 世纪 60 年代就开展了建筑垃圾利用的立法工作。迄今，已建立了较为完善的政策法规体系和技术标准体系，有效地保证了建筑垃圾资源化工作的顺利推进。同时大力开展了设备、加工工艺和相关综合技术的研究，已有了较为完善的技术体系和成套机械设备，保证了再生产品的质量，消除了用户对产品安全的顾虑。从管理方面，形成了评估、分类、分选、减量、运送、存放、加工和利用完整的产业链。美国、德国、日本、丹麦和瑞典等发达国家建筑垃圾利用率达到 80％以上，有的国家甚至达到了 95％，实现了建筑垃圾的资源化。

我国城市垃圾产生和排出量也在快速增长，其中每年产生的建筑垃圾达到 20 亿 t 左右，建筑垃圾占城市垃圾总量的 40％左右，今后新建筑建筑的增加以及几十年前建设的结构物逐渐进入修补加固和拆除改建期，建筑垃圾仍将会大幅度增长。

而我国建筑垃圾处理的现状是，绝大部分建筑垃圾未经任何处理，直接运到郊外或乡村，填埋处理或露天堆放，侵占了大面积的土地，而且严重污染了环境。近些年，在政府的推动下，情况已有较大好转；但由于起步较晚，建筑垃圾利用率也只有 5％左右，因此建筑垃圾资源化利用工作仍任重道远。

7.2.2 技术内容

建筑垃圾是指在新建、扩建、改建和拆除加固各类建筑物、构筑物、管网以及装饰装修等过程中产生的施工废弃物。

建筑垃圾减量化是指在施工过程中采用绿色施工新技术、精细化施工和标准化施工等措施，减少建筑垃圾排放。建筑垃圾资源化利用是指建筑垃圾就近处置、回收直接利用或加工处理后再利用。

建筑垃圾减量化和资源化要从垃圾形成之前做起，从方案、预案的制定到精心组织实施是一个完整的链条，要做好各个细节，主要措施有：实施建筑垃圾分类收集、分类堆放；碎石类、粉类的建筑垃圾进行级配后用作基坑肥槽、路基的回填材料；采用移动式快速加工机械，将废旧砖瓦、废旧混凝土就地分拣、粉碎、分级，变为可再生骨料。

可回收的建筑垃圾主要有散落的砂浆和混凝土、剔凿产生的砖石和混凝土碎块、打桩截下的钢筋混凝土桩头、砌块碎块，废旧木材、钢筋余料、塑料等。

现场垃圾减量与资源化的主要技术有：

（1）对钢筋采用优化下料技术，提高钢筋利用率；对钢筋余料采用再利用技术，如将钢筋余料用于加工马凳筋、预埋件与安全围栏等。

（2）对模板的使用应进行优化拼接，减少裁剪量；对木模板应通过合理的设计和加工制作提高重复使用率的技术；对短木方采用指接接长技术，提高木方利用率。

（3）对混凝土浇筑施工中的混凝土余料做好回收利用，用于制作小过梁、混凝土砖等。

（4）对二次结构的加气混凝土砌块隔墙施工中，做好加气块的排块设计，在加工车间进行机械切割，减少工地加气混凝土砌块的废料。

（5）废塑料、废木材、钢筋头与废混凝土的机械分拣技术；利用废旧砖瓦、废旧混凝土为原料的再生骨料就地加工与分级技术。见图 7.2-1。

（6）现场直接利用再生骨料和微细粉料作为骨料和填充料，生产混凝土砌块、混凝土砖、透水砖等制品的技术。

（7）利用再生细骨料制备砂浆及其使用的综合技术。

对建筑垃圾分类和测算内容可参考表 7.2-1 进行。

图 7.2-1　现场快速加工再生骨料的机械

现场建筑垃圾的分类和产生量测算
表 7.2-1

建筑垃圾种类	预计产生量 （吨或方）	可直接利用量 （吨或方）	运出量 （吨或方）
槽土			
混凝土块			
散落砂浆			
旧砖瓦			
旧木材、旧木模板			
旧钢材			
其他			

7.2.3　技术指标

（1）再生骨料应符合《混凝土再生粗骨料》GB/T 25177、《混凝土和砂浆用再生细骨料》GB/T 25176、《再生骨料应用技术规程》JGJ/T 240、《再生骨料地面砖、透水砖》CJ/T 400 和《建筑垃圾再生骨料实心砖》JG/T 505 的规定。

（2）建筑垃圾产生量应不高于 350t/万 m^2；可回收的建筑垃圾回收利用率达到 80% 以上。

（3）建筑垃圾的处置和利用必须符合《中华人民共和国固体废物污染环境防治法》、《城市建筑垃圾管理规定》等法律法规的规定；也要符合国家和行业的相关技术标准，确认对环境和人身安全，方可进行资源化再利用的实施。

（4）"绿色施工方案"应包含对现场产生建筑垃圾的分类预估、分类处置和就地利用的内容。

7.2.4　适用范围

适用于新建、改建和扩建工程以及装修工程，也适用于拆除工程。

7.2.5　工程案例

北京建筑大学实验楼工程、昌平区亭子庄污水处理站工程昌平陶瓷馆、邯郸金世纪商务中心，青岛市海逸景园等工程、安阳人民医院整体搬迁建设项目门急诊综合楼工程。

成都银泰中心项目地上 51 层，地下 4 层，由一栋 220m 酒店塔楼、两栋 180m 办公楼、两栋 175m 住宅楼和商业裙房组成。建筑面积约 740000m^2。工程处于城市核心位置，施工场地狭小，周边环境复杂，为创住房和城乡建设部绿色施工科技示范工程和建筑业协会绿色施工示范工程。

1. 通过深化设计减少垃圾排放

在施工阶段采用 BIM 技术进行深化设计，复杂节点的放样，综合管线布置，碰撞检测、工程量自动计算等技术的应用，降低了工程建设中错、漏、碰、缺等一系列问题，发现设计碰撞问题数百处，减少垃圾排放高达 312t。同时在设计时注意尺寸配合和标准化，尽量采用标准化建筑设计，以减少切割产生的废料；保证设计方案的稳定性，提供更详细的设计，尽量避免对设计方案进行频繁更改而产生不必要的剔凿。该技术措施极大地方便了施工，尤其对于结构复杂、大型安装工程的碰撞检测较为适宜，减免了返工损失，节约成本约 43 万元。

2. 采用先进施工工艺实现垃圾减量化和资源化利用

（1）木方、模板接长及再生覆塑模板措施

施工现场木方、模板材料是施工生产的主材，为了节约材料，项目引进接木机等设备，对木方、模板进行接长，同时采用再生覆塑模板，可将废旧模板回收利用，然后进行重新加工，表面覆盖塑料层，实现模板的再生利用。该措施节约了大量木材投入费用，节约成本约 7.4 万元。

（2）施工用临时水电采用正式管道系统

采取临时施工用水和消火栓利用正式管道系统的措施，管道设置在管井中，在剪力墙里预埋临时施工用水和临时消火栓钢套管，消火栓挂墙安置，与传统临时施工用水和临时消防做法相比，不仅节约了临时水电安装材料的投入而且减少对后期施工的影响，同时加快了管道安装的施工进度。该措施节约了大量水电管线材料投入费用，同时减少了人工维护成本投入，节约成本约 53 万元。

3. 余料、建筑垃圾回收再利用技术

采用碎石机将建筑垃圾进行粉碎，然后采用制砖机进行小型砌块的生产，将建筑垃圾进行回收利用。制作砌块的强度能满足施工要求，同时部分再生骨料可作为回填粗骨料、无机保温浆料等材料。不仅实现了节材目标，而且减少了建筑垃圾外运的人力物力投入，符合绿色施工要求。图 7.2-2 建筑垃圾回收再利用系统，图 7.2-3 为垃圾再生建材产品。该措施节约了建筑垃圾处理的费用，变废为宝，节约成本 500 元/月。

图 7.2-2　建筑垃圾回收再利用系统图

图 7.2-3　垃圾再生建材

成都银泰中心项目通过建筑垃圾减量化与资源化利用技术技术，垃圾排放量降为 70t/万 m²，与传统施工现场相比，降低了 86%。最大限度地节约了资源，实现"四节一环保"。

参 考 文 献

[1] 陈家珑. 我国建筑垃圾资源化利用现状与建议 [J]. 建设科技，2004. 1.

[2] 冷发光，何更新，张仁瑜等. 国内外建筑垃圾资源化现状及发展趋势 [J]. 环境卫生工程，2009 (1).

[3] 刘数华. 建筑垃圾综合利用综述 [J]. 新材料产业，2008 (4).

[4] 陈昌礼，赵振华. 我国城市建筑垃圾减量化资源化的关键问题及对策分析 [J]. 建筑技术，2011. 9.

[5] 陈家珑，周文娟，李维. 开展建筑垃圾资源化利用的前提条件和需解决的问题 [J]. 建筑技术，2015 (12).

7.3 施工现场太阳能、空气能利用技术

7.3.1 施工现场太阳能光伏发电照明技术

1. 发展概述

丰富的太阳能资源是发展太阳能光热发电的首要条件。根据国际太阳能热利用区域分类，全世界太阳能辐射强度和日照时间最佳的区域包括北非、中东地区、美国西南部、墨西哥、南欧、澳大利亚、南非、南美洲东、西海岸和中国西部地区等。目前全世界在用、在建和规划发展的太阳能光热发电站都位于上述国家和地区。其中，西班牙、美国光热发电产业发展最早也最成熟，光热发电规模居世界前两位；印度、摩洛哥、南非、智利等国家光热开发相对较晚，目前光热发电容量也相对较少，但在建的光热装机容量已大幅增加，并将继续增加。中国也开始开发光热发电项目，虽然启动较晚，但规划和在建的光热发电装机容量已位居世界前列。

我国是能源消耗大国，传统能源储量有限，不可再生；而且能源消耗同时排出二氧化碳和硫的氧化物污染环境。因此开发利用可再生能源，对于保障能源安全，保护生态环境，实现可持续发展，具有重要意义。太阳能照明是以太阳能为能源，通过太阳能电池实现光电转换，白天用蓄电池积蓄、贮存电能，晚上通过控制器对电光源供电，实现所需要的功能性照明。

太阳能照明技术，目前已在很多领域使用，但用于施工临时设施方面还比较少。由于太阳能光伏照明技术较普通照明而言，前期投入价格过于昂贵，施工单位不愿意使用。但是长远而言，随着该技术的成熟和普及，节能意识的提高，太阳能光伏照明技术一定会大有用武之地。

2. 技术要点

施工现场太阳能光伏发电照明技术是利用太阳能电池组件将太阳光能直接转化为电能储存并用于施工现场照明系统的技术。发电系统主要由光伏组件、控制器、蓄电池（组）和逆变器（当照明负载为直流电时，不使用）及照明负载等组成。见图 7.3-1。

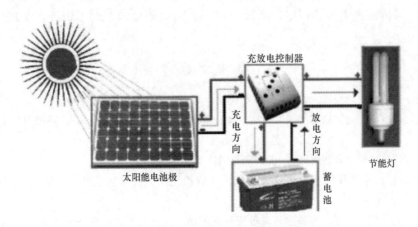

图 7.3-1 太阳能光伏发电照明工作原理图

3. 技术指标

施工现场太阳能光伏发电照明技术中的照明灯具负载应为直流负载，灯具选用以工作电压为 12V 的 LED 灯为主。生活区安装太阳能发电电池，保证道路照明使用率达到 90% 以上。

(1) 光伏组件：具有封装及内部联结的、能单独提供直流电输出、最小不可分割的太阳电池组合装置，又称太阳电池组件。太阳光充足日照好的地区，宜采用多晶硅太阳能电池；阴雨天比较多、阳光相对不是很充足的地区，宜采用单晶硅太阳能电池；其他新型太阳能电池，可根据太阳能电池发展趋势选用新型低成本太阳能电池；选用的太阳能电池输出的电压应比蓄电池的额定电压高 20%～30%，以保证蓄电池正常充电。

(2) 太阳能控制器：控制整个系统的工作状态，并对蓄电池起到过充电保护、过放电保护的作用。在温差较大的地方，应具备温度补偿功能还应兼有路灯控制功能。

(3) 蓄电池：一般为铅酸电池，小微型系统中，也可用镍氢电池、镍镉电池或锂电池。根据临建照明系统整体用电负荷数，选用适合容量的蓄电池，蓄电池额定工作电压通常选 12V，容量为日负荷消耗量的 6 倍左右，可根据项目具体使用情况，组成电池组。

4. 适用范围

施工现场临时照明，如路灯、加工棚照明、办公区廊灯、食堂照明、卫生间照明等。

5. 工程案例

北京地区清华附中凯文国际学校工程、长乐宝苑三期工程、浙江地区台州银泰城工程、安徽地区阜阳颖泉万达、湖南地区长沙明昇壹城、山东地区青岛北客站等工程。

(1) 台州银泰城 B 地块项目

项目共布置 10 栋 180 个房间生活区（表 7.3-1）。

台州银泰城 B 地块项目太阳能光伏发电照明能耗统计表　　　　表 7.3-1

项目	LED 日光灯	备注
功率	8W	
单宿舍数量	2 盏	
宿舍数量	180 个	
单日工作时间	4h	
能耗	11.52kW·h	
年能耗	3456kW·h	按 300d 计

一年按照 300d 计算，仅生活区房间照明一年的用电量为 3456kW·h。当地电价按 0.872 元/(kW·h) 计算，可节约资金电费 3013.63 元，3 年节约 9040.90 元。

查阅有关文献，火力发电每生产 1kW·h 电需要排放二氧化碳 1.1kg，因此节约一度电相当于少排放二氧化碳 1.1kg。采用太阳能照明 3 年可减少排放二氧化碳 11404.8kg，有效地保护了环境。

(2) 浙江地区台州银泰城 B 地块工程

浙江地区台州银泰城 B 地块工程，总建筑面积 295482m²，工期两年。该工程高峰期现场总施工人数达 1680 余人，管理人员达 100 人，住宿人员达 1800 人，需要大量的临时办公及住宿设施。项目部驻地生活区、办公区、施工区采用了 LED 灯节能，并利用太阳能电池照明供电，总体节能及环保效果显著（图 7.3-2 和图 7.3-3）。

图 7.3-2　现场道路两侧安装的太阳能路灯　　　图 7.3-3　屋面安装的太阳能电池板

7.3.2　太阳能热水应用技术

1. 发展概述

太阳能作为清洁和可再生能源，正被广泛地研究和应用。由于技术、工艺、经济和政策的差异，国内外的太阳能热水应用技术还存在较大差异。发达国家的太阳能热水应用技术发展较早，技术和产品也相对较成熟。如德国在太阳能利用，特别是太阳能热水应用技术上做了很多研究，形成的技术和产品较先进。国内太阳能热水应用起步晚，尚处于起步阶段。虽然拥有世界上最大的太阳能集热器安装量和制造能力，但在技术、产品质量、集热效率和使用寿命、应用规模方面还有待提高。

2. 技术要点

太阳能热水技术是将太阳能转换成热能以加热水的装置。太阳能热水器分为真空管式太阳能热水器和平板式太阳能热水器，真空管式太阳能热水器占据国内 95％的市场份额，太阳能光热比光伏发电的太阳能转化效率高。它由集热部件（真空管式为真空集热管，平板式为平板集热器）、保温水箱、支架、连接管道、控制部件等组成。

3. 技术指标

（1）太阳能热水技术系统由集热器外壳、水箱内胆、水箱外壳、控制器、水泵、内循环系统等组成。常见太阳能热水器安装技术参数如表 7.3-2 所示：

（2）太阳能集热器相对储水箱的位置应使循环管路尽可能短；集热器面向正南或正南偏西 5°，条件不允许时可正南±30°；平板型、竖插式真空管太阳能集热器安装倾角需与工程所在地区纬度调整，一般情况安装角度等于当地纬度或当地纬度±10°；集热器应避免遮光物或前排集热器的遮挡，应尽量避免反射光对附近建筑物引起光污染。

太阳能热水器安装技术参数　　　　　　　　表 7.3-2

产品型号	水箱容积 （吨）	集热面积 （m²）	集热管规格 （mm）	集热管支数 （支）	适用人数
DFJN-1	1	15	$\phi47\times1500$	120	20-25
DFJN-2	2	30	$\phi47\times1500$	240	40-50
DFJN-3	3	45	$\phi47\times1500$	360	60-70
DFJN-4	4	60	$\phi47\times1500$	480	80-90
DFJN-5	5	75	$\phi47\times1500$	600	100-120
DFJN-6	6	90	$\phi47\times1500$	720	120-140
DFJN-7	7	105	$\phi47\times1500$	840	140-160
DFJN-8	8	120	$\phi47\times1500$	960	160-180
DFJN-9	9	135	$\phi47\times1500$	1080	180-200
DFJN-10	10	150	$\phi47\times1500$	1200	200-240
DFJN-15	15	225	$\phi47\times1500$	1800	300-360
DFJN-20	20	300	$\phi47\times1500$	2400	400-500
DFJN-30	30	450	$\phi47\times1500$	3600	600-700
DFJN-40	40	600	$\phi47\times1500$	4800	800-900
DFJN-50	50	750	$\phi47\times1500$	6000	1000-1100

注：因每人每次洗浴用水量不同，以上所标适用人数为参考洗浴人数，请购买时根据实际情况选择合适的型号安装。

（3）采购的太阳能热水器的热性能、耐压、电气强度、外观等检测项目，应依据《家用太阳热水系统技术条件》GB/T 19141 的要求。

（4）宜选用合理先进的控制系统，控制主机启停、水箱补水、用户用水等；系统用水箱和管道需做好保温防冻措施。

4. 适用范围

适用于太阳能丰富的地区，适用于施工现场办公、生活区临时热水供应。

5. 工程案例

北京市海淀区苏家坨镇北安河定向安置房项目东区 12、22、25 及 31 地块、天津嘉海国际花园项目、成都天府新区成都片区直管区兴隆镇（保三）、正兴镇（钓四）安置房建设项目工程。

7.3.3 空气能热水技术

1. 发展概述

空气能热水技术在欧美发达国家已发展多年。最开始的空气源热泵技术在 1924 年被发明，直到 20 世纪 60 年代，世界能源危机爆发，该项技术得到重视，政府和企业投入大量资金完善该技术及产品。目前，空气能热水器在欧美发达国家已趋于成熟和普及，性能稳定；有些国家的使用比例已达 90%。日本、新加坡、马来西亚等国家应用空气能热水器使用也比较普遍。我国出台的《2014-2015 年节能减排低碳发展行动方案》相关政策，为空气能发展指明了方向；空气能热水技术逐步在施工项目应用。

2. 技术内容

空气能热水技术是运用热泵工作原理，吸收空气中的低能热量，经过中间介质的热交换，并压缩成高温气体，通过管道循环系统对水加热的技术。空气能热水器是采用制冷原理从空气中吸收热量来加热水的"热量搬运"装置，把一种沸点为－10℃的制冷剂通到交换机中，制冷剂通过蒸发由液态变成气态从空气中吸收热量。再经过压缩机加压做工，制冷剂的温度就能骤升至80～120℃。具有高效节能的特点，较常规电热水器的热效率高达380％～600％，制造相同的热水量，比电辅助太阳能热水器利用能效高，耗电只有电热水器的1/4。

3. 技术指标

（1）空气能热水器利用空气能，不需要阳光，因此放在室内或室外均可，温度在零摄氏度以上，就可以24h全天候承压运行；部分空气能（源）热泵热水器参数见表7.3-3。

部分空气能（源）热泵热水器参数　　　　　　　表7.3-3

机组型号	2P	3P		5P	10P
额定制热量(kW)	6.79	8.87	8.87	14.97	30
额定输入功率(kW)	1.96	2.88	2.83	4.67	9.34
最大输入功率(kW)	2.5	3.6	3.8	6.4	12.8
额定电流(A)	9.1	14.4	5.1	8.4	16.8
最大输入电流(A)	11.4	16.2	7.1	12	20
电源电压(V)	220			380	
最高出水温度(℃)	60				
额定出水温度(℃)	55				
额定使用水压(MPA)	0.7				
热水循环水量(m³/h)	3.6	7.8	7.8	11.4	19.2
循环泵扬程(m)	3.5	5	5	5	7.5
水泵输出功率(W)	40	100	100	125	250
产水量(L/hr,20～55℃)	150	300	300	400	800
COP值	2～5.5				
水管接头规格	DN20	DN25	DN25	DN25	DN32
环境温度要求	－5～40℃				
运行噪声	≤50dB(A)	≤55dB(A)	≤55dB(A)	≤60dB(A)	≤60dB(A)
选配热水箱容积(t)	1～1.5	2～2.5	2～2.5	3～4	5～8

（2）工程现场使用空气能热水器时，空气能热泵机组应尽可能布置在室外，进风和排风应通畅，避免造成气流短路。机组间的距离应保持在2m以上，机组与主体建筑或临建墙体（封闭遮挡类墙面或构件）间的距离应保持在3m以上；另外为避免排风短路，在机组上部不应设置挡雨棚之类的遮挡物；如果机组必须布置在室内，应采取提高风机静压的办法，接风管将排风排至室外。

（3）宜选用合理先进的控制系统，控制主机启停、水箱补水、用户用水以及其他辅助热源切入与退出；系统用水箱和管道需做好保温防冻措施。

4. 适用范围

适用于施工现场办公、生活区临时热水供应。

5. 工程案例

成都天府新区成都片区直管区兴隆镇（保水村三组）安置房建设项目位于成都市兴隆镇保水村三组。项目规划用地面积103598.58m²，规划总建筑面积468572.55m²。包含高层住宅、商业、幼儿园、地下车库以及相关配套设施，总工期22个月。高峰期1300余人，项目管理人员 50 余人，现场住宿人员 800 人。

成都天府新区兴隆镇保水村三组项目从成本控制、安全使用和保护环境 3 大方面综合比较各种热水器的优劣（表 7.3-4）。

<table>
<tr><td colspan="2">3 种热水供应方案</td><td>表 7.3-4</td></tr>
<tr><td>类型</td><td colspan="2">方案种类</td></tr>
<tr><td>方案一</td><td colspan="2">电热水器</td></tr>
<tr><td>方案二</td><td colspan="2">空气能热泵热水器</td></tr>
<tr><td>方案三</td><td colspan="2">太阳能＋空气能组合型热水器</td></tr>
</table>

根据三种热水器经济对比分析和实际使用的情况，从安全性、安装成本、使用成本、环境保护、使用寿命、占地面积、维护管理、可靠性 8 个方面对比 3 种热水器应用的优劣性，综合比较见表 7.3-5。

<table>
<tr><td colspan="6">3 种热水器应用综合比较一览表　　　　　　　　　　　表 7.3-5</td></tr>
<tr><td>序号</td><td>比较项</td><td>电热水器</td><td>空气能热水器</td><td>太阳能＋空气能组合型热水器</td></tr>
<tr><td>1</td><td>安全性</td><td>电直接加热水，可能漏电，安全性较差</td><td>电不直接与水接触，很安全</td><td>电不直接与水接触，很安全</td></tr>
<tr><td>2</td><td>安装成本</td><td>较便宜</td><td>较贵</td><td>贵</td></tr>
<tr><td>3</td><td>使用成本</td><td>73440 元/年</td><td>24960 元/年</td><td>9120 元/年</td></tr>
<tr><td>4</td><td>碳排放量</td><td>28825.2 kg/年</td><td>9796.8 kg/年</td><td>3579.6 kg/年</td></tr>
<tr><td>5</td><td>使用寿命</td><td>易结垢，4 年</td><td>主要构件 10 年</td><td>主要构件 10 年</td></tr>
<tr><td>6</td><td>占地大小</td><td>占地小</td><td>占地较大</td><td>占地大</td></tr>
<tr><td>7</td><td>维护管理</td><td>较方便</td><td>自动控制，很方便</td><td>自动控制，很方便</td></tr>
<tr><td>8</td><td>可靠性</td><td>热水快，可靠性好</td><td>热水较慢，但可靠性好</td><td>双层加热保证，可靠性非常好</td></tr>
</table>

注：以上结论是三种热水器相对比较而言，其各项性能并不代表绝对值，如燃气热水器安全性差是指与其他 3 种热水器相比较而言，并不说明使用的时候事故很多。

由表 7.3-5 可知，电热水器的最大优点是初投资小，占地少；缺点是能耗最大，不环保，安全性较差，使用寿命短。空气能热水器能耗低，安全，环保。太阳能＋空气能组合型热水器能耗最低，环保安全性好，可靠性好，最大的缺点是占地大。最后选用了空气能热水器，见图 7.3-4。

通过以上综合对比分析，施工单位可自行选择热水供应方法。

图 7.3-4　成都市天府新区兴隆镇保水村三组现场安装的空气能热水器

参 考 文 献

[1]　陈新，白冰. 气源热泵辅助加热太阳能集中热水系统的设计和应用 [J]. 建筑节能，2011. 11.

7.4　施工扬尘控制技术

7.4.1　发展概述

人类认识喷雾除尘技术是从雨滴洗涤大气中的尘埃开始的，而后逐渐推广应用到控制污染物和粉尘。早在 1946 年，兰米尔就研究了大气尘粒在球状捕尘器上的碰撞，并以位流和滞流为依据成功地计算了碰撞效率。20 世纪 40 年代中期，Penney 研制出了世界上第一台荷电水雾除尘器。迄今，美国、日本、法国、英国、加拿大等国家对此项技术均做过广泛而深入的研究。20 世纪 60 年代，Elperin 提出了对喷理论并进行实验，但直到 1975 年，才由俄罗斯的 Lainer 将其用于除尘。1976 年，美国学者布朗和斯考温格德提出了微细水雾捕尘理论；认为在微细水雾中，不仅存在各种动力学现象，而且还有蒸发、凝结以及水蒸气浓度差异造成的扩散现象等，这都对微细粉尘的捕集起重要作用。80 年代以来，研究发现有的尘源属于开放性粉尘无法进行密闭收集，有的物料或废气温度较高不宜采用布袋除尘，有的尘源分散不宜采用集中除尘，加之一般的除尘方式对呼吸性粉尘捕集效率普遍较低。因此，许多发达国家进一步探讨研究湿式除尘技术。当对人类生存构成巨大威胁的呼吸性粉尘得到重视以后，利用水雾的喷雾除尘技术以其除尘效率高且节能的优势得到了迅速发展。此后，各国针对不同的粉尘对象研制了各种喷雾除尘系统并开发了各种除尘设备，取得了良好的效果。

近年来，国内对喷雾除尘技术越来越重视，研究也很活跃，对该领域的研究不断深入，建筑施工现场开始使用喷雾除尘技术，降尘效果十分显著。

7.4.2　技术内容

包括施工现场道路、塔吊、脚手架等部位自动喷淋降尘和雾炮降尘技术、施工现场车辆自动冲洗技术。

（1）自动喷淋降尘系统由蓄水系统、自动控制系统、语音报警系统、变频水泵、主管、三通阀、支管、微雾喷头连接而成，主要安装在临时施工道路、脚手架上。

塔吊自动喷淋降尘系统是指在塔吊安装完成后通过塔吊旋转臂安装的喷水设施，用于塔臂覆盖范围内的降尘、混凝土养护等。喷淋系统由加压泵、塔吊、喷淋主管、万向旋转接头、喷淋头、卡扣、扬尘监测设备、视频监控设备等组成。

施工道路自动喷洒防尘装置，由主干管、控制阀门、三通阀、支管、弯头和微雾喷头连接而成。

（2）雾炮降尘系统主要有电机、高压风机、水平旋转装置、仰角控制装置、导流筒、雾化喷嘴、高压泵、储水箱等装置，其特点为风力强劲、射程高（远）、穿透性好，可以实现精量喷雾，雾粒细小，能快速将尘埃抑制降沉，工作效率高、速度快，覆盖面积大。

（3）施工现场车辆自动冲洗系统由供水系统、循环用水处理系统、冲洗系统、承重系统、自动控制系统组成。采用红外、位置传感器启动自动清洗及运行指示的智能化控制技术。水池采用四级沉淀、分离，处理水质，确保水循环使用；清洗系统由冲洗槽、两侧挡板、高压喷嘴装置、控制装置和沉淀循环水池组成；喷嘴沿多个方向布置，无死角。

7.4.3 技术指标

扬尘控制指标应符合现行国家标准《建筑工程绿色施工规范》GB/T 50905 中的相关要求。

地基与基础工程施工阶段施工现场 PM10/h 平均浓度不宜大于 $150\mu g/m^3$ 或工程所在区域的 PM10/h 平均浓度的 120%；结构工程及装饰装修与机电安装工程施工阶段施工现场 PM10/h 平均浓度不宜大于 $60\mu g/m^3$ 或工程所在区域的 PM10/h 平均浓度的 120%。

7.4.4 适用范围

适应用于工业与民用建筑工程施工。

7.4.5 工程案例

1. 深圳海上世界双玺花园工程——临时施工道路自动喷淋降尘技术

为了解决施工现场用水问题，项目利用一种雨水回收利用及现场生产废水利用装置，用来收集雨水和废水并重新利用。自动喷淋降尘技术是由蓄水系统、自动控制系统（定时开关控制器+雨水感应器）、语音报警系统、变频水泵、主管、三通阀、支管、微雾喷头连接而成，见图 7.4-1。

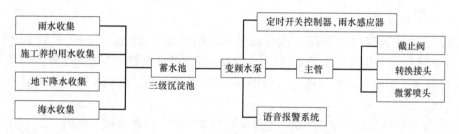

图 7.4-1 自动喷淋降尘系统图

（1）变频水泵

集水池的水通过进水管进入变频水泵调压后流入主管。其中变频水泵采用 PD2100 变频恒压供水系统，整个恒压供水系统由变频恒压供水自动控制装置与水泵电机（三相 380V，50Hz）组合而成，该装置由变频器（内含 PID 调节器）、可编程时控开关、水位显示控制器、水位传感器、雨水感应器、自动报警装置及相关电气控制部件构成，是一种具有变频调速和全自动闭环控制功能的机电一体化智能设备（图 7.4-2）。

① 水位显示控制器通过水位传感器将集水箱水位信息传送于变频水泵控制系统，当集水池缺水后水泵自动停机保护，蓄水池水位以数字显示。

② 自动报警装置，当变频水泵启动前，控制系统先启动蜂鸣器报警 5s，用来提醒施工道路行人避让。并且具有缺相、短路、过热、过载、过压、欠压、漏电、瞬时断电保护等电气保护功能、故障显示及报警。

③ 雨水感应器是连接主管的外部装置，当有雨水来临时，由雨水感应器传送至变频水泵控制系统，自动停机。

④ 设有可编程时控开关，并有手动/自动切换电路，当切换至自动位置时，能够在 1d 内设置 1~9 个供水时间段，一周内每天的供水时间可以不同；当变频控制电路出现故障时，可切换至手动位置，使水泵直接在工频下运行，保证正常供水。

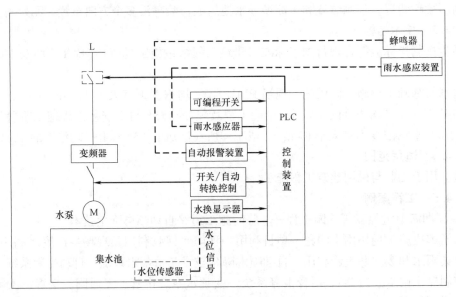

图 7.4-2 变频水泵工作原理图

（2）管道布设

① 供水主管从变频水泵接出，分段供水，距离小于 150m，前 50m 采用镀锌钢管 $DN50$，中间 50m 采用镀锌钢管 $DN40$，后 50m 采用镀锌钢管 $DN32$。主管主要是沿围墙顶部进行固定，固定方式采用圆钢管夹卡箍 $DN50$、$DN40$、$DN32$ 管卡与围墙顶部进行固定，固定间距 3640mm。

② 主管原材料长度一般为 6m，主管采取套丝后用"内丝直接"或者"三通连接"进行连接，连接方式牢固可靠。

③ 沿主管长度 50m 设置一个截止检修阀，阀门采用闸阀，主要是在维修过程中，不影响其他区域使用，在主管端头也采用球阀，管端头预留 500mm 的主管，方便后期接管方便。

④ 支管主要采用镀锌三通，镀锌三通布置与主管水平角度向上 5°，这样在喷水雾过程中喷射距离会更远；镀锌三通沿主管间距 4m 布置，这个主要与选用的微雾喷头的喷射距离有关。

⑤ 微雾喷头采用 360°式，型号为 361SS，喷射距离为 4m，直接安装在镀锌三通上，沿围墙方向，将微雾喷头调整为 180°式，在空旷场地，将微雾喷头调整为 360°式。

2. 方正大厦综合楼工程——施工现场塔吊自动喷淋降尘系统

工程位于扬州市江都区舜天路，单体建筑面积 40817m²，地上 22 层，地下 1 层。在塔吊安装前，即策划安装喷淋降尘系统，塔吊安装完毕后，喷淋降尘系统及时安装到位，塔吊为 QTZ63 型号。在施工过程中有效地降低了扬尘，特别是基坑开挖过程中"空中降雨"，提升了文明施工形象。

喷淋系统包含附着于塔式起重机塔身的垂直管道、附着于起重臂上的水平供水管、蓄水水箱、给水系统、控制配电箱、高压水泵、管件、喷头等，采用双进水模式、基坑开挖过程中采用井点降水或管井降水外排水进入水箱给水，流量不足部分用自来水补充，在蓄水池上安装进水浮球控制阀门，另一端设溢水口，水位标高低于蓄水箱 200mm，水箱上部（或位于塔吊附近）安装供水高于扬尘高度的高压水泵，通过立管进入水平管高压供水，由喷头向下喷洒雾状水，建筑工地的粉尘为在空气中浮游的固体微粒，高压喷雾降尘是一种效果较理想、成本较低廉的降尘方式，系统工作介质是水，在系统运行过程中，液态水从常压状态，经加压管路至雾化喷嘴，将液态水雾化，水雾运动与尘埃粒子产生惯性碰撞、重力沉降、拦截捕尘与扩散捕集相结合达到降尘目的，喷嘴布置在塔式起重机起重臂上，高度适宜、喷雾倾角大，工作时将塔机旋转，起重臂水平方向每隔约 3m 设一喷嘴，共设 14～16 个喷嘴为宜，可对直径 100m 以内的范围全覆盖，取得喷雾降尘的效果。

3. 深圳海上世界双玺花园工程——施工现场车辆自动冲洗技术

项目设计的自动冲洗洗车系统主要由 3 大部分组成，分别为冲洗系统、承重系统、给水系统。具体做法如下：

（1）冲洗系统主要由进水管、出水管、排水管组成。进水管布置在洗车池四周，为 A80 镀锌管；出水管两端与进水管采用丝扣连接，隔 400mm 布置一根，共 8 根，为 A50 镀锌管，在其上每隔 200mm 钻直径 3mm 圆孔；排水管为 A110pvc 管，将洗车后废水排入沉砂池。

（2）承重系统主要由工字钢、角钢、成品钢箅子组成。采用 18♯ 工字钢，间隔 400mm 设置，共 9 根，采用螺栓将角钢连接在工字钢上，最上层覆盖钢箅子，角钢型号为 $50×50×5mm$，箅子尺寸为 $450×750×50mm$。

（3）给水系统采用三级沉砂池将洗车后废水重新沉淀利用，沉砂池顶采用钢筋余料制作的箅子覆盖，水池深度为 1.2m，水池内放置一台 5kW 潜水泵保证足够水压，利用浮球阀和自动控制电路保证蓄水量不少于 $2m^3$，当水位低于 0.5m 时，自动打开市政用水开关补充水，当水位达到 0.9m 时，开关闭合。

通过工程实践，证实了此项技术不仅工艺简单、技术先进、可操作性强，同时也降低了对控制扬尘的投入费用，创造了良好的经济效益和社会效益，切实做到了秉承"绿色建造，环境和谐为本"的理念。

4. 丽泽金融商务区 F02、F03、F05 地块项目——塔吊及女儿墙采用自动喷淋降尘系统，同时配以降尘雾炮车、雾炮枪

丽泽金融商务区 F02、F03、F05 地块项目创新使用了环境综合监控系统，在场区设置环境监测仪，办公区设置污染情况展示牌及 LED 显示屏。该系统能自动监测施工现场扬尘、噪声、风力、温度、湿度的情况，当 PM10/h 超标时，自动开启喷淋设备洒水降尘，同时通过网络信号发信息，使管理人员随时随地掌握相关情况，及时采取措施，加强现场管理。

当监测 PM10/h 值超过阈值时，施工现场人行道与行车道间的绿化带上设置的雾化喷淋设施、塔吊大臂、裙房女儿墙上设置雾化喷淋设施将进入工作状态，对整个场区进行雾化喷淋。塔吊及裙房女儿墙喷淋原理是将喷淋头 2.5m 一道均匀布置在塔吊大臂及女儿墙上，使喷淋范围覆盖整个场区。见图 7.4-3。

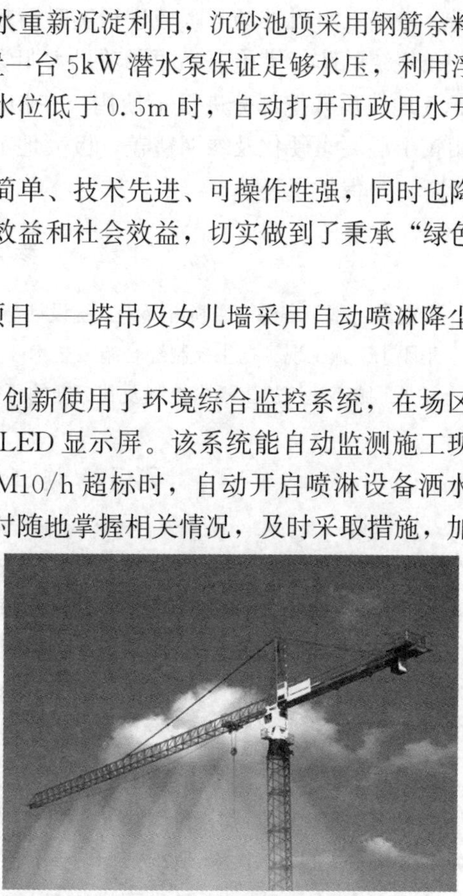

图 7.4-3　塔吊喷淋开启状态

若空气污染指数过高或局部进行土方开挖等易扬尘施工，即启动雾炮车、雾炮枪，见图 7.4-4。

图 7.4-4　雾炮车与雾炮枪

此措施喷淋范围集中且喷淋强度大，与道路、塔吊喷淋相结合真正实现全场区覆盖的除尘降霾。在完成降尘后，为避免二次扬尘，丽泽项目率先将道路清扫机引入施工现场。在场区道路、材料堆场等区域进行实时清扫。

在传统的防尘措施上，丽泽项目大胆尝试了结壳抑尘剂代替混凝土硬化及绿网覆盖。在 F05 地块后开挖部分进行了使用，在物料表面形成防护膜，抑尘效果接近 80%。此措施相较于混凝土硬化及绿网覆盖，极大地节约了材料浪费，且结壳抑尘剂在三个月后即可自行降解，保护了环境。

参 考 文 献

[1]　吴前昌. 基于塔吊高空喷淋降尘系统设计与施工技术［J］. 建筑安全，2015，（12）：10-13.

[2]　王鹏书. 施工现场扬尘控制综合施工技术［J］. 江苏建筑，2016，（4）：58-60.

[3]　吴丹. 城市建筑施工扬尘控制及其标准的研究进展［J］. 辽宁大学学报（自然科学版），2014，（4）.

7.5　施工噪声控制技术

7.5.1　发展概述

噪声污染是城市四大环境公害之一，是 21 世纪环境污染控制的主要对象。外国对噪声控制技术的研究起步较早，早在 1886 年，英国格拉斯的一名医生曾就噪音对人的听力影响进行了研究。美国 H. F. 奥尔森在 1947 年首次提出了有源降噪技术，又在 1953 年提出了"电子吸声器"，并付诸实际。随着经济、社会和科技的发展，噪声控制技术日益成熟。我国噪声控制技术起步较晚，20 世纪 70 年代以前，噪声研究侧重于工业噪声，研究领域主要集中在工业厂房的消声、吸声、隔声等方面。70 年代开始，中国科学院声学研究所等单位对全国 70 多个城市环境噪声进行了调查，并在此基础上提出了一些评价指标和噪声环境标准。这一时期我国城市环境噪声研究仍停留在普查阶段，噪声治理研究尚处在试点阶段。近年来，城市环境噪声污染研究步入了快速发展期，经过十几年的研究，取得了显著的成果，甚至在某些方面取得了举世瞩目的突破性进展。

7.5.2 技术内容

通过选用低噪声设备和先进施工工艺，降低噪声源的产生，同时应用隔声构件将噪声源和接收者分开，使噪声在传播途径中受到阻挡，降低噪声强度，从而使监控区域所受的噪声干扰减弱。

声波在通过空气介质传播过程中，碰到屏蔽物时，由于分界面两侧介质特性阻抗的改变，使部分声能被屏蔽物反射回去，从而降低噪声的传播。隔声设施包括隔声屏、隔声罩、隔声棚、隔声门、隔声窗等。

(1) 隔声屏通过遮挡和吸声减少噪声的排放。

隔声屏主要由基础、立柱和隔声屏板几部分组成。基础可以单独设计也可在道路设计时一并设计在道路附属设施上；立柱可以通过预埋螺栓、植筋与焊接等方法，将立柱上的底法兰与基础连接牢靠，声屏障立板可以通过专用高强度弹簧与螺栓及角钢等方法将其固定于立柱槽口内，形成声屏障。隔声屏可模块化生产，装配式施工，选择多种色彩和造型进行组合、搭配与周围环境协调。

隔声屏有百叶吸声板、玻璃钢吸声板和金属穿孔吸音板等多种，应具有耐水性、耐热性、抗紫外线，不受气候及天气影响的特性。

(2) 隔声罩是把噪声较大的机械设备（搅拌机、混凝土输送泵、电锯等）封闭起来，有效地阻隔噪声的外传。隔声罩外壳由一层不透气的具有一定重量和刚性的金属材料制成，一般用 2~3mm 厚的钢板，铺上一层阻尼层，阻尼层常用沥青阻尼胶浸透的纤维织物或纤维材料，外壳也可以用木板或塑料板制作，轻型隔声结构可用铝板制作。要求高的隔声罩可做成双层壳，内层较外层薄一些；两层的间距一般是 6~10mm，填以多孔吸声材料。罩的内侧附加吸声材料，以吸收声音并减弱空腔内的噪声。要减少罩内混响声和防止固体声的传递；尽可能减少在罩壁上开孔，对于必须开孔的，开口面积应尽量小；在罩壁的构件相接处的缝隙，要采取密封措施，以减少漏声；由于罩内声源机器设备的散热，可能导致罩内温度升高，对此应采取适当的通风散热措施。要考虑声源机器设备操作、维修方便的要求。

隔声棚主要由基础、立柱、顶部横梁和隔声板组成。隔声棚基础可以是固定的，也可以设计成可移动式方便周转使用；立柱和横梁是主要的传力结构，将上部荷载传递到基础部分。

(3) 应设置封闭的木工用房，以有效降低电锯加工时噪声对施工现场的影响。

(4) 施工现场应优先选用低噪声机械设备，优先选用能够减少或避免噪声的先进施工工艺。

7.5.3 技术指标

施工现场噪声应符合《建筑施工场界环境噪声排放标准》GB 12523 的规定，昼间≤70dB（A），夜间≤55dB（A）。

7.5.4　适用范围

适用于工业与民用建筑工程施工。

7.5.5　工程案例

1. 泉州路 5 号工人疗养院改造项目

项目位于青岛市市南区燕儿岛路以南，江西路以西，古田路以北（青岛工人疗养院内）。总用地面积 42463.09m²，地上单体楼 10 栋，建筑面积近 13 万 m²；工程量大，混凝土浇筑量大。该项目位于市南繁华地带，紧靠居民区，人口密度大，浇筑混凝土的噪声对周围居民产生一定影响。鉴于此，项目安装隔声罩降噪设备以减少施工噪音的产生，改善工人工作环境，保证身心健康。

（1）选用罩壁材料为 3~5mm 钢板，在金属板面上加筋或涂贴阻尼层，以抑制和避免钢板等轻型结构罩壁发生共振或吻合效应，减少声波的辐射。

（2）为使隔声罩内表面有较好的吸声性能，内衬 50mm 厚的超细玻璃棉（容重 25kg/m³）作吸声层，玻璃棉护面层由一层玻璃布和一层穿孔率为 25％的穿孔钢板构成。

（3）为避免隔声罩与机器之间刚性连接产生振动，在安装时将橡胶或毛毡等柔性连接夹在两者之间吸收振动。

（4）罩壳上孔洞的处理：①传动轴穿过罩的开孔处加一套管，管内衬以吸声材料，吸声衬里的长度大于传动轴与吸声衬里之间缝隙的 15 倍，既避免了声桥，又通过吸声作用降低了缝隙漏声；②设置消声箱来减少因吸排气或通风散热开设的孔洞造成的噪音；③罩体拼接的接缝以及活动的门、窗、盖子等接缝处，衬以软橡胶类材料，当盖子或门在关闭时，要用锁扣扣紧，以保证接缝压实，防止漏声；④对于进出料口的孔加双道橡皮刷，防止声音外漏。

通过施工过程中的实时监测，施工现场噪声符合《建筑施工场界环境噪声排放标准》GB 12523 的规定。

2. 丽泽金融商务区 F02、F03、F05 地块项目

项目紧邻中国戏曲学院，对噪声污染较为敏感。为了整个施工阶段不影响周边学校正常教学、居民正常生活，在工程西侧设置隔声屏，高度 5m，单幅宽度 3m，总长度 350m。隔声屏体采用金属结构，面板采用镀锌板喷塑开孔处理，龙骨采用优质镀锌板，中间吸声材料选用离心玻璃棉板外裹专用薄膜。项目还在混凝土输送泵和木工棚等主要噪声源处设置隔声棚；采用钢制龙骨，表面采用旧模板封闭，内衬吸音棉，从源头阻止噪声扩散（图 7.5-1）。整个施工过程中，未收到周边学校和居民有关噪声影响的投诉。

3. 北京金税三期工程、石家庄华润中心项目

这两个项目均位于市中心闹市区，周边为居民区、办公楼和酒店等。项目除了在主要噪声源处设置隔声棚外，还通过将隔声屏设置在周边广告展示围挡内，既解决了对周边的噪声污染问题，又节约了设置隔声屏的场地（图 7.5-2）。通过现场实时监控，施工现场场界环境噪声排放符合标准。

图 7.5-1 隔声棚内选用的棱锥吸音棉

图 7.5-2 与广告展示围挡组合的隔声屏

参 考 文 献

[1] 符准. 浅谈建筑施工噪声污染与控制手段 [J]. 中国房地产业，2016 (18).

[2] 申琳，李晓刚. 城市建筑施工噪声污染防治对策研究 [J]. 环境科学与管理，2015，40 (12).

[3] 杨国俊，李威，张文帅. 高架公路新型泡沫铝隔音屏的研究 [J]. 公路交通科技，2011，28 (1)：116-119.

[4] 刘欢，李金凤，童炳善. 阻尼复合式隔声罩设计与应用 [C]. 沈阳科学学术年会论文集. 2015.

7.6 绿色施工在线监测评价技术

7.6.1 发展概述

国外在很早的时候就对可持续发展理念在建筑领域中的应用展开了研究。20 世纪 30 年代，美国的建筑师 R. Buckminiser Fuller 率先提出一种"少费而多用"的原则，其主要的理念是对有限的物质资源进行最充分、合理的利用，满足人类日益增长的生存需要，并减少资源消耗，这为绿色施工的发展提供了重要的理论基础。20 世纪 80 年代，在以美、德、日为代表的发达国家在循环经济的刺激下，大力推广绿色施工，除了制定相应的法律法规外，还颁布了一系列奖惩制度，这带来的直接影响就是施工企业开始转型，向绿色施工的方向发展。

绿色施工发展的同时，学者们对于绿色施工评价的标准也进行了广泛的研究。许多发达国家都针对国内的实际情况颁布了比较完善、可行的绿色施工评价标准。1990 年，英国颁布了第一个绿色建筑评价体系《英国建筑研究组织环境评价法（BREEAM）》，引入全生命周期和生态积分的概念，对全球性问题、地区性问题、室内环境问题和使用管理问题四个方面做了详细的评价。1998 年，美国绿色建筑协会发布了第一版 LEED 评价体系《能源与环境设计领先》，提倡节能与环保原则及相关的控制措施，从场地规划、节水、能源与大气环境、材料与资源、室内空气质量、设计创新六个方面对新建建筑进行绿色评估。此后其他国家也颁布了适用的评价体系，较为成功的有以加拿大为首的 GBC 评价体系、日本的 CASBEE 体系等。近年来，新加坡在这方面取得了有效的进展，在 2009 年颁布的《绿色与文明施工标准》，得到了全世界的广泛认同。它以降低建筑施工能耗和减少对周围环境影响为核心，涵盖节能、节水、节材、环境及空气控制，详细说明了绿色施工的具体实施措施。

在绿色施工评价体系的建立过程中，我国最早在"绿色奥运"中提出了针对奥运工程项目的《绿色奥运建筑评估体系》，该评估体系是针对奥运建筑的，具有很大的局限性。之后，我国陆续推出了《建筑工程绿色施工评价标准》、《绿色建筑评价标准》等；但是这些评价标准大多采用定性的指标对施工过程进行评价；且为数不多定量的指标，主观判断占很大的比例，导致绿色施工评价结果的依赖性较大。期间，国内学者们为了提出一种适合我国的评价体系，开展了广泛的研究。

2007 年，周红波、姚浩等人以城市既有建筑的改造施工为研究对象，构建绿色施工技术评估体系，对改造工程的施工做出绿色度评估。2008 年，田铁刚选用管理绩效和环境负荷作为评价指标建立绿色施工评价体系，并选用一个实际工程进行模拟评价，取得了较为理想的效果，为我国绿色施工的发展走出了重要一步。2013 年，李美云在绿色施工评价指标体系的基础上，结合可拓集合和关联函数建立了可拓学绿色施工评价模型，通过对实际工程的绿色施工水平进行评价证实了方法的可行性。2015 年，卢颖、谢红涛等人结合区间数和联系数理论，建立针对地铁施工方案的绿色施工评价模型，对各个施工方案的绿色施工水平进行评价排序，并通过实例验证模型的适用性。

从研究文献来看，目前国内鲜有针对绿色施工在线监测技术的归纳、总结和创新的研究。对于绿色施工的评价研究更多的仍是从"定性"的角度出发进行，无法做到"定量"监测和评价，使绿色施工评价仍处于"混沌"阶段。因此，本技术从绿色施工量化的角度出发，选取合适的指标进行量化，然后采用改进的绿色施工评价体系对实际工程施工的绿色度进行评价，具有重要意义。

7.6.2 技术内容

1. 基本原理

绿色施工在线监测技术及量化评价是围绕绿色施工"四节一环保"核心评价体系，通过在施工现场安装智能仪表并借助通信设备和计算机软件技术，随时随地以数字化的方式对绿色施工诸如能耗、水耗、施工噪音、施工扬尘、大型施工设备安全运行状况等各项指标数据统计分析汇总，然后根据相关的标准和规范，对该施工过程的绿色度进行评价，目标在于用得到的数据评价绿色施工的程度，再根据评价结果对绿色施工方案和绿色施工技术进行改进、优化，降低对周围环境的影响。

2. 主要技术内容

绿色施工在线监测及量化评价以传感器为监测基础，利用无线数据传输技术为通信手段，分为现场监测子系统、数据中心和数据分析处理子系统，现场监测子系统由分布在各个监测点的智能传感器和 HCC 可编程通讯处理器组成监测节点，利用通信运营公司覆盖广泛的 GPRS 无线通信方式进行数据的转发和传输，达到实时监测施工用电、用水、施工产生的噪音和粉尘、风速风向等数据。数据中心负责接收数据和初步的处理、存储，数据分析处理子系统则将初步处理的数据进行量化评价并依据授权发布处理数据，目标在于用采取得到的数据评价绿色施工的程度，再根据评价结果对绿色施工方案和绿色施工技术进行改进、优化，降低对周围环境的影响。

监测内容框架如图 7.6-1 所示：

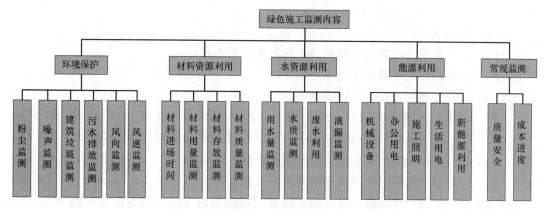

图 7.6-1 绿色施工在线监测对象内容框架

现阶段我们评价绿色施工主要通过该工程是否实现了绿色施工的目标，而这个绿色施工目标又分为定性的目标和定量的目标，其中定量的目标就是绿色施工量化评价指标。

3. 技术特点

（1）科学性与实践性相结合

在选择评价指标的时候，要充分体现绿色施工"四节一环保"的基本思想，评价指标体系不能过于繁多而产生重叠交叉，也不能过少而导致指标信息不能包含全部评价内容，影响评价结果。

（2）动态性

绿色施工评价是一个动态的过程，评价指标体系的内容应根据工程、时间和地点的不同，采取相应的权重系数和评分标准。评价体系要随着绿色施工标准的更新，而对内容进行修改，做到与时俱进。

（3）客观性与全面性

绿色施工的评价，必须保证客观公正，实事求是。必须针对整个施工过程，对工程项目从土石方、基础、主体到装饰装修的各个阶段进行全面系统的分析和评价。

（4）可操作性

选取的指标要具备可比性，减少人主观因素的影响，采用统一标准，确保评价结果真实可信。

7.6.3 技术指标

节材、节能、节水、节地与污染控制是影响绿色施工的重要影响因素，采取合理、系统的方法对建筑施工的资源和环境负荷进行量化，计算得到理论值，然后采取可靠的方法对现场进行实测，并进行对比分析，为绿色施工量化评价奠定理论基础。

1. 施工现场电能消耗计算理论

建筑物在施工过程中消耗的电能是巨大的，而且目前我国又处于城镇化的快速发展阶段，每年都有大量的新建工程，因此必须加强对建筑施工电耗的研究，提出相关的节电措施。

施工现场用能主要包括工程机械设备用电和现场照明两个方面，其设计用电量常采用下式进行计算。

$$P_u = 1.1 \times (k_1 \Sigma P_c + k_2 \Sigma P_a + k_3 \Sigma P_b) \tag{7.6-1}$$

式中　P_u——施工现场用电量设计值（kW）；

　　　1.1——用电的不均匀系数；

　　　ΣP_c——施工现场所有用电机械设备的额定功率之和；

　　　ΣP_a——室内照明设备额定功率之和；

　　　ΣP_b——室外照明设备额定功率值和；

　　　k_1——施工机械设备同时使用的调整系数，当运行设备数 10 台以内，取 $k_1 = 0.75$，在 $10\sim30$ 台，取 $k_1 = 0.7$，超过 30 台，取 $k_1 = 0.6$；

　　　k_2——打开所有室内照明设备时的调整系数，取 0.8；

　　　k_3——打开所有室外照明设备时的调整系数，取 1。

根据施工经验和现场调查，发现施工用电设备的用电量约占用电量总量的 90%，施工现场照明约占电量总量的 10%，所以式（7.6-1）可以简化为：

$$P_u = 1.1 \times (k_1 \Sigma P_c + 0.1 P_u) = 1.24 k_1 \Sigma P_c \tag{7.6-2}$$

2. 施工现场水资源消耗计算

施工现场的用水项目一般包括 3 个方面：施工用水、生活用水和消防用水。

施工用水一般是使用市政供水，即自来水。主要包括：混凝土以及水泥砂浆的搅拌、混凝土泵送管道的清洗、混凝土浇筑的养护、砌体材料和模板的浸润，施工运输车辆的清洗、施工现场降尘处理以及消防用水等。

生活用水主要是用在施工现场人员的饮用水、盥洗、冲厕等方面，生活用水对水质要求较高，一般只采用市政供水。

施工现场耗水量计算：

（1）施工用水量的计算

$$q_1 = k_1 \Sigma \frac{Q_1 \times N_1 \times k_2}{T_1 \times t \times 8 \times 3600} + 16 \tag{7.6-3}$$

式中　k_1——施工机动用水系数，取 1.15；

　　　Q_1——计划完成的工程量，按混凝土养护及砌砖工程取 $200\text{m}^3/$台班；冲洗模板取 $425\text{m}^2/$台班，抹灰取 $250\text{m}^2/$台班；

　　　N_t——施工用水定额，取砖砌工程为 $200\text{L}/\text{m}^3$，混凝土养护 $300\text{L}/\text{m}^3$；冲洗模板为 $12\text{L}/\text{m}^3$，抹灰取 $30\text{L}/\text{m}^3$；

　　　k_2——用水调节系数，取 1.5；

　　　T_1——作业天数，取 1 天；

　　　t——台班数，2 台班/天；

　　　16——按照施工的经验，施工现场降尘用水量，单位是 m^3/d。

（2）生活用水量计算

$$q_2 = \frac{P \times N_2 \times N_3}{t \times 8 \times 3600} \tag{7.6-4}$$

式中　P——施工现场人数的峰值，按施工现场实际人数；

N_2——生活用水定额，取 60L/(人・d)；

N_3——用水调节系数，取 1.5；

t——台班数，2 台班/d。

3. 绿色施工单项量化评价指标体系

绿色施工单项量化评价指标体系见表 7.6-1～表 7.6-5。

环境保护的量化指标体系　　　　　　　　　　表 7.6-1

主要指标	目标值	参考的目标数据来源	实际值
建筑垃圾	产量小于…t，回收利用率达到…%，有毒有害废物分类率达到…%	《绿色施工导则》；《建筑工程绿色施工评价标准》GB/T 50640	
噪声监测	昼间≤…dB 夜间≤…dB	《建筑施工场界环境噪声排放标准》GB 12523	
污水排放监测	pH 值达到…	《污水综合排放标准》GB 8978	
粉尘扬尘高度控制	扬尘高度基础施工≤…m，结构施工、安装装饰装修≤…m；场界四周隔档高度位置测得大气总悬浮颗粒物（TSP）月平均浓度与城市背景值的差值≤…mg/m³	《绿色施工导则》	
风向监测	—	参考类似工程	
风速监测	风速≤…m/s		

节材与材料资源利用率指标体系　　　　　　　表 7.6-2

	主要指标	预算值	目标值	目标指标	参考的目标数据来源	实际值
材料用量监测	钢材用量	损耗…t	损耗…t	材料损耗率比定额损耗率降低…	《绿色施工导则》	
	混凝土用量	损耗…m³	损耗…m³			
	木材用量	损耗…m³	损耗…m³			
	模板用量	平均周转次数为…次	平均周转次数为…次	一般比预算增加一次周转次数	参考类似工程	
	工具式定型模板	—	使用面积占模板工程总面积的…%	使用面积占模板工程总面积不小于…	《绿色建筑评价标准》GB/T 50378—2014	
	围挡等周转设备（料）	—	重复使用率…%	重复使用率≥…	《绿色施工导则》	
	其他主要建筑材料	损耗…	损耗…	材料损耗率比定额损耗率降低…	《绿色施工导则》	
	建筑材料包装物	—	回收率…%	回收率…	《建筑工程绿色施工评价标准》GB/T 50640	
	商品混凝土用量	—	使用率…%	使用率…	参考类似工程	
	预拌砂浆用量	—	使用率…%	使用率≥…	参考类似工程	

续表

主要指标	预算值	目标值	目标指标	参考的目标数据来源	实际值
材料进场时间	提前…d	提前…d	材料的积压率	《绿色建筑评价标准》GB/T 50378—2014	
材料存放监测	存放…d	存放…d	—	参考类似工程	
材料质量监测	—	—	—	《绿色建筑评价标准》GB/T 50378—2014、《绿色施工导则》	

节水与水资源利用指标体系   表 7.6-3

主要指标	目标值	参考的目标数据来源	实际值
用水量监测	…m³	参考类似工程	
水质监测	水质等级…	《建筑工程绿色施工评价标准》GB/T 50640	
废水利用	…m³	《绿色施工导则》	
滴漏监测	…m³		

节能与能源利用指标体系   表 7.6-4

主要指标	目标值	参考的目标数据来源	实际值
机械设备用电量	…kW·h	参考类似工程	
办公用电量	…kW·h		
施工照明	…kW·h		
新能源利用	省电…kW·h	《建筑工程绿色施工评价标准》GB/T 50640、《绿色施工导则》	
生活用电	…kW·h	参考类似工程	

常规监测   表 7.6-5

主要指标	目标值	参考的目标数据来源	实际值
质量安全	质量安全事故率…	参考类似工程	
成本进度	效益率…		

4. 施工现场在线监测技术技术措施

（1）水电能耗施工在线监测技术措施

选择合适的测量仪器是减小误差，提高测定数据精确度的首要任务。考虑到仪器的精度和价格，选择合适的水电能耗远程监测系统。水电监测系统以传感技术和 3G 无线传输技术为核心，实时测定施工区、生活区及塔吊等大型施工机械的水电消耗量，并将数据进行传输存储。该监测系统主要由监测中心、通信网络和现场监测设备三部分组成，系统结构示意图如图 7.6-2 所示。

① 监测中心

监测中心设置在室内办公室，主要负责管理所有计量点的数据监测。中心的主要配置

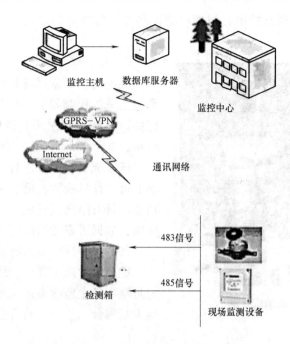

图 7.6-2   水电远程监测系统结构示意图

是数据库服务器、监控软件和 WEB 数据发布等。由于要实现现场数据准备、实时地传送到服务器上，必须保证服务器 24 小时在线，并打开监控软件。现场物资监控画面如图 7.6-3 所示。

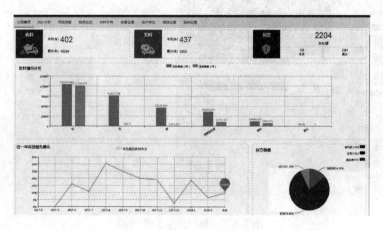

图 7.6-3   现场物资监控画面

② 通信网络

本次监测采用数据无线传输，选择中国移动公司提供的 GPRS 网络，实现了实时在线、覆盖面广、使用方便等优点。

为了实现数据的定点传输，需要先申请固定 IP 专线。然后为分站监测点使用的每一张 SIM 卡分配一个 IP 地址，设置好参数。系统中心和每个监测终端内置的 GPRS 数据通信模块进行通讯，实现监控中心与现场测控终端的数据双向通信，且数据传输都在专线内，数据安全有保障。

③ 场监测设备

现场的主要监测设备是监测箱，监测箱内部包括采集控制器、GPRS传输模块、电表等配件，此外还有水表、液位计等，如图7.6-4所示。

该系统实现了数据自动采集、报警信息主动上报、计量装置监测、统计分析四个方面的功能，具有组网运营成本低、实时监测、计量准确、数据可靠适用范围广等优点。

（2）噪声扬尘施工现场在线监测技术措施

噪声扬尘施工现场在线监测系统较为常用的是噪声扬尘监测系统。该系统将噪声监测和扬尘监测合二为一，符合监测的精度和其他方面的要求。

图 7.6-4   现场监测箱

噪声扬尘监测系统主要包括噪声、扬尘监测终端，通信网络和中心处理器。其中噪声、扬尘监测终端，如图7.6-5所示。它对各个监测点的噪声扬尘值进行实时采集，并采用无线传输的方式，及时将采集到的数据传输回数据处理中心进行处理。

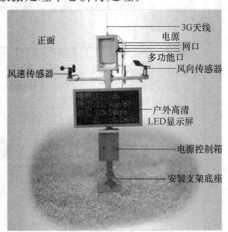

图 7.6-5   噪声扬尘监测终端

通过安装在中心处理器上的管理软件，可以得到监测点噪声扬尘的实时数据，并进行处理分析，不仅可以得到瞬时曲线，还可以得到平均值统计、动态分析、统计分布等任何所需图表。

5. 绿色施工量化评价方法

绿色施工量化评价的目的在于用检测数据评价工程的绿色程度，再根据评价结果对绿色施工方案和绿色施工技术进行改进、优化，降低对周围环境的影响，实现绿色施工目标。

绿色施工量化评价采用单项指标和综合评价相结合的方法，单项指标评价主要用来判定各项指标是否符合绿色要求及绿色程度，综合评价主要用于判定整个工程的绿色程度。

　　绿色施工单项评价即在施工现场安装智能仪表并借助通信设备和计算机软件技术，随时随地以数字化的方式对环境保护、节材与资源利用、节水与水资源利用、节能与能源利用进行在线监测，并对单项监测结果进行分析，单项指标不超过设定的预警限值，及单项评价满足要求。

　　绿色施工综合评价，是在单项指标监测和评价的基础上，利用层次分析法确定单项指标的权重，充分结合《建筑工程绿色施工规范》、《建筑工程绿色施工评价标准》、《绿色建筑评价标准》、《绿色建筑技术导则》、《绿色施工导则》以及 LEED、BREEAM 等国内外先进的评价方法和指标目标数值，并参照相关工程经验，从而得到整个工程的绿色施工综合得分。根据综合得分，可对工程项目的绿色施工划分等级，评判整个工程项目的绿色程度。

7.6.4　适用范围

　　目前，绿色施工在线监测技术及量化评价结合《绿色施工导则》、《绿色施工评价标准》、《建筑工程绿色施工规范》等标准，适用于规模较大的项目，以及具有质量标准化示范、科技示范目标的工程项目。同时适用于工程施工全过程，降低了建筑工地施工噪声和扬尘的排放水平，改善了建筑工地和附近的环境质量，并督促企业和项目不断改善建筑施工脏、乱、差、闹的形象，为企业树立良好的社会形象，保证工程建设各项工作的顺利进行，在绿色施工评价、安全文明生产等各方面产生良好的效果。也将会对推动建筑业绿色施工的发展和节能减排起到科技引领和促进作用。

7.6.5　工程案例

　　绿色施工在线监测技术及量化评价系统已经在绍兴东方山水国际商务休闲中心等项目中进行了应用，该项目位于浙江省绍兴市。从系统监测结果和量化评价指标如表 7.6-6～表 7.6-9 所示：

环境保护在线监测结果

表 7.6-6

主要指标	实际值	参考数据	是否达标
建筑垃圾	产量小于 4725t，回收利用率达到 68.5%，有毒有害废物分类率达到 100%	①住宅建筑每万平方米建筑垃圾不宜超过 400t；②再回收利用率达到 30%；③建筑物拆除产生的废弃物回收再利用率大于 40%；④碎石类、土石方类建筑垃圾再利用率大于 50%；⑤有毒有害废物分类率达到 100%	是
噪声监测	昼间≤65dB 夜间≤45dB	昼间≤70dB 夜间≤55dB	是
污水排放监测	pH 值达到 7.3	pH 值达到 6～9	是
粉尘扬尘高度控制	结构施工扬尘高度≤0.4m，基础施工扬尘高度≤1.3m	结构施工扬尘高度≤0.5m，基础施工扬尘高度≤1.5m	是
风向监测	—	参考类似工程	是
风速监测	≤六级		是

材料资源利用在线监测结果　　　　　　　　　表 7.6-7

主要指标		预算值	目标值	目标指标	实际值
材料用量监测	钢材用量	损耗 575.4t	损耗 172.62t	材料损耗率比定额损耗率降低 30%	95t
	混凝土用量	损耗 935.3m³	损耗 280.59m³		516m³
	木材用量	损耗 25.37m³	损耗 7.611m³	一般比预算增加一次周转次数	11.6m³
	模板用量	平均周转次数为 7 次	平均周转次数为 8 次		8 次
	材料进场时间	提前 7d	提前 7d	—	7d
	材料存放监测	存放 60d	存放 75d	—	
	材料质量监测	—	—	—	

水资源利用在线监测结果　　　　　　　　　表 7.6-8

主要指标	目标值	参考的目标数据	实际值
用水量监测	4144898m³	≤7m³/万元产值	4012985m³
水质监测	6<pH≤9	6<pH≤9	7.3
废水利用	25632m³	≤3.5m³/万元产值	36224m³
滴漏监测	6645m³	≤0.5m³/万元产值	3452m³

电力资源利用在线监测结果　　　　　　　　　表 7.6-9

主要指标	目标值	参考的目标数据来源	实际值
机械设备用电量	4724600kW·h	≤80kW·h/万元产值	2739038kW·h
办公用电量	512684kW·h	参考类似工程	298854kW·h
施工照明	4211916kW·h	≤78kW·h/万元产值	2440184kW·h
新能源利用	省电 36542kW·h	暂无参考数据，鼓励使用，不作量的要求	42632kW·h
生活用电	91000kW·h	参考类似工程	161288kW·h

参 考 文 献

[1] 肖绪文，冯大阔. 建筑工程绿色施工现状分析及推进建议 [J]. 施工技术，2013.

[2] 王宝申，杨健康，朱晓峰等. 绿色施工中存在的问题及对策 [J]. 施工技术，2009.

[3] 住房与城乡建设部. 绿色施工导则 [J]. 施工技术，2007，36 (11).

[4] Sam Kubba. Green Design and the Construction Process [J]. Handbook ofGreen Building Design and Construction，2012：105-144.

[5] 王波，杨文奇，刘浩等. 新加坡绿色施工及文明施工评价标准 [J]. 施工技术，2011.

[6] 《建筑工程绿色施工评价标准》GB/T 50640—2010 [S]. 北京：中国计划出版社，2011.

[7] 《建筑工程绿色施工规范》GB/T 50905—2014 [S]. 北京：中国建筑工业出版社，2014.

7.7　工具式定型化临时设施技术

7.7.1　发展概述

20世纪90年代以前，现场临时设施多为砖、石棉瓦、混凝土等材料制作；这些临时设施不但浪费资源，而且容易产生建筑垃圾，污染环境。近10多年来，为适应我国绿色、低碳经济发展新形势，建筑企业逐渐采用工具式定型化临时设施。如在建筑领域应用十分广泛的箱式房（也称为"组合箱式房"或"集装箱式房"），见图7.7-1和表7.7-1，房屋为整体结构，内有框架，墙体为彩钢复合板，可整体迁移，使用寿命达20年以上。工具式定型化临时设施的应用不仅能使施工项目运转得更安全、更便捷、更环保，同时，也将为建筑企业节省不必要的开支，实现安全、效益双赢。

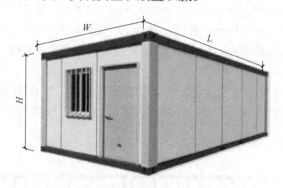

图7.7-1　标准化箱式房几何尺寸

箱式房几何尺寸（建议尺寸）　　　　　　　　　　　　表7.7-1

项　　目		几何尺寸(单位:mm)	
		型式一	型式二
箱体	外	$L6055×W2435×H2896$	$L6055×W2990×H2896$
	内	$L5840×W2225×H2540$	$L5840×W2780×H2540$
窗		$H≥110$ $W650×H1100×/W1500×H1100$	
门		$H≥2000$ $W≥850$	
框架梁高	顶	$H≥180$(钢板厚度≥4)	
	底	$H≥140$(钢板厚度≥4)	

7.7.2　技术内容

工具式定型化临时设施包括标准化箱式房、定型化临边洞口防护、加工棚，构件化PVC绿色围墙、预制装配式马道、可重复使用临时道路板等。

1. 标准化箱式施工现场用房

标准化箱式施工现场用房包括办公室用房，会议室、接待室、资料室、活动室、阅读室、卫生间等。标准化箱式附属用房包括食堂、门卫房、设备房、试验用房等。按照标准尺寸和符合要求的材质制作和使用。

2. 定型化临边洞口防护、加工棚

定型化、可周转的基坑、楼层临边防护、水平洞口防护，可选用网片式、格栅式或组装式。

当水平洞口短边尺寸大于 1500mm 时，洞口四周应搭设不低于 1200mm 防护，下口设置踢脚线并张挂水平安全网，防护方式可选用网片式、格栅式或组装式，防护距离洞口边不小于 200mm。

楼梯扶手栏杆采用工具式短钢管接头，立杆采用膨胀螺栓与结构固定，内插钢管栏杆，使用结束后可拆卸周转重复使用。

可周转定型化加工棚基础尺寸采用 C30 混凝土浇筑，预埋 400mm×400mm×12mm 钢板，钢板下部焊接直径 20mm 钢筋，并塞焊 8 个 M18 螺栓固定立柱。立柱采用 200mm×200mm 型钢，立杆上部焊接 500mm×200mm×10mm 的钢板，以 M12 的螺栓连接桁架主梁，下部焊接 400mm×400mm×10mm 钢板。斜撑为 100mm×50mm 方钢，斜撑的两端焊接 150mm×200mm×10mm 的钢板，以 M12 的螺栓连接桁架主梁和立柱。

（1）基坑、楼层临边防护栏

临边防护栏安装在混凝土地表面，并用膨胀螺栓固定。当作为基坑防护时，护栏内侧现浇混凝土挡水梁（高 150mm，宽 150mm、C20 混凝土）。见图 7.7-2。

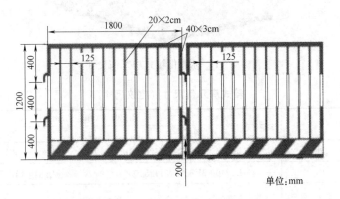

图 7.7-2　临边防护栏安装示意图

（2）水平洞口防护

当水平洞口短边尺寸＞1500mm 时，洞口四周应搭设不低于 1200mm 防护，下口设置踢脚板并张挂水平安全网，防护方式可选用网片式、格栅式或组装式，防护距离洞口边≥200mm（图 7.7-3）。

（3）楼梯临边防护

楼梯扶手栏杆采用工具式短钢管接头，立杆采用膨胀螺栓与结构固定，内插钢管栏杆，使用结束后可拆卸周转重复使用（图 7.7-4）。

（4）可周转定型化加工棚

基础尺寸为 1000×1000×700mm，采用 C30 混凝土浇筑；预埋 400mm×400mm×12mm 钢板，钢板下部焊接直径 20mm 钢筋，并塞焊 8 个 M18 螺栓固定立柱。立柱采用 200mm×200mm 型钢，立杆上部焊接 500mm×200mm×10mm 的钢板，以 M12 的螺栓连接桁架主梁，下部焊接 400mm×400mm×10mm 钢板。斜撑为 100mm×50mm 方钢，斜撑的两端焊接 150mm×200 mm×10mm 的钢板，以 M12 的螺栓连接桁架主梁和立柱见图 7.7-5。

图 7.7-3 水平洞口防护安装图

图 7.7-4 楼梯临边防护图

3. 构件化 PVC 绿色围墙

基础采用现浇混凝土，支架采用轻型薄壁钢型材，墙体采用工厂化生产的 PVC 扣板，现场采用装配式施工方法。见图 7.7-6。

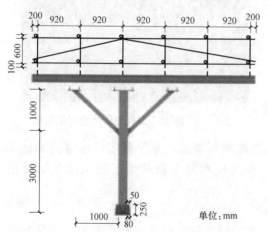

图 7.7-5 可周转定型化加工棚

图 7.7-6 构件化 PVC 绿色围墙

构件化 PVC 绿色环保围墙是通过原材料材质选择、构件化设计、安装拆除工艺来实现工厂化生产、方便快捷施工、绿色环保，以达到良好的经济效益。

基础采用小型混凝土独立基础，和普通围墙所采用的条形基础相比，不但节省大量材料，而且节省大量机械和人工。

支架采用工厂化生产，采用轻型薄壁钢型材焊接而成，在满足使用要求的情况下，既节约了材料又使构件更趋于轻便化。

4. 预制装配式马道

立杆采用 ϕ159mm×5.0mm 钢管，立杆连接采用法兰连接，立杆预埋件采用同型号带法兰钢管，锚固入筏板混凝土深度 500mm，外露长度 500mm。立杆除埋入筏板的埋件部分，上层区域杆件在马道整体拆除时均可回收。马道楼梯梯段侧向主龙骨采用 16a 号热轧槽钢，梯段长度根据地下室楼层高度确定，每主体结构层高度内两跑楼梯，并保证楼板所在平面的休息平台高于楼板 200mm。踏步、休息平台、安全通道顶棚覆盖采用 3mm 花纹钢板，踏步宽 250mm，高 200mm，楼梯扶手立杆采用 30mm×30mm×3mm 方钢管（与梯段主龙骨螺栓连接），扶手采用 50mm×50mm×3mm 方钢管，扶手高度 1200mm，梯段与休息平台固定采用螺栓连接，梯段与休息平台随主体结构完成逐步拆除。

5. 装配式临时道路

装配式临时道路可采用预制混凝土道路板、装配式钢板、新型材料等，具有施工操作简单，占用场地少，便于拆装、移位，可重复利用，能降低施工成本，减少能源消耗和废弃物排放等优点。应根据临时道路的承载力和使用面积等因素确定尺寸。

装配式混凝土路面由混凝土预制板块、辅助沙层、嵌缝水泥砂浆组成，尺寸可根据施工荷载和现场条件制作成多种规格。施工时可选择场地一次制作成型，或者制作完成后吊装至指定位置。施工结束后进行回收，并再次周转使用。见图 7.7-7 和图 7.7-8。

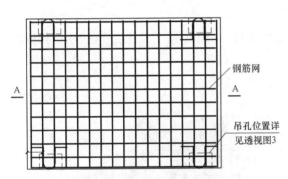

图 7.7-7 混凝土道路铺装块设计平面图

图 7.7-8 装配式混凝土硬化道路铺装图

装配式钢板临时道路布置与原有或永久道路兼顾考虑，充分利用拟建道路为施工服务（图 7.7-9）。施工结束后，移除钢板，直接在水泥石粉基层上施工永久道路的面层。

7.7.3 技术指标

临时设施应工具化、定型化、标准化，具有装拆方便，可重复利用和安全可靠的性能；防护栏杆体系、防护棚经检测防护有效，符合设计安全要求。预制混凝土道路板适用于建设工程临时道路地基弹性模量≥40MPa，承受载重≤40t 施工运输车辆或单个轮压≤7t 的施工运输车辆路基上铺设使用；其他材质的装配式临时道路的承载力应符合设计要求。

7.7.4 适用范围

工业与民用建筑、市政工程等。

7.7.5 工程案例

北京新机场停车楼及综合服务楼、丽泽 SOHO、同仁医院（亦庄）、沈阳裕景二期、大连瑞恒二期、大连中和才华、沈阳盛京银行二标段、北京市昌平区神华技术创新基地、北京亚信联创全球总部研发中心。

图 7.7-9 装配式钢板临时路面

1. 工程案例 1-沈阳裕景二期

沈阳·裕景中心项目位于沈阳市繁华地段，现场对文明施工要求较高，故根据现场情况，采用定型化加工棚，截面尺寸为 6000mm×12000mm，18 号工字钢作为立柱，12 号槽钢为斜撑，12 号槽钢为主龙骨，40mm×40mm×3mm 方管作为次龙骨，加工棚上部满铺木跳板，加工棚下部布置槽钢，槽钢上部铺设钢跳板。见图 7.7-10。

基坑临边防护采用工具式防护，高 1200mm，与基坑边坡的安装距离不小于 500mm，防护外侧设置 200mm 高踢脚板，防护栏杆和踢脚板刷蓝白相间安全警戒色。防护栏杆混凝土采用 C25 混凝土。见图 7.7-11。

2. 工程案例 2-沈阳盛京银行二标段项目

盛京金融广场项目位于辽宁省沈阳市和平区，总建筑面积 57.1 万 m²。临建办公室采用岩棉式箱式板房，在成本、运输、现场安装便捷性、安装速度及可移动的灵活性方面具有不可替代的优势。见图 7.7-12。

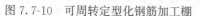

图 7.7-10 可周转定型化钢筋加工棚　　　　图 7.7-11 可周转工具式临边防护

3. 工程案例 3-邯郸环球中心项目

邯郸环球中心项目由于地下室剪力墙距基坑边侧混凝土护壁桩仅 1.4m，无法满足马道施工及使用要求，故将下基坑马道设置在主体内靠近剪力墙一侧。现场南侧设计采用可周转成品马道，立杆采用 $\phi159\times5.0$ 钢管，立杆连接采用法兰连接，立杆预埋件采用同型号带法兰钢管，锚固入筏板混凝土深度 500mm，外露长度 500mm（图 7.7-13）。工程结束后可整体拆除再周转使用。

图 7.7-12 标准化箱式施工现场用房

图 7.7-13 定型化马道

参 考 文 献

［1］ 张雁，马先明，汪仲琦. 超大面积工业厂房整浇混凝土地面施工技术［J］. 施工技术，2014.

［2］ 赵原，周星宇. 创建标准化安全防护设施［J］. 劳动保护，2014.

7.8 垃圾管道垂直运输技术

7.8.1 发展概述

建筑垃圾的垂直运输工作一直是施工过程中的重点，发达国家对建筑垃圾垂直运输技术的研究比我国早，如芬兰等发达国家已有先进的垃圾管道垂直运输技术。

近 5 年来，建筑垃圾管道垂直运输技术在我国得到发展和应用，在一定程度上解决了垃圾垂直运输带来的污染与噪声问题，对于保障工程施工人员及周边人民良好的生活环境，促进社会和谐有重要的实际意义。

7.8.2 技术内容

垃圾管道垂直运输技术是指在建筑物内部或外墙外部设置封闭的大直径管道，将楼层内的建筑垃圾沿着管道靠重力自由下落，通过减速门对垃圾进行减速，最后落入专用垃圾箱内进行处理。

（1）垃圾运输管道主要由楼层垃圾入口、主管道、减速门、垃圾出口、专用垃圾箱、管道与结构连接件等主要构件组成，可以将该管道直接固定到施工建筑的梁、柱、墙体等主要构件上，安装灵活，可多次周转使用。

（2）主管道采用圆筒式标准管道层，管道直径控制在 500～1000mm 范围内，每个标准管道层分上下两层，每层 1.8m，管道高度可在 1.8～3.6m 之间进行调节，标准层上下两层之间用螺栓进行连接。楼层入口可根据管道距离楼层的距离设置转动的挡板；管道入口内设置一个可以自由转动的挡板，防止粉尘在各层入口处飞出。

（3）管道与墙体连接件设置半圆轨道，能在 180°平面内自由调节，使管道上升后，连接件仍能与梁柱等构件相连；减速门采用弹簧板，上覆橡胶垫，根据自锁原理设置弹簧板的初始角度为 45°，每隔 3 层设置一处，来降低垃圾下落速度；管道出口处设置一个带弹簧的挡板；垃圾管道出口处设置专用集装箱式垃圾箱进行垃圾回收，并设置防尘隔离棚。垃圾运输管道楼层垃圾入口、垃圾出口及专用垃圾箱设置自动喷洒降尘系统。

（4）建筑碎料（凿除、抹灰等产生的旧混凝土、砂浆等矿物材料及施工垃圾）单件粒径尺寸不宜超过 100mm，重量不宜超过 2kg；木材、纸质、金属和其他塑料包装废料严禁通过垃圾垂直运输通道运输。

（5）扬尘控制，通过在管道入口内设置一个可以自由转动的挡板，垃圾运输管道楼层垃圾入口、垃圾出口及专用垃圾箱设置自动喷洒降尘系统。

7.8.3 技术指标

垃圾管道垂直运输技术符合《建筑工程绿色施工规范》GB/T 50905、《建筑工程绿色施工评价标准》GB/T 50604 和《建筑施工现场环境与卫生标准》JGJ 146 的标准要求。

垃圾管道垂直运输技术符合《建筑工程绿色施工规范》GB/T50905 的标准要求。

7.8.4 工程案例

天津周大福金融中心、成都银泰广场、天津恒隆广场、天津鲁能绿荫里项目、通州中医院项目等。

1. 工程案例 1-天津周大福金融中心

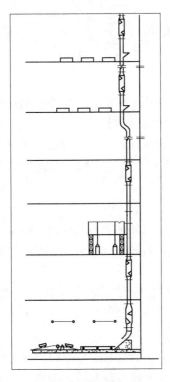

图 7.8-1　建筑垃圾管道
立面示意图

天津周大福金融中心工程位于天津市经济开发区，总建筑面积 39 万 m^2，地下 4 层，地上 100 层，建筑总高度 530m；涵盖餐饮商业、办公、公寓、酒店等众多业态，工程建筑体量大，建筑垃圾按照 400t/万 m^2 产生量估算，约 1.56 万 t，包括混凝土块、碎砌块、砂浆、废旧模板、木方及精装修废弃物，种类繁多。针对超高层建筑施工中建筑垃圾的运输处理难题，工程采用垃圾管道垂直运输技术，分类运输建筑垃圾，实现有序有效的垃圾垂直运输（图 7.8-1）。

（1）整体分离式运输设计

周大福金融中心超高层分离式建筑垃圾运输系统采用模块化超高小口径过滤式垃圾管道与基于施工电梯的装配式组合垃圾运输箱的综合运输方式。

① 模块化超高小口径过滤式垃圾管道设计

垃圾管道在每个施工楼层设置倾倒口，并设置过滤网，过滤网孔径为 10cm，并在过滤网外侧设置可抽插底板，同时将不能通过过滤网的则下落至可移动式垃圾车内集中收集（图 7.8-2）。

② 基于施工电梯的装配式组合垃圾运输箱

工程施工中在硬质建筑垃圾粒径在 10cm 以外及软质建筑垃圾均采用装配式组合垃圾运输箱，每个施工楼层设置一个垃圾运输箱，箱体内部分 3 格设置，楼层内的建筑垃圾分类放置到箱体内。利用小

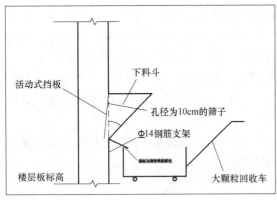

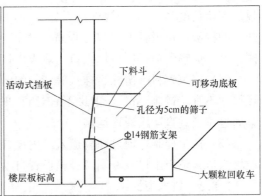

图 7.8-2　垃圾管道过滤式下料口工作示意图

型叉车将箱体，通过施工电梯运输，运输箱尺寸为 1500mm×1500mm×700mm，可竖向叠放三层，减少对施工电梯的占用空间。垃圾运输箱底板、侧壁及盖板均由 3mm 厚钢板焊接而成，且垃圾箱体内部设置分割段，每隔 500mm 左右设置隔断，隔断同样采用 3mm 厚钢板。垃圾箱底板底部设置钢支撑，采用高 100mm、厚 5mm 的钢板。见图 7.8-3。

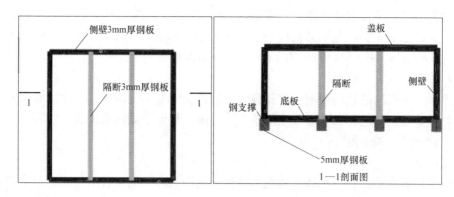

图 7.8-3 垃圾运输箱平面及剖面图

（2）应用照片

建筑垃圾运输系统高度同结构总体高度（175m，220m），管道为 $DN300$ 钢质管道，厚度 7mm，地上每 3 层设置一个消能弯，地下每两层设置一个消能弯，管道底部设置固液分离网，液体进入集水坑，每层下料口详见图 7.8-4，管道底部固液分离网详见图 7.8-5。

图 7.8-4 下料口实景

图 7.8-5 固液分离网实景

（3）实施效果

施工过程中将建筑垃圾、混凝土、砂浆等余料通过楼层下料口倾倒至运输管道内，通过运输管道、消能弯缓冲后，运输至收集中心，自动固液分类，通过简单的人工木、塑、固体垃圾分类，固体建筑通过传送带运输至破碎机进行破碎，经过筛分，粗骨料用以地下室找坡层回填工作，细骨料经过设计配置配合比进行砌体材料、现浇保温内隔墙材料、预制构件的制备。施工结束后进行系统管道、设备回收周转使用。

垃圾管道垂直运输技术不仅解决了本工程建筑垃圾垂直运输噪声大、扬尘严重等缺陷，还将建筑垃圾回收再利用，取得了良好的经济效益及社会效益。

2. 工程案例 2-天津恒隆广场工程

天津恒隆广场工程地处天津市长春道西、哈密道东、兴安路南，位于商业中心。本工程地上 6 层，地下 3 层，建筑总高度为 44.8m，总建筑面积为 259560m²，其中地上部分面积为 126729m²，地下部分面积为 132831m²。结构形式为框架剪力墙结构。

（1）管道化垂直运输系统

设置于上下贯通的结构楼板预留孔洞处，建筑施工基本完成后，拆除垃圾通道后再修补孔洞。该装置主要包括：管道及支撑系统；封闭垃圾池及减振系统。

（2）管道及支撑系统

① 预留洞口

为便于垃圾清运，且不触碰结构梁部位预留结构洞口，结合管道尺寸，预留洞大小为 800mm×800mm。见图 7.8-6。

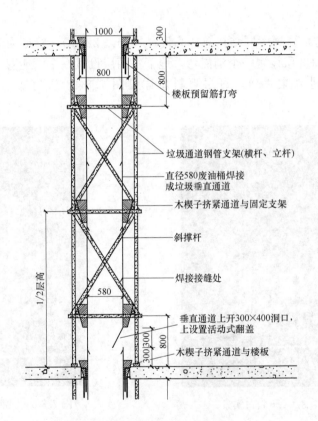

图 7.8-6　管道及支撑系统

② 管道选择及连接

垃圾运输管道系统的材料选用直径为 580mm 的废油桶焊接成垃圾垂直通道，洞口处钢筋截断打弯，便于管道穿过。见图 7.8-6。

③ 支撑及固定

搭设钢管支架，立杆间距为 1m，底部增设垫块；横杆沿管道四周设置，每个楼层高度内设置 3 道，分别位于距楼板上下表面 800mm 距离及 1/2 层高处并加设斜撑，支架与焊接管道之间空隙使用楔形木方挤紧固定。见图 7.8-6。

④ 喂料口

各楼层垃圾倾倒口设置于距楼板上表面 600mm 高度处，在垂直通道一侧开 300mm×400mm 洞口，上设置活动式翻盖。见图 7.8-6。

（3）封闭垃圾池及减振系统

垃圾池设计为全封闭结构，墙体采用灰砂砖砌筑，顶部为满铺 50 厚脚手板且覆盖防尘网，一侧设置 2.5m 高推拉门，垃圾池底部设计为减振系统，垃圾池及减振系统施工做法如图 7.8-7 所示。

（4）本项目管道化垂直运输装置以成品管道作为主通道，施工成本低，可以周转使用；出料口封闭垃圾池，防止扬尘污染；弹簧减震系统，抵消了垃圾下落势能，有效地防止了噪音的扩散；钢管支架固定支撑系统保证了垃圾通道的安全可靠。

管道化垂直运输装置配以严格的管理使用制度，实现了建筑垃圾及时高效的清理，大大提高了施工效率，树立了良好的文明施工形象，具有广阔的推广使用前景。

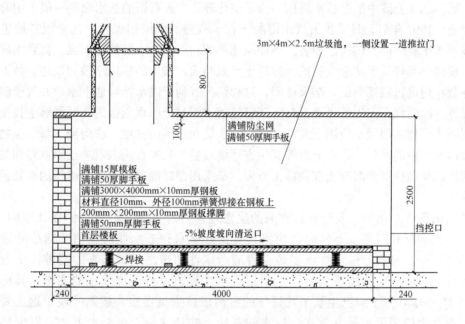

图 7.8-7　垃圾池及减振系统

参 考 文 献

[1] 赵大胜，王兴华，于金生等. 建筑施工垃圾管道化垂直运输装置的研究 [J]. 装饰装修天地，2016 (6).

7.9　透水混凝土与植生混凝土应用技术

7.9.1　透水混凝土

1. 发展概述

20 世纪 70 年代以来，美国和英国、法国等欧洲国家对透水混凝土的研究日趋活跃，并开始应用于广场、步行街、道路两侧和中央隔离带、公园内道路以及停车场等。1987年，美国的佛罗里达州、伽罗里州等地区都使用了透水混凝土，主要铺筑场所是停车场、轻车道和市中心街道。从20世纪80年代开始，美国出现了预拌透水混凝土，拌合物由搅拌站进行商业化供应。1991年，佛罗里达州成立了"波特兰水泥透水混凝土协会"，为透水混凝土的使用提供专业技术指导。近10年来，采用预拌透水混凝土拌合物和现场机械化摊铺施工越来越多。

在法国，透水混凝土已广泛应用于来路边排水和路面透水性铺装，而且60%的网球场地面都采用了透水混凝土铺装。除此之外，透水混凝土还用在护坡绿化方面，对河道两岸的生态环境起到了良好的保护作用。

20世纪70年代后期，日本为解决因抽取地下水而引起地基下沉等问题，注重开发透水混凝土铺装，对制备技术和基本性能以及施工方法进行了比较系统的研究，并且广泛应用于停车场、公园、人行道、住宅小区、高速公路的中央分隔带及路肩等处。日本五福公园和上野不忍池公园中铺有透水路面。为了美化环境，人行道的透水面层一般采用彩色透水混凝土。1997年后，日本扩大透水混凝土在承载路面的应用规模，在全国各地进行了透水混凝土承载路面的试验性铺装。例如从北部的新泻县到中部的爱知县、再到南部的宫崎县、福冈县都修筑了试验性的透水混凝土承载路面，最大的单块路段面积达到数万平方米，并数年内进行跟踪测试，结果证明，这种路面有利于雨水补给地下水，并且能够降低路面温度，减弱汽车产生的噪声。日本还将按透水混凝土原理制备的孔隙能够生长植物的大孔混凝土—植生混凝土应用于河流的堤岸、水渠和道路的护坡，和河流、海洋生物的栖息环境以及水质的净化等，充分发挥其生态环境效益。日本在透水混凝土承载路面的铺设以及河堤岸护坡的植生混凝土铺装施工方面，都采用预拌混凝土和大型机械的高效机械化摊铺施工。

在我国传统文化中，人与自然和谐的生态理念占有很重要的地位。在北京的故宫、北海、天坛和颐和园等古园林内，利用具有良好渗水和透水性的烧结砖铺装的透水性地面随处可见，路面的透水性依靠砖自身的透水性和砖之间留下来的缝隙来实现。北海公园建于590年前的团城就是一个利用透水性铺装保持环境生态的实例，其标高高于地面10多米，但上面已生长了几百年的古树依然生机盎然，枝繁叶茂。这主要是围绕树下的地面铺装采用具有渗水、透水的青砖，并且这种青砖上大下小，以倒梯形铺设，砖之间留有缝隙作为渗水通道，砖的下面用谷壳和贝壳渣和土的混合物作为垫层，具有容水能力。近10年来，我国透水混凝土的研究与应用有了较快的发展。很多大学、企业和科研院所相继开展透水混凝土的研究工作，特别是透水性铺装在全国各地已被大面积采用。施工机械也有了很大进步，但应用预拌透水混凝土和大规模机械化施工的还不多。采用透水混凝土路面铺装规模较大的工程有北京奥运工程、上海世博会建设工程、西安大明宫遗址公园建设工程、西安世界花卉博览会景观工程和烟台开发区滨海旅游区的透水混凝土铺装等。

2014年，我国实施"海绵城市"试点城市建设的系统工程，国家提出了"渗、滞、蓄、净、用、排"的总目标。作为"海绵城市"内容之一的透水混凝土铺装获得空前的发展机遇，全国各地与"海绵城市"建设相配套的大体量透水性铺装工程相继实施；透水混凝土的制备和施工技术有了很大提升；预拌透水混凝土的生产和大规模机械化施工也进入起步阶段。可以预期，随着国家"海绵城市"建设规划的实施，透水混凝土将会更多地融入我们的工作和生活环境，为建设美丽中国发挥更大作用。

2. 技术内容

（1）基本原理

透水混凝土是由一系列相连通的孔隙和混凝土实体部分骨架构成的具有透气透水性的多孔结构的混凝土，图 7.9-1 为透水混凝土的结构模型。透水混凝土由骨料（含有少量细骨料或不含细骨料）、胶结材和孔隙三部分组成，胶结材均匀包裹在骨料表面但又不完全将骨料之间的空隙填充密实，硬化后将骨料颗粒点接触胶结材在一起，形成具有一定比例贯通孔隙的多孔结构。

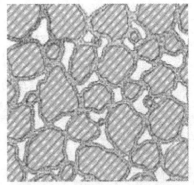

透水混凝土的孔隙率一般为 10%～25%，透水的路径是贯通的孔隙网，透水的动力来自于水的自身重力，孔隙率越大，透水的速度越快。

（2）路面结构

根据透水混凝土铺装的断面结构，其路面可分为直渗型、导向渗透型和雨水收集型 3 种结构

① 直渗型透水混凝土路面一般由以下几个部分组成：面层、结构层和基层，降水能直接渗入地下，补充地下水资源，路面结构见图 7.9-2。

图 7.9-1 透水混凝土结构模型

② 导向渗透型透水混凝土路面是把透过路面的水排到路基以外的部位后再渗到地下的铺装结构，一般由透水面层、有坡面的不透水基层组成，如图 7.9-3 所示，必要时内设排水管网导向排水。当路基为湿陷性黄土、软土、膨胀土、盐渍土，或是对既有道路进行修缮，需加铺透水面层时，多采用导向渗透型透水性铺装。

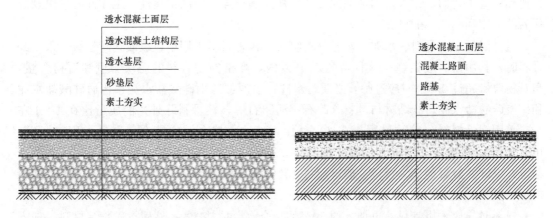

图 7.9-2 直渗型透水混凝土铺装结构示意图　　图 7.9-3 导渗型透水混凝土路面基本结构示意图

③ 雨水收集型路面是将透水混凝土路面和雨水收集利用系统集成，能够将透过路面的雨水进行净化、收集、储存和利用的透水路面系统，是"海绵城市"建设过程中重要的组成部分，与下凹式绿地等相结合，共同组成"渗、滞、蓄、净、用、排"的雨水生态管理系统，图 7.9-4 是其中结构之一。

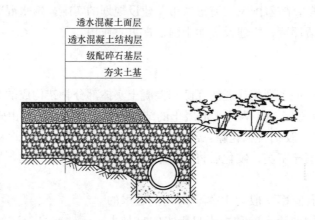

图 7.9-4   与"海绵城市"相结合的雨水收集型透水混凝土路面基本结构

透水混凝土路面各构造层的功能如表 7.9-1 所示。

透水混凝土路面各构造层功能   表 7.9-1

构造层	功　　能
透水面层	透水、耐磨、装饰、承受荷载,抵抗环境劣化作用
透水结构层	透水、储水、主要承受荷载
基层	承受荷载、透水、储水(雨水收集时,不考虑透水、储水功能)

（3）透水混凝土制备和施工

① 透水混凝土的制备

透水混凝土在满足强度要求的同时，还需要保持一定的贯通孔隙来满足透水性的要求，配合比设计一般采用体积法进行计算，在制备时除选择合适的原材料外，还要进行配合比和制备工艺的优化以及添加剂的优选，从而满足拌合物的粘聚性、工作性要求以及硬化后的强度和孔隙率的目标。

透水混凝土由骨料、水泥、水等材料组成，粗骨料多采用单粒级或间断粒级，采用细骨料时，其用量一般控制在总骨料的 10% 以内，严格控制骨料的泥块含量和石粉含量，当石粉含量超过 0.5% 时应过筛，必要时水洗；水泥可选用硅酸盐水泥、普通硅酸盐水泥和矿渣硅酸盐水泥，胶结材与骨料（碎石、河卵石等，轻骨料除外）的质量比在 1:4 左右，采用轻骨料时，胶结材用量在 $300\sim400\mathrm{kg/m^3}$；拌合水应符合《混凝土用水标准》JGJ 63-2006 的规定，水胶比一般在 0.25～0.35；掺合料可选用硅灰、粉煤灰、矿渣微细粉等，以硅灰效果最佳，掺量一般不超过 10%，粉煤灰掺量一般不超过 15%，矿渣微粉掺量一般不超过 20%。

投料时先放入粗骨料，再加入约 50% 的拌合水，搅拌 30s；然后投入胶结材料，加入剩余拌合水后搅拌 30s；再加入添加剂（外加剂、颜料等），搅拌 60s 出料。

使用河卵石作为骨料时，宜按上述工艺制备透水混凝土混合料，其工作性容易得到保证。采用碎石骨料时，可以将骨料和胶结材一同加入搅拌机，边搅拌边加水，30s 内加至 50%～70% 拌合水后，加入外加剂等，再搅拌 30s 后，随着搅拌逐渐加入剩余拌合水直至工作性合适为止。

透水混凝土拌合物应适于摊铺的工作性，浆体均匀包裹骨料，无胶结材结块现象，坍落度应控制在 10～50mm 之间，拌合物应具有一定的粘性，振动稠度值以 15s 为宜[4]。

② 透水混凝土的施工

透水混凝土的施工主要包括基层施工、模板支设、结构层和面层的铺装、切缝、养护等。

a. 基层施工

根据透水路面不同的路面结构和使用要求，透水混凝土基层分为透水基层和不透水基层。透水基层一般使用级配碎石基层、大孔混凝土基层、水泥稳定石基层等透水性较好且能承受面层传递的荷载的材料，不透水基层一般使用普通混凝土。

混合料材料用量需根据路面基层宽度、厚度及规定的压实干密度计算所得，并拌和均匀。级配碎石基层的松铺系数经验值如下：人工摊铺时为 1.40～1.50，平地机摊铺时为 1.25～1.3。可用压路机进行碾压，一般碾压 3～4 遍。透水路面对承载要求较高时，多采用大孔混凝土基层，强度等级一般不小于 15MPa，孔隙率大于 20%，松铺系数一般为1.1～1.2，一次性摊铺厚度不超过 20cm。水泥稳定石基层施工与大孔混凝土基层施工类似，只是水泥用量更少，一般为骨料的 5% 左右。

不透水基层的施工方法与普通路面基层相同，表面整型施工时，要满足规定的坡度或预留出排水槽。

b. 模板支设

透水混凝土路面模板支设高度应与道路表面齐平，并放出坡度，模板定位必须准确、牢固，接头紧密、平顺；相邻模板不应有离缝、前后接茬高低不平的现象。模板应能够在承受摊铺、振捣或碾压、整平设备冲击和振动时不发生位移。

c. 结构层施工

结构层施工工艺如图 7.9-5 所示：

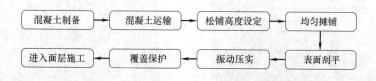

图 7.9-5 透水混凝土结构层施工工艺流程图

运输到现场的混凝土拌合物必须具有适宜摊铺的工作性，拌合物到达后应及时摊铺。摊铺高度可以根据摊铺方式、结构厚度和松铺高度系数来确定，也可以通过先期试验确定，松铺高度系数可控制在 1.08～1.15。摊铺长度为一个伸缩缝间距，不大于 6m。人工摊铺时，不宜抛洒。

分层摊铺时，根据环境温度控制和调整两层摊铺的时间间隔，且不宜超过 2h，同时做好下层混凝土的保湿养护措施，另外，一次摊铺厚度不宜超过 20cm。

d. 面层施工

透水面层和透水结构层摊铺时间间隔不宜超过 2h，且应在透水结构层混凝土初凝之前完成面层浇筑。面层施工流程如图 7.9-6 所示：

透水面层整平的方法有多种，目前路面整平多采用辊压整平法和抹光机法，施工效率

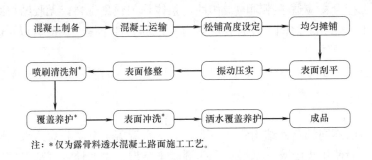

注：*仅为露骨料透水混凝土路面施工工艺。

图 7.9-6   透水混凝土面层施工工艺流程图

高，操作灵活。

辊压整平法：路面整平机械采用低频振动辊压机，由液压动力站将液压油泵送到轴承，带动辊筒旋转，在刮平混凝土的同时进行碾压，路面施工见图 7.9-7。

整平施工时，面层厚度不宜超过 100m，且应在侧模上表面铺设一道约 3mm 厚铁片（铁皮厚度根据松铺系数和面层摊铺厚度调整），辊压次数宜为 3 次，并配合人工补料。

辊压后的面层需进行人工修整压实，并设专人控制路面坡度，对于不平整处应人工压实抹平，麻面较大处应补料后抹平。摊铺过程中设有专人用喷雾器适时给钢辊喷水，始终保持钢辊表面清洁。

该设备操作方便，滚筒长度可调，适合大面积透水混凝土路面施工。

抹光机法：采用抹光机进行透水混凝土路面面层的整平抹光，如图 7.9-8 所示。

图 7.9-7   透水混凝土路面施工——辊压整平法

图 7.9-8   透水混凝土路面施工——抹光机法

采用抹光机法施工时，混凝土面层摊铺厚度不宜超过 50mm，初步整平工具可采用刮杠或其他整平机械，整平后的标高根据松铺系数和面层摊铺厚度。初步整平后即可采用抹光机沿纵横方向依次进行压实整平，整平施工段长度不宜超过 6m，压实遍数宜为 3 次，对不平整部位采用人工补料，并及时修整，确保施工面的质量。

摊铺彩色透水混凝土路面时，要注意保证施工工具的清洁，按照颜色由深及浅顺序进行摊铺，并对分隔条进行覆盖养护，避免颜色污染。对于露骨料透水混凝土面层，在表面修整后应立即在混凝土表面上均匀喷刷冲洗剂，喷刷厚度以 1～2mm 为宜，喷刷后应及时用薄膜覆盖，拌合物自出料到薄膜覆盖的时间间隔不宜超过 1h。另外，露骨料透水混凝土面层的冲洗时间应根据现场的气温和湿度情况确定,以面层表面水泥浆可冲洗干净且石子不脱落为度。冲洗时间确定后,用2~4MPa的高压水对表面进行冲洗,露骨料面层颗粒表面应无明显浆体,颗粒粘结牢固。摊铺仿石材纹理透水混凝土时,要有良好的连续性,刮平后需进行路面的修整补料,并及时覆盖,然后按照事先编好的顺序放置压印模板并夯实。

e. 切缝、填缝

透水混凝土的接缝主要包括涨缝、缩缝和施工缝。胀缝缝宽宜为18~21mm,深度应贯通透水面层和透水结构层,胀缝间距应根据设计确定。缩缝缝宽宜为3~8mm,深度至少超过透水面层厚度20mm,缩缝宜等距布置,最大间距不宜超过6m,最小间距不宜小于板宽。施工缝的设置尽量保证在缩缝或胀缝处。

缩缝按照施工方法可分为辊压缝、预留缝和后切缝三种形式,后切缝施工应在混凝土强度达到10MPa后进行,切缝后应立即进行冲洗,以免造成路面污染。

填缝所选用的材料应具有与混凝土粘结力强、回弹复原率高、适应混凝土的收缩、耐久性好、低温不脆裂、高温不流淌等特点。填缝施工前应确认缝壁及内部清洁、干燥;施工过程中应保证各接缝处填料和填缝胶饱满,厚度均匀;施工后及时养护。

f. 透水混凝土养护、维护

透水混凝土施工后采用覆盖养护,洒水保湿养护至少7d,养护期间要防止混凝土表面孔隙被泥沙污染。混凝土的日常维护包括日常的清扫、封堵孔隙的清理。清理封堵孔隙可采用风机吹扫、高压冲洗或真空清扫等方法。

3. 技术指标

透水混凝土的技术指标分为拌合物指标、硬化混凝土指标和透水混凝土路面指标。

(1) 拌合物

透水混凝土拌合物的骨胶比为3.9~4.5,水胶比为0.25~0.35,水灰比较低时,一般选用强制式搅拌机。

混合料坍落度为10~50mm,维勃稠度20~40s,初凝时间不小于2h,浆体均匀包裹骨料表面,不聚团,不流淌,有金属光泽。

(2) 硬化混凝土

透水混凝土的孔隙率一般为10%~25%,试验方法采用体积法或重量法;透水系数为1~5mm,试验方法采用定水头法或落水头法;28d干缩系数约为(180~260)$\times 10^{-6}$;强度试验依据《普通混凝土力学性能试验方法标准》规定的试验方法进行,标准尺寸试块28天抗压强度一般为10~30MPa,抗折强度0.7~4MPa,一般情况下,7d强度能达到28d强度的80%以上。对于有抗冻要求的透水混凝土,其抗冻指标不低于D100。

(3) 透水混凝土路面结构技术指标

透水面层应达到规定的平整度要求,且应具有较高的强度和耐磨性能,骨料粒径一般为5~8mm,孔隙率10%~15%;与面层相比,透水结构层的骨料粒径和孔隙率均较大,骨料粒径一般为10~15mm,孔隙率15%~25%;透水基层的厚度根据承载能力和蓄水能力进行设计,可以采用级配碎石、大孔混凝土或水泥稳定石铺设;砂垫层根据设计需要选用,厚度一般为25mm。

(4) 透水混凝土路面

透水混凝土路面技术指标包括强度、透水系数、外观质量等，见表7.9-2。对于露骨料透水混凝土路面，其主控项目还包括表面石子是否粘接牢固，可依据经验或试验自行设计检测方法。

透水混凝土路面质量允许偏差表　　　　　　表7.9-2

序号	项目	规定值或允许偏差	检验频率		检验方法
			范围	点数	
1	抗压强度	符合设计要求	每台班	1组	依据《普通混凝土力学性能试验方法标准》
2	抗折强度	符合设计要求	100m³	1组	GB/T 50081—2002
3	透水系数	符合设计要求	100m³	1组	依据《透水水泥混凝土路面技术规程》CJJ/T 135—2009
4	厚度	±5mm	20m	1	用钢尺量
5	平整度	≤5mm	20m	1	用3m直尺和塞尺连续量两尺取最大值
6	宽度	不小于设计规定	40m	1	用钢尺量
7	胀缩缝	±5mm	40m	1	用钢尺量
8	横坡	±0.3%	40m	1	用水准仪测量
9	井框与路面高差	≤3mm	每座	4	十字法用塞尺量

4. 适用范围

透水混凝土多用于市政道路、住宅小区、城市休闲广场、园林景观道路、商业广场、停车场等路面工程。

节约水资源是我国一项重大国策。自2015年国务院推出"海绵城市建设的指导意见"以来，全国各地海绵城市规划建设可谓如火如荼，透水混凝土作为透水性铺装的一种，不仅能够渗透、蓄存、净化雨水，而且能够改善生态环境，缓解城市洪涝灾害，还能够满足人类对于硬化路面的使用要求和景观效果，对于营造一个和谐的城市环境具有重要的意义，因此，透水混凝土是"海绵城市"建设工程的重要组成部分，具有非常好的应用前景。

5. 工程案例

透水混凝土已应用的典型工程包括：北京奥林匹克公园透水混凝土路面工程、上海世博园透水混凝土地面工程、西安大明宫国家遗址公园透水混凝土路面工程、郑州国际会展中心透水混凝土路面工程，迁安市"海绵城市"建设工程、烟台开发区滨海大道透水混凝土路面工程等。另外，透水混凝土还在其他"海绵城市"试点城市中得到了大规模的应用[1,4,6,7]。

从原料的角度考虑，与普通混凝土相比，透水混凝土中水泥用量较多，且需添加多种掺合料，其路面每平方米造价高于相同交通荷载条件下的普通混凝土路面，但在环境建设规划中，道路路面排水设施建设是普通混凝土路面建设的必需的组成部分，其费用应归于路面总造价之内。而对于透水混凝土道路，雨水直接通过并渗透到自然土壤层，道路无须相应的排水设施。综合分析，其每平方米建设总造价低于普通混凝土路面30~40元。此外，透水混凝土路面的渗水和蓄水性能提高了暴雨时城市的防洪能力，减免了贮水池和过滤系统的土地使用面积，提高了土地利用率，经济效益明显。

此外，透水混凝土体现出来的社会效益和生态环境效益远远大于普通混凝土。

我国水资源极其短缺，按照联合国标准，属于极度缺水地区，透水混凝土能使天然雨水渗入地下，同时也能将过剩雨水加以收集利用，不但在一定程度上防止了地面沉降，而且在多雨季节还能起到防洪抗涝的作用，既缓解了城市排水压力又有效节约利用了水资源。

透水混凝土在改善人居环境方面的贡献也很突出，它具有独特的多孔结构，能够减轻城市"热岛效应"，减轻交通噪音对人类生活的影响，消除路面眩光带来的交通安全隐患，可以为人类创造良好的声、光、热环境，使我们的生活舒适度大大提高。

因此，透水混凝土是一项环境友好型节能技术，具有非常好的经济效益和社会效益。

7.9.2 植生混凝土

1. 发展概述

日本是最早真正把多孔混凝土作为植被混凝土来研究的国家。1994 年 5 月，日本研究者在茨城县渡里地区那珂河河堤，曾进行过一次用多孔混凝土作为护岸材料的试验工程，施工面积 82m²，河堤坡度为 20%，选用的植物为肯塔基早熟禾、立文斯牛毛草和狗牙草，经过 38 个月观察：多孔混凝土上植被种子发芽良好，长势茂盛，此试验工程成功的证明了多孔混凝土适用于河川护岸、植物生长等，具有良好的发展前景。为此，1995年日本混凝土工学协会提出了生态混凝土的概念并专门设立了"生态混凝土研究委员会"，主要开展多孔植被混凝土的研究。2001 年 4 月，日本"先端建设技术中心"制定了多孔植被混凝土河川护岸工法，以推进具有生态效应的多孔植被混凝土的应用进程。

欧美发达国家在多孔植被混凝土方面，相对于日本而言，起步比较晚，目前，欧美还处于技术攻关阶段，一些应用的工程多为引进的日本技术。

"海绵城市"在美国称为低影响开发（Low Impact Development，简称 LID），要求城市在适应环境变化和应对雨水带来的自然灾害等方面具有良好的"弹性"，植被覆盖是"海绵城市"的关键技术之一，用轻骨料制备的植生混凝土可以用于屋顶绿化工程中。目前国内如深圳、重庆、成都、广州、上海、长沙、兰州、武汉等城市都在大力推行屋顶绿化，有的城市已经开发该绿化项目，如：广州东方宾馆屋顶花园、广州白天鹅宾馆的室内屋顶花园、上海华亭宾馆屋顶花园、重庆泉外楼和沙平大酒家屋顶花园等，还有些城市已把城市楼群的屋顶作为新的绿源。

多孔植生混凝土是一种新兴起的生态混凝土，能够调节生态平衡和保护水资源，可用于植被护坡、屋顶绿化、铺筑道路、公园、广场、停车场和体育场等。

2. 技术内容

植生混凝土是多孔混凝土之一，是一种植物能直接在其中生长的生态友好型混凝土，同时也是一种将植物引入到混凝土结构中的技术。这种混凝土以多孔混凝土为基本构架，内部含有一定比例和较大孔径的连通孔隙，为混凝土表面的绿色植物提供根部生长和吸取养分的空间，其基本构造主要由多孔混凝土骨架、保水填充材料、表面土等组成。植生混凝土根据用途可以分为普通植生混凝土和轻型植生混凝土，多用于护坡工程、植生屋顶等[4,8-10]。

植生混凝土的主要技术可分为植生混凝土的制备技术、内部碱环境的改造技术、植物生长基质的配制及填充技术、植被种植技术、植生喷灌系统和植生混凝土的施工技术等[4,8-10]。

（1）植生混凝土制备技术

① 配合比设计

主要从原材料的选择，配合比设计方法、制备工艺、制备机械等方面开展研究。植生混凝土所需原材料除应满足国家及行业现行标准外，还应满足低碱度的要求，其配合比按照透水混凝土的体积法进行设计，拌合物应满足粘聚性和工作性的要求。

② 物理性能

植生多孔混凝土基料由无砂或少砂大孔混凝土构成，具有相应的技术指标要求。为了使植物能够在混凝土孔隙间生根发芽并穿透多孔混凝土到达土壤层，配合比设计时要合理选择多孔混凝土的骨料粒径，以保证混凝土内部具有一定的孔隙率和孔径（孔径大于10mm的贯通孔比例一般大于75%），同时，多孔混凝土在护坡、护堤及绿化工程中使用时须具有一定的抗压强度。植生多孔混凝土孔隙率选定为25%～33%，抗压强度5～15MPa，厚度一般在10～20cm。

（2）混凝土内部碱环境改造

植物生长对酸碱度有一定要求，植生混凝土孔隙内高的盐碱性水环境会降低各种草的成活率。孔隙内析出的碱类物质改变着孔隙内充填材料的化学组分，对植物生长环境产生不同方式和程度的影响，特别是 Na_2CO_3、$NaHCO_3$ 等可溶性的强碱弱酸盐，会导致胺态氮肥分解逸出、保水剂的保水倍率下降、植物所需元素失衡等，从而对生长在植生混凝土上的植物产生很强的胁迫作用，主要表现为：降低植物的光合作用，使植株失绿、草叶坏死、易受病害等；干扰植物的物质代谢，遏制植物对若干元素的吸收特别是抑制 N 的吸收；破坏植物的渗透平衡，使植物失水，虽然析出的物质也有营养作用，但胁迫作用表现更为明显[16]。

（3）种植基的配制及填充技术研究

在绿化过程中，草种的选择、播种方式以及植物生长基料的配制是植生研究的主要方向。植生混凝土由于结构特殊，因此在选择草种时，既要考虑园艺效果，又要考虑植物对环境、气候的要求，尽量采用冷季型草种和暖季型草种混合种植，还要注重草种的适应性，主要包括草坪的耐暑性、耐寒性、耐旱性、耐踏性和耐碱性等。

（4）植物选择和种植试验研究

植生混凝土实质上就是使多孔混凝土在具备必要强度的情况下植物能在其中正常生长，其中适合植物生长的多孔混凝土材料和种植材料是研究的两个重点，也是难点，可以从多孔混凝土材料和植物种植材料的选择、孔隙内材料的填充方法、不同区域气候植物的选择以及植被种植试验等几个方面展开研究。

（5）屋面系统应用技术

用陶粒作为骨料的多孔植生混凝土可应用于保温隔热植生屋面，能起到冬季保温和夏季隔热的效果，夏季可使室内温度较非植生屋面降低2～3℃。

（6）植生混凝土特点

植生混凝土具有保护环境、改善生态条件等功能。植生混凝土的功能来源于其结构特点，连通的孔隙为植物生长提供空间，并可储存植物赖以生长的养分和水分，同时，植生混凝土具有一定的承载力，用于护坡、护堤时，可防止水土流失，具备原有植被的防护功能。

此外，植生混凝土具有保水性良好、质量轻等特性。植生混凝土的结构特性表现在具有大量连通的孔隙，且孔隙率、孔径分布可控性好；施工特性为施工简便，凝固时间快，可现场浇筑或预制成型；生态特性为可实现植被绿化、生物共存、水质净化、防止水土流失等功能；此外还有耐久性、耐化学侵（腐）蚀性等特点。

3. 技术指标

（1）护堤植生混凝土

主要材料：碎石或碎卵石、普通硅酸盐水泥、矿物掺合料（硅灰、粉煤灰、矿粉）、水、高效减水剂等。

护堤植生混凝土主要是利用模具制成的包含有大孔的混凝土模块拼接而成，模块含有的大孔供植物生长；或是采用大骨料制成的大孔混凝土，贯通的大孔供植物生长。骨料可以采用天然石材、河卵石或再生骨料，骨料粒径一般为 20～31.5mm，骨料/胶结材比一般为 4.5～5.5，混凝土的强度范围在 10MPa 以上，容重为 1800～2100kg/m³，孔隙率不小于 15%，必要时可达 30%。

（2）屋面植生混凝土

主要材料：轻质骨料、普通硅酸盐水泥、硅灰或粉煤灰、水、植物种植基等。

屋面植生混凝土主要是利用多孔的轻骨料混凝土作为保水和根系生长基材，表面覆以植物生长腐殖质材料。

屋面植生混凝土多采用陶粒作为骨料，重力密度一般为 700～1100kg/m³，水泥用量为 200～300kg/m³，采用低碱性矿物掺合料，水灰比为 0.24～0.32，水泥浆均匀包裹骨料表面。

植生混凝土拌合物的工作性和黏聚性指标与普通透水混凝土基本相同，硬化后混凝土强度大于 3.5MPa，孔隙率 25%～40%。

屋面植生混凝土施工应在防水层和排水层验收后进行，可以采用人工摊铺或设备摊铺，施工工序与普通透水混凝土摊铺基本相同，压实整平后表面平整度允许偏差为 ±5mm，施工完毕后及时覆盖养护。浇水养护 3 天或混凝土强度大于 1.5MPa 后开展播种工作，将含有植物种子和废料的料浆灌入孔隙，覆盖塑料薄膜保湿，定期洒水，观察植物发芽生长情况。

4. 适用范围

植生多孔混凝土的应用以河道的护岸和公路边坡的护砌居多，截至 2001 年，在日本全国河道护岸的施工面积 211000m² 中，采用植生多孔混凝土的约为 40000m²，约占 19%。植生多孔混凝土的应用在我国也有相关报道，但数量较少，仅有上海、天津、吉林、安徽等地有试验性应用。

5. 工程案例

2003 年，上海引进日本植生多孔混凝土技术，在嘉定区西江的河道整治工程中选择 500m 长的河道进行了试验，该工程护坡坡度为 1:2.5，在高程 1.80～3.20m 的斜坡范围内铺设植生多孔混凝土预制块，植生多孔混凝土上的覆土厚度为 2～3cm，在常水位以上的区域播种白三叶、狗牙根和结缕草，在常水位以下栽种千屈菜和黄昌蒲，喷播后 7～10d，草发芽变绿，2 个月后，水生植物开花。施工 1 年后，植生多孔混凝土的表面长出了大量的野生杂草，长势喜人，试验取得了成功。

2001 年，吉林省梅河口市在城区防洪堤迎水面进行了植生多孔混凝土护砌试验。在面积约为5000m²区域内播种2个月后，植草长势良好，并能经受降雪的考验。

日本从20世纪90年代中期开始，就对植生多孔混凝土在河道护岸上的应用进行了大量研究，截止到1999年底，在6年的时间里，全国施工了62个工程，其中，52个工程采用了植生多孔混凝土预制块，余下的10个工程采用了现场浇筑的植生多孔混凝土[4,8-10]。

植生多孔混凝土是一种能够与自然生态系统协调共生，为人类构造舒适生存环境的生态混凝土。将植生多孔混凝土用于破坏了的河道护岸、沟渠驳岸、公路边坡以及屋面系统等环境，不仅延续了传统混凝土防护的特点，而且由于多孔混凝土表面生长着绿色植物，改善了周围大气的环境，起到气候调节的作用，同时保持了绿色自然景观。另外，微生物及小动物在多孔混凝土凹凸不平的表面或连续孔隙内生息，既保持了生物的多样性，又能对河川、湖泊的水质间接地进行净化，还可以保护屋面防水层和改善冬冷夏热的环境，具有一举多得的生态效果。植生多孔混凝土创造了混凝土与自然环境的衔接点，社会效益和生态效益十分突出，对人类的可持续发展具有重要贡献。

参 考 文 献

[1]　宋中南，石云兴等. 透水混凝土及其应用技术［M］. 北京：中国建筑工业出版社，2011.
[2]　Bruce K. Ferguson，Porous pavement，CRC Press，2005.
[3]　玉井元治. 绿化コンクリート（コンクリート材料）コンクリート工学，32（11）：64-69.
[4]　石云兴，宋中南，蒋立红等. 多孔混凝土与透水性铺装［M］. 北京：中国建筑工业出版社，2016.
[5]　杨静，冯乃谦. 21世纪的混凝土材料——环保型混凝土［J］. 混凝土与水泥制品，1999：3-5.
[6]　石云兴，霍亮，戴文占等. 奥运公园露骨料透水路面的混凝土施工技术［J］. 混凝土，2008：103-105.
[7]　张燕刚，石云兴等. 露骨料透水混凝土施工技术［J］. 施工技术，2011.
[8]　束波峰. 生态混凝土护坡在河堤加固中的应用［J］. 水利水电技术，2009：12～14.
[9]　石云兴，张燕刚，刘伟等. 植生混凝土的性能与应用研究［J］. 施工技术，2015，（24）.
[10]　张少彪，石云兴等. 植生混凝土试验研究及工程试用［J］. 混凝土，2012：125-128.

7.10　混凝土楼地面一次成型技术

7.10.1　发展概述

随着我国改革开放的不断深入，西方发达国家先进的施工技术不断被引进。20世纪90年代，长三角、珠三角等沿海工业经济相对发达的城市首先引入耐磨地面施工技术。该技术具有抗重压、耐磨性强、不起尘、地面防油性强、抗渗透、便于清洁的特点，耐磨地面短时间内便在国内得到了广泛应用，成为许多建筑，特别是大型厂房的首选。

然而，近10年通过对耐磨地面施工的经验进行总结，发现这种技术工艺流程复杂，施工周期长，而且存在由于施工过程控制不力引发的找平层空鼓开裂、起砂等质量缺陷。鉴于此，我国施工技术人员对耐磨地面的施工工艺进行了改良，形成了耐磨地面一次成型技术。

耐磨地面一次成型技术有效避免了传统耐磨地面出现空鼓、起壳、裂缝等质量通病，提高了地面的耐磨性，增加了地面的使用寿命。采用耐磨材料与混凝土结构层同时施工、一次成型的施工工艺，改变了传统的主体结构完成后再做耐磨地面的方法，减少了工序、缩短了工期、质量可靠、操作方便、色泽均匀、成型美观、成本低廉，还增加了楼层的净高，减少了楼面荷载。混凝土耐磨地坪一次成型技术已普遍应用于工业场所、码头、停车场、商业卖场、物流仓库等建筑物当中。

7.10.2 技术内容

地面一次成型工艺是在混凝土浇筑完成后，用 φ150mm 钢管压滚压平提浆，刮杠调整平整度，或采用激光自动整平、机械提浆方法，在混凝土地面初凝前铺撒耐磨混合料（精钢砂、钢纤维等），利用磨光机磨平，最后进行修饰工序。地面一次成型施工工艺与传统施工工艺相比具有避免地面空鼓、起砂、开裂等质量通病，增加了楼层净空尺寸，提高地面的耐磨性和缩短工期等优势，同时省却了传统地面施工中的找平层，对节省建材、降低成本效果显著。

工艺流程：基层处理→找标高、弹水平线→冲筋（作灰饼）→细石混凝土找平层、找坡层→面层抹平压光→第二遍压光、铺撒耐磨混合料→第三遍压光→表面修饰及养护→施工缝处理→切割分隔缝

7.10.3 技术指标

（1）冲筋：根据墙面弹线标高和混凝土面层厚度用 L40×63×4 的角钢冲筋，并用作混凝土地面的侧模，角钢用膨胀螺栓（@1000mm）固定在结构板上，用激光水准仪进行二次抄平。见图 7.10-1 和图 7.10-2。

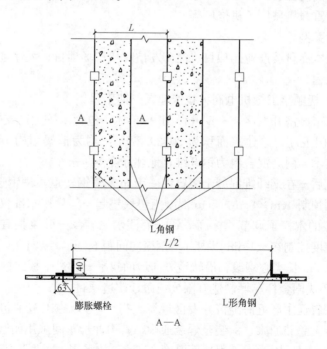

图 7.10-1 墙面弹线标高和混凝土面层角钢冲筋示意图

（2）铺撒耐磨混合料：混合料撒布的时机随气候、温度和混凝土配合比等因素而变化。撒布过早会使混合料沉入混凝土中而失去效果；撒布太晚混凝土已凝固，会失去粘结力，使混合料无法与混凝土粘合而造成剥离。判别混合料撒布时间的方法是脚踩其上，约

下沉 5mm 时，即可开始第一次撒布施工。墙、门、柱和模板等边线处水分消失较快，宜优先撒布施工，以防因失水而降低效果。第一次撒布量是全部用量的 2/3，拌合应均匀落下，不能用力抛而致分离，撒布后用木抹子抹平。拌合料吸收一定的水分后，再用磨光机除去转盘碾磨分散并与基层混凝土浆结合在一起。第二次撒布时，先用靠尺或平直刮杆衡量水平度，并调整第一撒布不平处，第二次方向应于第一次垂直。第二次撒布量为全部用量的 1/3，撒布后立即抹平，磨光，并重复磨光机作业至少两次，磨光机作业时应纵横交错进行，均匀有序，防止材料聚集。

（3）表面修饰：磨光机作业后面层仍存在磨纹，为消除磨纹最后采用薄钢抹子对面层进行有序方向的人工压光，完成修饰工序。

（4）养护及模板拆除：地面面层施工完成 24h 后进行洒水养护，在常温条件下连续养护不得少于 7d；养护期间严禁上人；施工完成 24h 后进行角钢侧模拆除，应注意不得损伤地面边缘。

（5）切割分隔缝：为避免结构柱周围地面开裂，必须在结构柱等应力集中处设置分格缝，缝宽 5mm，分隔缝在地面混凝土强度达到 70% 后（完工后 5d 左右），用砂轮切割机切割。柱距大于 6m 的地面须在轴线中切割一条分格缝，切割深度应至少为地面厚度的 1/5。填缝材料采用弹性树脂等材料。

7.10.4　适用范围

适用于室内外混凝土表面施工：工业厂房、生产车间；仓库、物流中心；车库、停车场；超市、卖场；重载机械厂、机修厂等。

7.10.5　工程案例

抚顺罕王微机电高科技产业园项目、沈阳友谊时代广场项目、大连富丽华项目、邯郸友谊时代广场等工程。

1. 工程案例 1-抚顺罕王微机电高科技产业园一期工程

项目位于抚顺市经济开发区，一期开设 10 栋单体，包含 1 栋生产支持楼，4 座车间，3 座储存库及一座门卫厅，总建筑面积为 20729.22m²，均为框架结构。项目采用混凝土楼地面一次成型技术，耐磨混合料为钢纤维，地坪厚度 14 cm。

钢筋绑扎完成后→在钢纤维混凝土浇筑前一天布置槽钢轨道，槽钢选用 14 号 b 型槽钢，槽钢下部采用预制 4cm×5cm×5cm 混凝土垫块垫起→然后用水准仪检查槽钢顶面标高→使用预先加工的木楔子调节，标高一致→灌注水泥砂浆→砂浆拥有强度后拆除木楔子→槽钢顶面平整度控制在 ±1mm 以内（槽钢横向间距 6.0m，纵向保证槽钢顺直）→混凝土浇筑时采用 6.5m 长实心钢滚轴沿轨道方向地面找平→通过平板式振捣器振捣密实。

2. 工程案例 2-沈阳金杯车辆制造有限公司搬迁改造项目

项目位于辽宁省辽中区近海经济开发区近海大街 23 号，施工范围包括涂装车间、冲焊联合厂房、涂装至总装通廊、涂装至焊装通廊，其中冲焊车间采用耐磨非合金骨料，单层建筑面积约 11000m²。因为本工程地面厚度 22cm，故采用振桥振捣密实技术。

采用振桥振捣完成后、使用钢辊和刮尺控制上表面平整度。在侧模边角及振桥无法振捣密实的部位，使用插入式振捣棒振捣。表面撒布耐磨非合金骨料（耐磨地坪不含氧化铁成分，骨料含量小于 6kg/m²）。在混凝土地面初凝后且未到终凝时，采用叶片式压光机，利用振捣和揉浆后反上来的乳浆进行表面压光，在混凝土终凝结束后再用磨光机二次磨

图 7.10-2 沿轨道方向地面找平图

光。见图 7.10-3。

图 7.10-3 地面一次成型效果图

参 考 文 献

[1] 《建筑地面工程施工质量验收规范》GB 50209—2010 [S]. 北京：中国建筑工业出版社，2010.
[2] 本书编委会. 建筑施工手册 [M]. 第五版. 北京：中国建筑工业出版社，2012.
[3] 王利生. 大面积配筋混凝土整体无缝地面施工技术 [J]. 施工技术，2015.
[4] 张雁，马先明，汪仲琦. 超大面积工业厂房整浇混凝土地面施工技术 [J]. 施工技术，2014.
[5] 赵原，周星宇. 创建标准化安全防护设施 [J]. 劳动保护，2014.

7.11 建筑物墙体免抹灰技术

7.11.1 发展概述

清水砌筑墙施工在国内外历史悠久，在我国的农村民居及城镇砖混结构中极为常见。其特点为施工方便、就地取材、技术成熟；但对土地的资源消耗大，特别是烧结黏土砖的使用对生态环境破坏严重，所以在我国城镇化建设中逐渐被禁止使用。目前轻集料砌块、加气混凝土砌块等小型砌块在框架结构、框架剪力墙结构中作为填充墙得到了广泛应用。2016 年国务院办公厅印发了《关于大力发展装配式建筑的指导意见》，强调力争用 10 年左右的时间，使装配式建筑占新建建筑面积的比例达到 30%。预制部品部件在工地装配，减少现场湿作业带来的污染。

建筑企业在不断提高建筑产品质量的基础上，持续引进新技术和新材料并应用于工程中，逐步形成了建筑墙体免抹灰技术，如准清水混凝土墙、新型砌筑墙、预制墙等墙体免抹灰技术。墙体免抹灰技术，提高了墙体工程质量，有利于节约资源、减少施工污染、提升劳动生产效率和质量安全水平，具有广阔的应用前景。

7.11.2　技术内容

建筑物墙体免抹灰技术是指通过采用新型模板体系、新型墙体材料或采用预制墙体，使墙体表面允许偏差、观感质量达到免抹灰或直接装修的质量水平。现浇混凝土墙体、砌筑墙体及装配式墙体通过现浇、新型砌筑、整体装配等方式使外观质量及平整度达到准清水混凝土墙、新型砌筑免抹灰墙、装饰墙的效果。

现浇混凝土墙体是通过材料配制、细部设计、模板选择及安拆，混凝土拌制、浇筑、养护、成品保护等诸多技术措施，使现浇混凝土墙达到准清水免抹灰效果。

对非承重的围护墙体和内隔墙可采用免抹灰的新型砌筑技术，采用粘接砂浆砌筑，砌块尺寸偏差控制为 1.5～2mm，砌筑灰缝为 2～3mm。对内隔墙也可采用高质量预制板材，现场装配式施工，刮腻子找平。

1. 现浇混凝土墙体

（1）表面观感质量

模板接缝，施工缝处无漏浆现象。阴阳角顺直，交接处平顺。门窗孔洞、槽、盒的周边表面应整齐。表面平整、密实、洁净，无明显裂缝，无油迹、锈斑，无粉化物，无起砂、蜂窝、麻面和孔洞；气泡尺寸≯10mm，分散均匀，数量适当，在 3m 以外观察无明显的大片气泡。不允许出现缺棱掉角、表面夹渣、露筋、疏松烂根等质量问题。

（2）外形尺寸

几何尺寸准确，阴阳角棱角整齐，角线顺直，角度方正，各层门窗口边线顺直不偏斜。

垂直度、平整度的允许偏差小于混凝土规范要求达到普通抹灰质量标收标准中的中高级抹灰要求。

（3）模板质量控制要点

① 模板工程质量是保证达到准清水混凝土的重要条件，必须保证模板尺寸准确、拼缝平整、板面平顺、清洁、有足够的刚度。可选择铝模板、钢（铝）框木模板、大钢模板以及硬度较高的胶合板等。支撑体系要整体稳定、牢固。模板拼缝、细部设计与连接要平整、牢固。

② 模板采用大模板体系，必须进行专项设计制作成可拆式组合大模板，板面的接缝、大模板的拼缝、对拉螺栓的孔洞尺寸、位置应与设计要求相对应。

③ 为防止漏浆的发生及提高饰面效果，模板的接缝应刨光，打胶处理保证严密，直面墙体模板采用反钉方法，大模板拼装接缝处背部应贴双面胶。

④ 脱模剂对木模采用水性脱模剂，对钢模采用无色轻机油或 3：7 机柴油。

⑤ 螺栓端头应用塑料封头，并采用橡胶垫来保护板面并保证螺栓孔不漏浆。

⑥ 确保大模板安装垂直度，模板错台符合规定的要求。

⑦ 确保周转模板、板面清洁，对有表面损伤、毛边、变色、锈痕的模板及时更换。

⑧ 模板拆除时同条件养护的混凝土试块强度应≥3.0MPa。不允许硬拆，硬撬、用撬杠时必须有垫板保护板面，防止损伤混凝土表面，对拆除的模板及时清理、修整。

（4）钢筋质量控制要点

① 绑扎时扎丝的多余部分应向内弯折，避免因钢丝外露造成锈斑。

② 钢筋保护层用塑料垫块梅花形布置，严格保证保护层厚度符合设计要求，不得有露筋现象。

③ 钢筋绑扎的允许偏差不得超过规范要求。

（5）混凝土质量控制要点

① 材料要求：

水泥：选用 P. O42.5 普通硅酸盐水泥，其主要技术参数要求见表 7.11-1、表 7.11-2。

水泥技术指标要求　　表 7.11-1

细度（80mm 筛余%）	化学成分			安定性	烧失量
	碱含量	MgO	SO₃	合格	
≤10	低碱≤0.6	≤5.0	≤3.5	合格	≤5.0

水泥技术指标要求　　表 7.11-2

凝结时间（min）		抗折强度（MPa）		抗压强度（MPa）	
初凝	终凝	3d	28d	3d	28d
≥45	≤10h	≥3.5	≥6.5	≥16.0	≥42.5

粗骨料：粗骨料要求 5~25mm 碎石，强度高，连续级配好；低碱活性，且含泥量小于 2%，泥块含量小于 0.2%，不得带有风化石、杂物等。主要指标见表 7.11-3。

粗骨料技术指标要求　　表 7.11-3

级配	针片状含量（%）	含泥量（%）	泥块含量（%）	压碎指标（%）
连续级配 5~25mm	≤10	≤0.6	≤0.2	≤10

细骨料：要求级配好，无潜在碱活性的中砂，细度模数应在 2.3 以上，不得含有径粒 >10mm 的卵石，含泥量小于 2%，泥块含量小于 0.5%且不带杂物，其主要性能指标见表 7.11-4。

细骨料技术指标要求　　表 7.11-4

细度模数 M	含泥量（%）	泥块含量（%）
2.5≤M≤3.0	≤2.0	≤0.5

粉煤灰：用粉煤灰代替部分水泥能改善混凝土的和易性和施工性能，且能减少大气泡产生，其技术指标符合：GB 1596—91，见表 7.11-5。

粉煤灰技术指标要求　　表 7.11-5

标准细度（%）	烧失量（%）	需水量比（%）	等级评定
≤12	≤5	≤9.5	Ⅰ级标准

外加剂：外加剂应有防裂、改善外观质量满足施工要求的高性能外加剂，外加剂既要

具有高减水、高保坍的功能且能改善混凝土孔结构，减少大气泡产生。又要具有微膨胀及抗裂功能，含有无氯低碱的防冻组分，有利于大面积混凝土的抗裂、抗冻。

② 配合比设计，混凝土配合比除了满足设计强度的要求外还应满足优良的工作性能良好的耐久性，坍落度及经时坍落度损失，凝结时间符合要求，不离析、不泌水、粘聚性、保水性好的要求。

③ 混凝土拌制

严格按配比进行计量，不得随意更改；

搅拌站下料程序为：砂石→粉煤灰→粉体外加剂→水＋水剂外加剂→水泥，注意防止热水直接与水泥接触，搅拌时间符合规范。

每台班测定集料含水率至少 2 次，根据检测结果及时调整水量及砂、石用量。

每台班在现场测定拌合物坍落度，并观察其黏聚性及保水性。

④ 混凝土浇筑

混凝土浇筑主要采用泵送和布料器下料，以振动器振捣为主辅以橡皮锤敲打，以保证振捣密实及气泡的引出。

浇筑前应编制浇筑方案，对浇筑顺序、浇筑方法、分层浇筑厚度控制、阴阳角、门窗洞口的处理，施工缝处理等作出规定。

浇筑过程必须有专人指挥，合理调度，振捣有序，并设有专人进行敲打，以确认混凝土的顶端防止难充填部位混凝土未填充到位。

浇筑中设专人检查，保证模板支撑体系的牢固可靠，防止或及时处理模板错台。

振捣方法可采用二次振捣法，以减少表面气泡，即第一次振捣后，静置一段时间再进行第二次振捣，静置时间可控制在 20～30min 左右。

⑤ 凝土养护

模板拆除后要及时养护，拆模时同条件养护的试块强度应达到 3MPa 以上，以保证拆模后墙体不掉角、不起皮。

养护可采用优质养护液喷涂，或用塑料膜及时包裹，边角接茬处要严密并压实，养护时间不少于 14d。

⑥ 成品保护

对混凝土成型后的保护十分重要，它将直接影响混凝土饰面的效果，因此必须对墙面高度 2m 以下范围用胶合板护面，对门洞、窗台、阳角处用板条组成阳角进行护角保护。

墙上预留孔洞装饰圆孔槽，可用泡沫塑料板覆盖，板周围用胶带纸封闭。

2. 砌筑墙体

免抹灰砌筑墙体利用新型砌筑材料尺寸偏差小的优点，同时在砌筑阶段进行严格的垂直度、平整度控制，结构基础的尺寸偏差控制、墙体与结构尺寸的复核、对存在偏差在规范允许偏差范围内进行微调、对构造柱（芯柱）尺寸等前期控制手段，使其允许偏差控制在 4～5mm 内，后期简单打磨处理即可进行粉刷石膏对垂直度（平整度）偏差较大的地方找平处理，可有效避免混凝土砌块墙体诸如粘结性差、粉刷层开裂等弊端，一次找平后即开始腻子打底工，能为后期装饰罩面工作打下良好的基础。目前常用的免抹灰砌块有大孔轻集料连锁砌块和轻质蒸压加气混凝土砌块等。

（1）大孔轻集料砌块

① 施工流程

施工准备→植芯柱、水平系梁及过梁钢筋→砌筑墙体→门窗洞口边及构造柱混凝土浇筑→门窗洞口砌筑 U 型砌块过梁→U 型砌块过梁内钢筋绑扎及混您图浇筑→砌块与楼板、圈梁连接处斜砌

② 操作要点

施工前应将墙体基层清理干净，将楼层上的浮浆、灰尘清扫冲洗干净，并浇水使基层湿润。

砌体施工前，楼层结构面按标高找平。弹出轴线、门窗洞口位置线及芯柱锚筋位置，根据砌筑图纸，按细部尺寸制作皮数杆，皮数杆上标明门、窗、过梁、窗台、建筑 50 线点的标高位置。砌筑时必须将皮数杆上所划 50 点线位与墙体上原有 50 线位对齐。

排砖前应根据建筑图以及皮数杆、灰缝厚度、构造变化等对墙体做好预排工作，计算砌块数量、安排砌块种类。

芯柱布置：门窗洞口两侧设置芯柱；墙长超过 5m 时墙中段加设置芯柱；转角、丁字墙、十字墙交接部位设芯柱，芯柱内配 1Φ12 钢筋。

水平系梁布置：无门窗洞口时，设置 3Φ10，Φ6@250b。有门窗洞口时，设置 3Φ10，Φ6@250 与过梁连通。洞口宽度超过 1m 时按设计配筋。当墙高大于 3m 时墙体水平标高中部设置水平系梁。

砌块排列上、下皮应错缝搭砌，搭砌长度一般为砌块的 1/2，不得小于砌块高的 1/3，也不应小于 90mm，如果搭错缝长度满足不了规定的压搭要求，应采取压砌钢筋网片的措施。

砌块墙体底部第一层砖砌好后用 C20 混凝土灌实。

砌筑就位应先远后近、先下后上、先外后内；每层开始时，应从转角处或定位砌块处开始，内外墙要同时砌，纵横墙交错搭接，应将砌块分皮咬槎，交错搭砌。

砌块墙的水平缝、竖向缝的厚度不得大于 8mm，一般宜为 5~8mm。砌筑墙体与结构连接灰缝应满足 10~15mm。粘结剂砂浆饱满程度不小于 85％。所有灰缝不得出现瞎缝和透亮缝，竖向通缝不大于 500mm。

(2) 轻质蒸压加气混凝土砌块

① 施工流程

清扫楼层基层面→墙体位置弹线放样→铺设水泥砂浆垫层→铺设第一皮砌块→逐皮砌筑墙体、L 型铁件拉结→填缝处理→修正平整度、垂直度

② 操作要点

砌筑施工时，在每皮砌块砌筑前，要用毛刷清理砌块表面浮砂（尘），处理干净后再铺水平、垂直灰缝处的粘结剂。

每皮砌块砌筑时，应注意校正水平、垂直位置，并做到上下皮砌块错缝搭接、表面平整、水平灰缝基本平直。上下搭接长度不宜小于被搭接砌块长度的 1/3，竖向通缝不应大于两皮。

砌体的转角处和交接处应同时砌筑。对不能同时砌筑的而又必须留置临时间断处，应砌成斜槎，斜槎水平投影长度不应小于高度的 2/3。接槎时，应先清理槎口，再铺粘结材料接砌。

采用专用粘结剂砌筑，粘结剂在搅拌前根据水灰比在桶内先放水然后均匀地撒入粘结

剂干粉，用电动工具充分搅拌均匀，粘结剂搅拌完成后必须在 4 小时内使用完毕。

砌筑时应用专用勺将粘结剂均匀地施铺在下皮砌块表面，垂直灰缝可先铺粘在砌块端面，上墙后用橡皮锤轻击砌块，橡皮锤的敲击应先从砌块的顶部向里敲，然后再水平方向压实，使粘结剂能从灰缝中溢出，灰缝不得有空隙，饱满度不低于 80%，并及时将溢出的粘结剂清除干净，做到随砌随勒。

砌筑墙面应平整干净，灰缝处无溢出的粘结剂，其灰缝宽度应为 3～5mm，水平和垂直灰缝饱满度均应大于 80%。

在构造柱立模前，应将马牙槎与混凝土交接面上的灰屑用毛刷清理干净后再立模，浇捣前要检查是否已清理干净，并适当浇水湿润。构造柱混凝土应留置试件，按每一检验批至少留置一组要求留置。

砌上墙的砌块不应任意移动或撞击，不得用敲打的方法来校正墙面，如有不平整，应用钢齿磨砂板磨平，使偏差控制在允许范围内，对于有很大偏差值的墙体，应拆除重新进行砌筑。

砌块墙端部、顶部与钢筋混凝土结构间应留 10～15mm 的空隙，空隙内的填充物宜在墙体砌筑完成 14d 后进行。

厨房、卫生间等潮湿房间及底层外墙的砌体应砌在高度不小于 200mm 的混凝土翻边或混凝土导墙上。

砌体在砌筑时，严禁在外墙和有防渗要求砌体中留设脚手眼。

墙体修补及空洞堵塞宜用同质材料或专用材料修补。可用同质材料经切割成的规则砌块填堵。

砌块切割前用直尺在砌块上先划标线，然后使用台式切割机进行切割，切割量较少时可采用手锯切割。

每皮砌块砌筑当出现有水平高低偏差时可用钢齿磨板、磨砂板来磨平修正。

修正平整度、垂直度，墙体砌完后如有不平整的部位，可用钢齿磨板、磨砂板来磨平修正，使偏差值控制在允许范围之内。

7.11.3　技术指标

(1) 现浇混凝土墙体是通过材料配制、细部设计、模板选择及安拆，混凝土拌制、浇筑、养护、成品保护等诸多技术措施，使现浇混凝土墙达到准清水免抹灰效果。

准清水混凝土墙技术要求参见表 7.11-6。

准清水混凝土技术要求　　　　　　　　　　表 7.11-6

项　次	项　目		允许偏差/mm	检查方法	说　明
1	轴线位移(柱、墙、梁)		5	尺量	表面平整密实、无明显裂缝，无粉化物，无起砂、蜂窝、麻面和孔洞，气泡尺寸不大于 10mm，分散均匀
2	截面尺寸(柱、墙、梁)		±2	尺量	
3	垂直度	层高	5	坠线	
		全高	30		
4	表面平整度		3	2m 靠尺、塞尺	
5	角、线顺直		4	线坠	
6	预留洞口中心线位移		5	拉线、尺量	
7	接缝错台		2	尺量	
8	阴阳角方正		3		

(2) 新型砌筑免抹灰墙体技术要求参见表 7.11-7。

新型砌筑墙技术要求   表 7.11-7

项次	项目	允许偏差/mm		检验方法	说明
1	砌块尺寸允许偏差	长度	±2	—	新型砌筑是采用粘接砂浆砌筑的墙体,砌块尺寸偏差为 1.5～2mm,灰缝为 2～3mm
		宽(厚)度	±1.5		
		高度	±1.5		
2	砌块平面弯曲	不允许		—	
3	墙体轴线位移	5		尺量	
4	每层垂直度	3		2m托线板,吊垂线	
5	全高垂直度≤10m	10		经纬仪,吊垂线	
6	全高垂直度>10m	20		经纬仪,吊垂线	
7	表面平整度	3		2m靠尺和塞尺	

（3）装配式建筑墙体

PC 装配式建筑采用设计标准化、部品工厂化、施工机械化、组织管理科学化,大量的建筑部品由车间生产加工完成,现场大量的装配作业,原始现浇作业大大减少。采用建筑、装修一体化设计、施工,理想状态是装修可随主体施工同步进行。设计的标准化和管理的信息化,构件越标准,生产效率越高,尺寸偏差越小,避免墙体抹灰,相应的构件成本就会越低。

其验收标准依据《混凝土结构工程施工质量验收规范》GB 50204—2015 中的装配式结构分项工程。

7.11.4 适用范围

适用于工业与民用建筑的墙体工程。

7.11.5 工程案例

杭州国际博览中心、北京市顺义区中国航信高科技产业园区、北京雁栖湖国际会都（核心岛）会议中心、华都中心等工程。

1. 工程案例 1-中国航信高科技产业园区砌筑墙体与现浇混凝土墙体免抹灰应用实例

中国航信高科技产业园区（机房楼 A 等 3 项）项目位于北京市顺义区后沙峪镇天北路与机场北线高速交接处,属于公共建筑,总建筑面积 116903m²。工程共 3 栋单体,其中运行中心地下 2 层,地上 9 层,钢筋混凝土框架剪力墙结构体系;机房楼 A 地上 5 层,钢框架支撑体系;动力楼局部地下一层,地上四层,钢筋框架-剪力墙体系。

图 7.11-1 现浇准清水墙体

运行中心建筑面积 53200m²，动力楼建筑面积 19205m²，混凝土量共约 2.3 万 m³；结构施工期间使用钢框木模板及铝框木模板，达到免抹灰效果。见图 7.11-1。

工程砌筑采用蒸压轻质砂加气混凝土（AAC）砌块，砌筑量约 20000m³，采用薄层砌筑法，灰缝控制在 5mm 以内。达到免抹灰条件。见图 7.11-2。

图 7.11-2　清水砌体实景图

2. 工程案例 2-门头沟区永定镇 MC00-0017-6018 地块项目装配式免抹灰应用实例

项目位于北京市门头沟区永定镇泰安路与滨河路交叉口，属于住宅工程，总建筑面积 131144m²，共 10 栋单体，其中 1 号、2 号楼为装配式结构，层数分别为 25 层、29 层，建筑面积共为 47292m²，墙体厚度 100mm、200mm。工程采用装配式免抹灰做法，砌体采用砂加气混凝土砌块，采用薄层砌筑法，达到免抹灰条件。

项目开工之初就进行了策划，严格控制内墙的施工质量及装配式构件加工质量，现浇区域模板采用清水模板，砌筑做法也由原来的蒸压灰加气混凝土砌块变更为砂加气混凝土砌块，采用薄层砌筑，整体成型效果较好，达到了免抹灰要求。见图 7.11-3。

图 7.11-3　装配式免抹灰实景照片

参 考 文 献

[1] 清水混凝土应用技术规程 JGJ 169—2009 [S]. 北京：中国建筑工业出版社，2009.

[2] 本书编委会. 建筑施工手册. 第五版. 北京：中国建筑工业出版社，2012.

[3] 《混凝土结构工程施工质量验收规范》GB 50204—2015 [S]. 北京：中国建筑工业出版社，2015.

[4] 《装配式混凝土建筑技术标准》GB/T 51231—2016 [S]. 北京：中国建筑工业出版社，2016.

8　防水技术与围护结构节能

8.1　防水卷材机械固定施工技术

8.1.1　发展概述

三元乙丙（EPDM）和聚氯乙烯（PVC）防水卷材从 20 世纪 60 年代开始就已经在欧美等发达国家的屋面工程上使用，而热塑性聚烯烃（TPO）防水卷材的使用是始于 1991 年。我国自 80 年代引进了四条三元乙丙卷材生产线和一条聚氯乙烯卷材生产线，迄今已有多条消化吸收的国产线，设备硬件水平与国外相当。热塑性聚烯烃（TPO）防水卷材在我国生产始于 90 年代末，近十年欧美等国家的产品也开始进入国内市场，并将防水卷材机械固定施工技术引入国内。

防水卷材机械固定施工技术采用的防水卷材主要包括热固性卷材、热塑性卷材及改性沥青等。其中热塑性卷材主要有聚氯乙烯（PVC）和聚烯烃类（TPO），热固性卷材有三元乙丙和氯丁橡胶等几种卷材，但最主要和最具生命力的品种是三元乙丙（EPDM），三元乙丙（EPDM）卷材使用寿命长，有很强的耐候性以及抵抗化学腐蚀的能力。

防水卷材机械固定施工技术在欧美已经非常的成熟，其固定系统完善，无论是作为防水材料的卷材，还是保温材料，固定件等系统配件，都有许多知名的可靠的供应商。施工专业化程度高，有经过培训认证的专业承包商队伍和专业施工工人；防水卷材机械固定施工技术引入中国后，在国内得到了健康持续的发展。该技术在公共建筑和工业厂房等钢结构工程中已广泛的应用，如体育场馆、机场、大型制造工厂以及烟草、汽车和仓储等高端应用领域，积累了大量的成功案例。

8.1.2　技术内容

机械固定即采用专用固定件，如金属垫片、塑料套筒、螺钉、金属压条等，将聚氯乙烯（PVC）、热塑性聚烯烃（TPO）或三元乙丙（EPDM）防水卷材以及其他屋面层次的材料固定在屋面基层或结构层上。机械固定包括点式固定方式、线性固定方式和无穿孔机械固定方式。固定件的布置与承载能力应根据实验结果和相关规定严格设计。

聚氯乙烯（PVC）或热塑性聚烯烃（TPO）防水卷材的搭接是由热风焊接形成连续整体的防水层。焊接缝是因分子链互相渗透、缠绕形成新的内聚焊接链，强度高于卷材且与卷材同寿命。

三元乙丙（EPDM）防水卷材属于热固性材料，一般搭接采用自粘接缝搭接带，经粘结形成连续整体的防水层。近年新研制了一类焊接型三元乙丙（EPDM）防水卷材，搭接部位复合特殊的热塑性聚烯烃膜，可采用热风焊接方式搭接。

1. 点式固定

点式固定即使用专用垫片或套筒对卷材进行固定，卷材搭接时覆盖住固定件，如图

8.1-1 和图 8.1-2 所示。点式固定主要应用于 PVC 和 TPO 防水卷材。

基层为轻钢结构屋面或混凝土结构屋面（图 8.1-1、图 8.1-2 是以轻钢屋面为例），隔汽层通常采用 0.3mm 厚聚乙烯（PE）膜，保温板可采用挤塑聚苯乙烯泡沫塑料板（XPS）、模塑聚苯乙烯泡沫塑料板（EPS）或岩棉等，当保温板为可燃保温材料时，需采用不燃材料做防护层，防护层的规格应满足《建筑设计防火规范》的要求。

卷材纵向搭接宽度不小于 120mm，其中的 50mm 用于覆盖固定件（金属垫片和螺钉）。按照设计间距，在压型钢板屋面上用电动螺丝刀直接将固定件旋进，在混凝土结构屋面上先用电锤钻孔，钻头直径 5.0/5.5mm，钻孔深度比螺钉深度深 25mm，然后用电动螺丝刀将固定件旋进。

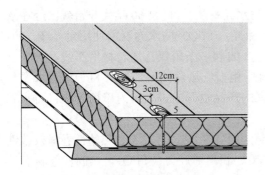

图 8.1-1　点式固定示意图（1）

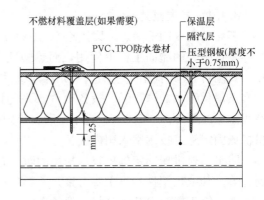

图 8.1-2　点式固定示意图（2）

2. 线性固定

线性固定即使用专用压条和螺钉对卷材进行固定，使用防水卷材覆盖条对压条进行覆盖，如图 8.1-3 和图 8.1-4 所示。

基层、隔汽层以及保温板等材料与点式固定相同。

卷材纵向搭接宽度不小于 80mm，焊接完毕后按照设计间距将金属压条合理排列，在压型钢板屋面上用电动螺丝刀直接将固定件旋进，在混凝土结构屋面上先用电锤钻孔，钻头直径 5.0/5.5mm，钻孔深度比螺钉深度深 25mm，然后用电动螺丝刀将固定件旋进。

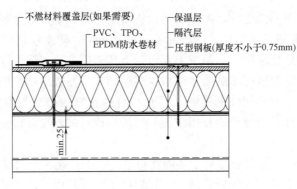

图 8.1-3　线性固定示意图（1）

3. 无穿孔固定

以上介绍的两种防水卷材与金属压型钢板基层的连接方式，可以看出都有一个显著的特点，即屋面大面防水卷材毫无例外地都被固定件穿透。下面介绍一种屋面大面防水卷材不被固定件穿透的连接方式，即无穿孔固定连接方式。

根据热塑性和热固性防水卷材类别的不同，无穿孔固定可分为针对聚氯乙烯（PVC）、热塑性聚烯烃（TPO）防水卷材的无穿孔固定及三元乙丙（EPDM）防水卷材的无穿孔固定。

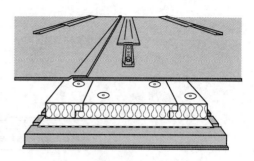

图 8.1-4　线性固定示意图（2）

（1）聚氯乙烯（PVC）、热塑性聚烯烃（TPO）防水卷材的无穿孔固定

将带有聚氯乙烯（PVC）、热塑性聚烯烃（TPO）涂层的垫片用螺钉固定于金属压型钢板基层，其上铺设相对应的防水卷材，再采用专用电磁感应焊接设备将防水卷材与带涂层的垫片焊接在一起，如图 8.1-5 和图 8.1-6 所示。

基层、隔汽层以及保温板等材料与点式固定相同。

卷材纵向搭接宽度为 80mm，按照设计间距用电动螺丝刀直接将带有涂层的垫片与固定件旋进，在混凝土结构屋面上先用电锤钻孔，钻头直径 5.0/5.5mm，钻孔深度比螺钉深度深 25mm，然后用电动螺丝刀将固定件旋进。其上铺设与涂层垫片相匹配的防水卷材，再采用专用电磁感应焊接设备将防水卷材与带涂层的垫片焊接在一起。

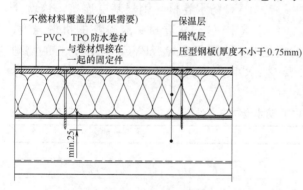

图 8.1-5　无穿孔固定示意图（1）

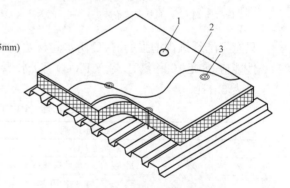

图 8.1-6　无穿孔固定示意图（2）
1—与卷材焊接在一起的固定件；2—防水卷材；
3—带涂层的焊接垫片

（2）三元乙丙（EPDM）防水卷材的无穿孔固定

采用专用紧固件将三元乙丙（EPDM）防水卷材专用无穿孔自粘固定条带固定于金属压型钢板基层，其上铺设三元乙丙（EPDM）防水卷材，再将三元乙丙（EPDM）防水卷材与固定条带粘接在一起。如图 8.1-7 和图 8.1-8 所示。

8.1.3　技术指标

（1）当固定基层为压型钢板时，压型钢板的基板厚度不宜小于 0.75mm，且基板的最小厚度不应小于 0.63mm，当基板厚度在 0.63～0.75mm 时应通过固定钉拉拔试验；当固定基层为混凝土结构时，其厚度不应小于 40mm，强度等级不应小于 C20，并应通过固定钉拉拔试验。

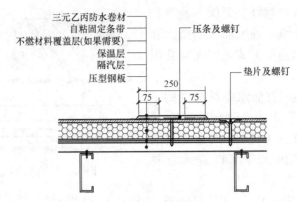

图 8.1-7　无穿孔固定示意图（1）

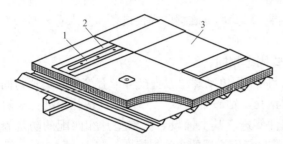

图 8.1-8　无穿孔固定示意图（2）

1—固定件；2—自粘固定条带；3—三元乙丙防水卷材

（2）聚氯乙烯（PVC）防水卷材按照产品的组成可分为匀质 PVC 防水卷材，带纤维背衬 PVC 防水卷材、织物内增强 PVC 防水卷材、玻璃纤维内增强 PVC 防水卷材及玻璃纤维内增强带纤维背衬卷材。用于机械固定法施工的 PVC 防水卷材，常常需要采用机械固定件将 PVC 防水卷材与钢板基层连接，这就要求 PVC 防水卷材具有较高的机械强度，只有聚酯纤维内增强的 PVC 防水卷材才能满足要求，聚氯乙烯（PVC）防水卷材的物理性能应满足《聚氯乙烯（PVC）防水卷材》GB 12952 标准要求，主要性能指标见表 8.1-1。

聚氯乙烯（PVC）防水卷材主要性能　　　　　　表 8.1-1

试验项目		性能要求
最大拉力（N/cm）		≥250
最大拉力时延伸率（%）		≥15
热处理尺寸变化率（%）		≤0.5
低温弯折性		−25℃，无裂纹
不透水性（0.3MPa,2h）		不透水
接缝剥离强度（N/mm）		≥3.0
人工气候加速老化（2500h）	最大拉力保持率（%）	≥85
	伸长率保持率（%）	≥80
	低温弯折性（−20℃）	无裂纹

热塑性聚烯烃（TPO）防水卷材按照产品的组成可分为匀质 TPO 防水卷材，带纤维背衬 TPO 防水卷材和织物内增强 TPO 防水卷材。用于机械固定法施工的 TPO 防水卷材，常常需要采用机械固定件将 TPO 防水卷材与钢板基层连接，这就要求 TPO 防水卷材具有好的机械强度，通常情况下只有聚酯纤维内增强的 TPO 防水卷材才能满足要求，热塑性聚烯烃（TPO）防水卷材物理性能指标应满足《热塑性聚烯烃（TPO）防水卷材》GB 27789 标准要求，主要性能指标见表 8.1-2。

热塑性聚烯烃（TPO）防水卷材主要性能 表 8.1-2

试验项目		性能要求
最大拉力（N/cm）		≥250
最大拉力时延伸率（%）		≥15
热处理尺寸变化率（%）		≤0.5
低温弯折性		−40℃，无裂纹
不透水性（0.3MPa，2h）		不透水
接缝剥离强度（N/mm）		≥3.0
人工气候加速老化（2500h）	最大拉力保持率（%）	≥90
	伸长率保持率（%）	≥90
	低温弯折性（℃）	−40，无裂纹

EPDM 防水卷材按照产品的组成可分为匀质 EPDM 防水卷材和织物内增强 EPDM 防水卷材。三元乙丙橡胶防水卷材在发达国家是一种被广泛使用的高分子防水卷材，即使是匀质卷材也可用于机械固定法单层防水卷材屋面。为提高和规范我国单层防水卷材屋面的质量和发展，当匀质三元乙丙橡胶防水卷材应用于机械固定法单层防水卷材屋面时，防水卷材的主要性能除应符合表 8.1-3 要求外，相关防水卷材生产商还应提供与具体工程项目相对应的屋面系统实验报告，如抗风揭实验报告、FM 屋面系统报告等，以证明该屋面系统的安全与可靠性。增强型机械固定条带（RMA）技术要求见表 8.1-4。

三元乙丙橡胶（EPDM）防水卷材主要性能 表 8.1-3

试验项目		性能要求	
		无增强	内增强
最大拉力（N/10mm）		—	≥200
拉伸强度（MPa）	23℃	≥7.5	—
	60℃	≥2.3	
最大拉力时伸长率（%）		—	≥15
断裂伸长率（%）	23℃	≥450	
	−20℃	≥200	
钉杆撕裂强度（横向）（N）		≥200	≥500
撕裂强度（kN/m）		≥25	
低温弯折性		−40℃，无裂纹	−40℃，无裂纹
臭氧老化（500pphm，40℃，50%，168h）		无裂纹（伸长率为 50% 时）	无裂纹（伸长率为 0 时）
热处理尺寸变化率（80℃，168h）（%）		≤1	≤1
接缝剥离强度（N/mm）		≥2.0 或卷材破坏	≥2.0 或卷材破坏
浸水后接缝剥离强度保持率（常温浸水 168h）		≥7.0 或卷材破坏	≥7.0 或卷材破坏
热空气老化（80℃，168h）	拉力（强度）保持率（%）	≥80	≥80
	延伸率保持率（%）	≥70	≥70
	低温弯折性（℃）	−35	−35
耐碱性（饱和 Ca(OH)$_2$）	拉力（强度）保持率（%）	≥80	≥80
	延伸率保持率（%）	≥80	≥80
人工气候加速老化（2500h）	拉力（强度）保持率（%）	≥80	≥80
	延伸率保持率（%）	≥70	≥70
	低温弯折性（℃）	−35	−35

增强型机械固定条带（RMA）的技术要求 表 8.1-4

项目	增强型三元乙丙	搭接带（两边）
基本材料	三元乙丙橡胶	合成橡胶
厚度（mm）	1.52	0.63

续表

项　目	增强型三元乙丙	搭接带（两边）
宽度(mm)	245	76
持粘性(min)		≥20
耐热性(80℃,2h)		无流淌、无龟裂、无变形
低温柔性(℃)		-40℃,无裂纹
剪切状态下粘合性(卷材)(N/mm)		≥2.0
剥离强度(卷材)(N/mm)		≥0.5
热处理剥离强度保持率(卷材,80℃,168h)		≥80

8.1.4　适用范围

适用于厂房、仓库和体育场馆等低坡大跨度或坡屋面的新屋面及翻新屋面的建筑防水工程。

8.1.5　工程案例

1. 工程概况

项目所在地：河南省洛阳市高新技术产业开发区某生产车间屋面

建筑物占地面积：约 $10000m^2$

建筑层数：主体厂房一层，车间局部设置三层辅助生产用房夹层

建筑高度：15m 主体结构与屋面围护形式：轻钢结构

防水设防等级：一级

2. 设计方案

屋面构造由上至下为：1.5mm 增强型 TPO 防水卷材（无穿孔机械固定）；80mm 岩棉保温板（双层错缝铺贴）；0.3mm PE 膜隔汽层；结构压型钢板基层．

根据工程实际情况进行计算如下：

风压高度变化系数 μ_z：

风压高度变化系数与地面高度、地面粗糙度类别等有关，确定相关数值和类别后，根据 GB 50009 表 8.2.1 进行查询并采用内插法计算：

离地面或海平面高度(m)	地面粗糙度类别			
	A	B	C	D
5	1.09	1.00	0.65	0.51
10	1.28	1.00	0.65	0.51
15	1.42	1.13	0.65	0.51
20	1.52	1.23	0.74	0.51
30	1.67	1.39	0.88	0.51
40	1.79	1.52	1.00	0.60
50	1.89	1.62	1.10	0.69

备注：地面粗糙度可分为 A、B、C、D 四类，

——A 类：近海海面和海岛、海岸、湖岸及沙漠地区；

——B 类：指田野、乡村、丛林、丘陵以及房屋比较稀疏的乡镇和郊区；

——C 类：指有建筑群的城市区域

——D 类：指有密集建筑群且房屋较高的城市市区。

本工程所在地区为河南省洛阳市高新技术产业开发区内，根据卫星地图显示判断，地面粗糙度类型选择 C 类。本工程各个车间、连廊，建筑高度均在 15m 以下，故取 μ_z

(13.0m)＝0.65。

8.2 地下工程预铺反粘防水技术

8.2.1 发展概述

地下防水工程中的一大难题是底板防水层和采用外防内贴法施工工艺的外墙防水层的质量问题。这两个部位使用传统防水技术时，都不能实现与结构混凝土的直接粘贴，因此也不能为结构本身提供最安全的防水保护。

使用传统的防水材料，在底板部位或者侧墙采用外防内贴法施工工艺时，一旦防水卷材破损，地下水将在防水层和保护层间流动，渗漏水会从混凝土结构薄弱部位进入到建筑物中，即使在室内发现渗漏点，也很难确定实际发生破损的防水层位置，使得修补工作难以进行或者成本昂贵。如图 8.3-2a 所示。

同时，以底板为例，传统防水卷材与垫层粘接，当基础发生沉降时，垫层很容易变形沉降，防水层随之变化，容易使得底板与侧墙的防水层直接脱开，防水层不能完整封闭，底板完全暴露在地下水中。

为了给建筑结构提供全面的直接保护，美国格雷斯公司在 1992 年发明了预铺防水卷材系统和施工技术，第一次实现了防水卷材在各个方位与结构混凝土形成满粘，提供最佳的防水形式。预铺防水卷材自面世以来，由于其独特的防水理念和优异的防水效果，很快得到市场的认可，在众多重大工程中得到应用。特别是在经济发达国家，除却其优异的防水效果外，其白色的外观，清洁环保的施工环境也受到客户的欢迎。

近五六年国内的防水企业受到美国格雷斯公司预铺反粘技术的启发，也开始研制并推广使用预铺反粘技术。

8.2.2 技术内容

地下工程预铺反粘防水技术所采用的材料是高分子自粘胶膜防水卷材。该卷材系在一定厚度的高分子卷材基材上涂覆一层非沥青类高分子自粘胶层和耐候层复合制成的多层复合卷材。采用预铺反粘法施工时，在卷材表面的胶粘层上直接浇筑混凝土，混凝土固化后，与胶粘层形成完整连续的粘接。这种粘结是由液态混凝土与整体合成胶相互勾锁而形成。高分子卷材基材主要提供高强度；自粘胶层提供良好的粘接性能，可以承受结构产生的裂纹影响；耐候层既可以使卷材在施工时适当外露，同时提供不粘的表面供工人行走，使得后道工序能够顺利进行。见图 8.2-1。

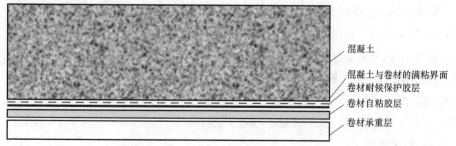

图 8.2-1 预铺反粘防水卷材构造

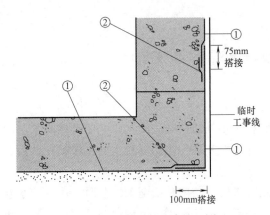

图 8.2-2 预铺反粘防水施工图
1—卷材；2—胶带

该卷材采用全新的施工方法进行铺设：卷材使用于平面时，将高分子卷材基材面朝向垫层进行空铺；卷材使用于立面时，将卷材固定在支护结构面上，胶粘层朝向结构层，在搭接部位临时固定卷材。防水卷材施工后，不需铺设保护层，可以直接进行绑扎钢筋、支模板、浇筑混凝土等后续工序施工。见图 8.2-2。

1. 技术措施

（1）预铺防水卷材必须能够与液态混凝土固化后形成牢固永久的粘结。因此，防水卷材胶粘剂面在施工中必须朝向结构混凝土面，同时胶粘剂必须能够满足与混凝土永久粘结的要求。

（2）预铺防水卷材施工后，其上无需铺设混凝土保护层，直接在防水层上绑扎钢筋，因此要求预铺防水卷材必需具有较高的强度。

（3）预铺防水卷材在施工过程中会在阳光下暴露，所以防水卷材必须具有一定的抗紫外老化能力。

（4）预铺防水卷材在暴露期间，会受到其他环境因素，如雨水、地下水、尘土等的污染，防水卷材在这些环境因素影响下，应保持与混凝土良好的粘结力。

（5）预铺防水卷材与结构混凝土粘结，因此，施工中在阴、阳角等部位不应设置加强层。卷材必须有很好的柔软性适应结构可能发生的变形开裂等。

（6）预铺防水卷材的高低温性能平衡：防水卷材必须同时考虑高低温要求，满足在中国不同区域和不同季节施工的需求。

（7）防水卷材的完整性：搭接是预铺防水卷材最大的节点，必须有很强的连续粘结性能，才能保证最好的防水效果。

（8）防水卷材松铺施工：为了避免结构沉降的影响，预铺反粘防水卷材推荐松铺施工。

2. 技术特点

（1）卷材防水层与结构层永久性粘结一体，中间无串水隐患；

（2）防水层不受主体结构沉降的影响，有效地防止地下水渗入；

（3）不需找平层，且可在无明水的潮湿基面上施工；

（4）防水层上无需做保护层即可浇注混凝土；

（5）单层使用，节省多道施工工序，节约工期；

（6）特制高密度聚乙烯（HDPE）抗拉、抗撕裂及抗冲击性能良好；

（7）冷施工，无明火；无毒无味，安全环保。

8.2.3 技术指标

主要物理性能指标见表 8.2-1。

主要物理性能指标　　　　　　　　　　　　　　　　　　表 8.2-1

项　目		指　标
拉力(N/50mm)		≥500
膜断裂伸长率(%)		≥400
低温弯折性		−25℃，无裂纹
不透水性		0.4MPa，120min，不透水
冲击性能		直径(10±0.1)mm，无渗漏
钉杆撕裂强度(N)		≥400
防窜水性		0.6MPa，不窜水
与后浇混凝土剥离强度 (N/mm)	无处理	≥2.0
	水泥粉污染表面	≥1.5
	泥沙污染表面	≥1.5
	紫外线老化	≥1.5
	热老化	≥1.5
与后浇混凝土浸水后剥离强度，(N/mm)		≥1.5
热老化 (70℃，168h)	拉力保持率(%)	≥90
	伸长率保持率(%)	≥80
	低温弯折性	−23℃，无裂纹

8.2.4　适用范围

适用于地下工程底板和侧墙外防内贴法防水工程。

8.2.5　工程案例

1. 工程概况

项目名称：西安欧亚论坛三期地下工程

此项目总占地 3 万余平方米，总建筑面积约 6.1 万 m²，主要由一栋单体超高层建筑及裙楼组成。其中单体超高层建筑地上设计 31 层，地下设计 2 层，地上总建筑高度近 140m，整个建筑形态呈"门"字造型。

本建筑工程设计使用年限 100 年，抗震烈度 8 度，主体钢筋混凝土框筒结构，裙房部分钢筋混凝土框架结构。

项目位于浐灞黄金三角洲洲头，为浐河与灞河交汇点，但由于位于两河交汇点的三角洲地带，地质情况异常复杂，地表开挖至 7m 左右即可见水。由于建筑物的特殊重要性及如此高的地下水位，设计及业主经过综合考虑最终选择全外包的防水系统，所有防水层必须与结构层形成满粘，地下室底板采用预铺反粘工艺。

2. 防水设计及要求

该项目防水设防等级为一级，地下室底板采用一道预铺式高分子自粘胶膜卷材，侧墙和顶板采用两道进口交叉层压膜自粘卷材。各主要部位及细部节点防水做法详见图 8.2-3～图 8.2-5。

从图 8.2-3 可以看出构造层次非常简单，地下室底板采用预铺式高分子自粘胶膜，防水层自粘胶膜朝上与结构底板形成满粘。一方面

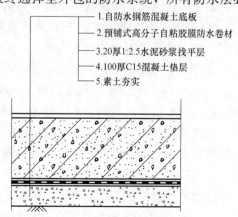

1.自防水钢筋混凝土底板
2.预铺式高分子自粘胶膜防水卷材
3.20厚1:2.5水泥砂浆找平层
4.100厚C15混凝土垫层
5.素土夯实

图 8.2-3　地下室底板防水构造

可以杜绝传统卷材无法做到的"与结构底板满粘"弊端，另一方面也解决了传统材料无法"与结构沉降保持一致"的问题。

底板防水层与侧墙的交叉层压膜自粘卷材可形成完美接茬，进而整个地下室可形成与结构层满粘的全外包防水系统。

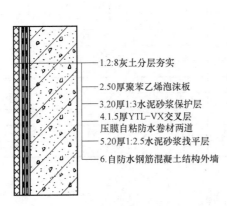

1.2:8灰土分层夯实
2.50厚聚苯乙烯泡沫板
3.20厚1:3水泥砂浆保护层
4.1.5厚YTL-VX交叉层压膜自粘防水卷材两道
5.20厚1:2.5水泥砂浆找平层
6.自防水钢筋混凝土结构外墙

图 8.2-4   地下室侧墙防水构造

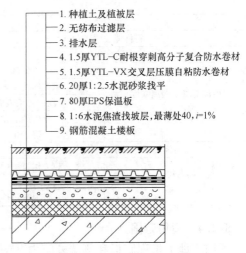

1. 种植土及植被层
2. 无纺布过滤层
3. 排水层
4. 1.5厚YTL-C耐根穿刺高分子复合防水卷材
5. 1.5厚YTL-VX交叉层压膜自粘防水卷材
6. 20厚1:2.5水泥砂浆找平
7. 80厚EPS保温板
8. 1:6水泥焦渣找坡层,最薄处40,$i=1\%$
9. 钢筋混凝土楼板

图 8.2-5   地下室顶板防水构造

8.3   预备注浆系统施工技术

8.3.1   发展概述

预埋注浆管系统的研发和应用始于 19 世纪 70～80 年代的欧美国家，它由预埋注浆管、连接管/件及 PVC 导管等组成，用于混凝土中的施工缝、水泥管接口、连续墙和底板之间空隙、新旧混凝土之间的接缝等处的永久密封。当水渗入接缝时，可以通过设定在表面的 PVC 导管注入水泥或化学浆液加以封堵。同样，产生渗漏的接缝也可以用这种方法进行永久密封修复。这种方法可以确保接缝完全不渗漏，不仅使用方便、无需特殊施工工具，而且对建筑物、构筑物等结构无影响。20 世纪 80 年代末，德国 BBZ 公司研制出 FU-KO 管，它是一种带有真空腔构造的注浆系统，由于真空腔的存在，这种注浆系统可重复使用，这一发明在原来的技术基础上，更极大地解决了混凝土活动缝的渗漏水问题，从而被广泛应用于市政、水利、隧道、桥梁等领域的混凝土接缝部位预防水处理，并取得良好效果。2000 年，先后有上海麦斯特、deneef 公司、德固塞等公司在中国推广这种技术，黄河流域的小浪底水利枢纽率先使用，解决了其工程中接缝渗漏的疑难问题。2005 年以后，随着国内各大中城市轨道交通项目的大量建设，接缝渗漏问题突出，上海隧道设计研究院率先在上海地跌中使用这种技术，随后，北京城建设计研究院也在北京地铁中引进该技术，均取得良好效果。由于进口产品价格高昂，为解决工程问题并降低成本，国内一些厂家陆续开始研发生产该类产品，从而使这一技术在中国各类重点、大型工程中得到广泛应用。2006 年开始《预埋注浆管》材料的企业标准和工程标准的制定，使这一技术日趋完善，应用得到迅速普及。

8.3.2 技术内容

预备注浆系统是地下混凝土结构工程接缝防水施工技术。注浆管可采用硬质塑料或硬质橡胶骨架注浆管、不锈钢弹簧骨架注浆管。混凝土结构施工时，将具有单透性、不易变形的注浆管预理在接缝中，当接缝渗漏时，向注浆管系统设定在建（构）筑物外表面的导浆管端口中注入灌浆液，即可密封接缝区域的任何缝隙和孔洞，并终止渗漏。如果建（构）筑物将来出现渗漏，可重复注浆管系统也可以提供完整的维护方案。当采用普通水泥、超细水泥或者丙烯酸盐化学浆液时，系统可用于多次重复注浆。利用这种先进的预备注浆系统可以达到"零渗漏"效果。

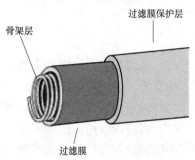

图 8.3-1 注浆管结构示意图

与传统的接缝处理方法相比，不仅材料性能优异、安装简便，而且节省工期和费用，并在不破坏结构的前提下，确保接缝处不渗漏水，是一种先进、有效的接缝防水措施。

预备注浆系统是由注浆管系统、灌浆液和注浆泵组成。注浆管系统由注浆管（图 8.3-1）、连接管及导浆管、固定夹、塞子、接线盒等组成。注浆管分为一次性注浆管和可重复注浆管两种。

1. 技术指标

（1）硬质塑料、橡胶管或螺纹管骨架注浆管的主要物理性能应符合表 8.3-1 的要求。

硬质塑料或硬质橡胶骨架注浆管的物理性能　　　　　表 8.3-1

序号	检测项目	指标
1	注浆管外径偏差(mm)	±1.0
2	注浆管内径偏差(mm)	±1.0
3	出浆孔间距(mm)	≤20
4	出浆孔直径(mm)	3～5
5	抗压变形量(mm)	≤2
6	覆盖材料扯断永久变形(%)	≤10
7	骨架低温弯曲性能	−10℃,无脆裂

（2）不锈钢弹簧管骨架注浆管的主要物理性能应符合表 8.3-2 的要求。

不锈钢弹簧骨架注浆管的物理性能　　　　　表 8.3-2

序号	检测项目	指标
1	注浆管外径偏差(mm)	±1.0
2	注浆管内径偏差(mm)	±1.0
3	不锈钢弹簧钢丝直径(mm)	≥1.0
4	滤布等效孔径 O_{95}(mm)	<0.074
5	滤布渗透系数 K_{20}(mm/s)	≥0.05
6	抗压强度(N/mm)	≥70
7	不锈钢弹簧钢丝间距(圈/10cm)	≥12

2. 注浆管安装方法

注浆管的安装可见图 8.3-2。

（1）截取注浆管，注浆管的安装长度每段不超过 10m，并在两端连接注浆管导管，注浆导管与注浆管连接应牢固、严密；注浆导管末端安装塞子，封堵密实。

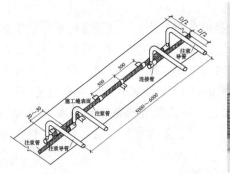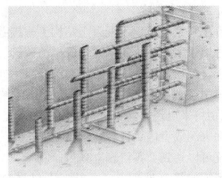

图 8.3-2   注浆管安装示意图

（2）清理基层。固定注浆管范围的基层应坚实、基本平整，不得有浮浆、油污、疏松、孔洞等，否则应予以清除。必要时可用防水砂浆修补。

（3）确定注浆管安装位置，保证注浆管任意一侧混凝土的厚度不得小于 50mm。

（4）将注浆管用固定夹固定在混凝土接缝基面上（图 8.3-3），注浆管应与基面密贴，中间不得有悬空部位。注浆管的固定间距宜为 200～250mm，固定应牢固可靠。

① 每段注浆管的出浆口和进浆口平行交错安装，注浆管（不含连接管）错开距离宜为 20～30mm，平行间距 50mm（图 8.3-4）。

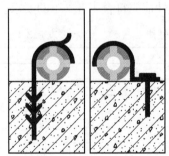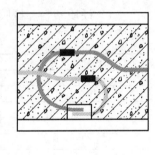

图 8.3-3   固定夹固定注浆管示意图   图 8.3-4   注浆管连接示意图

② 注浆管的转弯半径不宜小于 150mm，转弯部位应平缓，不得出现折角。

③ 双道平行设置的注浆管之间的距离不得小于 50mm。

（5）注浆导管埋入混凝土内的部分至少应有一处与结构钢筋绑扎牢固；注浆导管引出端应设置在方便的、易于接近的位置（图 8.3-5）。

（6）注浆管破损部位应割除，并在割除部位重新设置已经安装好注浆导管的注浆管，并与两端原有注浆管进行过渡搭接。

（7）在注浆管附近绑扎或焊接钢筋作业时，应采取临时遮挡措施对注浆管进行保护。

（8）浆液选择：优先选用水泥浆、超细水泥浆，当选用化学灌浆液时，可选用丙烯酸盐浆液、聚氨酯浆液、环氧树脂浆液。注浆应在结构施工完毕、停止降水后进行。

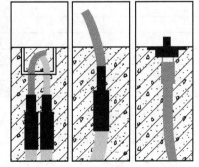

图 8.3-5   注浆导管引出端示意图

（9）注浆应从最低的注浆端开始，将材料向上挤压；为保证注浆效果宜使注浆液低压缓进。

（10）注浆材料不再流入并且压力计显示没有压力损失后，应维持该压力至少 2min。

（11）注浆方案、注浆材料、注浆压力等应由施工、设计、监理单位根据现场具体情况共同制定，并对整个注浆过程进行检查分析，确保防水效果满足防水要求。

（12）需要重复注浆时，应确保使用经过核准的注浆材料；任何留在注浆通道内的注浆材料必须在其固化之前清除干净。

8.3.3　适用范围

预备注浆系统施工技术应用范围广泛，可以在施工缝、后浇带、新旧混凝土接触部位使用。主要应用于地铁、隧道、市政工程、水利水电工程、建（构）筑物。

8.3.4　工程案例

（1）项目名称：烟台中心广场地下商场抗浮锚索防水设计方案

（2）工程概况：

烟台中心广场地下商场基坑抗浮设计抗浮锚索，抗浮锚索由 6 根 7ϕ5（ϕ15.24mm1860MPa）低松弛钢绞线编制而成，沿锚索体轴线方向每隔 1000mm 设置一个扩张环，扩张环由 5mm 厚普通钢板制作。锚索端头采用分散锚固于基础梁，锚固长度：锚索 A 为 2500mm，锚索 B 为 3000mm。钻孔深度大于锚索设计长度 200mm，锚孔孔径不小于 150mm。

（3）技术要求：

对抗浮锚索做全断面防水处理，防止地下水顺钢绞线串入结构主体，导致钢筋锈蚀，砼结构疏松、破坏。

（4）技术方案：

采用预埋注浆管系统对抗浮锚索进行处理。

预埋注浆管系统（Infoltra-stop）是一种安装在施工缝、冷缝、穿墙管周围、泥浆墙以及地墙接缝中的预埋注浆系统（图 8.3-6）。一旦水沿着接缝渗入时，可以通过设定在表面的 PVC 端口注入水活性注浆液加以封堵。这种接缝的防水方法，在混凝土完全凝固后再注浆，效果更加理想。

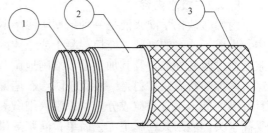

图 8.3-6　注浆管组成示意图

组成：

① 螺旋形增强钢丝：防止在混凝土浇灌时注浆管变形。

② 非编制过滤膜：它可以阻止混凝土浇灌时细小的水泥颗粒进入管内；在注浆时则让树脂完全流出。

③ 外层织物过滤膜：保护内层过滤膜，当注浆压力使其膨胀时，容许注入的浆液通过它均匀地、连续地渗透到混凝土裂缝周围和蜂窝处。

④ 外部直径：12mm。

安装：

安装 IT 管在钢绞索间的孔道内，IT 管可以根据需要长度来截取（建议不要超过 6m）。末端旋转整理光滑，套入喇叭接口，并确认已经插入到底，在喇叭接口的另一端套上带有一端用小帽已封闭的 PVC 增强注浆导管。IT 管固定夹的间距不要超过 25cm。也可以直接用铁丝绑在混凝土增强钢筋上。PVC 增强注浆导管必须露出混凝土表面，且容易观察的位置，便于连续灌浆施工。IT 管要全部接触接缝，以便确保有效的注浆效果。

8.4　丙烯酸盐灌浆液防渗施工技术

8.4.1　发展概述

国外化学灌浆的发展历史至今已有 80 年，中国应用化学灌浆解决工程中的问题也有近 50 年历史。目前中国的化学灌浆材料应用已经从工程完工后的维修（堵漏补强）发展到工程兴建前设计中就选用（帷幕和地基加固）。化学灌浆由于拥有比水泥灌浆更好的可灌性，见效快而且能按工程的需要调节浆液的凝胶时间而成为现代工程技术不可或缺的一个组成部分。化学灌浆中的丙烯酸盐类灌浆更是由于无毒性，超低黏度，极好可灌性，瞬间凝固，完全掌控灌浆距离，价格特别低廉而受到关注。特别适宜有流动水部位的堵漏和防渗，而当它与水泥组合用于混凝土结构外部的土层灌浆，更有令人满意的效果。

20 世纪 80 年代中期，中国水利系统研制出丙烯酸盐灌浆材料 AC-MS，并在葛洲坝工地进行了现场试验。80 年代后期，水利系统在丙烯酸盐灌浆材料 AC-MS 的基础上又研制出丙烯酸盐灌浆材料 AC-CM，首先在江西赣江上的万安水电站进行了试验和应用，随后在江苏三河闸、四川宝珠水电站、陕西汉中宁强二郎坝、长江三峡工程、广西龙滩水电站、湖北水布垭电站等工程上得到应用，均取得良好的效果。2007 年中国在丙烯酸盐灌浆材料 AC-CM 的基础上，又研制出第二代丙烯酸盐灌浆液 AC-Ⅱ，用一种新的无毒的交联剂替代原来丙烯酸盐灌浆材料中具有中等毒性的交联剂甲撑双丙烯酰胺，使丙烯酸盐灌浆材料更符合环保要求，还有增加膨胀性能的成分，浆液实际无毒，物理力学性能更优异。已在地铁、水电站等工程上应用。同时，中国又研制出一种 XT 丙烯酸盐灌浆材料，主要用于混凝土裂缝止水。

8.4.2　技术内容

丙烯酸盐化学灌浆液是一种新型防渗堵漏材料，它可以灌入混凝土或土体的细微孔隙中，生成不透水的凝胶，充填混凝土或土体的细微孔隙，达到防渗堵漏的目的。丙烯酸盐浆液通过改变外加剂及其加量可以准确地调节其凝胶时间，从而可以控制扩散半径。

丙烯酸盐灌浆材料是一种用于防渗、堵漏和软基加固的化学灌浆材料。它是真溶液，具有黏度低，不含颗粒成分，可以灌入细微裂隙；凝胶时间可以控制；凝胶不透水，能承受高水头，能耐久；施工工艺简单；灌浆效果好等特点。

1. 技术指标

丙烯酸盐灌浆液及其凝胶主要技术指标应满足表 8.4-1、表 8.4-2 要求。

丙烯酸盐灌浆液物理性能　　　　　　　　　　　　　表 8.4-1

序号	项目	技术要求	备注
1	外观	不含颗粒的均质液体	
2	密度（g/cm³）	生产厂控制值≤±0.05	
3	黏度（MPa・s）	≤10	
4	pH 值	6.0～9.0	
5	胶凝时间	可调	
6	毒性	实际无毒	按我国食品安全性毒理学评价程序和方法为无毒

丙烯酸盐灌浆液凝胶后的性能   表 8.4-2

序号	项目名称	技术要求	
		Ⅰ型	Ⅱ型
1	渗透系数/(cm/s)	$<1\times10^{-6}$	$<1\times10^{-7}$
2	固结标准砂湿抗压强度/KPa	$\geqslant200$	$\geqslant400$
3	抗挤出破坏比降	$\geqslant300$	$\geqslant600$
4	遇水膨胀率/%	$\geqslant30$	

2. 技术措施

（1）丙烯酸盐灌浆液用于混凝土裂缝、施工缝防渗堵漏的施工技术

① 灌浆孔的布置

当裂缝深度小于 1m 时，只需骑缝埋设灌浆嘴和嵌缝止漏就可以灌浆了。灌浆嘴的间距宜为 0.3~0.5m，在上述范围内选择裂缝宽度大的地方埋设灌浆嘴；当裂缝深度大于 1m 时，除骑缝埋设灌浆嘴外和嵌缝止漏外，还须在缝的两侧布置穿过缝的斜孔。穿缝深度视缝的宽度和灌浆压力而定，缝宽或灌浆压力大，穿缝深度可以大些，反之应小些。孔与缝的外露处的距离以及孔与孔的间距宜为 1~1.5m。

② 嵌缝、埋嘴效果检查

嵌缝、埋嘴效果影响灌浆的质量。灌浆前，灌浆孔应安装阻塞器（或埋管），在一定的压力下通过灌浆孔、嘴压水，检查灌浆嘴是否埋设牢固，缝面是否漏水。

压水时应记录每个孔、嘴每分钟的进水量和邻孔、嘴以及无法嵌缝的外漏点的出水时间。

③ 浆液浓度和凝胶时间的选择

针对裂缝漏水的防渗堵漏，应选用丙烯酸盐等单体含量为 40% 的 A 液，和 B 液混合后形成丙烯酸盐单体含量为 20% 的浆液。

浆液凝胶时间应相当于压水时水扩散到治理深度所需时间的 2~3 倍。如有无法嵌缝的外漏点，浆液的凝胶时间应短于外漏点的出水时间。

④ 灌浆压力

灌浆压力应根据该部位混凝土所能承受的压力来确定。应大于该部位承受的水头压力。

⑤ 灌浆工艺

垂直裂缝的灌浆次序，应是自下而上，先深后浅；水平裂缝的灌浆次序，应是自一端到另一端。如果压水资料表明，某些孔、嘴进水量较大，串通范围较广，应优先灌浆。

灌浆时，除已灌和正在灌浆的孔、嘴外，其他孔、嘴均应敞开，以利排水排气。当未灌孔、嘴出浓浆时，可以将其封堵，继续在原孔灌浆，直至原孔在设计压力下不再吸浆或吸浆量小于 0.1L/min，再换灌临近未出浓浆和未出浆的孔、嘴。一条缝最后一个孔、嘴的灌浆，应持续到孔、嘴内浆液凝胶为止。

（2）丙烯酸盐灌浆液用于不密实混凝土防渗堵漏的施工技术

① 灌浆孔的布置

采取分序施工，逐步加密，最终孔距 0.5m 左右。孔深应达到混凝土厚度的 3/4~4/5。

② 浆液浓度和凝胶时间的选择

浆液浓度，应选用丙烯酸盐等单体含量为 40％的 A 液，和 B 液混合后形成丙烯酸盐等单体含量为 20％的浆液。

凝胶时间根据灌浆前钻孔压水时外漏的情况来选择，原则是浆液的凝胶时间要短于压水时的外漏时间，尽可能减少浆液漏失。

③ 灌浆压力

灌浆压力应等于该处混凝土所能承受的水头压力的 3～5 倍。为了减少浆液的外漏，可以分级升压。

④ 灌浆工艺

尽可能采用双液灌浆。因为这类灌浆，外漏渗径短，浆液的凝胶时间短，采用单液灌浆容易堵泵、堵管，不仅浆液浪费大，且难以达到防渗堵漏的效果。

每一孔段灌浆前都要做好充分准备，确保一旦灌浆开始，就能顺利进行到底，灌至孔内浆液凝胶结束。

(3) 丙烯酸盐灌浆液用于坝基防渗帷幕的施工技术

① 应用方式

丙烯酸盐灌浆用于坝基防渗帷幕可以有 3 种方式：纯丙烯酸盐灌浆帷幕、水泥—丙烯酸盐灌浆复合（混合）帷幕、补强帷幕。

a. 当经过水泥灌浆试验证明，水泥对该部位不具有可灌性，而该部位的透水性又超过坝基防渗要求时，应设计纯丙烯酸盐灌浆帷幕。

b. 当经过水泥灌浆试验证明，水泥对该部位具有一定的可灌性，但该部位细微裂隙发育，水泥灌浆时压水透水率 Q 值大，水泥灌浆单耗小的坝段，水泥灌浆后，应设计一排丙烯酸盐灌浆帷幕，形成水泥-丙烯酸盐灌浆复合（混合）帷幕。

c. 当水泥灌浆后，通过灌浆资料分析和效果检查，发现局部部位水泥灌浆时吸水不吸浆，或达不到防渗标准，针对局部设计丙烯酸盐灌浆补强帷幕。

② 丙烯酸盐灌浆帷幕的设计

对于纯丙烯酸盐灌浆帷幕、水泥-丙烯酸盐灌浆复合（混合）帷幕，应和水泥灌浆一样，采用分序施工，逐步加密。补强帷幕则只需在需要补强的部位和深度布置灌浆孔。

a. 钻孔

钻孔孔径：为了减少孔容占浆，孔径宜小不宜大；

孔排距：孔距 2m，排距视廊道尺寸等条件而定；

段长：接触段 2m，以下各段一般可采用 5m，如细微裂隙特别发育，透水大，灌浆泵的排浆量小时，应缩短段长；

孔深：成排布置，应达到帷幕底线；补强帷幕，视要求而定。

b. 阻塞

分段阻塞或采用孔口封闭器均可，射浆管距离孔底不得超过 0.3m，以利于排出孔内积水，减少水对浆液的稀释。

c. 浆液浓度的选择

丙烯酸盐化学灌浆材料有 15％和 20％两种浓度。用于坝基防渗帷幕，一般情况下可采用 20％的浓度，也可采用 15％的浓度。但在灌段出现涌水、灌前 $Q > 10L/min$、运行水头等于或大于100m时，均应选用20％浓度的浆液。

d. 浆液凝胶时间的控制

丙烯酸盐浆液通过改变外加剂及其加量可以准确地调节其凝胶时间，从而可以控制扩散半径。

依据灌浆孔段压水时的压入流量 Q 值来调节浆液的凝胶时间。

单液灌浆：

当 $Q \leqslant 5L/min$ 时，凝胶时间为 50～60min；

当 $5L/min \leqslant Q \leqslant 10L/min$ 时，凝胶时间为 40～50min；

当 $Q > 10L/min$ 时，凝胶时间为 30～40min。

第一批混合的浆量以满足管路和孔段占浆量再加开始10min的吸浆量为限，以后每批混合浆量以满足10min的吸浆量为限。

双液灌浆：

当 $Q \leqslant 5L/min$ 时，凝胶时间为 35～45min；

当 $5L/min \leqslant Q \leqslant 10L/min$ 时，凝胶时间为 25～35min；

当 $Q > 10L/min$ 时，凝胶时间为 15～25min。

凝胶时间短于30min的一定要采用双液灌浆；凝胶时间长于30min的尽量采用双液灌浆，可以提高浆液的利用率，减少弃浆，还可以提高灌浆质量，降低劳动强度。

e. 灌浆压力

采用水泥灌浆压力的 70％ ～80％。

f. 灌浆

盛浆容器应采用塑料或不锈钢制品；

用反循环法，回浆管进风，进浆管敞开，用风将孔内的积水吹出来；

采用双液灌浆时，将泵的输入管分别与A、B液连接；采用单液灌浆时，在A液中再加入等体积的B液搅拌均匀，将泵的输入管与混合液连接，从进浆管进浆，回浆管出浓浆时，关闭回浆管，记录孔容占浆，尽快升到设计压力；

每5min记录一次进浆量，直至灌浆结束；

灌浆应连续进行，只有在邻孔串漏的情况下才可以采用间歇灌浆；

在设计灌浆压力下，应灌至连续3个读数小于 0.02L/min 时即可结束。对于有涌水的孔段或地下水流速较大的部位，应灌至孔内浆液凝胶。待最后一批混合的浆液胶凝1h后，才可松开阻塞器、拔管、扫孔和进行下一工序。

g. 封孔

全孔丙烯酸盐灌浆结束后，应通过扫孔的办法将孔内的凝胶清除并冲洗干净，然后用水泥进行压力灌浆封孔。

h. 效果检查

丙烯酸盐灌浆结束3d后即可进行效果检查。

8.4.3 适用范围

矿井、巷道、隧洞、涵管止水；混凝土渗水裂隙的防渗堵漏；混凝土结构缝止水系统损坏后的维修；坝基岩石裂隙防渗帷幕灌浆；坝基砂砾石孔隙防渗帷幕灌浆；土壤加固；喷射混凝土施工。

8.4.4　工程案例

（1）项目名称：余杭 09 省道下穿沪昆铁路苏家公铁立交工程底板渗漏水治理。

（2）工程概况

余杭 09 省道下穿沪昆铁路苏家公铁立交公路路面渗水严重，其中 U 型槽 K4＋021.284 断面新老 U 型槽交界缝底板渗漏水，长约 22m；铁路框架底板与 U 型槽北侧交界缝底板渗漏水，长约 7.5m；铁路框架底板与 U 型槽南侧交界缝底板渗漏水，长约 7.5m；K 4＋021.284 断面新老 U 型槽接缝，匝道下口接缝向北 3m 左右渗漏点 3 处。

（3）丙烯酸盐灌浆止水实施方案

针对漏水点，在其周围布孔灌浆，孔深穿过 U 型槽底板，灌浆材料选用丙烯酸盐灌浆液，利用丙烯酸盐灌浆液在渗水通道内扩散的过程中生成凝胶，以达到防渗堵漏的目的。

丙烯酸盐化学灌浆材料具有黏度低，能渗入微细缝隙；凝胶时间可以控制，可控制灌浆范围；凝胶渗透系数低等优点。杭州下穿公路路面施工现场潮湿，看到两个漏水点，漏水量不详，工程量和施工难度较大。施工过程中根据水压情况，水流速度等因素，在以丙烯酸盐化学灌浆为主的同时，采用无机堵漏材料等进行配合使用。

化学灌浆止水主要工序是：钻孔→清孔→埋管→压水→灌浆→拆除节门管件→灌浆孔回填封堵（包括盲孔、废孔）、表面清理→竣工

① 钻孔：在看得见漏水的部位，可以针对渗水的部位布孔；在看不到渗水点但实际上渗水部位全面布孔。对漏水区域的粉砂层注浆，使之形成防水帷幕，达到保护路基，永久止水的目的。钻孔分Ⅲ序施工，Ⅰ序孔、排距 2m，Ⅱ序孔在Ⅰ序孔、排距 2m 之正中间，Ⅲ序孔布在ⅠⅡ序孔之正中间，Ⅲ序孔施工后，钻孔的孔、排距为 0.5m。加上一些针对渗水部位的布孔，平均每平方米 5～6 个孔。Ⅰ序孔灌完之后钻Ⅱ序孔，Ⅱ序孔灌完之后钻Ⅲ序孔。根据现有设备，孔径 25mm，孔深至粉砂层。

② 清孔：孔钻完后用清水清洗至回水清洁为止。

③ 埋管封孔。

④ 压水：了解钻孔是否吸水、是否与渗水部位串通、串通范围，并对缝隙进行冲洗。对串通孔要安装灌浆塞。不吸水的孔不灌浆，直接封孔。吸水特别大的，先灌水泥浆。

⑤ 灌浆：优先使用双液灌浆设备，以利于节约灌浆材料、提高灌浆效果。对有外漏的，浆液的凝胶时间要短，还可以采用间隙灌浆；对串通孔，先让其排水、排气，它出浆后同时灌注。灌至不吸浆、孔内浆液凝胶为止。

⑥ 拆卸节门及管件。

⑦ 灌浆孔回填封堵（包括盲孔、废孔）：灌浆孔（包括盲孔、废孔）用预缩水泥砂浆回填封堵。

8.5　种植屋面防水施工技术

8.5.1　发展概述

屋顶绿化（又称为"种植屋面"，是城市多元绿化中的一种方式）因其特有的建筑节能、截留雨水、净化空气、缓解城市雨洪压力及热岛效应等显著生态效益，而备受世界各

国推崇。随着我国城市建设的迅猛发展，城市生态、低碳环保等观念日渐深入人心，屋顶绿化已成为建筑绿化的重要趋势之一，新开发的建筑也对其屋面荷载能力提出了相应的规范要求，同时政府通过政策鼓励确保屋顶绿化的全面发展。欧美及其他发达国家将屋顶绿化视为集生态效益、经济效益与景观效益为一体的城市绿化的重要补充，已经成为政府解决城市环境问题的最佳选择。

20 世纪六七十年代，广州、成都、重庆、北京、上海等城市率先开展了屋顶绿化实践，并主要是在涉外饭店等公共建筑开始建造屋顶花园。目前国内各大城市结合建筑载体实施屋顶绿化，可大大缓解城市平面绿化用地紧张的矛盾，增加城市绿量，缓解城市热岛效应，建设宜居城市，创造全方位、立体化的城市空中景观。对建筑物的屋顶进行绿化美化，已经被国内各大城市列入议事日程。上海正加紧屋顶绿化的立法进程，武汉、成都、重庆、广州、济南等城市也纷纷将屋顶绿化提上日程，制定相关规则。住建部和北京市关于城市绿地规划建设的有关管理条例已明确把建筑物屋顶的绿化面积按一定比例计入城市绿地率和绿化覆盖率。近几年来，在绿色建筑的政策引导下，技术研发和成果推广方面均取得了一定成效。

德国是世界上开展屋顶绿化技术较早且水平较高的国家。1965 年，德国科技界提出"建筑物大面积植被化"的城市生态工程方案，并且拥有这一领域 90％的专利。至今，全德国近 1 亿 m^2 的建筑物屋顶已被植被覆盖。2003 年，德国新建筑屋面有 30％～40％为种植屋面，其中，有 80％的是简单式屋顶绿化；20％的种植屋面是屋顶花园。

日本在 2001 年选定东京、名古屋、大阪和京都等城市作为试点，对建筑物实行屋顶绿化。2001 年 4 月日本东京市政府规定，凡占地 1000m^2（公共设施占地 250m^2 以上）的新建、改建、增建建筑，其屋顶面积的 20％以上必须进行绿化。日本把循环经济的理念纳入到屋顶绿化中，根据不同的屋顶特点，把太阳能、风能、地热、雨水收集系统结合屋顶绿化开发利用。据有关资料显示，日本从 2000～2005 年，6 年内创造了约 84 万 m^2 的屋顶绿化面积。

韩国建筑屋顶造景面积的 2/3 可以计为造景面积，但屋顶造景面积不可以超过整体造景面积的 50％，以免造成建筑密度过大且补充地下水不足等问题。韩国首尔市的《保护绿地及促进绿化的条例》中明确指出：为鼓励支持屋顶绿化，扩充绿色地面积，政府将补偿 50％的屋顶绿化费用，其中简单式屋顶绿化 7.5 万韩元/m^2，花园式屋顶绿化 9 万韩元/m^2。

传统的屋顶在城市的水环境中仅仅起到排除雨水的作用，在经过了屋顶绿化技术改造后，屋顶就能起到雨水存储、下渗补给地下水、缓慢排除雨水等一系列的作用，为城市的雨水利用开辟出了一条生态的、可行的途径。

8.5.2 技术内容

屋顶绿化也称种植屋面，根据种植基质深度和景观复杂程度，分为简单式和花园式屋顶绿化两种。基质深度根据植物需求及屋顶荷载确定，简单式绿色屋顶的基质深度不大于 150mm；花园式绿色屋顶在种植乔木时基质深度可大于 600mm。

一般构造为：屋面结构层、找平层、保温层、普通防水层、耐根穿刺防水层、排（蓄）水层、种植介质层以及植被层（图 8.5-1）。

屋顶绿化是系统工程，防水工程是实现屋顶绿化的重要基础。按照《种植屋面工程技

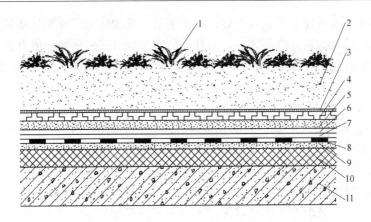

图 8.5-1　种植屋面构造图

1—植被层；2—种植基质；3—过滤层；4—排（蓄）水层；5—细石混凝土保护层；6—隔离层；
7—耐根穿刺防水层；8—普通防水层；9—找坡（平）层；10—保温层；11—结构层

术规程》JGJ 155 的规定，防水设防等级为一级，防水层必须选用一道耐根穿刺防水材料，耐根穿刺防水层应设置于普通防水层之上，避免植物的根系对普通防水层的破坏。耐根穿刺防水材料的选用应通过耐根穿刺性能试验，试验方法应符合现行国家标准《屋顶绿化用耐根穿刺防水卷材》GB/T 23457 的规定，并由具有资质的检测机构出具合格检验报告。

耐根穿刺防水材料是指具有抑制根系进一步向防水层生长，避免破坏防水层的一种功能性防水材料。屋顶绿化系统中的植物根系具有极强的穿透性，若防水材料选用不当，将会被植物根茎穿透，造成屋面渗漏。此外，若植物的根系扎入屋面结构层（如电梯井、通风口、女儿墙等），会危及建筑物的使用安全和寿命。

根穿刺性是指屋面或种植顶板表面防水层平面和防水层接缝处植物根系侵入、贯穿、损伤防水层的现象。对于屋顶绿化，必须保障屋面防水层长期的耐植物根穿刺性能。目前有阻根功能的防水材料有：聚脲防水涂料、化学阻根剂改性沥青防水卷材、铜胎基/复合铜胎基改性沥青防水卷材、聚乙烯高分子防水卷材、TPO 防水卷材、聚氯乙烯防水卷材等。聚脲防水涂料采用双管喷涂施工；改性沥青防水卷材采用热熔法施工；高分子防水卷材采用热风焊接法施工。应首选接缝严密可靠的耐根穿刺防水卷材。

种植屋面不宜设计为倒置式屋面。

8.5.3　技术指标

改性沥青类防水卷材厚度不小于 4.0mm，塑料类防水卷材厚度不小于 1.2mm。

种植屋面系统用耐根穿刺防水卷材基本物理力学性能，应符合表 8.5-1 相应国家标准中的全部相关要求，尺寸变化率应符合表 8.5-1 的规定。

现行国家标准及相关要求　　　　　　　　　　　　　　　　　表 8.5-1

序号	标　准	要　求
1	GB 18242—2008	Ⅱ 型全部要求
2	GB 18243—2008	Ⅱ 型全部要求
3	GB 12952	全部相关要求（外露卷材）
4	GB 27789	全部相关要求（外露卷材）
5	GB 18173.1	全部相关要求
6	GB 18967—2009	R 类全部要求

种植屋面用耐根穿刺防水卷材应用性能指标应符合表 8.5-2 的要求。

应用性能 表 8.5-2

序号	项 目			技术指标
1	耐霉菌腐蚀性	防霉等级		0 级或 1 级
2	尺寸变化率(%)	匀质材料		≤2
		纤维、织物胎基或背衬材料		≤0.5
3	接缝剥离强度	无处理 (N/mm)	改性沥青防水卷材 SBS	1.5
			改性沥青防水卷材 APP	1.0
			塑料防水卷材 焊接	3.0 或卷材破坏
			塑料防水卷材 粘结	1.5
			橡胶防水卷材	1.5
		热老化处理后保持率(%)		≥80 或卷材破坏

8.5.4 应用案例

(1) 项目名称：北京大学口腔医院门诊楼屋顶绿化。

(2) 工程概况

北京大学口腔医院位于海淀区中关村南大街 22 号，是一所集医疗、教学、科研、预防功能为一体的大型专科医院，是目前国际上口腔专科医疗服务规模最大的口腔医院。新落成的门诊病房楼总建筑面积为 36200m²，地上 15 层，地下 2 层，建筑设计新颖、功能完善。

北京大学口腔医院屋顶绿化项目设计范围为 2 层、9 层、10 层屋顶（见图 2），总面积 1277m²，允许荷载为 200kg/m²。

(3) 设计要求

针对北大口腔医院的特点和建筑周围缺少活动场地的现状，该屋顶绿化项目提出"应充分利用现有空间条件，营造植物丰富、优美和谐的园林景观，供前来就诊的病人游赏、休憩，同时，通过美化环境提升建筑品质"的总体设计要求。由于屋顶荷载不完全满足实施花园式屋顶绿化的条件，故在详细设计中，考虑在构造层材料、植物、铺装、小品、园林设施的选择和设置等方面应用合理的模式，兼顾安全、功能、经济、美观和生态五大要求。

(4) 设计原则

综合考虑屋面荷载、现状条件、甲方要求、景观效果与实用性等因素，结合医院特质，设计方案以"亲和自然、安全适用"为指导思想，并在详细设计中遵循以下原则：

① 以生态效益为主，景观效益为辅，渗透绿色、环保、节能理念；

② 以植物造景为主，利用有限的空间展示生物多样性，体现植物种类和绿化景观的多样性；

③ 通过屋顶绿化体现绿色建筑理念，展示屋顶绿化先进技术与良好的景观效果，提升建筑综合价值。

(5) 设计方案

① 二层简单式屋顶绿化设计方案

二层屋顶总面积 563m²，屋顶基本为正方形。屋顶花园一般不对外开放，仅作观赏，以鸟瞰效果为主，立面观赏为辅。

在建筑墙体与女儿墙周边预留宽度为 1m 的通道，并巧妙地将屋面通风管包围在绿地中；

西侧屋顶花园入口区域局部放大铺装，便于维护设备运输或参观视察工作等特殊情况时的人流集散；东侧因避让进风口，铺装局部加宽至 2m，以保证平面图案边界相对完整流畅；

采用自然流畅的图案式种植，种植设计以地被植物为主，适当点缀低矮的灌木以丰富植物配置的种类和层次；注意天井采光板周边避免种植体量较高大的植物，防止遮挡光源；

添加北大口腔医院院标 LOGO，应用景天科植物、耐修剪的色块植物等表现图案，标识的正面观赏方向为建筑内部候诊大厅。

② 十层简单式屋顶绿化设计方案

十层屋顶总面积 180m²，屋面为船型，尖头向西；女儿墙高 1.6m。屋顶花园一般不对外开放，仅作观赏，以鸟瞰效果为主，立面观赏为辅。

a. 在建筑墙体与女儿墙周边预留通道，北侧（建筑侧）通道宽度为 1m，南侧（女儿墙侧）通道宽度为 2m，避让进风口。

b. 绿地的构图形式与建筑设计的几何外形相随，俯视效果和谐统一；种植形式沿用二层流畅的自然式曲线，上下呼应。

c. 本层花园建筑入口内东侧为大会议室，设计时增加小灌木以丰富立面景观观赏效果；入口处设置小型铺装，便于人流集散；增加种植池，栽植主景灌木。

d. 入口东侧绿地空间较为局促，且灌木生长需求的土层厚度较大，与常规的地形处理的手法相抵触，故提出将栽植灌木处统一做种植池处理，以解决这一矛盾。

e. 在女儿墙一侧放置序列盆栽，用绿色植物弱化女儿墙较高带来的视觉障碍，同时巧妙隐蔽两组进风口。

③ 九层花园式屋顶绿化设计方案

九层屋顶总面积 534m²，整体为长方形，长轴南北向，短轴东西向；女儿墙高 1.6m；屋面现有间距不等、序列分布的通气管 17 个；设计为可进入式屋顶花园，故在景观设计中应兼顾了鸟瞰效果、游憩观赏以及由建筑内部向外的透视效果。

a. 本层的性质较为特殊，因允许开放使用，要防止病患接近屋面边缘发生坠楼安全隐患，故不再设置环形工作通道。

b. 在女儿墙内加设高 1.8m 的金属网拍，采用攀援植物进行遮挡，这一虚空间的分隔手法，既能够缓解实体墙造成的压抑感，又为攀援月季的生长提供了较好的载体。

c. 通气口的处理是较为棘手的问题，为避免其出现在铺装范围内影响通行，需要将这些通气口最大限度地围合在绿地中，因此根据其分布的位置，设计出折线园路、自然曲线园路，以及较大铺装面积结合景观柱收纳通气口的形式等多个方案，并经多次修改、整合，最终选定"弧线版"方案。

d. 设计方案在北侧入口区域保留较大面积铺装，便于人流集散；定制方墩、条凳两种木质坐凳外壳，内藏通气口，看似零散，但每两行中间镶嵌一道月季花池，就使得坐凳之间有了行列关系，紧密有致；由弧线园路自然引导至中心圆形小广场，将广场抬高一个踏步，并于一侧砌筑曲线小花池，这样通过三个竖向层次提升，在空间上产生变换感；广场与园路铺装以不同的颜色区分、提示；继续沿园路前行，至南侧入口，又是一个放开的活动空间，设置树池，种植观赏灌木作为主景；整体上形成"放→收→放"的游赏韵律。

e. 九层屋顶花园观赏与游憩并重，设计中在双侧入口的小广场区域及园路单侧布置节能环保太阳能草坪灯，在保证夜间照明的同时，使得花园夜景观赏效果别有情趣；添置体量轻盈的铁艺花钵、遮阳伞等园林小品及设施，便于移动和收纳，活跃气氛。

（6）防水层设计及维护

屋顶绿化要求防水材料性能高且耐久年限长，所以在绿化工程施工前，防水层必须经过蓄水试验，及时补漏，必要时做二次防水处理。

本项目防水设防等级为一级，普通防水层选用两道 4mm 厚聚酯胎 SBS 改性沥青防水卷材，阻根防水材料选用高密度聚乙烯膜。

在屋顶花园后期养护管理中，应及时清理屋面枯枝落叶，防止排水口堵塞造成壅水倒流，危及植物生长和防水安全。

（7）屋顶绿化种植构造层设计

根据本项目的特点，屋顶绿化种植构造层设置了阻根层、保湿毯、排（蓄）水层、隔离过滤层和种植基质层。绿化种植构造基层材料选择见表 8.5-3。

绿化种植构造层材料选择　　　　　　　　　　　　表 8.5-3

构造层	材　料	规　格	施工要点
防水层	SBS 改性沥青防水卷材	厚 4mm	双层铺设
隔根层	HDPE 膜	0.8mm	搭接宽度 500～1000mm
排（蓄）水层	HDPE 排水板	厚 25mm，蓄水 5kg/m²	对接
过滤层	长纤维聚酯过滤布	150g/m²	搭接宽度≥100mm
种植基质层	宝绿素	干容重 120kg/m³，湿容重 450～650kg/m³	平均覆土厚度 300mm

8.6　装配式建筑密封防水应用技术

8.6.1　发展概述

目前，我国加快建筑业的产业升级，国务院和各级政府大力推动装配式建筑的发展。然而由于装配式建筑是分块拼装，构配件之间会留下大量的拼装接缝，这些接缝很容易成为渗漏水的通道，从而对建筑防水处理提出了挑战。另外，为了抵抗地震力的影响，一些非承重部位还设计成了在一定范围内可活动，这就更增加了防水的难度。所以对装配式建筑中接缝大量使用的密封胶提出了更高的要求。预制外墙缝的防水一般采用构件防水和材料防水相结合的双重防水措施，密封胶是外墙板缝防水的第一道防线，其性能直接关系到工程防水效果、建筑立面效果等。一旦由于密封胶出现问题引起漏水，检查和修复都比较复杂。合理选择建筑密封胶对建筑耐久性和保值性具有重要意义。

建筑密封胶中，幕墙用的硅酮胶比例很大，但对混凝土为主的装配式建筑，不是很适用。目前，国内常用的装配式建筑密封胶包括硅酮密封胶、聚氨酯密封胶、硅烷改性聚醚密封胶、硅烷改性聚氨酯密封胶，不同的材料，性能指标也不尽相同。国外装配式建筑密胶应用比较成熟。日本作为一个多台风、多地震、降雨量大、四季温湿度变化明显的国家，对建筑物的防水性能和抗震性有严格要求，在这方面的技术处于世界领先水平。日本建筑工业化起步于 20 世纪 50 年代，已经形成了比较完善的建筑工业化相关的标准体系。例如，建筑密封胶领域的标准有日本工业标准 *Sealants for sealing and glazing* JIS A5758 及日本建筑学会标准 *Waterproofing and sealing* JASS 8。欧美国家也针对装配式建筑密封胶应用有明确的标准规范。例如，美国材料与试验协会标准 *Standard specification for elastomeric joint sealants* ASTM C920，欧洲标准 *Sealants for non-structural use* EN 15651，德国装配式建筑外墙密封胶标准 *Design and sealing of joints in external wall of buildings* DIN 18450 等。

在我国，关于预制装配式建筑，国家和各省市陆续发布许多设计和施工规范和规程，包括行业标准《装配式混凝土结构技术规程》以及各地地方标准。但这些规范中，只对接缝密封胶的性能和选用方法提出了原则性的要求，缺乏对密封胶的细化指标和设计、使用及检测方法指导。例如，《装配式混凝土结构技术规程》JGJ 1—2014 中明确指出，外墙板接缝所用的防水密封材料应选用耐候性密封胶，密封胶应与混凝土具有兼容性，并具有低温柔性、防霉性及耐水性等性能。国内已经发布的建筑用密封胶产品标准，包括《混凝土建筑用接缝密封胶》、《建筑用硅酮结构密封胶》、《建筑密封胶分级和要求》等，不是直接针对混凝土结构墙板接缝用密封胶，直接引用容易引起选用不当。由于国家现行相关标准缺少对于装配式结构接缝密封胶材料选择、设计要求、接缝构造要求、施工工艺及工程施工验收指标和方法等相关内容，未能形成统一的设计和施工方法，有可能造成工程质量隐患。

8.6.2　技术内容

1. 材料防水

材料防水是指在墙板上下两端预留形成的高低缝、企口等部位，板缝间内衬背衬材料，嵌填密封胶。密封胶材料除了需要与混凝土具备良好的粘结性之外，还必须具有更好的耐候性、耐污性等要求。其主要技术性能如下：

（1）力学性能。由于外墙板接缝会因温湿度变化、混凝土板收缩、建筑物的轻微震荡等产生伸缩变形和位移移动，所以装配式建筑密封胶必须具备一定的弹性且能随着接缝的变形而自由伸缩以保持密封，经反复循环变形后还能保持并恢复原有性能和形状，其主要的力学性能包括位移能力、弹性恢复率及拉伸模量。

（2）耐久耐候性。装配式建筑外墙为混凝土预制结构，属于多孔材料，孔洞大小及分布不均不利于密封胶的粘接；混凝土本身呈碱性，部分碱性物质迁移至粘接界面也会影响密封胶的粘接效果；预制外墙板生产过程中需采用脱模剂，在一定程度上也会影响密封胶的粘结性能。我国建筑物的结构设计使用年限为 50 年，而装配式建筑密封胶用于装配式建筑外墙板，长期暴露于室外，因此对其耐久耐候性能就得格外关注，相关技术指标主要包括定伸粘结性、浸水后定伸粘结性和冷拉热压后定伸粘结性。

（3）耐污性。传统硅酮胶中的硅油会渗透到墙体表面，在外界的水和表面张力的作用下，使得硅油在墙体载体上扩散，空气中的污染物质由于静电作用而吸附在硅油上，就会产生接缝周围的污染。对有美观要求的建筑外立面，密封胶的耐污性应满足目标要求。

（4）相容性等其他要求。预制外墙板是混凝土材质，在其外表面还可能铺设保温材料、涂刷涂料及粘贴面砖等，装配式建筑密封胶与这几种材料的相容性是必须提前考虑的。

2. 构造防水

构造防水作为预制结构外墙的第二道防线，在设计应用时主要做法是在接缝的背水面，根据墙板构造功能的不同，采用密封条形成二次密封，两道密封之间形成空腔。垂直缝部位每隔 2～3 层设计排水口。所谓两道密封，即在外墙的室内侧与室外侧均设计涂覆密封胶做防水。外侧防水主要用于防止紫外线、雨雪等气候的影响，对耐候性能要求高。而内侧二道防水主要是隔断突破外侧防水的外界水汽与内侧发生交换，同时也能阻止室内水流入接缝，造成漏水。

由两道材料防水、空腔排水口组成的防水系统已经在国外推行了 50 年，防水效果一直很好。空腔与排水口相组合，是基于压力平衡原理。产生漏水需要三个要素：水、空隙与压差，破坏任何一个要素，就可以阻止水的渗入。空腔与排水管使室内外的压力平衡，即使外侧防水遭到破坏，水也可以排走而不进入室内。内外温差形成的冷凝水也可以通过空腔从排水口排出。漏水被限制在两个排水口之间，易于排查与

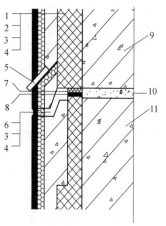

图 8.6-1　排水管构造防水示意图
1—同材质泡沫保温条；2—竖向常压排水空腔；3—背衬材料；4—密封胶；5—排水管；6—水平向常压防水空腔；7—同材质泡沫保温条或发泡聚乙烯泡沫条；8—双面自粘丁基胶带；9—上一层钢筋混凝土现浇外墙；10—细石混凝土坐浆层；11—下一层钢筋混凝土现浇外墙

修理。排水可以由密封材料直接形成开口，也可以在开口处插入排水管。见图 8.6-1。

8.6.3　技术指标

（1）密封胶力学性能指标中位移能力、弹性恢复率及拉伸模量应满足指标要求，试验方法应符合国家现行标准《混凝土建筑接缝用密封胶》JC/T 881、《硅酮和改性硅酮建筑密封胶》GB/T 14683 中的要求。

（2）密封胶耐久耐候性中的定伸粘结性、浸水后定伸粘结性和冷拉热压后定伸粘结性应满足指标要求，试验方法应符合国家现行标准《混凝土建筑接缝用密封胶》JC/T 881 及《硅酮建筑密封胶》GB/T 146836 的要求。

（3）密封胶耐污性应满足指标要求，试验方法可参考《石材用建筑密封胶》GB/T 23261 中的方法。

（4）密封防水的其他材料应符合有关标准的规定。

8.6.4　适用范围

装配式建筑密封胶主要用于混凝土外墙板与混凝土结构、钢结构的缝隙，混凝土内墙板间缝隙，混凝土地面切割后的缝隙等地面，主要为混凝土与混凝土、混凝土与钢之间的粘结。

8.6.5　工程案例

1. 前滩中粮壹号公馆

前滩中粮壹号公馆工程位于上海市浦东新区，东至济阳路西至东育路，北至林耀路，南至泳耀路。总建筑面积约 125653.3m²，地上建筑面积 85379.85m²，地下建筑面积 40273.45m²。本项目由 7 幢单体组成，其中 5 幢 16 层住宅楼、2 幢 11 层及 5 层办公楼组

成，其中1号、2号、3号、4号、5号楼4～15层为预制构件，1～3层及16层采用现浇，预制率约30%，预制构件主要为预制外墙板、叠合板、预制梁、预制阳台、预制楼梯等预制构件。保温系统采用外墙外保温，外饰面采用干挂石材。该工程外墙预制构件拼缝密封胶采用硅烷改性聚醚密封胶。该工程外墙打胶主要部位为预制凸窗水平缝和竖缝等缝隙，宽度20mm，厚度10mm以上。

2. 上海市金山区第一实验小学南校区新建工程项目

本工程项目建设地点位于金山区朱泾镇沈浦泾南路以东，众安街以南，清泉路以西，金龙街以北，总建筑面积20081.58m²，框架结构体系，其中采用预制装配整体式设计的单体有：1号教学楼、2号教学楼、1号实验楼、2号实验楼、行政楼。以教学楼为例，首层层高4.200m，2～4层层高3.900m，1～4层均采用预制构件装配式设计，预制构件包括：预制混凝土夹心保温外墙挂板、空调板、构造柱、叠合楼板。预制混凝土夹心保温外墙由内叶板（60mm）、夹心保温层（40mm）、外叶板（150mm）和连接件组成，保温体系与结构主体具有相同的耐久性，是集围护、保温、防水、防火、装饰等多项功能为一体的装配式预制混凝土构件。

预制板间的板缝用于吸收构件的制作误差和安装误差。这类板缝需采取可靠的防水措施，本工程板缝采用高低坎设计，通过一次材料防水和二次构造防水共同来实现防水效果。板缝处靠材外侧的密封胶构成第一道防水。靠材内侧留有排水空腔，当外侧发生渗水时，将渗水有组织排出外墙，形成构造和材料相结合的防排水体系。

参 考 文 献

[1] 杨霞. 预制装配式建筑混凝土板接缝用密封胶性能研究 [J]. 中国建筑防水，2012，9：11-14.
[2] 久住明，周翔，陈少辉. 有关密封胶在PCa（预制混凝土板）工业住宅中的应用 [C]. 第六届中国（国际）预制混凝土技术论坛，2016，5.

8.7 高性能外墙保温技术

8.7.1 发展概述

石墨聚苯乙烯（SEPS）板，全称为绝热用石墨模塑聚苯乙烯泡沫塑料板，是一种新型的聚苯乙烯类保温板，其生产工艺是在可发性聚苯乙烯（EPS）中添加5%～50%质量的膨胀石墨和2%～20%的磷酸化合物作为阻燃剂，通过悬浮聚合的方法制备膨胀PS颗粒。在可发性聚苯乙烯（EPS）中导入石墨，使其在保持优良的保温性能基础上，具有更加良好的阻燃性能。与传统聚苯乙烯相比具有导热系数更低、防火性能高的特点，又兼有传统EPS板薄抹灰外保温系统的技术成熟可靠性。

硬质聚氨酯泡沫塑料以聚醚树脂或聚酯树脂为主要原料，与异氰酸酯定量混合，在发泡剂、催化剂、交联剂等的作用下发泡制成。硬泡聚氨酯板是采用硬泡聚氨酯为芯材，在工厂制成的双面带有界面层的保温板。聚氨酯芯材两面附以水泥基面材，解决了聚氨酯泡沫材料与建筑材料不容易粘结、粉化、抗紫外线等问题。硬泡聚氨酯板外保温系统与现场喷涂施工相比具有施工效率高、不受气候干扰、质量保证率好的优点，也具备传统现场发泡聚氨酯的高保温性能和高防水性能。硬质聚氨酯泡沫作为一种新型建筑材料很早已用于建筑领域。60 年代初，英国已将聚氨酯做成夹芯板，用在墙体和屋顶。目前，世界上聚氨酯在建筑业的用量已占其总量的 50% 以上，而且以年 10% 左右的速度递增。如美国 1977 年在建筑上的用量是 6 万 t，1979 年为 15.7 万 t，1990 年达 27 万 t，其中在建筑屋顶上应用量最大，约占屋顶总量的 2/3。

目前这两种高性能外墙保温体系在建筑墙体保温工程中得到越来越广泛的应用，近年来，其使用数量逐年都有较大幅度地提高，成为建筑保温材料市场的重要组成部分。

根据中国绝热节能材料协会、广发证券发展研究中心的统计，目前在我国保温材料主要由有机类保温材料，岩棉、矿渣棉，玻璃棉以及其他保温材料构成。以 2010 年我国保温材料产量构成为例进行分析，有机类保温材料占了 43%，岩棉及矿渣棉占 30%，两者一共占全部产量的 3/4（图 8.7-1）。其中，有机类保温材料中的 EPS、石墨聚苯板和聚氨酯又占了全部产量的 83%，成为我国保温材料中市场份额的绝对主体。

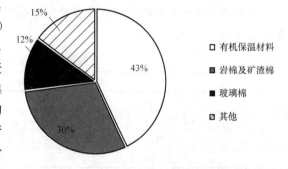

图 8.7-1 2012 年我国保温材料产量构成

据国际板材制造商协会公布的资料表明，PU 和 PIR（聚异氰尿酸酯）板材在发达国家占建筑节能板材总消费量的 73.8%，EPS、XPS 只占 20.6%。根据建筑保温材料行业预测，未来在我国石墨聚苯板和硬泡聚氨酯板的工程应用规模将有较大发展。

8.7.2 技术内容

石墨聚苯乙烯板是在传统的聚苯乙烯板的基础上，通过化学工艺改进而成的产品。与传统聚苯乙烯相比具有导热系数更低、防火性能高的特点。

1. 构造

石墨聚苯乙烯外墙保温系统一般置于建筑物外墙外侧，由粘结砂浆、石墨聚苯乙烯板、抹面胶浆、耐碱玻纤网格布、锚栓、饰面层等组成（图 8.7-2）。

硬泡聚氨酯板外墙保温系统一般置于建筑物外墙外侧，由粘结砂浆、聚氨酯板、抹面胶浆、耐碱玻纤网格布、锚栓、饰面层等组成（图 8.7-3）。

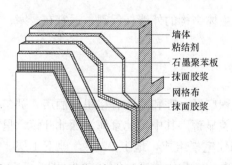

图 8.7-2 石墨聚苯乙烯外墙保温系统构造示意图

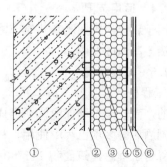

图 8.7-3 硬泡聚氨酯板外墙保温系统构造示意图

1—基墙；2—粘接剂；3—硬泡聚氨酯板；4—锚栓；
5—抹面层；6—饰面层

2. 工艺流程

基面检查或处理→工具准备→阴阳角、门窗旁挂线→基层墙体湿润→配制聚合物砂浆，挑选保温板→粘贴保温板→保温板塞缝，打磨，找平墙面→配制聚合物砂浆→保温板板面抹聚合物砂浆，门窗洞口处理，粘贴玻纤网，面层抹聚合物砂浆→找平修补，嵌密封膏→外饰面。

8.7.3　技术指标

石墨聚苯板外墙外保温系统应符合《外墙外保温工程技术规程》JGJ 144—2004 的要求，可参考《模塑聚苯板薄抹灰外墙外保温系统材料》GB/T 29906—2013 中对系统的性能要求（表 8.7-1）。

石墨聚苯乙烯板基本性能指标　　　　　　　　　　　　表 8.7-1

性能指标	
密度	$\geqslant 18\text{kg/m}^3$
压缩强度(10%变形)	$\geqslant 100\text{kPa}$
导热系数	$\leqslant 0.033\text{W/(m·K)}$
燃烧性能等级	B1 级

硬质聚氨酯泡沫塑料具有下列性能特点：导热系数低、使用温度较高、抗压强度较高、化学稳定性好，耐酸碱和高防水性能。聚氨酯外保温系统应符合《外墙外保温工程技术规程》JGJ 144—2004、《硬泡聚氨酯保温防水工程技术规范》GB 50404—2007、《硬泡聚氨酯板薄抹灰外墙外保温系统材料》JGT 420—2013 的相关要求（表 8.7-2）。

硬泡聚氨酯板外保温系统性能指标　　　　　　　　　　表 8.7-2

项目	性 能 指 标
抗风压值	系统抗风压值不小于工程项目的风荷载设计值,且安全系数 K 值不小于 1.5
抗冲击强度	建筑物首层墙面以及门窗口等易受碰撞部位:10J 级;建筑物二层以上墙面等部位:3J 级
吸水量(浸水 1h),g/m²	$\leqslant 500$
耐冻融性能	30 次冻融循环后,抹面层无裂纹、空鼓、脱落现象
耐候性	经 80 次高温(70℃)→淋水(15℃)循环和 5 次加热(50℃)→冷冻(−20℃)循环后,无饰面层起泡或剥落、保护层空鼓或脱落,无产生渗水裂缝

8.7.4　适用范围

适用于新建建筑和既有建筑节能改造中各种主体结构的外墙外保温，适宜在严寒、寒冷和夏热冬冷地区使用。

8.7.5　工程案例

1. 工程概况

目前，高性能外墙保温体系已成功在北京佳程广场、呼和浩特香格里拉酒店、鄂尔多斯七星湖酒店等多项工程中使用，社会和经济效益显著。其中，北京海淀西北旺镇六里屯定向安置房工程总建筑面积 111700m²，由 13 栋住宅楼组成，地上 22 层，地下 1 层，主体为框剪结构，外墙采用涂料装饰，安装空调和电梯，集中供暖（图 8.7-4、图 8.7-5）。

2. 系统性能指标要求

系统性能指标应符合表 8.7-3～表 8.7-6 的要求。

图 8.7-4　西北旺六里屯农民定向安置房

图 8.7-5　西北旺六里屯农民定向安置房效果图

系统胶粘剂性能指标　　　　　　　　　　　　表 8.7-3

序号	项　目			性能指标
1	拉伸粘结强度（与水泥砂浆）（MPa）	标准状态		≥0.6
		耐水强度	浸水 48h，干燥 2h	≥0.3
			浸水 48h，干燥 7d	≥0.6
2	拉伸粘结强度（与保温板）（MPa）	标准状态		≥0.10
		耐水强度	浸水 48h，干燥 2h	≥0.06
			浸水 48h，干燥 7d	≥0.10
3	可操作时间（h）			1.5～4.0

系统抹面胶浆性能指标　　　　　　　　表 8.7-4

序号	项　目			性能指标
1	拉伸粘结强度（与保温板）（MPa）	标准状态		≥0.10
		冻融后		≥0.10
		耐水强度	浸水 48h，干燥 2h	≥0.06
			浸水 48h，干燥 7d	≥0.10
2	可操作时间（水泥基）(h)			1.5～4.0
3	吸水量（g/m²）			≤500
4	不透水性			试样抹面层内侧无水渗透
5	柔韧性	抗冲击性		3J 级
		开裂应变（非水泥基）(%)		≥1.5

系统玻璃纤维网布性能指标　　　　　　　表 8.7-5

序号	项　目	性能指标
1	单位面积质量（g/m²）	≥160
2	耐碱拉伸断裂强力（经向、纬向）(N/50mm)	≥1000
3	耐碱断裂强力保留率（经向、纬向）(%)	≥50
4	断裂伸长率（经向、纬向）(%)	≤5.0

系统锚栓性能指标　　　　　　　　　　表 8.7-6

序号	项　目		性能指标
1	抗拉承载力标准值 F_k(kN)	普通混凝土墙体（C25）	≥0.60

参 考 文 献

[1]　《外墙外保温工程技术规程》JGJ/T 144—2004 [S]. 北京：中国建筑工业出版社，2004.

[2]　《模塑聚苯板薄抹灰外墙外保温系统材料》GB/T 29906—2013 [S]. 北京：中国建筑工业出版社，2013.

[3]　《硬泡聚氨酯保温防水工程技术规范》GB 50404—2007 [S]. 北京：中国建筑工业出版社，2007.

[4]　《硬泡聚氨酯板薄抹灰外墙外保温系统材料》JGT 420—2013 [S]. 北京：中国建筑工业出版社，2013.

[5]　徐峰，张雪芹，华七三. 建筑保温隔热材料与应用 [M]. 北京：中国建筑工业出版社，2008.

8.8　高效外墙自保温技术

8.8.1　发展概述

外墙自保温体系在我国已经有几十年的生产使用经验，相应的标准、规范齐全，生产和施工简单，质量容易保证，墙体材料和保温材料自成一体，施工简单，易于确保工程质量，但自保温的推广也有其局限性，如墙体容易开裂，冷桥较多等。随着外墙自保温体系的推广应用，很多新材料、新技术不断出现，可弥补自保温体系的缺陷，自保温体系的应用推广进入新的阶段。

目前，常用自保温体系以蒸压加气混凝土、陶粒增强加气砌块、硅藻土保温砌块（砖）、蒸压粉煤灰砖、淤泥及固体废弃物制保温砌块（砖）和混凝土自保温（复合）砌块等为墙体材料，并辅以相应的节点保温构造措施，并使外墙的热工性能等指标符合相应建筑节能标准要求的建筑外墙保温隔热技术体系。

8.8.2　技术内容

墙体自保温体系是指墙体材料自身即可满足节能要求，具有构造简单、施工方便、耐久性好等优点。但由于砌块具有多孔结构，其收缩受湿度影响变化很大，干缩湿胀的现象比较明显，如果反映到墙体上，将不可避免地产生各种裂缝，严重的还会造成砌体本身开裂，要解决此类质量问题，必须从材料、设计、施工多方面共同控制，针对不同的季节和不同的情况，进行处理控制。

（1）砌块在存放和运输过程中要做好防雨措施。使用中要选择强度等级相同的产品，应尽量避免在同一工程中选用不同强度等级的产品。

（2）砌筑砂浆宜选用粘结性能良好的专用砂浆，其强度等级应不小于 M5，砂浆应具有良好的保水性，可在砂浆中掺入无机或有机塑化剂。有条件的应使用专用的加气混凝土砌筑砂浆或干粉砂浆。

（3）为消除主体结构和围护墙体直接由于温度变化产生的收缩裂缝，砌块与墙柱相接处，须留拉结筋，竖向间距为 500～600mm，压埋 2Φ6 钢筋，两端伸入墙内不小于800mm；另每砌筑 1.5m 高时应采用 2Φ6 通长钢筋拉结，以防止收缩拉裂墙体。

（4）在跨度或高度较大的墙中设置构造梁柱。一般当墙体长度超过 5m，可在中间设置钢筋混凝土构造柱；当墙体高度超过 3m（≥120mm 厚墙）或 4m（≥180mm 厚墙）时，可在墙高中腰处增设钢筋混凝土腰梁。构造梁柱可有效地分割墙体，减少砌块因干缩变形产生的叠加值。

（5）在窗台与窗间墙交接处是应力集中的部位，容易受砌体收缩影响产生裂缝。因此，宜在窗台处设置钢筋混凝土现浇带以抵抗变形。此外，在未设置圈梁的门窗洞口上部的边角处也容易发生裂缝和空鼓，此处宜用圈梁取代过梁，墙体砌至门窗过梁处，应停一周后再砌以上部分，以防应力不同造成八字缝。

（6）外墙墙面水平方向的凹凸部位（如线脚、雨罩、出檐、窗台等）应做泛水和滴水，以避免积水。

8.8.3　技术指标

主要技术性能参见表 8.8-1，其他技术性能参见《蒸压加气混凝土砌块》GB/T 11968、《蒸压加气混凝土应用技术规程》JGJ 17 和《烧结多孔砖和多孔砌块》GB 13544 的标准要求；节能设计参见《公共建筑节能设计标准》GB 50189、《夏热冬冷地区居住建筑节能设计标准》JGJ 134、《夏热冬暖地区居住建筑节能设计标准》JGJ 75 等标准的要求，同时需满足各地地方标准要求。

自保温体系的墙体材料技术指标　　　　　　　　　表 8.8-1

项　　目	指　　标
干体积密度（kg/m³）	425～825
抗压强度（MPa）	≥3.5，且符合对应标准等级的抗压强度要求
导热系数[W/(m·K)]	≤0.2
体积吸水率（%）	15～25

废渣蒸压加气混凝土砌块试验方法按照《蒸压加气混凝土性能试验方法》GB/T 11969 进行。

砂浆性能应满足《蒸压加气混凝土用砌筑砂浆和抹面砂浆》JC 890 的要求，施工中应避免加气混凝土湿水。

8.8.4 适用范围

适用于夏热冬冷地区和夏热冬暖地区的建筑外墙、分户墙等，可用于高层建筑的填充墙或低层建筑的承重墙体。

8.8.5 应用案例

1. 苏州天著湖韵花园 10 号、11 号、12 号楼概况

项目位于江苏省苏州市工业园区青剑湖夷浜路 88 号，建筑为地上 14 层、地下 2 层，该建筑按照江苏省《居住建筑热环境和节能设计标准》DGJ32 J71—2014，节能 65% 的强制性节能技术指标进行设计。

2. 技术措施及性能

外墙构造：CEZANNE 建筑反射隔热涂料（2.0mm）＋中空保温腻子（20.0mm）＋水泥砂浆（10.0mm）＋ALC 加气混凝土砌块 190（200.0mm）。水泥石墙面的太阳辐射吸收系数 0.70。柱、梁、过梁、楼板等冷桥部位采用 CEZANNE 建筑反射隔热涂料（2.0mm）＋中空保温腻子（20.0mm）＋水泥砂浆（10.0mm）＋钢筋混凝土（200.0mm），其热阻计算值为 0.72 $m^2 \cdot K/W$，热阻满足《江苏省居住建筑热环境和节能设计标准》（DGJ 32J71—2014）第 5.2.7 条 $R \geqslant 0.52$ 的要求。

外墙加权平均传热系数为 1.09W/($m^2 \cdot K$)，热惰性指标 D 为 3.33，外墙传热系数满足江苏省《居住建筑热环境和节能设计标准》DGJ32 J71—2014 第 5.2.1 条规定的 $D > 2.5$ 时，$K \leqslant 1.20$ 的要求。

8.9 高性能门窗技术

8.9.1 高性能保温门窗

1. 发展概述

建筑外窗不仅要满足人们采光、日照、通风、视野等基本要求，还要具有优良的保温、隔热性能，这样才能为人们提供舒适、安静的工作和生活环境，满足节约能源、保护环境、提高工作生活水平的要求，并实现社会可持续发展。窗户是薄壁的轻质构件，是整个建筑保温、隔热的薄弱环节。普通单层玻璃窗的能量损失约占整个建筑物冬季采暖和夏季降温能耗的一半以上，因此，建筑外窗热工性能是确保室内物理环境质量、实现建筑节能的重中之重。

高性能保温门窗是指具有良好保温性能的门窗，应用最广泛的主要包括高性能断桥铝合金窗、高性能塑料保温门窗及复合窗。

高性能断桥铝合金保温窗是在铝合金窗基础上为提高门窗保温性能而推出的改进型门窗，通过尼龙隔热条将铝合金型材分为内外两部分，阻隔铝合金框材的热传导。同时框材再配上 2 腔或 3 腔的中空结构，腔壁垂直于热流方向分布，多道腔壁对通过的热流起到多重阻隔作用，腔内传热（对流、辐射和导热）相应被削弱，特别是辐射传热强度随腔数量增加而成倍减少，使门窗的保温效果大大提高。高性能断桥铝合金保温门窗采用的玻璃主要采用中空 Low-E 玻璃、三玻双中空玻璃及真空玻璃。

　　高性能塑料保温门窗，即采用 U-PVC 塑料型材制作而成的门窗。塑料型材本身具有较低的导热性能，使得塑料窗的整体保温性能大大提高。另外通过增加门窗密封层数、增加塑料异型材截面尺寸厚度、增加塑料异型材保温腔室、采用质量好的五金件等方式来提高塑料门窗的保温性能。同时为增加窗的刚性，在塑料窗窗框、窗扇、梃型材的受力杆件中，使用增强型钢增加了窗户的强度。高性能塑料保温门窗采用的玻璃主要采用中空 Low-E 玻璃、三玻双中空玻璃及真空玻璃。

　　复合窗是指型材采用两种不同材料复合而成，使用较多的复合窗主要是铝木复合窗和铝塑复合窗。铝木复合窗是以铝合金挤压型材为框、梃、扇的主料作受力杆件（承受并传递自重和荷载的杆件），另一侧覆以实木装饰制作而成的窗，由于实木的导热系数较低，因而使得铝木复合窗整体的保温性能大大提高。铝塑复合窗是用塑料型材将室内外两层铝合金既隔开又紧密连接成一个整体，由于塑料型材的导热系数较低，所以做成的这种铝塑复合窗保温性能也大大提高。复合窗采用的玻璃主要采用中空 Low-E 玻璃、三玻双中空及真空玻璃。

　　2. 技术内容

　　建筑外窗是建筑外围护结构节能的薄弱环节，是建筑节能的重要研究对象。隔热铝合金窗是目前我国市场上最为普及的外窗产品，市场占有率达 70% 以上，是建筑节能外围护结构的关键产品。因此，铝合金窗节能设计和开发高性能铝合金窗产品具有重要指导意义。

　　（1）高性能铝合金窗的室内外两侧采用铝合金型材，使用 PA66 尼龙隔热条将内外型材，采用机械挤压方式将其连接，使铝合金型材同时具备了断热保温、强度、易加工等特点（图 8.9-1）。

　　（2）内外铝合金型材可采用阳极氧化、粉末喷涂、电泳、氟碳喷涂、木纹等表面处理形式，并可以制作成室内、室外不同的任意颜色，满足用户对不同颜色的要求；并且适用范围广泛，能够使用在 $-60 \sim +90℃$ 且无强酸、强碱的环境中。

　　（3）使用暖边技术对中空玻璃边部密封，采用导热系数较低的材料代替传统的导热系数较高的槽铝式密封构造，在提高玻璃边缘温度的同时，可有效改善玻璃边缘的传热状况从而改善整窗的保温性能（图 8.9-2）。

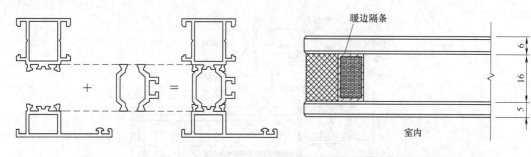

图 8.9-1　节能窗结构示意图　　　　　　　图 8.9-2　节能窗结构示意图

　　（4）铝合金节能窗在选用合理玻璃时，能够使整窗中框、扇梃、玻璃的断热段处于同一个面上，如图 8.9-3 所示，使整窗能够达到最理想的保温节能效果。

　　（5）铝合金节能窗全部采用 C 型隔热条，使框、扇梃内部不会产生积水现象，并使用自主研发的引流式排水帽，如图 8.9-4 所示，将水全部排到室外，提高防水性能。

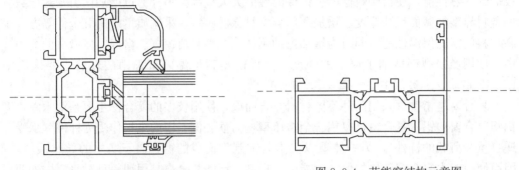

图 8.9-3   节能窗结构示意图   图 8.9-4   节能窗结构示意图

（6）扇梃外侧边翅采用弧形设计，再配合室内弧形压条，使整个窗体产生古式镜面效果，增加艺术特征（图 8.9-5）。

（7）铝合金节能窗在容易产生空气对流的等压胶条、隔热胶条处采用双道密封，增加了隔热腔室的数量，大大地减少冷热对流和传导，提高了保温节能效果（图 8.9-6）。

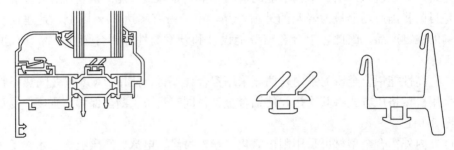

图 8.9-5   节能窗结构示意图   图 8.9-6   节能窗结构示意图

（8）采用钢附框安装，可以规范土建洞口尺寸，提前发现现场尺寸问题，并在从附框内口到主体之间使用防水材料，窗框的断热段与墙体保温层相连，即保证了窗与建筑外墙防水练成统一整体，又能使外墙保温与窗体保温成为整体。提高整个建筑的防水、保温、防结露性能（图 8.9-7）。

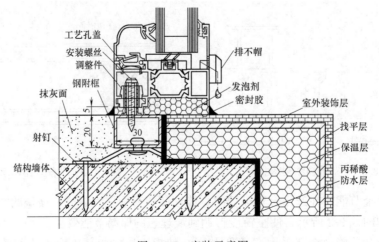

图 8.9-7   安装示意图

（9）设计计算

① 以普通中空玻璃铝合金窗为例，不同玻璃配置的整窗传热系数估算值见表 8.9-1。

不同玻璃配置铝合金窗传热系数估算值　　　　表 8.9-1

序号	玻璃配置	铝合金窗传热系数[W/(m²·K)]
1	5+12A+5	2.8~3.2
2	5+12Ar+5	2.7~3.1
3	5+12A+5+12A+5	2.2~2.6
4	5 单银 Low-E+12A+5	2.2~2.6
5	5 双银 Low-E+12A+5	2.1~2.5
6	5 三银 Low-E+12A+5	2.1~2.5
7	5+12A+5+V+5	2.0~2.4
8	5 单银 Low-E+12A+5+12A+5	1.9~2.3
9	5 双银 Low-E+12A+5+12A+5	1.9~2.3
10	5 三银 Low-E+12A+5+12A+5	1.8~2.2
11	5+12A+5 单银 Low-E+V+5	1.4~1.8
12	5+12A+5 双银 Low-E+V+5	1.3~1.7
13	5+12A+5 三银 Low-E+V+5	1.2~1.6

可以看出，合理选用玻璃配置可以大幅改善铝合金窗的传热系数。所以，玻璃的优化选用是改善铝合金窗热工性能的主要手段。

② 隔热形式对整窗热工性能影响研究

针对目前市场上较常见的穿条式和浇注式隔热铝合金型材进行模拟计算，隔热条（浇注式和穿条式）截面高度均为 20mm，计算结果见图 8.9-8。

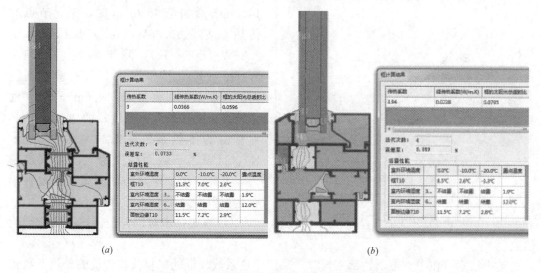

图 8.9-8　不同隔热形式型材节点传热系数计算
（a）穿条式隔热铝合金型材；（b）浇注式隔热铝合金型材

从计算结果可以看出，穿条式隔热铝合金型材节点传热系数比浇注式型材低 0.94 W/(m²·K)。取框窗面积比为 30%，以穿条式隔热铝合金型材节点传热系数比浇注式型材整体低 0.9~1.0W/(m²·K) 估算，则采用穿条式隔热铝合金型材的整窗传热系数比采用浇注式型材的低 0.3W/(m² · K) 左右。

③ 隔热条截面高度对整窗热工性能影响研究

采取不同隔热条截面高度的隔热铝合金型材，隔热条两侧型材不变，隔热条截面高度取为 14.8mm、20.0mm、24.8mm、30.0mm、35.0mm 和 40.0mm，传热系数计算结果见图 8.9-9、图 8.9-10。

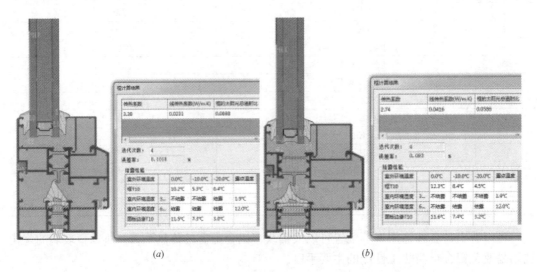

(a)　　　　　　　　　　　(b)

图 8.9-9　不同隔热条截面高度型材传热系数计算结果

(a) 截面高度 14.8mm 隔热条；(b) 截面高度 24.8mm 隔热条

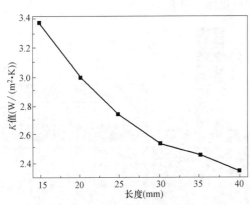

图 8.9-10　不同截面高度隔热条的铝合金型材传热系数计算结果

从图中可以看出，隔热条截面高度从 14.8mm 增加至 40.0mm 时，型材节点的传热系数从 3.38W/(m² · K) 降低至 2.35W/(m² · K)，降低幅度约为 1.0 W/(m² · K)；按框窗比 30% 计算，则整窗的传热系数可降低 0.3W/(m² · K)。近似估算，隔热条截面高度每增加 5mm，其对整窗的传热系数降低约 0.1W/(m² · K)，且隔热条截面高度越大改善效果越差。因此，增加隔热条截面高度是改善铝合金窗节能效果的辅助手段。

④ 暖边技术对铝合金窗热工性能影响研究

暖边技术指在中空玻璃边部密封时，采用导热系数较低的材料代替传统的导热系数较高的槽铝式密封构造，在提高玻璃边缘温度的同时，可有效改善玻璃边缘的传热状况从而改善整窗的保温性能。

从图 8.9-11 可以看出，采用暖边间隔条的中空玻璃边缘内表面温度相比传统槽铝式间隔条可提高约 2℃，从而有效地降低了建筑外窗中空玻璃边缘结露的可能性。从图 8.9-12可以看出，该铝合金窗框扇节点在采用暖边间隔条后，相比传统的槽铝式间隔条，整个节点的传热系数从 3.58 W/(m² · K) 降至 3.12 W/(m² · K)，降低 0.46W/(m² · K)，按框窗比 30%估算可降低整窗传热系数约 0.1W/(m² · K)。

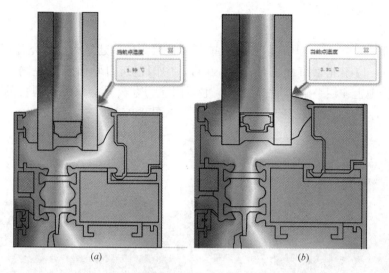

图 8.9-11　不同间隔条框扇节点内表面最低温度计算结果
(a) 传统槽铝式间隔条；(b) 暖边间隔条

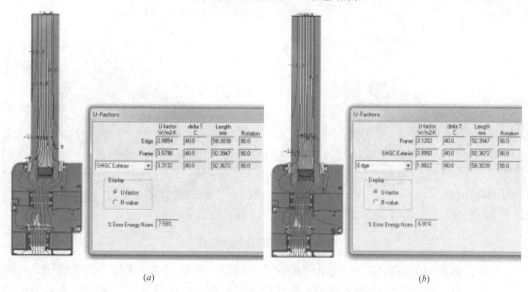

图 8.9-12　不同间隔条框扇节点传热系数计算结果
(a) 传统槽铝式间隔条；(b) 暖边间隔条

3. 技术指标

公共建筑使用的门窗的传热系数应符合《公共建筑节能设计标准》GB 50189 的规定，其限值不得大于标准中表 3.4.1-3 的规定；

居住建筑使用的门窗的传热系数应符合《严寒和寒冷地区居住建筑节能设计标准》JGJ 26、《夏热冬暖地区居住建筑节能设计标准》JGJ 75 和《夏热冬冷地区居住建筑节能设计标准》JGJ 134 的规定，不应高于门窗的最大限值要求。

4. 适用范围

适应用于公共建筑、居住建筑，广泛应用于低能耗建筑、绿色建筑、被动房等对门窗保温性能要求极高的建筑。

5. 工程案例

中国建筑科学研究院（环能院）超低能耗示范楼为中国建筑科学研究院环能院及防火所改扩建项目，位于北京市北三环东路 30 号，中国建筑科学研究院院内。示范面积为 3692m²。主楼地上 4 层，附楼地上 2 层。主要用途为办公及会议。本项目的认证目标为绿色建筑评价标识 3 星级及 LEED-NC 铂金级。见图 8.9-13。

图 8.9-13 超低能耗示范楼

本项目将面向中国建筑节能技术发展的核心问题，秉承"被动优先，主动优化，经济实用"的原则，以先进建筑能源技术为主线，以实际数据为评价，集成展示世界前沿的建筑节能和绿色建筑技术，为中国超低能耗建筑工作的开展进行探索、研究和示范。力争打造为中国建筑节能科技未来发展的标志性项目，并为制订中国近零能耗建筑技术标准提供依据。

示范项目将基于中美清洁能源项目的一期研究基础，根据项目二期研究的集成示范要求，利用现有的合作平台，中美双方围绕低能耗建筑，以被动式建筑设计与建造、先进建筑能源系统、可再生能源应用、超低能耗建筑智能控制为重点，开展相关技术的使用条件和适用性研究、编制国家标准和行业标准、提出技术推广路线、研发相关产品设备、完成技术示范。

本项目外窗采用三层中空 Low-E 铝包木窗，内设中置电动百叶遮阳系统，百叶可以根据太阳辐射角的变化调节遮阳角度。具体玻璃结构为（5Low-E＋0.2mm＋5）真空＋27 中置遮阳＋5（中空）。整窗的传热系数设计值不大于 1.0 W/(m²·K)，遮阳系数可低至 0.2 以下。

该项目高性能保温窗的应用，为引导我国高性能保温门窗的设计研发，未来工程实际的推广和应用提供了重要的示范意义。

8.9.2　耐火节能窗

1. 发展概述

随着我国建筑节能政策的推进，对建筑外墙节能降耗要求约来越高，实施建筑外墙外保温成为目前建筑节能的主要手段。由于近年来央视新大楼、上海静安教师公寓等多起建筑外墙外保温火灾事件的发生，引发了社会各界对外墙外保温系统防火安全的关注。2015 年 5 月 1 日起实施的《建筑设计防火规范》GB 50016，深刻吸取建筑外保温系统火灾事故的惨痛教训，通过大量的火灾试验研究，针对不同类型、不同建筑高度建筑保温材料的燃烧性能提出了明确、严格的要求，并对部分使用燃烧性能为 B1 级、B2 级保温材料的建筑场所，增加了建筑外墙门窗的耐火完整性规定，从而实现了建筑节能和建筑防火二者的协调发展。

根据《建筑设计防火规范》GB 50016 的规定，除采用 B1 级保温材料且建筑高度不大于 24m 的公共建筑或采用 B1 级保温材料且建筑高度不大于 27m 的住宅建筑外，当建筑外墙外保温系统采用燃烧性能为 B1 级或 B2 级保温材料的建筑，其外墙上门、窗的耐火完整性不应低于 0.50h。对于建筑高度大于 54m 的住宅建筑，每户应有一间房间的外窗耐火完整性不宜低于 1.00h。

正是在此背景下，建筑耐火节能窗应运而生。目前市场上主流的外窗型材，如断桥铝合金窗、塑钢窗、木窗，铝木复合窗等，经采取一定的技术手段，其耐火完整性已能够达到 0.5h、1.0h 要求，现已有众多企业的耐火节窗通过了权威检测机构的耐火完整性检测。

2. 技术内容

耐火节能窗包含节能指标和耐火完整性两项关键指标。耐火节能窗应按照《建筑外门窗保温性能分级及检测方法》GB/T 8484 的规定进行试验，其传热系数满足工程设计要求。

耐火节能窗的耐火完整性，则应按照《镶玻璃构件耐火试验方法》GB/T 12513 中对非隔热镶玻璃构件的试验方法和判定标准进行测定。建筑门窗耐火完整性是指在标准耐火试验条件下，建筑门窗某一面受火时，在一定时间内阻止火焰和热气穿透或在背火面出现火焰的能力。

耐火节能窗的耐火完整性需要系统的综合性技术保证来实现。只有将框架、玻璃、密封材料、五金件组合在一起并通过检测的系统产品才能够用于工程。

钢门窗是防火性能最好的门窗系统，木质门窗、钢木复合门窗等也具有较好的防火性能。而目前市场通行的普通门窗如铝合金门窗、塑钢门窗的防火级别通常不高。铝合金框结构属非燃烧体，在火灾荷载作用下，随着温度的升高其强度逐渐下降，当温度超过 250℃时，其强度急剧下降到原来的 1/2，当温度达到 370℃左右时其抗拉强度几乎全部损失，且铝合金的熔点低（600~700℃），在火灾荷载的作用下，框架系统会很快熔融、垮塌，进而导致火灾蔓延。因此铝型材不能作抗火结构，只适宜用于 0.5h 以下耐火等级要求的门窗。塑钢型材为易燃材料，其防火性能不如铝合金型材。

普通门窗（铝合金窗、塑钢窗等）如需提高防火功能，须进行结构上的改造，并在结构改造时，遵循以下原则：门窗型材所用加强型钢或铝衬应连接成封闭的框架；在玻璃镶嵌槽口内宜采取钢质构件固定玻璃，该构件应安装在增强型钢主骨架上，防止玻璃受火软化后脱落窜火，失去耐火完整性。此外门窗玻璃（如中空玻璃）须至少有一片是防火玻璃，其防火性能须满足《建筑用安全玻璃　第 1 部分：防火玻璃》GB 15763.1—2009 的规定。

现以 75 系列为例，对建筑外窗的耐火完整性的技术进行简要说明。

（1）门窗型材的防火

将钢衬穿入型材中，通过螺钉将各个穿入型材中的钢衬连接起来形成一个整体，并增设隔热条。通过该技术方法，使得穿入型材的钢衬在高温作用下依然能够保持原始形态，托住玻璃，保证玻璃不会立即塌下来，可以有效地阻止烟雾从窗缝隙渗进室内，隔断大火与可燃物接触，形成隔离带，从而起到防火作用

以窗框为例，窗框材料分为两部分，一部分是铝材，一部分是钢衬。根据铝型材腔体结构，把两种不同形状的钢衬穿入窗框，用螺钉把钢衬固定在型材上，上下钢衬之间用隔热材料隔断，阻止室外热量传递到室内，从而起到防火隔热效果。

（2）门窗整体框架的防火

框框架的防火原理是将加工好的钢衬穿入型材内，在框架的角部加入角码，然后通过螺钉将型材、钢衬和角码连接成一个整体，保证即使隔热条与型材融化了，钢衬与角码依然是一个整体，能够保持原有形态。从而起到防火隔热的作用，达到框框架防火的目的。

扇的框架防火原理是将加工好的钢衬穿入型材里面，在扇框的角部加入角码，利用螺钉将型材、角码、钢衬连接起来形成一个整体，利用钢衬的防火特性与角码的防火特性形成一个整体的扇框架防火。

框扇之间连接用的合页主要材质为铝合金或不锈钢精铸，耐火温度在 600℃以上。通过防火合页将框与扇连接起来，通过螺钉将合页与框的钢衬、扇的钢衬锁住，形成一个整体防火框架。开启机构安装在型材的扇上，用螺钉锁紧，执手和传动杆的主要材质为铝合金或不锈钢精铸，耐火温度在 600℃以上。

玻璃与窗框之间的密封采用防火耐候硅酮密封胶，具有阻燃功能。框与扇之间的搭接部位密封是阻燃 EPDM 搭接胶条，能有效阻止明火内窜。

（3）防火玻璃

防火玻璃按耐火性能可分为隔热型防火玻璃和非隔热型防火玻璃。隔热型防火玻璃是耐火性能同时满足耐火完整性和耐火隔热性（标准耐火试验中如背火面平均温度超过初始温度 140℃或背火面最高温度超过该点初始温度 180℃，则认为试件失去隔热性）的防火玻璃，即 A 类防火玻璃；非隔热型防火玻璃是耐火性能仅能满足耐火完整性要求的防火玻璃，即 C 类防火玻璃。由于耐火窗没有隔热性要求，因此耐火窗在防火玻璃选用上，可直接选用非隔热防火玻璃。

高强度单片防火玻璃的耐火机理是通过提高钠钙硅玻璃强度，来抗衡热应力进而避免

玻璃表面微裂纹扩展造成的破裂。火灾时玻璃受热膨胀，玻璃整体发生弯曲变形，玻璃受火面的微裂纹受到热应力作用，逐渐扩展造成玻璃破裂；单片防火玻璃强度极高，比普通钢化玻璃有更大的预应力，改善了玻璃的抗热应力性能，当玻璃受热膨胀，其表面的高预应力就会抵消产生的热应力，使微裂纹不再扩展致玻璃破裂，从而保证在火焰冲击下或高温下的耐火性能。当玻璃整体受到的热量大于背火面散失的热量时，玻璃整体温度逐渐升高，沿高度方向，从受火面开始逐渐进入软化区，直到玻璃背火面的粘度不足以支撑玻璃本身的重量时，玻璃整体（或局部）坍塌而失去完整性。

防火性能：应符合国家标准《建筑用安全玻璃第 1 部分：防火玻璃》GB 15763.1 中的相应规定。

外观质量：应在良好的自然光及散射光照条件下，距玻璃表面 0.6m 处，在正常自然光下或采用背光透射，肉眼观察玻璃；用最小刻度为 1mm 的钢卷尺测量。防火玻璃的厚度用符合规定的外径千分尺或与此同等精度的器具测量玻璃四边中点，测量结果的算术平均值即为厚度值。

耐火极限：应按《镶玻璃构件耐火试验方法》GB/T 12513 对产品进行检测，耐火极限能满足规定的时间要求。

（4）其他技术要点

基于防火玻璃在火灾中逐步软化变形的动态特征，因此单片防火玻璃在安装时要充分考虑玻璃产生的热应力，玻璃受热产生弯曲变形应与安装结构协调变形，避免热应力与机械应力的叠加；

门窗型材所用加强钢或铝衬应连接成封闭的框架；

在玻璃镶嵌槽口内宜采取钢质构件固定玻璃，该构件应安装在增强型钢主骨架上，防止玻璃受火软化后脱落窜火，失去耐火完整性；

防火玻璃在安装时不应与其他刚性材料直接接触，玻璃与框架之间的间隙应采取柔性阻燃材料填充；

防火门窗系统选用的辅助材料如填充材料、密封材料、门窗密封件、密封胶等，应采用阻燃或难燃材料。

3. 技术指标

高层建筑耐火节能窗的耐火完整性按照《镶玻璃构件耐火试验方法》GB/T 12513 试验，其耐火完整性不低于 0.5h。

按照《建筑外门窗保温性能分级及检测方法》GB/T 8484 的规定进行试验，其传热系数能满足工程设计要求。

4. 适用范围

（1）住宅建筑

建筑高度大于 27m，但不大于 100m，当其外墙外保温系统采用 B1 级保温材料时，其建筑外墙上门、窗的耐火完整性不应低于 0.5h。

建筑高度不大于 27m，当其外墙外保温系统采用 B2 级保温材料时，其建筑外墙上门、窗的耐火完整性不应低于 0.5h。

建筑高度大于 54m 的住宅建筑，每户应有一间房间的外窗耐火完整性不宜低于 1.0h。

（2）除住宅建筑外的其他建筑（未设置人员密集场所）

建筑高度大于 24m，但不大于 50m，当其外墙外保温系统采用 B1 级保温材料时，其建筑外墙上门、窗的耐火完整性不应低于 0.5h。

建筑高度不大于 24m，当其外墙外保温系统采用 B2 级保温材料时，其建筑外墙上门、窗的耐火完整性不应低于 0.5h。

5. 工程案例

（1）苏州新城工程概况

苏州新城位于江苏苏州吴中区苏地 2014-G-24 号地块。其中 5 号楼、6 号楼、7 号楼、8 号楼、9 号楼、10 号楼和 11 号楼建筑高度均大于 54m，每户设置一间避难间，起外窗耐火完整性要求不低于 1.0h，耐火窗使用量为 3800m²。

（2）工程特点

避难间外窗设计采用 65 系列断桥铝合金耐火节能窗，其耐火完整性能不低于 1.0h；气密性为 3 级；水密性为 6 级，700pa；抗风压性能：4 级；保温性能：整窗传热系数为 2.2W/(m²·K)；玻璃采用 3 玻 2 腔，内置百叶。

（3）耐火节能窗工程实用解析

① 通过对玻璃框架型腔改造，框架链接，玻璃固定构件设置并保证门窗框架的整体性。

② 通过门窗辅件材质的变更及框架的改造保证整窗的耐火时间。门窗大样举例如图 8.9-14 所示。

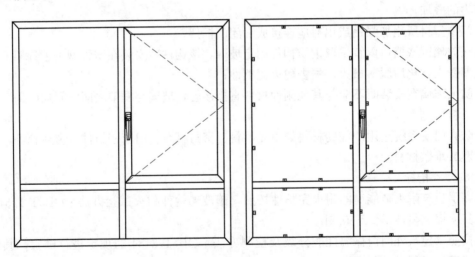

图 8.9-14　耐火节能窗大样方案

参 考 文 献

[1] 涂逢祥，王美君. 节能窗技术进展. 节能窗技术 [M]. 北京：中国建筑工业出版社，2003：22-22.

[2] 《铝合金门窗》GB/T 8478—2008 [S]；

[3] 《建筑用塑料窗》GB/T 28887—2012 [S]；

[4] 《建筑用节能门窗　第 1 部分：铝木复合门窗》GB/T 29734.1—2013 [S]；

[5] 《建筑用节能门窗　第 2 部分：铝塑复合门窗》GB/T 29734.2—2013 [S]。

8.10　一体化遮阳窗

8.10.1　发展概述

建筑遮阳可以有效遮挡太阳过度的辐射，减少夏季空调负荷，在节能减排的同时可改善室内热环境，提高建筑的热舒适等优点。根据欧洲中央组织 2005 年的《欧洲 25 国遮阳系统节能及二氧化碳排放研究报告》表明，在欧洲采用建筑遮阳的建筑，总体平均节约空调用能约 25％，建筑遮阳节能是建筑节能的有效方式之一[1]。在欧美发达国家，不仅公共建筑普遍配备有遮阳装置，一般住宅也几乎家家安装窗外遮阳，建筑遮阳已经成为节能与热舒适的一项基本要求。欧美对遮阳的设计，从研究、试验，到工厂制造，再到遮阳美学思考，体现出一体化设计的思想。

近年来，国内建筑遮阳逐渐形成规模产业。目前，我国颁布有住房和城乡建设部行业技术标准《建筑遮阳通用要求》JG/T 274、《建筑遮阳工程技术规程》JGJ 237—2011 等，提出技术要求、产品标准和方法标准，基本形成我国的标准体系[2]。随着国家对于绿色建筑和建筑工业化的重视，研发出兼具遮阳功能和便于装配的一体化遮阳窗，并颁布《建筑一体化遮阳窗》JG/T 500 行业标准[3]。

8.10.2　技术内容

遮阳是控制夏季室内热环境质量、降低制冷能耗的重要措施。遮阳多设置于建筑透光围护结构处，以最大限度地降低直接进入室内的太阳辐射。将遮阳产品与建筑外窗一体化设计便于保证遮阳效果、简化施工安装、方便使用保养。一体化遮阳窗也利于实现建筑工业化的需求。

一体化遮阳窗是活动遮阳部件与窗一体化设计、配套制造及安装，具有遮阳功能的外窗。主要产品类型有：内置百叶一体化遮阳窗、硬卷帘一体化遮阳窗、软卷帘一体化遮阳窗、遮阳篷一体化遮阳窗、金属百叶帘一体化遮阳窗等。

分类如下：

（1）按遮阳位置分：外遮阳、中间遮阳和内遮阳。

（2）按遮阳产品类型分：内置遮阳中空玻璃、硬卷帘、软卷帘、遮阳篷、百叶帘及其他。

（3）按操作方式分：电动、手动和固定。

8.10.3　技术指标

一体化遮阳窗将外遮阳作为门窗的部件进行模块化设计处理，避免与门窗洞口的误差，工厂内加工安装，保证门窗整体质量，提高水密、气密、抗风压性能，提升保温节能性能，减少交叉施工带来的质量问题，后期的调试、保养、维护以及更换易损件可在室内进行操作。

影响一体化遮阳窗遮阳性能的指标有操作力性能、机械耐久性能、抗风压性能、水密性能、气密性能、隔声性能、遮阳系数、传热系数、耐雪荷载性能等，详见《建筑一体化遮阳窗》JG/T 500；施工时应符合《建筑遮阳工程技术规范》JGJ 237。

（1）窗框、扇、杆件、五金配件等各部件装配应符合设计要求，装配牢固无松动。五金件配件安装位置正确。密封条安装位置应正确，连续、无翘曲。遮阳部件的安装连接构造应可靠，方便更换和维修。

（2）开启扇启闭灵活，无卡滞、无噪声，闭合后间隙均匀，无翘曲。遮阳部件的伸缩和收回、开启和关闭应操作方便、反应灵敏、动作准确，完成运行后，可有效定位于设定位置。遮阳部件帘片边缘运行过程不应与其他构件接触。

（3）窗扇反复启闭次数不少于1万次。遮阳部件机械耐久性能应符合规范规定要求。

（4）一体化遮阳窗静压性能应符合规范规定，见表8.10-1。外窗在各性能分级指标值风压下，主要受力杆件相对（面法线）挠度应符合表8.10-2的规定，风压作用后，窗不应出现使用功能障碍和损坏。遮阳部件的动态风压性能应符合规范要求，试验后遮阳部件不应出现损坏和功能障碍，手动遮阳部件试验前后操作力数值应维持在试验前初始操作力的等级范围内。

静压性能分级　　　　　　　　　　　　　　　　　　表 8.10-1

分级	指标值	分级	指标值
1	$1.0 \leqslant P_3 < 1.5$	6	$3.5 \leqslant P_3 < 4.0$
2	$1.5 \leqslant P_3 < 2.0$	7	$4.0 \leqslant P_3 < 4.5$
3	$2.0 \leqslant P_3 < 2.5$	8	$4.5 \leqslant P_3 < 5.0$
4	$2.5 \leqslant P_3 < 3.0$	9	$P_3 \geqslant 5.0$
5	$3.0 \leqslant P_3 < 3.5$	—	

注：1. P_3 为定级检测压力差值。

2. 第9级应在分级后同时注明具体检测压力差值。

窗主要受力杆件相对法线挠度要求　　　　　　　　　表 8.10-2

支承玻璃种类	单层玻璃、夹层玻璃	中空玻璃
相对挠度	$L/100$	$L/150$
相对挠度最大值	20	

注：L 为主要受力杆件的支承跨距。

（5）一体化遮阳窗在遮阳部件收回、伸展状态下的水密性能分级应符合表8.10-3的规定。外窗试件在各性能分级指标作用下，不应发生水从试件室外测持续或反复渗入试件室内侧、发生喷溅或留出试件界面的严重渗漏现象。

水密性能分级　　　　　　　　　　　　　　　　　　表 8.10-3

分级	指标值	分级	指标值
1	$100 \leqslant \Delta P < 150$	5	$500 \leqslant \Delta P < 700$
2	$150 \leqslant \Delta P < 250$	6	$700 \leqslant \Delta P < 1000$
3	$250 \leqslant \Delta P < 350$	7	$1000 \leqslant \Delta P < 1600$
4	$350 \leqslant \Delta P < 500$	8	$\Delta P \geqslant 1600$

注：1. ΔP 为严重渗漏压力差的前一级压力差值。

2. 第8级应在分级后注明检测压力差值。

（6）一体化遮阳窗在遮阳产品收回状态下的气密性能分级应符合表8.10-4的规定。

气密性等级　　　　　　　　　　　　　　　　　　表 8.10-4

分级	单位缝长指标值 q_1(m³/m·h)	单位缝长指标值 q_2(m³/m·h)	分级	单位缝长指标值 q_1(m³/m·h)	单位缝长指标值 q_2(m³/m·h)
1	$4.0 \geqslant q_1 > 3.5$	$12.0 \geqslant q_2 > 10.5$	5	$2.0 \geqslant q_1 > 1.5$	$6.0 \geqslant q_2 > 4.5$
2	$3.5 \geqslant q_1 > 3.0$	$10.5 \geqslant q_2 > 9.0$	6	$1.5 \geqslant q_1 > 1.0$	$4.5 \geqslant q_2 > 3.0$
3	$3.0 \geqslant q_1 > 2.5$	$9.0 \geqslant q_2 > 7.5$	7	$1.0 \geqslant q_1 > 0.5$	$3.0 \geqslant q_2 > 1.5$
4	$2.5 \geqslant q_1 > 2.0$	$7.5 \geqslant q_2 > 6.0$	8	$q_1 \leqslant 0.5$	$q_2 \leqslant 1.5$

（7）一体化遮阳窗遮阳性能以遮阳部件收回、伸展状态下遮阳系数 SC 表示，遮阳性能的分级应符合表 8.10-5 的规定。

遮阳性能分级　　　　　　　　　　　　　　　　表 8.10-5

分级	2	3	4
指标值	0.6＜SC≤0.7	0.5＜SC≤0.6	0.4＜SC≤0.5
分级	5	6	7
指标值	0.3＜SC≤0.4	0.2＜SC≤0.3	SC≤0.2

（8）一体化遮阳窗保温性能以遮阳部件收回、伸展状态下窗传热系数 K 值表示，遮阳部件收回、伸展状态下保温性能分级应符合表 8.10-6 的规定。

保温性能分级　　　　　　　　　　　　　　　　表 8.10-6

分级	1	2	3	4	5
分级指标值，W/(m²·K)	$K≥5.0$	$5.0>K≥4.0$	$4.0>K≥3.5$	$3.5>K≥3.0$	$3.0>K≥2.5$
分级	6	7	8	9	10
分级指标值，W/(m²·K)	$2.5>K≥2.0$	$2.0>K≥1.6$	$1.6>K≥1.3$	$1.3>K≥1.1$	$K<1.1$

（9）采光性能以透光折减系数 T_r 表示，一体化遮阳窗在遮阳部件收回的状态下，其分级应符合表 8.10-7 规定。

采光性能分级　　　　　　　　　　　　　　　　表 8.10-7

分级	1	2	3	4	5
指标值	$0.20≤T_r<0.30$	$0.30≤T_r<0.40$	$0.40≤T_r<0.50$	$0.50≤T_r<0.60$	$T_r≥0.60$

（10）当外墙保温防火等级为 B1、B2 时，一体化遮阳窗在遮阳部件收回的状态下，在耐火试验期间能继续保持耐火隔火性能的时间不少于 30min。

8.10.4　适用范围

适合于我国寒冷、夏热冬冷、夏热冬暖、温和等地区的工业与民用建筑。

8.10.5　工程案例

1. 项目简介

海门龙信广场工程由高层住宅、商业办公楼商业街、影院及地下车库等组成，为一类建筑，抗震设防烈度为 6 度，总建筑面积 432171m²，其中住宅为地上 32/33 层，地下 1 层，建筑最大高度 95.85m。

2. 内置百叶一体化遮阳窗构造及性能

项目采用 6（LOW-E）＋19A＋6mm 双钢化中空玻璃（中置百叶）（图 8.10-1）。根据检测机构检测数据显示：风压变形性能，$P_3>4.4kPa$（7 级）；雨水渗漏性能，$\Delta P≥700Pa$（6 级）；空气渗透性能，$q_1=0.8$，$q_2=3.1$（6 级）；保温性能，$K<2.0$（7 级）；隔声性能，Rw＋Ctr≥45dB（6 级）。

3. 施工工艺

工艺流程：门窗洞口粉刷完毕（由土建完成）—弹线定位—在门窗框上安装固定片—门窗框就位安装—门窗框与墙体间缝隙塞缝—涂刷防水—打窗外密封胶—外饰面施工—内

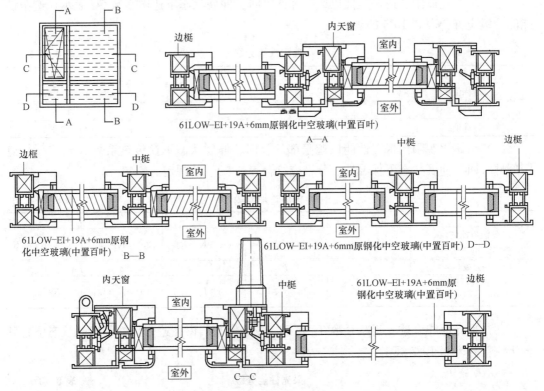

图 8.10-1   内置百叶一体化遮阳窗构造图

饰面施工—门窗扇、五金配件安装—清理与验收。

4. 内置百叶一体化遮阳窗特点

（1）保温、隔热、隔音性能：断热铝型材独特的腔体设计及断热尼龙的应用解决金属体的热（冷）桥问题，再配上内置百叶中空玻璃能最大限度地降低导热值，提高保温、隔热、隔音性能效果。

（2）可操作性：窗扇既可内开又可内倾，具有人性化的操控设计，大量通风时可内侧开启，如需少量通风并能阻止斜风雨，则采用内倾开启。

（3）气密和水密性能：合理的结构体系、密封的排水系统、精确的加工精度，加上优质的三元乙丙胶条密封，气密和水密性能良好。

（4）安全性能：平开内倒窗独特的五金件在关闭时窗扇的四周都锁死在窗框上，在内倾通风时也无法从外部打开窗扇，安全性好。

（5）抗拉、抗剪强度：穿条式断热铝型材，断热条复合工艺，确保断热型材具有足够的抗拉、抗剪强度。

（6）遮阳性能：采用内置百叶中空玻璃，在夏季，将百叶片调整到关闭状态时可以阻挡阳光的直接照射，阻隔冷热空气的对流，大幅度降低室内空调的能源消耗。在冬季，可将百叶片提起，使阳光直接照射，充分吸收热能。加上 19mm 或 21mm 的超大中空玻璃隔气层，提高窗的保温隔热性、隔音减噪性，并注入惰性气体，最小传热 K 值只有 $1.4W/(m^2 \cdot K)$。

（7）防尘防油烟、防污染的性能：玻璃百叶窗运用磁感应传动系统，使百叶片的闭合开启、上下升降更为简便，百叶片无须清洁，私密性高。

（8）防火性：传统的窗帘都是易燃品，而且一旦发生火灾，由布纱、化纤等物料制成的窗帘会在燃烧时释放大量有毒的浓烟，造成室内人员窒息而死。中空玻璃百叶不但不受明火燃烧，而且也不会在大火中释放浓烟。

（9）防结霜：在冬季较为寒冷的地区，由于室内外温差较大，一般的玻璃门窗会出现结冰霜的现象。使用中空玻璃百叶门窗由于气密性和水密性较高隔绝渗湿现象，从而避免在门窗上冻结冰霜

（10）使用寿命：窗框表面采用静电粉末喷涂处理，把干燥粉状物吸附在铝合金型材上，经过 200℃高温烘干后，粉状物固化成为一层约 $70\mu m$ 厚的坚固光亮的涂层，可防御化学溶剂、酸、碱及防紫外光等侵蚀，使用寿命 50 年以上。

参 考 文 献

[1] 刘翼，蒋荃. 我国建筑外遮阳发展现状及其标准化进展 [J]. 门窗，2011（2）：24～28.

[2] 白胜芳. 建筑遮阳技术 [M]. 北京：中国建筑工业出版社，2013.

[3] 《建筑一体化遮阳窗》JG/T 500—2016 [S]. 北京：中国标准出版社，2016.

9 抗震、加固与监测技术

9.1 消能减震技术

9.1.1 发展概述

地震是一种危害极大的突发自然灾害，从古至今，曾给人类带来无数的生命与财产损失。而人类也在与其斗争的过程中不断进步，抗震理论与技术在实践中得到发展和完善。近年来，随着建筑科学的发展，人们正在寻求和探索避免承重结构遭受破坏的减震技术，消能减震技术应运而生。消能减震技术作为一种结构被动控制措施，从动力学观点看，是通过在建筑结构的某些部位（如柱间、剪力墙、节点、连接缝、楼层空间、相邻建筑间等）设置消能器以增加结构阻尼，从而减少结构在风和地震作用下的反应；从能量观点看，是将地震输入结构的能量引向特别设置的机构和元件加以吸收和耗散，从而保护主体结构的安全。消能减震技术因其效果明显，构造简单，造价低廉，使用范围广，维护方便等特点越来越受到国内外学者的重视。

美国是开展消能减震技术研究较早的国家之一。早在1972年竣工的纽约世界贸易中心大厦的双塔楼上就安装了黏弹性阻尼器，每个塔楼有接近10000个黏弹性阻尼器，从第10层到第110层，每层安装了100个左右的黏弹性阻尼器，有效地控制了结构的风振反应，增加了人体的舒适度。西雅图哥伦比亚大厦（77层），匹兹堡钢铁大厦（64层）等许多工程也都采用了该项技术。1994年美国新San Bermardino医疗中心也应用了黏滞性阻尼器，共安装了233个阻尼器。截至目前，全美国应用流体阻尼器的建筑总数已超过13项。

日本是应用消能减震技术较多的国家。日本Omiya市31层的Sonic办公大楼共安装了240个摩擦阻尼器；东京的日本航空公司大楼使用了高阻尼性能阻尼器。近年来，日本建设中心每月鉴定的采用消能减震体系的房屋平均为5～10个。1995年阪神地震前，日本仅有两幢建筑采用黏滞阻尼墙减震。由于1994年竣工的一栋采用黏滞阻尼墙建筑在阪神地震中的良好表现，黏滞阻尼墙在日本受到了业主和工程师的青睐，从1995年至今，已有近20幢安装黏滞阻尼墙的建筑竣工。

加拿大对用于高层建筑的消能支撑系统进行多方面的试验研究，包括消能杆件的伪静力试验和振动台的地震模拟试验，取得一批成果。加拿大不列颠哥伦比亚大学对摩擦滑板交叉支撑进行了有成果的开发研究。目前，在加拿大，Pall型摩擦阻尼器已被用于近20栋新建建筑和抗震加固工程中。

新西兰已将铅阻尼器用于3座桥梁和2座建筑物中，在墨西哥ADAS装置已用于3栋房屋加固中，其中一座5层钢筋混凝土结构的医院采用90个ADAS装置进行了结构加固。而在法国、意大利等欧洲国家也已将该技术用于工程实践中。

我国的学者和工程设计人员自 20 世纪 80 年代以来也一直致力于消能减震技术的研究工作和工程实践应用。目前，已经自行研制出了一些消能装置、提出了一些新型的消能减震结构体系、做了许多消能装置的力学性能试验研究和减震结构体系的地震模拟振动台试验研究，得到了大量富有学术价值的研究成果。消能减震技术在我国工程结构中的应用范围和应用形式越来越广泛。摩擦耗能器已用于十余座单层、多层工业厂房结构中；中国建筑科学研究院在北京的一些标志性建筑如北京饭店、北京火车站、中国革命历史博物馆、北京展览馆等的抗震鉴定与加固改造中，采用了黏滞流体消能器；东南大学在宿迁市交通大厦中采用粘弹性阻尼器进行减震设计。

9.1.2 技术内容

1. 基本原理

地震发生时，地震地面运动引起结构物的震动反应，见图 9.1-1 (a)，地面震动能量向结构物输入，结构物接收了大量的地震能量，必然要进行能量转换或消耗才能最后终止震动反应。

传统抗震结构体系，容许结构及承重构件（柱、梁、节点等）在地震中出现损坏，即靠结构及承重构件的损坏以消耗地震输入能量，结构及构件的严重破坏或倒塌，就是地震能量消耗的最终完成。

结构消能减震体系就是把结构的某些非承重构件（如支撑、填充墙、连接件等）设计成消能杆件，或在结构的某些部位（层间空间、节点、连接缝等）装设消能装置。在风或小震时，这些消能构件或消能装置具有足够的初始刚度，处于弹性状态，结构仍具有足够的侧向刚度以满足使用要求；当出现大震或大风时，随着结构侧向变形的增大，消能构件或消能装置率先进入非弹性状态，产生较大阻尼，大量消耗输入结构的地震或风振能量，使主体结构避免出现明显的非弹性状态，并且迅速衰减结构的地震或风振反应（位移、速度、加速度等），从而保护主体结构及构件在强地震或大风中免遭破坏或倒塌，达到减震抗震的目的。

从能量守恒的角度，消能减震的基本原理（图 9.1-1）可阐述如下，即结构在地震中任意时刻的能量方程为：

传统抗震结构：
$$E_{in} = E_R + E_D + E_S \tag{9.1-1}$$

消能减震结构：
$$E_{in} = E_R + E_D + E_S + E_A \tag{9.1-2}$$

式中　E_{in}——地震过程中输入结构体系的地震能量；

E_R——结构体系地震反应的能量，即结构体系震动的动能和势能；

E_D——结构体系自身阻尼消耗的能量（一般不超过 5%）；

E_S——主体结构或承重构件的非弹性变形（或损坏）所消耗的能量；

E_A——消能（阻尼）装置或耗能元件耗散或吸收的能量。

对于传统的抗震结构，由于 E_D 只占总能量的很小一部分，一般不超过 5%，可以忽略，为了最后终止结构的地震反应，即使 $E_R \rightarrow 0$，必然导致主体结构及承重构件的损坏、严重破坏或倒塌（$E_S \rightarrow E_{in}$），以消耗输入结构的地震能量，见图 9.1-1 (b)。

对于消能减震结构，E_D 忽略不计，消能构件或装置率先进入弹塑性工作转台，充分发挥效能作用，大量消耗输入结构的地震能量（$E_A \rightarrow E_{in}$）。这样，既保护主体结构及承重构件免遭破坏（$E_S \rightarrow 0$），由可迅速衰减结构的地震反应（$E_R \rightarrow 0$），确保结构在地震中的

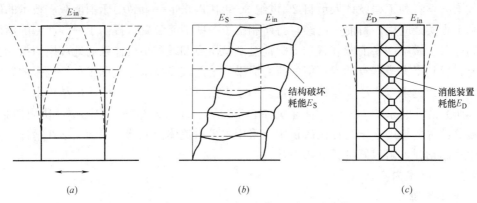

图 9.1-1　消能减震结构的基本原理简图

(a) 地震输入；(b) 传统抗震结构；(c) 消能减震结构

安全，见图 9.1-1 (c)。

2. 技术特点及应用范围

传统的抗震设计原则利用结构自身储存和消耗地震能量来满足抗震设防标准，因此，不可避免地会给结构带来一定的损伤，甚至倒塌，是一种消极被动的抗震方法。为了保证建筑物的安全，必然加大结构构件的设计强度，耗用材料多，而地震力是一种惯性力，建筑物的构件断面大，质量大，从而受到的地震作用也增大，很难在经济和安全之间找到一个平衡点。

结构消能减震技术是一种积极的、主动的抗震对策，不仅改变了结构抗震设计的传统概念、方法和手段，而且使得结构的抗震（风）舒适度、抗震（风）能力、抗震（风）可靠性和灾害防御水平大幅度提高。

采用消能减震技术的减震结构体系与传统抗震结构体系相比，具有下述优越性：

(1) 安全性：传统抗震结构体系实质上是把结构本身及主要承重构件（柱、梁、节点等）作为"消能"构件，并且容许结构本身及构件在地震中出现不同程度的损坏。由于地震烈度的随机性和结构实际抗震能力设计计算的误差，结构在地震中的损坏程度难以控制，特别是出现超设防烈度地震时，结构难以确保安全。

消能减震结构体系由于特别设置非承重的消能构件（消能支撑、消能剪力墙等）或消能装置，它们具有极大的消能能力，在强地震中能率先消耗结构的地震能量，迅速衰减结构的地震反应，并保护主体结构和构件，确保结构在强地震中的安全。

根据国内外对消能减震结构的振动台试验可知，消能减震结构与传统抗震结构相对比，其地震反应可减小 40%～60%。且耗能构件（或装置）对结构的承载能力和安全性不构成任何影响或威胁，因此，消能减震结构体系是一种非常安全可靠的结构减震体系。

(2) 经济性：传统抗震结构通过加强结构、加大构件截面、加多配筋等途径来提高抗震性能，因此，抗震结构的造价大大提高。

消能减震结构是通过"柔性消能"的途径来减小结构的地震反应，因而，可以减少剪力墙的设置，减小构件截面，减少配筋，而其耐震安全度反而提高。据国内外工程应用总结资料，采用消能减震结构体系比采用传统抗震结构体系，可节约结构造价 5%～10%。采用消能减震加固方法对旧有建筑物改造加固，可比传统抗震加固方法节省造价 $10\%\sim60\%$。

（3）技术合理性：传统结构体系是通过加强结构，提高侧向刚度以满足抗震要求的。但结构越加强，刚度越大，地震作用也越大，导致恶性循环，其结果，除了安全性、经济性问题外，还对于采用高强、轻质材料（强度高、截面小、刚度小）的高层建筑、超高层建筑、大跨度结构及桥梁等的技术发展，造成严重的制约。

消能减震结构则是通过消能构件或装置，使结构在出现变形时大量迅速消耗地震能量，保证主体结构在强地震中的安全。结构越高、越柔，跨度越大，消能减震效果越显著。因而，消能减震技术必将成为采用高强轻质材料的高柔结构（超高层建筑、大跨度结构及桥梁等）的合理新途径。

3. 消能减震结构体系的分类

结构消能减震体系由主体结构和消能部件（消能装置和连接件）组成，可以按照消能部件的不同"构件型式"分为以下类型：

（1）消能支撑：可以代替一般的结构支撑，在抗震和抗风中发挥支撑的水平刚度和消能减震作用，消能装置可以做成方框支撑、圆框支撑、交叉支撑、斜杆支撑、K 型支撑和双 K 型支撑等（图 9.1-2）。

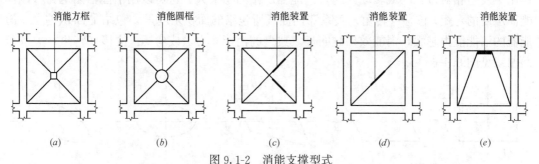

图 9.1-2　消能支撑型式

（a）方框支撑；（b）圆框支撑；（c）交叉支撑；（d）斜杆支撑；（e）K 型支撑

（2）消能剪力墙：可以代替一般结构的剪力墙，在抗震和抗风中发挥支撑的水平刚度和消能减震作用，消能剪力墙可以做成竖缝剪力墙、斜缝剪力墙、横缝剪力墙、周边缝剪力墙、整体剪力墙和分离式剪力墙等（图 9.1-3）。

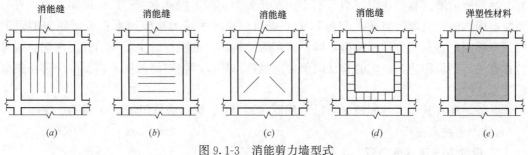

图 9.1-3　消能剪力墙型式

（a）竖缝剪力墙；（b）横缝剪力墙；（c）斜缝剪力墙；（d）周边缝剪力墙；（e）整体剪力墙

（3）消能支承或悬吊构件：对于某些线结构（如管道、线路，桥梁的斜拉索等），设置各种支承或者悬吊消能装置，当线结构发生振（震）动时，支承或者悬吊构件即发生消能减震作用。

（4）消能节点：在结构的梁柱节点或梁节点处安装消能装置。当结构产生侧向位移、在节点处产生角度变化或者转动式错动时，消能装置即可以发挥消能减震作用（图9.1-4）。

（5）消能联接：在结构的缝隙处或结构构件之间的联结处设置消能装置。当结构在缝隙或联结处产生相对变形时，消能装置即可以发挥消能减震作用（图9.1-5）。

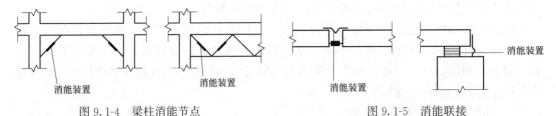

图9.1-4　梁柱消能节点　　　　　　　　图9.1-5　消能联接

4. 消能器的分类

消能部件中安装有消能器（又称阻尼器）等消能减震装置，消能器的功能是，当结构构件（或节点）发生相对位移（或转动）时，产生较大阻尼，从而发挥消能减震作用。为了达到最佳消能效果，要求消能器提供最大的阻尼，即当构件（或节点）在力（或弯矩）作用下发生相对位移（或转动）时，消能器所做的功最大。这可以用消能器阻尼力（或消能器承受的弯矩）-位移（转角）关系滞回曲线所包络的面积来度量，包络的面积越大，消能器的消能能力越大，消能效果越明显。典型的消能器力（或弯矩）-位移（转角）关系滞回曲线见图9.1-6。

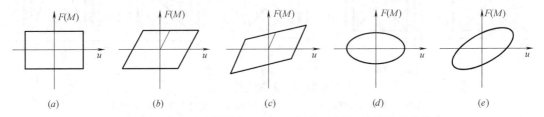

(*a*)　　　　　　　(*b*)　　　　　　　(*c*)　　　　　　　(*d*)　　　　　　　(*e*)

图9.1-6　典型的消能器力（弯矩）-位移（转角）滞回关系曲线
（*a*）方形线；（*b*）单折线；（*c*）双折线；（*d*）椭圆线（无刚度）；（*e*）椭圆线（有刚度）

消能器主要分为位移相关型、速度相关型及其他类型。黏滞流体阻尼器、黏弹性阻尼器、黏滞阻尼墙、黏弹性阻尼墙等属于速度相关型，即消能器对结构产生的阻尼力主要与消能器两端的相对速度有关，与位移无关或与位移的关系为次要因素；金属屈服型阻尼器、摩擦阻尼器属于位移相关型，即消能器对结构产生的阻尼力主要与消能器两端的相对位移有关，当位移达到一定的起动限值才能发挥作用。摩擦阻尼器属于典型的位移相关型消能器。

此外，还有其他类型如调频质量阻尼器（TMD）、调频液体阻尼器（TLD）等。

9.1.3 技术指标

1. 设计方案和部件布置

应根据建筑抗震设防类别、抗震设防烈度、场地条件、结构方案、建筑使用要求与方案设计进行技术和经济性的对比和分析后确定。在消能减震设计中，关键是在耗能器的选择。

消能器可以安装在单斜支撑、人字型支撑或X型支撑上，形成消能支撑。消能支撑的布置应考虑结构的工作性能、建筑功能和经济等要求，综合比较选择相对较好的方案。对于给定的结构，在消能器数量一定的情况下，可根据可控度的概念，采用最优放置的顺序逼近法来确定消能支撑的最优布置方案，将层间变形的均方值定义为最优位置指数，首先计算出纯框架结构各层的最优位置指数，指数值最大的一层即为第一个消能支撑的最优位置，应该在该层附加一个消能支撑。寻找第二个消能支撑的最优位置时，由于结构中已增加了一个消能支撑而使结构体系的刚度和等效粘性阻尼增大，因此在计算位置指数时，应考虑由于附加第一个消能支撑而增大的刚度和阻尼系数。第二个消能支撑的位置根据新一轮计算的指数确定。重复以上步骤，直到确定最后一个消能支撑的位置。消能部件也可沿结构的两个主轴方向分别设置，设置在层间变形较大的位置，且应合理地确定数量和分布情况，以形成合理的受力体系和提高结构的整体消能能力。

2. 消能减震设计计算要点

（1）计算消能减震结构的关键是确定结构的总刚度和总阻尼。

（2）计算消能减震结构一般宜采用静力非线性分析法或非线性时程分析法。对前者可采用消能部件附加给结构的有效阻尼比和有效刚度计算；对后者可采用消能部件的恢复力模型计算。

（3）主体结构基本处于弹性工作阶段时，可采用线性分析法作简化计算，并根据结构的变形特征和高度等，按《建筑抗震设计规范》GB 50011 规定分别采用底部剪力法、振型分解反应谱法和时程分析法。

（4）消能减震结构的总刚度为结构刚度和消能部件有效刚度的总和。消能减震结构的总阻尼比为结构阻尼比和消能部件附加给结构的有效阻尼比的总和。

（5）消能减震结构的层间弹塑性位移角限值，框架结构应为 1/80。

3. 消能部件附加给结构的有效阻尼比和有效刚度确定：

（1）消能器的有效刚度可取消能器的恢复力滞回环在相对水平位移时的割线刚度。

（2）消能部件附加给结构的有效阻尼比应按式（9.1-3）估算：

$$\zeta_a = W_c/(4\pi W_s) \tag{9.1-3}$$

式中 ζ_a——消能减震结构的附加有效阻尼比；

W_c——所有消能部件在结构预期位移下往复一周所消耗的能量；

W_s——设置消能部件的结构在预期位移下的总应变能。

（3）不计及扭转影响时，消能减震结构在其水平地震作用下的总应变能，可按式（9.1-4）估算：

$$W_s = (1/2)\sum F_i u_i \tag{9.1-4}$$

式中 F_i——质点 i 的水平地震作用标准值；

u_i——质点 i 对应于水平地震作用标准值的位移。

（4）速度线性相关型消能器在水平地震作用下所消耗的能量，可按式（9.1-5）估算：

$$W_c = (2\pi^2/T_1)\sum C_j \cos^2\theta_j \Delta u_j^2 \tag{9.1-5}$$

式中 T_1——消能减震结构的基本自振周期；

C_j——第 j 个消能器由试验确定的线性阻尼系数；

θ_j——第 j 个消能器的消能方向与水平面的夹角；

Δu_j——第 j 个消能器两端的相对水平位移。

当消能器的阻尼系数和有效刚度与结构振动周期有关时，可取相应于消能减震结构基本自振周期的值。

（5）位移相关型、速度非线性相关型和其他类型消能器在水平地震作用下所消耗的能量，可按式（9.1-6）估算：

$$W_c = \sum A_j \qquad (9.1\text{-}6)$$

式中　A_j——第 j 个消能器的恢复力滞回环在相对水平位移 Δu_j 时的面积。

4. 消能部件的性能要求

（1）消能器应具有足够的吸收和耗散地震能量的能力和恰当的阻尼。消能部件附加给结构的有效阻尼比宜大于 5%，超过 20% 时，宜按 20% 计算。

（2）速度相关型消能器应由试验提供设计容许位移、极限位移，以及设计容许位移幅值和不同环境温度条件下、加载频率为 0.1～4Hz 的滞回模型。

速度线性相关型消能器与斜撑、墙体或梁等支承构件组成消能部件时，该支承构件在消能器消能方向的刚度应符合式（9.1-7）要求：

$$K_b \geqslant (6\pi/T_1)C_V \qquad (9.1\text{-}7)$$

式中　K_b——支承构件在消能器方向的刚度；

C_V——消能器的由试验确定的相应于结构基本自振周期的线性阻尼系数；

T_1——消能减震结构的基本自振周期。

（3）位移相关型消能器应由往复静力加载确定设计容许位移、极限位移和恢复力模型参数。位移相关型消能器与斜撑、墙体或梁等支承构件组成消能部件时，该部件的恢复力模型参数宜符合下列要求：

$$\Delta u_{py}/\Delta u_{sy} \leqslant 2/3 \qquad (9.1\text{-}8)$$

$$(K_p/K_s)(\Delta u_{py}/\Delta u_{sy}) \geqslant 0.8 \qquad (9.1\text{-}9)$$

式中　K_p——消能部件在水平方向的初始刚度；

Δu_{py}——消能部件的屈服位移；

K_s——设置消能部件的结构楼层侧向刚度；

Δu_{sy}——设置消能部件的结构层间屈服位移。

（4）在最大应允许位移幅值下，按应允许的往复周期循环 60 圈后，消能器的主要性能衰减量不应超过 10%，且不应有明显的低周疲劳现象。

5. 构造要求

（1）消能器应具有优良的耐久性能，且应构造简单、施工方便、容易维护。

（2）消能器与结构构件的连接应符合抗震结构的构造要求：

① 消能器与斜撑、梁、填充墙或节点等连接组成消能部件时，应符合钢构件或钢与钢筋混凝土构件连接的构造要求，并能承担消能器施加给连接点的最大作用力。

② 与消能部件相连的结构构件，应计入消能部件传递的附加内力，并将其传递到基础。

9.1.4　适用范围

由于消能减震结构体系有上述优越性，已被广泛、成功地应用于"柔性"工程结构物的减震（或抗风）。一般而言，层数越多、高度越高、跨度越大、变形越大，消能减震效果越明显。所以多被应用于下述结构：

高层建筑，超高层建筑；高柔结构，高耸塔架；大跨度桥梁；柔性管道、管线（生命线工程）；旧有高柔建筑或结构物的抗震（或抗风）性能的改善提高。

9.1.5 工程案例

1. 宿迁市建设大厦

宿迁市建设大厦位于宿迁市新城区，主体结构平面呈长方形，长 45.3m，宽 22.5m，地上 21 层。地下 1 层为设备用房，标准层高 3.4m，总高度为 70.5m。建筑立面、平面如图 9.1-7 所示。

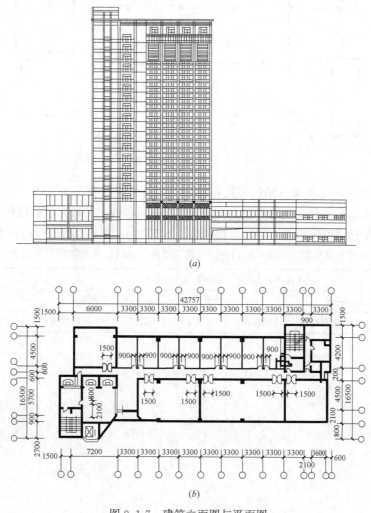

图 9.1-7 建筑立面图与平面图

(a) 建筑正立面图；(b) 建筑平面图

宿迁市抗震设防烈度为 8 度，设计基本地震加速度值为 0.30g，设计地震第一组，建筑场地土为Ⅲ类。

该建筑为框架剪力墙结构，其横向抗震墙比较容易布置，位移也容易得到控制。而纵向抗震墙布置存在一定困难，纵向抗震墙位置、数量和厚度按照《建筑抗震设计规范》概念设计原则确定。经分析，当采用上述抗震结构方案时，结构局部楼层（12～21 层）的层间位移略超过了《建筑抗震设计规范》规定的限值。采用在层间位移不满足《建筑抗震设计规范》要求的楼层增设消能支撑的方案，来提高局部楼层的附加阻尼，从而降低其位移反应。

本工程在11～20层的纵向框架柱间布置消能支撑，如图9.1-8所示。消能支撑的数量和设计参数通过多轮时程分析、优化调整后确定。每层设置2榀消能支撑，每榀消能支撑包括一只水平布置的黏滞阻尼器，黏滞阻尼器的阻尼系数$C=1100kN\cdot s/m$，阻尼指数=0.35，行程$\pm 40mm$，最大受力430kN。建筑横向不布置消能支撑。

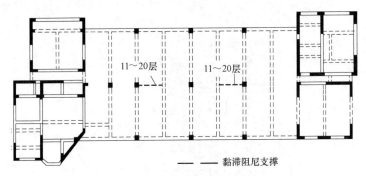

图9.1-8   消能支撑布置图

通过时程分析，比较减震结构和抗震结构的地震反应见表9.1-1。

减震结构在8度罕遇地震（PGA=0.510g）作用下各楼层的最大层间位移角见表9.1-2。可以看出，在罕遇地震作用下，层间位移角均小于1/220，满足《抗震规范》要求。

8度多遇地震（PGA=0.110g）作用下楼层（纵向）最大层间剪力对比　　　表9.1-1

楼层	不同地震动作用下层间剪力最大值(kN)						平均值(kN)	
	EI Centro 波		Gbvilan 波		人工波			
	减震结构	抗震结构	减震结构	抗震结构	减震结构	抗震结构	减震结构	抗震结构
1	14448	15846	12762	13408	17391	19870	14857	16041
2	12958	14799	11290	12232	15906	18185	13384	15072
3	11753	14122	10844	11941	14566	16496	12388	14186
4	10741	13664	10596	10982	13573	15463	11637	13369
5	10432	12990	10092	10219	12634	14847	11053	12686
6	10338	12092	9645	10067	11495	14496	10493	12218
7	10067	10988	9324	10415	10169	13651	9853	11685
8	9628	10034	8798	10525	9135	12326	9187	10962
9	9074	9957	8619	10165	9529	11167	9074	10430
10	8455	9729	9275	10711	9765	11711	9165	10717
11	7792	9321	9893	10737	9827	11807	9170	10621
12	7300	8838	10493	10253	9885	11482	9226	10191
13	6285	8160	9730	9654	8593	10792	8203	9535
14	5989	7326	9012	8840	7060	9819	7356	8665
15	6487	7197	8526	8225	7486	8606	7500	8009
16	6388	6804	7450	7759	7357	7820	7065	7461
17	5398	6328	6017	6940	6713	7222	6043	6830
18	4816	5576	5255	5911	5682	6326	5251	5938
19	3282	4264	4385	4375	4121	4872	3930	4504
20	1336	2239	2052	2383	1894	2601	1761	2408
21	580	711	831	784	709	844	707	779

8 度罕遇地震（PGA＝0.510g）作用下楼层最大层间位移角　　表 9.1-2

楼层	不同地震动作用下层间位移最大值(mm)						层间位移平均值(mm)		层间位移角	
	EI Centro 波		Gavilan 波		人工波					
	X 方向	Y 方向	X 方向	Y 方向	X 方向	Y 方向	X 方向	Y 方向	X 方向	Y 方向
21	21.63	20.19	20.68	17.11	22.96	19.90	21.76	19.06	1/229	1/262
20	15.53	14.76	14.71	12.30	16.45	14.55	15.56	13.87	1/231	1/259
19	16.96	16.32	16.01	13.38	17.89	16.09	16.95	15.26	1/230	1/255
18	14.97	14.42	14.01	11.81	15.69	14.20	14.89	13.48	1/228	1/252
17	15.27	14.57	14.14	11.91	15.89	14.30	15.10	13.60	1/225	1/250
16	15.64	14.67	14.25	11.71	16.11	14.11	15.33	13.50	1/221	1/251
15	16.02	14.69	14.02	11.25	16.26	13.54	15.44	13.16	1/220	1/258
14	16.23	14.63	13.69	11.10	16.22	13.01	15.38	12.91	1/221	1/263
13	16.38	14.52	12.42	10.39	16.05	12.64	14.95	12.52	1/227	1/271
12	16.39	14.18	11.67	10.33	16.91	11.91	14.66	12.14	1/231	1/279
11	15.91	13.88	11.37	10.22	15.67	11.67	14.32	11.92	1/237	1/285
10	15.62	13.52	11.37	9.58	15.31	11.29	14.10	11.46	1/241	1/296
9	14.75	13.01	11.23	9.31	14.82	10.68	13.60	11.00	1/250	1/309
8	14.03	12.20	10.94	9.04	14.19	10.37	13.05	10.53	1/260	1/322
7	13.00	11.56	10.40	8.71	13.47	10.00	12.29	10.09	1/276	1/336
6	11.80	10.69	9.61	8.32	12.71	9.64	11.37	9.55	1/298	1/356
5	10.61	9.80	8.79	7.77	11.70	9.16	10.37	8.91	1/327	1/381
4	9.46	8.78	7.77	7.05	9.52	8.46	8.92	8.10	1/381	1/419
3	8.37	7.55	6.57	6.21	8.53	7.51	7.82	7.09	1/434	1/479
2	8.16	7.29	5.94	6.03	8.82	7.51	7.64	6.94	1/523	1/576
1	7.37	6.63	4.68	5.54	8.33	7.15	6.79	6.44	1/750	1/791

2. 北京威盛大厦

北京威盛大厦是我国大陆地区第一栋采用屈曲约束耗能支撑进行设计的高层建筑，位于北京市中关村清华科技园 B5 地块（清华大学南门的东南角），地下 2 层，地上 12 层，总高度 55m，作为办公楼使用，如图 9.1-9，图 9.1-10 所示分别为该建筑的标准层建筑平面图和剖面图。

该建筑物地上部分的结构为钢柱（支撑）-组合梁板结构体系。钢梁的高度为 460～610mm，钢柱尺寸一般为 360mm，柱距约为 9.0m。第二层以上楼板为 89mm 厚钢筋混凝土与 76mm 规格的压型钢板组成的组合楼板，支撑于 3.0m 间距的钢梁之上。

该建筑的抗侧力体系主要由两部分组成，即中心区域的屈曲约束耗能支撑框架和沿周边布置的普通钢框架组成一个类似于框架-核心筒结构的抗侧力体系。这种结构体系具有良好的抗震性能和经济性能，在中心区域采用支撑框架体系，不会影响楼板的灵活布置和未来的适用性。支撑框架柱由首层开始，锚固于地下室核心筒剪力墙。

本工程结构抗震设防类别为丙类，抗震设防烈度为 8 度（0.20g），设计地震分组为一组。根据地质勘察判定，该工程的场地类别为Ⅲ类场地。如图 9.1-11、图 9.1-12 所示为本工程的空间杆系有限元模型和输入地震波的反应谱曲线。

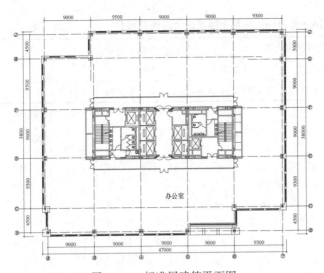

图 9.1-9　标准层建筑平面图

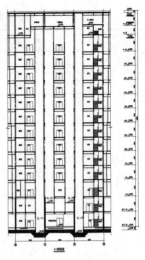

图 9.1-10　建筑剖面图

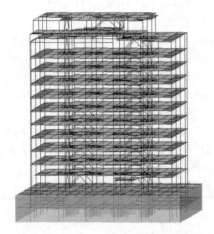

图 9.1-11　威盛大厦结构有限元分析模型

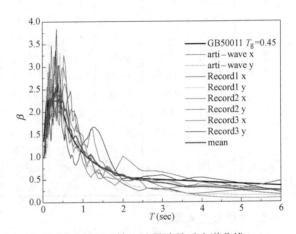

图 9.1-12　输入地震波的反应谱曲线

　　如表 9.1-3 所示为屈曲约束耗能支撑在小震和中震下的受力状态及屈服情况。由表 9.1-3 可知，在小震作用下，绝大部分屈曲约束耗能支撑的实际受力 P 与屈服荷载 P_y 的 R 均小于 1.00，仍处于弹性状态；而在中震作用下，30％～50％ 的支撑达到屈服状态，与设计的预期目标一致。

屈曲约束耗能支撑在小震和中震下的受力状态及屈服情况　　　　表 9.1-3

时程工况	小震				中震			
	R_{min}	R_{max}	R_{ave}	N_y	R_{min}	R_{max}	R_{ave}	N_y
arti-wave	0.192	0.878	0.500	0(0％)	0.537	1.995	0.986	53(47.3％)
Record1	0.335	0.821	0.560	0(0％)	0.723	1.754	0.973	31(27.7％)
Record2	0.300	0.987	0.515	0(0％)	0.709	1.816	0.976	44(39.3％)
Record3	0.441	0.991	0.732	0(0％)	0.750	2.468	1.044	59(52.7％)

　　注：R_{min} 为屈曲约束耗能支撑的实际受力 P 与屈服荷载 P_y 的比值 R 的最小值；R_{max} 为屈曲约束耗能支撑的实际受力 P 与屈服荷载 P_y 的比值 R 的最大值；R_{ave} 为屈曲约束耗能支撑的实际受力 P 与屈服荷载 P_y 的比值 R 的平均值；N_y 为支撑的屈服个数及所占百分比。

如图 9.1-13、图 9.1-14 所示分别为 Record3 波小震和中震作用下时程分析的能量分布情况。由图可知，在小震作用下，由于屈曲约束耗能支撑仍处于弹性范围，只是通过自身的弹性应变来吸收和消耗能量，因而其消耗的能量占总输入能量的比例很小，甚至小于结构瞬时的动能和势能；此时结构主要是依靠整体阻尼来消耗地震动的输入能量。而在中震作用下，由于相当一部分屈曲约束耗能支撑屈服而进入了弹塑性状态，其消耗的能量在总输入能量中的比重已显著增加，达到并超过整体阻尼耗能，占主要地位；此时地震动的输入能量主要由屈曲约束耗能支撑消耗，而结构的主体构件则仍处于弹性状态，从而达到预期的结构性能目标。

如图 9.1-15、图 9.1-16 所示为第 2 层 6 轴线上的屈曲约束支撑 L12 在小震和中震下轴力 P 的时程反应曲线，由图可知，小震下 L12 仍处于弹性状态，中震下 L12 开始屈服，进入弹塑性阶段，支撑本身消耗的能量大幅度增加，从而减轻主体结构的负担，达到保护结构的目的。

如图 9.1-17、图 9.1-18 所示分别为纵向（L4）和横向（L12）支撑在推覆（PUSH-OVER）过程中的轴力-轴向变形关系曲线。由图可知，在小震作用下，支撑处于弹性状态；在中震作用下，支撑已进入屈服状态，但轴向变形较小；在大震作用下，支撑的轴力增加很少，而轴向变形却显著增加，达到理论屈服位移的 7～8 倍。因此，屈曲约束耗能支撑用于结构抗震是可靠的。

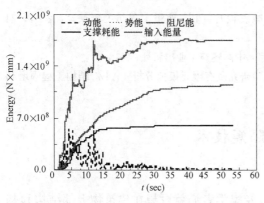

图 9.1-13　Record3 波小震下的能量分布曲线

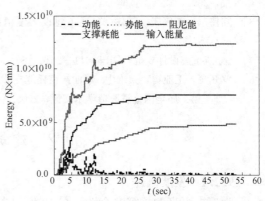

图 9.1-14　Record3 波中震下的能量分布曲线

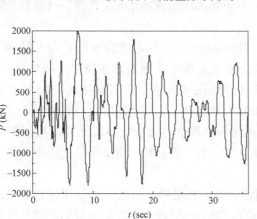

图 9.1-15　L12 在小震、Record2 波下的轴力时程曲线

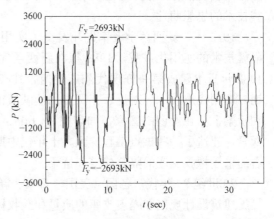

图 9.1-16　L12 在中震、Record2 波下的轴力时程曲线

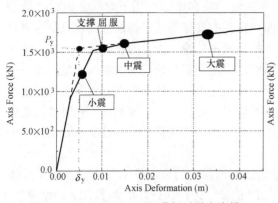

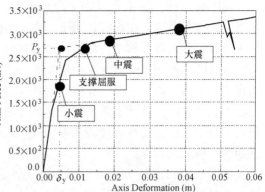

图 9.1-17   PUSH-OVER 分析时纵向支撑
L4 的轴力-变形关系曲线

图 9.1-18   PUSH-OVER 分析时横向支撑
L12 的轴力-变形关系曲线

参 考 文 献

[1] 首都圈大型公共建筑抗震加固改造综合技术研发与工程实践 [R]. 中国建筑科学研究院工程抗震研究所，2002.

[2] 王亚勇，薛彦涛，欧进萍等. 北京饭店等主要建筑的消能减震抗震加固设计方法 [J]. 建筑结构学报，2001，22（2）：64-65.

[3] 陆伟东，刘伟庆，陈瑜. 宿迁市建设大厦消能减震设计 [J]. 地震工程与工程振动，2004，24（5）：31-32.

[4] 《建筑抗震设计规范》GB 50011—2010 [S]. 北京：中国建筑工业出版社，2010.

[5] 罗开海，王亚勇，荣维生. 屈曲约束耗能支撑试验研究及有限元模拟分析 [A]// 结构工程师增刊 [C]. 第二届全国抗震改造学术交流，2005.

9.2 建筑隔震技术

9.2.1 发展概述

为追求更高的抗震安全性，在 19 世纪末，专家学者们就设想在建筑物上部结构和基础之间设置滑移层或缓冲层，作为隔离装置，阻止强大的地震能量向上传递，这是基础隔震技术的思想萌芽。

1975 年，新西兰学者率先开发出了实用的隔震元件——铅芯橡胶支座，大大推动了隔震技术的实用化进程。1981 年在新西兰完成世界上首座采用铅芯橡胶垫的隔震建筑。1982 年日本建成第一栋现代隔震建筑，1985 年，美国建成第一栋隔震建筑。90 年代初期，应用隔震技术，对近百年历史的盐湖城市政大楼进行了加固，同时也越来越多地应用在桥梁上。在发展中国家，如印尼、Chile、Armenia 等也对低造价隔震元件的应用进行探索，建造了一些试点工程。到九十年代中期，美、日、新、法、意等国建造了 400 栋左右的采用橡胶支座的隔震建筑和桥梁。

20 世纪 90 年代，各国（美国、日本、新西兰等）相继推出自己的更加详尽和严格的隔震建筑设计规范和隔震支座的质量和验收标准，以保证其在大规模应用时的可靠性。隔震元件特别是橡胶支座的生产开始向工业化方向发展，相应的高性能、大直径的橡胶支座开发和应用发展很快。

日本的隔震建筑发展最快，有超过 3000 栋的隔震建筑。日本的隔震建筑开始集中在多层的办公楼、公寓和重要建筑如控制中心、医院等，而且近年来已经开始应用在高层、超高层建筑上。2001 年以来，独立的民居（detached house）隔震建筑每年新增都在 300 栋以上，这可能是一个发展的方向。

进入到 20 世纪 80 年代，国内的隔震逐渐得到重视，并得到推广应用。90 年代初期，众多学者承担了国家"八五"攻关课题、国家自然基金、高校、地方政府资助等大量课题，开展了从理论到应用的系统研究，并进行了橡胶支座动力响应试验和实际工程的动力测试。

到上个世纪末，国内研究已经取得了大量成果，包括橡胶支座国产技术、橡胶支座性能测试和检测技术、施工要求、隔震结构体系的实用设计方法和要点、隔震支座节点作法及隔震层构造措施等，基本形成了橡胶支座隔震建筑的成套技术。

21 世纪初，我国相继颁布了隔震技术相关的规范、规程和标准图集，标志着国内的隔震技术也进入了成熟应用的阶段。这些标准主要包括：

（1）《建筑隔震橡胶支座》JG 118—2000，国家建筑工业行业标准，该标准规定了隔震支座的定义、分类、性能要求及检验方法等。该标准 2000 年 5 月发布，2000 年 12 月实施。

（2）《建筑抗震设计规范》GB 50011—2010，国家标准，其中专门新增第 12 章《隔震与消能减震设计》，规定了隔震建筑的适用范围、设计要点、验算要求、构造措施和要求等。该规范 2010 年 5 月发布，2010 年 12 月实施。

（3）《建筑结构隔震构造详图》03SG610-1，国家建筑标准设计图集，该图集适用于橡胶隔震支座等部件组成的隔震层的结构布置、节点设计、构造连接等方面的标准做法，指导广大设计人员准确理解隔震层相关做法。该标准图集 2003 年 1 月发布，2003 年 2 月执行。

进入到 21 世纪，隔震技术的研究向着多样化、实用化、深入化发展。大直径橡胶支座性能、隔震加固、三维隔震和混合隔震系统、高层和超高层隔震、层间隔震、隔震系统保护装置等成为隔震研究的新热点。

9.2.2 技术内容

1. 基本概念

基础隔震结构体系通过在建筑物的基础和上部结构之间设置隔震层，将建筑物分为上部结构、隔震层和下部结构三部分。地震能量经由下部结构传到隔震层，大部分被隔震层的隔震装置吸收，仅有少部分传到上部结构，从而大大减轻地震作用，提高隔震建筑的安全性。

经过人们不断的探索，如今基础隔震技术已经系统化、实用化，它包括摩擦滑移系统、叠层橡胶支座系统、摩擦摆系统等等，其中目前工程界最常用的是叠层橡胶支座隔震系统。这种隔震系统，性能稳定可靠，采用专门的叠层橡胶支座（Laminated Rubber Bearing）作为隔震元件，该支座是由一层层的薄钢板和橡胶相互叠置，经过专门的硫化工艺粘合而成，其结构、配方、工艺需要特殊的设计，属于一种橡胶厚制品。目前常用的橡胶隔震支座有：天然橡胶支座（NB，Natural Rubber Bearing）、铅芯橡胶支座（LRB，

Lead plug Rubber Bearing）、高阻尼橡胶支座（HDB，High Damping Rubber Bearing）等［11］。天然橡胶支座和铅芯橡胶支座的结构分别如图 9.2-1（a）和（b）所示。

（a）   （b）

图 9.2-1　橡胶支座结构示意

（a）天然橡胶支座；（b）铅芯橡胶支座

图 9.2-2　隔震层组成示意

隔震层通常由隔震支座和阻尼器组成，如图 9.2-2 所示。图中所示为天然橡胶支座和专用的软钢阻尼器组成的隔震层。隔震层的大阻尼性能也可以通过采用高阻尼的铅芯橡胶支座或高阻尼橡胶支座来直接满足，这样施工更加简便，成本也更低。

2. 基本原理

传统建筑物基础固结于地面，地震时建筑物受到的地震作用由底向上逐渐放大，从而引起结构构件的破坏，建筑物内的人员也会感到强烈的震动。为了保证建筑物的安全，必然加大结构构件的设计强度，耗用材料多，而地震力是一种惯性力，建筑物的构件断面大，所用材料多，质量大，同时受到地震作用也增大，想要在经济和安全之间找到一个平衡点往往是比较难的。

而基础隔震系统通过在基础和上部结构之间，设置一个专门的橡胶隔震支座和耗能元件（如铅阻尼器、油阻尼器、钢棒阻尼器、粘弹性阻尼器和滑板支座等），形成高度很低的柔性底层，称为隔震层。通过隔震层的隔震和耗能元件，使基础和上部结构断开，延长上部结构的基本周期，从而避开地震的主频带范围，使上部结构与水平地面运动在相当程度上解除了耦连关系，同时利用隔震层的高阻尼特性，消耗输入地震动的能量，使传递到隔震结构上的地震作用进一步减小。

3. 技术特点

采用隔震技术，上部结构的地震作用一般可减小到原来的 1/3～1/6，地震时建筑物上部结构的反应以第一振型为主，类似于刚体平动，基本无反应放大作用，通过隔震层的相对大位移来降低上部结构所受的地震荷载。按照较高标准设计和采用基础隔震措施后，地震时上部结构的地震反应很小，结构构件和内部设备都不会发生破坏或丧失正常的使用功能，在房屋内部工作和生活的人员不仅不会遭受伤害，也不会感受到强烈的摇晃，强震发生后人员无需疏散，房屋无需修理或仅需一般修理。从而保证建筑物的安全甚至避免非结构构件如设备、装修破坏等次生灾害的发生。

隔震建筑一般对于低频分量为主的地震波和基本周期较长的高层建筑隔震效果减弱，隔震层位移较大，需要设计隔震结构为更长的隔震周期和选用更大的隔震支座。

9.2.3 技术指标

1. 设计方法

（1）隔震建筑通过设置隔震层，将原结构分为隔震层以上结构和以下结构两个部分，其性能要求各不相同。因此隔震结构的设计采用分部设计方法，包括隔震层设计、上部结构设计、下部结构设计。

（2）隔震层设计主要包括隔震层位置确定、隔震支座的布置和选型、隔震支座承载力和变形能力验算、隔震层顶部楼盖、隔震支座节点、穿越隔震层的柔性连接、隔震缝等构造等。

（3）上部结构设计主要是上部结构水平和地震作用的确定。

① 抗规引入了"水平向减震系数"把隔震建筑设计和传统抗震建筑设计联系起来，可以用来描述建筑物采用隔震技术后其水平地震作用的降低程度

② 竖向地震作用计算和抗震验算，一般仍按照本地区抗震设防烈度采用。

③ 丙类建筑中上部结构的抗震措施，根据水平向减震系数大小确定其相关要求，但与抵抗竖向地震作用有关的抗震措施不应降低。

（4）隔震层以下结构（包括地下室）的地震作用和抗震验算，应采用罕遇地震下隔震支座底部的竖向力、水平力和力矩进行计算。

隔震建筑地基基础的抗震验算和地基处理仍应按本地区抗震设防烈度进行，甲、乙类建筑的抗液化措施应按提高一个液化等级确定，直至全部消除液化沉陷。

（5）隔震体系的计算模型应符合下列规定：

① 对甲、乙类建筑，隔震体系的计算模型宜考虑结构杆件的空间分布、隔震支座的位置、隔震房屋的质量偏心、在两个水平方向的平移和扭转、隔震层的非线性阻尼特性以及荷载 - 位移关系特性，并有不少于两个不同力学模型的计算结果进行比较分析。

② 一般情况下，隔震体系的计算简图可采用剪切型结构模型（图 9.2-3）；当上部结构的质心与隔震层刚度中心不重合时应计入扭转变形的影响。

③ 隔震层顶部的梁板结构，对钢筋混凝土结构应作为其上部结构的一部分进行计算和设计。

④ 隔震房屋上部结构和下部结构的荷载-位移关系特性可采用线弹性模型。

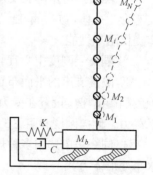

图 9.2-3 多质点隔震结构分析模型

隔震结构计算模型的简化与传统建筑结构没有太大的差别，但更多地考虑了隔震结构的地震反应特点，力图简化分析，减少计算分析的工作量。一般说来，隔震体系的计算模型更多地采用考虑扭转的空间结构分析模型，当需要考虑竖向地震动或进行竖向变形分析

或考虑上部结构摆动等情况时，还需要包括竖向甚至翻转摆动自由度。

（6）隔震层和隔震支座的力学模型：

① 一般情况下，可以采用等效线性化模型，

当按扭转耦联计算时，尚应计及隔震支座的扭转刚度。

② 对于隔震建筑的竖向振动、摇摆、翻转振动问题，当需要考虑隔震支座的拉伸或上浮（提离）等变形时，隔震支座的承压刚度和抗拉刚度相差很大，需要分别考虑。

应该注意的是当隔震支座出现拉伸或上浮等现象后，会对隔震支座的水平恢复力和变形关系产生影响，应合理考虑这种变化产生的影响。

③ 当考虑水平双方向同时输入或水平竖向同时输入的情形时，对于基本满足线弹性恢复力-位移关系的隔震支座，一般可不考虑隔震支座各个方向反应的相互影响。但当隔震支座本身阻尼比较大时或其他情形，宜采用考虑这种相互影响关系的力学模型。

④ 对于主要采用滞变变形为主的隔震支座的隔震建筑，比较详细的结构分析一般需要采用弹塑性模型，如双折线模型等，这时并且要考虑隔震支座各个方向反应的相互影响，不能分别用各个方向的独立关系来分别处理。

（7）一般情况下，宜采用多遇地震作用下的时程分析法进行计算，砌体结构及基本周期与其相当的结构可按简化算法计算。隔震层还应进行抗风验算。抗风装置应按下式要求进行验算：

$$\gamma_w V_{wk} \leqslant V_{RW} \tag{9.2-1}$$

式中 V_{RW}——抗风装置的水平承载力设计值。当抗风装置是隔震支座的组成部分时，取隔震支座的水平屈服荷载设计值；当抗风装置单独设置时，取抗风装置的水平承载力，可按材料屈服强度设计值确定；

γ_w——风荷载分项系数，取 1.4；

V_{WK}——风荷载作用下隔震层的水平剪力标准值。

（8）隔震层的布置应符合下列要求：

① 隔震层可由隔震支座、阻尼装置和抗风装置组成。阻尼装置和抗风装置可与隔震支座合为一体，亦可单独设置。必要时可设置限位装置。在实际应用中多采用铅芯橡胶支座提供阻尼性能。

② 隔震层刚度中心宜与上部结构的质量中心重合。

③ 隔震支座的平面布置宜与上部结构和下部结构中竖向受力构件的平面位置相对应。橡胶隔震支座应设置在受力较大的位置，间距不宜过大，其规格、数量和分布应根据竖向承载力、侧向刚度和阻尼的要求通过计算确定。

④ 同一房屋选用多种规格的隔震支座时，应注意充分发挥每个隔震支座的承载力和水平变形能力。

⑤ 同一支承处选用多个隔震支座时，隔震支座之间的净距应大于安装和更换时所需的空间尺寸。

⑥ 设置在隔震层的抗风装置宜对称、分散地布置在建筑物的周边。

（9）隔震支座应进行竖向承载力和罕遇地震下水平极限位移和拉应力的验算。

① 各橡胶隔震支座的竖向平均压应力设计值，不应超过规定限值。

a. 平均压应力设计值应按永久荷载和可变荷载组合计算，对需验算倾覆的结构应包

括水平地震作用效应组合；对需进行竖向地震作用计算的结构，尚应包括竖向地震作用效应组合。

　　b. 当橡胶支座的第二形状系数（有效直径与各橡胶层总厚度之比）小于 5.0 时应降低平均压应力限值：小于 5 不小于 4 时降低 20%，小于 4 不小于 3 时降低 40%。

　　c. 外径小于 300mm 的橡胶支座，其平均压应力限值对丙类建筑为 12MPa。

　　② 隔震支座应进行罕遇地震下的验算。

　　a. 隔震层在罕遇地震下应保持稳定，不宜出现不可恢复的变形。隔震层橡胶支座在罕遇地震作用下，不宜出现拉应力，如有拉应力，不应超过 1.2MPa。

　　b. 隔震支座对应于罕遇地震水平剪力的水平位移，应符合下列要求：

$$u_i \leqslant [u_i] \tag{9.2-2}$$
$$u_i = \beta u_c \tag{9.2-3}$$

式中　u_i——罕遇地震作用下，第 i 个隔震支座考虑扭转的水平位移；

　　$[u_i]$——第 i 个隔震支座的水平位移限值；对橡胶隔震支座，不应超过该支座有效直径的 0.55 倍和支座各橡胶总厚度 3.0 倍二者的较小值；

　　u_c——罕遇地震下隔震层质心处或不考虑扭转的水平位移；

　　β_i——第 i 个隔震支座的扭转影响系数，应取考虑扭转和不考虑扭转时 i 支座计算位移的比值；当隔震层以上结构的质心与隔震层刚度中心在两个主轴方向均无偏心时，边支座的扭转影响系数不应小于 1.15。

　　(10) 隔震支座与上部结构、下部结构之间应设置可靠的连接部件。隔震层连接部件（如隔震支座或抗风装置的上、下连接件，连接用预埋件等）应按罕遇地震作用进行强度验算。

　　隔震支座与上部结构、下部结构之间的联结螺栓和锚固钢筋，均必须在罕遇地震作用下对隔震支座在上下联结面的水平剪力、竖向力及其偏心距进行验算。锚固钢筋的锚固长度宜大于 20 倍钢筋直径，且不小于 250mm。

　　(11) 隔震层以上结构必要时需进行抗倾覆验算，并应符合下列要求：

　　① 隔震房屋的高宽比超过抗规相应规定时，应进行抗倾覆验算。

　　② 隔震房屋抗倾覆验算包括结构整体抗倾覆验算和隔震支座承载力验算。

　　③ 进行结构整体抗倾覆验算时，应按罕遇地震作用计算倾覆力矩，并按上部结构重力代表值计算抗倾覆力矩。抗倾覆安全系数应大于 1.2。

　　④ 上部结构传递到隔震支座的重力代表值应考虑倾覆力矩所引起的增加值。

　2. 连接构造

　(1) 隔震层与上部结构的连接，应符合下列规定：

隔震层顶部应设置梁板式楼盖，且应符合下列要求：

　① 应采用现浇或装配整体式混凝土楼板。现浇板厚度不宜小于 140mm；配筋现浇面层厚度不应小于 50mm。隔震支座上方的纵、横梁应采用现浇钢筋混凝土结构。

　② 隔震层顶部梁板的刚度和承载力，宜大于一般楼面梁板的刚度和承载力。

　③ 隔震支座附近的梁、柱应计算冲切和局部承压，加密箍筋并根据需要配置网状钢筋。

　(2) 隔震支座和阻尼器的连接构造，应符合下列要求：

① 隔震支座和阻尼器应安装在便于维护人员接近的部位。

② 隔震支座与上部结构、基础结构之间的连接件，应能传递罕遇地震下支座的最大水平剪力。

③ 抗震墙下隔震支座的间距不宜大于 2.0m。

④ 外露的预埋件应有可靠的防锈措施。预埋件的锚固钢筋应与钢板牢固连接，锚固钢筋的锚固长度宜大于 20 倍锚固钢筋直径，且不应小于 250mm。

(3) 隔震层的构造应符合下列要求：

① 隔震支座与上部结构、下部结构应有可靠的连接。

进行隔震支座连接件截面设计时，需要考虑的荷载有：

a. 水平方向承受支座发生 350% 剪切变形时的最大水平剪力；

b. 节点板局部承压验算；

c. 竖向平均拉应力达到 1.5MPa。

② 与隔震支座连接的梁、柱、墩等应考虑水平受剪和竖向局部承压，并采取可靠的构造措施，如加密箍筋或配置网状钢筋。

③ 隔震层设置在有耐火要求的使用空间中时，隔震支座和其他部件应根据使用空间的耐火等级采取相应的防火措施。

④ 隔震层所形成的缝隙可根据使用功能要求，采用柔性材料封堵、填塞。

⑤ 隔震层宜留有便于观测和更换隔震支座的空间。

⑥ 上部结构及隔震层部件应与周围固定物脱开。与水平方向固定物的脱开距离不宜少于隔震层在罕遇地震作用下最大位移的 1.2 倍，且不小于 200mm；与竖直方向固定物的脱开距离宜取所采用的隔震支座中橡胶层总厚度最大者的 1/25 加上 10mm，且不小于 15mm。

(4) 隔震层以上结构的隔震措施，应符合下列规定：

① 隔震层以上结构应采取不阻碍隔震层在罕遇地震下发生大变形的下列措施：

a. 上部结构的周边应设置防震缝，缝宽不宜小于各隔震支座在罕遇地震下的最大水平位移值的 1.2 倍。

b. 上部结构（包括与其相连的任何构件）与地面（包括地下室和与其相连的构件）之间，宜设置明确的水平隔离缝；当设置水平隔离缝确有困难时，应设置可靠的水平滑移垫层。

c. 在走廊、楼梯、电梯等部位，应无任何障碍物。

② 砌体结构隔震层的构造应符合下列规定：

a. 多层砌体房屋的隔震层位于地下室顶部时，隔震支座不宜直接放置在砌体墙上，并应验算砌体的局部承压。

b. 隔震层顶部纵、横梁的构造均应符合抗规 7.5.4 条关于底部框架砖房的钢筋混凝土托墙梁的要求，亦即：

(a) 梁的截面宽度不应小于 300mm，梁的截面高度不应小于跨度的 1/10。

(b) 箍筋的直径不应小于 8mm，间距不应大于 200mm，梁端在 1.5 倍梁高且不小于 1/5 梁净跨范围内，以及上部墙体的洞口处和洞口两侧各 500mm 且不小于梁高的范围内，箍筋间距不应大于 100mm。

（c）沿梁高应设腰筋，数量不应少于 2φ14，间距不应大于 200mm。

（d）梁的主筋和腰筋应按受拉钢筋的要求锚固在柱内，且支座上部的纵向钢筋在柱内的锚固长度应符合钢筋混凝土框支梁的有关要求。

③ 丙类建筑在隔震层以上结构的抗震措施：

a. 当上部结构设防烈度为 6 度或水平向减震系数为 0.75 时不应降低非隔震时的有关要求；

b. 当水平向减震系数不大于 0.50 时，可适当降低《建筑抗震设计规范》GB 50011 有关章节对非隔震建筑的要求，但与抵抗竖向地震作用有关的抗震构造措施不应降低。

此时，对砌体结构，应符合下列要求：

（a）承重外墙尽端至门窗洞边的最小距离及圈梁的截面和配筋构造，应符合抗规按设防烈度的有关规定。

（b）多层浇结普通粘土砖和浇结多孔粘土砖房屋的钢筋混凝土构造柱设置，水平向减震系数为 0.75 时，仍应符合抗规按设防烈度的有关规定；7～9 度，水平向减震系数为 0.5 和 0.38 时，应符合表 9.2-1 的规定，水平向减震系数为 0.25 时，宜符合抗规按设防烈度降低一度的有关规定。

隔震后砖房构造柱设置要求　　　　　　　　　表 9.2-1

房屋层数			设置部位	
7 度	8 度	9 度		
三、四	二、三		楼、电梯间四角外墙四角，错层部位横墙与外纵墙交接处，较大洞口两侧，大房间内外墙交接处	每隔 15m 或单元横墙与外墙交接处
五	四	二		每隔三开间的横墙与外墙交接处
六、七	五	三、四		隔开间横墙（轴线）与外墙交接处；山墙与内纵墙交接处；9 度四层，外纵墙与内墙（轴线）交接处
八	六、七	五		内墙（轴线）与外墙交接处，内墙局部较小墙垛处；8 度七层，内纵墙与隔开间横墙交接处；9 度时内纵墙与横墙（轴线）交接处

注：9 度时甲乙类建筑层数不宜多于五层。

（c）混凝土小型空心砌块房屋芯柱的设置，水平向减震系数为 0.75 时，仍应符合抗规按设防烈度的有关规定；7～9 度，当水平向减震系数为 0.5 和 0.38 时，应符合表 9.2-2 的规定，当水平向减震系数为 0.25 时，宜符合抗规按设防烈度降低一度的有关规定。

隔震后混凝土小型空心砌块房屋芯柱设置要求　　　　表 9.2-2

房屋层数			设置部位	设置数量
7 度	8 度	9 度		
三、四	二、三		外墙转角，楼梯间四角，大房间内外墙交接处；每隔 16m 或单元横墙与外墙交接处	外墙转角，灌实 3 个孔内外墙交接处，灌实 4 个孔
五	四	二	外墙转角，楼梯间四角，大房间内外墙交接处，山墙与内纵墙交接处，隔三开间横墙（轴线）与外纵墙交接处	

续表

房屋层数			设置部位	设置数量
7度	8度	9度		
六	五	三	外墙转角,楼梯间四角, 大房间内外墙交接处; 隔开间横墙(轴线)与外纵墙交接处; 山墙与内纵墙交接处; 8、9度时,外纵墙与横墙(轴线) 交接处,大洞口两侧	外墙转角,灌实5个孔 内外墙交接处,灌实4个孔 洞口两侧各灌实1个孔
七	六	四	外墙转角,楼梯间四角, 各内墙(轴线)与外纵墙交接处; 内纵墙与横墙(轴线)交接处; 8、9度时洞口两侧	外墙转角,灌实7个孔 内外墙交接处,灌实4个孔 内墙交接处,灌实4~5个孔洞口 两侧各灌实1个孔

注:8度时甲乙类建筑层数不宜多于六层,9度时层数不宜多于四层。

(d) 上部结构的其他抗震构造措施,水平向减系数为0.75时仍按抗规按设防烈度的有关规定采用;7~9度,水平向减震系数为0.50和0.38时,可按抗规按设防烈度降低一度的相应规定采用;水平向减震系数为0.25时可按抗规按设防烈度降低二度且不低于6度的相应规定采用。

④ 对钢筋混凝土结构,柱和墙肢的轴压比控制应仍按非隔震的有关规定采用,其他计算和抗震构造措施要求,可按表9.2-3划分抗震等级,再按《建筑抗震设计规范》GB 50011的有关规定采用。

隔震后现浇钢筋混凝土结构的抗震等级　　表9.2-3

结构类型		7度		8度		9度	
框架	高度(m)	<20	>20	<20	>20	<20	>20
	一般框架	四	三	三	二	二	一
抗震墙	高度(m)	<25	>25	<25	>25	<25	>25
	一般抗震墙	四	三	三	二	二	一

(5) 穿过隔震层的设备配管、配线,应采用柔性连接或其他有效措施适应隔震层的罕遇地震水平位移。

① 穿过隔震层的竖向管线应符合下列要求:

a. 直径较小的柔性管线在隔震层处应预留伸展长度,其值不应小于隔震层在罕遇地震作用下最大水平位移的1.2倍;

b. 直径较大的管道在隔震层处宜采用柔性材料或柔性接头;

c. 重要管道、可能泄漏有害介质或可燃介质的管道,在隔震层处应采用柔性接头。

② 利用构件钢筋作避雷线时,应采用柔性导线连通上部与下部结构的钢筋。

3. 施工要求

(1) 隔震支座下的混凝土必须振捣密实,不得出现蜂窝麻面若铺设找平层,必须确保其强度。

(2) 支承隔震支座的支墩(或柱),其顶面水平度误差不宜大于5‰;在隔震支座安装后,隔震支座顶面的水平度误差不宜大于8‰。

隔震支座中心的平面位置与设计位置的偏差不应大于5.0mm。

隔震支座中心的标高与设计标高的偏差不应大于 5.0mm。

同一支墩上多个隔震支座之间的顶面高差不宜大于 5.0mm。

隔震支座连接板和外露连接螺栓应采取防锈保护措施。

（3）在隔震支座安装阶段，应对支墩（或柱）顶面、隔震支座顶面的水平度、隔震支座中心的平面位置和标高进行观测并记录。

在工程施工阶段，对隔震支座宜有临时覆盖保护措施。

在工程施工阶段，应对隔震支座的竖向变形作观测并记录

（4）在工程施工阶段，应对上部结构、隔震层部件与周围固定物的脱开距离进行检查。

9.2.4 适用范围

《建筑抗震设计规范》GB 50011 第 3.8.1 条规定，"隔震和消能减震设计，可用于对抗震安全性和使用功能有较高要求或专门要求的建筑"；第 12.1.2 条规定，"建筑结构的隔震设计和消能减震设计，除符合本规范第 3.5.1 条的规定外，尚应与采用抗震设计的方案进行对比分析"。

自抗规颁布实施以来，经过多年推广应用，抗震安全的重要性和隔震技术的优越性越来越为工程设计人员和业主接受，并且技术实践中越来越多地应用到一般建筑中，同时考虑到所谓地震的不确定性，当前日趋成熟的隔震技术可以应用到所有需要提高抗震安全性的建筑上，其应用范围主要包括以下几个部分：

1. 重要的建筑

一般指甲、乙类等特别重要的建筑。

2. 有特殊性使用要求的建筑。

（1）地震时不能中断使用功能的建筑

一般指首脑和指挥机关、消防、警察、医院建筑、信息系统、银行金融机构等。

（2）地震时容易发生火灾、爆炸等次生灾害的建筑

一般指加油站和存放有毒、爆炸等物品的建筑。

（3）比较重要的人员密集的公共建筑

一般指学校、医院病房楼、商场等。

（4）按照传统抗震技术难以达到抗震要求的某些建筑等。

3. 有更高抗震要求的一般建筑。

对于建筑有更高的抗震性能要求，以保证地震时生命财产的安全。

4. 现有结构的加固改造工程。

对于原来不满足规范抗震性能要求的建筑或因加层和使用功能改变而抗震性能不满足要求的既有建筑。

9.2.5 工程案例

工程案例分别如图 9.2-4～图 9.2-6 所示。

福建省防震减灾中心大楼

结构：框剪
层数：地下1层 地上11层
面积：9800平方米
型号：LRB-G4-600-120 31个
　　　RB-G4-800 21个
设计：福州市规划设计研究院

图 9.2-4 福建省防震减灾中心大楼

北京地铁复八线

设计：北京城建建筑设计研究院

目前世界最大使用隔震器的
人工平台1360公尺×280公尺
建造48幢9层的隔震住宅楼
隔震建筑面积480.000平方米
采用的都设于三层平台上橡
胶隔震支座3505个以上
本工程共采用隔震支座
φ600、700共3505个
其中第一斯为701个：
RB600   150个
RB700   494个
LRB700   57个
用途：住宅楼

第二期为：
二维隔震
RB700   386个
LRB700 35个

三维隔震
RB700   186个
LRB700 20个

图 9.2-5   北京地铁复八线

三里河12#地办公楼

北京三里河7部委联合办公楼 2006

? 11层，地下3层
? 框剪
? GZP600~800：281个
? GZY600~800：129个

图 9.2-6   北京三里河 7 部委联合办公楼

参 考 文 献

[1] 《建筑抗震设计规范》GB 50011—2010 [S]. 北京：中国建筑工业出版社，2010.

[2] 陈尚鸿，祁皑. 福建省防震减灾中心大楼的地震反应分析 [J]. 福建工程学院学报，2009，7（6）：632-637.

[3] 周锡元，阎维明，杨润林. 建筑结构的隔震、减震和振动控制 [J]. 建筑结构学报，2002，23（2）：2-12.

[4] 苏经宇，曾德民. 我国建筑结构隔震技术的研究和应用 [J]. 地震工程与工程振动，2001，21（4）：94-101.

9.3 结构构件加固技术

9.3.1 发展概述

1. 钢绞线网片聚合物砂浆加固技术

高强不锈钢铰线网及聚合砂浆是韩国爱力坚公司开发的一类新型加固材料。韩国汉城产业大学金成勋等曾就渗透性聚合砂浆的性能，高强不锈钢绞线的抗拉强度及弹性模量，以及利用高强钢绞线加固的混凝土板在反复荷载下的刚度进行了相关的研究，研究结果表明，这种加固技术有很好的应用前景。在韩国，爱力坚公司已经将该加固技术应用到一系列的桥梁加固工程中，如韩国 21 号国道庄在桥。

在国内，自 2003 年清华大学聂建国等采用韩国进口的高强不锈钢铰线网及聚合砂浆先后进行了钢筋混凝土梁的抗弯和抗剪加固、板的抗弯加固、柱的抗震加固以及粘结锚固性能、加固梁的疲劳性能试验研究，并北京市方兴宾馆楼板加固、中国美术馆加固改造及 110 国道黄土咀桥箱梁的加固等工程中使用了进口加固材料及其加固技术。

为降低工程造价，以利于钢绞线网片聚合物砂浆加固技术在国内广泛推广，中国建筑科学研究院对加固材料进行了自主研发。自 2003 年至今，中国建筑科学研究院工程抗震研究所联合南京工业大学、东南大学等科研单位，基于国产材料，应用钢绞线网片聚合物砂浆加固技术对砌体结构和混凝土结构构件先后进行了砖墙抗震、钢筋混凝土柱抗震、钢筋混凝土大小偏压柱、梁柱（平面及空间）节点、钢筋混凝土梁抗弯抗剪以及加固梁的耐火性能等系列试验，得出了各类构件承载力加固技术方法，总结了钢绞线网片聚合物砂浆加固施工工艺，促进了国产材料研发和性能改进。自 2005 年至今，在北京、上海、江苏、福建等地的数十项加固工程中采用国产材料应用了钢绞线网片聚合物砂浆加固技术。

中国建筑科学研究院于 2007 年获得该技术国家实用新型专利授权（专利号 ZL 2007 2 0200155.5）；作为核心内容之一的"奥运场馆加固、改造关键技术研究"项目获 2008 年华夏建设科学技术二等奖；主编的行业标准《钢绞线网片聚合物砂浆加固技术规程》JGJ 337—2015 已于 2016 年 5 月 1 日实施。现国内对该技术的研究开发应处于国际先进水平。

2. 外包钢加固技术

粘钢加固方法源于 20 世纪 60 年代瑞士和德国的 L'Hermite 与 Bres-son 的 RC 结构加固工作，并于 20 世纪 70 年代末随法国人马尔卡的结构胶生产技术一起传入我国后很快得到研究和应用。先是 1990 年颁布的中国工程建设标准化协会标准《混凝土结构加固技术规范》CECS 25：90 将粘钢技术纳入其中，再是国家标准《混凝土结构加固设计规范》GB 50367—2013 对粘钢加固技术的设计依据和计算方法进行了规定。至此，粘钢加固方法已成为我国加固改造领域的主流方法。

随着对粘钢技术的深入研究和不断发展，许多相关的新型加固方法不断涌现，如外包钢加固法、锚栓-钢板加固法、碳纤维-粘钢混合加固法、预应力粘钢加固法和钢结构粘钢加固法等。其中，外包钢加固法已突飞猛进的成长为与传统粘钢加固法具有同等重要地位的加固方法，一般可分为有粘结的湿式外包钢和无粘结的干式外包钢。

9.3.2　技术内容

1. 钢绞线网片聚合物砂浆加固技术

（1）材料简介

① 钢绞线应采用硫、磷含量均不大于 0.03％的优质碳素结构钢制丝；镀锌钢绞线其锌层重量及镀锌质量应符合现行国家标准《钢丝镀锌层》GB/T 15393 对 AB 级的规定。

② 钢绞线的抗拉强度标准值应不小于 1650MPa（直径≤4.0mm）和 1560MPa（直径＞4.0mm）。

③ 聚合物砂浆分为Ⅰ级和Ⅱ级，其性能应符合表 9.3-1 的规定。

承重结构加固用聚合物砂浆基本性能指标　　　　表 9.3-1

检验项目 砂浆等级	正拉粘结强度 MPa	抗折强度 MPa	抗压强度 MPa
Ⅰ级	≥2.5 且为混凝土内聚破坏	≥12	≥55
Ⅱ级	≥2.5 且为混凝土内聚破坏	≥10	≥45

④ 配制聚合物砂浆用的聚合物乳液环保检验参照《民用建筑工程室内环境污染控制规范》GB 50325—2001 进行，总挥发性有机化合物应＜200g/L；游离甲醛应＜0.5g/kg。

（2）基本原理

钢绞线网片聚合物砂浆加固技术将高强钢绞线网片敷设于被加固构件的受拉部位，再在其上涂抹聚合物砂浆，通过聚合物砂浆高粘结性将钢绞线网和聚合物砂浆形成的复合面层与被加固构件良好结合，协同工作，以提高构件的受弯、受剪承载力及其刚度的加固技术。

钢绞线网片聚合物砂浆加固技术是指被加固构件进行界面处理后，将钢绞线网片敷设于被加固构件的受拉部位，再在其上涂抹聚合物砂浆。其中钢绞线是受力的主体，在加固后已结构中发挥其高于普通钢筋的抗拉强度；聚合物砂浆有良好的渗透性、对氯化物和一般化工品的阻抗性好，粘结强度和密实程度高，它一方面起保护钢铰线网片的作用，同时将其粘结在原结构上形成整体，使钢绞线网片与原结构构件变形协调、共同工作，以有效提高其承载能力和刚度。

（3）技术特点

钢绞线网聚合物砂浆加固技术有以下优点：

① 经试验证明，钢绞线网片聚合物砂浆加固砖墙和钢筋混凝土构件进行效果良好。加固层与被加固构件结合良好。不仅可以原构件提高承载力，而且可以提高其刚度。

② 聚合物砂浆为无机材料，不存在结构胶等有机加固用材的老化、不耐高温等问题，对人和环境无污染，是"绿色环保"的加固手段。

③ 经试验证明，加固后构件具有良好的耐久性、耐高温性能及抗火性能。无须附加的防腐防火面层，可降低结构加固造价，减少后期维护费用。

④ 钢绞线网片和聚合物砂浆全部是在工厂进行生产，后运送到现场进行加固施工，且对构件加固面没有平整度要求，使得加固施工快捷方便，对现场环境污染较小。

⑤ 由于加固材料自重小，加固层厚度薄，加固后不显著增加结构自重，对建筑物的外观风貌和使用空间及功能没有影响。

2. 外包钢加固技术

（1）基本概念

早期的粘钢加固法是利用特制的结构胶（目前多为双组份改性环氧类胶）将钢板粘贴到构件表面（多为构件受拉区），形成一种"混凝土—胶—钢板"的复合受力体系，使钢板与构件协同工作以增强构件的抗剪、抗拉和抗弯性能。粘钢加固法主要用于梁、柱以及框架节点等的加固，如图 9.3-1 所示。

图 9.3-1　粘钢加固实图

外包钢加固法是在粘钢加固法基础上发展起来的一种加固方法，因形成了类似围套结构，对结构胶的依赖性略小，是相对粘钢加固法更为推荐的加固方法。它是在钢筋混凝土梁、柱四周包型钢的一种加固方法（图9.3-2），可分为干式和湿式两种。湿式外包钢加固法，是在外包型钢与构件之间采用改性环氧树脂化学灌浆等方法进行粘结，以使型钢与原构件能整体共同工作。干式外包钢加固法的

图 9.3-2　外包钢实图

型钢与原构件之间无粘结（有时填以水泥砂浆），不传递结合面剪力，与湿式相比，干式外包钢法施工更方便，但承载力的提高不如湿式外包钢法有效。

（2）基本原理

在混凝土构件受拉区表面粘贴钢板进行加固，使加固结构成为二次受力的组合结构。由于结构中钢筋的极限拉应变高达 0.01，而一般钢板的弹性比例极限为 0.001～0.0025，

所以，一般情况下在破坏时加固用钢板都能达到抗拉强度设计值，且钢筋应变仍能控制在极限拉应变之下。但若加固前混凝土应力水平较高（如当结构承载力严重不足而进行的加固），钢板来不及屈服，混凝土便压碎，钢板强度便得不到充分利用。因此，《混凝土结构加固设计规范》GB 50367 规定，采用粘钢加固法进行结构补强时提高的承载力增量不应超过原承载力的 40％。为保证加固构件的可靠性，除施工中确保粘贴质量外，在承载力计算中时应考虑钢板与混凝土如何共同工作的问题。

（3）技术特点

综合考虑加固效果及施工要求，外包钢加固法具有以下几大优点：

① 基本不增加构件断面尺寸和重量

外包钢加固使加固后构件的自重增加较小（主要为新增钢板或型钢的自重），对原结构体系的影响较小甚至可忽略不计，给设计计算工作带来非常大的方便，且不会导致建筑物内其他构件的连锁加固。

② 施工简便，现场操作空间占地小

外包钢加固法干净利落，施工简便，现场机具使用量小且无湿作业，能够适应各种条件下的施工作业要求，并能根据业务要求在不停产或基本不影响正常使用的情况下完成施工。

③ 整体性强，对裂缝和变形有抑制作用

外包钢加固法法是通过一定措施（粘结剂粘贴或力学锚固），最终将钢材与混凝土构件组合在一起使用，相当于对被加固构件进行了体外配筋，不仅提高了被加固构件的强度，还对裂缝开展及挠曲变形均有很好的抑制作用。

④ 灵活多样，适用面广且经济合理

外包钢加固法，除应用于 RC 结构的加固补强外，还可应用于钢结构、砖砌体等结构的加固，具有很强的适用性；使用的加固材料除胶粘剂外均为常规钢材材料，具有较好的经济性。

⑤ 工艺成熟，技术及施工力量可靠

外包钢加固法完全能够保证加固后结构的工程质量，确保结构强度和刚度都能满足设计及相关规范的要求，同时已经培养出一大批熟练的相关工程技术人员和加固施工专业队伍。

9.3.3 技术指标

1. 钢绞线网片聚合物砂浆加固技术

施工工艺和操作要点如下：

（1）钢绞线网片聚合物砂浆加固技术施工工艺流程如图 9.3-3 所示，主要的施工步骤为：

① 剔除被加固构件的抹灰直至坚实结构层；

② 将被加固构件表面清理干净；

③ 钢绞线网片下料，安装固定用拉环；

④ 在被加固构件表面一端用锚固螺栓安装钢绞线网，将钢绞线网拉至"绷紧"状态，并在另一端打入锚固螺栓固定钢绞线网；

⑤ 除去加固构件表面浮尘清洗干净后涂抹界面剂；

⑥ 趁界面剂未干时开始聚合物砂浆抹灰，抹灰需分层进行至设计厚度。

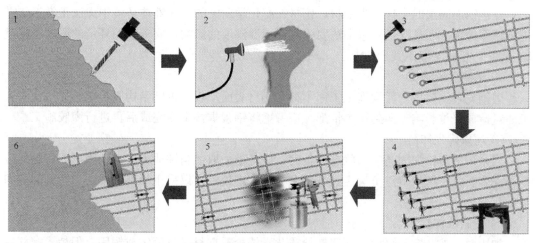

图 9.3-3 钢绞线网片-聚合物砂浆加固工艺流程

（2）钢绞线网片聚合物砂浆加固技术施工操作要点有：

① 基层处理：基层处理的边缘应比设计抹灰尺寸外扩 50mm。对松散、剥落等缺陷较大的部分剔除后应进行修补，表面刮毛，经修补后的基面必须适时进行喷水养护；

② 钢绞线网片下料尺寸应考虑结构实际尺寸和钢绞线绷紧时的施工余量以及端头错开锚固的构造要求；

③ 安装孔钻孔时应注意避让构件原有钢筋和管线；

④ 钢绞线网片应保持钢绞线网片间距均匀，纵横向钢绞线垂直。固定网片的胀栓呈梅花形布置；

⑤ 钢绞线网片需要搭接时，其搭接长度不应小于 600mm，且不应位于受力最大位置；

⑥ 在喷涂界面剂之前，应提前对被加固构件表面进行喷水养护保持湿润，并晾至构件表面潮湿无明水；

⑦ 界面剂喷涂应分布应均匀，尤其是被钢绞线网片遮挡的基层；

⑧ 聚合物砂浆抹灰应分层进行，如未抹至设计厚度，抹灰表面应拉毛；抹至设计厚度时，表面应抹平、压实。抹灰范围宜比设计要求边缘适当外扩。

⑨ 钢绞线网片保护层厚度不应小于 15mm。

⑩ 聚合物砂浆施工完毕后，应采取可靠保湿养护措施。

2. 外包钢加固技术

（1）注意事项

在采用外包钢法进行加固施工时，要注意处理好以下几方面的问题：

① 防止剥离破坏

在湿式外包钢法中，由于粘结剂（即结构胶）的自身性能所限，钢材的端部及边缘容易在外力下发生剥离。所以钢材端部锚固非常重要，处理不当易出现撕脱现象，属脆性破坏。针对这种情况在可在独立钢板的端部植入高性能化学锚栓或再粘贴压条来解决，而对于外包钢加固可增加焊接缀板来限制端部剥离。

② 关注环境因素

外包钢加固法的主材均为钢材，钢材在有化学腐蚀的气体液体环境中无法正常工作需进行特殊处理。而且湿式外包钢法要受到环境温湿度的影响，要求使用环境的温度不超过5～60℃、相对湿度不大于70%。

③ 限制后续施工

型钢安装完成后，后续施工工序不得在钢材表面动焊，否则结构胶将很容易汽化对施工质量造成严重影响。遇到这类情形，应考虑将钢板焊接工序完成后再进行灌胶施工。

④ 注重优先卸荷

当采用外包钢加固高应力状态构件时，应考虑采取适当卸荷方案，消除新旧材料的应变不同步。对于框架节点负弯矩区等构造较难处理处，建议采用局部调幅法，达到间接卸荷的目的。

⑤ 控制结构损伤

加固时需按一定间隔植入膨胀螺栓或化学锚栓对钢材进行固定或锚固，但植入螺栓或锚栓前的打孔会对原结构产生一定影响，尤其是打孔间隔较小时对原结构的损害较大。所以，施工中应注意选择打孔位置。

（2）设计及施工要点

① 材料要求

混凝土结构加固用钢板、型钢、扁钢和钢管，其品种、质量和性能必须符合下列要求：材料等级采用 Q235 级或 Q345 级；质量要求应分别符合现行国家标准《碳素结构钢》GB/T 700 和《低合金高强度结构钢》GB/T 1591 的规定；性能设计值应满足现行国家标准《钢结构设计规定》GB 50017 的要求。外包钢加固中需进行焊接时，焊条型号应与被焊接钢材的强度相适应；焊条的质量应符合现行国家标准《碳钢焊条》GB/T 5117 和《低合金钢焊条》GB/T 5118 的规定；焊接工艺应满足现行行业标准《钢筋焊接及验收规程》JGJ 18 或《建筑钢结构焊接技术规程》JG J81 的要求；焊缝连接的设计原则及计算指标应按现行国家标准《钢结构设计规范》GB 50017 执行。

承重结构用胶粘剂，按其基本性能可分为 A 级胶和 B 级胶。对重要构件、悬挑构件、承受动力作用的构件或结构，应采用 A 级胶；对一般结构可采用 A 级胶或 B 级胶。粘钢或外包钢用粘结剂必须采用专门配制的改性环氧树脂类胶粘剂，其安全性能指标必须满足《混凝土结构加固设计规范》GB 50367 的相关规定。目前各种结构加固用胶粘剂基本上为甲、乙双组分，使用前需进行现场质量检验，并进行抗拉拔试验，合格后方能使用。

② 构造要求

采用手工涂胶粘贴的钢板厚度不应大于 5mm；采用压力注胶的钢板厚度不应大于10mm，且应按外粘型钢加固法的焊接节点构造进行设计。

a. 抗弯加固

（a）正弯矩区加固

对 RC 受弯构件进行正截面强度加固时，其受拉面沿构件轴向连续粘贴的加固钢板宜延伸至支座边缘，且应在钢板的端部（包括截断处）及集中荷载作用点的两侧，设置 U 形钢板箍（对梁）或横向钢压条（对板）进行锚固。当粘贴的钢板延伸至支座边缘仍不满足相关规范的延伸长度要求时应采用下列锚固措施：

Ⅰ. 对梁，应在延伸长度范围内均匀设置 U 形箍，且应在延伸长度的端部设置一道加强箍。U 形箍的粘贴高度应为梁的截面高度；若梁有翼缘（或有现浇楼板）应伸至翼缘底面。U 形箍的宽度，对端箍不应小于加固钢板宽度的 2/3，且不小于 80mm；对中间箍不应小于加固钢板宽度的 1/2，且不应小于 40mm。U 形箍的厚度不应小于受弯加固钢板厚度的 1/2，且不小于 4mm。U 形箍的上端应设置纵向钢压条；压条下面的空隙应加胶粘钢垫块填平。

Ⅱ. 对板，应在延长度范围内通长设置垂直于钢板方向的钢压条。钢压条应在延伸长度范围内均匀布置，且应在延伸长度的端部设置一道。压条的宽度不应小于受弯加固钢板宽度的 3/5，钢压条的厚度不应小于受弯加固钢板厚度的 1/2。

（b）负弯矩区加固

当采用钢板对受弯构件负弯矩区进行正截面承载力加固时，应采取下列构造措施：

Ⅰ. 支座处无障碍时，钢板应在负弯矩区包络图范围内连续粘贴；其延伸长度的截断点可根据相关规范规定确定。

Ⅱ. 支座处虽有障碍，但梁上有现浇板时，允许绕过柱位在梁侧 4 倍板厚范围内将钢板粘贴于板面上。

Ⅲ. 当梁上无现浇板或负弯矩区的支座处需采取加强锚固措施时，可做下反锚固处理。

当加固的受弯构件需粘贴不止一层钢板时，相邻两层钢板的断面位置应错开不小于 300mm，并应在截断处加设 U 形箍（对梁）或横向压条（对板）进行锚固。

b. 抗剪加固

当采用粘贴钢板箍对钢筋混凝土梁或大偏心受压构件的斜截面承载力进行加固时，其构造应符合下列规定：

（a）宜选用封闭箍或加锚的 U 形箍；若仅按构造需要设箍一般也可采用 U 形箍。

（b）受力方向应与构件轴向垂直。

（c）封闭箍及 U 形箍的净间距不应大于现行国家标准《混凝土结构设计规范》GB 50010 规定的最大箍筋间距的 0.7 倍，且不应大于梁高的 0.25 倍。

（d）板箍的粘贴高度应符合一般梁的构造规定；一般 U 形箍的上端应粘贴纵向钢压条予以锚固，钢压条下面的空隙应加胶粘钢垫板填平。

（e）当梁的截面高度（或腹板高度）大于等于 600mm 时，应在梁的腰部增设一道纵向腰间钢压条。

③ 施工工艺

a. 粘钢加固施工工艺

（a）工艺流程

钢板制作→基底处理→卸荷→配胶→粘贴→固定及加压→固化→检验→防腐处理

（b）操作要点

Ⅰ. 钢板制作

按设计图纸要求，根据混凝土构件的实际尺寸对钢板进行下料、成型、钻孔（钻孔以混凝土构件上螺栓孔位置为准）。

Ⅱ. 基底处理

对于混凝土构件结合面，应根据构件表面的新旧、坚实和干湿程度分别采取打磨、剔刷或修补等措施；对于钢板结合面视锈蚀程度分别采取喷砂、打磨或化学手段等措施。同时钻胀栓孔并埋入胀栓（由设计确定）。

Ⅲ．卸荷

为减轻和消除后粘钢板的应力、应变滞后现象，可采取拆除装修设施与面层、千斤顶顶升或移除活荷载等方式对构件进行适量卸荷。

Ⅳ．配胶

现场配制时按产品说明书规定进行，称量必须正确。将胶粘剂甲、乙两组分别倒入干净容器，容器内不得有油污，利用手提电钻搅拌或采用人工搅拌，搅拌至色泽完全均匀为止。搅拌时，应避免水分进入容器。

Ⅴ．粘贴

将新鲜配好拌和均匀的胶粘剂用刮刀（铲刀）紧密地、均匀地分别涂抹在作过表面清洁处理的混凝土粘合面和钢板粘合面上，使之在板宽中央涂抹胶的厚度达 3mm 左右；再由多人共同托住钢板对准锚栓向混凝土粘合面合上，并迅速拧紧锚栓锚固钢板，使钢板与混凝土粘合面紧密粘合，挤出多余建筑结构胶（若是立面粘贴，为防止流淌，可加一层脱蜡玻璃丝布）；及时进行涂胶饱满程度检查，用铁锤沿粘贴面轻轻敲击钢板，如无空洞声表示已粘贴密实，否则应剥下钢板，重新补胶粘贴。

Ⅵ．固定与加压

钢板粘好后，应立即用特制 U 形夹具夹紧或用支撑顶撑或用膨胀螺栓等固定，并适当加压，以使胶液刚从钢板边缘挤出为度。膨胀螺栓一般兼作钢板的永久附加锚固措施，其埋设孔洞与钢板一道于涂胶前配钻。

Ⅶ．固化

结构胶粘剂都是常温（20℃）下固化，24h 即可拆除夹具或支撑，3d 即可受力使用，若气温低于5℃，应采取人工加温，一般用红外线灯或电热毯加热保温，固化期中不得对钢板有任何扰动。

Ⅷ．检验

粘钢结束后，组织有关人员验收，发现问题及时处理。

Ⅸ．防腐处理

外部粘钢加固钢板，应按设计要求进行防腐处理。一般采用刷防锈漆、钢板网抹灰或喷防火涂料的方法进行保护。

（c）注意事项

Ⅰ．由于清洁剂丙酮是易燃物质，应由专人管理，使用时应严格禁止操作者吸烟，以防止失火；

Ⅱ．粘合面处理必须严格按照要求执行，粘钢质量主要取决于建筑结构胶的质量和粘合面清洁处理；

Ⅲ．由于拌和配好的建筑结构胶使用期仅 30min，因此粘合前必事先做好一切准备工作然后再配胶，这样才能保证在使用期内完成粘合操作；

Ⅳ．钢板采用对焊，焊缝与受力方向应成 45°，焊缝不应布置在受力最大处，在板的跨中不应设置焊缝；在粘钢前应对钢板焊缝质量进行抽样试验，检验合格才能继续施工。

b．湿式外包钢加固施工工艺

(a) 工艺流程

钢板（型钢）制作→基底处理→卸荷→钢板（型钢）安装→封缝→配胶→结构胶灌注→固定及加压→固化→检验→防腐处理

(b) 操作要点。

Ⅰ. 钢板（型钢）制作

钢板制作要求与粘钢加固基本一致。但加工时预先在钢板上打好注胶口，一般注胶口间距 600～1000mm。

Ⅱ. 基底处理（同粘钢加固工艺流程）。

Ⅲ. 卸荷（同粘钢加固工艺流程）。

Ⅳ. 钢板（型钢）安装

在地面上将各种钢板（型钢）进行组焊，形成几个部分。再逐一将各部分按控制线吊装到需加固构件上就位，将其焊接在一起。全部电焊完毕后用钢楔将钢板（型钢）与需加固构件表面撑起 3mm 缝隙，以备灌胶使用。

Ⅴ. 封缝

用粘钢胶（或其他封缝胶）将钢板（型钢）周围封堵严实，留出排气孔。由于加固柱的高度较高，上下落差较大故可分段留排气口，排气口间距约为 1m 左右。最上方排气口须留在灌钢所有部位的最高点。

Ⅵ. 配胶（同粘钢加固工艺流程）

Ⅶ. 结构胶灌注

待封缝胶固化后，先通气试压，以确定排气口是否通畅。而后采用小型气泵以 0.2～0.4MPa 的压力将结构胶从注胶嘴压入，灌注压力应保持平稳、持续。当本排气孔出现胶液外溢后，立刻停止加压，快速以封缝胶堵孔，进行下一段灌注。每段灌注必须保持连续，间隔时间不能过大。灌胶后不得再对钢板进行锤击、移动、焊接。

Ⅷ. 固化（同粘钢加固工艺流程）

Ⅸ. 检验（同粘钢加固工艺流程）

Ⅹ. 防腐处理（同粘钢加固工艺流程）

(c) 注意事项

Ⅰ. 焊接时采取断续跳跃焊，每条焊缝焊接长度约 50mm 后进行另一侧钢板（型钢）焊缝焊接，如此在构件几面交错跳跃焊接，将焊接产生的高温影响降到最低，以位置准确。

Ⅱ. 灌胶时压力必须保持在 0.2～0.4MPa，灌胶为缓慢、平顺的过程切忌不能加固压力快速灌注，避免有气泡堵在里面不能顺利排出。

c. 干式外包钢加固施工工艺

干式外包钢加固施工工艺与湿式外包钢加固施工工艺基本相同，只是干式外包钢加固钢板（型钢）与原构件之间无粘结，只需将结合面紧密结合、压紧。有时填以水泥砂浆。

④ 质量检查标准

结合面清理干净，无灰尘、油污、锈渍等污染。严格按组分比例配胶，且搅拌充分。混凝土表面凹处应抹胶补平，混凝土上钻孔，应灌胶入孔内。检验灌胶时以钢板两边缘有胶溢出为合格。粘钢拆模后，检验钢板边缘溢胶色泽、硬化程度，以小锤敲击钢板的有效粘结面积，标准锚固区的粘结面积 $S \geqslant 90\%$，非锚固区 $S \geqslant 70\%$。防腐处理应满涂所粘钢板并包括钢板溢出胶的部分。

9.3.4　适用范围

通过试验研究，证明钢绞线网片聚合物砂浆加固技术对砌体结构砖墙、钢筋混凝土结构梁、板、柱和节点具有良好的加固效果。通过实际工程验证，其所拥有上述技术优点，使得这种新型加固技术在常规建筑、历史风貌建筑、高温腐蚀环境工业厂房和桥梁等加固领域有广阔的应用前景。

外包钢加固法目前主要应用于对钢筋混凝土受弯、大偏心受压和受拉构件的加固，但不适用于素混凝土构件包括纵筋配筋率低于现行国家标准《混凝土结构设计规范》GB 50010 规定的最小配筋率的构件的加固。被加固的混凝土结构构件其现场实测混凝土强度等级不得低于 C15，混凝土表面正拉粘结强度不得低于 1.5MPa，且长期使用的环境温度不应高于 60℃、相对湿度不大于 70%。

9.3.5　工程案例

1. 钢绞线网片聚合物砂浆加固技术

（1）厦门郑成功纪念馆加固改造工程

郑成功纪念馆位于福建省厦门市鼓浪屿岛上，主馆是一座西洋式的建筑，建成于 1932 年，被当地政府定为历史风貌建筑加以保护。该建筑为四层砖石结构，有局部地下室，现浇钢筋混凝土楼盖，四层顶为挂瓦坡屋面，建筑面积约 2200m²。经检测鉴定，主体结构混凝土密实性较差，部分钢筋混凝土楼盖梁、板碳化，钢筋锈蚀；墙体砌筑砂浆强度推定值为 M0.4～1.0；不能满足厦门地区七度抗震设防要求，在正常使用条件下，也存在一定安全隐患。

首轮加固设计中对部分钢筋混凝土梁、板采用混凝土加大截面，对砖墙采用钢筋混凝土夹板墙的处理方法。为此需拆除原有保存近百年的红木门、窗框，对原结构也会产生一定破损，并严重破坏建筑外观外貌、减少使用面积、影响使用功能。后期又提出了粘钢和粘贴碳纤维等加固方案，但由于其耐久性、防火性能差，以及节点处理困难等问题被否定。

经过专家论证，认为对郑成功纪念馆这样的历史风貌建筑，运用钢绞线网片聚合物砂浆加固技术，可以达到预期的结构安全要求，有效地保护原有建筑风貌和使用功能，而且施工工艺比较简单，对环境的影响最小化，具有良好的社会效益。墙体及混凝土梁施工图片见图 9.3-4。

图 9.3-4　钢绞线网片聚合物砂浆加固墙体和混凝土梁

（2）北京工人体育馆改扩建工程

北京工人体育馆始建于 1959 年，为我国 20 世纪 50 年代十大建筑之一，总建筑面积 40200m^2，框架剪力墙结构，当时结构设计的主要依据为原苏联《混凝土与钢筋混凝土结构设计标准及技术规范》HnTy 123—55，未考虑抗震设防问题，从各项现行结构设计规范角度来看，其材料性能、结构构造、抗震设防等方面远不能满足要求。加之北京工人体育馆至今已建成使用近 50 年，且受工程建设时施工条件和施工水平有限的影响，经检测，该工程主体结构许多部位都存在不同程度的损伤和老化，已不能满足正常使用要求。

体育馆看台部分梁和板由于新增设备管道，导致使用荷载增加较多，有些构件保护层剥落、钢筋锈蚀较重，削弱了原有梁板的承载能力。该部分梁板在加固补强的同时，考虑到人流密集，防火要求高等特殊情况，采用钢绞线网片聚合物砂浆加固技术，充分体现了该技术的优势，施工图片见图 9.3-5。在工程实施中，及时总结了施工工艺特点和质量验收办法，为其后北京市地方标准的编制奠定了基础。工程完工后，经历了 2008 北京奥运会比赛项目和其他演艺活动的考验。

图 9.3-5 北京工人体育馆钢绞线网片-聚合物砂浆加固照片

（3）其他

钢绞线网片聚合物砂浆实际应用的工程还有：中国国家博物馆加固工程（屋面板）、厦门中山南音宫加固工程（梁、板、柱）、北京某科技大厦加固工程（楼板）、山东某接待中心加固工程（梁、板）、江苏移动通信厂房加固工程（梁、板、柱）、北京某商住楼火灾后加固工程（梁、板）等等。

2. 外包钢加固技术

外包钢加固技术在国内的工程应用实例很多，如北京民族文化宫、北京火车站、北京工人体育馆等加固改造工程。

外包钢加固技术近些年来再我国的工程应用较多，在此提醒工程技术人员在高温、高湿、腐蚀性环境和防火要求高的环境中应用该技术时应从技术、材料、工艺和保护措施方面慎重选择。

参 考 文 献

[1] 《钢绞线网片聚合物砂浆加固技术规程》JGJ 337—2015 [S]. 北京：中国建筑工业出版社，2015.
[2] 姚秋来，王忠海，王亚勇. 高强钢绞线网片-聚合物砂浆复合面层加固技术——新型"绿色"加固技术 [J]. 工程质量，2005 年 12 期.
[3] 荣维生，杨沈，朱晓东等. 大跨度悬挑梁的鉴定与加固设计 [J]. 建筑科学，2007，23（7）：86-89.
[4] 潘志宏，李爱群，孙义刚. 基于纤维模型的外包钢加固混凝土框架结构静力弹塑性分析 [J]. 沈阳建筑大学学报（自然科学版），2010，26（1）：68-74.

9.4　建筑移位技术

9.4.1　发展概述

建筑物移位是指在保持房屋整体性和可用性不变的前提下，将其从原址移到新址。建筑物移位具有技术要求高、工程风险大的特点。

建筑物移位技术在国外已有上百年的历史，世界上第一座建筑物移位工程是位于新西兰普利茅斯市的一所一层农宅，采用蒸汽机进行牵引移动。建筑物移位技术在我国出现比较晚，始于 20 世纪 90 年代初期，近年来迅速发展，目前我国已有大量建筑物整体移位工程的成功范例。我国第一例应用整体迁移技术的建筑物是 1992 年重庆某四层建筑平移工程，该建筑物建筑面积约 2000m²，采用液压千斤顶钢拉杆牵引平移 8m，转动 10°。

目前移位建筑物的规模越来越大，需要移位保护的历史建筑也越来越多。1998 年，广东阳春大酒店，7 层钢筋混凝土框架结构，因道路拓宽平移了 6m。2001 年，南京江南大酒店进行了移位，该工程在就位连接时采用了滑移隔震新技术，提高了结构的抗震性能。2000 年，临沂市国家安全局办公楼（8 层框架结构）整体移位工程完成 [图 9.4-1 (a)]，为当时最高移位建筑物。2006 年山东省莱芜市高新区管委会综合楼整体移位工程完成 [图 9.4-1 (b)]，上部总荷载约 350000kN，为国内外体量最大移位建筑物。

另一方面，在旧城改造中，历史建筑（包括文物建筑）具有重要的历史文化价值，更应进行保护。2003 年，北京英国使馆（国家一级文物）进行了整体平移。该建筑为欧式风格的两层砖木结构，该工程是目前国内历史最久、规模最大、文物级别最高的砖木结构建筑物平移工程。2008 年完成的济南宏济堂历史建筑整体移位工程（图 9.4-2），采用了组合隔震支座连接方式，提高了建筑物的抗震能力，建筑物到位后还增加了一层地下室 [1]。2009 年济南市经八纬一路的一幢老别墅采用拖车移位，移位距离 28km，为国内首例拖车移位且距离最远的工程。

9.4.2　技术内容

建筑物移位具有技术要求高、工程风险大的特点。建筑物移位包括三个技术要点：结构托换、移位轨道及牵引系统控制、就位连接。其中结构托换是指对整体结构或部分结构

图 9.4-1　高层建筑移位工程
（a）临沂国家安全局；（b）莱芜开发区办公楼

图 9.4-2　宏济堂移位工程

进行合理改造，改变荷载传力路径的工程技术，通过结构托换将上部结构与基础分离，为安装行走机构创造条件；移位轨道及牵引系统控制是指移位过程中轨道设计及牵引系统的实施，通过液压推进系统施加动力后推动结构在移位轨道上行走；就位连接是指建筑物移到指定位置后原建筑与新基础连接成为整体，其中可靠的连接处理是保证结构移位安全的重要环节。

9.4.3　工程案例

1. 工程概况

（1）建筑结构概况

厦门市人民检察院刑侦技术综合楼为 6 层钢筋混凝土框架结构，建于 1996 年，1998 年正式投入使用，横向宽 21.6m，纵向长 32.7m，总建筑面积约 4200 多平方米，建筑高度 22m，建筑总重量约 5000t，由于该建筑原来所在地被规划它用，从节约的角度考虑对其采用整体平移。根据规划要求，综合楼需沿纵向平移 16.86m，横向平移 41.12m，并转动大约 45 度，使其坐北朝南（图 9.4-3）。

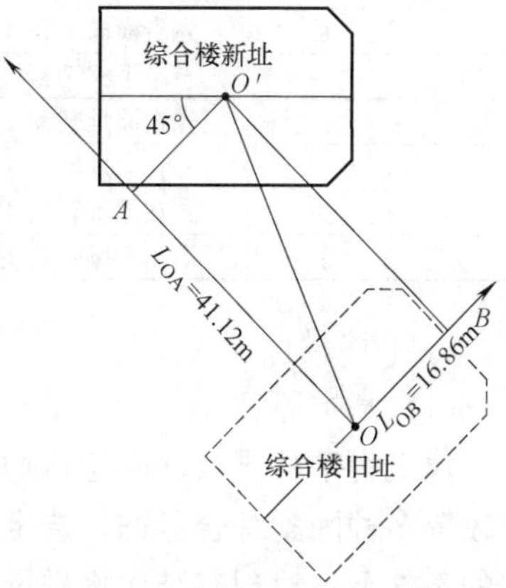

（2）工程场地地质条件

图 9.4-3　综合楼新旧址相对关系图

本工程场地位于厦门市湖滨北路北侧，原始地貌属于港湾滩涂地带，后因城市建设需要被人工回填，现场地形平坦。地下水位较浅，丰水期地下水位埋深为 0.50～0.8m，地下水对混凝土无腐蚀性，对钢结构具有弱中等腐蚀性，在长期浸水时对钢筋混凝土结构中的钢筋物腐蚀性，干湿交替带对钢筋混凝土结构中的钢筋具弱腐蚀性；地质情况自上而下分别为：杂填土（厚 3.3～4.0m）、淤泥（厚 1.5～4.0m）、粉质黏土（厚 3.00～7.10m）、残积砂质黏性土（厚 3.85～16.90m）、全风化花岗岩（厚 1.80～4.70m）以及强风化花岗岩（厚 4.00～12.10m）。由于上部填土和软土的综合厚度为 4.81～7.40m，厚度较大，不具备采用天然地基等浅基础的条件。

本工程场地位于抗震设防烈度 7 度区内，设计基本地震加速度值为 0.15g，设计地震分组为第一组，建筑场地类别为 II 类，特征周期为 0.35s。

2. 平移方案

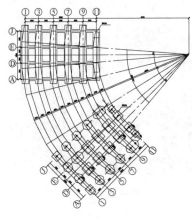

图 9.4-4 综合楼平移平面图

根据规划要求，综合楼需沿纵向平移 16.86m，横向平移 41.12m，并转动 45°，才能到达新设计位置（图 9.4-4）。由于需要完成两个方向的平移与转动三个动作，因此，有多个平移方案可供选择（表 9.4-1）。

由表 1 可以看出，方案 1～方案 6 均是将平动和转动分解开来，这样做的好处是动作明确，便于移动控制，其缺点是需要的轨道量较多，工期长，造价高；同时，在移动过程中需要多次改变运动轨迹，施工作业量大。而方案 7 则是将平动和转动结合起来，边走边转，与方案 1～6 方案相比，其优点在于需要的轨道量少，在移动过程中无需对滚轮方向进行大调整，施工作业量较少，工期短，造价低；但其难点在于如何建筑物的移动轨迹严格按弧线行走。为了节省工期、节约开支，最终选择方案 7 实施，如图 9.4-4 所示为本工程的平移总平面图。

整体平移方案   表 9.4-1

序号	方 案
1	先沿纵向平移 16.86m，然后沿建筑横向平移 41.12m，最后在新址转动 45°，达到预定位置
2	先沿横向平移 41.12m，然后沿建筑纵向平移 16.86m，最后在新址转动 45°，达到预定位置
3	斜向平移至新址，然后转动 45°，达到预定位置
4	先在原址转动 45°，然后沿纵向平移 16.86m，再沿建筑横向平移 41.12m，达到预定位置
5	先在原址转动 45°，然后沿横向平移 41.12m，再沿建筑纵向平移 16.86m，达到预定位置
6	先在原址转动 45°，后斜向平移至新址，达到预定位置
7	沿 1/8 圆弧轨道平移，边走边转，达到预定位置

3. 平移设计

（1）基本原理

建筑物平移是根据原建筑物的形状、整体刚度、地理位置、现场施工条件、经济投资比较等多种因素综合考虑，选定实施方案。其基本原理是在保证正常使用、不破坏整体结构的条件下，对现有结构物进行必要的安全加固，采用托换技术，在适当位置使上部结构与基础切割脱离并坐落在新的刚性底盘上，从而使整个结构分成原有基础部分和可迁移的上部结构部分，然后通过提升、在轨道上推拉等技术手段，使可迁移的上部结构部分到达预定位置，并与新址基础进行可靠连接，从而形成完整的结构体系。

（2）新基础设计

工程地质勘察资料表明，本场地软弱土层厚度较大，不具备采用天然地基上的浅基础条件。而在 -10m 以下存在零星的孤石，也不宜采用长桩。根据本工程弧线平移的特点决定新基础及平移轨道均采用桩基础，为便于施工、缩短工期，采用静压预应力管桩，桩径 400mm，桩长 10m。该建筑的原址基础为柱下独立承台桩基础，为保持结构体系在平移前后的一致性，设计时，新基础亦按柱下独立承台桩基础考虑。但考虑弧线平移时，新基础与平移轨道有相当程度的重叠，为节省投资，充分利用平移轨道，最终决定将新基础与平移轨道结合起来进行设计。新基础采用柱下联合条形刚性基础梁，梁宽度 3.0～3.5m，梁截面高 1.374m。图 9.4-5 所示为平移就位后，新的双梁条形刚性基础梁截面示意图。

（3）平移轨道设计

平移轨道可分为三个部分：与新基础重叠部分、室外行走部分、原建筑室内行走部分。与新基础重叠部分在进行基础设计时已合并考虑。根据地质勘察资料，室外行走部分的轨道采用桩基方案。考虑到室外行走轨道属于临时性结构，结构安全度可比永久性结构适当降低，因此，从经济合理的角度出发，室外行走轨道的基桩安全系数及截面配筋与新基础相比稍有降低，图 9.4-6 所示为室外行走轨道截面配筋图。

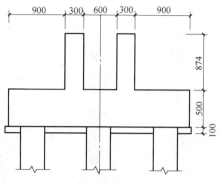

图 9.4-5　新基础双梁条形承台截面示意图

由于施工条件限制，在原建筑室内无法进行桩基施工，为此，采用了以原基础承台为支点设置钢筋混凝土连续梁的方法来制作室内行走轨道，图 9.4-7 为室内轨道与原基础承台连接构造大样。

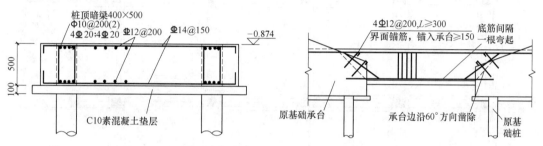

图 9.4-6　室外行走轨道截面配筋图　　　　图 9.4-7　室内轨道与原基础承台连接构造

（4）托换系统设计

房屋建筑托换系统设计一般采用两种方法，一是将房屋连同基础整体托换，托换梁系比较单一；另一种是在基础以上部位切断，托换梁系包括上轨道、夹墙梁、抱柱梁及连系梁等。本工程采用第二种方法建立托换系统。

由于托换系统除了要承受上部结构传递的荷载，还要承受平移过程中施加的水平向外加荷载，因此，托换系统需要有足够的刚度、强度和稳定性。经反复研究确定，上轨道采用双肢梁（图 9.4-8），单肢截面为 250mm×800mm，按相应荷载设计配筋。

托换系统的成功与否，关键在于抱柱节点能否完全传递柱荷载。因此，在进行抱柱节点施工时采取了以下措施：①各柱位相间进行施工，相邻的柱子不同时处理；②原混凝土柱保护层按楔形凿除；③综合考虑施工过程中，梁的正截面受弯承载力、局部抗压强度及周边的抗冲切强度。图 9.4-9 所示为本工程的抱柱节点详图。

（5）行走机构设计

行走机构的优劣是决定房屋平移能否成功的关键。行走机构的构成主要包括滚轴、上下轨道梁以及水平力施加机构等。其中，滚轴是房屋得以行走的关键，若平移过程中出现较大的变形或破坏则将前功尽弃，考虑到本工程柱下荷载较大，采用 1300 个直径为 70mm 的实心钢滚轴，滚轴间距根据荷载确定。水平力的施加有两种方式：一是推力式，二是拉力式。两种方式都是直接作用于上轨道梁，本工程采用拉力式。采用拉力的优点是张拉牵引千斤顶可以固定在一个现浇的反力支座上，无需反复移动，而且所需的反力座数量较少。

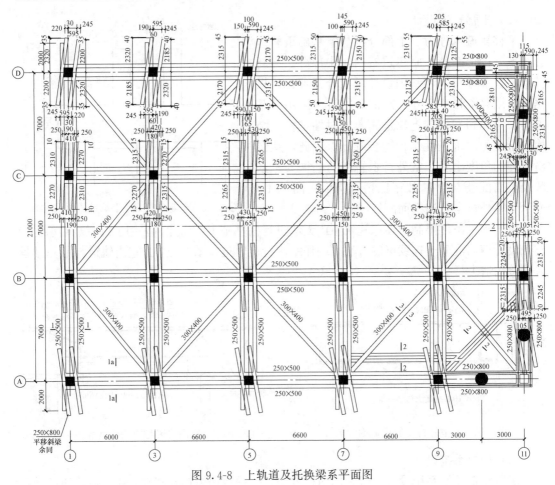

图 9.4-8 上轨道及托换梁系平面图

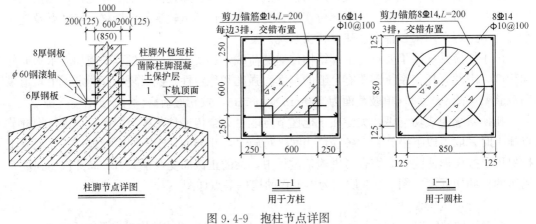

图 9.4-9 抱柱节点详图

（6）建筑物与新基础的连接节点设计

上轨道梁高度通常在 800～1800mm，已满足柱内纵筋在基础中的锚固长度要求，相当于上部结构的基础，只不过此时的基础是坐落在滚轴上，再支撑于下轨道新基础上。为了保证房屋的整体稳定性和抗震性能，上轨道梁必须与下轨道新基础采取可靠连接。常用的连接方法有两种：

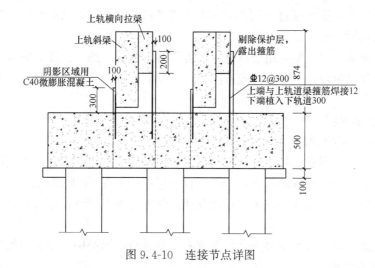

图 9.4-10　连接节点详图

① 滚轴保留在上、下轨道之间浇注混凝土。为此，在上、下轨道基础梁上设有预埋件，房屋平移至预定位置后，用钢板将上、下轨道梁上的预埋件焊接连接；上、下轨道梁间的滚轴保留在内部，滚轴之间的孔隙用细石混凝土浇灌密实。这样既能保证上部结构与新基础连接在一起，同时在遇到地震作用时，通过连接钢板的变形、滚轴与填充混凝土之间的挤压变形可以吸收一部分地震能量，从而减轻地震对上部结构的作用，达到减震的目的。

② 取出滚轴再浇注混凝土。房屋移至预定位置后，沿上轨道梁每隔一段距离（由设计确定位置及间隔长度）将滚轴取出，在上、下轨道基础梁之间浇注微膨胀混凝土。待此部分的混凝土强度达到设计要求，将其他区段的滚轴取出，再浇注微膨胀混凝土。最后，回填土至地面，再对建筑底层进行恢复性装修。

根据本工程的特点，决定采用第一种方法进行连接固定，但取出松动未受力的滚轴，以保证连接的可靠性（图 9.4-10）。

4. 结语

厦门市人民检察院综合楼于 2006 年 12 月 3 日上午顺利平移就位，各项偏差均在控制范围之内，证明设计是成功的。本工程设计采用弧线平移方案可同时实现建筑双向平移与旋转三个动作，节省工程造价、缩短工期，取得了良好的经济效益和社会效益；其中的弧线平移技术方案对其他类似工程具有很高的参考使用价值。

9.5　结构无损性拆除技术

9.5.1　发展概述

随着国内外经济的不断发展，许多旧的建筑从结构形式或是使用功能上都逐渐不能满足新的生产和生活需要，这就面临着需要对旧建筑的改扩建。而常规的方法是采用破碎炮、液压钳等设备进行的拆除施工，但这种拆除手段存在易对保留结构性能产生破坏、噪声大及粉尘污染大等各项缺陷。因此，这就需要全新的拆除施工技术来解决这些问题，因此无损拆除技术运用而生，包括金刚石无损钻切技术和水力破除技术。

　　金刚石无损钻切技术通过不同形式的设计安装和对钻、切、锯等工法的正确组合选用，是实现无损拆除这一目标的良好手段[1]。

　　水力破除技术目前主要应用于石油化工等行业，管道，热交换器等的清洗，用于混凝土破除还处于起步阶段，但在一些先进国家，已发展成为一项替代传统人工风搞或机械破除的成熟工艺[2]。

9.5.2　技术内容

1. 金刚石无损钻切技术

（1）低噪声：金刚石工具切割过程中只有磨削钢筋混凝土的声音，电动液压马达运转平稳，整个施工中没有刺耳的声音，产生的音量可以控制在44dB以内。

（2）无污染：施工过程中采用水冷却高速运转的金刚石工具，冷却水经现场回收后可以重复利用。

（3）无振动：静态拆除主要是采用金刚石工具进行高速磨削，不会对被切割物体产生任何冲击和扰动的破坏。

（4）效率高：无损性拆除是目前拆除领域中，劳动强度最低、可根据吊装设备任意分块。

2. 水力破除技术

（1）修复速度快：水力破碎技术以普通自来水为工作介质，作业时由于高压水喷嘴不与钢筋混凝土路面直接接触，并且喷嘴可以多角度作业，大大提高工作效率[5]。

（2）作业范围精准：通过设定高压水压力值及流量大小，可以精准定位破碎钢筋混凝土范围和深度，使得作用于钢筋混凝土表面的切口微小而整齐。

（3）原有结构无损害：高压水在作业过程中无振动，对原有结构的损害度几乎为零[6]。

（4）环境污染小：施工过程中，采用水作为介质，无粉尘污染、噪声小；施工结束后，混凝土废料和废水可以用真空吸尘器吸走，作业面干净整洁[7]。

9.5.3　技术指标

1. 金刚石绳锯切割技术

（1）金刚石绳与待切割面应处于同一平面内。通过导向轮调节金刚石绳切割夹角不小于45°，切割半径不小于200mm。安装应做到周正、牢固，切割中不得产生松动[8]。

（2）水平或斜面的混凝土结构切割过程中，应及时向已经完成切割的切割缝中加入支承钢楔。垂直切割时，宜采用插入钢楔的方式，支承和分离切割体。

（3）金刚石绳索切割线速度及最大张拉强度满足表9.5-1中的要求[9]。

金刚石绳锯切割技术参数选择　　　　表9.5-1

项目		正切法切割		反切法切割	
		线速度（m/s）	切割拉力（kN）	线速度（m/s）	切割拉力（kN）
湿式切割	C30以下	20～25	1.0～1.8	20～25	1.2～2.0
	C30～C60	20～25	1.2～2.0	20～25	1.4～2.2
	C60以上	16～22	1.4～2.5	16～22	1.6～2.5
	大面积混凝土结构	20～28	2.0～2.8	20～28	2.0～3.0
干式切割	C30以下	12～16	1.4～2.0	无	无
水下切割		12～16	1.2～1.8	12～16	1.4～2.0

2. 金刚石圆盘锯切割技术

(1) 切割锯片与切割深度的关系见表 9.5-2。

切割锯片与切割深度关系表　　　　　　　　　　　表 9.5-2

锯片直径(mm)	400	600	700	1200
切割深度(mm)	150	250	300	500

(2) 轨道安装偏差控制在 3mm 以内，锯片固定完成后检查调整锯片与切割面的垂直度。

(3) 锯盘圆周线速度对于硬度较低、锯割阻力较小的材料，线速度宜为 40～65m/s，对于硬度较高、锯割阻力较大的材料，线速度宜为 20～40m/s。

(4) 金刚石圆盘锯切割法每层切割深度不宜过大，每层切割深度控制在 150～200mm，对于较深的切口，可采用"浅切快跑"的切割工艺。

3. 金刚石薄壁钻钻孔技术[10]

(1) 孔位偏差：采用十字画线法确定钻孔中心，孔位偏差不超过 3mm。

(2) 利用连续钻孔进行切割时，钻孔采用 ϕ89mm 或 ϕ108mm 孔径施工，每米长度方向上布置钻孔数为 11～13 个。切割直线偏差小于 20mm。

(3) 单孔切割钻进技术参数。

钻压：人工加压钻进宜选用钻压为 3～12MP，机械加压钻进宜选用钻压为 40～80MP。钻孔直径大于 110mm 时宜采用机械加压方式；

转速：初磨 20040r/min、正常钻进 40～1200r/min。

(4) 超深水平孔切割技术参数。

钻压：常规口径钻孔，易切割的结构体宜控制在 80～120MP，复杂坚硬的结构体宜控制在 120～180MP；

转速：宜控制在 300～700r/min，随钻孔深度增加转速应适当降低。冲洗液量：应根据钻头规格和钻屑量选择冲洗液量；

5. 水力破除技术

水力破除技术参数主要为压力、流量、冲程；如压力大、流量小则施工效率会大大降低，压力小、流量大则无法破除混凝土，冲程大则破除深度大，冲程小则破除深度小，三者有着密不可分，针对不同标号强度、级配的混凝土参数的进行设定[11]。

6. 施工工艺

(1) 板拆除工艺流程

根据吊车性能计算板分块重量，确定切割位置→根据分块重量计算吊点位置→测量放线，放出吊点位置及切割位置→利用金刚石薄壁钻成吊装孔，吊装孔应布置在合适位置→利用金刚石手持锯将看台板进行分割 →吊车起吊，吊运至破碎场地破碎→渣土外运。

(2) 梁拆除工艺流程

根据吊车性能计算框架梁分块重量，确定切割位置→根据分块重量计算吊点位置→测量放线，放出吊点位置及切割位置→安装升降平台→利用金刚石薄壁钻成吊装孔→金刚石绳锯导向轮就位→在梁切割位置线暂时保留部分采用 ϕ200 钢管进行支撑→将金刚石绳锯绕过梁两侧，以形成一个封闭的套，并通过导向轮调节好切割方向→在吊装孔内穿好钢丝绳→吊车就位将钢丝绳固定在吊车上，并预先施加起吊力→开启金刚石绳锯，通过对框架梁混凝土的研磨将其分离→吊车起吊，吊运至破碎场地破碎→渣土外运。

（3）柱拆除施工艺流程

根据吊车性能计算框架柱分块重量，确定切割位置→根据分块重量计算吊点位置→测量放线，放出吊点位置及切割位置→安装升降平台→利用金刚石薄壁钻成吊装孔→金刚石绳锯导向轮就位→穿好金刚石绳锯，并通过导向轮调节好切割方向→在吊装孔内穿好钢丝绳→吊车就位将钢丝绳固定在吊车上，并预先施加起吊力→开启金刚石绳锯，通过对框架柱混凝土的研磨将其分离→吊车起吊，吊运至破碎场地破碎→渣土外运。

（4）水力破除混凝土工艺流程[12]

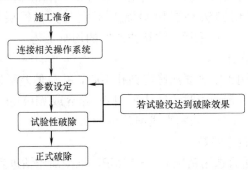

9.5.4 适用范围

适用于建筑局部拆除，且需保护保留结构性能免于遭受破坏，对噪声、粉尘污染等要求严格的相关建筑局部拆除。

9.5.5 应用案例

1. 无损性钻切技术工程实例——三元桥梁板整体置换工程中的应用

（1）工程概况

三元立交京顺路桥采用三孔 V 型墩刚架体系（中跨墩顶附近设铰），桥梁全长54.86m，桥梁跨径 13.48＋27.30＋13.48＝54.26m；桥梁总宽 44.8m，桥梁总面积2457.7m²；桥下净空：跨越京顺路桥下净高为 4.5m，慢车道为 3.5m。三元桥建于 1984年，建成至今运营 30 年，在交通荷载及自然条件作用下，存在梁体下挠、桥面铺装开裂等病害，2015 年某工程检测中心对其进行了结构检测，发现梁体下挠较为严重，桥梁完好状态评定为 D 级。经研究三元桥大修工程拟将桥梁上部梁体切割分块整体驮运，同时施工过程中要对保留部分（桥台、桥柱）的保护，以及对公众、公共财物、临近财产、现有公共设施、现有道路的保护。

该项目受到社会各界的高度关注，安全性高，如采用人工或机械凿除，存在如下问题：一个是时间上至少需要一个月时间，另一个是凿除对既有桥台、桥墩的振动影响。在确保安全下及时地完成拆除任务，经方案的再三比较论证，决定采用金刚石绳锯切割的方法进行拆除。

（2）设计方案

桥梁上部主梁结构断面为 Ⅱ 形，共计 9 片主梁，梁高 1.10m，横断面切割划分为 18个切割单元，纵断面划分为 14 个单元，主梁横断面图如图 9.5-1 所示，切割单元断面如图 9.5-2 所示。

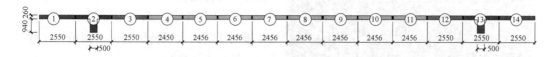

图 9.5-1 主梁横断面示意图

图 9.5-2 纵断面切割单元示意图

（3）施工效率

本工程共投入 88 台进口金刚石绳锯机同时进行，在 3h 内完成了横向缝的切割，10h 完成中跨切割，为 43h 实现桥梁梁体的快速整体置换奠定了基础。图 9.5-3～图 9.5-5 为施工现场中的照片。

图 9.5-3 施工设备安装及人员就位

图 9.5-4 施工场景

（4）效果及评价

三元桥（跨京顺路）桥梁拆除利用金刚石无损性钻切技术实现了桥梁梁体的分块切割

图 9.5-5　桥梁静力切割拆除完成

和整体驮运，并解决了施工过程中对保留部分（桥台、桥柱）的保护，按质按量完成切割施工任务，金刚石无损性钻切技术作为一种新型施工工艺，具有良好的社会效益和经济效益。

2. 水力破除技术工程实例——京港澳高速刘江黄河大桥桥体着火受损抢修工程

（1）工程概括

2016 年 2 月 28 日，京港澳高速 K642km 处的刘江黄河大桥上，两辆货车发生追尾事故，后车起火，大火燃烧了 20h 才被扑灭。事故造成桥面严重受损，受损最严重的地方，桥面被烧出一个直径 1m 左右的大洞，造成大桥断行，抢险迫在眉睫。本次抢险中的任务是将大桥损坏区域内的腹板与翼板连接处的混凝土进行破除，时间紧、任务重，要求不仅不能损伤到钢筋，而且要确保施工对桥梁不产生大的外力扰动，这对目前国内的水力破除技术来说，是一个不小的挑战。

（2）设计方案

本工程施工采用康耐特 557 机器人紧急组织战前演练，迅速掌握了设备操作方法，因地制宜制定了完善的施工方案，机器人自行操作不能破除的局部混凝土，采用手持式高压枪破除。破除区域如图 9.5-6 所示。

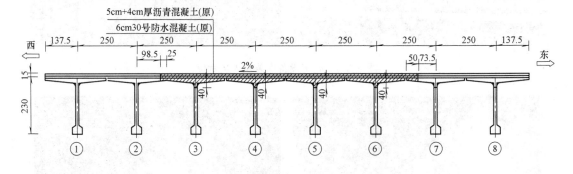

图 9.5-6　混凝土破除位置图

（3）破除效率

本次京港澳高速刘江黄河大桥桥体着火受损抢修中，在连续 30h 的施工中圆满完成了 30m³ 的混凝土破除，图 9.5-7～图 9.5-10 为施工现场中的照片。

（4）效果及评价

此施工方式保留了原有钢筋，为全面完成刘江黄河大桥抢险任务赢得了宝贵时间，实现了受损桥梁的快速修复通车。同时为水力破除技术在实际工程中的应用积累了宝贵经验，对以后同类的工程有借鉴作用。

图 9.5-7 连夜奔赴施工现场

图 9.5-8 人工远程控制机器人水力破除

图 9.5-9 手持枪水力破除

图 9.5-10 业主对工作进行检查并给予好评

参 考 文 献

[1] 王成勇，胡映宁，丁海宁. 钢筋混凝土锯切技术的应用与研究现状 [J]. 金刚石与磨料磨具工程，2004（1）.

[2] 薛胜雄. 高压水射流技术与应用 [M]. 北京：机械工业出版社，1998.

[3] 梁桂芳. 切割技术手册 [M]. 北京：机械工业出版社，1997.

[4] S. Xu，J. Wang. A study of abrasive water jet cutting of alumina ceramics with controlled nozzle oscillation [J]. The International Journal of Advanced Manufac-turing Technology，2005（2）.

[5] J. Wang. Abrasive water jet machining of polymer matrix composites——cutting performance，erosive process and predictive models [J]. The International Journal of Ad-vanced Manufacturing Technology，1999（9）.

[6] 沈忠厚. 水射流理论与技术 [M]. 北京：石油大学出版社，1999.

[7] R. Cadavid，D. W stenberg. Effect of helium atmos-pheres on abrasive suspension water jets [J]. The International Journal of Advanced Manufacturing Technology，2005（9）.

[8] 莫彬，颜琴. 绳锯静力切割技术的应用与实践 [J]. 柳钢科技，2008（3）.

[9] 肖建国，张英红，陈义红. 金刚链条切割技术在罗泾煤炭码头系缆墩拆除中应用 [J]. 华南港工，

2007（9）.

[10] 潘鸿宝. 在钢筋混凝土上进行高精度水平钻孔施工方法及装置［P］. 中国专利：2006 1 0002878.

[11] Wee King Soh，Boo Cheong Khoo. The entrainment of air by water jet impinging on a free surface ［J］. Experiments in Fluids，2005（6）.

[12] Z. Guo，M. Ramulu M，G. Jenkins. Analysis of the water jet contact/impact on target material ［J］. Optics and Lasers in Engineering，2000（2）.

9.6 深基坑施工监测技术

9.6.1 发展概况

近年来，随着我国经济水平和城市建设的迅速发展，开发和利用地下空间日显重要。国内兴建了许多大型地下设施，如城市地铁、地下商场、污水处理工程、过江隧道工程等。伴随着深基坑工程规模和深度的不断加大，开挖深度超过 10m 的基坑已属常见，地铁车站的开挖深度达 20 多米。

在基坑开挖期间，随着取土的深入，围护结构由于受到土压力和道路动载的作用，会产生比较明显的变形，如果超过一定范围，甚至会引起周围道路和建筑物的破坏。因此，应配备高精度的施工监测队伍，及时提供变形数据，分析判断基坑开挖过程中周围环境及基坑围护体系的变形情况，采取有效措施，达到控制基坑变形，保护周边环境及基坑围护体系的目的，指导施工的顺利进行，保证施工的安全。

9.6.2 技术内容

通过在工程支护（围护）结构上布设凸球面的钢制测钉作为位移监测点，使用全站仪等定期对各点进行监测，根据变形值判定是否采取相应措施，消除影响，避免进一步变形发生的危险。监测方法可分为基准线法和坐标法。

在墙顶水平位移监测点旁布设围护结构的沉降监测点，布点要求间隔 15～25m 布设一个监测点，利用高程监测的方法对围护结构墙顶进行沉降监测。

基坑围护结构沿垂直方向水平位移的监测：用测斜仪由下至上测量预先埋设在墙体内测斜管的变形情况，以了解基坑开挖施工过程中基坑支护结构在各个深度上的水平位移情况，用以了解、推算围护体变形。

邻近建筑物沉降监测：利用高程监测的方法来了解邻近建筑物的沉降，从而了解施工是否会引起不均匀沉降。

基准点的布设：在施工现场沉降影响范围之外，布设 3 个基准点为该工程邻近建筑物沉降监测的基准点。邻近建筑物沉降监测的监测方法、仪器使用、监测精度同建筑物主体沉降监测。

（1）警值：水平位移报警值：按一级安全等级考虑，最大水平位移≤0.14%H；按二级安全等级考虑，最大水平位移≤0.3%H。

（2）沉降量报警值：按一级安全等级考虑，最大沉降量≤0.1%H；按二级安全等级考虑，最大沉降量≤0.2%H。

（3）报警指标一般以总变化量和变化速率两个量控制，累计变化量的报警指标一般不宜超过设计限值。若有监测项目的数据超过报警指标，应从累计变化量与日变量两方面考虑。

9.6.3 技术指标

（1）变形报警值。水平位移报警值，按一级安全等级考虑，最大水平位移≤0.14% H；按二级安全等级考虑，最大水平位移≤0.3% H。

（2）地面沉降量报警值。按一级安全等级考虑，最大沉降量≤0.1% H；按二级安全等级考虑，最大沉降量≤0.2% H。

（3）监测报警指标一般以总变化量和变化速率两个量控制，累计变化量的报警指标一般不宜超过设计限值。若有监测项目的数据超过报警指标，应从累计变化量与日变量两方面考虑。

9.6.4 适用范围

用于深基坑钻、挖孔灌注桩、地连墙、重力坝等围（支）护结构的变形监测。

9.6.5 工程案例

1. 工程概况

中航广场工程位于深圳市福田区深南路原天虹商场地块，总建筑面积238645.7m²，地上建筑含2栋塔楼，其中办公楼49层，标准层高4.4m，建筑高度245.2m；公寓46层，层高3.2m，建筑高度166.1m。商业裙楼6层，高度31.0m，地下室4层，总深度19.8m。基坑支护为地下连续墙及内支撑体系；办公楼为框筒结构，主要由核心筒结构和20根十字型钢劲型柱组成；公寓楼为剪力墙结构。

本工程四周场地情况较复杂，基坑东侧25m有32层都会电子城，南侧5m有9层天虹商场，西侧50m有40层格兰云天大酒店，北侧8m有6层中航地产大楼，对施工部署、施工监测均有较大的难度。根据《广州地区建筑基坑支护技术规定》GJB 02—98规定，主体基坑变形控制保护等级为一级。

临时支撑爆破拆除将对基坑支护及周边环境产生爆破振动效应，因此在临时支撑爆破拆除过程中必须对基坑支护结构和周边环境进行全程监测。

进行施工监测的主要目的和意义如下：

（1）检验爆破方案的可行性和爆破设计参数的合理性，为优化爆破方案和设计参数提供依据；

（2）及时了解爆破对支护结构和周边环境的影响范围和程度，对可能出现的险情和事故提出警报，确保基坑围护结构和邻近建筑（构）物及管线的安全。

通过施工监测收集大量的位移、受力数据，并及时将数据加以分析、处理，对施工质量和基坑安全做出综合判断，以正确指导后续施工，真正实现信息化施工。

2. 监测依据

包括：①《工程测量规范》GB 50026—93；②《建筑地基基础设计规范》GB 50007—2002；③《建筑变形测量规程》JGJ/T 8—97；④《深圳中航广场基坑支护施工图》；⑤《深圳地区建筑深基坑支护技术规范》。

3. 监测项目

根据设计要求，以及基坑围护结构的特点，并结合实践经验，决定对中航广场基坑临时支撑爆破施工进行下述项目的监测：

（1）基坑支护结构监测

围护结构变形（测斜）：及时掌握围护墙的侧向变形，即在不同深度上各点的水平位移，须通过对围护桩的测斜监测来实现。

围护墙内力监测：对围护墙的内力监测主要是为了防止围护墙因强度不足而导致支护结构破坏。对围护墙内力测试值的分析主要是以支护结构设计计算结果为依据，当监测的内力出现异常时，可以分析其是属于设计原因还是属于施工原因等，以利于针对性地采取措施。

支护结构内力和变形监测：爆破施工的振动效应导致周边土压力的改变，从而又会影响支护结构的原有受力状态及变形，因此，在本基坑支护结构体系中，对圆形支撑结构内力和变形进行监测是十分重要的。

支腰梁内力和变形监测：支腰梁可以协调平衡地下连续墙节段间的受力和变形，尤其本基坑支护结构体系中未在桩顶设置冠梁，支腰梁还有将各节段连续墙联系为一个整体的作用，因此，对支腰梁内力和变形进行监测是必需的。支腰梁监测部位可根据基坑围护设计中的支撑内力计算书，选取内力较大的，所处部位又较重要且处于连续墙节段间的截面进行监测。对支腰梁的内力监测主要是为了防止围护桩因强度不足而导致支护结构破坏。对支腰梁内力测试值的分析主要是以支护结构设计计算结果为依据。

临时支撑内力（轴力）监测：由于支撑基本上为受压构件，在内力监测中以轴力为主，支撑监测部位可根据基坑围护设计中的支撑内力计算书，选取内力较大的，所处部位又较重要的截面进行监测，一般对支撑内力的监测，只进行轴力测试，因此可选取支撑设计轴力最大的构件截面。

支柱桩位移和内力监测：支柱桩承受竖向和水平荷载，在基坑开挖过程中，随土体开挖而土摩阻力消失，这样有可能产生沉降；如支柱桩产生过量沉降，将会引起临时支撑产生弯曲变形或侧向变形。另外，支柱桩还承受临时支撑传递的水平荷载，将使支柱桩产生水平位移；由于每层支撑传递的水平荷载不同，将会使支柱桩产生弯曲变形，因此，在进行支柱桩顶水平位移监测的同时，建议应进行柱体变形监测即测斜监测（设计图中未列该项监测）。由于支柱桩受力和变形的复杂性，对支柱桩进行内力监测也是必需的。

围护墙外孔隙水压力：通过对孔隙水压力的测试，可以监控基坑降水情况及基坑开挖对周围土体的扰动范围及程度。同时，可以为正确取定水土压力的分布规律提供依据，当围护墙内力及位移出现异常时，可以分析其是属于设计原因还是属于施工原因等，以利于针对性地采取措施。

基坑回弹监测：目前基坑较深，基坑内外水土压力差大，坑外土体通过围护桩（墙）底往里涌挤，严重时会产生坑底隆起现象，使坑外的土体涌入基坑，造成涌土现象，特别在砂性土地区，在动力水头作用下会出现涌砂，对基坑的安全危害较大。进行基坑回弹监测就是为及早发现问题，采取工程措施。

（2）基坑周围环境监测

受基坑临时支撑爆破的影响，基坑周围的地层会发生不同程度的变形，对周围环境（城市道路、地下管线等）产生不利影响。因此在进行基坑支护结构监测的同时，还必须对周围的环境进行监测。监测项目如下：地面沉降、地下管线沉降、地下水位、周围建（构）筑物沉降、倾斜监测。

（3）主体结构柱沉降监测

主体结构施工过程中随着上部恒载的增加，下部基础可能会下沉，结构柱也将产生轴向压缩变形。为观察基础下沉和结构柱的变形情况，需对结构柱进行沉降监测。

4. 测点布置及测试方法

（1）围护结构变形（水平位移）

测点布置：在基坑围护结构墙内，每边预埋 3 根测斜管，共计 12 个测孔。

测试方法：采用 6000 型测斜仪进行监测，一般将测斜管的最下的第一个测点作为基准点（即假定连续墙底或桩底不产生位移），然后，间距 50cm 测读 1 次。

数据处理：绘制每次测斜测试的测斜曲线，把同一编号测斜管的测斜曲线绘在一个图表中，便于分析围护结构的变形情况。另外，根据主要工况绘制测斜曲线。

（2）围护墙内力监测

测点布置：由于要监测围护桩（墙）的内力状态，因此在钢筋计布置时，应在围护桩（墙）的墙前和墙后成对布置，并沿围护墙竖向在支撑与支撑之间的中点处、基坑底部上下附近进行布置，以使监测的数据能较全面地反映围护墙弯矩图情况。选取 4 个节段地下连续墙进行应力监测，每个节段竖向布置 3 个测试断面，每断面对称布置 2 个钢筋应变计。共埋设 24 个钢筋应变计。

测试方法：采用钢弦式钢筋测力计和过频率接收仪进行监测。采用用混凝土应变计作为传感器，埋入钢筋混凝土支撑被监测截面，可以测出支撑在基坑开挖及基础结构施工期间，支撑混凝土的应变变化值，然后通过混凝土应力-应变曲线，就可以计算出钢筋混凝土支撑的轴力。（注：后述内力测试均采用该方法）。

数据处理：绘制围护墙体的实测弯矩，并与设计计算结果进行对比分析。

（3）圆形支撑结构变形

测点布置：在基坑圆形支护结构内每层布置 8 个测点，共计 32 个测点。

测试方法：水平位移采用索佳 SET22D 全站仪进行监测，沉降采用拓普康 DL-111C 精密电子水准仪进行监测。

数据处理：圆形支撑结构的水平位移监测数据整理，除每次测试提供测试报表外，还需用图表进行整理，主要的图表有：

① 圆形支撑结构的水平位移实测曲线，即把某次测试的各测点位移值连起来。把基坑开挖和基础结构施工过程中几个有代表性工况的水平位移实测曲线或把每次测试水平位移曲线绘制在同一个图表里，便于分析掌握。

② 某测点水平位移变化速率曲线。在水平位移监测中，如发现某个测点的水平位移变化量较大、较快时，应绘制该点水平位移变化速率曲线，而以测点的位移作为纵坐标，以时间作为横坐标。根据速率曲线可以分析该处水平位移是否稳定。对变化速率较大的测点要加密监测。

（4）圆形支撑结构内力监测

测点布置：由于要监测圆形支撑结构的内力情况，因此在钢筋应变计布置时，在支撑的前后每个断面对称布置 4 个钢筋计，以使监测的数据能较全面地反映支撑内力情况。每层选取 4 个测试断面，共计 64 个钢筋计。

测试方法和测点安装方法与"围护墙内力监测"一致。

数据处理：绘制支撑的实测应力变化曲线，并与设计计算结果进行对比分析。

（5）支腰梁变形监测

测点布置：在基坑每层支腰梁上布置 4 个测点，共计 16 个测点。

测试方法：采用索佳 SET22D 全站仪进行水平位移监测。

数据处理：与"圆形支撑结构变形监测"数据处理相似。

（6）支腰梁内力监测

测点布置：在基坑每层支腰梁上布置 4 个测试断面，共计 16 个断面，测试断面与变形测点位置一致。每测点安装 4 个钢筋应变计，共计 64 个钢筋应变计。

测试方法、测点安装方法和数据处理与"圆形支撑结构内力监测"一致。

（7）临时支撑内力（轴力）监测

测点布置：在每层选取 4 临时支撑进行内力（轴力）测试，共计 16 个测点，每测点安装 4 个钢筋应变计，共计 64 个钢筋应变计。

测试方法、测点安装方法和数据处理与"圆形支撑结构内力监测"一致。

（8）支柱桩位移监测

测点布置：选取 8 个支柱桩，在每个柱顶布置 1 个位移和沉降测点，共计 8 个水平位移和 8 个沉降测点。

测试方法：分别采用索佳 SET22D 全站仪和拓普康 DL-111C 精密电子水准仪进行水平位移和沉降监测。

数据处理：与"圆形支撑变形监测"数据处理相似。

（9）支柱桩内力监测

测点布置：根据我们以往监测经验，一般在第二道和第三道支撑位置，基坑的围护墙（桩）水平位移最大，因此，决定在 8 个进行位移监测的支柱桩里，第三道支撑下 1.0m 位置作为应力测试断面，其中，4 根桩每测试断面预埋 4 个钢筋计，另外 4 根桩每测试断面预埋 2 个钢筋计（根据设计单位意见），共计 24 个钢筋应变计。

测试方法和数据处理与"圆形支撑结构内力监测"一致。

（10）围护墙外孔隙水压力

测点布置：沿基坑围护结构外侧布置孔隙水压侧管及透水直立管，共计 10 个孔隙水压力计。

测试方法：采用钢弦式孔隙水压力计进行监测。

数据处理：结合墙体的测斜变形和支撑内力等一起考虑。

（11）基坑回弹监测

测点布置：在基坑四边内，各布置一个测点，共 4 个测点。

测试方法：采用拓普康 DL-111C 精密电子水准仪进行沉降监测。

数据处理：本次和累计回弹量；回弹速率曲线。

（12）周边地面沉降

测点布置：在基坑周边地面共布置 22 个地面沉降测点。

测试方法：采用拓普康 DL-111C 精密电子水准仪进行监测。

数据处理：每次量测提供各测点本次沉降和累计沉降报表，并结合工况绘制纵沉降时程曲线，必要时对沉降变化量大而快的测点绘制沉降速率曲线。

（13）地下管线

测点布置：本工程地下管线采用间接布点测试，在供水管井盖上布置 4 个管线沉降测点。

测试方法和数据处理同地面沉降监测一致。

（14）地下水位

测点布置：在基坑周围布置 10 个水位孔。

测试方法：采用电子水位计进行监测。

数据处理：提供每次测试的地下水位高程本次和累计变化量成果表，绘制地下水位变化量曲线图。

（15）周围建筑物沉降、倾斜监测

测点布置：

建筑物沉降：在被监测的建筑物四角及中部结构柱适当位置钻孔植入 $\phi 12$ 钢筋做为沉降测点，其中都会电子城及佳和华强大厦在结构柱装修层表面上采用 AB 胶固定测点，目前建筑物沉降共布置 40 个沉降测点。

建筑物倾斜：在天虹商场和中航物业楼顶的中部和东边靠基坑侧的楼顶和楼下部各安装一个棱镜，共 4 对测点，并在天虹商场西裙楼布置 3 对，东裙楼布置 1 对，共 8 对 16 个测点。

测试方法：采用电子水准仪和数码铟钢尺进行沉降监测；采用索佳 SET22D 全站仪进行建筑物倾斜监测。

数据处理同地面沉降监测一致。

（16）主体结构柱沉降监测

测点布置：在第一层主体结构柱上布置测点，具体位置将根据施工图纸以及结构特点设置，数量暂定 20 个。

测试方法：采用拓普康 DL-111C 精密电子水准仪进行监测。

数据处理：每次量测提供各测点本次沉降和累计沉降报表，并结合工况绘制纵沉降时程曲线。

9.7 大型复杂结构施工安全性监测技术

9.7.1 发展概况

早在 1996 年国际结构控制工作会议上，人们就提出成立任务小组来研究结构实时监测问题，共成立了三个小组，欧洲、亚洲和美国各一个。从 1997 年起，在美国斯坦福关于结构实时监测的国际专题研讨会每两年举行一次。在国际结构控制协会（IASC）和 ASCE 工程力学分会动力学委员会的联合推动下，美国的任务小组于 1999 年取得了一致，并在 John Hopkins 大学举行的第 13 届 ASCE 工程力学会议举行了首次聚会，随后每年都举行几次会议，交流与探讨各种健康诊断方法的效能问题。2002 年 7 月，第一届欧洲结构健康监测 SHM 国际专题研讨会在法国巴黎举办。这些研讨会集中讨论和总结了国际 SHM 领域的研究成果，提出需要进一步研究和亟待解决的问题，极大地推动了结构实时监测技术的发展。英国在总长 522m 的 Foyle 桥上布设各种传感器建立了最早的较为完整的健康监测系统，用以监测大桥运营阶段在车辆荷载和风荷载作用下主梁的振动、挠度和应变等响应。瑞士在混凝土桥（Siggenthal Bridge）的建设过程中预安装由 58 个光纤应变传感器、8 个温度传感器和 2 个倾角仪组成的健康监测系统，主要监测施工过程中和以后运营期的屈曲、变形和位移。在公路隧道修建与维护技术发达的国家，其公路建设及管理部门十分重视隧道结构安全性监控的研究工作，许多国家各级建设管理部门根据本地区或部门的特点，在开展大量应用研究的基础上，投入大量财力物力对重大隧道工程设立了长期结构安全性监测系统，已形成制度性，建立了相应严格的章程。

9.7.2　技术内容

结构安全性监测技术是指，通过对结构安全控制参数进行一定期间内的量值及变化进行监测，并根据监测数据评估判断或预测结构安全状态，必要时采取相应控制措施以保证结构安全。监测参数一般包括变形、应力应变、荷载、温度、结构动态参数等。

监测系统包括传感器、数据采集传输系统、数据库、状态评估与预警等。

结构安全监测过程一般分为施工期间监测与使用期间监测，施工期间的监测主要以控制结构在施工期间的安全和施工质量为主，使用期间的监测主要监测结构损伤累积和灾害等突发事件引起结构的状态变化，根据监测数据评估结构状态与安全性，以采取相应的控制或加固修复措施。

构件及结构的安全性与质量应满足《钢结构设计规范》GB 50017，《钢结构工程施工质量验收规范》GB 50205，《混凝土结构设计规范》GB 50010，《混凝土结构工程施工质量验收规范》GB 50204 等现行国家规范标准要求，顶推滑移的监测还应包含顶推滑移的速度、各轨道间的同步性，监测前应检测轨道的平顺性。

9.7.3　技术指标

监测技术指标主要包括传感器及数据采集传输系统测试稳定性和精度，其稳定性指标一般为监测期间内最大漂移小于工程允许的范围，测试精度一般满足结构状态值的 5％以内。监测点布置与数量满足工程监测的需要，并满足《建筑与桥梁结构监测技术规范》GB 50982 等国家现行监测、测量等规范标准要求。

9.7.4　适用范围

大跨度钢结构、大跨度混凝土结构、索膜结构、超限复杂结构、施工质量控制要求高且有重要影响的建筑结构和桥梁结构等，包含有滑移、转体、顶升、提升等特殊施工过程的结构。

9.7.5　应用案例

1. 某超高层主塔楼工程概况

主楼高 600 多米，由一栋超高层主楼、一栋办公辅楼、一栋公寓辅楼及裙楼组成。抗震设防烈度为 6 度（0.05g），抗震措施满足 7 度要求，抗震设防类别为重点设防类（乙类）。

依据《建筑与桥梁结构监测技术规范》GB 50982—2014，结构高度超过 350m，应进行使用期间监测，监测内容包含以下：

2. 安全性监测

（1）地震作用监测

地震作用监测应与结构的地震响应监测相结合，以建立起有效的荷载-响应关系，实现地震灾害的预警，以及地震作用下结构的损伤识别及性能评估。

针对主塔楼结构的地震监测采用一台强震仪，放置于基础筏板中央，用于记录基础部位地震动情况。

输入地震动监测传感器数量和布置应能够获得塔楼的三向平动地震动输入。传感器采样频率应在 200~1000Hz 的范围，传感器应能够可靠地获取地震动输入的长周期分量（15s 左右）。传感器的分辨率可按信噪比不小于 5。

（2）风荷载监测

对于高柔建筑，结构的固有频率更接近风的卓越频率，结构对风的敏感性很高。结构的风振响应可能会给结构带来不利影响，需要对其进行必要的监测控制。

主要测试仪器：风速仪、加速度计。

风速仪主要有三种类型，分别是杯式风速仪、热式风速仪、超声波风速仪。

杯式风速仪使用方便，但其惯性和机械摩擦阻力较大，只适合测定较大的风速。热式风速仪主要是测试具有热耗散气体的流动速度。超声波风速仪安装简单，维护方便，精度高，没有机械磨损，和系统连接也较为方便。

在主塔楼结构外表面及顶部进行风压风速监测能够获得塔楼不同方向的来流风速、风向以及风压数据。结构的风荷载监测与结构的加速度监测相结合，可得到结构的风振特性，并能根据风速风压的实测变化实现强风灾害下的预警。

风速风向监测测点布置应尽可能保持较高的风速测量精度，同时避免雷击和落雨影响。为进一步避免建筑物端部绕流对风速测量受的影响，应采用数值或风洞试验的方法分析建筑绕流风影响区域，并将风速仪安装在建筑绕流影响区域之外。至少共配备 1 台风速仪（机械式或超声式）进行风速的观测。风速仪采样频率应大于 10Hz。

为避免对建筑立面产生影响，突出建筑顶部的测风装置可以考虑采用折叠式支撑结构系统。在台风期或其他需要风荷载观测期间可以打开测风装置进行风荷载观测，在不需要进行风荷载观测时期可以收回测风装置至塔冠内。

（3）位移监测

风、地震等荷载引起结构位移响应监测的主要目的和用途一方面可提供各高度的摆动数据，为测量服务；另一方面可以了解结构的位移响应，为结构的安全施工和运营提供数据支撑。对于武汉绿地这种高柔建筑，结构的固有频率更接近风的卓越频率，结构对风的敏感性很高。结构的风振响应可能会给结构带来不利影响，需要对其进行必要的监测控制。主要测试仪器：风速仪、加速度计、GPS 等。风速仪主要有三种类型，分别是杯式风速仪、热式风速仪、超声波风速仪。杯式风速仪使用方便，但其惯性和机械摩擦阻力较大，只适合测定较大的风速。热式风速仪主要是测试具有热耗散气体的流动速度。超声波风速仪安装简单，维护方便，精度高，没有机械磨损，和系统连接也较为方便。

测试时间：结构施工到 20F、40F、60F、80F、90F、97F、104F、111F、118F 和125F 时可分别测试或者在遇到大风气候进行监测。分别利用可调式加速度传感器和 GPS系统对结构位移进行监测。加速度传感器布置将在加速度监测中具体阐述。

需要指出的是结构位移监测主要目的为获得各高度每 50m 的摆动最大幅度，特别是300m 以后的数据，以便为测量提供参考，实际操作时可根据测量需要增加风致振动监测频次。

（4）加速度监测

结构加速度监测的主要目的是为结构施工模拟分析计算及咨询提供模型修正所需的结构动力响应实测数据。对于高柔建筑，结构的固有频率更接近风的卓越频率，结构对风的敏感性很高。结构的风振响应可能会给结构带来不利影响，需要对其进行必要的监测控制。主要测试仪器：风速仪、加速度计。风速仪主要有三种类型，分别是杯式风速仪、热式风速仪、超声波风速仪。杯式风速仪使用方便，但其惰性和机械摩擦阻力较大，只适合测定较大的风速。热式风速仪主要是测试具有热耗散气体的流动速度。超声波风速仪安装简单，维护方便，精度高，没有机械磨损，和系统连接也较为方便。

测试时间：结构施工到 20F、40F、60F、80F、90F、97F、104F、111F、118F 和 125F 时设置加速度传感器对结构的加速度响应进行监测。

需要指出的是结构风致位移、加速度监测主要目的为获得各高度每 50m 的摆动最大幅度，特别是 300m 以后的数据，以便为测量提供参考，实际操作时可根据测量需要增加风致振动监测频次。

（5）温度监测

观测塔楼环境的温度变化，包括日温度变化和季节温度变化。为了使温度计的设置及数量应能够应在塔楼高度方向和塔楼周边的温度主要分布情况。沿建筑物立面高度每 100 米设置温度测量区。共计 5 个测量区，用以测量不同建筑高度的温度变化。

（6）应力应变监测

主塔楼典型受力部位应力监测的主要目的和用途是监测数据为结构安全服务，与各典型节点的受力分析计算对比，提供施工过程中必要的数据报警，并为结构施工模拟分析计算及咨询提供现场实测数据。主塔楼典型受力部位应力监测需选出主塔楼应力最大的"热点"位置。根据以往工程及数值分析经验，核心筒剪力墙"热点"应力区域主要位于结构底部楼层，以及各施工节点控制楼层。

埋入式应力监测：当核心筒部分的暗柱钢骨拼装完成后，混凝土浇筑之前，分别在以上各层的钢骨应力较大区域安装埋入式应力传感器。钢骨上的传感器宜通过焊接方式将传感器安装于钢骨表面。浇筑混凝土前需对埋入式应力传感器进行必要的保护。

表贴式应力监测：待核心筒现浇混凝土强度达到养护龄期后，在选取结构层外表面混凝土应力较大位置处设置表贴式应力传感器。传感器安装完成后需对其设置保护罩。

主塔楼典型受力部位钢骨及混凝土应力监测将从我方进场安装传感器后一直持续到整个项目监测期满为止。

（7）倾斜度监测

当超高层结构主体倾斜度达到一定程度时，一方面可能会影响结构的使用舒适度，另一方面可能会增加结构的施工和使用安全性。为准确了解和控制塔楼的垂直度，施工单位应对施工各阶段塔楼的垂直度进行监测。在布设垂直度监测网络时，应保证基准点的稳定性，并选择代表性的塔楼垂直度监测点。

（8）基础沉降监测

基础沉降监测的目的是为主塔楼与裙楼之间的沉降后浇带封闭时间的确定提供数据支撑。基础沉降监测是在招标方施工过程中建立的平面控制网的基础上展开的，主要作为施工中沉降监测的辅助和校核。

参 考 文 献

[1]　《建筑与桥梁结构监测技术规范》GB 50982—2014 [S]. 北京：中国建筑工业出版社，2014.
[2]　《钢结构设计规范》GB 50017—2014 [S]. 北京：中国建筑工业出版社，2014.
[3]　《钢结构工程施工质量验收规范》GB 50205—2001 [S]. 北京：中国建筑工业出版社，2001.
[4]　《混凝土结构设计规范》GB 50010—2014 [S]. 北京：中国建筑工业出版社，2014.
[5]　《混凝土结构工程施工质量验收规范》GB 50204—2002 [S]. 北京：中国建筑工业出版社，2002.

9.8　爆破工程监测技术

9.8.1　发展概况

国内爆破工程监测主要采用振动速度加速度传感器、应变计、渗压计、水击波传感器、脉动压力传感器、倾斜计、裂缝计等分别与各类数据采集分析装置组成监测系统；对有害气体的分析可采用有毒气体检测仪；空气冲击波及噪声监测可采用专用的爆破噪音测试系统或声级计。国外爆破工程监测已实现自动化监测，自动化监测系统最早出现在大坝安全监测领域。其自动化观测主要包括两种：一为资料管理自动化，另一种为数据采集自动化。例如岩土工程领域的 Geo Monitor 监测系统，可满足多种工程的监测条件；隧道自动监测领域的 Tunnel scan 扫描技术，可以对隧道表面全断面扫描，从而获得隧道内表面影像图像以及隧道表面各点的距离信息。国内关于自动化监测方面起步较晚，但最近几年发展迅猛，在很多工程上都得到了实际运用。如 EMM-TF80 自动化监测系统、应变自动测量系统等。目前，在自动监测领域，国内进展较快，但在很多方面都存在许多不足，比如没有形成完整的监测体系、应用不够广泛、隧道领域应用实例较少。随着隧道及地下工程修建技术的不断提高，信息化施工已成为地下工程发展的必然趋势，而工程的实时监测也将发挥更为重要的作用，同时监控量测的要求也越来越高，这必然促使实时监测技术飞速发展。

9.8.2　技术内容

在爆破作业中爆破振动对基础、建筑物自身、周边环境均会造成一定的影响，无论从工程施工的角度还是环境安全的需要，均要对爆破作业提出控制，将爆破引发的各类效应列为控制和监测爆破影响的重要项目。

爆破监测的主要项目主要包括：①爆破质点振动速度；②爆破动应变；③爆破孔隙动水压力；④爆破水击波、动水压力及涌浪；⑤爆破有害气体、空气冲击波及噪声；⑥爆破前周边建筑物的检测与评估；⑦爆破中周边建筑物振动加速度、倾斜及裂缝。

振动速度加速度传感器、应变计、渗压计、水击波传感器、脉动压力传感器、倾斜计、裂缝计等分别与各类数据采集分析装置组成监测系统；对有害气体的分析可采用有毒气体检测仪；空气冲击波及噪声监测可采用专用的爆破噪声测试系统或声级计。

9.8.3　技术指标

爆破监测在具体实施中应符合国家现行标准《爆破安全规程》GB 6722、《作业场所空气中粉尘测定方法》GB 5748、《水电水利工程爆破安全监测规程》DL/T 5333。

9.8.4　适用范围

适用于市政工程、海港码头、铁路、公路、水利水电工程中的岩石类爆破。

9.8.5　工程案例

1. 某地区隧洞爆破施工对高速的影响监测工程概况

隧洞 81.5°斜交下穿沈海高速公路，下穿段隧道埋深 18.3m，隧道围岩为Ⅲ、Ⅳ类围岩，隧道断面图如图 9.8-1 所示，隧洞与高速公路相对位置如图 9.8-2 所示。隧洞采用全断面钻爆法施工，隧洞爆破施工将对隧洞穿越的高速公路路面、高速公路护坡及临近隧洞的水库大坝产生影响，图 9.8-3 为高速公路路面、护坡断面图。

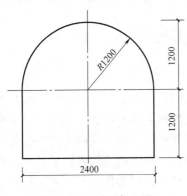

图 9.8-1　隧洞断面图

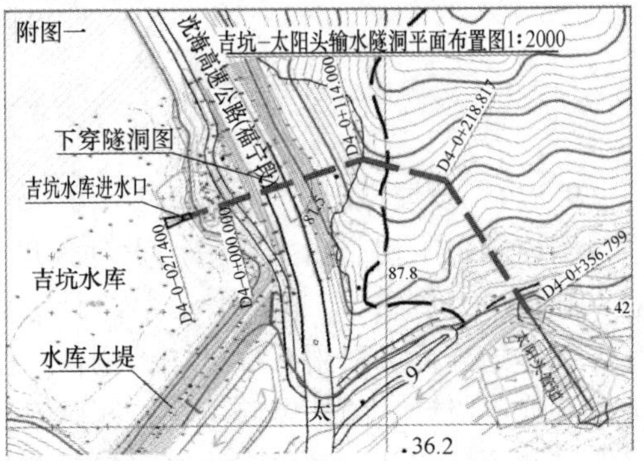

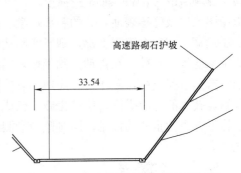

图 9.8-2　隧洞与高速公路及水库平面图

2. 振动监测测点布置

振动监测测点共 5 个，分别为 V1、V2、V3、V4 和 V5，如图 9.8-4 所示。测点 V1 布置在沈海高速公路东北侧第一阶边坡；测点 V2 布置在沈海高速公路东北侧硬路肩；测点 V3 布置在沈海高速公路西南侧硬路肩；测点 V4 布置在沈海高速公路西南侧小路；测点 V5 布置在吉坑水库大坝东北侧。

根据现场隧洞实际掘进情况，将振动监测分为三个阶段，第一阶段三台振动测试仪分别

图 9.8-3　高速公路路面、护坡断面图

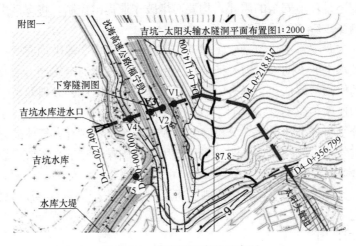

图 9.8-4　振动测点布置示意图

布置于 V1、V2、V3 处；第二阶段三台振动测试仪分别布置于 V2、V3、V4 处；第三阶段三台振动测试仪分别布置于 V3、V4、V5 处。

3. 变形监测测点布置

根据变形监测的目的，监测点的布设位置原则为：布设于可视条件好且具有代表性（变形显著或对工程安全性影响较大）的位置。依照《工程测量规范》GB 50026—2007 及高速公路周边的情况，在高速公路东北侧高坡上布设 P1、P2 和 P3 三个水平位移监测点，在高速公路西南侧低坡上布设 P4 一个水平位移监测点，共计四个水平位移监测点，如图 9.8-5 所示。在高速公路西南侧布设 G1、G2 两个垂直位移监测点，高速公路东北侧布设 G3 一个垂直位移监测点。

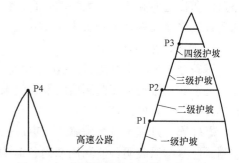

图 9.8-5　水平位移监测点位平面布置图

在大坝上布设 B1、B2、B3 三个垂直位移监测点，共计六个垂直位移监测点，如图 9.8-6 所示。

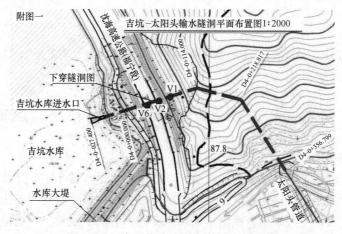

图 9.8-6　水平位移监测点位平面布置图

4. 振动监测结果分析

根据委托方要求，爆破施工过程中共进行了 25 次振动监测。监测结果表明：隧洞穿越的高速公路路面振动速度幅值在规范要求范围内变化，振动主频在规范要求范围内变化；高速公路护坡振动速度幅值在规范要求范围内变化，振动主频规范要求范围内变化；水库大坝振动速度幅值在规范要求范围内变化，振动主频在规范要求范围内变化。

25 次监测中，监测测点 X、Y、Z 向振动速度幅值的最大值在规范要求范围内变化，当监测点位于或接近爆破振动正上方时，振动速度监测值较大；当监测点远离爆破振动正上方时，振动速度监测值较小。各监测测点 X、Y、Z 向振动速度监测值的最大值未超过《水利水电工程爆破安全监测规程》DL/T 5333—2005 的限值（交通隧道 100mm/s）。

5. 位移监测结果分析

（1）水平位移监测结果分析

　　根据委托方要求，爆破施工过程中及爆破施工结束后一段时间内对隧洞穿越的高速公路护坡的水平位移进行监测。监测结果表明：监测周期内各监测点的 X 向最大水平累计变形为 3mm，Y 向最大水平累计变形为 3mm。

　　（2）竖向位移变形结果分析

　　根据委托方要求，爆破施工过程中及爆破施工结束后一段时间内对隧洞穿越的高速公路路面和临近隧洞的水库大坝的垂直位移进行监测。监测结果表明：监测周期内各监测点的垂直位移最大累计沉降量为 3.54mm。

　　6. 监测结果分析

　　爆破施工过程中共进行 25 次振动监测。监测结果表明各监测测点 X、Y、Z 向（具体方向见正文）振动速度监测值的最大值未超过《水利水电工程爆破安全监测规程》（DL/T 5333—2005）的限值。

　　爆破施工过程中及爆破施工结束后 30d 内对隧洞穿越的高速公路护坡的水平位移进行监测。监测结果表明：监测周期内各监测点的 X 向（具体方向见正文）最大水平累计变形为 3mm，Y 向（具体方向见正文）最大水平累计变形为 3mm。

　　爆破施工过程中及爆破施工结束后 30d 内对隧洞穿越的高速公路路面和临近隧洞的水库大坝的垂直位移进行监测。

参 考 文 献

[1]　陈贵. 浅埋隧道掘进爆破与振动监测技术研究 [D]. 北京：北京工业大学，2015.
[2]　《爆破安全规程》GB 6722—2014 [S]. 北京：冶金工业出版社，2014.

9.9　受周边施工影响的建（构）筑物检测、监测技术

9.9.1　发展概况

　　建筑行业已经基本形成了系列的检验测试技术，然这些技术主要是针对建筑工程质量或建筑产品质量的。现场检测混凝土抗压强度可以采用间接法中的回弹法、超声—回弹综合法或后装拔出法，也可采用直接测定抗压强度的钻芯法。混凝土现场检测可测定结构混凝土耐久性能的抗冻性、抗氯离子渗透性和抗硫酸盐侵蚀性等。《混凝土结构现场检测技术标准》规定，可采用取样方法测定结构混凝土这些性能的实际情况。混凝土中的钢筋检测可分成钢筋间距、混凝土保护层厚度、钢筋直径、钢筋力学性能及钢筋锈蚀状况等检测项目。部分检测项目可采用基于电磁感应原理的钢筋探测仪或基于电磁波反射原理的雷达仪进行测定。混凝土构件或结构的挠度，可用激光测距仪、水准仪或拉线等方法检测。当观测条件允许时，宜采用挠度计、位移传感器和百分表等设备直接测定。混凝土构件或结构的倾斜，可用经纬仪、激光定位仪、三轴定位仪或吊锤的方法检测。混凝土结构的基础不均匀沉降，可用水准仪检测；当需要确定基础沉降的发展情况时，应在混凝土结构上布置测点进行观测。

　　我国自从 20 世纪 80 年代中期开始，先后在 863 航天高科技计划和攀登 B 计划重大项目中投入了一定的资金用于支持大型结构体系健康自动诊断的探索性研究，也相继取得了一些研究成果。鉴于实时监测系统费用的成本高，该系统在我国目前主要在一些重要的大

跨桥上使用。上海徐浦大桥结构状态监测系统包括测量车辆荷载、温度、挠度、应变、主梁振动、斜拉索振动六个子系统。香港青马大桥健康监测系统使用了约 800 个永久性传感器用于监测桥的损伤。香港汲水门大桥、香港汀九大桥及江阴长江大桥也安装了类似的系统。20 世纪 90 年代中期，我国大陆开始进行桥梁健康监测的研究，并陆续在一些重要的大跨度桥梁上安装了结构健康监测系统。润扬大桥作为我国第一大跨径的组合型桥梁，对其建设和营运期间的健康监测、状态评估以及各种极端自然环境影响下的损伤预测和评估具有重要的实用价值和现实意义。该健康监测系统的监测项目包括缆索系统（斜拉索、主缆和吊杆）的振动响应、钢箱梁温度场及响应（应变、振动）、交通荷载状况、桥的风环境以及索塔的振动响应等。随后建立的苏通大桥健康监测系统，包含了 788 个各种类型的传感器，是目前内地规模最大的一个桥梁健康监测系统，该系统重点对健康评估系统进行了深入研究。

9.9.2　技术内容

周边施工指在既有建（构）筑物下部或临近区域进行深基坑开挖降水、地铁穿越、地下顶管、综合管廊等的施工，这些施工易引发周边建（构）筑物的不均匀沉降、变形及开裂等，致使结构或既有线路出现开裂、不均匀沉降、倾斜甚至坍塌等事故，因此有必要对受施工影响的周边建（构）筑物进行检测与风险评估，并对其进行施工期间的监测，严格控制其沉降、位移、应力、变形、开裂等各项指标。

各类穿越既有线路或穿越既有建（构）筑物的工程，施工前应按施工工艺及步骤进行数值模拟，分析地表及上部结构变形与内力，并结合计算结果调整和设定施工监控指标。

9.9.3　技术指标

检测主要是对既有结构的现状、结构性态进行检测与调查，记录结构外观缺陷与损伤、裂缝、差异沉降、倾斜等作为施工前结构初始值，并对结构进行承载力评定及预变形分析。结构承载力评定应包含较大差异沉降、倾斜或缺陷的作用；监测及预警主要为受影响的建（构）筑物结构内部变形及应力，倾斜与不均匀沉降，典型裂缝的宽度与开展，其他典型缺陷等。

9.9.4　适用范围

周边施工包含深基坑施工、地铁穿越施工、地下顶管施工、综合管廊施工等。

9.9.5　工程案例

1. 受周边地铁施工影响的某小区检测工程概况

该小区 18 号楼（图 9.9-1），建于 2003 年，该结构为 12 层（局部有 1 层地下室）混凝土框架结构，抗震设防烈度均为 7 度，结构抗震等级为 2 级框架。该结构位于该市轨道交通 3 号线沿线周边影响范围内，与明挖段基坑的距离为 12.2m。图 9.9-2 为该小区 18 号楼结构标准层平面布置图。

图 9.9-1　该小区 18 号楼外立面照片

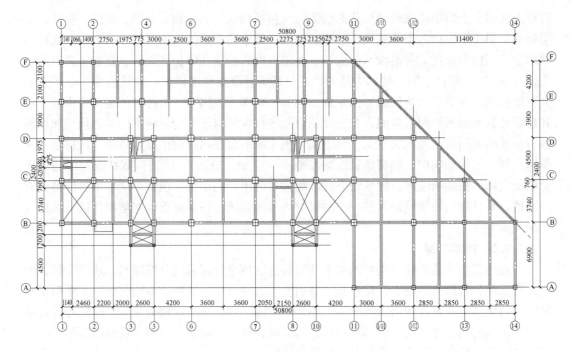

图 9.9-2 该小区 18 号楼结构标准层平面布置图

2. 混凝土强度抽样检测

采用回弹法对构件混凝土强度进行抽样检测。回弹操作按照《回弹法检测混凝土抗压强度技术规程》JGJ/T 23—2011 的有关规定执行。对该小区 18 号楼构件混凝土强度检测。

所抽检的该小区 18 号楼 1 层~5 层构件混凝土强度符合设计强度 C35 的要求。

所抽检的该小区 18 号楼 6 层~9 层构件混凝土强度符合设计强度 C30 的要求。

所抽检的该小区 18 号楼 10 层构件混凝土强度符合设计强度 C25 的要求。

3. 钢筋配置情况抽样检测

采用钢筋磁感应探测仪对钢筋配置情况进行抽检，检测操作遵守相关规定进行。

该小区 18 号楼共抽检了 20 个构件的 40 个位置的钢筋配置，全部符合设计要求。

4. 构件截面尺寸抽样检测

采用钢卷尺检测构件截面尺寸。

该小区 18 号楼共抽检的 42 个构件，42 个位置的截面尺寸，全部符合设计要求。

5. 结构耐久性检测

该小区 18 号楼所抽检混凝土构件，其碳化深度未超出钢筋保护层厚度。

6. 结构顶点位移偏差检测

用全站仪对该结构顶点位移偏差进行检测，检测工作遵守《工程测量规范》GB 50026—2007 和《建筑变形测量规范》JGJ 8—2007 的相关规定，根据现场条件，对该小区 18 号楼结构顶点位移偏差进行检测。

该小区 18 号楼结构各观测点的顶点位移偏差均未超过《民用建筑可靠性鉴定标准》GB 50292—1999 允许的限值。

7. 柱间差异沉降检测

用全站仪对该结构倾斜进行检测，检测工作遵守《工程测量规范》GB 50026—2007 和《建筑变形测量规范》JGJ 8—2007 的相关规定，根据现场条件，对结构柱之间差异沉降进行检测。

8. 结构整体倾斜检测

用全站仪对该结构倾斜进行检测，检测工作遵守《工程测量规范》GB 50026—2007 和《建筑变形测量规范》JGJ 8—2007 的相关规定，根据现场条件，对该结构整体倾斜进行检测。

9. 构件外观质量检测结果

该小区 18 号楼未发现因地基不均匀沉降引起的主体结构裂缝及其他明显外观缺陷；

该小区 18 号楼未发现构件存在明显裂缝的现象。

10. 结构体系核查

经现场核查，该小区 18 号楼为 12 层混凝土框架结构，未发现加固，结构实际情况与设计图纸相符合。

11. 承载力验算结果

采用中国建筑科学研究院研制的 PKPM V2.2 对结构进行承载力计算，本次计算未考虑地震作用。该小区 18 号楼构件竖向承载力基本满足规范要求。

计算参数选取

（1）竖向荷载：楼、屋面活荷载按设计图纸及规范选取，恒荷载根据建筑图纸面层做法及实际情况计算；

（2）地面粗糙度按 B 类，基本风压 $0.35kN/m^2$（设计图纸及规范要求）；

（3）材料强度等级和构件尺寸：该小区 18 号楼根据设计图纸及检测结果确定。

12. 既有建构筑物使用状态综合评判

该小区 18 号楼属于一般设施，与明挖段基坑的距离为 5.37m，小于 $0.7H$，属于非常接近，结合建筑物安全现状、工程地质水文地质条件及轨道工程施工方法，风险等级评定为Ⅲ级。

13. 该小区 18 号楼变形分析

（1）整体倾斜分析

图 9.9-3 为车站以及两边隧道施工后该小区 18 号楼竖向位移图，图 9.9-4 为车站以及两边隧道施工后该小区 18 号楼基础竖向位移图。

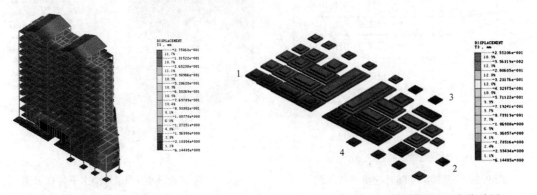

图 9.9-3　施工后该小区 18 号楼竖向位移图　　　　图 9.9-4　施工后该小区 18 号楼基础竖向位移图

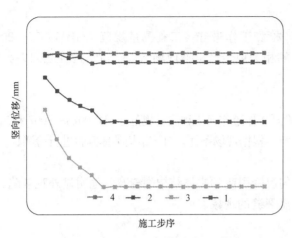

图 9.9-5　基础点 1、2、3、4 沉降随施工过程变化曲线

由图 9.9-5 可知：

基础沉降主要由主基坑三步开挖引起（第四步、第五步开挖为换乘处局部开挖，影响不大），其余施工步引起的沉降很小；

基础点 2、点 3 离基坑距离较近，沉降较大，其余点沉降较小。

（2）相邻基础差异沉降

经分析，相邻基础差异沉降较大值出现在基础 1、2、3、4、5 相邻两基础之间，如图 9.9-6 所示。图 9.9-7 为基础沉降随开挖步序变化的情况。

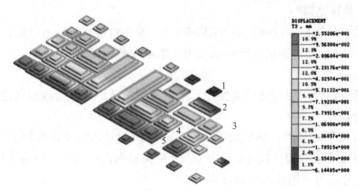

图 9.9-6　施工完成后基础沉降图

（3）水平变形分析

由图 9.9-8～图 9.9-10 可知：车站基坑开挖后，楼房发生向基坑方向的水平位移。

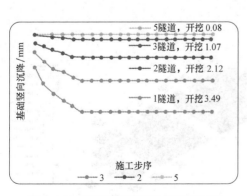

图 9.9-7　基础沉降随开挖步序变化图

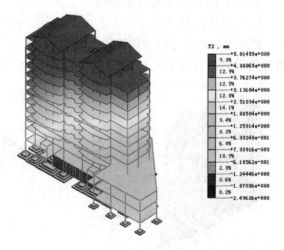

图 9.9-8　施工后该小区 18 号楼水平位移云图

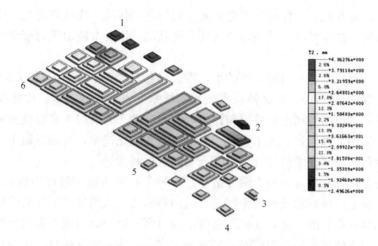

图 9.9-9　施工后该小区 18 号楼基础水平位移云图

（4）既有建筑物基础的结构变形能力评价及预测

该小区 18 号楼结构基础既有与预测整体倾斜之未超出《建筑地基基础设计规范》GB 50007—2011 关于同类建筑整体倾斜的限值（4‰）。相邻柱基既有与预测差异沉降率之和未超出《建筑地基基础设计规范》GB 50007—2011 关于同类建筑相邻柱基差异沉降的限值（2‰）。

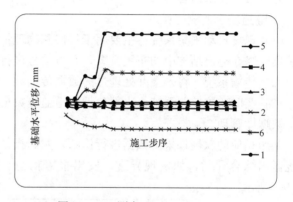

图 9.9-10　测点 1、2、3、4、5、6 水平位移随施工阶段变化曲线

参 考 文 献

[1]　邸小坛，田欣. 既有建筑检测技术综述 [J]. 建筑科学，2011，27（S1）：89-91.
[2]　《建筑结构检测技术标准》GB 50344—2004 [S]. 北京：中国建筑工业出版社，2004.
[3]　《建筑与桥梁结构监测技术规范》GB 50982—2014 [S]. 北京：中国建筑工业出版社，2014.
[4]　《工程测量规范》GB 50026—2007 [S]. 北京：中国建筑工业出版社，2007.
[5]　《建筑变形测量规范》JGJ 8—2007 [S]. 北京：中国建筑工业出版社，2007.

9.10　隧道安全监测技术

9.10.1　发展概况

改革开放以来，随着我国科技水平和综合国力的不断提高，公路、铁路和城市地铁等交通工程取得了举世瞩目的成就；与此同时，也带动起隧道及地下工程的建设进入跨越式的发展轨道。目前，中国已是世界上隧道和地下工程最多、发展速度最快、地质及结构形式最复杂的国家，在建和待建的地铁隧道、山岭隧道、水底隧道、水电压力隧道等不计其数，伴随着国家"一带一路"战略的实施，与公路、铁路等交通工程相关的互联互通规划的相继落实，隧道及地下工程将迎来更大的发展机遇和挑战，而在隧道施工中由于地质条件复杂多变、施工技术难度大且经常会遇到危险状况，因此对隧道进行安全监测具有十分重要的意义。

隧道安全监测技术是一门综合性技术，涉及结构动力学、信息技术（如信号的采集、传输、处理、存储与管理）、传感器技术、通信技术、人工智能技术、优化设计技术等多个学科，通过对隧道结构状态的监控和评估，实时、动态并准确、高效地测量出隧道结构局部或整体变形的准确位置、大小量值、变形方向和变化速率，可确保施工安全，同时为指导施工、运营阶段隧道维修与管理提供重要的依据和指导。

隧道的安全监测通常可以分为两种情形：一种是在隧道施工过程中进行的实时监测，而另一种就是隧道建成后的长期安全监测。这两种监测，虽然处于不同的阶段对隧道进行监测，但是都具有重要的意义，在施工过程中的监测可以及时为施工做出指导，确保施工中的安全。而隧道建成后的长期监测，则对通车安全，线路的畅通具有重要意义。

9.10.2 技术内容

1. 隧道安全监测的原理

（1）现场自动采集系统，主要用于将待测物理量转变为电信号，包括传感器的选择和传感器网络在隧道结构中的布置方案，并将信号进行初步处理。

（2）传输系统，将采集并处理过的数据传输到实时监测控制系统。

（3）实时监测控制系统，内部包括隧道监测数据分析显示、隧道安全评估分析结果显示、数据库管理。

利用相应的软硬件采集数据进行诊断，判断损伤的发生、位置、程度，对结构的安全状况做出综合评估，如发现异常，发出报警信息。隧道安全监测技术工作流程图如图9.10-1所示。

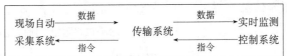

图 9.10-1 隧道安全监测技术工作流程图

2. 隧道结构三维自动化监测

隧道结构三维自动化监测是通过对隧道衬砌结构变形监测，根据监测数据判定隧道的安全性，实现隧道安全监控。整套监测系统由现场数据采集单元和远程监测单元构成，主要包括监测断面测点棱镜、自动全站仪、通讯装置、控制计算机以及数据中心服务器，通过采用实时在线控制方式实现数据的受控采集和实时分析，同时实现监测数据和报警信息的实时发布。隧道结构三维自动化监测系统构成示意图如图9.10-2所示。

隧道结构三维自动化监测系统实施具体要求如下：

（1）监测断面布置：在隧道衬砌结构表面设置监测断面，监测断面应设置在变形影响区内，监测断面间距一般5～15m，特殊地质地段和重要构筑物附近的断面应适当加密。

（2）监测断面棱镜布置：每个监测断面设置监测棱镜若干，一般要在拱顶、拱腰、拱脚等部位设置监测点。

（3）基准断面棱镜布置：在监测区域外的稳定区布置基准断面，可以在监测区外布置2个基准断面，每断面设置棱镜2～5个，两基准断面之间棱镜组成基线，采用自动全站

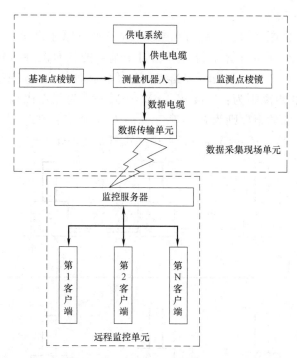

图 9.10-2　隧道结构三维变形自动化监测系统构成示意图

仪进行基于基线的变形测量。

（4）自动全站仪应尽量设置在两个基准断面之间，但同时要避让最大变形区域，防止监测过程中具有有限角度补偿的自动全站仪倾斜超限。

（5）监测报警阈值根据现场实际情况计算设置，同时符合相关规范。

3. 隧道结构沉降自动化监测

隧道沉降自动化监测是通过实时精确测量隧道内多点的相对沉降来评估隧道整体的安全性。整套监测系统主要包括高精密液压式静力水准仪、通讯装置、控制计算机以及数据中心服务器组成。在使用中，多个静力水准仪的测压强腔体通过通液管串联联接至液位容器，静力水准仪测得的信号经由 RS485 传输到信号采集系统，每个测点容器内液面的变化导致其压力变化，通过监测各测点的压力变化量计算出相对沉降量，采集到的数据再通过数传电台通讯装置上传至监控终端。隧道沉降自动化监测系统

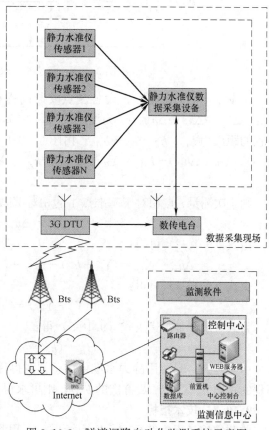

图 9.10-3　隧道沉降自动化监测系统示意图

的示意图如图 9.10-3 所示。

　　静力水准仪的测量原理如下：静力水准仪依据连通管原理的方法，测量每个测点容器内液面的相对变化，再通过计算求得各点相对于基点的相对沉降量。如图 9.10-4 所示，假设布设有 10 个测点，1 号点为相对基准点，初始状态时各测量安装高程相对于（基准）参考高程面 ∇H_0 间的距离则为：Y_{01}、Y_{02}⋯Y_{0i}⋯Y_{10}（i 为测点代号，$i=0$，1⋯10）；各测点安装高程与液面间的距离则为 h_{01}、h_{02}，h_{0i}⋯h_{10}，则有：

$$Y_{01}+h_{01}=Y_{02}+h_{02}=\cdots=Y_{0i}+h_{0i}=\cdots Y_{10}+h_{10} \tag{9.10-1}$$

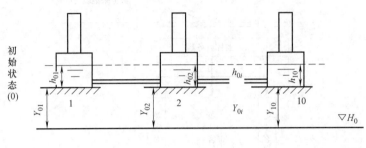

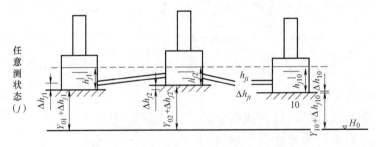

图 9.10-4　静力水准仪测量原理示意图

　　当发生不均匀沉陷后，设各测点安装高程相对于基准参考高程面 ∇H_0 的变化量为：Δh_{j1}、Δh_{j2}⋯Δh_{ji}⋯Δh_{j10}（j 为测次代号，$j=1$，2，3⋯）；各测点容器内液面相对于安装高程的距离为 h_{j1}、h_{j2}⋯h_{ji}⋯h_{j10}。由图 9.10-4 可得：

$$(Y_{01}+\Delta h_{j1})+h_{j1}=(Y_{02}+\Delta h_{j2})+h_{j2}=(Y_{0i}+\Delta h_{ji})+h_{ji}=(Y_{10}+\Delta h_{j10})+h_{j10}$$
$$\tag{9.10-2}$$

　　则 j 次测量 i 点相对于基准点 1 的相对沉陷量 H_{i1}：

$$H_{i1}=\Delta h_{ji}-\Delta h_{j1} \tag{9.10-3}$$

　　由式（9.10-2）可得：

$$\Delta h_{j1}-\Delta h_{ji}=(Y_{0i}+h_{ji})-(Y_{01}+h_{j1})=(Y_{0i}-Y_{01})+(h_{ji}-h_{j1}) \tag{9.10-4}$$

　　由式（9.10-1）可得：

$$(Y_{0i}-Y_{01})=-(h_{0i}-h_{01}) \tag{9.10-5}$$

　　将式（9.10-4）代入式（9.10-3）得：

$$H_{i1}=(h_{0i}-h_{01})-(h_{ji}-h_{j1}) \tag{9.10-6}$$

　　由上可知，只要用静力水准仪传感器测得任意时刻各测点容器内液面相对于该点安装高程的距离 h_{ji}（含 h_{j1} 及首次的 h_{0i}），则可求得该时刻各点相对于基准点 1 的相对高程差。

9.10.3　技术指标

监测实施过程应符合现行国家标准《工程测量规范》GB 50026、《城市轨道交通工程测量规范》GB 50308 等。

9.10.4 适用范围

施工和运营中的隧道安全监测。

9.10.5 工程案例

深圳地铁 9 号线起于南山区红树湾站，经下沙、车公庙、景田、梅林、泥岗、红岭片区，止于罗湖区文锦站。线路经过南山区、福田区和罗湖区，总体呈几字形布置，是中心城区内主要居住与就业区之间的局城线。根据初步设计文件统计，线路全长 25.38km，全部为地下线路；全线共设车站 22 座，其中换乘站 10 座；全线设车辆段和停车场各一处，车辆段位于深圳湾公园站东北侧，停车场位于孖岭站东南侧；全线设 110kV 主变电站两座。

深圳地铁 9 号线 4 次下穿、3 次上穿既有铁路或地铁，穿越段均为盾构法施工，如何减小施工对地层的扰动，确保既有线路的结构及运营安全，是本项目的重难点之一。图 9.10-5 为深圳地铁 9 号线风险源分布图。

图 9.10-5　深圳地铁 9 号线风险源分布图

整套监测系统由现场数据采集单元和远程监测单元构成。监测网由基准点和监测点组成，在上行线隧道内布设 16 组断面，每组 5 个点，编号 ASWY1～ASWY16；在下行线隧道内布设 16 组断面每组 5 个点，编号 AXWY1～AXWY16，将监测用 L 型小棱镜用膨胀螺栓固定在隧道顶部、水平直径两端及道床上，全站仪固定在隧道侧壁上，自动化监测断面图如图 9.10-6 所示，全站仪及通讯供电装置安装示意图如图 9.10-7 所示。

第 1 次观测时，先人工概略照准每个目标，全站仪器自动精确照准，用方向法观测各点的方向值及距离；自动监测系统观测计算出各点的三维坐标（X_0、Y_0、Z_0）。采用多次观测的数据经平差后，作为以后变形监测数据处理的初始值。

图 9.10-6 自动化监测断面图　　　　　图 9.10-7 全站仪及通讯供电装置安装示意图

从第 2 次观测开始，每次测站必须利用差分基准点测量出本次测量的测站三维坐标，然后自动监测系统测量、差分、平差计算出该次各监测点坐标值（X_i、Y_i、Z_i），并计算出每一监测点在水平位移两个方向的变形值（dX、dY）和沉降方向变形值（dZ），自动编制成果表格及变化曲线图。深圳地铁 9 号线 BT 项目远程自动化监测系统界面如图 9.10-8 所示。

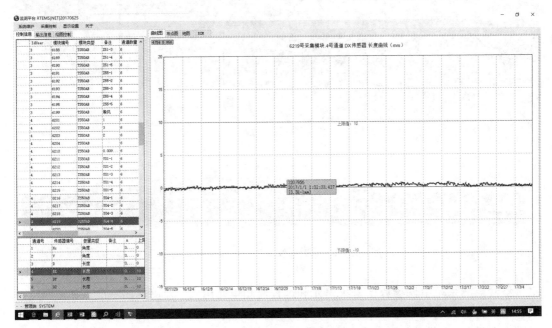

图 9.10-8 深圳地铁 9 号线 BT 项目远程自动化监测系统软件界面

将近两年监测的时间里（具体实施情况见表 9.10-1），隧道结构三维自动化监测覆盖了深圳地铁 9 号线全部一级风险源，为 9 号线项目提供了实时、准确、可靠的工程监测信息，成功指导了盾构施工过程中的各项参数的调整和方案的制定，保障了沿线建

（构）筑的安全以及既有线路的安全运营，为确保工程质量、安全等提供强有力的技术支持。

深圳地铁 9 号线自动化监测实施情况 表 9.10-1

序号	工点名称	监测对象	使用设备	实施监测时间
1	上梅林站-梅村站	地铁 4 号线莲花北-上梅林区间左右线	TS30 两台	2013 年 11 月-2016 年 5 月
2	园岭站-红岭站	地铁 3 号线红岭站-老街站区间左右线	TS30 两台	2014 年 5 月-2015 年 8 月
3	大剧院站-红岭站	地铁 1 号线科学馆站-大剧院站区间左右线	TS30 两台	2014 年 6 月-2015 年 3 月
4	人民南站-向西村站（盾构过站）	地铁 1 号线国贸站-罗湖站区间左右线	TS30 两台	2014 年 9 月-2015 年 6 月

10 信息化技术

10.1 基于 BIM 的现场施工管理信息技术

10.1.1 发展概述

传统现场施工管理信息技术通常专注解决现场精细化管理中的特定问题，例如质量、成本或者进度等，但现场管理没形成统一的整体，现场各专业和部门间的管理普遍缺乏信息化协同机制。基于 BIM 的现场施工管理信息技术近年发展迅速，其在数据标准化、数据整合以及虚拟化的协同化方面有明显优势，利用建筑信息模型的专业之间的协同，有利于发现和定位不同专业之间或不同系统之间的冲突，减少错漏碰缺，减少返工和工程频繁变更等问题。结合移动应用技术，通过基于施工模型的深化设计，以及场布、施组、进度、材料、设备、质量、安全、竣工验收等管理应用，实现施工现场信息高效传递和实时共享，提高施工管理水平。

10.1.2 技术内容

1. 基于 BIM 的现场整体信息管理标准与规范

建立基于 BIM 的现场整体信息管理标准与规范，利用已有的设计阶段模型，按照施工过程进行深化设计和调整后形成施工模型，实现基于 BIM 的工程管理协同管理模式。

2. 深化设计

深化设计主要是通过将施工操作规范与施工工艺结合并融入施工模型，提升深化后模型的专业合理性、准确性和可校核性。

3. 场布管理

通过施工模型可动态表达场地地形、既有建筑设施、周边环境、施工区域、临时道路、临时设施、加工区域、材料堆场、临水临电、施工机械、安全文明施工设施等规划布置。

4. 施组管理

结合项目的施工工艺、流程，对施工过程进行施工模拟、优化，选择最优施工方案，生成模拟演示视频并提交施工部门审核，实现施工方案的可视化交底。

5. 进度管理

将进度计划与模型关联生成施工进度管理模型，利用 4D-BIM，进行施工过程模拟，可视化对比分析，确定科学合理的施工工期，实现施工进度的控制与管理。

6. 材料、设备管理

通过施工模型获得所需的设备与材料信息，包括已完工程消耗的设备与材料信息，以及下一阶段工程施工所需的设备与材料信息，实现施工过程中设备、材料的有效控制。

7. 质量、安全管理

通过整合、拆分建筑、结构和机电设备等各专业施工模型,完善资料、技术参数和指标等信息,把质量资料管理与施工模型相关联,实现施工质量资源文件的检索、存储与分析,安全危险源的动态可视标记、定位、查询分析,进行质量、安全管理方案的动态模拟。

8. 竣工管理

把验收合格资料、相关竣工信息与模型整合,作为档案管理部门竣工资料的重要参考依据。

10.1.3 技术指标

主要技术指标见表 10.1-1。

主要技术指标   表 10.1-1

序号	评价点	要点
1	基于 BIM 模型的现场信息管理标准与规范	建立基于 BIM 应用的施工管理模式和协同工作机制。明确现场施工阶段人员的协同工作流程和成果提交内容,明确人员职责,制定管理制度
2	施工深化设计	收集相关数据并结合各自专业、施工特点及现场情况,对模型进行相应的调整优化,建立深化后的施工模型
3	场布管理	收集规划文件、地勘报告、周边设施等相关数据,通过模拟视频演示形成施工场地规划方案
4	施组管理	收集并编制施工方案的文件和资料,提炼相关信息添加到施工模型中,通过动画模拟展现工程实体和现场环境、施工方法、施工顺序、施工机械等场景,让相关人员直观了解施工过程中的工作顺序、相互关系、施工资源及措施等信息
5	进度管理	根据进度计划深度、周期等要求,进行项目工作分解(WBS),依据施工方案确定各项工作的流程及逻辑关系,制定施工进度计划,可实现一定时间内虚拟模型进度与实际施工进度的比对
6	材料、设备管理	收集相应资料、数据在模型中添加和完善材料及设备信息,实现材料、设备管理按阶段、专业与施工管理的协同
7	质量、安全管理	根据施工质量、安全方案修改、完善施工模型,模型应准确表达大型机械安全操作半径、洞口临边、高空作业防坠保护措施、现场消防及临水临电的安全使用措施、可识别危险源等,避免由于理解偏差造成施工质量与安全问题
8	竣工管理	竣工验收资料可通过模型进行检索、提取,模型应准确表达构件的几何信息、材质信息、厂家信息以及实际安装的设备几何属性等信息

10.1.4 适用范围

适用于建筑工程项目施工阶段的现场动态管理。通过三维可视化方式进行现场综合动态管理的技术应用,在指导现场绿色施工、现场施工组织管理、安全成本质量的精细化方面都能起到良好的推动作用。

10.1.5 工程案例

1. 武汉绿地中心项目 BIM 情况介绍

武汉绿地国际金融城 A01 地块总建筑面积 72.8 万 m^2,由一栋超高层塔楼,一栋办公辅楼,一栋 SOHO 辅楼及地上裙楼组成。其中超高层主楼地下室 6 层,基坑最深为 33.93m,地上 125 层,建筑高度为 636m,混凝土结构高度为 585.7m,为巨柱核芯筒伸臂桁架结构;办公辅楼地上 39 层,建筑高度为 184.8m,为框架核芯筒结构;SOHO 辅楼地上 31 层,建筑高度为 135.6m,为框架核芯筒结构;裙楼地上 8 层,建筑高度为

45.01m，裙楼地下室5层，基坑最深为30.3m，为框架剪力墙结构。

武汉绿地中心项目因其体量大、结构复杂、功能多，决定了项目在实施阶段的难度大，施工总承包方在日常工作中存在的主要施工难点如下：

（1）专业协同难

武汉绿地中心项目由于项目体量大、涉及多专业共同作业，项目高峰时期可到130多家分包单位，总包方的协调工作巨大，专业之间相互协同管理难度高，交叉专业间施工信息的获取不同步，容易造成现场拆改工作增多、危险因素增大。

（2）复杂节点众多

武汉绿地中心项目因其结构复杂，承重结构与其他专业构件相交接位置施工难度极大，按照以往施工经验不能高效率解决各个复杂节点、易造成施工延期，影响总包方整体项目经济效益。

（3）高层项目运输成本高

因其项目属于超高层项目所以在高层施工阶段各个专业的物资运输成本极高，所以要求各个专业对其各个施工阶段要有精确的物资需求计划，避免物资多运或少运造成的重复运输成本增高。

（4）质检部门工作任务重

项目每个阶段、每个节点涉及的工作任务多且工序复杂，质检人员对其项目进行工作质量检查时，往往需要携带众多资料，有些资料在现场携带不易致使质检工作进展不顺。

针对以上施工难点，总承包方采用基于BIM技术的各项施工新技术有计划、有目的地解决了各个施工难点，取得了良好的效益（图10.1-1）。

（1）总包方和建研院共同开发了基于BIM技术的总承包方管理协同信息平台，该平台所有功能均基于现场各个分包专业的真实需求而定制，平台各个模块的信息更新对于相关人员都设置有及时提醒功能，各个分包单位都有其相对应的登录账户及其权限，既方便查看其相应的工程所需资料，又保障了项目的信息安全，提高了多专业间的协同能力。

图 10.1-1　武汉绿地中心项目 BIM 应用

（2）在项目各个复杂节点施工前期，项目人员利用已完成的项目 BIM 模型，有针对性的制作节点施工模型，并出具相对应的平面、剖面、立面等各种详图，方便项目人员对其复杂节点工作一次完成。

（3）对于高层项目所需的物资资料，项目部人员采用 BIM 技术提前计算所需工程物资，并编辑相对应的施工方案，做到需要多少，就调运多少物资，并利用基于 BIM 技术的二维码技术快速定位物资资料的位置，大大提高了物资的运输、调转能力，减少了因物资预算不精确而造成的施工成本浪费。见图 10.1-2。

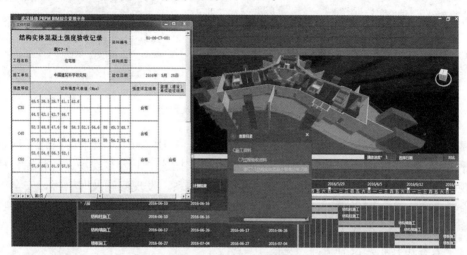

图 10.1-2　BIM 资料管理

（4）以往项目质检人员凭借多年的施工经验便可快速确定各个施工节点的工作质量是否合格，但武汉绿地中心项目结构复杂、采用了许多新技术、新方案、新材料，质检人员无法全凭经验判定施工质量，因此项目基于 BIM 信息管理平台开发了相应的施工质检人员使用的手机 APP 软件，借助该手机 APP 软件，质检人员可以快速查取质检过程中所需的方案资料，也可以快速调用 BIM 模型，提高了质检人员的工作效率，同时确保了项目的各个施工节点的工程质量。

2. 润城第二大道（J2010-074-A1、A2、A3）建设项目

润城第二大道（J2010-074-A1、A2、A3）建设项目，由云南建工担任工程总承包，项目占地面积为 22369.5m²，总建筑面积约 18.50 万 m²，地下建筑面积约 4.80 万 m²，地上建筑面积约 13.7 万 m²。包含 1A（办公）、5A（办公）、6A（办公）、7A（酒店）、1C、5C（商业）共 6 个建筑单体（均设两层整体性地下室）。

润城第二大道项目地处城市中心，场地狭小，各专业交错进行，在狭小的空间里集中大量的工人、材料、机械设备，这就使得施工过程中不安全因素增多，极易造成安全事故。加之本项目是商业综合体，建筑复杂且体量大，施工队伍庞大，在立面以及平面施工复杂交叉的情况下，必须进行有效的协调，才能保证安全施工。现场施工人员本身的受教育程度也不高，传统的安全施工教育已经不能满足在超高层上面进行作业，必须结合现有新技术，进行安全教育管理，以满足新背景下安全施工的需要。

采用安全可视化交底技术，通过现场的 BIM 工作室将危险源在模型上进行标记，安全员在现场指导施工时，可以查看模型上对应现场的位置，查看现场施工时应注意的问

题，对现场的施工人员操作不合理的地方进行调整，避免安全事故的发生。并且把现场图片实时上传到平台服务器中，挂接在模型上和现场对应的位置，让项目管理人员能够不亲临现场就能实时把握施工进度，查看现场的安全措施是否到位。见图 10.1-3。

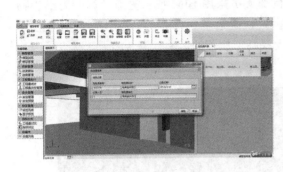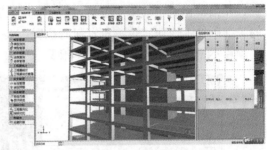

图 10.1-3　危险源登记及预警

　　基于 BIM 模型完善安全流程，实时把控危险源。在引入 BIM 技术后在施工现场建立一个平台，安全员、安全总监以及项目经理都可以依托这个平台对现场进行管控，从安全员在现场进行例行检查开始建立了一个完整的安全体系，发现问题及时上报，安全组长或者安全总监发现后立即做出批示，安全员指导现场进行整改。将流程中产生的表格数据等以文档的形式输出，形成工作记录，基于 BIM 平台的现场安全管理实现了操作流程的规范，每个人各司其职，没有疏漏。见图 10.1-4。

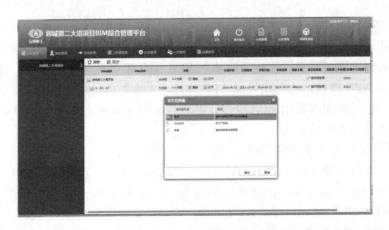

图 10.1-4　危险源提交流程

　　通过三维模拟出施工现场的场地布置，需要进行安全防护和安全警示的地方在模型中做好标记，提醒现场施工人员。在模型中标记出安全检查需要重点查看的地方，切实保证施工现场的人员安全。安全围栏、标识牌、遮拦网等保证安全文明施工的设施在模型中进行相应的建立，提醒工作人员安全施工，提高工作效率。

　　通过 BIM 安全模型的建立和应用，从提前预防、完善流程的角度对施工现场的安全进行了全方位把控。润城项目上所遇到的传统安全管理中常见的问题，通过 BIM 技术的指导找到了一条新的解决途径。

10.2 基于大数据的项目成本分析与控制信息技术

10.2.1 发展概述

大数据通常是指无法在一定时间范围内用常规软件工具进行捕捉、管理和处理的数据集合，它具有海量、高增长率和多样化等特点，能从复杂的数据里找到过去不容易昭示的规律，从而使这些海量数据转化为数据资产，达到辅助流程优化、提升洞察发现力和强化管理决策的效果。近年来，国内外的政府、企业和大型机构已在电视媒体、社交网络、医疗制药、金融保险、能源、汽车制造、交通管理、社会治理等多个领域中广泛应用大数据技术，取得了良好的社会经济效益。

建筑产品在生产过程的各个专业领域产生了海量的结构化和非结构化数据，若仍然用传统的技术手段采集、计算和展现这些数据将无法适应企业发展的要求。海量数据推动了建筑行业对大数据技术的应用尝试，产生了如工程项目标前测算和危险源识别等一系列解决方案。

在工程项目成本分析与控制这个领域，传统的工程项目成本管理信息系统均不同程度的存在上下游业务未能有效串联、成本分析与过程控制脱节和刚性制约手段缺失等问题。利用大数据带来的全新视角和解决方案，建立基于大数据技术的工程项目成本管理系统，对不同类型的工程项目、不同的业务标准形成统一的成本数据分析模型，以满足对业务数据的深度挖掘需求，提供成本分析数据和成本控制关键指标，从而进一步提升工程项目的成本管理水平。

10.2.2 技术内容

基于大数据的项目成本分析与控制信息技术，是利用项目成本管理信息化和大数据技术更科学和有效的提升工程项目成本管理水平和管控能力的技术。通过建立大数据分析模型，充分利用项目成本管理信息系统积累的海量业务数据，按业务板块、地区、重大工程等维度进行分类、汇总，对"工、料、机"等核心成本要素进行分析，挖掘出关键成本管控指标并利用其进行成本控制，从而实现工程项目成本管理的过程管控和风险预警。

1. 项目成本管理信息化

（1）项目成本管理信息化技术是要建设包含收入管理、成本管理、资金管理和报表分析等功能模块的项目成本管理信息系统。

（2）收入管理模块应包括业主合同、验工计价、完成产值和变更索赔管理等功能，实现业主合同收入、验工收入、实际完成产值和变更索赔收入等数据的采集。

（3）成本管理模块应包括价格库、责任成本预算、劳务分包、专业分包、机械设备、物资管理、其他成本和现场经费管理等功能，具有按总控数量对"工、料、机"的业务发生数量进行限制，按各机构、片区和项目限价对"工、料、机"采购价格进行管控的能力，能够编制预算成本和采集劳务、物资、机械、其他、现场经费等实际成本数据。

（4）资金管理模块应包括债务支付集中审批、支付比例变更、财务凭证管理等功能，具有对项目部资金支付的金额和对象进行管控的能力，实现应付和实付资金数据的采集。

（5）报表分析应包括"工、料、机"等各类业务台账和常规业务报表，并具备对劳务、物资、机械和周转料的核算功能，能够实时反映施工项目的总体经营状态。

2. 成本业务大数据分析技术

（1）建立项目成本关键指标关联分析模型。

（2）实现对"工、料、机"等工程项目成本业务数据按业务板块、地理区域、组织架构和重大工程项目等分类的汇总和对比分析，找出工程项目成本管理的薄弱环节。

（3）实现工程项目成本管理价格、数量、变更索赔等关键要素的趋势分析和预警。

（4）采用数据挖掘技术形成成本管理的"量、价、费"等关键指标，通过对关键指标的控制，实现成本的过程管控和风险预警。

（5）应具备与其他系统进行集成的能力。

10.2.3　技术指标

（1）采用大数据采集技术，建立项目成本数据采集模型，收集成本管理系统中存储的海量成本业务数据。

（2）采用数据挖掘技术，建立价格指标关联分析模型，以地区、业务板块和业务发生时点为主要维度，结合政策调整、价格变化等相关社会经济指标，对劳务、物资和机械等成本价格进行挖掘，提取适合各项目的劳务分包单价、物资采购价格、机械租赁单价等数据，并输出到成本管理系统中作为项目成本的控制指标。

（3）采用可视化分析技术，建立项目成本分析模型，从收入与产值、预算成本与实际成本、预计利润与实际利润等多个角度对项目成本进行对比分析，对成本指标进行趋势分析和预警。

（4）采用分布式系统架构设计，降低并发量提高系统可用性和稳定性。采用 B/S 和 C/S 模式相结合的技术，Web 端实现业务单据的流转审批，使用离线客户端实现数据的便捷、快速处理。

（5）通过系统的权限控制体系限定用户的操作权限和可访问的对象。系统应具备身份鉴别、访问控制、会话安全、数据安全、资源控制、日志与审计等功能，防止信息在传输过程中被抓包窜改。

10.2.4　适用范围

适用于加强项目成本管控的工程建设项目。基于大数据技术，整合和分析工程项目成本等相关大数据，努力推进数据资产管理，充分挖掘并利用大数据价值。

10.2.5　工程案例

1. 湖北襄阳新天地房建项目应用案例

（1）项目简介

襄阳新天地项目位于人民广场核心商圈，汇聚全城高端资源。东起劳动街，南至中山后街、东方红大道，西至桥北路，北至解放路。项目建筑面积 57 万 m^2，由 216m 的地标性 5A 级甲级商务写字楼、10 万 m^2 综合商业设施、25 万 m^2 江景住宅等多种复合业态共同构成。

（2）项目难点

建筑体量大、施工场地小；施工工期紧张；

现场施工脚手架、模板使用量大，如果使用不当或者安排衔接不合理，必然会减少周转次数，造成待工、窝工，增加施工成本。

（3）应用方案

为使施工策划更合理，项目部应用大数据采集和分析技术，使各单体工程和各施工工序之间实现流水化作业，紧密衔接，按照平台提供的监测分析数据，合理设置脚手架等周转材调配方案，节省了施工时间，同时节约了施工成本。

（4）应用展示

项目各单体工程相互交错，不仅会导致相互干扰，更重要的是会造成不必要的浪费。为使施工策划更趋合理，项目部汇总各方数据，进行分析。工程人员通过电脑可随时查看自己想了解的数据，依据监测分析数据结果，及时调整脚手架等周转材配置方案，让施工循序渐进。见图 10.2-1。

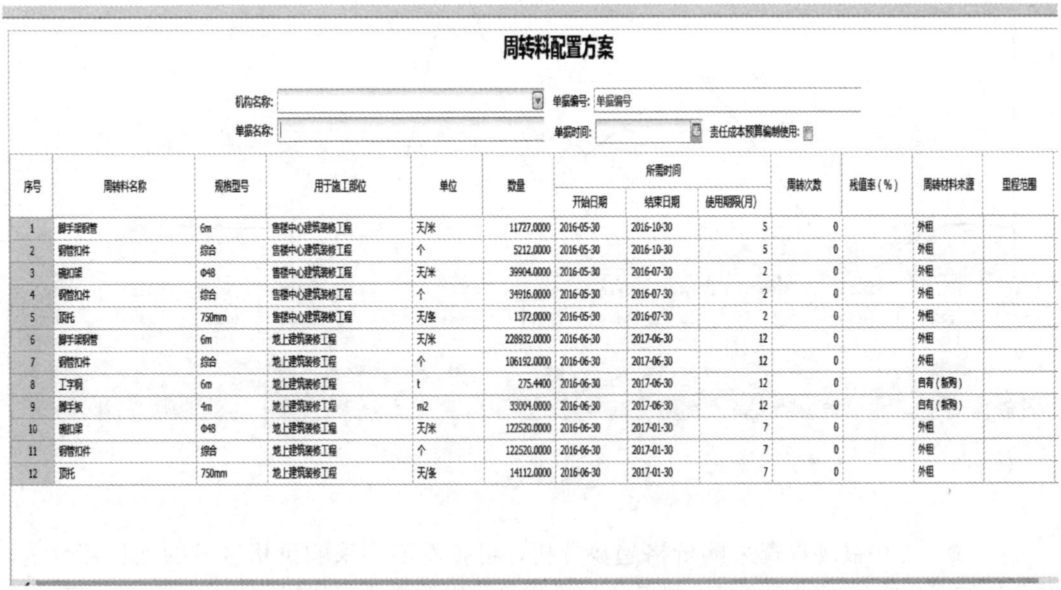

周转料配置方案

机构名称：　　　　　　　　　　单据编号：单据编号
单据名称：　　　　　　　　　　单据时间：　　　　　表任成本预算编制使用：

序号	周转料名称	规格型号	用于施工部位	单位	数量	所需时间			周转次数	残值率(%)	周转材来源	里程范围
						开始日期	结束日期	使用期限(月)				
1	脚手架钢管	6m	售楼中心建筑装修工程	天/米	11727.0000	2016-05-30	2016-10-30		5	0	外租	
2	钢管扣件	综合	售楼中心建筑装修工程	个	5212.0000	2016-05-30	2016-10-30		5	0	外租	
3	碗扣架	Φ48	售楼中心建筑装修工程	天/米	39904.0000	2016-05-30	2016-07-30		2	0	外租	
4	钢管扣件	综合	售楼中心建筑装修工程	个	34916.0000	2016-05-30	2016-07-30		2	0	外租	
5	顶托	750mm	售楼中心建筑装修工程	天/条	1372.0000	2016-05-30	2016-07-30		2	0	外租	
6	脚手架钢管	6m	地上建筑装修工程	天/米	228932.0000	2016-06-30	2017-06-30		12	0	外租	
7	钢管扣件	综合	地上建筑装修工程	个	106192.0000	2016-06-30	2017-06-30		12	0	外租	
8	工字钢	6m	地上建筑装修工程	t	275.4400	2016-06-30	2017-06-30		12	0	自有(新购)	
9	脚手板	4m	地上建筑装修工程	m2	33004.0000	2016-06-30	2017-06-30		12	0	自有(新购)	
10	碗扣架	Φ48	地上建筑装修工程	天/米	122520.0000	2016-06-30	2017-01-30		7	0	外租	
11	钢管扣件	综合	地上建筑装修工程	个	122520.0000	2016-06-30	2017-01-30		7	0	外租	
12	顶托	750mm	地上建筑装修工程	天/条	14112.0000	2016-06-30	2017-01-30		7	0	外租	

图 10.2-1　周转料配置方案

（5）应用成果

成本节约：通过大数据分析，实现工程项目的周转材合理调配，减少了浪费，提高了周转材的使用效率，节约了工期，同时减少了周转材的成本投入，有效提高经济效益。

管理提升：通过大数据分析平台，依据工程项目的施工进展，有效优化了周转材的配置方案，为工程过程管理提供了有力支持。

2. 山东济南中铁诺德名城二期项目应用案例

（1）项目简介

中国中铁·诺德名城位于世纪大道以南，工业二路和工业三路之间，与章丘新政务中心为邻，由山东中铁诺德房地产开发有限公司开发。项目占地 42 万 m^2，总建筑面积 112.2 万 m^2，其中地上建筑面积 82.7 万 m^2，地下建筑面积 29.5 万 m^2。容积率为 2.2，绿化率为 30%，项目整体分三期进行开发建设。

（2）项目难点

建筑体量大；材料人员需要线下询价、收集大量的材料价格信息，面对杂乱无章的大量价格信息，需投入大量的人力去分析整理，产生很大的人力和时间成本，而且数据科学利用水平低。

（3）应用方案

项目利用基于大数据成本分析平台建立的动态市场价格库，自动化搜集全国建材市场动态，按分类储存企业建材价格数据，实现了材料价格的查询、询价。

（4）应用展示

分析平台通过对历史造价信息数据分析测算，得出该建材的历史价格走势，形成造价指标指数，生成价格走势图（图 10.2-2），预测材料在近期的波动幅度，管理人员将材料采购数据作为成本控制的依据，从而节约了项目物资采购成本。

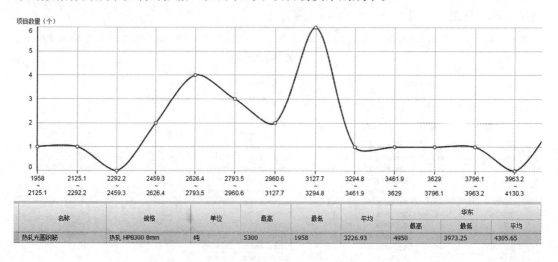

名称	规格	单位	最高	最低	平均	华东		
						最高	最低	平均
热轧光圆钢筋	热轧 HPB300 8mm	吨	5300	1958	3226.93	4950	3973.25	4305.65

图 10.2-2

图 10.2-2 中展现物资采购价格趋势分析，可查看不同采购价格区域的项目部数量，并分析物资采购价格的最高价、最低价、平均价，以此作为提供采购物资的合理价格的判断依据。

（5）应用成果

成本节约：减少采购人员的价格询价周期，通过价格比对，有效提升采购价格合理性，为项目的成本控制提供依据。

管理提升：通过大数据分析平台，有效完善了采购基础数据库建设，对采购过程进行了约束，加强了控制。对采购价格数据进行了有效整合，实现共享合规使用。

标准建设：通过大数据分析，可对采购价格数据进行有效分类统计分析，形成采购比价体系。

10.3 基于云计算的电子商务采购技术

10.3.1 发展概况

如何控制项目成本，把控项目资金风险是项目管理的重点内容。项目成本中的材料、劳务、机械等，大约占了整个成本的 $70\%\sim80\%$，是项目成本的重要组成部分，如何降低采购成本，提高采购效率成为项目节本增效的重要突破点。

基于云计算的电子商务采购技术是指通过云计算技术与电子商务模式的结合，搭建基于云服务的电子商务采购平台，针对工程项目的采购寻源业务，统一采购资源，实现企业集约化、电子化采购，创新工程采购的商业模式。平台功能主要包括：采购计划管理、互联网采购寻源、材料电子商城、订单送货管理、供应商管理、采购数据中心等。通过平台应用，可聚合项目采购需求，优化采购流程，提高采购效率，降低工程采购成本，实现阳光采购，提高企业经济效益。

项目建设对建设企业内部，降低采购操作成本及采购支出成本，依照企业情况不同，降低成本在 $1\%\sim3\%$ 的范围区间。

项目建设对建设企业外部，建设了"公平、公开、公正"的电商平台，为社会监管提供了监管渠道，提升企业在供应商的口碑。

10.3.2 技术内容

基于云计算技术搭建的电子商务采购平台，关键在于如何把建筑行业的采购业务与互联网相结合。平台建设需考虑数据加密、数据传输、信息安全、用户交互体验、大数据分析等多个方面。平台建设紧紧围绕工程项目的采购寻源业务，统一采购资源，实现企业集约化、电子化采购，创新工程采购的商业模式。

（1）采购计划管理：系统可根据各项目提交的采购计划，实现自动统计和汇总，下发形成采购任务。

通过系统梳理和优化企业各层级采购业务管理流程，并规范统一编码体系，聚合项目采购需求，达到"以量换价"的规模采购效应。

电子商务技术的采购业务建立在企业进行项目集中采购的基础上，进行集中采购核心在于通过汇聚各个项目工程量来汇集需求量，通过需求量的增加实现传统招投标杠杆的调整。平台在使用中，可以进行项目计划量的汇总实现"计划汇聚"，在进行统一性的采购应用。

（2）互联网采购寻源：采购方可通过聚合多项目采购需求，自动发布需求公告，并获取多家报价进行优选，供应商可进行在线报名响应。

通过"互联网采购寻源"的建设，为供应商提供自主应用的操作平台，这样就提升了投标报价各个环节的信息传递时效性。所有的信息操作都是由投标人（供应商）自主进行，一方面解决效率问题，另一方面也体现了采购阳光化。

建筑施工行业的电子商务开展有别于一般消费行业应用，尤其针对售卖物品（标的物）的比价环节，建筑施工行业由于其工程的项目性，导致买卖过程一般有买方主导，采购过程由采购方提出需求清单，供应商进行报价。供应商利用平台报价后，信息进行加密处理，只有开标人员进行完开标后可以展示报价，评标过程中，平台可以对投标报价进行清单级别的自动汇总。

（3）材料电子商城：采购方可以针对项目大宗材料、设备进行分类查询，并直接下单。供应商可通过移动终端设备获取订单信息，进行供货。

通过"材料电子商城"的建设，实现招、投标的双方在线采购互动，解决采购业务中信息延迟、采购周期过长的问题。

（4）订单送货管理：供应商可根据物资送货要求，进行物流发货，并可以通过移动端记录物流情况。采购方可通过移动端实时查询到货情况。

通过进行订单送货管理，实现在线合同下订和订单的跟踪。满足了施工单位对于货品运输情况的了解，更好的安排接货准备。

提供移动端功能，用户可以通过移动端实时掌握货物的物流情况及物流位置。移动端建设需匹配 IOS 及安卓两种移动操作平台应用，用户可以安装相应网络地址进行下载应用，并可以绑定电商平台用户账户，保证数据安全性。

（5）供应商管理：提供合格供应商的审核和注册功能，并对企业基本信息、产品信息及价格信息进行维护。采购方可根据供货行为对供应商进行评价，形成供应商评价记录。

采购电子商务平台需提供基于供应商应用情况、合同情况的标准数据端口，可以与企业的项目管理系统整合，为分包、物资管理提供数据源，形成供应商全履约过程数据积累。

（6）采购数据中心：提供材料设备基本信息库、市场价格信息库、供应商评价信息库等的查询服务。通过采购业务数据的积累，对以上各信息库进行实时自动更新。

10.3.3 技术指标

（1）通过搭建云基础服务平台，实现系统负载均衡、多机互备、数据同步及资源弹性调度等机制。

（2）平台采用 B/S 模式，具备符合要求的安全认证、权限管理等功能。同时提供工作流引擎，实现流程的可配置化及与表单的可集成化。

（3）平台应提供规范统一的材料设备分类与编码体系、供应商编码体系和供应商评价体系。

（4）平台可通过统一信用代码校验及手机号码校验，确认企业及用户信息的一致性和真实

（5）平台需通过数字签名系统验证用户登录信息，对用户账户信息及投标价格信息进行加密存储，通过系统日志自动记录采购行为，以提高系统安全性及法律保障。用户密码采用 MD5 加密规则，文件进行对称及非对称加密。供应商可以挂接电子数字签名系统（CA 系统），以用来提高投标安全性及法律保障。

（6）平台应支持移动终端设备实现供应商查询、在线下单、采购订单跟踪查询等应用。

（7）平台应实现与项目管理系统需求计划、采购合同的对接，以及与企业 OA 系统的采购审批流程对接。平台还应提供与其他相关业务系统的标准数据接口。

（8）平台部署应该做到数据、应用分离管理。同时，必须考虑平台应用承载能力，平台设计需要考虑并发数不小于 100，同时在线用户数量不小于 5000 个。

（9）平台应用大数据技术，对采购寻源过程的数据进行分析、整理，形成关于采购进度、采购价格、绩效、供应商分布、用户流量、业务走向等各个方向的报表统计。对于系统基础硬件和底层数据库设计提出要求，需要满足各类单项图表页面在 0.5s 内可以展示完成，组合报表页面打开不超过 3s。

10.3.4 使用范围

基于云计算的电子商务采购技术除无互联网条件的工程外，可适应于我国绝大多数建设施工企业进行应用。通过本项技术的应用，可以充分体现"互联网＋"与建筑施工行业实际操作成功结合，提升企业甚至全行业的信息化水平。

10.3.5 工程案例

1. 陕西建工集团集采电商平台

陕西建工集团有限公司（以下简称陕建集团）成立于 1950 年，是陕西省首批获得房建施工总承包特级资质、建筑行业甲级设计资质及海外经营权的省属大型国有综合企业集团，在中国企业 500 强中列第 212 位，在中国建筑业竞争力百强企业中列第 4 位。陕建集团建设集采电商平台的主要背景如下：

建筑业增速放缓。2014 年开始，建筑业增速明显放缓，建筑施工企业经营压力变大。

施工企业利润率低。根据国家统计局数据分析，施工企业利润平均约 3.5% 左右，特级和一级总承包企业利润率更低于其他级别的总承包企业和专业分包企业。

建筑成本约 60% 在于材料，采购对企业经营影响大。建筑成本中材料成本大约占 50%～70%，人工成本约占 15%～25%，材料与人工成本对建筑主体成本具有决定性影响。

"营改增"对建筑施工企业产生巨大影响。"营改增"倒逼施工企业针对采购行为进行规范化的管理，针对采购环节，要做到"三流合一"，也就是"货物、劳务及应税服务流"、"资金流"、"发票流"必须都是同一受票方。

企业采购自身存在的挑战。采购主体过多、各自为战，导致采购需求相对分散，不能形成全面集中，采购资源信息无法进行有效共享；供应商主要信息依赖人为手工更新，缺少历史合过程数据的支持。陕建集团集采电商平台主要有如下技术功能亮点：

（1）支持物资采购、专业分包、劳务分包、设备租赁四种类型的采购，如图 10.3-1 所示。

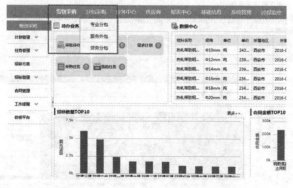

图 10.3-1　具备四种采购类型功能

支持从采购需求到采购合同签订的全流程，如图 10.3-2 所示。

（2）涵盖公开招标、邀请招标、单一来源采购三种采购方式，如图 10.3-3 所示。

（3）实现内部管理与外部交易两个窗口，如图 10.3-4 所示。

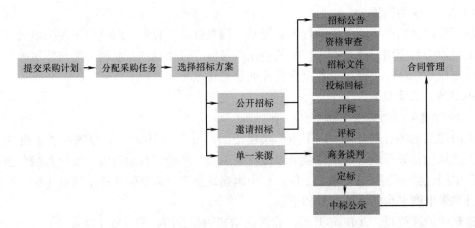

图 10.3-2 采购全流程管理

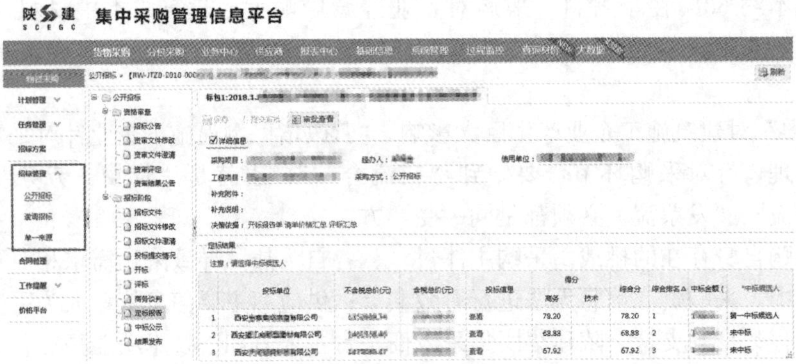

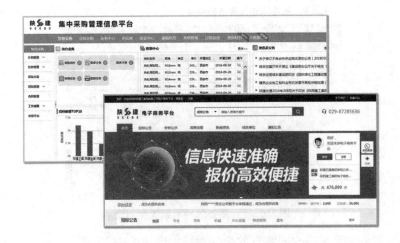

图 10.3-3 具备三种采购方式功能

图 10.3-4 内部管理和外部交易界面

（4）支持移动应用，如图 10.3-5 所示。

图 10.3-5 移动应用

（5）建立全集团统一的材料编码库，如图 10.3-6 所示。

图 10.3-6 全集团统一的材料编码库

（6）供应商信息共享，如图 10.3-7 所示。

图 10.3-7 供应商信息

（7）提供材料价格信息查询服务，如图 10.3-8 所示。

（8）采购过程实时监控，如图 10.3-9 所示。

（9）采用先进的云技术。

图 10.3-8　材料价格信息查询

图 10.3-9　采购过程实时监控

平台采用云技术，提供可靠的数据存储和计算解决方案。无需自行购买服务器、数据库等设备，大幅度节约硬件成本。

集采电商平台建设一年以来，取得了非常巨大的成绩，在企业的管理改进、效率提升、效益提升等多个方面效果显著。

（1）减少采购环节，降低采购费用，提高采购效率

截至目前，集团内部注册用户 1900 余人，陕建所属单位实际线上招标累计完成 1500 余次，涉及金额约 20 亿元，其中集中采购钢材 18 万 t，预拌混凝土 60 万 m^3，预计降低采购成本约 6 千万元，约占集中采购总金额的 3%。

（2）采购过程公开提高采购的透明度

例如在供应商管理方面，在陕建集中采购管理信息平台已经有超过 3 千家注册合格供应商。供应商信息实时动态管理，建立不良行为公示制度，期间发布了陕建供应商的不良行为，净化了供应商队伍，规范了供应商管理。

（3）实现采购业务程序的标准化

在运行操作上，统一制度、统一流程、统一标准、统一平台、统一供应商管理、统一结算，全面推进，由易到难，加强全过程管控，形成全覆盖的业务管理体系。

（4）缩短采购周期，实现准时化采购

试点项目反馈："以往在招议标时，部门按照基层单位及项目需求，奔波于基层单位、项目之间，应用集采平台后，足不出户便可完成招标监督工作，减轻了大家的工作量，提

高了采购效率。"

（5）实现采购管理向供应链管理的转变

通过打通和供应商之间的关系，实现了从原来的采购管理到整个供应链管理的全过程。

（6）采购信息准确、全面，协助领导决策

平台使企业领导层可以方便地了解每一种采购物的价格、数量，合同的签订情况以及供应商情况等各种信息，针对采购过程中出现的问题，快速反应，有效地为领导层决策提供数据支撑。

2. 湖南省工业设备安装有限公司电商平台

（1）应用背景

湖南省工业设备安装有限公司（以下简称"湘安公司"），创建于 1958 年，国有独资公司，注册资金 30600 万元，属国家大型综合施工企业。

面对国内外复杂严峻的环境以及较大的经济下行压力，建筑业总体市场需求减少、企业之间市场竞争更加激烈、市场萎缩逐步显现。而湘安公司的利润率不到 1.5%，公司为了对应行业经济环境下行，日趋激烈的建筑行业竞争环境，为了经营开源，项目多数以低成本中标。因此中标后如何控制项目成本，把控项目资金风险成为项目管理的重点内容。项目成本中的采购行为材料、劳务、机械等，大约占了整个成本的 80%，是项目成本的重要组成部分，如何降低采购成本，提高采购效率成为项目节本增效的重要突破点。同时互联网＋和"营改增"带来的冲击，也要求建筑行业尽快利用信息化手段，将采购与后期的物流、资金支付，税务管理相结合，控制项目税务成本。基于此，我公司进行集中采购电商平台建设工作，探索建筑材料、工程、分包招标采购管理阳光化，透明化以及集中采购的道路，以此降低采购成本，增加企业利润。

（2）平台特点

系统分为采购管理平台（公司内部招标采购管理平台）和电商（投标管理平台）两个子平台，系统架构如图 10.3-10 所示：

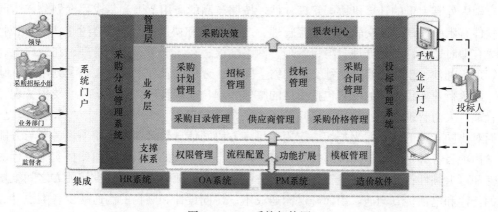

图 10.3-10　系统架构图

在功能结构上，系统设计为两层结构：管理决策层、业务层。通过业务规则和工作流自动驱动业务管理，实现每条业务线通、业务线与业务线通。通过数据层层挖掘和钻取实现对数据的实时查询和掌握。从而全方位打通两个层面传统管理模式下的沟通壁垒，使企业纵向和横向间信息流动顺畅,沟通无阻。

本系统业务功能涵盖了从计划管理、任务管理、招标方案、招标管理、合同管理五大部分;其采购过程涵盖了公开预审、公开后审、邀请招标、询价采购、单一来源、应急采购六种采购方式。

本系统采用云服务模式,即减少了一次性投资费用,又省去了今后大量运行维护人力和物力,同时为以后此系统在湖南建工集团(本公司的集团公司)运用提供方便。

截至2016年8月已通过集中采购电商平台签订材料采购合同990份,办理材料招标业务1448笔,基本实现公司范围内材料采购业务的线上办理,完成项目的阳光化采购。通过集中采购电商平台的推广使用,公司的材料采购监管能力得到加强,提高采购的可控性,节约采购成本,实现供应商资源的全公司范围内共享,完善供应商管理评价体系。

(3)应用效果

2016年通过集中采购电商平台采购额达7亿元,应用数据平稳增长,给企业直接节约成本率约1%,节约金额约560万。

参 考 文 献

[1]   王毅,毛志兵等. 中国建筑施工行业信息化发展报告(2016):互联网应用与发展[M]. 北京:中国城市出版社,2016.

10.4 基于互联网的项目多方协同管理技术

10.4.1 发展概述

协同管理是协同学在管理中的具体应用,它通过对复杂系统中各个子系统进行时间、空间和功能结构的重组,产生一种具有"竞争-合作-协调"的能力,其效应远远大于各个子系统效应之和。协同管理就是企业通过识别自身能力与机遇的匹配关系来成功拓展新的事业,达到企业整体价值大于各部分价值的总和。

国内外有大量的计算机协同管理软件,按照产品的应用范围和集成程度划分,协同管理软件有水平门户、社交软件、内容管理、统一通讯和协同平台五种类型;从功能划分,主要有即时通讯、文档处理、项目管理、网络会议、在线学习、知识管理、在线讨论、日程管理、邮件、工作流管理、社交、网络空间等。云协同管理平台越来越受到用户青睐。

建筑行业项目管理的内容包括项目的整体管理、范围管理、时间管理、费用管理、质量管理、人力管理、沟通管理、风险管理和采购管理等九大领域,参与方多,管理复杂,因而对协同管理的需求尤为迫切,应用项目多方协同信息化管理技术使项目各参与方能随时掌握项目各种信息,提高沟通效率,减少沟通不畅导致的错误,增加项目实施过程的可控性和可追溯性;质量、安全工作由于多方协同可降低缺陷概率,减少相关方之间纸质资料的传递和电话传真沟通,因而降低沟通成本;协同设计和顺畅的沟通减少各类设计、施工错误带来的返工成本增加,项目按时/按预算实施带来收益的改善,更及时的决策也优化各方的收益,项目各方的经济效益得到提升,实现项目各方多赢。

10.4.2 技术内容

1. 部署协同工作平台

项目建设协同工作的基础网络环境，结合移动应用要求，实现现场无线网络覆盖；部署或租用协同工作平台。

根据项目各参与方职责分工，建立统一的组织、用户管理体系，进行统一的系统身份认证，针对不同的用户分别授权，为用户配置应用门户。结合具体项目管理的要求，按照各参与方的分工和岗位职责，利用平台提供的流程引擎，定制各类业务线上处理的实例流程，为具体业务在线协同做好准备。

2. 工作任务协同

牵头方按照项目范围召集讨论主要项目工作，确定项目工作分解的方式，制订 WBS 编码规则，组织利用平台的任务编排功能进行工作任务分解并编码。各参与方将责任范围内的工作任务分配到具体责任人。

在具体工作任务启动时通过平台的任务推送和提醒功能自动通知责任人。责任人通过平台汇报任务进度和任务成果；管理者通过平台监督任务进展、检查验收任务，对任务完成情况进行统计和趋势分析，对滞后任务进行预警和督办。

3. 质量和安全管理协同

项目相关管理者通过移动终端随时检查现场质量、安全情况，观察日志现场记录，整改要求在线提交责任方，限期整改问题自动提醒，责任方的整改回复自动通知检查者；管理者能够对质量、安全实现动态管理，可以随时查看质量、安全的缺陷清单和相应的整改完成情况；能够利用大数据对缺陷事件进行分析，分析结果通过订阅和推送的方式为各参与方提供服务。

4. 项目图档协同

图纸管理协同：项目各参与方基于统一的平台进行图纸会审，设计交底、问题反馈等即时到达相关方，协调设计请求、修订和审批。变更的图纸即时通知到施工方，施工方技术洽商文档在线提交设计师；对图纸文件进行大小版本管理，确保图纸修改版本的准确性，项目各相关方人员通过移动终端可以随时查看最新的图纸。

文档协同：按照统一的文档管理规范，各参与方基于平台进行文档的管理和共享，包括文档编辑、审批、分发、借阅等。

图纸和文档能与 BIM 构件关联，进行可视化的图档管理。通过 BIM 模型，可以查阅各个部位（构件）对应的图档，也可以通过图档找到它所属的部位（构件）。

5. 项目成果物的在线移交和验收

牵头方组织清理项目需要在各参与方之间移交的成果物，确定移交和验收标准、移交和验收程序及对应的责任人。通过平台实现成果物的在线移交和验收，如总包方向供应商在线提交采购订单，供应商的供货清单在线提交采购方，经验收后自动成为验收单，相关业务数据在相关方之间自动流转，实现各种协同和数据共享。验收的成果物能够自动归档。

6. 在线交流和沟通服务

项目各参与方通过即时通信工具进行在线交流和沟通，包括文件收发、文字交流、语音和视频通讯、群组讨论及会议召开等。

10.4.3　技术指标

（1）采用云模式及分布式架构部署协同管理平台，支持基于互联网的移动应用，实现项目文档快速上传和下载。

（2）应具备即时通信功能；统一身份认证与访问控制体系，实现多组织、多用户的统一管理和权限控制；提供海量文档加密存储和管理能力。

（3）针对工程项目的图纸、文档等进行图形、文字、声音、照片和视频的标注。

（4）应提供流程管理服务，符合业务流程与标注（BPMN）2.0 标准。

（5）应提供任务编排功能，支持父子任务设计；支持任务推送和自动提醒；支持任务报告和完成情况统计分析。

（6）应提供大数据分析功能，支持质量、安全缺陷事件的分析，防范质量、安全风险，支持数据订阅和推送服务。

（7）应具备与其他系统进行集成的能力。

10.4.4 使用范围

项目多方协同管理技术既适用于工程项目从规划、设计、施工到运维的全生命周期中各参与方的跨组织、跨地域、跨专业的工作任务、图档、质量安全控制、成果物移交和沟通协调等的在线管理，也适用于企业和项目部内部的沟通管理。

10.4.5 工程案例

1. 天津 117 大厦项目

天津高银金融 117 大厦是天津市 20 项重大服务业工程项目之一，由高银地产（天津）有限公司投资兴建，中建三局承建，华东建筑设计研究院有限公司设计。地上 117 层（包含设备层共 130 层），高 597m，结构高度 596.2m，总建筑面积为 84.7 万 m^2，创民用建筑单体面积之最，总投资 180 亿元。工程是以甲级写字楼为主、六星级豪华酒店、观景台、特式酒吧、精品商业、屋面空中花园及其他设施为一体的大型超高层建筑。

117 大厦由中建三局总承包施工，该项目具有结构高、体量大、工期紧，工程技术含量高，施工组织、管理难度空前等特点。重点、难点主要集中在工程桩基、基坑工程、大底板、钢板-混凝土剪力墙和巨型柱施工五个方面。

作为一个真正意义上的 PC 总承包管理项目，项目不仅在深化设计、虚拟建造、三维算量、施工协调等方面深化了 BIM 专业应用，更将 BIM 技术与云技术相结合，实现设计管理和施工管理全过程信息传递及共享，全面掌控施工各阶段信息，打造设计、施工、资源、商务等一体化 BIM 总承包管理体系，提升计划管理、设计管理、合约管理、采购管理、公共资源管理等核心业务能力。

（1）协同工作平台的建立

项目以 BIM 为核心，以广联云作为 BIM 施工管理的云数据平台支撑项目总承包管理，包括 BIM 综合应用平台和 BIM5D，实现质量、合约、图档、验收、进度计划的协同管理。见图 10.4-1。

（2）用户管理

项目总包部在平台上给总包、机电分包、幕墙分包、外部的 BIM 实施团队等各参与方统一分配了账号，通过精细的权限管理保证 BIM 信息的安全流转。目前平台使用人数已达到 110 人。

（3）文档管理

项目部通过平台对所有文档进行全过程管理，文档分类情况如图 10.4-2 所示。

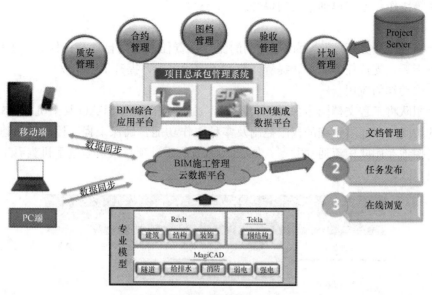

图 10.4-1　协同工作平台

图 10.4-2　文档管理

项目人员可以对文档进行浏览、搜索、任务管理、动态信息跟踪等，实现了图文档从创建→修改→版本控制→审批程序→发布→存储→查询→反复使用→ 终止使用整个生命周期的管理，并实现工作流与图文档管理无缝结合。

（4）图纸版本管理

117 项目积累了大量的图档信息资料，其中图纸的版本管理最为重要，平台提供了基于 BIM 模型的文档版本管理，直接打开模型在线浏览最新文档版本，不需要安装专业软件。允许多个组织直接从浏览器对复杂的多维模型进行浏览、属性信息查看，共享、审核、标注等协作，效率得到很大的提升。

（5）任务管理

平台提供"任务管理"，可以按定制的流程在责任人之间自动流转任务，也可以进行临时任务指派，支持任务监督和提醒，节省了沟通成本，提升了工作效率。

（6）移动端的应用

项目团队将工程文档同步保存至广联云，通过电脑 PC、IPAD 及手机等终端进行随时随地的访问，并通过精细的权限控制及多种协作功能，确保工程文档能够快速、安全、便捷、受控地在团队中流通和共享，如图 10.4-3 所示，项目人员通过手机查看工作任务，进行变更审核。

图 10.4-3　移动端应用

（7）文档标注

在图纸浏览中发现的问题或关注重点可以进行在线标注。

平台已为天津 117 项目管理了超万份工程文件，并为来自近 10 个不同单位的项目成员提供模型协作服务。项目团队将 BIM 信息及工程文档同步保存至云端，并通过精细的权限控制及多种协作功能，满足了项目各专业、全过程海量数据的存储、多用户同时访问及协同的需求，确保工程文档能够快速、安全、便捷、受控地在团队中流通和共享。

2. 重庆来福士广场应用案例

"重庆来福士广场"形象名"朝天扬帆"，位于两江汇流的朝天门，由世界知名建筑大师摩西·萨夫迪设计，由新加坡凯德集团投资，投资总额超过 240 亿元，总建筑面积超过 110 万 m^2。

项目由 8 座修长塔楼和一座 5 层商业裙楼组成，是一个集住宅、办公楼、商场、服务公寓、酒店、餐饮会所为一体的城市综合体。它整合了陆地和水运的各种公共交通设施，设置了地下停车场、地铁站、公交中转站、码头和游客中心。

中建三局总承包 A 标段项目，包括 T4N、T4S、T5、T6 栋和景观天桥（空中连廊）及依据标段划分界面标划分之东侧部分之裙楼及地下室。

（1）协同平台应用

项目通过平台与各参与方（业主、建筑师、顾问、承包、分包等）在一致的规范下进行统一的沟通管理，包括：

文档管理：上传、分享、归档、版本控制；

信息沟通：RFI 追踪、信函的发送和回复、会议讨论和记录；

工作流管理：文件审核、图纸审批等。

（2）社交平台微信应用

通过微信社交平台建立了项目"微＋"系统，即通过微信企业号扩展了质量管理、安全管理、物资管理、技术管理、劳务管理等移动应用功能，通过服务号对外进行交流展示和分享，并实现与工人实名制系统、现场门禁系统、智慧工地系统、OA 积分管理系统等的集成。

物资管理：计划提报、收料验收、领料、结算办理等；

质量安全管理：质量安全巡查、质量安全整改、质量验收、实测实量等；

二维码应用：物资、质量和安全等相关信息通过微＋系统的移动端自动采集后，自动生成二维码并布设在梁柱和墙体等关键部位，现场管理人员通过手机扫描二维码，就能自动获取构件设计信息、混凝土标号、供应商、作业班组、实测实量数据等信息。

10.5　基于移动互联网的项目动态管理信息技术

10.5.1　发展概述

大型建设项目涉及项目施工设备、计划与质量的协同管理，难度在不断增大。为此，如何正确处理好生产、调度与效益的关系，如何准确、实时、快速履行优化的调度职能，有效进行生产管理，保证生产的高效动作显得尤为重要和紧迫。面对新形势、新机遇和新挑战，基于移动互联网的项目动态管理信息技术，是提高企业自动化程度、向管理要效益的有效途径，是改变传统生产组织方式，最大限度地提高生产效率的保障。

10.5.2　技术内容

利用 GPS 卫星定位技术和 MESH 通信网络，通过机载终端实现对车辆的实时调度监控与管理。机载终端在接收卫星信号自动定位后，将信息发送到监控中心服务器，由服务器对数据进行分析、处理、贮存。同时监控中心可以通过通信网络，向机载终端发送控制指令，进而实现施工设备生产过程和生产调度的自动化，解决运输路线优化、运量调控、能源消耗计量等难题，实时记录与统计安全、质量信息，提高企业现代化管理水平。

本技术主要由智能调度系统、计划管理系统、安全质量管理系统和协同工作平台组成。

（1）通过智能调度系统，持续优化施工生产，最大限度地提高生产效率。

采用线性规划、结合任务驱动的优化算法，根据生产计划、设备状态及现场各种影响生产的要素，自动解算并进行施工设备的最优分配，最大限度地避免设备间相互制约情况的发生。实现使用最少的设备，完成生产任务，从而节约大量的能源与设备消耗，节省人员与维护费用。其主要技术功能点细分为：

设备跟踪与状态识别。系统自动采集生产设备任何时间点的信息，如位置、状态、速度、方向、物料等，并随时在软件界面展现，自动识别各类设备的运行状态和其他各种状态。

项目地理信息图管理。采用完全自主研发的 GIS 系统平台建立项目地图，并实现工程位置数据管理，实现道路网线、境界边界线管理。

二维显示。系统以项目地理信息图（GIS）方式显示项目的工程位置，以动态示意图方式将设备的位置、状态、物料等信息显示在项目地理信息图上。

三维虚拟现实展示。为智能管理系统提供三维展示，能够看到施工设备的位置信息。三维 GIS 运用这些数据以动态的方式再现采场生产场景。

智能调度。以优化行驶路径为基础，结合现场的实际生产情况和生产要素，以产量最大，消耗最少为原则，实现路径规划。

（2）通过 LBS 全天候监控，实现实时定位，全面掌握现场生产情况。

系统通过移动互联网技术接收来自项目摄像头的视频画面，并将其传送到总部调度中心，使调度中心能够随时监控各个项目重要生产部位的生产作业情况。避免了对现场情况掌握不够及时准确而下发出的错误生产指令。同时项目生产指挥中心调度人员对现场各设备的运行状态和重要生产指标进行全面监控，进而高效组织协调各部门的工作，真正实现调度室的综合协调指挥功能，从宏观上把控生产运输的各个环节，实现对各工艺系统的协调、优化调度、提高生产综合效益。

（3）通过协同工作平台和安全质量管理系统，实现全过程生产数据管理和安全质量控制，节省成本，提高管理效益。

系统利用移动终端设备，对质量、安全巡查中发现的质量问题和安全隐患进行影音数据采集和自动上传，整改通知、整改回复自动推送到责任人员，实现闭环管理。平台采用计算机网络技术和数据库存储技术，将现场信息、生产数据和接入的其他系统数据进行自动分析、处理、贮存、管理，并根据需要打印输出，实现项目生产数据的计算机管理，不仅节省了大量的人力物力，而且使生产数据更加准确，使管理效益更加明显。

10.5.3 技术指标

（1）应建立工程量测量与计算软件系统，实现工程地质状况模拟、工程量计算及动态调配模拟；建立视频监控系统，实现施工现场图像的实时采集、远程查看及回放，包括实时跟踪、状态显示、超速报警，使所有设备都能及时反映在 GPS 生产指挥系统中；建立和采用智能调度系统，并具有挖装运协同计算、配备计算、移动端动态定位和设备位置二维动态记录与展现地图功能。

（2）应建立协同工作平台，实现多专业数据共享，并进行数据统计分析与核算功能。

（3）现场应有移动互联网，所管理的设备应加装移动模块，以接入移动网络。

（4）系统应符合《计算机信息系统安全保护等级划分准则》GB 17859 第二级的保护要求。

（5）应具备与其他系统进行集成的能力。

10.5.4　适用范围

本技术适用于施工作业设备多、生产和指挥管理复杂、难度大的建设项目。通过本技术的应用，可以充分体现"互联网＋"与建筑施工行业的成功结合，带动建筑施工行业数字化转型。

10.5.5　工程案例

1. 山西行政学院（中共山西省委党校）综合教学楼项目

本工程为山西行政学院（中共山西省委党校）综合教学楼项目施工建设工程，该项目建设地点位于山西省太原市小店区学府街 96 号，北靠学府街，东临党校路，行政学院东北角。本工程由综合教学楼和文体综合楼工程组成，其中综合教学楼由裙楼核主楼组成，工程总建筑面积 47861.0m²，地上建筑面积 33301.0m²，地下建筑面积 14560.0m²，地下 2 层，综合教学楼地上 19 层（裙楼 3 层，主楼 19 层），建筑高度 79.9m，文体综合楼地上 3 层，建筑高度 24.1m，室内外高差 0.3m。该工程建筑安全使用年限为 50 年，地下防水等级为Ⅱ级，地下室变电室、弱电间防水等级Ⅰ级，防水采用钢筋混凝土墙和防水材料配合，刚性自防水采用钢筋防水混凝土（抗渗等级 P8），在地下室基础底板下、地下外墙外做一道 1.5mm 厚 SBS 改性沥青防水卷材。工程屋面主要采用现浇钢筋混凝土屋面，屋面采用 3＋3mm 厚改性沥青防水卷材，保温采用聚苯乙烯泡沫塑料板保温层。

本工程基坑深度 10m、局部达到 12m，基坑支护、帷幕施工以及基坑监测要求高，地下结构复杂，防水工程施工质量控制难度大，主体结构层高多变，标高控制、施工控制要求高，文体综合楼一层、三层为高架支模，支模难度大。机电安装工程交叉作业多，精细化管理要求高。施工总承包方在日常工作中存在的问题如下：

（1）劳务管理手段匮乏

在传统管理模式下，劳务人员进出频繁而导致劳务人员综合信息整理不系统、合同备案混乱、工资发放数额不清等难题，用工计划和成本分析缺乏数据依据，同时很可能引起劳务纠纷，给企业和项目部造成很大的损失。

（2）质检部门工作任务重

项目每个阶段、每个节点涉及的工作任务多且工序复杂，质检人员对其项目进行工作质量和安全检查时，往往需要携带众多资料，有些资料在现场携带不易致使质检工作进展不顺。

（3）建筑材料质量控制难度大

由于施工过程中使用的材料种类繁多，厂家不同批次的材料质量有可能参差不齐，实际操作过程中由于取样和见证环节的工作脱节，样品代表性不足、失真，甚至作假，脱离了结构实体质量真实水平，导致检验报告的数据无法真实反映结构实体质量。

（4）塔吊和升降机作业存在安全隐患

塔吊和升降机作业复杂、使用频繁、不可控因素多，各地都陆陆续续发生塔吊和升降机的安全事故，一旦出现问题，后果严重。

（5）工地现场扬尘监管不及时

近年来建筑施工产生的扬尘污染，已经成为影响城市空气质量的主要原因之一，但工地的扬尘往往受周边环境或气候影响具有难以预料的突发性。

（6）重大危险源安全问题难以预测

深基坑和高支模属于施工现场的重大危险源，本项目基坑深度 10m，局部达到 12m，文体综合楼一层、三层为高架支模，支模难度大，做好安全防范及预测工作十分重要。

（7）施工现场及人员管理难度大

由于施工难度大，项目周期短，需要实时掌握项目的进度情况和现场施工人员的作业情况，在保障质量和安全的前提下，确保项目按期完工。

针对以上问题，总承包方采用"互联网＋智慧工地"的管理平台，平台包含 7 大子系统，有计划、有目的地解决了各个问题，取得了良好的效益。

基于物联网和人脸识别技术的劳务管理子系统。劳务用工实名制管理系统由云、网、端三部分组成，通过 RFID 芯片、二维码及人脸识别技术有效落实劳务用工实名制管理，提升企业劳务管理水平，确保用工安全，为用工计划和成本分析提供更加可靠准确的计量依据。见图 10.5-1。

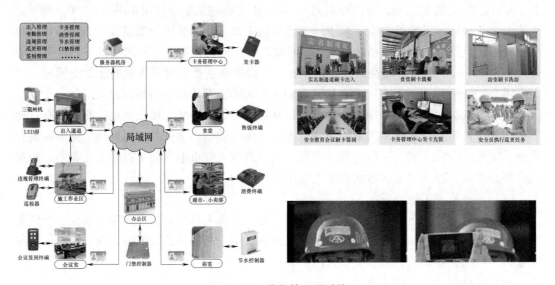

图 10.5-1 劳务管理子系统

利用移动互联网的现场巡检子系统。又称"V"（微）巡检，是针对目前施工现场移动办公的特殊诉求，依托多项先进互联网信息技术，基于微信平台二次开发的移动应用系统。在现场巡检时，巡检人员通过"V"（微）巡检扫描各个质量节点、安全节点及相关设备上的二维码，输入检查记录并拍照取证，巡检信息实时与参见各方人员共享。从而做到有据可依、有证可查、现场办公、实时反馈，提高了巡检的工作效率，也使工程质量和施工安全得到有效保障。见图 10.5-2。

利用二维码做唯一性标识的见证取样子系统。见证取样子系统通过对所有试验样品植入或粘贴二维码标识，由现场取样员和见证员的手机进行实名制验证，并扫描、拍照及定位，从人员、时间、地点三个维度进行监控，确保送检试件试块的代表性、真实性和可追溯性。见图 10.5-3。

利用传感技术和物联网的塔吊及升降机监控子系统。塔吊及升降机监控子系统首先通过高精度传感器采集塔机的各项信息，控制器实时做出风速、超载、限位、防倾翻、防碰

图 10.5-2 现场巡检子系统

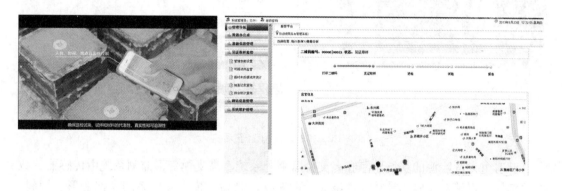

图 10.5-3 见证取样子系统

撞及区域保护等报警，并自动采取规避危险控制措施，同时把相关的安全信息发送给服务器。其次在小车（或吊钩）上安装高清摄像机，自动聚焦采集吊钩作业画面，并实时传输至司机室的显示器及后台监控终端。既可以协助塔吊司机作业，保障隔山吊作业和超高层作业的吊装安全，又可以存档视频数据，追溯作业情况。最后通过指纹和人脸识别技术，对塔吊和升降机司机作业进行人机锁定，确保只有该设备认证司机才能进行操作。见图10.5-4。

图 10.5-4 塔吊及升降机监控子系统

具有智能喷淋功能的环境监测子系统。工地现场扬尘往往具有难以预测的突发性，通过把施工现场扬尘监测与降尘喷淋系统结合起来，对建筑工地的 PM2.5、PM10 进行 24 小时实时监测，当粉尘数据超标时，系统平台和移动端发出警报，自动开启高压喷雾除尘装置，在满足环保要求时，系统警报消除，自动关闭高压喷雾除尘装置。环境监测自动喷淋降尘子系统为用户提供实时、有效的扬尘治理数据，同时具有先进的传感技术，可实现全自动远程、定时、定量精细化喷淋降尘，过程中恒压供水。见图 10.5-5。

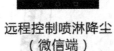

远程控制喷淋降尘　　　扬尘监测数据查询
（微信端）　　　　　　（微信端）

图 10.5-5　环境监测子系统

针对重大危险源的基坑监测和高支模监测子系统。高支模变形监测系统由传感器、数据采集仪、报警器及监测计算软件组成，可连续监测高支模支撑体系的支架变形、倾斜、立杆轴力以及模板沉降等数据，及时发出超限和倾覆报警，从而避免高支模局部坍塌或整体倾覆事故的发生。基坑监测系统在整个施工监测系统承担着对现场监测数据采集、复核、汇总、整理、分析与数据传送的职责，并对超警戒数据进行通报。监测范围包括：变形监测、围护结构应力应变监测、地下水监测、周边建筑物变形监测等。见图 10.5-6。

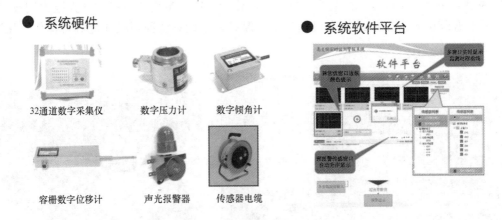

图 10.5-6　基坑监测和高支模监测子系统

结合无人机的全天候动态视频监控子系统。在山西行政学院（中共山西省委党校）综合教学楼项目施工现场，一共安装了 21 个高清摄像头，分别安装到进出口、生活区、塔吊高点、物料区、施工区等，并且伴随着施工进度变化，部分摄像头位置也会随之改变。

再利用无人机对现场进行空中辅助巡查，操作人员在地面操控，无人机飞到大型设备顶端及临边等危险区域进行定时巡查、多角度拍摄，并将画面实时传输到地面。监控室墙壁上的大屏幕同时显示着整个工地不同位置、不同角度的高清施工场景，监控人员可以随时观看工地上的一举一动。见图 10.5-7。

图 10.5-7　全天候动态视频监控子系统

2. 长山壕金矿项目

（1）项目基本情况

长山壕金矿为内蒙古乌拉特中旗浩尧尔忽洞金矿，现有矿区位于内蒙古乌拉特中旗新忽热苏木地区，合同工期 2013 年 1 月～2072 年 12 月，露天采剥设计总量为 37219 万 m^3，其中：岩石剥离 28301 万 m^3，矿石开采 8918 万 m^3。该矿采用凹陷露天开采、单一汽车开拓运输方式开采，即电铲、挖机采装，大型电动轮自卸车和宽体自卸车运输，日处理矿石 60000t，采用堆浸技术提炼黄金，拥有亚洲最大的堆浸场。

（2）GPS 矿车调度系统成本核算情况

GPS 网络报表核算系统能够实时自动生成生产产量、设备状况、生产消耗以及各种数据统计报表，并能在有办公网络的任意地点通过计算机查看，极大的降低生产数据的统计难度和工作量。该系统数据的及时、准确、全面性为分析生产组织和进行数据挖掘提供了基础。

通过核算系统中自动统计车数及运距（图 10.5-8），改变了以前人工统计不准确的现象，避免了虚计车数及运距多算司机工资的情况；同时减少了统计工作量，及时准确为核算提供数据。未安装 GPS 系统时安排 4 个统计人员统计每天产量，每人每天都要连续工作 4～5h，4 个记数员全天候记数；安装 GPS 系统后，1 名统计人员每天只用 3～4h 就可以完成全天的统计工作，记数员全部撤除。

仅此项目节约成本约 0.3% 左右。

（3）项目应用 GPS 矿山数字化管理系统取得效果

GPS 矿车调度系统的应用大大提高了管理人员的素质，也提高了技术工人的综合素质。在实际生产过程中通过对操作人员、工作人员的培训提升了全员责任成本管理的新理念，用相同数量的设备和最低的消耗完成更多的工程量，最终达到现场全面掌控，低效无处可藏，促进了项目成本管理的程序化、规范化、格式化管理。

通过实践，GPS 露天矿山调度系统实现了动态的车铲（挖）调配，做到车不等铲、铲不等车，车辆运距最短，提高作业效率（提高电铲及挖掘机效率 6%，提高自卸运输矿

图 10.5-8　卡车产量分班统计

车效率 5%）。经统计，使用 GPS 以后，每班较使用前多装 40～50 车，月提高产量 14～15 万 m³。GPS 的电子地图系统大大提高指挥机构的反应速度，克服了个人经验主义，杜绝了司机偷懒耍滑、虚报产量等现象的发生。

10.6　基于物联网的工程总承包项目物资全过程监管技术

10.6.1　发展概述

近年来，EPC 项目数量飞速发展，围绕着 EPC 项目所展开的工程项目的物资供应对项目影响至关重要。基于物联网的工程总承包项目物资全过程监管技术，是指利用信息化手段建立从工厂到现场的"仓到仓"全链条一体化物资、物流、物管体系。通过手持终端设备和物联网技术，实现集装卸、运输、仓储等整个物流供应链信息的一体化管控，实现项目物资、物流、物管的高效、科学、规范管理，解决传统模式下无法实时、准确的进行物流跟踪和动态分析问题，从而提升工程总承包项目物资全过程监管水平。

10.6.2　技术内容

（1）建立工程总承包项目物资全过程监管平台，实现编码管理、终端扫描、报关审核、节点控制、现场信息监控等功能，同时支持单项目统计和多项目对比，为项目经理和决策者提供物资全过程监管支撑。见图 10.6-1。

（2）编码管理：以合同 BOQ 清单为基础，采用统一编码标准，包括设备 KKS 编码、部套编码、物资编码、箱件编码、工厂编号及图号编码，并自动生成可供物联网设备扫描的条形码，实现业务快速流转，减少人为差错。

（3）终端扫描：在各个运输环节，通过手持智能终端设备，对条形码进行扫码，并上传至工程总承包项目物资全过程监管平台，通过物联网数据的自动采集，实现集装卸、运输、仓储等整个物流供应链信息共享。

（4）报关审核：建立报关审核信息平台，完善企业物资海关编码库，适应新形势下海关无纸化报关要求，规避工程总承包项目物资货量大、发船批次多、清关延误等风险，保

图 10.6-1　项目物资全过程监管

证各项出口物资的顺利通关。

（5）节点控制：根据工程总承包计划设置物流运输时间控制节点，包括海外海运至发货港口、境内陆运至车站、报关通关、物资装船、海上运输、物资清关、陆地运输等，明确运输节点的起止时间，以便工程总承包项目物资全过程监管平台根据物联网扫码结果，动态分析偏差，进行预警。

（6）现场信息监控：建立现场物资仓储平台，通过运输过程中物联网数据的更新，实时动态监管物资的发货、运输、集港、到货、验收等环节，以便现场合理安排项目进度计划，实现物资全过程闭环管理。现场物资仓储平台涵盖了设备物资运抵项目现场至安装领料前的所有工作。需要针对不同类别、容量的电站配套相应级别与标准的库房，针对不同的设备部件，制定并录入相应的入库类别、定置保管与维护要求，以保证项目现场物资管理工作规范有序的进行（图 10.6-2）。

10.6.3　技术标准

1. 架构设计合理，支持离线存储

主系统采用 B/S 技术架构，支持云部署、云存储，逻辑上分管理策划层、业务标准化、数据共享三层结构。支持多项目的物流信息化管理。通过浏览器即可查看由终端设备采集过来的物流信息，相关信息可远程查看、修改。系统提供离线客户端，将数据进行暂存，通过邮件或 U 盘的方式进行导入、导出。

2. 适应现场环境，可远距离扫码

采用定制移动终端，实现远距离（＞5m）条码扫描，快速同步服务器，实现货物远距离快速清点和实时更新物流状态。开发客户端应用，监听手持设备的扫描数据，通过 https 安全协议，使终端数据快速、直接、安全的送达服务器，同时服务器做出响应将原

图 10.6-2　项目现场物资管理

数据进行加工、计算后统一存储至 DB 层进行管理。

3. 同步扫码数据，快速校验清单

对接扫描枪应用，监听扫描数据，当扫描枪扫描运作时，将码值数据与系统台账数据进行匹配校验，最终更新后台数据的签收标记并形成签收记录。通过二维码进行唯一身份编码，通过条码或二维码快速扫描签收，并通过打码设备打印出标签贴至箱件和部件，通过一维码或二维码快速扫描签收，形成校验扫描清单。

4. 卫星货物定位，离线开箱验收

系统具备读取 GPS 设备坐标功能，匹配后台设置的货物标识并结合扫描应用后将运算结果统一提交到主系统的开箱验收接口，主系统校验通过后更新验收标志，并形成记录明细，可通过 GPS 定置功能实现货物的定位，并通过二维码离线确认箱内货物，通过扫描包装箱或货物上的条码快速完成开箱验收。

5. 自动提醒机制，全程信息共享

系统内置邮件收发服务、短信提醒功能，将规划好的推送逻辑、时机、目标置入系统，系统实时监听数据状态，当满足触发条件后，自动将消息按照预制模板进行组织，最终发送至目标企业。通过建立现场物资仓储信息化系统，实现设备物资发货、到货、定置查询、开箱验收、收料结算、物资发放等各环节信息共享，全过程信息化管理。

10.6.4　适用范围

基于物联网的工程总承包项目物资全过程监管技术适用于国内外工程总承包项目物资的物流、物管。工程总承包的全链条物流管理是物资采购工作的延伸，也是工程总承包项目按里程碑计划顺利实施的后勤保障，在时间和空间上都起着重要的桥梁纽带作用。从工厂到现场的"仓至仓"全过程管理，已成为新形势下中国企业进行工程总承包项目物流管理的突出特点，其环节层层推进、环环相扣、相互依存。面对各种新的要求和调整，中国工程企业在"走出去"的过程中，借助基于物联网的工程总承包项目物资全过程监管技术，可以有效加强项目物资的过程管理和风险管控，为工程总承包项目保驾护航。

10.6.5　应用案例

1. 宁夏宁东 2X660MW 燃机扩建项目

（1）项目概况：

宁夏宁东项目由神华集团投资建设，规划扩建 2X660MW 机组，预计项目货量为 25 万 m^3。

（2）应用背景：

项目大件设备较多，受到远距离运输，多次装卸倒运、国内偏远地区基础设施建设薄弱等因素的影响制约，运输安全风险性较大；再者，现场里程碑计划调整，运输分包方运力组织能力、设备供方到货进度、运输市场波动等因素影响，极大地影响了运输计划的执行。

（3）应用方案：

条形码技术。针对大件设备的运输特点研发一套条码信息系统，将设备信息生成条形码，打印并贴在物资或设备上，通过固定和手持智能终端仪器，对设备条形码进行扫码，并将扫码信息上传至物流管理信息系统，实现了包装、到站、装车、运输、卸货、仓储等整个物流供应链信息的串接。实现了大件设备运输高效、科学、规范的信息管理。见图 10.6-3。

现场仓储管理。仓储系统实现库位管理，针对大件设备进行专项管理，以设备条形码为主线，记录设备的入库、开箱、定位、出库等各个环节。

（4）应用效果：

条形码的应用，实现了大件设备的全过程跟踪，包括生产、包装、装车、境内运输以及仓储等环节；也为后期的设备维护提供了方便。

库位功能的实现，方便了设备的定位、维护、保养。见图 10.6-4。

图 10.6-3　条形码技术仓储管理　　　　图 10.6-4　条形码技术库位功能

2. 巴基斯坦 Qasim 燃煤项目

（1）项目概况：

巴基斯坦 Qasim 燃煤 EPC 项目为超临界燃煤电站，装机容量为 $2 \times 660MW$，项目货量约 32 万 m^3。

（2）应用难点：

此工程项目面临的问题包括物流组织链条长、各项业务模块管理难度大，所涉及的环节多，物流管理风险较大，风险种类也更复杂；且不同的国家针对进口设备有着不同的关税减免政策和清关法律法规，公司面临进口设备关税及清关法律法规风险。为了实现物资/设备等在包装、集港、装船、海运、卸船、仓储等全过程监控；规范出关、入关等过程的操作以及现场仓库管理；需要一整套物资/物流管理信息系统。

（3）应用方案：

运输信息化管理。根据项目工程计划设置物流运输时间控制节点，包括：包装、集港、装船、海运、卸船、境内运输及仓储等环节，以装箱清单为主线，为每个环节建立数据关联，明确运输节点的起止时间，并设置运输计划提醒功能。见图 10.6-5。

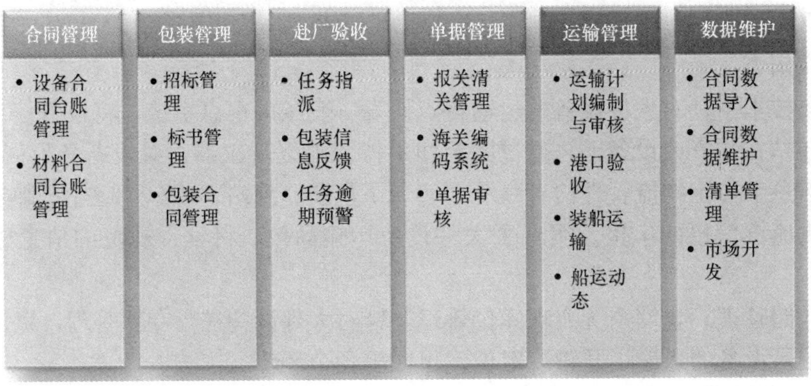

图 10.6-5   运输信息化管理

建立单据存档系统，规范设备通关管理。通过建立报关审核信息平台，积累企业设备海关编码库，保证各项出口设备顺利通关发运，并争取最大化的出口退税优惠。

现场物资信息化管理。结合现场监控，建立现场物资仓储信息化系统，通过设备/材料的发货、到货、定置查询、开箱验收、收料结算、物资发放等各环节信息共享，实现仓储全过程信息化管理。

（4）应用效果：

保证工期。通过监控运输的全过程，实现上下环节的信息共享，为下游流程计划编辑提供了数据支持；尤其是计划提醒功能，能够将可能影响运输的问题提前暴露出来，起到预警目的，为整个项目的建设工期提供保证。

按期通关。通过积累的海关编码库，能够快速、准确的定位货物编码，即保证了物资顺利通关按期启运，也节约了项目成本。通过系统管控，项目的物资设备启运准时率达到 98%。

规范的现场管理（图 10.6-6）。严格的管理规范和实用的管理系统，提高了物资的利用率，极大程度上杜绝了浪费。

图 10.6-6 项目现场管理

10.7 基于物联网的劳务管理信息技术

10.7.1 发展概述

国外由于其在建筑和基建行业较早的引入信息化技术和科学化管理，因此企业劳务管理信息技术比较成熟，有较广泛的应用。在美国、欧盟、日本等国家和区域，建立了比较健全的技能培训、职业认证、信息管理、安全监管、工资保障、社保等体系，有比较健全的法律法规，企业在用工过程中也对建筑工人有对应的信息化管理手段。现在国外项目已经在结合安全、生产任务管理等业务环节开展深化应用，出现了智能定位技术、智能穿戴设备、移动任务派遣设备等技术应用。

国内在劳务管理方面信息技术应用较晚，目前还大量保持传统的纸质作业模式来记录工人花名册、考勤数据、工资发放数据，不仅仅影响管理效率，更重要的是无法保障实际数据的准确性。另外，国内的建筑劳务用工发展和工人的结构构成也对劳务用工管理有着方方面面的影响，国内建筑工人属于半农半工性质，不是完全的产业工人，从技能成长、职业教育、资格认证、社会保障、权益保护等各个方面均未形成体系，只有在特种作业岗位推行较严格的职业资格认证制度，而国内半农半工的从业队伍也导致其流动性巨大，传统方式无法对其从业经历、技能水平、职业素质等方面进行客观的评价，使得企业劳务管理还处于粗放式管理为主。近年国家在行业用工安全方面的管理力度不断加强，农民工工资保障不断强化，企业对劳务分包成本管控的诉求比较强烈，而劳务用工模式也发生了一定的变化，使得企业在劳务管理方面开始重视信息化技术应用和投入，支撑企业劳务管理的信息化诉求。

10.7.2 技术内容

利用身份证阅读器采集劳务人员实名制信息，以此为基础结合物联网技术、云技术、移动应用实现对劳务工人的实名制管理、考勤管理、安全教育管理、视频监控管理、工资监管、后勤管理以及基于业务的各类统计分析等的信息化管理，并通过积累的大数据为从业人员和企业提供生产管理、风险预防、信息公示等业务，切实保障劳务工人和从业企业的权益。

1. 实名制管理

利用公安部授权认证的身份证阅读器完成工人实名制信息采集工作，从基础保障实名制信息的准确性。

采集工人实名制信息是项目劳务管理的基础工作之一，信息采集过程中，可以完成对黑名单人员的有效鉴别，对行业部门或企业发布的黑名单人员能够进行身份识别和提醒管理人员，实现有效管控，加强行业诚信体系建设；在通过身份证阅读器进行人员登记的同时，能够按照劳动法和行业相关规定，对不符合年龄的人员进行提示和控制，避免出现违反法律和规定的用工风险；在工人实名制登记过程中，符合用工要求的工人，必须完成合同登记，劳动合同是保障用工双方利益的重要凭据，应予以登记管理；对于需要执业证书的岗位，能够进行证书的登记，对证书的有效期进行自动识别，出现证书过期的情况，能够自动提醒管理人员；工人完成约定作业内容以后离场，能够通过信息系统进行人员退场管理。

2. 考勤管理

考勤管理通过物联网智能终端设备自动采集工人进出作业区的考勤数据，考勤数据采集到云端以后，进行考勤计算，实时统计和显示工人出勤数据。

考虑施工现场管理需要，对于长期未进场作业人员可以通过设定时长规则措施，达到规定时间以后，通行权限自动失效，以便管理人员能够及时了解和掌握劳务人员的出勤情况，也便于进行人员管理，权限失效以后，如需要重新进场作业，可以通过管理员激活人员权限重新赋予权限。

3. 安全教育管理

安全教育是安全管理中非常重要的环节，进场作业工人是否参加了安全教育，是否完成了安全技术交底，对于项目的安全生产及保障工人人身安全都是非常重要的，由于项目人员流动性大，对于未安全教育人员管控难度较高。通过信息系统能够及时记录工人安全教育情况，可以设置安全教育进出作业区的控制条件，保证参加安全教育人员才可以具备通行权限，同时对于违规人员需要重新安全教育时，可以进行权限控制，确保其参加完安全教育才可以进入。可以结合移动技术，利用移动设备完成安全教育管理，方便现场应用。

4. 视频监控

人员通行进出作业区的时候，不采用生物识别技术的情况下，人员与 IC 卡等是否一致，很难管控，容易出现人卡不一致的情况，利用视频监控技术，对进出人员进行实时抓拍，抓拍以后通过现场显示屏显示人员登记信息，管理人员或安保人员可以利用抓拍的照片与登记信息进行比对，加强管控。抓拍记录在控制台保存，后期可以对进出场记录进行查询比对。管理人员也可以利用视频监控技术，实时监控人员通行情况，可以利用移动设备远程进行监控，方便管理。

5. 工资监管

劳务工人工资发放情况需要实时掌握，确保总包企业能够了解分包单位是否按时、足额发放工资，保障工人的权益，可以将分包单位工资发放情况进行记录，可以了解工资发放情况；具备条件的企业可以与银行进行集成数据交换，通过银行进行工人工资发放，全面保障落实工资支付。

6. 后勤管理

工人在施工现场住宿需要进行有效的管理，能够记录工人的住宿情况，统计临建宿舍的入住情况，分析临建设施的利用率，亦能实现现场一卡通消费，满足现场工人的消费需要，方便工人购物和生活需要。

7. 统计分析

通过信息系统完成各类数据的采集和记录，积累原始数据以后，利用统计分析可以提供现场生产及管理需要的各类数据。也可以提供政府监管部门需要的标准格式表格数据；可以基于某一维度进行分析，例如可以统计现场工人的年龄分布情况，地域分布情况等数据，方便管理需要；可以结合移动设备，利用移动设备进行查看。

10.7.3　技术指标

（1）运用于劳务实名制信息化管理的各类物联网设备应能组建局域网络，实现组网运行，并与互联网相连。应建设有线宽带环境，带宽宜大于 10M，也可以利用移动 4G 通信搭设；施工现场各类设备应通过专用交换机进行有线局域网链接，网线应采用超五类网线，交换机应采用百兆（含）以上的企业级交换机设备，保障网络数据的高效同步，如有视频设备的应用需求，建议交换机设备应采用千兆级的企业级交换机设备。如设备间的通信距离大于 100m 以上，应考虑通过光纤或无线网桥进行组网连接。

（2）应用采用 B/S 模式，满足施工现场的各种应用场景，使用者联网即可工作，系统中保存着大量的工人个人信息记录，为了保障人员私密信息，避免出现信息泄漏，需要满足安全认证规定要求，宜通过《计算机信息系统安全保护等级划分准则》GB 17859—1999 第二级认证；系统具备权限控制能力，不同管理权限的只能访问权限范围的功能。为了满足项目现场管理、企业管理、政府监管等需要，应具备表单定制能力，支持表单设计，满足多方需要。

（3）系统通过数据接口实现与各类物联网设备的有效对接，主要包含（不限于）身份证阅读器、视频监控设备、门禁设备、通行授权设备、工控机等设备；通过数据接口可以完成控制指令的有效下发，完成数据的采集。

（4）各类门禁技术指标：

① IC 卡闸机门禁。用户可以通过闸机（三辊闸、翼闸、半高转闸、全高转闸）＋IC卡授权模式实现对农民工进出项目各区域进行授权管理，不同授权人员只能通行对应的区域，IC 卡及读写设备要符合 ISO/IEC 14443 协议相关要求；通行效率不小于 30 人/min；采用半高转闸和全高转闸需要设立安全通道。

② 人脸（虹膜）识别闸机门禁。用户可以通过闸机（三辊闸、翼闸、半高转闸、全

高转闸）＋人脸（虹膜）识别授权模式实现对农民工进出项目各区域进行授权管理，不同授权人员只能通行对应的区域，通行效率不小于 10 人/min；单台人脸（虹膜）识别设备最少支持存储 1000 张人脸（虹膜）信息；采用半高转闸和全高转闸需要设立安全通道。

③ 二维码闸机门禁。用户可以通过闸机（三辊闸、翼闸、半高转闸、全高转闸）＋二维码授权模式实现对农民工进出施工作业进行授权管理，不同授权人员只能通行对应的区域，通行效率不小于 30 人/min，采用半高转闸和全高转闸需要设立安全通道；

④ RFID通行。用户可以通过建立 RFID 通道模式完成农民工进出项目区域授权管理，要求不同授权人员只能通行对应区域，非授权人员通行具备报警功能；RFID 卡及读写设备应符合 IOS15693 协议相关要求；单个通道高峰期排队通过人数不大于 500 人。

（5）能够支持对施工现场进行区域划分，不同区域可以对人员进行不同的授权，只有获取授权人员才可以进入相应的区域，保障现场管理的需要；每个区域可以定义是否统计出勤数据，系统智能区分，进行考勤计算。

（6）控制器应能记录进出场人员信息，统计进出场时间，并实时传输到云端服务器；现场设备应能支持断网工作，数据可在网络恢复以后及时上传；断电设备无法工作，但门禁控制设备中已有数据可以保留 30d；控制器能够支持反潜回设置，能够通过工控机进行智能控制，实现权限同步、查看、设置开关门延时，可以进行远程调试，实现物联网设备的智能控制和远程维护。

（7）规则管控：能实现对不同管控规则的灵活配置，例如：人员超龄设置、安全教育监控、长时间未出场、黑名单管理等；可以根据各个企业的不同管理要求，进行启用、停止灵活配置。

（8）控制台通过物联网设备采集的数据，应实时传输到云端进行数据统计和分析，控制台数据与云端数据之间时间差不超过 3min，同时控制台可以标记数据上传记号，在出现现场互联网访问中断的情况时，控制台可以正常工作，进行现场数据采集，在网络恢复以后，能够从中断节点将数据传输到云端服务器。

（9）移动应用：须提供移动 APP 应用，支持 Android 和 IOS 系统；可以完成统计分析查看，完成部分业务办理，可以根据项目需要将 B/S 模式下的功能迁移到移动设备进行操作。

（10）应提供标准的数据接口，可以将数据与政府、企业相关业务管理系统进行互联互通，能够集成到企业的各类业务系统中，提升应用价值。

10.7.4　适用范围

本技术适用于加强施工现场劳务工人管理的项目。

劳务实名制管理作为建设项目现场劳务人员管理的信息化系统，其首要解决了人员管理的基础性工作，保障能够真实了解和掌握项目实际用工情况，对项目管理意义重大，也对保护劳务人员和企业双方利益起到重要支撑。人员因素对于项目管理具有决定性影响作用，从安全、质量、进度、经营等各个环节都需要人的参与，更需要掌握人的信息，能够及时掌握人员信息，可有效提升项目精益管理能力。

10.7.5　工程案例

1. 北京新机场项目

（1）项目介绍

近年来，信息技术在各类工程项目中得到日益广泛的应用，信息化建设也逐渐为工程建设行业所关注。尤其在特大型公共建设项目中，信息化越来越成为项目目标实现的关键因素。北京城建集团新机场航站楼项目投资巨大，投资额约 800 亿元人民币，占地面积 50 万 m^2，建设复杂性和风险程度高，工期紧张，参与人员众多，属于对所在地区乃至国家的经济、技术、环境及居民生活有重大广泛影响的工程建设项目。

北京新机场航站楼项目的施工现场用工量巨大，施工作业面大，对人员的管理尤其重要，各个作业区域人员进出控制，作业人员实名制管理，安全教育管理，考勤管理，工人一卡通消费服务，后勤住宿服务等都需要投入大量的人力资源进行管理，没有信息化系统的支持，项目很难做到实施动态管理，很难处理大规模人员流动变化问题，现场人数情况不能实时掌握，安全教育情况统计繁杂等问题。

为实现工地管理信息化、自动化，让生产达到安全、高效的目的，本方案集计算机信息安全技术、通道闸门自动化控制技术、网络通信技术、数字信号模拟技术、射频识别技术、人脸拍照采集、视频传输技术于一体，前端设备接入通道闸，射频感应读头，联动设备（包括摄像机、显示屏等），后端通过统一数据库进行数据云存储管理。

（2）系统对项目管理人员工作效率的提升

新机场航站楼项目采用施工现场全封闭管理，在进出施工现场设立闸机通道，未办理实名制登记并制卡的人员禁止出入，办理实名制登记后通过系统可随时生成劳务作业人员的花名册，用于公司内部存档和外部报送，项目部工作人员的工作效率得到显著的提高。

另外，通过在项目上配备保安及视频监控设备，可有效阻止其他社会人员进入现场，并且保证项目施工现场的安全。通过采用劳务实名制管理系统可大大提高项目上工作人员的工作效率，如可随时查询项目上劳务工人的实时在场人数，日累计进场人数及项目持卡人数（图 10.7-1 所示）。

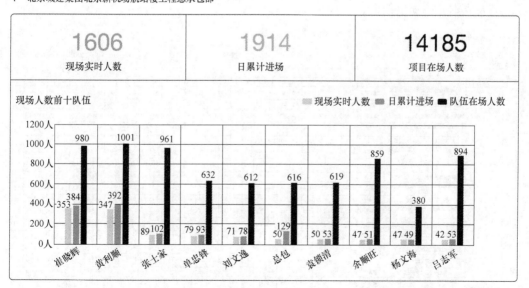

图 10.7-1 北京城建集团新机场航站楼项目劳务实名制系统劳务人数情况图

劳务实名制系统可对项目进行分区管理，其中宿舍管理功能服务于生活区管理，可实行人员统一编号管理。通过班组及队伍情况可合理安排宿舍，能够实时监控项目宿舍的利用率，可随时跟踪人员住宿的情况，这将大大提高了项目管理人员的工作效率。

（3）系统对劳务用工风险的防范

本系统针对北京城建集团新机场航站楼项目可设置一系列管理规则，如不良记录规格、工人超龄限制，以及过程中的风险预警，如图 10.7-2 所示，一旦项目上触发风险预警系统将及时发送预警信息，且系统会自动拦截，项目上劳务用工的风险将得到大大的降低。

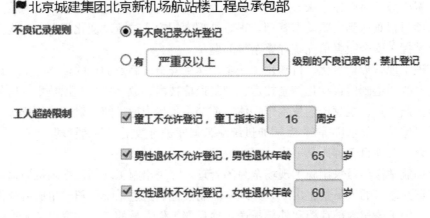

图 10.7-2　北京城建集团新机场航站楼项目劳务实名制系统规则设置图

针对北京城建集团新机场航站楼项目，采用的劳务实名制系统可根据进出场频次、作业时间、工种等维度实时查询考勤记录，如图 10.7-3 所示。通过实时监管动态考勤记录将为劳务工人恶意讨薪提供查询依据，这将大大降低企业及项目劳务用工风险；此外，通过查询各劳务队伍及班组实际出勤人数可为项目上生产计划安排、工种配比、劳动效率分析、工人成本分析提供依据。

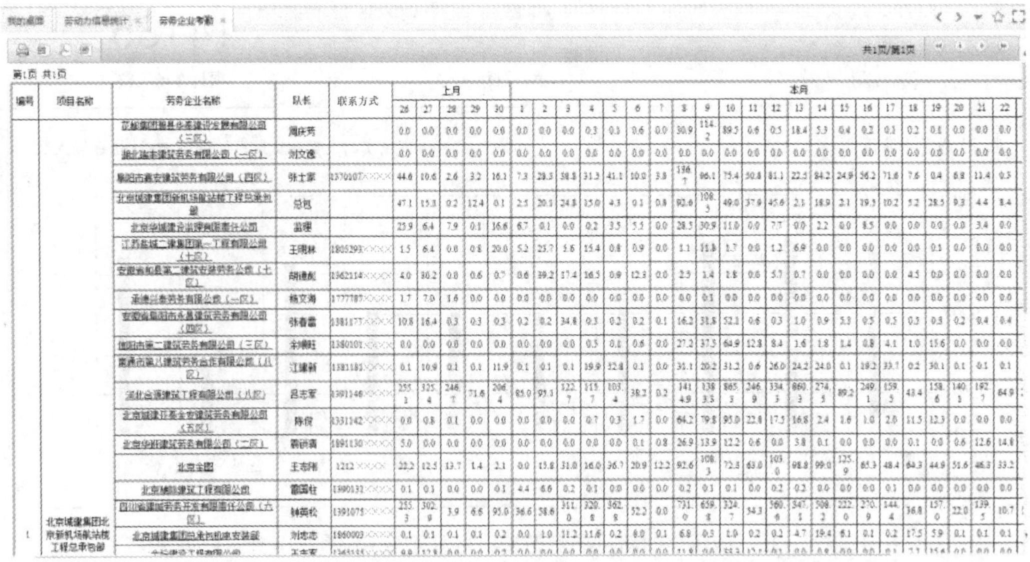

图 10.7-3　北京城建集团新机场航站楼项目劳务工人考勤记录

新机场航站楼项目，通过对劳务实名制信息化管理的探索研究，特在此项目上运用劳务实名制信息化管理一卡通系统，其主要包括一卡通平台结构的设计及搭建，通过信息化手段将工人进场登记、过程奖惩、退场、区域划分等进行全过程管理，逐步实现企业项目上劳务人员信息的共享和互通。本系统对于城建集团新机场航站楼项目的应用价值主要体现在以下两个方面：

结合物联网技术，通过智能化的管理模式对进出施工现场、起居生活等进行全方位的管控，项目管理人员的工作效率得到显著的提高。

采用移动云技术，实现劳务数据动态实时反馈，同时满足公司及项目管理人员实时监控生产现场，降低项目劳务用工风险。

（4）现场安装如图 10.7-4、图 10.7-5 所示：

图 10.7-4　现场闸机

图 10.7-5　出入口安装效果

2. 长春龙嘉机场二期项目

该项目采用集装箱标准通道，实现现场标准化应用，设备安装在集装箱中，现场移动安装。该项目是吉林重点项目，项目工期紧，对实名制管理要求高，同时在建机场与运行机场同区域运行，多方的保障要求高，实名制系统的有效应用，对项目劳务用工动态信息化管理有效落地打下坚实基础，也收到省级领导的肯定和认可。现场建设有监控大屏，劳务视频信息动态显示，配合 LED 实时显示作业人员信息，如图 10.7-6 所示。

图 10.7-6　长春龙嘉机场二期项目劳务实名制系统（一）

图 10.7-6 长春龙嘉机场二期项目劳务实名制系统（二）

10.8 基于 GIS 和物联网的建筑垃圾监管技术

10.8.1 发展概述

建筑垃圾是在建（构）筑物施工、维护、拆除等过程中产生的，主要包括渣土、泥浆、砂浆废料、混凝土块、废金属、废塑料、废纸板、废竹木料、玻璃碎片等。我国城市化进程加快，产生的建筑垃圾日益增多，大量的建筑垃圾加剧了资源短缺、环境污染的程度，严重制约着社会经济、生态环境的协调发展。资料显示，砖混、全现浇和框架结构建筑施工，每 1 万 m^3 产生建筑垃圾 500～600t；而拆毁建筑，每 1 万 m^3 所产生的建筑垃圾约 1.0～1.2 万 t。目前，我国城市建筑垃圾年产量近 3 亿 t，许多国家和地区的建筑垃圾已占城市固体垃圾的 30%～40%，且其产生量仍在随 GDP 的增长而不断增长，因此加强建筑垃圾的控制与管理已成为很多国家和地区的重要议题。

我国自 2005 年起国家建设部颁布了《城市建筑垃圾管理规定》，提出了相关处理原则，深圳、重庆、武汉等城市也相继出台了有关垃圾处理及利用的条例和规划，但截至目前，建筑垃圾管理模式仍很粗放，信息化、集成化技术程度仍偏低。基于 GIS 和物联网的建筑垃圾管理技术，正为破解"建筑垃圾围城"之苦。

10.8.2 技术内容

基于 GIS 和物联网的建筑垃圾监管综合射频识别（RFID）、车牌识别（VLPR）、卫星定位系统、地理信息系统（GIS）、城域网（MAN）、移动通讯等多项关键技术，实现对施工现场建筑垃圾进行综合监管，具体涵盖施工现场建筑垃圾的申报、识别、计量、运输、处置、结算、统计分析等环节的信息化管理，可为过程监管及环保政策研究提供详实的分析数据，有效推动建筑垃圾的规范化、系统化、智能化管理。

（1）申报管理：工程项目报建后，按要求网上填报项目名称、地点、工期、建筑用途、结构类型、建筑面积、主要材料用量、联系方式、项目效果图、建筑垃圾处理总计划等，系统将根据地理位置同步创建基于 GIS 的工程项目登记信息。工程项目根据自身情况制定建筑垃圾总计划，减量化、资源化、无害化（以下简称三化）处理计划及各阶段处理计划，并须于首次建筑垃圾处理前将建筑垃圾处理合同上传至管理平台备份。

（2）识别、计量管理：建筑垃圾车辆进入施工现场，由物资管理人员或安保人员核对车辆信息，制作并发放相应 RFID 垃圾分类识别卡；空车进入计量系统识别区，触发 RFID 卡片信息，甄别车牌号，获取皮重及空车视频数据；车辆装载指定垃圾进入计量系统识别区，再次触发 RFID 卡片信息并甄别车牌号，获取毛重及重车视频数据，同时，利用车辆上空的高位摄像头对车载建筑垃圾进行抓拍，通过与 RFID 分类识别卡中建筑垃圾基本信息比对分析，实现建筑垃圾自动分类识别、自动输出二维码信息，防止错装或混装；进行建筑垃圾净重自动计算，并生成计量记录；出场处退还 RFID 垃圾分类识别卡，打印带二维识别码的计量记录；所有信息自动发送至网络数据中心。

（3）运输监管：场内，为防止车辆信息核实工作疏忽，在车辆前进端安装车牌抓拍单元（摄像机、采集卡、补光灯等），获取高清像素的车牌号照片，进行车牌定位、字符分割及字符识别，并最终还原车牌信息，并通过系统软件实现车牌甄别；场外，对于已经出场的建筑垃圾车辆采用卫星定位系统跟踪实现对车辆行驶路线的管理，（地方政府或企业建立的）建筑垃圾处理中心将车辆规划作业路线输入系统，根据 GIS、物联网和无线通信传输的数据判断作业路线是否正常、是否存在随意倾倒或遗撒现象，并对违规行为进行及时提醒和积分扣除管理。

（4）处置管理：（地方政府或企业建立的）建筑垃圾处理中心根据各工程项目的建筑垃圾总计划合理配置相应的车辆及运输计划，并根据自身的处理能力配置相应的垃圾处理设备，并设置建筑垃圾分选区、分类堆放区、转运区与生产管理区等。建筑垃圾分选系统可根据当地建筑垃圾处理要求和现场实际条件设置机械设备及人工数量。处理中心还应设置建筑渣土填埋区和其他垃圾填埋区，有条件的还可设置建筑垃圾资源化利用的再生物资加工厂（场）。各区垃圾的处置均利用摄像头全程监控，确保其计量准确及处置合理。

（5）结算：对应垃圾处理中心的垃圾分类，自动产生电子结算单据，确保按时结算，并能对结算情况进行查询。将收付款状态实时反应在监管信息平台中，对已付款或已收款等状态进行标注，对逾期付款或收款的将红色显示并推送至风险源栏目，同时通过短信或系统移动终端自动通知相应责任人，并进行积分扣除。

（6）统计分析：一方面通过实时监控视频信息的统计分析，可查询和还原各工程项目分类垃圾数据的实况，即相关工地监控和垃圾监控数据；另一方面通过统计报表，将所有报表进行汇总分析，包括项目基本信息一览表、项目建筑垃圾处理日报、项目建筑垃圾处理月报、项目建筑垃圾处理年报、已竣工项目建筑垃圾处理汇总表、处理中心建筑垃圾回收日报、处理中心再生物资销售日报、处理中心建筑垃圾回收月报、处理中心再生物资销售月报、处理中心建筑垃圾回收年报、处理中心再生物资销售年报共 11 项子类报表，支持导出 EXCEL 电子表和项目检索。

通过统计分析与实际外运量进行对比分析，防止瞒报、漏报等现象。利用多项目历史数据进行大数据分析，找到相似类型项目建筑垃圾产生量的平均值，为后续项目的建筑垃圾管理提供参考。

10.8.3 技术指标

（1）车辆识别：在车辆前进端安装车牌抓拍单元（摄像机、采集卡、补光灯等），获取高清像素的车牌号照片，进行车牌定位、字符分割及字符识别，并最终还原车牌信息，并通过 VLPR 系统软件实现车牌甄别；对各网络摄像头采集的视频进行视频编解码工作，并通过嵌入式软件转化成压缩格式，经由核心路由器上传至局域网载体，供用户通过网络

（TCP/IP）协议远程访问视频，调阅过程视频信息，其数据存储于网络硬盘录像机。

（2）建筑垃圾分类识别：通过制卡器向射频识别（RFID）有源卡写入相应建筑垃圾类型等信息。利用项目和处理中心的地磅处阅读器自动识别目标对象并获取垃圾类型信息，车辆上空的高位摄像头抓拍建筑垃圾照片，并将垃圾类型信息和抓拍信息上传至计算机与 RFID 分类识别卡中的信息进行分析比对，确定是否放行。即通过制卡器对 RFID 有源卡写入相应建筑垃圾信息，然后计量过程中阅读器通过射频信号自动识别目标对象并获取相关数据，同时将读取的信息上传至计算机进行分析，可识别高速运动物体，识别工作无须人工干预。RFID 有源识别卡由微芯片、电池、无线模块及其他电路组成，阅读器由单片机、无线模块、存储器、输入/输出通道、通信接口、其他电路及电源组成。

（3）监控管理平台：前端采集两路视频数据，分别是车辆上空的全景监控和车头的车牌监控，其数据通过实时网络上传，存储于网络硬盘录像机，并支持录像的保存和调阅；后台利用 GIS、卫星定位系统、物联网和移动应用技术建立运输跟踪监控系统，企业总部或地方政府主管部门可建立远程监控管理平台并与运输监控系统对接，通过对运输路径、车辆定位等信息的动态化、可视化监控，实现对建筑垃圾全过程监管。

（4）具备与相关系统集成的能力，即后期能实现与施工企业的项目物资收料管理系统、OA 办公系统以及地方政府的垃圾监管系统、渣土清运管理系统等的无缝对接。

10.8.4　适用范围

适用于建筑垃圾资源化处理程度较高城市的建筑工程项目施工阶段的建筑垃圾动态管理，工期相对较短的桩基及基坑围护结构阶段可根据具体情况选用。通过管理平台对施工现场建筑垃圾的申报、识别、计量、运输、处置、结算、统计分析等环节的信息化管理，还可推动企业对建筑垃圾进行减量化、资源化、无害化处理方面的管理工作，同时，在指导现场物资管理、现场绿色施工、工程成本精细化管理方面能起到良好的推进作用。

10.8.5　工程案例

1. 项目基本情况

上海明发商业广场被规划河道分为大小两个地块，小地块 2 号和 3 号楼建筑面积 4.14 万 m²，地下 2.57 万 m²、地上 1.57 万 m²，建筑高度 79.8m，地下 2 层、地上 17 层/2 层。大地块 1 号楼建筑面积 18.19 万 m²，地下 10.78 万 m²、地上 7.41 万 m²，建筑高度 79.2m，地下 2 层、地上 16 层/5 层/4 层。项目地址：上海市嘉定区，东至沪宜公路（烟沪路）、南靠白银路、西临湖区一路、北至高台路。

应用本系统在该项目中有效监管了渣土、泥浆、砂浆废料、混凝土废料、废金属、废塑料、废竹木料等建筑垃圾类型，并有效地推动了该项目对建筑垃圾的三化处理管理工作。

2. 系统登录

系统登录成功后，跳转到选择子系统页面，根据该系统设置的权限登录后有工程项目、处理中心、运输监管、统计分析四个子系统可以操作使用。见图 10.8-1、图 10.8-2。

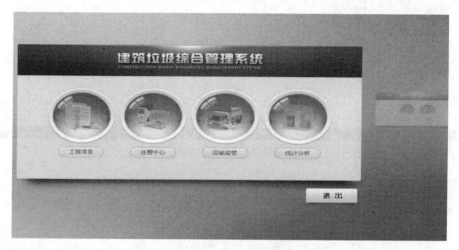

图 10.8-1 系统登录页面

图 10.8-2 系统登录页面及业务跳转

3. 基础信息录入

对项目的基本情况、建设单位、监理单位、施工单位、项目整体效果图、项目概况的信息录入。见图 10.8-3。

4. 招投标

工程项目于首次建筑垃圾处理前 60d 将建筑垃圾处理招标文件进行发布，系统通过移动短信及移动 APP 软件同步通知辖区内的各个处理中心，在企业制度规定的时间内完成招标评标工作。

处理中心通过系统下载招标文件，在招标文件规定的时间内完成投标文件，并上传系统。系统及时通知中标单位，并签署合同和办理相关手续。

5. 垃圾申报及通知单确认

申报项目提交建筑垃圾处理总计划，系统汇总以后将各项目的建筑垃圾处理总计划传输到处理中心，处理中心可按照项目名称、地点进行检索。见图 10.8-4。

图 10.8-3　基础信息录入

图 10.8-4　处理中心检索到的项目建筑垃圾处理总计划

6. 垃圾分类计量管理

建筑垃圾按构成材质（或相近功能材质）主要分为渣土、泥浆、砂浆及混凝土废料、碎混凝土块、石材及瓷砖碎块、废金属、废塑料、废纸板、废竹木料、玻璃碎片、废涂料及胶黏剂、混杂料，共计 12 种。在工程项目和处理中心采用 RFID 技术进行垃圾分类识别，条件允许时可采用基于 γ 射线的密度检测进行垃圾分类识别。见图 10.8-5、图 10.8-6。

7. 垃圾车辆运输监管

为防止车辆信息核实工作疏忽，在车辆前进端安装车牌抓拍单元（摄像机、采集卡、补光灯等），获取高清像素的车牌号码照片，进行车牌定位，字符分割及字符识别，并最终还原车牌信息，通过 VLPR 系统软件实现车牌甄别，还可以实时进行前端视频监控。见图 10.8-7、图 10.8-8。

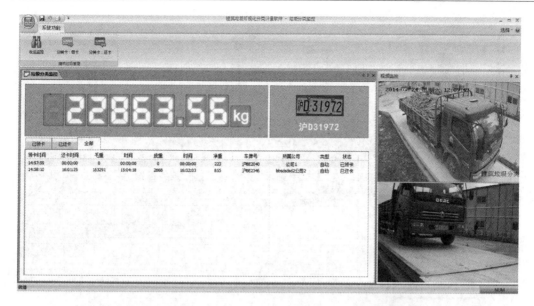

图 10.8-5　前端可视化分类计量软件正进行建筑垃圾分类计量

图 10.8-6　垃圾分类堆放池

对于已经出场的建筑垃圾车辆采用 GIS、卫星定位系统、物联网和移动应用技术跟踪，见图 10.8-9，实现对车辆行驶路线的管理，处理中心将车辆规划作业路线输入系统，根据无线通信传输数据判断作业路线是否正常，并对违规行为进行及时提醒和积分扣除管理。见图 10.8-10。

8. 统计分析

一方面在日常工作中通过对工地监控和垃圾运输的实时监控视频信息的统计分析，可查询和还原各工程项目分类垃圾数据的实况；另一方面通过统计报表，将所有报表进行汇总分析，系统中包括项目基本信息一览表、项目建筑垃圾处理日报、项目建筑垃圾处理月报、项目建筑垃圾处理年报、已竣工项目建筑垃圾处理汇总表、处理中心建筑垃圾回收日报、处理中心再生物资销售日报、处理中心建筑垃圾回收月报、处理中心再生物资销售月报、处理中心建筑垃圾回收年报、处理中心再生物资销售年报共 11 项子类报表，还可以导出 EXCEL 电子表和项目检索。另外，还包括了进料 3 项子类报表。将这些报表分成项目和处理中心相关的两部分。

图 10.8-7　前端计量及数据采集装置

图 10.8-8　视频监控效果

　　第一部分，系统中与施工项目相关的项目基本信息一览表、进料日报、进料月报、进料年报和建筑垃圾处理日报、建筑垃圾处理月报、建筑垃圾处理年报如图 10.8-11～图 10.8-17 所示。

　　通过统计进料量与实际建筑垃圾外运量进行对比分析如表 10.8-1 和图 10.8-18 所示，防止瞒报、漏报等现象。

　　在该项目通过运行过程中的数据分析，还有效地推动了建筑垃圾三化处理方面的管理工作，在物资管理方面能够推进物资进料管理、物资节约和回收垃圾资源化利用，从而也更进一步推进了该项目的绿色施工管理，进而也推进了该项目的成本精细化管理，目前该项目已经顺利通过了第四批全国建筑业绿色施工示范工程验收。在当今全球碳排放交易市场逐步建立的大趋势下，该系统平台还可以为政府主管部门将来进行建筑业碳排放交易提供有效的监管技术支撑。

图 10.8-9   车辆卫星定位系统跟踪定位

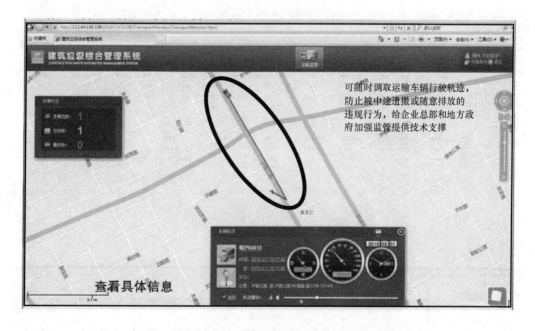

图 10.8-10   某建筑垃圾运输车辆行驶轨迹实时监控

将运行项目的各种相关数据汇总后可进行多项目历史数据进行大数据分析，并将已竣工项目建筑垃圾处理量汇总后如图 10.8-19 所示，找到相似类型项目建筑垃圾产生量的平均值，为后续项目的建筑垃圾管理提供参考。

第二部分，系统中与处理中心相关的建筑垃圾回收日报、再生物资销售日报、建筑垃圾回收月报、再生物资销售月报、建筑垃圾回收年报、再生物资销售年报如图 10.8-20～图 10.8-25 所示：

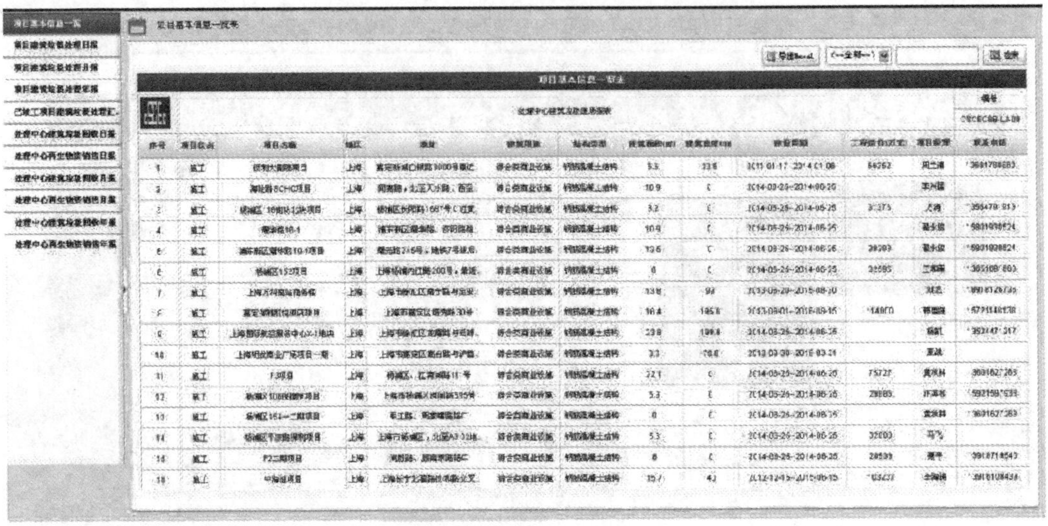

图 10.8-11 项目基本信息一览表

图 10.8-12 项目建筑进料日报

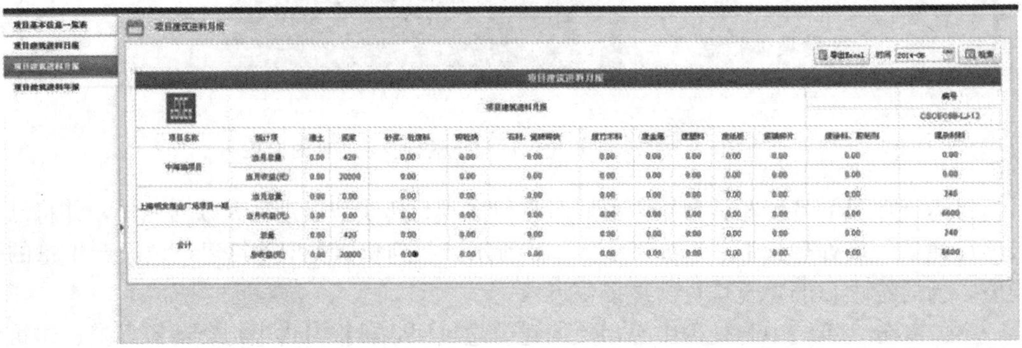

图 10.8-13 项目进料月报

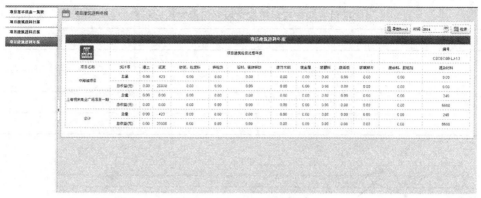

图 10.8-14　项目进料年报

图 10.8-15　项目建筑垃圾处理日报

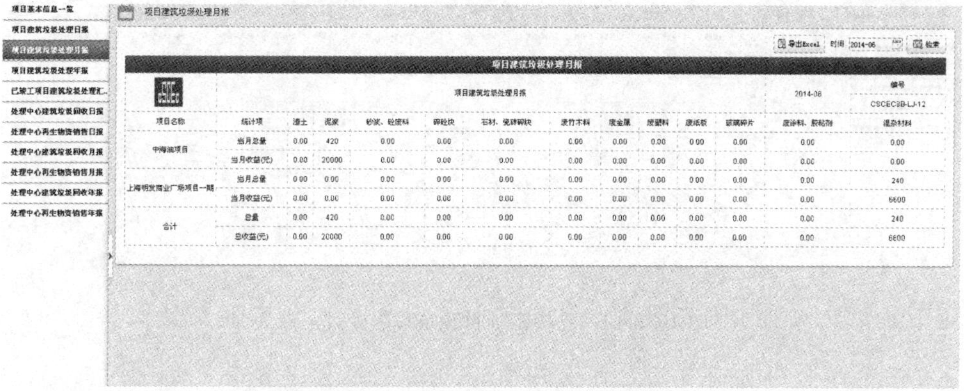

图 10.8-16　项目建筑垃圾处理月报

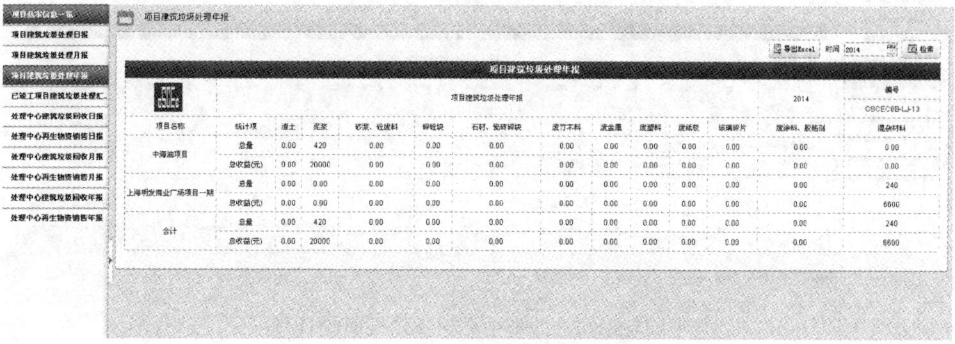

图 10.8-17　项目建筑垃圾处理年报

项目进料与实际建筑垃圾外运量对比分析表

表 10.8-1

材料名称	当期预算总用量	当期进料总量	当期建筑垃圾外运总量	建筑垃圾产生率(%)	备注

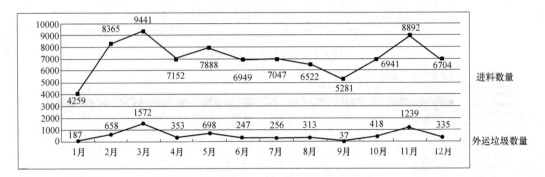

图 10.8-18　某建筑材料进料量与对应垃圾外运量分类统计对比分析示意图

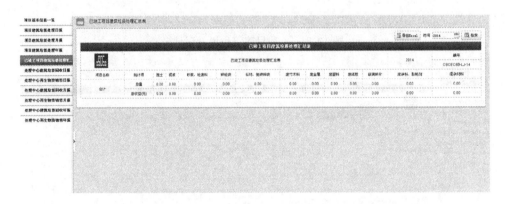

图 10.8-19　已竣工项目建筑垃圾处理汇总表

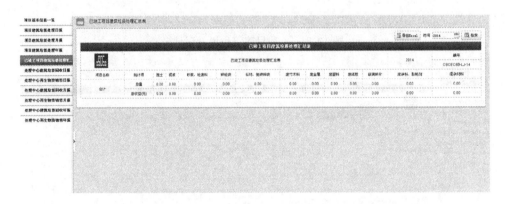

图 10.8-20　处理中心建筑垃圾回收日报

图 10.8-21　处理中心再生物资销售日报

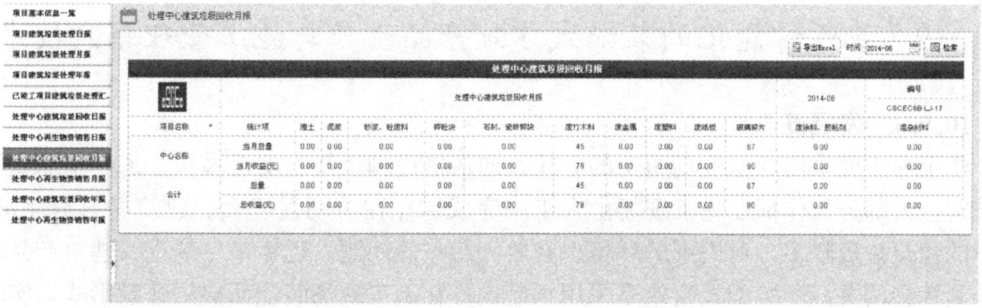

图 10.8-22　处理中心建筑垃圾回收月报

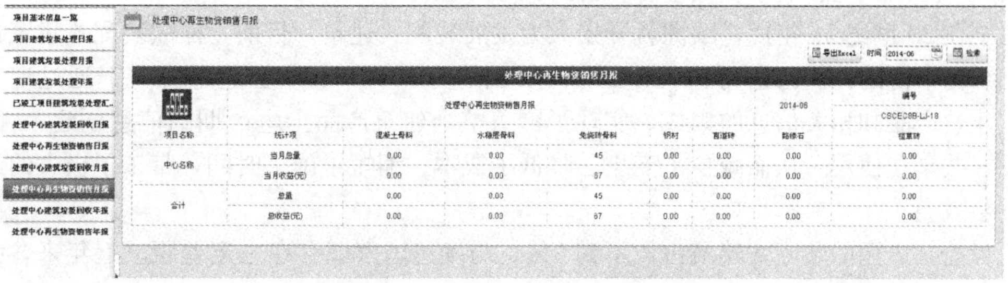

图 10.8-23　处理中心再生物资销售月报

图 10.8-24　处理中心建筑垃圾回收年报

图 10.8-25   处理中心再生物资销售年报

10.9   基于智能化的装配式建筑产品生产与施工管理信息技术

10.9.1   发展概述

建筑业主要采用的是现场施工的方式,即从搭设脚手架、支设模板、绑扎钢筋到混凝土浇筑,大部分工作都在施工现场由人工来完成。存在劳动强度大、建筑材料消耗量大、产生的建筑垃圾较多、对周围的环境也有较大影响等问题。近年来,装配式建筑产品越来越受到社会的关注。装配式建筑是采用预制构件在施工现场装配而成的建筑形式,实现工地的事情工厂来做、空中的事情地面来做、手工的事情机械来做,具有施工方便、工程进度快、对周围环境影响小、质量容易得到保证等优势。

早在 20 世纪 50 年代,欧洲就开始大力发展装配式建筑。目前,西欧装配式建筑在混凝土结构中占的比例已达到 35%~40%,美国约为 35%,日本已超过 50%,通过定义装配式建筑产品和相关信息的集成,实现了覆盖整个建筑产品全生命期的信息创建、管理、分发、共享和使用,从而减少了变更、降低了成本、缩短了施工时间,带来了极大的经济和社会效益。

目前,中国的装配式建筑占比不到 5%,与发达国家还存在一定差距。近年来,国家提出了一系列建筑市场的相关政策,鼓励装配式建筑的发展。在《中共中央国务院关于进一步加强城市规划建设管理工作的若干意见》中提出:要发展新型建造方式,大力推广装配式建筑,力争用 10 年左右时间,使装配式建筑占新建建筑面积的比例达到 30%;在《关于大力发展装配式建筑的指导意见》中提出:以京津冀、长三角、珠三角三大城市群为重点推进地区,常住人口超过 300 万的其他城市为积极推进地区,其余城市为鼓励推进地区,因地制宜发展装配式混凝土结构、钢结构和现代木结构建筑等。

以 BIM、物联网、云计算、工业互联网、移动互联网等为代表的信息化技术也进入产业化应用阶段,装配式建筑产品的生产和施工也进一步了实现信息化、智能化。

10.9.2   技术内容

基于智能化的装配式建筑产品生产与施工管理信息技术,是在装配式建筑产品生产和施工过程中,应用 BIM、物联网、云计算、工业互联网、移动互联网等信息化技术,实现装配式建筑的工厂化生产、装配化施工、信息化管理。通过对装配式建筑产品生产过程中的深化设计、材料管理、产品制造环节进行管控，以及对施工过程中的产品进场管理、现场堆场管理、施工预拼装管理环节进行管控，实现生产过程和施工过程的信息共享。主要技术要点包括：

（1）建立协同工作机制，明确协同工作流程和成果交付内容，并建立与之相适应的生产、施工全过程管理信息平台，实现跨部门、跨阶段的信息共享。

（2）深化设计：依据设计图纸结合生产制造要求建立深化设计模型，并将模型交付给制造环节。

（3）材料管理：利用物联网条码技术对物料进行统一标识，通过对材料"收、发、存、领、用、退"全过程的管理，实现可视化的仓储堆垛管理和多维度的质量追溯管理。

（4）产品制造：统一人员、工序、设备等编码，按产品类型建立自动化生产线，对设备进行联网管理，能按工艺参数执行制造工艺，并反馈生产状态，实现生产状态的可视化管理。

（5）产品进场管理：利用物联网条码技术可实现产品质量的全过程追溯，可在 BIM 模型当中按产品批次查看产品进场进度，实现可视化管理。

（6）现场堆场管理：利用物联网条码技术对产品进行统一标识，合理利用现场堆场空间，实现产品堆垛管理的可视化。

（7）施工预拼装管理：利用 BIM 技术对产品进行预拼装模拟，减少并纠正拼装误差，提高装配效率。

10.9.3 技术指标

（1）在深化设计环节按照各专业（如预制混凝土、钢结构等）深化设计标准（要求）统一产品编码，采用专业深化设计软件开展深化设计工作，达到生产要求的设计深度，并向下游交付。

（2）在材料管理环节按照各专业（如预制混凝土、钢结构等）物料分类标准（要求）统一物料编码。进行材料"收、发、存、领、用、退"全过程信息化管理，应用物联网条码、RFID 条码等技术绑定材料和仓库库位，采用扫描枪、手机等移动设备实现现场条码信息的采集，依据材料仓库仿真地图实现材料堆垛可视化管理，通过对材料的生产厂家、尺寸外观、规格型号等多维度信息的管理，实现质量控制的可追溯。

（3）在产品制造环节按照各专业（如预制混凝土、钢结构等）生产标准（要求）统一人员、工序、设备等编码。制造厂应用工业互联网建立网络传输体系，能支持到工序层级的设备层面，实现自动化的生产制造。

（4）采用 BIM 技术、计算机辅助工艺规划（CAPP）、工艺路线仿真等工具制作工艺文件，并能将工艺参数通过制造厂工业物联网体系传输给对应设备（如将切割程序传输给切割设备），各工序的生产状态可通过人员报工、条码扫描或设备自动采集等手段进行采集上传（表 10.9-1）。

数据类型 表 10.9-1

信息类别	采集内容	所属类别	实时性要求
物料信息	包括物料名称、尺寸等	动态信息	按一定时间间隔采集
工人信息	包括工人工号、姓名、工种等	静态信息	一次性录入、定时更新
设备信息	包括设备编号、名称、性能等	静态信息	一次性录入、定时更新
产品加工信息	产品在车间的加工完成状况	动态信息	按一定时间间隔采集

信息类别	采集内容	所属类别	实时性要求
产品质量信息	产品的质量状态等	动态信息	针对生产结果进行连续采集
……	……	……	……

(5) 在产品进场管理环节应用物联网技术，采用扫描枪、手机等移动设备扫描产品条码、RFID 条码，将产品信息自动传输到管理信息平台，进行产品质量的可追溯管理。并可按照施工安装计划在 BIM 模型中直观查看各批次产品的进场状态，对项目进度进行管控。

(6) 在现场堆场管理环节应用物联网条码、RFID 条码等技术绑定产品信息和产品库位信息，采用扫描枪、手机等移动设备实现现场条码信息的采集，依据产品仓库仿真地图实现产品堆垛可视化管理，合理组织利用现场堆场空间。

(7) 在施工预拼装管理环节采用 BIM 技术对需要预拼装的产品进行虚拟预拼装分析，通过模型或者输出报表等方式查看拼装误差，在地面完成偏差调整，降低预拼装成本，提高装配效率。

10.9.4 适用范围

适用于装配式建筑产品（如钢结构、预制混凝土、木结构等）生产过程中的深化设计、材料管理、产品制造环节，以及施工过程中的产品进场管理、现场堆场管理、施工预拼装管理环节。通过应用本技术，可以提高装配式建筑产品生产与施工的效率，增强过程管控力度，保障产品质量，大幅提升项目信息化、智能化管理水平。

10.9.5 应用案例

1. 工程概况

武汉中心项目位于武汉王家墩中央商务区。项目建筑高度 438m，地下 4 层（局部 5 层），地上 88 层。项目主体由裙楼和塔楼两部分组成，裙楼主体为框架-剪力墙结构体系。塔楼主体为巨柱框架-核心筒-伸臂桁架结构体系。

2. 管理重点

项目钢结构工程构造复杂，施工精度要求高，在管理方面主要有以下几项重难点工作：

（1）施工过程中各专业之间信息交叉多，协调工作量巨大。项目施工过程中，土建、钢构、幕墙等专业形成流水作业，工作面复杂，钢构件制造安装的进度计划等信息的准确性和及时性成为工程各方协同工作的重要前提。

（2）项目材料类型繁多，管理周期长、跨度大。项目用钢量约 4 万余吨，主材为钢板，主要板厚规格在 10～100mm 间分布，类型多达数十种。从材料计划编制、库存管理、排版套料到余料管理等过程，通过材料精细化管理实现项目降本增效的空间巨大。

（3）构件形式复杂，建造过程控制难度大。项目大型埋件、多肢相贯节点等复杂异形构件较多，生产工序多、过程控制难度大。

（4）施工场地受限，构件按计划集中供应时管理任务繁重。本项目地下室、主塔楼、裙楼基坑同时开挖，现场施工临时用地狭小，构件堆放受限，同时还要按工期计划集中供应，对发运计划、堆场管理计划、吊装计划等一体化计划管理的准确性要求高。

（5）施工计划落实影响因素多，进度可视化管理需求迫切。项目施工计划受设计、采购、制造以及其他建设主体的影响，过程中变更等不稳定因素较多。

3. 应用内容

项目依托 BIM 模型，实现过程可视化管控和信息共享，主要应用点包括：模型自动化处理、钢构数字化建造、资源集约化管理、工程可视化管理等。

（1）模型自动化处理

通过使用钢结构深化设计软件（Tekla Structure）进行 100％深化设计，开展碰撞校核，检测结构节点碰撞、预留管洞碰撞等信息，经过二次优化及与结构设计进行沟通，加以合理改正。

（2）钢构数字化建造

通过信息系统将以项目为单位的模型及结构信息转换为以工序为单位的采购、加工和其他跟踪信息。通过数控设备与工序的绑定和联网集成，将生产过程的数据采集、工艺巡查等下移到以工序为单位的操作层，实现过程管理的信息化。

（3）资源集约化管理

应用电子标签解决方案，将材料的物流过程与工序、人员、设备等信息进行绑定。从订单状态、库存管理、经手人等多个维度进行管理，大大减少了人工统计工作量，实现准确、高效、灵活的材料快速盘点。生产过程中的资源需求、材料库存等信息，可以通过 BIM 模型按材质、类型等进行筛分、汇总，实现集约化资源需求分析、存量分析等功能，对资源进行有效管控。

（4）工程可视化管理

通过数据采集设备将实际进度信息更新至 BIM 模型，通过计划进度与实际进度的对比，实现了可视化的进度管理（例如将采集设备所采集的构件生产情况、运输情况、安装情况等，以不同的颜色在模型上进行显示，使工程进度更加直观，各方人员都能实时形象的了解工程的建造进度）。

工程应用以信息完整、数据详实的 BIM 模型为基础，以贯穿生产与施工全过程的管理系统为平台，为"构件形式复杂，生产工序较多，精度要求高，建造过程控制难度大"、"材料类型繁多，管理混乱"、"构件供应较为集中"、"施工计划落实影响因素多"等项目管理难点提供了解决手段。